과년도 출제문제 중심
가스기능사 필기
총정리

서상희 편저

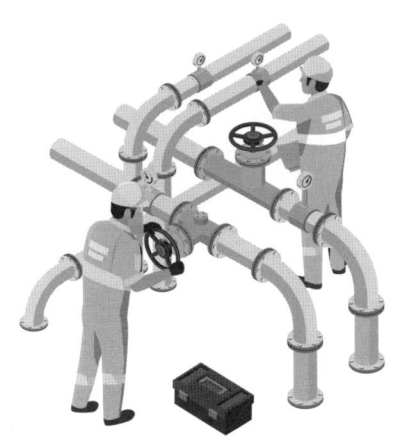

일진사

책머리에 ...

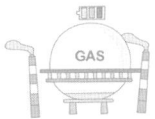

21세기에 들어 우리나라는 반도체 및 IT산업과 함께 중화학공업이 급속히 발전하였습니다. 따라서 우리의 생활방식도 많이 변화되어 에너지를 대량으로 소비하는 시대에 살아가고 있습니다. 일상생활 및 각 산업현장에서 특히 가스가 전기, 수도, 통신과 함께 필수 불가결한 분야로 꼽히면서 각 산업현장에서는 가스 분야의 기술 인력을 많이 필요로 하고 있으며, 가스기능사와 관련하여 2016년 제5회부터는 필기시험이 CBT 시험으로 변경되어 시행되고 있습니다.

이에 저자는 수년간 강단에서 가스 강의를 하며 관련 자료를 준비하여 CBT 시험대비 가스기능사 필기 수험서를 집필하였으며 가스기능사 필기시험을 준비하는 수험생들의 실력 배양 및 필기시험 합격에 도움이 되고자 다음과 같은 부분에 중점을 두어 출간하게 되었습니다.

첫째, 새로 개정된 한국산업인력공단의 가스기능사 필기 출제기준에 맞추어 각 과목별로 내용을 정리하였습니다.

둘째, 2016년까지의 출제문제를 분석하여 각 과목 세부 단원별 핵심이론정리와 예상문제를 수록하고 출제년도를 표시하여 CBT시험에 대비할 수 있도록 하였습니다.

셋째, 2015년부터 2016년 제4회까지 과년도 출제문제를 자세한 해설과 함께 수록하였습니다.

넷째, CBT 복원문제를 수록하여 실전과 같이 최종 마무리 학습을 할 수 있도록 하였습니다.

끝으로 이 책으로 가스기능사 필기시험을 준비하시는 수험생 여러분께 합격의 영광이 함께 하길 바라며 책이 출판될 때까지 많은 지도와 격려를 보내 주신 분들과 **일진사** 직원 여러분께 깊은 감사를 드립니다.

저자 씀

가스기능사(필기) 출제기준

직무분야	안전관리	자격종목	가스기능사	적용기간	2025. 1. 1 ~ 2028. 12. 31

○ 직무내용 : 가스 시설의 운용, 유지관리 및 사고예방조치 등의 업무를 수행하는 직무이다.

필기 검정방법	객관식	문제 수	60	시험시간	1시간

필기 과목명	문제 수	주요 항목	세부 항목	세세 항목
가스 법령 활용, 가스사고 예방·관리, 가스시설 유지관리, 가스 특성 활용	60	1. 가스 법령 활용	1. 가스제조 공급·충전	(1) 고압가스 특정·일반제조시설 (2) 고압가스 공급·충전시설 (3) 고압가스 냉동제조시설 (4) 액화석유가스 공급·충전시설 (5) 도시가스 제조 및 공급시설 (6) 도시가스 충전시설 (7) 수소 제조 및 충전시설
			2. 가스저장·사용시설	(1) 고압가스 저장·사용시설 (2) 액화석유가스 저장·사용시설 (3) 도시가스 저장·사용시설 (4) 수소 저장·사용시설
			3. 고압가스 관련 설비 등의 제조·검사	(1) 특정설비 제조 및 검사 (2) 가스용품 제조 및 검사 (3) 냉동기 제조 및 검사 (4) 히트펌프 제조 및 검사 (5) 용기 제조 및 검사
			4. 가스판매, 운반·취급	(1) 가스 판매시설 (2) 가스 운반시설 (3) 가스 취급
			5. 가스관련법 활용	(1) 고압가스안전관리법 활용 (2) 액화석유가스의 안전관리 및 사업법 활용 (3) 도시가스사업법 활용 (4) 수소경제육성 및 수소안전관리법률 활용
		2. 가스사고 예방·관리	1. 가스사고 예방·관리 및 조치	(1) 사고조사 보고서 작성 (2) 사고조사 장비 관리 (3) 응급조치

필기 과목명	문제 수	주요 항목	세부 항목	세세 항목
			2. 가스화재 ·폭발예방	(1) 폭발범위·종류 (2) 폭발의 피해 영향방지대책 (3) 위험장소 및 방폭구조 (4) 위험성평가
			3. 부식·비 파괴 검사	(1) 부식의 종류 및 방식 (2) 비파괴 검사의 종류
		3. 가스시설 유지관리	1. 가스장치	(1) 기화장치 및 정압기 (2) 가스장치 요소 및 재료 (3) 가스용기 및 저장탱크 (4) 압축기 및 펌프 (5) 저온장치
			2. 가스설비	(1) 고압가스설비 (2) 액화석유가스설비 (3) 도시가스설비 (4) 수소설비
			3. 가스계측 기기	(1) 온도계 및 압력계측기 (2) 액면 및 유량계측기 (3) 가스분석기 (4) 가스누출검지기 (5) 제어기기
		4. 가스 특성 활용	1. 가스의 기초	(1) 압력 (2) 온도 (3) 열량 (4) 밀도, 비중 (5) 가스의 기초 이론 (6) 이상기체의 성질
			2. 가스의 연소	(1) 연소현상 (2) 연소의 종류와 특성 (3) 가스의 종류 및 특성 (4) 가스의 시험 및 분석 (5) 연소계산
			3. 고압가스 특 성 활용	(1) 고압가스 특성 및 취급 (2) 고압가스의 품질관리·검사기준적용
			4. 액화석유가 스 특성 활용	(1) 액화석유가스 특성 및 취급 (2) 액화석유가스의 품질관리·검사기준적용
			5. 도시가스 특 성 활용	(1) 도시가스 특성 및 취급 (2) 도시가스의 품질관리·검사기준적용
			6. 독성가스 특 성 활용	(1) 독성가스 특성 및 취급 (2) 독성가스 처리

차 례

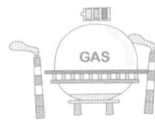

제1편 가스 법령 활용 및 가스사고 예방·관리

제1장 고압가스 안전 관리
- 1-1 고압가스 용어의 정의 ·········· 10
- 1-2 저장 능력 산정 기준 ·········· 15
- 1-3 보호 시설 ·········· 17
- 1-4 냉동 능력 산정 기준 ·········· 20
- 1-5 고압가스 제조의 기준(특정 제조, 일반 제조, 용기 및 차량에 고정된 탱크 충전) ·········· 21
- 1-6 고압가스 냉동 제조 기준 ·········· 61
- 1-7 고압가스 사용 기준 ·········· 64
- 1-8 용기에 의한 고압가스 판매 기준 ·········· 66
- 1-9 용기 제조 및 재검사 기준 ·········· 70
- 1-10 특정 설비 제조 기준 ·········· 75
- 1-11 용기의 안전 점검 기준 ·········· 76
- 1-12 용기 등의 표시 ·········· 78
- 1-13 고압가스 운반 등의 기준 ·········· 80

제2장 액화석유가스 안전 관리
- 2-1 고압가스 용어의 정의 ·········· 90
- 2-2 충전 사업 기준 ·········· 91
- 2-3 판매 사업 및 영업소의 기준 ·········· 102
- 2-4 가스용품 제조의 기준 ·········· 104
- 2-5 액화석유가스 사용 시설의 기준 ·········· 107

제3장 도시가스 안전 관리
- 3-1 도시가스 용어의 정의 ·········· 110
- 3-2 가스 도매 사업의 기준 ·········· 112
- 3-3 일반 도시가스 사업의 기준 ·········· 122
- 3-4 가스 사용 시설의 기준 ·········· 131
- 3-5 도시가스의 측정 ·········· 137

제2편 가스시설 유지관리

제1장 LP 가스 및 도시가스 설비
- 1-1 LP 가스 설비 ·········· 140
- 1-2 도시가스 설비 ·········· 158

제2장 압축기 및 펌프
- 2-1 압축기(compressor) ·········· 164
- 2-2 펌프(pump) ·········· 176

제3장 저온 장치
- 3-1 가스 액화 사이클 ·········· 190
- 3-2 가스 액화 분리 장치 ·········· 195

제4장 가스 설비
- 4-1 고압 설비의 재료 ·········· 202
- 4-2 고압가스 제조 설비 일반 ·········· 211
- 4-3 배관의 부식(腐蝕)과 방식 ·········· 223

제5장 가스 계측 기기
- 5-1 가스 검지법 ·········· 231
- 5-2 가스 분석의 종류 및 특징 ·········· 234
- 5-3 압력계의 종류 및 특징 ·········· 239
- 5-4 유량계의 종류 및 특징 ·········· 247
- 5-5 온도계의 종류 및 특징 ·········· 254
- 5-6 액면계의 종류 및 특징 ·········· 258
- 5-7 가스 미터의 종류 및 특징 ·········· 261

제3편 ••• 가스 특성 활용

제1장 가스의 기초
- 1-1 열역학 기초 ······ 266
- 1-2 가스의 기초 법칙 ······ 285

제2장 가스의 성질 및 제조
- 2-1 고압가스의 정의 및 분류 ······ 295
- 2-2 고압가스 ······ 303

제3장 LP 가스 및 도시가스
- 3-1 LPG의 일반 사항 ······ 347
- 3-2 도시가스의 일반 사항 ······ 355

제4장 수소 제조 및 충전 시설
- 4-1 수소 제조 설비 ······ 367
- 4-2 수소 충전 시설 ······ 384

제5장 가스의 연소 이론
- 5-1 연소 현상 ······ 394
- 5-2 연소 계산 ······ 399
- 5-3 가스 폭발 이론 ······ 402

부록 1 ••• 과년도 출제 문제

- 2015년도 출제 문제 ······ 416
- 2016년도 출제 문제 ······ 458

부록 2 ••• CBT 복원문제

- 2017년도 복원문제 ······ 492
- 2018년도 복원문제 ······ 514
- 2019년도 복원문제 ······ 535
- 2020년도 복원문제 ······ 556
- 2021년도 복원문제 ······ 578
- 2022년도 복원문제 ······ 601
- 2023년도 복원문제 ······ 622
- 2024년도 복원문제 ······ 645
- 2025년도 복원문제 ······ 670

CBT 필기시험 안내

- CBT(Computer Based Test) 필기시험은 컴퓨터 기반 시험을 의미하며, 국가기술자격 기능사 전종목이 2016년 5회 필기시험부터 시행되기 시작하여 2017년 이후에는 기능사 전종목, 전회 필기시험에 대하여 시행되고 있습니다.
- CBT 필기시험은 CBT 문제은행에서 개인별로 상이하게 문제가 출제되므로 시험문제는 비공개로 되며, 수험자가 답안을 제출함과 동시에 합격여부를 확인할 수 있습니다.
- CBT 시험과정은 큐넷(Q-net.or.kr)에서 CBT 체험하기를 통해 실제 컴퓨터 필기 자격 시험 환경과 동일하게 구성한 가상 체험 서비스를 제공받을 수 있습니다.

가스기능사 검정현황

연도	필기			실기		
	응시	합격	합격률(%)	응시	합격	합격률(%)
계	795,595	238,219	29.9%	346,711	100,667	29%
2024	15,302	4,710	30.8%	6,171	3,295	53.4%
2023	13,963	4,308	30.9%	6,311	4,013	63.6%
2022	11,955	3,986	33.3%	5,984	2,049	34.2%
2021	11,747	3,753	31.9%	5,611	2,479	44.2%
2020	8,891	3,003	33.8%	4,442	2,597	58.5%
2019	11,090	3,426	30.9%	5,086	2,828	55.6%
2018	9,393	2,751	29.3%	4,378	2,457	56.1%
2017	10,281	2,817	27.4%	4,255	2,407	56.6%
2016	10,090	2,190	21.7%	3,690	2,107	57.1%
2015	9,643	2,072	21.5%	3,635	1,935	53.2%
2014	8,963	1,837	20.5%	3,139	1,685	53.7%
2013	8,035	1,551	19.3%	2,945	1,512	51.3%
2012	8,228	1,737	21.1%	3,222	1,612	50%
2011	8,030	1,773	22.1%	3,148	1,549	49.2%
2010	8,246	1,727	20.9%	3,247	1,623	50%
2009	9,064	2,240	24.7%	3,723	1,850	49.7%
2008	7,379	2,289	31%	3,724	1,873	50.3%
2007	8,971	2,567	28.6%	4,018	2,083	51.8%
2006	8,640	2,515	29.1%	3,973	2,009	50.6%
1978~2005	607,679	186,967	30.7%	266,009	58,704	22.1%

제1편

가스법령 활용 및 가스사고 예방·관리

1. 고압가스 안전 관리
2. 액화 석유 가스 안전 관리
3. 도시가스 안전 관리

제1장 | 고압가스 안전 관리

1-1 고압가스 용어의 정의

1 용어의 정의[고법 시행규칙 제2조]

① **가연성 가스** : 공기 중에서 연소하는 가스로서 폭발 한계(공기와 혼합된 경우 연소를 일으킬 수 있는 공기 중의 가스 농도 한계)의 하한이 10 % 이하인 것과 폭발 한계의 상한과 하한의 차가 20 % 이상인 것을 말한다.

② **독성 가스** : 공기 중에 일정량 이상인 경우 인체에 유해한 독성을 가진 가스로서 허용 농도가 100만분의 5000 이하인 것을 말한다.

> **참고** ○ 허용농도 기준
>
> ① 개정 전 허용 농도 : 정상인이 1일 8시간 또는 1주 40시간 통상적인 작업을 수행함에 있어 건강상 나쁜 영향을 미치지 아니하는 정도의 공기 중의 가스 농도를 말한다. → TLV-TWA(치사 허용 시간 가중치[致死許容 時間 加重値] Threshold Limit Value-Time Weighted Average)로 표시
> ② 개정된 허용 농도 : 해당 가스를 성숙한 흰쥐 집단에게 대기 중에서 1시간 동안 계속하여 노출시킨 경우 14일 이내에 그 흰쥐의 2분의 1 이상이 죽게 되는 가스의 농도를 말한다. → LC50(치사 농도 [致死濃度] 50 : Lethal concentration 50)으로 표시

③ **액화 가스** : 가압, 냉각 등의 방법에 의하여 액체 상태로 되어 있는 것으로서 대기압에서의 끓는점이 40℃ 이하 또는 상용 온도 이하인 것을 말한다.

④ **압축가스** : 일정한 압력에 의하여 압축되어 있는 가스를 말한다.

⑤ **저장 설비** : 고압가스를 충전·저장하기 위한 설비로서 저장 탱크 및 충전 용기 보관 설비를 말한다.

⑥ **저장 탱크** : 고압가스를 충전·저장하기 위하여 지상 또는 지하에 고정 설치된 탱크를 말한다.

⑦ **차량에 고정된 탱크** : 고압가스의 수송·운반을 위하여 차량에 고정 설치된 탱크를 말한다.

⑧ **초저온 용기** : -50℃ 이하의 액화 가스를 충전하기 위한 용기로서 단열재를 씌우거나 냉동 설비로 냉각시키는 등의 방법으로 용기 내의 가스 온도가 상용 온도를 초과하지 아니하도록 한 것을 말한다.

⑨ **충전 용기** : 고압가스의 충전 질량 또는 충전 압력의 2분의 1 이상이 충전되어 있는 상태의 용기를 말한다.
⑩ **잔 가스 용기** : 고압가스의 충전 질량 또는 충전 압력의 2분의 1 미만이 충전되어 있는 상태의 용기를 말한다.
⑪ **처리 설비** : 압축·액화나 그 밖의 방법으로 가스를 처리할 수 있는 설비 중 고압가스의 제조(충전 포함)에 필요한 설비와 저장 탱크에 딸린 펌프, 압축기 및 기화 장치를 말한다.
⑫ **처리 능력** : 처리 설비 또는 감압 설비에 의하여 압축, 액화나 그 밖의 방법으로 1일에 처리할 수 있는 가스의 양(기준 : 온도 0℃, 게이지 압력 0 Pa의 상태)을 말한다.
⑬ **방호벽** : 높이 2 m 이상, 두께 12 cm 이상의 철근 콘크리트 또는 이와 같은 수준 이상의 강도를 가지는 구조의 벽을 말한다.

구분	규격		구조
	두께	높이	
철근 콘크리트	12 cm 이상	2 m 이상	9 mm 이상 철근을 40×40 cm 이하의 간격으로 배근
콘크리트 블록	15 cm 이상	2 m 이상	9 mm 이상 철근을 40×40 cm 이하의 간격으로 배근, 블록 공동부에 몰탈 채움
박강판	3.2 mm 이상	2 m 이상	30×30 cm 이상의 앵글강을 40×40 cm 이하의 간격으로 용접 보강, 1.8 m 이하의 간격으로 지주 세움
후강판	6 mm 이상	2 m 이상	1.8 m 이하의 간격으로 지주 세움

⑭ **용접 용기** : 동판 및 경판을 각각 성형하고 용접하여 제조한 용기를 말한다.
⑮ **이음매 없는 용기** : 동판 및 경판을 일체로 성형하여 이음매가 없이 제조한 용기를 말한다.
⑯ **접합 또는 납붙임 용기** : 동판 및 경판을 각각 성형하여 심(seam) 용접이나 그 밖의 방법으로 접합하거나 납붙임하여 만든 내용적 1 L 이하인 일회용 용기로서 에어졸 제조용, 라이터 충전용, 연료용 가스용, 절단용 또는 용접용으로 제조한 것을 말한다.
⑰ **특수 고압가스** : 압축 모노실란, 압축 다이보레인, 액화 알진, 포스핀, 셀렌화 수소, 게르만, 디실란 및 그 밖에 반도체의 세정 등 산업 통상 자원부 장관이 인정하는 특수한 용도에 사용되는 고압가스를 말한다.
⑱ **고압가스 관련 설비(고법 제3조 제5호)** : 특정 설비
　㈎ 안전밸브, 긴급 차단 장치, 역화 방지 장치
　㈏ 기화 장치

㈐ 압력 용기
㈑ 자동차용 가스 자동 주입기
㈒ 독성 가스 배관용 밸브
㈓ 냉동 설비(별표 11 제4호 나목에서 정하는 일체형 냉동기는 제외)를 구성하는 압축기·응축기·증발기 또는 압력 용기(이하 "냉동용 특정 설비"라 한다.)
㈔ 특정 고압가스용 실린더 캐비닛
㈕ 자동차용 압축 천연가스 완속 충전 설비(처리 능력이 시간당 18.5 m³ 미만인 충전 설비)
㈖ 액화석유가스용 용기 잔류가스 회수 장치

단원 예상문제

1. 다음 중 가스에 대한 정의가 잘못된 것은? [07, 09, 14]
① 압축가스란 일정한 압력에 의하여 압축되어 있는 가스를 말한다.
② 액화 가스란 가압, 냉각 등의 방법에 의하여 액체 상태로 되어 있는 것으로서 대기압에서의 비점이 40℃ 이하 또는 상용 온도 이하인 것을 말한다.
③ 독성 가스란 인체에 유해한 독성을 가진 가스로서 허용 농도가 100만분의 3000 이하인 것을 말한다.
④ 가연성 가스란 공기 중에서 연소하는 가스로서 폭발 한계의 하한이 10 % 이하인 것과 폭발 한계의 상한과 하한의 차가 20 % 이상인 것을 말한다.
[해설] 독성 가스의 정의 : 공기 중에 일정량 이상 존재하는 경우 인체에 유해한 독성을 가진 가스로서 허용 농도가 100만분의 5000 이하인 것을 말한다.

2. 독성 가스의 정의는 다음과 같다. 괄호 안에 알맞은 LC50 값은? [11]

"독성 가스"라 함은 공기 중에 일정량 이상 존재하는 경우 인체에 유해한 독성을 가진 가스로서 허용 농도(해당 가스를 성숙한 흰쥐 집단에게 대기 중에서 1시간 동안 계속하여 노출시킨 경우 14일 이내에 그 흰쥐의 2분의 1 이상이 죽게 되는 가스의 농도를 말한다)가 ( ) 이하인 것을 말한다.

① 100만분의 2000   ② 100만분의 3000
③ 100만분의 4000   ④ 100만분의 5000

3. 가연성 가스라 함은 폭발 한계의 상한과 하한의 차가 몇 % 이상인 것을 말하는가? [11]
① 10 %   ② 20 %   ③ 30 %   ④ 40 %

정답 1. ③ 2. ④ 3. ②

[해설] 가연성 가스 : 공기 중에서 연소하는 가스로서 폭발 한계(공기와 혼합된 경우 연소를 일으킬 수 있는 공기 중의 가스 농도의 한계를 말한다)의 하한이 10 % 이하인 것과 폭발 한계의 상한과 하한의 차가 20 % 이상인 것

4. 초저온 용기에 대한 정의로 옳은 것은? [15]
① 임계 온도가 50℃ 이하인 액화 가스를 충전하기 위한 용기
② 강판과 동판으로 제조된 용기
③ −50℃ 이하인 액화 가스를 충전하기 위한 용기로서 용기 내의 가스 온도가 상용의 온도를 초과하지 않도록 한 용기
④ 단열재로 피복하여 용기 내의 가스 온도가 상용의 온도를 초과하도록 조치된 용기

[해설] 초저온 용기 : −50℃ 이하의 액화 가스를 충전하기 위한 용기로서 단열재를 씌우거나 냉동 설비로 냉각시키는 등의 방법으로 용기 내의 가스 온도가 상용 온도를 초과하지 아니하도록 한 것을 말한다.

5. 고압가스 안전 관리법상 "충전 용기"라 함은 고압가스의 충전 질량 또는 충전 압력의 몇 분의 몇 이상이 충전되어 있는 상태의 용기를 말하는가? [09]
① $\dfrac{1}{5}$ ② $\dfrac{1}{4}$ ③ $\dfrac{1}{2}$ ④ $\dfrac{3}{4}$

[해설] 충전 용기와 잔 가스 용기 기준
㉮ 충전 용기 : 고압가스의 충전 질량 또는 충전 압력의 2분의 1 이상이 충전되어 있는 상태의 용기를 말한다.
㉯ 잔 가스 용기 : 고압가스의 충전 질량 또는 충전 압력의 2분의 1 미만이 충전되어 있는 상태의 용기를 말한다.

6. 다음 중 고압가스 처리 설비로 볼 수 없는 것은? [09]
① 저장 탱크에 부속된 펌프
② 저장 탱크에 부속된 안전밸브
③ 저장 탱크에 부속된 압축기
④ 저장 탱크에 부속된 기화 장치

[해설] 처리 설비 : 압축, 액화 그 밖의 방법으로 가스를 처리할 수 있는 설비 중 고압가스의 제조(충전)에 필요한 설비와 저장 탱크에 부속된 펌프, 압축기 및 기화 장치

7. 고압가스 안전 관리법 시행 규칙에서 정의한 "처리 능력"이라 함은 처리 설비 또는 감압설비에 의하여 며칠에 처리할 수 있는 가스의 양을 말하는가? [09, 10]
① 1일 ② 7일 ③ 10일 ④ 30일

[해설] 처리 능력 : 처리 설비 또는 감압 설비에 의하여 압축, 액화나 그 밖의 방법으로 1일에 처리할 수 있는 가스의 양(기준 : 온도 0℃, 게이지 압력 0 Pa의 상태)을 말한다.

정답 4. ③ 5. ③ 6. ② 7. ①

8. 고압가스 안전 관리법에서 정하고 있는 특정 설비가 아닌 것은? [09]
① 안전밸브
② 기화 장치
③ 독성 가스 배관용 밸브
④ 도시가스용 압력 조정기

[해설] 고압가스 관련 설비(특정 설비) 종류 : 안전밸브, 긴급 차단 장치, 기화 장치, 독성 가스 배관용 밸브, 자동차용 가스 자동주입기, 역화 방지기, 압력 용기, 특정 고압가스용 실린더 캐비닛, 자동차용 압축 천연가스 완속 충전 설비, 액화석유가스용 용기 잔류가스 회수 장치

[정답] 8. ④

2 고압가스 특정 제조 허가의 대상 [고법 시행규칙 제3조]

① 석유 정제업자의 석유 정제시설 또는 그 부대시설에서 고압가스를 제조하는 것으로서 그 저장 능력이 100톤 이상인 것
② 석유화학공업자(석유 화학 공업 관련 사업자 포함)의 석유 화학 공업 시설 또는 그 부대시설에서 고압가스를 제조하는 것으로서 그 저장 능력이 100톤 이상이거나 처리능력이 10000 m^3 이상인 것
③ 철강공업자의 철강 공업 시설 또는 그 부대시설에서 고압가스를 제조하는 것으로서 그 처리 능력이 100000 m^3 이상인 것
④ 비료 생산업자의 비료 제조 시설 또는 그 부대시설에서 고압가스를 제조하는 것으로서 그 저장 능력이 100톤 이상이거나 처리 능력이 100000 m^3 이상인 것
⑤ 그 밖에 산업 통상 자원부 장관이 정하는 시설에서 고압가스를 제조하는 것으로서 그 저장 능력 또는 처리 능력이 산업 통상 자원부 장관이 정하는 규모 이상인 것

✔ 단원 예상문제

1. 다음 중 고압가스 특정제조 허가의 대상이 아닌 것은? [15]
① 석유 정제시설에서 고압가스를 제조하는 것으로서 그 저장 능력이 100톤 이상인 것
② 석유 화학 공업 시설에서 고압가스를 제조하는 것으로서 그 처리 능력이 1만 세제곱미터 이상인 것
③ 철강 공업 시설에서 고압가스를 제조하는 것으로서 그 처리 능력이 1만 세제곱미터 이상인 것
④ 비료 제조 시설에서 고압가스를 제조하는 것으로서 그 저장 능력이 100톤 이상인 것

[정답] 1. ③

해설 고압가스 특정 제조 허가 대상
  ㉮ 석유 정제업자 : 저장 능력 100톤 이상
  ㉯ 석유화학공업자 : 저장 능력 100톤 이상, 처리 능력 1만m^3 이상
  ㉰ 철강공업자 : 처리 능력 10만m^3 이상
  ㉱ 비료 생산업자 : 저장 능력 100톤 이상, 처리 능력 10만m^3 이상
  ㉲ 산업 통상 자원부 장관이 정하는 시설

1-2 저장 능력 산정 기준

(1) 저장 능력 산정 기준 계산식
① 압축가스 저장 탱크 및 용기 : $Q = (10P + 1) \cdot V_1$

② 액화 가스 저장 탱크 : $W = 0.9 d \cdot V_2$

③ 액화 가스 용기(충전 용기, 탱크로리)

$$W = \frac{V_2}{C}$$

여기서, Q : 저장 능력(m^3)
P : 35℃에서 최고 충전 압력(MPa)
V_1 : 내용적(m^3)
W : 저장 능력(kg)
V_2 : 내용적(L)
d : 상용 온도에서의 액화 가스 비중(kg/L)
C : 액화 가스 충전 상수(C_3H_8 : 2.35, C_4H_{10} : 2.05, NH_3 : 1.86)

(2) 저장 능력 합산 기준
① 저장 탱크 및 용기가 배관으로 연결된 경우
② 저장 탱크 및 용기 사이의 중심 거리가 30 m 이하인 경우 및 같은 구축물에 설치되어 있는 경우
③ 액화 가스와 압축가스가 섞여 있는 경우에는 액화 가스 10 kg을 압축가스 1 m^3로 본다.

단원 예상문제

1. 고압가스 저장 능력 산정 시 액화 가스의 용기 및 차량에 고정된 탱크의 산정식은? (단, W는 저장 능력[kg], d는 액화 가스의 비중[kg/L], V_2는 내용적[L], C는 가스의 종류에 따르는 정수이다.) [02, 09]

① $W = 0.9dV_2$
② $W = \dfrac{V_2}{C}$
③ $W = 0.9dC^2$
④ $W = \dfrac{V_2}{C^2}$

[해설] ①항 : 액화 가스 저장 탱크의 저장 능력 산정식
②항 : 액화 가스의 용기 및 차량에 고정된 탱크의 저장능력 산정식

2. 고압가스 저장 능력 산정 기준에서 액화 가스의 저장 탱크 저장 능력을 구하는 식은? (단, Q, W는 저장 능력, P는 최고 충전 압력, V는 내용적, C는 가스 종류에 따른 정수, d는 가스의 비중이다.) [09, 14]

① $W = 0.9dV$
② $Q = 10PV$
③ $W = \dfrac{V}{C}$
④ $Q = (10P+1)V$

[해설] ④항 : 압축 가스 용기 및 저장 탱크의 저장 능력 산정식

3. 고압 용기의 내용적이 105 L인 암모니아 용기에 법정 가스 충전량은 몇 kg인가? (단, 가스 상수 C값은 1.86이다.) [02, 11, 14]

① 20.5 kg
② 45.5 kg
③ 56.5 kg
④ 117.5 kg

[해설] $G = \dfrac{V}{C} = \dfrac{105}{1.86} = 56.45 \text{ kg}$

4. 액화 부탄 50 kg을 충전하기 위한 용기의 내용적은 몇 L인가? (단, $C = 2.05$이다.) [04]

① 102.5
② 70
③ 40
④ 27

[해설] $G = \dfrac{V}{C}$ 에서
∴ $V = G \cdot C = 50 \times 2.05 = 102.5 \text{ L}$

정답 1. ② 2. ① 3. ③ 4. ①

5. 액화 염소 가스 1375 kg을 용량 50 L인 용기에 충전하려면 몇 개의 용기가 필요한가? (단, 액화 염소 가스의 정수 C는 0.80이다.) [09, 14]

① 20
② 22
③ 25
④ 27

[해설] ㉮ 용기 1개당 충전량 계산

$$G = \frac{V}{C} = \frac{50}{0.8} = 62.5 \text{ kg}$$

㉯ 용기 수 계산

$$\text{용기 수} = \frac{\text{전체 가스양}}{\text{용기 1개당 충전량}} = \frac{1375}{62.5} = 22 \text{ 개}$$

6. 내부 용적이 25000 L인 액화산소 저장 탱크의 저장 능력은 얼마인가? (단, 비중은 1.14이다.) [06, 16]

① 28500 kg
② 21930 kg
③ 24780 kg
④ 25650 kg

[해설] $W = 0.9 dV = 0.9 \times 1.14 \times 25000 = 25650 \text{ kg}$

7. 비중이 0.5인 LPG를 제조하는 공장에서 1일 10만L를 생산하여 24시간 정치 후 모두 산업 현장으로 보낸다. 이 회사에서 생산하는 LPG를 저장하려면 저장 용량이 5톤인 저장 탱크 몇 개를 설치해야 하는가? [16]

① 2
② 5
③ 7
④ 10

[해설] ① 생산된 LPG 10만L를 무게로 계산

$W = $ 체적 × 액 비중 $= 100000 \times 0.5 = 50000 \text{ kg} = 50$톤

② 저장 탱크 수 계산

$$\text{탱크 수} = \frac{\text{총 LPG량(톤)}}{\text{저장 탱크 1개당 저장량}} = \frac{50}{5} = 10 \text{ 개}$$

[정답] 5. ② 6. ④ 7. ④

1-3 보호 시설

(1) 제1종 보호 시설

① 학교, 유치원, 어린이집, 놀이방, 어린이 놀이터, 학원, 병원(의원 포함), 도서관, 청소년 수련 시설, 경로당, 시장, 공중목욕탕, 호텔, 여관, 극장, 교회

및 공회당(公會堂)

② 사람을 수용하는 건축물(가설 건축물 제외)로서 사실상 독립된 부분의 연면적이 1000 m² 이상인 것

③ 예식장, 장례식장 및 전시장, 그 밖에 이와 유사한 시설로서 300명 이상 수용할 수 있는 건축물

④ 아동 복지 시설 또는 장애인 복지 시설로서 20명 이상 수용할 수 있는 건축물

⑤ 「문화재 보호법」에 따라 지정 문화재로 지정된 건축물

(2) 제2종 보호 시설

① 주택

② 사람을 수용하는 건축물(가설 건축물 제외)로서 사실상 독립된 부분의 연면적이 100 m² 이상 1000 m² 미만인 것

✓ 단원 예상문제

1. 다음 중 제1종 보호 시설이 아닌 것은? [15]

① 가설 건축물이 아닌, 사람을 수용하는 건축물로서 사실상 독립된 부분의 연면적이 1500 m²인 건축물
② 문화재 보호법에 의하여 지정 문화재로 지정된 건축물
③ 수용 능력이 100인(人) 이상인 공연장
④ 어린이집 및 어린이 놀이시설

[해설] 예식장, 장례식장 및 전시장, 그 밖에 이와 유사한 시설로서 300명 이상 수용할 수 있는 건축물

2. 고압가스 안전 관리상 제1종 보호 시설이 아닌 것은? [07]

① 학교   ② 여관
③ 주택   ④ 시장

[해설] 주택은 제2종 보호 시설에 해당된다.

[정답] 1. ③ 2. ③

(3) 보호 시설과 안전거리 유지 기준

① 처리 설비, 저장 설비는 보호 시설과 안전거리 유지

처리 능력 및 저장 능력	독성, 가연성		산소		그 밖의 가스	
	제1종	제2종	제1종	제2종	제1종	제2종
1만 이하	17	12	8		5	
1만 초과 2만 이하	21	14	9		7	
2만 초과 3만 이하	24	16	11		8	
3만 초과 4만 이하	27	18	13		9	
4만 초과 5만 이하	30	20	14		10	
5만 초과 99만 이하	30	20	–	–	–	
99만 초과	30	20	–	–	–	

1. 단위 : 압축가스 m^3, 액화 가스 kg
2. 한 사업소 안에 2개 이상의 처리 설비 또는 저장 설비가 있는 경우 그 처리 능력, 저장 능력별로 각각 안전거리 유지
3. 산소 및 그 밖의 가스는 4만 초과까지임

② 저장 설비를 지하에 설치하는 경우에는 유지 거리의 1/2을 곱한 거리를 유지한다.

단원 예상문제

1. 가연성, 독성 가스 처리 및 저장 능력 10000 m^3 초과 20000 m^3 이하의 저장 설비에 있어서 제1종 및 제2종 보호 시설과의 안전거리는? [03]
① 1종 : 12 m, 2종 : 8 m
② 1종 : 14 m, 2종 : 9 m
③ 1종 : 21 m, 2종 : 14 m
④ 1종 : 18 m, 2종 : 13 m

[해설] 가연성, 독성 가스의 보호 시설별 안전거리

저장 능력(m^3)	제1종	제2종
1만 이하	17	12
1만 초과 2만 이하	21	14
2만 초과 3만 이하	24	16
3만 초과 4만 이하	27	18
4만 초과 5만 이하	30	20
5만 초과 99만 이하	30	20

∴ 제1종 보호 시설과는 21 m 이상, 제2종 보호 시설과는 14 m 이상의 안전거리를 유지하여야 한다.

정답 1. ③

2. 산소의 처리 설비로서 1일 처리 능력 35000 m³이다. 전용 공업 지역이 아닌 지역일 경우 처리 설비 외면과 사업소 밖에 있는 병원과는 몇 m 이상 안전거리를 유지하여야 하는가? [04, 15]

① 16 m
② 17 m
③ 18 m
④ 20 m

[해설] 산소 처리 설비의 보호 시설과 안전거리

저장 능력(m³)	제1종	제2종
1만 이하	12	8
1만 초과 2만 이하	14	9
2만 초과 3만 이하	16	11
3만 초과 4만 이하	18	13
4만 초과	20	14

∴ 병원은 1종 보호 시설이고, 처리 능력이 35000 m³이므로 안전거리는 18 m 이상이 된다.

[정답] 2. ③

1-4 냉동 능력 산정 기준

(1) 1일 냉동 능력(톤) 계산

① 원심식 압축기 : 원동기 정격 출력 1.2 kW
② 흡수식 냉동 설비 : 발생기를 가열하는 입열량 6640 kcal/h
③ 그 밖의 것 : 다음의 산식으로 계산

$$R = \frac{V}{C}$$

여기서, R : 1일의 냉동 능력(톤)
 V : 피스톤 압출량(m³/h)
 C : 냉매 종류에 따른 상수

단원 예상문제

1. 원심 압축기를 사용하는 냉동 설비는 그 압축기의 원동기 정격 출력 몇 kW를 1일의 냉동능력 1톤으로 산정하는가? [13]

① 1.0   ② 1.2   ③ 1.5   ④ 2.0

[해설] 1일의 냉동 능력 1톤 계산
- ㉮ 원심식 압축기 : 압축기의 원동기 정격 출력 1.2 kW
- ㉯ 흡수식 냉동 설비 : 발생기를 가열하는 1시간의 입열량 6640 kcal
- ㉰ 그 밖의 것은 다음 산식에 의함

$$R = \frac{V}{C}$$

[정답] 1. ②

1-5 고압가스 제조의 기준 (특정 제조, 일반 제조, 용기 및 차량에 고정된 탱크 충전)

1 시설 기준

(1) 배치 기준

① 처리 설비, 저장 설비는 보호 시설과 안전거리 유지

② 화기와의 우회 거리
- ㉮ 가스 설비 또는 저장 설비 : 2 m 이상
- ㉯ 가연성 가스, 산소의 가스 설비 또는 저장 설비 : 8 m 이상

③ 설비사이의 거리
- ㉮ 가연성 가스와 가연성 가스 제조 시설의 고압가스 설비 사이 거리 : 5 m 이상
- ㉯ 가연성 가스와 산소 제조 시설의 고압가스 설비 사이 거리 : 10 m 이상

③ 가연성 가스 설비 또는 독성 가스 설비 : 통로, 공지 등으로 구분된 안전 구역에 설치[특정제조만 해당]
- ㉮ 안전 구역 면적 : 20000 m^2 이하
- ㉯ 안전구역 내 고압가스 설비와 다른 안전구역 내 고압가스 설비와 거리 : 30 m 이상
- ㉰ 제조 설비는 제조소 경계까지 : 20 m 이상
- ㉱ 가연성 가스 저장 탱크와 처리 능력 20만m^3 이상인 압축기 : 30m 이상

단원 예상문제

1. 고압가스의 저장 설비 및 충전 설비는 그 외면으로부터 화기를 취급하는 장소까지 얼마이상의 우회 거리를 두어야 하는가? (단, 산소 및 가연성 가스는 제외한다.) [05, 06]
① 1 m 이상 ② 2 m 이상 ③ 5 m 이상 ④ 8 m 이상

[해설] 고압가스 저장 설비 및 충전 설비와 화기와의 우회 거리는 2 m 이상(단, 가연성 및 산소의 충전 설비 또는 저장 설비는 8 m 이상이다.)

2. 산소의 저장 설비 외면으로부터 얼마의 거리에서 화기를 취급할 수 없는가? (단, 자체 설비 내의 것을 제외한다.) [11]
① 2 m 이내 ② 5 m 이내 ③ 8 m 이내 ④ 10 m 이내

[해설] 화기와의 우회 거리
㉮ 가스 설비 또는 저장 설비 : 2 m 이상
㉯ 가연성 가스, 산소의 가스 설비 또는 저장 설비 : 8 m 이상

3. 특정 제조 시설에서 안전 구역 내의 고압가스 설비는 그 외면으로부터 다른 안전 구역 내의 고압가스 설비와 몇 m 이상의 거리를 유지해야 하는가? [04]
① 10 m ② 20 m ③ 30 m ④ 40 m

[해설] 안전 구역 안의 고압가스 설비 외면으로부터 다른 안전 구역 안에 있는 고압가스 설비의 외면까지 유지하여야 할 거리는 30 m 이상으로 한다.

4. 가연성 가스 제조 시설의 고압가스 설비는 그 외면과 산소 제조 시설의 고압가스 설비와 얼마 이상 이격시켜야 하는가? [03, 05, 07, 09]
① 5 m ② 8 m ③ 10 m ④ 15 m

[해설] 다른 고압가스 설비와의 거리
㉮ 가연성 가스 설비와 가연성 가스 설비 : 5 m 이상
㉯ 가연성 가스 설비와 산소 설비 : 10 m 이상

5. 고압가스 특정 제조 시설에서 안전 구역 설정 시 사용하는 안전 구역 안의 고압가스 설비 연소열량 수치(Q)의 값은 얼마 이하로 정해져 있는가? [13]
① 6×10^8 ② 6×10^9
③ 7×10^5 ④ 7×10^9

[해설] 안전 구역 안의 고압가스 설비 연소열량 수치(Q)는 연소열량 수치 산정 기준 중 어느 하나에 따라 산정한 것으로서, 6×10^8 이하로 한다.

정답 1. ② 2. ③ 3. ③ 4. ③ 5. ①

6. 고압가스 특정 제조 시설에서 안전 구역을 설정하기 위한 연소 열량의 계산 공식을 옳게 나타낸 것은? (단, Q는 연소 열량, W는 저장 설비 또는 처리 설비에 따라 정한 수치, K는 가스의 종류 및 상용 온도에 따라 정한 수치이다.) [09]

① $Q = K + W$
② $Q = \dfrac{W}{K}$
③ $Q = \dfrac{K}{W}$
④ $Q = K \times W$

[해설] 안전 구역 설정 연소열량 계산 공식 : $Q = K \times W$

7. 저장 탱크에 물분무 장치를 설치 시 수원의 수량이 몇 분 이상 연속 방사할 수 있어야 하는가? [05]

① 20분
② 30분
③ 40분
④ 60분

[해설] 물분무 장치와 소화전 등은 해당 설비를 30분 이상 연속하여 동시에 방수할 수 있는 수량을 갖는 수원에 접속한다.

정답 6. ④ 7. ②

(2) 저장 설비 기준

① **내진성능(耐震性能) 확보**

(가) 저장 탱크[가스 홀더(gas holder) 포함]

구 분	비가연성, 비독성 가스	가연성, 독성 가스	탑 류
압축가스	1000 m³ 이상	500 m³ 이상	동체부 높이가 5 m 이상인 것
액화 가스	10000 kg 이상	5000 kg 이상	

(나) 세로 방향으로 설치한 동체의 길이가 5 m 이상인 원통형 응축기 및 내용적 5000 L 이상인 수액기, 지지 구조물 및 기초

(다) (가)항 중 저장 탱크를 지하에 매설한 경우에 대하여는 내진 설계를 한 것으로 본다.

② **가스 방출 장치 설치** : 5 m³ 이상
③ **저장 탱크 사이 거리** : 저장 탱크 최대 지름을 더한 길이의 4분의 1 이상의 거리를 유지 (1 m 미만인 경우 1 m 유지)한다.

④ 저장 탱크 설치 기준
  (가) 지하 설치 기준
    ㉮ 천장, 벽, 바닥의 두께 : 30 cm 이상의 철근 콘크리트
    ㉯ 저장 탱크의 주위 : 마른 모래를 채울 것
    ㉰ 매설 깊이 : 60 cm 이상
    ㉱ 2개 이상 설치 시 : 상호 간 1 m 이상 유지
    ㉲ 지상에 경계표지 설치
    ㉳ 안전밸브 방출관 설치(방출구 높이 : 지면에서 5 m 이상)
  (나) 실내 설치 기준
    ㉮ 저장 탱크실과 처리 설비실은 각각 구분하여 설치하고 강제통풍 시설을 갖출 것
    ㉯ 천장, 벽, 바닥의 두께 : 30 cm 이상의 철근 콘크리트
    ㉰ 가연성 가스 또는 독성 가스의 경우 : 가스 누출 검지 경보장치 설치
    ㉱ 저장 탱크 정상부와 천장과의 거리 : 60 cm 이상
    ㉲ 2개 이상 설치 시 : 저장 탱크실을 각각 구분하여 설치
    ㉳ 저장 탱크실 및 처리 설비실의 출입문 : 각각 따로 설치(자물쇠 채움 등의 조치)
    ㉴ 주위에 경계표지 설치
    ㉵ 안전밸브 방출관 설치(방출구 높이 : 지상에서 5 m 이상)

⑤ 저장 탱크의 부압파괴 방지 조치
  (가) 압력계
  (나) 압력 경보 설비
  (다) 진공 안전밸브
  (라) 다른 저장 탱크 또는 시설로부터의 가스 도입배관(균압관)
  (마) 압력과 연동하는 긴급 차단 장치를 설치한 냉동 제어 설비
  (바) 압력과 연동하는 긴급 차단 장치를 설치한 송액 설비

⑥ 과충전 방지 조치 : 내용적의 90 % 초과 금지
  (가) 액면, 액두압을 검지하는 것이나 이에 갈음할 수 있는 유효한 방법일 것
  (나) 용량이 검지되었을 때는 지체 없이 경보를 울리는 것일 것
  (다) 경보는 관계자가 상주하는 장소 및 작업 장소에서 명확하게 들을 수 있는 것

단원 예상문제

1. 고압가스 특정 제조 시설 중 비가연성 가스의 저장 탱크는 몇 m³ 이상일 경우에 지진 영향에 대한 안전한 구조로 설계하여야 하는가? [08, 12, 16]
① 300 ② 500 ③ 1000 ④ 2000

[해설] 내진 설계 대상 : 저장 탱크 및 압력 용기

구 분	비가연성, 비독성 가스	가연성, 독성 가스	탑 류
압축가스	1000 m³ 이상	500 m³ 이상	동체부 높이 5 m 이상
액화 가스	10000 kg 이상	5000 kg 이상	

2. 고압가스 저장 탱크 및 가스 홀더의 가스 방출 장치는 가스 저장량이 몇 m³ 이상인 경우 설치하여야 하는가? [06, 08, 12]
① 1 m³ ② 3 m³ ③ 5 m³ ④ 10 m³

[해설] 저장 설비 구조 : 저장 탱크 및 가스 홀더(gas holder)는 가스가 누출하지 아니하는 구조로 하고 5 m³ 이상의 가스를 저장하는 것에는 가스 방출 장치를 설치한다.

3. 최대 지름이 6 m인 가연성 가스 저장 탱크 2개가 서로 유지하여야 할 최소 거리는? [15]
① 0.6 m ② 1 m ③ 2 m ④ 3 m

[해설] $L = \dfrac{D_1 + D_2}{4} = \dfrac{6+6}{4} = 3\,\text{m}$

4. 고압가스 일반 제조 시설의 저장 탱크를 지하에 매설하는 경우의 기준에 대한 설명으로 틀린 것은? [07, 09]
① 저장 탱크 외면에는 부식 방지 코팅을 한다.
② 저장 탱크는 천정, 벽, 바닥의 두께가 각각 10 cm 이상의 콘크리트로 설치한다.
③ 저장 탱크 주위에는 마른 모래를 채운다.
④ 저장 탱크에 설치한 안전밸브에는 지면에서 5 m 이상의 높이에 방출구가 있는 가스 방출관을 설치한다.

[해설] 천정, 벽, 바닥의 두께가 30 cm 이상인 방수 조치를 한 철근 콘크리트로 설치한다.

5. 가연성 가스 저온 저장 탱크 내부의 압력이 외부의 압력보다 낮아져 저장 탱크가 파괴되는 것을 방지하기 위한 조치로서 갖추어야 할 설비가 아닌 것은? [03, 07, 15, 16]
① 압력계 ② 압력 경보 설비
③ 정전기 제거 설비 ④ 진공 안전밸브

정답 1. ③ 2. ③ 3. ④ 4. ② 5. ③

[해설] 부압을 방지하는 조치에 필요한 설비
 ㉮ 압력계
 ㉯ 압력 경보 설비
 ㉰ 진공 안전밸브
 ㉱ 다른 시설로부터의 가스 도입배관(균압관)
 ㉲ 압력과 연동하는 긴급 차단 장치를 설치한 냉동 제어 설비
 ㉳ 압력과 연동하는 긴급 차단 장치를 설치한 송액 설비

6. 염소가스 저장 탱크의 과충전 방지 장치는 가스 충전량이 저장 탱크 내용적의 몇 %를 초과할 때 가스 충전이 되지 않도록 동작하는가? [11, 13, 16]
① 60 %   ② 80 %   ③ 90 %   ④ 95 %

[해설] 아황산가스, 암모니아, 염소, 염화 메탄, 산화에틸렌, 시안화수소, 포스겐 또는 황화수소의 저장 탱크에는 그 가스의 용량이 그 저장 탱크 내용적의 90 %를 초과하는 것을 방지하기 위하여 과충전 방지 조치를 강구한다.

7. 독성 가스의 저장 탱크에는 가스의 용량이 그 저장 탱크 내용적의 90 %를 초과하는 것을 방지하는 장치를 설치하여야 한다. 이 장치를 무엇이라고 하는가? [08, 11]
① 경보장치   ② 액면계
③ 긴급 차단 장치   ④ 과충전 방지 장치

[해설] 과충전 방지 장치 기준
 ㉮ 액면, 액두압을 검지하는 것이나 이에 갈음할 수 있는 유효한 방법일 것
 ㉯ 용량이 검지되었을 때는 지체 없이 경보를 울리는 것일 것
 ㉰ 경보는 관계자가 상주하는 장소 및 작업 장소에서 명확하게 들을 수 있는 것

정답 6. ③ 7. ④

(3) 배관 설비 기준

① **강도 및 두께**: 상용 압력의 2배 이상의 압력에서 항복을 일으키지 않는 두께
② **배관 설치 기준**
 ㈎ 표지판 설치 간격 및 기재 사항
  ㉮ 지하 설치 배관: 500 m 이하
  ㉯ 지상 설치 배관: 1000 m 이하
  ㉰ 기재 사항: 고압가스의 종류, 설치 구역명, 배관 설치(매설) 위치, 신고처, 회사명 및 연락처 등
 ㈏ 지하 매설
  ㉮ 건축물과 1.5 m 이상, 지하가 및 터널과는 10 m 이상의 거리 유지

㈀ 독성 가스 배관과 수도 시설 : 300 m 이상의 거리 유지
㈁ 지하의 다른 시설물 : 0.3 m 이상의 거리 유지
㈂ 매설 깊이
ⓐ 기준 : 1.2 m 이상
ⓑ 산이나 들 지역 : 1 m 이상
ⓒ 시가지의 도로 : 1.5 m 이상(시가지 외의 도로 : 1.2 m 이상)
㈐ 도로 밑 매설
㈀ 배관과 도로 경계까지 거리 : 1 m 이상
㈁ 포장된 노반 최하부와의 거리 : 0.5 m 이상
㈂ 전선, 상수도관, 하수도관, 가스관이 매설되어 있는 경우 이들의 하부에 설치
㈑ 철도 부지 밑 매설
㈀ 궤도 중심까지 4 m 이상, 부지 경계까지 1 m 이상의 거리 유지
㈁ 매설 깊이 : 1.2 m 이상
㈒ 지상 설치
㈀ 주택, 학교, 병원, 철도 그 밖의 이와 유사한 시설과 안전 확보상 필요한 거리 유지
㈁ 배관 양측에 공지 유지

상용 압력	공지의 폭
0.2 MPa 미만	5 m
0.2 MPa 이상 1 MPa 미만	9 m
1 MPa 이상	15 m

㈂ 산업 통상 자원부 장관이 고시하는 지역의 경우 공지 폭의 1/3로 할 수 있다.
㈓ 해저 설치
㈀ 배관은 해저면 밑에 매설할 것
㈁ 다른 배관과 교차하지 않고, 30 m 이상의 수평 거리 유지
㈂ 배관의 입상부에는 방호구조물 설치
㈃ 해저면 밑에 매설하지 않고 설치하는 경우 해저면을 고르게 하여 배관이 해저면 밑에 닿도록 할 것
㈔ 해상 설치
㈀ 지진, 풍압, 파도압 등에 안전한 구조의 지지물로 지지할 것
㈁ 선박의 항해에 손상을 받지 않도록 해면과의 사이에 공간을 확보
㈂ 선박의 충돌에 의하여 배관 및 지지물이 손상을 받을 우려가 있는 경우 방호 설비를 설치

㉑ 다른 시설물과 유지 관리에 필요한 거리를 유지
㈊ 누출확산 방지 조치
  ㉮ 시가지, 하천, 터널, 도로, 수로 및 사질토 등의 특수성 지반 중에 배관을 설치하는 경우
  ㉯ 2중관 설치 가스 : 포스겐, 황화수소, 시안화수소, 아황산가스, 산화에틸렌, 암모니아, 염소, 염화메탄
  ㉰ 2중관 규격 : 바깥층관 안지름은 안층관 바깥지름의 1.2배 이상
㈋ 운영 상태 감시 장치
  ㉮ 배관 장치에는 적절한 장소에 압력계, 유량계, 온도계 등의 계기류를 설치
  ㉯ 압축기 또는 펌프 및 긴급 차단 밸브의 작동 상황을 나타내는 표시등 설치
  ㉰ 경보장치 설치 : 경보장치가 울리는 경우
    ⓐ 압력이 상용 압력의 1.05배를 초과한 때(상용 압력이 4 MPa 이상인 경우 상용 압력에 0.2 MPa를 더한 압력)
    ⓑ 정상 운전 시의 압력보다 15 % 이상 강하한 경우
    ⓒ 정상 운전 시의 유량보다 7 % 이상 변동할 경우
    ⓓ 긴급 차단 밸브가 고장 또는 폐쇄된 때

✔ 단원 예상문제

1. 고압가스 배관의 표지판은 배관이 설치되어 있는 경로에 따라 배관의 위치를 정확히 알 수 있도록 설치하여야 한다. 지상에 설치된 배관은 표지판을 몇 m 이하의 간격으로 설치하여야 하는가? [09]
① 100   ② 300   ③ 500   ④ 1000

[해설] 배관 표지판 설치 간격
  ㉮ 지하 설치 배관 : 500 m 이하의 간격
  ㉯ 지상 설치 배관 : 1000 m 이하의 간격

2. 배관을 지하에 매설할 때 독성 가스 배관은 그 가스가 혼입될 우려가 있는 수도 시설과 몇 m 이상의 거리를 유지해야 하는가? [05]
① 100 m   ② 200 m   ③ 300 m   ④ 400 m

[해설] 독성 가스 배관은 그 가스가 혼입될 우려가 있는 수도 시설과는 300 m 이상의 거리를 유지한다.

[정답] 1. ④ 2. ③

3. 고압가스 특정 제조에서 지하매설 배관은 그 외면으로부터 지하의 다른 시설물과 몇 m 이상 거리를 유지해야 하는가? [07, 09]
① 0.3　　　　② 0.5　　　　③ 1　　　　④ 1.2

[해설] 배관은 그 외면으로부터 지하의 다른 시설물과 0.3 m 이상의 거리를 유지한다.

4. 자동차 하중을 받을 우려가 있는 차도에 고압가스 배관을 매설 시, 배관의 바닥 부분에서 배관 정상부의 위쪽으로 몇 cm까지 모래로 되메우기를 하는가? [02]
① 10cm　　　　② 20cm
③ 30cm　　　　④ 40cm

[해설] 굴착 및 되메우기 작업 기준
㉮ 배관 외면으로부터 굴착부 측벽에 대하여 15cm 이상의 거리를 유지하도록 시공한다.
㉯ 굴착구의 바닥면은 배관 등에 손상을 줄 우려가 있는 암석 등을 제거하고 모래 또는 사질토를 20cm 이상 두께로 깔거나 모래주머니를 10cm 이상의 두께로 깔아서 평탄하게 한다.
㉰ 도로의 차도에 매설할 경우에는 배관의 바닥 부분에서 노반 바닥까지의 사이를, 그 밖의 경우에는 배관의 바닥 부분에서 배관 정상부의 위쪽으로 30cm까지의 사이를 모래 또는 사질토로 채우고 충분히 다진다.
㉱ 배관 등에 관한 도복장(塗覆裝)에 손상을 줄 우려가 있는 대형 다짐기를 사용하지 않는다.

5. 고압가스 특정 제조 시설 중 도로 밑에 매설하는 배관의 기준에 대한 설명으로 틀린 것은? [16]
① 시가지의 도로 밑에 배관을 설치하는 경우에는 보호판을 배관의 정상부로부터 30 cm 이상 떨어진 그 배관의 직상부에 설치한다.
② 배관은 그 외면으로부터 도로의 경계와 수평 거리로 1 m 이상을 유지한다.
③ 배관은 원칙적으로 자동차 등의 하중의 영향이 적은 곳에 매설한다.
④ 배관은 그 외면으로부터 도로 밑의 다른 시설물과 60 cm 이상의 거리를 유지한다.

[해설] 배관은 그 외면으로부터 도로 밑의 다른 시설물과 30 cm 이상의 거리를 유지한다.

6. 고압가스 특정 제조 시설 중 철도 부지 밑에 매설하는 배관에 대하여 설명한 것이다. 옳지 않은 것은? [02]
① 배관은 그 외면으로부터 다른 시설물과 30 cm 이상의 거리를 유지한다.
② 배관은 그 외면과 지표면과의 거리는 1 m 이상 유지한다.
③ 배관은 그 외면으로부터 궤도 중심과 4 m 이상 유지한다.
④ 배관은 그 외면으로부터 수평 거리 건축물까지 1.5 m 이상 유지한다.

[해설] 지표면으로부터 배관 외면까지의 깊이(매설 깊이)는 1.2 m 이상으로 한다.

[정답] 3. ①　4. ③　5. ④　6. ②

7. 고압가스 특정 제조 시설에서 상용 압력 0.2 MPa 미만의 가연성 가스 배관을 지상에 노출하여 설치 시 유지하여야 할 공지의 폭 기준은? [13]
① 2 m 이상　　　　　　　　② 5 m 이상
③ 9 m 이상　　　　　　　　④ 15 m 이상

[해설] 공지 유지 기준

상용 압력	공지의 폭
0.2 MPa 미만	5 m 이상
0.2 MPa 이상 1 MPa 미만	9 m 이상
1 MPa 이상	15 m 이상

※ 공지의 폭은 배관 양쪽 외면으로부터 계산하되 전용 공업지역 또는 일반 공업지역, 산업 통상 자원부 장관이 지정하는 지역은 위 표에서 정한 폭의 1/3로 할 수 있다.

8. 고압가스 특정 제조 시설에서 배관을 해저에 설치하는 경우 다음 기준에 적합지 않은 것은? [05, 08, 12]
① 배관은 해저면 밑에 매설할 것
② 배관은 원칙적으로 다른 배관과 교차하지 아니할 것
③ 배관은 원칙적으로 다른 배관과 수평 거리로 20 m 이상을 유지할 것
④ 배관의 입상부에는 보호 시설물을 설치할 것

[해설] 배관은 원칙적으로 다른 배관과 30 m 이상의 수평 거리를 유지한다.

9. 고압가스 배관 설치 기준 중 하천과 병행하여 매설하는 경우로서 적합하지 않은 것은? [16]
① 배관은 견고하고 내구력을 갖는 방호구조물 안에 설치한다.
② 매설 심도는 배관의 외면으로부터 1.5 m 이상 유지한다.
③ 설치 지역은 하상(下床, 하천의 바닥)이 아닌 곳으로 한다.
④ 배관 손상으로 인한 가스 누출 등 위급한 상황이 발생한 때에 그 배관에 유입되는 가스를 신속히 차단할 수 있는 장치를 설치한다.

[해설] 매설 심도는 배관의 외면으로부터 2.5 m 이상 유지한다.

10. 독성 가스의 가스 설비에 관한 배관 중 2중관으로 하여야 하는 가스는? [07, 08, 09]
① 아황산가스　　　　　　　② 이황화탄소 가스
③ 수소 가스　　　　　　　④ 불소가스

[해설] 2중관으로 하여야 하는 독성 가스 : 포스겐, 황화수소, 시안화수소, 아황산가스, 산화에틸렌, 암모니아, 염소, 염화메탄

[정답] 7. ②　8. ③　9. ②　10. ①

11. 독성 가스 배관은 2중관 구조로 하여야 한다. 이때 외층관 안지름은 내층관 바깥지름의 몇 배 이상을 표준으로 하는가? [09]
① 1.2　　　　　　　　　② 1.5
③ 2　　　　　　　　　　④ 2.5

[해설] 2중관의 바깥층관 안지름은 안층관 바깥지름의 1.2배 이상으로 한다.

12. 배관 내의 상용 압력이 4 MPa인 도시가스 배관의 압력이 상승하여 경보장치의 경보가 울리기 시작하는 압력은? [07, 10]
① 4 MPa 초과 시　　　　② 4.2 MPa 초과 시
③ 5 MPa 초과 시　　　　④ 5.2 MPa 초과 시

[해설] 경보장치가 울리는 경우 : 배관 내의 압력이 상용 압력의 1.05배를 초과한 때(단, 상용 압력이 4 MPa 이상인 경우에는 상용 압력에 0.2 MPa를 더한 압력)
∴ 4 MPa + 0.2 MPa = 4.2 MPa 초과 시

[정답] 11. ①　12. ②

(4) 사고예방 설비 기준

① 안전장치 설치 : 고압가스 설비 안의 압력이 상용 압력을 초과하는 경우 즉시 그 압력을 상용 압력 이하로 되돌릴 수 있는 장치

② 가스 누출 검지 경보장치 설치 : 독성 가스 및 공기보다 무거운 가연성 가스
　(가) 종류
　　㉮ 접촉 연소 방식 : 가연성 가스
　　㉯ 격막 갈바니 전지방식 : 산소
　　㉰ 반도체 방식 : 가연성, 독성 가스
　(나) 경보 농도(검지 농도)
　　㉮ 가연성 가스 : 폭발 하한계의 1/4 이하
　　㉯ 독성 가스 : TLV-TWA 기준 농도 이하
　　㉰ 암모니아(NH_3)를 실내에서 사용하는 경우 : 50 ppm
　(다) 경보기의 정밀도
　　㉮ 가연성 가스 : ±25 % 이하
　　㉯ 독성 가스 : ±30 % 이하
　(라) 검지에서 발신까지 걸리는 시간

㉮ 경보 농도의 1.6배 농도에서 30초 이내
㉯ 암모니아, 일산화탄소 : 1분 이내
㈐ 지시계의 눈금 범위
㉮ 가연성 가스 : 0~폭발 하한계값
㉯ 독성 가스 : 0~TLV-TWA 기준 농도의 3배 값
㉰ 암모니아(NH_3)를 실내에서 사용하는 경우 : 150 ppm
㈑ 경보 : 경보를 발신한 후 가스 농도가 변하여도 계속 울릴 것

③ **긴급할 때 가스를 효과적으로 차단할 수 있는 조치**
㈎ 긴급 차단 장치 설치
㉮ 부착 위치 : 가연성 또는 독성 가스의 고압가스 설비 중 특수 반응설비[특정 제조만 해당]와 그 밖의 고압가스 설비마다
㉯ 저장 탱크의 긴급 차단 장치 또는 역류 방지 밸브 부착 위치
ⓐ 저장 탱크 주 밸브(main valve) 외측으로서 가능한 한 저장 탱크에 가까운 위치 또는 저장 탱크의 내부에 설치하되 저장 탱크의 주 밸브와 겸용하여서는 안 된다.
ⓑ 저장 탱크의 침하 또는 부상, 배관의 열팽창, 지진 그 밖의 외력의 영향을 고려할 것
㉰ 차단 조작 기구
ⓐ 동력원 : 액압, 기압, 전기, 스프링
ⓑ 조작 위치 : 당해 저장 탱크로부터 5 m 이상 떨어진 곳
ⓒ 차단 조작은 간단히 할 수 있고 확실하고 신속히 차단되는 구조일 것
㈏ 역류 방지 밸브 설치
㉮ 가연성 가스를 압축하는 압축기와 충전용 주관과의 사이 배관
㉯ 아세틸렌을 압축하는 압축기의 유 분리기와 고압 건조기와의 사이 배관
㉰ 암모니아 또는 메탄올의 합성탑 및 정제탑과 압축기와의 사이 배관
㈐ 역화 방지 장치 설치
㉮ 가연성 가스를 압축하는 압축기와 오토클레이브(autoclave)와의 사이 배관
㉯ 아세틸렌의 고압 건조기와 충전용 교체 밸브 사이 배관
㉰ 아세틸렌 충전용 지관

④ **방폭 전기 기기 설치** : 가연성 가스(암모니아, 브롬화메탄 및 공기 중에서 자기 발화하는 가스는 제외)의 가스 설비
㈎ 방폭 전기 기기의 분류 및 기호

명 칭	표시 방법(기호)	명 칭	표시 방법(기호)
내압 방폭 구조	d	안전증 방폭 구조	e
유입 방폭 구조	o	본질 안전 방폭 구조	ia 또는 ib
압력 방폭 구조	p	특수 방폭 구조	s

 (나) 위험 장소의 분류
  ㉮ 1종 장소 : 상용 상태에서 가연성 가스가 체류하여 위험하게 될 우려가 있는 장소, 정비·보수 또는 누출 등으로 인하여 종종 가연성 가스가 체류하여 위험하게 될 우려가 있는 장소
  ㉯ 2종 장소
   ⓐ 밀폐된 용기 또는 설비 내에 밀봉된 가연성 가스가 그 용기 또는 설비의 사고로 인해 파손되거나 오조작의 경우에만 누출할 위험이 있는 장소
   ⓑ 확실한 기계적 환기 조치에 의하여 가연성 가스가 체류하지 않도록 되어 있으나 환기 장치에 이상이나 사고가 발생한 경우에는 가연성 가스가 체류하여 위험하게 될 우려가 있는 장소
   ⓒ 1종 장소 주변 또는 인접한 실내에서 위험한 농도의 가연성 가스가 종종 침입할 우려가 있는 장소
  ㉰ 0종 장소 : 상용의 상태에서 가연성 가스의 농도가 연속해서 폭발하는 한계 이상으로 되는 장소(폭발 한계를 넘는 경우에는 폭발 한계 내로 들어갈 우려가 있는 경우를 포함)

⑤ **환기구 설치** : 가연성 가스의 가스 설비실 및 저장 설비실
⑥ **저장 탱크 및 배관** : 부식 방지 조치
⑦ **정전기 제거 조치** : 가연성 가스 제조 설비
 (가) 탑류, 저장 탱크, 열 교환기, 회전 기계, 벤트 스택(vent stack) 등은 단독으로 설치
 (나) 접지 접속선 단면적 : $5.5\,mm^2$ 이상
 (다) 접지 저항값 총합 : $100\,\Omega$ 이하(피뢰설비 설치 시 : $10\,\Omega$ 이하)
⑧ **내부반응 감시 설비 및 위험사태 발생 방지설비 설치 [특정 제조만 해당]**
 (가) 특수 반응설비 종류 : 암모니아 2차 개질로, 에틸렌 제조 시설의 아세틸렌 수첨탑, 산화에틸렌 제조 시설의 에틸렌과 산소 또는 공기와의 반응기, 시클로헥산(cyclohexane, C_6H_{12}) 제조 시설의 벤젠수첨 반응기, 석유 정제 시의 중유 직접수첨 탈황 반응기 및 수소화분해 반응기, 저밀도 폴리에틸렌 중합기 또는 메탄올 합성 반응탑
 (나) 내부반응 감시 장치 종류 : 온도 감시 장치, 압력 감시 장치, 유량 감시 장치 그 밖의 내부 반응감시 장치 설치

⑨ 인터로크(interlock) 기구 : 가연성 가스, 독성 가스의 제조 설비 또는 이들 제조 설비와 관련 있는 계장회로에는 제조하는 고압가스의 종류, 온도, 압력과 제조 설비의 상황에 따라 안전 확보를 위한 주요 부문에 설비가 잘못 조작되거나 정상적인 제조를 할 수 없는 경우에 자동으로 원재료의 공급을 차단하는 장치[특정 제조만 해당]

단원 예상문제

1. 당해 설비 내의 압력이 상용 압력을 초과할 경우 즉시 상용 압력 이하로 되돌릴 수 있는 안전장치의 종류에 해당하지 않는 것은? [02, 04, 15]
① 안전밸브
② 감압 밸브
③ 바이패스 밸브
④ 파열판

[해설] 안전장치의 종류 : 안전밸브, 파열판, 릴리프 밸브(relief valve), 바이패스 밸브(by-pass valve), 자동 압력 제어장치 등

2. 가스 누출 검지 경보장치의 설치에 대한 설명으로 틀린 것은? [15]
① 통풍이 잘 되는 곳에 설치한다.
② 가스의 누출을 신속하게 검지하고 경보하기에 충분한 개수 이상으로 설치한다.
③ 장치의 기능은 가스의 종류에 적절한 것으로 한다.
④ 가스가 체류할 우려가 있는 장소에 적절하게 설치한다.

[해설] 누출한 가스가 체류하기 쉬운 장소에 설치한다.

3. 가연성 가스 누출검지 경보장치의 경보 농도는 얼마인가? [16]
① 폭발 하한계 이하
② LC50 기준농도 이하
③ 폭발 하한계 1/4 이하
④ TLV-TWA 기준농도 이하

[해설] 경보 농도
㉮ 가연성 가스 : 폭발 하한계의 1/4 이하
㉯ 독성 가스 : TLV-TWA 기준 농도 이하
㉰ NH_3를 실내에서 사용 : 50 ppm

4. 가스 누설을 검지하는 데 검지 경보 설비의 경보 설정값으로 올바른 것은? [04]
① 수소 : 4 %
② 아세틸렌 : 0.625 %
③ 암모니아 : 60 ppm
④ 일산화탄소 : 3 %

[정답] **1.** ② **2.** ① **3.** ③ **4.** ②

해설 (1) 각 가스의 폭발 범위 및 허용 농도

명 칭	분 류	폭발 범위(%) 및 허용 농도(ppm)
수소(H_2)	가연성	4~75 %
아세틸렌(C_2H_2)	가연성	2.5~81 %
암모니아(NH_3)	독성, 가연성	15~28 %, 25 ppm
일산화탄소(CO)	독성, 가연성	12.5~74 %, 50 ppm

(2) 경보농도 설정값
  ㉮ 수소의 폭발 범위 하한값이 4 %이므로 경보 농도 설정값은 1 % 이하가 되어야 한다.
  ㉯ 아세틸렌의 폭발 범위 하한값이 2.5 %이므로 경보 농도 설정값은 0.625 % 이하가 되어야 한다.
  ㉰ 암모니아는 50 ppm 이하가 되어야 한다.
  ㉱ 일산화탄소의 폭발 범위 하한값이 12.5 %이므로 경보 농도 설정값은 3.125 % 이하가 되어야 한다.

5. 일산화탄소의 경우 가스 누출 검지 경보장치의 검지에서 발신까지 걸리는 시간은 경보농도의 1.6배 농도에서 몇 초 이내로 규정되어 있는가? [08]
① 10 ② 20 ③ 30 ④ 60

해설 검지에서 발신까지 걸리는 시간
  ㉮ 경보 농도의 1.6배 농도에서 30초 이내
  ㉯ 암모니아, 일산화탄소 : 60초 이내

6. 가스 누출 검지 경보장치로 실내 사용 암모니아 검출 시 지시계 눈금 범위로 옳은 것은? [02]
① 25 ppm ② 50 ppm ③ 100 ppm ④ 150 ppm

해설 지시계의 눈금 범위
  ㉮ 가연성 가스 : 0~폭발 하한계값
  ㉯ 독성 가스 : 0~TLV-TWA 기준 농도의 3배 값
  ㉰ NH_3를 실내에서 사용 : 150 ppm

7. 고압가스 제조 설비에 설치할 가스누설검지 경보 설비에 대하여 틀리게 설명한 것은? [03]
① 계기실 내부에도 1개 이상 설치한다.
② 수소의 경우 경보 설정치를 1 % 이하로 한다.
③ 경보부는 붉은 램프가 점멸함과 동시에 경보가 울리는 방식으로 한다.
④ 가연성 가스의 제조 설비에 격막 갈바니 전지방식의 것을 설치한다.

해설 가스누설 검지 경보 설비의 종류
  ㉮ 접촉 연소 방식 : 가연성 가스
  ㉯ 격막 갈바니 전지방식 : 산소
  ㉰ 반도체 방식 : 가연성, 독성

정답 5. ④ 6. ④ 7. ④

8. 가스 누출 검지 경보장치의 설치에 관한 다음 사항 중 틀린 것은? [02, 05, 07]
① 가스의 누출을 검지하여 그 농도를 지시함과 동시에 경보를 울릴 것
② 경보를 울린 후에 주위의 농도가 변화되면 경보가 자동적으로 정지할 것
③ 암모니아의 경우 검지에서 발신까지의 시간은 1분 이내일 것
④ 지시계의 눈금은 가연성 가스용은 0~폭발 하한계값일 것

[해설] 경보를 발신한 후에는 원칙적으로 분위기 가스 농도가 변하여도 계속 경보를 울리고, 그 확인 또는 대책을 강구함에 따라 경보정지가 되어야 한다.

9. 고압가스 특정 제조 시설의 배관 시설에 검지 경보장치의 검출부를 설치하여야 하는 장소가 아닌 것은? [06]
① 긴급 차단 장치 부분
② 방호구조물 등에 의하여 개방되어 설치된 배관의 부분
③ 누출된 가스가 체류하기 쉬운 구조인 배관의 부분
④ 슬리브관, 이중관 등에 의하여 밀폐되어 설치된 배관의 부분

[해설] 방호구조물 등에 의하여 밀폐되어 설치(매설 포함)된 배관의 부분

10. 제조소에 설치하는 긴급 차단 장치에 대한 설명으로 옳지 않은 것은? [05, 07, 09]
① 긴급 차단 장치는 저장 탱크 주 밸브의 외측에 가능한 한 저장 탱크의 가까운 위치에 설치해야 한다.
② 긴급 차단 장치는 저장 탱크 주 밸브와 겸용으로 하여 신속하게 차단할 수 있어야 한다.
③ 긴급 차단 장치의 동력원은 그 구조에 따라 액압, 기압, 전기 또는 스프링 등으로 할 수 있다.
④ 긴급 차단 장치는 당해 저장 탱크 외면으로부터 5 m 이상 떨어진 곳에서 조작할 수 있어야 한다.

[해설] 긴급 차단 장치 또는 역류 방지 밸브는 저장 탱크 주 밸브 외측으로서 가능한 한 저장 탱크에 가까운 위치 또는 저장 탱크의 내부에 설치하되 저장 탱크의 주 밸브와 겸용하지 아니한다.

11. 긴급 차단 밸브의 동력원이 아닌 것은? [06, 09]
① 액압   ② 기압
③ 전기   ④ 차압

[해설] 긴급 차단 장치(밸브) 동력원 : 액압, 기압, 전기, 스프링

정답 8. ② 9. ② 10. ② 11. ④

12. 역화 방지 장치를 설치하지 않아도 되는 곳은? [13]
① 가연성 가스 압축기와 충전용 주관 사이의 배관
② 가연성 가스 압축기와 오토클레이브 사이의 배관
③ 아세틸렌 충전용 지관
④ 아세틸렌 고압 건조기와 충전용 교체 밸브 사이의 배관

[해설] (1) 역화 방지 장치 설치 장소
㉮ 가연성 가스를 압축하는 압축기와 오토클레이브와의 사이 배관
㉯ 아세틸렌의 고압 건조기와 충전용 교체 밸브 사이 배관
㉰ 아세틸렌 충전용 지관
(2) 역류 방지 밸브 설치 장소
㉮ 가연성 가스를 압축하는 압축기와 충전용 주관과의 사이 배관
㉯ 아세틸렌을 압축하는 압축기의 유 분리기와 고압 건조기와의 사이 배관
㉰ 암모니아 또는 메탄올의 합성탑 및 정제탑과 압축기와의 사이 배관

13. 가연성 가스의 제조 설비 또는 저장 설비 중 전기설비 방폭 구조를 하지 않아도 되는 가스는? [05, 13]
① 암모니아, 시안화수소
② 암모니아, 염화 메탄
③ 브롬화메탄, 일산화탄소
④ 암모니아, 브롬화메탄

[해설] 암모니아, 브롬화메탄 및 공기 중에서 자기 발화하는 가스는 제외한다.

14. 다음 중 전기설비 방폭 구조의 종류가 아닌 것은? [16]
① 접지 방폭 구조
② 유입 방폭 구조
③ 압력 방폭 구조
④ 안전증 방폭 구조

[해설] 전기설비 방폭 구조의 종류
㉮ 내압 방폭 구조   ㉯ 유입 방폭 구조
㉰ 압력 방폭 구조   ㉱ 안전증 방폭 구조
㉲ 본질 안전 방폭 구조   ㉳ 특수 방폭 구조

15. 방폭 전기 기기의 구조별 표시 방법 중 내압 방폭 구조의 표시 방법은? [09]
① d   ② o   ③ p   ④ e

[해설] 방폭 구조의 종류 및 표시 기호

명 칭	기 호	명 칭	기 호
내압 방폭 구조	d	유입 방폭 구조	o
압력 방폭 구조	p	안전증 방폭 구조	e
본질 안전 방폭 구조	ia, ib	특수 방폭 구조	s

[정답] 12. ① 13. ④ 14. ① 15. ①

16. 가연성 가스가 폭발할 위험이 있는 장소에 전기 설비를 할 경우 위험의 정도에 따른 분류가 아닌 것은? [02, 04, 06, 11]
① 0종 장소 ② 1종 장소
③ 2종 장소 ④ 3종 장소

[해설] 위험 장소의 분류 : 1종 장소, 2종 장소, 0종 장소로 분류한다.

17. 0종 장소에는 원칙적으로 어떤 방폭 구조의 것으로 하여야 하는가? [09, 15]
① 내압 방폭 구조 ② 본질 안전 방폭 구조
③ 특수 방폭 구조 ④ 안전증 방폭 구조

[해설] 0종 장소에는 원칙적으로 본질 안전 방폭 구조의 것을 사용한다.

18. 가연성 고압가스 제조 공장에 있어서 착화 원인이 될 수 없는 것은? [03, 07, 11]
① 정전기 ② 베릴륨 합금제 공구에 의한 타격
③ 사용 촉매의 접촉 작용 ④ 밸브의 급격한 조작

[해설] 베릴륨 합금제 공구 : 타격, 마찰, 충격에 의하여 불꽃이 발생하지 않는 금속제이다.

19. 고압가스 제조 설비에서 정전기의 발생 또는 대전 방지에 대한 설명으로 옳은 것은? [15]
① 가연성 가스 제조 설비의 탑류, 벤트 스택 등은 단독으로 접지한다.
② 제조 장치 등에 본딩용 접속선은 단면적이 5.5 mm² 미만의 단선을 사용한다.
③ 대전 방지를 위하여 기계 및 장치에 절연 재료를 사용한다.
④ 접지 저항치 총합이 100 Ω 이하의 경우에는 정전기 제거 조치가 필요하다.

[해설] 각 항목의 옳은 설명
② 본딩용 접속선 및 접지 접속선은 단면적 5.5 mm² 이상인 것(단선 제외)을 사용하고 경납붙임, 용접, 접속 금구 등을 사용하여 확실히 접속한다.
③ 대전 방지를 위하여 기계 및 장치에는 접지 접속선을 사용한다.
④ 접지 저항치 총합이 100 Ω(피뢰 설비를 설치한 것은 총합 10 Ω) 이하의 것은 정전기 제거 설비를 설치하지 아니할 수 있다.

20. 내부반응 감시 장치를 설치하여야 할 설비에서 특수 반응설비에 속하지 않는 것은 어느 것인가? [05, 09]
① 암모니아 2차 개질로
② 수소화 분해 반응기
③ 시클로헥산 제조 시설의 벤젠 수첨 반응기
④ 산화에틸렌 제조 시설의 아세틸렌 수첨탑

정답 16. ④ 17. ② 18. ② 19. ① 20. ④

[해설] 특수 반응설비의 종류 : 암모니아 2차 개질로, 에틸렌 제조 시설의 아세틸렌 수첨탑, 산화에틸렌 제조 시설의 에틸렌과 산소 또는 공기와의 반응기, 시클로헥산 제조 시설의 벤젠 수첨반응기, 석유 정제에 있어서 중유직접 수첨 탈황 반응기 및 수소화 분해 반응기, 저밀도 폴리에틸렌 중합기 또는 메탄올 합성 반응탑

21. 고압가스 특정 제조 시설의 내부반응 감시 장치에 속하지 않는 것은?
① 온도 감시 장치 ② 압력 감시 장치 ③ 유량 감시 장치 ④ 농도 감시 장치

[해설] 내부반응 감시 장치의 종류 : 온도 감시 장치, 압력 감시 장치, 유량 감시 장치 그 밖의 내부반응 감시 장치

22. 다음은 어떤 안전 설비에 대한 설명인가? [04, 06, 11]

> 설비가 잘못 조작되거나 정상적인 제조를 할 수 없는 경우 자동으로 원재료의 공급을 차단시키는 등 고압가스 제조 설비 안의 제조를 제어하는 기능을 한다.

① 안전밸브 ② 긴급 차단 장치 ③ 인터로크 기구 ④ 벤트 스택

[해설] 인터로크 기구 : 가연성 가스 또는 독성 가스의 제조 설비에서 잘못 조작되거나 정상적인 제조를 할 수 없는 경우에 자동으로 원재료의 공급을 차단시키는 등 제조 설비 내의 제조를 제어할 수 있는 장치

정답 21. ④ 22. ③

(5) 피해저감 설비 기준

① 방류둑 설치 : 가연성 가스, 독성 가스 또는 산소의 액화가스 저장 탱크 주위에 액상의 가스가 누출된 경우 그 유출을 방지하기 위한 것

㉮ 저장 능력별 방류둑 설치 대상
  ㉠ 고압가스 특정 제조
    ⓐ 가연성 가스 : 500톤 이상
    ⓑ 독성 가스 : 5톤 이상
    ⓒ 액화 산소 : 1000톤 이상
  ㉡ 고압가스 일반 제조
    ⓐ 가연성, 액화 산소 : 1000톤 이상
    ⓑ 독성 가스 : 5톤 이상
  ㉢ 냉동 제조 시설(독성 가스 냉매 사용) : 수액기 내용적 10000 L 이상
  ㉣ 액화석유가스 충전 사업 : 1000톤 이상

㈑ 도시가스
　　ⓐ 도시가스 도매 사업 : 500톤 이상
　　ⓑ 일반 도시가스 사업 : 1000톤 이상
㈏ 구조
　㉮ 방류둑의 재료 : 철근 콘크리트, 철골·철근 콘크리트, 금속, 흙 또는 이들을 혼합
　㉯ 성토 기울기 : 45° 이하, 성토 윗부분 폭 : 30 cm 이상
　㉰ 출입구 : 둘레 50 m마다 1개 이상 분산 설치(둘레 50 m 미만 : 2개 이상 설치)
　㉱ 집합 방류둑 내 가연성 가스와 조연성 가스, 독성 가스를 혼합 배치 금지
　㉲ 방류둑은 액밀한 구조로 하고 액두압에 견디게 설치하고 액의 표면적은 적게 한다.
　㉳ 방류둑에 고인 물을 외부로 배출할 수 있는 조치를 할 것(배수 조치는 방류둑 밖에서 하고 배수할 때 이외에는 반드시 닫혀 있도록 조치)
㈐ 방류둑 용량 : 저장 능력 상당 용적
　㉮ 액화 산소 저장 탱크 : 저장 능력 상당 용적의 60 %
　㉯ 집합 방류둑 내 : 최대 저장 탱크의 상당 용적 + 잔여 저장 탱크 총용적의 10 %
　㉰ 냉동설비 방류둑 : 수액기 내용적의 90 % 이상

② **방호벽 설치** : 가스 폭발에 따른 충격에 견디고, 위해 요소가 다른 쪽으로 전이되는 것을 방지
　㈎ 압축기와 충전 장소 사이
　㈏ 압축기와 가스 충전 용기 보관 장소 사이
　㈐ 충전 장소와 가스 충전 용기 보관 장소 사이
　㈑ 충전 장소와 충전용 주관밸브 조작 장소 사이

③ **독성 가스 누출로 인한 피해 방지 시설 설치**
　㈎ 확산 방지 : 포스겐, 황화수소, 시안화수소, 아황산가스, 산화에틸렌, 암모니아, 염소, 염화 메탄
　㈏ 제독 조치
　　㉮ 물 또는 흡수제에 의하여 흡수 또는 중화하는 조치
　　㉯ 흡착제에 의하여 흡착 제거하는 조치
　　㉰ 저장 탱크 주위에 설치된 유도구에 의하여 집액구, 피트 등으로 고인 액화 가스를 펌프 등의 이송 설비로 안전하게 제조 설비로 반송하는 조치
　　㉱ 연소 설비[플레어 스택(flare stack), 보일러 등]에서 안전하게 연소시키는 조치
　㈐ 제독제 종류 및 보유량

독성 가스	제독제(보유량)
염소	가성 소다 수용액(670 kg), 탄산 소다 수용액(870 kg), 소석회(620 kg)
포스겐	가성 소다 수용액(390 kg), 소석회(360 kg)
황화 수소	가성 소다 수용액(1140 kg), 탄산 소다 수용액(1500 kg)
시안화수소	가성 소다 수용액(250 kg)
아황산가스	가성 소다 수용액(530 kg), 탄산 소다 수용액(700 kg), 다량의 물
암모니아, 산화에틸렌, 염화 메탄	다량의 물

㈑ 제독 작업에 필요한 보호구
  ㉮ 공기 호흡기 또는 송기식 마스크(전면형)
  ㉯ 격리식 마스크(농도에 따라 전면 고농도형, 중농도형, 저농도형 등)
  ㉰ 보호장갑 및 보호장화(고무 또는 비닐 제품)
  ㉱ 보호복(고무 또는 비닐 제품)
  ㉲ 보호구 장착 훈련 : 3개월마다 1회 이상

④ 이상 사태가 발생하는 경우 확대 방지 설비 설치
  ㉮ 벤트 스택(vent stack) : 가연성 가스 또는 독성 가스 설비에서 이상 상태가 발생한 경우 설비 내의 내용물을 설비 밖으로 긴급하고 안전하게 이송하는 시설
    ㉮ 높이
      ⓐ 가연성 가스 : 착지 농도가 폭발 하한계값 미만
      ⓑ 독성 가스 : TLV-TWA 기준농도값 미만
    ㉯ 지름 : 150 m/s 이상이 되도록 한다.
    ㉰ 방출구 위치
      ⓐ 긴급용 벤트 스택 : 10 m 이상
      ⓑ 그 밖의 벤트 스택 : 5 m 이상
  ㉯ 플레어 스택 : 가연성 가스를 연소에 의하여 처리하는 시설로 높이 및 위치는 지표면에 복사열이 4000 kcal/m^2·h 이하가 되도록 한다.

⑤ **안전용 불활성 가스** : 가연성 가스, 독성 가스 또는 산소를 제조하는 제조소에는 질소, 불활성 가스, 스팀을 보유[특정 제조만 해당]

⑥ **온도 상승 방지 조치** : 가연성 가스 저장 탱크 주위에 냉각 살수장치 설치
  ㈎ 방류둑 설치 : 당해 방류둑 외면으로부터 10 m 이내
  ㈏ 방류둑 미설치 : 당해 저장 탱크 외면으로부터 20 m 이내

㈐ 가연성 물질을 취급하는 설비 : 외면으로부터 20 m 이내
㈑ 저장 탱크 표면적 $1\,m^2$당 5 L/min 이상의 수량
㈒ 준내화 구조 : $2.5\,L/min \cdot m^2$ 이상

단원 예상문제

1. 가스가 누출된 경우에 제2의 누출을 방지하기 위해서 방류둑을 설치한다. 방류둑을 설치하지 않아도 되는 저장 탱크는? [07, 09]
① 저장 능력 1000톤의 액화질소 탱크
② 저장 능력 10톤의 액화암모니아 탱크
③ 저장 능력 1000톤의 액화산소 탱크
④ 저장 능력 5톤의 액화염소 탱크

[해설] 방류둑 설치 기준(저장 능력별)
 (1) 고압가스 특정 제조
  ㉮ 가연성 가스 : 500톤 이상
  ㉯ 독성 가스 : 5톤 이상
  ㉰ 액화 산소 : 1000톤 이상
 (2) 고압가스 일반 제조
  ㉮ 가연성 가스, 액화 산소 : 1000톤 이상
  ㉯ 독성 가스 : 5톤 이상
 (3) 냉동 제조 : 수액기 내용적 10000 L 이상(단, 독성 가스 냉매 사용)
 ※ 불연성, 불활성 가스의 경우 방류둑 설치 대상에서 제외된다.

2. 다음은 방류둑의 구조를 설명한 것이다. 옳지 않은 것은? [03]
① 방류둑의 재료는 철근 콘크리트, 철골, 흙 또는 이들을 조합하여 만든다.
② 철근 콘크리트는 수밀성 콘크리트를 사용한다.
③ 성토는 수평에 대하여 50° 이하의 기울기로 하여 다져 쌓는다.
④ 방류둑의 높이는 당해 가스의 액두압에 견디어야 한다.

[해설] 성토는 수평에 대하여 45° 이하의 기울기로 하여 다져 쌓는다.

3. 방류둑의 성토는 수평에 대하여 몇 도 이하의 기울기로 하는가? [02, 09, 12]
① 30°   ② 45°   ③ 60°   ④ 75°

[해설] 성토 기울기 : 45° 이하

4. 방류둑의 성토 윗부분의 폭은 얼마 이상으로 해야 하는가? [06, 11]
① 10 cm 이상   ② 15 cm 이상   ③ 20 cm 이상   ④ 30 cm 이상

[해설] 성토 윗부분의 폭 : 30 cm 이상

정답 1. ① 2. ③ 3. ② 4. ④

5. 방류둑에는 계단, 사다리 또는 토사를 높이 쌓아올림 등에 의한 출입구를 둘레 몇 m 마다 1개 이상을 두어야 하는가? [05, 08, 16]

① 30　　② 40　　③ 50　　④ 60

[해설] 방류둑에는 계단, 사다리 또는 토사를 높이 쌓아올린 형태 등으로 된 출입구를 둘레 50 m 마다 1개 이상씩 설치하되, 그 둘레가 50 m 미만일 경우에는 2개 이상을 분산하여 설치한다.

6. 방류둑 내측 및 그 외면으로부터 몇 m 이내에는 그 저장 탱크의 부속 설비 외의 것을 설치하지 않아야 하는가? (단, 저장 능력이 2000톤인 가연성 가스 저장 탱크 시설이다.) [03, 05, 08]

① 10 m　　② 15 m
③ 20 m　　④ 25 m

[해설] 방류둑의 내측 및 그 외면으로부터 10 m 이내에는 그 저장 탱크의 부속 설비 외의 것을 설치하지 아니한다.

7. 저장 탱크 방류둑 용량은 저장 능력에 상당하는 용적 이상의 용적이어야 한다. 다만, 액화산소 저장 탱크의 경우에는 저장 능력 상당 용적의 몇 % 이상으로 할 수 있는가? [03, 04, 08, 14]

① 40　　② 60
③ 80　　④ 90

[해설] 방류둑 용량
㉮ 액화 가스 : 저장 능력에 상당하는 용적
㉯ 액화 산소 : 저장 능력 상당 용적의 60 % 이상
㉰ 집합 방류둑 : 최대 저장 능력 + 잔여 총능력의 10 %
㉱ 냉동 제조 : 수액기 내용적의 90 % 이상

8. 아세틸렌가스 또는 압력이 9.8 MPa 이상인 압축가스를 용기에 충전하는 경우 방호벽을 설치하지 않아도 되는 경우는? [07, 08, 16]

① 압축기와 충전 장소 사이
② 압축기와 그 가스 충전용기 보관 장소 사이
③ 압축가스를 운반하는 차량과 충전용기 사이
④ 압축가스 충전 장소와 그 가스 충전용기 보관 장소 사이

[해설] 방호벽 설치 : 아세틸렌가스 또는 압력이 9.8 MPa 이상인 압축가스를 용기에 충전하는 경우에는 압축기와 그 충전 장소 사이, 압축기와 그 가스 충전용기 보관 장소 사이, 충전 장소와 그 가스 충전용기 보관 장소 사이 및 충전 장소 그 충전용 주관밸브 조작밸브 사이에는 방호벽을 설치한다.

정답 5. ③　6. ①　7. ②　8. ③

9. 고압가스 제조 설비에서 누출된 가스의 확산을 방지할 수 있는 제해 조치를 하여야 하는 가스가 아닌 것은? [13]
① 이산화탄소　② 암모니아　③ 염소　④ 염화 메틸

[해설] 확산 방지조치 대상 가스 : 포스겐, 황화수소, 시안화수소, 아황산가스, 산화에틸렌, 암모니아, 염소, 염화 메틸

10. 독성 가스의 제독제로 물을 사용하는 가스명은 어느 것인가? [05]
① 염소　② 포스겐　③ 황화수소　④ 산화에틸렌

[해설] 독성 가스 제독제
㉮ 물을 사용할 수 없는 것 : 염소, 포스겐, 황화수소, 시안화수소
㉯ 물을 사용할 수 있는 것 : 아황산가스, 암모니아, 산화에틸렌, 염화 메탄

11. 독성 가스 저장 시설의 제독 조치로 옳지 않은 것은? [14]
① 흡수, 중화 조치
② 흡착 제거 조치
③ 이송 설비로 대기 중에 배출
④ 연소 조치

[해설] 독성 가스 제독 조치 방법
㉮ 물 또는 흡수제로 흡수 또는 중화하는 조치
㉯ 흡착제로 흡착 제거하는 조치
㉰ 저장 탱크 주위에 설치된 유도구에 의하여 집액구, 피트 등에 고인 액화 가스를 펌프 등의 이송설비를 이용하여 안전하게 제조 설비로 반송하는 조치
㉱ 연소 설비(플레어 스택, 보일러 등)에서 안전하게 연소시키는 조치

12. 독성 가스 제독 작업에 반드시 갖추지 않아도 되는 보호구는? [11]
① 공기 호흡기
② 격리식 방독 마스크
③ 보호장화
④ 보호용 면수건

[해설] 독성 가스 제독 작업에 필요한 보호구
㉮ 공기 호흡기 또는 송기식 마스크
㉯ 격리식 방독 마스크
㉰ 보호장갑 및 보호장화(고무 또는 비닐 제품)
㉱ 보호복(고무 또는 비닐 제품)

13. 고압가스 제조소의 작업원은 얼마의 기간 이내에 1회 이상 보호구의 사용 훈련을 받아 사용 방법을 숙지하여야 하는가? [03, 04, 13, 16]
① 1개월　② 3개월　③ 6개월　④ 12개월

[해설] 보호구 장착 훈련 : 작업원은 3개월에 1회 이상 보호구의 사용 훈련을 받아 사용 방법을 숙지한다.

정답 9. ①　10. ④　11. ③　12. ④　13. ②

14. 제조소의 긴급용 벤트 스택 방출구 위치는 작업원이 항시 통행하는 통로로부터 얼마나 이격되어야 하는가? [02, 07, 09]
① 5 m 이상　　② 10 m 이상　　③ 15 m 이상　　④ 관계없다.

[해설] 벤트 스택 방출구 위치
㉮ 긴급용 : 10 m 이상
㉯ 그 밖의 것 : 5 m 이상

15. 고압가스 특정 제조 사업소의 고압가스 설비 중 특수 반응설비와 긴급 차단 장치를 설치한 고압가스 설비에서 이상 사태가 발생하였을 때 그 설비 내의 내용물을 설비 밖으로 긴급하고 안전하게 이송하여 연소시키기 위한 것은? [09]
① 내부반응 감시 장치　　② 벤트 스택
③ 인터로크　　④ 플레어 스택

[해설] 안전하게 이송할 수 있는 시설
㉮ 벤트 스택 : 가연성 가스 또는 독성 가스의 설비에서 이상 상태가 발생한 경우 설비 내의 내용물을 대기 중으로 방출하는 장치
㉯ 플레어 스택 : 긴급 이송 설비에 의하여 이송되는 가연성 가스를 연소에 의하여 처리하는 시설

16. 고압가스 특정 제조 시설에서 플레어 스택의 설치 기준으로 틀린 것은? [12]
① 파일럿 버너를 항상 꺼두는 등 플레어 스택에 관련된 폭발을 방지하기 위한 조치가 되어 있는 것으로 한다.
② 긴급 이송 설비로 이송되는 가스를 안전하게 연소시킬 수 있는 것으로 한다.
③ 플레어 스택에서 발생하는 복사열이 다른 제조 시설에 나쁜 영향을 미치지 아니하도록 안전한 높이 및 위치에 설치한다.
④ 플레어 스택에서 발생하는 최대 열량에 장시간 견딜 수 있는 재료 및 구조로 되어 있는 것으로 한다.

[해설] 파일럿 버너(pilot burner)를 항상 점화하여 두는 등 플레어 스택에 관련된 폭발을 방지하기 위한 조치가 되어 있는 것으로 한다.

17. 고압가스 설비에 설치하는 벤트 스택과 플레어 스택에 관한 기술 중 틀린 것은 무엇인가? [03, 06, 09]
① 플레어 스택에서는 화염이 장치 내에 들어가지 않도록 역화 방지 장치를 설치해야 한다.
② 플레어 스택에서 방출하는 가연성 가스를 폐기할 때는 흑연의 발생을 방지하기 위하여 스팀을 불어넣는 방법이 이용된다.
③ 가연성 가스의 긴급용 벤트 스택의 높이는 착지 농도가 폭발 하한계값 미만이 되도록 충분한 높이로 한다.
④ 벤트 스택은 가능한 공기보다 무거운 가스를 방출해야 한다.

[정답] 14. ②　15. ④　16. ①　17. ④

[해설] 파일럿 버너를 항상 점화하여 두는 등 플레어 스택에 관련된 폭발을 방지하기 위한 조치가 되어 있는 것으로 한다. 벤트 스택은 가연성 가스 또는 독성 가스의 설비에서 이상 상태가 발생한 경우 설비 내의 내용물을 대기 중으로 방출하는 장치이므로 가능한 공기보다 가벼운 가스를 방출해야 한다.

18. 가연성 물질을 취급하는 설비의 주위라 함은 방류둑을 설치한 가연성 가스 저장 탱크에서 당해 방류둑 외면으로부터 몇 m 이내를 말하는가? [08]

① 5
② 10
③ 15
④ 20

[해설] 가연성 가스 저장 탱크 주위
㉮ 방류둑 설치 시 : 당해 방류둑 외면으로부터 10 m 이내
㉯ 방류둑 미설치 시 : 당해 저장 탱크 외면으로부터 20 m 이내
㉰ 가연성 물질을 취급하는 설비 : 외면으로부터 20 m 이내

정답 18. ②

(6) 부대설비 기준

① 통신 시설 설치

통신 범위	통신 설비
안전 관리자가 상주하는 사업소와 현장 사업소 사이	구내전화, 구내방송 설비, 인터폰, 페이징 설비
사업소 내 전체	구내방송 설비, 사이렌, 휴대용 확성기, 페이징 설비, 메가폰
종업원 상호 간	페이징 설비, 휴대용 확성기, 트랜시버, 메가폰

② 압력계 설치 : 사업소에 표준이 되는 압력계 2개 이상 비치

단원 예상문제

1. 고압가스 제조 시설에서 긴급 사태 발생 시 필요한 연락을 신속히 할 수 있도록 설치해야 할 통신 설비 중 현장사무소 상호 간에 설치하여야 할 통신 설비가 아닌 것은? [06, 09]

① 페이징 설비   ② 구내전화   ③ 인터폰   ④ 메가폰

[해설] 현장사무소 상호 간에 설치하여야 할 통신 설비 : 구내전화, 구내방송 설비, 인터폰, 페이징 설비

정답 1. ④

2. 압축 또는 액화 그 밖의 방법으로 처리할 수 있는 가스의 용적이 1일 100 m³ 이상인 사업소는 압력계를 몇 개 이상 비치하도록 되어 있는가? [03, 06, 08, 11, 14, 15]
① 1개 ② 2개
③ 3개 ④ 4개

[해설] 국가 표준 기본법에 의한 제품 인증을 받은 압력계를 2개 이상 비치한다.

[정답] 2. ②

(7) 표시 기준

① 경계표지
  ㈎ 고압가스 사업소 : 당해 사업소의 출입구 등 외부에서 보기 쉬운 곳에 게시
  ㈏ 용기 보관소(보관실)
    ㉮ 출입구 등 외부로부터 보기 쉬운 곳에 게시
    ㉯ 크기 : 외부 사람이 명확히 식별할 수 있는 크기
    ㉰ 가연성 가스 : "연", 독성 가스 : "독"자 표시
  ㈐ 용기에 가스를 충전하거나 저장 탱크 또는 용기 상호 간에 가스를 이입할 경우
    ㉮ 제3자가 보기 쉬운 장소에 게시
    ㉯ 고압가스 제조(충전·이입) 작업 중, 화기 사용을 절대 금지한다는 주의문을 기재

② 식별 표지 및 위험 표지
  ㈎ 식별 표지 : 독성가스 제조 시설이라는 것을 식별할 수 있도록 게시
    ㉮ 표지의 예 : 독성 가스(○○○) 제조 시설
    ㉯ 문자 크기(가로×세로) : 10 cm 이상, 30 m 이상 떨어진 위치에서 알 수 있도록
    ㉰ 바탕색은 백색, 글씨는 흑색(단, 가스 명칭은 적색)
  ㈏ 위험 표지 : 독성 가스가 누출할 우려가 있는 부분에 게시
    ㉮ 표지의 예 : 독성 가스 누설 주의 부분
    ㉯ 문자 크기(가로×세로) : 5 cm 이상, 10 m 이상 떨어진 위치에서 알 수 있도록
    ㉰ 바탕색은 백색, 글씨는 흑색(단, 주의는 적색)

단원 예상문제

1. 가연성 가스의 지상 저장 탱크의 경우 외부에 바르는 도료의 색깔은 무엇인가? [15]
① 청색
② 녹색
③ 은·백색
④ 검정색

[해설] 저장 탱크 표시 : 지상에 설치하는 저장 탱크의 외부에는 은색·백색 도료를 바르고 주위에서 보기 쉽도록 가스의 명칭을 붉은 글씨로 표시한다.

2. 독성 가스 제조 시설 식별 표지의 글씨(가스 명칭은 제외) 색상은? [04, 08, 10]
① 백색
② 적색
③ 노란색
④ 흑색

[해설] 독성 가스 식별 표지 기준
㉮ 바탕색 : 백색
㉯ 글씨 색 : 흑색
㉰ 가스 명칭 : 적색

정답 1. ③ 2. ④

2 기술 기준

(1) 안전유지 기준

① 용기 보관 장소 기준
㉮ 충전 용기와 잔 가스 용기는 각각 구분하여 용기 보관 장소에 놓을 것
㉯ 가연성 가스, 독성 가스 및 산소 용기는 각각 구분하여 용기 보관 장소에 놓을 것
㉰ 용기 보관 장소에는 계량기 등 작업에 필요한 물건 외에는 두지 말 것
㉱ 용기 보관 장소 주위 2 m 이내에는 화기, 인화성 물질, 발화성 물질을 두지 말 것
㉲ 충전 용기는 40℃ 이하로 유지하고, 직사광선을 받지 않도록 조치할 것
㉳ 충전 용기에는 넘어짐 등에 의한 충격 및 밸브의 손상을 방지하는 조치를 할 것
㉴ 가연성 가스 용기 보관 장소에는 방폭형 휴대용 손전등 외의 등화를 지니고 들어가지 않을 것

② 밸브가 돌출한 용기(내용적 5 L 미만인 용기 제외)에는 넘어짐 및 밸브의 손상을 방지하는 조치를 할 것
㉮ 충전 용기는 바닥이 평탄한 장소에 보관할 것

㈏ 충전 용기는 물건의 낙하 우려가 없는 장소에 저장할 것
㈐ 고정된 프로텍터(protector)가 없는 용기에는 캡을 씌울 것
㈑ 충전 용기를 이동하면서 사용하는 때에는 손수레에 단단하게 묶어 사용할 것
③ 안전밸브, 방출 밸브에 설치된 스톱 밸브는 항상 완전히 열어 놓을 것
④ 고압가스 제조 설비의 내압시험 및 기밀시험
  ㈎ 내압시험
    ㉮ 내압시험은 수압에 의한다(수압 시험이 부적당한 경우 공기, 불연성 기체 사용).
    ㉯ 내압시험 압력 : 상용 압력의 1.5배 이상(기체 시험 시 상용 압력의 1.25배 이상)
    ㉰ 공기 등 기체에 의한 방법 : 상용 압력의 50 %까지 승압하고, 상용 압력의 10 %씩 단계적으로 승압
  ㈏ 기밀시험
    ㉮ 산소 외의 공기, 위험성이 없는 기체의 압력에 의하여 실시
    ㉯ 기밀시험 압력 : 상용 압력 이상

✓ 단원 예상문제

1. 다음 가스의 용기 보관실 중 그 가스가 누출된 때에 체류하지 않도록 통풍구를 갖추고, 통풍이 잘 되지 않는 곳에는 강제 환기시설을 설치하여야 하는 곳은? [15]
① 질소 저장소　　　　　　　② 탄산가스 저장소
③ 헬륨 저장소　　　　　　　④ 부탄 저장소

[해설] 공기보다 무거운 가연성 가스의 경우 바닥면에 접하여 개구한 2방향 이상의 개구부 또는 바닥면 가까이에 흡입구를 갖춘 강제 환기설비를 설치하거나 이들을 병설하여 바닥면에 접한 부분의 환기를 양호하게 한 구조로 한다.
※ 부탄(C_4H_{10})의 경우 분자량이 58로 공기보다 무거운 가연성 가스에 해당된다.

2. 고압가스 용기 보관의 기준에 대한 설명으로 틀린 것은? [07, 09]
① 용기 보관 장소 주위 2 m 이내에는 화기를 두지 말 것
② 가연성 가스, 독성 가스 및 산소의 용기는 각각 구분하여 용기 보관 장소에 놓을 것
③ 가연성 가스를 저장하는 곳에는 방폭형 휴대용 손전등 외의 등화를 휴대하지 말 것
④ 충전 용기와 잔 가스 용기는 서로 단단히 결속하여 넘어지지 않도록 할 것

[해설] 충전 용기와 잔 가스 용기는 각각 구분하여 보관하여야 한다.

정답 1. ④　2. ④

3. 다음 중 같은 저장실에 혼합 저장이 가능한 것은? [09]
① 수소와 염소가스
② 수소와 산소
③ 아세틸렌가스와 산소
④ 수소와 질소

[해설] 가연성 가스, 독성 가스 및 산소의 용기는 각각 구분하여 용기 보관 장소에 놓아야 한다. 수소는 가연성 가스, 질소는 불연성 가스이므로 혼합 저장이 가능하다.

4. 고압가스의 충전 용기는 항상 몇 ℃ 이하의 온도를 유지하여야 하는가?
① 15
② 20
③ 30
④ 40

[해설] 용기는 항상 40℃ 이하의 온도를 유지하고, 직사광선을 받지 아니하도록 조치한다.

5. 고압가스 일반 제조 시설에서 밸브가 돌출한 충전 용기에는 충전한 후 넘어짐 방지 조치를 하지 않아도 되는 용량은 내용적 몇 L 미만인가? [07, 11]
① 5
② 10
③ 20
④ 50

[해설] 밸브가 돌출한 용기(내용적이 5 L 미만인 용기를 제외한다)에는 고압가스를 충전한 후 용기의 넘어짐 및 밸브의 손상을 방지하기 위하여 적합한 조치를 강구하고, 난폭한 취급은 하지 아니한다.

6. 내압시험 압력 및 기밀시험 압력의 기준이 되는 압력으로서 사용 상태에서 해당 설비 등의 각부에 작용하는 최고 사용 압력을 의미하는 것은? [09]
① 작용 압력
② 상용 압력
③ 사용 압력
④ 설정 압력

[해설] 압력의 정의
㉮ 상용 압력 : 내압시험 압력 및 기밀시험 압력의 기준이 되는 압력으로서 사용 상태에서 해당 설비 등의 각부에 작용하는 최고 사용 압력을 말한다.
㉯ 설정 압력 : 안전밸브의 설계상 정한 분출 압력 또는 분출 개시 압력으로서 명판에 표시된 압력을 말한다.
㉰ 설계 압력 : 고압가스 용기 등의 각부의 계산 두께 또는 기계적 강도를 결정하기 위하여 설계된 압력을 말한다.
㉱ 축적 압력 : 내부 유체가 배출될 때 안전밸브에 의하여 축적되는 압력으로서 그 설비 안에서 허용될 수 있는 최대 압력을 말한다.
㉲ 초과 압력 : 안전밸브에서 내부 유체가 배출될 때 설정 압력 이상으로 올라가는 압력을 말한다.

7. 어떤 고압 설비의 상용 압력이 1.6 MPa일 때 이 설비의 내압시험 압력은 몇 MPa 이상으로 실시하여야 하는가? [10]
① 1.6
② 2.0
③ 2.4
④ 2.7

[해설] 내압시험 압력 = 상용 압력×1.5 = 1.6×1.5 = 2.4 MPa

정답 3. ④ 4. ④ 5. ① 6. ② 7. ③

8. 가스 설비의 설치가 완료된 후에 실시하는 내압시험 시 공기를 사용하는 경우 우선 상용 압력의 몇 %까지 승압하는가? [09]
① 30 ② 40 ③ 50 ④ 60

[해설] 내압시험을 공기로 하는 경우 상용 압력의 $\frac{1}{2}$(50 %)까지 압력을 올리고 10 %씩 단계적으로 압력을 올린다.

9. 고압가스 제조 설비에서 기밀시험용으로 사용할 수 없는 것은? [16]
① 산소 ② 질소 ③ 공기 ④ 탄산가스

[해설] 고압가스 설비와 배관의 기밀시험은 원칙적으로 공기 또는 위험성이 없는 기체의 압력으로 실시한다(산소는 조연성 가스에 해당되므로 기밀시험용으로 사용할 수 없다).

10. 상용 압력이 10 MPa인 고압 설비의 안전밸브 작동 압력은 얼마인가? [16]
① 10 MPa ② 12 MPa ③ 15 MPa ④ 20 MPa

[해설] 안전밸브 작동 압력은 내압시험 압력의 $\frac{8}{10}$배 이하에서 작동되어야 한다.

∴ 안전밸브 작동 압력 = 내압시험 압력 × $\frac{8}{10}$ = (상용 압력 × 1.5) × $\frac{8}{10}$

= (10 × 1.5) × $\frac{8}{10}$ = 12 MPa

정답 8. ③ 9. ① 10. ②

(2) 제조 및 충전 기준

① 압축가스 및 액화 가스(액화 암모니아, 액화 탄산가스, 액화 염소)를 이음매 없는 용기에 충전할 때에는 음향 검사를 실시하고 음향이 불량한 용기는 내부 조명 검사를 하며 내부에 부식, 이물질 등이 있을 때에는 그 용기를 사용하지 않을 것
② 용기의 밸브 또는 충전용 지관을 가열할 때에는 열습포 또는 40℃ 이하의 물을 사용
③ 안전 수칙 준수
  (가) 에어졸 제조
    ㉮ 에어졸 분사제는 독성 가스를 사용하지 말 것
    ㉯ 용기의 내용적 1 L 이하이고, 100 cm³ 초과하는 용기는 강 또는 경금속을 사용
    ㉰ 금속제 용기 두께는 0.125 mm 이상, 유리제 용기는 내외면을 합성수지로 피복
    ㉱ 용기는 50℃에서 내부 가스 압력의 1.5배 압력에서 변형되지 않고, 50℃에서 내부 가스압력의 1.8배 압력에서 파열되지 않을 것(단, 1.3 MPa 이상에서 변형

되지 않고, 1.5 MPa 압력에서 파열되지 않은 것 제외)
  - ㉯ 내용적 100 cm³ 초과 용기는 용기 제조자의 명칭 또는 기호 표시
  - ㉰ 내용적 30 cm³ 이상인 용기는 재사용하지 않을 것(재충전 금지)
  - ㉱ 에어졸 제조 설비, 충전 용기 저장소와 화기와의 거리 : 8 m 이상
  - ㉲ 에어졸은 35℃에서 내압이 0.8 MPa 이하, 용량이 내용적의 90 % 이하로 충전
  - ㉳ 에어졸 누출 시험 온수탱크 온도 : 46℃ 이상 50℃ 미만
(나) 시안화수소 충전
  - ㉮ 순도 98 % 이상이고, 아황산가스, 황산 등의 안정제 첨가
  - ㉯ 충전 후 24시간 정치하고, 1일 1회 이상 질산구리 벤젠지로 누출 검사 실시
  - ㉰ 충전 용기에 충전 연월일을 명기한 표지 부착
  - ㉱ 충전 후 60일이 경과되기 전에 다른 용기에 옮겨 충전할 것(단, 순도가 98 % 이상으로서 착색되지 않은 것은 그러하지 아니하다.)
(다) 아세틸렌 충전
  - ㉮ 아세틸렌용 재료의 제한
    - ⓐ 동함유량 62 %를 초과하는 동합금 사용 금지
    - ⓑ 충전용 지관 : 탄소 함유량 0.1 % 이하의 강을 사용
  - ㉯ 아세틸렌의 충전용 교체 밸브 : 충전 장소에서 격리하여 설치
  - ㉰ 2.5 MPa 압력으로 압축 시 희석제 첨가 : 질소, 메탄, 일산화탄소, 에틸렌 등
  - ㉱ 습식 아세틸렌 발생기 표면온도 : 70℃ 이하 유지
  - ㉲ 다공도가 75 % 이상 92 % 미만이 되도록 한 후 아세톤, 디메틸포름아미드(dimethylformamide)를 침윤시킨 후 충전
  - ㉳ 충전 중 압력은 2.5 MPa 이하, 충전 후에는 15℃에서 1.5 MPa 이하로 될 때까지 정치
(라) 산화에틸렌 충전
  - ㉮ 저장 탱크 내부에 질소, 탄산가스 및 산화에틸렌 가스의 분위기 가스를 질소, 탄산가스로 치환하고 5℃ 이하로 유지할 것
  - ㉯ 저장 탱크 또는 용기에 충전 : 질소, 탄산가스로 바꾼 후 산, 알칼리를 함유하지 않는 상태
  - ㉰ 저장 탱크 및 충전 용기에는 45℃에서 그 내부 가스의 압력이 0.4 MPa 이상이 되도록 질소, 탄산가스 충전
(마) 산소 또는 천연 메탄을 충전
  - ㉮ 밸브, 용기 내부의 석유류 또는 유지류 제거
  - ㉯ 용기와 밸브 사이에는 가연성 패킹 사용 금지

㈐ 산소 또는 천연 메탄을 용기에 충전 시 압축기와 충전용 지관 사이에 수취기 설치
㈑ 밀폐형 수전해조에는 액면계와 자동 급수장치를 할 것

④ 압축 금지
㈎ 가연성 가스(C_2H_2, C_2H_4, H_2 제외) 중 산소 용량이 전용량의 4 % 이상의 것
㈏ 산소 중 가연성 가스(C_2H_2, C_2H_4, H_2 제외) 용량이 전용량의 4 % 이상의 것
㈐ C_2H_2, C_2H_4, H_2 중의 산소 용량이 전용량의 2 % 이상의 것
㈑ 산소 중 C_2H_2, C_2H_4, H_2의 용량 합계가 전용량의 2 % 이상의 것

⑤ 가연성 가스, 물을 전기 분해하여 산소를 제조할 때에는 발생 장치, 정제 장치, 저장 탱크 출구에서 가스를 채취하여 1일 1회 이상 분석

⑥ 공기 액화 분리기에 설치된 액화 산소 5 L 중 아세틸렌 질량이 5 mg, 탄화수소의 탄소의 질량이 500 mg를 넘을 때에는 운전을 중지하고 액화 산소를 방출시킬 것

⑦ 품질 검사
㈎ 1일 1회 이상 가스 제조장에서 안전 관리 책임자가 실시, 안전 관리 부총괄자와 안전 관리 책임자가 확인 서명
㈏ 품질 검사 기준

가스 종류	순 도	시험 방법	충전 압력
산소	99.5 % 이상	동·암모니아 시약 → 오르사트(Orsat)법	35℃, 11.8 MPa 이상
수소	98.5 % 이상	피로갈롤(pyrogallol), 하이드로설파이드 시약 → 오르사트법	35℃, 11.8 MPa 이상
아세틸렌	98 % 이상	발연 황산 시약 → 오르사트법, 브롬 시약 → 뷰렛(biuret)법 질산은 시약 → 정성 시험	-

단원 예상문제

1. 고압가스 충전용 밸브를 가열할 때의 방법으로 가장 적당한 것은? [14]
① 60℃ 이상의 더운물을 사용한다.　② 열습포를 사용한다.
③ 가스버너를 사용한다.　④ 복사열을 사용한다.

[해설] 충전용 밸브의 가열 : 고압가스를 용기에 충전하기 위하여 밸브 또는 충전용 지관을 가열하는 때에는 열습포 또는 40℃ 이하의 물을 사용한다.

2. 고압가스 일반 제조 시설 중 에어졸의 제조 기준에 대한 설명으로 틀린 것은? [15]
① 에어졸의 분사제는 독성 가스를 사용하지 아니한다.
② 35℃에서 그 용기의 내압이 0.8 MPa 이하로 한다.
③ 에어졸 제조 설비는 화기 또는 인화성 물질과 5 m 이상의 우회 거리를 유지한다.
④ 내용적이 30 cm^3 이상인 용기는 에어졸의 제조에 재사용하지 아니한다.

[해설] 에어졸 제조 설비 및 에어졸 충전 용기 저장소는 화기 또는 인화성 물질과 8 m 이상의 우회거리를 유지한다.

3. 에어졸 제조 시설에는 온수 시험 탱크를 갖추어야 한다. 에어졸 충전 용기의 가스 누출시험 온수 온도의 범위는? [08, 10]
① 26℃ 이상 30℃ 미만　② 36℃ 이상 40℃ 미만
③ 46℃ 이상 50℃ 미만　④ 56℃ 이상 60℃ 미만

[해설] 온수탱크 온수 온도 : 46℃ 이상 50℃ 미만

4. 인체용 에어졸 제품의 용기에 기재할 사항으로 옳지 않은 것은? [07, 10, 15]
① 특정 부위에 계속하여 장시간 사용하지 말 것
② 가능한 한 인체에서 10 cm 이상 떨어져서 사용할 것
③ 온도가 40℃ 이상 되는 장소에 보관하지 말 것
④ 불 속에 버리지 말 것

[해설] (1) 에어졸 용기에 기재할 사항
㉮ 불꽃을 향하여 사용하지 말 것
㉯ 난로, 풍로 등 화기 부근에서 사용하지 말 것
㉰ 화기를 사용하고 있는 실내에서 사용하지 말 것
㉱ 온도가 40℃ 이상의 장소에 보관하지 말 것
㉲ 밀폐된 실내에서 사용한 후에는 반드시 환기를 실시할 것
㉳ 불속에 버리지 말 것
㉴ 사용 후 잔 가스가 없도록 하여 버릴 것
㉵ 밀폐된 장소에 보관하지 말 것

정답 1. ②　2. ③　3. ③　4. ②

(2) 인체용 에어졸 제품용기 기재 사항 : 상기 (1)항 내용 외에 다음 사항을 추가로 기재한다.
　㉮ 인체용
　㉯ 특정 부위에 계속하여 장시간 사용하지 말 것
　㉰ 가능한 인체에서 20 cm 이상 떨어져 사용할 것

5. 시안화수소를 충전한 용기는 충전 후 얼마를 정치해야 하는가? [15]
① 4시간　　　　　　　　② 8시간
③ 16시간　　　　　　　④ 24시간

[해설] 시안화수소(HCN)를 충전한 용기는 충전 후 24시간 정치하고, 그 후 1일 1회 이상 질산구리 벤젠지 등의 시험지로 가스의 누출 검사를 한다.

6. 시안화수소 충전 시 유지해야 할 조건 중 틀린 것은? [03, 04, 06]
① 충전 시 농도는 98 % 이상을 유지한다.
② 안정제는 아황산가스나 황산 등을 사용한다.
③ 저장 시는 1일 2회 이상 염화 제1동 착염지로 누출 검사를 한다.
④ 용기에 충전한 후 60일이 경과되기 전에 다른 용기에 충전한다.

[해설] 1일 1회 이상 질산구리 벤젠 등의 시험지로 누출 검사를 실시한다.

7. 시안화수소 충전 시 한 용기에서 60일을 초과할 수 있는 경우는? [02, 06]
① 순도가 90 % 이상으로 착색되었다.
② 순도가 90 % 이상으로 착색되지 아니하였다.
③ 순도가 98 % 이상으로 착색되어 있다.
④ 순도가 98 % 이상으로 착색되지 아니하였다.

[해설] 시안화수소를 충전한 용기는 충전 연월일을 명기한 표지를 붙이고, 충전한 후 60일이 경과되기 전에 다른 용기에 옮겨 충전한다. 다만, 순도가 98 % 이상으로서 착색되지 아니한 것은 다른 용기에 옮겨 충전하지 아니할 수 있다.

8. 아세틸렌 제조 설비에서 충전용 지관은 탄소 함유량이 얼마 이하인 강을 사용하여야 하는가? [07]
① 0.1 %　　　　　　　　② 2.1 %
③ 4.3 %　　　　　　　　④ 6.7 %

[해설] 아세틸렌이 접촉하는 부분에 사용하는 재료
　㉮ 구리 또는 구리의 함유량이 62 %를 초과하는 동합금을 사용하지 아니한다.
　㉯ 충전용 지관에는 탄소의 함유량이 0.1 % 이하의 강을 사용한다.

정답 5. ④　6. ③　7. ④　8. ①

9. 아세틸렌가스를 2.5 MPa의 압력으로 압축할 때 사용되는 희석제가 아닌 것은? [09]
① 질소
② 메탄
③ 일산화탄소
④ 아세톤

[해설] 희석제의 종류
㉮ 안전 관리 규정에 정한 것 : 질소, 메탄, 일산화탄소, 에틸렌
㉯ 희석제로 가능한 것 : 수소, 프로판, 이산화탄소

10. 습식 아세틸렌가스 발생기의 표면은 몇 도 이하로 유지해야 하는가? [03, 08]
① 7℃
② 20℃
③ 50℃
④ 70℃

[해설] 습식 아세틸렌가스 발생기 표면 온도 : 70℃ 이하

11. 아세틸렌을 용기에 충전 시 미리 용기에 다공 물질을 고루 채운 후 침윤 및 충전을 해야 하는데 이때 다공도는 얼마로 해야 하는가? [02, 05, 07, 11]
① 75 % 이상 92 % 미만
② 70 % 이상 95 % 미만
③ 62 % 이상 75 % 미만
④ 92 % 이상

[해설] 아세틸렌을 용기에 충전할 때에는 미리 용기에 다공 물질을 고루 채워 다공도가 75 % 이상 92 % 미만이 되도록 한 후 아세톤 또는 디메틸포름아미드를 고루 침윤시키고 충전한다.

12. 아세틸렌 용기에 아세틸렌을 충전할 때 온도와 관계없이 몇 MPa 이하의 압력을 유지해야 하는가? [06]
① 1.5
② 2.0
③ 2.5
④ 3.0

[해설] 아세틸렌 충전 압력
㉮ 충전 중 압력 : 온도와 관계없이 2.5 MPa 이하
㉯ 충전 후 압력 : 15℃에서 1.5 MPa 이하

13. 산화에틸렌 충전 용기에는 질소 또는 탄산가스를 충전하는데 그 내부가스 압력의 기준으로 옳은 것은? [15]
① 상온에서 0.2 MPa 이상
② 35℃에서 0.2 MPa 이상
③ 40℃에서 0.4 MPa 이상
④ 45℃에서 0.4 MPa 이상

[해설] 산화에틸렌(C_2H_4O)의 충전 기준
㉮ 산화에틸렌 저장 탱크는 질소 가스 또는 탄산가스로 치환하고 5℃ 이하로 유지한다.
㉯ 산화에틸렌 용기에 충전 시에는 질소 또는 탄산가스로 치환한 후 산 또는 알칼리를 함유하지 않는 상태로 충전한다.
㉰ 산화에틸렌 저장 탱크는 45℃에 내부 압력이 0.4 MPa 이상이 되도록 질소 또는 탄산가스를 충전한다.

[정답] 9. ④ 10. ④ 11. ① 12. ③ 13. ④

14. 산소 또는 천연 메탄을 수송하기 위한 배관과 이에 접속하는 압축기와의 사이에 반드시 설치하여야 하는 것은? [09, 16]
① 표시판　　　　　　　　　② 압력계
③ 수취기　　　　　　　　　④ 안전밸브

[해설] 산소 또는 천연 메탄을 용기에 충전할 때에는 압축기(산소 압축기는 물을 내부 윤활제로 사용한 것에 한정한다)와 충전용 지관 사이에 수취기(drain separator : 수분리기)를 그 가스 중의 수분을 제거한다.

15. 다음 중 안전 관리상 압축을 금지하는 경우가 아닌 것은? [09]
① 수소 중 산소의 용량이 3% 함유되어 있는 경우
② 산소 중 에틸렌의 용량이 3% 함유되어 있는 경우
③ 아세틸렌 중 산소의 용량이 3% 함유되어 있는 경우
④ 산소 중 프로판의 용량이 3% 함유되어 있는 경우

[해설] 압축 금지 기준
㉮ 가연성 가스(C_2H_2, C_2H_4, H_2 제외) 중 산소 용량이 전체 용량의 4% 이상의 것
㉯ 산소 중의 가연성 가스(C_2H_2, C_2H_4, H_2 제외) 용량이 전체 용량의 4% 이상의 것
㉰ C_2H_2, C_2H_4, H_2 중의 산소 용량이 전체 용량의 2% 이상의 것
㉱ 산소 중의 C_2H_2, C_2H_4, H_2의 용량 합계가 전체 용량의 2% 이상의 것

16. 다음 중 공기 액화 분리기의 운전을 중지하고 액화 산소를 방출하여야 하는 경우는? [02]
① 액화 산소 5 L 중 아세틸렌이 0.5 mg이 넘는 경우
② 액화 산소 5 L 중 아세틸렌이 0.05 mg이 넘는 경우
③ 액화 산소 5 L 중 탄화수소의 탄소 질량이 500 mg이 넘는 경우
④ 액화 산소 5 L 중 탄화수소의 탄소 질량이 50 mg이 넘는 경우

[해설] 공기 액화 분리기에 설치된 액화 산소통 안의 액화 산소 5L 중 아세틸렌의 질량이 5mg 또는 탄화수소의 탄소 질량이 500 mg을 넘을 때에는 그 공기 액화 분리기의 운전을 중지하고 액화 산소를 방출한다.

17. 고압가스 품질 검사에 대한 설명으로 틀린 것은? [14]
① 품질검사 대상 가스는 산소, 아세틸렌, 수소이다.
② 품질 검사는 안전 관리 책임자가 실시한다.
③ 산소는 동·암모니아 시약을 사용한 오르사트법에 의한 시험결과 순도가 99.5% 이상이어야 한다.
④ 수소는 하이드로설파이드 시약을 사용한 오르사트법에 의한 시험결과 순도가 99.0% 이상이어야 한다.

[정답] 14. ③　15. ④　16. ③　17. ④

[해설] 품질 검사 기준

구 분	시 약	검사법	순 도
산소	동·암모니아	오르사트법	99.5 % 이상
수소	피로갈롤, 하이드로설파이드	오르사트법	98.5 % 이상
아세틸렌	발연 황산	오르사트법	98 % 이상
	브롬	뷰렛법	
	질산은	정성 시험	

18. 다음 중 아세틸렌의 분석에 사용되는 시약은? [07]
① 동암모니아　　　　② 파라듐블랙
③ 발연 황산　　　　④ 피로갈롤

[해설] 아세틸렌 품질검사 시약 종류 : 발연 황산, 브롬, 질산은

19. 가스 설비의 수리 시 가연성 가스와 독성 가스의 농도 기준으로 틀린 것은? [05]
① 수소의 농도를 1 %로 유지하였다.
② 아세틸렌의 농도를 1 %로 유지하였다.
③ 산소 가스의 농도를 18~22 % 이하로 유지하였다.
④ 염소 가스의 농도를 1 ppm으로 유지하였다.

[해설] 아세틸렌의 폭발 범위는 2.5~81 %이므로, 치환 농도는 2.5×1/4 = 0.625 % 이하로 유지하여야 한다.

정답 18. ③　19. ②

(3) 점검 기준

① **압력계 점검 기준** : 표준이 되는 압력계로 기능 검사
　㈎ 충전용 주관(主管)의 압력계 : 매월 1회 이상
　㈏ 그 밖의 압력계 : 3개월에 1회 이상
　㈐ 압력계의 최고 눈금범위 : 상용 압력의 1.5배 이상 2배 이하

② **안전밸브**
　㈎ 압축기 최종단에 설치한 것 : 1년에 1회 이상
　㈏ 그 밖의 안전밸브 : 2년에 1회 이상
　㈐ 안전밸브, 파열판에는 가스 방출관 설치
　　㉮ 가연성 가스 저장 탱크 방출구 : 지면으로부터 5 m 또는 저장 탱크 정상부로

부터 2 m 중 높은 위치
㉯ 독성 가스 저장 탱크 방출구 : 독성 가스 중화를 위한 설비 안에 있을 것
㉰ 가연성 가스 및 독성 가스 설비에 설치한 것 : 인근의 건축물 또는 시설물 높이 이상의 높이

단원 예상문제

1. 고압가스의 제조 시설에서 실시하는 가스 설비의 점검 중 사용 개시 전에 점검할 사항이 아닌 것은? [13]
① 기초의 경사 및 침하
② 인터로크, 자동 제어 장치의 기능
③ 가스 설비의 전반적인 누출 유무
④ 배관 계통의 밸브 개폐 상황

[해설] 기초의 경사 및 침하는 사용 종료 시 점검 사항임

2. 다음 중 운전 중의 제조 설비에 대한 일일 점검 항목이 아닌 것은? [08, 10]
① 회전 기계의 진동, 이상음, 이상 온도 상승
② 인터로크의 작동
③ 제조 설비 등으로부터의 누출
④ 제조 설비의 조업 조건의 변동 상황

[해설] 인터로크의 작동(기능) 점검은 사용 개시 전 점검 사항임

3. 다음 중 고압가스 설비에 설치하는 압력계의 최고 눈금에 대한 측정 범위의 기준으로 옳은 것은? [04, 07, 11, 13, 14, 15]
① 상용 압력의 1.0배 이상, 1.2배 이하
② 상용 압력의 1.2배 이상, 1.5배 이하
③ 상용 압력의 1.5배 이상, 2.0배 이하
④ 상용 압력의 2.0배 이상, 3.0배 이하

[해설] 고압가스 설비의 압력계 최고 눈금범위 : 상용 압력의 1.5배 이상 2배 이하

4. 상용 압력이 10 MPa인 고압가스 설비에 압력계를 설치하려고 한다. 압력계의 최고 눈금범위는? [09]
① 11~15 MPa
② 15~20 MPa
③ 18~20 MPa
④ 20~25 MPa

[정답] 1. ① 2. ② 3. ③ 4. ②

해설 압력계의 최고 눈금범위는 상용 압력의 1.5배 이상 2배 이하이다.
∴ 10 MPa × (1.5~2) = 15~20 MPa

5. 충전용 주관의 압력계는 정기적으로 표준 압력계로 그 기능을 검사하여야 한다. 다음 중 검사의 기준으로 옳은 것은? [15]

① 매월 1회 이상
② 3개월에 1회 이상
③ 6개월에 1회 이상
④ 1년에 1회 이상

해설 압력계의 기능검사 주기
㉮ 충전용 주관의 압력계 : 매월 1회 이상
㉯ 그 밖의 압력계 : 3개월에 1회 이상

6. 고압가스 충전 시설의 안전밸브 중 압축기의 최종단에 설치한 것은 내압시험 압력의 $\frac{8}{10}$ 이하의 압력에서 작동할 수 있도록 조정을 몇 년에 몇 회 이상 실시하여야 하는가? [07]

① 2년에 1회 이상
② 1년에 1회 이상
③ 1년에 2회 이상
④ 2년에 3회 이상

해설 안전밸브 점검 주기
㉮ 압축기 최종단에 설치한 것 : 1년에 1회 이상
㉯ 그 밖의 것 : 2년에 1회 이상

7. 저장 탱크에 설치한 안전밸브에는 지면에서 몇 m 이상의 높이에 방출구가 있는 가스 방출관을 설치하여야 하는가? [09]

① 2
② 3
③ 5
④ 10

해설 저장 탱크 안전밸브 방출관 방출구 위치
㉮ 지상 설치 : 지면에서 5 m 또는 저장 탱크 정상부로부터 2 m 높이 중 높은 위치
㉯ 지하 설치 : 지면에서 5 m 이상

정답 **5.** ① **6.** ② **7.** ③

(4) 수리, 청소 및 철거 기준

① **치환 농도**
㉮ 가연성 가스의 가스 설비 : 폭발 범위 하한계의 1/4 이하
㉯ 독성 가스의 가스 설비 : TLV-TWA 기준 농도 이하
㉰ 산소 가스 설비 : 산소의 농도가 22 % 이하

② **가스 설비 내 작업** : 작업원이 가스 설비 내에 들어갈 경우 산소 농도가 18~22 %를 유지한다.

✓ 단원 예상문제

1. LP 가스의 저장 설비나 가스 설비를 수리 또는 청소할 때 내부의 LP 가스를 질소 또는 물 등으로 치환하고, 치환에 사용된 가스나 액체를 공기로 재치환하여야 하는데, 이때 공기에 의한 재치환 결과가 산소 농도 측정기로 측정하여 산소의 농도가 얼마의 범위 내에 있을 때까지 공기로 치환하여야 하는가? [02, 16]
① 4~6 % ② 7~11 %
③ 12~16 % ④ 18~22 %
해설 작업원이 작업할 때의 산소 농도 : 18~22 %

정답 1. ④

1-6 고압가스 냉동 제조 기준

1 시설 기준

(1) 가스 설비 기준

① 진동 우려가 있는 곳 : 주름관 사용
② 부식 방지 조치 : 냉매 가스 종류에 따른 사용 금속 제한
  (개) 암모니아(NH_3) : 동 및 동합금(단, 동함유량 62 % 미만일 때 사용 가능) – 압축기의 축수 또는 이들과 유사한 부분으로 항상 유막으로 덮여 액화 암모니아에 직접 접촉하지 않는 부분에는 청동류를 사용할 수 있다.
  (내) 염화 메탄(CH_3Cl) : 알루미늄 합금
  (대) 프레온 : 2 %를 넘는 마그네슘을 함유한 알루미늄 합금
③ 항상 물과 접촉되는 부분에는 순도가 99.7 % 미만의 알루미늄 사용 금지(단, 적절한 내식 처리를 한 때는 제외)

(2) 사고예방 설비 기준

① 냉매 설비에는 안전장치 설치

② 독성 가스 및 공기보다 무거운 가연성 가스를 취급하는 시설에는 가스 누출 검지 경보장치 설치
③ 가연성 가스(암모니아, 브롬화메탄 및 공기 중에서 자기 발화하는 가스 제외)의 가스 설비 중 전기 설비는 방폭 성능을 가지는 구조일 것
④ 가연성 가스, 독성 가스를 냉매로 사용하는 곳에는 누설된 냉매 가스가 체류하지 않도록 조치
  ㈎ 통풍구 설치 : 냉동 능력 1톤당 $0.05\,m^2$ 이상의 면적
  ㈏ 기계통풍 장치 설치 : 냉동 능력 1톤당 $2\,m^3$/분 이상의 환기 능력을 갖는 장치

2 기술 기준

(1) 안전유지 기준
① 안전밸브, 방출 밸브에 설치된 스톱 밸브는 항상 완전히 열어 놓을 것
② 내압시험 : 설계 압력의 1.5배 이상의 압력
③ 기밀시험 : 설계 압력 이상(산소 사용 금지) – 기밀시험을 공기로 할 때 140℃ 이하 유지

(2) 점검 기준
① 압축기 최종단에 설치한 안전장치 : 1년에 1회 이상
② 그 밖의 안전밸브 : 2년에 1회 이상
③ 안전밸브 작동 압력 : 설계 압력 이상, 내압시험 압력의 8/10 이하

✔ 단원 예상문제

1. 염화 메틸을 사용하는 배관 재료로 부적합한 것은 ? [03, 13]
  ① 철
  ② 알루미늄 합금
  ③ 니켈강
  ④ 동 합금

[해설] 냉매 종류에 따른 사용 재료의 제한 : 부식
  ㈎ 암모니아(NH_3) : 동 및 동합금
  ㈏ 염화 메틸(CH_3Cl) : 알루미늄 합금
  ㈐ 프레온 : 2 %를 넘는 마그네슘을 함유한 알루미늄 합금

정답 1. ②

2. 고압가스 냉매 설비의 기밀시험 시 압축 공기를 공급할 때 공기의 온도는 몇 ℃ 이하로 정해져 있는가? [02, 04, 06, 11]
 ① 40℃ 이하　　　　　　　② 70℃ 이하
 ③ 100℃ 이하　　　　　　 ④ 140℃ 이하

[해설] 기밀시험에 사용하는 가스는 공기 또는 불연성 가스(산소 및 독성 가스 제외)로 하며, 기밀시험에 공기 압축기를 사용하여 압축 공기를 공급할 때 공기의 온도는 140℃ 이하로 한다.

3. 독성인 냉매 가스 설비에서 기계 통풍장치 설치 시 냉동 능력 1톤당 환기 능력은 얼마인가? [03]
 ① 0.5 m^3/분 이상　　　　② 1 m^3/분 이상
 ③ 2 m^3/분 이상　　　　　④ 2.5 m^3/분 이상

[해설] 냉동 제조시설 환기 능력
 ㉮ 통풍구 크기 : 냉동 능력 1톤당 0.05 m^2 이상
 ㉯ 기계 통풍장치 : 냉동 능력 1톤당 2m^3/분 이상

4. 다음 중 냉동 제조 시설에서 냉매 설비의 배관 이외의 부분의 내압시험 압력은? [04]
 ① 설계 압력의 1.5배 이상
 ② 설계 압력의 1.1배 이상
 ③ 설계 압력 이상
 ④ 기밀시험 압력 이상

[해설] 냉동 제조 시설의 시험 압력
 ㉮ 기밀시험 : 설계 압력 이상
 ㉯ 내압시험 : 설계 압력의 1.5배 이상

5. 압축기 최종단에 설치된 고압가스 냉동 제조 시설의 안전밸브는 얼마마다 작동 압력을 조정하여야 하는가? [16]
 ① 3개월에 1회 이상
 ② 6개월에 1회 이상
 ③ 1년에 1회 이상
 ④ 2년에 1회 이상

[해설] 안전장치의 점검 : 안전밸브 점검 주기는 압축기 최종단에 설치된 것은 1년에 1회 이상, 그 밖의 시설에 설치된 안전밸브는 2년에 1회 이상으로 한다.

[정답] 2. ④　3. ③　4. ①　5. ③

1-7 고압가스 사용 기준

1 특정 고압가스 종류

① **법에서 정한 것(법 20조)** : 수소, 산소, 액화 암모니아, 아세틸렌, 액화 염소, 천연가스, 압축 모노실란, 압축 디보란, 액화알진, 그밖에 대통령령이 정하는 고압가스
② **대통령령이 정한 것(시행령 16조)** : 포스핀, 셀렌화수소, 게르만, 디실란, 오불화 비소, 오불화인, 삼불화인, 삼불화 질소, 삼불화 붕소, 사불화 유황, 사불화 규소
③ **특수 고압가스** : 압축 모노실란, 압축 디보란, 액화 알진, 포스핀, 셀렌화수소, 게르만, 디실란 그밖에 반도체의 세정 등 산업 통상 자원부 장관이 인정하는 특수한 용도에 사용하는 고압가스

2 시설 및 기술 기준

(1) 시설 기준

① **안전거리 유지** : 저장 능력 500 kg 이상인 액화염소 사용 시설의 저장 설비
  ㈎ 제1종 보호 시설 : 17 m 이상
  ㈏ 제2종 보호 시설 : 12 m 이상
② **방호벽 설치** : 저장 능력 300 kg 이상인 용기 보관실
  ㈎ 보호 시설과 유지 거리

구 분	제1종	제2종
독성, 가연성 가스 저장 설비	17 m	12 m
산소 저장 설비	12 m	8 m
그 밖의 가스 저장 설비	8 m	5 m
[비고] 한 사업소 안에 2개 이상의 저장 설비가 있는 경우 각각 안전거리를 유지한다.		

  ㈏ 보호 시설과 거리를 유지한 경우 방호벽을 설치하지 않을 수 있음
③ **안전밸브 설치** : 저장 능력 300 kg 이상인 용기 접합 장치가 설치된 곳
④ **화기와의 거리**
  ㈎ 가연성 가스 저장 설비, 기화 장치 : 8 m 이상
  ㈏ 산소 저장 설비 : 5 m 이상
⑤ **역화 방지 장치 설치** : 수소화염, 산소-아세틸렌 화염을 사용하는 시설

(2) 기술 기준

① 안전유지 기준
㈎ 충전 용기를 이동하면서 사용할 때에는 손수레에 단단하게 묶어 사용하고 사용 종료 후에는 용기 보관실에 저장해 둘 것
㈏ 충전 용기는 항상 40℃ 이하를 유지할 것
㈐ 밸브 또는 배관을 가열할 때 : 열습포, 40℃ 이하의 더운 물 사용
㈑ 충전 용기의 넘어짐 방지 조치
㈒ 산소 사용 : 석유류, 유지류 그 밖의 가연성 물질을 제거 후 사용

② 점검 기준 : 1일 1회 이상 소비 설비의 작동 상황 점검

✓ 단원 예상문제

1. 특정 고압가스에 해당하지 않는 것은? [04, 07, 16]
① 이산화탄소 ② 수소 ③ 산소 ④ 천연가스

[해설] 특정 고압가스의 종류 : 수소, 산소, 액화 암모니아, 아세틸렌, 액화 염소, 천연가스, 압축 모노실란, 압축 디보란, 액화알진 그 밖에 대통령령이 정하는 고압가스

2. 다음 중 사용 신고를 하여야 하는 특정 고압가스에 해당하지 않는 것은? [15]
① 게르만 ② 삼불화 질소 ③ 사불화 규소 ④ 오불화 붕소

[해설] ㈎ 특정 고압가스 사용 신고 대상 가스(고법 제20조) : 수소, 산소, 액화 암모니아, 아세틸렌, 액화 염소, 천연가스, 압축 모노실란, 압축 다이보레인, 액화알진 그밖에 대통령령이 정하는 고압가스 → 시장, 군수 또는 구청장에게 신고
㈏ 대통령령이 정하는 고압가스(고법 시행령 제16조) : 포스핀, 셀렌화수소, 게르만, 디실란, 오불화 비소, 오불화인, 삼불화인, 삼불화 질소, 삼불화 붕소, 사불화 유황, 사불화 규소

3. 특정 고압가스 사용 시설 중 고압가스의 저장량이 몇 kg 이상인 용기 보관실의 벽을 방호벽으로 설치하여야 하는가? [09, 13]
① 100 ② 200 ③ 300 ④ 500

[해설] 특정 고압가스 사용시설 시설 기준
㈎ 안전거리 유지 : 저장 능력 500 kg 이상인 액화염소 사용 시설
㈏ 방호벽 설치 : 저장 능력 300 kg 이상인 용기 보관실
㈐ 안전밸브 설치 : 저장 능력 300 kg 이상인 용기 접합 장치가 설치된 곳
㈑ 화기와의 거리

정답 1. ① 2. ④ 3. ③

ⓐ 가연성 가스 저장 설비, 기화 장치 : 8 m 이상
ⓑ 산소 저장 설비 : 5 m 이상
㉯ 역화 방지 장치 설치 : 수소화염, 산소-아세틸렌 화염을 사용하는 시설

4. 특정 고압가스 사용 시설의 시설 기준 및 기술 기준으로 틀린 것은? [03, 08]
① 저장 시설 주위에는 보기 쉽게 경계 표지를 할 것
② 사용 시설은 습기 등으로 인한 부식을 방지할 것
③ 독성 가스의 감압 설비와 그 가스의 반응 설비 간의 배관에는 일류 방지 장치를 할 것
④ 고압가스 저장량이 300 kg 이상인 용기 보관실의 벽은 방호벽으로 할 것
[해설] 독성 가스의 감압 설비와 그 가스의 반응 설비 간의 배관에는 역류 방지 장치를 설치할 것

5. 특정 고압가스 사용 시설에 대한 설명으로 옳은 것은? [07]
① 산소의 저장 설비 주위 5m 이내에서는 화기를 취급하지 않도록 할 것
② 가연성 가스의 사용 시설 설치실은 누설된 가스가 체류될 수 있도록 할 것
③ 고압가스 설비는 상용 압력의 1.5배 이상의 압력에서 항복을 일으키지 않는 두께일 것
④ 고압가스 설비에는 저장 능력에 관계없이 안전밸브를 설치할 것
[해설] 각 항목의 옳은 설명
② 가연성 가스의 사용 시설 설치실은 누설된 가스가 체류하지 않도록 통풍 구조를 갖출 것
③ 고압가스 설비는 상용 압력의 2배 이상의 압력에서 항복을 일으키지 않는 두께일 것
④ 액화 가스 저장 능력이 300kg 이상에는 안전밸브를 설치할 것

6. 특정 고압가스 사용 시설의 소비설비 작동 상황 점검은? [04]
① 1일 1회 이상   ② 1주일 1회 이상   ③ 1달 1회 이상   ④ 1년 1회 이상
[해설] 특정 고압가스 사용 시설 점검 : 1일 1회 이상 소비설비의 작동 상황을 점검

정답 4. ③   5. ①   6. ①

1-8 용기에 의한 고압가스 판매 기준

1 시설 기준

(1) 배치 기준
① 사업소의 부지는 한 면이 폭 4 m 이상의 도로에 접할 것
② 300 m³(액화 가스 3000 kg)를 넘는 저장 설비는 보호 시설과 안전거리를 유지

③ 저장 설비와 화기와의 우회 거리 : 2 m 이상

(2) 저장 설비 기준

① **용기 보관실** : 불연성 재료를 사용하고 지붕은 가벼운 것으로 할 것
② 용기 보관실 및 사무실은 한 부지 안에 설치할 것
③ 용기 보관실은 누출된 가스가 사무실로 유입되지 않는 구조로 설치할 것
④ **가연성 가스·산소 및 독성 가스의 용기 보관실은 각각 구분하여 설치** : 면적 10 m^2 이상
⑤ 누출된 가스가 혼합될 경우 폭발, 독성 가스가 생성될 우려가 있는 가스의 용기 보관실은 별도로 설치할 것

(3) 사고예방 설비 기준

① 독성 가스 및 공기보다 무거운 가연성 가스의 용기 보관실에는 가스 누출 검지 경보장치를 설치할 것
② 독성 가스 용기 보관실에는 독성 가스를 흡수, 중화하는 설비의 가동과 연동되도록 경보장치를 설치하고 독성 가스가 누출되었을 경우 그 흡수, 중화 설비로 이송시킬 수 있는 설비를 갖출 것
③ 가연성 가스(암모니아, 브롬화메탄 및 공기 중에서 자기 발화하는 것 제외)의 전기 설비는 방폭 성능을 가지는 것일 것
④ 가연성 가스의 용기 보관실에는 누출된 고압가스가 체류하지 않도록 환기구를 갖출 것

(4) 부대설비 기준

① 판매 시설에는 압력계 및 계량기를 갖출 것
② 판매업소 용기 보관실 주위에 11.5 m^2 이상의 부지를 확보할 것
③ 사무실 면적 : 9m^2 이상

2 기술 기준

(1) 용기 보관장소 기준

① 충전 용기와 잔 가스 용기는 각각 구분하여 놓을 것
② 가연성 가스, 독성 가스 및 산소의 용기는 각각 구분하여 놓을 것
③ 용기 보관 장소에는 계량기 등 작업에 필요한 물건 외에는 두지 않을 것
④ 용기 보관 장소 2 m 이내에는 화기, 인화성, 발화성 물질을 두지 않을 것
⑤ 충전 용기는 40℃ 이하로 유지하고, 직사광선을 받지 않도록 조치

⑥ 충전 용기는 넘어짐 방지 조치를 할 것
⑦ 가연성 가스 용기 보관 장소에는 방폭형 휴대용 손전등 외의 등화를 지니고 들어가지 않을 것

(2) 안전유지 기준

① 판매하는 가스의 충전 용기가 검사 유효 기간이 지났거나, 도색이 불량한 경우에는 그 용기 충전자에게 반송할 것
② 가연성 가스 또는 독성 가스의 충전 용기를 인도할 때에는 가스의 누출 여부를 인수자가 보는 데서 확인할 것
③ **공급자의 의무** : 고압가스를 공급할 때에는 안전 점검 인원 및 점검 장비를 갖추고 점검을 할 것

✔ 단원 예상문제

1. 용기에 의한 고압가스 판매 시설 저장실 설치 기준으로 틀린 것은? [13]
① 고압가스의 용적이 300 m³를 넘는 저장 설비는 보호 시설과 안전거리를 유지하여야 한다.
② 용기 보관실 및 사무실을 동일 부지 내에 구분하여 설치한다.
③ 사업소의 부지는 한 면이 폭 5 m 이상의 도로에 접하여야 한다.
④ 가연성 가스 및 독성 가스를 보관하는 용기 보관실의 면적은 각 고압가스별로 10 m² 이상으로 한다.
[해설] 사업소의 부지는 고압가스 운반 차량의 통행에 지장이 없도록 폭 4 m 이상의 도로와 접하는 곳으로 한다.

2. 고압가스 판매 허가를 득하여 사업을 하려는 경우 각각의 용기 보관실 면적은 몇 m² 이상이어야 하는가? [09]
① 7   ② 10   ③ 12   ④ 15
[해설] 용기 보관실 및 사무실 면적
㉮ 용기 보관실 : 10 m² 이상
㉯ 사무실 면적 : 9 m² 이상

3. 고압가스 판매소의 시설 기준에 대한 설명으로 틀린 것은? [11, 16]
① 충전 용기 보관실은 불연 재료를 사용한다.

정답 1. ③ 2. ② 3. ③

② 가연성 가스, 산소 및 독성 가스의 저장실은 각각 구분하여 설치한다.
③ 용기 보관실 및 사무실은 부지를 구분하여 설치한다.
④ 산소, 독성 가스 또는 가연성 가스를 보관하는 용기 보관실의 면적은 각 고압가스 별로 10 m² 이상으로 한다.

[해설] 용기 보관실 및 사무실은 한 부지 안에 구분하여 설치할 것

4. 용기 보관 장소에 대한 설명으로 옳지 않은 것은? [06]
① 외부에서 보기 쉬운 곳에 경계 표시를 설치할 것
② 지붕은 쉽게 연소될 수 있는 가연성 재료를 사용할 것
③ 가스가 누출된 때에 체류하지 아니하도록 할 것
④ 독성 가스인 경우에는 흡입 장치와 연동시켜 중화 설비에 이송시키는 설비를 갖출 것

[해설] 고압가스 판매소의 충전 용기 보관실은 불연 재료를 사용하고 불연성의 재료 또는 난연성의 재료를 사용한 가벼운 지붕을 설치할 것

5. 고압가스 안전 관리법령에 따라 고압가스 판매 시설에서 갖추어야 할 계측 설비가 바르게 짝지어진 것은? [14]
① 압력계, 계량기
② 온도계, 계량기
③ 압력계, 온도계
④ 온도계, 가스 분석계

[해설] 고압가스 판매 시설에는 압력계 및 계량기를 갖춘다.

6. 다음 가스의 저장 시설 중 양호한 통풍 구조로 해야 되는 것은? [05, 08]
① 질소 저장소
② 탄산가스 저장소
③ 헬륨 저장소
④ 부탄 저장소

[해설] 공기보다 무거운 가연성 가스일 때 저장 시설의 통풍 구조를 양호한 상태로 유지하여야 한다.

7. 고압가스 공급자 안전 점검 시 가스 누출 검지기를 갖추어야 할 대상은? [06, 13]
① 산소
② 가연성 가스
③ 불연성 가스
④ 독성 가스

[해설] 공급자의 안전 점검 장비
㉠ 가스 누출 검지기 : 가연성 가스
㉡ 가스 누출 시험지 : 독성 가스
㉢ 가스 누출 검지액 : 산소, 불연성 가스, 가연성 가스, 독성 가스
㉣ 그 밖의 시설 및 기구 : 산소, 불연성 가스, 가연성 가스, 독성 가스

정답 4. ② 5. ① 6. ④ 7. ②

1-9 용기 제조 및 재검사 기준

1 기술 기준

① 용기 재료는 스테인리스강, 알루미늄 합금, 탄소·인 및 황의 함유량이 각각 0.33 % (이음매 없는 용기 0.55 %) 이하·0.04 % 이하 및 0.05 % 이하인 강 또는 이와 동등 이상의 기계적 성질 및 가공성을 갖는 것으로 할 것
② 용접 용기 동판의 최대 두께와 최소 두께와의 차이는 평균 두께의 10 % 이하로 할 것(이음매 없는 용기 : 20 % 이하)
③ **초저온 용기의 재료** : 오스테나이트계 스테인리스강, 알루미늄 합금

단원 예상문제

1. 고압가스 용기에 사용되는 강의 성분 원소 중 탄소, 인, 황, 규소의 작용에 대한 설명을 틀리게 기술한 것은? [03, 11]
① 탄소량이 증가하면 인장 강도는 증가한다.
② 황은 적열 취성의 원인이 된다.
③ 인은 상온 취성의 원인이 된다.
④ 규소량이 증가하면 충격치는 증가한다.
[해설] 규소(Si)의 영향
㉮ 유동성이 증가하나 단접성 및 냉간 가공성을 나쁘게 한다.
㉯ 충격치가 낮아진다.

2. 고압가스용 용접 용기 동판의 최대 두께와 최소 두께와의 차이는? [13]
① 평균 두께의 5 % 이하 ② 평균 두께의 10 % 이하
③ 평균 두께의 20 % 이하 ④ 평균 두께의 25 % 이하
[해설] 용기 동판의 최대 두께와 최소 두께와의 차이는 평균 두께의 10 % 이하로 하여야 한다. (단, 이음매 없는 용기는 20 % 이하)

3. 액화석유가스용 강제용기란 액화석유가스를 충전하기 위한 내용적이 얼마 미만인 용기를 말하는가? [13]
① 30 L   ② 50 L   ③ 100 L   ④ 125 L
[해설] 액화석유가스용 강제용기란 액화석유가스를 충전하기 위한 내용적 20 L 이상 125 L 미만의 강으로 만든 용접 용기를 말한다.

[정답] 1. ④   2. ②   3. ④

4. 암모니아 충전 용기로서 내용적이 1000 L 이하인 것은 부식 여유두께의 수치가 (A) mm 이고, 염소 충전 용기로서 내용적이 1000 L 초과하는 것은 부식 여유두께의 수치가 (B) mm이다. A와 B에 알맞은 부식 여유치는? [15]
① A : 1, B : 3
② A : 2, B : 3
③ A : 1, B : 5
④ A : 2, B : 5

해설 부식 여유 수치

용기의 종류		부식 여유 수치
암모니아 충전 용기	내용적 1000 L 이하	1 mm
	내용적 1000 L 초과	2 mm
염소 충전 용기	내용적 1000 L 이하	3 mm
	내용적 1000 L 초과	5 mm

정답 **4.** ③

2 용기의 검사

(1) 신규 검사 항목

① **강으로 제조한 이음매 없는 용기** : 외관 검사, 인장 시험, 충격 시험(Al 용기 제외), 파열 시험(Al 용기 제외), 내압시험, 기밀시험, 압궤 시험
② **강으로 제조한 용접 용기** : 외관 검사, 인장 시험, 충격 시험(Al 용기 제외), 용접부 검사, 내압시험, 기밀시험, 압궤 시험
③ **초저온 용기** : 외관 검사, 인장 시험, 용접부 검사, 내압시험, 기밀시험, 압궤 시험, 단열 성능 시험
④ **납붙임 접합 용기** : 외관 검사, 기밀시험, 고압가압 시험
※ 파열 시험을 한 용기는 인장 시험, 압궤 시험을 생략할 수 있다.

(2) 재검사를 받아야 할 용기

① 일정한 기간이 경과된 용기
② 합격 표시가 훼손된 용기
③ 손상이 발생된 용기
④ 충전 가스 명칭을 변경할 용기
⑤ 열영향을 받은 용기

(3) 내압시험

① **수조식 내압시험** : 용기를 수조에 넣고 내압시험에 해당하는 압력을 가했다가 대기압 상태로 압력을 제거하면 원래 용기의 크기보다 약간 늘어난 상태로 복귀한다. 이때의 체적 변화를 측정하여 영구 증가량을 계산하여 합격, 불합격을 판정한다.

② **비수조식 내압시험** : 저장 탱크와 같이 고정설치 된 경우에 펌프로 가압한 물의 양을 측정해 팽창량을 계산한다.

③ **항구(영구) 증가율(%) 계산**

$$\text{항구(영구) 증가율(\%)} = \frac{\text{항구 증가량}}{\text{전 증가량}} \times 100$$

④ **합격 기준**

　㈎ 신규 검사 : 항구 증가율 10 % 이하
　㈏ 재검사
　　㉮ 질량 검사 95 % 이상 : 항구 증가율 10 % 이하
　　㉯ 질량 검사 90 % 이상 95 % 미만 : 항구 증가율 6 % 이하

(4) 초저온 용기의 단열 성능 시험

① **침입 열량 계산식**

$$Q = \frac{W \cdot q}{H \cdot \Delta t \cdot V}$$

여기서, Q : 침입 열량(J/h·℃·L)
　　　　W : 측정 중의 기화 가스양(kg)
　　　　q : 시험용 액화 가스의 기화 잠열(J/kg)
　　　　H : 측정 시간(h)
　　　　Δt : 시험용 액화 가스의 비점과 외기와의 온도차(℃)
　　　　V : 용기 내용적(L)

② **합격 기준**

내용적	침입 열량
1000 L 미만	0.0005 kcal/h·℃·L(2.09 J/h·℃·L) 이하
1000 L 이상	0.002 kcal/h·℃·L(8.37 J/h·℃·L) 이하

③ **시험용 액화 가스의 종류** : 액화 질소, 액화 산소, 액화 아르곤

(5) 충전 용기의 시험 압력

구 분	최고 충전 압력(FP)	기밀시험 압력(AP)	내압시험 압력(TP)	안전밸브 작동 압력
압축가스 용기	35℃, 최고 충전 압력	최고 충전 압력	FP×5/3배	TP×0.8배 이하
아세틸렌 용기	15℃에서 최고 압력	FP×1.8배	FP×3배	가용전식 (105±5℃)
초저온, 저온 용기	상용 압력 중 최고 압력	FP×1.1배	FP×5/3배	TP×0.8배 이하
액화 가스 용기	TP×3/5배	최고 충전 압력	액화 가스 종류별로 규정	TP×0.8배 이하

✔ 단원 예상문제

1. 고압가스 용기의 검사 방법이다. 초저온 용기 신규검사 항목에 해당되지 않는 것은 무엇인가? [06, 08]

① 외관 검사
② 용접부에 대한 방사선 검사
③ 단열 성능 시험
④ 다공도 시험

[해설] 초저온 용기의 신규 검사 항목 : 외관 검사, 인장 시험, 압궤 시험, 용접부에 관한 이음매 인장시험·안내 굽힘 시험·측면 굽힘 시험·이면 굽힘 시험·용착 금속 인장 시험·충격 시험·방사선검사, 내압시험, 기밀시험, 단열 성능 시험
※ 다공도 시험 : 아세틸렌 용기 신규검사 항목

2. 용기의 내용적 40 L에 내압시험 압력의 수압을 걸었더니 내용적이 40.24 L로 증가하였고, 압력을 제거하여 대기압으로 하였더니 용적은 40.02 L가 되었다. 이 용기의 항구 증가량과 또 이 용기의 내압시험에 대한 합격 여부는? [13]

① 1.6 %, 합격
② 1.6 %, 불합격
③ 8.3 %, 합격
④ 8.3 %, 불합격

[해설] ㉮ 항구 증가량 계산

$$\therefore \text{항구 증가량}(\%) = \frac{\text{항구 증가량}}{\text{전 증가량}} \times 100$$

$$= \frac{40.02 - 40}{40.24 - 40} \times 100 = 8.33 \%$$

㉯ 합격 여부 판단 : 합격 기준인 항구 증가량 10 %를 넘지 않으므로 이 용기는 합격이다.

정답 1. ④ 2. ③

3. 고압가스 용기를 내압시험한 결과 전 증가량은 400 cc, 영구 증가량이 20 cc이다. 영구 증가율은 얼마인가? [03]

① 0.2 % ② 0.5 % ③ 20 % ④ 5 %

[해설] 영구 증가율(%) = $\dfrac{\text{영구 증가량}}{\text{전 증가량}} \times 100 = \dfrac{20}{400} \times 100 = 5\%$

4. 초저온 용기의 단열 성능 시험에 있어 침입 열량 산식은 다음과 같이 구해진다. 여기서 "q"가 의미하는 것은? [15]

$$Q = \dfrac{W \cdot q}{H \cdot \Delta t \cdot V}$$

① 침입 열량 ② 측정 시간
③ 기화된 가스양 ④ 시험용 가스의 기화 잠열

[해설] 침입 열량 계산식 각 기호의 의미
㉮ Q : 침입 열량(J/h·℃·L)
㉯ W : 기화된 가스양(kg)
㉰ q : 시험용 가스의 기화 잠열(J/kg)
㉱ H : 측정 시간(h)
㉲ Δt : 시험용 가스의 비점과 대기 온도와의 온도차(℃)
㉳ V : 초저온 용기의 내용적(L)

5. 용적 100 L의 초저온 용기에 200 kg의 산소를 넣고 외기 온도 25℃인 곳에서 10시간 방치한 결과 180 kg의 산소가 남아 있다. 이 용기의 열 침입량(kcal/h·℃·L)의 값과 단열 성능 시험에의 합격 여부로서 옳은 것은? (단, 액화 산소의 비점은 -183℃, 기화 잠열은 51 kcal/kg이다.)

① 0.02, 불합격 ② 0.05, 합격
③ 0.005, 불합격 ④ 0.008, 합격

[해설] ㉮ 침입 열량 계산
∴ $Q = \dfrac{Wq}{H \Delta t V}$
$= \dfrac{(200-180) \times 51}{10 \times (25+183) \times 100} = 0.004903 \text{ kcal/h·℃·L}$
㉯ 판정 : 침입 열량 합격 기준인 0.0005(kcal/h·℃·L)를 초과하므로 불합격이다.

6. 초저온 용기의 단열 성능 시험용 저온 액화가스가 아닌 것은? [07, 16]

① 액화 아르곤 ② 액화 산소
③ 액화 공기 ④ 액화 질소

정답 3. ④ 4. ④ 5. ③ 6. ③

[해설] 단열 성능 시험용 저온 액화가스 종류

시험용 가스의 종류	비점(℃)	기화 잠열(J/kg)
액화 질소	−196	200966
액화 산소	−183	213526
액화 아르곤	−186	159098

7. 아세틸렌 용접 용기의 내압시험 압력으로 옳은 것은? [13]
① 최고 충전 압력의 1.5배　　② 최고 충전 압력의 1.8배
③ 최고 충전 압력의 5/3배　　④ 최고 충전 압력의 3배

[해설] 아세틸렌 용접 용기 시험 압력
㉮ 최고 충전 압력 : 15℃에서 용기에 충전할 수 있는 가스의 압력 중 최고 압력
㉯ 기밀시험 압력 : 최고 충전 압력의 1.8배
㉰ 내압시험 압력 : 최고 충전 압력의 3배

[정답] 7. ④

1-10 특정 설비 제조 기준

(1) 특정 설비의 종류

안전밸브, 긴급 차단 장치, 기화 장치, 독성 가스 배관용 밸브, 자동차용 가스 자동 주입기, 역화 방지기, 압력 용기, 특정 고압가스용 실린더 캐비닛, 자동차용 압축 천연가스 완속 충전 설비, 액화석유가스용 용기 잔류가스 회수 장치

(2) 기화장치 성능

① 온수 가열 방식 : 80℃ 이하
② 증기 가열 방식 : 120℃ 이하
③ 가연성 가스용 접지 저항치 : 10 Ω 이하
④ 기밀시험 압력 : 상용 압력 이상의 압력
⑤ 내압시험 압력 : 상용 압력의 1.5배 이상(질소, 공기를 사용 : 상용 압력의 1.25배)

단원 예상문제

1. 다음 중 특정 설비의 범위에 해당되지 않는 것은? [04]
① 저장 탱크
② 저장 탱크의 안전밸브
③ 조정기
④ 기화기

[해설] 특정 설비의 종류 : 안전밸브, 긴급 차단 장치, 역화 방지기, 기화 장치, 압력 용기, 자동차용 가스 주입 장치, 독성 가스 배관용 밸브, 압력 용기(냉동용 특정 설비, 저장 탱크), 특정 고압가스용 실린더 캐비닛, 자동차용 압축 천연가스 완속 충전 설비, 액화석유가스용 용기 잔류가스 회수 장치

2. 기화기의 성능에 대한 설명으로 틀린 것은? [14]
① 온수 가열 방식은 그 온수의 온도가 90℃ 이하일 것
② 증기 가열 방식은 그 증기의 온도가 120℃ 이하일 것
③ 압력계는 그 최고 눈금이 상용 압력의 1.5~2배 일 것
④ 기화통 안의 가스액이 토출 배관으로 흐르지 않도록 적합한 자동 제어 장치를 설치할 것

[해설] 온수 가열 방식은 그 온수의 온도가 80℃ 이하일 것

3. 재검사 용기에 대한 파기 방법의 기준으로 틀린 것은? [13]
① 절단 등의 방법으로 파기하여 원형으로 가공할 수 없도록 할 것
② 허가 관청에 파기의 사유, 일시, 장소 및 인수 시한 등에 대한 신고를 하고 파기할 것
③ 잔 가스를 전부 제거한 후 절단할 것
④ 파기하는 때에는 검사원이 검사 장소에서 직접 실시할 것

[해설] 검사 신청인에게 파기의 사유, 일시, 장소 및 인수 시한 등을 통지하고 파기한다.

[정답] 1. ③ 2. ① 3. ②

1-11 용기의 안전 점검 기준

① 고압가스 제조자, 고압가스 판매자가 실시하는 용기의 안전 점검 및 유지관리 기준
　㈎ 용기의 내·외면에 위험한 부식, 금, 주름이 있는지 확인할 것
　㈏ 용기는 도색 및 표시가 되어 있는지 확인할 것
　㈐ 용기의 스커트에 찌그러짐이 있는지 확인할 것
　㈑ 유통 중 열 영향을 받았는지 점검하고, 열 영향을 받은 용기는 재검사를 받을 것

㈜ 용기 캡이 씌워져 있거나 프로텍터가 부착되어 있는지 확인할 것
㈐ 재검사 기간의 도래 여부를 확인할 것
㈑ 용기 아랫부분의 부식 상태를 확인할 것
㈒ 밸브의 몸통, 충전구 나사, 안전밸브에 홈, 주름, 스프링의 부식 등이 있는지 확인할 것
㈓ 밸브의 그랜드 너트(grand nut)가 고정핀에 의하여 이탈 방지 조치가 있는지 여부를 확인할 것
㈔ 밸브의 개폐 조작이 쉬운 핸들이 부착되어 있는지 확인할 것
㈕ 충전 가스의 종류에 맞는 용기 부속품이 부착되어 있는지 확인할 것

② 고압가스 판매자는 확인 결과 부적합한 용기의 경우 고압가스 제조자에게 반송하여야 하고, 고압가스 제조자는 부적합한 용기를 수선하거나 보수하며, 수선, 보수할 수 없는 것은 폐기할 것

단원 예상문제

1. 고압가스 용기의 안전 점검 기준에 해당되지 않는 것은? [04, 07]
① 용기의 부식, 도색 및 표시 확인
② 용기의 캡이 씌워져 있나 프로텍터의 부착 여부 확인
③ 재검사 기간의 도래 여부를 확인
④ 용기의 누설을 성냥불로 확인

2. 고압가스 공급자의 안전 점검 항목이 아닌 것은? [15]
① 충전 용기의 설치 위치
② 충전 용기의 운반 방법 및 상태
③ 충전 용기와 화기와의 거리
④ 독성 가스의 경우 흡수 장치, 제해 장치 및 보호구 등에 대한 적합 여부

[해설] 고압가스 공급자의 안전 점검 항목
  ㉮ 충전 용기의 설치 위치
  ㉯ 충전 용기와 화기와의 거리
  ㉰ 충전 용기 및 배관의 설치 상태
  ㉱ 충전 용기, 충전 용기로부터 압력 조정기·호스 및 가스 사용 기기에 이르는 각 접속부와 배관 또는 호스에서의 누출 여부 및 그 가스의 적합 여부
  ㉲ 독성 가스의 경우 흡수 장치·제해 장치 및 보호구 등에 대한 적합 여부
  ㉳ 시설 기준에의 적합 여부(정기 점검에 한한다.)

[정답] 1. ④ 2. ②

1-12 용기 등의 표시

(1) 용기에 대한 표시

① 용기의 각인
  ㉮ V : 내용적(L)
  ㉯ W : 용기 질량(kg)
  ㉰ TW : 아세틸렌 용기질량에 다공 물질, 용제, 용기 부속품의 질량을 합한 질량(kg)
  ㉱ TP : 내압시험 압력(MPa)
  ㉲ FP : 압축가스 충전의 경우 최고 충전 압력(MPa)

② 용기의 도색 및 표시
  ㉮ 스테인리스강 등 내식성 재료를 사용한 용기 : 용기 동체의 외면 상단에 10 cm 이상의 폭으로 충전 가스에 해당하는 색으로 도색
  ㉯ 가연성 가스(LPG 제외) : "연"자, 독성 가스 : "독"자 표시
  ㉰ 선박용 액화석유가스 용기 : 용기 상단부에 2 cm의 백색 띠로 두 줄, 백색 글씨로 "선박용" 표시

가스 종류	용기 도색		글자 색깔		띠의 색상 (의료용)
	공업용	의료용	공업용	의료용	
산소(O_2)	녹색	백색	백색	녹색	녹색
수소(H_2)	주황색	–	백색	–	–
액화 탄산가스(CO_2)	청색	회색	백색	백색	백색
액화석유가스	밝은 회색	–	적색	–	–
아세틸렌(C_2H_2)	황색	–	흑색	–	–
암모니아(NH_3)	백색	–	흑색	–	–
액화 염소(Cl_2)	갈색	–	백색	–	–
질소(N_2)	회색	흑색	백색	백색	백색
아산화질소(N_2O)	회색	청색	백색	백색	백색
헬륨(He)	회색	갈색	백색	백색	백색
에틸렌(C_2H_4)	회색	자색	백색	백색	백색
사이클로 프로판	회색	주황색	백색	백색	백색
기타 가스	회색	–	백색	백색	백색

(2) 용기 부속품에 대한 표시

① AG : 아세틸렌 용기 부속품
② PG : 압축가스 용기 부속품
③ LG : 액화석유가스 외 액화가스 용기 부속품
④ LPG : 액화석유가스 용기 부속품
⑤ LT : 초저온 및 저온 용기 부속품

단원 예상문제

1. 신규 검사에 합격된 용기의 각인 사항과 그 기호의 연결이 틀린 것은? [13]
① 내용적 : V
② 최고 충전 압력 : FP
③ 내압시험 압력 : TP
④ 용기의 질량 : M

[해설] 용기 질량(kg) : W

2. 고압가스 용기의 어깨 부분에 "FP : 15MPa"라고 표기되어 있다. 이 의미를 옳게 설명한 것은? [08, 10]
① 사용 압력이 15MPa이다.
② 설계 압력이 15MPa이다.
③ 내압시험 압력이 15MPa이다.
④ 최고 충전 압력이 15MPa이다.

[해설] FP는 압축가스 충전의 경우 최고 충전 압력(MPa)을 나타내고 숫자는 압력이므로 최고 충전 압력이 15 MPa이라는 의미이다.

3. 의료용 가스 용기의 도색 구분이 맞는 것은? [02, 09]
① 산소 – 회색
② 질소 – 흑색
③ 헬륨 – 백색
④ 에틸렌 – 주황색

[해설] 각 항목의 도색
① 산소 – 백색
③ 헬륨 – 갈색
④ 에틸렌 – 자색

4. 아세틸렌 용기에 표시하는 문자로 옳은 것은? [02, 06]
① 독
② 연
③ 독, 연
④ 지

[해설] 용기 표시 문자
㉮ 가연성 가스 : "연"
㉯ 독성 가스 : "독"
㉰ 가연성 가스, 독성 가스 : "연", "독"

정답 1. ④ 2. ④ 3. ② 4. ②

5. 에틸렌 공업용 가스 용기에 사용하는 문자의 색상은? [07]

① 적색   ② 녹색   ③ 흑색   ④ 백색

[해설] 에틸렌 용기
- ㉮ 용기 도색 : 회색
- ㉯ 문자 색상 : 백색

6. 용기 신규 검사에 합격된 용기 부속품 각인에서 초저온 용기나 저온 용기의 부속품에 해당하는 기호는? [14]

① LT   ② PT   ③ MT   ④ UT

[해설] 용기 부속품 기호
- ㉮ AG : 아세틸렌가스 용기 부속품
- ㉯ PG : 압축가스 충전용기 부속품
- ㉰ LG : 액화석유가스 외의 액화 가스 용기 부속품
- ㉱ LPG : 액화석유가스 용기 부속품
- ㉲ LT : 초저온, 저온 용기 부속품

7. 용기 밸브에서 그랜드 너트의 6각 모서리에 V형 홈을 낸 것은 무엇을 표시하는가? [03, 08, 13]

① 왼나사임을 표시   ② 오른나사임을 표시
③ 암나사임을 표시   ④ 수나사임을 표시

[해설] 용기 밸브에서 그랜드 너트의 6각 모서리에 V형 홈을 낸 것은 왼나사임을 표시하는 것이다.

[정답] 5. ④   6. ①   7. ①

1-13 고압가스 운반 등의 기준

1 차량의 경계 표지

(1) 경계 표시

"위험 고압가스" 차량 앞뒤에 부착, 전화번호 표시, 운전석 외부에 적색 삼각기 게시(독성 가스 : "위험 고압가스", "독성 가스"와 위험을 알리는 도형 및 전화번호 표시)

(2) 경계 표시 크기
① 가로 치수 : 차체 폭의 30 % 이상
② 세로 치수 : 가로 치수의 20 % 이상
③ 정사각형 : 600 cm² 이상

✔ 단원 예상문제

1. 독성 가스의 충전 용기를 차량에 적재하여 운반 시 그 차량 앞뒤의 보기 쉬운 곳에 반드시 표시해야 할 사항이 아닌 것은?
① 위험 고압가스
② 독성 가스
③ 위험을 알리는 도형
④ 제조회사

[해설] 독성 가스 충전용기 운반 시 경계 표시 : 차량 앞뒤의 보기 쉬운 곳에 붉은 글씨로 "위험 고압가스", "독성 가스"라는 경계 표시와 위험을 알리는 도형 및 전화번호를 표시하여야 한다.

2. 독성 가스 외의 고압가스 충전 용기를 차량에 적재하여 운반할 때 부착하는 경계 표지에 대한 내용으로 옳은 것은? [16]
① 적색 글씨로 "위험 고압가스"라고 표시
② 황색 글씨로 "위험 고압가스"라고 표시
③ 적색 글씨로 "주의 고압가스"라고 표시
④ 황색 글씨로 "주의 고압가스"라고 표시

[해설] 경계 표지 설치 : 충전 용기 등을 차량에 적재하여 운반하는 때에는 그 차량 앞뒤의 보기 쉬운 곳에 각각 붉은 글씨로 "위험 고압가스"라는 경계 표시와 상호, 전화번호, 운반기준 위반 행위를 신고할 수 있는 허가, 신고 또는 등록 관청의 전화번호 등이 표시된 안내문을 부착한다.

3. 차량에 고정된 탱크가 있다. 차체 폭이 A, 차체 길이가 B라고 할 때 이 탱크를 운반 시 표시해야 하는 경계 표시의 크기는? [06]
① 가로 : A×0.3 이상, 세로 : B×0.2 이상
② 가로 : B×0.3 이상, 세로 : A×0.2 이상
③ 가로 : A×0.3 이상, 세로 : A×0.3×0.2 이상
④ 가로 : A×0.3 이상, 세로 : B×0.3×0.2 이상

[해설] 경계 표시(위험 고압가스)의 크기
㉮ 가로 : 차체 폭(A)의 30 % 이상 → A×0.3 이상
㉯ 세로 : 가로 치수의 20 % 이상 → 가로 치수×0.3 = (A×0.3)×0.2 이상
㉰ 차량 구조상 정사각형 또는 이에 가까운 형상 : 면적이 600 cm² 이상

정답 1. ④ 2. ① 3. ③

2 용기에 의한 운반 기준

(1) 혼합 적재 금지

① 염소와 아세틸렌, 암모니아, 수소
② 가연성 가스와 산소는 충전 용기 밸브가 마주보지 않도록 적재
③ 충전 용기와 위험물 안전 관리법이 정하는 위험물
④ 독성 가스 중 가연성 가스와 조연성 가스

(2) 적재 및 하역 작업

① 충전 용기를 차량에 적재하여 운반할 때에는 적재함에 세워서 운반할 것
② 충전 용기와 차량과의 사이에 헝겊, 고무링을 사용하여 마찰, 홈, 찌그러짐 방지
③ 고정된 프로텍터가 없는 용기는 보호캡을 부착
④ 전용로프를 사용하여 충전 용기 고정
⑤ 충전 용기를 차에 싣거나 내릴 때에는 충격을 최소한으로 방지하기 위하여 완충판을 차량 등에 갖추고 사용할 것
⑥ 운반 중의 충전 용기는 항상 40℃ 이하를 유지할 것
⑦ 충전 용기는 이륜차에 적재하여 운반하지 않을 것(단, 다음의 경우 모두에 액화석유가스 충전용기를 적재하여 운반할 수 있다.)
　㈎ 차량이 통행하기 곤란 지역의 경우 또는 시, 도지사가 지정하는 경우
　㈏ 넘어질 경우 용기에 손상이 안 가도록 제작된 용기 운반 전용 적재함을 장착한 경우
　㈐ 적재하는 충전 용기의 충전량이 20 kg 이하이고, 적재하는 충전 용기수가 2개 이하인 경우
⑧ 납붙임, 접합 용기는 포장 상자 외면에 가스의 종류, 용도, 취급 시 주의사항 기재
⑨ 운반하는 액화 독성 가스 누출 시 응급조치 약제(소석회[생석회]) 휴대
　㈎ 대상 가스 : 염소, 염화수소, 포스겐, 아황산가스
　㈏ 휴대량

운반 가스양	휴대량
1000 kg 미만	20 kg 이상
1000 kg 이상	40 kg 이상

(3) 운반책임자 동승

① **운반책임자** : 운반에 관한 교육 이수자, 안전 관리 책임자, 안전 관리원
② **운반책임자 동승 기준**

(가) 비독성 고압가스

가스의 종류		기 준
압축 가스	가연성	300 m³ 이상
	조연성	600 m³ 이상
액화 가스	가연성	3000 kg 이상(납붙임 용기 및 접합용기 : 2000 kg 이상)
	조연성	6000 kg 이상

(나) 독성 고압가스

가스의 종류	허용농도	기 준
압축가스	허용 농도 100만분의 200 이하	10 m³ 이상
	허용 농도 100만분의 200 초과 100만분의 5000 이하	100 m³ 이상
액화 가스	허용 농도 100만분의 200 이하	100 kg 이상
	허용 농도 100만분의 200 초과 100만분의 5000 이하	1000 kg 이상

(4) 운행 기준

① **안전 확보에 필요한 조치** : 주의사항 비치, 안전 점검, 안전 수칙 준수
② 운반 중 누출할 우려가 있는 독성 가스의 경우 소방서나 경찰서에 신고
③ 200 km 이상의 거리를 운행하는 경우 중간에 충분한 휴식을 취할 것
④ 노면이 나쁜 도로에서는 가능한 운행하지 말 것
⑤ 현저하게 우회하는 도로 및 번화가 또는 사람이 붐비는 장소는 피할 것
  (가) 현저하게 우회하는 도로 : 이동 거리가 2배 이상인 도로
  (나) 번화가 : 도시의 중심부, 번화한 상점, 차량의 너비에 3.5 m를 더한 너비 이하인 통로 주위
  (다) 사람이 붐비는 장소 : 축제 시의 행렬, 집회 등으로 사람이 밀집된 장소

(5) 충전 용기 적재 차량의 주정차 기준

① 지형이 평탄하고 교통량이 적은 안전한 장소를 택한다.
② 정차 시 엔진을 정지시킨 다음 주차 브레이크를 걸어놓고 차량 고정목을 사용한다.

③ 제1종 보호 시설과 15 m 이상 거리를 유지하고, 제2종 보호 시설이 밀집된 지역은 피한다.
④ 차량의 고장 등으로 정차하는 경우 적색 표시판을 설치한다.

단원 예상문제

1. 독성 가스 충전용기를 차량에 적재할 때의 기준에 대한 설명으로 틀린 것은? [16]
① 운반 차량에 세워서 운반한다.
② 차량의 적재함을 초과하여 적재하지 아니한다.
③ 차량의 최대 적재량을 초과하여 적재하지 아니한다.
④ 충전 용기는 2단 이상으로 겹쳐 쌓아 용기가 서로 이격되지 않도록 한다.

[해설] 충전 용기 등을 목재, 플라스틱 또는 강철제로 만든 팔레트(견고한 상자 또는 틀) 내부에 넣어 안전하게 적재하는 경우와 용량 10 kg 미만의 액화석유가스 충전용기를 적재할 경우를 제외하고 모든 충전 용기는 1단으로 쌓는다.

2. 허용 농도가 100만분의 200 이하인 독성 가스 용기 중 내용적이 얼마 미만인 충전 용기를 운반하는 차량의 적재함에 대하여 밀폐된 구조로 하여야 하는가? [16]
① 500 L   ② 1000 L   ③ 2000 L   ④ 3000 L

[해설] 허용 농도가 100만분의 200 이하인 독성 가스 충전용기를 운반하는 경우에는 용기 승하 차용 리프트와 밀폐된 구조의 적재함이 부착된 전용 차량으로 운반한다. 다만, 내용적이 1000 L 이상인 충전 용기를 운반하는 경우에는 그러하지 아니하다. (∴ 내용적 1000 L 미만인 충전 용기를 운반하는 경우에는 차량 적재함이 밀폐된 구조로 하여야 한다.)

3. 고압가스 용기 중 동일 차량에 혼합 적재하여 운반하여도 무방한 것은? [03, 08]
① 산소와 질소, 탄산가스
② 염소와 아세틸렌, 암모니아 또는 수소
③ 가연성 가스와 산소를 동일 차량에 용기의 밸브가 서로 마주보게 적재
④ 충전 용기와 위험물 안전 관리법이 정하는 위험물

[해설] 혼합 적재 금지
㉮ 염소와 아세틸렌, 암모니아, 수소는 동일 차량에 혼합 적재 운반 금지
㉯ 가연성 가스와 산소를 동일 차량에 적재 운반 시 충전 용기 밸브가 서로 마주보지 않도록 적재하면 혼합 적재 가능
㉰ 충전 용기와 위험물 안전 관리법이 정하는 위험물
㉱ 독성 가스 중 가연성 가스와 조연성 가스는 동일 차량에 혼합 적재 운반 금지

정답 1. ④   2. ②   3. ①

4. 고압가스 운반 시 밸브가 돌출한 충전 용기에는 밸브의 손상을 방지하기 위하여 무엇을 설치하여 운반하여야 하는가? [07]
 ① 고무판 ② 프로텍터 또는 캡
 ③ 스커트 ④ 목재 칸막이

[해설] 밸브가 돌출한 충전 용기는 고정식 프로텍터나 캡을 부착시켜 밸브의 손상을 방지하는 조치를 한 후 차량에 싣고 운반한다.

5. 고압가스 충전용기의 운반 기준 중 틀리는 것은? [02, 03]
 ① 충전용기를 운반하는 때는 충격을 방지하기 위해 단단하게 묶을 것
 ② 운반 중의 충전용기는 항상 40℃ 이하를 유지할 것
 ③ 차량통행이 가능한 지역에선 오토바이로 적재하여 운반할 것
 ④ 독성 가스 충전용기 운반 시에는 목재 칸막이 또는 패킹을 할 것

[해설] 차량 통행이 곤란한 지역, 시도지사가 지정하는 경우에 다음의 기준에 적합한 경우에 한하여 액화석유가스 충전용기를 오토바이에 적재하여 운반할 수 있다.
 ㉮ 용기 운반 전용 적재함이 장착된 경우
 ㉯ 적재하는 충전 용기는 20 kg 이하이고, 적재 수가 2개를 초과하지 아니하는 경우

6. 액화 독성 가스 1000 kg 이상을 이동 시 휴대하여야 할 제독제인 소석회는 몇 kg 이상을 휴대하여야 하는가? [06, 07]
 ① 20 kg ② 30 kg ③ 40 kg ㉱ 80 kg

[해설] 운반 가스양에 따른 소석회 휴대 조건
 ㉮ 1000 kg 미만인 경우 : 20 kg 이상
 ㉯ 1000 kg 이상인 경우 : 40 kg 이상
 ※ 적용가스 : 염소, 염화수소, 포스겐, 아황산가스 등 효과가 있는 액화 가스에 적용

7. 고압가스 충전용기를 운반할 때 운반책임자를 동승시키지 않아도 되는 경우는? [16]
 ① 가연성 압축가스 – 300 m³
 ② 조연성 액화 가스 – 5000 kg
 ③ 독성 압축가스(허용 농도가 100만분의 200 초과, 100만분의 5000 이하) – 100 m³
 ④ 독성 액화 가스(허용 농도가 100만분의 200 초과, 100만분의 5000 이하) – 1000 kg

[해설] 조연성 액화 가스는 6000 kg 이상 운반할 때 운반책임자를 동승시켜야 한다.

8. 가스 용기를 운반하던 중 가스 누출 우려가 있는 경우 소방서 및 경찰서에 반드시 신고하여야 할 가스는? [03]

[정답] 4. ② 5. ③ 6. ③ 7. ② 8. ③

① 가연성 가스   ② 산소
③ 독성 가스   ④ 모든 고압가스

[해설] 독성 가스 용기를 운반 중 누출 등의 위해 우려가 있는 경우에는 소방서나 경찰서에 신고하고, 도난당하거나 분실한 때에는 즉시 그 내용을 경찰서에 신고한다.

9. 허용 농도가 100만분의 200 이하인 독성 가스 용기 운반 차량은 몇 km 이상의 거리를 운행할 때 중간에 충분한 휴식을 취한 후 운행하여야 하는가? [06, 08, 12]

① 100 km   ② 200 km   ③ 300 km   ④ 400 km

[해설] 운반책임자가 동승한 독성 가스 용기 운반 차량은 200 km 이상의 거리를 운행하는 경우에는 중간에 충분한 휴식을 취하도록 하고 운행시킨다.

10. 충전 용기를 차량에 적재하여 운반하는 도중에 주차하고자 할 때의 주의사항으로 옳지 않은 것은? [03, 05, 09, 11]

① 충전 용기를 적재한 차량은 제1종 보호 시설로부터 15 m 이상 떨어지고, 제2종 보호시설이 밀집된 지역은 가능한 한 피한다.
② 주차 시에는 엔진을 정지시킨 후 주차 브레이크를 걸어 놓는다.
③ 주차를 하고자 하는 주위의 교통 상황, 지형 조건, 화기 등을 고려하여 안전한 장소를 택하여 주차한다.
④ 주차 시에는 긴급한 사태에 대비하여 바퀴 고정목을 사용하지 않는다.

[해설] 적재량에 관계없이 주차 시에는 반드시 바퀴 고정목을 사용하여야 한다.

11. 다음 고압가스 운반 등의 기준으로 틀린 것은? [08]

① 고압가스를 운반하는 때에는 재해 방지를 위하여 필요한 주의사항을 기재한 서면을 운전자에게 교부하고 운전 중 휴대하게 한다.
② 차량의 고장, 교통 사정 또는 운전자의 휴식 등 부득이한 경우를 제외하고는 장시간 정차하여서는 안 된다.
③ 고속도로 운행 중 점심 식사를 하기 위해 운반책임자와 운전자가 동시에 차량을 이탈 할 때에는 시건장치를 하여야 한다.
④ 지정한 도로, 시간, 속도에 따라 운반하여야 한다.

[해설] 운반책임자와 운전자가 동시에 차량에서 이탈하여서는 안 된다.

12. 독성 가스를 운반하는 차량이 갖추어야 될 용구에 해당되지 않는 것은?

① 방독면   ② 제독제   [03, 06, 07, 09, 11]
③ 고무장갑, 고무장화   ④ 소화장비

정답 9. ② 10. ④ 11. ③ 12. ④

> [해설] 독성 가스 운반 시 갖추어야 할 용구 및 물품
> (1) 보호구 : 방독마스크, 공기 호흡기, 보호의, 보호장갑, 보호장화
> (2) 자재 : 적색기, 휴대용 손전등, 메가폰 또는 휴대용 확성기, 자동 안전바, 완충판, 물통, 누출 검지기, 누출 검지액, 차바퀴 고정목, 통신기기
> (3) 약제 : 누출 시 응급조치 약제로 액화 독성 가스(염소, 염화수소, 포스겐, 아황산가스)에 적용
>   ㉮ 1000 kg 미만 운반 : 소석회(생석회) 20 kg 이상 휴대
>   ㉯ 1000 kg 이상 운반 : 소석회(생석회) 40 kg 이상 휴대
> (4) 공구
>   ㉮ 공작용 공구 : 해머 또는 나무망치, 펜찌, 몽키스패너, 가위 또는 칼, 밸브 개폐용 핸들, 밸브 그랜드 스패너, 가죽 장갑
>   ㉯ 누출방지 공구 : 고무시트 또는 납패킹, 링 또는 실테이프, 헝겊, 용기 밸브용 플러그 너트
> ※ 소화장비는 가연성 가스, 산소의 경우에 해당

3 차량에 고정된 탱크 등에 의한 가스 운반 기준

(1) 내용적 제한
① 가연성 가스(LPG 제외), 산소 : 18000 L 초과 금지
② 독성 가스(액화 암모니아 제외) : 12000 L 초과 금지

(2) 액면 요동 방지 조치 등
① 액화 가스를 충전하는 탱크 : 내부에 방파판 설치
  ㉮ 방파판 면적 : 탱크 횡단면적의 40 % 이상
  ㉯ 위치 : 상부 원호부 면적이 탱크 횡단면의 20 % 이하가 되는 위치
  ㉰ 두께 : 3.2 mm 이상
  ㉱ 설치 수 : 탱크 내용적 5 m^3 이하마다 1개씩
② 탱크 정상부가 차량보다 높을 때 : 높이측정 기구 설치

(3) 탱크 및 부속품 보호
① 뒤범퍼와 수평 거리
  ㉮ 후부 취출식 탱크 : 40 cm 이상
  ㉯ 후부 취출식 탱크 외 : 30 cm 이상
  ㉰ 조작 상자 : 20 cm 이상

② 2개 이상의 탱크 설치
  ㉮ 탱크마다 주 밸브를 설치
  ㉯ 충전관에는 안전밸브, 압력계 및 긴급 탈압 밸브 설치

(4) 운반책임자 동승 기준
  ① 운반책임자 : 운반에 관한 교육 이수자, 안전 관리 책임자, 안전 관리원
  ② 운반책임자 동승 기준 : 200 km를 초과하는 거리까지 운반할 때

가스의 종류		기 준
압축 가스	독성	100 m³ 이상
	가연성	300 m³ 이상
	조연성	600 m³ 이상
액화 가스	독성	1000 kg 이상
	가연성	3000 kg 이상
	조연성	6000 kg 이상

✔ 단원 예상문제

1. 차량에 고정된 탱크에 독성 가스는 얼마를 적재할 수 있는가? [02, 05, 09, 14]
  ① 12000 L 이하
  ② 18000 L 이하
  ③ 15000 L 이하
  ④ 16000 L 이하

  해설 탱크 내용적 제한
    ㉮ 가연성 가스(LPG 제외), 산소 : 18000 L 초과 금지
    ㉯ 독성 가스(액화 암모니아 제외) : 12000 L 초과 금지

2. 액화 가스를 충전하는 탱크는 그 내부에 액면 요동을 방지하기 위하여 무엇을 설치해야 하는가? [07, 08, 13, 14]
  ① 방파판
  ② 안전밸브
  ③ 액면계
  ④ 긴급 차단 장치

  해설 액면 요동 방지 조치 : 액화 가스를 충전하는 차량에 고정된 탱크는 그 내부에 액면 요동을 방지하기 위한 방파판 등을 설치한다.

정답 1. ① 2. ①

3. 후부 취출식 탱크에서 탱크 주 밸브 및 긴급 차단 장치에 속하는 밸브와 차량의 뒤범퍼와의 수평 거리는 얼마 이상 떨어져 있어야 하는가? [08]
① 20 cm
② 30 cm
③ 40 cm
④ 60 cm

[해설] 뒤범퍼와의 수평 거리
㉮ 후부 취출식 탱크 : 40 cm 이상
㉯ 후부 취출식 외 탱크 : 30 cm 이상
㉰ 조작 상자 : 20 cm 이상

4. 2개 이상의 탱크를 동일한 차량에 고정하여 운반할 때 충전관에 설치하는 것이 아닌 것은? [03, 11]
① 온도계
② 안전밸브
③ 압력계
④ 긴급 탈압 밸브

[해설] 2개 이상의 탱크를 동일 차량에 고정하여 운반할 때의 기준
㉮ 탱크마다 탱크의 주 밸브를 설치할 것
㉯ 탱크 상호 간 또는 탱크와 차량과의 사이를 단단하게 부착하는 조치를 할 것
㉰ 충전관에는 안전밸브, 압력계 및 긴급 탈압 밸브를 설치할 것

5. 고압가스 운반 시 사고가 발생하여 가스 누설 부분의 수리가 불가능한 경우 조치 사항으로 옳지 않은 것은? [04, 08]
① 상황에 따라 안전한 장소로 운반할 것
② 착화된 경우 용기 파열 등의 위험이 없다고 인정될 때는 그대로 놔 둘 것
③ 독성 가스가 누설한 경우에는 가스를 제독할 것
④ 비상 연락망에 따라 관계 업소에 협조를 의뢰할 것

[해설] 운반 중 사고가 발생한 경우 가스 누출 부분의 수리가 불가능한 경우 조치 사항
㉮ 상황에 따라 안전한 장소로 운반할 것
㉯ 부근의 화기를 없앨 것
㉰ 착화된 경우 용기 파열 등의 위험이 없다고 인정될 때는 소화할 것
㉱ 독성 가스가 누출할 경우에는 가스를 제독할 것
㉲ 부근에 있는 사람을 대피시키고, 동행인은 교통 통제를 하여 출입을 금지시킬 것
㉳ 비상 연락망에 따라 관계 업소에 원조를 의뢰할 것
㉴ 상황에 따라 안전한 장소로 대피할 것

[정답] 3. ③ 4. ① 5. ②

제2장 | 액화석유가스 안전 관리

2-1 액화석유가스 용어의 정의

(1) 용어의 정의[액법 시행규칙 제2조]

① **저장 설비** : 액화석유가스를 저장하기 위한 설비로서 저장 탱크, 마운드형 저장 탱크, 소형 저장 탱크 및 용기(용기 집합 설비와 충전 용기 보관실 포함. 이하 같다)를 말한다.

② **저장 탱크** : 액화석유가스를 저장하기 위하여 지상 또는 지하에 고정 설치된 탱크로서 그 저장 능력이 3톤 이상인 탱크를 말한다.

③ **소형 저장 탱크** : 액화석유가스를 저장하기 위하여 지상 또는 지하에 고정 설치된 탱크로서 그 저장 능력이 3톤 미만인 탱크를 말한다.

④ **충전 용기** : 액화석유가스 충전 질량의 2분의 1 이상이 충전되어 있는 상태의 용기를 말한다.

⑤ **잔 가스 용기** : 액화석유가스 충전 질량의 2분의 1 미만이 충전되어 있는 상태의 용기를 말한다.

단원 예상문제

1. 액화석유가스의 안전 관리 및 사업법에서 정한 용어에 대한 설명으로 틀린 것은? [15]
① 저장 설비란 액화석유가스를 저장하기 위한 설비로서 각종 저장 탱크 및 용기를 말한다.
② 저장 탱크란 액화석유가스를 저장하기 위하여 지상 또는 지하에 고정 설치된 탱크로서 그 저장 능력이 3톤 이상인 탱크를 말한다.
③ 용기 집합 설비란 2개 이상의 용기를 집합하여 액화석유가스를 저장하기 위한 설비를 말한다.
④ 충전 용기란 액화석유가스 충전 질량의 90 % 이상이 충전되어 있는 상태의 용기를 말한다.

정답 1. ④

[해설] 충전 용기 구분
  ㉮ 충전 용기 : 충전 질량의 2분의 1 이상이 충전되어 있는 상태의 용기
  ㉯ 잔 가스 용기 : 충전 질량의 2분의 1미만이 충전되어 있는 상태의 용기

2. 액화석유가스를 저장하기 위하여 지상 또는 지하에 고정 설치된 저장 탱크는 그 저장 능력이 몇 톤 이상인 탱크를 말하는가? [07]
① 3   ② 5   ③ 10   ④ 100

[해설] 액화석유가스 저장 탱크 구분
  ㉮ 저장 탱크 : 저장 능력 3톤 이상
  ㉯ 소형 저장 탱크 : 저장 능력 3톤 미만

[정답] 2. ①

2-2 충전 사업 기준

1 용기 충전

(1) 시설 기준

① 저장 설비 설치

㈎ 냉각 살수장치 설치
  ㉮ 방사량 : 저장 탱크 표면적 $1\,m^2$당 $5\,L/min$ 이상의 비율
  ㉯ 준내화 구조 저장 탱크 : $2.5\,L/min \cdot m^2$ 이상
  ㉰ 조작 위치 : 5 m 이상 떨어진 위치
  ㉱ 살수 장치 종류 : 살수관식, 확산판식

㈏ 저장 탱크 지하 설치
  ㉮ 저장 탱크실 바닥은 물이 모이도록 구배를 가지는 구조로 하고, 바닥의 낮은 곳에 집수구를 설치하여 배수할 수 있도록 조치
    ⓐ 집수구 규격 : 가로 30 cm, 세로 30 cm, 깊이 30 cm 이상의 크기
    ⓑ 집수관 : 80 A 이상의 스테인리스 강관, 내충격 경질 폴리염화 비닐관(HIVP)
  ㉯ 집수구 및 집수관 주변은 자갈 등으로 조치, 펌프 가동 시 모래가 유입되지 않도록 조치
  ㉰ 상시 침수 우려 지역에 설치된 점검구, 검지관 및 집수관 등은 바닥면보다 30

cm 이상 높게 설치
- ㉣ 검지관 : 40 A 이상으로 4개소 이상 설치(집수관 설치 시 검지관 1개를 설치한 것으로 본다.)
- ㉤ 점검구 설치
  - ⓐ 저장 능력이 20톤 이하인 경우 1개소, 20톤 초과인 경우 2개소
  - ⓑ 저장 탱크 측면 상부의 지상에 설치
  - ⓒ 크기 : 사각형 점검구는 0.8 m×1 m 이상, 원형 점검구는 지름 0.8 m 이상
- ㈐ 소형 저장 탱크 설치
  - ㉮ 소형 저장 탱크 수 : 6기 이하, 충전 질량 합계 5000 kg 미만
  - ㉯ 지면보다 5 cm 이상 높게 콘크리트 바닥 등에 설치
  - ㉰ 경계책 설치 : 높이 1 m 이상(충전 질량 1000 kg 이상만 해당)
  - ㉱ 소형 저장 탱크와 기화 장치와 화기와의 거리 : 5 m 이상
  - ㉲ 충전량 : 내용적의 85 % 이하
- ㈑ 폭발 방지 장치 설치 : 주거 지역, 상업 지역에 설치하는 10톤 이상의 저장 탱크
- ㈒ 방류둑 설치 : 저장 능력 1000톤 이상
- ㈓ 지하에 설치하는 저장 탱크 : 과충전 경보장치 설치
- ㈔ 긴급 차단장치 조작 위치 : 5 m 이상 떨어진 위치

② 통풍구 및 강제통풍 시설 설치
- ㈎ 통풍 구조 : 바닥 면적 1 m^{2}마다 300 cm^{2}의 비율로 계산한 면적이상(1개소 면적 : 2400 cm^2 이하)
- ㈏ 환기구는 2방향 이상으로 분산 설치
- ㈐ 강제통풍 장치
  - ㉮ 통풍 능력 : 바닥 면적 1 m^{2}마다 0.5 m^3/분 이상
  - ㉯ 흡입구 : 바닥면 가까이 설치
  - ㉰ 배기가스 방출구 : 지면에서 5 m 이상의 높이에 설치

③ 가스 누출 경보기 설치
- ㈎ 가스 누출 경보기의 기능
  - ㉮ 가스의 누출을 검지하여 그 농도를 지시함과 동시에 경보를 울리는 것
  - ㉯ 설정된 가스 농도(폭발 하한계의 1/4 이하)에서 자동적으로 경보를 울리는 것
  - ㉰ 경보를 울린 후에는 가스 농도가 변화되어도 계속 경보를 울리며, 확인 또는 대책을 강구함에 따라 경보가 정지될 것
  - ㉱ 담배 연기 등 잡가스에는 경보를 울리지 않을 것

(나) 가스 누출 자동 차단기의 구성 요소
　㉮ 검지부 : 누출된 가스를 검지하여 제어부로 신호를 보내는 기능
　㉯ 차단부 : 제어부로부터 보내진 신호에 따라 가스의 유로를 개폐하는 기능
　㉰ 제어부 : 차단부에 자동 차단 신호를 보내는 기능, 차단부를 원격 개폐할 수 있는 기능 및 경보 기능을 가진 것
(다) 검지부 설치 제외 장소
　㉮ 증기, 물방울, 기름 섞인 연기 등이 직접 접촉될 우려가 있는 장소
　㉯ 온도가 40℃ 이상인 곳
　㉰ 누출 가스의 유동이 원활하지 못한 곳
　㉱ 차량, 작업 등으로 파손 우려가 있는 곳

단원 예상문제

1. 액화석유가스 충전 사업 시설 중 저장 탱크와 다른 저장 탱크와의 사이에는 두 저장 탱크의 최대 지름을 합한 길이의 $\frac{1}{4}$이 1 m 이상일 경우에 얼마의 간격을 유지해야 하는가? [04]
① 2 m　　　　　　　　　　② 그 길이의 간격
③ 그 길이의 1/2 간격　　　　④ 3 m

[해설] 두 저장 탱크의 지름을 합산한 길이의 $\frac{1}{4}$이 1 m 이상일 경우에는 그 길이의 간격, 1 m 미만일 경우에는 1 m 이상을 유지한다.

2. LPG 자동차에 고정된 용기 충전 시설에서 저장 탱크의 물분무 장치는 최대 수량을 몇 분 이상 연속해서 방사할 수 있는 수원에 접속되어 있도록 하여야 하는가? [15]
① 20분　　② 30분　　③ 40분　　④ 60분

[해설] 물분무 장치는 동시에 방사할 수 있는 최대 수량을 30분 이상 연속하여 방사할 수 있는 수원에 접속되어 있도록 한다.

3. 지상에 액화석유가스(LPG) 저장 탱크를 설치하는 경우 냉각 살수 장치는 그 외면으로부터 몇 m 이상 떨어진 곳에서 조작할 수 있어야 하는가? [07, 08]
① 2　　② 3　　③ 5　　④ 7

[해설] 냉각 살수장치 설치 기준
　㉮ 방사량 : 저장 탱크 표면적 1 m² 당 5 L/min 이상의 비율
　㉯ 준내화 구조 저장 탱크 : 2.5 L/min·m² 이상
　㉰ 조작 위치 : 5 m 이상 떨어진 위치

정답 1. ②　2. ②　3. ③

4. 액화석유가스의 시설 기준 중 저장 탱크의 설치 방법으로 틀린 것은? [13]
  ① 천장, 벽 및 바닥의 두께가 각각 30 cm 이상의 방수 조치를 한 철근 콘크리트 구조로 한다.
  ② 저장 탱크실 상부 윗면으로부터 저장 탱크 상부까지의 깊이는 60 cm 이상으로 한다.
  ③ 저장 탱크에 설치한 안전밸브에는 지면으로부터 5 m 이상의 방출관을 설치한다.
  ④ 저장 탱크 주위 빈 공간에는 세립분을 25 % 이상 함유한 마른 모래를 채운다.
  [해설] 저장 탱크 주위 빈 공간에는 세립분을 함유하지 않은 것으로서 손으로 만졌을 때 물이 손에서 흘러내리지 않는 상태의 모래를 채운다.

5. 주거 지역, 상업 지역의 저장 탱크에 폭발 방지 장치를 설치해야 하는 저장 능력 규모는? [03]
  ① 10톤 이상   ② 15톤 이상   ③ 20톤 이상   ④ 30톤 이상
  [해설] 폭발 방지 장치 설치 대상
    ㉮ 주거 지역, 상업 지역의 지상에 설치하는 저장 능력 10톤 이상인 LPG 저장 탱크
    ㉯ LPG 이송용 탱크로리 탱크

6. 운반 책임자를 동승시키지 않고 운반하는 액화석유가스용 차량에서 고정된 탱크에 설치하여야 하는 장치는? [15]
  ① 살수 장치   ② 누설 방지 장치
  ③ 폭발 방지 장치   ④ 누설 경보 장치
  [해설] 폭발 방지 장치 설치 : 운반책임자 동승을 제외하고자 하는 액화석유가스용 차량에 고정된 탱크에는 그 탱크의 외벽이 화염으로 인하여 국부적으로 가열될 경우 그 저장 탱크 벽면의 열을 신속히 흡수·분산시킴으로서 탱크 벽면의 국부적인 온도 상승으로 인한 탱크의 파열을 방지하기 위하여 탱크 내에 다공성 벌집형 알루미늄 박판(폭발 방지제)을 설치한다.

7. 액화석유가스 지상 저장 탱크 주위에는 저장 능력이 얼마 이상일 때 방류둑을 설치하여야 하는가? [06, 08, 09]
  ① 300 kg   ② 1000 kg   ③ 300톤   ④ 1000톤
  [해설] 저장 능력 1000톤 이상의 지상 저장 탱크 주위에는 액상의 액화석유가스가 누출된 경우에 그 유출을 방지할 수 있도록 방류둑을 설치한다.

8. 액화석유가스 용기 충전 시설에서 방류둑의 내측과 그 외면으로부터 몇 m 이내에는 저장 탱크 부속 설비 외의 것을 설치하지 않아야 하는가? [08]
  ① 5   ② 7   ③ 10   ④ 15
  [해설] 방류둑 외면으로부터 10 m 이내에는 저장 탱크 부속 설비 외의 것을 설치하지 아니한다.

[정답] 4. ④ 5. ① 6. ③ 7. ④ 8. ③

9. 지상에 설치하는 액화석유가스의 저장 탱크 안전밸브에 가스 방출관을 설치하고자 한다. 저장 탱크의 정상부가 지상에서 8 m일 경우 방출관의 높이는 지상에서 몇 m 이상이어야 하는가?
① 2 m   ② 5 m   ③ 8 m   ④ 10 m

[해설] 저장 탱크 안전밸브 방출관 방출구 위치
㉮ 지상 설치 : 지면에서 5 m 또는 저장 탱크 정상부로부터 2 m 높이 중 높은 위치
㉯ 지하 설치 : 지면에서 5 m 이상
∴ 저장 탱크의 정상부가 지상에서 8 m이므로 방출구 높이 = 8 + 2 = 10 m

10. LPG 용기 충전 시설에 설치되는 긴급 차단 장치에 대한 기준으로 틀린 것은? [06]
① 저장 탱크 외면에서 5 m 이상 떨어진 위치에서 조작하는 장치를 설치한다.
② 기상 가스 배관 중 송출 배관에는 반드시 설치한다.
③ 액상의 가스를 이입하기 위한 배관에는 역류 방지 밸브로 갈음할 수 있다.
④ 소형 저장 탱크에는 의무적으로 설치할 필요가 없다.

[해설] 액상의 가스를 이입, 송출하는 배관에 설치한다.

11. 자연 환기설비 설치 시 LP 가스의 용기 보관실 바닥 면적이 3 m²이라면 통풍구의 크기는 몇 cm² 이상으로 하도록 되어 있는가? (단, 철망 등이 부착되어 있지 않은 것으로 간주한다.) [02, 03, 06, 08, 16]
① 500   ② 700   ③ 900   ④ 1100

[해설] 통풍구의 크기는 바닥 면적 1 m²당 300 cm² 이상으로 하여야 한다.
∴ 통풍구 크기 = 3 × 300 = 900 cm²

12. 액화석유가스 판매 업소의 충전 용기 보관실에 강제통풍 장치 설치 시 통풍 능력의 기준은? [15]
① 바닥 면적 1 m²당 0.5 m³/분 이상   ② 바닥 면적 1 m²당 1.0 m³/분 이상
③ 바닥 면적 1 m²당 1.5 m³/분 이상   ④ 바닥 면적 1 m²당 2.0 m³/분 이상

[해설] 강제통풍 장치 통풍 능력 기준 : 바닥 면적 1 m²당 0.5 m³/분 이상

13. 액화석유가스를 저장하는 시설의 강제통풍 구조에 관한 내용이다. 설명이 잘못된 것은? [03, 07]
① 통풍능력이 바닥 면적 1 m²마다 0.5 m³/분 이상으로 한다.
② 배기구는 바닥면 가까이에 설치한다.
③ 배기가스 방출구를 지면에서 5 m 이상의 높이에 설치한다.
④ 배기구는 천장면에서 30 cm 이내에 설치하여야 한다.

[해설] LPG는 공기보다 무겁기 때문에 배기구는 바닥면에서 30 cm 이내에 설치한다.

정답 9. ④ 10. ② 11. ③ 12. ① 13. ④

14. 가스 누출을 감지하고 차단하는 가스 누출 자동 차단기의 구성 요소가 아닌 것은? [16]
① 제어부   ② 중앙 통제부
③ 검지부   ④ 차단부

[해설] 가스 누출 자동 차단장치의 구성 요소 : 검지부, 차단부, 제어부

15. 가스 누출 경보기의 검지부를 설치할 수 있는 장소는? [09]
① 증기, 물방울, 기름기 섞인 연기 등이 직접 접촉될 우려가 있는 곳
② 주위 온도 또는 복사열에 의한 온도가 섭씨 40℃ 미만이 되는 곳
③ 설비 등에 가려져 누출 가스의 유동이 원활하지 못한 곳
④ 차량, 그 밖의 작업 등으로 인하여 경보기가 파손될 우려가 있는 곳

[해설] 검지부 설치 제외 장소
㉮ 증기, 물방울, 기름기 섞인 연기 등이 직접 접촉될 우려가 있는 곳
㉯ 주위 온도 또는 복사열에 따른 온도가 40℃ 이상이 되는 곳
㉰ 설비 등에 가려져 누출 가스의 유동이 원활하지 못한 곳
㉱ 차량, 그 밖의 작업 등으로 경보기가 파손될 우려가 있는 곳

[정답] 14. ②   15. ②

(2) 기술 기준

① 제조 및 충전 기준

㈎ 저장 탱크에 가스 충전 : 내용적의 90 % 이하(소형 저장 탱크 : 85 % 이하)

㈏ 자동차에 고정된 탱크는 저장 탱크 외면으로부터 3 m 이상 떨어져 정지할 것 (방호 울타리를 설치한 경우 제외)

㈐ 충전 설비에 정전기를 제거하는 조치를 할 것

㈑ 내용적 5000 L 이상의 자동차에 고정된 탱크로부터 가스를 이입 받을 때에는 자동차 정지목을 사용할 것

㈒ 납붙임 또는 접합 용기와 이동식 부탄연소기용 용접 용기에 액화석유가스를 충전하는 가스의 압력은 35℃에서 0.5 MPa 미만이 되도록 할 것

② 부취제 첨가장치 설치

㈎ 냄새 측정 방법 : 오더(odor) 미터법(냄새 측정기법), 주사기법, 냄새 주머니법, 무취실법

㈏ 용어의 정의

㉮ 패널(panel) : 미리 선정한 정상적인 후각을 가진 사람으로서 냄새를 판정하는 자

㈏ 시험자 : 냄새 농도 측정에 있어서 희석 조작을 하여 냄새 농도를 측정하는 자
㈐ 시험 가스 : 냄새를 측정할 수 있도록 액화석유가스를 기화시킨 가스
㈑ 시료 기체 : 시험 가스를 청정한 공기로 희석한 판정용 기체
㈒ 희석 배수 : 시료 기체의 양을 시험 가스의 양으로 나눈 값

③ 탱크로리에서 소형 저장 탱크에 액화석유가스 충전 기준
㈎ 수요자가 LPG 사업허가, LPG 특정 사용자, 소형 저장 탱크 검사 여부 확인
㈏ 소형 저장 탱크의 잔량을 확인 후 충전
㈐ 수요자가 채용한 안전 관리자 입회하에 충전
㈑ 과충전 방지 등 위해 방지를 위한 조치를 할 것
㈒ 충전 완료 시 세이프티 커플링으로부터의 가스 누출 여부 확인

④ 점검 기준
㈎ 압력계 검사
  ㉮ 충전용 주관 압력계 : 매월 1회 이상
  ㉯ 그 밖의 압력계 : 1년에 1회 이상 〈개정 14. 11. 17〉
㈏ 안전밸브 : 압축기의 맨 끝부분에 설치한 것은 1년에 1회 이상, 그 밖의 것은 2년에 1회 이상

단원 예상문제

1. 소형 저장 탱크에 액화석유가스를 충전할 때는 액화 가스의 용량이 상용 온도에서 그 저장 탱크 내용적의 몇 %를 넘지 않아야 하는가?
① 75 %   ② 80 %   ③ 85 %   ④ 90 %

[해설] 액화석유가스 충전량 기준(내용적 기준)
㈎ 저장 탱크 : 90 % 이하
㈏ 소형 저장 탱크 : 85 % 이하
㈐ 충전 용기, LPG 자동차 용기 : 85 % 이하

2. 지상에 설치하는 액화석유가스 저장 탱크의 외면에는 그 주위에서 보기 쉽도록 가스의 명칭을 표시해야 하는데 무슨 색으로 표시하여야 하는가? [09]
① 은백색   ② 황색   ③ 흑색   ④ 적색

[해설] 액화석유가스 저장 탱크 표시
㈎ 외면 : 은백색 도료
㈏ 가스 명칭 : 붉은 글씨(적색)

정답 1. ③   2. ④

3. 액화석유가스 충전 사업장에서 가스 충전 준비 및 충전 작업에 대한 설명으로 틀린 것은? [13]
① 자동차에 고정된 탱크는 저장 탱크의 외면으로부터 3 m 이상 떨어져 정지한다.
② 안전밸브에 설치된 스톱 밸브는 항상 열어 둔다.
③ 자동차에 고정된 탱크(내용적이 1만 리터 이상의 것에 한한다)로부터 가스를 이입받을 때에는 자동차가 고정되도록 자동차 정지목 등을 설치한다.
④ 자동차에 고정된 탱크로부터 저장 탱크에 액화석유가스를 이입받을 때에는 5시간 이상 연속하여 자동차에 고정된 탱크를 저장 탱크에 접속하지 아니한다.

[해설] 자동차에 고정된 탱크(내용적이 5000 L 이상인 것만을 말한다)로부터 가스를 이입받을 때에는 자동차가 고정되도록 자동차 정지목 등을 설치한다.

4. LP 가스가 누출될 때 감지할 수 있도록 첨가하는 냄새가 나는 물질의 측정 방법이 아닌 것은? [13]
① 유취실법
② 주사기법
③ 냄새 주머니법
④ 오더(odor)미터법

[해설] 부취제 냄새 측정 방법 : 오더미터법(냄새 측정기법), 주사기법, 냄새 주머니법, 무취실법

5. 액화석유가스의 냄새 측정 기준에서 사용하는 용어 설명으로 옳지 않은 것은? [06, 13]
① 시험 가스 : 냄새를 측정할 수 있도록 액화석유가스를 기화시킨 가스
② 시험자 : 미리 선정한 정상적인 후각을 가진 사람으로서 냄새를 판정하는 자
③ 시료 기체 : 시험 가스를 청정한 공기로 희석한 판정용 기체
④ 희석 배수 : 시료 기체의 양을 시험 가스의 양으로 나눈 값

[해설] ②항 : 패널의 설명
※ 시험자 : 냄새 농도 측정에 있어서 희석 조작을 하여 냄새 농도를 측정하는 자

6. 액화석유가스가 공기 중에 얼마의 비율로 혼합되었을 때 그 사실을 알 수 있도록 냄새가 나는 물질을 섞어 용기에 충전하여야 하는가? [07, 08, 13, 15]
① $\dfrac{1}{1000}$
② $\dfrac{1}{10000}$
③ $\dfrac{1}{100000}$
④ $\dfrac{1}{1000000}$

[해설] 냄새나는 물질의 첨가 : 액화석유가스는 공기 중의 혼합 비율의 용량이 1/1000의 상태에서 감지할 수 있도록 냄새가 나는 물질(공업용 제외)을 섞어 용기에 충전한다.

정답 3. ③ 4. ① 5. ② 6. ①

7. 차량에 고정된 탱크로 소형 저장 탱크에 액화석유가스를 충전할 때의 기준으로 옳지 않은 것은?
① 소형 저장 탱크의 검사 여부를 확인하고 공급할 것
② 소형 저장 탱크 내의 잔량을 확인한 후 충전할 것
③ 충전 작업은 수요자가 채용한 경험이 많은 사람의 입회하에 할 것
④ 작업 중의 위해 방지를 위한 조치를 할 것
[해설] 수요자가 채용한 안전 관리자의 입회하에 한다.

8. 액화석유가스 저장 탱크에 설치하는 액면계가 아닌 것은? [04]
① 평형 투시식 액면계 ② 차압식 액면계
③ 고정 튜브식 액면계 ④ 부르동관식 액면계
[해설] 액면계 설치
  ㉮ 저장 탱크에는 저장된 가스의 양을 확인할 수 있도록 액면계(환형 유리제 액면계는 제외)를 설치한다.
  ㉯ 액면계는 평형 반사식 유리 액면계, 평형 투시식 유리 액면계 및 플로트(float)식, 차압식, 정전 용량식, 편위식, 고정 튜브식 또는 회전 튜브식이나 슬립 튜브식 액면계 등에서 선정하여 사용한다.

9. LPG 저장 탱크에 설치하는 압력계는 상용 압력의 몇 배 범위의 최고 눈금이 있는 것을 사용하여야 하는가? [14]
① 1~1.5배   ② 1.5~2배   ③ 2~2.5배   ④ 2.5~3배
[해설] 저장 설비와 가스 설비에 설치하는 압력계는 상용 압력의 1.5배 이상 2배 이하의 최고 눈금이 있는 것으로 한다.

10. 운전 중인 액화석유가스 충전 설비의 작동 상황에 대하여 주기적으로 점검하여야 한다. 점검 주기는? [09, 13, 16]
① 1일에 1회 이상   ② 1주일에 1회 이상
③ 3월에 1회 이상   ④ 6월에 1회 이상
[해설] 액화석유가스 충전 설비의 작동 상황 점검 주기 : 1일 1회 이상

11. 액화석유가스 설비의 내압시험 압력은 얼마인가? (단, 공기, 질소 등의 기체에 의한 내압시험은 제외한다.) [06]
① 상용 압력의 1.5배 이상   ② 기밀시험 압력 이상
③ 허용 압력 이상   ④ 설계 압력의 1.5배 이상
[해설] 내압 성능 : 상용 압력의 1.5배(기체로 내압시험을 실시하는 경우 1.25배) 이상의 압력으로 내압시험을 실시하여 이상이 없어야 한다.

정답 7. ③ 8. ④ 9. ② 10. ① 11. ①

12. LPG 충전·집단공급 저장 시설의 공기에 의한 내압시험 시 상용 압력의 일정 압력 이상으로 승압한 후 단계적으로 승압시킬 때, 상용 압력의 몇 %씩 증가시켜 내압시험 압력에 달하였을 때 이상이 없어야 하는가? [07, 08, 11, 14]
① 5 ② 10 ③ 20 ④ 50

[해설] 상용 압력의 $\frac{1}{2}$(50 %)까지 압력을 올리고, 10 %씩 단계적으로 압력을 증가시켜 내압시험 압력에 달하였을 때 누출 등의 이상이 없어야 한다.

13. 액화석유가스 공급 시설 중 저장 설비의 주위에는 경계책 높이를 몇 m 이상으로 설치하도록 하고 있는가? [09]
① 0.5 ② 1.0 ③ 1.5 ④ 2.0

[해설] 저장 설비 및 가스 설비를 설치한 장소 주위에는 높이 1.5 m 이상의 철책 또는 철망 등의 경계 울타리를 설치한다.

정답 12. ② 13. ③

2 자동차 용기 충전

(1) 로딩암 설치

① 충전 시설에는 자동차에 고정된 탱크에서 가스를 이입할 수 있도록 건축물 외부에 설치
② 건축물 내부 설치 : 건축물 바닥면에 접하여 환기구를 2방향 이상 설치, 환기구 면적 합계는 바닥 면적의 6 % 이상

(2) 고정 충전 설비(dispenser : 충전기) 설치

① 충전기 상부에는 캐노피(canopy) 설치, 면적은 공지 면적의 1/2 이하
② 배관이 캐노피 내부를 통과하는 경우 1개 이상의 점검구 설치
③ 캐노피 내부의 배관으로서 점검이 곤란한 장소의 배관은 용접이음으로 한다.
④ 충전기 주위에 가스 누출 검지 경보장치 설치
⑤ 충전호스 길이 : 5 m 이내, 정전기 제거 장치 설치
⑥ 안전장치 : 충전호스에 과도한 인장력이 가해졌을 때 충전기와 가스 주입기가 분리될 수 장치 → 세이프티 커플링(safety coupling)
⑦ 가스 주입기 : 원터치형

⑧ 충전기 보호대 설치
  ㈎ 보호대 규격
    ㉮ 재질 : 철근 콘크리트 또는 강관제
    ㉯ 높이 : 80 cm 이상
    ㉰ 두께 : 철근 콘크리트(12 cm 이상), 강관제(호칭지름 100 A 이상)
  ㈏ 보호대의 기초
    ㉮ 철근콘크리트제 : 콘크리트 기초에 25 cm 이상 깊이로 묻고, 콘크리트로 타설
    ㉯ 강관제 : 콘크리트 기초에 25 cm 이상 깊이로 묻거나, 앵커볼트로 고정한다.

(3) 게시판
  ① 충전 중 엔진 정지 : 황색 바탕에 흑색 글씨
  ② 화기 엄금 : 백색 바탕에 적색 글씨

단원 예상문제

1. 다음 설명 중 LP 가스 충전 시 디스펜서(dispenser)란? [06]
  ① LP 가스 압축기 이송장치의 충전기기 중 소량에 충전하는 기기
  ② LP 가스 자동차 충전소에서 LP 가스 자동차의 용기에 용적을 계량하여 충전하는 충전기기
  ③ LP 가스 대형 저장 탱크에 역류 방지용으로 사용하는 기기
  ④ LP 가스 충전소에서 청소하는 데 사용하는 기기
  [해설] 디스펜서 : LP 가스 자동차 충전소에서 LP 가스 자동차 용기에 용적을 계량하여 직접 충전할 수 있는 고정 충전설비이다.

2. LPG 자동차 용기 충전 시설에서 충전기의 시설 기준에 대한 설명으로 옳은 것은?
  ① 충전기 상부에는 캐노피를 설치하고 그 면적은 공지 면적의 2분의 1 이하로 한다.
  ② 배관이 캐노피 내부를 통과하는 경우에는 2개 이상의 점검구를 설치한다.
  ③ 캐노피 내부의 배관으로서 점검이 곤란한 장소에 설치하는 배관은 안전상 필요한 강도를 가지는 플랜지 접합으로 한다.
  ④ 충전기 주위에는 가스 누출 자동 차단장치를 설치한다.
  [해설] 각 항목의 옳은 설명
    ② 배관이 캐노피 내부를 통과하는 경우에는 1개 이상의 점검구를 설치한다.
    ③ 캐노피 내부의 배관으로서 점검이 곤란한 장소에 설치하는 배관은 용접이음으로 한다.
    ④ 충전기 주위에는 정전기 방지를 위하여 충전 이외의 필요 없는 장비는 시설을 금지한다.

[정답] 1. ② 2. ①

3. 액화석유가스를 자동차에 충전하는 충전호스의 길이는 몇 m 이내이어야 하는가? (단, 자동차 제조 공정 중에 설치된 것을 제외한다.) [08]
① 3   ② 5   ③ 8   ④ 10

[해설] 충전기의 충전호스의 길이는 5 m 이내(자동차 제조 공정 중에 설치된 것 제외)로 하고, 그 끝에 축적되는 정전기를 유효하게 제거할 수 있는 정전기 제거 장치를 설치한다.

4. LPG 충전소에는 시설의 안전 확보상 "충전 중 엔진 정지"라고 표시한 표지판을 주위의 보기 쉬운 곳에 설치해야 한다. 이 표지판은? [02, 05, 07, 15]
① 흑색 바탕에 백색 글씨   ② 흑색 바탕에 황색 글씨
③ 백색 바탕에 흑색 글씨   ④ 황색 바탕에 흑색 글씨

[해설] LPG 자동차 충전소 표지판
㉮ 충전 중 엔진 정지 : 황색 바탕에 흑색 글씨
㉯ 화기 엄금 : 백색 바탕에 적색 글씨

[정답] 3. ② 4. ④

2-3 판매 사업 및 영업소의 기준

1 시설 기준

(1) 배치 기준

① 사업소의 부지는 그 한 면이 폭 4 m 이상의 도로에 접할 것
② 용기 보관실과 화기와의 거리 : 2 m 이상의 우회 거리 유지

(2) 저장 설비(용기 보관실) 기준

① 불연성 재료를 사용하고, 지붕은 불연성을 사용한 가벼운 재료, 벽은 방호벽으로 할 것
② **용기 보관실 면적** : 19 m^2, 사무실 : 9 m^2 이상
③ 용기 보관실과 사무실은 동일한 부지에 구분하여 설치할 것
④ 용기 보관실의 용기는 용기 집합식으로 하지 아니할 것
⑤ 용기 보관실에서 누출된 가스가 사무실로 유입되지 않는 구조로 할 것

⑥ 가스 누출 경보기 : 용기 보관실에 분리형 설치
⑦ 조명등 및 전기 설비 : 방폭등 및 방폭 구조
⑧ 전기 스위치 : 용기 보관실 외부에 설치
⑨ 실내 온도 40℃ 이하 유지, 직사광선 받지 않도록 조치

2 기술 기준

(1) 안전 유지 기준
① 가스의 누출 여부, 검사기간 경과 여부 및 도색의 불량 여부 확인→불량 시 충전업소에 반송
② 충전 용기와 잔 가스 용기를 구분하여 저장할 것
③ **용기 보관실과 화기와의 거리** : 2 m 이상의 우회 거리
④ 방폭형 휴대용 손전등 사용
⑤ 계량기 등 작업에 필요한 물건 이외에는 용기 보관실에 두지 말 것
⑥ **내용적 30 L 미만 용기** : 2단으로 쌓을 수 있음

(2) 점검 기준
① 수요자의 시설이 특정 사용 시설에 해당하는 경우 수검 여부 확인
② 수요자의 시설에 대하여 공급자의 안전 점검 기준에 따라 점검 실시

✔ 단원 예상문제

1. 액화석유가스 용기 저장소의 시설 기준 중 틀린 것은? [02, 06]
① 용기 저장실을 설치하고 보기 쉬운 곳에 경계 표시를 설치한다.
② 용기 저장실의 전기 시설은 방폭 구조인 것이어야 하며, 전기 스위치는 용기 저장실 내부에 설치한다.
③ 용기 저장실 내에는 분리형 가스 누출 경보기를 설치한다.
④ 용기 저장실 내에는 방폭등 외의 조명등을 설치하지 아니한다.
[해설] 전기 스위치는 용기 저장실의 외부에 설치한다.

2. LPG 용기 보관소 경계표지의 "연"자 표시의 색상은? [06, 09]
① 흑색　　② 적색　　③ 황색　　④ 흰색

정답 1. ②　2. ②

[해설] 용기 보관소 등의 경계표지 기준
  ㉮ 경계표지를 설치하는 장소 : 용기 보관소, 용기 저장실, 가스 저장실, 저장소, 저장 설비의 출입구
  ㉯ 경계표지 표시 사항 : "LPG 용기 보관소", "LPG 저장 설비", "LPG 저장소", "연"(적색 문자), "화기 엄금"(적색 문자)

3. 용기에 의한 액화석유가스 저장소에서 실외 저장소 주위의 경계 울타리와 용기 보관 장소 사이에는 얼마 이상의 거리를 유지하여야 하는가? [15]
① 2 m ② 8 m
③ 15 m ④ 20 m

[해설] 다른 설비와의 거리 : 실외 저장소 주위의 경계 울타리와 용기 보관 장소 사이에는 20 m 이상의 거리를 유지한다.

4. 액화석유가스 저장소 시설 기준에 적합하지 않은 것은? [06]
① 기화 장치 주위에는 보호책을 설치할 것
② 저장 설비를 용기 집합식으로 해야 함
③ 실외 저장소 주위에는 경계책을 설치하고 경계책과 용기 보관 장소 사이에는 20 m 이상의 거리를 유지함
④ 저장 탱크 색은 은백색이고, 글씨 색은 적색임

[해설] 저장 설비는 용기 집합식으로 하지 아니하여야 한다.

정답 3. ④ 4. ②

2-4 가스용품 제조의 기준

(1) 가스용품의 종류

① **가스용품** : 액화석유가스 또는 도시가스를 사용하기 위한 연소기, 강제 혼합식 가스버너 등 산업 통상 자원부령으로 정하는 것

② **종류** : 압력 조정기, 가스 누출 자동 차단기, 정압기용 필터(정압기에 내장된 것 제외), 매몰형 정압기, 호스, 배관용 밸브, 콕, 배관 이음관, 강제 혼합식 가스버너, 연소기(가스 소비량 232.6 kW 이하인 것), 다기능 가스 안전 계량기, 로딩암, 연료 전지, 다기능 보일러[가스 소비량 232.6 kW(20만 kW/h) 이하인 것]

(2) 압력 조정기

① 압력 조정기의 출구 압력은 조절 스프링을 고정한 상태에서 입구 압력의 최저 및 최대유량을 통과시킬 때 조정 압력의 ±20% 범위 안이어야 할 것
② 자동 절체식 조정기의 경우 사용 측 용기 압력이 0.1 MPa 이상일 때 예비 측 용기에서 가스가 공급되지 아니하는 구조일 것
③ 용기 밸브에 연결하는 나사부는 왼나사로 W22.5×14T, 나사부 길이는 12 mm 이상일 것

(3) 콕

① **콕의 종류**: 퓨즈콕, 상자콕, 주물 연소기용 콕, 업무용 대형 연소기용 노즐콕
② **구조**
   ㈎ 퓨즈콕: 가스 유로를 볼로 개폐하고, 과류차단 안전 기구가 부착된 것으로서 배관과 호스, 호스와 호스, 배관과 배관 또는 배관과 커플러를 연결하는 구조이다.
   ㈏ 상자콕: 가스 유로를 핸들, 누름, 당김 등의 조작으로 개폐하고, 과류차단 안전 기구가 부착된 것으로서 밸브 핸들이 반개방 상태에서도 가스가 차단되어야 하며, 배관과 커플러를 연결하는 구조이다.
   ㈐ 주물 연소기용 콕: 주물 연소기 부품으로 사용하는 것으로서 볼로 개폐하는 구조이다.
   ㈑ 업무용 대형 연소기용 노즐콕: 업무용 대형 연소기 부품으로 사용하는 것으로서 가스 흐름을 볼로 개폐하는 구조이다.

(4) 연소기

① 전 가스 소비량 및 각 버너의 가스 소비량은 표시치의 ±10% 이내일 것
② **난방기용 안전장치**
   ㈎ 불완전 연소 방지 장치 또는 산소 결핍 안전장치(가정용 및 업무용의 개방형에 한함)
   ㈏ 전도 안전장치
   ㈐ 소화 안전장치
③ **소화 안전장치를 부착하여야 할 것**: 렌지, 그릴, 오븐 및 오븐렌지
④ 온수기는 소화 안전장치, 과열 방지 장치, 불완전 연소 방지 장치 또는 산소 결핍 안전장치(개방형에 한함)를 부착할 것

단원 예상문제

1. 다음 중 허가 대상 가스용품이 아닌 것은? [15]
① 용접절단기용으로 사용되는 LPG 압력 조정기
② 가스용 폴리에틸렌 플러그형 밸브
③ 가스 소비량이 132.6 kW인 연료 전지
④ 도시가스 정압기에 내장된 필터

[해설] 허가 대상 가스용품 중 정압기에 내장된 필터는 제외된다.

2. 가스를 사용하는 일반 가정이나 음식점 등에서 호스가 절단 또는 파손으로 다량 가스 누출 시 사고 예방을 위해 신속하게 자동으로 가스 누출을 차단하기 위해 설치하는 제품은? [02, 04, 06]
① 중간 밸브
② 체크 밸브
③ 나사콕
④ 퓨즈콕

[해설] 퓨즈콕 : 가스 유로를 볼로 개폐하고, 과류차단 안전 기구가 부착된 것으로서 배관과 호스, 호스와 호스, 배관과 배관 또는 배관과 커플러를 연결하는 구조의 가스용품이다.

3. 액화석유가스 자동차 충전소에서 이입·충전 작업을 위하여 저장 탱크와 탱크로리를 연결하는 가스용품의 명칭은? [07]
① 역화 방지 장치
② 로딩암
③ 퀵 카플러
④ 긴급 차단 밸브

[해설] 로딩암(loading arm) : 액화석유가스 자동차 충전소에서 저장 탱크 또는 차량에 고정된 탱크에 이입·충전할 때 저장 탱크와 탱크로리를 연결하는 가스용품이다.

정답 1. ④ 2. ④ 3. ②

2-5 액화석유가스 사용 시설의 기준

1 용기에 의한 사용시설 저장 설비

(1) 저장 설비, 감압 설비 및 배관과 화기와의 거리 기준

저장 능력	화기와의 우회 거리
1톤 미만	2 m 이상
1톤 이상 3톤 미만	5 m 이상
3톤 이상	8 m 이상

(2) 저장 설비의 설치 방법(저장 능력별)

① 100 kg 이하 : 용기, 용기 밸브 및 압력 조정기가 직사광선, 눈, 빗물에 노출되지 않도록 조치
② 100 kg 초과 : 용기 보관실 설치
③ 250 kg 이상(자동 절체기를 사용 시 500 kg 이상) : 고압부에 안전장치 설치
④ 500 kg 초과 : 저장 탱크, 소형 저장 탱크 설치
⑤ 사이폰 용기 : 기화 장치가 설치되어 있는 시설에서만 사용
⑥ 고속도로 휴게소 저장 능력 500 kg 초과일 경우 : 소형 저장 탱크 설치

2 배관 및 연소기 설치 방법

(1) 배관 설치 방법

① 저장 설비로부터 중간 밸브까지 : 강관, 동관, 금속 플렉시블 호스
② 중간 밸브에서 연소기 입구까지 : 강관, 동관, 호스, 금속 플렉시블 호스
③ 호스 길이 : 3 m 이내
④ 저압부의 기밀시험 : 8.4 kPa 이상

(2) 연소기의 설치 방법

① 개방형 연소기 : 환풍기 환기구 설치
② 반밀폐형 연소기 : 급기구, 배기통 설치
③ 배기통 재료 : 스테인리스강, 내열 및 내식성 재료

단원 예상문제

1. 액화석유가스 사용 시설의 엘피지 용기 집합 설비의 저장 능력이 얼마일 때는 용기, 용기밸브, 압력 조정기가 직사광선, 눈 또는 빗물에 노출되지 않도록 해야 하는가? [05]
① 50 kg 이하　　② 100 kg 이하
③ 300 kg 이하　　④ 500 kg 이하

2. 액화석유가스 사용 시설에서 소형 저장 탱크의 저장 능력이 몇 kg 이상인 경우에 과압 안전장치를 설치하여야 하는가? [09]
① 100　　② 150
③ 200　　④ 250

[해설] 저장 능력이 250 kg 이상인 경우에 허용 압력을 초과하는 경우 즉시 그 압력을 허용 압력 이하로 되돌릴 수 있게 하기 위하여 과압 안전장치를 설치한다(자동 절체기를 사용하여 용기를 집합한 경우에는 저장 능력 500 kg 이상).

3. 고속도로 휴게소에서 액화석유가스 저장 능력이 얼마를 초과하는 경우에 소형 저장 탱크를 설치하여야 하는가? [04, 16]
① 300 kg　　② 500 kg
③ 1000 kg　　④ 3000 kg

[해설] 고속도로 휴게소 중 액화석유가스 저장 능력이 500 kg 초과인 고속도로 휴게소에는 소형 저장 탱크를 설치한다.

4. LPG 사용 시설의 기준에 대한 설명 중 틀린 것은? [03, 08, 11]
① 연소기 사용 압력이 3.3 kPa를 초과하는 배관에는 배관용 밸브를 설치할 수 있다.
② 배관이 분기되는 경우에는 주 배관에 배관용 밸브를 설치한다.
③ 배관 지름이 33 mm 이상의 것은 3 m마다 고정 장치를 한다.
④ 배관의 이음부(용접이음 제외)와 전기 접속기와는 30 cm 이상의 거리를 유지한다.

[해설] LPG 사용시설 배관 이음부와의 거리 : 용접이음 제외
㉮ 전기 계량기, 전기 개폐기 : 60 cm 이상
㉯ 전기 점멸기, 전기 접속기 : 15 cm 이상〈15. 10. 2 개정〉
㉰ 절연 조치를 하지 않은 전선, 단열 조치를 하지 않은 굴뚝 : 15 cm 이상
㉱ 절연 조치를 한 전선 : 10 cm 이상

정답 1. ②　2. ④　3. ②　4. ④

5. 액화석유가스 사용 시설에서 가스계량기는 화기와 몇 m 이상의 우회 거리를 유지해야 하는가? [06]

① 2 m
② 3 m
③ 5 m
④ 8 m

[해설] 가스계량기는 화기(해당 시설 안에서 사용하는 자체 화기를 제외)와 2 m 이상의 우회 거리를 유지한다.

6. LPG 사용 시설의 저압 배관은 얼마 이상의 압력으로 실시하는 내압시험에서 이상이 없어야 하는 것으로 규정되어 있는가? [07]

① 0.2 MPa
② 0.5 MPa
③ 0.8 MPa
④ 1.0 MPa

[해설] LPG 사용 시설 내압시험 압력
㉮ 고압 배관 : 용기 또는 소형 저장 탱크의 내압시험 압력 이상의 압력
㉯ 저압 배관 : 0.8 MPa 이상의 압력

7. 압력 조정기 출구에서 연소기 입구까지의 배관 및 호스는 얼마의 압력으로 기밀시험을 실시해야 하는가? [06, 14]

① 2.3~3.3 kPa
② 5~30 kPa
③ 5.6~8.4 kPa
④ 8.4 kPa 이상

[해설] 기밀시험 압력
㉮ LPG 사용 시설 : 8.4 kPa 이상
㉯ 도시가스 사용 시설 : 8.4 kPa 또는 최고 사용 압력의 1.1배 중 높은 압력 이상으로 실시

8. LP 가스 사용 시설에서 호스의 길이는 연소기까지 몇 m 이내로 하여야 하는가? [06, 13]

① 3 m
② 5 m
③ 7 m
④ 9 m

[해설] 호스 설치 기준 : 호스(금속 플렉시블 호스 제외)의 길이는 연소기까지 3 m 이내(용접 또는 용단작업용 시설을 제외)로 하고, 호스는 T형으로 연결하지 아니한다.

정답 5. ① 6. ③ 7. ④ 8. ①

Craftsman Gas

제3장 | 도시가스 안전 관리

3-1 도시가스 용어의 정의

(1) 용어의 정의[도법 시행규칙 제2조]
① **배관**: 본관, 공급관 및 내관을 말한다.
② **본관**: 도시가스 제조 사업소(액화 천연가스의 인수 기지를 포함한다. 이하 같다)의 부지 경계에서 정압기까지 이르는 배관을 말한다.

③ **공급관**
  ㈎ 공동 주택, 오피스텔, 콘도미니엄, 그 밖에 안전 관리를 위하여 산업통상자원부 장관이 필요하다고 인정하여 정하는 건축물(이하 "공동 주택 등"이라 한다)에 가스를 공급하는 경우에는 정압기에서 가스 사용자가 구분하여 소유하거나 점유하는 건축물의 외벽에 설치하는 계량기의 전단 밸브(계량기가 건축물의 내부에 설치된 경우에는 건축물의 외벽)까지 이르는 배관
  ㈏ 공동 주택 등 외의 건축물 등에 가스를 공급하는 경우에는 정압기에서 가스 사용자가 소유하거나 점유하고 있는 토지의 경계까지 이르는 배관
  ㈐ 가스 도매 사업의 경우에는 정압기에서 일반 도시가스 사업자의 가스 공급 시설이나 대량 수요자의 가스 사용 시설까지 이르는 배관

④ **사용자 공급관**: 제③호 ㈎목에 따른 공급관 중 가스 사용자가 소유하거나 점유하고 있는 토지의 경계에서 가스 사용자가 구분하여 소유하거나 점유하는 건축물의 외벽에 설치된 계량기의 전단 밸브(계량기가 건축물의 내부에 설치된 경우에는 그 건축물의 외벽)까지 이르는 배관을 말한다.

⑤ **내관**: 가스 사용자가 소유하거나 점유하고 있는 토지의 경계(공동 주택 등으로서 가스 사용자가 구분하여 소유하거나 점유하는 건축물의 외벽에 계량기가 설치된 경우에는 그 계량기의 전단 밸브, 계량기가 건축물의 내부에 설치된 경우에는 건축물의 외벽)에서 연소기까지 이르는 배관을 말한다.

⑥ **고압**: 1 MPa 이상의 압력(게이지 압력)을 말한다. 다만, 액체 상태의 액화 가스는 고압으로 본다.

⑦ **중압**: 0.1 MPa 이상 1 MPa 미만의 압력을 말한다. 다만, 액화 가스가 기화되고 다른 물질과 혼합되지 아니한 경우에는 0.01 MPa 이상 0.2 MPa 미만의 압력을 말한다.

⑧ **저압** : 0.1 MPa 미만의 압력을 말한다. 다만, 액화 가스가 기화되고 다른 물질과 혼합되지 아니한 경우에는 0.01 MPa 미만의 압력을 말한다.

✓ 단원 예상문제

1. 도시가스 중 음식물 쓰레기, 가축·분뇨, 하수 슬러지 등 유기성 폐기물로부터 생성된 기체를 정제한 가스로서 메탄이 주성분인 가스를 무엇이라 하는가? [13]
① 천연가스　　　　　　　　② 나프타부생가스
③ 석유 가스　　　　　　　　④ 바이오가스

[해설] 도시가스의 종류 : 도시가스 사업법 시행령 제1조의 2
 (1) 천연가스 : 지하에서 자연 생성되는 가연성 가스로 메탄을 주성분으로 하는 가스이며 액화한 것을 포함한다.
 (2) 천연가스와 일정량을 혼합하거나 이를 대체하여도 가스 공급 시설 및 가스 사용 시설의 성능과 안전에 영향을 미치지 않는 것으로서 산업 통상 자원부 장관이 정하여 고시하는 품질 기준에 적합한 다음 가스 중 배관을 통하여 공급되는 가스
  ㉮ 석유 가스 : 액화석유가스 및 석유 가스를 공기와 혼합하여 제조한 가스
  ㉯ 나프타부생(副生)가스 : 나프타 분해 공정을 통해 에틸렌, 프로필렌 등을 제조하는 과정에서 부산물로 생성되는 가스로서 메탄이 주성분인 가스 및 이를 다른 도시가스와 혼합하여 제조한 가스
  ㉰ 바이오가스 : 유기성 폐기물 등 바이오매스로부터 생성된 기체를 정제한 가스로서 메탄이 주성분인 가스 및 이를 다른 도시가스와 혼합하여 제조한 가스
  ㉱ 그 밖에 메탄이 주성분인 가스로서 도시가스 수급 안정과 에너지 이용 효율 향상을 위해 보급할 필요가 있다고 인정하여 산업 통상 자원부령으로 정하는 가스

2. 도시가스 배관의 용어에 대한 설명으로 틀린 것은? [15]
① 배관이란 본관, 공급관, 내관 또는 그 밖의 관을 말한다.
② 본관이란 도시가스 제조 사업소의 부지 경계에서 정압기까지 이르는 배관을 말한다.
③ 사용자 공급관이란 공급 중 정압기에서 가스 사용자가 구분하여 소유하는 건축물의 외벽에 설치된 계량기까지 이르는 배관을 말한다.
④ 내관이란 가스 사용자가 소유하거나 점유하고 있는 토지의 경계에서 연소기까지 이르는 배관을 말한다.

[해설] 사용자 공급관 : 공급관 중 가스 사용자가 소유하거나 점유하고 있는 토지의 경계에서 가스사용자가 구분하여 소유하거나 점유하는 건축물의 외벽에 설치된 계량기의 전단 밸브(계량기가 건축물의 내부에 설치된 경우에는 그 건축물의 외벽)까지 이르는 배관
 ※ ③항 : 공급관 중에서 공동 주택 등에 적용되는 경우이다.

정답 1. ④　2. ③

3. 도시가스 사업 법령에서는 도시가스를 압력에 따라 고압, 중압 및 저압으로 구분하고 있다. 중압의 범위로 옳은 것은? (단, 액화 가스가 기화되고 다른 물질과 혼합되지 않은 경우로 가정한다.) [16]
① 0.1 MPa 이상 1 MPa 미만   ② 0.2 MPa 이상 1 MPa 미만
③ 0.1 MPa 이상 0.2 MPa 미만   ④ 0.01 MPa 이상 0.2 MPa 미만

[해설] 압력에 따른 도시가스의 구분
㉮ 고압 : 1 MPa 이상의 압력을 말한다. 다만, 액체 상태의 액화 가스는 고압으로 본다.
㉯ 중압 : 0.1 MPa 이상 1 MPa 미만의 압력을 말한다. 다만, 액화 가스가 기화되고 다른 물질과 혼합되지 아니한 경우에는 0.01 MPa 이상 0.2 MPa 미만의 압력을 말한다.
㉰ 저압 : 0.1 MPa 미만의 압력을 말한다. 다만, 액화 가스가 기화되고 다른 물질과 혼합되지 아니한 경우에는 0.01 MPa 미만의 압력을 말한다.

4. 도시가스 사용 시설에서 정한 액화 가스란 상용의 온도 또는 섭씨 35도의 온도에서 압력이 얼마 이상이 되는 것을 말하는가? [16]
① 0.1 MPa   ② 0.2 MPa   ③ 0.5 MPa   ④ 1 MPa

[해설] 액화 가스란 상용의 온도 또는 35℃의 온도에서 압력이 0.2 MPa 이상이 되는 것을 말한다.

[정답] 3. ④ 4. ②

3-2 가스 도매 사업의 기준

1 제조소 및 공급소

(1) 제조소의 위치

① 안전거리

㉮ 액화 천연가스의 저장 설비 및 처리 설비의 유지 거리(단, 거리가 50 m 미만의 경우에는 50 m)

$$L = C \times \sqrt[3]{143000W}$$

여기서, L : 유지하여야 하는 거리(m)
C : 상수(저압 지하식 저장 탱크는 0.240, 그 밖의 가스 저장 설비 및 처리 설비는 0.576)
W : 저장 탱크는 저장 능력(톤)의 제곱근, 그 밖의 것은 그 시설 안의 액화 천연가스의 질량(톤)

㉯ 액화석유가스의 저장 설비 및 처리 설비와 보호 시설까지 거리 : 30 m 이상

② 설비 사이의 거리
    ㉮ 고압인 가스 공급 시설의 안전구역 면적 : 20000 m² 미만
    ㉯ 안전구역 안의 고압인 가스 공급 시설과의 거리 : 30 m 이상
    ㉰ 2개 이상의 제조소가 인접하여 있는 경우 : 20 m 이상
    ㉱ 액화 천연가스의 저장 탱크와 처리 능력이 20만m³ 이상인 압축기와의 거리 : 30 m 이상
    ㉲ 저장 탱크와의 거리 : 두 저장 탱크의 최대 지름을 합산한 길이의 1/4 이상에 해당하는 거리 유지(1 m 미만인 경우 1 m 이상의 거리 유지) → 물분무 장치 설치 시 제외

(2) 제조 시설의 구조 및 설비

① 안전시설
    ㉮ 인터로크 기구 : 안전 확보를 위한 주요 부분에 설비가 잘못 조작되거나 이상이 발생하는 경우에 자동으로 원재료의 공급을 차단하는 장치 설치
    ㉯ 가스 누출 검지 통보설비 : 가스 공급 시설로부터 가스가 누출되어 체류할 우려가 있는 장소에 설치
    ㉰ 긴급 차단 장치 : 고압인 가스 공급 시설에 설치
    ㉱ 긴급 이송 설비 : 가스양, 온도, 압력 등에 따라 이상 사태가 발생하는 경우 설비 안의 내용물을 설비 밖으로 이송하는 설비 설치
        ㉮ 벤트 스택 : 긴급 이송 설비에 의하여 이송되는 가스를 대기 중으로 방출시키는 시설
        ㉯ 플레어 스택 : 긴급 이송 설비에 의하여 이송되는 가스를 안전하게 연소시키는 시설

② 저장 탱크
    ㉮ 방류둑 설치 : 저장 능력 500톤 이상
    ㉯ 긴급 차단장치 조작 위치 : 10 m 이상
    ㉰ 액화석유가스 저장 탱크 : 폭발 방지 장치 설치

☑ 단원 예상문제

1. 액화 천연가스 저장 설비의 안전거리 산정식으로 옳은 것은? (단, L : 유지 거리, C : 상수, W : 저장 능력 제곱근 또는 질량이다.) [07, 11]
① $L = C \times \sqrt[3]{143000\,W}$ ② $L = W \times \sqrt{143000\,C}$
③ $L = C \times \sqrt{143000\,W}$ ④ $W = L \times \sqrt[3]{143000\,C}$

정답 1. ①

2. 다음 ( ) 안에 들어갈 수 있는 경우로 옳지 않은 것은? [09, 16]

"액화 천연가스의 저장 설비 및 처리 설비는 그 외면으로부터 사업소 경계까지 일정 규모 이상의 안전거리를 유지하여야 한다. 이때 사업소 경계가 (　　)의 경우에는 이들의 반대편 끝을 경계로 보고 있다."

① 산　　　② 호수　　　③ 하천　　　④ 바다

[해설] 사업소의 경계가 다음 중 어느 하나의 시설이나 토지 등과 인접하고 있는 경우에는 이들의 반대편 끝을 경계로 본다.
㉮ 바다, 호수, 하천(하천법에 따른 하천을 말함)
㉯ 전기 발전 사업, 가스 공급업 및 창고업의 부지 중에서 현재 사업용으로 사용하고 있는 부지
㉰ 도로 또는 철도
㉱ 수로 또는 공업용 수도
㉲ 연못

3. 고압인 도시가스 공급 시설은 통로, 공지 등으로 구획된 안전구역 안에 설치하되 그 안전구역 면적은 몇 m² 미만이어야 하는가? [06]

① 10000　　② 20000　　③ 30000　　④ 40000

[해설] 고압인 가스 공급 시설은 통로, 공지 등으로 구획된 안전구역 안에 설치하되, 그 안전구역의 면적은 2만m² 미만으로 한다.

4. 도시가스 도매 사업자가 제조소 내에 저장 능력이 20만 톤인 지상식 액화 천연가스 저장 탱크를 설치하고자 한다. 이때 처리 능력이 30만m³인 압축기와 얼마 이상의 거리를 유지하여야 하는가? [14]

① 10 m　　② 24 m　　③ 30 m　　④ 50 m

[해설] 액화 천연가스의 저장 탱크는 그 외면으로부터 처리 능력이 200,000 m³ 이상인 압축기까지 30 m 이상의 거리를 유지한다.

5. 다음 중 지진 감지 장치를 반드시 설치하여야 하는 도시가스 시설은? [11]

① 가스 도매 사업자 인수 기지
② 가스 도매 사업자 정압 기지
③ 일반 도시가스 사업자 제조소
④ 일반 도시가스 사업자 정압기

[해설] 지진 감지 장치 설치 : 가스 도매 사업자 정압 기지에는 지진 감지 장치를 설치한다. 다만, 직선거리 16 km 이내에 동일 사업자가 관리하는 인접한 정압 기지 중 어느 하나에 지진 감지 장치(16 km 이상의 지진을 감지할 수 있는 제품성능을 가진 장치)가 설치되어 있을 경우 그 신호를 즉시 수신 받을 수 있는 다른 하나에는 지진 감지 장치를 설치하지 않을 수 있다.

[정답] 2. ①　3. ②　4. ③　5. ②

6. 도시가스 제조 시설의 플레어 스택 기준에 적합하지 않은 것은? [15]
  ① 스택에서 방출된 가스가 지상에서 폭발 한계에 도달하지 아니하도록 할 것
  ② 연소 능력은 긴급 이송 설비로 이송되는 가스를 안전하게 연소시킬 수 있을 것
  ③ 스택에서 발생하는 최대 열량에 장시간 견딜 수 있는 재료 및 구조로 되어 있을 것
  ④ 폭발을 방지하기 위한 조치가 되어 있을 것

[해설] 플레어 스택 기준 : ②, ③, ④ 외
  ㉮ 플레어 스택에서 발생하는 복사열이 다른 가스 공급 시설에 나쁜 영향을 미치지 아니하도록 안전한 높이 및 위치에 설치한다.
  ㉯ 플레어 스택의 설치 위치 및 높이는 플레어 스택 바로 밑의 지표면에 미치는 복사열이 $4000 \text{ kcal/m}^2 \cdot \text{h}$ 이하가 되도록 한다.

[정답] 6. ①

2 제조소 및 공급소 밖의 배관

(1) 배관 설비 기준

① **지하에 매설하는 경우** : 보호포 및 매설 위치의 확인 표시 설치

㈎ 보호포 설치 기준
  ㉮ 표시 사항 : 가스명, 사용 압력, 공급자명
  ㉯ 색상 : 저압관(황색), 중압 이상의 관(적색)
  ㉰ 보호포 폭 : 15 cm 이상(설치 시 : 배관폭에 10 cm를 더한 폭)
  ㉱ 위치 : 저압관(배관 정상부에서 60 cm 이상), 중압 이상의 관(보호판 상부로부터 30 cm 이상), 공동 주택 부지 설치(배관 정상부에서 40 cm 이상)

㈏ 라인마크 설치 기준
  ㉮ 도로 및 공동 주택 부지 내 도로에 배관을 매설하는 경우 설치
  ㉯ 배관 길이 50 m마다 1개 이상, 주요 분기점 구부러진 지점 및 그 주위 50 m 이내 설치
  ㉰ 라인마크 종류(재료) : 금속제 라인마크, 스티커형 라인마크, 네일(nail)형 라인마크

㈐ 표지판 설치 기준
  ㉮ 시가지 외의 도로, 산지, 농지 또는 철도 부지 내에 매설하는 경우 설치
  ㉯ 설치 간격 : 500 m 간격으로 1개 이상(일반 도시가스 사업, 도시가스 사용 시설의 경우 200 m)

㉰ 크기 : 가로 200 mm, 세로 150 mm 이상의 직사각형에 바탕은 황색, 글씨는 검은색
② 지하매설
　㈎ 건축물 : 수평 거리 1.5 m 이상
　㈏ 지하의 다른 시설물 : 0.3 m 이상
　㈐ 매설 깊이
　　㉮ 기준 : 1.2 m 이상
　　㉯ 산이나 들 : 1 m 이상
　　㉰ 시가지의 도로 : 1.5 m 이상
　㈑ 굴착 및 되메우기 방법
　　㉮ 기초 재료(foundation) : 모래 또는 19 mm 이상의 큰 입자가 포함되지 않은 양질의 흙
　　㉯ 침상 재료(bedding) : 배관에 작용하는 하중을 수직 방향 및 횡방향에서 지지하고 하중을 기초 아래로 분산시키기 위하여 배관 하단에서 배관 상단 30 cm까지 포설하는 재료

③ 도로 매설
　㈎ 도로 경계와 수평 거리 1 m 이상 유지
　㈏ 도로 밑의 다른 시설물 : 0.3 m 이상
　㈐ 시가지의 도로 매설 깊이 : 1.5 m 이상
　㈑ 시가지 외의 도로 매설 깊이 : 1.2 m 이상
　㈒ 포장되어 있는 차도에 매설 : 노반 최하부와 0.5 m 이상
　㈓ 인도, 보도 등 노면 외의 도로 매설 깊이 : 1.2 m 이상
　㈔ 전선, 상·하수도관, 가스관이 매설되어 있는 도로 : 이들의 하부에 매설
　㈕ 보호판 설치 기준
　　㉮ 재료 : KS D 3503(일반 구조용 압연 강재)
　　㉯ 지름 30~50 mm 이하의 구멍을 3 m 이하의 간격으로 뚫는다.
　　㉰ 설치 위치 : 배관 정상부에서 30 cm 이상
　　㉱ 도막 두께 : 80 μm 이상
　　㉲ 두께 : 4 mm 이상(고압이상 배관 : 6 mm 이상)

④ 철도 부지 밑 매설
　㈎ 궤도 중심까지 4 m 이상, 부지 경계까지 1 m 이상의 거리 유지
　㈏ 매설 깊이 : 1.2 m 이상

⑤ **연안 구역 내 매설** : 하천 제방과 하천 관리상 필요한 거리 유지
⑥ **지상 설치** : 주택, 학교, 병원, 철도 그 밖의 이와 유사한 시설과 안전 확보상 필요한 거리 유지
⑦ **해저 설치**
  ㈎ 배관은 해저면 밑에 매설할 것
  ㈏ 다른 배관과 교차하지 않고, 30 m 이상의 수평 거리 유지
  ㈐ 배관의 입상부에는 방호구조물 설치
  ㈑ 해저면 밑에 매설하지 않고 설치하는 경우 해저면을 고르게 하여 배관이 해저면 밑에 닿도록 할 것
⑧ **해상 설치**
  ㈎ 지진, 풍압, 파도압 등에 안전한 구조의 지지물로 지지할 것
  ㈏ 선박의 항해에 손상을 받지 않도록 해면과의 사이에 공간을 확보
  ㈐ 선박의 충돌에 의하여 배관 및 지지물이 손상을 받을 우려가 있는 경우 방호설비를 설치
  ㈑ 다른 시설물과 유지 관리에 필요한 거리를 유지

(2) 사고예방 설비 기준

① **운영 상태 감시 장치**
  ㈎ 배관 장치에는 적절한 장소에 압력계, 유량계, 온도계 등의 계기류를 설치
  ㈏ 압축기 또는 펌프 및 긴급 차단 밸브의 작동 상황을 나타내는 표시등 설치
  ㈐ 경보장치 설치 : 경보장치가 울리는 경우
   ㉮ 압력이 상용 압력의 1.05배를 초과한 때(상용 압력이 4 MPa 이상인 경우 상용압력에 0.2 MPa를 더한 압력)
   ㉯ 정상 운전 시의 압력보다 15 % 이상 강하한 경우
   ㉰ 긴급 차단 밸브가 고장 또는 폐쇄된 때

② **안전 제어 장치** : 이상 상태가 발생한 경우 압축기, 펌프, 긴급 차단 장치 등을 정지 또는 폐쇄
  ㈎ 압력계로 측정한 압력이 상용 압력의 1.1배를 초과했을 때
  ㈏ 정상 운전 시의 압력보다 30 % 이상 강하했을 때
  ㈐ 가스 누출 경보기가 작동했을 때

③ **굴착으로 노출된 배관의 안전 조치**
  ㈎ 고압 배관의 길이가 100 m 이상인 것 : 배관 양끝에 차단 장치 설치

(나) 중압 이하의 배관 길이가 100 m 이상인 것 : 노출 부분 양끝으로부터 300 m 이내에 차단 장치를 설치하거나 500 m 이내에 원격 조작이 가능한 차단 장치 설치
(다) 굴착으로 20 m 이상 노출된 배관 : 20 m마다 가스 누출 경보기 설치
(라) 노출된 배관의 길이가 15 m 이상일 때
  ㉮ 점검 통로 설치 : 폭 80 cm 이상, 가드레일 높이 90 cm 이상
  ㉯ 조명도 : 70 lux 이상

단원 예상문제

1. 지하에 매몰하는 도시가스 배관의 재료로 사용할 수 없는 것은? [15]
① 가스용 폴리에틸렌관
② 압력 배관용 탄소강관
③ 압출식 폴리에틸렌 피복 강관
④ 분말용착식 폴리에틸렌 피복 강관

[해설] 지하에 매몰하는 배관
  ㉮ 폴리에틸렌 피복 강관(KS D 3589)
  ㉯ 분말용착식 폴리에틸렌 피복 강관(KS D 3607)
  ㉰ 가스용 폴리에틸렌관(KS M 3514)

2. 다음 중 도시가스 매설 배관 보호용 보호포에 표시하지 않아도 되는 사항은? [07]
① 가스명
② 사용 압력
③ 공급자명
④ 배관매설 연도

[해설] 보호포에는 가스명, 사용 압력, 공급자명 등을 표시한다.

3. 도시가스 배관을 도로에 매설할 때 보호포는 중압 이상의 배관의 경우에 보호판의 상부로부터 몇 cm 이상 떨어진 곳에 설치하는가? [06]
① 20 cm
② 30 cm
③ 40 cm
④ 60 cm

[해설] 최고 사용 압력이 중압 이상인 배관의 경우에는 보호판 상부로부터 30 cm 이상 떨어진 곳에 보호포를 설치한다.

4. 도로에 도시가스 배관을 매설하는 경우에 라인마크는 구부러진 지점 및 그 주위 몇 m 이내에 설치하는가? [06]
① 15 m
② 30 m
③ 50 m
④ 100 m

[해설] 라인마크는 배관 길이 50 m마다 1개 이상 설치하되 주요 분기점, 굴곡 지점, 관말 지점 및 그 주위 50 m 안에 설치한다.

[정답] 1. ② 2. ④ 3. ② 4. ③

5. 가스 도매 사업자의 배관을 지하에 매설하는 경우에는 표지판을 설치해야 하는데 몇 m 간격으로 1개 이상을 설치하는가? [03]
① 500 m　　② 700 m　　③ 900 m　　④ 1000 m

[해설] 도시가스 배관 매설 표지판 설치 간격
　㉮ 가스 도매 사업자의 배관 : 500 m 간격으로 1개 이상
　㉯ 일반 도시가스 사업자의 배관 : 200 m 간격으로 1개 이상

6. 가스 도매 사업의 가스 공급 시설 중 배관을 지하에 매설할 때의 기준으로 틀린 것은?
① 배관은 그 외면으로부터 수평 거리로 건축물까지 1.0 m 이상으로 할 것　　[06, 15]
② 배관은 그 외면으로부터 지하의 다른 시설물과 0.3 m 이상으로 할 것
③ 배관을 산과 들에 매설할 때는 지표면으로부터 배관의 외면까지의 매설 깊이를 1 m 이상으로 할 것
④ 굴착 및 되메우기는 안전 확보를 위하여 적절한 방법으로 실시할 것

[해설] 배관은 그 외면으로부터 수평 거리로 건축물까지 1.5 m 이상을 유지한다.

7. 도시가스 배관의 지하 매설 시 사용하는 침상 재료(bedding)는 배관 하단에서 배관 상단 몇 cm까지 포설하는가? [07]
① 10　　　　　　　　② 20
③ 30　　　　　　　　④ 50

[해설] 침상 재료 : 배관에 작용하는 하중을 수직 방향 및 횡방향에서 지지하고 하중을 기초 아래로 분산시키기 위하여 배관 하단에서 배관 상단 30 cm까지 포설하는 재료

8. 일반 도시가스 공급 시설에서 도로가 평탄할 경우 배관의 기울기는? [06]
① $\dfrac{1}{50} \sim \dfrac{1}{100}$　　　　② $\dfrac{1}{150} \sim \dfrac{1}{300}$
③ $\dfrac{1}{500} \sim \dfrac{1}{1000}$　　　　④ $\dfrac{1}{1500} \sim \dfrac{1}{2000}$

[해설] 배관의 기울기는 도로의 기울기를 따르고, 도로가 평탄한 경우에는 $\dfrac{1}{500} \sim \dfrac{1}{1000}$ 정도의 기울기로 설치한다.

9. 도시가스 배관의 보호판은 배관의 정상부에서 몇 cm 이상 높이에 설치하는가? [05]
① 20 cm　　　　　　② 30 cm
③ 40 cm　　　　　　④ 60 cm

[해설] 보호판의 설치 위치 : 배관 정상부에서 30 cm 이상 높이

정답 5. ①　6. ①　7. ③　8. ③　9. ②

10. 도시가스 매설 배관의 보호판은 누출 가스가 지면으로 확산되도록 구멍을 뚫는데 그 간격의 기준으로 옳은 것은? [09, 15]

① 1 m 이하 간격 ② 2 m 이하 간격
③ 3 m 이하 간격 ④ 5 m 이하 간격

[해설] 누출 가스 확산 구멍 : 지름 30 mm 이상 50 mm 이하의 구멍을 3 m 이하의 간격으로 뚫어 누출된 가스가 지면으로 확산이 되도록 한다.

11. 도시가스 배관의 보호판의 도막 두께는 몇 μm 이상이 되도록 방청 도료를 코팅하는가? [04]

① 50 μm ② 60 μm
③ 80 μm ④ 100 μm

[해설] 보호판은 쇼트 브라스팅 등으로 내외 면의 이물질을 완전히 제거하고, 방청 도료(primer)를 1회 이상 도포한 후 도막 두께가 80 μm 이상이 되도록 에폭시 타입 도료를 2회 이상 코팅하거나 이와 동등 이상의 방청 및 코팅 효과를 갖는 것으로 한다.

12. 도시가스 배관의 매설 심도를 확보할 수 없거나 타 시설물과 이격 거리를 유지하지 못하는 경우 등에는 보호판을 설치한다. 압력이 중압 배관일 경우 보호판의 두께 기준은? [15]

① 3 mm ② 4 mm
③ 5 mm ④ 6 mm

[해설] 도시가스 보호판 두께 기준
㉮ 고압 배관 : 6 mm 이상
㉯ 고압 배관 외 : 4 mm 이상

13. 가스 도매 사업의 가스 공급 시설에서 배관을 지하에 매설할 경우의 기준으로 틀린 것은? [12]

① 배관을 시가지 외의 도로 노면 밑에 매설할 경우 노면으로부터 배관 외면까지 1.2 m 이상 이격할 것
② 배관의 깊이는 산과 들에서는 1 m 이상으로 할 것
③ 배관을 시가지의 도로 노면 밑에 매설할 경우 노면으로부터 배관 외면까지 1.5 m 이상 이격할 것
④ 배관을 철도 부지에 매설할 경우 배관 외면으로부터 궤도 중심까지 5 m 이상 이격할 것

[해설] 배관을 철도 부지에 매설할 경우 배관 외면으로부터 궤도 중심까지 4 m 이상, 그 철도 부지의 경계까지는 1 m 이상의 거리를 유지한다.

[정답] 10. ③ 11. ③ 12. ② 13. ④

14. 도시가스 배관 장치를 해저에 설치하는 아래의 기준 중에서 적합하지 않은 것은? [04, 09]
① 배관은 원칙적으로 다른 배관과 교차하지 않을 것
② 배관의 입상부에는 방호 시설물을 설치할 것
③ 배관은 원칙적으로 다른 배관과 20 m의 수평 거리를 유지할 것
④ 해저면 밑에 배관을 매설하지 않고 설치하는 경우에는 해저면을 고르게 하여 배관이 해저면에 닿도록 할 것

[해설] 배관은 원칙적으로 다른 배관과 30 m의 수평 거리 유지

15. 도시가스의 배관내의 상용 압력이 4 MPa이다. 배관 내의 압력이 이상 상승하여 경보장치의 경보가 울리기 시작하는 압력은? [03, 04, 10]
① 4 MPa 초과 시 ② 4.2 MPa 초과 시
③ 5 MPa 초과 시 ④ 5.2 MPa 초과 시

[해설] 경보장치가 울리는 경우 : 배관 안의 압력이 상용 압력의 1.05배를 초과한 때(단, 상용 압력이 4 MPa 이상인 경우에는 상용 압력에 0.2 MPa를 더한 압력)
∴ 상용 압력이 4 MPa이므로 4 + 0.2 = 4.2 MPa 초과할 때 경보를 울려야 한다.

16. 굴착으로 주위가 노출된 도시가스 사업자 도시가스 배관(관 지름 100 mm 미만인 저압 배관은 제외)으로서 노출된 부분의 길이가 100 m 이상인 것은 위급 시 신속히 차단할 수 있도록 노출 부분 양끝으로부터 몇 m 이내에 차단 장치를 설치해야 하는가? [06]
① 200 m ② 300 m ③ 350 m ④ 500 m

[해설] 굴착으로 노출된 배관의 방호조치
㉮ 차단 장치 : 300 m 이내 설치
㉯ 원격 조작이 가능한 차단 장치 : 500 m 이내 설치

17. 도시가스 배관이 굴착으로 20 m 이상이 노출되어 누출 가스가 체류하기 쉬운 장소일 때 가스 누출 경보기는 몇 m마다 설치해야 하는가? [16]
① 5 ② 10 ③ 20 ④ 30

[해설] 노출된 가스 배관의 길이가 20 m 이상인 경우에는 가스 누출 검지 경보장치 등을 설치한다.
㉮ 현장 관계자가 상주하는 장소에 경보음이 전달되도록 설치한다.
㉯ 작업장에는 현장 여건에 맞는 경광등을 설치한다.

18. 굴착으로 인하여 도시가스 배관이 65 m가 노출되었을 경우 가스 누출 경보기의 설치 개수로 알맞은 것은? [14]
① 1개 ② 2개 ③ 3개 ④ 4개

정답 14. ③ 15. ② 16. ② 17. ③ 18. ④

[해설] 굴착으로 20 m 이상 노출된 배관에는 20 m마다 가스 누출 경보기를 설치한다.
∴ 65 m 노출된 배관에 설치 개수 : 4개

19. 노출된 도시가스 배관의 보호를 위한 안전 조치 시 노출해 있는 배관 부분의 길이가 몇 m를 넘을 때 점검자가 통행이 가능한 점검 통로를 설치하여야 하는가? [05, 09]
① 10
② 15
③ 20
④ 30

[해설] 굴착으로 노출된 배관의 점검 통로 기준
㉮ 노출된 배관의 길이 : 15 m 이상
㉯ 점검 통로 폭 : 80 cm 이상
㉰ 가드레일 높이 : 90 cm 이상
㉱ 점검 통로와 가스 배관의 수평 거리 : 1 m 이내
㉲ 조명 : 70룩스(lx) 이상 유지

[정답] 19. ②

3-3 일반 도시가스 사업의 기준

1 제조소 및 공급소

(1) 통풍 구조 및 기계 환기 설비(제조소 및 정압기실)

① 통풍 구조
㉮ 공기보다 무거운 가스 : 바닥면에 접하고
㉯ 공기보다 가벼운 가스 : 천장 또는 벽면 상부에서 30 cm 이내에 설치
㉰ 환기구 통풍 가능 면적 : 바닥 면적 1 m^2당 300 cm^2 비율(1개 환기구의 면적은 2400 cm^2 이하)
㉱ 사방을 방호벽 등으로 설치할 경우 : 환기구를 2방향 이상으로 분산 설치

② 기계 환기 설비의 설치 기준
㉮ 통풍 능력 : 바닥 면적 1 m^2마다 0.5 m^3/분 이상
㉯ 배기구는 바닥면(공기보다 가벼운 경우에는 천장면) 가까이 설치
㉰ 방출구 높이 : 지면에서 5 m 이상(단, 공기보다 비중이 가벼운 배기가스의 경우 또는 전기 시설물과의 접촉 등으로 사고 우려가 있는 경우 : 3 m 이상)

③ 공기보다 가벼운 공급 시설이 지하에 설치된 경우의 통풍 구조
  ㈎ 환기구 : 2방향 이상 분산 설치
  ㈏ 배기구 : 천장면으로부터 30 cm 이내 설치
  ㈐ 흡입구 및 배기구 지름 : 100 mm 이상
  ㈑ 배기가스 방출구 : 지면에서 3 m 이상의 높이에 설치

(2) 고압가스 설비의 시험

① 내압시험
  ㈎ 시험 압력 : 최고 사용 압력의 1.5배 이상의 압력(5~20분 표준)
  ㈏ 내압시험을 공기 등의 기체에 의하여 하는 경우 : 상용 압력의 50 %까지 승압하고 그 후에는 상용 압력의 10 %씩 단계적으로 승압

② 기밀시험 : 최고 사용 압력의 1.1배 또는 8.4 kPa 중 높은 압력 이상으로 실시

✔ 단원 예상문제

1. 공기보다 비중이 가벼운 도시가스의 공급 시설로서 공급 시설이 지하에 설치된 경우의 통풍 구조의 기준으로 틀린 것은? [16]
① 통풍 구조는 환기구를 2방향 이상 분산하여 설치한다.
② 배기구는 천장면으로부터 30 cm 이내에 설치한다.
③ 흡입구 및 배기구의 관 지름은 500 mm 이상으로 하되, 통풍이 양호하도록 한다.
④ 배기가스 방출구는 지면에서 3 m 이상의 높이에 설치하되, 화기가 없는 안전한 장소에 설치한다.

[해설] 흡입구 및 배기구의 관 지름은 100 mm 이상으로 하되 통풍이 양호하도록 한다.

2. 일반 도시가스 사업자 정압기의 가스 방출관 방출구는 지면으로부터 몇 m 이상의 높이에 설치하여야 하는가? (단, 전기 시설물과의 접촉 등으로 사고의 우려가 없는 장소이다.) [04, 07, 08]
① 1 m 이상   ② 2 m 이상
③ 4 m 이상   ④ 5 m 이상

[해설] 정압기의 가스 방출관의 방출구는 주위에 불 등이 없는 안전한 위치로서 지면으로부터 5 m 이상의 높이에 설치한다. 다만, 전기 시설물과의 접촉 등으로 사고의 우려가 있는 장소에서는 3 m 이상으로 할 수 있다.

정답 1. ③ 2. ④

3. 일반 도시가스 사업 정압기실에 설치되는 기계 환기 설비 중 배기구의 관 지름은 얼마 이상으로 하여야 하는가? [14]
① 10 cm   ② 20 cm   ③ 30 cm   ④ 50 cm

[해설] 흡입구 및 배기구의 관 지름은 100 mm(10 cm) 이상으로 하되 통풍이 양호하도록 한다.

4. 일반 도시가스 공급 시설의 시설 기준으로 틀린 것은? [08]
① 가스 공급 시설을 설치하는 실(제조소 및 공급소 내에 설치된 것에 한함)은 양호한 통풍 구조로 한다.
② 제조소 또는 공급소에 설치한 전기 설비는 방폭 성능을 가져야 한다.
③ 가스 방출관의 방출구는 지면으로부터 5 m 이상의 높이로 설치하여야 한다.
④ 고압 또는 중압의 가스 공급 시설은 최고 사용 압력의 1.1배 이상의 압력으로 실시하는 내압시험에 합격해야 한다.

[해설] 고압 또는 중압의 가스 공급 시설은 최고 사용 압력의 1.5배 이상의 압력으로 내압시험을 실시하여 이상이 없어야 한다.

5. 일반 도시가스 사업의 공급 시설 중 최고 사용 압력이 저압인 가스 정제 설비에서 압력의 이상 상승을 방지하기 위하여 설치하는 것은? [06]
① 일류 방지 장치 ② 역류 방지 장치 ③ 고압 차단 스위치 ④ 수봉기

[해설] 수봉기 : 최고 사용 압력이 저압인 가스 정제 설비에서 압력의 이상 상승을 방지하기 위한 장치

6. 일반 도시가스 사업의 가스 공급 시설 중 최고 사용 압력이 저압인 가스 홀더에서 갖추어야 할 기준이 아닌 것은? [03, 06, 08]
① 가스방출 장치를 설치한 것일 것
② 봉수의 동결 방지 조치를 한 것일 것
③ 모든 관의 입·출구에는 반드시 신축을 흡수하는 조치를 할 것
④ 수조에 물 공급관과 물이 넘쳐 빠지는 구멍을 설치한 것일 것

[해설] ③ 항목 : 고압 또는 중압의 가스 홀더에 갖추어야 할 시설이다.

7. 도시가스 공급 시설 중 저장 탱크 주위의 온도 상승 방지를 위하여 설치하는 고정식 물분무 장치의 단위 면적당 방사 능력 기준은? (단 단열재를 피복한 준내화 구조 저장 탱크가 아니다.) [08, 11]
① 2.5 L/분·m^2 이상   ② 5 L/분·m^2 이상
③ 7.5 L/분·m^2 이상   ④ 10 L/분·m^2 이상

[해설] 냉각 살수 장치 방사능력 기준 : 저장 탱크 표면적 1 m^2당 5 L/분 이상(준내화 구조 : 2.5 L/분 이상)

정답 3. ① 4. ④ 5. ④ 6. ③ 7. ②

2 정압기

(1) 구조 및 재료 등
　① **통풍 시설 설치** : 공기보다 무거운 가스의 경우 강제통풍 시설 설치
② **정압기실 조명도** : 150 lux
③ **경계책 설치(단독 사용자의 정압기 제외)**
　(가) 높이 : 1.5 m 이상의 철책 또는 철망으로 설치
　(나) 경계표지판 : 검정, 파랑, 적색 글씨 등으로 표기(시설명, 공급자, 연락처)

(2) 정압기실의 시설 및 설비
① **가스 차단 장치 설치** : 입구 및 출구(지하 설치 시 정압기실 외부에 가스 차단 장치 추가)
② **감시 장치 설치** : RTU 장치
　(가) 경보장치 : 출구 가스 압력이 상승한 경우 안전 관리자가 상주하는 곳에 통보 (경보음 : 70 dB 이상)
　(나) 가스 누출 검지 통보설비
　　㉮ 검지부 설치 수 : 바닥면 둘레 20 m에 대하여 1개 이상의 비율
　　㉯ 작동 상황 점검 : 1주일에 1회 이상
　(다) 출입문 개폐 통보 장치, 긴급 차단밸브 개폐 여부 경보설비 설치
③ **압력 기록 장치** : 출구 가스 압력을 측정, 기록할 수 있는 자기압력 기록 장치 설치
④ **불순물 제거 장치** : 입구에 수분 및 불순물 제거 장치(필터) 설치
⑤ **예비 정압기 설치**
　(가) 정압기의 분해 점검 및 고장에 대비
　(나) 이상 압력 발생 시에 자동으로 기능이 전환되는 구조
　(다) 바이패스관 : 밸브를 설치하고 그 밸브에 시건 조치를 할 것
⑥ **안전밸브**
　(가) 가스 방출관 설치 : 지면에서 5 m 이상 높이(전기 시설물과 접촉 우려 : 3 m 이상)
　(나) 안전밸브 분출부 크기
　　㉮ 정압기 입구 압력 0.5 MPa 이상 : 50 A 이상
　　㉯ 정압기 입구 압력 0.5 MPa 미만
　　　ⓐ 설계 유량 1000 Nm³/h 이상 : 50 A 이상
　　　ⓑ 설계 유량 1000 Nm³/h 미만 : 25 A 이상

⑦ **기밀시험**
  ㈎ 입구 측 : 최고 사용 압력의 1.1배
  ㈏ 출구 측 : 최고 사용 압력의 1.1배 또는 8.4 kPa 중 높은 압력 이상

⑧ **분해 점검 방법**
  ㈎ 정압기 : 2년에 1회 이상
  ㈏ 필터 : 가스 공급 개시 후 1월 이내 및 매년 1회 이상
  ㈐ 가스 사용 시설의 정압기 및 필터 : 설치 후 3년까지는 1회 이상, 그 이후에는 4년에 1회 이상
  ㈑ 작동 상황 점검 : 1주일에 1회 이상

단원 예상문제

1. 도시가스 공급 시설의 안전 조작에 필요한 조명등의 조도는 몇 룩스 이상이어야 하는가? [14]
① 100 ② 150
③ 200 ④ 300

[해설] 조명등의 조도 : 150룩스(lx) 이상

2. 실내에 설치된 도시가스(천연가스) 정압기의 가스 누출 검지 통보설비에서 검지부의 설치 개수는? [05]
① 연소기 중심에서 수평 거리 8 m마다 1개
② 연소기 중심에서 수평 거리 4 m마다 1개
③ 바닥 둘레 10 m마다 1개
④ 바닥 둘레 20 m마다 1개

[해설] 정압기실에 설치하는 검지부의 수는 바닥면 둘레 20 m에 대하여 1개 이상의 비율로 계산된 수로 한다.

3. 도시가스 사용 시설의 정압기실에 설치된 가스 누출 경보기의 점검 주기는? [15]
① 1일 1회 이상 ② 1주일 1회 이상
③ 2주일 1회 이상 ④ 1개월 1회 이상

[해설] 정압기실에 설치된 가스 누출 경보기는 1주일에 1회 이상 작동 상황을 점검하고 작동 불량 시는 즉시 교체 또는 수리하여 항상 정상적으로 작동되도록 한다.

정답 1. ② 2. ④ 3. ②

4. 일반 도시가스 공급 시설에 설치하는 정압기의 분해 점검 주기는 어떻게 정하여져 있는가? (단, 단독 사용자에게 공급하기 위한 정압기는 제외한다.) [06, 07, 08, 16]
① 1년에 1회 이상
② 2년에 1회 이상
③ 3년에 1회 이상
④ 1주일에 1회 이상

[해설] 분해 점검 주기
㉮ 정압기 : 2년에 1회 이상
㉯ 정압기 필터 : 가스 공급 개시 후 1월 이내 및 매년 1회 이상
㉰ 가스 사용 시설(단독 사용자) 정압기 및 필터 : 설치 후 3년까지는 1회 이상, 그 이후에는 4년에 1회 이상

5. 일반 도시가스 사업자가 설치하는 가스 공급 시설 중 정압기의 설치에 대한 설명으로 틀린 것은? [15]
① 건축물 내부에 설치된 도시가스 사업자의 정압기로서 가스 누출 경보기와 연동하여 작동하는 기계 환기 설비를 설치하고 1일 1회 이상 안전 점검을 실시하는 경우에는 건축물의 내부에 설치할 수 있다.
② 정압기에 설치되는 가스 방출관의 방출구는 주위에 불 등이 없는 안전한 위치로서 지면으로부터 3 m 이상의 높이에 설치하여야 하며, 전기 시설물과의 접촉 등으로 사고의 우려가 있는 장소에서는 5 m 이상의 높이로 설치한다.
③ 정압기에 설치하는 가스 차단 장치는 정압기의 입구 및 출구에 설치한다.
④ 정압기는 2년에 1회 이상 분해 점검을 실시하고 필터는 가스 공급 개시 후 1월 이내 및 가스 공급 개시 후 매년 1회 이상 분해 점검을 실시한다.

[해설] 과압 안전장치 가스 방출관 설치 : 안전밸브는 가스 방출관이 설치된 것으로 하고 그 방출관의 방출구는 주위에 불 등이 없는 안전한 위치로서 지면으로부터 5 m 이상의 높이에 설치한다. 다만, 전기 시설물과의 접촉 등으로 사고의 우려가 있는 장소에서는 3 m 이상으로 할 수 있다.

[정답] 4. ② 5. ②

3 제조소 및 공급소 밖의 배관

(1) 배관 설비 기준
① 배관의 최고 사용 압력은 중압 이하일 것
② **중압 이하의 배관과 고압 배관의 유지 거리 : 2 m 이상**
③ 본관과 공급관은 건축물의 내부나 기초 밑에 설치하지 아니할 것
④ **배관의 재료 및 표시**
㉮ 지하 매설관 재료

㉮ 폴리에틸렌 피복 강관(PLP관)
㉯ 가스용 폴리에틸렌관(PE관) : 최고 사용 압력 0.4 MPa 이하에 사용
㈏ 가스용 폴리에틸렌 관 설치 기준
㉮ 관은 매몰하여 시공
㉯ 관의 굴곡 허용 반지름 : 바깥지름의 20배 이상
㉰ 탐지형 보호포, 로케팅 와이어(단면적 $6\,mm^2$ 이상) 설치
㉱ 사용 압력 범위

호 칭	SDR	사용 압력
1호 관	11 이하	0.4 MPa 이하
2호 관	17 이하	0.25 MPa 이하
3호 관	21 이하	0.2 MPa 이하

※ SDR(standard dimension ration) = $\dfrac{D(바깥지름)}{t(최소\ 두께)}$

㈐ 배관의 표시 및 부식 방지 조치
㉮ 배관 표시 : 가스명, 최고 사용 압력, 가스의 흐름 방향
㉯ 표면 색상
ⓐ 지상 배관 : 황색
ⓑ 매설 배관 : 최고 사용 압력이 저압 배관은 황색, 중압 배관은 적색

⑤ **배관의 설치**
㈎ 지하 매설 배관의 설치(매설 깊이)
㉮ 공동 주택 등의 부지 내 : 0.6 m 이상
㉯ 폭 8 m 이상의 도로 : 1.2 m 이상
㉰ 폭 4 m 이상 8 m 미만인 도로 : 1 m 이상
㉱ ㉮ 내지 ㉰에 해당하지 않는 곳 : 0.8 m 이상
㈏ 관통부에 배관 손상 방지를 위한 조치
㉮ 공동구 벽의 관통부 보호관 지름 : 배관 바깥지름에 5 cm를 더한 지름 또는 배관의 바깥지름 1.2배의 지름 중 작은 지름 이상
㉯ 보호관과 배관과의 사이 : 가황 고무 등을 충전
㉰ 지반의 부등 침하에 대한 영향을 줄이는 조치
㈐ 입상관의 밸브 : 1.6 m 이상 2 m 이내에 설치

(2) 압력 조정기 설치 기준

① 설치 세대수 기준
  ㉮ 중압 이상 : 전체 세대수 150세대 미만
  ㉯ 저압 : 전체 세대수 250세대 미만
② 설치 높이 : 지면으로부터 1.6 m 이상 2 m 이내(단, 격납상자에 설치 시 높이 제한이 없다.)
③ 작동 상황 점검 : 6개월에 1회 이상
④ 안전 점검
  ㉮ 공급 시설 압력 조정기 : 6개월에 1회 이상(필터 : 2년에 1회 이상)
  ㉯ 사용 시설 압력 조정기 : 1년에 1회 이상(필터 : 3년에 1회 이상)

✔ 단원 예상문제

1. 도시가스 배관은 설치 장소나 지름에 따라 적절한 배관 재료와 접합 방법을 선정하여야 한다. 다음 중 배관재료 선정 기준으로 틀린 것은? [09]
① 배관 내의 가스 흐름이 원활한 것으로 한다.
② 내부의 가스 압력과 외부로부터의 하중 및 충격 하중에 견디는 강도를 갖는 것으로 한다.
③ 토양, 지하수 등에 대하여 강한 부식성을 갖는 것으로 한다.
④ 절단 가공이 용이한 것으로 한다.

[해설] 도시가스 배관 재료의 선정 기준
  ㉮ 배관 안의 가스 흐름이 원활한 것으로 한다.
  ㉯ 내부의 가스 압력과 외부로부터의 하중 및 충격 하중에 견디는 강도를 가진 것으로 한다.
  ㉰ 토양, 지하수 등에 대하여 내식성을 가지는 것이어야 한다.
  ㉱ 배관의 접합이 용이하고 가스의 누출을 방지할 수 있는 것이어야 한다.
  ㉲ 절단 가공이 용이한 것으로 한다.

2. 도시가스 사용 시설에서 PE 배관은 온도가 몇 ℃ 이상이 되는 장소에 설치하지 아니하는가? [15]
① 25℃   ② 30℃   ③ 40℃   ④ 60℃

[해설] PE 배관 설치장소 제한 : PE 배관은 온도가 40℃ 이상이 되는 장소에 설치하지 아니한다. 다만, 파이프 슬리브 등을 이용하여 단열 조치를 한 경우에는 온도가 40℃ 이상이 되는 장소에 설치할 수 있다.

[정답] 1. ③ 2. ③

3. 일반 도시가스 사업의 가스공급 시설 기준에서 배관을 지상에 설치할 경우 배관에 도색할 색깔은? [02, 09, 15]
① 흑색 ② 황색 ③ 적색 ④ 회색

[해설] 도시가스 배관 도색
㉮ 지상 배관 : 황색
㉯ 지하 매설관 : 적색(중압), 황색(저압)

4. 도시가스 중압 배관을 매몰할 경우 다음 중 적당한 색상은? [08, 14]
① 회색 ② 청색 ③ 녹색 ④ 적색

[해설] 지하 매설 배관의 색상
㉮ 저압관 : 황색
㉯ 중압 이상 : 적색

5. 도시가스 배관을 폭 8 m 이상의 도로에서 지하에 매설 시 지표면으로부터 배관의 외면까지의 매설 깊이의 기준은? [02, 09, 15]
① 0.6 m 이상 ② 1.0 m 이상 ③ 1.2 m 이상 ④ 1.5 m 이상

[해설] 도시가스 배관의 매설 깊이
㉮ 공동 주택 부지 내 : 0.6 m 이상
㉯ 폭 8 m 이상인 도로 : 1.2 m 이상
㉰ 폭 4~8 m 미만 도로 : 1 m 이상
㉱ ㉮~㉰에 해당되지 않는 곳 : 0.8 m 이상

6. 도시가스 배관의 설치 기준에서 옥외 공동구 벽을 관통하는 배관의 손상 방지 조치가 아닌 것은? [03, 04, 07]
① 지반의 부등 침하에 대한 영향을 줄이는 조치
② 보호관과 배관 사이에 가황 고무를 충전하는 조치
③ 공동구의 내외에서 배관에 작용하는 응력의 차단 조치
④ 배관의 바깥지름에 3 cm를 더한 지름의 보호관 설치 조치

[해설] 공동구 벽의 관통부는 배관 바깥지름에 5 cm를 더한 지름 또는 배관의 바깥지름의 1.2배 지름 중 작은 지름 이상의 보호관을 설치한다.

7. 도시가스 시설 중 입상관에 대한 설명으로 틀린 것은? [14]
① 입상관이 화기의 가능성이 있는 주위를 통과하여 불연 재료로 차단 조치를 하였다.
② 입상관의 밸브는 분리 가능한 것으로서 바닥으로부터 1.7 m의 높이에 설치하였다.
③ 입상관의 밸브를 어린 아이들이 장난하지 못하도록 3 m 높이에 설치하였다.
④ 입상관의 밸브 높이가 1 m이어서 보호상자 안에 설치하였다.

[해설] 입상관은 환기가 양호한 장소에 설치하며 입상관의 밸브는 바닥으로부터 1.6 m 이상 2 m 이내에 설치한다. 다만, 보호상자 안에 설치할 경우에는 1.6 m 이상 2 m 이내에 설치하지 아니할 수 있다.

정답 3. ② 4. ④ 5. ③ 6. ④ 7. ③

3-4 가스 사용 시설의 기준

1 시설 기준

(1) 가스계량기

① 화기와 2 m 이상 우회 거리 유지

② **설치 높이** : 1.6~2 m 이내(보호상자 내에 설치하는 경우 바닥으로부터 2 m 이내 설치)

③ **유지 거리**

㈎ 전기 계량기, 전기 개폐기 : 60 cm 이상

㈏ 단열 조치를 하지 않은 굴뚝, 전기 점멸기, 전기 접속기 : 30 cm 이상

㈐ 절연 조치를 하지 않은 전선 : 15 cm 이상

(2) 배관 설비

① **지하 매설 깊이** : 0.6 m 이상

② **실내에 배관 설치 기준**

㈎ 건축물 안의 배관은 노출하여 시공할 것(단, 스테인리스강, 보호 조치를 한 동관, 가스용 금속 플렉시블 호스를 이음매 없이 설치하는 경우 매설할 수 있음)

㈏ 환기가 잘되지 아니하는 천정, 벽, 바닥, 공동구 등에는 설치하지 아니할 것

㈐ 배관 이음부와 유지 거리(용접 이음매 제외)〈개정 13. 12. 18〉

㉮ 전기 계량기, 전기 개폐기 : 60 cm 이상

㉯ 전기 점멸기, 전기 접속기 : 15 cm 이상

㉰ 절연 조치를 하지 않은 전선, 단열 조치를 하지 않은 굴뚝 : 15 cm 이상

㉱ 절연 전선 : 10 cm 이상

③ **배관의 고정 장치** : 배관과 고정 장치 사이에는 절연 조치를 할 것

㈎ 호칭 지름 13 mm 미만 : 1 m마다

㈏ 호칭 지름 13 mm 이상 33 mm 미만 : 2 m마다

㈐ 호칭 지름 33 mm 이상 : 3 m마다

㈑ 호칭 지름 100 mm 이상의 것에는 적절한 방법에 따라 3 m를 초과하여 설치할 수 있다.

호칭 지름	지지 간격	호칭 지름	지지 간격
100 A	8 m	400 A	19 m
150 A	10 m	500 A	22 m
200 A	12 m	600 A	25 m
300 A	16 m		

④ 배관 도색 및 표시
　㈎ 배관 외부에 표시 사항 : 사용 가스명, 최고 사용 압력, 가스 흐름 방향(매설관 제외)
　㈏ 지상 배관 : 황색
　㈐ 지하 매설 배관 : 중압 이상 – 붉은색, 저압 – 황색
　㈑ 건축물 내, 외벽에 노출된 배관 : 바닥에서 1 m 높이에 폭 3 cm의 황색 띠를 2중으로 표시한 경우 황색으로 하지 아니할 수 있음
⑤ 가스용 폴리에틸렌관은 노출 배관용으로 사용하지 아니할 것(단, 지상 배관과 연결을 위하여 금속관으로 보호 조치를 한 경우 지면에서 30 cm 이하로 노출하여 시공할 수 있음)

단원 예상문제

1. 가스 미터의 설치 장소로서 가장 부적당한 곳은? [14]
① 통풍이 양호한 곳
② 전기 공작물 주변의 직사광선이 비치는 곳
③ 가능한 한 배관의 길이가 짧고 꺾이지 않는 곳
④ 화기와 습기에서 멀리 떨어져 있고 청결하며 진동이 없는 곳

[해설] 가스계량기 설치 제한
　㈎ 공동 주택의 대피 공간, 방, 거실 및 주방 등으로서 사람이 거처하는 곳
　㈏ 진동의 영향을 받는 장소
　㈐ 석유류 등 위험물을 저장하는 장소
　㈑ 수전실, 변전실 등 고압 전기 설비가 있는 장소

2. 도시가스 사용 시설 중 가스계량기와 다음 설비와의 안전거리의 기준으로 옳은 것은? [13]
① 전기 계량기와는 60 cm 이상
② 전기 접속기와는 60 cm 이상
③ 전기 점멸기와는 60 cm 이상
④ 절연 조치를 하지 않는 전선과는 30 cm 이상

정답 1. ② 2. ①

[해설] 가스 계량기와 안전거리 기준
㉮ 전기 계량기, 전기 개폐기 : 60 cm 이상
㉯ 단열 조치를 하지 않은 굴뚝, 전기 점멸기, 전기 접속기 : 30 cm 이상
㉰ 절연 조치를 하지 않은 전선 : 15 cm 이상

3. 도시가스 사용 시설에서 입상관과 화기 사이에 유지하여야 하는 거리는 우회 거리 몇 m 이상인가? [12]
① 1 m
② 2 m
③ 3 m
④ 5 m

[해설] 입상관은 화기(그 시설에 사용되는 자체 화기를 제외한다)와 2 m 이상의 우회 거리를 유지하여야 한다.

4. 도시가스 사용 시설에서 입상관의 밸브는 바닥으로부터 몇 m 범위로 설치하여야 하는가? [08]
① 1 m 이상, 1.5 m 이내
② 1.6 m 이상, 2 m 이내
③ 1 m 이상, 2 m 이내
④ 1.5 m 이상, 3 m 이내

[해설] 도시가스 사용 시설 입상관은 환기가 양호한 장소에 설치하며 입상관의 밸브는 바닥으로부터 1.6 m 이상, 2 m 이내에 설치한다.
「참고」 1.6 m 이상 2 m 이내에 설치하지 못할 경우 기준 〈개정 16. 6. 16〉
㉮ 입상관 밸브를 1.6 m 미만으로 설치 시 보호상자 안에 설치한다. 〈신설 16. 6. 16〉
㉯ 입상관 밸브를 2.0 m 초과하여 설치할 경우 기준 〈신설 16. 6. 16〉
ⓐ 입상관 밸브 차단을 위한 전용 계단을 견고하게 고정, 설치한다.
ⓑ 원격으로 차단이 가능한 전동 밸브를 설치한다. 이 경우 차단 장치의 제어부는 바닥으로부터 1.6 m 이상 2.0 m 이내에 설치하며, 전동 밸브 및 제어부는 빗물을 받을 우려가 없도록 조치한다.

5. 도시가스 사용 시설에서 배관을 지하에 매설하는 경우에는 지면으로부터 몇 m 이상의 거리를 유지해야 하는가? [02]
① 0.3 m
② 0.6 m
③ 1 m
④ 1.2 m

[해설] 도시가스 사용 시설의 배관을 지하에 매설하는 경우에는 지면으로부터 0.6 m 이상의 거리를 유지한다.

정답 3. ② 4. ② 5. ②

6. 건축물 안에 매설할 수 없는 도시가스 배관의 재료는? [13]
　① 스테인리스 강관　　　　　　　② 동관
　③ 가스용 금속 플렉시블 호스　　④ 가스용 탄소강관

　[해설] 실내에 배관 설치 기준
　　㉮ 건축물 안의 배관은 노출하여 시공할 것(단, 스테인리스강, 보호 조치를 한 동관, 가스용 금속 플렉시블 호스를 이음매 없이 설치하는 경우 매설할 수 있음)
　　㉯ 환기가 잘되지 아니하는 천정, 벽, 바닥, 공동구 등에는 설치하지 아니할 것

7. 도시가스 사용 시설에서 배관 이음부와 전기 점멸기, 전기 접속기와는 몇 cm 이상의 거리를 유지해야 하는가? [15]
　① 10 cm　　② 15 cm　　③ 30 cm　　④ 40 cm

　[해설] 도시가스 배관 이음부와 거리
　　(1) 도시가스 사용 시설
　　　㉮ 전기 계량기, 전기 개폐기 : 60 cm 이상
　　　㉯ 전기 점멸기, 전기 접속기 : 15 cm 이상
　　　㉰ 절연 조치를 하지 않은 전선, 단열 조치를 하지 않은 굴뚝 : 15 cm 이상
　　　㉱ 절연 전선 : 10 cm 이상
　　(2) 일반 도시가스 사업
　　　㉮ 전기 계량기, 전기 개폐기 : 60 cm 이상
　　　㉯ 전기 점멸기, 전기 접속기 : 30 cm 이상
　　　㉰ 절연 조치를 하지 않은 전선, 단열 조치를 하지 않은 굴뚝 : 15 cm 이상
　　　㉱ 절연 전선 : 10 cm 이상

8. 도시가스 사용 시설에서 배관의 호칭 지름이 25 mm인 배관은 몇 m 간격으로 고정하여야 하는가? [13]
　① 1 m마다　　② 2 m마다　　③ 3 m마다　　④ 4 m마다

　[해설] 배관 고정장치 설치 기준
　　㉮ 호칭 지름 13 mm 미만 : 1 m마다
　　㉯ 호칭 지름 13 mm 이상 33 mm 미만 : 2 m마다
　　㉰ 호칭 지름 33 mm 이상 : 3 m마다
　　㉱ 호칭 지름 100 mm 이상의 것에는 적절한 방법에 따라 3 m를 초과하여 설치할 수 있다.

9. 도시가스 사용 시설의 노출 배관에 의무적으로 표시하여야 하는 사항이 아닌 것은? [09]
　① 최고 사용 압력　② 가스 흐름 방향　③ 사용 가스명　④ 공급자명

　[해설] 배관 외부에 사용 가스명, 최고 사용 압력 및 가스 흐름 방향을 표시할 것, 다만, 지하에 매설하는 배관의 경우에는 흐름 방향을 표시하지 아니할 수 있다.

정답 6. ④　7. ②　8. ②　9. ④

10. 가스 누출 자동 차단장치의 검지부 설치 금지 장소에 해당하지 않는 것은? [13]
① 출입구 부근 등으로서 외부의 기류가 통하는 곳
② 가스가 체류하기 좋은 곳
③ 환기구 등 공기가 들어오는 곳으로부터 1.5 m 이내의 곳
④ 연소기의 폐가스에 접촉하기 쉬운 곳

[해설] 검지부 설치 금지 장소
 ㉮ 출입구 부근 등으로서 외부 기류가 통하는 곳
 ㉯ 환기구 등 공기가 들어오는 곳으로부터 1.5 m 이내의 곳
 ㉰ 연소기의 폐가스가 접촉하기 쉬운 곳
 ※ ②항은 검지부를 설치하여야 하는 장소에 해당

[정답] 10. ②

2 연소기

(1) 가스보일러와 온수기 설치 기준
① 목욕탕이나 환기가 잘되지 않는 곳에 설치하지 아니할 것
② 가스보일러는 전용 보일러실에 설치할 것
③ **배기통의 재료** : 스테인리스 강판, 배기가스 및 응축수에 내열성, 내식성이 있는 것
④ 가스보일러에는 시공 표지판을 부착할 것
⑤ 가스보일러를 설치, 시공한 자는 시공 확인서를 작성하여 5년간 보존할 것

(2) 연소기 설치
호스 길이는 3 m 이내, "T"형으로 연결 금지

(3) 내압시험 및 기밀시험
① 내압시험(중압 이상 배관) : 최고 사용 압력의 1.5배 이상
② 기밀시험 : 최고 사용 압력의 1.1배 또는 8.4 kPa 중 높은 압력 이상

(4) 월 사용 예정량 산정 기준
$$Q = \frac{(A \times 240) + (B \times 90)}{11000}$$

여기서, Q : 월 사용 예정량(m^3)
 A : 산업용으로 사용하는 연소기의 명판에 적힌 가스 소비량의 합계(kcal/h)
 B : 산업용이 아닌 연소기의 명판에 적힌 가스 소비량의 합계(kcal/h)

단원 예상문제

1. 도시가스 사용 시설 중 호스의 길이는 몇 m 이내로 하여야 하는가? [04, 06]
① 1 ② 2 ③ 3 ④ 4

[해설] 호스의 길이는 연소기까지 3 m 이내로 하되, 호스는 "T"형으로 연결하지 아니한다.

2. 도시가스 사용 시설(연소기 제외) 기밀시험 압력은? [04, 07]
① 최고 사용 압력의 1.1배 또는 8.4 kPa 중 높은 압력이상
② 최고 사용 압력의 1.5배 또는 8.4 kPa 중 높은 압력이상
③ 최고 사용 압력의 1.2배 또는 8.4 kPa 중 높은 압력이상
④ 최고 사용 압력의 2배 또는 8.4 kPa 중 높은 압력이상

[해설] 가스 사용 시설 기밀시험 압력
㉮ LPG 사용 시설 : 8.4 kPa 이상
㉯ 도시가스 사용 시설 : 최고 사용 압력의 1.1배 또는 8.4 kPa 중 높은 압력이상

3. 도시가스 사용 시설인 배관의 내용적이 10 L 초과 50 L 이하일 때 기밀시험 압력 유지시간은 얼마인가? [11]
① 5분 이상 ② 10분 이상 ③ 24분 이상 ④ 30분 이상

[해설] 배관(내관) 내용적에 따른 기밀시험 유지 시간

배관 내용적	시험압력 유지 시간
10 L 이하	5분 이상
10 L 초과 50 L 이하	10분 이상
50 L 초과	24분 이상

4. 도시가스 사용 시설의 월 사용 예정량(m^3) 산출식으로 올바른 것은? (단, A는 산업용으로 사용하는 연소기의 명판에 기재된 가스 소비량의 합계(kcal/h), B는 산업용이 아닌 연소기의 명판에 기재된 가스 소비량의 합계(kcal/h)이다.) [07]
① {(A×240)+(B×90)} /11000
② {(A×240)+(B×90)} /10500
③ {(A×220)+(B×80)} /11000
④ {(A×220)+(B×80)} /10500

[해설] 월 사용 예정량 산정식
$$Q = \frac{(A \times 240) + (B \times 90)}{11000}$$
여기서, Q : 월 사용 예정량(m^3)
A : 산업용으로 사용하는 연소기의 명판에 적힌 가스 소비량의 합계(kcal/h)
B : 산업용이 아닌 연소기의 명판에 적힌 가스 소비량의 합계(kcal/h)

정답 1. ③ 2. ① 3. ② 4. ①

5. 가스보일러의 본체에 표시된 가스 소비량이 100000 kcal/h이고, 버너에 표시된 가스 소비량이 120000 kcal/h일 때 도시가스 소비량 산정은 얼마를 기준으로 하는가? [16]
① 100000 kcal/h   ② 105000 kcal/h   ③ 110000 kcal/h   ④ 120000 kcal/h

[해설] 도시가스 소비량 산정(가스 소비량 합계) : 가스보일러 본체에 표시된 소비량과 버너에 표시된 소비량이 다를 경우에는 보일러 본체에 표시된 소비량으로 한다.

[정답] 5. ①

3-5 도시가스의 측정

(1) 도시가스의 품질 유지

① **품질 기준 항목(도법 제25조)** : 연소성, 열량, 유해 성분, 냄새가 나는 물질 농도

② **도시가스 품질 검사 기준** : 도법 제25조 및 통합 고시

   (가) 열량 : 도법 제20조 제1항에 따라 산업 통상 자원부 장관 또는 시·지사의 승인을 받은 공급 규정에서 정하는 열량(MJ/m^3)

   (나) 웨버 지수 : $52.75 \sim 57.77\,MJ/m^3$($12600 \sim 13800\,kcal/m^3$)

   (다) 황화수소 : $1.0\,mg/m^3$

   (라) 전 유황 : $30\,mg/m^3$ 이하

   (마) 부취 농도 : $4 \sim 30\,mg/m^3$(TBM+THT), $3 \sim 13$(MES+DMS+TBM+THT)

   (바) 이산화탄소 : 2.5 mol-% 이하

   (사) 산소 : 0.03 mol-% 이하(LPG+Air : 10 이하)

   (아) 질소 : 1.0 mol-% 이하(LPG+Air : 35 이하)

   (자) 탄화수소 이슬점 : $-5℃$ 이하, up to 7 MPa

   (차) 수분 이슬점 : $-12℃$ 이하

   (카) 암모니아 : 검출되지 않음

   (타) 할로겐 총량 : $10\,mg/m^3$ 이하

   (파) 실록산 : $10\,mg/m^3$ 이하

   (하) 기타(수소, 아르곤, 일산화탄소 등) : 1.0 mol-% 이하

(2) 웨버 지수

$$WI = \frac{H_g}{\sqrt{d}}$$

여기서, H_g : 도시가스의 총발열량(kcal/m³)
d : 도시가스의 비중

단원 예상문제

1. 도시가스 품질 검사 시 가장 많이 사용되는 검사 방법은? [12, 14]
① 원자 흡광 광도법
② 가스 크로마토그래피법
③ 자외선, 적외선 흡수 분광법
④ ICP법

[해설] 도시가스 품질 검사(도법 제25조 및 통합 고시) : 열량 및 웨버 지수의 계산 시 성분 분석, 황화수소, 전 유황, 부취 농도, 이산화탄소, 산소, 질소 등의 성분 분석을 할 때 가스 크로마토그래피 분석 장치를 이용한다.

2. 도시가스 품질 검사 시 허용 기준 중 틀린 것은? [13]
① 전 유황 : 30 mg/m³ 이하
② 암모니아 : 10 mg/m³ 이하
③ 할로겐 총량 : 10 mg/m³ 이하
④ 실록산 : 10 mg/m³ 이하

[해설] 도시가스 품질 검사 시 암모니아는 검출되지 않아야 함

3. 다음 중 웨버 지수의 산식을 옳게 나타낸 것은? (단, H_g : 도시가스의 총발열량, d : 도시가스의 공기에 대한 비중을 나타낸다.) [02, 07]
① $WI = \dfrac{H_g}{\sqrt{d}}$
② $WI = \dfrac{\sqrt{H_g}}{d}$
③ $WI = 1 - \dfrac{H_g}{\sqrt{d}}$
④ $WI = 1 + \dfrac{H_g}{\sqrt{d}}$

4. 도시가스 총발열량이 10400 kcal/m³, 공기에 대한 비중이 0.55일 때 웨버 지수는 얼마인가? [09]
① 11023
② 12023
③ 13023
④ 14023

[해설] $WI = \dfrac{H_g}{\sqrt{d}} = \dfrac{10400}{\sqrt{0.55}} = 14023.357$

5. 어떤 도시가스의 발열량이 15000 kcal/Sm³일 때 웨버 지수는 얼마인가? (단, 가스의 비중은 0.5로 한다.) [13]
① 12121
② 20000
③ 21213
④ 30000

[해설] $WI = \dfrac{H_g}{\sqrt{d}} = \dfrac{15000}{\sqrt{0.5}} = 21213.203$

정답 1. ② 2. ② 3. ① 4. ④ 5. ③

제 2 편

가스시설 유지관리

1. LP 가스 및 도시가스 설비
2. 압축기 및 펌프
3. 저온 장치
4. 가스 설비
5. 가스 계측 기기

제1장 | LP 가스 및 도시가스 설비

1-1　LP 가스 설비

1 LP 가스의 이입·충전 방법

(1) 차압에 의한 방법

펌프 등을 사용하지 않고 압력차를 이용하는 방법(탱크로리 > 저장 탱크)

(2) 액펌프에 의한 방법

　① 기상부에 균압관이 없는 경우

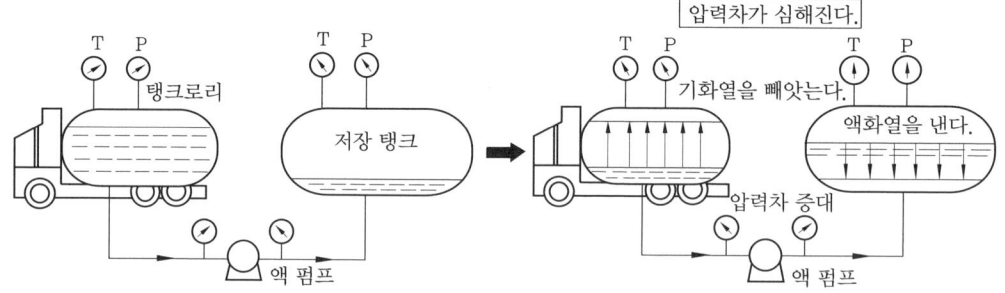

액 펌프에 의한 이입·충전 방법(균압관이 없는 경우)

　② 기상부에 균압관이 있는 경우

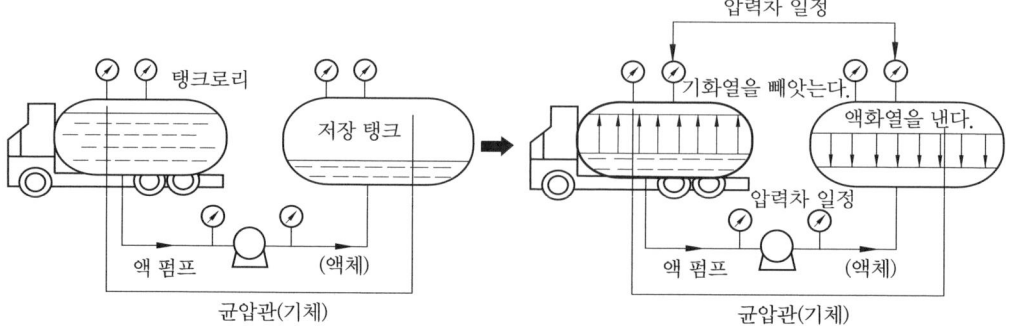

액 펌프에 의한 이입·충전 방법(균압관이 있는 경우)

③ 장점
  ㈎ 재액화 현상이 없다.
  ㈏ 드레인 현상이 없다.
④ 단점
  ㈎ 충전 시간이 길다.
  ㈏ 잔 가스 회수가 불가능하다.
  ㈐ 베이퍼 로크 현상이 일어나 누설의 원인이 된다.
⑤ **펌프의 종류** : 원심 펌프, 기어 펌프(gear pump), 베인 펌프(vane pump)

(3) 압축기에 의한 방법

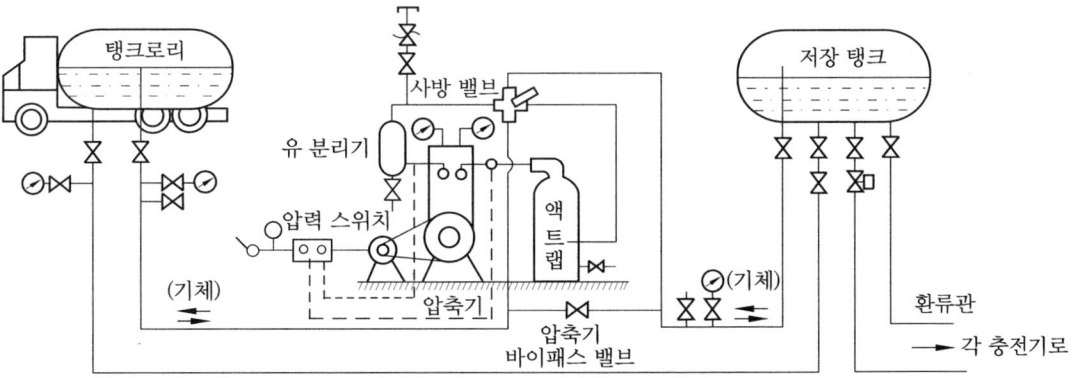

압축기에 의한 이입·충전 방법

① 장점
  ㈎ 펌프에 비해 이송 시간이 짧다.
  ㈏ 잔 가스 회수가 가능하다.
  ㈐ 베이퍼 로크(vapor lock) 현상이 없다.
② 단점
  ㈎ 부탄의 경우 재액화 현상이 일어난다.
  ㈏ 압축기 오일이 유입되어 드레인의 원인이 된다.
③ 부속 기기
  ㈎ 액 트랩(liquid trap, 액 분리기) : 압축기 흡입 측에 설치하여 액 압축을 방지
  ㈏ 자동정지 장치 : 흡입, 토출 압력이 설정 압력 이상 또는 이하로 되었을 때 운전을 정지시켜 압축기를 보호한다

㉰ 사방 밸브(4-way valve) : 압축기 흡입 측과 토출 측을 전환하여 액 이송과 가스 회수를 동시에 할 수 있다.
㉱ 유 분리기 : 압축기 토출 측에 설치하여 오일(윤활유)을 분리한다.

(4) 이입·충전 작업을 중단해야 하는 경우
① 과충전이 되는 경우
② 충전 작업 중 주변에서 화재 발생 시
③ 탱크로리와 저장 탱크를 연결한 호스 등에서 누설이 되는 경우
④ 압축기 사용 시 워터 해머(액 압축)가 발생하는 경우
⑤ 펌프 사용 시 액 배관 내에서 베이퍼 로크가 심한 경우

✔ 단원 예상문제

1. 액화석유가스(LPG) 이송 방법과 관련이 먼 것은? [11]
① 압력차에 의한 방법
② 온도차에 의한 방법
③ 펌프에 의한 방법
④ 압축기에 의한 방법

[해설] LPG 이입·충전 방법
㉮ 차압(압력차)에 의한 방법
㉯ 펌프에 의한 방법
㉰ 압축기에 의한 방법

2. 액화석유가스를 이송하는 방법에는 압축기를 사용하는 경우와 액송 펌프를 사용하는 경우가 있다. 액송 펌프를 사용하는 경우의 단점이 아닌 것은?
① 충전 시간이 길다.
② 베이퍼 로크 등의 이상이 있다.
③ 저온에서 부탄이 재액화될 수 있다.
④ 탱크로리 내의 잔 가스 회수가 불가능하다.

[해설] 펌프에 의한 이송 방법 특징
㉮ 재액화 현상이 없다.
㉯ 드레인 현상이 없다.
㉰ 충전 시간이 길다.
㉱ 잔 가스 회수가 불가능하다.
㉲ 베이퍼 로크 현상이 발생한다.

정답 1. ② 2. ③

3. LP 가스 이송 설비 중 압축기에 의한 이송 방식에 대한 설명으로 틀린 것은 무엇인가? [06, 08, 11, 16]
① 베이퍼 로크 현상이 없다.
② 잔 가스 회수가 용이하다.
③ 펌프에 비해 이송 시간이 짧다.
④ 저온에서 부탄가스가 재액화되지 않는다.

[해설] 압축기에 의한 이송 방법 특징
㉮ 펌프에 비해 이송 시간이 짧다.
㉯ 잔 가스 회수가 가능하다.
㉰ 베이퍼 로크 현상이 없다.
㉱ 부탄의 경우 재액화 현상이 일어난다.
㉲ 압축기 오일이 유입되어 드레인의 원인이 된다.

4. LP 가스 이송 설비 중 압축기의 부속 장치로서 토출 측과 흡입 측을 전환시키며 액 이송과 가스 회수를 한 동작으로 조작이 용이한 것은 어느 것인가? [02, 14]
① 액 트랩   ② 액가스 분리기
③ 전자 밸브   ④ 사로 밸브

[해설] 사로 밸브 : 4-way valve, 사방 밸브라 하며 압축기 흡입 측과 토출 측을 전환하여 액 이송과 가스 회수를 한 동작으로 할 수 있다.

5. 다음 탱크로리 충전 작업 중 작업을 중단해야 하는 경우가 아닌 것은? [06]
① 탱크 상부로 충전 시   ② 과충전 시
③ 누설 시   ④ 안전밸브 작동 시

[해설] 안전밸브가 작동되는 경우는 과충전되어 압력이 상승하였기 때문이다.

정답 3. ④   4. ④   5. ①

2 LP 가스 수송 및 저장

(1) 수송 방법

① **용기에 의한 방법** : 충전 용기 자체가 저장 설비로 이용될 수 있고 소량 수송의 경우 편리하지만, 수송비가 많이 소요되고 취급 부주의로 사고 위험성이 높다.

② **탱크로리에 의한 방법** : 기동성이 있어 장·단거리에 적합하고 다량 수송이 가능하지만 탱크로리의 탱크가 필요하다.

③ **철도 차량에 의항 방법** : 철도에 부설된 유조차로 한 번에 대량 수송이 가능하다.

④ **유조선에 의한 방법** : 해상 수입 설비가 있는 공급 기지나 대량 소비자에게 수송하는 경우에 사용되는 방법이다.
⑤ 파이프라인(pipeline)에 의한 방법

(2) 저장 방법

① **용기에 의한 저장** : 가스 소비량이 적은 경우 충전 용기를 여러 개 설치하여 자연 기화 방법, 강제 기화에 의해서 사용한다.
② **횡형 원통형 탱크에 의한 저장** : 대량으로 사용하는 곳에 적당하다.
③ **구형 탱크에 의한 저장** : 소비량이 수백 톤 이상인 대량 소비처에 적당하다.

✔ 단원 예상문제

1. LP 가스를 용기에 의해 수송할 때의 설명으로 틀린 것은? [06]
① 용기 자체가 저장 설비로 이용될 수 있다.
② 소량 수송의 경우 편리한 점이 많다.
③ 취급 부주의로 인한 사고의 위험 등이 수반된다.
④ 용기의 내용적을 모두 채울 수 있어 가스의 누설이 전혀 발생되지 않는다.
[해설] 용기에 안전 공간을 확보하여 액팽창에 의한 용기 파열을 방지하여야 한다.

2. 기동성이 있어 장·단거리 어느 쪽에도 적합하고 용기에 비해 다량 수송이 가능한 방법은? [06]
① 용기에 의한 방법   ② 탱크로리에 의한 방법
③ 철도 차량에 의한 방법   ④ 유조선에 의한 방법
[해설] 탱크로리에 의한 방법 : 기동성이 있어 장·단거리에 적합하고 다량 수송이 가능하다.

정답 1. ④ 2. ②

---

3 LP 가스 공급 설비

(1) 자연 기화 방식

용기 내의 LP 가스가 대기 중의 열을 흡수하여 기화하는 방식으로 기화 능력에 한계가 있고 가스 조성 및 발열량의 변화가 크다.

(2) 강제 기화 방식

기화 장치를 이용하여 공급하는 방법이다.

① **생가스 공급 방식** : 기화된 가스 그대로 공급하는 방법이다.

② **공기 혼합가스 공급 방식** : 기화된 LP 가스에 일정량의 공기를 혼합하여 공급하는 방법으로 다음과 같은 특징이 있다.

　㈎ 발열량 조절

　㈏ 재액화 방지

　㈐ 누설 시 손실 감소

　㈑ 연소 효율 증대

③ **변성 가스 공급 방식** : 부탄을 고온의 촉매를 이용하여 메탄, 수소, 일산화탄소 등의 가스로 변성시켜 공급하는 방법이다.

✔ 단원 예상문제

1. LP 가스 공급 방식 중 자연 기화 방식의 특징에 대한 설명으로 틀린 것은? [14]
① 기화 능력이 좋아 대량 소비 시에 적당하다.
② 가스 조성의 변화량이 크다.
③ 설비 장소가 크게 된다.
④ 발열량의 변화량이 크다.

[해설] 자연 기화 방식 : 용기 내의 LP 가스가 대기 중의 열을 흡수하여 기화하는 방식으로 기화 능력에 한계가 있다.

2. 기화기, 혼합기(믹서)에 의해서 기화한 부탄에 공기를 혼합하여 만들어지며, 부탄을 다량 소비하는 경우에 적합한 공급 방식은? [08]
① 생가스 공급 방식
② 공기 혼합 공급 방식
③ 자연 기화 공급 방식
④ 변성 가스 공급 방식

[해설] 공기 혼합가스 공급 방식 : 기화된 LP 가스에 일정량의 공기를 혼합하여 공급하는 방법이다.

정답 1. ① 2. ②

4 LP 가스 사용 설비

(1) LPG 충전 용기
① 탄소강으로 제작하며 용접 용기이다.
② 용기 재질은 사용 중 견딜 수 있는 연성, 전성, 강도가 있어야 한다.
③ 내식성, 내마모성이 있어야 한다.
④ 안전밸브는 스프링식을 부착한다.
⑤ 충전량 계산식

$$G = \frac{V}{C}$$

여기서, G : 충전 질량(kg)
V : 용기 내용적(L)
C : 충전 상수(C_3H_8 : 2.35, C_4H_{10} : 2.05)

단원 예상문제

1. LP 가스 용기의 재질로 가장 적당한 것은? [07, 09]
① 주철　　　② 탄소강　　　③ 알루미늄　　　④ 두랄루민
[해설] LPG 용기는 탄소강으로 용접 용기로 제조한다.

2. LP 가스 용기로서 갖추어야 할 조건으로 틀린 것은? [08]
① 사용 중에 견딜 수 있는 연성, 인장 강도가 있을 것
② 충분한 내식성, 내마모성이 있을 것
③ 완성된 용기는 균열, 뒤틀림, 찌그러짐 기타 해로운 결함이 없을 것
④ 중량이면서 충분한 강도를 가질 것
[해설] 가볍고(경량) 충분한 강도를 가질 것

3. 내용적 94 L인 액화 프로판 용기의 저장 능력은 몇 kg인가?(단, 충전 상수 C는 2.35이다.) [07, 13]
① 20　　　② 40　　　③ 60　　　④ 80
[해설] $G = \frac{V}{C} = \frac{94}{2.35} = 40 \text{ kg}$

정답 1. ②　2. ④　3. ②

4. 20 kg LPG 용기의 내용적은 몇 L인가? (단, 충전 상수 C는 2.35이다.) [16]
① 8.51   ② 20
③ 42.3   ④ 47

[해설] $G = \dfrac{V}{C}$ 에서

∴ $V = C \times G = 2.35 \times 20 = 47 \, \text{L}$

정답 **4.** ④

(2) 조정기(調整器 : reguator)

① 기능 : 유출 압력 조절로 안정된 연소를 도모하고, 소비가 중단되면 가스를 차단한다.

② 구조

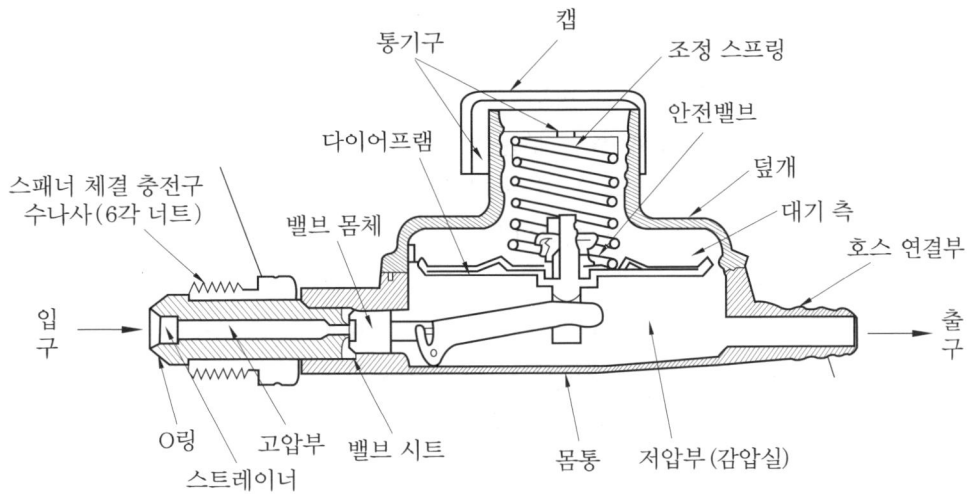

조정기의 구조

③ 조정기의 종류 및 특징

㈎ 단단 감압식 조정기

㉮ 저압 조정기 : 가정, 소규모 소비지에서 조정기 1개로 감압하여 사용한다.

㉯ 준저압 조정기 : 식당 등에서 다량으로 소비할 때 조정기 1개로 5~30 kPa로 감압하여 사용한다.

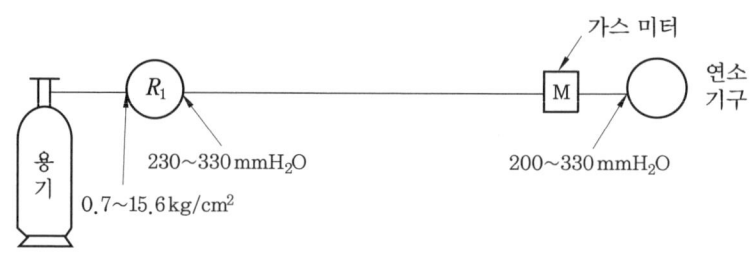

단단 감압식 저압 조정기

  ㉰ 장점 : 장치가 간단하고, 조작이 간단하다.
  ㉱ 단점 : 배관 지름이 커야 하고, 최종 압력이 부정확하다.
 ㈏ 2단 감압식 조정기 : 1차 조정기와 2차 조정기를 사용하여 가스를 공급한다.
  ㉮ 장점
   ⓐ 입상 배관에 의한 압력 손실을 보정할 수 있다.
   ⓑ 가스 배관이 길어도 공급 압력이 안정된다.
   ⓒ 각 연소 기구에 알맞은 압력으로 공급이 가능하다.
   ⓓ 중간 배관의 지름이 작아도 된다.
  ㉯ 단점
   ⓐ 설비가 복잡하고, 검사 방법이 복잡하다.
   ⓑ 조정기 수가 많아서 점검 부분이 많다.
   ⓒ 부탄의 경우 재액화의 우려가 있다.
   ⓓ 시설의 압력이 높아서 이음 방식에 주의하여야 한다.
 ㈐ 자동 교체식 조정기
  ㉮ 분리형 : 2단 감압 방식이며 2단 1차 기능과 자동 교체 기능을 동시에 발휘한다.
  ㉯ 일체형 : 2차 측 조정기 1개로서 각 연소 기구의 사용 압력을 일체로 조정해 준다.
  ㉰ 자동 교체식 조정기 사용 시 장점
   ⓐ 전체 용기 수량이 수동 교체식의 경우보다 적어도 된다.
   ⓑ 잔액이 거의 없어질 때까지 소비된다.
   ⓒ 용기 교환 주기의 폭을 넓힐 수 있다.
   ⓓ 분리형을 사용하면 배관의 압력 손실을 크게 해도 된다.

④ **조정기의 성능** : 조정 압력 3.3 kPa 이하인 조정기
 ㈎ 조정 압력 : 2.3~3.3 kPa
 ㈏ 폐쇄 압력 : 3.5 kPa 이하
 ㈐ 안전장치 작동 압력
  ㉮ 표준 압력 : 7.0 kPa

㈏ 작동 개시압력 : 5.6~8.4 kPa
㈐ 작동 정지압력 : 5.04~8.4 kPa
⑤ 조정기 용량 : 총가스 소비량의 1.5배 이상

단원 예상문제

1. 액화석유가스의 용기에 사용되고 있는 조정기는 어떤 일을 하는가? [03, 08]
① 유출 압력을 조정한다.　② 유속을 조정한다.
③ 유량을 조정한다.　④ 밀도를 조정한다.
[해설] 조정기의 역할 : 유출 압력 조절로 안정된 연소를 도모하고, 소비가 중단되면 가스를 차단한다.

2. 2단 감압 조정기 사용 시의 장점에 대한 설명으로 가장 거리가 먼 것은? [07]
① 공급 압력이 안정하다.
② 용기 교환 주기의 폭을 넓힐 수 있다.
③ 중간 배관이 가늘어도 된다.
④ 입상에 의한 압력 손실을 보정할 수 있다.
[해설] 용기 교환 주기의 폭을 넓힐 수 있는 것은 자동 교체식 조정기의 장점에 해당된다.

3. LP 가스의 자동 교체식 조정기 설치 시의 장점에 대한 설명 중 틀린 것은? [16]
① 도관의 압력 손실을 적게 해야 한다.
② 용기 숫자가 수동식보다 적어도 된다.
③ 용기 교환 주기의 폭을 넓힐 수 있다.
④ 잔액이 거의 없어질 때까지 소비가 가능하다.
[해설] 자동 교체식 분리형을 사용하면 배관(도관)의 압력 손실을 크게 해도 된다.

4. 조정 압력이 2.8 kPa인 액화석유가스 압력 조정기의 안전장치 작동 표준압력은? [16]
① 5.0 kPa　② 6.0 kPa
③ 7.0 kPa　④ 8.0 kPa
[해설] 조정 압력 3.3 kPa 이하인 압력 조정기 안전장치 압력
㈎ 작동 표준압력 : 7 kPa
㈏ 작동 개시압력 : 5.6~8.4 kPa
㈐ 작동 정지압력 : 5.04~8.4 kPa

정답 1. ①　2. ②　3. ①　4. ③

5. LPG 조정기의 규격 용량은 총가스 소비량의 몇 % 이상의 규격 용량을 가져야 하는가?
① 110 % ② 120 %
③ 130 % ④ 150 %

해설 조정기 용량 : 총가스 소비량의 1.5배(150 %) 이상

정답 5. ④

(3) 기화기(vaporizer)

① 구성 3요소 : 기화부, 제어부, 조압부
② 기화 장치 구조

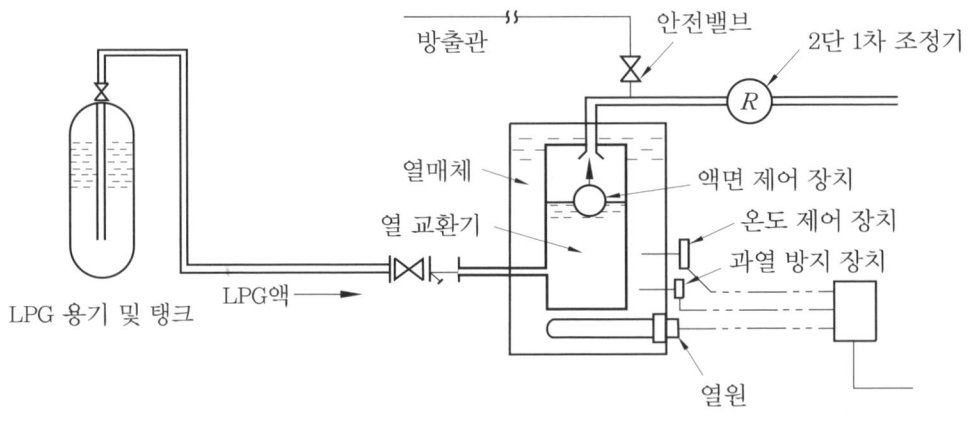

기화기 구조도

   (가) 열 교환기 : 액체 상태의 LP 가스를 열교환에 의해 가스화시키는 부분
   (나) 온도 제어 장치 : 열매체 온도를 일정 범위 내에 보존하기 위한 장치
   (다) 과열 방지 장치 : 열매체 온도가 이상 상승하였을 때 입열을 차단시키는 장치
   (라) 액면 제어 장치 : 액체 상태의 LP 가스가 유출되는 것을 방지하는 장치
   (마) 압력 조정기 : 기화된 LP 가스를 사용 압력으로 조정하는 장치
   (바) 안전밸브 : 기화기 내부 압력이 상승하였을 때 가스압을 외부로 방출하는 장치

③ 기화기 사용 시 장점
   (가) 한랭 시에도 연속적으로 가스 공급이 가능하다.
   (나) 공급 가스의 조성이 일정하다.
   (다) 설치 면적이 적어진다.

⒭ 기화량을 가감할 수 있다.
⒮ 설비비 및 인건비가 절약된다.

단원 예상문제

1. 기화기를 구성하는 주요 설비가 아닌 것은?
① 열 교환기
② 액유출 방지 장치
③ 열매 이송 장치
④ 열매 온도 제어 장치

[해설] 기화기 구성 요소 : 열 교환기, 열매 온도 제어 장치, 과열 방지 장치, 액면 제어 장치, 압력 조정기, 안전밸브

2. LPG 기화 장치의 작동 원리에 따른 구분으로 저온의 액화 가스를 조정기를 통하여 감압한 후 열 교환기에 공급해 강제 기화시켜 공급하는 방식은? [16]
① 해수 가열 방식
② 가온 감압 방식
③ 감압 가열 방식
④ 중간 매체 방식

[해설] 작동 원리에 따른 기화 장치 구분
 ㉮ 가온 감압 방식 : 열 교환기에 액체 상태의 LP 가스를 보내 여기서 기화된 가스를 조정기에 의해 감압하여 공급하는 방식
 ㉯ 감압 가열 방식 : 액체 상태의 LP 가스를 액체 조정기를 통하여 감압하여 열 교환기에 공급해 온수 등으로 가열하여 기화시키는 방식

3. LP 가스 설비에서 기화기 사용 시 장점에 대한 설명으로 가장 거리가 먼 것은?
① 공급 가스 조성이 일정하다.
② 용기 압력을 가감 조절할 수 있다.
③ 한랭 시에도 충분히 기화된다.
④ 기화량을 가감 조절할 수 있다.

[해설] 용기 압력을 가감 조절할 수 있는 것은 압력 조정기이다.

[정답] 1. ③ 2. ③ 3. ②

(4) 배관 설비

① 가스 배관의 종류
 ㈎ 강관
  ㉮ 강관의 특징
   ⓐ 인장 강도가 크고, 내충격성이 크다.
   ⓑ 배관 작업이 용이하다.

ⓒ 비철 금속관에 비교하여 경제적이다.
ⓓ 부식으로 인한 배관 수명이 짧다.

㈏ 스케줄 번호(schedule number) : 사용 압력과 배관 재료의 허용 응력과의 비에 의하여 배관 두께의 체계를 표시한 것이다.

$$Sch\ No = 10 \times \frac{P}{S}$$

여기서, P : 사용 압력(kgf/cm^2)

S : 재료의 허용 응력(kgf/mm^2)

$\left(S = \dfrac{\text{인장 강도(kgf/mm}^2\text{)}}{\text{안전율}}\right)$ 안전율 : 4

㈏ 가스용 폴리에틸렌관(PE관 : polyethylene pipe) : 에틸렌을 중합시킨 열가소성 수지로 가열하면 경화가 되며, 더욱 가열하면 녹아 유동성을 갖는다.

㈐ 폴리에틸렌 피복 강관(PLP관) : 연료 가스 배관용 탄소강관(SPPG) 외면에 폴리에틸렌을 코팅하여 부식에 견딜 수 있게 한 것으로 매설 배관재로 사용된다.

② **배관 내의 압력 손실**

㈎ 마찰 저항에 의한 압력 손실

㉮ 유속의 2승에 비례한다(유속이 2배이면 압력 손실은 4배이다).
㉯ 관의 길이에 비례한다(길이가 2배이면 압력 손실은 2배이다).
㉰ 관 안지름의 5승에 반비례한다(지름이 1/2로 작아지면 압력 손실은 32배이다).
㉱ 관 내벽의 상태와 관계있다(내면의 상태가 거칠면 압력 손실이 커진다).
㉲ 유체의 점도와 관계있다(유체의 점도가 커지면 압력 손실이 커진다).
㉳ 압력과는 관계없다.

㈏ 입상 배관에 의한 압력 손실

$$H = 1.293(S-1)h$$

여기서, H : 가스의 압력 손실(mmH$_2$O) S : 가스의 비중
h : 입상 높이(m)

㉮ 가스 비중이 공기보다 작은 경우 "-" 값이 나오면 압력이 상승되는 것이다.
㉯ SI 단위

$$H = 1.293 \times (S-1) \times h \times 10^{-2} \text{(또는 } H = 1.293 \times (S-1) \times h \times g \times 10^{-3}\text{)}$$

여기서, H : 가스의 압력 손실(kPa) S : 가스의 비중
h : 입상 높이(m) g : 중력 가속도(9.8 m/s^2)

단원 예상문제

1. 가스관(강관)의 특징으로 틀린 것은? [08]
 ① 구리관보다 강도가 높고 충격에 강하다.
 ② 관의 치수가 큰 경우 구리관보다 비경제적이다.
 ③ 관의 접합 작업이 용이하다.
 ④ 연관이나 주철관에 비해 가볍다.
 [해설] 구리관(동관)보다 가격이 저렴하므로 경제적이다.

2. 강관의 스케줄 번호가 의미하는 것은? [03, 07]
 ① 파이프의 길이   ② 파이프의 바깥지름
 ③ 파이프의 무게   ④ 파이프의 두께
 [해설] 스케줄 번호(schedule number) : 사용 압력과 배관 재료의 허용 응력과의 비에 의하여 배관 두께의 체계를 표시한 것이다.

3. 사용 압력이 2 MPa, 관의 인장 강도가 20 kgf/mm²일 때의 스케줄 번호(Sch No)는? (단, 안전율은 4로 한다.) [14]
 ① 10   ② 20
 ③ 40   ④ 80
 [해설] $Sch\ No = 10 \times \dfrac{P}{S} = 10 \times \dfrac{2 \times 10}{\frac{20}{4}} = 40$
 ※ 1 MPa은 약 10 kgf/cm²에 해당됨

4. 상용의 온도에서 사용 압력이 1.2 MPa인 고압가스 설비에 사용되는 배관의 재료로서 부적합 것은? [05, 14]
 ① KS D 3562(압력 배관용 탄소강관)   ② KS D 3570(고온 배관용 탄소강관)
 ③ KS D 3507(배관용 탄소강관)   ④ KS D 3576(배관용 스테인리스 강관)
 [해설] KS D 3507(배관용 탄소강관 : SPP) : 사용 압력 1 MPa(10 kgf/cm²) 이하에 사용한다.

5. 고온 배관용 탄소강관의 KS 규격 기호는? [02, 08]
 ① SPPH   ② SPHT
 ③ SPLT   ④ SPPW
 [해설] 배관용 강관의 KS 기호

정답 1. ② 2. ④ 3. ③ 4. ③ 5. ②

KS 기호	배관 명칭
SPP	배관용 탄소강관
SPPS	압력 배관용 탄소강관
SPPH	고압 배관용 탄소강관
SPHT	고온 배관용 탄소강관
SPLT	저온 배관용 탄소강관
SPW	배관용 아크 용접 탄소강관
SPA	배관용 합금강관
STS×T	배관용 스테인리스 강관
SPPG	연료 가스 배관용 탄소강관

6. 관내를 흐르는 유체의 압력 강하에 대한 설명으로 틀린 것은? [13]

① 가스 비중에 비례한다.　　② 관 길이에 비례한다.
③ 관 안지름의 5승에 반비례한다.　　④ 압력에 비례한다.

[해설] 마찰 저항에 의한 압력 손실
　㉮ 유속의 2승에 비례한다.
　㉯ 관의 길이에 비례한다.
　㉰ 관 안지름의 5승에 반비례한다.
　㉱ 관 내벽의 상태와 관계있다(내면의 상태가 거칠면 압력 손실이 커진다).
　㉲ 유체의 점도와 관계있다(유체의 점도가 커지면 압력 손실이 커진다).
　㉳ 압력과는 관계없다.

7. C_3H_8 비중이 1.5라고 할 때 20 m 높이 옥상까지의 압력 손실은 약 몇 mmH_2O인가? [16]

① 12.9　　② 16.9　　③ 19.4　　④ 21.4

[해설] $H = 1.293(s-1)h$
$= 1.293 \times (1.5-1) \times 20 = 12.93\ mmH_2O$

8. 도시가스 배관이 10 m 수직 상승했을 경우 배관 내의 압력 상승은 얼마나 되겠는가? (단, 가스 비중은 0.65이다.) [02, 05]

① 4.52 mmAq　　② 6.52 mmAq
③ 8.75 mmAq　　④ 10.75 mmAq

[해설] $H = 1.293(S-1)h$
$= 1.293 \times (0.65-1) \times 10 = -4.525\ mmAq$
※ '−'값은 압력 상승을 의미함

정답　6. ④　7. ①　8. ①

9. 도시가스 배관이 10 m 수직 상승했을 경우 배관 내의 압력 상승은 약 몇 Pa이 되겠는가? (단, 가스의 비중은 0.65이다.) [08]

① 44　　② 64　　③ 86　　④ 105

[해설] $H = 1.293(S-1)h$
　　　　$= 1.293 \times (0.65-1) \times 10 \times 9.8 = -44.35$ Pa

[정답] 9. ①

(5) 연소 기구

① 연소 방식의 분류

㈎ 적화(赤化)식 : 연소에 필요한 공기를 2차 공기로 취하는 방식으로 역화와 소화음(消火音), 연소음이 없다. 공기 조절이 불필요하며, 가스압이 낮은 곳에서도 사용할 수 있다. 순간온수기, 파일럿 버너 등에 사용된다.

㈏ 분젠식 : 가스를 노즐로부터 분출시켜 주위의 공기를 1차 공기로 흡입하는 방식으로 연소 속도가 빠르고, 선화 현상 및 소화음, 연소음이 발생한다. 일반 가스 기구에 사용된다.

㈐ 세미분젠식 : 적화식과 분젠식의 혼합형으로 1차 공기량을 40% 미만 취하는 방식으로 역화의 위험이 적다.

㈑ 전1차 공기식 : 연소용 공기를 송풍기로 압입하여 가스와 강제 혼합하여 필요한 공기를 모두 1차 공기로 하여 연소하는 방식이다. 공업용 로 등에 사용된다.

② 연소 기구에서 발생하는 이상 현상

㈎ 역화(back fire) : 가스의 연소 속도가 염공에서의 가스 유출 속도보다 크게 됐을 때 불꽃은 염공에서 버너 내부에 침입하여 노즐의 선단에서 연소하는 현상으로 원인은 다음과 같다.

　㉮ 염공이 크게 되었을 때
　㉯ 노즐의 구멍이 너무 크게 된 경우
　㉰ 콕이 충분히 개방되지 않은 경우
　㉱ 가스의 공급 압력이 저하되었을 때
　㉲ 버너가 과열된 경우

㈏ 선화 : 염공에서의 가스의 유출 속도가 연소 속도보다 커서 염공에 접하여 연소하지 않고 염공을 떠나 공간에서 연소하는 현상으로 원인은 다음과 같다.

　㉮ 염공이 작아졌을 때

㈎ 공급 압력이 지나치게 높을 경우
㈏ 배기 또는 환기가 불충분할 때(2차 공기량 부족)
㈐ 공기 조절 장치를 지나치게 개방하였을 때(1차 공기량 과다)
㈐ 블로 오프(blow off) : 불꽃의 주위, 특히 불꽃의 기저부에 대한 공기의 움직임이 강해지면 불꽃이 노즐에 정착하지 않고 떨어지게 되어 꺼져 버리는 현상
㈑ 옐로 팁(yellow tip) : 불꽃의 끝이 적황색으로 되어 연소하는 현상으로 연소반응이 충분한 속도로 진행되지 않을 때, 1차 공기량이 부족하여 불완전 연소가 될 때 발생한다.
㈒ 불완전 연소의 원인
 ㈎ 공기 공급량 부족
 ㈏ 배기 불충분
 ㈐ 환기 불충분
 ㈑ 가스 조성의 불량
 ㈒ 연소 기구의 부적합
 ㈓ 프레임의 냉각

단원 예상문제

1. 급배기 방식에 따른 연소 기구 중 실내에서 연소용 공기를 흡입하여 실내로 방출하는 방식은? [04]
① 개방형 ② 옥외 방출형
③ 밀폐형 ④ 반밀폐형

[해설] 연소 기구의 형식

분류	연소용 공기	배기가스	비고
개방형	실내	실내	환기구, 환풍기
반밀폐형	실내	실외	급기구, 배기통
밀폐형	실외	실외	–

2. 가스의 연소 방식이 아닌 것은? [14]
① 적화식 ② 세미분젠식
③ 분젠식 ④ 원지식

정답 1. ① 2. ④

[해설] 연소 방식의 분류 : 적화식, 분젠식, 세미분젠식, 전1차 공기식
[참고] 가스 순간온수기의 분류
㉮ 원지식(元止式) : 수도꼭지(시수 밸브)가 순간온수기 입구에 설치되어 수도꼭지를 개방하면 순간온수기의 가스 밸브가 개방되면서 연소가 되는 형식으로 급탕 배관을 하지 않는다.
㉯ 선지식(先止式) : 수도꼭지(시수 밸브)가 순간온수기 출구에 설치되어 수도꼭지를 개방하면 순간온수기의 가스 밸브가 개방되면서 연소가 되는 형식으로 급탕 배관을 할 수 있다.

3. LPG의 연소 방식 중 모두 연소용 공기를 2차 공기로만 취하는 방식은? [03, 05, 15]
① 분젠식　　② 세미분젠식　　③ 적화식　　④ 전1차 공기식
[해설] 적화식 : 연소에 필요한 공기를 2차 공기로 모두 취하는 방식

4. 다음 중 연소 기구에서 발생할 수 있는 역화(back fire)의 원인이 아닌 것은? [06, 08]
① 염공이 적게 되었을 때
② 가스의 압력이 너무 낮을 때
③ 콕이 충분히 열리지 않았을 때
④ 버너 위에 큰 용기를 올려서 장시간 사용할 경우
[해설] 염공이 크게 되었을 때 역화가 발생할 수 있다.

5. 불꽃의 주위, 특히 불꽃의 기저부에 대한 공기의 움직임이 강해지면 불꽃이 노즐에 정착하지 않고 떨어지게 되어 꺼져 버리는 현상은? [07]
① 옐로 팁(yellow tip)　　② 리프팅(lifting)
③ 블로 오프(blow-off)　　④ 백파이어(back fire)
[해설] 블로 오프 : 불꽃 주변 기류에 의하여 불꽃이 염공에서 떨어져 꺼져 버리는 현상

6. 불꽃의 끝이 적황색으로 연소하는 현상을 의미하는 것은? [16]
① 리프트　　② 옐로 팁　　③ 캐비테이션　　④ 워터 해머
[해설] 옐로 팁(yellow tip) : 불꽃의 끝이 적황색으로 되어 연소하는 현상으로 연소 반응이 충분한 속도로 진행되지 않을 때, 1차 공기량이 부족하여 불완전 연소가 될 때 발생한다.

7. LP 가스가 불완전 연소되는 원인으로 가장 거리가 먼 것은? [07]
① 공기 공급량 부족 시
② 가스의 조성이 맞지 않을 때
③ 가스 기구 및 연소 기구가 맞지 않을 때
④ 산소 공급이 과잉될 때
[해설] 산소(또는 공기) 공급이 부족할 때 불완전 연소가 발생한다.

[정답]　3. ③　4. ①　5. ③　6. ②　7. ④

1-2 도시가스 설비

1 공급 방식의 분류

① **저압 공급 방식** : 0.1 MPa 미만
② **중압 공급 방식** : 0.1 MPa 이상 1 MPa 미만
③ **고압 공급 방식** : 1 MPa 이상

✓ 단원 예상문제

1. 가스 홀더의 압력을 이용하여 가스를 공급하며 가스 제조 공장과 공급 지역이 가깝거나 공급 면적이 좁을 때 적당한 가스 공급 방법은? [15]
① 저압 공급 방식 ② 중압 공급 방식
③ 고압 공급 방식 ④ 초고압 공급 방식

[해설] 저압 공급 방식의 특징
㉮ 공급 압력이 0.1 MPa 미만이다.
㉯ 공급량이 적고, 공급 구역이 좁은 소규모 사업소에 적합하다.
㉰ 가스 홀더의 압력을 이용하여 공급할 수 있다.

2. 도시가스 공급 방식에서 수송할 가스양이 많고 원거리 이동 시 주로 쓰이는 방식은? [02]
① 저압 공급 ② 중압 공급 ③ 고압 공급 ④ 초고압 공급

[해설] 고압 공급 방식의 특징
㉮ 공급 압력이 1 MPa 이상이다.
㉯ 공급 구역이 넓은 대규모 사업장에 적합하다.
㉰ 대량의 가스를 원거리 공급할 경우에 적합하다.

정답 1. ① 2. ③

---

2 LNG 기화 장치

(1) 오픈 랙(open rack) 기화법

베이스 로드(base load)용으로 수직 병렬로 연결된 알루미늄 합금제의 핀튜브 내부에 LNG가, 외부에 바닷물을 스프레이하여 기화시키는 구조이다. 바닷물을 열원으로 사용하므로 초기 시설비가 많으나 운전 비용이 저렴하다.

(2) 중간매체법
베이스 로드용으로 프로판(C_3H_8), 펜탄(C_5H_{12}) 등을 사용한다.

(3) 서브머지드(submerged)법
피크 로드(peak load)용으로 액중 버너를 사용한다. 초기 시설비가 적으나 운전 비용이 많이 소요된다. SMV(submerged vaporizer)식이라 한다.

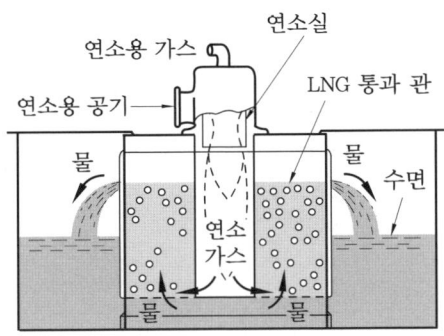

서브머지드 기화기

단원 예상문제

1. LNG 기화기 중 해수를 가열원으로 이용하므로 해수를 용이하게 입수할 수 있는 입지 조건을 필요로 하는 기화기는 ?
① 서브머지드 기화기 ② 오픈 랙 기화기
③ 전기 가열식 기화기 ④ 온수 가열식 기화기

[해설] LNG 기화 장치의 종류
㉮ 오픈 랙(open rack) 기화법 : 베이스 로드용으로 바닷물을 열원으로 사용
㉯ 중간매체법 : 베이스 로드용으로 프로판(C_3H_8), 펜탄(C_5H_{12}) 등을 사용
㉰ 서브머지드(submerged)법 : 피크 로드용으로 액중 버너를 사용

[정답] 1. ②

3 가스 홀더(gas holder)

(1) 기능
① 가스 수요의 시간적 변동에 대하여 공급 가스양을 확보한다.
② 공급 설비의 일시적 중단에 대하여 어느 정도 공급량을 확보한다.

③ 공급 가스의 성분, 열량, 연소성 등의 성질을 균일화한다.
④ 소비 지역 근처에 설치하여 피크 시의 공급, 수송 효과를 얻는다.

(2) 종류 및 특징

① **유수식** : 가스 홀더 내부 밑 부분에 물을 채우고, 수봉에 의하여 외기와 차단하고 가스의 양에 따라 가스 홀더의 내용적이 증감하도록 되어 있다.
② **무수식** : 원통형 또는 다각형의 외통과 그 내벽을 상하로 미끄러져 움직이는 편판상의 피스톤 및 바닥판, 지붕판으로 구성되어 있다.
③ **구형 가스 홀더** : 표면적이 작아 단위 저장 가스양에 비하여 강제 사용량이 적으며, 가스 송출에 가스 홀더 압력을 이용할 수 있다.

✔ 단원 예상문제

1. 도시가스 공급 시설이 아닌 것은? [15]
① 압축기   ② 홀더
③ 정압기   ④ 용기

[해설] 도시가스 공급 시설 : 가스 홀더, 압축기(또는 압송기), 정압기
※ 용기는 액화석유가스에서 저장 설비에 해당된다.

2. 도시가스 가스 홀더(gas holder)의 기능에 대한 설명으로 가장 거리가 먼 것은?
① 가스 수요의 시간적 변화에 대해 안정적인 공급이 가능하다.
② 조성이 다른 가스를 혼합하여 가스의 성분, 열량, 연소성을 균일화한다.
③ 가스 홀더를 설치함으로 도시가스 폭발을 방지할 수 있다.
④ 가스 홀더를 소비 지역 가까이 둠으로써 가스의 최대 사용 시 제조소에서 배관 수송량을 안정하게 할 수 있다.

3. 가스 홀더의 분류에 속하지 않는 것은?
① 유수식   ② 무수식
③ 투입식   ④ 중·고압식

[해설] 가스 홀더의 분류 : 유수식, 무수식, 구형 가스 홀더(중·고압식 가스 홀더)

정답 1. ④ 2. ③ 3. ③

4 정압기(governor)

(1) 기능(역할)
① 도시가스 압력을 사용처에 맞게 낮추는 감압 기능
② 2차 측의 압력을 허용 범위 내의 압력으로 유지하는 정압 기능
③ 가스의 흐름이 없을 때는 밸브를 완전히 폐쇄하여 압력 상승을 방지하는 폐쇄 기능

(2) 구성 요소
① **다이어프램** : 2차 압력을 감지하고 2차 압력의 변동 사항을 주 밸브에 전달하는 역할을 한다.
② **스프링** : 조정할 2차 압력을 설정하는 역할을 한다.
③ **주 밸브(main valve, 조정 밸브)** : 가스의 유량을 주 밸브의 개도에 따라서 직접 조정하는 역할을 한다.

(3) 직동식 정압기의 구조

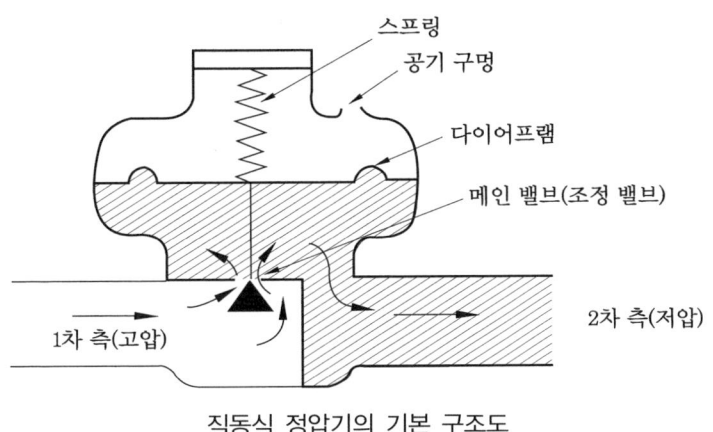

직동식 정압기의 기본 구조도

(4) 정압기의 특성
① **정특성(靜特性)** : 정상 상태에 있어서 유량과 2차 압력의 관계
② **동특성(動特性)** : 부하 변화가 큰 곳에 사용되는 정압기에 대하여 중요한 특성으로 부하 변동에 대한 응답의 신속성과 안정성이 요구됨
③ **유량 특성(流量特性)** : 주 밸브의 열림과 유량의 관계
④ **사용 최대차압** : 주 밸브에 1차와 2차 압력이 작용하여 최대로 되었을 때의 차압
⑤ **작동 최소차압** : 정압기가 작동할 수 있는 최소 차압

(5) 정압기의 종류

① **피셔(fisher)식 정압기** : 복좌 밸브(double valve)와 단좌 밸브(single valve)형이 있으며 밸브의 작동은 로딩(loading)형이다. 정특성과 동특성이 양호하다.
② **레이놀즈(Reynolds)식 정압기** : 정압기 본체는 복좌 밸브로 되어 있으며 상부에 다이어프램이 있다. 밸브의 작동은 언로딩(unloading)형이며 정특성은 극히 좋으나 안정성이 부족하다.
③ **엑시얼 플로(axial-flow)식 정압기** : AFV식 정압기라 하며 주다이어프램과 주 밸브를 고무 슬리브(rubber sleeve) 1개로 공용하는 매우 콤팩트한 정압기이다. 변칙 언로딩(unloading)형으로 정특성, 동특성이 양호하며 고차압이 될수록 특성이 양호해진다.

각 정압기의 특징

종류	특징
피셔(fisher)식	- 로딩(loading)형이다. - 정특성 동특성이 양호하다. - 비교적 콤팩트하다.
레이놀즈(Reynolds)식	- 언로딩(unloading)형이다. - 정특성은 극히 좋으나 안정성이 부족하다. - 다른 것에 비하여 크다.
엑셜-플로(axial-flow)식	- 변칙 언로딩형이다. - 정특성, 동특성이 양호하다. - 고(高)차압이 될수록 특성이 양호하다. - 극히 콤팩트하다.

단원 예상문제

1. 정압기(governor)의 기능을 모두 옳게 나열한 것은? [15]
 ① 감압 기능
 ② 정압 기능
 ③ 감압 기능, 정압 기능
 ④ 감압 기능, 정압 기능, 폐쇄 기능

[해설] 정압기의 기능
 ㉮ 감압 기능 : 도시가스 압력을 사용처에 맞게 낮추는 기능
 ㉯ 정압 기능 : 2차 측의 압력을 허용 범위 내의 압력으로 유지하는 기능
 ㉰ 폐쇄 기능 : 가스의 흐름이 없을 때는 밸브를 완전히 폐쇄하여 압력 상승을 방지하는 기능

[정답] 1. ④

2. 직동식 정압기의 기본 구성 요소가 아닌 것은? [07]

① 다이어프램   ② 스프링
③ 주 밸브   ④ 안전밸브

[해설] 정압기의 기본 구성 요소
  ㉮ 다이어프램 : 2차 압력을 감지하고 2차 압력의 변동 사항을 주 밸브에 전달하는 역할을 한다.
  ㉯ 스프링 : 조정할 2차 압력을 설정하는 역할을 한다.
  ㉰ 주 밸브(main valve, 조정 밸브) : 가스의 유량을 주 밸브의 개도에 따라서 직접 조정하는 역할을 한다.

3. 언로딩형과 로딩형이 있으며 대용량이 요구되고 유량 제어 범위가 넓은 경우에 적합한 정압기는? [09]

① 피셔식 정압기   ② 레이놀즈식 정압기
③ 파일럿식 정압기   ④ 엑셜플로식 정압기

[해설] 파일럿식 정압기 : 언로딩형과 로딩형으로 분류되며, 직동식 정압기의 본체와 파일럿으로 이루어지며 유량 제어 범위가 넓은 경우에 적합하다.

4. 다음 중 정압기의 부속 설비가 아닌 것은? [15]

① 불순물 제거 장치
② 이상압력 상승 방지 장치
③ 검사용 맨홀
④ 압력 기록 장치

[해설] 정압기 부속 설비 : 불순물 제거 장치(필터), 이상압력 상승 방지 장치, 압력 기록 장치, 차단 밸브, 긴급 차단 장치 등
※ 검사용 맨홀은 매설 배관의 부속 설비에 해당된다.

5. 정압기를 평가, 선정할 경우 고려해야 할 특성이 아닌 것은? [09, 16]

① 정특성   ② 동특성
③ 유량 특성   ④ 압력 특성

[해설] 정압기의 특성
  ㉮ 정특성(靜特性) : 유량과 2차 압력의 관계
  ㉯ 동특성(動特性) : 부하 변동에 대한 응답의 신속성과 안전성이 요구됨
  ㉰ 유량 특성(流量特性) : 주 밸브의 열림과 유량의 관계
  ㉱ 사용 최대차압 : 주 밸브에 1차와 2차 압력이 작용하여 최대로 되었을 때의 차압
  ㉲ 작동 최소차압 : 정압기가 작동할 수 있는 최소 차압

정답 2. ④   3. ③   4. ③   5. ④

제2장 | 압축기 및 펌프

2-1 압축기(compressor)

1 압축기의 분류

(1) 작동 압력에 따른 분류
① **팬(fan)** : 압력 상승이 10 kPa 미만
② **블로어(blower)** : 압력 상승이 10 kPa 이상 0.1 MPa 이하
③ **압축기(compressor)** : 압력 상승이 0.1 MPa 이상

(2) 작동 원리에 의한 분류
① **용적형** : 일정 용적의 실린더 내에 기체를 흡입하고 기체에 압력을 가하여 토출구로 압출하는 것을 반복하는 형식
  ㈎ 왕복동식 : 피스톤의 왕복 운동으로 가스를 흡입하여 압축한다.
  ㈏ 회전식 : 회전체의 회전에 의해 일정 용적의 가스를 연속으로 흡입 압축하는 것을 반복하다.
② **터보형** : 임펠러(impeller) 회전 운동을 압력과 속도 에너지로 전환해 압력을 상승시키는 형식
  ㈎ 원심식 : 케이싱 내에 임펠러가 회전하면 기체가 원심력에 의하여 임펠러 중심부로 연속으로 흡입되고 압력과 속도가 증가하여 토출되는 형식이다.
  ㈏ 축류식 : 선풍기와 같이 프로펠러(임펠러)가 회전하면 기체가 축 방향으로 흡입되고, 압력과 속도가 상승되어 축 방향으로 토출하는 형식이다.
  ㈐ 혼류식 : 원심식과 축류식을 혼합한 형식이다.

단원 예상문제

1. 일정 용적의 실린더 내에 기체를 흡입한 다음 흡입구를 닫아 기체를 압축하면서 다른 토출구에 압축하는 형식의 압축기는?
① 용적형   ② 터보형   ③ 원심식   ④ 축류식

정답 1. ①

2 용적형 압축기의 종류 및 특징

(1) 왕복동식 압축기

① 특징

㈎ 급유식, 무급유식이고, 고압이 쉽게 형성된다.
㈏ 용량 조정 범위가 넓고, 압축 효율이 높다.
㈐ 형태가 크고 설치 면적이 크다.
㈑ 배출 가스 중 오일이 혼입될 우려가 크다.
㈒ 압축이 단속적이고, 맥동 현상이 발생된다.
㈓ 접촉 부분이 많아 고장이 발생하기 쉽고 수리가 어렵다.
㈔ 반드시 흡입 토출밸브가 필요하다.

② 구조

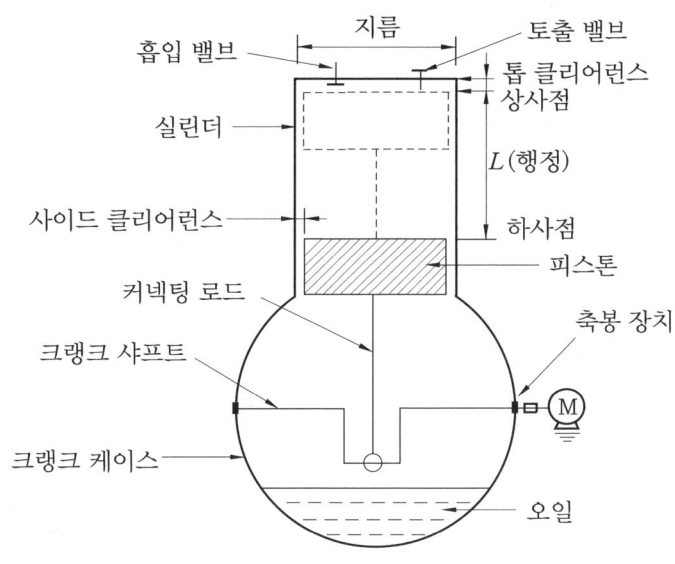

왕복식 압축기의 구조

③ 피스톤 압출량 계산

㈎ 이론적 피스톤 압출량

$$V = \frac{\pi}{4} \times D^2 \times L \times n \times N \times 60$$

㈏ 실제적 피스톤 압출량

$$V' = \frac{\pi}{4} \times D^2 \times L \times n \times N \times \eta_v \times 60$$

여기서, V : 이론적인 피스톤 압출량(m^3/h)
V' : 실제적인 피스톤 압출량(m^3/h)
D : 피스톤의 지름(m)
L : 행정 거리(m)
n : 기통 수
N : 분당 회전수(rpm)
η_v : 체적 효율

④ **용량 제어**

(가) 용량 제어의 목적
  ㉮ 수요 공급의 균형 유지
  ㉯ 압축기 보호
  ㉰ 소요 동력의 절감
  ㉱ 경부하 기동

(나) 연속적인 용량 제어법
  ㉮ 흡입 주 밸브를 폐쇄하는 방법
  ㉯ 타임드 밸브 제어에 의한 방법
  ㉰ 회전수를 변경하는 방법
  ㉱ 바이패스 밸브에 의한 방법

(다) 단계적인 용량 제어법
  ㉮ 클리어런스 밸브에 의한 조정
  ㉯ 흡입 밸브 개방에 의한 방법

⑤ **다단 압축기**

(가) 다단 압축의 목적
  ㉮ 1단 단열 압축과 비교한 일량의 절약
  ㉯ 이용 효율의 증가
  ㉰ 힘의 평형이 양호해진다.
  ㉱ 온도 상승을 방지할 수 있다.

(나) 단수 결정 시 고려할 사항
  ㉮ 최종의 토출 압력
  ㉯ 취급 가스양
  ㉰ 취급 가스의 종류
  ㉱ 연속 운전의 여부
  ㉲ 동력 및 제작의 경제성

⑥ **압축비(a)**

㈎ 1단 압축비

$$a = \frac{P_2}{P_1}$$

㈏ 다단 압축비

$$a = \sqrt[n]{\frac{P_2}{P_1}}$$

여기서, a : 압축비 n : 단수
P_1 : 흡입 절대 압력 P_2 : 최종 절대 압력

㈐ 압축비 증대 시 영향
  ㉮ 소요 동력 증대
  ㉯ 실린더 내의 온도 상승
  ㉰ 체적 효율 저하(압축기 능력 감소)
  ㉱ 토출 가스양 감소

㈑ 실린더 내 온도 상승 시 영향
  ㉮ 체적 효율, 압축 효율 저하
  ㉯ 소요 동력 증가
  ㉰ 윤활 기능 저하
  ㉱ 윤활유 열화 및 탄화
  ㉲ 습동부품 수명 단축

⑦ **윤활유**

㈎ 구비 조건
  ㉮ 화학 반응을 일으키지 않을 것
  ㉯ 인화점은 높고, 응고점은 낮을 것
  ㉰ 점도가 적당하고 항유화성이 클 것
  ㉱ 불순물이 적을 것
  ㉲ 잔류 탄소의 양이 적을 것
  ㉳ 열에 대한 안정성이 있을 것

㈏ 각종 가스 압축기의 윤활유
  ㉮ 산소 압축기 : 물 또는 묽은 글리세린수(10 % 정도)
  ㉯ 공기 압축기, 수소 압축기, 아세틸렌 압축기 : 양질의 광유(디젤 엔진유)
  ㉰ 염소 압축기 : 진한 황산

㈑ LP 가스 압축기 : 식물성유
㈒ 이산화황(아황산가스) 압축기 : 화이트유, 정제된 용제 터빈유
㈓ 염화 메탄(메틸클로라이드, methyl chloride) 압축기 : 화이트유

(2) 회전식 압축기

① 특징
㈎ 용적형이며, 오일 윤활 방식이다.
㈏ 부품 수가 적어 구조가 간단하고 동작이 단순하다.
㈐ 압축이 연속으로 이루어져 맥동 현상이 없다.
㈑ 고진공과 고압축비를 얻을 수 있다.

② 종류
㈎ 고정익형 압축기(stationary blade type)
㈏ 회전익형 압축기(rotary blade type)

(3) 나사 압축기(screw compressor)

① 특징
㈎ 용적형이며 무급유식, 급유식이다.
㈏ 흡입, 압축, 토출의 3행정을 갖는다.
㈐ 연속으로 압축되므로 맥동 현상이 없다.
㈑ 용량 조정이 어렵고(70~100 %), 효율이 좋지 않다.
㈒ 토출 압력은 30 kgf/cm^{2}까지 가능하고 소음 방지 장치가 필요하다.
㈓ 두 개의 암(female), 수(male) 치형을 가진 로터의 맞물림에 의해 압축한다.
㈔ 고속 회전이므로 형태가 작고, 경량이며 설치 면적이 작다.
㈕ 토출 압력 변화에 의한 용량 변화가 적다

② 이론적 토출량 계산

$$Q_{th} = C_v \cdot D^2 \cdot L \cdot N$$

여기서, Q_{th} : 이론 토출량(m^3/min)
  D : 암로터의 지름(m)
  L : 로터의 길이(m)
  N : 수로터의 회전수(rpm)
  C_v : 로터 모양에서 결정되는 상수

단원 예상문제

1. 왕복동식 압축기의 특징이 아닌 것은? [04]
① 무급유식 오일 교환 방식
② 저속 회전
③ 연속적 압축으로 서징 발생
④ 압축 효율이 큼

[해설] 왕복동식 압축기는 압축이 단속적이고, 맥동 현상이 발생된다.

2. 다음 중 단별 최대 압축비를 가질 수 있는 압축기는? [16]
① 원심식
② 왕복식
③ 축류식
④ 회전식

[해설] 최대 압축비를 갖는다는 것은 토출 압력이 고압으로 형성되는 것이고 고압을 쉽게 만들 수 있는 압축기는 왕복동식이다.

3. 왕복식 압축기의 구성 부품이 아닌 것은? [07]
① 피스톤
② 임펠러
③ 커넥팅 로드
④ 크랭크축

[해설] 왕복식 압축기의 구성 부품 : 실린더, 피스톤, 크랭크 케이스(crank case), 흡입·토출밸브, 크랭크축, 커넥팅 로드, 축봉 장치 등
※ 임펠러 : 원심 압축기의 구성 부품

4. 왕복식 압축기에서 피스톤과 크랭크샤프트를 연결하여 왕복 운동을 시키는 역할을 하는 것은? [08, 12]
① 크랭크
② 피스톤링
③ 커넥팅 로드
④ 톱 클리어런스

[해설] 커넥팅 로드(connecting rod) : 피스톤과 크랭크샤프트(crankshaft)를 연결하여 크랭크샤프트의 회전 운동을 피스톤의 왕복 운동으로 전환시키는 역할을 한다.

5. 자동차용 압축 천연가스 완속 충전 설비에서 실린더 안지름이 100 mm, 실린더의 행정이 200 mm, 회전수가 100 rpm일 때 처리 능력(m³/h)은 얼마인가? [14]
① 9.42
② 8.21
③ 7.05
④ 6.15

[해설] $V = \dfrac{\pi}{4} \times D^2 \times L \times n \times N \times 60$

$= \dfrac{\pi}{4} \times 0.1^2 \times 0.2 \times 1 \times 100 \times 60 = 9.424 \text{ m}^3/\text{h}$

정답 1. ③ 2. ② 3. ② 4. ③ 5. ①

6. 실린더의 단면적 50 cm², 행정 10 cm, 회전수 200 rpm, 체적 효율 80 %인 왕복 압축기의 토출량은? [02, 06, 12]

① 60 L/min ② 80 L/min ③ 120 L/min ④ 140 L/min

[해설] 1 m³ = 1000 L이고, 1 L = 1000 cm³ = 1000 cc에 해당된다.

$$\therefore V = \frac{\pi}{4} D^2 \cdot L \cdot n \cdot N \cdot \eta_v$$
$$= 50 \times 10 \times 1 \times 200 \times 0.8 \times 10^{-3} = 80 \text{ L/min}$$

7. 다음 중 왕복 압축기의 용량 제어 방법으로 적당하지 않은 것은? [05]

① 깃 각도 조정에 의한 방법
② 타임드 밸브에 의한 방법
③ 회전수 변경에 의한 방법
④ 바이패스 밸브에 의하여 압축가스를 흡입 측에 복귀시키는 방법

[해설] 압축기의 용량 제어법
(1) 왕복동형 압축기
  ㉮ 연속적인 용량 제어법 : ②, ③, ④항 외 흡입 주 밸브를 폐쇄하는 방법
  ㉯ 단계적인 용량 제어법 : 클리어런스 밸브에 의한 방법, 흡입밸브 개방에 의한 방법
(2) 원심식 압축기 용량 제어법
  ㉮ 속도 제어에 의한 방법
  ㉯ 흡입, 토출밸브에 의한 방법
  ㉰ 베인 컨트롤(vane control, 깃 각도 조정)에 의한 방법
  ㉱ 바이패스에 의한 방법

8. 다단 압축을 하는 목적은? [03, 05, 06, 07, 10]

① 압축일과 체적 효율 증가
② 압축일 증가와 체적 효율 감소
③ 압축일 감소와 체적 효율 증가
④ 압축일과 체적 효율 감소

[해설] 다단 압축의 목적
  ㉮ 1단 단열 압축과 비교한 일량 절약
  ㉯ 이용 효율의 증가
  ㉰ 힘의 평형이 양호해진다.
  ㉱ 가스의 온도 상승을 피할 수 있다.

9. 흡입 압력이 대기압과 같으며 최종 압력이 15 kgf/cm² · g인 4단 공기 압축기의 압축비는? (단, 대기압은 1 kgf/cm²로 한다.) [07, 11, 16]

① 2 ② 4 ③ 8 ④ 16

[해설] $a = \sqrt[n]{\dfrac{P_2}{P_1}} = \sqrt[4]{\dfrac{(15+1)}{1}} = 2$

[정답] 6. ② 7. ① 8. ③ 9. ①

10. 3단 토출 압력이 2 MPa·g이고, 압축비가 2인 4단 공기 압축기에서 1단 흡입 압력은 약 몇 MPa·g인가? (단, 대기압은 0.1 MPa로 한다.) [14]

① 0.16 MPa·g
② 0.26 MPa·g
③ 0.36 MPa·g
④ 0.46 MPa·g

해설 3단 토출 압력을 기준으로 1단 흡입 압력을 계산

$a = \sqrt[3]{\dfrac{P_{03}}{P_1}}$ 에서 $a^3 = \dfrac{P_{03}}{P_1}$ 이다.

$\therefore P_1 = \dfrac{P_{03}}{a^3} = \dfrac{2+0.1}{2^3} = 0.2625\ \text{MPa·g} - 0.1 = 0.1625\ \text{MPa·g}$

11. 압축기의 실린더를 냉각할 때 얻는 효과가 아닌 것은? [11]

① 압축 효율이 증가되어 동력이 증가한다.
② 윤활 기능이 향상되고 적당한 점도가 유지된다.
③ 윤활유의 탄화나 열화를 막는다.
④ 체적 효율이 증가한다.

해설 실린더 냉각 효과
㉮ 체적 효율, 압축 효율 증가 ㉯ 소요 동력의 감소
㉰ 윤활 기능의 유지 및 향상 ㉱ 윤활유 열화, 탄화 방지
㉲ 습동부품의 수명 유지

12. 압축기에 사용하는 윤활유 선택 시 주의 사항으로 틀린 것은? [03, 15]

① 인화점이 높을 것
② 잔류 탄소의 양이 적을 것
③ 점도가 적당하고 항유화성이 적을 것
④ 사용 가스와 화학 반응을 일으키지 않을 것

해설 압축기 윤활유의 구비 조건(선택 시 주의 사항)
㉮ 화학 반응을 일으키지 않을 것
㉯ 인화점은 높고, 응고점은 낮을 것
㉰ 점도가 적당하고 항유화성이 클 것
㉱ 불순물이 적을 것
㉲ 잔류 탄소의 양이 적을 것
㉳ 열에 대한 안정성이 있을 것

13. 압축기의 윤활에 대한 설명 중 옳은 것은? [06]

① 수소 압축기의 윤활에는 양질의 광유(鑛油)가 사용된다.

정답 10. ① 11. ① 12. ③ 13. ①

② 아세틸렌 압축기의 윤활에는 물이 사용된다.
③ 산소 압축기의 윤활에는 진한 황산이 사용된다.
④ 염소 압축기의 윤활에는 식물성유가 사용된다.

[해설] 각종 가스 압축기의 내부 윤활유
㉮ 공기 압축기 : 양질의 광유
㉯ 산소 압축기 : 물 또는 묽은 글리세린수(10% 정도)
㉰ 염소 압축기 : 진한 황산
㉱ 아세틸렌 압축기 : 양질의 광유
㉲ 수소 압축기 : 양질의 광유
㉳ LP 가스 압축기 : 식물성유
㉴ 이산화황 가스 압축기 : 화이트유
㉵ 염화 메탄(메틸클로라이드) 압축기 : 화이트유

14. 산소 압축기의 내부 윤활제로 적당한 것은? [02, 07, 15]
① 광유 ② 유지류 ③ 물 ④ 글리세린

[해설] 산소 압축기 내부 윤활유
㉮ 사용되는 것 : 물 또는 10% 이하의 묽은 글린세린수
㉯ 금지되는 것 : 석유류, 유지류, 농후한 글리세린

15. 로터리 압축기에 대한 설명으로 틀린 것은? [09]
① 왕복식 압축기에 비해 부품 수가 적고 구조가 간단하다.
② 압축이 단속적이므로 저진공에 적합하다.
③ 기름 윤활 방식으로 소용량이다.
④ 구조상 흡입 기체에 기름이 혼입되기 쉽다.

[해설] 압축이 연속적이고 고진공을 얻을 수 있다.
※ 로터리 압축기(rotary compressor) : 회전식 압축기

16. 나사 압축기(screw compressor)의 특징에 대한 설명으로 틀린 것은? [09]
① 흡입, 압축, 토출의 3행정을 가지고 있다.
② 기체에는 맥동이 없고 연속적으로 압축한다.
③ 토출 압력의 변화에 의한 용량 변화가 크다.
④ 소음 방지 장치가 필요하다.

[해설] 나사 압축기의 특징
㉮ 용적형이며 무급유식, 급유식이다.
㉯ 두 개의 암(female), 수(male) 치형을 가진 로터의 맞물림에 의하여 압축한다.
㉰ 흡입, 압축, 토출의 3행정을 가지고 있다.

정답 14. ③ 15. ② 16. ③

㈑ 맥동이 없고 연속적으로 압축한다.
㈒ 용량 조정이 어렵고(70~100 %), 효율이 떨어진다.
㈓ 소음 방지 장치가 필요하다.
㈔ 고속 회전이므로 형태가 작고, 경량이다.
㈕ 토출 압력 변화에 의한 용량 변화가 적다.

17. 나사 압축기에서 수로터의 지름 150 mm, 로터 길이 100 mm, 회전수가 350 rpm이라고 할 때 이론적 토출량은 약 몇 m³/min인가 ? (단, 로터 형상에 의한 계수[C_v]는 0.476이다.) [13, 16]
① 0.11   ② 0.21   ③ 0.37   ④ 0.47

[해설] $V = K \times D_2^2 \times L \times N$
$= 0.476 \times 0.15^2 \times 0.1 \times 350 = 0.374 \, \text{m}^3/\text{min}$

[정답] 17. ③

3 터보형 압축기의 종류 및 특징

(1) 원심식 압축기

① 특징

㈎ 원심형 무급유식이다.
㈏ 연속 토출로 맥동 현상이 없다.
㈐ 고속 회전이 가능하므로 전동기와 직결 사용이 가능하다.
㈑ 형태가 작고 경량이어서 기초, 설치 면적이 적다.
㈒ 용량 조정 범위가 좁고(70~100 %) 어렵다.
㈓ 압축비가 적고, 효율이 좋지 않다.
㈔ 다단식은 압축비를 크게 할 수 있으나, 설비비가 많이 소요된다.
㈕ 기계적 접촉부가 적어 마찰 손실, 마모가 적다.
㈖ 토출 압력 변화에 의해 용량 변화가 크다.
㈗ 운전 중 서징(surging) 현상이 발생할 수 있다.

② 용량 제어 방법

㈎ 속도 제어에 의한 방법
㈏ 토출 밸브에 의한 방법
㈐ 흡입 밸브에 의한 방법

㈘ 베인 컨트롤에 의한 방법
　　㈙ 바이패스에 의한 방법
　③ **서징 현상** : 토출 측 저항이 커지면 유량이 감소하고 맥동과 진동이 발생하여 불안전 운전이 되는 현상으로 방지법은 다음과 같다.
　　㈎ 우상(右上)이 없는 특성으로 하는 방법
　　㈏ 방출 밸브에 의한 방법
　　㈐ 베인 컨트롤에 의한 방법
　　㈑ 회전수를 변화시키는 방법
　　㈒ 교축 밸브를 기계에 가까이 설치하는 방법

(2) 축류 압축기

　① **특징**
　　㈎ 동익식의 경우 축동력을 일정하게 유지할 수 있다.
　　㈏ 압축비가 작고, 효율이 높지 않다.
　　㈐ 공기 조화 설비용으로 주로 사용된다.
　② **베인의 배열에 의한 분류** : 후치 정익형, 전치 정익형, 전·후치 정익형

✔ 단원 예상문제

1. 고속 회전하는 임펠러의 원심력에 의해 속도 에너지를 압력 에너지로 바꾸어 압축하는 형식으로서 유량이 크고 설치 면적이 적게 차지하는 압축기의 종류는? [11, 15]
① 왕복식　　　　　　　　② 터보식
③ 회전식　　　　　　　　④ 흡수식
[해설] 터보식 압축기 : 임펠러의 회전 운동(원심력)을 압력과 속도 에너지로 전환하여 압력을 상승시키는 형식으로 원심식, 축류식, 혼류식으로 분류된다.

2. 터보 압축기의 구성이 아닌 것은? [16]
① 임펠러　　　　　　　　② 피스톤
③ 디퓨저　　　　　　　　④ 증속 기어 장치
[해설] 터보 압축기의 구성 요소 : 임펠러, 디퓨저(diffuser), 증속 기어 장치, 가이드 베인(guide vane)
　※ 피스톤은 왕복동식 압축기의 구성 기기이다.

정답 1. ②　2. ②

3. 저압 압축기로서 대용량을 취급할 수 있는 압축기의 형식은? [04, 06]
   ① 왕복동식
   ② 원심식
   ③ 회전식
   ④ 흡수식

   [해설] 압축기의 분류
   ㉮ 왕복동식 : 고압, 저용량에 적합
   ㉯ 원심식 : 저압, 대용량에 적합

4. 원심식 압축기의 특징에 대한 설명으로 옳은 것은? [08]
   ① 용량 조정 범위는 비교적 좁고, 어려운 편이다.
   ② 압축비가 크며, 효율이 대단히 높다.
   ③ 연속 토출로 맥동 현상이 크다.
   ④ 서징 현상이 발생하지 않는다.

   [해설] 원심식 압축기의 특징
   ㉮ 원심형 무급유식이다.
   ㉯ 연속 토출로 맥동 현상이 없다.
   ㉰ 형태가 작고 경량이어서 기초, 설치 면적이 작다.
   ㉱ 용량 조정 범위가 좁고(70~100 %) 어렵다.
   ㉲ 압축비가 적고, 효율이 나쁘다.
   ㉳ 운전 중 서징(surging) 현상에 주의하여야 한다.
   ㉴ 다단식은 압축비를 높일 수 있으나 설비비가 많이 소요된다.
   ㉵ 토출 압력 변화에 의해 용량 변화가 크다.

5. 다음 중 터보 압축기에서 주로 발생할 수 있는 현상은? [15]
   ① 수격 작용(water hammer)
   ② 베이퍼 로크(vapor lock)
   ③ 서징(surging)
   ④ 캐비테이션(cavitation)

   [해설] 압축기 및 펌프에서 발생하는 이상 현상
   ㉮ 터보(원심) 압축기 : 서징 현상
   ㉯ 원심 펌프 : 캐비테이션 현상, 서징 현상, 수격 작용, 베이퍼 로크 현상

[정답] 3. ② 4. ① 5. ③

2-2 펌프(pump)

1 펌프의 분류

① **터보형 펌프** : 임펠러의 회전력으로 액체를 이송하는 형식으로 원심 펌프, 사류 펌프, 축류 펌프가 있다.
② **용적형 펌프** : 일정 용적을 갖는 실에 액체를 흡입하고 압력을 상승시켜 토출하는 형식으로 왕복 펌프, 회전 펌프가 있다.
③ **특수 펌프** : 제트 펌프, 기포 펌프, 수격 펌프

✔ 단원 예상문제

1. 다음 중 터보형 펌프가 아닌 것은? [06]
① 사류 펌프
② 다이어프램 펌프
③ 축류식 펌프
④ 원심식 펌프

정답 1. ②

---

2 터보(turbo)형 펌프의 종류 및 특징

(1) 원심 펌프

한 개 또는 여러 개의 임펠러를 밀폐된 케이싱 내에서 회전시켜 발생하는 원심력을 이용하여 액체를 이송하거나 압력을 상승시켜 축과 직각 방향으로 토출된다.

① **특징**
  (가) 원심력에 의하여 유체를 압송한다.
  (나) 용량에 비하여 소형이고 설치 면적이 작다.
  (다) 흡입, 토출 밸브가 없고 액의 맥동이 없다.
  (라) 기동 시 펌프 내부에 유체를 충분히 채워야 한다.
  (마) 고양정에 적합하다.
  (바) 서징 현상, 캐비테이션 현상이 발생하기 쉽다.

② **종류**
  (가) 벌류트(volute) 펌프 : 임펠러 바깥둘레에 안내 깃(베인)이 없고 바깥둘레에 바

로 접하여 와류실이 있는 펌프로 일반적으로 임펠러 1단이 발생하는 양정이 낮은 것에 사용된다.

(나) 터빈(turbine) 펌프 : 임펠러 바깥둘레에 안내 깃(베인)이 있는 것으로 양정이 높은 곳에 사용된다.

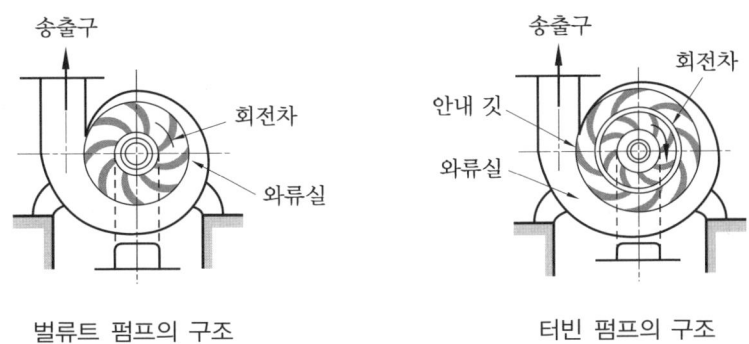

벌류트 펌프의 구조　　　　　터빈 펌프의 구조

③ **축봉 장치** : 축이 케이싱을 관통하여 회전하는 부분에 설치하여 액의 누설을 방지하는 것이다.

(가) 글랜드 패킹(gland packing) : 내부의 액이 누설되어도 무방한 경우에 사용

(나) 메커니컬 실(mechanical seal) : 내부의 액이 누설되는 것이 허용되지 않는 가연성, 독성 등의 액체 이송 시 사용한다.

　㉮ 내장형(인사이드형) : 고정면이 펌프 측에 있는 것으로 일반적으로 사용된다.

　㉯ 외장형(아웃사이드형) : 회전면이 펌프 측에 있는 것으로 구조재, 스프링재가 내식성에 문제가 있거나 고점도(100 cP 초과), 저응고점 액일 때 사용한다.

　㉰ 싱글 실형 : 습동면(접촉면)이 1개로 조립된 것

　㉱ 더블 실형 : 습동면(접촉면)이 2개로, 누설을 완전히 차단하고 유독액 또는 인화성이 강한 액일 때, 누설 시 응고액, 내부가 고진공, 보온, 보랭이 필요할 때 사용된다.

　㉲ 언밸런스 실 : 펌프의 내압을 실의 습동면에 직접 받는 경우 사용한다.

　㉳ 밸런스 실 : 펌프의 내압이 큰 경우 고압이 실의 습동면에 직접 접촉하지 않게 한 것으로 LPG, 액화 가스와 같이 저비점 액체일 때 사용한다.

④ **펌프의 축동력**

(가) PS(미터마력)

$$PS = \frac{\gamma \cdot Q \cdot H}{75\eta}$$

(나) kW

$$kW = \frac{\gamma \cdot Q \cdot H}{102\eta}$$

여기서, γ : 액체의 비중량(kgf/m^3)
 Q : 유량(m^3/s)
 H : 전양정(m)
 η : 효율

※ 압축기의 축동력

① PS

$$PS = \frac{P \cdot Q}{75 \cdot \eta}$$

② kW

$$kW = \frac{P \cdot Q}{102 \cdot \eta}$$

여기서, P : 압축기의 토출 압력(kgf/m^2)
 Q : 유량(m^3/s)
 η : 효율

⑤ 상사의 법칙

(가) 유량 $Q_2 = Q_1 \times \left(\dfrac{N_2}{N_1}\right) \times \left(\dfrac{D_2}{D_1}\right)^3$

(나) 양정 $H_2 = H_1 \times \left(\dfrac{N_2}{N_1}\right)^2 \times \left(\dfrac{D_2}{D_1}\right)^2$

(다) 축동력 $L_2 = L_1 \times \left(\dfrac{N_2}{N_1}\right)^3 \times \left(\dfrac{D_2}{D_1}\right)^5$

여기서, Q_1, Q_2 : 변경 전, 후의 유량
 H_1, H_2 : 변경 전, 후의 양정
 L_1, L_2 : 변경 전, 후의 동력
 N_1, N_2 : 변경 전, 후의 임펠러 회전수
 D_1, D_2 : 변경 전, 후의 임펠러 지름

⑥ 원심 펌프의 운전 특성

(가) 직렬운전 : 양정 증가, 유량 일정(불변)
(나) 병렬운전 : 양정 일정(불변), 유량 증가

(2) 사류 펌프

임펠러에서 토출되는 물의 흐름이 축에 대하여 비스듬히 토출된다. 임펠러에서의 물을 가이드 베인에 유도하여 그 회전 방향 성분을 축 방향 성분으로 바꾸어서 토출하는 형식과 원심 펌프와 같이 벌류트 케이싱에 유도하는 형식이 있다.

(3) 축류 펌프

임펠러에서 토출되는 물의 흐름이 축 방향으로 토출된다. 사류 펌프와 같이 임펠러에서의 물을 가이드 베인에 유도하여 그 회전 방향 성분을 축 방향으로 변화시켜 이것에 의한 수력손실을 적게 하여 축 방향으로 토출하는 것이다.

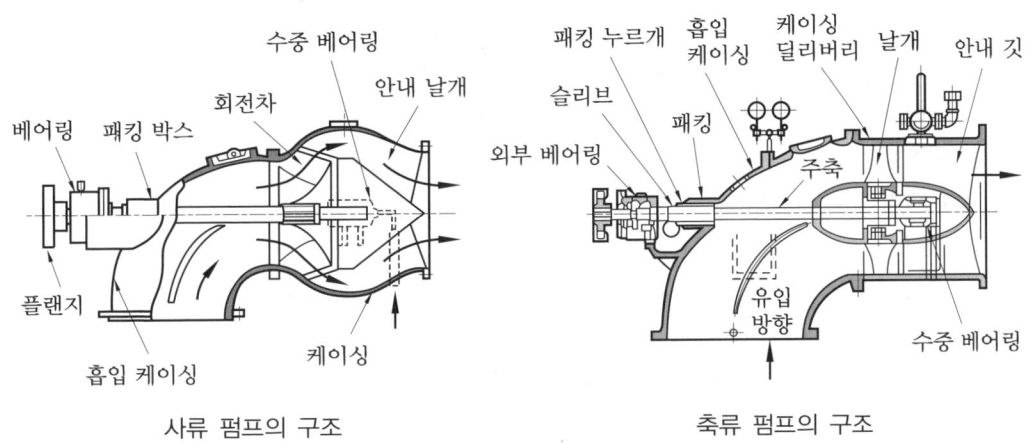

사류 펌프의 구조   축류 펌프의 구조

✔ 단원 예상문제

1. 원심 펌프의 특징이 아닌 것은?
① 캐비테이션이나 서징 현상이 발생하기 어렵다.
② 원심력에 의하여 액체를 이송한다.
③ 고양정에 적합하다.
④ 가이드 베인이 있는 것을 터빈 펌프라 한다.

[해설] 원심 펌프의 특징
㉮ 원심력에 의하여 유체를 압송한다.
㉯ 용량에 비하여 소형이고 설치 면적이 작다.
㉰ 흡입, 토출밸브가 없고 액의 맥동이 없다.
㉱ 기동 시 펌프 내부에 유체를 충분히 채워야 한다.

[정답] 1. ①

㊈ 고양정에 적합하다.
㊉ 서징 현상, 캐비테이션 현상이 발생하기 쉽다.
㊊ 가이드 베인이 있는 것을 터빈 펌프, 없는 것을 벌류트 펌프라 한다.

2. 펌프의 특성 곡선상 체절운전이란? [02]
① 유량이 0일 때 양정이 최대가 되는 운전
② 유량이 최대일 때 양정이 최소가 되는 운전
③ 유량이 이론치일 때 양정이 최대가 되는 운전
④ 유량이 평균치일 때 양정이 최소가 되는 운전
[해설] 체절운전 : 유량이 0일 때 양정이 최대가 되는 운전

3. 펌프의 성능을 표시하는 특성 곡선에서 일반적으로 표시되어 있지 않은 것은? [07]
① 양정
② 축동력
③ 토출량
④ 임펠러 재질
[해설] 특성 곡선에 표시되는 항목 : 유량(토출량), 양정, 축동력, 효율

4. 펌프의 축봉 장치에서 아웃사이드 형식이 쓰이는 경우가 아닌 것은? [12]
① 구조재, 스프링재가 액의 내식성에 문제가 있을 때
② 점성 계수가 100cP를 초과하는 고점도 액일 때
③ 스타핑 복스 내가 고진공일 때
④ 고응고점 액일 때
[해설] 외장형(아웃사이드형)이 사용되는 경우
 ㉮ 구조재, 스프링재가 액의 내식성에 문제가 있을 때
 ㉯ 점성 계수가 100 cP를 초과하는 고점도 액일 때
 ㉰ 스타핑 복스 내가 고진공일 때
 ㉱ 저응고점 액일 때

5. LPG나 액화 가스와 같이 저비점이고 내압이 0.4~0.5 MPa 이상인 액체에 주로 사용되는 펌프의 메커니컬 실의 형식은? [06, 07, 08, 14]
① 더블 실형
② 인사이드 실형
③ 아웃사이드 실형
④ 밸런스 실형
[해설] 밸런스 실형 : 펌프의 내압이 큰 경우 고압이 실의 습동면에 직접 접촉하지 않게 한 것으로 LPG, 액화 가스와 같이 저비점 액체일 때 사용한다.

정답 2. ① 3. ④ 4. ④ 5. ④

6. 펌프의 실제 송출 유량을 Q, 펌프 내부에서의 누설 유량을 $0.6\,Q$, 임펠러 속을 지나는 유량을 $1.6\,Q$라 할 때 펌프의 체적 효율(η_v)은? [04, 14]

① 37.5 % ② 40 % ③ 60 % ④ 62.5 %

[해설] 체적 효율(%) $= \dfrac{\text{실제 송출 유량}}{\text{이론적 송출 유량}} \times 100 = \dfrac{1.6Q - 0.6Q}{1.6Q} \times 100 = 62.5\,\%$

7. 양정 20 m, 송출량 0.25 m³/min, 펌프 효율은 65 %인 터빈 펌프의 축동력은 얼마인가? [02, 07]

① 1.257 kW ② 1.372 kW ③ 1.572 kW ④ 1.723 kW

[해설] $\text{kW} = \dfrac{\gamma \cdot Q \cdot H}{102\,\eta} = \dfrac{1000 \times 0.25 \times 20}{102 \times 0.65 \times 60} = 1.257\,\text{kW}$

8. 양정 90 m, 유량 90 m³/h의 송수 펌프의 소요 동력은 몇 kW인가? (단, 펌프의 효율은 60 %이다.) [03, 04, 06, 14]

① 30.6 kW ② 36.7 kW ③ 50 kW ④ 56 kW

[해설] $\text{kW} = \dfrac{\gamma \cdot Q \cdot H}{102\,\eta} = \dfrac{1000 \times 90 \times 90}{102 \times 0.6 \times 3600} = 36.76\,\text{kW}$

9. 2000 rpm으로 회전하는 펌프를 3500 rpm으로 변환하는 경우 펌프의 유량과 양정은 몇 배가 되는가? [02, 05, 08]

① 유량 : 2.65, 양정 : 4.12
② 유량 : 3.06, 양정 : 1.75
③ 유량 : 3.06, 양정 : 5.36
④ 유량 : 1.75, 양정 : 3.06

[해설] ㉮ 유량 계산

∴ $Q_2 = Q_1 \times \dfrac{N_2}{N_1} = Q_1 \times \dfrac{3500}{2000} = 1.75\,Q_1$

㉯ 양정 계산

∴ $H_2 = H_1 \times \left(\dfrac{N_2}{N_1}\right)^2 = H_1 \times \left(\dfrac{3500}{2000}\right)^2 = 3.06\,H_1$

10. 펌프의 회전수를 1000 rpm에서 1200 rpm으로 변화시키면 동력은 약 몇 배가 되는가? [07, 08, 09, 14]

① 1.3 ② 1.5 ③ 1.7 ④ 2.0

[해설] $L_2 = L_1 \times \left(\dfrac{N_2}{N_1}\right)^3 = L_1 \times \left(\dfrac{1200}{1000}\right)^3 = 1.728\,L_1$

[정답] 6. ④ 7. ① 8. ② 9. ④ 10. ③

11. 송수량 12000 L/min, 전양정 45 m인 벌류트 펌프의 회전수를 1000 rpm에서 1100 rpm 으로 변화시킨 경우 펌프의 축동력은 약 몇 PS인가? (단, 펌프의 효율은 80 %이다.) [13]
① 165 ② 180 ③ 200 ④ 250

[해설] ㉮ 현재의 축동력 계산

$$\therefore PS = \frac{\gamma QH}{75\eta} = \frac{1000 \times 12 \times 45}{75 \times 0.8 \times 60} = 150 \text{ PS}$$

㉯ 회전수 변화 후 축동력 계산

$$\therefore L_2 = L_1 \times \left(\frac{N_2}{N_1}\right)^3 = 150 \times \left(\frac{1100}{1000}\right)^3 = 199.65 \text{ PS}$$

12. 원심 펌프를 직렬로 연결하여 운전할 때 양정과 유량의 변화는? [11]
① 양정 : 일정, 유량 : 일정
② 양정 : 증가, 유량 : 증가
③ 양정 : 증가, 유량 : 일정
④ 양정 : 일정, 유량 : 증가

[해설] 원심 펌프의 운전 특성
㉮ 직렬운전 : 양정 증가, 유량 일정
㉯ 병렬운전 : 양정 일정, 유량 증가

13. 다음 중 터보식 펌프로서 비교적 저양정에 적합하며, 효율 변화가 비교적 급한 펌프는? [03]
① 원심 펌프 ② 축류 펌프 ③ 왕복용 펌프 ④ 치차 펌프

[정답] **11.** ③ **12.** ③ **13.** ②

3 용적형 펌프의 종류 및 특징

(1) 왕복 펌프

실린더 내의 피스톤 또는 플런저(plunger)가 왕복 운동으로 액체에 압력을 가해 이송하는 펌프이다.

① 특징
㉮ 소형으로 고압, 고점도 유체에 적당하다.
㉯ 회전수가 변하여도 토출 압력의 변화가 적다.
㉰ 토출량이 일정하여 정량 토출이 가능하고 수송량을 가감할 수 있다.
㉱ 송출이 단속적이라 맥동이 일어나기 쉽고 진동이 있다(맥동 현상을 방지하기 위하여 공기실을 설치한다).

(마) 고압으로 액의 성질이 변할 수 있고, 밸브의 글랜드 패킹이 고장이 많다.

② 종류

(가) 피스톤 펌프 : 피스톤이 로드의 단면보다 큰 구조로 유량이 크고, 압력이 낮은 경우에 사용한다.

(나) 플런저 펌프 : 피스톤과 로드의 단면이 동일한 구조로 유량이 적고, 압력이 높은 경우에 사용한다.

(다) 다이어프램 펌프 : 정량 펌프라 하며 특수 약액, 불순물이 많은 유체를 이송할 수 있고 글랜드 패킹이 없어 누설을 방지할 수 있다.

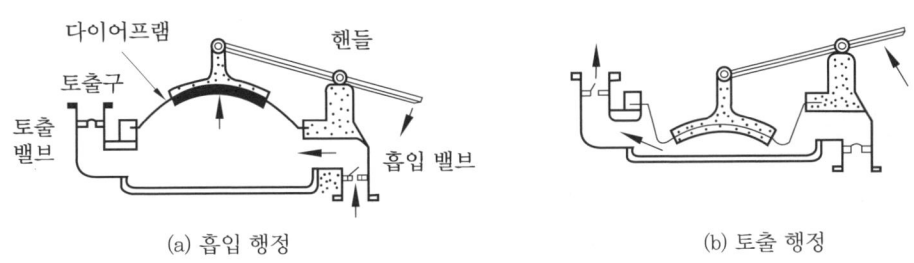

다이어프램 펌프의 작동 상세도

(2) 회전 펌프

원심 펌프와 모양이 비슷하지만 액체를 이송하는 원리가 완전히 다른 것으로 펌프 본체 속의 회전자의 회전에 의해 생기는 원심력을 이용하여 유체를 이송한다.

① 특징

(가) 왕복 펌프와 같은 흡입, 토출밸브가 없다.

(나) 연속으로 송출하므로 맥동 현상이 없다.

(다) 점성이 있는 유체의 이송에 적합하다.

(라) 고압 유압펌프로 사용된다(안전밸브를 반드시 부착한다).

② 종류

(가) 기어 펌프 : 두 개의 기어가 맞물려 회전할 때 액체를 이송하는 것으로 고점도 액의 이송에 적합하고 회전 펌프 중에서 흡입 양정이 크다.

(나) 베인 펌프 : 펌프 본체와 회전자의 중심을 편심시킨 후 회전자에 베인(깃)을 조립하여 회전자의 회전에 의해 액체를 이송한다.

(다) 나사 펌프 : 관 내부에 나사 형태의 구조를 갖는 회전자를 회전시키면 액체가 축 방향으로 이송되도록 한 것이다.

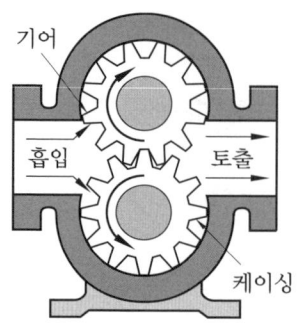
기어 펌프의 구조

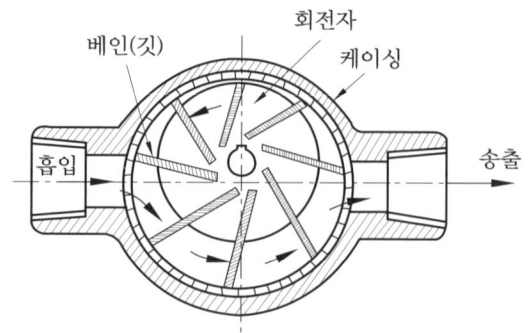
베인 펌프의 구조

단원 예상문제

1. 다음 중 왕복식 펌프에 해당하지 않는 것은? [09]
① 플런저 펌프   ② 피스톤 펌프   ③ 다이어프램 펌프   ④ 기어 펌프

[해설] 용적식 펌프의 종류
㉮ 왕복식 펌프 : 피스톤 펌프, 플런저 펌프, 다이어프램 펌프
㉯ 회전 펌프 : 기어 펌프, 나사 펌프, 베인 펌프

2. 펌프 중 고압에 사용하기 적합한 펌프는? [06]
① 원심 펌프   ② 왕복 펌프   ③ 축류 펌프   ④ 사류 펌프

[해설] 왕복 펌프 : 실린더 내의 피스톤 또는 플런저가 왕복 운동으로 액체에 압력을 가해 이송하는 펌프로 고압, 고점도 유체에 적당하다.

3. 유압 펌프 중 가장 큰 압력을 얻을 수 있는 펌프는? [03]
① 기어 펌프   ② 베인 펌프   ③ 원심 펌프   ④ 플런저 펌프

[해설] 플런저 펌프 : 피스톤과 로드의 단면이 동일한 구조로 피스톤과 비교해 유량이 적고, 압력이 높은 경우에 사용한다.

4. 왕복 펌프의 유량의 맥동을 감소시키기 위하여 설치하는 것은? [03, 04]
① 서지탱크   ② 공기실   ③ 스트레이너   ④ 체크 밸브

[해설] 공기실 : 펌프의 맥동을 저감하기 위해 설치하는 것으로 종류에는 기액식, 스프링식, 중추식이 있다.

[정답] 1. ④   2. ②   3. ④   4. ②

5. 스크류 펌프는 어느 형식의 펌프에 해당하는가? [06, 09]
① 축류 펌프　　　　　　　② 원심 펌프
③ 회전 펌프　　　　　　　④ 왕복 펌프

[해설] 스크류 펌프 : 용적형 펌프 중 회전 펌프

6. 회전 펌프의 장점이 아닌 것은? [03, 06, 08, 09]
① 왕복 펌프와 같은 흡입, 토출밸브가 없다.
② 점성이 있는 액체에 좋다.
③ 토출 압력이 높다.
④ 연속 토출되어 맥동이 많다.

[해설] 회전 펌프의 특징
㉮ 왕복 펌프와 같은 흡입, 토출밸브가 없다.
㉯ 연속으로 송출하므로 맥동 현상이 없다.
㉰ 점성이 있는 유체의 이송에 적합하다.
㉱ 고압 유압펌프로 사용된다(안전밸브를 반드시 부착한다).

7. 구조에 따라 외치식, 내치식, 편심로터리식 등이 있으며 베이퍼 로크 현상이 일어나기 쉬운 펌프는? [14]
① 제트 펌프　　　　　　　② 기포 펌프
③ 왕복 펌프　　　　　　　④ 기어 펌프

[해설] 기어 펌프 : 두 개의 기어가 맞물려 회전할 때 액체를 이송하는 것으로 고점도 액의 이송에 적합하고 회전 펌프 중에서 흡입 양정이 크다. LPG 이송용 펌프로 사용함으로 베이퍼 로크 현상이 발생할 수 있다.

8. 기어 펌프의 특징에 대한 설명 중 틀린 것은? [07]
① 저압력에 적합하다.
② 토출 압력이 바뀌어도 토출량은 크게 바뀌지 않는다.
③ 고점도 액의 이송에 적합하다.
④ 흡입 양정이 크다.

[해설] 기어 펌프의 특징 : ②, ③, ④항 외
㉮ 고압력에 적합하다.
㉯ 토출 압력은 회전수의 영향을 받지 않는다.
㉰ 구조가 간단하여 분해 점검이 용이하다.
㉱ 모래와 같은 입자를 함유하는 액체에서는 사용할 수 없다.

정답　5. ③　6. ④　7. ④　8. ①

4 특수 펌프(제트 펌프 : jet pump)

노즐에서 고속으로 분출되는 유체에 의하여 흡입구에 연결된 유체를 흡입하여 토출하는 펌프로 2종류의 유체를 혼합하여 토출하므로 에너지 손실이 크고 효율이 30 % 정도로 낮지만 구조가 간단하고 고장이 적은 장점이 있다.

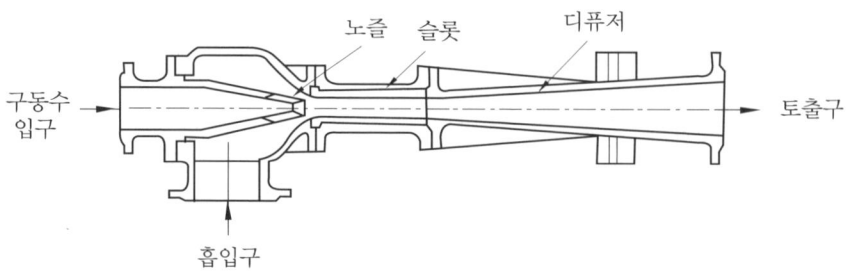

제트 펌프의 구조

✓ 단원 예상문제

1. 고압의 액체를 분출할 때 그 주변의 액체가 분사류에 따라서 송출되는 구조로서 노즐, 슬롯, 디퓨저 등으로 구성되어 있는 펌프는?
① 마찰 펌프　　　　　　　② 와류 펌프
③ 기포 펌프　　　　　　　④ 제트 펌프

2. 제트 펌프의 구성이 아닌 것은?
① 노즐　　　　　　　　　② 슬롯
③ 베인　　　　　　　　　④ 디퓨저
[해설] 제트 펌프의 구성 : 노즐, 슬롯, 디퓨저

정답　1. ④　2. ③

5 펌프에서 발생되는 현상

(1) 캐비테이션(cavitation) 현상

유수 중에 그 수온의 증기 압력보다 낮은 부분이 생기면 물이 증발을 일으키고 기포를 다수 발생하는 현상

① 발생 조건
　㈎ 흡입 양정이 지나치게 클 경우
　㈏ 흡입관의 저항이 증대될 경우
　㈐ 과속으로 유량이 증대될 경우
　㈑ 관로 내의 온도가 상승될 경우

② 일어나는 현상
　㈎ 소음과 진동이 발생
　㈏ 깃(임펠러)의 침식
　㈐ 특성 곡선, 양정 곡선의 저하
　㈑ 양수 불능

③ 방지법
　㈎ 펌프의 위치를 낮춘다(흡입 양정을 짧게 한다).
　㈏ 수직축 펌프를 사용하여 회전차를 수중에 완전히 잠기게 한다.
　㈐ 양흡입 펌프를 사용한다.
　㈑ 펌프의 회전수를 낮춘다.
　㈒ 두 대 이상의 펌프를 사용한다.

(2) 수격 작용(water hammering)

펌프에서 물을 압송하고 있을 때 정전 등으로 펌프가 급히 멈춘 경우 관내의 유속이 급변하면 물에 심한 압력 변화가 생기는 현상이다.

① 발생 원인
　㈎ 밸브의 급격한 개폐
　㈏ 펌프의 급격한 정지
　㈐ 유속이 급변할 때

② 방지법
　㈎ 배관 내부의 유속을 낮춘다(관 지름이 큰 배관을 사용한다).
　㈏ 배관에 조압 수조(調壓水槽 : surge tank)를 설치한다.
　㈐ 펌프에 플라이휠(flywheel)을 설치한다.
　㈑ 밸브를 송출구 가까이 설치하고 적당히 제어한다.

(3) 서징(surging) 현상

맥동 현상이라 하며 펌프 운전 중에 주기적으로 운동, 양정, 토출량이 규칙적으로 변동하는 현상으로 압력계의 지침이 일정 범위 내에서 움직인다.

① 발생 원인
  (가) 양정 곡선이 산형 곡선이고 곡선의 최상부에서 운전했을 때
  (나) 유량 조절 밸브가 탱크 뒤쪽에 있을 때
  (다) 배관 중에 물탱크나 공기탱크가 있을 때

② 방지법
  (가) 임펠러, 가이드 베인의 형상 및 치수를 변경하여 특성을 변화시킨다.
  (나) 방출 밸브를 사용하여 서징 현상이 발생할 때의 양수량 이상으로 유량을 증가시킨다.
  (다) 임펠러의 회전수를 변경시킨다.
  (라) 배관 중에 있는 불필요한 공기탱크를 제거한다.

(4) 베이퍼 로크(vapor lock) 현상

저비점 액체 등을 이송 시 펌프의 입구에서 발생하는 현상으로 액의 끓음에 의한 동요를 말한다.

① 발생 원인
  (가) 흡입관 지름이 작을 때
  (나) 펌프의 설치 위치가 높을 때
  (다) 외부에서 열량 침투 시
  (라) 배관 내 온도 상승 시

② 방지법
  (가) 실린더 라이너 외부를 냉각
  (나) 흡입 배관을 크게 하고 단열 처리
  (다) 펌프의 설치 위치를 낮춘다.
  (라) 흡입 관로의 청소

단원 예상문제

1. 다음 중 펌프에서 발생하는 현상이 아닌 것은?
① 초킹(choking)
② 서징(surging)
③ 수격 작용(water hammering)
④ 캐비테이션(cavitation)

[해설] 펌프에서 발생하는 이상 현상 : 캐비테이션 현상, 서징 현상, 수격 작용, 베이퍼 로크 현상

2. 펌프의 캐비테이션 발생에 따라 일어나는 현상이 아닌 것은? [08]
① 양정 곡선이 증가한다.
② 효율 곡선이 저하한다.
③ 소음과 진동이 발생한다.
④ 깃에 대한 침식이 발생한다.

[해설] 양정 곡선이 저하하며 양수 불능이 된다.

3. 액화 가스의 이송 펌프에서 발생하는 캐비테이션 현상을 방지하기 위한 대책으로 틀린 것은? [05, 11, 15]
① 흡입 배관을 크게 한다.
② 펌프의 회전수를 크게 한다.
③ 펌프의 설치 위치를 낮게 한다.
④ 펌프의 흡입구 부근을 냉각한다.

[해설] 펌프의 회전수를 낮춘다.

4. 펌프를 운전할 때 송출 압력과 송출 유량이 주기적으로 변동하여 펌프의 토출구 및 흡입구에서 압력계의 지침이 흔들리는 현상을 무엇이라 하는가? [04, 06, 08, 11]
① 맥동(surging) 현상
② 진동(vibration) 현상
③ 공동(cavitation) 현상
④ 수격(water hammering) 현상

[해설] 서징(surging) 현상 : 펌프를 운전하는 중에 주기적으로 운동, 양정, 토출량이 규칙적으로 변동하는 현상으로 맥동 현상이라고 한다.

5. 배관 속을 흐르는 액체의 속도를 급격히 변화시키면 물이 관벽을 치는 현상이 일어나는데 이런 현상을 무엇이라 하는가? [09, 14]
① 캐비테이션 현상 ② 워터햄머링 현상 ③ 서징 현상 ④ 맥동 현상

[해설] 워터 햄머링(water hammering) 현상 : 펌프에서 물을 압송하고 있을 때 정전 등으로 펌프가 급히 멈춘 경우 관내의 유속이 급변하면 물에 심한 압력 변화가 생기는 현상으로 수격 작용이라 한다.

6. 액화석유가스 이송용 펌프에서 발생하는 이상 현상으로 가장 거리가 먼 것은? [07, 09]
① 캐비테이션
② 수격 작용
③ 오일포밍
④ 베이퍼 로크

[해설] 액화석유가스 이송용 펌프로 사용할 수 있는 펌프가 원심 펌프, 기어 펌프, 베인 펌프이므로 이상 현상이 발생하는 것은 캐비테이션 현상, 서징 현상, 수격 작용, 베이퍼 로크 등이다.

정답 1. ① 2. ① 3. ② 4. ① 5. ② 6. ③

제3장 | 저온 장치

3-1 가스 액화 사이클

1 가스 액화의 원리

(1) 단열 팽창 방법
줄-톰슨 효과에 의한 방법(단열 팽창 사용)

※ 줄-톰슨 효과(Joule-Thomson effect) : 압축가스를 단열 팽창시키면 일반적으로 온도가 강하한다. 이를 최초로 실험한 사람의 이름을 따서 줄-톰슨 효과라 하며 저온을 얻는 기본 원리이다. 줄-톰슨 효과는 팽창 전의 압력이 높고 최초의 온도가 낮을수록 크다.

(2) 팽창기에 의한 방법
피스톤식(왕복동형)과 터빈식(터보형)이 있으며 외부에 일을 하면서 단열 팽창시키는 방식이다.

(3) 가스 액화 사이클

① 린데(Linde) 액화 사이클 : 단열 팽창(줄-톰슨 효과)을 이용한 것이다.

② 클라우드(Claude) 액화 사이클 : 팽창기에 의한 단열 교축 팽창을 이용한 것으로 피스톤식 팽창기를 사용한다.

③ 카피차(Kapitsa) 액화 사이클 : 공기 압축 압력이 7 atm으로 낮고, 열 교환기에 축랭기를 사용하여 원료 공기를 냉각시킴과 동시에 수분과 탄산가스를 제거한다. 터빈식 팽창기를 사용한다.

④ 필립스(Philips) 액화 사이클 : 실린더 중에 피스톤과 보조 피스톤이 있고, 양 피스톤의 작용으로 상부에 팽창기, 하부에 압축기가 구성된다. 냉매는 수소, 헬륨을 사용한다.

⑤ 캐스케이드(cascade) 액화 사이클 : 증기 압축 냉동 사이클에서 다원 냉동 사이클과 같이 비점이 점차 낮은 냉매를 사용하여 저비점의 기체를 액화하는 사이클로 캐스케이드 액화 사이클(다원 액화 사이클)이라 한다. 암모니아, 에틸렌, 메탄을 냉매로 사용한다.

(4) 액화의 조건
① 임계 온도 이하, 임계 압력 이상
② 임계 온도 : 액화시킬 수 있는 최고의 온도이다.

✔ 단원 예상문제

1. 다음 중 저온을 얻는 기본적인 원리는? [13]
① 등압 팽창　　　　　　　② 단열 팽창
③ 등온 팽창　　　　　　　④ 등적 팽창
[해설] 저온을 얻는 기본 원리 : 줄-톰슨 효과를 이용한 단열 팽창 방법이다.

2. 압축된 가스를 단열 팽창시키면 온도가 강하한다는 효과는? [06, 08]
① 단열 효과　　　　　　　② 줄-톰슨 효과
③ 정류 효과　　　　　　　④ 강하 효과
[해설] 줄-톰슨 효과 : 단열을 한 배관 중에 작은 구멍을 내고 이 관에 압력이 있는 유체를 흐르게 하면 유체가 작은 구멍을 통할 때 유체의 압력이 하강함과 동시에 온도가 변화하는 현상이다.

3. 공기, 질소, 산소 및 헬륨 등과 같이 임계 온도가 낮은 기체를 액화하는 액화 사이클의 종류가 아닌 것은? [16]
① 구데 공기 액화 사이클　　　　② 린데 공기 액화 사이클
③ 필립스 공기 액화 사이클　　　④ 캐스케이드 공기 액화 사이클
[해설] 가스 액화 사이클의 종류 : 린데식, 클라우드식, 카피차식, 필립스식, 캐스케이드식

4. 다음 중 저온 장치의 가스 액화 사이클이 아닌 것은? [12]
① 린데식 사이클　　　　　② 클라우드식 사이클
③ 필립스식 사이클　　　　④ 카자레식 사이클
[해설] 저온 장치의 가스 액화 사이클 종류
　㉮ 린데식 액화 사이클
　㉯ 클라우드식 액화 사이클
　㉰ 카피차 액화 사이클
　㉱ 필립스식 액화 사이클
　㉲ 캐스케이드 액화 사이클

[정답] 1. ②　2. ②　3. ①　4. ④

5. 카피차(Kapitsa) 공기 액화 사이클에서 공기의 압축 압력은 얼마인가? [02, 07]
① 5 atm ② 7 atm
③ 9 atm ④ 15 atm

해설 카피차 액화 사이클의 공기 압축 압력 : 7 atm

6. 수소나 헬륨을 냉매로 사용한 냉동 방식으로 실린더 중에 피스톤과 보조 피스톤으로 구성되어 있는 액화 사이클은? [08, 09]
① 클라우드 공기 액화 사이클 ② 린데 공기 액화 사이클
③ 필립스 공기 액화 사이클 ④ 카피차 공기 액화 사이클

해설 필립스(Philips) 액화 사이클 : 실린더 중에 피스톤과 보조 피스톤이 있고, 냉매는 수소, 헬륨을 사용한다.

7. 비점이 점차 낮은 냉매를 사용하여 저비점의 기체를 액화하는 사이클은? [06, 15]
① 클라우드 액화 사이클 ② 캐스케이드 액화 사이클
③ 필립스 액화 사이클 ④ 린데 액화 사이클

해설 캐스케이드 액화 사이클 : 비점이 점차 낮은 냉매를 사용하는 다원액화 사이클이라고 부르며, 공기 액화 및 천연가스를 액화시키는 데 사용하고 있다.

8. 임계 온도(critical temperature)에 대한 설명으로 옳은 것은? [07]
① 기체를 액화할 수 있는 최저의 온도 ② 기체를 액화할 수 있는 절대 온도
③ 기체를 액화할 수 있는 최고의 온도 ④ 기체를 액화할 수 있는 평균 온도

해설 액화의 조건 : 임계 온도 이하, 임계 압력 이상
∴ 임계 온도는 기체를 액화할 수 있는 최고의 온도이다.

정답 5. ② 6. ③ 7. ② 8. ③

2 냉동 장치

(1) 냉동 능력

① **1 한국 냉동톤** : 0℃ 물 1톤(1000kg)을 0℃ 얼음으로 만드는 데 1일 동안 제거하여야 할 열량으로 3320kcal/h에 해당된다.

② **1 미국 냉동톤** : 32°F 물 2000 lb를 32°F 얼음으로 만드는 데 1일 동안 제거하여야 할 열량으로 3024kcal/h에 해당된다.

(2) 기계적 냉동 장치

① 증기 압축식 냉동 장치

(가) 4대 구성 요소 : 압축기, 응축기, 팽창 밸브, 증발기

(나) 각 장치의 기능

㉮ 압축기 : 저온, 저압의 냉매 가스를 고온, 고압으로 압축하여 응축기로 보내 응축, 액화하기 쉽도록 하는 역할을 한다.

㉯ 응축기 : 고온, 고압의 냉매 가스를 공기나 물을 이용하여 응축, 액화시키는 역할을 한다.

㉰ 팽창 밸브 : 고온, 고압의 냉매액을 증발기에서 증발하기 쉽게 저온, 저압으로 교축 팽창시키는 역할을 한다.

㉱ 증발기 : 저온, 저압의 냉매액이 피냉각 물체로부터 열을 흡수하여 증발함으로써 냉동의 목적을 달성한다.

② 흡수식 냉동 장치

(가) 4대 구성 요소 : 흡수기, 발생기, 응축기, 증발기

(나) 냉매 및 흡수제의 종류

냉 매	흡수제	냉 매	흡수제
암모니아(NH_3)	물	염화 메틸(CH_3Cl)	사염화에탄
물(H_2O)	리튬 브로마이드(LiBr)	톨루엔	파라핀유

(3) 냉매의 구비 조건

① 응고점이 낮고 임계 온도가 높으며 응축, 액화가 쉬울 것
② 증발 잠열이 크고 기체의 비체적이 적을 것
③ 오일과 냉매가 작용하여 냉동 장치에 악영향을 미치지 않을 것
④ 화학적으로 안정되고 분해하지 않을 것
⑤ 금속에 대한 부식성 및 패킹 재료에 악영향이 없을 것
⑥ 인화 및 폭발성이 없을 것
⑦ 인체에 무해할 것(비독성 가스일 것)
⑧ 경제적일 것(가격이 저렴할 것)

단원 예상문제

1. 증기 압축식 냉동기에서 냉매가 순환되는 경로로 옳은 것은? [10, 14]
① 압축기 → 증발기 → 응축기 → 팽창 밸브
② 증발기 → 응축기 → 압축기 → 팽창 밸브
③ 증발기 → 팽창 밸브 → 응축기 → 압축기
④ 압축기 → 응축기 → 팽창 밸브 → 증발기

[해설] 증기 압축식 냉동기의 작동 순서 : 압축기 → 응축기 → 팽창 밸브 → 증발기

2. 흡수식 냉동기에서 냉매로 물을 사용할 경우 흡수제로 사용하는 것은? [08, 13]
① 암모니아
② 사염화에탄
③ 리튬 브로마이드
④ 파라핀유

[해설] 흡수식 냉동기의 냉매 및 흡수제

냉 매	흡수제	냉 매	흡수제
암모니아	물	염화 메틸	사염화에탄
물	리튬 브로마이드	톨루엔	파라핀유

3. 냉동기에 사용되는 냉매의 구비 조건으로 다음 중 틀린 것은? [04]
① 비체적이 적을 것
② 부식성이 적을 것
③ 분해성이 클 것
④ 증발 잠열이 클 것

[해설] 냉매의 구비 조건
㉮ 응고점이 낮고 임계 온도가 높으며 응축, 액화가 쉬울 것
㉯ 증발 잠열이 크고 기체의 비체적이 적을 것
㉰ 오일과 냉매가 작용하여 냉동 장치에 악영향을 미치지 않을 것
㉱ 화학적으로 안정되고 분해하지 않을 것
㉲ 금속에 대한 부식성 및 패킹 재료에 악영향이 없을 것
㉳ 인화 및 폭발성이 없을 것
㉴ 인체에 무해할 것(비독성 가스일 것)
㉵ 경제적일 것(가격이 저렴할 것)

정답 1. ④ 2. ③ 3. ③

3-2 가스 액화 분리 장치

1 가스 액화 분리 장치의 구성

(1) 한랭 발생 장치
 냉동 사이클, 가스 액화 사이클의 응용으로 가스 액화 분리 장치의 열 제거를 돕고 액화가스를 채취할 때는 그것에 필요한 한랭을 보급한다.

(2) 정류 장치
 원료 가스를 저온에서 분리, 정제하는 장치이며 목적에 따라 선정된다.

(3) 불순물 제거 장치
 저온이 되면 동결이 되어 장치의 배관 및 밸브를 폐쇄하는 원료 가스 중의 수분, 탄산가스 등을 제거하기 위한 장치이다.

✔ 단원 예상문제

1. 가스 액화 분리 장치의 구성 3요소가 아닌 것은? [06, 07, 09]
 ① 한랭 발생 장치
 ② 정류 장치
 ③ 불순물 제거 장치
 ④ 유회수 장치
 [해설] 가스 액화 분리 장치의 구성 3요소 : 한랭 발생 장치, 정류 장치, 불순물 제거 장치

2. 가스 액화 분리 장치에서 냉동 사이클과 액화 사이클을 응용한 장치는? [14]
 ① 한랭 발생 장치
 ② 정류 분출 장치
 ③ 정류 흡수 장치
 ④ 불순물 제거 장치
 [해설] 한랭 발생 장치 : 냉동 사이클, 가스 액화 사이클의 응용으로 가스 액화 분리 장치의 열 제거를 돕고 액화 가스를 채취할 때는 그것에 필요한 한랭을 보급한다.

정답 1. ④ 2. ①

2 가스 액화 분리 장치용 기기

(1) 팽창기

압축 기체가 피스톤, 터빈의 운동에 대하여 일을 할 때 등엔트로피 팽창을 하여 기체의 온도를 강하시키는 역할을 한다.

① **왕복동식 팽창기** : 팽창비가 약 40 정도로 크나 효율은 60~65 %로 낮다. 처리 가스양이 1000 m^3/h 이상되면 다기통이 되어야 하며 내부 윤활유가 혼입될 우려가 있으므로 유 분리기를 설치하여야 한다.

② **터보 팽창기** : 내부에 윤활유를 사용하지 않으며 회전수가 10000~20000 rpm 정도이고, 처리 가스양이 10000 m^3/h 이상도 가능하다. 팽창비는 약 5정도이고, 충동식, 반동식, 반경류 반동식이 있으며 반동식은 효율이 80~85 % 정도로 높다.

(2) 축랭기

원통상의 용기 내부에 표면적이 넓고, 열용량이 큰 충전물(축냉체)이 들어 있으며, 고온의 가스와 저온의 가스가 서로 반대 방향으로 흐르며 원료 가스 중의 불순물(수분, 탄산 가스 등)이 제거되는 열 교환기이다. 축냉체로는 주름이 있는 알루미늄 리본을 사용하였으나 근래에는 자갈을 충전하여 사용한다.

(3) 재생식 열 교환기

온도가 높고 압력이 있는 원료 공기와 저온의 질소 가스가 재생 통로를 통하고 열 교환을 하는 것으로 축랭기와 같이 사용된다.

(4) 정류탑

2성분 이상의 혼합액을 저온으로부터 각 성분의 비점에 따라 순수한 상태로 분리 정제하는 장치로 단식 정류탑과 복식 정류탑이 있다.

(5) 저비점 액체용 펌프

저온, 열응력, 캐비테이션 등을 고려하고, 저온에 견딜 수 있는 금속 재료를 선택하여 제작하여야 한다. 축봉 장치는 일반적으로 메커니컬 실을 사용한다.

(6) 액면계

햄프슨식 액면계(차압식 액면계)를 사용한다.

(7) 밸브

밸브 본체는 극저온에 접촉되지만 밸브 축, 밸브 핸들 등은 상온에 있어 이곳을 통한 열 손실이 발생하므로 열 손실을 줄이기 위하여 다음과 같은 대책을 강구하여야 한다.
① 장축 밸브로 하여 열의 전도를 방지한다.
② 열전도율이 적은 재료를 밸브 축으로 사용한다.
③ 밸브 본체의 열용량을 적게 하여 가동 시의 열 손실을 적게 한다.
④ 누설이 적은 밸브를 사용한다.

✔ 단원 예상문제

1. 공기 액화 분리 장치용 구성 기기 중 압축기에서 고압으로 압축된 공기를 저온 저압으로 낮추는 역할을 하는 장치는? [07]
① 응축기
② 유 분리기
③ 팽창기
④ 열 교환기

[해설] 팽창기 : 압축 기체가 피스톤, 터빈의 운동에 대하여 일을 할 때 등엔트로피 팽창을 하여 기체의 온도를 강하시키는 역할을 하는 것으로 왕복동식 팽창기와 터보식 팽창기로 분류한다.

2. 저온 장치에 많이 사용되는 팽창기의 종류는? [02]
① 나사식
② 터보식
③ 회전식
④ 다이어프램식

[해설] 저온 장치에 사용되는 팽창기 종류 : 왕복동식, 터보식

3. 가스 액화 분리 장치 중 축랭기에 대한 설명으로 틀린 것은? [08]
① 열 교환기이다.
② 수분을 제거시킨다.
③ 탄산가스를 제거시킨다.
④ 내부에는 열용량이 적은 충전물이 들어 있다.

[해설] 축랭기의 구조
㉮ 축랭기는 열 교환기이다.
㉯ 축랭기 내부에는 표면적이 넓고 열용량이 큰 충전물(축랭체)이 들어 있다.
㉰ 축랭체로는 주름이 있는 알루미늄 리본이 사용되었으나 현재는 자갈을 사용한다.
㉱ 축랭기에서는 원료 공기 중의 수분과 탄산가스가 제거된다.

정답 1. ③ 2. ② 3. ④

4. 가스 액화 분리 장치의 축랭기에 사용되는 축랭체는 ? [09]
① 규조토　　　　　　　　② 자갈
③ 암모니아　　　　　　　④ 희가스

[해설] 축랭기 축랭체로는 주름이 있는 알루미늄 리본이 사용되었으나 현재는 자갈을 사용한다.

5. 저비점(低沸点) 액체용 펌프 사용상의 주의 사항으로 틀린 것은 ? [15]
① 밸브와 펌프 사이에 기화 가스를 방출할 수 있는 안전밸브를 설치한다.
② 펌프와 흡입 토출관에는 신축 조인트를 장치한다.
③ 펌프는 가급적 저장 용기(貯槽)로부터 멀리 설치한다.
④ 운전 개시 전에는 펌프를 청정(淸淨)하여 건조한 다음 펌프를 충분히 예랭(豫冷)한다.

[해설] 저비점 액체용 펌프 사용 시 주의 사항
　㉮ 펌프는 가급적 저장 탱크 가까이 설치한다.
　㉯ 펌프의 흡입, 토출관에는 신축 이음 장치를 설치한다.
　㉰ 밸브와 펌프 사이에 기화 가스를 방출할 수 있는 안전밸브를 설치한다.
　㉱ 운전 개시 전 펌프를 청정하여 건조한 다음 예랭하여 사용한다.

[정답] 4. ② 　 5. ③

3 저온 단열법

(1) 상압 단열법

　일반적으로 사용되는 단열법으로 단열 공간에 분말, 섬유 등의 단열재를 충전(피복)하는 방법이다.

① **단열재의 구비 조건**
　㉮ 열전도율이 작을 것　　　　　㉯ 흡습성, 흡수성이 작을 것
　㉰ 적당한 기계적 강도를 가질 것　㉱ 시공성이 좋을 것
　㉲ 부피, 비중(밀도)이 작을 것　　㉳ 경제적일 것

② **상압 단열법의 주의 사항**
　㉮ 산소, 액화 질소를 취급하는 장치 및 공기의 액화 온도 이하의 장치에는 불연성의 단열재를 사용하여야 한다.
　㉯ 단열재 층에 수분이 존재하면 동결로 얼음이 생성될 우려가 있으므로 건조 질소로 치환하여 공기와 수분의 침입을 방지하여야 한다.

(2) 진공 단열법

공기의 열전도율보다 낮은 값을 얻기 위하여 단열 공간을 진공으로 하여 공기에 의한 전열을 차단하는 단열법이다.

① **고진공 단열법**: 보온병과 같이 단열 공간을 진공으로 처리하여 열전도를 차단하는 방법이다.

② **분말 진공 단열법**: 10^{-2} torr 정도의 진공 공간에 샌다셀, 펄라이트, 규조토, 알루미늄 분말을 사용하여 단열 효과를 높인 것이다.

③ **다층 진공 단열법**: 고진공 공간에 알루미늄 박판과 섬유를 이용하여 단열 처리를 하는 방법으로 다음과 같은 특징이 있다.
  ㈎ 고진공 단열법보다 단열 효과가 좋다.
  ㈏ 최고의 단열 성능을 얻으려면 10^{-5} torr 정도의 높은 진공도가 필요하다.
  ㈐ 단열층 내의 온도 분포가 복사 전열의 영향으로 저온 부분일수록 열용량이 적다.
  ㈑ 단열층이 어느 정도 압력에 견디므로 내부층에 대하여 지지력을 갖는다.

✓ 단원 예상문제

1. 저온 장치에 사용되고 있는 단열법 중 단열을 하는 공간에 분말, 섬유 등의 단열재를 충전하는 방법으로 일반적으로 사용되는 단열법은? [07, 09]
① 상압의 단열법
② 고진공 단열법
③ 다층 진공 단열법
④ 린데식 단열법

[해설] 상압 단열법: 일반적으로 사용되는 단열법으로 단열 공간에 분말, 섬유 등의 단열재를 충전하는 방법이다.

2. 보온재의 구비 조건 중 맞지 않는 것은? [02, 04, 07, 11]
① 열전도율이 적을 것
② 흡습, 흡수성이 클 것
③ 비중이 적고, 적당한 강도가 있을 것
④ 시공이 용이할 것

[해설] 보온재(단열재)의 구비 조건
  ㈎ 열전도율이 작을 것
  ㈏ 흡습성, 흡수성이 작을 것
  ㈐ 적당한 기계적 강도를 가질 것
  ㈑ 시공성이 좋을 것
  ㈒ 부피, 비중(밀도)이 작을 것
  ㈓ 경제적일 것

정답 1. ① 2. ②

3. 공기 액화 분리 장치에는 다음 중 어떤 가스 때문에 가연성 물질을 단열재로 사용할 수 없는가? [04, 06, 15]
① 질소 ② 수소
③ 산소 ④ 아르곤

[해설] 공기 액화 분리 장치에는 산소 때문에 가연성 물질을 단열재로 만든 것을 사용할 수 없다 (불연성의 단열재를 사용하여야 한다).

4. 저온 장치 단열법의 종류에 속하지 않는 것은? [04, 08, 11]
① 고진공 단열법 ② 상압 단열법
③ 분말 진공 단열법 ④ 고압 단열법

[해설] 단열법의 종류
㉮ 상압 단열법 : 일반적으로 사용되는 단열법으로 단열 공간에 분말, 섬유 등의 단열재를 충전하는 방법이다.
㉯ 진공 단열법 : 공기의 열전도율보다 낮은 값을 얻기 위하여 단열 공간을 진공으로 하여 공기에 의한 전열을 차단하는 단열법으로 고진공 단열법, 분말 진공 단열법, 다층 진공 단열법이 있다.

5. 다음 중 저온 단열법 중 진공 단열법이 아닌 것은? [09]
① 분말 섬유 단열법 ② 고진공 단열법
③ 다층 진공 단열법 ④ 분말 진공 단열법

[해설] 진공 단열법의 종류 : 고진공 단열법, 분말 진공 단열법, 다층 진공 단열법

6. 어느 압력까지 내려가면 공기에 의한 전열이 압력과 비례하여 급격히 적어지는 성질을 이용하는 저온 장치에 사용되는 진공 단열법은? [12, 15]
① 고진공 단열법 ② 분말 진공 단열법
③ 다층 진공 단열법 ④ 자연 진공 단열법

[해설] 고진공 단열법 : 압력이 10^{-3} torr 정도까지 내려가면 공기에 의한 전열이 압력과 비례하여 적어지는 성질을 이용한 것으로 단열할 공간을 고진공으로 하여 열 침입을 차단하는 방법이다.

7. 다음 분말 진공 단열법 중에서 충진용 분말로 사용되지 않는 것은? [03, 13, 15]
① 가성 소다 ② 펄라이트
③ 규조토 ④ 알루미늄 분말

[해설] 충진용 분말 : 샌다셀, 펄라이트, 규조토, 알루미늄 분말

정답 3. ③ 4. ④ 5. ① 6. ① 7. ①

8. 양면 간에 복사 방지용 실드 판으로서 알루미늄박과 스페이서로의 글라스울을 서로 다수 포개어 고진공 중에 두는 단열 방법은? [06]
① 상압 단열법
② 고진공 단열법
③ 다층 진공 단열법
④ 분말 진공 단열법

[해설] 다층 진공 단열법 : 고진공 공간에 알루미늄 박판과 섬유를 이용하여 단열 처리를 하는 방법이다.

9. 저온 장치에서 열의 침입 원인으로 가장 거리가 먼 것은? [02, 06, 15]
① 내면으로부터의 열전도
② 연결 배관 등에 의한 열전도
③ 지지 요크 등에 의한 열전도
④ 단열재를 넣은 공간에 남은 가스의 분자 열전도

[해설] 저온 장치의 열 침입 원인
㉮ 단열재를 충전한 공간에 남은 가스 분자의 열전도
㉯ 외면으로부터의 열전도
㉰ 연결되는 배관 등에 의한 열전도
㉱ 지지 요크 등에 의한 열전도
㉲ 밸브, 안전밸브 등에 의한 열전도

10. 1000 L의 액산 탱크에 액산을 넣어 방출 밸브를 개방하여 12시간 방치했더니 탱크 내의 액산이 4.8 kg 방출되었다면 1시간당 탱크에 침입하는 열량은 몇 kcal인가? (단, 액산의 증발 잠열은 60 kcal/kg이다.) [02, 03, 11, 15]
① 12
② 24
③ 70
④ 150

[해설] 침입 열량 $= \dfrac{\text{증발 잠열량}}{\text{측정 시간}} = \dfrac{4.8 \times 60}{12} = 24 \text{ kcal/h}$

[정답] 8. ③ 9. ① 10. ②

제4장 | 가스 설비

4-1 고압 설비의 재료

1 고압 설비 재료의 성질

(1) 기계적 성질

① **강도(strength)** : 외력에 대하여 재료 단면에 작용하는 최대 저항력으로 인장 강도, 전단 강도, 압축 강도 등으로 분류되며 일반적으로 인장 강도를 의미한다.
② **경도(hardness)** : 금속의 단단한 정도를 표시하는 것으로 인장 강도에 비례한다.
③ **연신율** : 재료에 하중을 가했을 때 원래 길이에서 늘어난 길이의 비이다.
④ **인성** : 굽힘이나 비틀림 작용이 반복하여 작용할 때 외력에 저항하는 성질로 끈기 있고 질긴 성질이다.
⑤ **취성** : 물체의 변형에 견디지 못하고 파괴되는 성질로 인성에 반대된다.
⑥ **전성** : 타격이나 압연 작업에 의해 재료가 얇은 판으로 넓어지는 성질이다.
⑦ **연성** : 금속을 잡아당겼을 때 가는 선으로 늘어나는 성질이다.
⑧ **피로** : 반복 하중에 의한 재료의 저항력이 저하하는 현상을 피로라 하며 파괴 강도보다 상당히 낮은 응력이 반복 작용을 하는 경우 재료가 파괴된다. 재료가 파괴되는 현상을 피로 파괴라 한다.
⑨ **크리프(creep)** : 어느 온도(350℃) 이상에서는 재료에 어느 일정한 하중을 가하여 그대로 방치하면 시간의 경과와 더불어 변형이 증대하고 때로는 파괴되는 현상을 말한다.
⑩ **항복점** : 탄성 한계 이상의 하중을 가하면 하중은 연신율에 비례하지 않으며, 하중을 증가시키지 않아도 시험편이 늘어나는 현상을 항복 현상이라 하고, 항복 현상이 일어나는 점을 항복점이라 한다.

(2) 물리적 성질

비중, 용융점, 비열, 선팽창 계수, 열전도율, 전기 전도도(도전율), 금속과 합금의 색, 자성(磁性), 융해 잠열 등

(3) 화학적 성질
내열성, 내식성 등

(4) 제작상 성질
주조성, 단조성, 용접성, 절삭성 등

단원 예상문제

1. 재료에 인장과 압축 하중을 오랜 시간 반복적으로 작용시키면 그 응력이 인장 강도보다 작은 경우에도 파괴되는 현상은? [07, 09]
① 인성 파괴
② 피로 파괴
③ 취성 파괴
④ 크리프 파괴

[해설] 피로 파괴 : 반복 하중에 의한 재료의 저항력이 저하하는 현상을 피로라 하며 파괴 강도보다 상당히 낮은 응력이 반복 작용을 하는 경우 재료가 파괴된다. 재료가 파괴되는 현상을 피로 파괴라 한다.

2. 재료가 일정 온도 이상에서 응력이 작용할 때 시간이 경과함에 따라 변형이 증대되고 때로는 파괴되는 현상을 무엇이라 하는가? [14]
① 피로
② 크리프
③ 에로숀
④ 탈탄

[해설] 크리프(creep) 현상 : 어느 온도 이상에서 재료에 일정한 하중을 가하여 그대로 방치하면 시간의 경과와 더불어 변형이 증대하고 때로는 파괴되는 현상을 말한다.

3. 용기의 원통부로부터 길이 방향으로 잘라내어 탄성 한도, 연신율, 항복점, 단면 수축률 등을 측정하는 검사 방법은? [07]
① 외관 검사
② 인장 시험
③ 충격 시험
④ 내압 시험

[해설] 인장 시험 : 시험편을 인장 시험기의 양끝에 고정시켜 시험편의 축방향으로 당겼을 때 시험편에 작용하는 하중과 그 하중으로 시험편이 변형된 크기를 측정하여 응력-변형률 선도에 재료의 항복점, 탄성 한도, 인장 강도, 연신율을 측정하는 것이다.

[정답] 1. ② 2. ② 3. ②

2 금속 재료의 종류

(1) 탄소강(carbon steel)

보통강이라고도 하며 철(Fe)에 탄소(C) 외에 Si, Mn, P, S 등의 원소를 소량 함유하고 있다.

① **함유 원소의 영향**
- ㈎ 탄소(C) : 탄소 함유량이 증가하면 인장 강도 항복점은 증가하고, 연신율 충격치는 감소한다. 탄소 함유량이 0.9 % 이상이 되면 반대로 인장 강도, 항복점은 감소하여 취성이 증가한다.
- ㈏ 망간(Mn) : 강의 경도, 강도, 점성 강도를 증대한다.
- ㈐ 인(P) : 경도를 증대하나 상온 취성의 원인이 된다.
- ㈑ 황(S) : 적열 취성의 원인이 된다.
- ㈒ 규소(Si) : 유동성을 좋게 하나 단접성, 냉간 가공성을 나쁘게 한다.
- ㈓ 구리(Cu) : 인장 강도, 탄성 한도, 내식성을 증가시키나 압연 시 균열의 원인이 된다.

(2) 특수강

탄소강에 Ni, Cr, Mn, W, Co, Mo 등의 금속 원소를 하나 또는 둘 이상을 첨가하여 강의 기계적 성질을 향상시키거나 특수한 성질을 부여한 것으로 합금강(alloy steel)이라 한다.

(3) 동 및 동합금

① **동(銅 : Cu)** : 전성, 연성이 풍부하고 가공성 및 내식성이 우수해 고압 장치의 재료로 사용된다.
② **황동(brass)** : 동(Cu)과 아연(Zn)의 합금으로 동에 비하여 주조성, 가공성 및 내식성이 우수하며 청동에 비하여 가격이 저렴하다. 아연의 함유량은 30~35 % 정도이다.
③ **청동(bronze)** : 동(Cu)과 주석(Sn)의 합금으로 황동에 비하여 주조성이 우수하여 주조용 합금으로 많이 쓰이며 내마모성이 우수하고 강도가 크다.

단원 예상문제

1. 금속 재료에 S, P, Ni, Mn과 같은 원소들이 함유하면 강에 영향을 미치는데 다음 설명 중 틀린 것은? [06]
① S : 적열 취성의 원인이 된다.
② P : 상온 취성을 개선한다.
③ Mn : S와 결합하여 황에 의한 악영향을 완화한다.
④ Ni : 저온 취성을 개선한다.
[해설] P(인) : 상온 취성의 원인

2. 질소를 취급하는 금속 재료에서 내질화성(耐窒化性)을 증대하는 원소는? [06, 08, 15]
① Ni
② Al
③ Cr
④ Ti
[해설] 내질화성(耐窒化性)을 증대하는 원소 : 니켈(Ni)

3. 오스테나이트계 스테인리스강에 대한 설명으로 틀린 것은? [16]
① Fe-Cr-Ni 합금이다.
② 내식성이 우수하다.
③ 강한 자성을 갖는다.
④ 18-8 스테인리스강이 대표적이다.
[해설] 오스테나이트계 스테인리스강 : 18-8 스테인리스강이 대표적이며 크롬(Cr) 12~20 %, 니켈 8~16 %를 함유하고 열전도율이 낮고 냉간 가공에 의한 경화성이 크며, 비자성이다.

4. 금속 재료에 대한 설명으로 옳지 않은 것은?
① 강에 인(P)의 함유량이 많으면 신율, 충격치는 저하한다.
② 크롬 17~20 %, 니켈 7~10 % 함유한 강을 18-8 스테인리스강이라 한다.
③ 동과 주석의 합금은 황동이고 동과 아연의 합금은 청동이다.
④ 금속 가공 중에 생긴 잔류 응력을 제거하기 위해 열처리를 한다.
[해설] 동합금의 종류 및 특징
㉮ 황동(brass) : 동(Cu)과 아연(Zn)의 합금으로 동에 비하여 주조성, 가공성 및 내식성이 우수하며 청동에 비하여 가격이 저렴하다. 아연의 함유량은 30~35 % 정도이다.
㉯ 청동(bronze) : 동(Cu)과 주석(Sn)의 합금으로 황동에 비하여 주조성이 우수하여 주조용 합금으로 많이 쓰이며 내마모성이 우수하고 강도가 크다.

[정답] 1. ② 2. ① 3. ③ 4. ③

3 열처리의 목적 및 종류

(1) 열처리의 목적
금속 재료의 기계적 성질을 향상시키기 위하여 열처리를 한다.

(2) 일반 열처리
① **담금질(quenching : 소입)** : 재료를 적당한 온도로 가열하여 이 온도에서 물, 기름 등에 급속 냉각시키는 것으로 강도, 경도가 증가한다.
② **불림(normalizing : 소준)** : 결정 조직을 미세화하여 균일하게 하고 조직의 변형을 제거하기 위하여 균일하게 가열한 후 공기 중에서 냉각하는 것이다.
③ **풀림(annealing : 소둔)** : 가공 중에 생긴 내부 응력을 제거하거나 가공 경화된 재료를 연화시켜 상온 가공을 용이하게 할 목적으로 로 중에서 가열하여 서서히 냉각한다.
④ **뜨임(tempering : 소려)** : 담금질 또는 냉간 가공된 재료의 내부 응력을 제거하며 재료에 연성, 인장 강도를 부여하기 위해 담금질 온도보다 낮은 온도로 재가열한 후 냉각한다.

✔ 단원 예상문제

1. 강을 열처리하는 목적은?
① 기계적 성질을 향상시키기 위하여
② 표면에 녹이 생기지 않게 하기 위하여
③ 표면에 광택을 내기 위하여
④ 사용 시간을 연장하기 위하여
[해설] 열처리 목적 : 강의 기계적 성질을 향상시키기 위하여

2. 결정 조직이 거칠은 것을 미세화하여 조직을 균일하게 하고 조직의 변형을 제거하기 위하여 균일하게 가열한 후 공기 중에서 냉각하는 열처리 방법은?
① 퀀칭   ② 노멀라이징   ③ 어닐링   ④ 템퍼링
[해설] 열처리의 종류 및 목적
　㉮ 담금질(quenching : 소입) : 강도, 경도 증가
　㉯ 불림(normalizing : 소준) : 결정 조직의 미세화
　㉰ 풀림(annealing : 소둔) : 내부 응력 제거, 조직의 연화
　㉱ 뜨임(tempering : 소려) : 연성, 인장 강도 부여, 내부 응력 제거

정답 1. ① 2. ②

3. 강의 표면에 타 금속을 침투시켜 표면을 경화시키고 내식성, 내산화성을 향상시키는 것을 금속 침투법이라 한다. 그 종류에 해당되지 않는 것은? [06]
① 세라다이징(sheradizing)
② 칼로라이징(calorizing)
③ 크로마이징(chromizing)
④ 도우라이징(dowrizing)

[해설] 금속 침투법의 종류
㉮ 세라다이징(sheradizing) : Zn 침투법
㉯ 칼로라이징(calorizing) : Al 침투법
㉰ 크로마이징(chromizing) : Cr 침투법
㉱ 실리코나이징(siliconizing) : Si 침투법
㉲ 보로나이징(boronizing) : B 침투법

정답 3. ④

4 고압 장치 설비용 재료

(1) 고온 고압 장치용 재료

① 고압 장치 재료 선택 시 고려 사항
㉮ 내열성(耐熱性)
㉯ 내식성(耐蝕性)
㉰ 내냉성(耐冷性)
㉱ 내마모성

② 고온, 고압 장치용 금속 재료 종류
㉮ 5 % 크롬강
㉯ 9 % 크롬강
㉰ 18-8 스테인리스강
㉱ 니켈-크롬-몰리브덴강

(2) 저온 장치용 재료

① 응력이 적은 부분 : 동 및 동합금, 알루미늄, 니켈, 모넬 메탈(Monel metal) 등

② 응력이 있는 부분
㉮ 상온보다 약간 낮은 곳 : 탄소강을 적당히 열처리하여 사용
㉯ -80℃까지 : 저합금강을 적당히 열처리한 것을 사용
㉰ 극저온 : 오스테나이트계 스테인리스강(18-8 스테인리스강)

단원 예상문제

1. 고압가스에 사용되는 고압 장치용 금속 재료가 갖추어야 할 일반적 성질로서 적당치 않은 것은? [05]
① 내식성　　② 내열성　　③ 내마모성　　④ 내알칼리성

[해설] 고압 장치 금속 재료가 갖추어야 할 성질: 내열성(耐熱性), 내식성(耐蝕性), 내냉성(耐冷性), 내마모성

2. 다음은 고압가스 제조 장치의 재료에 관한 사항이다. 이 중 틀린 것은? [04]
① 암모니아 합성탑 내통의 재료로서는 18-8 스테인리스강을 사용한다.
② 아세틸렌은 동족(銅族)의 금속과 반응하여 금속 아세틸드를 생성한다.
③ 상온 건조한 상태의 염소 가스에 대하여는 보통강을 사용한다.
④ 탄소강의 충격치는 -30℃에서 거의 0으로 되며 이 성질은 탄소강의 탄소 함유량에 따라 현저하게 변한다.

[해설] 탄소강의 충격치는 -70℃에서 거의 0으로 되며, 이를 저온 취성이라 한다.

3. 금속 재료의 저온에서의 성질에 대한 설명으로 가장 거리가 먼 것은? [15]
① 강은 암모니아 냉동기용 재료로서 적당하다.
② 탄소강은 저온도가 될수록 인장 강도가 감소한다.
③ 구리는 액화 분리 장치용 금속 재료로서 적당하다.
④ 18-8 스테인리스강은 우수한 저온 장치용 재료이다.

[해설] 탄소강은 저온이 되면 인장 강도, 항복점, 경도는 증가하고 연신율, 충격치는 감소하며, -70℃ 이하에서는 충격치가 0에 가까워 저온 취성이 발생하여 저온 장치의 재료로서는 부적합하다.

4. 액화 천연가스를 취급하는 설비의 금속 재료로 부적합한 것은? [06, 13]
① 일반 탄소강　　　　　　② 스테인리스강
③ 알루미늄 합금　　　　　④ 크롬·망간강

[해설] 탄소강은 -70℃ 이하에서 충격치가 0에 가까워 저온 취성이 발생하여 액화천연가스와 같은 저온 장치의 재료로서는 부적합하다.

5. 액화 산소, LNG 등에 일반적으로 사용될 수 있는 재질이 아닌 것은? [15]
① Al 및 Al 합금　　　　　② Cu 및 Cu 합금
③ 고장력 주철강　　　　　④ 18-8 스테인리스강

[해설] 액화 산소, LNG 등 초저온 액화 가스에 사용할 수 있는 재질은 알루미늄(Al) 및 알루미늄 합금, 구리(Cu) 및 구리 합금, 18-8 스테인리스강(오스테나이트계 스테인리스강)이다.

정답 1. ④　2. ④　3. ②　4. ①　5. ③

5 용접 및 비파괴 검사

(1) 용접 이음

① 장점
  ㈎ 이음부 강도가 크고 하자 발생이 적다.
  ㈏ 이음부 관 두께가 일정하므로 유체의 마찰 저항이 적다.
  ㈐ 배관의 시공 시간이 단축된다.
  ㈑ 유지비, 보수 비용이 절약된다.

② 단점
  ㈎ 재질의 변형이 발생하기 쉽다.
  ㈏ 용접부의 변형과 수축이 발생한다.
  ㈐ 용접부에 잔류 응력이 발생한다.
  ㈑ 용접부에 대한 품질 검사가 어렵다.

(2) 비파괴 검사

① **육안 검사**(VT : Visual Test)
② **음향 검사** : 간단한 공구를 이용하여 음향에 의해 결함 유무를 판단하는 방법으로 검사자의 숙련을 요하고 개인차가 심하며, 검사의 결과가 기록되지 않는다.
③ **침투 탐상 검사**(PT : Panetrant Test) : 표면의 미세한 균열, 작은 구멍, 슬러그 등을 검출하는 방법으로 자기 검사를 할 수 없는 비자성 재료에 사용된다. 내부 결함은 검지하지 못하며 검사 결과가 즉시 나오지 않는다.
④ **자분 탐상 검사**(MT : Magnetic Test) : 피검사물의 자화한 상태에서 표면 또는 표면에 가까운 손상에 의해 생기는 누설 자속을 사용하여 검출하는 방법으로 육안으로 검지할 수 없는 결함(균열, 손상, 개재물, 편석, 블로홀 등)을 검지할 수 있다. 비자성체는 검사가 불가능하며 전원이 필요하다.
⑤ **방사선 투과 검사**(RT : Rediographic Test) : X선이나 γ선으로 투과한 후 필름에 의해 내부 결함의 모양, 크기 등을 관찰할 수 있고 검사 결과의 기록이 가능하다. 장치의 가격이 고가이고, 검사 시 방호에 주의하여야 하며 고온부, 두께가 큰 곳은 부적당하며 선에 평행한 크랙은 검출이 불가능하다.
⑥ **초음파 탐상 검사**(UT : Ultrasonic Test) : 초음파를 피검사물의 내부에 침입시켜 반사파(펄스 반사법, 공진법)를 이용하여 내부의 결함과 불균일층의 존재 여부를 검사하는 방법이다.

⑦ **와류 검사** : 교류 자계 중에 도체를 놓으면 도체에는 자계 변화를 방해하는 와전류가 흐르는 것을 이용한 것으로 내부나 표면의 손상 등으로 도체의 단면적이 변화하면 도체를 흐르는 와전류의 양이 변화하므로 이 와전류를 측정하여 검사한다. 동 합금, 18-8 STS의 부식 검사에 사용한다.

⑧ **전위차법** : 결함이 있는 부분의 전위차를 측정하여 균열의 깊이를 조사하는 방법이다.

단원 예상문제

1. 용접 이음의 장점이 아닌 것은? [01]
① 품질 검사 용이
② 자재 절감
③ 수밀, 기밀 유지
④ 강도가 큼

[해설] 용접 이음은 품질 검사(결함 검사)가 어렵다.

2. 가스 공급 배관 용접 후 검사하는 비파괴 검사 방법이 아닌 것은? [13]
① 방사선 투과 검사
② 초음파 탐상 검사
③ 자분 탐상 검사
④ 주사 전자 현미경 검사

[해설] 비파괴 검사 방법의 종류 : 음향 검사, 침투 검사, 자분 검사(자분 탐상 검사), 방사선 투과 검사, 초음파 탐상 검사, 전위차법, 설파 프린트 등

3. 다음 비파괴 검사 중 검사자에 따른 차이가 많은 것은? [02, 03]
① 음향 검사법
② 전위차법
③ 설파 프린트법
④ 자기 검사법

[해설] 음향 검사 : 음향에 의해 결함 유무를 판단하는 방법으로 검사자의 숙련을 요하고 개인차가 심하다.

4. 가스 배관의 시공 신뢰성을 높이는 일환으로 실시하는 비파괴 검사 방법 중 내부 선원법, 이중벽 이중상법 등을 이용하는 방법은? [15]
① 초음파 탐상 시험
② 자분 탐상 시험
③ 방사선 투과 시험
④ 침투 탐상 시험

[해설] 방사선 투과 시험 : X선 또는 γ선으로 투과하여 용접부의 결함 유무를 조사하는 방법으로 비파괴 검사 방법 중 신뢰성이 가장 높아 널리 사용되는 방법이다. 내부 선원법, 이중벽 이중 상법 등으로 분류된다.

[정답] 1. ① 2. ④ 3. ① 4. ③

5. 펄스 반사법과 공진법 등으로 재료 내부의 결함을 비파괴 검사하는 방법은?
① 방사선 투과 검사　　　　　② 침투 탐상 검사
③ 자분 탐상 검사　　　　　　④ 초음파 탐상 검사

[해설] 초음파 탐상 검사(UT : Ultrasonic Test) : 초음파를 피검사물의 내부에 침입시켜 반사파(펄스 반사법, 공진법)를 이용하여 내부의 결함과 불균일층의 존재 여부를 검사하는 방법이다.

[정답] 5. ④

4-2 고압가스 제조 설비 일반

1 고압가스 제조 설비

(1) 오토클레이브(autoclave)

액체를 가열하면 온도의 상승과 함께 증기압도 상승한다. 이때 액상을 유지하며 2종류 이상의 고압가스를 혼합하여 반응시키는 일종의 고압 반응가마를 일컫는다.

① **교반형** : 교반기에 의하여 내용물을 혼합하는 것으로 종형 교반기와 횡형 교반기가 있다.
② **진탕형** : 횡형 오토클레이브 전체가 수평, 전후 운동을 하여 내용물을 혼합하는 것으로 이 형식을 일반적으로 사용한다.
③ **회전형** : 오토클레이브 자체가 회전하는 형식으로 고체를 액체나 기체로 처리할 경우에 적합한 형식이다.
④ **가스 교반형** : 오토클레이브 기상부에서 반응 가스를 취출하여 액상부 최저부에 순환 송입하는 방법과 원료 가스를 액상부에 송입하여 배출 가스를 방출하는 방법이 있다.

(2) 암모니아 합성탑

내압 용기와 내부 구조물로 되어 있으며 내부 구조물은 촉매를 유지하고 반응과 열 교환을 하기 위해서이다. 암모니아 합성의 촉매는 주로 산화철에 Al_2O_3, K_2O를 첨가한 것이나 CaO 또는 MgO 등을 첨가한 것도 있다.

(3) 메탄올 합성법

온도 300~350℃, 압력 150~300 atm에서 Zn-Cr계 또는 Zn-Cr-Cu계의 촉매를 사용하여 CO와 H_2로 직접 합성된다.

(4) 석유 화학 장치

반응 장치, 전열 장치, 분리 장치, 저장 및 수송 기기 등이 있다.

(5) 레페 반응 장치

아세틸렌을 이용하여 화합물을 제조할 때 압축하는 것은 분해 폭발의 위험 때문에 불가능한 상태이다. 이와 같은 위험성 때문에 아세틸렌을 이용하여 화합물을 제조하기 어려웠으나 레페(W. Reppe)가 압력을 가하여 아세틸렌 화합물을 만들 수 있는 장치를 고안한 것이 레페의 반응 장치이다.

✓ 단원 예상문제

1. 고온, 고압하에서 화학적인 합성이나 반응을 하기 위한 고압 반응솥을 무엇이라 하는가? [02]
① 합성탑 ② 반응기
③ 오토클레이브 ④ 기화 장치

[해설] 오토클레이브(autoclave) : 액체를 가열하면 온도의 상승과 함께 증기압도 상승한다. 이때 액상을 유지하며 2종류 이상의 고압가스를 혼합하여 반응시키는 일종의 고압 반응가마를 일컫는다.

2. 오토클레이브(autoclave)에 대한 설명 중 옳지 않은 것은? [06]
① 압력은 일반적으로 부르동관식 압력계로 측정한다.
② 오토클레이브의 재질은 사용 범위가 넓은 탄소강이 주로 사용된다.
③ 오토클레이브에는 정치형, 교반형, 진탕형 등이 있다.
④ 오토클레이브의 부속 장치로는 압력계, 온도계, 안전밸브 등이 있다.

[해설] 오토클레이브는 광범위한 액체를 취급하므로 재질은 오스테나이트계 스테인리스강을 사용한다.

3. 진탕형 오토클레이브의 특징에 대한 설명으로 틀린 것은? [06, 13]
① 가스 누출의 가능성이 적다.
② 고압력에 사용할 수 있고 반응물의 오손이 적다.
③ 장치 전체가 진동하므로 압력계는 본체로부터 떨어져 설치한다.
④ 뚜껑판에 뚫어진 구멍에 촉매가 끼어들어갈 염려가 없다.

정답 1. ③ 2. ② 3. ④

[해설] 진탕형 오토클레이브의 특징
㉮ 가스 누출의 가능성이 적다.
㉯ 고압력에 사용할 수 있고 반응물의 오손이 적다.
㉰ 장치 전체가 진동하므로 압력계는 본체로부터 떨어져 설치한다.
㉱ 뚜껑판에 뚫어진 구멍에 촉매가 끼어들어갈 염려가 있다.

4. 가늘고 긴 수직형 반응기로 유체가 순환됨으로서 교반이 행하여지는 방식의 오토클레이브는? [02, 07]
① 진탕형
② 교반형
③ 회전형
④ 가스 교반형

[해설] 가스 교반형 : 오토클레이브 기상부에서 반응 가스를 취출하여 액상부 최저부에 순환 송입하는 방법과 원료 가스를 액상부에 송입하여 배출 가스를 방출하는 방법이 있다.

정답 4. ④

2 고압 밸브 및 신축 이음 장치

(1) 고압 밸브

① 고압 밸브의 특징
㉮ 주조품보다 단조품을 절삭하여 제조한다.
㉯ 밸브 시트는 내식성과 경도가 높은 재료를 사용한다.
㉰ 밸브 시트는 교체할 수 있도록 한다.
㉱ 기밀 유지를 위하여 스핀들에 패킹이 사용된다.

② 밸브의 종류
㉮ 글로브 밸브(glove valve) : 스톱 밸브(stop valve)라 하며 유량 조정용으로 사용된다. 유체의 흐름 방향과 평행하게 밸브가 개폐되고 유체의 흐름이 밸브 내에서 변경되므로 압력 손실이 많이 발생한다.
㉯ 슬루스 밸브(sluice valve) : 게이트 밸브(gate valve)라 하며 유로의 개폐용에 사용된다. 밸브를 완전히 개방하면 배관 안지름과 같은 단면이 되므로 유체의 압력 손실은 적으나 유량 조절용으로 사용하면 와류 현상이 생겨 유체의 저항이 커지고 밸브 디스크의 마모가 발생하므로 부적합하다.

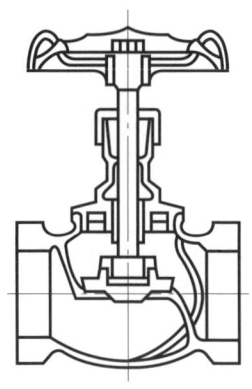 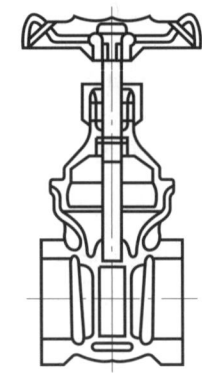

글로브 밸브의 구조   슬루스 밸브의 구조

㈐ 체크 밸브(check valve) : 역류 방지 밸브라 하며 유체를 한 방향으로만 흐르게 하고 역류를 방지하는 목적으로 사용하며 스윙(swing)식과 리프트(lift)식이 있다.

㈑ 볼 밸브(ball valve) : 콕(cock)이라 하며 핸들을 90° 회전으로 유로를 급속히 개폐할 수 있으므로 유체의 저항이 적은 반면 기밀 유지가 어렵다.

㈒ 안전밸브(safety valve) : 가스 설비의 내부 압력이 상승 시 파열 사고를 방지할 목적으로 사용된다.

　㉮ 스프링식 : 기상부에 설치하여 스프링의 힘보다 설비 내부의 압력이 클 때 밸브시트가 열려 내부의 압력을 배출하며 일반적으로 가장 많이 사용되는 형식이다.

　㉯ 파열판식 : 얇은 평판 또는 돔 모양의 원판 주위를 고정하여 용기나 설비에 설치하며, 구조가 간단하고 취급, 점검이 용이하다.

　㉰ 가용전식 : 용기의 온도가 일정 온도 이상이 되면 용전이 녹아 내부의 가스를 모두 배출하며 가용전의 재료는 구리, 주석, 납, 안티몬 등이 사용된다.

(2) 고압 조인트(joint)

① 배관용 조인트

㈎ 영구 조인트 : 용접, 납땜 등에 의한 것으로 가스 누설에 대하여 안전하며, 그 종류에는 버트 용접 조인트, 소켓 용접 조인트 등이 있다.

㈏ 분해 조인트 : 장치의 보수, 교체 시에 분해 결합을 할 수 있는 것으로 플랜지 이음, 유니언 이음 등이 있다.

② **다방 조인트** : 배관 중에 분기 또는 합류를 필요로 하는 곳에 사용되는 것으로 티, 크로스 등을 용접으로 이음 한다.

③ **신축 이음 장치(expansion joint)** : 온도 변화에 따른 신축을 흡수, 완화시켜 관이 파손되는 것을 방지하기 위하여 설치한다.

㈎ 루프형(loop type) : 곡관으로 만들어진 것으로 구조가 간단하고 내구성이 좋아 고온, 고압 배관이나 옥외 배관에 주로 사용한다. 곡률 반지름은 관 지름의 6배 이상으로 한다.

㈏ 슬리브형(sleeve type) 신축에 의한 자체 응력이 발생되지 않고 설치 장소가 필요하며 단식과 복식이 있다. 슬리브와 본체의 사이에는 패킹을 다져 넣고 그랜드로 밀착시켜 온수 또는 증기의 누설을 방지한다. 슬라이드형(slide type), 슬립-온(slip-on) 조인트라 불린다.

㈐ 벨로스형(bellows type) : 주름통으로 만들어진 것으로 설치 장소에 제한을 받지 않고 가스, 증기, 물 등에 사용된다. 팩리스(packless)형이라 불린다.

㈑ 스위블형(swivel type) : 2개 이상의 엘보를 사용하여 관의 신축을 흡수하는 것으로 신축량이 큰 배관에서는 누설의 우려가 크다.

㈒ 상온 스프링(cold spring) : 배관의 자유 팽창량을 미리 계산하여 자유 팽창량의 1/2만큼 짧게 절단하여 강제 배관을 하여 신축을 흡수하는 방법이다.

※ 온도 변화에 따른 신축 길이 계산

$\Delta L = L \cdot \alpha \cdot \Delta t$

여기서, ΔL : 관의 신축 길이(mm),
  L : 관 길이(mm)
  α : 선팽창 계수(1.2×10^{-5}/℃)
  Δt : 온도차(℃)

단원 예상문제

1. 고압 장치에 사용되는 밸브의 특징에 대한 설명 중 틀린 것은?
① 단조품보다 주조품을 깎아서 만든다.
② 기밀 유지를 위해 스핀들에 패킹이 사용된다.
③ 밸브 시트는 교체할 수 있도록 되어 있는 것이 대부분이다.
④ 밸브 시트는 내식성과 강도가 높은 재료를 많이 사용한다.
[해설] 주조품보다 단조품을 절삭하여 제조한다.

[정답] 1. ①

2. 손잡이를 돌리면 원통형의 폐지 밸브가 상하로 올라가고 내려가서 밸브의 개폐를 함으로써 폐쇄가 양호하고 유량 조절이 용이한 밸브는? [11]
① 플러그 밸브　　② 게이트 밸브
③ 글로브 밸브　　④ 볼 밸브

[해설] 글로브 밸브(glove valve) : 스톱 밸브(stop valve)라 하며, 구조상 디스크와 시트가 원추상으로 접촉되어 폐쇄하는 밸브로서 유체는 디스크 부근에서 상하 방향으로 평행하게 흐르므로 근소한 디스크의 리프트라도 예민하게 유량에 관계되므로 유량 조절에 사용된다.

3. 도시가스 배관 공사 시 사용되는 밸브 중 전개 시 유동 저항이 적고 서서히 개폐가 가능하므로 충격을 일으키는 일이 적으나, 유체 중 불순물이 있는 경우 밸브에 고이기 쉬우므로 차단 능력이 저하될 수 있는 밸브는?
① 볼밸브　　② 플러그 밸브
③ 게이트 밸브　　④ 버터플라이 밸브

[해설] 슬루스 밸브(sluice valve)의 특징
㉮ 게이트 밸브(gate valve) 또는 사절변이라 한다.
㉯ 리프트가 커서 개폐에 시간이 걸린다.
㉰ 밸브를 완전히 열면 밸브 본체 속에 관로의 단면적과 거의 같게 된다.
㉱ 쐐기형의 밸브 본체가 밸브 시트 안을 눌러 기밀을 유지한다.
㉲ 유로의 개폐용으로 사용한다.
㉳ 밸브를 절반 정도 열고 사용하면 와류가 생겨 유체의 저항이 커지기 때문에 유량 조절에는 적합하지 않다.

4. 다음 중 유체의 흐름 방향을 한 방향으로만 흐르게 하는 밸브는? [03, 13]
① 글로브 밸브　　② 체크 밸브
③ 앵글 밸브　　④ 게이트 밸브

[해설] 체크 밸브(check valve) : 역류 방지 밸브라 하며 유체를 한 방향으로만 흐르게 하고 역류를 방지하는 목적으로 사용하며 스윙식과 리프트식이 있다.

5. 고압가스 설비의 안전장치에 관한 설명 중 옳지 않은 것은? [13]
① 고압가스 용기에 사용되는 가용전은 열을 받으면 가용 합금이 용해되어 내부의 가스를 방출한다.
② 액화 가스용 안전밸브의 토출량은 저장 탱크 등의 내부의 액화 가스가 가열될 때의 증발량 이상이 필요하다.
③ 급격한 압력 상승이 있는 경우에는 파열판은 부적당하다.
④ 펌프 및 배관에는 압력 상승 방지를 위해 릴리프 밸브가 사용된다.

[정답] 2. ③　3. ③　4. ②　5. ③

[해설] 파열판은 급격한 압력 상승, 독성 가스의 누출, 유체의 부식성 또는 반응 생성물의 성상 등에 따라 안전밸브를 설치하는 것이 부적당한 경우에 설치한다.

6. 고압가스 안전장치(밸브) 중 고온에서의 사용이 적당하지 않은 밸브는?
① 중추식
② 파열판식
③ 가용전식
④ 스프링식

[해설] 가용전식은 일정 온도 이상으로 상승 시 용전이 녹아 안전장치의 역할을 하므로 고온에서는 사용이 부적당하다.

7. 설치 공간을 많이 차지하여 신축에 따른 응력을 수용하나 고압에 잘 견디어 고온 고압용 옥외 배관에 많이 사용되는 신축 이음쇠는? [11]
① 벨로스형
② 슬리브형
③ 루프형
④ 스위블형

[해설] 루프형(loop type) : 곡관으로 만들어진 관의 가요성(可撓性)을 이용한 것으로 구조가 간단하고 내구성이 좋아 고온, 고압 배관이나 옥외 배관에 주로 사용한다. 곡률 반지름은 관 지름의 6배 이상으로 한다.

8. 배관의 자유 팽창을 미리 계산하여 관의 길이를 약간 짧게 절단하여 강제 배관을 함으로써 열팽창을 흡수하는 방법으로 절단하는 길이는 계산에서 얻은 자유 팽창량의 1/2 정도로 하는 방법은?
① 콜드 스프링
② 신축 이음
③ U형 벤드
④ 파열 이음

[해설] 상온 스프링(cold spring) : 배관의 자유 팽창량을 미리 계산하여 자유 팽창량의 1/2 만큼 짧게 절단하여 강제 배관을 함으로써 신축을 흡수하는 방법이다.

9. 관의 신축량에 대한 설명으로 옳은 것은?
① 신축량은 관의 길이, 열팽창 계수, 온도차에 비례한다.
② 신축량은 관의 열팽창 계수에 비례하고, 길이와 온도차에 반비례한다.
③ 신축량은 관의 길이, 열팽창 계수, 온도차에 반비례한다.
④ 신축량은 관의 열팽창 계수에는 반비례하고, 길이와 온도차에 비례한다.

[해설] 관의 신축량 계산식
$\Delta L = L \cdot \alpha \cdot \Delta t$
∴ 관의 신축량(ΔL)은 관의 길이(L), 열팽창 계수(α), 온도차(Δt)에 비례한다.

정답 6. ③ 7. ③ 8. ① 9. ①

3 저장 탱크 및 충전 용기

(1) 저장 탱크의 종류

① **원통형 저장 탱크** : 동체와 경판으로 구성되며 설치 방법에 따라 수평형(횡형)과 수직형(종형)으로 구분된다. 원통형은 동일 용량, 동일 압력의 구형 탱크보다 철판 두께가 두꺼우며, 수평형은 수직형보다 강도, 설치 및 안전성이 우수하다. 그러므로 수직형은 철판 두께를 두껍게 하여 바람, 지진 등에 의한 굽힘 모멘트에 견딜 수 있도록 하여야 한다.

② **구형 저장 탱크** : 횡형 원통형 저장 탱크에 비해 표면적이 작고, 강도가 높으며 외관 모양이 안정적이다. 기초가 간단하여 건설비가 적게 소요된다.

③ **구면 지붕형 저장 탱크** : 액화 산소, 액화 질소, LPG, LNG 등의 액화 가스를 저장할 때 사용한다.

(2) 충전 용기

① 용기 재료의 구비 조건

　(개) 내식성, 내마모성을 가질 것

(내) 가볍고 충분한 강도를 가질 것

(대) 저온 및 사용 중 충격에 견디는 연성, 전성을 가질 것

(래) 가공성, 용접성이 좋고 가공 중 결함이 생기지 않을 것

② 종류

(개) 이음매 없는 용기(무계목[無繼目] 용기, 심리스 용기) : 주로 압축가스에 사용한다.

　㉮ 제조 방법 : 만네스만(mannesmann)식, 에르하트식, 디프 드로잉(deep drawing)식이 있다.

　㉯ 특징

　　ⓐ 고압에 견디기 쉬운 구조이다.

　　ⓑ 내압에 대한 응력 분포가 균일하다.

　　ⓒ 제작비가 비싸다.

　　ⓓ 두께가 균일하지 못할 수 있다.

(내) 용접 용기(계목[繼目] 용기, 웰딩 용기, 심용기) : 주로 액화 가스에 사용한다.

　㉮ 제조 방법 : 심교 용기, 종계 용기가 있다.

　㉯ 특징

　　ⓐ 제작비가 저렴하다.

ⓑ 두께가 균일하다.
ⓒ 용기의 형태, 치수 선택이 자유롭다.
ⓓ 고압에 견디기 어렵다.

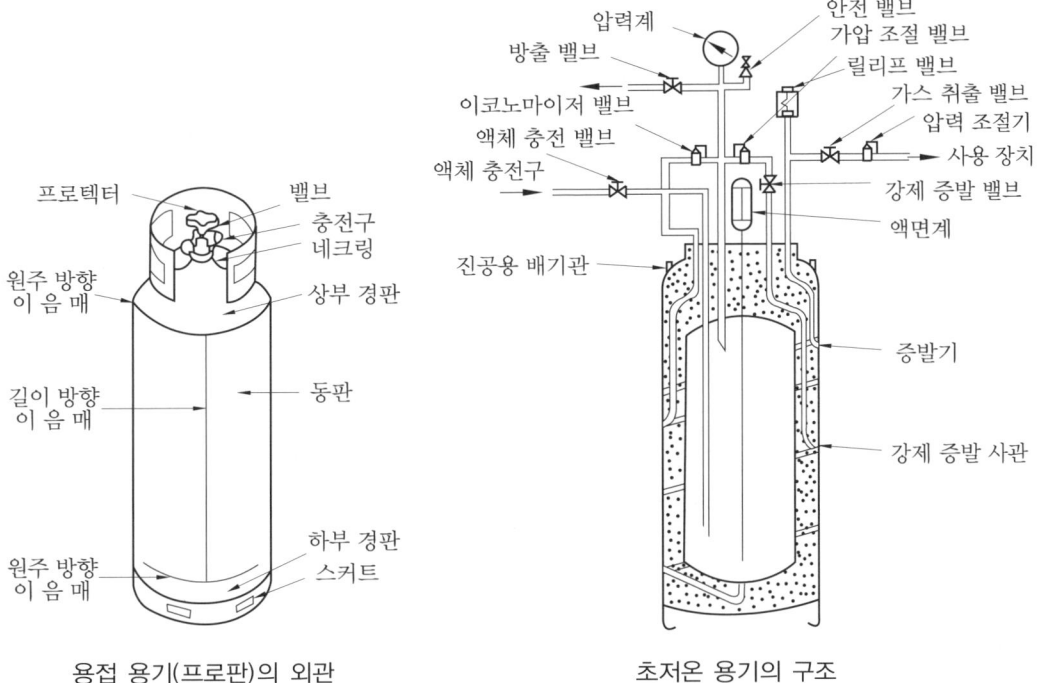

용접 용기(프로판)의 외관   초저온 용기의 구조

㈐ 초저온 용기 : -50℃ 이하인 액화 가스를 충전하기 위하여 단열재로 용기를 피복하거나 냉동 설비로 냉각하는 등의 방법으로 용기 내의 가스 온도가 상용의 온도를 초과하지 않도록 조치를 한 용기로 18-8 스테인리스강, Al 합금으로 제조된다.

㈑ 화학 성분비 기준

구 분	C(탄소)	P(인)	S(황)
이음매 없는 용기	0.55 % 이하	0.04 % 이하	0.05 % 이하
용접 용기	0.33 % 이하	0.04 % 이하	0.05 % 이하

③ 용기 밸브
 ㈎ 충전구 형식에 의한 분류
  ㉮ A형 : 충전구가 수나사
  ㉯ B형 : 충전구가 암나사

㉓ C형 : 충전구에 나사가 없는 것
㈏ 충전구 나사 형식에 의한 분류
  ㉮ 왼나사 : 가연성 가스 용기(단, 액화 암모니아, 액화 브롬화메탄은 오른나사)
  ㉯ 오른나사 : 가연성 가스 외의 용기
④ 충전 용기 안전장치
  ㈎ LPG 용기 : 스프링식 안전밸브
  ㈏ 염소, 아세틸렌, 산화에틸렌 용기 : 가용전식 안전밸브
  ㈐ 산소, 수소, 질소, 액화 이산화 탄소 용기 : 파열판식 안전밸브
  ㈑ 초저온 용기 : 스프링식과 파열판식의 2중 안전밸브
⑤ 안전 공간

$$Q = \frac{V-E}{V} \times 100$$

여기서, Q : 안전 공간(%)
       V : 저장 시설의 내용적
       E : 액화 가스의 부피

단원 예상문제

1. 원통형 저조의 경판 구조 중 내압 강도가 가장 높은 것은? [04]
① 접시형 경판   ② 원추형 경판
③ 반타원형 경판 ④ 반구형 경판

[해설] 원통형 저장 탱크 경판 중 반구형 경판이 내압 강도가 가장 높다.

2. 원통형 저장 탱크의 부속품이 아닌 것은? [06]
① 안전밸브   ② 드레인 밸브
③ 액면계   ④ 승압 밸브

[해설] 원통형 저장 탱크의 부속품 : 안전밸브, 드레인 밸브, 액면계, 맨홀, 서포트, 이입·송출 배관 연결부, 압력계, 온도계, 냉각 살수 장치 등

3. 용기 재료의 구비 조건으로 적당하지 않는 것은? [02, 06]
① 경량이고 충분한 흡습성이 있을 것   ② 점성 강도를 가질 것
③ 내식성, 내마모성이 있을 것   ④ 용접성 및 가공성이 좋을 것

정답 1. ④ 2. ④ 3. ①

[해설] 용기 재료의 구비 조건
  ㉮ 내식성, 내마모성을 가질 것
  ㉯ 가볍고 충분한 강도를 가질 것
  ㉰ 저온 및 사용 중 충격에 견디는 연성, 점성 강도를 가질 것
  ㉱ 가공성, 용접성이 좋고 가공 중 결함이 생기지 않을 것

4. 산소, 질소, 수소, 아르곤 등의 압축가스 혹은 이산화탄소 등의 고압 액화 가스를 충전하는 데 사용되는 용기는? [02]
① 심교 용기
② 웰딩 용기
③ 무계목 용기
④ 용접 이음 용기

[해설] 용기 형태
  ㉮ 일반적으로 압축가스를 충전하는 용기는 이음매 없는 용기(무계목 용기)이다.
  ㉯ 일반적으로 액화 가스를 충전하는 용기는 용접 용기(계목 용기)이다.

5. 다음 중 이음매 없는 용기의 특징이 아닌 것은? [13]
① 독성 가스를 충전하는 데 사용한다.
② 내압에 대한 응력 분포가 균일하다.
③ 고압에 견디기 어려운 구조이다.
④ 용접 용기에 비해 값이 비싸다.

[해설] 이음매 없는 용기는 고압에 견디기 쉬운 구조이다.

6. 가스 종류에 따른 용기의 재질로서 부적합한 것은? [15]
① LPG : 탄소강
② 암모니아 : 동
③ 수소 : 크롬강
④ 염소 : 탄소강

[해설] 암모니아는 동 및 동합금과 접촉 시 부식의 우려가 있어 사용이 제한된다.

7. 암모니아 용기의 재료로 주로 사용되는 것은? [15]
① 동
② 알루미늄 합금
③ 동합금
④ 탄소강

[해설] 암모니아는 액화 가스이며, 동 및 동합금, 알루미늄 합금에 대하여 부식이 발생하므로 탄소강으로 용접 용기로 제조된다.

8. 이동식 초저온 용기 취급 시 주의 사항으로 옳지 않은 것은? [04]
① 면장갑을 사용하여 취급한다.
② 고도의 진공이므로 충격을 금한다.
③ 직사광선, 비, 눈 등을 피한다.
④ 통풍이 불량한 지하실 같은 곳에 두면 안 된다.

정답 4. ③ 5. ③ 6. ② 7. ④ 8. ①

[해설] 이동식 초저온 용기의 취급 시 주의 사항
  ㉮ 고도의 진공이므로 충격을 금한다.
  ㉯ 직사광선, 비, 눈 등을 피한다.
  ㉰ 통풍이 불량한 지하실 같은 곳에 두면 안 된다.
  ㉱ 기름 묻은 장갑, 면장갑을 사용하지 말고, 가죽 장갑을 사용하여 취급한다.
  ㉲ 적정 용량의 기화기를 사용하여야 한다.
  ㉳ 충전 용기와 잔 가스 용기는 구분하여 보관한다.

9. 용기용 밸브는 가스 충전구의 형식에 따라 분류된다. 가스 충전구에 나사가 없는 것은? [06, 09]
① A형　　　　　　　　　② B형
③ C형　　　　　　　　　④ AB형

[해설] 충전구 형식에 의한 분류
  ㉮ A형 : 가스 충전구가 수나사
  ㉯ B형 : 가스 충전구가 암나사
  ㉰ C형 : 가스 충전구에 나사가 없는 것

10. 다음 가스 용기의 밸브 중 충전구 나사를 왼나사로 정한 것은 어느 것인가? [04, 06]
① NH_3　　　　　　　　② C_2H_2
③ CO_2　　　　　　　　④ O_2

[해설] 충전구 나사 형식
  ㉮ 왼나사 : 가연성 가스(단, NH_3, CH_3Br은 오른나사이다.)
  ㉯ 오른나사 : 가연성 가스 이외의 것

11. 용기 또는 용기 밸브에 안전밸브를 설치하는 이유는? [03, 05, 08]
① 규정량 이상의 가스를 충전하였을 때 여분의 가스를 분출하기 위하여
② 가스의 출구가 막혔을 때 가스 출구로 사용하기 위하여
③ 분석용 가스의 출구로 사용하기 위하여
④ 용기 내압의 이상 고압 상승 시 압력을 정상화하기 위하여

[해설] 용기 내부 압력이 이상 상승 시 안전밸브를 통해 압력을 외부로 배출시켜 용기 파열을 방지하기 위하여 안전밸브를 설치한다.

12. 액화석유가스 용기에 가장 적합한 안전밸브는? [04, 07]
① 가용전식　　　　　　　② 스프링식
③ 중추식　　　　　　　　④ 파열판식

[해설] 스프링식 안전밸브 : 기상부에 설치하여 스프링의 힘보다 내부의 압력이 클 때 밸브 시트가 열려 내부의 압력을 배출하며, 용기 및 저장 탱크 등에 일반적으로 가장 많이 사용되는 형식이다.

정답 9. ③　10. ②　11. ④　12. ②

13. 아세틸렌 용기의 안전밸브 형식으로 가장 많이 사용되는 것은? [08]
① 가용전식　　　　　　　　② 파열판식
③ 스프링식　　　　　　　　④ 중추식
해설 가용전 용융 온도 : 105±5℃

14. 내용적 47 L인 용기에 C_3H_8 15 kg이 충전되어 있을 때 용기 내 안전 공간은 약 몇 %인가? (단, C_3H_8의 액 밀도는 0.5 kg/L이다.) [16]
① 20　　　　　　　　　　② 25.2
③ 36.1　　　　　　　　　④ 40.1
해설 ㉮ 프로판 액체 15 kg을 체적으로 계산
$$액체\ 체적 = \frac{액체\ 질량}{액체\ 밀도} = \frac{15}{0.5} = 30\ L$$
㉯ 안전 공간 계산
$$안전\ 공간 = \frac{V-E}{V} \times 100 = \frac{47-30}{47} \times 100 = 36.17\ \%$$

정답　13. ①　14. ③

4-3 배관의 부식(腐蝕)과 방식

1 부식의 종류

(1) 습식

철이 수분의 존재하에 일어나는 것으로 국부 전지에 의한 것이다.

① 부식의 원인
　㈎ 이종 금속의 접촉
　㈏ 금속 재료의 조성, 조직의 불균일
　㈐ 금속 재료의 표면 상태의 불균일
　㈑ 금속 재료의 응력 상태, 표면 온도의 불균일
　㈒ 부식액의 조성, 유동 상태의 불균일

② 부식의 형태
　㈎ 전면 부식 : 전면이 균일하게 부식되므로 부식량은 크나 쉽게 발견하여 대처하

므로 피해는 적다.

　㈏ **국부 부식** : 특정 부분에 부식이 집중되는 현상으로 부식 속도가 크고, 위험성이 높다. 공식(孔蝕), 극간 부식(隙間腐蝕), 구식(溝蝕) 등이 있다.

　㈐ **선택 부식** : 합금의 특정 부문만 선택적으로 부식되는 현상으로 주철의 흑연화 부식, 황동의 탈아연 부식, 알루미늄 청동의 탈알루미늄 부식 등이 있다.

　㈑ **입계 부식** : 결정 입자가 선택적으로 부식되는 현상으로 스테인리스강에서 발생된다.

　㈒ **에로숀(erosion) 현상** : 배관 및 밴드, 펌프의 회전차 등 유속이 큰 부분이 부식성 환경에서 마모가 현저해지는 현상

(2) 건식

① **고온 가스 부식** : 고온 가스와 접촉한 경우 금속의 산화, 황화, 할로겐 등의 반응이 일어난다.

② **용융 금속에 의한 부식** : 금속 재료가 용융 금속 중 불순물과 반응하여 일어나는 부식

(3) 가스에 의한 고온 부식의 종류

① **산화** : 산소 및 탄산가스
② **황화** : 황화수소(H_2S)
③ **질화** : 암모니아(NH_3)
④ **침탄 및 카르보닐화** : 일산화탄소(CO)가 많은 환원 가스
⑤ **바나듐 어택** : 오산화 바나듐(V_2O_5)
⑥ **탈탄 작용** : 수소(H_2)

✔ 단원 예상문제

1. 다음 기술 중 금속 재료에 대한 가스의 작용에 대하여 올바른 것은? [04, 11]
　① 수분을 함유한 염소는 상온에서도 철과 반응하지 않으므로 철강의 고압용기에 넣을 수 있다.
　② 아세틸렌은 강과 직접 반응하여 폭발성 아세틸드를 생성한다.
　③ 일산화탄소는 철족의 금속과 반응하여 금속 카르보닐을 생성한다.
　④ 수소는 저온, 저압하에서 질소와 반응하여 암모니아를 생성한다.

정답 1. ③

[해설] 금속 재료에 대한 가스의 영향
  ㉮ 염소 : 수분 함유 시 강재를 부식시킨다.
  ㉯ 아세틸렌 : 동(Cu), 수은(Hg), 은(Ag)과 접촉 시 폭발성의 아세틸드를 생성한다.
  ㉰ 수소 : 고온, 고압하에서 질소와 반응하여 암모니아(NH_3)를 생성한다.

2. 다음 각 가스에 의한 부식 현상 중 틀린 것은? [15]

① 암모니아에 의한 강의 질화
② 황화수소에 의한 철의 부식
③ 일산화탄소에 의한 금속의 카르보닐화
④ 수소 원자에 의한 강의 탈수소화

[해설] 가스에 의한 고온 부식의 종류
  ㉮ 산화 : 산소 및 탄산가스
  ㉯ 황화 : 황화수소(H_2S)
  ㉰ 질화 : 암모니아(NH_3)
  ㉱ 침탄 및 카르보닐화 : 일산화탄소(CO)가 많은 환원 가스
  ㉲ 바나듐 어택 : 오산화 바나듐(V_2O_5)
  ㉳ 탈탄 작용 : 수소(H_2)

3. 고온 고압에서 질화 작용과 수소 취화 작용이 일어나는 가스는? [04]

① NH_3 ② SO_2 ③ Cl_2 ④ C_2H_2

[해설] 고온, 고압에서 암모니아(NH_3)는 질화 작용과 수소 취화 작용이 발생한다.

[정답] 2. ④   3. ①

---

2 전기 방식법

(1) 전기 방식의 원리

매설 배관의 부식을 억제 또는 방지하기 위하여 배관에 직류 전기를 공급해 주거나 배관보다 저전위 금속(배관보다 쉽게 부식되는 금속)을 배관에 연결하여 철의 전기 화학적인 양극 반응을 억제시켜 매설 배관을 음극화해 주는 방법이다.

(2) 전기 방식의 종류

① **유전 양극법(희생 양극법)** : 양극(anode)과 매설 배관(cathode : 음극)을 전선으로 접속하고 양극 금속과 배관 사이의 전지 작용(고유 전위차)에 의해서 방식 전류를 얻는 방법이다. 양극 재료로는 마그네슘(Mg), 아연(Zn)이 사용되며 토양 중에 매설되

는 배관에는 마그네슘이 사용되고 있다.
(가) 장점
   ㉮ 시공이 간편하다.
   ㉯ 단거리 배관에는 경제적이다.
   ㉰ 다른 매설 금속체로의 장해가 없다.
   ㉱ 과방식의 우려가 없다.
(나) 단점
   ㉮ 효과 범위가 비교적 좁다.
   ㉯ 장거리 배관에는 많은 비용이 소요된다.
   ㉰ 전류 조절이 어렵다.
   ㉱ 관리 장소가 많아진다.
   ㉲ 강한 전식에는 효과가 없다.
   ㉳ 양극은 소모되므로 보충하여야 한다.

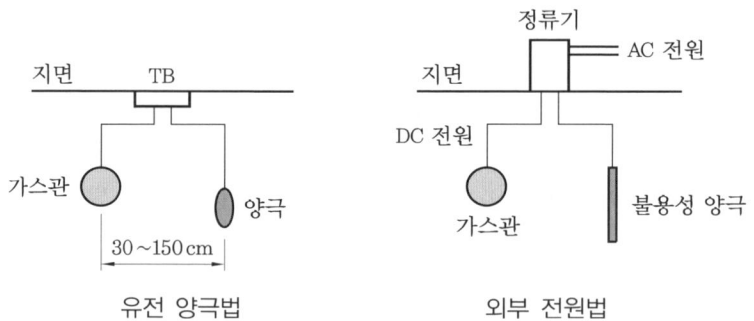

유전 양극법 / 외부 전원법

② **외부 전원법** : 외부의 직류 전원장치(정류기)로부터 양극(+)은 매설 배관이 설치되어 있는 토양에 설치한 외부 전원용 전극(불용성 양극)에 접속하고, 음극(-)은 매설 배관에 접속시켜 부식을 방지하는 방법으로 직류 전원장치(정류기), 양극, 부속 배선으로 구성된다.
(가) 장점
   ㉮ 효과 범위가 넓다.
   ㉯ 평상시의 관리가 용이하다.
   ㉰ 전압, 전류의 조성이 일정하다.
   ㉱ 전식에 대해서도 방식이 가능하다.
   ㉲ 장거리 배관에는 전원 장치가 적어도 된다.
(나) 단점
   ㉮ 초기 설치비가 많이 소요된다.

㉯ 다른 매설 금속체로의 장해에 대해 검토할 필요가 있다.
   ㉰ 전원을 필요로 한다.
   ㉱ 과방식의 우려가 있다.
③ **배류법**: 직류 전기철도의 레일에서 유입된 누설 전류를 전기적인 경로를 따라 철도 레일로 되돌려 보내 부식을 방지하는 방법으로 전철이 가까이 있는 곳에 설치하며 배류기를 설치하여야 한다.
  ㈎ 장점
   ㉮ 유지 관리비가 적게 소요된다.
   ㉯ 전철과의 관계 위치에 따라 효과적이다.
   ㉰ 설치비가 저렴하다.
   ㉱ 전철 운행 시에는 자연 부식의 방지 효과도 있다.
  ㈏ 단점
   ㉮ 다른 매설 금속체로의 장해에 대해 검토가 있어야 한다.
   ㉯ 전철과의 관계 위치에 따라 효과 범위가 제한된다.
   ㉰ 전철 휴지 기간 때는 전기 방식의 역할을 못한다.
   ㉱ 과방식의 우려가 있다.
④ **강제 배류법**: 외부 전원법과 배류법의 혼합형이다.
  ㈎ 장점
   ㉮ 효과 범위가 넓다.
   ㉯ 전압, 전류의 조정이 용이하다.
   ㉰ 전식에 대해서도 방식이 가능하다.
   ㉱ 외부 전원법에 비해 경제적이다.
   ㉲ 전철의 휴지 기간에도 방식이 가능하다.
   ㉳ 양극 효과에 의한 간섭이 없다.
  ㈏ 단점
   ㉮ 다른 매설 금속체로의 장해에 대해 검토가 있어야 한다.
   ㉯ 전철에 미치는 신호 장해에 대해 검토가 있어야 한다.
   ㉰ 전원을 필요로 한다.

(3) 전기 방식 유지관리 기준(도시가스 기준)

① 전기 방식 전류가 흐르는 상태에서 토양 중에 있는 배관 등의 방식 전위는 포화황산동 기준 전극으로 $-0.85\,\mathrm{V}$ 이하(황산염 환원 박테리아가 번식하는 토양에서는 $-0.95\,\mathrm{V}$ 이하)이어야 하고, 방식 전위 하한값은 전기 철도 등의 간섭 영향을 받는 곳을 제외하

고는 포화황산동 기준 전극으로 −2.5 V 이상이 되도록 노력한다.
② 전기 방식 전류가 흐르는 상태에서 자연 전위와의 전위 변화가 최소한 −300 mV 이하일 것

③ **전위 측정용 터미널(TB) 설치 간격**
   ㈎ 희생 양극법, 배류법 : 300 m 이내
   ㈏ 외부 전원법 : 500 m 이내

④ **전기 방식 시설의 유지 관리**
   ㈎ 관대지 전위(管對地電位) 점검 : 1년에 1회 이상
   ㈏ 외부 전원법 전기 방식 시설 점검 : 3개월에 1회 이상
   ㈐ 배류법 전기 방식 시설 점검 : 3개월에 1회 이상
   ㈑ 절연 부속품, 역전류 방지 장치, 결선(bond), 보호 절연체 점검 : 6개월에 1회 이상

단원 예상문제

1. 지하에 매설된 도시가스 배관의 전기 방식 방법이 아닌 것은? [07]
① 희생 양극법　　　　② 직류법
③ 배류법　　　　　　④ 외부 전원법

[해설] 전기 방식법의 종류 : 희생 양극법, 외부 전원법, 배류법, 강제 배류법

2. 가스가 공급되는 시설 중 지하에 매설되는 배관에는 부식을 방지하기 위하여 전기적 부식 방지 조치를 한다. Mg-Anode를 이용하여 양극 금속과 매설 배관을 전선으로 연결하여, 양극 금속과 매설 배관 사이의 전지 작용에 의해 전기적 부식을 방지하는 방법은?
① 직접 배류법　　　　② 외부 전원법
③ 선택 배류법　　　　④ 희생 양극법

[해설] 희생 양극법 : 양극(anode)과 매설 배관(cathode : 음극)을 전선으로 접속하고 양극 금속과 배관 사이의 전지 작용(고유 전위차)에 의해서 방식 전류를 얻는 방법이다. 양극 재료로는 마그네슘(Mg), 아연(Zn)이 사용되며 토양 중에 매설되는 배관에는 마그네슘이 사용되고 있다.

3. 땅속의 애노드에 강제 전압을 가하여 피방식 금속제를 캐소드로 하는 전기 방식법은? [08]
① 희생 양극법　　　　② 외부 전원법
③ 선택 배류법　　　　④ 강제 배류법

정답 1. ②　2. ④　3. ②

[해설] 외부 전원법 : 외부의 직류 전원장치(정류기)로부터 양극(+)은 매설 배관이 설치되어 있는 토양에 설치한 외부 전원용 전극(불용성 양극)에 접속하고, 음극(-)은 매설 배관에 접속시켜 부식을 방지하는 방법으로 직류 전원장치(정류기), 양극, 부속 배선으로 구성된다.

4. 고압가스 매설관의 부식에 대한 전기 방식에 있어서 외부 전원법의 장점이 아닌 것은 무엇인가? [04, 15]
① 전극의 소모가 적어서 관리가 용이하다.　② 전압, 전류의 조정이 용이하다.
③ 전식에 대해서도 방식이 가능하다.　④ 과방식의 염려가 없다.
[해설] 외부 전원법은 과방식의 우려가 있다.

5. 도시가스 배관의 설치에서 직류 전철 등에 의한 누출 전류의 영향을 받는 배관의 가장 적합한 전기 방식법은? (단, 이 전기 방식의 방식 효과는 충분한 경우이다.) [06]
① 배류법　② 정류법
③ 외부 전원법　④ 희생 양극법
[해설] 전기 방식의 선정
㉮ 직류 전철 등에 의한 누출 전류의 영향이 없는 경우 : 외부 전원법, 희생 양극법
㉯ 직류 전철 등에 의한 누출 전류의 영향을 받는 배관 : 배류법
㉰ 직류 전철 등에 의한 누출 전류의 영향을 받는 배관으로 방식 효과가 충분하지 않을 경우 : 외부 전원법 또는 희생 양극법을 병용

6. 포화황산동 기준 전극으로 매설 배관의 방식 전위를 측정하는 경우 몇 V 이하이어야 하는가? [09]
① -0.75 V　② -0.85 V　③ -0.95 V　④ -2.5 V
[해설] 전기 방식 전류가 흐르는 상태에서 토양 중에 있는 배관 등의 방식 전위는 포화황산동 기준전극으로 -0.85 V 이하(황산염 환원 박테리아가 번식하는 토양에서는 -0.95 V 이하)이어야 한다.

7. 도시가스 배관의 전기 방식 전류가 흐르는 상태에서 자연 전위와의 전위 변화는 최소한 몇 mV 이하이어야 하는가? (단, 다른 금속과 접촉하는 배관은 제외한다.) [09]
① -100　② -200　③ -300　④ -500
[해설] 전기 방식 기준
㉮ 전기 방식 전류가 흐르는 상태에서 토양 중에 있는 배관 등의 방식 전위는 포화황산동 기준 전극으로 -0.85 V 이하(황산염 환원 박테리아가 번식하는 토양에서는 -0.95 V 이하)이어야 하고, 방식 전위 하한값은 전기 철도 등의 간섭 영향을 받는 곳을 제외하고는 포화황산동 기준 전극으로 -2.5 V 이상이 되도록 노력한다.
㉯ 전기 방식 전류가 흐르는 상태에서 자연 전위와의 전위 변화가 최소한 -300 mV 이하일 것
㉰ 배관에 대한 전위 측정은 가능한 가까운 위치에서 기준 전극으로 실시한다.

[정답] **4.** ④　**5.** ①　**6.** ②　**7.** ③

8. 도시가스 배관에 설치하는 전위 측정용 터미널의 간격을 옳게 나타낸 것은? [09]
① 희생 양극법: 300 m 이내, 외부 전원법: 400 m 이내
② 희생 양극법: 300 m 이내, 외부 전원법: 500 m 이내
③ 희생 양극법: 400 m 이내, 외부 전원법: 500 m 이내
④ 희생 양극법: 400 m 이내, 외부 전원법: 600 m 이내

[해설] 전위 측정용 터미널의 설치 간격
㉮ 희생 양극법, 배류법: 300 m 이내
㉯ 외부 전원법: 500 m 이내

9. 도시가스 배관의 외부 전원법에 의한 전기 방식 설비의 계기류 확인은 몇 개월에 1회 이상을 하여야 하는가? [07]
① 1
② 3
③ 6
④ 12

[해설] 전기 방식 시설의 점검 기준
㉮ 관대지 전위(管對地電位): 1년에 1회 이상
㉯ 외부 전원법 계기류: 3개월에 1회 이상
㉰ 배류법 계기류: 3개월에 1회 이상
㉱ 절연 부속품, 역전류 방지 장치, 결선 및 보호 절연체 효과: 6개월에 1회 이상

10. 지하에 매설된 도시가스 배관의 전기 방식 기준으로 틀린 것은? [06, 08, 15]
① 전기 방식 전류가 흐르는 상태에서 토양 중에 있는 배관 등의 방식 전위 상한값은 포화황산동 기준 전극으로 −0.85 V 이하일 것
② 전기 방식 전류가 흐르는 상태에서 자연 전위와의 전위 변화가 최소한 −300 mV 이하일 것
③ 배관에 대한 전위 측정은 가능한 배관 가까운 위치에서 실시할 것
④ 전기 방식 시설의 관대지 전위(管對地電位) 등을 2년에 1회 이상 점검할 것

[해설] 전기 방식 시설의 관대지 전위 등은 1년에 1회 이상 점검하여야 한다.

[정답] 8. ② 9. ② 10. ④

제5장 | 가스 계측 기기

5-1 가스 검지법

1 시험지법

검지하고자 하는 가스와 반응하여 색이 변하는 시약을 여지(종이) 등에 침투시킨 것을 사용하는 방법이다.

시험지의 예

검지 가스	시험지	반응	비고
암모니아(NH_3)	적색 리트머스지	청색	산성, 염기성 가스도 검지 가능
염소(Cl_2)	KI-전분지	청갈색	할로겐 가스도 검지 가능
포스겐($COCl_2$)	해리슨 시약지	유자색	
시안화수소(HCN)	초산벤지민지	청색	
일산화탄소(CO)	염화팔라듐지	흑색	
황화수소(H_2S)	연당지	회흑색	초산납 시험지라 불린다.
아세틸렌(C_2H_2)	염화 제일동 착염지	적갈색	

2 검지관법

검지관은 안지름 2~4 mm의 유리관 중에 발색 시약을 흡착시킨 검지제를 충전하여 양끝을 막은 것이다. 사용할 때에는 양끝을 절단하여 가스 채취기로 시료 가스를 넣은 후 착색층의 길이, 착색의 정도에서 성분의 농도를 측정하여 표준표와 비색 측정을 하는 것으로 국지적인 가스 누출 검지에 사용된다.

3 가연성 가스 검출기

(1) 안전등형

탄광 내에서 메탄(CH_4) 가스를 검출하는 데 사용되는 석유램프의 일종으로 메탄이 존재하면 불꽃의 모양이 커지며, 푸른 불꽃(청염) 길이로 메탄의 농도를 대략적으로 알 수 있다.

(2) 간섭계형

가스의 굴절률 차이를 이용하여 농도를 측정하는 것이다.

(3) 열선형

전기 회로(브리지 회로)의 전류 차이로 가스 농도를 지시 또는 자동 경보장치에 이용하며, 열전도식과 연소식이 있다.

① **열전도식** : 백금선의 전기 저항 변화에 의해 검지하는 방법이다.
② **접촉 연소식** : 열선(필라멘트)으로 검지된 가스를 연소시켜 생기는 온도 변화에 전기 저항의 변화가 비례하는 것을 이용한 것이다.

(4) 반도체식

반도체 소자에 전류를 흐르게 하고 측정하려는 가스를 여기에 접촉시키면 전압이 변화한다. 이 전압의 변화를 이용한 것으로, 반도체 소자로 산화 주석(SnO_2)을 사용한다.

✔ 단원 예상문제

1. 계측 기기의 구비 조건으로 틀린 것은? [13, 16]
① 설비비 및 유지비가 적게 들 것
② 원거리 지시 및 기록이 가능할 것
③ 구조가 간단하고 정도(情度)가 낮을 것
④ 설치 장소 및 주위 조건에 대한 내구성이 클 것

[해설] 계측 기기의 구비 조건
㉮ 경년 변화가 적고, 내구성이 있을 것
㉯ 견고하고 신뢰성이 있을 것
㉰ 정도가 높고 경제적일 것
㉱ 구조가 간단하고 취급, 보수가 쉬울 것
㉲ 원격 지시 및 기록이 가능할 것
㉳ 연속 측정이 가능할 것
㉴ 설비비 및 유지비가 적게 들 것

2. 유독성 가스를 검지하고자 할 때 하리슨 시험지를 사용하는 가스는? [09]
① 염소　　　　　　　　　② 아세틸렌
③ 황화수소　　　　　　　④ 포스겐

정답 1. ③　2. ④

[해설] 가스검지 시험지법

검지 가스	시험지	반응(변색)
암모니아(NH_3)	적색 리트머스지	청색
염소(Cl_2)	KI-전분지	청갈색
포스겐($COCl_2$)	해리슨시험지	유자색
시안화수소(HCN)	초산벤지진지	청색
일산화탄소(CO)	염화팔라듐지	흑색
황화수소(H_2S)	연당지	회흑색
아세틸렌(C_2H_2)	염화 제일동 착염지	적갈색

3. 주로 탄광 내에서 CH_4의 발생을 검출하는 데 사용되며 청염(푸른 불꽃)의 길이로 그 농도를 알 수 있는 가스 검지기는? [06, 09, 13]
① 안전등형　　　　　　　② 간섭계형
③ 열선형　　　　　　　　④ 흡광 광도형

[해설] 안전등형 : 탄광 내에서 메탄(CH_4) 가스를 검출하는 데 사용되던 것으로 푸른 불꽃(청염) 길이로 메탄의 농도를 대략적으로 알 수 있다.

4. 가연성 가스 검출기 중 가연성 가스의 굴절률 차이를 이용하여 농도를 측정하는 것은? [14]
① 열선형
② 안전등형
③ 검지관형
④ 간섭계형

[해설] 간섭계형 : 가스의 굴절률 차이를 이용하여 가연성 가스의 농도를 측정하는 검출기이다.

5. 코일장에 감긴 백금선의 표면으로 가스가 산화 반응할 때의 발열에 의해 백금선의 저항값이 변화하는 현상을 이용한 가스 검지 방법은? [11]
① 반도체식
② 기체 열전도식
③ 접촉 연소식
④ 액체 열전도식

[해설] 접촉 연소식 : 열선(필라멘트)으로 검지된 가스를 연소시켜 생기는 온도 변화에 전기 저항의 변화가 비례하는 것을 이용한 방법이다.

정답　3. ①　4. ④　5. ③

5-2 가스 분석의 종류 및 특징

1 흡수 분석법

흡수 분석법은 채취된 시료 기체를 분석기 내부의 성분 흡수제에 흡수시켜 체적 변화를 측정하는 방식이다.

(1) 오르사트(Orsat)법

순서	분석 가스	흡수제
1	CO_2	KOH 30% 수용액
2	O_2	피로갈롤 용액
3	CO	암모니아성 염화 제1구리 용액
4	N_2	나머지 양으로 계산

(2) 헴펠(Hempel)법

순서	분석 가스	흡수제
1	CO_2	KOH 30 % 수용액
2	C_mH_n	발연 황산
3	O_2	피로갈롤 용액
4	CO	암모니아성 염화 제1구리 용액
5	CH_4	연소 후의 CO_2를 흡수하여 정량

(3) 게겔(Gockel)법

순서	분석 가스	흡수제
1	CO_2	33 % KOH 수용액
2	아세틸렌	요오드 수은(옥소 수은) 칼륨 용액
3	프로필렌, $n-C_4H_8$	87 % H_2SO_4
4	에틸렌	취화수소(HBr) 수용액
5	O_2	알칼리성 피로갈롤 용액
6	CO	암모니아성 염화 제1구리 용액

단원 예상문제

1. 다음 가스 분석 중 화학 분석법에 속하지 않는 방법은? [13]
① 가스 크로마토그래피법　　② 중량법
③ 분광 광도법　　　　　　　④ 요오드 적정법

해설　분석계의 종류
　(1) 화학적 가스 분석계
　　㉮ 연소열을 이용한 것
　　㉯ 용액 흡수제를 이용한 것
　　㉰ 고체 흡수제를 이용한 것
　(2) 물리적 가스 분석계
　　㉮ 가스의 열전도율을 이용한 것
　　㉯ 가스의 밀도, 점도차를 이용한 것
　　㉰ 빛의 간섭을 이용한 것
　　㉱ 전기 전도도를 이용한 것
　　㉲ 가스의 자기적 성질을 이용한 것
　　㉳ 가스의 반응성을 이용한 것
　　㉴ 적외선 흡수를 이용한 것
※ 가스 크로마토그래피법 : 흡착제를 충전한 관 속에 혼합 시료를 넣고, 용제를 유동시켜 흡수력(시료 기체의 확산 속도) 차이에 따라 성분의 분리가 일어나는 것을 이용한 방법으로 물리적 가스 분석계에 해당된다.

2. 다음 가스 분석법 중 흡수 분석법에 해당되지 않는 것은? [02, 06, 07, 09]
① 헴펠법　　② 산화 동법　　③ 오르사트법　　④ 게겔법

해설　흡수 분석법 종류 : 오르사트법, 헴펠법, 게겔법

3. 오르사트법으로 시료 가스를 분석할 때의 성분 분석 순서로서 옳은 것은? [15]
① $CO_2 \to O_2 \to CO$　② $CO \to CO_2 \to O_2$　③ $O_2 \to CO \to CO_2$　④ $O_2 \to CO_2 \to CO$

해설　오르사트 분석기의 분석 순서 : 이산화탄소(CO_2) → 산소(O_2) → 일산화탄소(CO)

4. 오르사트 가스 분석기에서 CO_2의 흡수액은? [02, 06]
① 포화 식염수　　　　　　　② 염화 제1구리 용액
③ 알칼리성 피로갈롤 용액　　④ 수산화칼륨 30 % 수용액

해설　오르사트 가스 분석기의 흡수액
　㉮ 이산화탄소(CO_2) : KOH 30 % 수용액
　㉯ 산소(O_2) : 알칼리성 피로갈롤 용액
　㉰ 일산화탄소(CO) : 암모니아성 염화 제1구리 용액

정답　1. ①　2. ②　3. ①　4. ④

5. 헴펠법에 의한 가스 분석 시 가장 먼저 흡수되는 가스는? [07]
① C_2H_2 ② CO_2 ③ O_2 ④ CO

[해설] 헴펠식 가스 분석 순서 및 흡수제
㉮ CO_2 : KOH 30 % 수용액
㉯ C_mH_n : 발연 황산
㉰ O_2 : 피로갈롤 용액
㉱ CO : 암모니아 염화 제1구리 용액
㉲ CH_4 : 연소 후의 CO_2를 흡수하여 정량

정답 5. ②

2 기기 분석법

(1) 가스 크로마토그래피(gas chromatography)

① **측정 원리** : 흡착제를 충전한 관 속에 혼합 시료를 넣고, 용제를 유동시켜 흡수력 차이(시료의 확산 속도)에 따라 성분의 분리가 일어나는 것을 이용한 방식이다.
② **장치 구성 요소** : 캐리어 가스, 압력 조정기, 유량 조절 밸브, 압력계, 분리관(컬럼), 검출기, 기록계 등
  ㉮ 3대 구성 요소 : 분리관(column), 검출기, 기록계
  ㉯ 캐리어 가스(전개제)의 종류 : 수소(H_2), 헬륨(He), 아르곤(Ar), 질소(N_2)

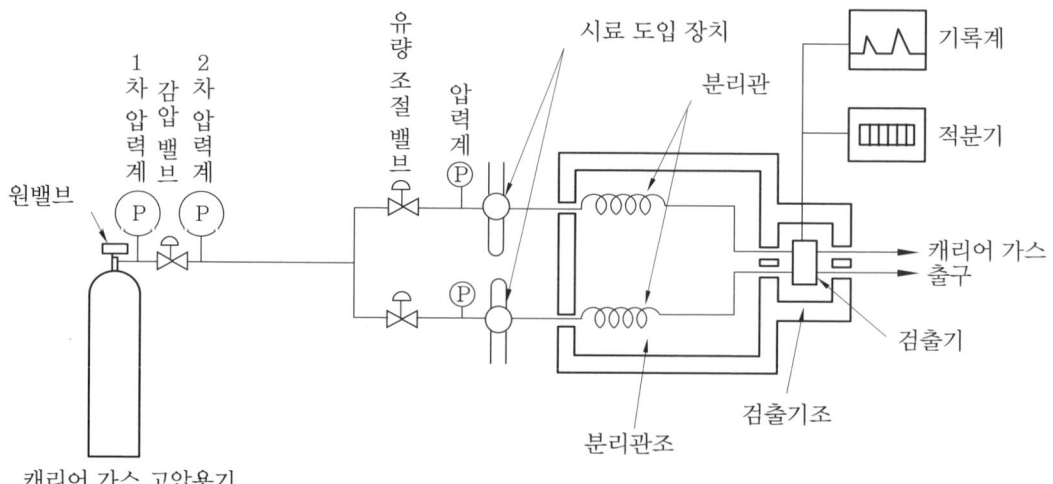

가스 크로마토그래피의 구조

③ 검출기의 종류 및 특징
  (가) 열전도형 검출기(TCD : Thermal Conductivity Detector) : 캐리어 가스(H_2, He)와 시료 성분 가스의 열전도도차를 금속 필라멘트 또는 서미스터(thermistor)의 저항 변화로 검출한다.
  (나) 수소 불꽃 이온화 검출기(FID : Flame Ionization Detector) : 불꽃 속에 탄화수소가 들어가면 시료 성분이 이온화됨으로써 불꽃 중에 놓인 전극 간의 전기 전도도가 증대하는 것을 이용한 방식이다.
  (다) 전자 포획 이온화 검출기(ECD : Electron Capture Detector) : 방사선 동위 원소로부터 방출되는 β선으로 캐리어 가스가 이온화되어 생긴 자유 전자를 시료 성분이 포획하면 이온 전류가 감소하는 것을 이용한 방식이다.
  (라) 염광 광도형 검출기(FPD : Flame Photometric Detector) : 수소염에 의하여 시료 성분을 연소시키고 이때 발생하는 광도를 측정하여 인 또는 유황 화합물을 선택적으로 검출할 수 있다.
  (마) 알칼리성 이온화 검출기(FTD : Flame Thermionic Detector) : FID에 알칼리 또는 알칼리토 금속염 튜브를 부착한 것으로 유기 질소 화합물 및 유기인 화합물을 선택적으로 검출할 수 있다. 불꽃 열 이온화 검출기라고도 불린다.

(2) 기타 분석기기

① **질량 분석법** : 천연가스, 증열 수성 가스의 분석에 이용한다.
② **적외선 분광 분석법** : 분자의 진동 중 쌍극자 힘의 변화를 일으킬 진동에 의해 적외선의 흡수가 일어나는 것을 이용한 방법으로 He, Ne, Ar 등 단원자 분자 및 H_2, O_2, N_2, Cl_2 등 대칭 2원자 분자는 적외선을 흡수하지 않으므로 분석할 수 없다.
③ **전기량에 의한 적정법** : 패러데이(Faraday) 법칙을 이용한 것으로 전기 분해에 필요한 전기량으로부터 CO_2, O_2, SO_2, NH_4 등의 분석에 이용된다.
④ **저온 정밀 증류법** : 시료 가스를 상압에서 냉각 또는 가압하여 액화시켜 그 증류 온도 및 유출 가스의 분압에서 증류 곡선을 얻어 시료 가스의 조성을 구하는 방법으로 탄화수소 혼합 가스 분석에 사용되며, C_2H_2, CO_2 등과 같이 간단하게 액화하지 않는 가스에 적합하지 않다.

단원 예상문제

1. 가스 크로마토그래피의 특징에 대한 설명으로 옳은 것은?
  ① 다성분의 분석은 1대의 장치로는 할 수 없다.
  ② 적외선 가스 분석계에 비해 응답 속도가 느리다.
  ③ 캐리어 가스는 수소, 염소, 산소 등이 이용된다.
  ④ 분리 능력은 극히 좋으나 선택성이 우수하지 않다.
  [해설] 가스 크로마토그래피의 특징
   ㉮ 여러 종류의 가스 분석이 가능하다.
   ㉯ 선택성이 좋고 고감도로 측정한다.
   ㉰ 미량 성분의 분석이 가능하다.
   ㉱ 응답 속도가 늦으나 분리 능력이 좋다.
   ㉲ 동일 가스의 연속 측정이 불가능하다.
   ㉳ 캐리어 가스의 종류 : 수소, 헬륨, 아르곤, 질소

2. 가스 크로마토그래피의 구성 요소가 아닌 것은? [14]
  ① 광원 ② 컬럼
  ③ 검출기 ④ 기록계
  [해설] 장치 구성 요소 : 캐리어 가스, 압력 조정기, 유량 조절 밸브, 압력계, 분리관(컬럼), 검출기, 기록계 등

3. 가스 크로마토그래피에 쓰이는 캐리어 가스가 아닌 것은? [03, 09]
  ① He ② Ar
  ③ N_2 ④ CO
  [해설] 캐리어 가스의 종류 : 수소, 헬륨, 아르곤, 질소

4. 수소 불꽃을 이용하여 탄화수소의 누출을 검지할 수 있는 가스 누출 검출기는? [15]
  ① FID ② OMD
  ③ 접촉 연소식 ④ 반도체식
  [해설] 수소 불꽃 이온화 검출기(FID : Flame Ionization Detector) : 탄화수소에서 감도가 최고이고 H_2, O_2, CO_2, SO_2 등은 감도가 없다.

5. 도로에 매설된 도시가스가 누출되는 것을 감지하여 분석한 후 가스 누출 유무를 알려 주는 가스 검출기는?
  ① FID ② TCD ③ FTD ④ FPD

정답 1. ② 2. ① 3. ④ 4. ① 5. ①

[해설] FID(수소 불꽃 이온화 검출기) : 탄화수소류에서 감도가 최고로 좋아 매설된 도시가스 배관에서 가스가 누출되는지 여부를 검사하는 데 사용한다.
※ 실기 동영상 시험에서도 자주 출제되는 내용이니 반드시 숙지하여야 할 문제임

6. 수소염 이온화식(FID) 가스 검출기에 대한 설명으로 틀린 것은? [15]
① 감도가 우수하다.
② CO_2, NO_2는 검출할 수 없다.
③ 연소하는 동안 시료가 파괴된다.
④ 무기 화합물의 가스 검지에 적합하다.

[해설] 수소 불꽃 이온화 검출기(FID) : 탄화수소류와 같은 유기 화합물의 검지에 적합하다.

7. 다음과 관련 있는 분석법은? [07, 15]

| ㉠ 쌍극자 모멘트의 알짜 변화 | ㉡ 진동 짝지움 |
| ㉢ Nernst 백열등 | ㉣ Fourier 변환 분광계 |

① 질량 분석법
② 흡광 광도법
③ 적외선 분광 분석법
④ 킬레이트 적정법

[해설] 적외선 분광 분석법 : 적외선의 흡수가 일어나는 것을 이용한 방법으로 He, Ne, Ar 등 단원자 분자 및 H_2, O_2, N_2, Cl_2 등 대칭 2원자 분자는 적외선을 흡수하지 않으므로 분석할 수 없다.

[정답] 6. ④ 7. ③

5-3 압력계의 종류 및 특징

1 1차 압력계

(1) 액주식 압력계(manometer)

유리관에 수은, 물, 기름 등의 액체를 넣어 압력차로 인해 발생하는 액면의 높이차를 이용하여 압력을 구하는 것이다.

① 액주식 압력계용 액체의 구비 조건
  ㈎ 점성이 적을 것
  ㈏ 열팽창 계수가 적을 것
  ㈐ 항상 액면은 수평을 만들 것
  ㈑ 온도에 따른 밀도 변화가 적을 것
  ㈒ 증기에 대한 밀도 변화가 적을 것

㈐ 모세관 현상 및 표면 장력이 적을 것
㈑ 화학적으로 안정할 것
㈒ 휘발성 및 흡수성이 적을 것
㈓ 액주의 높이를 정확히 읽을 수 있을 것

② 종류
㈎ 호루단형 : 유리관을 수직으로 세워 상부는 진공으로 하여 밀폐시키고 하부는 수은에 넣은 것으로 유리관에 올라간 수은의 높이로 압력이 측정된다. 기압계로 사용된다.
㈏ 단관식 압력계 : 액체 용기에 유리관을 수직으로 연결한 것으로 상형 압력계라 하며 차압을 측정하는 데 사용된다.
㈐ U자관 압력계 : 유리관을 U자형으로 구부려 만든 것으로 액주의 높이차를 확인하여 압력을 측정한다. 유리관 내부에는 수은, 기름, 물 등을 넣어 사용한다.

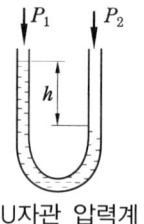
U자관 압력계

$P_2 = P_1 + \gamma h$
여기서, P_2 : 측정 절대 압력(mmH$_2$O)
P_1 : 대기압(mmH$_2$O)
γ : 액주계 액체 비중량(kgf/m^3)
h : 액주 높이(m)

㈑ 경사관식 압력계 : 단관식의 원리를 이용한 것으로 작은 압력을 정확하게 측정할 수 있어 실험실 등에서 사용한다.

(2) 침종식 압력계
아르키메데스(Archimedes)의 원리를 이용하여 액체 중 침종의 상하 이동으로 압력을 측정함으로써 침종 변위를 직접 지시하거나 또는 그 위치를 전기적인 신호로 변환하여 원격 전송시켜 기록하는 것이다. 진동, 충격의 영향을 적게 받으며 단종형 압력계와 복종형 압력계가 있다.

(3) 링 밸런스식 압력계
상부와 하부 2실로 구분되어 하부에 수은이 채워져 있으며 각 실의 압력 균형이 깨지면 지축 주변을 회전한다. 그 회전각은 압력차에 비례하므로 이것을 지침에 의해 지시시키고 압력차를 측정한다.

(4) 자유 피스톤형 압력계

측정하여야 할 압력은 오일(광유)에 의해 그 피스톤의 일단에 작용시키고 피스톤에 가하여진 추와 평형이 되도록 한 것이다. 이때의 압력은 추와 피스톤의 단면적에서 산출된다. 압력 측정 범위가 비교적 넓고 정밀도가 높아 탄성 압력계의 검정용 및 교정용으로 사용한다. 부유 피스톤형 압력계, 표준 분동식 압력계도 있다.

$$P = \left\{ \frac{W + W'}{a} \right\} + P_1$$

여기서, P : 절대 압력(kgf/cm² · a)
P_1 : 대기압(kgf/cm²)
W : 추의 무게(kg)
W' : 피스톤의 무게(kg)
a : 피스톤의 단면적(cm²)

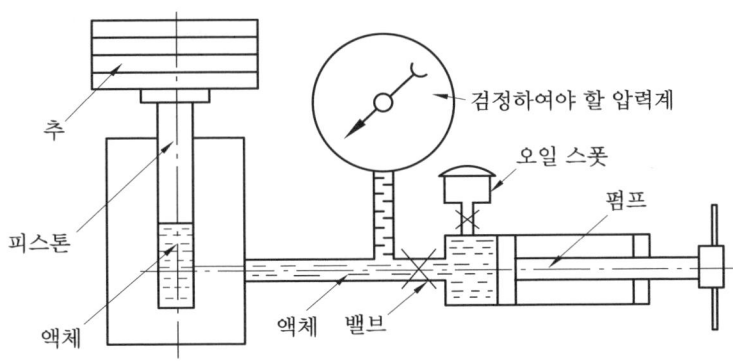

자유 피스톤형 압력계

✔ 단원 예상문제

1. 액주식 압력계에 대한 설명으로 틀린 것은? [15]
① 경사관식은 정도가 좋다.
② 단관식은 차압계로도 사용된다.
③ 링 밸런스식은 저압가스의 압력 측정에 적당하다.
④ U자관은 메니스커스의 영향을 받지 않는다.

해설 U자관은 메니스커스의 영향을 받는다.
※ 메니스커스(meniscus) : 모세관 속의 액체 표면이 만드는 곡선으로 물의 경우 액면이 오목해지고, 수은의 경우 액면이 볼록해진다.

정답 **1.** ④

2. 액주식 압력계에 사용되는 액체의 구비 조건으로 틀린 것은? [02, 05, 07, 09, 11, 14]
① 화학적으로 안정되어야 한다.
② 모세관 현상이 없어야 한다.
③ 점도와 팽창 계수가 작아야 한다.
④ 온도 변화에 의한 밀도 변화가 커야 한다.
[해설] 온도 변화에 의한 밀도 변화가 적어야 한다.

3. 어떤 액의 비중이 13.6이다. 액주가 3 cm일 때 압력은 몇 kgf/cm² 인가? [03]
① 40.8
② 4.08
③ 0.408
④ 0.0408
[해설] $P = \gamma \cdot h$
$= 13.6 \times 1000 \times 0.03 \times 10^{-4} = 0.0408 \text{ kgf/cm}^2$

4. 수은을 이용한 U자관 압력계에서 액주 높이(h) 600 mm, 대기압(P_1)은 1 kgf/cm²일 때 P_2는 약 몇 kgf/cm² 인가? [16]
① 0.22
② 0.92
③ 1.82
④ 9.16
[해설] 수은의 비중량은 13600 kgf/m³이다.
∴ 절대 압력 = 대기압 + 게이지 압력 = 대기압 + $\gamma \times h$
$= 1 + (13600 \times 0.6 \times 10^{-4}) = 1.816 \text{ kgf/cm}^2 \cdot a$

5. 비중이 13.6인 수은은 76 cm의 높이를 갖는다. 비중이 0.5인 알코올로 환산하면 그 수주는 몇 m인가? [15]
① 20.67
② 15.2
③ 13.6
④ 5
[해설] $\gamma_1 \cdot h_1 = \gamma_2 \cdot h_2$ 에서
∴ $h_2 = \dfrac{\gamma_1 \cdot h_1}{\gamma_2} = \dfrac{13.6 \times 10^3 \times 0.76}{0.5 \times 10^3} = 20.672 \text{ m}$

6. 다음 압력계 중 부르동관 압력계 눈금 교정용으로 사용되는 압력계는? [05]
① 피에조 전기 압력계
② 마노미터 압력계
③ 자유 피스톤식 압력계
④ 벨로스 압력계
[해설] 자유 피스톤형 압력계: 탄성 압력계의 검정용 및 교정용으로 사용하며, 부유 피스톤형 압력계, 표준 분동식 압력계도 있다.

정답 2. ④ 3. ④ 4. ③ 5. ① 6. ③

7. 자유 피스톤식 압력계에서 추와 피스톤의 무게가 15.7kg일 때 실린더 내의 액압과 균형을 이루었다면 게이지 압력은 몇 kgf/cm²이 되겠는가? (단, 피스톤의 지름은 4 cm이다.) [12]
① 1.25 kgf/cm²   ② 1.57 kgf/cm²
③ 2.5 kgf/cm²   ④ 5 kgf/cm²

[해설] $P = \dfrac{W + W'}{a} = \dfrac{15.7}{\dfrac{\pi}{4} \times 4^2} = 1.249 \text{ kgf/cm}^2$

8. 부유 피스톤형 압력계에서 실린더 지름 0.02 m, 추와 피스톤의 무게가 20000 g일 때 이 압력계에 접속된 부르동관의 압력계 눈금이 7 kgf/cm²를 나타내었다. 이 부르동관 압력계의 오차는 약 몇 %인가? [13, 15]
① 5   ② 10   ③ 15   ④ 20

[해설] ㉮ 참값 계산

∴ $P = \dfrac{W + W'}{A} = \dfrac{20}{\dfrac{\pi}{4} \times 2^2} = 6.366 \text{ kgf/cm}^2$

㉯ 오차(%) 계산

∴ 오차 $= \dfrac{측정값 - 참값}{참값} \times 100 = \dfrac{7 - 6.366}{6.366} \times 100 = 9.959\%$

정답 7. ① 8. ②

2 2차 압력계

(1) 탄성 압력계

① **부르동관(bourdon tube)식 압력계**: 2차 압력계 중에서 가장 대표적인 것으로 부르동관의 탄성을 이용한 것으로 곡관에 압력이 가해지면 곡률 반지름이 증대되고, 압력이 낮아지면 수축하는 원리를 이용한 것이다.

㉮ 부르동관의 종류 : C자형, 스파이럴형(spiral type), 헬리컬형(helical type), 버튼형(torque-tube type)

㉯ 부르동관의 재질

㉮ 저압용 : 황동, 인청동, 청동

㉯ 고압용 : 니켈강, 스테인리스강

㉰ 암모니아(NH_3), 아세틸렌(C_2H_2)의 경우 : 동 및 동합금을 사용할 수 없으므로 연강재를 사용하여야 한다(단, 동 함유량 62 % 미만의 경우 사용 가능).

㈐ 압력계의 크기 : 눈금판의 바깥지름(mm)과 최고 사용 압력으로 표시
㈑ 측정 범위 : 0~3000 kgf/cm² (높은 압력은 측정할 수 있지만 정도는 좋지 않다.)
※ 콤파운드 게이지(compound gauge) : 연성계라고 하며 부르동관을 이용한 것으로 대기압 이하의 압력(진공 압력)과 대기압 이상의 압력(게이지 압력)을 측정할 수 있다.
㈒ 사용 시 주의 사항
  ㉮ 항상 검사를 받고, 지시의 정확성을 확인할 것
  ㉯ 진동, 충격, 온도 변화가 적은 장소에 설치할 것
  ㉰ 안전장치(사이펀관, 스톱 밸브)를 사용할 것
  ㉱ 압력계에 가스를 넣거나 빼낼 때는 서서히 조작할 것

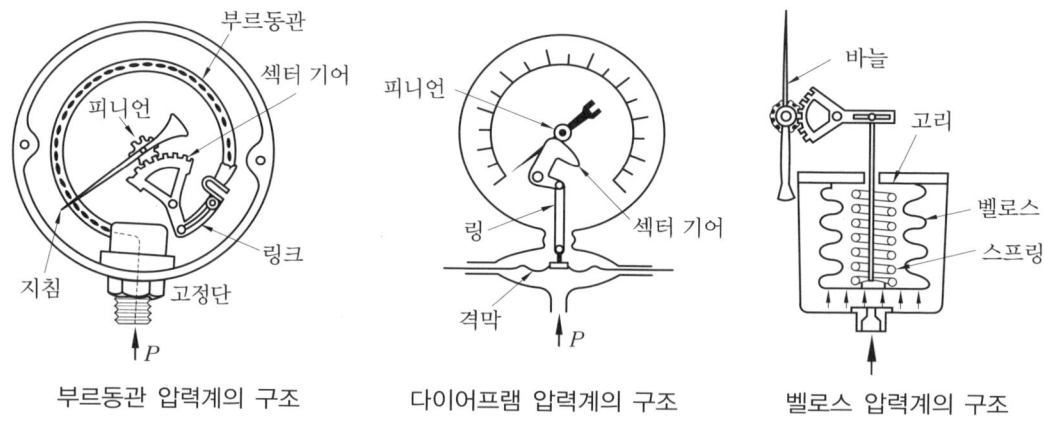

부르동관 압력계의 구조　　다이어프램 압력계의 구조　　벨로스 압력계의 구조

② **다이어프램(diaphragm)식 압력계** : 탄성이 강한 얇은 판 양쪽의 압력이 서로 다르면 압력이 낮은 쪽으로 판이 굽는다. 이때 굽는 판의 크기는 압력차에 비례하므로 그 변위를 이용하여 압력을 측정한다.
  ㈎ 다이어프램 재질 : 천연고무, 합성 고무, 특수 고무, 테플론, 가죽, 인청동, 구리, 스테인리스강
  ㈏ 측정 범위 : 20~5000 mmH$_2$O
  ㈐ 특징
    ㉮ 응답 속도가 빠르나 온도의 영향을 받는다.
    ㉯ 극히 미세한 압력 측정에 적당하다.
    ㉰ 부식성 유체의 측정이 가능하다.
    ㉱ 압력계가 파손되어도 위험이 적다.
    ㉲ 차압(+, -) 측정이 가능하다.

㈐ 연소로의 통풍계(draft gauge)로 사용한다.
③ **벨로스(bellows)식 압력계** : 얇은 금속판으로 만들어진 원형의 통에 주름이 생기게 만든 것을 벨로스라 하며 이 벨로스의 탄성을 이용하여 압력을 측정하는 것이다.
　㈎ 재질 : 인청동, 스테인리스강
　㈏ 측정 범위 : 0.01~10 kgf/cm^2
　㈐ 압력 변동에 대한 적응성이 떨어진다.
　㈑ 유체 내의 먼지 등 이물질의 영향을 적게 받는다.
　㈒ 히스테리시스(hysteresis) 오차가 발생한다.
　㈓ 자동 제어 장치의 압력 검출용 등에 사용한다.
④ **캡슐식** : 2개의 파상 격막을 이어 붙인 것으로 기압계 등 비교적 낮은 압력을 측정하는 데 사용된다.

(2) 전기식 압력계

압력 변화를 전기량으로 전환하여 압력을 측정한다.
① **전기 저항 압력계** : 금속의 전기 저항이 압력에 의해 변화하는 것을 이용하는 압력계로 초고압 측정에 사용되는 유일한 압력계이다.
② **피에조 전기 압력계(압전기식)** : 수정이나 전기석 또는 로셀염 등의 결정체의 특정 방향에 압력을 가하면 기전력이 발생하고 발생한 전기량은 압력에 비례하는 것을 이용한 것이다. 가스 폭발이나 급격한 압력 변화를 측정할 때 사용된다.
③ **스트레인 게이지** : 금속, 합금이나 반도체(금속 산화물) 등의 변형계 소자가 압력을 받아 변형되면 전기 저항이 변화하는 것을 이용한 것으로 급격한 압력 변화를 측정할 수 있다.

단원 예상문제

1. 물체에 힘을 가하면 변형이 생긴다. 이 후크의 법칙에 의해 작용하는 힘과 변형이 비례하는 원리를 이용하는 압력계는 ? [11]
① 액주식 압력계　　　　　　　　② 분동식 압력계
③ 전기식 압력계　　　　　　　　④ 탄성식 압력계

해설　탄성식 압력계 : 2차 압력계로 물체에 힘을 가하면 변형이 생기는 변위가 압력에 비례하는 것을 이용한 것으로 부르동관식 압력계, 다이어프램식 압력계, 벨로스식 압력계, 캡슐식 압력계 등이 해당된다.

정답　**1.** ④

2. 다음 압력계 중 탄성식이 아닌 것은? [02, 09, 16]
 ① 부르동관식 ② 벨로스식
 ③ 부이식 ④ 캡슐식
 [해설] 탄성식 압력계의 종류 : 부르동관식, 벨로스식, 다이어프램식, 캡슐식

3. 부르동관 압력계 사용 시 주의 사항으로 옳지 않은 것은? [04, 08]
 ① 항상 검사를 행하고 지시의 정확성을 확인하여 둘 것
 ② 안전장치를 한 것일 것
 ③ 온도 변화나 진동, 충격 등이 적은 장소에 설치할 것
 ④ 압력계에 가스를 유입하거나 빼낼 때는 신속히 조작할 것
 [해설] 압력계에 가스를 유입하거나 빼낼 때는 서서히 조작하여야 한다.

4. 암모니아용 부르동관 압력계의 재질로서 가장 적당한 것은? [07]
 ① 황동 ② Al강 ③ 청동 ④ 연강
 [해설] 암모니아는 동 및 동합금, 알루미늄에 대하여 부식성이 있어 암모니아용 부르동관 재료로 사용할 수 없어 연강재를 사용하여야 한다.

5. 다이어프램식 압력계의 특징에 대한 설명 중 틀린 것은? [04, 08, 13]
 ① 정확성이 높다. ② 반응 속도가 빠르다.
 ③ 온도에 따른 영향이 적다. ④ 미소 압력을 측정할 때 유리하다.
 [해설] 다이어프램식 압력계는 온도의 영향을 받는다.

6. 측정 압력이 0.01~10 kgf/cm^2 정도이고, 오차가 ±1~2 % 정도이며 유체 내의 먼지 등의 영향은 적으나, 압력 변동에 적응하기 어렵고 주위 온도 오차에 의한 충분한 주의를 요하는 압력계는? [15]
 ① 전기저항 압력계 ② 벨로스(bellows) 압력계
 ③ 부르동(bourdon)관 압력계 ④ 피스톤 압력계
 [해설] 벨로스식 압력계 : 얇은 금속판으로 만들어진 원형 주름통(벨로스)의 탄성을 이용하여 압력을 측정하는 탄성식 압력계이다.

7. 압력계의 측정 방법에는 탄성을 이용하는 것과 전기적 변화를 이용하는 방법 등이 있다. 다음 중 전기적 변화를 이용하는 압력계는? [09, 13]
 ① 부르동관 압력계 ② 벨로스 압력계
 ③ 스트레인 게이지 ④ 다이어프램 압력계
 [해설] 전기식 압력계의 종류 : 전기 저항 압력계, 피에조 전기 압력계, 스트레인 게이지

정답 2. ③ 3. ④ 4. ④ 5. ③ 6. ② 7. ③

8. 가스의 폭발 등과 같이 급속한 압력 변화를 측정하는 것에 이용되는 압력계는? [03]
① 부르동관 압력계　　　　　　② 피스톤식 압력계
③ 피에조 전기 압력계　　　　　④ U자관 압력계

[해설] 피에조 전기 압력계(압전기식) : 압력을 가하면 기전력이 발생하고 발생한 전기량은 압력에 비례하는 것을 이용한 것으로 가스 폭발이나 급격한 압력 변화 측정에 사용된다.

정답 8. ③

5-4 유량계의 종류 및 특징

1 유량 측정 방법

(1) 직접법

　　　유체의 부피나 질량을 직접 측정하는 방법으로 유체의 성질에 영향을 받는 경우가 적으나 압력 변동이 있는 가압유체의 측정은 어렵다. 용적식 유량계를 이용하여 측정하는 방법이 해당된다.

(2) 간접법

연속의 방정식과 베르누이 방정식을 응용하여 유량을 계산하는 방법으로 차압식 유량계, 유속식 유량계, 면적식 유량계 등이 해당된다.

① **연속의 방정식** : 질량 보존의 법칙을 유체의 흐름에 적용한 것으로 유입된 질량과 유출된 질량은 같다.

즉, 그림에서 점 ①에서의 유량과 점 ②에서의 유량은 항상 같다.

$Q_1 = A_1 V_1$ ……… ①　　$Q_2 = A_2 V_2$ ……… ②

①＝②이므로 $Q = A_1 V_1 = A_2 V_2$

∴ $V_1 = \dfrac{A_2}{A_1} \cdot V_2$, 또는 $V_2 = \dfrac{A_1}{A_2} \cdot V_1$

(가) 유량 계산

㉮ 체적 유량　$Q = A_1 \cdot V_1 = A_2 \cdot V_2$

㉯ 질량 유량　$M = \rho \cdot A_1 \cdot V_1 = \rho \cdot A_2 \cdot V_2$

㉰ 중량 유량 $G = \gamma \cdot A_1 \cdot V_1 = \gamma \cdot A_2 \cdot V_2$

여기서, Q : 체적 유량(m³/s)　　M : 질량 유량(kg/s)
　　　　G : 중량 유량(kgf/s)　　ρ : 밀도(kg/m³)
　　　　γ : 비중량(kgf/m³)　　A : 단면적(m²)
　　　　V : 유속(m/s)

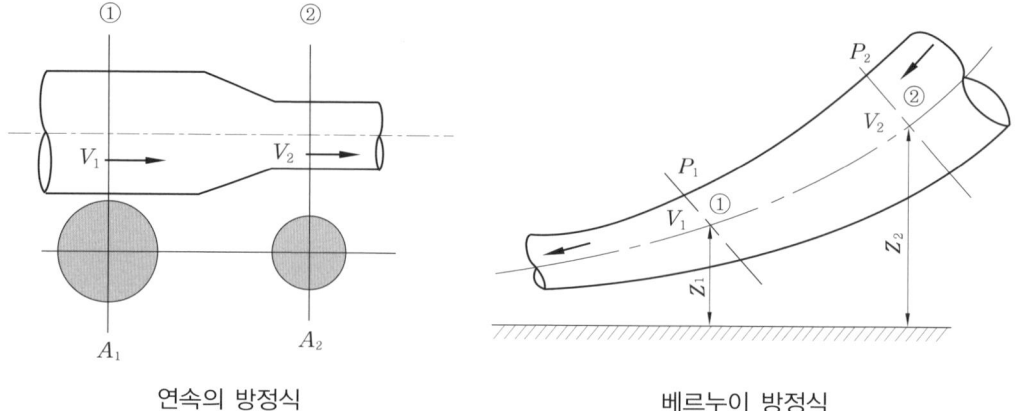

연속의 방정식　　　　　　　　　　　　　베르누이 방정식

② 베르누이(Bernoulli) 방정식 : 모든 단면에서 작용하는 위치 수두, 압력 수두, 속도 수두의 합은 항상 일정하다로 정의된다.

$$H = Z_1 + \frac{P_1}{\gamma} + \frac{V_1^2}{2g} = Z_2 + \frac{P_2}{\gamma} + \frac{V_2^2}{2g}$$

여기서, H : 전 수두　　　　　　　　Z_1, Z_2 : 위치 수두
　　　　$\dfrac{P_1}{\gamma}, \dfrac{P_2}{\gamma}$: 압력 수두　　$\dfrac{V_1^2}{2g}, \dfrac{V_2^2}{2g}$: 속도 수두

✔ 단원 예상문제

1. 액화 가스 비중이 0.8이고 배관 지름이 50 mm일 때 1시간당 유량이 15톤이면 배관 내의 평균 유속은 얼마인가? [05, 08]

① 1.8 m/s　　　　　　　　　② 2.66 m/s
③ 7.56 m/s　　　　　　　　　④ 8.52 m/s

[해설] 중량 유량 계산식 $G = \gamma \cdot A \cdot V$이다.

$$\therefore V = \frac{G}{\gamma \cdot A} = \frac{15 \times 1000}{0.8 \times 1000 \times \frac{\pi}{4} \times 0.05^2 \times 3600} = 2.652 \text{ m/s}$$

정답　**1.** ②

2. 관내에 흐르고 있는 물의 속도가 6 m/s일 때 속도 수두는 몇 m인가? [06, 07]
  ① 1.22
  ② 1.84
  ③ 2.62
  ④ 2.82

  해설 $h = \dfrac{V^2}{2g} = \dfrac{6^2}{2 \times 9.8} = 1.836\,\text{m}$

3. 유체가 5 m/s의 속도로 흐를 때 이 유체의 속도 수두는 약 몇 m인가? (단, 중력 가속도는 9.8 m/s²이다.) [15]
  ① 0.98
  ② 1.28
  ③ 12.2
  ④ 14.1

  해설 $h = \dfrac{V^2}{2g} = \dfrac{5^2}{2 \times 9.8} = 1.275\,\text{m}$

정답 2. ② 3. ②

2 용적식(직접식) 유량계

(1) 측정 원리

유체의 흐름에 따라 움직이는 운동체와 그 용적에 해당하는 일정한 부피를 갖는 공간을 만들어 그 속으로 유체를 연속으로 통과시키면서 운동체의 회전 횟수를 측정하여 체적 유량을 적산(積算)하는 방법이다.

(2) 종류

① **오벌 기어(oval gear)식 유량계** : 유입되는 유체의 흐름에 의하여 2개의 타원형 기어가 서로 맞물려 회전하며 유체를 출구로 밀어 보낸다. 기어의 회전이 유량에 비례하는 것을 이용한 유량계로 회전체의 회전 속도를 측정하여 유량을 측정한다. 기체의 유량 측정에는 부적합하다.

② **루츠(roots)형 유량계** : 오벌 기어식 유량계와 구조는 비슷하나 회전자에 기어가 없는 점이 다르다.

③ **로터리 피스톤식 유량계** : 입구에서 유입되는 유체에 의하여 회전자가 회전하며 그 회전 속도에 유량을 구하는 형식이다. 주로 수도 계량기 등에 사용한다.

④ **회전 원판형 유량계** : 둥근 축을 갖는 원판이 유량실의 중심에 위치하고 원판의 회전에 의하여 유체의 통과량을 측정하는 형식이다.

⑤ **가스 미터** : 습식 및 건식 가스 미터

> ### ✓ 단원 예상문제
>
> **1.** 다음 중 용적식 유량계에 해당하는 것은? [13]
>   ① 오리피스 유량계　　　② 플로 노즐 유량계
>   ③ 벤투리관 유량계　　　④ 오벌 기어식 유량계
>
>   [해설] 유량계의 구분 및 종류
>   ㉮ 용적식 : 오벌 기어식, 루트(roots)식, 로터리 피스톤식, 로터리 베인식, 습식 가스 미터, 막식 가스 미터 등
>   ㉯ 간접식 : 차압식(오리피스, 플로 노즐, 벤투리 미터), 유속식, 면적식, 전자식, 와류식 등
>
> **정답** 1. ④

3 간접식 유량계

(1) 차압식 유량계(조리개 기구식)

관로 중에 조리개를 삽입해서 생기는 압력차를 측정하고 베르누이 방정식으로 유량을 계산하는 것이다.

① **측정 원리** : 베르누이 방정식
② **종류** : 오리피스 미터(orifice meter), 플로 노즐(flow nozzle), 벤투리 미터(venturi meter)

(2) 면적식 유량계

유량의 대소에 의해 교축 면적을 바꾸고, 차압을 일정하게 유지하면서 면적 변화에 의해 유량을 측정하는 것으로 종류에는 부자식(플로트식), 로터미터(rotameter)가 있다.

(3) 유속식 유량계

① **임펠러식 유량계** : 유체가 흐르는 관로에 임펠러를 설치하여 유속 변화를 이용한 것이다.
  ㉮ 접선식 : 임펠러의 축이 유체가 흐르는 방향과 직각을 이룬다(수도 미터).
  ㉯ 축류식 : 임펠러의 축이 유체가 흐르는 방향과 일치한다(터빈 미터).
  ※ 터빈식 유량계 : 날개에 부딪치는 유체의 운동량으로 회전체를 회전시켜 운동량과 회전량의 변화량으로 가스 흐름량을 측정하는 것으로 측정 범위가 넓고 압력 손실이 적다.

② **피토관식 유량계** : 관 중의 유체의 전압과 정압과의 차, 즉 전압과 정압과의 차·동압을 측정하여 유속을 구하고 그 값에 관로 면적을 곱하여 유량을 측정하는 것이다. 유속이 5 m/s 이하인 유체, 슬러지, 분진 등 불순물이 많은 유체에는 측정이 불가능하다.
③ **열선식 유량계** : 관로에 전열선을 설치하여 유체의 유속 변화에 따른 온도 변화로 순간 유량을 측정하는 유량계로 유체의 압력 손실은 크지 않다. 미풍계, 토마스 유량계, 서멀(thermal) 유량계 등이 있다.

(4) 전자식 유량계
패러데이 법칙(전자 유도 법칙)을 이용한 것으로 도전성 액체의 순간 유량을 측정한다.

(5) 와류식 유량계(vortex flow meter)
와류(소용돌이)를 발생시켜 그 주파수의 특성이 유속과 비례 관계를 유지하는 것을 이용한 것이다.

(6) 초음파 유량계
초음파의 유속과 유체 유속의 합이 비례한다는 도플러 효과를 이용한 유량계이다.

✓ 단원 예상문제

1. 오리피스 미터로 유량을 측정하는 것은 어떤 원리를 이용한 것인가? [09]
① 베르누이의 정리　　② 패러데이의 법칙
③ 아르키메데스의 원리　　④ 돌턴의 법칙
[해설] 차압식 및 피토관 유량계의 측정 원리 : 베르누이의 정리(방정식)

2. 다음 중 대표적인 차압식 유량계는? [15]
① 오리피스 미터　　② 로터 미터
③ 마노미터　　④ 습식 가스 미터
[해설] 차압식 유량계
㉮ 측정 원리 : 베르누이 방정식
㉯ 종류 : 오리피스 미터, 플로 노즐, 벤투리 미터
㉰ 측정 방법 : 조리개 전후에 연결된 액주계의 압력차를 이용하여 유량을 측정

[정답] 1. ①　2. ①

3. 관 도중에 조리개(교축 기구)를 넣어 조리개 전후의 차압을 이용하여 유량을 측정하는 계측 기기는? [09, 12]
① 오벌식 유량계　　　　② 오리피스 유량계
③ 막식 유량계　　　　　④ 터빈 유량계

[해설] 차압식 유량계의 종류 : 오리피스 미터, 플로 노즐, 벤투리 미터

4. 오리피스 미터의 특징에 대한 설명으로 옳은 것은? [14]
① 압력 손실이 매우 작다.　　　② 침전물이 관벽에 부착되지 않는다.
③ 내구성이 좋다.　　　　　　　④ 제작이 간단하고 교환이 쉽다.

[해설] 오리피스 미터의 특징
㉠ 구조가 간단하고 제작이 쉬워 가격이 저렴하다.
㉡ 협소한 장소에 설치가 가능하다.
㉢ 유량 계수의 신뢰도가 크다.
㉣ 오리피스 교환이 용이하다.
㉤ 차압식 유량계에서 압력 손실이 제일 크다.
㉥ 침전물이 생성될 우려가 크다.
㉦ 동심 오리피스와 편심 오리피스가 있다.
㉧ 유량계 전후에 동일한 지름의 직관이 필요하다.

5. 로터미터는 어떤 형식의 유량계인가? [16]
① 차압식　　　　　　② 터빈식
③ 회전식　　　　　　④ 면적식

[해설] 면적식 유량계
㉠ 측정 원리 : 차압을 일정하게 유지하면서 조리개 면적의 변화로부터 유량을 측정하는 것이다.
㉡ 종류 : 부자식(플로트식), 로터미터

6. 부식성 유체나 고점도의 유체 및 소량의 유체 측정에 가장 적합한 유량계는? [04, 16]
① 차압식 유량계　　　　② 면적식 유량계
③ 용적식 유량계　　　　④ 유속식 유량계

[해설] 면적식 유량계의 특징
㉠ 유량에 따라 직선 눈금이 얻어진다.
㉡ 유량 계수는 레이놀즈수가 낮은 범위까지 일정하다.
㉢ 고점도 유체나 작은 유체에 대해서도 측정할 수 있다.
㉣ 차압이 일정하면 오차의 발생이 적다.
㉤ 압력 손실이 적다.

[정답] 3. ②　4. ④　5. ④　6. ②

7. 유속이 일정한 장소에서 전압과 정압의 차이를 측정하여 속도 수두에 따른 유속을 구하여 유량을 측정하는 형식의 유량계는? [09]
① 피토관식 유량계　　　　　　② 열선식 유량계
③ 전자식 유량계　　　　　　　④ 초음파식 유량계

[해설] 피토관식 유량계 : 유속식 유량계로 관 중의 유체의 전압과 정압과의 차, 즉 동압을 측정하여 유속을 구하고 그 값에 관로 면적을 곱하여 유량을 측정하는 것이다.

8. 피토관을 사용하기에 적당한 유속은? [16]
① 0.001 m/s 이상　　　　　　② 0.1 m/s 이상
③ 1 m/s 이상　　　　　　　　④ 5 m/s 이상

[해설] 피토관의 특징
㉮ 구조가 간단하고 제작비가 저렴하며 부착이 쉽다.
㉯ 피토관을 유체의 흐름 방향과 평행하게 설치하여야 한다.
㉰ 유속이 5 m/s 이하인 유체에는 측정이 불가능하다.
㉱ 불순물(슬러지, 분진 등)이 많은 유체에는 측정이 불가능하다.
㉲ 노즐 부분에 마모 현상이 있으면 오차가 발생한다.
㉳ 피토관은 유체의 압력에 견딜 수 있는 충분한 강도를 가져야 한다.
㉴ 유량 측정은 간단하지만 사용 방법이 잘못되면 오차 발생이 크다.
㉵ 비행기의 속도 측정, 수력 발전소의 수량 측정, 송풍기의 풍량 측정에 사용된다.

9. 원통형 관을 흐르는 물의 중심부 유속을 피토관으로 측정하였더니 수주의 높이가 10 m이었다. 이때 유속은 약 몇 m/s인가? [06, 08, 09]
① 10　　　　② 14　　　　③ 20　　　　④ 26

[해설] $V = \sqrt{2gh} = \sqrt{2 \times 9.8 \times 10} = 14 \text{ m/s}$

10. 전자 유량계는 다음 중 어느 법칙을 이용한 것인가?
① 쿨롱의 전자 유도 법칙　　　② 오옴의 전자 유도 법칙
③ 패러데이의 전자 유도 법칙　④ 줄의 전자 유도 법칙

[해설] 전자식 유량계 : 패러데이의 전자 유도 법칙을 이용한 것으로 도전성 액체의 유량을 측정한다.

11. 소용돌이를 유체 중에 일으켜 소용돌이의 발생 수가 유속과 비례하는 것을 응용한 형식의 유량계는? [08, 09]
① 오리피스식　　② 부자식　　③ 와류식　　④ 전자식

[해설] 와류식 유량계(vortex flow meter) : 와류(소용돌이)를 발생시켜 그 주파수의 특성이 유속과 비례 관계를 유지하는 것을 이용한 것이다.

정답　7. ①　8. ④　9. ②　10. ③　11. ③

5-5 온도계의 종류 및 특징

1 접촉식 온도계

(1) 유리제 봉입식 온도계

① 수은 온도계
  ㈎ 모세관 내 수은의 열팽창을 이용
  ㈏ 사용 온도 범위 : -35~350℃
  ㈐ 정도 : 1/100

② 알코올 유리 온도계
  ㈎ 주로 저온용에 사용
  ㈏ 사용 온도 범위 : -100~200℃
  ㈐ 정도 : ±0.5~1.0 %

③ **베크만(Beckmann) 온도계** : 모세관에 남은 수은의 양을 조절하여 측정하며 미소한 범위의 온도 변화를 정밀하게 측정할 수 있다.

④ **유점 온도계** : 체온계로 사용

(2) 바이메탈 온도계

선팽창 계수(열팽창률)가 다른 2종의 얇은 금속판을 결합시켜 온도 변화에 따라 굽히는 정도가 다른 점을 이용한 것이다.

(3) 압력식 온도계

일정한 부피의 액체나 기체가 온도 상승에 의해 체적이 팽창할 때 압력 상승을 이용하여 온도를 측정하는 것으로 일명 아네로이드형 온도계라고도 한다.

① **구성** : 감온부(感溫部), 도압부(導壓部), 감압부(感壓部)
② **종류** : 액체 압력식 온도계, 기체 압력식 온도계

(4) 전기식 온도계

① **저항 온도계** : 금속제의 저항이 온도가 올라가면 증가하는 원리를 이용한 것이다.
  ㈎ 백금(Pt) 측온 저항체 : -200~500℃
  ㈏ 니켈(Ni) 측온 저항체 : -50~150℃

㈐ 동(Cu) 측온 저항체 : 0~120℃

② **서미스터(thermister)** : 니켈(Ni), 코발트(Co), 망간(Mn), 철(Fe), 구리(Cu) 등의 금속산화물을 이용하여 온도 변화에 따라 저항치가 크게 변하는 반도체를 이용한 것이다.

(5) 열전대 온도계

① **원리** : 2종류의 금속선을 접속하여 하나의 회로를 만들어 2개의 접점에 온도차를 부여하면 회로에 접점의 온도에 거의 비례한 전류(열기전력)가 흐르는 제베크(Seebeck) 효과를 이용한 것이다.

② **열전대의 종류**

종 류	측정 온도	특 징
백금-백금 로듐 R(P-R)	0~1600℃	산화성 분위기에는 침식되지 않으나 환원성에 약함, 정도가 높고 안정성이 우수, 고온 측정에 적합
크로멜-알루멜 K(C-A)	-20~1200℃	기전력이 크고, 특성이 안정적이다.
철-콘스탄트 J(I-C)	-20~800℃	환원성 분위기에 강하나 산화성에 약함, 가격이 저렴하다.
동-콘스탄트 T(C-C)	-200~350℃	저항 및 온도 계수가 작아 저온용에 적합

(6) 제게르 콘(Seger cone) 온도계

점토, 규석질 등 내연성의 금속 산화물로 만든 것으로 벽돌의 내화도 측정에 사용한다.

(7) 서모 컬러(thermo color)

도료의 일종으로 피측정물의 표면에 도포하여 그 점의 온도 변화를 감시하는 데 사용하는 온도계이다.

단원 예상문제

1. 유리 온도계의 특징에 대한 설명으로 틀린 것은? [12]
① 일반적으로 오차가 적다.
② 취급은 용이하나 파손이 쉽다.
③ 눈금 읽기가 어렵다.
④ 일반적으로 연속 기록과 자동 제어를 할 수 있다.
[해설] 유리 온도계는 연속 기록이나 자동 제어를 할 수 없다.

2. 다음 각종 온도계에 대한 설명으로 옳은 것은? [09]
① 저항 온도계는 이종 금속 2종류의 양단을 용접 또는 납붙임으로 양단의 온도가 다를 때 발생하는 열기 전력의 변화를 측정하여 온도를 구한다.
② 유리제 온도계의 봉입액으로 수은을 쓴 것은 −30℃~350℃ 정도의 범위에서 사용된다.
③ 온도계의 온도 검출부는 열용량이 크면 좋다.
④ 바이메탈식 온도계는 온도에 따른 전기적 변화를 이용한 온도계이다.
[해설] 각 항목의 옳은 설명
① 열전대 온도계에 대한 설명이다.
③ 온도 검출부 열용량이 크면 검출 지연이 발생한다.
④ 바이메탈 온도계는 열팽창률이 서로 다른 2종의 얇은 금속판을 밀착시킨 것으로 온도 변화에 의하여 신축 작용을 할 때 온도가 지시되도록 한 것이다.

3. 열전대 온도계의 원리를 설명한 것은? [07]
① 금속의 열전도를 이용한다.
② 2종 금속의 열기전력을 이용한다.
③ 금속과 비금속 사이의 유도 기전력을 이용한다.
④ 금속의 전기 저항이 온도에 의해 변화하는 것을 이용한다.
[해설] 열전대 온도계의 원리 : 제베크(Seebeck) 효과

4. 열전대 온도계에서 열전대가 갖추어야 할 성질 중 틀린 것은? [03]
① 기전력이 크고 안정할 것
② 내열성, 내식성이 클 것
③ 전기 저항 및 열전도율이 적을 것
④ 온도 상승에 따른 기전력이 일정할 것
[해설] 온도 상승에 따라 기전력이 연속적으로 상승하여야 한다.

정답 1. ④ 2. ② 3. ② 4. ④

5. 백금 로듐–백금 열전대 온도계의 온도 측정 범위로 옳은 것은? [06]

① −180~350℃ ② −20~800℃
③ 0~1600℃   ④ 300~2000℃

해설 열전대 온도계의 온도 측정 범위

열전대의 종류	측정 온도
백금 – 백금 로듐	0~1600℃
크로멜 – 알루멜	−20~1200℃
철 – 콘스탄트	−20~800℃
동 – 콘스탄트	−200~350℃

정답 5. ③

2 비접촉식 온도계

① 광고 온도계 : 피측온 물체에서 방사되는 빛과 표준 전구에서 나오는 필라멘트의 휘도를 같게 하고 표준 전구의 전류 또는 저항을 측정하여 온도를 측정하는 방법이다.
② 광전관식 온도계 : 사람 눈 대신 광전지 혹은 광전관을 사용하여 자동으로 측정(광고 온도계를 자동화한 것)하는 것이다.
③ 방사 온도계 : 피측온 물체에서의 전 방사 에너지를 렌즈 또는 반사경으로 열전대와 측온 접점에 모아 열기전력을 측정하여 온도를 측정하는 것으로 스테판–볼츠만의 법칙(Stefan-Boltzmann's law)을 이용한 것이다.
④ 색온도계 : 고온 물체로부터 방사되는 복사 에너지가 온도의 상승으로 파장이 짧아지는 현상을 이용한 것이다(빛의 밝고 어두움을 이용한 것이다).

단원 예상문제

1. 스테판–볼츠만의 법칙을 이용하여 측정 물체에서 방사되는 전방사 에너지를 렌즈 또는 반사경을 이용하여 온도를 측정하는 온도계는? [07, 09]

① 색온도계   ② 방사 온도계
③ 열전대 온도계 ④ 광전관 온도계

해설 방사 온도계의 측정 원리 : 스테판–볼츠만 법칙

정답 1. ②

2. 고압가스 설비 중 측정 기기 부착 시 주의 사항이다. 이 중 맞지 않는 것은? [03, 05]
① 압력계 설치 시 반드시 "금유(禁油)"라고 표기된 전용 가스 압력계를 설치해야 한다.
② 온도계 설치 시 감온부의 물리적 변화량을 정확히 측정하는 것을 설치해야 한다.
③ 유량계 설치 시 차압식 유량계는 교축부 전후에 압력차가 있는 곳에 설치해야 한다.
④ 가스 검지기 설치 시 지면에서 1 m 이상의 높이에 설치해야 한다.
[해설] 가스 누출 검지기는 공기보다 가벼우면 천장에서 30 cm 이내, 공기보다 무거우면 바닥면에서 30 cm 이내에 설치하여야 한다.

[정답] 2. ④

5-6 액면계의 종류 및 특징

1 액면계의 분류

(1) 직접법

게이지 글라스(gauge glass), 플로트(부자[浮子]), 검침봉 등을 이용하여 직접 액면 위치를 검출하는 방법이다.

(2) 간접법

용기 내의 액면 높이에 따라 변화하는 압력이나 기타 물리량의 변화를 측정하여 액면 위치를 알아내는 방법이다.

단원 예상문제

1. 다음 중 액면계의 측정 방식에 해당하지 않는 것은? [06, 08, 11]
① 압력식   ② 정전 용량식   ③ 초음파식   ④ 환상천평식

[해설] 액면계의 구분 및 종류
㉮ 직접법 : 직관식, 플로트식(부자식), 검척식
㉯ 간접법 : 압력식, 초음파식, 정전 용량식, 방사선식, 차압식, 다이어프램식, 편위식, 기포식, 슬립 튜브식, 음향식 등

[정답] 1. ④

2 액면계의 종류 및 특징

(1) 직접식 액면계

① **직관식(유리관식) 액면계** : 경질의 유리관을 탱크에 부착하여 내부 액면을 직접 확인할 수 있는 것이다.
② **플로트식(부자식[浮子式]) 액면계** : 탱크 내부의 액체에 뜨는 물체(플로트)를 넣어 액면의 위치에 따라 움직이는 플로트의 위치를 직접 확인하여 액면을 측정하는 방법이다.
③ **검척식 액면계** : 액면의 높이, 분립체의 높이를 직접 자로 측정하는 방법이다.

(2) 간접식 액면계의 종류 및 특징

① **압력식 액면계** : 액체의 높이에 따라 변화하는 압력을 측정하여 액면을 측정한다.
② **저항 전극식 액면계** : 탱크 내 액면의 변화에 의하여 전극 간 저항이 탱크 내의 액으로부터 단락되어 급감하는 것을 이용한 것이다.
③ **초음파식 액면계** : 초음파 발신기와 수신기를 두고 초음파가 왕복하는 시간을 측정하여 액면 높이를 측정하는 것이다.
④ **정전 용량식 액면계** : 탐사침을 액 중에 넣어 검출되는 물질의 유전율을 이용하는 것이다.
⑤ **방사선 액면계** : 액면에 띄운 플로트에 방사선원을 붙이고 탱크 천장 외부에 방사선 검출기를 설치하여 방사선의 세기와 변화를 이용한 것으로 고온 고압의 액체나 부식성 액체 탱크에 적합하다.
⑥ **차압식 액면계(햄프슨식 액면계)** : 액화 산소와 같은 극저온 저장조의 상·하부를 U자관에 연결해 차압에 의하여 액면을 측정하는 방식이다.
⑦ **다이어프램식 액면계** : 액면의 변위에 따른 다이어프램으로 작용하는 유체의 압력을 이용하여 측정하는 방식이다.
⑧ **편위식 액면계** : 아르키메데스의 원리를 이용하여 액면을 측정한다.
⑨ **기포식 액면계** : 탱크 속에 삽입한 파이프에 공급하는 공기압을 측정하여 액면을 측정한다.
⑩ **슬립 튜브식 액면계** : 저장 탱크 내의 지름이 작은 스테인리스관을 부착하여 이 관을 상하로 움직여 관내에서 분출하는 가스 상태와 액체 상태의 경계면을 찾아 액면을 측정하는 것으로 고정 튜브식, 회전 튜브식, 슬립 튜브식이 있다.
⑪ 음향식

단원 예상문제

1. 구조가 간단하고 고압, 고온 밀폐 탱크의 압력까지 측정이 가능하여 가장 널리 사용되는 액면계는? [14]
① 클린 카식 액면계
② 벨로스식 액면계
③ 차압식 액면계
④ 부자식 액면계

해설 부자식(浮子式) 액면계 : 탱크 내부의 액체에 뜨는 물체(플로트)를 넣어 액면의 위치에 따라 움직이는 플로트의 위치를 직접 확인하여 액면을 측정하는 방법이다.

2. 햄프슨식이라고도 하며 저장조 상부로부터의 압력과 저장조 하부로부터의 압력의 차로써 액면을 측정하는 것은? [02, 06, 09, 11]
① 부자식 액면계
② 차압식 액면계
③ 편위식 액면계
④ 유리관식 액면계

해설 차압식 액면계 : 기상부와 액상부의 압력차를 이용하여 액면을 지시하는 것으로 햄프슨식 액면계라 한다.

3. 대형 저장 탱크 내를 가는 스테인리스관으로 상하로 움직여 관내에서 분출하는 가스 상태와 액체 상태의 경계면을 찾아 액면을 측정하는 액면계로 옳은 것은? [06, 14]
① 슬립 튜브식 액면계
② 유리관식 액면계
③ 클링커식 액면계
④ 플로트식 액면계

해설 슬립 튜브식 액면계 : 저장 탱크 내에 지름이 작은 스테인리스관을 이용하여 가스 상태와 액체 상태의 경계면을 찾아 액면을 측정한다.

4. 액면계에 대한 설명 중 틀린 것은? [03]
① 정전 용량식 액면계는 기상부와 액상부에 초음파 발진기를 두고, 초음파의 시간을 측정하여 액 높이를 안다.
② 클린 카식 액면계는 투시식과 반사식이 있다.
③ 차압식 액면계는 초저온의 설비에 많이 사용한다.
④ 부자식 액면계는 장시간 사용 시 1년에 한 번 정도 교정할 필요가 있다.

해설 ①항은 초음파식 액면계의 설명이다.

정답 1. ④ 2. ② 3. ① 4. ①

5-7 가스 미터의 종류 및 특징

1 가스 미터(gas meter)의 개요

(1) 가스 미터의 사용 목적

소비자에게 공급되는 가스의 체적을 측정(계량), 적산(積算)하여 요금을 정산하기 위하여 사용되는 것이다.

(2) 가스 미터의 필요 조건

① 구조가 간단하고, 수리가 용이할 것
② 감도가 예민하고 압력 손실이 적을 것
③ 소형이며 계량 용량이 클 것
④ 기차의 조정이 용이할 것
⑤ 내구성이 클 것

✓ 단원 예상문제

1. 다음 중 가스 미터의 필요 조건으로 옳은 것은? [04]
　① 소형이고 용량이 적을 것
　② 오차 조정이 어려워 사용자가 임으로 조작하지 못할 것
　③ 가격이 저렴하고 사용자 수리가 용이할 것
　④ 감도가 예민하고 구조가 간단할 것

정답 1. ④

---

2 가스 미터의 종류 및 특징

(1) 가스 미터의 분류

① **실측식(직접식)** : 일정한 부피를 만들어 그 부피로 가스가 몇 회 통과되었는가를 적산(積算)하는 방식으로 건식(乾式)과 습식(濕式)으로 구분되며, 수용가에 부착되어 있는 건식(막식형 독립내기식)이고, 습식은 액체를 봉입한 것으로 기준 가스 미터 및 실험실 등에서 사용된다.

② **추량식(간접식)** : 유량과 일정한 관계가 있는 다른 양(임펠러의 회전수, 차압 등)을 측정함으로써 간접적으로 가스의 양을 측정하는 방법이다.

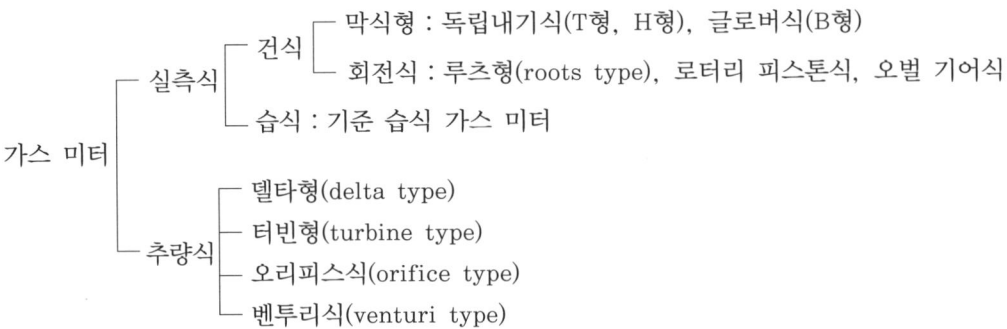

(2) 측정 원리 및 특징

① 측정 원리

㈎ 막식 가스 미터 : 가스를 일정 용적의 통 속에 넣어 충만시킨 후 배출하여 그 횟수를 용적 단위로 환산하여 적산(積算)한다.

㈏ 습식 가스 미터 : 고정된 원통 안에 4개로 구성된 내부 드럼이 있고, 입구에서 받은 물에 잠겨 있는 내부 드럼으로 들어가 가스 압력으로 밀어 올려 내부 드럼이 1회전하는 동안 통과한 체적을 환산한다.

㈐ 루츠형(roots type) 가스 미터 : 2개의 회전자(roots)와 케이싱으로 구성되어 고속으로 회전하는 회전자에 의하여 체적 단위로 환산하여 적산한다.

② 특징

구 분	막식 가스 미터	습식 가스 미터	Roots형 가스 미터
장점	① 가격이 저렴하다. ② 유지 관리에 시간을 요하지 않는다.	① 계량이 정확하다. ② 사용 중에 오차의 변동이 적다.	① 대유량의 가스 측정에 적합하다. ② 중압 가스의 계량이 가능하다. ③ 설치 면적이 적다.
단점	① 대용량의 것은 설치 면적이 크다.	① 사용 중에 수위 조정 등의 관리가 필요하다. ② 설치 면적이 크다.	① 여과기의 설치 및 설치 후의 유지 관리가 필요하다. ② 적은 유량(0.5 m³/h)의 것은 부동(不動)의 우려가 있다.
용도	일반 수용가	기준용, 실험실용	대량 수용가
용량 범위	1.5~200 m³/h	0.2~3000 m³/h	100~5000 m³/h

단원 예상문제

1. 막식 가스 미터의 특징을 기술한 것은? [03]
① 가격은 싸고 설치 후 유지 관리가 어렵다.
② 대용량의 경우 설치 공간이 크다.
③ 계량이 정확하고 사용 중 오차의 변동이 거의 없다.
④ 사용 중 수위 조정 등의 관리를 요한다.

[해설] 막식 가스 미터의 특징
㉮ 가격이 저렴하다.
㉯ 유지관리에 시간을 요하지 않는다.
㉰ 대용량의 것은 설치면적이 크다.
㉱ 일반 수용가에 사용된다.

2. 루트 미터에 대한 설명으로 옳은 것은? [08, 11]
① 설치 공간이 크다.
② 일반 수용가에 적합하다.
③ 스트레이너가 필요 없다.
④ 대용량의 가스 측정에 적합하다.

[해설] 루트 미터의 특징
㉮ 대유량의 가스 측정에 적합하다.
㉯ 중압가스의 계량이 가능하다.
㉰ 설치 면적이 작다.
㉱ 여과기의 설치 및 설치 후의 유지 관리가 필요하다.
㉲ 적은 유량(0.5 m³/h)의 것은 부동의 우려가 있다.
㉳ 대량수용가에 사용된다.

3. 가스계량기와 화기(그 시설 안에서 사용하는 자체 화기는 제외)와의 우회 거리는 몇 m 이상 유지하여야 하는가? [07]
① 1
② 2
③ 3
④ 5

[해설] 가스계량기와 화기(그 시설 안에서 사용하는 자체 화기를 제외한다) 사이에 유지하여야 하는 우회 거리는 2 m 이상으로 한다.

[정답] 1. ② 2. ④ 3. ②

제 3 편

가스 특성 활용

1. 가스의 기초
2. 가스의 성질 및 제조
3. LP 가스 및 도시가스
4. 수소 제조 및 충전 시설
5. 가스의 연소 이론

제1장 | 가스의 기초

1-1 열역학 기초

1 단위(Unit)

(1) 단위의 종류

① **기본 단위** : 물리량을 나타내는 기본적인 것으로 7가지로 구분된다.

기본량	길이	질량	시간	전류	물질량	온도	광도
기본 단위	m	kg	s	A	mol	K	cd

② **유도 단위** : 기본 단위의 조합 또는 기본 단위 및 다른 유도 단위의 조합에 의하여 형성된 단위로 면적(m^2), 부피(m^3), 속도(m/s) 등이다.
③ **보조 단위** : 기본 단위 및 유도 단위를 정수배 또는 정수분하여 표기하는 것으로 cm, mm, km 등이다.
④ **특수 단위** : 특수한 계량의 용도에 사용되는 단위로 점도, 경도, 충격치, 인장 강도 등이다.

(2) 절대 단위와 공학 단위(중력 단위)

① **절대 단위** : 단위 기본량을 질량, 길이, 시간으로 하여 이들의 단위를 사용하여 유도된 단위
② **공학 단위(중력 단위)** : 질량 대신 중량을 사용한 단위(중력 가속도가 작용하고 있는 상태)
③ **SI 단위** : System International Unit의 약자로 국제단위계이다.

(3) 동력

단위 시간당 행하는 일의 비율(率)이다.
① SI 단위
  • 1 W = 1 J/s

② 공학 단위

  ㈎ 1 PS(Pferde Starke) = 75 (kgf · m/s)
    = 632.2 (kcal/h) = 0.735 (kW) = 2646 (kJ/h)

  ㈏ 1 kW = 102 (kgf · m/s)
    = 860 (kcal/h) = 1.36 (PS) = 3600 (kJ/h)

  ㈐ 1 HP(horse power : 영국 마력) = 76 (kgf · m/s)
    = 640.75 (kcal/h) = 0.745 (kW) = 2682 (kJ/h)

주요 물리량의 단위 비교

물리량	SI 단위	공학 단위
힘	$N (= kg \cdot m/s^2)$	kgf
압력	$Pa (= N/m^2)$	kgf/m^2
열량	$J (= N \cdot m)$	kcal
일	$J (= N \cdot m)$	kgf · m
에너지	$J (= N \cdot m)$	kgf · m
동력	$W (= J/s)$	kgf · m/s

✔ 단원 예상문제

1. 다음 중 SI 기본 단위가 아닌 것은? [09]
  ① 질량 : 킬로그램(kg)   ② 주파수 : 헤르츠(Hz)
  ③ 온도 : 겔빈(K)   ④ 물질량 : 몰(mol)

[해설] 기본 단위

기본량	길이	질량	시간	전류	물질량	온도	광도
기본 단위	m	kg	s	A	mol	K	cd

2. 어떤 물질의 고유 양으로, 측정하는 장소에 따라 변함이 없는 물리량은? [15]
  ① 질량   ② 중량
  ③ 부피   ④ 밀도

정답 1. ② 2. ①

> [해설] 질량은 측정하는 장소에 따라 변함이 없는 물리량이지만 중량, 부피, 밀도 등은 측정하는 장소의 중력 가속도, 온도, 압력 등에 따라 변한다.

3. 1 kW의 열량을 환산한 것으로 옳은 것은? [15]
① 536 kcal/
② 632 kcal/h
③ 729 kcal/h
④ 860 kcal/h

> [해설] 동력의 단위
> ㉮ 1 PS = 75 kgf·m/s = 632.2 kcal/h = 0.735 kW = 2646 kJ/h
> ㉯ 1 kW = 102 kgf·m/s = 860 kcal/h = 1.36 PS = 3600 kJ/h

[정답] 3. ④

2 온도(temperature)

(1) 섭씨온도

표준 대기압하에서 물의 빙점을 0℃, 비점을 100℃로 정하고, 그 사이를 100등분하여 하나의 눈금을 1℃로 표시하는 온도이다(1742년 스웨덴 천문학자 Celsius[儒修]가 정립).

(2) 화씨온도

표준 대기압하에서 물의 빙점을 32°F, 비점을 212°F로 정하고, 그 사이를 180등분하여 하나의 눈금을 1°F로 표시하는 온도이다(1724년 독일 물리학자 Fahrenheit[華倫海]가 정립).

(3) 섭씨온도와 화씨온도의 관계

① $℃ = \dfrac{5}{9}(°F - 32)$

② $°F = \dfrac{9}{5}℃ + 32$

(4) 절대 온도

열역학적 눈금으로 정의할 수 있으며 자연계에서는 그 이하의 온도로 내릴 수 없는 최저의 온도를 절대 온도라 한다.

① 켈빈 온도(K) = ℃ + 273 = $\dfrac{t°F + 460}{1.8}$ = $\dfrac{°R}{1.8}$

② 랭킨 온도(°R) = °F + 460 = 1.8(t℃ + 273) = 1.8 K

✓ 단원 예상문제

1. 화씨온도 86°F는 몇 ℃인가? [04]

① 30 ② 35 ③ 40 ④ 45

[해설] ℃ = $\dfrac{5}{9}$(°F − 32) = $\dfrac{5}{9}$ × (86 − 32) = 30 ℃

2. 온도계의 눈금이 40℃이다. 화씨 절대 온도(°R)는? [02]

① 330.4 ② 564 ③ 474.4 ④ 464.4

[해설] °F = $\dfrac{9}{5}$℃ + 32 = $\dfrac{9}{5}$ × 40 + 32 = 104 °F

∴ °R = °F + 460 = 104 + 460 = 564 °R

또는 °R = 1.8 K = 1.8 × (273 + 40) = 563.4 °R

3. 화씨 86°F는 절대 온도로 몇 K인가? [04, 09]

① 233 ② 303 ③ 490 ④ 522

[해설] ℃ = $\dfrac{5}{9}$(°F − 32) = $\dfrac{5}{9}$ × (86 − 32) = 30 ℃

∴ K = t℃ + 273 = 30 + 273 = 303 K

또는 K = $\dfrac{t°F + 460}{1.8}$ = $\dfrac{86 + 460}{1.8}$ = 303.33 K

4. 섭씨온도와 화씨온도가 같은 경우는? [08, 09, 14, 15]

① −40℃ ② 32°F ③ 273℃ ④ 45°F

[해설] °F = $\dfrac{9}{5}$℃ + 32에서 °F와 ℃가 같으므로 x로 놓으면 $x = \dfrac{9}{5}x + 32$가 된다.

∴ $x - \dfrac{9}{5}x = 32$는 $x\left(1 - \dfrac{9}{5}\right) = 32$와 같다.

∴ $x = \dfrac{32}{1 - \dfrac{9}{5}} = -40$

[정답] 1. ① 2. ② 3. ② 4. ①

5. 섭씨온도로 측정할 때 상승된 온도가 5℃이었다. 이때 화씨온도로 측정하면 상승 온도는 몇 도인가? [08, 15]
① 7.5　　　② 8.3　　　③ 9.0　　　④ 41

[해설] 섭씨온도와 화씨온도는 1.8배의 관계가 있으므로 상승 온도는 5℃의 1.8배가 화씨온도로 상승된 온도가 된다.
∴ 상승 온도(°F) = 5×1.8 = 9.0°F
※ 문제에서 질문한 것은 5℃를 화씨온도로 전환하는 문제가 아니고, 5℃ 상승된 온도를 화씨온도로 계산하는 것임

6. 다음 온도에 대한 설명 중 옳은 것은? [03, 06]
① 절대 0도는 물의 어는 온도를 0으로 기준한 온도이다.
② 임계(臨界) 온도 이상 시에는 액화되지 않는다.
③ 임계 온도는 기체를 액화시킬 수 있는 최소의 온도이다.
④ 온도의 상한계(上限界)를 기준으로 정한 것이 절대 온도이다.

[해설] 각 항목의 옳은 설명
① 절대 0도는 인간이 내릴 수 없는 한계의 온도(下限界)로 −273.15℃, −459.60°F에 해당된다.
③ 임계 온도는 기체를 액화시킬 수 있는 최고의 온도이다.
④ 절대 온도는 온도의 하한계(下限界)를 기준으로 정한 온도이다.

7. 다음 중 가장 높은 온도는? [15]
① −35℃　　　② −45°F　　　③ 213 K　　　④ 450°R

[해설] 각 온도를 섭씨온도로 환산하여 비교
① −35℃
② ℃ = $\frac{5}{9}$(°F − 32) = $\frac{5}{9}$×(−45−32) = −42.77℃
③ ℃ = K − 273 = 213 − 273 = −60℃
④ ℃ = K − 273 = $\frac{°R}{1.8}$ − 273 = $\frac{450}{1.8}$ − 273 = −23℃

[정답] 5. ③　6. ②　7. ④

3 압력(pressure)

(1) 표준 대기압(atmospheric)

0℃, 위도 45° 해수면을 기준으로 지구 중력이 9.806655 m/s^{2}일 때 수은주 760 mmHg로 표시될 때의 압력이며 1 atm으로 표시한다.

※ 1 atm = 760 mmHg = 76 cmHg = 0.76 mHg = 29.9 inHg = 760 torr
= 10332 kgf/m^2 = 1.0332 kgf/cm^2 = 10.332 mH$_2$O(mAq) = 10332 mmH$_2$O(mmAq)
= 101325 N/m^2 = 101325 Pa = 1013.25 hPa = 101.325 kPa = 0.101325 MPa
= 1.01325 bar = 1013.25 mbar = 14.7 lb/in^2 = 14.7 psi

(2) 게이지 압력

대기압을 0으로 기준하여 압력계에 지시된 압력이며 압력 단위 뒤에 "G", "g"를 사용하거나 생략한다.

(3) 진공 압력

대기압을 기준으로 대기압 이하의 압력이며 압력 단위 뒤에 "V", "v"를 사용한다.

① 진공도(%) = $\dfrac{\text{진공 압력}}{\text{대기압}} \times 100$

② **대기압의 진공도** : 0 %, **완전 진공의 진공도** : 100 %

(4) 절대 압력

절대 진공(완전 진공)을 기준으로 그 이상 형성된 압력이며 압력 단위 뒤에 "abs", "a"를 사용한다.

※ 절대 압력 = 대기압 + 게이지 압력
  = 대기압 − 진공 압력

(5) 압력 환산 방법

※ 환산 압력 = $\dfrac{\text{주어진 압력}}{\text{주어진 압력의 표준 대기압}} \times$ 구하려는 표준 대기압

> **참고** SI 단위와 공학 단위의 관계
>
> ① 1 MPa = 10.1968 kgf/cm^2 ≒ 10 kgf/cm^2, 1 kgf/cm^2 = $\dfrac{1}{10.1968}$ MPa ≒ $\dfrac{1}{10}$ MPa
>
> ② 1 kPa = 101.968 mmH$_2$O ≒ 100 mmH$_2$O, 1 mmH$_2$O = $\dfrac{1}{101.968}$ kPa = $\dfrac{1}{100}$ kPa

단원 예상문제

1. 다음 보기 중 표준 대기압에 대하여 바르게 설명한 것은? [02]

> ⓐ 위도 45도 해면에서 0℃, 760 mmHg의 누르는 힘으로 규정한다.
> ⓑ 표준 대기압은 1.0332 bar이다.
> ⓒ 표준 대기압은 10.332 mH₂O이다.

① ⓐ, ⓑ   ② ⓑ, ⓒ
③ ⓐ, ⓒ   ④ ⓐ, ⓑ, ⓒ

[해설] 1 atm = 760 mmHg = 76 cmHg = 0.76 mHg = 29.9 inHg = 760 torr
= 10332 kgf/m² = 1.0332 kgf/cm² = 10.332 mH₂O = 10332 mmH₂O
= 101325 N/m² = 101325 Pa = 101.325 kPa = 0.101325 MPa = 1013250 dyne/cm²
= 1.01325 bar = 1013.25 mbar = 14.7 lb/in² = 14.7 psi

2. 압력의 단위로 사용되는 SI 단위는? [11]

① atm   ② Pa   ③ psi   ④ bar

[해설] 압력의 SI 단위 : Pa = N/m²

3. 압력 단위 환산이 맞는 것은? [02]

① 절대 압력 = 게이지 압력 + 대기압   ② 게이지 압력 = 절대 압력 + 대기압
③ 수주 m은 mAq와 다르다.   ④ 대기압은 14.2 psi이다.

[해설] 각 항목의 옳은 설명
 ② 게이지 압력 = 절대 압력 - 대기압
 ③ 수주(水主) m은 mAq, mH₂O와 같은 압력의 단위이다.
 ④ 대기압은 14.7 lb/in², 14.7 psi이다.

4. 압력에 대한 설명으로 옳은 것은? [09]

① 표준 대기압이란 0℃에서 수은주 760 mmHg에 해당하는 압력을 말한다.
② 진공 압력이란 대기압보다 낮은 압력으로 대기 압력과 절대 압력을 합한 것이다.
③ 용기 내벽에 가해지는 기체의 압력을 게이지 압력이라 하며 대기압과 압력계에 나타난 압력을 합한 것이다.
④ 절대 압력이란 표준 대기압 상태를 0으로 기준하여 측정한 압력을 말한다.

[해설] 각 항목의 옳은 설명
 ② 진공 압력이란 대기압보다 낮은 압력으로 대기 압력과 절대 압력의 차이다.
 ③ 용기 내벽에 가해지는 기체의 압력을 게이지 압력이라 하며 대기압을 기준으로 압력계에 나타난 압력이다.
 ④ 절대 압력은 완전 진공을 기준으로 측정한 압력이다.

[정답] 1. ③   2. ②   3. ①   4. ①

5. 압력에 대한 설명 중 틀린 것은? [16]
① 게이지 압력은 절대 압력에 대기압을 더한 압력이다.
② 압력이란 단위 면적당 작용하는 힘의 세기를 말한다.
③ 1.0332 kgf/cm² 의 대기압을 표준 대기압이라고 한다.
④ 대기압은 수은주를 76 cm만큼의 높이로 밀어 올릴 수 있는 힘이다.

[해설] 게이지 압력은 절대 압력에서 대기압을 뺀 압력이다.
  ※ 절대 압력 = 대기압 + 게이지 압력
  게이지 압력 = 절대 압력 − 대기압

6. 다음 중 절대 압력을 정하는 데 기준이 되는 것은? [14]
① 게이지 압력 ② 국소 대기압 ③ 완전 진공 ④ 표준 대기압

[해설] 압력의 기준
  ㉮ 게이지 압력, 진공 압력 : 대기압
  ㉯ 절대 압력 : 완전 진공

7. 게이지 압력 1520 mmHg는 절대 압력으로 몇 기압인가? [14]
① 0.33 atm ② 3 atm ③ 30 atm ④ 33 atm

[해설] 1 atm은 760 mmHg이다.
  $\therefore$ 절대 압력 = 대기압 + 게이지 압력 $= 1 + \dfrac{1520}{760} = 3$ atm

8. 압력계의 지침이 10.8 kgf/cm² 이라면 절대 압력(kgf/cm² · a)은 얼마인가? (단, 대기압은 1.033 kgf/cm² 이다.) [03]
① 11.83 ② 10.80 ③ 9.77 ④ 10.93

[해설] 절대 압력 = 대기압 + 게이지 압력
  $= 1.033 + 10.8 = 11.833$ kgf/cm² · a

9. 다음 중 가장 낮은 압력은? [09]
① 1 bar ② 0.99 atm ③ 28.56 inHg ④ 10.3 mH₂O

[해설] kgf/cm² 단위로 환산하여 비교하면
  ① 1 bar → $\dfrac{1}{1.01325} \times 1.0332 = 1.0196$ kgf/cm²
  ② 0.99 atm → $0.99 \times 1.0332 = 1.022$ kgf/cm²
  ③ 28.56 inHg → $\dfrac{28.56}{29.9} \times 1.0332 = 0.9868$ kgf/cm²
  ④ 10.3 mH₂O → $\dfrac{10.3}{10.332} \times 1.0332 = 1.03$ kgf/cm²

정답 5. ① 6. ③ 7. ② 8. ① 9. ③

10. 다음 중 가장 작은 압력은? [02]

① 0.1 kgf/mm²
② 1 kgf/cm²
③ 1000 kgf/m²
④ 1 lb/in²(psi)

[해설] kgf/cm² 단위로 환산하여 비교하면
① 0.1 kgf/mm² → 0.1 × 100 = 10 kgf/cm²
② 1 kgf/cm²
③ 1000 kgf/m² → 11000 × 10⁻⁴ = 0.1 kgf/cm²
④ 1 lb/in²(psi) → $\frac{1}{14.2}$ = 0.07 kgf/cm²

∵ 1 kgf/cm² = 14.2 psi이므로

11. 진공도 90 %란? (단, 대기압은 760 mmHg이다.) [06]

① 0.1033 kgf/cm² · a
② 1.148 ata
③ 684 mmHg
④ 760 mmAq

[해설] ㉮ 절대 압력 계산

진공도(%) = $\frac{진공\ 압력}{대기압}$ × 100이다.

진공 압력 = 대기압 × 진공도
절대 압력 = 대기압 − 진공 압력 = 760 − (760 × 0.9) = 76 mmHg

㉯ 단위 환산

$\frac{76}{760}$ × 1.0332 (kgf/cm2) = 0.10332 kgf/cm² · a

12. 진공도 200 mmHg는 절대 압력으로 약 몇 kgf/cm² · abs인가? [16]

① 0.76
② 0.80
③ 0.94
④ 1.03

[해설] 진공도 200 mmHg는 진공 압력 200 mmHg이고 대기압은 760 mmHg = 1.0332 kgf/cm²이다.

∴ 절대 압력 = 대기압 − 진공 압력
= 1.0332 − $\left(\frac{200}{760} × 1.0332\right)$ = 0.7613 kgf/cm² · abs

정답 10. ④ 11. ① 12. ①

4 열량

열은 물질의 분자 운동에 의한 에너지이며 물체가 보유하는 열의 양을 열량이라 한다.

(1) 열량의 단위

① 1 kcal : 순수한 물 1 kg 온도를 14.5℃의 상태에서 15.5℃로 상승시키는 데 소요되는 열량이다.
② 1 BTU(Brithish thermal unit) : 순수한 물 1 lb 온도를 61.5°F의 상태에서 62.5°F로 상승시키는 데 소요되는 열량이다(1 Therm = 100000 BTU)
③ 1 CHU(Centigrade heat unit) : 순수한 물 1 lb 온도를 14.5℃의 상태에서 15.5℃로 상승시키는 데 소요되는 열량으로 1 PCU(Pound celsius unit)라 한다.

(2) 열량 단위의 관계

구 분	kcal	BTU	CHU
kcal	1	3.968	2.205
BTU	0.252	1	0.5556
CHU	0.4536	1.8	1

단원 예상문제

1. 순수한 물 1kg을 1℃ 높이는 데 필요한 열량을 무엇이라 하는가? [14]
① 1 kcal ② 1 BTU
③ 1 CHU ④ 1 kJ

[해설] 열량의 단위
㉮ kcal : 물 1 kg을 1℃ 상승시키는 데 소요된 열량
㉯ BTU : 물 1 lb를 1°F 상승시키는 데 소요된 열량
㉰ CHU : 물 1 lb를 1℃ 상승시키는 데 소요된 열량

2. 표준 대기압에서 순수한 물 1 lb를 1℃ 변화시키는 열량은? [03]
① 1 kcal ② 1 BTU
③ 1 CHU ④ 1000 kcal

[정답] 1. ① 2. ③

5 비열

(1) 비열

어떤 물질 1kg을 온도 1℃ 상승시키는 데 소요되는 열량으로, 비열은 정적 비열과 정압 비열이 있으며 물질의 종류마다 비열이 각각 다르다.

① **정적 비열**(C_v) : 체적이 일정하게 유지된 상태에서의 비열
② **정압 비열**(C_p) : 압력이 일정하게 유지된 상태에서의 비열

(2) 비열비

정압 비열(C_p)과 정적 비열(C_v)의 비

$k = \dfrac{C_p}{C_v} > 1 \ (C_p > C_v$ 이므로 k는 항상 1보다 크다.)

✔ 단원 예상문제

1. 다음 중 단위 질량인 물질의 온도를 단위 온도차만큼 올리는 데 필요한 열량을 무엇이라고 하는가? [16]

① 일률　　② 비열　　③ 비중　　④ 엔트로피

[해설] 비열 : 어떤 물질 1kg을 온도 1℃ 상승시키는 데 소요되는 열량으로, 비열은 정적 비열과 정압 비열이 있으며 물질의 종류마다 비열이 각각 다르다(비열의 단위 : kcal/kg · ℃).

2. 다음 중 열(熱)에 대한 설명이 틀린 것은? [02, 04]

① 비열이 큰 물질은 열용량이 크다.
② 1 cal 1000배의 열량을 1kcal라 한다.
③ 열은 고온에서 저온으로 흐른다.
④ 비열은 물보다 공기가 크다.

[해설] 물의 비열은 1 kcal/kgf · ℃이고, 공기의 비열은 0.24 kcal/kgf · ℃이다.

3. 일반적으로 기체에 있어서 정압 비열과 정적 비열과의 관계는? [08]

① 정적 비열 = 정압 비열
② 정적 비열 = 2×정압 비열
③ 정적 비열 > 정압 비열
④ 정적 비열 < 정압 비열

[해설] 기체에 있어서 정압 비열(C_p)이 정적 비열(C_v)보다 항상 크다.

정답 1. ②　2. ④　3. ④

4. 압축성 기체의 비열비 $\left(k=\dfrac{C_p}{C_v}\right)$에 대하여 맞는 것은? [02, 09, 12]

① 항상 1보다 작다. ② 항상 1보다 크다.
③ 항상 1이다. ④ 일정치 않다.

[해설] 비열비는 정압 비열과 정적 비열의 비로 정압 비열이 정적 비열보다 크기 때문에 항상 1보다 크다.

[정답] 4. ②

6 현열과 잠열

(1) 현열(감열)

물질이 상태 변화는 없이 온도 변화에 소요된 열량

$Q = G \cdot C \cdot \Delta t$

여기서, Q : 현열(kcal) G : 물체의 중량(kgf)
C : 비열(kcal/kgf·℃) Δt : 온도 변화(℃)

(2) 잠열

물질이 온도 변화는 없이 상태 변화에 소요된 열량

$Q = G \cdot r$

여기서, Q : 잠열(kcal) G : 물체의 중량(kgf)
γ : 잠열량(kcal/kgf)

✔ 단원 예상문제

1. 다음은 현열에 대한 설명이다. 맞는 것은? [03, 05, 15]
① 물질이 상태 변화 없이 온도가 변할 때 필요한 열이다.
② 물질이 온도 변화 없이 상태가 변할 때 필요한 열이다.
③ 물질이 상태, 온도 모두 변할 때 필요한 열이다.
④ 물질이 온도 변화 없이 압력이 변할 때 필요한 열이다.

[정답] 1. ①

[해설] 현열과 잠열
  ㉮ 현열(감열) : 상태 불변, 온도 변화에 소요된 열량
  ㉯ 잠열(숨은열) : 온도 불변, 상태 변화에 소요된 열량

2. 액체가 기체로 변하기 위해 필요한 열은? [16]
  ① 융해열 ② 응축열
  ③ 승화열 ④ 기화열

[해설] 필요한 열(잠열)
  ㉮ 기화열 : 액체가 기체로 변할 때 필요한 열
  ㉯ 융해열 : 고체가 액체로 변할 때 필요한 열
  ㉰ 승화열 : 고체가 기체로 변할 때 필요한 열 또는 기체가 고체로 변할 때 제거해야 할 열
  ㉱ 응축열 : 기체가 액체로 변할 때 제거해야 할 열
  ㉲ 응고열 : 액체가 고체로 변할 때 제거해야 할 열

3. 순수한 물의 증발 잠열은 얼마인가? [05, 14]
  ① 539 kcal/kgf ② 79.68 kcal/kgf
  ③ 539 kgf/kcal ④ 79.68 kgf/kcal

[해설] 물의 잠열
  ㉮ 물의 증발 잠열(수증기의 응축 잠열) : 539 kcal/kgf
  ㉯ 얼음의 융해 잠열(물의 응고 잠열) : 79.68 kcal/kgf

4. −10℃ 얼음 10 kg을 1기압에서 증기로 변화시킬 때 필요한 열량은 몇 kcal인가? (단, 얼음의 비열은 0.5 kcal/kg · ℃, 얼음의 융해열은 80 kcal/kg, 물의 기화열은 539 kcal/kg이다.) [06, 13]
  ① 5400 ② 6000
  ③ 6240 ④ 7240

[해설] ㉮ −10℃ 얼음 → 0℃ 얼음 : 현열량
  ∴ $Q_1 = G \cdot C \cdot \Delta t = 10 \times 0.5 \times 10 = 50$ kcal
  ㉯ 0℃ 얼음 → 0℃ 물 : 잠열량
  ∴ $Q_2 = G \cdot \gamma = 10 \times 80 = 800$ kcal
  ㉰ 0℃ 물 → 100℃ 물 : 현열량
  ∴ $Q_3 = G \cdot C \cdot \Delta t = 10 \times 1 \times (100 - 0) = 1000$ kcal
  ㉱ 100℃ 물 → 100℃ 증기 : 잠열량
  ∴ $Q_4 = G \cdot \gamma = 10 \times 539 = 5390$ kcal
  ㉲ 전체 열량
  ∴ $Q = Q_1 + Q_2 + Q_3 + Q_4 = 50 + 800 + 1000 + 5390 = 7240$ kcal

정답 2. ④ 3. ① 4. ④

5. 다음 비열에 대한 설명 중 틀린 것은? [08]
① 단위는 kcal/kg·℃이다.　　　　② 비열이 크면 열용량도 크다.
③ 비열이 크면 온도가 빨리 상승한다.　④ 구리(銅)는 물보다 비열이 작다.

[해설] ㉮ 현열식 $Q = G \cdot C \cdot (t_2 - t_1)$에서 $t_2 = \dfrac{Q}{G \cdot C} + t_1$이므로 비열($C$)이 크면 온도 상승이 늦다.
　　　㉯ 구리(銅)와 물의 비열 비교
　　　　ⓐ 구리 비열 : 0.0931 kcal/kg·℃
　　　　ⓑ 4℃ 물의 비열 : 1 kcal/kg·℃

정답 5. ③

7 열역학 법칙

(1) 열역학 제0법칙

온도가 서로 다른 물질이 접촉하면 고온은 저온이 되고, 저온은 고온이 되어 결국 시간이 흐르면 두 물질의 온도가 같아진다. 이것을 열평형이 되었다고 하며, 열평형의 법칙이라 한다.

$$t_m = \frac{G_1 \cdot C_1 \cdot t_1 + G_2 \cdot C_2 \cdot t_2}{G_1 \cdot C_1 + G_2 \cdot C_2}$$

여기서, t_m : 평균 온도(℃)
　　　　G_1, G_2 : 각 물질의 중량(kgf)
　　　　C_1, C_2 : 각 물질의 비열(kcal/kgf·℃)
　　　　t_1, t_2 : 각 물질의 온도(℃)

(2) 열역학 제1법칙

에너지 보존의 법칙이라고도 하며 기계적 일이 열로 변하거나, 열이 기계적 일로 변할 때 이들의 비는 일정한 관계가 성립된다.

① 열과 일은 하나의 에너지이다.
② 열은 일로, 일은 열로 전환할 수 있고, 전환 시에 열 손실은 없다.
③ 에너지는 결코 생성되지 않고 존재가 없어질 수도 없다.
④ 한 형태로부터 다른 형태로 바뀐다.
⑤ 줄의 법칙이 성립된다.

(개) SI 단위

$$Q = W$$

여기서, Q : 열량(kJ)
W : 일량(kJ)

※ SI 단위에서 열과 일은 같은 단위(kJ)를 사용한다.

(나) 공학 단위

$$Q = A \cdot W$$
$$W = J \cdot Q$$

여기서, Q : 열량(kcal)
W : 일량(kgf · m)
A : 일의 열당량 $\left(\dfrac{1}{427} \text{kcal/kgf·m}\right)$
J : 열의 일당량(427 kgf · m/kcal)

(3) 열역학 제2법칙

열은 고온도 물질로부터 저온도 물질로 옮겨질 수 있지만, 그 자체는 저온도 물질로부터 고온도 물질로 옮겨갈 수 없다. 또 일이 열로 바뀌는 것은 쉽지만 반대로 열이 일로 바뀌는 것은 힘을 빌리지 않는 한 불가능하다. 이와 같이 열역학 제2법칙은 에너지 변환의 방향성을 명시한 것으로 방향성의 법칙이라 한다.

(4) 열역학 제3법칙

어느 열기관에서나 절대 온도 0도로 이루게 할 수 없다. 그러므로 100 %의 열효율을 가진 기관은 불가능하다.

✔ 단원 예상문제

1. 다음에 설명하는 열역학 법칙은? [15]

> 어떤 물체의 외부에서 일정량의 열을 가하면 물체는 이 열량의 일부분을 소비하여 외부에 대하여 일을 하고 남은 부분은 전부 내부 에너지로 내부에 저장되고, 그 사이에 소비된 열은 발생되는 일과 같다.

① 열역학 제0법칙 ② 열역학 제1법칙
③ 열역학 제2법칙 ④ 열역학 제3법칙

정답 **1.** ②

[해설] 열역학 제1법칙 : 에너지 보존의 법칙이라 하며 기계적 일이 열로 변하거나, 열이 기계적 일로 변할 때 이들의 비는 일정한 관계가 성립된다.

2. 열역학 제1법칙에 대한 설명이 아닌 것은? [15]
① 에너지 보존의 법칙이라고 한다.
② 열은 항상 고온에서 저온으로 흐른다.
③ 열과 일은 일정한 관계로 상호 교환된다.
④ 제1종 영구 기관이 영구적으로 일하는 것은 불가능하다는 것을 알려 준다.
[해설] ②항은 열역학 제2법칙을 설명한 것이다.

3. 500 kcal/h의 열량을 일(kgf·m/s)로 환산하면 얼마가 되겠는가? [09]
① 59.3   ② 500   ③ 4215.5   ④ 213500
[해설] $W = J \cdot Q = 427 \times 500 \times \dfrac{1}{3600} = 59.3 \text{ kgf} \cdot \text{m/s}$

4. 10 Joule의 일 양을 cal 단위로 나타내면? [06, 09]
① 0.39   ② 1.39   ③ 2.39   ④ 3.39
[해설] 1 J = 0.24 cal에 해당된다(1 cal = 4.2 J에 해당된다).
∴ 0.24 × 10 = 2.4 cal

5. "열은 스스로 다른 물체에 아무런 변화도 주지 않고 저온 물체에서 고온 물체로 이동하지 않는다."라고 표현되는 법칙은? [09]
① 열역학 제0법칙   ② 열역학 제1법칙
③ 열역학 제2법칙   ④ 열역학 제3법칙
[해설] 열역학 제2법칙 : 방향성의 법칙

6. "효율이 100 %인 열기관은 제작이 불가능하다."라고 표현되는 법칙은? [14]
① 열역학 제0법칙   ② 열역학 제1법칙
③ 열역학 제2법칙   ④ 열역학 제3법칙
[해설] 영구 기관
㉮ 제1종 영구 기관 : 입력보다 출력이 더 큰 기관이며 효율이 100 % 이상인 것으로 열역학 제1법칙에 위배된다.
㉯ 제2종 영구 기관 : 입력과 출력이 같은 기관이며 효율이 100%인 것으로 열역학 제2법칙에 위배된다.

정답 2. ② 3. ① 4. ③ 5. ③ 6. ③

7. "어떠한 방법으로도 어떤 계를 절대 온도 0도에 이르게 할 수 없다"는 열역학 제 몇 법칙인가? [09]
① 열역학 제0법칙 ② 열역학 제1법칙
③ 열역학 제2법칙 ④ 열역학 제3법칙

[해설] 열역학 법칙
㉮ 열역학 제0법칙 : 열평형의 법칙
㉯ 열역학 제1법칙 : 에너지 보존의 법칙
㉰ 열역학 제2법칙 : 방향성의 법칙
㉱ 열역학 제3법칙 : 어느 열기관에서나 절대 온도 0도로 이루게 할 수 없다.

[정답] 7. ④

8 비중, 밀도, 비체적

(1) 비중

기준이 되는 유체와 무게비를 말하며, 기체 비중(공기와 비교), 액 비중(물과 비교), 고체 비중이 있다.

① **기체의 비중** : 표준 상태(STP : 0℃, 1기압 상태)의 공기 일정 부피당 질량과 같은 부피의 기체 질량과의 비를 말한다.

$$기체\ 비중 = \frac{기체\ 분자량(질량)}{공기의\ 평균\ 분자량(29)}$$

② **액체의 비중** : 특정 온도에 있어서 4℃ 순수한 물의 밀도에 대한 액체의 밀도비를 말한다.

$$액체\ 비중 = \frac{t℃의\ 물질의\ 밀도}{4℃\ 물의\ 밀도}$$

(2) 가스 밀도

가스의 단위 체적당 질량

$$가스\ 밀도(g/L,\ kg/m^3) = \frac{분자량}{22.4}$$

(3) 가스 비체적

단위 질량당 체적으로 가스 밀도의 역수이다.

$$가스\ 비체적(L/g,\ m^3/kg) = \frac{22.4}{분자량} = \frac{1}{밀도}$$

단원 예상문제

1. 기준 물질의 밀도에 대한 측정 물질의 밀도의 비를 무엇이라고 하는가? [09, 13]
① 비중량　　② 비용
③ 비중　　　④ 비체적

[해설] 비중 : 기준이 되는 유체와 무게비를 말하며, 기체 비중(공기와 비교), 액 비중(물과 비교), 고체 비중이 있다.

2. 표준 상태의 부탄가스의 비중은? (단, 부탄의 분자량은 58이다.) [03, 04, 11, 15]
① 1.0　　② 2.0　　③ 20.0　　④ 30.0

[해설] 기체 비중 $= \dfrac{기체의\ 분자량}{공기의\ 평균\ 분자량(29)} = \dfrac{58}{29} = 2$

3. 다음 가스 중 비중이 가장 적은 것은? [02, 15]
① CO　　② C_3H_8　　③ Cl_2　　④ NH_3

[해설] 각 가스의 분자량

명 칭	분자량	명 칭	분자량
일산화탄소(CO)	26	염소(Cl_2)	71
프로판(C_3H_8)	44	암모니아(NH_3)	17

∴ 기체 비중 $= \dfrac{기체\ 분자량}{공기의\ 평균\ 분자량(29)}$ 이므로 분자량이 가장 작은 것이 기체 비중이 가장 작다.

4. 단위 체적당 물체의 질량은 무엇을 나타내는 것인가? [15]
① 중량　　② 비열　　③ 비체적　　④ 밀도

[해설] 밀도 : 단위 체적당 물체의 질량
∴ 가스 밀도 $= \dfrac{분자량}{22.4}$

5. 표준 상태에서 산소의 밀도(g/L)는? [13, 15]
① 0.7　　② 1.43　　③ 2.72　　④ 2.88

[해설] 산소의 분자량은 32이다.
∴ $\rho = \dfrac{분자량}{22.4} = \dfrac{32}{22.4} = 1.428\ g/L$

정답 1. ③　2. ②　3. ④　4. ④　5. ②

6. 기체의 체적이 커지면 밀도는? [08]
① 작아진다.　　　　　　　　② 커진다.
③ 일정하다.　　　　　　　　④ 체적과 밀도는 무관하다.

[해설] 기체 밀도 $= \dfrac{\text{분자량}}{22.4}$ 이므로 체적이 커지면 기체 밀도는 작아진다.

7. 비체적에 대한 설명 중 옳은 것은? [03]
① 단위 체적당 질량이다.
② 단위 질량당 체적이다.
③ 단위 체적당 중량이다.
④ 단위 중량당 체적이다.

[해설] 비체적(L/g, m3/kg) $= \dfrac{22.4}{\text{분자량}} = \dfrac{1}{\text{밀도}}$
∴ 비체적은 단위 질량당 체적이다.

8. 0℃, 1 atm 하에서 메탄가스의 비용적(m^3/kg)은? [03]
① 0.7　　　　　　　　　　② 0.9
③ 1.1　　　　　　　　　　④ 1.4

[해설] 비용적(비체적) $= \dfrac{22.4}{\text{분자량}} = \dfrac{22.4}{16} = 1.4 \, m^3/kg$

9. 비체적이 큰 순서대로 올바르게 나열된 것은? [03, 06]
① 프로판 – 메탄 – 질소 – 수소
② 프로판 – 질소 – 메탄 – 수소
③ 수소 – 메탄 – 질소 – 프로판
④ 수소 – 질소 – 메탄 – 프로판

[해설] 비체적 $= \dfrac{22.4}{\text{분자량}}$ 이므로 분자량이 작은 기체가 비체적이 크다.
※ 각 기체의 분자량 비교

명 칭	분자량	명 칭	분자량
수소(H_2)	2	질소(N_2)	28
메탄(CH_4)	16	프로판(C_3H_8)	44

정답 6. ①　7. ②　8. ④　9. ③

1-2 가스의 기초 법칙

1 화학의 기초

(1) 원자량과 분자량

① **원자량** : 질량수 12인 탄소 원자(C^{12})를 기준으로 정하고 이것과 비교한 다른 원자의 상대적 질량값을 말한다.

※ 탄소 1(g) 원자 = 탄소 12(g) = 탄소 원자 6.02×10^{23}개(아보가드로의 수)

② **분자량** : 분자를 구성하는 원자의 원자량 합으로 표시한다.
   ㈎ 1원자 분자 : 1개의 원자로 이루어진 분자(Ar, He, Ne 등)
   ㈏ 2원자 분자 : 2개의 원자로 이루어진 분자(H_2, N_2, O_2, CO 등)
   ㈐ 3원자 분자 : 3개의 원자로 이루어진 분자(O_3, H_2O, CO_2 등)

③ 원소 기호 및 원자량, 분자량

호칭	수소	헬륨	탄소	질소	산소	나트륨	황	염소	아르곤
원소 기호	H	He	C	N	O	Na	S	Cl	Ar
원자량	1	4	12	14	16	23	32	35.5	40
분자 기호	H_2	He	C	N_2	O_2	Na	S	Cl_2	Ar
분자량	2	4	12	28	32	23	32	71	40

※ 공기의 평균 분자량 계산 : 공기의 조성(부피 %)이 질소(N_2) : 78%, 산소(O_2) : 21%, 아르곤(Ar) : 1%로 되어 있으므로

∴ $M = (28 \times 0.78) + (32 \times 0.21) + (40 \times 0.01) = 28.96 ≒ 29$

즉, 공기 1 mol이 차지하는 질량은 약 29 g이고, 부피는 22.4 L이다.

(2) 아보가드로의 법칙

모든 기체 1몰(mol)에는 표준 상태(0℃, 1기압)에서 22.4 L의 부피를 차지하며, 그 속에는 6.02×10^{23}개의 분자가 들어 있다.

단원 예상문제

1. 다음에서 설명하는 기체와 관련된 법칙은? [16]

> 기체의 종류와 관계없이 모든 기체 1몰은 표준 상태(0℃, 1기압)에서 22.4 L의 부피를 차지한다.

① 보일의 법칙 ② 헨리의 법칙
③ 아보가드로의 법칙 ④ 아르키메데스의 법칙

[해설] 아보가드로의 법칙 : 모든 기체 1 mol(몰)에는 표준 상태(0℃, 1기압)에서 22.4 L의 부피를 차지하며, 그 속에는 6.02×10^{23}개의 분자가 들어 있다.

2. 표준 상태에서 가스 1 m³은 몇 mol인가? [04]

① 22.4 ② 37.6 ③ 44.6 ④ 58.2

[해설] 아보드가로의 법칙에서 1 mol이 차지하는 체적은 22.4 L이다.
$$\therefore n = \frac{체적(L)}{22.4} = \frac{1 \times 1000}{22.4} = 44.64 \text{ mol}$$

3. 표준 상태하에서 500 L의 아세틸렌 질량은 약 몇 g인가? [03]

① 150 ② 210 ③ 380 ④ 580

[해설] 아세틸렌(C_2H_2)의 분자량은 26 g이고 1 mol이 차지하는 체적은 22.4 L이다.
26 g : 22.4 L = x g : 500 L
$$\therefore x = \frac{500 \times 26}{22.4} = 580.357 \text{ g}$$

[정답] 1. ③ 2. ③ 3. ④

---

2 기체의 특성

(1) 보일의 법칙

일정 온도하에서 일정량의 기체가 차지하는 부피는 압력에 반비례한다.

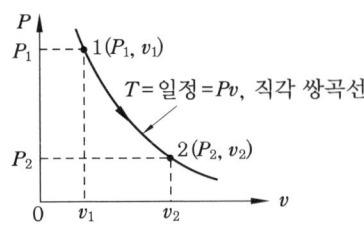

보일의 법칙 $P-v$ 선도

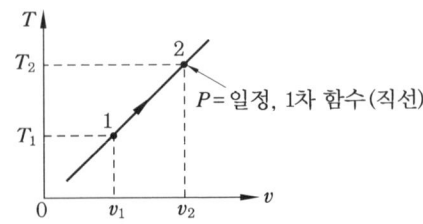

샤를의 법칙 $T-v$ 선도

$$P_1 \cdot V_1 = P_2 \cdot V_2$$

(2) 샤를의 법칙

일정 압력하에서 일정량의 기체가 차지하는 부피는 절대 온도에 비례한다.

$$\frac{V_1}{T_1} = \frac{V_2}{T_2}$$

(3) 보일-샤를의 법칙

일정량의 기체가 차지하는 부피는 압력에 반비례하고, 절대 온도에 비례한다.

$$\frac{P_1 \cdot V_1}{T_1} = \frac{P_2 \cdot V_2}{T_2}$$

여기서, P_1 : 변하기 전의 절대 압력
  P_2 : 변한 후의 절대 압력
  V_1 : 변하기 전의 부피
  V_2 : 변한 후의 부피
  T_1 : 변하기 전의 절대 온도(K)
  T_2 : 변한 후의 절대 온도(K)

(4) 이상 기체(완전 가스)

① 이상 기체의 성질

  ㈎ 보일-샤를의 법칙을 충족한다.
  ㈏ 아보가드로의 법칙에 따른다.
  ㈐ 내부 에너지는 체적과 무관하며, 온도에 의해서만 결정된다(줄의 법칙이 성립된다).
  ㈑ 비열비는 온도에 관계없이 일정하다.
  ㈒ 기체의 분자력과 크기도 무시되며 분자 간의 충돌은 완전 탄성체이다.

② 이상 기체 상태 방정식

  ㈎ SI 단위

$$PV = nRT, \quad PV = \frac{W}{M}RT, \quad PV = Z\frac{W}{M}RT$$

여기서, P : 압력(atm) V : 체적(L)
  n : 몰(mol)수 R : 기체 상수(0.082 L·atm/mol·K)
  M : 분자량(g) W : 질량(g)
  T : 절대 온도(K) Z : 압축 계수

$PV = GRT$

여기서, P : 압력(kPa·a), V : 체적(m^3)
G : 질량(kg), T : 절대 온도(K)
R : 기체 상수 $\left(\dfrac{8.314}{M} kJ/kg \cdot K\right)$

(나) 공학 단위

$PV = GRT$

여기서, P : 압력(kgf/m^2·a) V : 체적(m^3)
G : 중량(kgf) T : 절대 온도(K)
R : 기체 상수 $\left(\dfrac{848}{M} kgf \cdot m/kg \cdot K\right)$

단원 예상문제

1. 온도가 일정할 때 일정량의 기체가 차지하는 체적은 절대 압력에 반비례한다. 어떤 법칙인가? [04]
① 보일의 법칙
② 샤를의 법칙
③ 보일-샤를의 법칙
④ 아보가드로의 법칙

[해설] 보일의 법칙 : 온도가 일정할 때 일정량의 기체가 차지하는 부피는 절대 압력에 반비례한다.
∴ $P_1 V_1 = P_2 V_2$

2. 압력이 650 mmHg인 10 L의 질소는 압력 760 mmHg에서는 약 몇 L인가? (단, 온도는 일정하다고 본다.) [05]
① 8.5 L
② 10.5 L
③ 15.5 L
④ 20.5 L

[해설] $P_1 V_1 = P_2 V_2$에서
∴ $V_2 = \dfrac{P_1 \cdot V_1}{P_2} = \dfrac{650 \times 10}{760} = 8.55$ L

3. 압력이 일정하면 기체의 절대 온도와 체적은 어떤 관계가 있는가? [04]
① 절대 온도와 체적은 비례한다.
② 절대 온도와 체적은 반비례한다.
③ 절대 온도는 체적의 자승에 비례한다.
④ 절대 온도는 체적의 자승에 반비례한다.

[정답] 1. ① 2. ① 3. ①

[해설] 샤를의 법칙 : 압력이 일정할 때 일정량의 기체가 차지하는 체적은 절대 온도에 비례한다.

$$\therefore \frac{V_1}{T_1} = \frac{V_2}{T_2}$$

4. 샤를의 법칙에서 기체 압력이 일정할 때 모든 기체의 부피는 온도가 1℃ 상승함에 따라 0℃ 때의 부피보다 어떻게 되는가? [08, 15]

① 22.4배씩 증가한다.　　② 22.4배씩 감소한다.

③ $\frac{1}{273}$ 씩 증가한다.　　④ $\frac{1}{273}$ 씩 감소한다.

[해설] 온도가 1℃ 상승되는 것은 절대 온도로 1K 상승되는 것과 같으며, 0℃ 상태는 절대 온도로 273 K이다.

$$\therefore V_2 = \frac{T_2}{T_1} \times V_1 = \frac{1}{273} \times V_1$$

∴ 온도가 1℃ 상승함에 따라 부피는 $\frac{1}{273}$ 씩 증가한다.

5. 대기압, 0℃에서 기체의 부피가 5L이었다. 같은 압력하에서 이 기체의 온도를 273℃로 가열하였다. 이때 기체의 부피는 몇 L인가? [03, 09]

① 1　　② 2.5　　③ 10　　④ 50

[해설] $\frac{V_1}{T_1} = \frac{V_2}{T_2}$ 에서

$$\therefore V_2 = \frac{V_1 \cdot T_2}{T_1} = \frac{5 \times (273 + 273)}{273} = 10 \text{ L}$$

6. 대기압하에서 0℃ 기체의 부피가 500 mL이었다. 이 기체의 부피가 2배 될 때의 온도는 몇 ℃인가? (단, 압력은 일정하다.) [15]

① −100　　② 32　　③ 273　　④ 500

[해설] $\frac{P_1 V_1}{T_1} = \frac{P_2 V_2}{T_2}$ 에서 $P_1 = P_2$이다.

$$\therefore T_2 = \frac{T_1 V_2}{V_1} = \frac{273 \times (2 \times 500)}{500} = 546 K - 273 = 273 \text{ ℃}$$

7. 어떤 기구가 1 atm, 30℃에서 10000 L의 헬륨으로 채워져 있다. 이 기구가 압력이 0.6 atm이고 온도가 −20℃인 고도까지 올라갔을 때 부피는 약 몇 L가 되는가? [15]

① 10000　　② 12000　　③ 14000　　④ 16000

정답 4. ③　5. ③　6. ③　7. ③

[해설] $\dfrac{P_1 V_1}{T_1} = \dfrac{P_2 V_2}{T_2}$ 에서

$\therefore V_2 = \dfrac{P_1 V_1 T_2}{P_2 T_1} = \dfrac{1 \times 10000 \times (273 - 20)}{0.6 \times (273 + 30)} = 13916.391 \text{ L}$

8. 용기에 산소가 충전되어 있다. 이 용기의 온도가 15℃일 때 압력은 150 kgf/cm² · g 이었다. 이 용기가 직사일광을 받아서 용기의 온도가 40℃로 상승하였다면 이때의 압력은 몇 kgf/cm² · g가 되겠는가? [05]

① 163 kgf/cm² · g
② 138 kgf/cm² · g
③ 100 kgf/cm² · g
④ 56 kgf/cm² · g

[해설] $\dfrac{P_1 V_1}{T_1} = \dfrac{P_2 V_2}{T_2}$ 에서 $V_1 = V_2$ 이다.

$\therefore P_2 = \dfrac{P_1 T_2}{T_1} = \dfrac{151.0332 \times (273 + 40)}{273 + 15} = 164.1437 - 1.0332 = 163.1105 \text{ kgf/cm}^2 \cdot \text{g}$

9. 실제 기체가 이상 기체의 상태식을 만족시키는 경우는? [16]

① 압력과 온도가 높을 때
② 압력과 온도가 낮을 때
③ 압력이 높고 온도가 낮을 때
④ 압력이 낮고 온도가 높을 때

[해설] 실제 기체가 이상 기체 상태 방정식을 만족시키는 경우는 압력이 낮고(저압), 온도가 높을 때(고온)이다.

10. 이상 기체 상수 R값이 1.987일 때 이에 해당되는 단위는? [08]

① J/mol · K
② atm · L/mol · K
③ cal/mol · K
④ N · m/mol · K

[해설] 기체 상수(R) = 0.082 L · atm/mol · K = 8.314×10^7 erg/mol · K
    = 8.314 J/mol · K = 1.987 cal/mol · K

11. 일반 기체 상수(R)의 단위는? [05, 15]

① kgf · m/kmol · K
② kgf · m/kcal · K
③ kgf · m/m³ · K
④ kcal/kg · ℃

[해설] $PV = GRT$ 에서

$\therefore R = \dfrac{P(\text{kgf/m}^2 \cdot \text{a}) \times V(\text{m}^3)}{G(\text{kmol}) \times T(\text{K})}$ 이므로 기체 상수 R의 단위는 "kgf · m/kmol · K"이다.

정답 8. ① 9. ④ 10. ③ 11. ①

12. 0℃에서 10 L의 밀폐된 용기 속에 32 g의 산소가 들어 있다. 온도를 150℃로 가열하면 압력은 약 얼마가 되는가? [16]

① 0.11 atm ② 3.47 atm ③ 34.7 atm ④ 111 atm

[해설] $PV = \dfrac{W}{M}RT$에서

$\therefore P = \dfrac{WRT}{VM} = \dfrac{32 \times 0.082 \times (273+150)}{10 \times 32} = 3.4686 \text{ atm}$

13. 수소 1 g이 1 L 부피와 0℃ 조건에서 나타내는 압력은 약 몇 기압인가? [04]

① 8기압 ② 11기압 ③ 13기압 ④ 15기압

[해설] $PV = \dfrac{W}{M}RT$에서

$\therefore P = \dfrac{W \cdot R \cdot T}{V \cdot M} = \dfrac{1 \times 0.082 \times 273}{1 \times 2} = 11.19 \text{ atm}$

14. 산소 가스가 27℃에서 130 kgf/cm²의 압력으로 50 kg이 충전되어 있다. 이때 부피는 몇 m³인가? (단, 산소의 정수는 26.5 kgf · m/kg · K이다.) [02, 05, 09]

① 0.25 ② 0.28 ③ 0.30 ④ 0.43

[해설] $PV = GRT$

$\therefore V = \dfrac{GRT}{P} = \dfrac{50 \times 26.5 \times (273+27)}{130 \times 10^4} = 0.305 \text{ m}^3$

15. 10 g의 산소(이상 기체라고 가정)는 100℃, 740 mmHg에서 몇 L의 용적을 차지하겠는가? [04]

① 3.47 ② 4.64 ③ 9.83 ④ 2.92

[해설] $PV = \dfrac{W}{M}RT$에서

$\therefore V = \dfrac{W \cdot R \cdot T}{P \cdot M} = \dfrac{10 \times 0.082 \times (273+100)}{\dfrac{740}{760} \times 32} = 9.816 \text{ L}$

16. 표준 상태에서 1000 L의 체적을 갖는 가스 상태의 부탄은 약 몇 kg인가? [15]

① 2.6 ② 3.1 ③ 5.0 ④ 6.1

[해설] $PV = \dfrac{W}{M}RT$에서 표준 상태는 0℃, 1기압(atm)이고 부탄(C_4H_{10})의 분자량은 58이다.

$\therefore W = \dfrac{PVM}{RT} = \dfrac{1 \times 1000 \times 58}{0.082 \times 273 \times 1000} = 2.59 \text{ kg}$

[정답] 12. ② 13. ② 14. ③ 15. ③ 16. ①

3 혼합 가스의 성질

(1) 달톤(Dalton)의 분압 법칙
혼합 기체가 나타내는 전압은 각 성분 기체 분압의 총합과 같다.
$$P = P_1 + P_2 + P_3 + \cdots + P_n$$
여기서, P : 전압 P_1, P_2, P_3, P_n : 각 성분 기체의 분압

(2) 아메가(Amagat)의 분적 법칙
혼합 가스가 나타내는 전 부피는 같은 온도, 같은 압력하에 있는 각 성분 기체 부피의 합과 같다.
$$V = V_1 + V_2 + V_3 + \cdots + V_n$$
여기서, V : 전 부피 V_1, V_2, V_3, V_n : 각 성분 기체의 부피

(3) 전압 계산
$$P = \frac{P_1 V_1 + P_2 V_2 + P_3 V_3 + \cdots + P_n V_n}{V}$$
여기서, P : 전압
V : 전 부피
P_1, P_2, P_3, P_n : 각 성분 기체의 분압
V_1, V_2, V_3, V_n : 각 성분 기체의 부피

(4) 분압 계산
$$분압 = 전압 \times \frac{성분\ 몰수}{전\ 몰수} = 전압 \times \frac{성분\ 부피}{전\ 부피} = 전압 \times \frac{성분\ 분자\ 수}{전\ 분자\ 수}$$

(5) 혼합 가스의 확산 속도(그레이엄의 법칙)
일정한 온도에서 기체의 확산 속도는 기체 분자량(또는 밀도)의 평방근(제곱근)에 반비례한다.
$$\frac{U_2}{U_1} = \sqrt{\frac{M_1}{M_2}} = \frac{t_1}{t_2}$$
여기서, U_1, U_2 : 1번 및 2번 기체의 확산 속도
M_1, M_2 : 1번 및 2번 기체의 분자량
t_1, t_2 : 1번 및 2번 기체의 확산 시간

(6) 르샤틀리에(Le Chatelier)의 법칙(폭발 한계 계산)

폭발성 혼합 가스의 폭발 한계를 계산할 때 이용한다.

$$\frac{100}{L} = \frac{V_1}{L_1} + \frac{V_2}{L_2} + \frac{V_3}{L_3} + \frac{V_4}{L_4} + \cdots$$

여기서, L : 혼합 가스의 폭발 한계치
$V_1,\ V_2,\ V_3,\ V_4$: 각 성분 체적(%)
$L_1,\ L_2,\ L_3,\ L_4$: 각 성분 단독의 폭발 한계치

단원 예상문제

1. 20 atm의 공기 중에서 질소의 분압은? [03]
① 16 atm ② 4 atm ③ 10 atm ④ 12 atm

[해설] 공기 중에서 질소의 체적 비율은 78 %이다.
∴ 분압 = 전압 × $\dfrac{\text{성분 부피}}{\text{전 부피}}$ = 전압 × 체적비 = 20 × 0.78 = 15.6 atm

2. "기체 혼합물의 전 부피는 동일 온도 및 압력하에서 각 성분 기체의 부분 부피의 합과 같다."는 혼합 기체의 법칙은? [10]
① Amagat의 법칙 ② Boyle의 법칙 ③ Charles의 법칙 ④ Dalton의 법칙

[해설] 아메가(Amagat)의 분적 법칙 : 기체 혼합물의 전 부피는 동일 온도 및 압력하에서 각 성분 기체의 부분 부피의 합과 같다.

3. 밀폐된 용기 내의 압력이 20기압일 때 O_2의 분압은? (단, 용기 내에는 N_2가 80 %, O_2가 20 % 있다.) [07]
① 3기압 ② 4기압 ③ 5기압 ④ 6기압

[해설] PO_2 = 전압 × $\dfrac{\text{성분 부피}}{\text{전 부피}}$ = $20 \times \dfrac{20}{80+20}$ = 4 기압

4. 20℃에서 프로판의 증기압은 7.4 kgf/cm² · g이고, n-부탄의 증기압은 1.0 kgf/cm² · g일 때 액화 프로판과 액화 n-부탄이 60 mol%, 40 mol% 조성의 혼합 가스로 존재할 때 증기압은? (단, 대기압은 1 kgf/cm²이다.) [02]
① 4.64 ② 5.84 ③ 6.24 ④ 7.42

[해설] $P = \dfrac{P_1 \cdot V_1 + P_2 \cdot V_2}{V} = \dfrac{8.4 \times 60 + 2.0 \times 40}{60 + 40} = 5.84$ kgf/cm² · a

정답 1. ① 2. ① 3. ② 4. ②

5. 모든 조건이 동일할 때 다음 중 어느 기체의 확산 속도가 가장 느리게 진행되는가?

① O_2 ② CO_2 ③ C_3H_8 ④ C_4H_{10} [05, 08]

[해설] 분자량이 큰 가스는 가스 비중이 크므로 확산 속도가 느려진다.

※ 각 가스의 분자량 비교

명 칭	분자량	명 칭	분자량
산소(O_2)	32	프로판(C_3H_8)	44
이산화탄소(CO_2)	44	부탄(C_4H_{10})	58

6. A의 분자량은 B의 분자량의 2배이다. A와 B의 확산 속도의 비는? [14]

① $\sqrt{2}:1$ ② $4:1$ ③ $1:4$ ④ $1:\sqrt{2}$

[해설] ㉮ 혼합 가스의 확산 속도(그레이엄의 법칙) : 일정한 온도에서 기체의 확산 속도는 기체의 분자량(또는 밀도)의 평방근(제곱근)에 반비례한다.

㉯ 확산 속도비 계산

$$\therefore \frac{U_B}{U_A} = \sqrt{\frac{M_A}{M_B}} = \frac{t_A}{t_B} \text{에서}$$

$$\therefore U_A : U_B = \sqrt{M_B} : \sqrt{M_A} = \sqrt{1} : \sqrt{1 \times 2} = 1 : \sqrt{2}$$

7. 도시가스 성분을 분석하였다. 그 성분이 아래와 같을 때 폭발 하한값으로 옳은 것은?

C_3H_8 60 %[vol], 공기 중 폭발 범위 : 1.8~9.5 %
CH_4 40 %[vol], 공기 중 폭발 범위 : 5~15 %

[02, 05]

① 2.4 %   ② 3.6 %   ③ 4.8 %   ④ 5.5 %

[해설] 르샤틀리에 공식 $\frac{100}{L} = \frac{V_1}{L_1} + \frac{V_2}{L_2} + \frac{V_3}{L_3}$ 에서

$$\therefore L = \frac{100}{\frac{V_1}{L_1} + \frac{V_2}{L_2}} = \frac{100}{\frac{60}{1.8} + \frac{40}{5}} = 2.42 \%$$

8. 다음 가스 중 헨리법칙에 잘 적용되지 않는 것은? [02, 07, 09, 15]

① 수소   ② 산소   ③ 이산화탄소   ④ 암모니아

[해설] 헨리의 법칙 : 일정 온도에서 일정량의 액체에 녹는 기체의 질량은 압력에 정비례한다.

㉮ 수소(H_2), 산소(O_2), 질소(N_2), 이산화탄소(CO_2) 등과 같이 물에 잘 녹지 않는 기체만 적용된다.

㉯ 염화수소(HCl), 암모니아(NH_3), 이산화황(SO_2) 등과 같이 물에 잘 녹는 기체는 적용되지 않는다.

정답 5. ④ 6. ④ 7. ① 8. ④

제2장 | 가스의 성질 및 제조

2-1 고압가스의 정의 및 분류

1 고압가스의 정의

고압가스 안전 관리법 시행령 제2조에 법의 적용을 받는 고압가스의 종류 및 범위를 규정하고 있다.

① 상용의 온도에서 압력(게이지 압력)이 1 MPa이 되는 압축가스로서 실제로 그 압력이 1 MPa 이상이 되는 것 또는 35℃의 온도에서 압력이 1 MPa 이상이 되는 압축가스(아세틸렌가스를 제외한다.)

② 15℃ 온도에서 압력이 0 Pa을 초과하는 아세틸렌가스

③ 상용의 온도에서 압력이 0.2 MPa 이상이 되는 액화 가스로서 실제로 그 압력이 0.2MPa 이상이 되는 것 또는 압력이 0.2 MPa이 되는 경우의 온도가 35℃ 이하인 액화 가스

④ 35℃ 온도에서 압력이 0 Pa을 초과하는 액화 가스 중 액화 시안화수소, 액화 브롬화메탄 및 액화 산화에틸렌 가스

✓ 단원 예상문제

1. 고압가스 안전 관리법의 적용을 받는 고압가스의 종류 및 범위로서 틀린 것은? [15]
① 상용의 온도에서 압력이 1 MPa 이상이 되는 압축가스
② 섭씨 35도의 온도에서 압력이 0Pa을 초과하는 아세틸렌가스
③ 상용의 온도에서 압력이 0.2 MPa 이상이 되는 액화 가스
④ 섭씨 35도의 온도에서 압력이 0 Pa을 초과하는 액화 가스 중 액화 시안화수소
[해설] 15℃에서 압력이 0 Pa 초과하는 아세틸렌가스

[정답] 1. ②

2 고압가스의 분류

(1) 상태에 따른 분류

① **압축가스** : 비등점이 극히 낮거나 임계 온도가 낮아 상온에서 압력을 가하여도 액화되지 않는 가스로서 일정한 압력에 의하여 압축되어 있는 것
※ 종류 : 헬륨(He), 수소(H_2), 네온(Ne), 질소(N_2), 일산화탄소(CO), 불소(F_2), 아르곤(Ar), 산소(O_2), 산화 질소(NO), 메탄(CH_4) 등

② **액화 가스** : 가압, 냉각에 의하여 액체 상태로 되어 있는 것으로서 대기압에서 비점이 40℃ 이하 또는 상용의 온도 이하인 것
※ 종류 : 프로판(C_3H_8), 부탄(C_4H_{10}), 염소(Cl_2), 암모니아(NH_3), 이산화탄소(CO_2), 산화에틸렌(C_2H_4O), 시안화수소(HCN), 황화수소(H_2S) 등

③ **용해가스** : 아세틸렌(C_2H_2)과 같이 용제 속에 가스를 용해시켜 취급되는 고압가스

(2) 연소성에 의한 분류

① **가연성 가스** : 공기 중에서 연소하는 가스로 폭발 한계 하한이 10 % 이하의 것과 상한과 하한의 차가 20 % 이상의 것
※ 종류 : 아세틸렌(C_2H_2), 암모니아(NH_3), 수소(H_2), 일산화탄소(CO), 메탄(CH_4), 프로판(C_3H_8), 부탄(C_4H_{10}) 등

② **조연성 가스** : 다른 가연성 가스의 연소를 도와주거나(촉진) 지속시켜 주는 것
※ 종류 : 산소(O_2), 오존(O_3), 불소(F_2), 염소(Cl_2), 산화질소(NO), 아산화질소(N_2O)

③ **불연성 가스** : 가스 자체가 연소하지 않고 다른 물질도 연소시키지 않는 가스로서 보통 장치에서 가연성 가스의 치환용으로 사용된다.
※ 종류 : 헬륨(He), 네온(Ne), 질소(N_2), 아르곤(Ar), 이산화탄소(CO_2) 등

(3) 독성에 의한 분류

① **독성 가스** : 공기 중에 일정량 이상 존재하는 경우 인체에 유해한 독성을 가진 가스로서 허용 농도가 100만분의 5000 이하인 것을 말한다. [개정 전의 독성 가스 정의 : 공기 중에 일정량 이상 존재하는 경우 인체에 유해한 독성을 가진 가스로서 허용 농도가 100만분의 200(200 ppm) 이하인 것]
※ 종류 : 암모니아(NH_3), 일산화탄소(CO), 불소(F_2), 염소(Cl_2), 포스겐($COCl_2$), 산화에틸렌(C_2H_4O), 시안화수소(HCN), 황화수소(H_2S) 등

② **비독성 가스** : 독성 가스 이외의 독성이 없는 가스
※ 종류 : 헬륨(He), 네온(Ne), 질소(N_2), 아르곤(Ar), 이산화탄소(CO_2), 수소(H_2), 프로판(C_3H_8), 부탄(C_4H_{10}) 등

단원 예상문제

1. 고압가스를 상태에 따라 분류한 것이 아닌 것은?

① 압축가스   ② 액화 가스   ③ 용해가스   ④ 지연성 가스

[해설] 고압가스의 분류
- ㉮ 상태에 따른 분류 : 압축가스, 액화 가스, 용해가스
- ㉯ 연소성에 따른 분류 : 가연성 가스, 지연성 가스, 불연성 가스
- ㉰ 독성에 의한 분류 : 독성 가스, 비독성 가스

2. 다음 중 상온에서 가스를 압축, 액화 상태로 용기에 충전시키기가 가장 어려운 가스는 어느 것인가? [15]

① C_3H_8 ② CH_4 ③ Cl_2 ④ CO_2

[해설] 상태에 의한 가스의 분류 및 종류
- ㉮ 압축가스의 종류 : 헬륨(He), 수소(H_2), 네온(Ne), 질소(N_2), 일산화탄소(CO), 불소(F_2), 아르곤(Ar), 산소(O_2), 산화 질소(NO), 메탄(CH_4) 등
- ㉯ 액화 가스의 종류 : 프로판(C_3H_8), 부탄(C_4H_{10}), 염소(Cl_2), 암모니아(NH_3), 이산화탄소(CO_2), 산화에틸렌(C_2H_4O), 시안화수소(HCN), 황화수소(H_2S) 등
- ㉰ 용해가스 : 아세틸렌(C_2H_2)

3. 다음 중에서 비점이 가장 낮은 기체는? [04]

① NH_3 ② C_3H_8 ③ N_2 ④ H_2

[해설] 대기압 상태에서의 각 기체의 비점

가스 명칭	비 점	가스 명칭	비 점
암모니아(NH_3)	-33.3℃	질소(N_2)	-196℃
프로판(C_3H_8)	-42.1℃	수소(H_2)	-252.5℃

4. 다음 중 액화가 가장 어려운 가스는? [05, 15]

① H_2 ② He   ③ N_2 ④ CH_4

[해설] 대기압 상태에서의 각 가스의 비점

가스 명칭	비 점	가스 명칭	비 점
수소(H_2)	-252.2℃	질소(N_2)	-196℃
헬륨(He)	-269℃	메탄(CH_4)	-161.5℃

※ 비점이 낮은 가스가 액화가 가장 어려운 가스이다.

정답 1. ④   2. ②   3. ④   4. ②

5. 다음 중 비점이 가장 높은 가스는? [16]
① 수소 ② 산소
③ 아세틸렌 ④ 프로판

[해설] 각 가스의 비점

가스 명칭	비 점	가스 명칭	비 점
수소(H_2)	−252.2℃	아세틸렌(C_2H_2)	−75℃
산소(O_2)	−183℃	프로판(C_3H_8)	−42.1℃

6. "가연성 가스"라 함은 폭발 한계의 상한과 하한의 차가 몇 % 이상인 것을 말하는가? [09]
① 5 ② 10 ③ 15 ④ 20

[해설] 가연성 가스의 정의 : 폭발 범위 하한이 10 % 이하인 것과 폭발 한계 상한과 하한의 차가 20 % 이상인 것

7. 가스의 종류를 가연성에 따라 구분한 것이 아닌 것은? [09]
① 가연성 가스 ② 조연성 가스
③ 불연성 가스 ④ 압축가스

[해설] 연소성(가연성)에 의한 분류 : 가연성 가스, 조연성 가스, 불연성 가스

8. 다음 가스 중 폭발 범위가 넓은 것부터 좁은 쪽으로 순서가 나열된 것은? [04]
① H_2, C_2H_2, CH_4, CO
② CH_4, CO, C_2H_2, H_2
③ C_2H_2, H_2, CO, CH_4
④ C_2H_2, CO, H_2, CH_4

[해설] 각 가스의 폭발 범위
㉮ 아세틸렌(C_2H_2) : 2.5~81 %
㉯ 수소(H_2) : 4~75 %
㉰ 일산화탄소(CO) : 12.5~74 %
㉱ 메탄(CH_4) : 5~15 %
※ 가연성 가스 중 폭발 범위가 가장 넓은 것은 아세틸렌(C_2H_2)이다.

9. 다음 중 폭발 한계의 범위가 가장 좁은 것은? [13, 16]
① 프로판 ② 암모니아
③ 수소 ④ 아세틸렌

[정답] 5. ④ 6. ④ 7. ④ 8. ③ 9. ①

[해설] 각 가스의 공기 중에서 폭발 범위

명 칭	폭발 범위	명 칭	폭발 범위
프로판(C_3H_8)	2.2~9.5 %	수소(H_2)	4~75 %
암모니아(NH_3)	15~28 %	아세틸렌(C_2H_2)	2.5~81 %

10. 다음 중 지연성 가스로만 구성되어 있는 것은? [15]
① 일산화탄소, 수소
② 질소, 아르곤
③ 산소, 이산화질소
④ 석탄 가스, 수성 가스

[해설] 지연성(조연성) 가스의 종류 : 산소(O_2), 오존(O_3), 불소(F_2), 염소(Cl_2), 산화질소(NO), 아산화 질소(N_2O), 이산화질소(NO_2) 등

11. 다음 중 불연성 가스는? [15]
① CO_2
② C_3H_6
③ C_2H_2
④ C_2H_4

[해설] 불연성 가스의 종류 : 헬륨(He), 네온(Ne), 질소(N_2), 아르곤(Ar), 이산화탄소(CO_2) 등

[정답] 10. ③ 11. ①

1. 허용 농도
① 개정 전의 허용 농도 : 정상인이 1일 8시간 또는 1주 40시간 통상적인 작업을 수행함에 있어 건강상 나쁜 영향을 미치지 아니하는 정도의 공기 중의 가스 농도를 말한다.
→ TLV-TWA(치사허용 시간 가중치[致死許容 時間 加重値] Threshold Limit Value-Time Weighted Average)로 표시
② 개정 후의 허용 농도 : 해당 가스를 성숙한 흰쥐 집단에게 대기 중에서 1시간 동안 계속하여 노출시킨 경우 14일 이내에 그 흰쥐의 2분의 1 이상이 죽게 되는 가스의 농도를 말한다.

[해설] 개정된 독성 가스의 정의 〈고법 시행규칙 제2조 개정 내용〉 아크릴로니트릴, 아크릴알데히드, 아황산가스, 암모니아, 일산화탄소, 이황화탄소, 불소, 염소, 브롬화메탄, 염화 메탄, 염화프렌, 산화에틸렌, 시안화수소, 황화수소, 모노메틸아민, 디메틸아민, 트리메틸아민, 벤젠, 포스겐, 요오드화 수소, 브롬화 수소, 염화수소, 불화 수소, 겨자 가스, 알진, 모노실란, 디실란, 다이보레인, 셀렌화수소, 포스핀, 모노게르만 및 그 밖의 공기 중에 일정량 이상 존재하는 경우 인체에 유해한 독성을 가진 가스로서 허용 농도(해당 가스를 성숙한 흰쥐 집단에게 대기 중에서 1시간 동안 계속하여 노출시킨 경우 14일 이내에 그 흰쥐의 2분의 1 이상이 죽게 되는 가스의 농도를 말한다)가 100만분의 5000 이하인 것을 말한다. → LC50(치사 농도[致死濃度] 50 : Lethal concentration 50)으로 표시

※ LC50 : 실험동물에 흡입 투여 시 실험동물의 50 %를 죽일 수 있는 물질의 농도인 반수 치사 농도를 말한다. 보통 기체 및 휘발성 물질은 ppm으로, 분말인 물질에 대해서는 mg/L으로 표시한다.

㉮ $ppm = \dfrac{1}{10^6} = \dfrac{1}{1000000}$

㉯ $ppb = \dfrac{1}{10^9}$

∴ $5000\,ppm = 5000 \times \dfrac{1}{10^6} \times 100 = 0.51\,(\%)$

2. 그리스 문자

대문자	소문자	호 칭	대문자	소문자	호 칭
A	α	alpha(알파)	N	ν	nu(뉴우)
B	β	beta(베타)	Ξ	ξ	xi(크사이)
Γ	γ	gamma(감마)	O	o	omicron(오미크론)
Δ	δ	delta(델타)	Π	π	pi(파이)
E	ε	epsilon(앱시론)	P	ρ	rho(로우)
Z	ζ	zeta(제타)	Σ	σ	sigma(시그마)
H	η	eta(이타)	T	τ	tau(타우)
Θ	θ	theta(세타)	Υ	υ	upsilon(웁실론)
I	ι	iota(이오타)	Φ	ϕ	phi(화이)
K	κ	kappa(카파)	X	χ	chi(카이)
Λ	λ	lamda(람다)	Ψ	ψ	psi(프사이)
M	μ	mu(뮤우)	Ω	ω	omega(오메가)

3. 접두어

인 자	기 호	접두어	인 자	기 호	접두어
10^1	da	데카	10^{-1}	d	데시
10^2	h	헥토	10^{-2}	c	센티
10^3	k	킬로	10^{-3}	m	밀리
10^6	M	메가	10^{-6}	μ	마이크로
10^9	G	기가	10^{-9}	n	나노
10^{12}	T	테라	10^{-12}	p	피코

4. 독성 가스의 종류별 허용 농도

독성 가스 명칭	허용 농도(ppm)		독성 가스 명칭	허용 농도(ppm)	
	TLV-TWA	LC50		TLV-TWA	LC50
알진(AsH_3)	0.05	20	황화수소(H_2S)	10	444
니켈카르보닐	0.05		메틸아민(CH_3NH_2)	10	(7000)
다이보레인(B_2H_6)	0.1		디메틸아민 (($CH_3)_2NH$)	10	(11100)
포스겐($COCl_2$)	0.1	5	에틸아민	10	
브롬(Br_2)	0.1		벤젠(C_6H_6)	10	(13700)
불소(F_2)	0.1	185	트리메틸아민 [($CH_3)_3N$]	10	(7000)
오존(O_3)	0.1		브롬화 메틸(CH_3Br)	20	850
인화 수소(PH_3)	0.3	20	이황화탄소(CS_2)	20	
모노실란	0.5		아크릴로니트릴 (CH_2CHCN)	20	666
염소(Cl_2)	1	293	암모니아(NH_3)	25	(7388)
불화 수소(HF)	3	966	산화 질소(NO)	25	
염화수소(HCl)	5	3124	일산화탄소(CO)	50	3760
아황산가스(SO_2)	2	2520	산화에틸렌(C_2H_4O)	50	2900
브롬알데히드	5		염화 메탄(CH_3Cl)	50	(8300)
염화비닐(C_2H_3Cl)	5		아세트알데히드	200	
시안화수소(HCN)	10	140	이산화탄소(CO_2)	5000	

단원 예상문제

1. 다음 중 허용 농도 1ppb에 해당하는 것은? [06, 08, 09]

① $\dfrac{1}{10^3}$ ② $\dfrac{1}{10^6}$ ③ $\dfrac{1}{10^9}$ ④ $\dfrac{1}{10^{10}}$

[해설] 허용 농도

㉮ $ppm = \dfrac{1}{10^6} = \dfrac{1}{1000000}$ ㉯ $ppb = \dfrac{1}{10^9}$

[정답] 1. ③

2. 1%에 해당하는 ppm의 값은? [15]

① 10^2 ppm ② 10^3 ppm ③ 10^4 ppm ④ 10^5 ppm

[해설] 퍼센트(%)는 1/100에 해당하고, ppm은 100만분의 1에 해당하므로 ppm으로 표시할 때는 100만을 곱한다.

$$\therefore \frac{1}{100} \times 10^6 = 10^4 \text{ ppm}$$

3. 다음 가스 중 TLV-TWA 기준으로 독성이 가장 큰 것은? [04]

① 일산화탄소 ② 산화 질소 ③ 시안화수소 ④ 염소

[해설] 각 가스의 독성(TLV-TWA) 비교
- ㉮ 일산화탄소(CO) : 50 ppm
- ㉯ 산화 질소(NO) : 25 ppm(조연성, 독성 가스)
- ㉰ 시안화수소(HCN) : 10 ppm
- ㉱ 염소(Cl_2) : 1 ppm

4. 다음 가스 중 독성(LC_{50})이 가장 강한 것은? [16]

① 암모니아 ② 디메틸아민 ③ 브롬화메탄 ④ 아크릴로니트릴

[해설] 각 가스의 허용 농도(ppm)

구 분	LC_{50}	TLV-TWA	구 분	LC_{50}	TLV-TWA
암모니아	7388	25	브롬화메탄	850	20
디메틸아민	11100	10	아크릴로니트릴	666	20

5. 다음의 독성 가스 중 독성(LC_{50})이 가장 강한 것과 가장 약한 것을 바르게 나열한 것은? [13, 16]

| ㉠ 염화수소 ㉡ 암모니아 ㉢ 황화수소 ㉣ 일산화탄소 |

① ㉠, ㉡ ② ㉢, ㉡ ③ ㉠, ㉣ ④ ㉢, ㉣

[해설] 각 가스의 허용 농도(ppm)

구 분	TLV-TWA	LC_{50}	구 분	TLV-TWA	LC_{50}
염화수소(HCl)	5	3124	황화수소(H_2S)	10	444
암모니아(NH_3)	25	7388	일산화탄소(CO)	50	3760

6. 다음 중 가연성이며 독성인 가스는? [09]

① 아세틸렌, 프로판 ② 수소, 이산화탄소
③ 암모니아, 산화에틸렌 ④ 아황산가스, 포스겐

[해설] 가연성 가스이며 독성 가스인 것 : 아크릴로 니트릴, 일산화탄소, 벤젠, 산화에틸렌, 모노메틸아민, 염화 메탄, 브롬화메탄, 이황화탄소, 황화수소, 암모니아, 석탄 가스, 시안화수소, 트리메틸아민

[정답] 2. ③ 3. ④ 4. ④ 5. ② 6. ③

2-2 고압가스

1 수소(H_2)

(1) 특징

① 물리적 성질

⑦ 무색, 무취, 무미의 가스이다.
㈏ 고온에서 강재, 금속 재료를 쉽게 투과한다.
㈐ 확산 속도(1.8 km/s)가 대단히 크다.
㈑ 열전도율이 대단히 크고, 열에 대해 안정하다.

② 화학적 성질

㈎ 폭발 범위가 넓다.
  ⑦ 공기 중 폭발 범위 : 4~75 %
  ㈏ 산소 중 폭발 범위 : 4~94 %
  ※ 폭발 범위와 압력의 관계 : 압력이 상승하면 폭발 범위가 좁아지다가 10 atm 이상 상승하면 폭발 범위가 다시 넓어지는 특징이 있다.

㈏ 폭굉 속도는 1000~3500 m/s에 달한다.
㈐ 산소와 수소의 혼합 가스를 연소시키면 2000℃ 이상의 고온도를 발생시킬 수 있다.
㈑ 수소 폭명기 : 공기 중 산소와 체적비 2 : 1로 반응하여 물을 생성한다.
  $2H_2 + O_2 \rightarrow 2H_2O + 136.6 \, kcal$
㈒ 염소 폭명기 : 수소와 염소의 혼합 가스는 빛(직사광선)과 접촉하면 심하게 반응한다.
  $H_2 + Cl_2 \rightarrow 2HCl + 44 \, kcal$
㈓ 고온 고압하에서 질소와 반응하여 암모니아를 생성한다.
  $N_2 + 3H_2 \rightarrow 2NH_3 + 23 \, kcal$
㈔ 수소 취성 : 고온, 고압하에서 강재 중의 탄소와 반응하여 탈탄 작용을 일으킨다.
  $Fe_3C + 2H_2 \rightarrow 3Fe + CH_4$
  ※ 수소 취성 방지 원소 : 텅스텐(W), 바나듐(V), 몰리브덴(Mo), 티타늄(Ti), 크롬(Cr)

(2) 제조법

① 실험적 제조법
㈎ 아연이나 철에 묽은 황산(H_2SO_4)이나 묽은 염산(HCl)을 가한다.
㈏ 양쪽성 원소는 강 알칼리를 가해도 수소를 발생한다.
㈐ 이온화 경향이 큰 금속(K, Ca, Na)은 찬물과 격렬하게 반응하여 수소를 발생한다.

② 공업적 제조법
㈎ 물의 전기 분해(水電解法)에 의하여 제조
$$2H_2O \rightarrow 2H_2 + O_2$$
㈏ 수성 가스법(석탄, 코크스의 가스화) : 적열된 코크스에 수증기(H_2O)를 작용시켜 제조
$$C + H_2O \rightarrow CO + H_2 - 31.4 \text{ kcal}$$
㈐ 천연가스 분해법(CH_4 분해법)
  ㉮ 수증기 개질법 : $CH_4 + H_2O \rightarrow CO + 3H_2 - 49.3 \text{ kcal}$
  ㉯ 부분 산화법 : $2CH_4 + O_2 \rightarrow 2CO + 4H_2 + 17.4 \text{ kcal}$
㈑ 석유 분해법 : 수증기 개질법과 부분 산화법이 있다.
㈒ 일산화탄소 전화법 : $CO + H_2O \rightarrow CO_2 + H_2 + 9.8 \text{ kcal}$

(3) 용도
① 암모니아(NH_3), 염산(HCl), 메탄올(CH_3OH) 등의 합성 원료로 사용
② 환원성을 이용한 금속 제련에 사용
③ 백금, 석영 등의 세공에 사용
④ 기구나 풍선의 부양용 가스로 사용
⑤ 연료 전지의 연료나 로켓의 연료로 사용

✔ 단원 예상문제

1. 수소의 성질에 대한 설명 중 옳지 않은 것은? [16]
① 열전도도가 적다.　　　　　② 열에 대하여 안정하다.
③ 고온에서 철과 반응한다.　　④ 확산 속도가 빠른 무취의 기체이다.
[해설] 수소는 열에 대하여 안정적이고, 열전도율(열전도도)이 크다.

정답 1. ①

2. 수소의 특징에 대한 설명으로 옳은 것은? [15]
① 조연성 기체이다.
② 폭발 범위가 넓다.
③ 가스의 비중이 커서 확산이 느리다.
④ 저온에서 탄소와 수소 취성을 일으킨다.

[해설] 각 항목의 옳은 설명
① 폭발 범위가 넓은 가연성 기체이다(공기 중 : 4~75 %, 산소 중 : 4~94 %).
③ 지구상에 존재하는 원소 중 가장 가벼워 확산이 빠르다(가스 비중이 작아 확산이 빠르다).
④ 고온, 고압의 상태에서 수소 취성을 일으킨다.

3. 수소 폭명기는 수소와 산소의 혼합비가 얼마일 때를 말하는가? (단, 수소 : 산소의 비이다.) [02, 04, 07, 09, 10]
① 1 : 2
② 2 : 1
③ 1 : 3
④ 3 : 1

[해설] 수소 폭명기 : 수소와 산소의 비가 2 : 1로 반응하여 물을 생성한다.
$2H_2 + O_2 \rightarrow 2H_2O + 136.6 \text{ kcal}$

4. 염소에 다음 가스를 혼합하였을 때 가장 위험할 수 있는 가스는? [16]
① 일산화탄소
② 수소
③ 이산화탄소
④ 산소

[해설] 염소 폭명기 : 수소와 염소의 혼합 가스는 빛(직사광선)과 접촉하면 심하게 반응한다.
$H_2 + Cl_2 \rightarrow 2HCl + 44 \text{ kcal}$

5. 수소가 고온, 고압하에서 탄소강에 접촉하여 메탄을 생성하는 것을 무엇이라 하는가? [05]
① 냉간 취성
② 수소 취성
③ 메탄 취성
④ 상온 취성

[해설] 수소 취성 : 고온, 고압하에서 강재 중의 탄소와 반응하여 생성된 메탄(CH_4)이 결정립계에 축적하여 높은 응력이 발생하고, 연신율, 충격치가 감소된다.

6. 수소 취성을 방지하기 위해 강에 첨가하는 원소로서 옳지 않은 것은? [02, 06]
① Cr
② W
③ Mo
④ Mn

[해설] 수소 취성 방지 원소 : 텅스텐(W), 바나듐(V), 몰리브덴(Mo), 티타늄(Ti), 크롬(Cr)

정답 2. ② 3. ② 4. ② 5. ② 6. ④

7. 다음 중 수성 가스의 조성에 해당하는 것은? [02, 03, 05, 07, 11]
① CO+H_2 ② CO_2+H_2 ③ CO+N_2 ④ CO_2+N_2

[해설] 수성 가스의 조성 : 일산화탄소(CO) + 수소(H_2)

8. 물을 전기 분해하여 수소를 얻고자 할 때 전해액으로 무엇을 사용하는가? [05, 07, 08]
① 묽은 염산
② 10~25 %의 수산화 나트륨 용액
③ 10~25 %의 탄산칼슘 용액
④ 10~25 %의 황산 용액

[해설] 물의 전기 분해 특징
㉮ 전해액은 20 % 정도의 수산화 나트륨(NaOH) 수용액을 사용한다.
㉯ 음극(-)에서 수소가, 양극(+)에서 산소가 2 : 1의 체적 비율로 발생한다.
$2H_2O \rightleftarrows 2H_2 + O_2$
㉰ 순도가 높으나 경제성이 적다.
㉱ 일반적으로 (-)극과 (+)극 간을 격막(석면포)으로 막고 양극에서 발생하는 산소와 수소의 혼합을 막는다.

9. 다음 중 수소(H_2)의 제조법이 아닌 것은? [14]
① 공기 액화 분리법
② 석유 분해법
③ 천연가스 분해법
④ 일산화탄소 전화법

[해설] 수소의 공업적 제조법
㉮ 물의 전기 분해법(수전해법[水電解法])
㉯ 수성 가스법
㉰ 석유 분해법
㉱ 천연가스 분해법
㉲ 일산화탄소 전화법
※ 공기 액화 분리법은 산소, 질소를 제조하는 방법이다.

10. 수소 가스의 용도 중 가장 거리가 먼 것은? [06]
① 산소와 수소의 혼합 기체의 온도가 높으므로 용접용으로 사용한다.
② 암모니아나 염산의 합성 원료로 사용한다.
③ 경화유의 제조에 사용한다.
④ 탄산 소다의 제조 시 주원료로 사용한다.

[해설] 수소의 용도
㉮ 암모니아, 염산, 메탄올 등의 합성 원료
㉯ 환원성을 이용한 금속 제련에 사용
㉰ 백금, 석영 등의 세공에 사용
㉱ 기구나 풍선의 부양용 가스에 사용
㉲ 경화유의 제조에 사용

정답 7. ①   8. ②   9. ①   10. ④

2 산소(O_2)

(1) 특징

① 물리적 성질
  ㈎ 상온, 상압에서 무색, 무취이며 물에는 약간 녹는다.
  ㈏ 공기 중에 약 21 vol% 함유하고 있다.
  ㈐ 강력한 조연성 가스이나 그 자체는 연소하지 않는다.
  ㈑ 액화 산소(액 비중 1.14)는 담청색을 나타낸다.

② 화학적 성질
  ㈎ 화학적으로 활발한 원소로 모든 원소와 직접 화합하여(할로겐 원소, 백금, 금 등 제외) 산화물을 만든다.
  ㈏ 철, 구리, 알루미늄선 또는 분말을 반응시키면 빛을 내면서 연소한다.
  ㈐ 산소+수소 불꽃은 2000~2500℃, 산소+아세틸렌 불꽃은 3500~3800℃까지 오른다.
  ㈑ 산소 또는 공기 중에서 무성 방전을 행하면 오존(O_3)이 된다.

③ 연소에 관한 성질
  ㈎ 산소 농도나 분압이 높아질 때 나타나는 현상
    ㉮ 증가(상승) : 연소 속도, 화염 온도, 발열량 증가, 폭발 범위, 화염 길이
    ㉯ 감소(저하) : 발화 온도, 발화 에너지
  ㈏ 공기 중과 비교하여 폭발 범위가 현저하게 넓어져 폭발의 위험성이 높아진다.

산소의 성질

구 분	성 질	구 분	성 질
분자량	32	비점	-183℃
임계 온도	-118.4℃	임계 압력	50.1 atm

(2) 제조법

① 실험적 제조법
  ㈎ 염소산 칼륨($KClO_3$)에 이산화 망간(MnO_2)을 촉매로 하여 가열, 분리시킨다.
  ㈏ 과산화 수소(H_2O_2)에 이산화 망간(MnO_2)을 가한다.

② 공업적 제조법
  ㈎ 물의 전기 분해에 의해 제조한다.

(나) 공기의 액화 분리에 의해 제조한다.

③ 공기 액화 분리 장치에 의한 산소 제조 공정

(개) 공기 여과기 : 먼지, 매연 등 원료 공기 중의 불순물을 제거한다.

(나) 이산화탄소 흡수탑 : 원료 공기 중 이산화탄소가 존재하면 저온 장치 내에서 드라이아이스(고체 탄산)가 되어 밸브 및 배관을 폐쇄하므로 가성 소다(NaOH) 수용액을 이용하여 제거한다.

$2NaOH + CO_2 \rightarrow Na_2CO_3 + H_2O$

※ CO_2 1 g 제거에 가성 소다(NaOH) 1.818 g이 소요된다.

(다) 공기 압축기 : 고압식에서는 왕복동형 다단 압축기가, 저압식에서는 원심식 압축기가 사용된다.

(라) 중간 냉각기 : 압축기에서 압축된 공기를 냉각시킨다.

(마) 유 분리기(油分離器) : 압축기에서 압축된 원료 공기 중에 혼입된 윤활유를 분리시킨다.

(바) 건조기

  ㉮ 소다 건조기 : 입상의 가성 소다를 이용하여 미량의 수분과 이산화탄소를 제거한다.

  ㉯ 겔 건조기 : 실리카 겔(SiO_2), 활성 알루미나(Al_2O_3), 소바이드 등의 건조제를 사용하며, 수분은 제거하나 이산화탄소는 제거하지 못한다.

(사) 팽창기(膨脹機) : 압축기에서 압축된 고압의 공기를 저온도로 변화시켜 주는 것으로 자유 팽창에 의한 방법과 단열 팽창에 의한 방법이 사용된다.

(아) 열 교환기 : 압축기에서 압축된 공기와 분리기에서 나오는 저온의 산소, 질소와 열 교환하여 분리기로 공기를 −140℃까지 냉각시킨다.

(자) 정류탑 : 열 교환기에서 냉각된 공기가 정류 장치에서 산소와 질소의 비등점 차이에 의해 정류 분리되며 단식 정류탑과 복식 정류탑의 두 종류가 있다.

(차) 공기 액화 분리 장치의 폭발 원인

  ㉮ 공기 취입구로부터 아세틸렌의 혼입

  ㉯ 압축기용 윤활유 분해에 따른 탄화수소의 생성

  ㉰ 공기 중 질소 화합물(NO, NO_2)의 혼입

  ㉱ 액체 공기 중에 오존(O_3)의 혼입

(카) 폭발 방지 대책

  ㉮ 장치 내 여과기를 설치한다.

  ㉯ 아세틸렌이 흡입되지 않는 장소에 공기 흡입구를 설치한다.

㉓ 양질의 압축기 윤활유를 사용한다.
㉔ 장치의 내부는 사염화탄소(CCl_4)로 1년에 1회 정도 세척한다.

(3) 용도

① 각종 화학 공업, 야금(冶金) 등에 대량으로 사용한다.
② 용기에 충전하여 철제 절단용으로 사용한다.
③ 가스 용접(산소+아세틸렌, 산소+프로판), 로켓 추진제, 액체 산소 폭약 등에 사용한다.
④ 의료용으로 사용한다(용기 도색 : 백색).

(4) 취급 시 주의 사항

① 석유류, 유지류, 글리세린(농후한 글리세린)은 산소 압축기의 내부 윤활제로 사용해서는 안 된다(내부 윤활제 : 물 또는 10 % 이하의 묽은 글리세린수).
② 금유(禁油)라 표시된 전용 압력계를 사용하고, 윤활유, 그리스 사용을 금지한다.
③ 밸브의 급격한 개폐 조작을 금지한다.
④ 기름 묻은 장갑 사용을 금지한다.

✔ 단원 예상문제

1. 산소(O_2) 성질에 대한 설명 중 틀린 것은? [02]
① 상온에서 무색, 무취의 기체이며 물에 약간 녹는다.
② 액체 산소는 비중이 1.13의 푸른 액체로 진공 중에서 증발시키면 온도가 강하하여 일부는 고체로 변한다.
③ 산소 중이나 공기 중에서 무성 방전을 하면 오존이 된다.
④ 화학적으로 활발한 원소로 할로겐 원소, 백금 등과 화합하여 산화물을 만든다.
[해설] 화학적으로 활발한 원소로 모든 원소와 반응하여 산화물을 만들지만 할로겐 원소, 백금 등과는 화합하지 않는다.

2. 산소의 물리적인 성질을 나타내고 있다. 이 중 틀린 것은? [03, 15]
① 산소는 -182.5℃에서 액화한다.
② 액체 산소는 비중 1.13의 청색 액체이다.
③ 무색, 무취의 기체이며 물에는 약간 녹는다.
④ 강력한 조연성 가스이므로 자체적으로 연소한다.
[해설] 강력한 조연성(지연성) 가스로 그 자체는 연소하지 않는다.

[정답] 1. ④ 2. ④

3. 산소에 대한 설명으로 옳은 것은? [07]
① 가연성 가스이다.
② 자성(磁性)을 가지고 있다.
③ 수소와는 반응하지 않는다.
④ 폭발 범위가 비교적 큰 가스이다.

[해설] 각 항목의 옳은 설명
① 강력한 조연성 가스이나 그 자체는 연소하지 않는다.
③ 수소와 반응하여 수소 폭명기를 만든다.
④ 산소는 조연성 가스이므로 폭발 범위를 갖지 않는다.

4. 공기 중에서 가연성 물질을 연소시킬 때 공기 중의 산소 농도를 증가시키면 연소 속도와 발화 온도의 관계는? [03, 06, 07, 08]
① 연소 속도 – 크게 됨, 발화 온도 – 크게 됨
② 연소 속도 – 크게 됨, 발화 온도 – 낮게 됨
③ 연소 속도 – 낮게 됨, 발화 온도 – 크게 됨
④ 연소 속도 – 낮게 됨, 발화 온도 – 낮게 됨

[해설] 가연성 가스 중의 산소 농도가 증가하면(산소량이 많은 경우) 연소는 잘 되므로 연소 속도는 빨라지고, 발화 온도는 낮아지며 폭발 한계(폭발 범위)는 넓어진다.

5. 다음 중 공기를 압축, 냉각하여 액체 공기를 만드는 과정 및 액체 공기를 분류, 증류하는 과정에서 기화, 액화되어 나오는 가스의 순서가 맞는 것은? [06]
① 액화는 산소가 먼저 하고, 기화는 질소가 먼저 한다.
② 액화는 질소가 먼저 하고, 기화는 산소가 먼저 한다
③ 산소가 액화, 기화 모두 먼저 한다.
④ 질소가 액화, 기화 모두 먼저 한다.

[해설] 산소는 비점이 −183℃, 질소는 비점이 −196℃로 액화는 산소가 먼저, 기화는 질소가 먼저 한다.

6. 공기 액화 분리기 내의 CO_2를 제거하기 위해 NaOH 수용액을 사용한다. 1.0 kg의 CO_2를 제거하기 위해서는 약 몇 kg의 NaOH를 가해야 하는가? [15]
① 0.9   ② 1.8   ③ 3.0   ④ 3.8

[해설] ㉮ 가성 소다(NaOH)를 이용한 CO_2 제거 반응식
$2NaOH + CO_2 \rightarrow Na_2CO_3 + H_2O$
㉯ CO_2 1 kg을 제거하기 위한 가성 소다 계산
2×40 kg : 44 kg = x kg : 1 kg
∴ $x = \dfrac{2 \times 40 \times 1}{44} = 1.818$ kg

정답 3. ② 4. ② 5. ① 6. ②

7. 다음 공기 액화 분리 장치에서 건조제로 주로 쓰이는 물질이 아닌 것은? [02]
① 가성 소다
② 실리카 겔
③ 활성 알루미나
④ 사염화탄소

[해설] 건조기 건조제의 종류
㉮ 소다 건조기 : 가성 소다를 사용하며 수분과 이산화탄소를 제거할 수 있다.
㉯ 겔 건조기 : 실리카 겔, 활성 알루미나, 소바이드 등을 사용하며 수분은 제거하나 이산화탄소는 제거하지 못한다.
※ 사염화탄소(CCl_4) : 액화 산소통 내의 세척제로 사용

8. 저온 장치 내부에서 수분과 탄산가스가 존재하였을 때 미치는 영향 중 옳은 것은? [04]
① 얼음 및 드라이아이스가 생성된다.
② 수분은 윤활제로서 역할을 한다.
③ 가연성 가스가 침입할 시 안정제가 된다.
④ 오존이 들어오면 중화시킨다.

[해설] 수분이 얼음이 되고, 탄산가스는 드라이아이스가 되어 밸브 및 배관을 폐쇄시키는 악영향을 준다.

9. 공기 액화 분리 장치의 폭발 원인이 아닌 것은? [16]
① 액체 공기 중의 아르곤 혼입
② 공기 취입구로부터 아세틸렌 혼입
③ 공기 중의 질소 화합물(NO, NO_2) 혼입
④ 압축기용 윤활유 분해에 따른 탄화수소 생성

[해설] 공기 액화 분리 장치의 폭발 원인 및 대책
(1) 폭발 원인
㉮ 공기 취입구로부터 아세틸렌의 혼입
㉯ 압축기용 윤활유 분해에 따른 탄화수소의 생성
㉰ 공기 중 질소 화합물(NO, NO_2)의 혼입
㉱ 액체 공기 중에 오존(O_3)의 혼입
(2) 폭발 방지 대책
㉮ 장치 내 여과기를 설치한다.
㉯ 아세틸렌이 흡입되지 않는 장소에 공기 흡입구를 설치한다.
㉰ 양질의 압축기 윤활유를 사용한다.
㉱ 장치 내부는 사염화탄소(CCl_4)로 1년에 1회 정도 세척한다.

10. 다음 중 산소 가스의 용도가 아닌 것은?
① 가스 용접 및 가스 절단용
② 유리 제조 및 수성 가스 제조용
③ 아세틸렌가스 청정제
④ 로켓 분사 장치 추진용

[정답] 7. ④ 8. ① 9. ① 10. ③

[해설] 산소의 용도
  ㉮ 각종 화학 공업, 야금(冶金) 등에 대량으로 사용한다.
  ㉯ 용기에 충전하여 철제 절단용으로 사용한다.
  ㉰ 가스 용접(산소+아세틸렌, 산소+프로판), 로켓 추진제, 액체 산소 폭약 등에 사용한다.
  ㉱ 의료용으로 사용한다.
  ※ 아세틸렌가스 청정제 : 아세틸렌 발생기에서 발생된 아세틸렌 중 불순물을 제거하는 기기로 청정제로는 에퓨렌, 카다리솔, 리가솔 등을 사용한다.

11. 산소의 취급 시 유의할 사항이 아닌 것은? [04, 07]
  ① 고압의 산소와 유지류 접촉은 위험하다.
  ② 과잉 산소는 인체에 해롭다.
  ③ 내산화성 재료로 납(Pb)이 사용된다.
  ④ 산소의 화학 반응에서 과산화물은 위험성이 있다.
  [해설] 내산화성 재료로 크롬(Cr)이 사용된다.

정답 11. ③

3 질소(N_2)

(1) 특징

① 물리적 성질
  ㉮ 대기 중에 78 vol%를 함유하고 있다.
  ㉯ 무색, 무취, 무미의 기체이고, 액체나 고체에서도 무색이다.
  ㉰ 상온에서 대단히 안정된 가스이나, 고온에서는 금속과 반응한다.

② 화학적 성질
  ㉮ 불연성 가스이고, 상온에서 다른 원소와 반응하지 않는다.
  ㉯ 수소와 반응하여 암모니아를 생성한다.
  ㉰ 고온에서 산소와 반응하여 질소 산화물(NO_x)을 만든다.

(2) 제조법
공기 액화 분리 장치에서 산소를 제조 시 회수한다.

(3) 용도
① 암모니아 합성용으로 가장 많이 사용한다.
② 암모니아로부터 질산, 비료, 염료 등을 제조한다.

③ 가연성 가스를 사용하는 장치 및 설비의 치환용(purge) 가스로 사용한다.
④ 액체 질소는 야채, 육류의 급속 냉각용으로 사용한다.

단원 예상문제

1. 질소 가스의 특징이 아닌 것은? [06, 09]
① 암모니아 합성 원료 ② 공기의 주성분
③ 방전용으로 사용 ④ 산화 방지제

2. 질소의 용도가 아닌 것은? [03, 09]
① 비료에 이용 ② 질산 제조에 이용
③ 연료용에 이용 ④ 급속 냉동에 이용

[해설] 질소(N_2)는 불연성 가스이므로 연료용으로 사용하는 것은 불가능하다.

[정답] 1. ③ 2. ③

4 희가스

(1) 특징

① 물리적 성질
  ㈎ 주기율표 0족에 속하는 원소이다(He, Ne, Ar, Kr, Xe, Rn).
  ㈏ 상온에서 기체이고 불활성 기체이다.
  ㈐ 공기 중에 미량 존재한다(단, Rn은 제외).

② 화학적 성질
  ㈎ 상온에서 무색, 무취, 무미의 기체이다.
  ㈏ 화학적으로 불활성이므로 다른 원소와 반응하지 않는다.
  ㈐ 화학 반응이 이루어지지 않기 때문에 화학 분석에서는 검출되지 않는다.
  ㈑ 희가스류는 단원자 분자이므로 분자량과 원자량이 같다.
  ㈒ 방전관에 넣어서 방전시키면 각각 특이한 색의 발광을 낸다.

희가스류의 발광색

구분	헬륨(He)	네온(Ne)	아르곤(Ar)	크립톤(Kr)	크세논(Xe)	라돈(Rn)
발광색	황백색	주황색	적색	록자색	청자색	청록색

(2) 용도

① 네온사인용 가스로 사용한다.
② 아르곤은 형광등의 방전관용 가스, 금속 정련 및 열처리의 보호용 가스로 사용한다.
③ 헬륨은 수소 다음으로 가벼워 부양용 기구 등에 수소 대용으로 사용한다.
④ 헬륨, 아르곤은 가스 크로마토그래피 캐리어 가스로 사용한다.
⑤ 액체 헬륨은 극저온의 물성 연구나 초전도 마그넷의 냉각에 사용한다.

✓ 단원 예상문제

1. 주기율표 0족에 속하는 불활성 가스의 성질이 아닌 것은? [02, 06, 11, 14]
  ① 상온에서 기체이며, 단원자 분자이다.
  ② 다른 원소와 잘 화합한다.
  ③ 상온에서 무색, 무미, 무취의 기체이다.
  ④ 무색, 무취의 기체로 방전관에 넣어 방전시키면 특유의 색을 낸다.
  [해설] 주기율표의 0족에 속하는 불활성 가스는 화학적으로 불활성이므로 다른 원소와 반응하지 않는다.

2. 낮은 압력에서 방전시킬 때 붉은색을 방출하는 비활성 기체는? [07]
  ① He   ② Kr
  ③ Ar   ④ Xe

3. Ar 가스의 용도로서 가장 옳지 않은 것은? [03]
  ① 네온사인용 가스로 사용   ② 전구용 봉입 가스로 사용
  ③ 용접용 가스로 사용   ④ 냉동용 가스로 사용
  [해설] 아르곤(Ar)은 비점이 −186℃로 냉매 가스로 부적합하다.

4. 부양 기구의 수소 대체용으로 사용되는 가스는? [15]
  ① 아르곤   ② 헬륨
  ③ 질소   ④ 공기
  [해설] 헬륨(He)은 분자량이 4로 수소 다음으로 가벼운 불활성 가스이며 부양 기구의 수소 대체용으로 사용된다.

정답 1. ② 2. ③ 3. ④ 4. ②

5 일산화탄소(CO)

(1) 특징

① **물리적 성질**
  ㈎ 무색, 무취의 가연성 가스(폭발범위 12.5~74 v%)이다.
  ㈏ 독성이 강하고(TLV-TWA 50 ppm), 불완전 연소에 의한 중독 사고가 발생될 위험이 있다.

② **화학적 성질**
  ㈎ 환원성이 강한 가스로 금속의 산화물을 환원시켜 단체 금속을 생성한다.
  ㈏ 철족의 금속(Fe, Co, Ni)과 반응하여 금속 카르보닐을 생성한다.
  ※ 카르보닐 생성을 방지하기 위하여 장치 내면에 은(Ag), 구리(Cu), 알루미늄(Al) 등을 라이닝하여 사용한다.
  ㈐ 상온에서 염소와 반응하여 포스겐($COCl_2$)을 생성한다(촉매 : 활성탄).

(2) 제조법

① **실험적 제조법** : 의산(개미산)에 농황산(진한 황산)을 작용시켜 제조한다.

② **공업적 제조법**
  ㈎ 수성 가스에서 회수한다.
  ㈏ 목탄(숯), 코크스를 불완전 연소시켜 회수한다.

(3) 위험성

① **인체에 대한 위해성** : 일산화탄소를 흡입하면 혈액 속의 헤모글로빈과 결합하여(그 친화력은 산소의 200~250배 정도) 호흡을 저해하고 중독 사고를 일으킨다.

② **연소성에 대한 특징**
  ㈎ 압력 증가 시 폭발 범위가 좁아지며, 공기 중 질소를 아르곤, 헬륨으로 치환하면 폭발 범위는 압력과 더불어 증대된다.
  ㈏ 공기와의 혼합 가스 중 수증기가 존재하면 폭발 범위는 압력과 더불어 증대된다.

(4) 용도

① 메탄올(CH_3OH) 합성에 사용한다.
② 포스겐($COCl_2$)의 제조 원료에 사용한다.
③ 화학 공업용 원료에 사용한다.
④ 환원제에 사용한다.

단원 예상문제

1. 다음 중 일산화탄소에 대한 설명 중 틀린 것은? [03]
① 무색, 무취의 기체로 독성이 강하다.
② 환원성이 강해 금속 산화물을 환원시킨다.
③ 철족의 금속과 반응하여 금속 카르보닐을 만든다.
④ 상온에서 염소와 반응하여 포스핀을 만든다.

[해설] 상온에서 염소와 반응하여 포스겐($COCl_2$)을 만든다(촉매 : 활성탄).
※ 포스핀 : PH_3

2. 고온, 고압하에서 철족 원소(Fe, Ni, Co)와 작용하여 휘발성 카르보닐 화합물을 생성하는 가스는? [02, 05]
① CO
② H_2S
③ Cl_2
④ C_2H_2

[해설] 일산화탄소(CO)는 고온, 고압의 상태에서 철족(Fe, Ni, Co)의 금속에 대하여 침탄 및 카르보닐을 생성한다.
㉮ $Fe + 5CO \rightarrow Fe(CO)_5$ [철-카르보닐]
㉯ $Ni + 4CO \rightarrow Ni(CO)_4$ [니켈-카르보닐]

3. 일산화탄소를 충전하는 용기로서 적합하지 않은 것은 다음 중 어느 것인가? [02]
① 강재 내면에 Ag을 라이닝한 것
② 강재 내면에 Ni을 라이닝한 것
③ 강재 내면에 Cu을 라이닝한 것
④ 강재 내면에 Al을 라이닝한 것

[해설] 일산화탄소(CO)는 철족의 금속(Fe, Ni, Co)과 반응하여 금속 카르보닐을 생성하므로 강재 내면을 은(Ag), 구리(Cu), 알루미늄(Al)으로 라이닝하여 사용한다.

4. 일산화탄소의 성질에 대한 설명 중 틀린 것은? [14]
① 산화성이 강한 가스이다.
② 공기보다 약간 가벼우므로 수상 치환으로 포집한다.
③ 개미산에 진한 황산을 작용시켜 만든다.
④ 혈액 속의 헤모글로빈과 반응하여 산소의 운반력을 저하시킨다.

[해설] 일산화탄소는 환원성이 강한 가스이다.

5. 일반 가스는 압력이 높아지면 연소 범위가 넓어진다. 오히려 압력이 높으면 연소 범위가 좁아지는 가스는? [03]
① CH_4
② CO
③ C_4H_{10}
④ C_3H_8

정답 1. ④ 2. ① 3. ② 4. ① 5. ②

[해설] 대부분의 가연성 가스는 압력이 상승하면 폭발 범위가 넓어지나 일산화탄소(CO)와 수소(H_2)는 압력이 상승하면 폭발 범위가 좁아진다. 단, 수소는 압력이 10 atm 이상으로 상승하면 폭발 범위가 다시 넓어지는 특징이 있다.

6. 일산화탄소 가스의 용도로 알맞은 것은? [06, 11]
① 메탄올 합성　　　　　　② 용접 절단용
③ 암모니아 합성　　　　　④ 섬유의 표백 작용

[해설] 일산화탄소(CO)의 용도
㉮ 메탄올(CH_3OH) 합성에 사용
㉯ 포스겐($COCl_2$)의 제조 원료에 사용
㉰ 개미산(의산)이나 화학 공업용 원료에 사용
㉱ 공업적 연료, 환원제에 사용

[정답] 6. ①

6 이산화탄소(CO_2)

(1) 특징

① **물리적 성질**
㉮ 건조한 공기 중에 약 0.03 vol%가 존재한다.
㉯ 액화 가스로 취급되며, 드라이아이스(고체 탄산)를 만들 수 있다.

② **화학적 성질**
㉮ 무색, 무취, 무미의 불연성 가스이다.
㉯ 독성(허용 농도 : TLV-TWA 5000 ppm)은 없으나 88 % 이상인 곳에서는 질식의 위험이 있다.
㉰ 수분이 존재하면 탄산(H_2CO_3)을 생성하여 강재를 부식시킨다.
㉱ 지구 온난화의 원인 가스이다.

(2) 제조법

① 일산화탄소 전화법에 의한 수소 제조 시 회수된다.
② 석회석($CaCO_3$)의 연소 시 생성된다.
③ 알코올 발효 시 부생물로 회수된다.

(3) 용도

① 요소 제조 및 소다회 제조용으로 사용한다.
② 탄산염(탄산 마그네슘, 중탄산 암모늄)의 제조, 정제용으로 사용한다.
③ 소화제(消火劑)로 사용한다.
④ 청량음료 제조용으로 사용한다.
⑤ 드라이아이스는 물품 냉각용에 사용한다.

단원 예상문제

1. 다음과 같은 성질을 갖는 물질은? [04]

① 대기 중에 약 0.03 %가 존재한다.
② 물에 거의 같은 부피로 녹으며 탄산을 만들어 약산성이 된다.
③ 무색, 무미, 무취의 기체로 공기보다 무겁고 불연성이다.

① CO   ② CO_2 ③ NH_3 ④ HCN

2. 다음 중 CO_2의 용도에 해당되는 것들로 짝지워진 것은? [04]

① 청량음료수 제조, 살균제   ② 소화제, 청량음료수 제조
③ 살균제, 소화제   ④ 냉각제, 살균제

정답 1. ② 2. ②

7 염소(Cl_2)

(1) 특징

① 물리적 성질

㈎ 상온에서 황록색의 심한 자극성이 있다.
㈏ 비점(-34.05℃)이 높고 상온에서 6~7기압의 압력을 가하면 쉽게 액화되며 액화 가스는 갈색이다(충전 용기 도색 : 갈색).
㈐ 조연성, 독성(허용 농도 : TLV-TWA 1 ppm) 가스이다.

② 화학적 성질

㈎ 화학적으로 활성이 강하여 염화물을 만든다.
㈏ 건조한 상태에서는 강재에 대하여 부식성이 없으나, 수분이 존재하면 염산(HCl)

이 생성되어 철을 심하게 부식시킨다.
- (다) 120℃ 이상이 되면 철과 직접 반응하여 부식이 진행된다.
- (마) 수소와 접촉 시 폭발한다. : 염소 폭명기
- (바) 메탄과 작용하여 염소 치환제를 만든다.
- (사) 물에 녹으면(용해) 염산과 차아염소산이 생성되고 차아염소산이 분해하여 생긴 발생기 산소에 의하여 살균, 표백 작용을 한다.

  $Cl_2 + H_2O \rightarrow HCl + HClO$ [차아염소산]

  $HClO \rightarrow HCl + (O)$

- (아) 암모니아와 접촉하면 백색 연기(白煙)가 발생하여 이것으로 검출이 가능하다.
- (자) 염소와 아세틸렌이 접촉하면 자연 발화의 가능성이 높다(충전 용기 혼합 적재 금지).

(2) 제조법

① 실험적 제조법

- (가) 소금물의 전기 분해로 제조한다.
- (나) 소금물에 진한 황산과 이산화 망간을 가하고 가열하여 제조한다.
- (다) 표백분에 진한 염산을 가하여 제조한다.
- (라) 염산에 이산화 망간, 과망간산 칼륨 등 산화제를 작용시켜 제조한다.

② 공업적 제조법

- (가) 수은법에 의한 식염(NaCl)의 전기 분해 : 양극을 탄소, 음극을 수은으로 하여 생성된 나트륨 아밀감으로 하여 수은에 용해시키고 다른 탱크에 옮겨 물로 분해하여 가성 소다와 수소를 생성하며 양극에서 염소를 발생시킨다.
- (나) 격막법에 의한 식염의 전기 분해 : 전기 분해용 탱크의 양극을 아스베스토 등의 격막으로 하여 발생하는 염소가 음극에서 발생하는 수소와 혼합하지 않는다.
- (다) 염산의 전기 분해에 의하여 제조한다.

(3) 취급 시 주의 사항

① 인체에 대한 위해성

- (가) 독성이 매우 강하여 공기 중에서 30 ppm이면 심한 기침이 나오고, 40~60 ppm에서는 30분 내지 1시간 호흡하면 생명이 위험하다.
- (나) 염소가 눈에 들어갔을 때는 3% 붕산수로, 피부에 노출되었을 때에는 맑은 물로 씻어 낸다.

② 강재에 대한 영향

㈎ 물과 접촉 시 발생하는 염산(HCl)이 강재를 부식시킨다.
㈏ 염화비닐, 유리, 내산 도기 등은 염산 취급에 적당한 재료이다.

③ 용기 취급 시 주의 사항

㈎ 충전 용기, 저장 탱크의 재료로 탄소강을 사용한다(수분이 없을 때에는 부식성이 없다).
㈏ 용기 밸브의 재질은 황동, 스핀들은 18-8 스테인리스강을 사용한다.
㈐ 충전 용기 안전장치는 가용전을 사용한다(용융 온도 : 65~68℃).

(4) 용도

① 염화수소(HCl), 염화비닐(C_2H_3Cl), 포스겐($COCl_2$)의 제조에 사용한다.
② 종이, 펄프 공업, 알루미늄 공업 등에 사용한다.
③ 수돗물의 살균에 사용한다.
④ 섬유의 표백에 사용한다.

✔ 단원 예상문제

1. 다음에서 염소 가스의 성질에 대한 것으로 모두 나열한 것은? [07]

> ㉠ 상온에서 기체이다.
> ㉡ 상압에서 −40~−50℃로 냉각하면 쉽게 액화한다.
> ㉢ 인체에 대하여 극히 유독하다.

① ㉠, ㉡ ② ㉡, ㉢
③ ㉠, ㉢ ④ ㉠, ㉡, ㉢

2. 다음은 염소에 대하여 기술한 것이다. 이 중 틀린 것은? [06, 08, 11, 14]

① 상온, 상압에서 황록색의 기체로 조연성이 있다.
② 강한 자극성의 취기가 있는 맹독성 가스로 허용 농도는 1 ppm이다.
③ 수소와 염소의 동량 혼합 기체를 염소 폭명기라 한다.
④ 건조 상태로 상온에서 강재에 대하여 부식성을 갖는다.

[해설] 완전 건조된 염소는 상온에서 철과 반응하지 않으나 수분이 존재하면 염산(HCl)을 생성하여 철을 심하게 부식시킨다.

[정답] 1. ④ 2. ④

3. 염소는 몇 ℃ 이상인 고온에서 철과 직접 반응하는가?
① 30℃ ② 80℃ ③ 100℃ ④ 120℃

[해설] 염소는 120℃ 이상이 되면 철과 직접 반응하여 부식이 진행된다.

4. 액상의 염소가 피부에 닿았을 경우의 조치로 옳은 것은? [03, 11, 13]
① 암모니아로 씻어 낸다.   ② 이산화탄소로 씻어 낸다.
③ 소금물로 씻어 낸다.   ④ 맑은 물로 씻어 낸다.

[해설] 액상의 염소에 노출 시 응급조치 방법
㉮ 피부 : 맑은 물로 씻어 낸다.
㉯ 눈 : 3% 붕산수로 씻어 낸다.

5. 염소의 성질과 고압 장치에 대한 부식성에 관한 설명으로 틀리는 것은? [04]
① 고온에서 염소 가스는 철과 직접 심하게 작용한다.
② 염소는 압축가스 상태일 때 건조한 경우에는 심한 부식성을 나타낸다.
③ 염소는 습기를 띠면 강재에 대하여 심한 부식성을 가지고 용기, 밸브 등이 침해된다.
④ 염소는 물과 작용하여 염산을 발생시키기 때문에 장치 재료로는 내산 도기, 유리, 염화비닐이 가장 우수하다.

[해설] 염소는 건조한 상태일 때는 부식성이 없으나, 수분이 존재하면 염산(HCl)이 생성되어 강에 대하여 심한 부식성을 나타낸다.

6. 염소 가스의 건조제로 사용되는 것은? [05, 09]
① 진한 황산 ② 염화 칼슘 ③ 활성 알루미나 ④ 진한 염산

[해설] 염소, 포스겐의 건조제 : 진한 황산

7. 염소 가스의 안전장치로 가용전을 사용할 때 용융 온도는? [02]
① 10~15℃ ② 30~35℃ ③ 40~45℃ ④ 65~68℃

[해설] 염소 용기 가용전 용융 온도 : 65~68℃

8. 다음 중 염소의 용도로 적합하지 않는 것은? [09, 12]
① 소독용으로 쓰인다.   ② 염화비닐 제조의 원료이다.
③ 표백제로 쓰인다.   ④ 냉매로 사용된다.

[해설] 염소(Cl_2)의 용도 : ①, ②, ③ 외
㉮ 염화수소(HCl), 포스겐($COCl_2$)의 제조 원료
㉯ 종이, 펄프 공업, 알루미늄 공업용으로 사용

[정답] 3. ④ 4. ④ 5. ② 6. ① 7. ④ 8. ④

8 암모니아(NH₃)

(1) 특징

① **물리적 성질**

㈎ 가연성 가스(폭발 범위 : 15~28 v%)이며, 독성 가스(허용 농도 : TLV-TWA 25 ppm)이다.

㈏ 물에 잘 녹는다(상온, 상압에서 물 1 cc에 대하여 800 cc가 용해).

㈐ 액화가 쉽고(비점 : −33.3℃), 증발 잠열(301.8 kcal/kg)이 커서 냉동기 냉매로 사용된다.

② **화학적 성질**

㈎ 동과 접촉 시 부식의 우려가 있다(동 함유량 62 % 미만은 사용 가능).

㈏ 액체 암모니아는 할로겐, 강산과 접촉하면 심하게 반응하여 폭발, 비산하는 경우가 있다.

㈐ 염소(Cl_2), 염화수소(HCl), 황화수소(H_2S)와 반응하면 백색 연기가 발생한다.

㈑ 산소 중에서 황색 불꽃이 발생하며 연소하고 질소와 물을 생성한다.

$$4NH_3 + 3O_2 \rightarrow 2N_2 + 6H_2O$$

㈒ 금속 이온(구리, 아연, 은, 코발트)과 반응하여 착이온을 생성한다.

㈓ 염소가 과잉 상태로 접촉하면 폭발성의 3염화 질소(NCl_3)를 만든다.

$$8NH_3 + 3Cl_2 \rightarrow N_2 + 6NH_4Cl$$
$$NH_4Cl + 3Cl_2 \rightarrow NCl_3 + 4HCl$$

㈔ 상온에서는 안정하나 1000℃ 정도에서 질소와 수소로 분해된다.

㈕ 건조제로 염기성인 소다 석회를 사용한다.

(2) 제조법

① **실험적 제조법**

㈎ 진한 암모니아수(28 %)를 가열하여 제조한다.

㈏ 암모늄염에 강알칼리를 가해 제조한다.

② **공업적 제조법**

㈎ 석회 질소법 : 석회질소($CaCN_2$)에 과열 증기를 작용시켜 제조한다.

㈏ 하버-보슈법(Haber-Bosch process) : 수소와 질소를 체적비 3 : 1로 반응시켜 제조한다.

　㉮ 고압 합성(600~1000 kgf/cm²) : 클라우드법, 카자레법

㈏ 중압 합성(300 kgf/cm^2) : IG법, 뉴파우더법, 뉴데법, 동공시법, JCI법, 케미크법
㈐ 저압 합성(150 kgf/cm^2) : 켈로그법, 구데법

(3) 취급 시 주의 사항

① **인체에 대한 위해성**
　㈎ 피부에 노출 시 피부 점막을 자극하고, 조직 심부까지 손상시킨다(동상, 염증 유발).
　※ 응급 조치 방법 : 물로 세척 후 2 % 붕산수를 바른다. 또는 다량의 물로 세척 후 묽은 식초로 씻고 다시 물로 세척한다.
　㈏ 눈에 노출되면 점막, 결막을 자극하여 결막 부종, 각막 혼탁을 초래한다.
　※ 응급조치 방법 : 물로 세척 후 붕산수로 씻고 의사의 처치를 받는다.
　㈐ 액체를 마셨을 때 : 다량의 물로 희석하고 토하지 않게 한다. 우유 또는 계란 흰자를 대량으로 먹이고 위세척을 실시한 후 의사의 처치를 받는다.

② **부식성**
　㈎ 동, 동합금, 알루미늄 합금에 심한 부식성이 있으므로 장치나 계기에는 동이나 황동 등을 사용할 수 없다(동 함유량 62 % 미만은 사용 가능).
　㈏ 고온, 고압하에서 탄소강에 대하여 질화 및 탈탄(수소 취성) 작용이 있다.
　㈐ 고온, 고압하의 장치 재료는 18-8 스테인리스강, Ni-Cr-Mo 강을 사용한다.

(4) 용도

① **요소 비료 원료로 사용** : 황산 암모늄[$(NH_4)_2SO_4$], 질산 암모늄(NH_4NO_3), 요소
② 소다회, 질산 제조용으로 사용한다.
③ 냉동기 냉매로 사용한다.

✔ 단원 예상문제

1. 아연, 구리, 은, 코발트 등과 같은 금속과 반응하여 착이온을 만드는 가스는? [05, 06]
① 암모니아　　　　　　　② 염소
③ 아세틸렌　　　　　　　④ 질소

정답　1. ①

2. 암모니아에 대한 설명 중 적합하지 않은 것은? [04]
① 상온, 상압에서 강한 자극성이 있는 공기보다 가벼운 기체이다.
② 가연성 가스이며 독성 가스로 액화하기 어려운 기체이다.
③ 산이나 할로겐 원소와는 잘 반응하며 물에 잘 용해하는 가스이다.
④ 허용 농도 25 ppm으로 중화제는 물을 사용한다.
[해설] 비점이 -33.3℃로 액화 및 기화가 쉽고, 증발 잠열이 커서 냉동기 냉매로 사용된다.

3. 암모니아의 특성과 관계가 먼 것은? [02]
① 물에 800배 용해된다.
② 액화가 용이하다.
③ 상온에서 안정하나 100℃ 이상이 되면 분해한다.
④ 할로겐과 반응하여 질소를 유리시킨다.
[해설] 상온에서 안정하나 1000℃에서 분해하여 질소와 수소가 된다.

4. 암모니아의 성질에 대한 설명으로 옳지 않은 것은? [15]
① 가스일 때 공기보다 무겁다.　② 물에 잘 녹는다.
③ 구리에 대하여 부식성이 강하다.　④ 자극성 냄새가 있다.
[해설] 암모니아(NH_3)의 분자량이 17이므로 가스일 때 공기보다 가볍다.

5. 암모니아 건조제로 사용되는 것은? [03, 14]
① 진한 황산　　　　　　　② 할로겐 화합물
③ 소다 석회　　　　　　　④ 황산동 수용액
[해설] 가스 종류에 따른 건조제의 종류
㉮ 암모니아의 건조제 : 소다 석회
㉯ 염소, 포스겐의 건조제 : 진한 황산

6. 수소 0.6몰과 질소 0.2몰이 반응하면 몇 몰의 암모니아가 생성하는가? [03]
① 0.2몰　　　　　　　　　② 0.3몰
③ 0.4몰　　　　　　　　　④ 0.6몰
[해설] 암모니아 생성 반응식
$N_2 + 3H_2 \rightarrow 2NH_3 + 23\,kcal$
1몰 : 3몰 : 2몰의 비율이므로
0.2몰 : 0.6몰 : 0.4몰이 생성된다.

정답 2. ②　3. ③　4. ①　5. ③　6. ③

7. 하버-보슈법으로 암모니아 44 g을 제조하려면 표준 상태에서 수소는 몇 L가 필요한가? [15]

① 22 ② 44 ③ 87 ④ 100

[해설] 암모니아 생성 반응식
$N_2 + 3H_2 \rightarrow 2NH_3$에서 암모니아 2×17 g이 생성될 때 수소는 3×22.4 L가 필요하다.
∴ 3×22.4 L : 2×17 g = x L : 44 g
∴ $x = \dfrac{3 \times 22.4 \times 44}{2 \times 17} = 86.964$ L

8. 암모니아 합성법 중에서 고압 합성에 사용되는 방식은? [06, 09]

① 캬자레법 ② 뉴파우더법 ③ 케미크법 ④ 구데법

[해설] 암모니아 합성 공정의 분류
㉮ 고압 합성 : 클라우드법, 캬자레법
㉯ 중압 합성 : 뉴파우더법, IG법, 케미크법, 뉴데법, 동공시법, JCI법
㉰ 저압 합성 : 켈로그법, 구데법

9. 암모니아 취급 시 피부에 닿았을 때 조치 사항은? [05, 07, 14]

① 열습포로 감싸 준다.
② 다량의 물로 세척 후 붕산수를 바른다.
③ 산으로 중화시키고 붕대를 감는다.
④ 아연화 연고를 바른다.

[해설] 응급조치 방법
㉮ 피부에 노출 시 : 물로 세척 후 2 % 붕산수를 바른다.
㉯ 눈에 노출 시 : 물로 세척 후 붕산수로 씻고 의사의 처치를 받는다.

10. 암모니아를 사용하는 고온, 고압가스 장치의 재료로 가장 적당한 것은? [16]

① 동
② PVC 코팅강
③ 알루미늄 합금
④ 18-8 스테인리스강

[해설] 암모니아는 고온, 고압의 상태에서 강재에 대하여 질화 작용과 수소 취성이 동시에 발생하므로 18-8 스테인리스강을 사용한다.

11. 암모니아 냉매의 누설 검지법으로 잘못된 것은? [03]

① 적색 리트머스 시험지를 갈색으로 변화
② 자극성 냄새로 발견
③ 유황 불꽃과 접촉되면 백연(白煙)을 발생
④ 페놀프탈렌 시험지와 반응하여 적색 변화

[해설] 적색 리트머스 시험지가 청색으로 변화하며, 네슬러 시약에 접촉하면 미색→황색→갈색으로 변색한다.

정답 7. ③ 8. ① 9. ② 10. ④ 11. ①

12. 다음 중 NH_3의 용도가 아닌 것은? [08]
① 요소 제조　　　　　② 질산 제조
③ 유안 제조　　　　　④ 포스겐 제조

정답 12. ④

9 아세틸렌(C_2H_2)

(1) 특징

① 물리적 성질

㈎ 무색의 기체이고 불순물로 인한 특유의 냄새가 있다.
㈏ 공기 중에서의 폭발 범위가 가연성 가스 중 가장 넓다.
 ※ 공기 중 : 2.5~81 v%, 산소 중 : 2.5~93 v%
㈐ 액체 아세틸렌은 불안정하나, 고체 아세틸렌은 비교적 안정하다.
㈑ 15℃에서 물 1 L에 1.1 L, 아세톤 1 L에 25 L가 녹는다.

② 화학적 성질

㈎ 동(Cu), 은(Ag), 수은(Hg) 등의 금속과 접촉 반응하여 폭발성의 아세틸드가 생성된다(아세틸렌이 접촉하는 부분에 사용하는 재료 중 구리 또는 구리의 함유량이 62 %를 초과하는 동합금을 사용하지 아니한다).
㈏ 아세틸렌을 접촉적으로 수소화하면 에틸렌(C_2H_4), 에탄(C_2H_6)이 생성된다.
㈐ 아세틸렌의 폭발성
 ㉮ 산화 폭발 : 공기 중 산소와 반응하여 폭발을 일으킨다.
  $C_2H_2 + 2.5O_2 \rightarrow 2CO_2 + H_2O$
 ㉯ 분해 폭발 : 가압, 충격에 의하여 탄소와 수소로 분해되면서 폭발을 일으킨다.
  $C_2H_2 \rightarrow 2C + H_2 + 54.2 \text{ kcal}$
  ※ 흡열 화합물이기 때문에 위험성이 크다.
 ㉰ 화합 폭발 : 동(Cu), 은(Ag), 수은(Hg) 등의 금속과 접촉 반응하여 폭발성의 아세틸드가 생성된다.
  $C_2H_2 + 2Cu \rightarrow Cu_2C_2 + H_2$
  $C_2H_2 + 2Ag \rightarrow Ag_2C_2 + H_2$

(2) 제조법

① **카바이드(CaC_2)를 이용한 제조법** : 카바이드와 물(H_2O)을 접촉시키면 아세틸렌이 발생한다.

$$CaC_2 + 2H_2O \rightarrow Ca(OH)_2 + C_2H_2$$

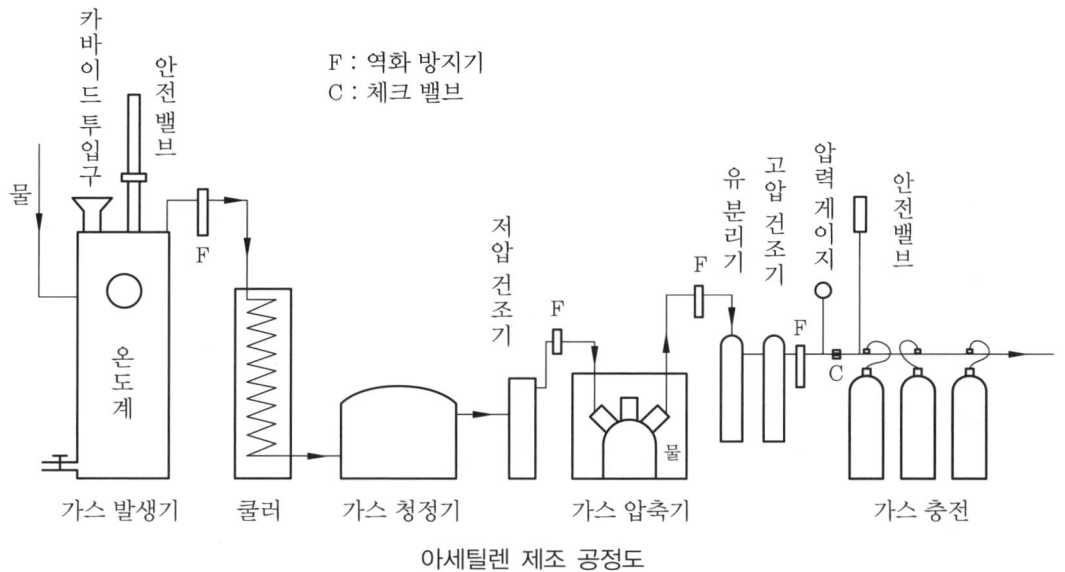

아세틸렌 제조 공정도

(가) 가스 발생기 : 카바이드와 물이 반응하여 아세틸렌을 발생시킨다.
  ㉮ 발생 방법에 의한 분류
    ⓐ 주수식 : 카바이드에 물을 주입하는 방식(불순 가스 발생량이 많다.)
    ⓑ 침지식(접촉식) : 물과 카바이드를 소량씩 접촉하는 방식(위험성이 크다.)
    ⓒ 투입식 : 물에 카바이드를 넣는 방식(대량 생산에 적합)
  ㉯ 발생 압력에 의한 분류
    ⓐ 저압식 : $0.07\,kgf/cm^2$ 미만
    ⓑ 중압식 : $0.07 \sim 1.3\,kgf/cm^2$
    ⓒ 고압식 : $1.3\,kgf/cm^2$ 이상
  ㉰ 발생기의 최적 온도 : 50~60℃, 발생기 표면 온도 : 70℃ 이하
(나) 쿨러 : 발생 가스를 냉각하여 수분, 암모니아를 제거한다.
(다) 가스 청정기 : 발생 가스의 불순물을 제거하는 것으로 청정제의 종류는 에퓨렌(Epurene), 카다리솔(Catalysol), 리가솔(Rigasol)을 사용한다.
(라) 저압 건조기 : 수분을 제거하여 아세틸렌과 함께 압축되는 것을 방지한다.
(마) 아세틸렌 압축기

㉮ 100 rpm 전후의 저속 왕복 압축기를 사용한다.
㉯ 압축기는 수중에서 작동시킨다.
㉰ 냉각수의 온도는 20℃ 이하로 유지한다.
㉱ 충전 시에는 온도와 관계없이 2.5 MPa 이하로 유지한다.
  ※ 2.5 MPa 이상으로 압축 시 희석제 첨가 → 질소(N_2), 메탄(CH_4), 일산화탄소(CO), 에틸렌(C_2H_4) 등
㉲ 압축기 내부 윤활유 : 양질의 광유(디젤 엔진유)
㉳ 유 분리기 : 압축된 가스 중의 윤활유(오일)를 분리한다.
㉴ 고압 건조기 : 압축가스 중의 수분을 제거(건조제 : 염화 칼슘[$CaCl_2$])
㉵ 역화 방지기 : 고압 건조기와 충전용 교체 밸브 사이 배관에 설치

② 탄화수소에서 제조 : 메탄, 나프타를 열분해 시 얻어진다.

(3) 충전 작업

① 용제 및 다공 물질 충전

㉮ 용제 : 아세톤[$(CH_3)_2CO$], DMF(디메틸포름아미드)

㉯ 다공 물질

㉮ 다공 물질을 충전하는 이유 : 분해 폭발 방지
㉯ 종류 : 규조토, 석면, 목탄, 석회, 산화철, 탄산 마그네슘, 다공성 플라스틱 등
㉰ 다공도 계산식

$$다공도(\%) = \frac{V-E}{V} \times 100$$

여기서, V : 다공 물질의 용적(m^3)
E : 아세톤의 침윤 잔용적(m^3)

㉱ 다공도 기준 : 75 % 이상 92 % 미만
㉲ 다공 물질의 구비 조건
  ⓐ 고다공도일 것   ⓑ 기계적 강도가 클 것
  ⓒ 가스 충전이 쉬울 것   ⓓ 안전성이 있을 것
  ⓔ 화학적으로 안정할 것   ⓕ 경제적일 것

② 충전 작업 시 주의 사항

㉮ 충전 중 압력은 2.5 MPa 이하로 할 것
㉯ 충전 후 24시간 정치할 것
㉰ 충전 후 압력은 15℃에서 1.5 MPa 이하로 할 것

㈑ 충전은 서서히 2~3회에 걸쳐 충전할 것
㈒ 충전 전의 빈 용기는 음향 검사를 실시할 것
㈓ 아세틸렌이 접촉하는 부분에 사용하는 재료 중 구리 또는 구리의 함유량이 62 %를 초과하는 동합금을 사용하지 아니한다.
㈔ 충전용 지관은 탄소 함유량 0.1 % 이하의 강을 사용할 것

(4) 용도

① 가스 용접, 금속의 절단 작업에 사용
② 카본 블랙(carbon black)은 전지용 전극에 사용
③ 의약, 향료, 파인 케미컬(fine chemical)의 합성에 사용

✔ 단원 예상문제

1. 다음 중 카바이드와 관련이 없는 성분은? [05, 12]
① 아세틸렌(C_2H_2)   ② 석회석($CaCO_3$)
③ 생석회(CaO)   ④ 염화 칼슘($CaCl_2$)
[해설] 아세틸렌 제조 원료 : 석회석($CaCO_3$) → 생석회(CaO) → 카바이드(CaC_2) → 아세틸렌(C_2H_2)가스 생산

2. 아세틸렌 제조에 이용되는 카바이드(CaC_2)의 1급에 해당되는 가스 발생량은 몇 L/kg 이상인가? [05]
① 366   ② 280   ③ 255   ④ 225
[해설] 카바이드(CaC_2)의 등급
㉮ 1등급 : 280 L/kg 이상
㉯ 2등급 : 260 L/kg 이상
㉰ 3등급 : 236 L/kg 이상

3. 카바이드(CaC_2) 저장 및 취급 시의 주의 사항으로 옳지 않은 것은? [08]
① 습기가 있는 곳은 피할 것
② 보관 드럼통은 조심스럽게 취급할 것
③ 저장실은 밀폐 구조로 바람의 경로가 없도록 할 것
④ 인화성, 가연성 물질과 혼합하여 적재하지 말 것
[해설] 저장실은 통풍이 양호하게 하여야 한다.

[정답] 1. ④   2. ②   3. ③

4. 다음 아세틸렌에 대한 설명 중 틀린 것은? [08]
① 연소 시 고열을 얻을 수 있어 용접용으로 쓰인다.
② 압축하면 폭발을 일으킨다.
③ 2중 결합을 가진 불포화 탄화수소이다.
④ 구리, 은과 반응하여 폭발성의 화합물을 만든다.
[해설] 아세틸렌은 3중 결합을 갖는다.

5. 아세틸렌(C_2H_2)에 대한 설명 중 틀린 것은? [07, 11]
① 카바이드(CaC_2)에 물을 넣어 제조한다.
② 동과 접촉하여 동 아세틸드를 만드므로 동 함유량이 62 % 이상을 설비로 사용한다.
③ 흡열 화합물이므로 압축하면 분해 폭발을 일으킬 수 있다.
④ 공기 중 폭발 범위는 약 2.5~80.5 %이다.
[해설] 아세틸렌이 접촉하는 부분에 사용하는 재료 중 구리 또는 구리의 함유량이 62 %를 초과하는 동합금을 사용하지 아니한다.

6. 아세틸렌에 대한 설명 중 틀린 것은? [05, 07, 11]
① 액체 아세틸렌은 비교적 안정하다.
② 아세틸렌은 접촉적으로 수소화하면 에틸렌, 에탄이 된다.
③ 가열, 충격, 마찰 등의 원인으로 탄소와 수소로 자기 분해한다.
④ 동, 은, 수은 등의 금속과 화합 시 폭발성의 화합물인 아세틸드를 생성한다.
[해설] 액체 아세틸렌은 불안정하나, 고체 아세틸렌은 비교적 안정하다.

7. 아세틸렌가스 폭발의 종류로서 가장 거리가 먼 것은? [11, 16]
① 중합 폭발   ② 산화 폭발
③ 분해 폭발   ④ 화합 폭발
[해설] 아세틸렌의 폭발 종류 : 산화 폭발, 분해 폭발, 화합 폭발

8. 순수 아세틸렌은 0.15 MPa 이상 압축 시 위험하다. 그 이유는? [06]
① 중합 폭발   ② 분해 폭발
③ 화합 폭발   ④ 촉매 폭발
[해설] 순수 아세틸렌을 0.15 MPa 이상으로 압축하면 탄소와 수소로 분해되는 분해 폭발을 일으키므로 위험하다.

정답 4. ③ 5. ② 6. ① 7. ① 8. ②

9. 아세틸렌은 흡열 화합물로서 압축하면 분해 폭발을 일으키는데 이때 폭발열은? [03]
① +113.6 kcal/mol   ② +180.4 kcal/mol
③ +54.2 kcal/mol   ④ +27.1 kcal/mol

해설 $C_2H_2 \rightarrow 2C + H_2 + 54.2$ kcal/mol

10. 아세틸렌이 은, 수은 등과 폭발성의 금속 아세틸드를 형성하여 폭발하는 것은? [04]
① 분해 폭발   ② 화합 폭발
③ 산화 폭발   ④ 압력 폭발

해설 화합 폭발 : 아세틸렌이 동(Cu), 은(Ag), 수은(Hg) 등의 금속과 접촉 반응하여 폭발성의 아세틸드를 생성하여 일으키는 폭발이다.

11. 다음 중 아세틸렌의 발생 방식이 아닌 것은? [15]
① 주수식 : 카바이드에 물을 넣는 방법
② 투입식 : 물에 카바이드를 넣는 방법
③ 접촉식 : 물과 카바이드를 소량씩 접촉시키는 방법
④ 가열식 : 카바이드를 가열하는 방법

해설 아세틸렌 발생기의 종류 : 주수식, 투입식, 침지식(접촉식)

12. 다음 아세틸렌가스 발생법 중 대량 생산에 적합한 방식은? [05, 07]
① 투입식 반응   ② 고압식 반응
③ 주수식 반응   ④ 축열식 반응

해설 투입식 : 물에 카바이드를 넣는 방식으로 대량 생산에 적합하다.

13. 습식 아세틸렌가스 발생기의 표면은 몇 도 이하로 유지해야 하는가? [03, 08]
① 7℃   ② 20℃
③ 50℃   ④ 70℃

해설 아세틸렌가스 발생기의 표면 온도 : 70℃ 이하

14. 아세틸렌가스 충전 시에 희석제로서 부적합한 것은? [03, 04, 08, 09]
① 메탄   ② 프로판
③ 수소   ④ 이산화황

해설 희석제의 종류
㉮ 법(안전 관리 규정)에서 정한 것 : 질소, 메탄, 일산화탄소, 에틸렌
㉯ 사용이 가능한 것 : 수소, 프로판, 이산화탄소

정답 9. ③   10. ②   11. ④   12. ①   13. ④   14. ④

15. 아세틸렌 용기에 다공질 물질을 고루 채운 후 아세틸렌을 충전하기 전에 침윤시키는 물질은? [08, 13]
① 알코올 ② 아세톤
③ 규조토 ④ 탄산 마그네슘

[해설] 용제의 종류: 아세톤, DMF(디메틸포름아미드)

16. 아세틸렌가스의 용해 충전 시 다공질 물질의 재료로 사용할 수 없는 것은? [02, 06]
① 규조토, 석면 ② 알루미늄 분말, 활성탄
③ 석회, 산화철 ④ 탄산 마그네슘, 다공성 플라스틱

[해설] 다공 물질의 종류: 규조토, 석면, 목탄, 석회, 산화철, 탄산 마그네슘, 다공성 플라스틱 등

17. 다음 중 다공도를 측정할 때 사용되는 식은? (단, V: 다공 물질의 용적, E: 아세톤 침윤 잔용적이다.) [16]

① 다공도 $= \dfrac{V}{(V-E)}$ ② 다공도 $= (V-E) \times \dfrac{100}{V}$

③ 다공도 $= (V+E) \times V$ ④ 다공도 $= (V+E) \times \dfrac{V}{100}$

[해설] 아세틸렌 충전 용기 다공도 계산식

$$\therefore 다공도(\%) = \dfrac{V-E}{V} \times 100 = \dfrac{(V-E) \times 100}{V} = (V-E) \times \dfrac{100}{V}$$
$$= \left(\dfrac{V}{V} - \dfrac{E}{V}\right) \times 100 = \left(1 - \dfrac{E}{V}\right) \times 100$$

18. 다공 물질의 용적이 150 m³이며 아세톤 침윤 잔용적이 30 m³일 때의 다공도는 몇 %인가? [02, 04, 11]
① 30 ② 40 ③ 80 ④ 120

[해설] 다공도(%) $= \dfrac{V-E}{V} \times 100 = \dfrac{150-30}{150} \times 100 = 80\%$

19. 아세틸렌을 용기에 충전 시, 미리 용기에 다공 물질을 고루 채운 후 침윤 및 충전을 해야 하는데 이때 다공도는 얼마로 해야 하는가? [02, 05, 07, 12]
① 75 % 이상 92 % 미만 ② 70 % 이상 95 % 미만
③ 62 % 이상 75 % 미만 ④ 92 % 이상

[해설] 다공도 기준: 75 % 이상 92 % 미만

정답 15. ② 16. ② 17. ② 18. ③ 19. ①

20. 아세틸렌 충전 시 첨가하는 다공 물질의 구비 조건이 아닌 것은? [09]
① 화학적으로 안정할 것
② 기계적인 강도가 클 것
③ 가스의 충전이 쉬울 것
④ 다공도가 적을 것

[해설] 다공도가 커야 한다(고다공도일 것).

21. "아세틸렌가스를 용기에 충전 시는 온도에 관계없이 (　)MPa 이하로 하고, 충전한 후에 압력은 (　)℃에서 1.5 MPa 이하가 되도록 한다."에서 (　) 속에 알맞은 것은? [02]
① 4.5, 35
② 3.5, 20
③ 2.5, 15
④ 1.8, 15

[해설] 아세틸렌 충전 용기 압력
㉮ 충전 중의 압력 : 온도와 관계없이 2.5 MPa 이하
㉯ 충전 후의 압력 : 15℃에서 1.5 MPa 이하

22. C_2H_2 제조 설비에서 제조된 C_2H_2를 충전 용기에 충전 시 위험한 경우는? [03, 08, 10]
① 아세틸렌이 접촉되는 설비 부분에 동함량 72 %의 동합금을 사용하였다.
② 충전 중의 압력을 2.5 MPa 이하로 하였다.
③ 충전 후에 압력이 15℃에서 1.5 MPa 이하로 될 때까지 정치하였다.
④ 충전용 지관은 탄소 함유량 0.1 % 이하의 강을 사용하였다.

[해설] 아세틸렌이 접촉하는 부분에 사용하는 재료 중 구리 또는 구리의 함유량이 62 %를 초과하는 동합금을 사용하지 아니한다.

[정답] 20. ④ 21. ③ 22. ①

10 메탄(CH_4)

(1) 특징

① 물리적 성질
㉮ 파라핀계 탄화수소의 안정된 가스이다.
㉯ 천연가스(NG)의 주성분이다(비점 −161.5℃).
㉰ 무색, 무취, 무미의 가연성 기체이다(폭발 범위 : 5~15 v%).
㉱ 유기물의 부패나 분해 시 발생한다.
㉲ 메탄의 분자는 무극성이고, 수(水) 분자와 결합하는 성질이 없어 용해도는 적다.

② 화학적 성질
㉮ 공기 중에서 연소가 쉽고 화염은 담청색의 빛을 발한다.

(나) 염소와 반응하면 염소 화합물이 생성된다.
(다) 고온에서 산소, 수증기와 반응시키면 일산화탄소와 수소를 생성한다(촉매 : 니켈).

(2) 제조법
천연가스, 석유 분해 가스에 포함되어 있다.

(3) 용도
① 연료용 가스로 사용
② 합성 원료 가스의 제조에 사용
③ 불완전 연소나 열분해에 의해 카본 블랙을 제조한다.

✔ 단원 예상문제

1. 메탄가스에 대한 설명 중 틀린 것은? [07]
① 무색, 무취의 기체이다.　　② 공기보다 무거운 기체이다.
③ 천연가스의 주성분이다.　　④ 폭발 범위는 약 5~15 % 정도이다.
[해설] 메탄(CH_4)의 분자량은 16이므로 기체 비중이 0.55가 되므로 공기보다 가볍다.

2. 다음은 메탄의 성질이다. 틀리는 것은? [04, 08]
① 염소와 반응시키면 염소 화합물을 만든다.
② 무색, 무취의 기체로 잘 연소한다.
③ 무극성이며 물에 대한 용해도가 크다.
④ 고온에서 수증기 또는 산소를 반응시키면 일산화탄소와 수소를 생성한다.
[해설] 메탄(CH_4) 분자는 무극성이며 수(水) 분자와 결합하는 성질이 없으므로 용해도는 적다.

3. 도시가스의 주원료인 메탄(CH_4)의 비점은 약 얼마인가? [05, 09, 15]
① -50℃　　② -82℃　　③ -120℃　　④ -162℃
[해설] 대기압 상태에서 비점 : -161.5℃

4. 천연가스의 주성분인 메탄의 공기 중 폭발 범위는? [04]
① 5~15 %　　② 3.2~12.5 %　　③ 2.4~9.5 %　　④ 1.9~8.4 %
[해설] 공기 중에서 메탄의 폭발 범위 : 5~15 %

정답 1. ②　2. ③　3. ④　4. ①

5. 다음 LNG의 성질 중 틀린 것은 ? [03]
① 메탄을 주성분으로 하며 에탄, 프로판, 부탄 등이 포함되어 있다.
② LNG가 액화되면 체적이 1/600로 줄어든다.
③ 무독 무공해의 청정 가스로 발열량이 약 9500 kcal/m³ 정도로 높다.
④ LNG는 기체 상태에서 공기보다 가벼우나 액체 상태에서는 물보다 무겁다.
[해설] 액체 상태에서는 물보다 가볍다(액 비중 0.415).

[정답] 5. ④

11 시안화수소(HCN)

(1) 특징

① 물리적 성질

㈎ 독성 가스(허용 농도 : TLV-TWA 10 ppm)이며, 가연성 가스(폭발 범위 : 6~41 v%)이다.

㈏ 액체는 무색, 투명하고 감, 복숭아 냄새가 난다.

㈐ 액화가 용이하여(비점 : 25.7℃) 액화 가스로 취급된다.

② 화학적 성질

㈎ 소량의 수분 존재 시 중합 폭발을 일으킬 우려가 있다.

㈏ 알칼리성 물질(암모니아, 소다)을 함유하면 중합이 촉진된다.

㈐ 중합 폭발을 방지하기 위하여 안정제를 사용한다(황산, 아황산가스, 동, 동망, 염화 칼슘, 인산, 오산화 인).

㈑ 물에 잘 용해하고 약산성을 나타낸다.

㈒ 화재 시 건축 내장재(우레탄 폼)에서 발생량이 많아 치사량이 높아진다.

(2) 제조법

① **앤드류소(andrussow)법** : 암모니아, 메탄에 공기를 가하고 10 %의 로듐을 함유한 백금 촉매를 1000~1100℃로 통하면 시안화수소를 함유한 가스를 얻고 이것을 분리, 정제하여 제조한다.

② **포름아미드(formamide)법** : 일산화 탄소와 암모니아에서 포름아미드를 거쳐 시안화수소를 제조한다.

(3) 취급 시 주의 사항

① **인체에 대한 위해성** : 시안화수소는 흡입은 물론 피부에 접촉하여도 인체에 흡수되어 치명상을 입는다.
  (가) 흡입 : 호흡기 자극, 눈물, 화상, 어지럼증, 심장 두근거림, 호흡곤란, 빈혈 등 발생
  (나) 눈 : 순간적으로 흡수되어 눈을 자극한다.

② **충전 용기 취급 시 주의 사항**
  (가) 충전 후 24시간 정치하고, 충전 후 60일이 경과되기 전에 다른 용기에 옮겨 충전할 것(단, 순도가 98 % 이상이고 착색되지 않은 것은 제외)
  (나) 순도 98 % 이상 유지하고, 1일 1회 이상 질산구리 벤젠지를 사용하여 누출 검사를 실시한다.
  (다) 용기는 서늘하고 건조한 곳에 보관하고 날씨 및 온도 변화로부터 보호하여야 한다.

(4) 용도

① **메탈크릴산메틸(MMA)의 제조** : 살충제의 원료
② **염화시아놀의 제조** : 염료나 제초제의 원료
③ 아크릴로니트롤(CH_2CHCN)의 원료에 사용한다.
④ 황산, 시안화 칼륨, 시안화 나트륨, 시안화 칼슘의 제조에 사용한다.
⑤ 화학 무기로 사용한다.

✔ 단원 예상문제

1. 순수한 것은 안정하나 소량의 수분이나 알칼리성 물질을 함유하면 중합이 촉진되고 독성이 매우 강한 가스는? [16]
① 염소
② 포스겐
③ 황화수소
④ 시안화수소

[해설] 시안화수소(HCN)는 알칼리성 물질(암모니아, 소다)을 함유하면 중합이 촉진되고 소량의 수분 존재 시 중합 폭발을 일으킬 우려가 있다.

2. 액체는 무색투명하고 특유한 복숭아 향을 가지고 있으며 맹독성이 있고 고농도를 흡입하면 목숨을 잃는 기체는? [03, 06, 08, 09, 15]
① 일산화탄소
② 포스겐
③ 시안화수소
④ 메탄

정답 1. ④   2. ③

[해설] 시안화수소(HCN) : 가연성(6~41 %), 독성(TLV-TWA 10 ppm) 가스로 호흡은 물론 피부에 노출되어도 인체에 침입되어 치명상을 입히는 맹독성 가스이다.

3. 다음 중 시안화수소에 안정제를 첨가하는 주된 이유는? [08]
① 분해 폭발하므로
② 산화 폭발을 일으킬 염려가 있으므로
③ 시안화수소는 강한 인화성 액체이므로
④ 소량의 수분으로도 중합하여 그 열로 인해 폭발할 위험이 있으므로

[해설] 시안화수소(HCN)는 소량의 수분 존재 시 중합 폭발을 일으킬 우려가 있어 안정제를 첨가한다.
※ 안정제의 종류 : 황산, 아황산가스, 동, 동망, 염화 칼슘, 인산, 오산화인

4. 시안화수소(HCN)의 위험성에 대한 설명으로 틀린 것은? [03, 11]
① 인화 온도가 아주 낮다.
② 오래된 시안화수소는 자체 폭발할 수 있다.
③ 용기에 충전한 후 60일을 초과하지 않아야 한다.
④ 호흡 시 흡입하면 위험하나 피부에 묻으면 아무 이상이 없다.

[해설] 피부에 접촉 시 피부를 통해 흡수하여 치명상을 입는다.

5. 시안화수소 충전에 대한 설명 중 틀린 것은? [14]
① 용기에 충전하는 시안화수소는 순도가 98 % 이상이어야 한다.
② 시안화수소를 충전한 용기는 충전 후 24시간 이상 정치한다.
③ 시안화수소는 충전 후 30일이 경과되기 전에 다른 용기에 옮겨 충전하여야 한다.
④ 시안화수소 충전 용기는 1일 1회 이상 질산구리벤젠 등의 시험지로 가스 누출 검사를 한다.

[해설] 시안화수소를 충전한 용기에 충전 연월일을 명기한 표지를 붙이고, 충전한 후 60일이 경과되기 전에 다른 용기에 옮겨 충전한다. 다만, 순도가 98 % 이상으로서 착색되지 아니한 것은 다른 용기에 옮겨 충전하지 아니할 수 있다.

6. 시안화수소를 장기간 저장하지 못하게 하는 이유는? [02]
① 분해 폭발
② 산화 폭발
③ 중합 폭발
④ 압력 폭발

[해설] 시안화수소(HCN)는 중합 폭발의 위험성 때문에 60일 이상 저장하는 것을 금지한다. 단, 순도가 98 % 이상이고 착색되지 않은 것은 60일을 초과하여 저장할 수 있다.

정답 3. ④ 4. ④ 5. ③ 6. ③

12 포스겐($COCl_2$)

(1) 특징

① 물리적 성질
  ㈎ 일명 염화 카르보닐이라 하며, 자극적인 냄새(푸른 풀 냄새)가 난다.
  ㈏ 허용 농도가 TLV-TWA 0.1 ppm으로 맹독성 가스이다.
  ㈐ 무색의 액체이나 시판 중인 제품은 담황록색이다.
  ㈑ 사염화탄소(CCl_4)에 잘 녹는다.

② 화학적 성질
  ㈎ 활성탄을 촉매로 일산화탄소와 염소를 반응시켜 제조한다.
  ㈏ 가열하면 일산화탄소와 염소로 분해된다.
  ㈐ 가수 분해하여 이산화탄소와 염산이 생성된다.
  ㈑ 건조한 상태에서는 금속에 대하여 부식성이 없으나 수분이 존재하면 금속을 부식시키며, 알칼리, 고무, 코팅제와 격렬히 반응한다.
  ㈒ 건조제로 진한 황산을 사용한다.
  ㈓ 50 ppm 이상 존재하는 공기를 흡입하면 30분 이내에 사망한다.

(2) 제조법

일산화탄소와 염소를 활성탄 촉매로 하여 제조한다.

(3) 인체에 대한 위해성

① 다량에 노출 시 눈, 피부, 점막, 호흡기 등에 심각한 자극 및 화상이 발생한다.
② **섭취** : 소화기 계통에 심각한 영구 손상을 입힌다.

(4) 용도

① 염료 및 염료 중간체의 제조, 접착제, 도료 등의 원료로 사용한다.
② 의약품, 농약, 가스제를 제조하는 원료로 사용한다.
③ 화학 무기로 사용할 수 있다.

단원 예상문제

1. 일산화탄소와 염소가 반응하였을 때 주로 생성되는 것은? [15]
   ① 포스겐   ② 카르보닐
   ③ 포스핀   ④ 사염화탄소

   [해설] 포스겐($COCl_2$) 제조법 : 일산화탄소와 염소를 반응시켜 제조
   ㉮ 반응식 : $CO + Cl_2 \rightarrow COCl_2$(포스겐)
   ㉯ 촉매 : 활성탄

2. 포스겐의 취급 사항에 대한 설명 중 틀린 것은? [07, 10]
   ① 포스겐을 함유한 폐기액은 산성 물질로 충분히 처리한 후 처분할 것
   ② 취급 시에는 반드시 방독마스크를 착용할 것
   ③ 환기 시설을 갖출 것
   ④ 누설 시 용기 부식의 원인이 되므로 약간의 누설에도 주의할 것

   [해설] 포스겐($COCl_2$)은 산성이므로 알칼리성 물질을 이용한다.

[정답] 1. ①   2. ①

13 산화에틸렌(C_2H_4O)

(1) 특징

① 물리적 성질
   ㉮ 무색의 가연성 가스(폭발범위 3.0~80 v%)이다.
   ㉯ 독성 가스(TLV-TWA 50 ppm)이며, 자극성의 냄새가 있다.
   ㉰ 물, 알코올, 에테르에 용해된다.

② 화학적 성질
   ㉮ 산, 알칼리, 산화철, 산화 알루미늄 등에 의해 중합 폭발한다.
   ㉯ 액체 산화에틸렌은 연소하기 쉬우나 폭약과 같은 폭발은 없다.
   ㉰ 산화에틸렌 증기는 전기 스파크, 화염, 아세틸드 등에 의하여 폭발한다.
   ㉱ 구리와 직접 접촉을 피하여야 한다.

(2) 제조법

① 에틸렌클로로히드린을 경유하는 방법

② 에틸렌을 직접 산화하는 공업적 제조법 : 현재 공업적 제조법으로 이용한다.

(3) 충전 시 주의 사항
① **저장 탱크** : 질소, 탄산가스로 치환, 5℃ 이하 유지
② **충전** : 산, 알칼리를 함유하지 않는 상태로 충전
③ **저장 탱크 및 충전 용기** : 45℃에서 압력이 0.4 MPa 이상 되도록 질소, 탄산가스 충전

(4) 용도
① 글리콜류, 에탄올아민 등 각종 화학 공업 합성 원료로 사용한다.
② 합성수지, 표면 활성제, 합성 섬유 등에 사용한다.

✔ 단원 예상문제

1. 산화철이나 산화 알루미늄에 의해 중합 반응을 생성하는 가스는? [04]
① 산화에틸렌　　　　② 시안화수소
③ 에틸렌　　　　　　④ 아세틸렌

[해설] 산화에틸렌은 산, 알칼리, 산화철, 산화 알루미늄 등에 의해 중합 반응을 하며 이 반응에 의하여 폭발하는 것을 중합 폭발이라 한다.

2. 산화에틸렌의 성질에 대한 설명 중 틀린 것은? [07]
① 무색의 유독한 기체이다.
② 알코올과 반응하여 글리콜에테르를 생성한다.
③ 암모니아와 반응하여 에탄올아민을 생성한다.
④ 물, 아세톤, 사염화탄소 등에 불용이다.

[해설] 물, 에테르, 알코올, 아세톤, 사염화탄소에 용해된다.

3. 산화에틸렌 충전 용기에는 질소 또는 탄산가스를 충전하는데 그 내부 압력으로 옳은 것은? [05, 08]
① 상온에서 0.2 MPa 이상　　② 35℃에서 0.2 MPa 이상
③ 40℃에서 0.4 MPa 이상　　④ 45℃에서 0.4 MPa 이상

[해설] 산화에틸렌의 저장 탱크 및 충전 용기는 45℃에서 내부 가스의 압력이 0.4 MPa 이상이 되도록 질소 가스, 탄산가스를 충전할 것

정답　1. ①　2. ④　3. ④

14 황화수소(H_2S)

(1) 특징

① 물리적 성질
㈎ 화산 분출 시 발생하는 가스이며 유황 온천에서 물에 녹아 용출한다.
㈏ 무색이며 계란 썩는 특유의 냄새가 난다.
㈐ 독성 가스(TLV-TWA 10 ppm)이며 가연성 가스(폭발범위 4.3~45 v%)이다.
㈑ 액화 가스로 취급된다.

② 화학적 성질
㈎ 공기 중에서 파란 불꽃을 발생하며 연소하고 불완전 연소 시에는 황을 유리시킨다.
㈏ 건조한 상태에서는 부식성이 없으나 수분을 함유하면 금속을 심하게 부식시킨다.
㈐ 가열 시 격렬한 연소 또는 폭발을 일으키며, 알칼리 금속 및 일부 플라스틱과 반응한다.

(2) 제조법

① 황화철에 묽은 황산이나 묽은 염산을 가해 제조한다.
② 합성 가스 제조 시 정제 공정 중의 탈황 장치에서 회수한다.

(3) 용도

① 금속 분석용이나 형광 물질의 원료 등에 사용한다.
② 의약품이나 공업 약품의 제조 원료로 사용한다.

단원 예상문제

1. 동이나 동합금이 함유된 장치를 사용하였을 때 폭발의 위험성이 가장 큰 가스는? [08]
① 황화수소　　　　　　　　② 수소
③ 산소　　　　　　　　　　④ 아르곤

[해설] 황화수소(H_2S)에 동 및 동합금을 사용하면 부식으로 가스가 누설될 위험이 있고 황화수소는 가연성 가스(폭발 범위 : 4.3~45 %)이므로 누설 시 폭발 위험이 있다.

정답　1. ①

2. 황화수소에 관한 설명으로 옳지 않은 것은? [04, 08]
① 건조된 상태에서 수은, 동과 같은 금속과 반응한다.
② 고압에서는 스테인리스강을 사용한다.
③ 독성이 강하고 고농도 가스를 다량으로 흡입할 경우 즉사한다.
④ 농질산, 발연 질산 등의 산화제와는 심하게 반응한다.

[해설] 건조된 상태에서의 황화수소는 수은, 은, 동과 같은 금속과 반응하지 않고, 수분이 존재할 때 반응한다.

3. 황화수소의 성질이 아닌 것은? [06]
① 유황천에서 물에 녹아 용출한다.
② 알칼리와 반응하여 염을 만든다.
③ 무색이며, 계란 썩은 냄새가 난다.
④ 산소 중에서 노란 불꽃을 내며 연소하여 육불화황을 만든다.

[해설] 산소 중에서 파란 불꽃(淸炎)을 내며 연소하고 이산화유황을 생성한다.
 ※ 반응식 : $2H_2S + 3O_2 \rightarrow 2H_2O + 2SO_2$

4. 황화수소의 주된 용도는? [15]
① 도료
② 냉매
③ 형광 물질 원료
④ 합성 고무

[해설] 황화수소(H_2S)의 용도
 ㉮ 금속 분석용이나 형광 물질의 원료 등에 사용
 ㉯ 의약품이나 공업 약품의 제조 원료로 사용

5. 수분이 존재하면 일반강재를 부식시키는 가스는? [03, 09, 10, 13, 16]
① 일산화탄소
② 수소
③ 황화수소
④ 질소

[해설] 수분 존재 시 강재를 부식시키는 가스 : 염소(Cl_2), 황화수소(H_2S), 이산화탄소(CO_2), 포스겐($COCl_2$)

[정답] 2. ① 3. ④ 4. ③ 5. ③

15 기타 가스

(1) 이황화탄소(CS_2)
① 가연성 가스(폭발 범위 : 1.25~44 v%), 독성 가스(허용 농도 : TLV-TWA 20 ppm)이며 액화 가스이다.

② 인화점(-30℃)과 발화점(100℃)이 낮아 전구 표면이나 증기 배관에 접촉하여도 발화할 수 있다.
③ 비전도성이므로 정전기에 의한 인화 폭발의 위험이 있다.
④ 비교적 불안정하여 상온에서 빛에 의해 서서히 분해된다.
⑤ 순수한 것은 금속 재료를 부식시켜서 점차 분해하여 유황 화합물이 생성되고 이것이 2차적으로 부식성이 발생하고 온도의 상승과 함께 부식성이 증가한다.

(2) 이산화황(SO_2)

① 아황산가스라 불리며, 강한 자극성(허용 농도 : TLV-TWA 5 ppm, LC_{50} 2520 ppm)의 무색의 기체이다.
② 불연성 가스로 2000℃로 가열해도 분해하지 않는 안정된 가스이다.
③ 물에 용해되며(20℃에서 36배) 산성을 나타낸다.
④ 황산(H_2SO_4)의 제조용에 사용되며 제당, 펄프 공업에서 표백제로 사용된다.

(3) 염화 메틸(CH_3Cl)

① 상온, 고압에서 무색의 기체이며 에테르 냄새와 단맛이 있다.
② 냉동기 냉매로 사용되었으나 현재는 사용량이 감소하였다.
③ 건조된 염화 메틸은 알카리, 알카리토금속, 마그네슘, 아연, 알루미늄 이외의 금속과는 반응하지 않는다.
④ 가연성 가스(폭발 범위 : 8.1~17.4 v%), 독성 가스(허용 농도 : TLV-TWA 50 ppm)이다.

(4) 브롬화 메틸(CH_3Br)

① 무색, 무취의 가스이다.
② 독성 가스(허용 농도 : TLV-TWA 20 ppm, LC50 850 ppm)이며, 액화 가스로 취급된다.
③ 건조된 순수한 브롬화 메틸은 알루미늄 이외의 금속과 반응하지 않으나 알코올, 물이 존재하면 아연, 주석, 철에서는 표면 반응이 발생한다.
④ 폭발 범위가(10~16 v%)좁아 공기 중에서 잘 연소하지 않으므로 화염의 위험은 적은 편이다.

단원 예상문제

1. 인화 온도가 약 −30℃이고 발화 온도가 매우 낮아 전구 표면이나 증기 파이프 등의 열에 의해 발화할 수 있는 가스는? [04, 07, 15]
① CS_2
② C_2H_2
③ C_2H_4
④ C_3H_8

해설 이황화탄소(CS_2) : 인화점(−30℃)과 발화점(100℃)이 낮아 전구 표면이나 증기 배관에 접촉하여도 발화할 수 있다.

2. 독성 가스 검지 방법 중 암모니아수로 검지하는 가스는? [03]
① SO_2
② HCN
③ NH_3
④ CO

해설 암모니아와 접촉 시 백연(白煙) 발생 : 아황산가스(SO_2), 염소(Cl_2), 염화수소(HCl)

3. 염화 메탄의 특징에 대한 설명으로 틀린 것은? [09]
① 무취이다.
② 공기보다 무겁다.
③ 수분 존재 시 금속과 반응한다.
④ 유독한 가스이다.

해설 염화 메탄(CH_3Cl)은 상온에서 무색의 기체로 에테르 냄새가 난다.

4. 다음의 성질을 갖는 기체는? [04, 09]

> ㉠ 2중 결합을 가지므로 각종 부가 반응을 일으킨다.
> ㉡ 무색, 독특한 감미로운 냄새를 지닌 기체이다.
> ㉢ 물에는 거의 용해되지 않으나 알코올, 에테르에는 잘 용해된다.
> ㉣ 아세트알데히드, 산화에틸렌, 에탄올, 이산화에틸렌 등을 얻는다.

① 아세틸렌
② 프로판
③ 에틸렌
④ 프로필렌

5. 에틸렌(C_2H_4)이 수소와 반응할 때 일으키는 반응은? [06, 08, 15]
① 환원 반응
② 분해 반응
③ 제거 반응
④ 첨가 반응

해설 에틸렌은 2중 결합을 가지므로 각종 부가 반응(첨가 반응)을 일으킨다.

6. 염화수소(HCl)의 용도가 아닌 것은? [12]
① 강판이나 강재의 녹 제거
② 필름 제조
③ 조미료 제조
④ 향료, 염료, 의약 등의 중간물 제조

정답 1. ① 2. ① 3. ① 4. ③ 5. ④ 6. ②

[해설] 염화수소의 용도
  ㉮ 강판이나 강재의 녹 제거
  ㉯ 조미료 제조
  ㉰ 향료, 염료, 의약 등의 중간물 제조
  ㉱ 기타 공업 약품의 제조

7. 프레온가스의 원소 성분이 아닌 것은? [04]
① 탄소   ② 염소   ③ 불소   ④ 산소

[해설] 프레온 성분 원소 : 불소(F), 염소(Cl), 탄소(C), 수소(H) 등의 혼합물이다.

8. 프레온(Freon)의 성질에 대한 설명으로 틀린 것은? [16]
① 불연성이다.
② 무색, 무취이다.
③ 증발 잠열이 적다.
④ 가압에 의해 액화되기 쉽다.

[해설] 프레온은 증발 잠열이 커서 냉동기 냉매로 사용된다.

9. 다음 중 유리병에 보관해서는 안 되는 가스는? [16]
① O_2
② Cl_2
③ HF
④ Xe

[해설] 불화 수소(HF)의 특징
  ㉮ 플루오린과 수소의 화합물로 분자량은 20.01이다.
  ㉯ 무색의 자극적인 냄새가 난다.
  ㉰ 불연성 물질로 연소되지 않지만 열에 의해 분해되어 부식성 및 독성 증기(TLV-TWA 0.5 ppm)를 생성할 수 있다.
  ㉱ 강산으로 염기류와 격렬히 반응한다.
  ㉲ 무수물이 수용액보다 더 강산의 성질을 갖는다.
  ㉳ 금속과 접촉 시 인화성 수소가 생성될 수 있다.
  ㉴ 흡입 시 기침, 현기증, 두통, 메스꺼움, 호흡곤란을 일으킬 수 있다.
  ㉵ 피부에 접촉 시 화학적 화상, 액체 접촉 시 동상을 일으킬 수 있다.
  ㉶ 유리와 반응하기 때문에 유리병에 보관해서는 안 된다.

10. 폭발 등의 사고 발생 원인을 기술한 것 중 틀린 것은? [03, 06, 08]
① 산소의 고압 배관 밸브를 급격히 열면 배관 내의 철, 녹 등이 급격히 움직여 발화의 원인이 된다.
② 염소와 암모니아를 접촉할 때 염소 과잉의 경우는 대단히 강한 폭발성 물질인 NCl_3를 생성하여 사고 발생의 원인이 된다.

[정답] 7. ④ 8. ③ 9. ③ 10. ③

③ 아르곤은 수은과 접촉하면 위험한 성질인 아르곤-수은을 생성하여 사고 발생의 원인이 된다.
④ 아세틸렌은 동(Cu) 금속과 반응하여 금속 아세틸드를 생성하여 사고 발생의 원인이 된다.

[해설] 아르곤은 불활성 기체로 다른 원소와 반응하지 않는다.

11. 다음 각 가스의 성질에 대한 설명으로 옳은 것은? [08]
① 산화에틸렌은 분해 폭발성이 있다.
② 포스겐의 비점은 -128℃로서 매우 낮다.
③ 염소는 가연성 가스로서 물에 매우 잘 녹는다.
④ 일산화탄소는 가연성이며 액화하기 쉬운 가스이다.

[해설] 각 항목의 옳은 설명
① 포스겐($COCl_2$)의 비점 : 8.2℃
② 염소(Cl_2) : 조연성 가스, 독성 가스(1 ppm)이고, 20℃ 물 100 cc에 230 cc 용해한다.
③ 일산화탄소(CO) : 비점이 -192℃로 매우 낮아 압축가스로 취급한다.
※ 산화에틸렌(C_2H_4O)의 폭발성 : 산화 폭발, 분해 폭발, 중합 폭발의 위험성이 있다.

12. 공기 중으로 누출 시 냄새로 쉽게 알 수 있는 가스로만 나열된 것은? [15]
① Cl_2, NH_3
② CO, Ar
③ C_2H_2, CO
④ O_2, Cl_2

[해설] 각 가스의 냄새
㉮ 염소(Cl), 암모니아(NH_3) : 자극성의 냄새
㉯ 아세틸렌(C_2H_2) : 순수한 것은 에테르와 향기가 같지만, 불순물로 인한 특유의 냄새가 있음
㉰ 일산화탄소(CO), 아르곤(Ar), 산소(O_2) : 무취

13. 가스와 그 용도를 짝지은 것 중 틀린 것은? [06]
① 프레온 - 냉장고의 냉매
② 이산화황 - 환원성 표백제
③ 시안화수소 - 아크릴로 니트릴 제조
④ 에틸렌 - 메탄올 합성 원료

[해설] 에틸렌(C_2H_4)의 용도
㉮ 합성수지, 합성 섬유, 합성 고무 제조용
㉯ 폴리에틸렌 제조
㉰ 아세트알데히드, 산화에틸렌, 에탄올 제조
※ 메탄올(CH_3OH)의 합성 원료는 일산화탄소(CO)와 수소(H_2)이다.

[정답] 11. ① 12. ① 13. ④

Craftsman Gas

제3장 | LP 가스 및 도시가스

3-1 LPG의 일반 사항

1 LP 가스의 기초사항

(1) LP 가스의 정의
Liquefaction Petroleum Gas의 약자이다.

(2) 탄화수소의 분류
① 파라핀계(포화) 탄화수소
  (개) 일반식 : C_nH_{2n+2}
  (내) 주성분 : 메탄(CH_4), 에탄(C_2H_6), 프로판(C_3H_8), 부탄(C_4H_{10})
  (대) 특징 : 화학적으로 안정되어 연료에 주로 사용된다.

② 올레핀계(불포화) 탄화수소
  (개) 일반식 : C_nH_{2n}
  (내) 주성분 : 에틸렌(C_2H_4), 프로필렌(C_3H_6), 부틸렌(C_4H_8)
  (대) 특징 : 화학적으로 불안정한 결합 상태로 주로 석유 화학 제품의 원료로 사용한다.

③ 나프텐계 탄화수소 : 시클로헥산(C_6H_{12})
④ 방향족 탄화수소 : 벤젠(C_6H_6)

(3) LP 가스의 조성
석유계 저급 탄화수소의 혼합물로 탄소 수가 3개에서 5개 이하의 것으로 프로판(C_3H_8), 부탄(C_4H_{10}), 프로필렌(C_3H_6), 부틸렌(C_4H_8), 부타디엔(C_4H_6) 등이 포함되어 있다.

(4) 제조법
① 습성 천연가스 및 원유에서 회수
  (개) 압축 냉각법 : 농후한 가스에 적용
  (내) 흡수유에 의한 흡수법

㈐ 활성탄에 의한 흡착법 : 희박한 가스에 적용
② 제유소 가스에서 회수 : 원유 정제 공정에서 발생하는 가스에서 회수
③ 나프타 분해 생성물에서 회수 : 나프타를 이용하여 에틸렌 제조 시 회수
④ 나프타의 수소화 분해 : 나프타를 이용하여 LPG 생산이 주목적

단원 예상문제

1. 액화석유가스의 주성분에 해당하지 않는 것은? [04, 08, 13]
① 부탄　　　② 헵탄　　　③ 프로판　　　④ 프로필렌

[해설] 액화석유가스의 조성 : 탄소 수가 3개에서 5개 이하인 프로판(C_3H_8), 부탄(C_4H_{10}), 프로필렌(C_3H_6), 부틸렌(C_4H_8), 부타디엔(C_4H_6) 등이다.
※ 헵탄(C_7H_{16})은 탄소 수가 7개로 LPG 성분에는 포함되지 않는다.

2. 부탄가스의 주된 용도가 아닌 것은? [15]
① 산화에틸렌 제조　② 자동차 연료　③ 라이터 연료　④ 에어졸 제조

[해설] 부탄(C_4H_{10})은 파라핀계 탄화수소로 연료용으로 주로 사용된다.

3. LPG에 대한 설명 중 옳지 않은 것은? [07]
① 액화석유가스의 약자이다.
② 고급 탄화수소의 혼합물이다.
③ 탄소 수 3 및 4의 탄화수소 또는 이를 주성분으로 하는 혼합물이다.
④ 무색, 투명하고 물에 난용이다.

[해설] LPG는 저급 탄화수소의 혼합물이다.

4. LP 가스의 제법으로 가장 거리가 먼 것은?
① 원유를 정제하여 부산물로 생산
② 석유 정제 공정에서 부산물로 생산
③ 석탄을 건류하여 부산물로 생산
④ 나프타 분해 공정에서 부산물로 생산

[해설] LP 가스 제조법
㉮ 습성 천연가스 및 원유에서 생산 : 압축 냉각법, 흡수법, 흡착법
㉯ 원유를 정제하는 과정에서 부산물로 생산
㉰ 나프타 분해 공정에서 부산물로 생산
㉱ 나프타 분해 공정에서 부산물로 생산

정답 1. ②　2. ①　3. ②　4. ③

5. 습성 천연가스 및 원유로부터 LP 가스 제조법이 아닌 것은? [02, 06]
① 단열 팽창 액화법　　　② 압축 냉각법
③ 흡수법　　　　　　　　④ 활성탄에 의한 흡착법
해설 습성 천연가스 및 원유에서 LPG 제조법 : 압축 냉각법, 흡수법, 활성탄에 의한 흡착법

정답　5. ①

2 LP 가스의 일반 특징

① LP 가스는 공기보다 무겁다.　② 액상의 LP 가스는 물보다 가볍다.
③ 액화, 기화가 쉽다.　　　　　④ 기화하면 체적이 커진다.
⑤ 기화열(증발 잠열)이 크다.　⑥ 무색, 무취, 무미하다.
⑦ 용해성이 있다.　　　　　　　⑧ 정전기 발생이 쉽다.

단원 예상문제

1. LP 가스의 특성을 잘못 설명한 것은? [02, 06]
① 상온, 상압에서 기체 상태이다.
② 증기 비중은 공기의 1.5~2.0배이다.
③ 액체는 물보다 무겁다.
④ 액체는 무색, 투명하며 물에 잘 녹지 않는다.
해설 기체는 공기보다 무겁고, 액체는 물보다 가볍다.

2. 다음 내용 중 옳은 것은? [04]
① 액상의 LP 가스가 기화하면 약 500배 정도로 부피가 커진다.
② LP 가스 용기 내의 증기압은 주위의 온도와 관계없이 일정하다.
③ LP 가스는 증발 잠열이 커서 대량 사용 시 용기 외벽에 서리가 생길 수 있다.
④ LP 가스는 연소 속도가 메탄, 수소 등의 타 연료에 비해 크므로 위험하다.
해설 각 항목의 옳은 설명
　① LP 가스가 기화하면 프로판의 경우는 250배, 부탄의 경우 230배로 체적이 커진다.
　② 용기 내의 증기압은 주위 온도에 영향을 받는다.
　④ 연소 속도가 타 연료에 비하여 늦다.

정답　1. ③　2. ③

3. LPG의 성질에 대한 설명 중 틀린 것은? [06]
① 상온, 상압에서는 기체이지만 상온에서도 비교적 낮은 압력으로 액화가 가능하다.
② 프로판의 임계 온도는 32.3℃이다.
③ 동일 온도하에서 프로판은 부탄보다 증기압이 높다.
④ 순수한 것은 색깔이 없고 냄새도 없다.
[해설] 프로판(C_3H_8)의 임계 압력은 42 atm, 임계 온도는 96.8℃이다.

4. LP 가스 수송관의 이음 부분에 사용할 수 있는 패킹 재료로 적합한 것은? [13]
① 종이
② 천연고무
③ 구리
④ 실리콘 고무
[해설] LP 가스는 천연고무를 용해하는 성질이 있으므로 실리콘 고무(합성 고무)를 패킹 재료로 사용하여야 한다.

정답 3. ② 4. ④

3 LP 가스의 연소 특징

① 타 연료와 비교하여 발열량이 크다.
② 연소 시 공기량이 많이 필요하다.
③ 폭발 범위(연소 범위)가 좁다.
④ 연소 속도가 느리다.
⑤ 발화 온도가 높다.

참고
1. 탄화수소에서 탄소(C) 수가 증가할수록 나타나는 현상
   ① 증가하는 것 : 비등점, 융점, 비중, 발열량
   ② 감소하는 것 : 증기압, 발화점, 폭발 하한값, 폭발 범위값, 증발 잠열, 연소 속도
2. 탄화수소(C_mH_n)의 완전 연소 반응식
$$C_mH_n + \left(m + \frac{n}{4}\right)O_2 \rightarrow mCO_2 + \left(\frac{n}{2}\right)H_2O$$

단원 예상문제

1. LPG의 연소 특성으로 거리가 먼 것은? [03]
① 증발 잠열이 크다.
② 연소 시 다량의 공기가 필요하다.
③ LP 가스가 완전 연소하면 물과 일산화탄소가 생성된다.
④ 착화 온도가 높다.

[해설] ㉮ 프로판(C_3H_8)의 완전 연소 반응식
$C_3H_8 + 5O_2 \rightarrow 3CO_2 + 4H_2O$
㉯ LPG가 완전 연소하면 이산화탄소(CO_2)와 물(H_2O)이 생성된다.

2. 프로판의 착화 온도는 약 몇 ℃ 정도인가? [11]
① 460℃~520℃ ② 550℃~590℃ ③ 600℃~660℃ ④ 680℃~740℃

[해설] 착화 온도(발화점, 발화 온도, 착화점) : 점화원 없이 스스로 연소를 개시하는 최저 온도
㉮ 프로판(C_3H_8) : 460~520℃
㉯ 부탄(C_4H_{10}) : 430~510℃
㉰ 메탄(CH_4) : 615~682℃

3. 다음은 탄화수소(C_mH_n)의 완전 연소식이다. ( ) 안에 알맞은 것은? [08]

$$C_mH_n + \left(m + \frac{n}{4}\right)O_2 \rightarrow mCO_2 + (\ )H_2O$$

① n ② $\frac{n}{2}$ ③ m ④ $\frac{m}{2}$

4. 프로판의 완전 연소 반응식으로 옳은 것은? [07, 14]
① $C_3H_8 + 4O_2 \rightarrow 3CO_2 + 2H_2O$
② $C_3H_8 + 5O_2 \rightarrow 3CO_2 + 4H_2O$
③ $C_3H_8 + 2O_2 \rightarrow 3CO_2 + H_2O$
④ $C_3H_8 + O_2 \rightarrow CO_2 + H_2O$

[해설] ㉮ 탄화수소(C_mH_n)의 완전 연소 반응식
$C_mH_n + \left(m + \frac{n}{4}\right)O_2 \rightarrow mCO_2 + \frac{n}{2}H_2O$
㉯ 프로판(C_3H_8)의 완전 연소 반응식
$C_3H_8 + 5O_2 \rightarrow 3CO_2 + 4H_2O$

5. 프로판을 사용하고 있던 버너에 부탄을 사용하려고 한다. 프로판의 경우보다 약 몇 배의 공기가 필요한가? [14]
① 1.2배 ② 1.3배 ③ 1.5배 ④ 2.0배

[정답] 1. ③ 2. ① 3. ② 4. ② 5. ②

[해설] 프로판(C_3H_8)과 부탄(C_4H_{10})의 완전 연소 반응식 비교
㉮ $C_3H_8 + 5O_2 \rightarrow 3CO_2 + 4H_2O$
㉯ $C_4H_{10} + 6.5O_2 \rightarrow 4CO_2 + 5H_2O$
∴ 이론 공기량 비 $= \dfrac{C_4H_{10} 공기량}{C_3H_8 공기량} = \dfrac{6.5}{5} = 1.3$ 배
※ 부탄(C_4H_{10})이 프로판(C_3H_8)보다 1.3배 많은 공기가 소요된다.

6. 비중이 0.58인 액화 부탄가스 1 L를 표준 상태에서 기화시키면 약 몇 L가 되는가? [06]
① 58　　　② 116　　　③ 224　　　④ 448

[해설] 부탄(C_4H_{10})의 액 비중이 0.58이므로, 액화 부탄 1 L은 0.58 kg(580 g)에 해당된다.
$58 \text{ g} : 22.4 \text{ L} = 580 \text{ g} : x \text{ L}$　　∴ $x = \dfrac{580 \times 22.4}{58} = 224 \text{ L}$

7. 프로판 용기에 50 kg의 가스가 충전되어 있다. 이때 액상의 LP 가스는 몇 L의 체적을 갖는가? (단, 프로판의 액 비중량은 0.5 kg/L이다.) [07, 11]
① 2
② 50
③ 100
④ 150

[해설] 액화 가스 체적 $= \dfrac{액화 가스양(kg)}{액 비중} = \dfrac{50}{0.5} = 100 \text{ L}$

8. LPG 1 L가 기화해서 약 250 L의 가스가 된다면 10 kg의 액화 LPG가 기화하면 가스 체적은 얼마나 되는가? (단, 액화 LPG의 비중은 0.5이다.) [14]
① 1.25 m³
② 5.0 m³
③ 10.0 m³
④ 25 m³

[해설] ㉮ LPG 10 kg의 체적 계산　∴ 체적 $= \dfrac{액체 무게}{액 비중} = \dfrac{10}{0.5} = 20 \text{ L}$
㉯ 기화한 가스 체적 계산 : 액체 1 L가 기화하여 기체 250 L가 되는 것이다.
∴ 기체 체적 $= \dfrac{20 \times 250}{1000} = 5.0 \text{ m}^3$

9. 탄화수소에서 탄소 수가 증가할수록 높아지는 것은? [03, 05, 08, 09]
① 증기압
② 발화점
③ 비등점
④ 폭발 하한계

[해설] 탄화수소에서 탄소(C) 수가 증가할 때
㉮ 증가 : 비등점, 융점, 비중, 발열량(연소열)
㉯ 감소 : 증기압, 발화점, 폭발 하한값(폭발 범위값), 증발 잠열, 연소 속도

정답 6. ③　7. ③　8. ②　9. ③

10. 공기 중에서 폭발 하한이 가장 낮은 탄화수소는? [08]

① CH_4　　　② C_4H_{10}　　　③ C_3H_8　　　④ C_2H_6

[해설] 각 가스의 공기 중에서의 폭발 범위값

명 칭	폭발 범위	명 칭	폭발 범위
메탄(CH_4)	5~15 %	프로판(C_3H_8)	2.1~9.5 %
부탄(C_4H_{10})	1.9~8.5 %	에탄(C_2H_6)	3.0~12.5 %

11. 다음 중 탄소와 수소의 중량비(C/H)가 가장 큰 것은? [09]

① 에탄　　　　　　　　② 프로필렌
③ 프로판　　　　　　　④ 메탄

[해설] 각 가스의 분자량 및 중량비(C/H) : 원자량은 탄소(C) 12, 수소(H) 1이다.

㉮ 에탄(C_2H_6)

$$\therefore \frac{C}{H} = \frac{12 \times 2}{1 \times 6} = 4$$

㉯ 프로필렌(C_3H_6)

$$\therefore \frac{C}{H} = \frac{12 \times 3}{1 \times 6} = 6$$

㉰ 프로판(C_3H_8)

$$\therefore \frac{C}{H} = \frac{12 \times 3}{1 \times 8} = 4.5$$

㉱ 메탄(CH_4)

$$\therefore \frac{C}{H} = \frac{12 \times 1}{1 \times 4} = 3$$

[정답] 10. ②　11. ②

4 도시가스와 비교 시 특징

(1) 장점

① 입지적 제한이 없고 공급 가스압을 자유로이 설정할 수 있다.
② 열용량이 크므로 작은 배관 지름으로도 공급에 무리가 없다.
③ 발열량이 높기 때문에 단시간에 온도를 높일 수 있다.
④ 충전 용기에 의한 자가 공급이므로 피크 시간(peak time)이나 한가한 때의 제약을 받지 않는다.
⑤ 가스의 조성이 일정하고 소규모 또는 일시적으로 사용할 때는 경제적이다.

(2) 단점

① 저장 탱크 또는 용기의 집합 장치가 필요하다.
② 공급을 중단시키지 않기 위하여 예비 용기 확보가 필요하다.
③ 연소용 공기가 다량으로 필요하다.
④ 부탄의 경우 재액화 방지를 고려해야 한다.

단원 예상문제

1. 도시가스와 비교한 LP 가스의 특성이 아닌 것은? [07]
① 발열량이 높기 때문에 단시간에 온도를 높일 수 있다.
② 열용량이 크므로 작은 배관 지름으로도 공급에 무리가 없다.
③ 자가 공급이므로 peak time이나 한가한 때는 일정한 공급을 할 수 없다.
④ 가스의 조성이 일정하고 소규모 또는 일시적으로 사용할 때는 경제적이다.

[해설] 충전 용기에 의한 자가 공급이므로 피크 시간(peak time)이나 한가한 때의 제약을 받지 않는다.

2. LP 가스를 자동차 연료로 사용할 때의 장점이 아닌 것은? [13]
① 배기가스의 독성이 가솔린보다 적다.
② 완전 연소로 발열량이 높고 청결하다.
③ 옥탄가가 높아서 녹킹 현상이 없다.
④ 균일하게 연소되므로 엔진 수명이 연장된다.

[해설] LP 가스를 자동차용 연료로 사용할 때의 특징
㉮ 배기가스에는 독성이 적다.
㉯ 완전 연소가 되기 때문에 열효율이 높다.
㉰ 황 성분이 적어 기관의 부식 및 마모가 적다.
㉱ 균일하게 연소되므로 엔진의 수명이 연장된다.
㉲ 용기의 무게와 설치 장소가 필요하다.
㉳ 시동 시 급가속은 곤란하다.
㉴ 누설 시 가스가 차내에 들어오지 않도록 차실 간을 밀폐시켜야 한다.

3. 20℃의 물 50 kg을 90℃로 올리기 위해 LPG를 사용하였다면, 이때 필요한 LPG양은 몇 kg인가? (단, LPG 발열량은 10000 kcal/kg이고, 열효율은 50 %이다.) [02, 16]
① 0.5 ② 0.6 ③ 0.7 ④ 0.8

[해설] $G_f = \dfrac{G \cdot C \cdot \Delta t}{H_l \cdot \eta} = \dfrac{50 \times 1 \times (90-20)}{10000 \times 0.5} = 0.7 \text{ kg}$

정답 1. ③ 2. ③ 3. ③

4. 0℃ 얼음 30 kg을 100℃ 물로 만들 때 필요한 프로판 질량은 몇 g인가? (단, 프로판의 발열량은 12000 kcal/kg이다.) [06]

① 300 ② 350 ③ 400 ④ 450

[해설] ㉮ 0℃ 얼음 → 0℃ 물 : 잠열

∴ $Q_1 = G \cdot \gamma = 30 \times 80 = 2400$ kcal

㉯ 0℃ 물 → 100℃ 물 : 현열

∴ $Q_2 = G \cdot C \cdot \Delta t = 30 \times 1 \times 100 = 3000$ kcal

㉰ 연료 소비량 계산

∴ $G_f = \dfrac{Q_1 + Q_2}{H_l} = \dfrac{2400 + 3000}{12000} \times 1000 = 450$ g

정답 **4.** ④

3-2 도시가스의 일반 사항

1 도시가스의 원료

(1) 천연가스(NG : Natural Gas)

지하에서 발생하는 탄화수소를 주성분으로 하는 가연성 가스의 총칭이다.

① 성분 상태

㉮ 메탄(CH_4), 에탄(C_2H_6), 프로판(C_3H_8), 부탄(C_4H_{10}) 등의 저급 탄화수소가 주성분이나 질소(N_2), 탄산가스(CO_2), 황화수소(H_2S)를 포함하고 있다.

㉯ 유전 가스에서 생산되는 천연가스에는 수분(H_2O)을 포함하고 있다.

㉰ 황화수소(H_2S)는 연소에 의해 유독한 아황산가스(SO_2)를 생성하기 때문에 탈황 시설에서 제거하여야 한다.

㉱ 탄산가스는 수분 존재 시에 배관을 부식시키므로 탈황 공정에서 동시에 제거한다.

㉲ 천연가스를 고압으로 수송하는 경우 수분(H_2O)이 응축하여 수송 장애를 발생하므로 제거하여야 한다.

② 특징

㉮ 도시가스 원료 : C/H 비가 3이므로 그대로 도시가스로 공급할 수 있고 일반적으로 가스 제조 장치는 필요 없다. 천연가스 발열량보다 낮은 저발열량의 도시가스로 공급하는 경우 공기와 혼합 또는 개질 장치에 의해 발열량을 조정하여

공급하여야 한다.
   (내) 정제 : 제진, 탈유, 탈탄산, 탈황, 탈습 등 전처리 공정에 해당하는 정제 설비가 필요하다.
   (다) 공해 : 사전에 불순물이 제거된 상태이기 때문에 대기 오염, 수질 오염 등 환경 문제의 영향이 적다.
   (라) 저장 : 천연가스는 상온에서 기체이므로 가스 홀더 등에 저장하여야 한다.

③ 도시가스로 공급하는 방법
   (가) 천연가스를 그대로 공급한다 (9000~9500 kcal/Nm^3).
   (내) 천연가스를 공기로 희석해서 공급한다 (4500~6000 kcal/Nm^3).
   (다) 종래의 도시가스에 혼합하여 공급한다.
   (라) 종래의 도시가스와 유사 성질의 가스로 개질하여 공급한다.

(2) 액화 천연가스(LNG : Liquefaction Natural Gas)
지하에서 생산된 천연가스를 −161.5℃까지 냉각, 액화한 것이다.

① 성분 상태
   (가) 액화 전에 황화수소(H_2S), 탄산가스(CO_2), 중질 탄화수소 등이 정제 제거되었기 때문에 LNG에는 불순물을 전혀 포함하지 않는 청정 가스이다.
   (내) 천연가스의 주성분인 메탄(CH_4)은 액화하면 체적이 약 1/600로 줄어든다.
   (다) 액화된 천연가스는 선박을 이용하여 대량으로 수송할 수 있다.

② 도시가스 원료로서 특징
   (가) 불순물이 제거된 청정연료로 환경 문제가 없다.
   (내) LNG 수입 기지에 저온 저장 설비 및 기화 장치가 필요하다.
   (다) 불순물을 제거하기 위한 정제 설비는 필요하지 않다.
   (라) 초저온 액체로 설비 재료의 선택과 취급에 주의를 요한다.
   (마) 냉열 이용이 가능하다.

(3) 정유 가스(off gas)
석유 정제 또는 석유 화학 계열 공장에서 부산물로 생산되는 가스로 수소(H_2)와 메탄(CH_4)이 주성분이다.

① **석유 정제 업가스** : 상압 증류, 감압 증류 및 가솔린 생산을 위한 접촉개질 공정 등에서 발생하는 가스이다.
② **석유 화학 업가스** : 나프타 분해에 의한 에틸렌 제조 공정에서 발생하는 가스이다.

(4) 나프타(Naphtha : 납사)

나프타란 일반적으로 시판되는 석유 제품명이 아니고, 원유를 상압에서 증류할 때 얻어지는 비점이 200℃ 이하인 유분(액체 성분)으로 경질의 것을 라이트 나프타, 중질의 것을 헤비 나프타라 부른다.

① 성분 상태(가스용 나프타의 구비 조건)
　㈎ 파라핀계 탄화수소가 많을 것
　㈏ 유황분이 적을 것
　㈐ 카본(carbon) 석출이 적을 것
　㈑ 촉매의 활성에 영향을 미치지 않는 것
　㈒ 유출온도 종점이 높지 않을 것

② 도시가스 원료로서의 특징
　㈎ 나프타는 가스화가 용이하기 때문에 높은 가스화 효율을 얻을 수 있다.
　㈏ 타르, 카본 등 부산물이 거의 생성되지 않는다.
　㈐ 가스 중에는 불순물이 적어서 정제 설비를 필요로 하지 않는 경우가 많다(단, 헤비 나프타의 경우 정제 설비가 필요할 수 있다).
　㈑ 대기 오염, 수질 오염의 환경 문제가 적다.
　㈒ 취급과 저장이 모두 용이하다.

(5) LPG(액화석유가스)

유전 지대에서 생산되는 천연 LPG와 석유 정제 시 부산물로 생산되는 석유 정제 LPG가 있으며 프로판(C_3H_8), 부탄(C_4H_{10})이 주성분이다.

① 도시가스로 공급하는 방법
　㈎ 직접 혼입 방식 : 종래의 도시가스에 기화한 LPG를 그대로 공급하는 방식이다.
　㈏ 공기 혼합 방식 : 기화된 LPG에 일정량의 공기를 혼합하여 공급하는 방식으로 발열량 조절, 재액화 방지, 누설 시 손실 감소, 연소 효율 증대 효과를 볼 수 있다.
　㈐ 변성 혼입 방식 : LPG의 성질을 변경하여 공급하는 방식이다.

② 공기 희석 시 발열량 계산

$$Q_2 = \frac{Q_1}{1+x}$$

여기서, Q_1 : 처음 상태의 발열량(kcal/m^3)
　　　　Q_2 : 공기 희석 후 발열량(kcal/m^3)
　　　　x : 희석 배수(공기량 : m^3)

단원 예상문제

1. 천연가스의 성질 중 잘못된 것은? [06]
① 독성이 없고 청결한 가스이다.
② 주성분은 메탄으로 이루어져 있다.
③ 공기보다 무거워 누설 시 바닥에 고인다.
④ 발열량은 약 9500~11000 kcal/m^3 정도이다.
[해설] 천연가스는 메탄(CH_4)이 주성분이므로 공기보다 가벼워 누설 시 상부로 확산된다.

2. 천연가스에 대한 설명 중 맞는 것은? [03, 06]
① 천연가스 채굴 시 상당량의 황 화합물이 함유되어 있어 제거해야 한다.
② 천연가스의 주성분은 에탄과 프로판이다.
③ 천연가스의 액화 공정으로는 팽창법만을 이용한다.
④ 천연가스 채굴 시 혼합되어 있는 고분자 탄화수소 혼합물은 분리하지 않는다.
[해설] 각 항목의 옳은 설명
② 천연가스의 주성분은 메탄(CH_4)이다.
③ 천연가스 액화 공정으로는 캐스케이드법(다원 냉동 사이클)이 사용된다.
④ 천연가스 채굴 시 혼합되어 있는 고분자 탄화수소 혼합물은 분리 제거한다.

3. 천연가스를 연료화하기 위한 전처리 공정 중 제거 대상 물질이 아닌 것은? [07]
① 수분   ② 파라핀계 탄화수소
③ 탄산가스   ④ 유황분
[해설] 천연가스를 연료화하기 전 제진, 탈유, 탈탄산, 탈습, 탈황 등의 전처리 공정이 필요하다.

4. 다음 중 LNG의 주성분은? [08, 12, 13, 15]
① CH_4 ② CO
③ C_2H_4 ④ C_2H_2
[해설] LNG(액화 천연가스)의 주성분은 메탄(CH_4)이고, 소량의 에탄(C_2H_6)이 포함되어 있다.

5. 도시가스의 주원료인 메탄(CH_4)의 비점은 약 얼마인가? [15]
① -50℃   ② -82℃
③ -120℃   ④ -162℃
[해설] 메탄 : 천연가스의 주성분으로 대기압 상태에서의 비점은 -161.5℃이다(일반적으로 -162℃로 통용되고 있음).

정답 1. ③ 2. ① 3. ② 4. ① 5. ④

6. LNG의 성질에 대한 설명 중 틀린 것은? [01, 16]
① LNG가 액화되면 체적이 약 1/600로 줄어든다.
② 무독, 무공해의 청정 가스로 발열량이 약 9500kcal/m³ 정도이다.
③ 메탄을 주성분으로 하며 에탄, 프로판 등이 포함되어 있다.
④ LNG는 기체 상태에서는 공기보다 가벼우나 액체 상태에서는 물보다 무겁다.

[해설] LNG는 기체 상태에서 공기보다 가볍고, 액체 상태에서는 물보다 가볍다.

7. 액화 천연가스를 도시가스 원료로 사용할 때 액화 천연가스의 특징을 옳게 설명한 것은?
① 천연가스의 C/H 비가 3이고, 기화 설비가 필요하다.
② 천연가스의 C/H 비가 4이고, 기화 설비가 필요 없다.
③ 천연가스의 C/H 비가 3이고, 가스 제조 및 정제 설비가 필요하다.
④ 천연가스의 C/H 비가 4이고, 개질 설비가 필요하다.

[해설] 액화 천연가스는 C/H 비가 3이고, 기화 설비가 필요하며 가스 제조 설비, 정제 설비, 개질 설비는 필요하지 않다.

8. BOG(Boil Off Gas)란 무슨 뜻인가? [06]
① 엘엔지(LNG) 저장 중 열 침입으로 발생한 가스
② 엘엔지(LNG) 저장 중 사용하기 위하여 기화시킨 가스
③ 정유탑 상부에 생성된 오프가스(off gas)
④ 정유탑 상부에 생성된 부생가스

[해설] BOG : 증발 가스라 하며 LNG 저장 중 자연입열에 의하여 기화된 가스이다.

9. 다음 중 정유 가스(off gas)의 주성분은? [08]
① H_2+CH_4 ② CH_4+CO ③ H_2+CO ④ $CO+C_3H_8$

[해설] 정유 가스 : 석유 정제 또는 석유 화학 계열 공장에서 부산물로 생산되는 가스로 수소(H_2)와 메탄(CH_4)이 주성분이다. 석유 정제 업가스와 석유 화학 업가스로 분류된다.

10. 나프타의 성상과 가스화에 미치는 영향 중 PONA 값의 각 의미에 대하여 잘못 나타낸 것은? [08, 16]
① P : 파라핀계 탄화수소
② O : 올레핀계 탄화수소
③ N : 나프텐계 탄화수소
④ A : 지방족 탄화수소

[해설] A : 방향족 탄화수소로 벤젠(C_6H_6)이 대표적이다.

정답 6. ④ 7. ① 8. ① 9. ① 10. ④

11. LP 가스에 공기를 희석시키는 목적이 아닌 것은? [15]
  ① 발열량 조절   ② 연소 효율 증대
  ③ 누설 시 손실 감소   ④ 재액화 촉진

  [해설] 공기 희석 목적
    ㉮ 발열량 조절   ㉯ 재액화 방지
    ㉰ 누설 시 손실 감소   ㉱ 연소 효율 증대

12. LPG(C_4H_{10}) 공급 방식에서 공기를 3배 희석했다면 발열량은 약 몇 kcal/Sm^3가 되는가? (단, C_4H_{10}의 발열량은 30000 kcal/Sm^3로 가정한다.) [13]
  ① 5000   ② 7500   ③ 10000   ④ 11000

  [해설] $Q_2 = \dfrac{Q_1}{1+x} = \dfrac{30000}{1+3} = 7500 \,\text{kcal/Sm}^3$

13. 프로판가스의 총발열량은 24000 kcal/Nm^3이다. 이를 공기와 혼합하여 12000 kcal/Nm^3의 도시가스를 제조하려면 프로판가스 1 Nm^3에 대하여 얼마를 혼합하여야 하는가?
  ① 0.5 Nm^3 ② 1 Nm^3 ③ 2 Nm^3 ④ 3 Nm^3

  [해설] $Q_2 = \dfrac{Q_1}{1+x}$ 에서
    $\therefore x = \dfrac{Q_1}{Q_2} - 1 = \dfrac{24000}{12000} - 1 = 1 \,\text{Nm}^3$

정답 11. ④ 12. ② 13. ②

2 가스의 제조

(1) 가스화 방식에 의한 분류

① **열분해 공정**(thermal cracking process) : 고온하에서 탄화수소를 가열하여 수소(H_2), 메탄(CH_4), 에탄(C_2H_6), 에틸렌(C_2H_4), 프로판(C_3H_8) 등의 가스상의 탄화수소와 벤젠, 톨루엔 등의 조경유 및 타르 나프탈렌 등으로 분해하고, 고열량 가스(10000 kcal/Nm^3)를 제조하는 방법이다.

② **접촉 분해 공정**(steam reforming process) : 촉매를 사용해서 반응 온도 400~800℃에서 탄화수소와 수증기를 반응시켜 메탄(CH_4), 수소(H_2), 일산화탄소(CO), 이산화탄소(CO_2)로 변환하는 공정이다.

③ **부분 연소 공정**(partial combustion process) : 탄화수소의 분해에 필요한 열을 로(爐)내에 산소 또는 공기를 흡입시킴에 의해 원료의 일부를 연소시켜 연속적으로 가스를 만드는 공정이다.

④ **수첨 분해 공정**(hydrogenation cracking process) : 고온, 고압하에서 탄화수소를 수소 기류 중에서 열분해 또는 접촉 분해하여 메탄(CH_4)을 주성분으로 하는 고열량의 가스를 제조하는 공정이다.

⑤ **대체 천연가스 공정**(substitute natural process) : 수분, 산소, 수소를 원료 탄화수소와 반응시켜, 수증기 개질, 부분 연소, 수첨 분해 등에 의해 가스화하고 메탄 합성, 탈산소 등의 공정과 병용해서 천연가스의 성상과 거의 일치하게끔 가스를 제조하는 공정으로 제조된 가스를 대체 천연가스(SNG) 또는 합성 천연가스라 한다.

(2) 원료의 송입법에 의한 분류

① **연속식** : 원료가 연속적으로 송입되고, 가스 발생도 연속으로 이루어진다.
② **배치(batch)식** : 일정량의 원료를 가스화 실에 넣어 가스화하는 방법이다.
③ **사이클릭(cyclic)식** : 연속식과 배치식의 중간적인 방법이다.

(3) 가열 방식에 의한 분류

① **외열식** : 원료가 들어있는 용기를 외부에서 가열하는 방법이다.
② **축열식** : 반응기 내에서 연료를 연소시켜 충분히 가열한 후 원료를 송입하여 가스화하는 방법이다.
③ **부분 연소식** : 원료에 소량의 공기와 산소를 혼합하여 반응기에 넣어 원료의 일부를 연소시켜 그 열을 이용하여 원료를 가스화 열원으로 한다.
④ **자열식** : 가스화에 필요한 열을 발열 반응에 의해 가스를 발생시키는 방식이다.

✔ 단원 예상문제

1. 촉매를 사용하여 사용 온도 400~800℃에서 탄화수소와 수증기를 반응시켜 메탄, 수소, 일산화탄소, 이산화탄소로 변환하는 방법은? [04, 07, 10, 14]
  ① 열분해 공정   ② 접촉 분해 공정
  ③ 부분 연소 공정   ④ 수소화 분해 공정

정답 1. ②

[해설] 접촉 분해 공정 : 촉매를 사용해서 반응 온도 400~800℃에서 탄화수소와 수증기를 반응시켜 메탄(CH_4), 수소(H_2), 일산화탄소(CO), 이산화탄소(CO_2)로 변환하는 공정이다.

2. 도시가스 제조 공정 중 접촉 분해 공정에 해당하는 것은? [13]
① 저온 수증기 개질법
② 열분해 공정
③ 부분 연소 공정
④ 수소화 분해 공정

[해설] 접촉 분해 공정(steam reforming process) : 촉매를 사용해서 반응 온도 400~800℃에서 탄화수소와 수증기를 반응시켜 메탄(CH_4), 수소(H_2), 일산화탄소(CO), 이산화탄소(CO_2)로 변환하는 공정으로 수증기 개질 공정, 고온 수증기 개질 공정, 저온 수증기 개질 공정, 사이클식 접촉 분해 공정 등으로 분류된다.

3. 다음 중 LNG와 SNG에 대한 설명으로 맞는 것은? [02, 08]
① 액체 상태의 나프타를 LNG라 한다.
② SNG는 대체 천연가스 또는 합성 천연가스를 말한다.
③ SNG는 순수 천연가스를 말한다.
④ SNG는 각종 도시가스의 총칭이다.

[해설] ㉮ LNG(Liquefied Natural Gas) : 액화 천연가스
㉯ SNG(Substitute Natural Gas) : 대체 천연가스, 합성 천연가스

4. SNG에 대한 설명으로 가장 적당한 것은? [15]
① 액화석유가스
② 액화 천연가스
③ 정유 가스
④ 대체 천연가스

[해설] SNG(Substitute Natural Gas) : 대체 천연가스, 합성 천연가스

5. 도시가스 제조 공정 중 가열 방식에 의한 분류에서 산화나 수첨 반응에 의한 발열 반응을 이용하는 방식은? [07]
① 외열식　　② 자열식　　③ 축열식　　④ 부분 연소식

[해설] 가열 방식에 의한 분류
㉮ 외열식 : 원료가 들어 있는 용기를 외부에서 가열하는 방식
㉯ 축열식 : 반응기 내에서 연료를 연소시켜 충분히 가열한 후 원료를 송입하여 가스화의 열원으로 사용하는 방식
㉰ 부분 연소식 : 원료에 소량의 공기와 혼합하여 가스 발생의 반응기에 넣어 원료의 일부를 연소시켜 그 열을 이용하여 원료를 가스화 열원으로 하는 방식
㉱ 자열식 : 가스화에 필요한 열을 발열 반응에 의해 가스를 발생시키는 방식

정답 2. ①　3. ②　4. ④　5. ②

6. 국내 도시가스 연료로 사용되고 있는 LNG와 LPG(+Air)의 특성에 대한 설명 중 틀린 것은? [07]
① 모두 무색, 무취이나 누출할 경우 쉽게 알 수 있도록 냄새 첨가제(부취제)를 넣고 있다.
② LNG는 냉열 이용이 가능하나, LPG(+Air)는 냉열 이용이 가능하지 않다.
③ LNG는 천연고무에 대한 용해성이 있으나, LPG(+Air)는 천연고무에 대한 용해성이 없다.
④ 연소 시 필요한 공기량은 LNG가 LPG보다 적다.
[해설] LPG(+Air)는 천연고무, 윤활유, 그리스, 페인트 등에 대하여 용해성이 있다.

정답 6. ③

2 부취제(付臭製)

(1) 부취제의 종류
① TBM(tertiary butyl mercaptan) : 양파 썩는 냄새가 나며 내산화성이 우수하고 토양 투과성이 우수하며 토양에 흡착되기 어렵다. 냄새가 가장 강하다.
② THT(tetra hydro thiophen) : 석탄 가스 냄새가 나며 산화, 중합이 일어나지 않는 안정된 화합물이다. 토양의 투과성이 보통이며, 토양에 흡착되기 쉽다.
③ DMS(dimethyl sulfide) : 마늘 냄새가 나며 안정된 화합물이다. 내산화성이 우수하며 토양의 투과성이 아주 우수하며 토양에 흡착되기 어렵다. 일반적으로 다른 부취제와 혼합해서 사용한다.

(2) 부취제의 구비 조건
① 화학적으로 안정하고 독성이 없을 것
② 보통 존재하는 냄새(생활취)와 명확하게 식별될 것
③ 극히 낮은 농도에서도 냄새가 확인될 수 있을 것
④ 가스관이나 가스 미터 등에 흡착되지 않을 것
⑤ 배관을 부식시키지 않을 것
⑥ 물에 잘 녹지 않고 토양에 대하여 투과성이 클 것
⑦ 완전 연소가 가능하고 연소 후 냄새나 유해한 성질이 남지 않을 것

(3) 부취제의 주입 방법
① 액체 주입식 : 부취제를 액상 그대로 가스 흐름에 주입하는 방법이다.

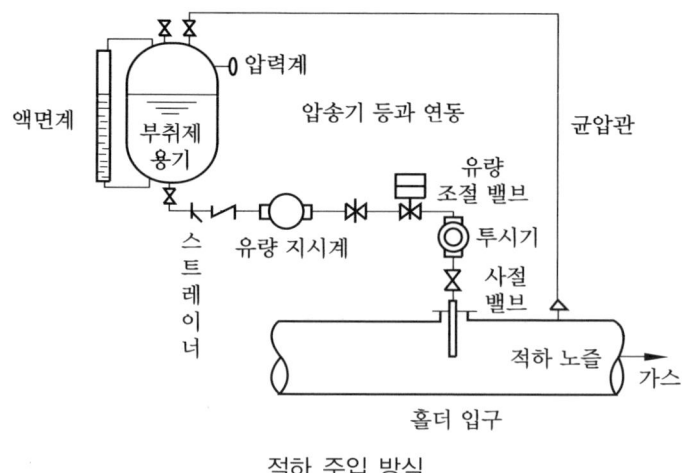

적하 주입 방식

    ㈎ 펌프 주입 방식 : 다이어프램 펌프 등에 의해서 부취제를 직접 가스 중에 주입하는 방법
    ㈏ 적하 주입 방식 : 부취제 용기를 배관 상부에 설치하여 중력에 의해 부취제가 가스 배관으로 흘러 내려와 주입하는 방법
    ㈐ 미터 연결 바이패스 방식 : 바이패스 라인에 설치된 가스 미터가 작동되면 가스 미터의 구동력을 이용하여 주입하는 방법
 ② **증발식** : 부취제의 증기를 가스 흐름에 혼합하는 방식이다.
    ㈎ 바이패스 증발식 : 바이패스 라인에 설치된 부취제 용기에 가스를 저유속으로 통과시키면서 증발된 부취제가 혼합되도록 한 방식
    ㈏ 위크 증발식 : 부취제 용기에 아스베스토 심(芯)을 전달하여 부취제가 상승하고 이것에 가스가 접촉하는 데 따라 부취제가 증발하여 첨가된다.
 ③ **착취 농도** : 1/1000의 농도(0.1 %)

(4) 냄새 농도의 측정 방법

 ① **오더(order) 미터법[냄새 측정기법]** : 공기와 시험 가스의 유량 조절이 가능한 장비를 이용하여 시료 기체를 만들어 감지 희석 배수를 구하는 방법
 ② **주사기법** : 채취용 주사기에 의하여 채취한 일정량의 시험 가스를 희석용 주사기에 옮기는 방법에 의하여 시료 기체를 만들어 감지 희석 배수를 구하는 방법
 ③ **냄새 주머니법** : 일정한 양의 깨끗한 공기가 들어있는 주머니에 시험 가스를 주사기로 첨가하여 시료 기체를 만들어 감지 희석 배수를 구하는 방법
 ④ **무취실법**

단원 예상문제

1. 도시가스에서 사용하는 부취제의 종류가 아닌 것은? [09]
① THT ② TBM
③ MMA ㉣ DMS

[해설] 부취제의 종류 및 특징

종류	냄새	토양 투과성	특징
TBM	양파 썩는 냄새	우수	내산화성 우수
THT	석탄 가스 냄새	우수	산화, 중합이 일어나지 않는 안정된 화합물
DMS	마늘 냄새	아주 우수	내산화성 우수

2. 도시가스에 사용되는 부취제 중 DMS의 냄새는? [07, 13]
① 석탄 가스 냄새 ② 마늘 냄새
③ 양파 썩는 냄새 ④ 암모니아 냄새

3. 냄새가 나는 물질(부취제)의 구비 조건이 아닌 것은? [07, 09]
① 독성이 없을 것
② 저농도에서도 냄새를 알 수 있을 것
③ 완전 연소하고 연소 후에는 유해 물질을 남기지 말 것
④ 일상생활의 냄새와 구분되지 않을 것

[해설] 부취제의 구비 조건
㉮ 화학적으로 안정하고 독성이 없을 것
㉯ 보통 존재하는 냄새(생활취)와 명확하게 식별될 것
㉰ 극히 낮은 농도에서도 냄새가 확인될 수 있을 것
㉱ 가스관이나 가스 미터 등에 흡착되지 않을 것
㉲ 배관을 부식시키지 않을 것
㉳ 물에 잘 녹지 않고 토양에 대하여 투과성이 클 것
㉴ 완전 연소가 가능하고 연소 후 냄새나 유해한 성질이 남지 않을 것

4. 액체 주입식 부취제 설비의 종류에 해당되지 않는 것은? [07]
① 위크 증발식 ② 적하 주입식
③ 펌프 주입식 ④ 미터 연결 바이패스식

[해설] 부취제 주입 방법
㉮ 액체 주입식 : 펌프 주입 방식, 적하 주입 방식, 미터 연결 바이패스 방법
㉯ 증발식 : 바이패스 증발식, 위크 증발식

정답 1. ③ 2. ② 3. ④ 4. ①

5. 부취제 주입 용기를 가스압으로 밸런스시켜 중력에 의해서 부취제를 가스 흐름 중에 주입하는 방식은? [14]
① 적하 주입 방식 ② 펌프 주입 방식
③ 위크 증발식 주입 방식 ④ 미터연결 바이패스 주입 방식

해설 적하 주입 방식 : 부취제 용기를 배관 상부에 설치하여 중력에 의하여 부취제가 가스 배관으로 흘러 내려와 주입하는 방법

6. 도시가스는 무색, 무취이기 때문에 누출 시 중독 및 사고를 미연에 방지하기 위하여 부취제를 첨가하는데 그 첨가 비율의 용량이 얼마의 상태에서 냄새를 감지할 수 있어야 하는가? [02, 14]
① 0.1 % ② 0.01 %
③ 0.2 % ④ 0.02 %

해설 부취제의 공기 중 착취 농도 : $\frac{1}{1000}$ 이하(0.1 % 이하)

7. 도시가스에는 가스 누출 시 신속한 인지를 위해 냄새가 나는 물질(부취제)을 첨가하고 정기적으로 농도를 측정하도록 하고 있다. 다음 중 농도 측정 방법이 아닌 것은? [08]
① 오더(Order) 미터법 ② 주사기법
③ 냄새 주머니법 ④ 헴펠(Hempel)법

해설 부취제 냄새 측정 방법
㉮ 오더(order) 미터법[냄새 측정기법] : 공기와 시험 가스의 유량 조절이 가능한 장비를 이용하여 시료 기체를 만들어 감지 희석 배수를 구하는 방법
㉯ 주사기법 : 채취용 주사기에 의하여 채취한 일정량의 시험 가스를 희석용 주사기에 옮기는 방법에 의하여 시료 기체를 만들어 감지 희석 배수를 구하는 방법
㉰ 냄새 주머니법 : 일정한 양의 깨끗한 공기가 들어있는 주머니에 시험 가스를 주사기로 첨가하여 시료 기체를 만들어 감지 희석 배수를 구하는 방법
㉱ 무취실법

8. 부취제를 외기로 분출하거나 부취 설비로부터 부취제가 흘러나오는 경우 냄새를 감소시키는 방법으로 가장 거리가 먼 것은? [15]
① 연소법 ② 수동 조절
③ 화학적 산화 처리 ④ 활성탄에 의한 흡착

해설 부취제 누설 시 제거 방법
㉮ 활성탄에 의한 흡착 ㉯ 화학적 산화 처리 ㉰ 연소법

정답 5. ① 6. ① 7. ④ 8. ②

제4장 | 수소 제조 및 충전 시설

4-1 수소 제조 설비

1 수소의 제조법

(1) 실험적 제조법

① 아연(Zn)이나 철(Fe)에 묽은 황산(H_2SO_4) 또는 묽은 염산(HCl)을 가하면 수소가 발생한다.

$Zn + H_2SO_4 \rightarrow ZnSO_4 + H_2 \uparrow$

$Fe + 2HCl \rightarrow FeCl_2 + H_2 \uparrow$

② 양쪽성 원소에 강알칼리를 가하면 수소가 발생한다.

$Zn + 2NaOH \rightarrow Na_2ZnO_2 + H_2 \uparrow$

> **참고 ○ 양쪽성 원소**
>
> 금속과 비금속의 성질을 지니는 원소로 산과 알칼리 어느 쪽과도 반응하는 것으로 알루미늄(Al), 아연(Zn), 주석(Sn), 납(Pb)과 같은 것이 해당된다.

③ 칼륨(K), 칼슘(Ca), 나트륨(Na) 등과 같이 이온화 경향이 큰 금속은 찬물과 격렬하게 반응하여 수소가 발생한다.

$2Na + 2H_2O \rightarrow 2NaOH + H_2 \uparrow$

> **참고 ○ 이온화 경향**
>
> 원자 또는 분자가 이온이 되려고 하는 경향으로 이온화 경향이 크다는 것은 쉽게 이온화되는 것으로 산화되기 쉽다고 한다. 이온화 경향이 큰 원소가 그보다 이온화 경향이 작은 원소의 이온과 만나면 이온화 경향이 큰 원소가 산화되고 이온이었던 원소는 환원된다. 금속의 이온화 경향이 클수록 반응성이 커서 전자를 잃고 산화되기 쉽다. 금속의 이온화 경향 크기를 비교하면 다음과 같다.
>
> K(칼륨) > Ca(칼슘) > Na(나트륨) > Mg(마그네슘) > Al(알루미늄) > Zn(아연) > Fe(철) > Ni(니켈) > Sn(주석) > Pb(납) > H(수소) > Cu(구리) > Hg(수은) > Ag(은) > Pt(백금) > Au(금)

(2) 공업적 제조법

① 수전해법(水電解法) : 물의 전기 분해법

⑺ 순도가 높은 수소를 제조할 수 있다.

⑻ 전해액은 20 % 정도의 수산화나트륨(NaOH) 수용액을 사용한다.

⑼ 음극에서 수소(H_2), 양극에서 산소(O_2)가 2 : 1의 체적 비율로 발생한다.

$$2H_2O \rightarrow 2H_2 + O_2$$
$$\quad\quad\quad (-) \quad (+)$$

② 수성가스법(코크스의 가스화)

⑺ 수성가스(water gas) : 적열된 코크스에 수증기를 작용시키면 수소와 일산화탄소의 혼합가스가 생성되며, 수성가스의 생성 반응은 흡열 반응이므로 고온도 하에서 하여야 한다.

$$C + H_2O \rightarrow CO + H_2 - 31.4 \text{ kcal}$$

⑻ 발생로에서 1400℃ 정도로 가열된 코크스에 수증기를 통해서 제조하며, 반응이 시작되면 온도가 저하하므로 코크스의 온도가 1000℃ 정도로 내려가면 수증기 대신 공기를 보내 온도를 1400℃ 정도로 상승시킨 후 다시 수증기를 보내 수성가스를 발생시킨다.

③ 천연가스 분해법(메탄 분해법) : 천연가스를 원료로 합성가스를 제조하는 방법이다.

⑺ 수증기 개질법

㉮ 메탄과 수증기를 반응시키면 수소가 발생한다.

$$CH_4 + H_2O \rightleftarrows CO + 3H_2 - 49.3 \text{ kcal}$$
$$CH_4 + 2H_2O \rightleftarrows CO_2 + 4H_2 - 39.5 \text{ kcal} : \text{수증기가 과잉 상태}$$

㉯ 니켈 촉매를 사용하면 650~800℃에서 반응이 진행된다.

㉰ 촉매를 사용하지 않는 경우 메탄과 수증기를 1400℃의 분해로를 통하게 해서 진행할 수 있다.

㉱ 반응 압력은 상압~1 MPa 정도이다.

⑻ 부분 산화법

㉮ 메탄을 1.5 MPa 상태로 가압하여 니켈 촉매 하에서 산소 또는 공기와 800~1000℃로 반응시켜 합성가스를 얻는다. → 파우더법

$$2CH_4 + O_2 \rightleftarrows 2CO + 4H_2 + 17 \text{ kcal}$$

㉯ 메탄 또는 저급 탄화수소를 니켈 촉매 하에서 수증기에 의해 약 1 MPa 상태로 가압하여 850~950℃로 분해하여 합성가스를 얻는다. → 그랜드 파로와스법

④ **석유 분해법** : 나프타, 중유 또는 원유를 분해하여 합성가스를 제조하는 방법이다.
  (가) 수증기 개질법
   ㉮ 탄화수소 중 메탄에서 나프타 유분(비점 205℃ 이하)까지 원료로 사용할 수 있다.
   ㉯ 3~5 ppm이 될 때까지 탈황된 나프타를 수증기와 혼합하여 니켈계의 촉매를 통하게 하면 다음과 같은 반응이 발생한다.

   $$C_mH_n + mH_2O \rightleftarrows mCO + \left(\frac{2m+n}{2}\right)H_2$$

   $$CO + 3H_2 \rightleftarrows CH_4 + H_2O$$

   $$CO + H_2O \rightleftarrows CO_2 + H_2$$

  (나) 부분 산화법
   ㉮ 원유 또는 중유를 산소 및 수증기와 함께 노에 흡입하고 불완전연소시켜 가스화하는 방법이다.
   ㉯ 가스화의 주요 반응식

   $$C_mH_n + \frac{m}{2}O_2 \rightleftarrows mCO + \frac{n}{2}H_2$$

   $$C_mH_n + mH_2O \rightleftarrows mCO + \left(\frac{2m+n}{2}\right)H_2$$

   $$CO + H_2O \rightleftarrows CO_2 + H_2$$

   ㉰ 가스화 온도는 약 1400℃, 압력은 약 3 MPa 정도이다.

⑤ **일산화탄소 전화법**
  (가) 일산화탄소의 전화 반응식
   $$CO + H_2O \rightleftarrows CO_2 + H_2 + 9.8 \text{ kcal}$$
  (나) 반응은 일반적으로 2단으로 행한다.

구분	반응	촉매	온도	잔류 일산화탄소
제1단	고온 전화 반응	$Fe_2O_3 - Cr_2O_3$계	350~500℃	2 %
제2단	저온 전화 반응	$CuO - ZnO$계	200~250℃	0.3~0.4 %

단원 예상문제

1. 물을 전기 분해하여 수소를 얻고자 할 때 전해액으로 무엇을 사용하는가?
① 묽은 염산
② 10~25 %의 수산화나트륨 용액
③ 10~25 %의 탄산칼슘 용액
④ 10~25 %의 황산 용액

[해설] 물의 전기 분해 특징
㉮ 전해액은 20 % 정도의 수산화나트륨(NaOH) 수용액을 사용한다.
㉯ 음극(-)에서 수소가, 양극(+)에서 산소가 2 : 1의 체적 비율로 발생한다.
$2H_2O \rightleftarrows 2H_2 + O_2$
㉰ 순도가 높으나 경제성이 적다.
㉱ 일반적으로 (-)극과 (+)극 간을 격막(석면포)으로 막고, 양극에서 발생하는 산소와 수소의 혼합을 막는다.

2. 다음 중 수소(H_2)의 제조법이 아닌 것은?
① 공기액화 분리법
② 석유 분해법
③ 천연가스 분해법
④ 일산화탄소 전화법

[해설] 수소의 공업적 제조법
㉮ 물의 전기 분해법(수전해법[水電解法])
㉯ 수성가스법
㉰ 석유 분해법
㉱ 천연가스 분해법
㉲ 일산화탄소 전화법
※ 공기액화 분리법은 산소, 질소를 제조하는 방법이다.

3. 일산화탄소 전화법에 의해 얻고자 하는 가스는?
① 암모니아
② 일산화탄소
③ 수소
④ 수성가스

[해설] 일산화탄소 전화법 : 일산화탄소와 수증기를 반응시켜 수소를 제조하는 공업적 제조법이다.
※ 반응식 : $CO + H_2O \rightarrow CO_2 + H_2 + 9.8\ kcal$

정답 1. ② 2. ① 3. ③

2 수전해 설비 제조 기준(KGS AH271)

(1) 용어의 정의

① **수전해 설비** : 물을 전기 분해하여 수소를 생산하는 것으로서 그 설비의 기하학적 범위는 다음과 같다.
  ㈎ 급수 밸브로부터 스택, 전력 변환 장치, 기액분리기, 열교환기, 수분 제거 장치, 산소 제거 장치 등을 통해 토출되는 수소 배관의 첫 번째 연결부까지
  ㈏ ㈎에 해당하는 수전해 설비가 하나의 외함으로 둘러싸인 구조의 경우에는 외함 외부에 노출되는 각 장치의 접속부까지

② **충전부** : 수전해 설비가 정상 운전 상태에서 전류가 흐르는 도체 또는 도전부를 말한다.

③ **로크아웃(lockout)** : 수전해 설비의 비상 정지 등이 발생하여 수전해 설비를 안전하게 정지하고, 이후 수동으로만 운전을 복귀시킬 수 있도록 하는 것을 말한다. 〈개정 23. 6. 14〉

④ **IP 등급** : 위험 부분으로의 접근, 외부 분진의 침투 또는 물의 침투에 대한 외함의 방진 보호 및 방수 보호 등급을 말한다.

(2) 재료 기준 공통 사항

① 재료는 사용 조건의 온도, 압력, 화학적 반응 등에 견디고 물, 수용액, 산소, 수소 등 유체가 통하는 부분의 재료는 스테인리스강 등 해당 유체에 대하여 충분한 내식성이 있는 재료 또는 코팅된 재료를 사용하는 것으로 한다.
② 수용액, 산소, 수소가 통하는 배관은 금속 재료를 사용해야 한다.
③ 외함 및 수분 접촉에 따른 부식의 우려가 있는 부분에 사용되는 금속은 스테인리스강 등 내식성이 있는 재료를 사용해야 하며, 탄소강을 사용하는 경우에는 부식에 강한 코팅을 한다.
④ 고무 또는 플라스틱의 비금속성 재료는 단기간에 열화(劣化)되지 않도록 사용 조건에 적합한 것으로 한다.
⑤ 전기 절연물 및 단열재는 접촉부 또는 그 부근의 온도에 충분히 견디고 흡습성이 적은 것으로 한다.
⑥ 도전 재료는 동, 동합금, 스테인리스강 또는 이와 동등 이상의 전기적·열적 및 기계적 안전성이 있는 것으로 한다.

⑦ 수전해 설비에는 다음의 재료를 사용하지 않는다.
　㈎ 폴리염화비페닐(PCB)
　㈏ 석면
　㈐ 카드뮴
⑧ 수전해 설비는 온도·압력 등 운전 조건에 적합한 기계적 강도를 갖추어야 한다.

(3) 구조 및 치수

① 모든 부품은 뒤틀림, 이완 및 그 외의 손상에 견디는 안전한 구조로 한다.
② 분해 가능한 패널·커버 등은 본래 설치된 곳 외의 다른 위치에 설치되는 것을 방지하기 위해 서로 호환(互換)되지 않는 구조로 하고, 반복되는 분해·조립에 따른 마모 등으로 인한 기능의 손상이 발생되지 않는 것으로 한다.
③ 인체의 접촉 가능성이 있는 부품은 날카로운 돌출 부분이나 모퉁이가 없는 구조로 한다.
④ 점검, 보수, 교체 및 분해가 용이한 구조로 한다.
⑤ 유지 보수가 필요한 부분에 사용되는 단열재는 배관 및 부품 등에 대한 접근이 용이한 구조로 한다.
⑥ 수전해 설비 본체에 설치된 스위치 또는 컨트롤러의 조작을 통해서만 운전을 시작하거나 정지할 수 있는 구조로 한다. 다만, 다음의 경우에는 원격 조작이 가능한 구조로 한다.
　㈎ 본체에서 원격 조작으로 운전을 시작할 수 있도록 허용되는 경우
　㈏ 급격한 압력 및 온도 상승 등 위험이 생길 우려가 있어 수전해 설비를 정지해야 하는 경우
⑦ 수전해 설비의 안전장치가 작동해야 하는 설정값은 원격 조작 등을 통하여 임의로 변경할 수 없도록 해야 한다.
⑧ 벽면 등에 부착하여 사용하는 수전해 설비는 용이하고 견고하게 부착이 가능한 구조로 한다.
⑨ 환기팬 등 수전해 설비의 운전 상태에서 사람이 접할 우려가 있는 가동 부분은 쉽게 접할 수 없도록 적절한 보호틀이나 보호망 등을 설치한다.
⑩ 수전해 설비의 외함 내부에는 가연성 가스가 체류하거나, 외부로부터 이물질이 유입되지 않는 구조로 한다.
⑪ 비상 정지를 실행하기 위한 제어 장치의 설정값 등을 사용자 또는 설치자가 임의로 조작해서는 안 되는 부분은 봉인실 또는 잠금 장치 등으로 조작을 방지할 수 있는 구조로 한다.

⑫ 배관에는 수송하는 유체를 식별할 수 있도록 쉽게 확인이 가능한 곳에 수송하는 유체의 종류를 표시한다.
⑬ 가연성 또는 독성의 유체가 설비 외부로 방출될 수 있는 부분에는 주의 문구를 표시한다.
⑭ 운전 또는 점검, 유지 보수 등을 위해 사람의 접근이 요구되는 부분은 미끄러짐, 걸림 또는 부딪힘 등을 방지할 수 있는 구조로 설계한다.
⑮ 긴급 사태 발생 시 운전을 신속하게 정지할 수 있도록 접근이 용이한 장소에 제어 입력 장치 등 비상 정지를 실행할 수 있는 장치를 갖춘다.
⑯ 설비의 유지 보수나 긴급 정지 등을 위해 유체의 흐름을 차단하는 밸브를 설치하는 경우 차단 밸브는 다음의 기준을 만족해야 한다.
  ㈎ 차단 밸브는 최고 사용 압력, 온도 및 유체 특성 등 사용 조건에 적합해야 한다.
  ㈏ 차단 밸브의 가동부(actuator)는 밸브 몸통으로부터 전해지는 열을 견딜 수 있어야 한다.
  ㈐ 차단 밸브(급수 밸브 등과 같이 오작동 또는 기능 손상에 따라 화재, 폭발 등과 같은 위험한 상황으로 이어질 우려가 없는 밸브는 제외한다)는 공인인증기관의 인증품 또는 성능 시험을 만족하는 것을 사용하여야 한다.
  ㈑ 차단 밸브는 구동원이 상실되었을 경우 안전한 가동이 이루어질 수 있는 구조(fail-safe)이어야 한다.
⑰ 수전해 설비에 설치되는 전기 설비 중 위험 장소 안에 있는 전기 설비는 누출된 가스의 점화원이 되는 것을 방지하기 위하여 KGS code 기준에 따른 방폭 성능을 갖는 구조로 한다.
⑱ 압력 조정기(상용 압력 이상의 압력으로 압력이 상승한 경우 자동으로 가스를 방출하는 안전장치를 갖춘 것에 한정한다)에서 방출되는 가스는 방출관 등을 이용하여 외함 외부로 직접 방출하는 구조로 한다.
⑲ 스택과 수소 정제 장치의 사이에는 압축기를 설치하지 않는다.

(4) 액체 공급 및 배수 구조

① 급수 라인 접속부에는 역류 방지 장치를 설치한다.
② 물, 수용액 등을 저장하기 위한 설비는 견고히 고정하고, 그 설비 안의 내용물이 밖으로 흘러 넘치지 않는 구조로 한다.

(5) 접지 구조

① 접지용 단자 및 케이블이나 그 부근에는 쉽게 지워지지 않는 방법으로 접지용 단자임을 나타내는 표시 등을 한다.
② 접지용 단자는 접지선을 쉽고 확실하게 설치할 수 있는 것으로 하고, 접지용 단자 나사의 호칭 지름은 4 mm(눌러서 체결하는 형태의 경우 3.5 mm) 이상인 것으로 한다.
③ 접지 기구는 사람이 접촉할 수 있는 금속부와 전기적으로 안전하게 접속하거나 또는 쉽게 느슨해지지 않도록 견고하게 설치할 수 있는 것으로 한다.
④ 접지용 단자의 재료는 충분한 기계적 강도를 가지고 부식되지 않는 것으로 한다.
⑤ 접지용 케이블은 다음 중 어느 하나에 해당되는 것으로 한다.
 (가) 직경 1.6 mm의 연동선 또는 이와 동등 이상의 강도 및 두께를 가지고 쉽게 부식되지 않는 금속선
 (나) 공칭 단면적 1.25 mm^2 이상의 단심 코드 또는 단심 캡타이어 케이블
 (다) 공칭 단면적 0.75 mm^2 이상의 2심 코드로 2선의 도체를 양단에서 꼬아 합치거나 납땜 또는 압착한 것
 (라) 공칭 단면적 0.75 mm^2 이상의 다심 코드(꼬아 합친 것을 제외한다) 또는 다심 캡타이어 케이블의 1개의 선심
⑥ 수소가 통하는 배관에는 다음 기준에 따라 접지를 한다.
 (가) 직선 배관은 80 m 이내의 간격으로 접지를 한다.
 (나) 서로 교차하지 않는 배관 사이의 거리가 100 mm 미만인 경우, 배관 사이에서 발생될 수 있는 스파크 점프를 방지하기 위해 20 m 이내의 간격으로 점퍼를 실시한다.
 (다) 서로 교차하는 배관 사이의 거리가 100 mm 미만인 경우, 배관이 교차하는 곳에 점퍼를 설치한다.
 (라) 금속 볼트 또는 클램프로 고정된 금속 플랜지에는 추가적인 정전기 와이어가 장착되지 않지만, 최소한 4개의 볼트 또는 클램프들마다에는 양호한 전도성 접촉점이 있도록 해야 한다.

(6) 셀, 스택 구조

① 압력·진동·열 등으로 인하여 생기는 응력에 충분히 견디는 구조로 한다.
② 셀, 스택은 사용 환경에서 절연 열화 방지 등 전기 안전성을 갖는 구조로 한다.
③ 셀, 스택 내에는 산소와 수소의 혼합을 방지할 수 있는 분리막이 있는 구조로 한다.
④ 셀, 스택은 전도체 낙하로 인한 단락 및 누설 전류 방지 등을 위해 절연 케이스로 덮는 구조로 한다.

(7) 안전장치

① **시동 제어**
  ㈎ 수전해 설비 운전 개시 전 외함 내부의 폭발 가능한 가연성 가스 축적을 방지하기 위하여 공기, 질소 등으로 외함 내부를 충분히 퍼지할 것
  ㈏ 시동은 모든 안전장치가 정상적으로 작동하는 경우에만 가능하도록 제어될 것
  ㈐ 올바른 시동 시퀀스를 보증하기 위해 적절한 연동 장치를 갖는 구조일 것
  ㈑ 정지 후, 자동 재시동은 모든 안전 조건이 충족된 후에만 가능한 구조일 것

② **비상 정지 제어**
  ㈎ 비상 정지 제어 기능이 작동하는 경우
    ㉠ 셀, 스택의 공급 전압에 이상이 생겼을 경우
    ㉡ 셀, 스택의 온도가 현저하게 상승하였을 경우
    ㉢ 셀, 스택에 과전류가 생겼을 경우
    ㉣ 셀, 스택에 안전 성능 변화를 유발하는 차압이 발생한 경우
    ㉤ 수용액 수위가 현저하게 높거나 낮은 경우
    ㉥ 물, 수용액 유량이 현저하게 낮은 경우
    ㉦ 외함 내 수소 농도가 1%를 초과할 때
    ㉧ 발생 수소 중 산소 농도가 3%를 초과할 때
    ㉨ 발생 산소 중 수소 농도가 2%를 초과할 때
    ㉩ 수용액, 산소, 수소가 통하는 부분의 압력이 현저하게 상승하였을 경우
    ㉪ 수전해 설비 안의 환기 장치에 이상이 생겼을 경우
    ㉫ 수전해 설비 안의 온도가 현저하게 상승 또는 저하하는 경우
  ㈏ 비상 정지는 다른 기능 및 동작보다 우선하여 실행되며, 외부로부터 방해되지 않아야 한다.
  ㈐ 비상 정지가 실행된 경우 사용자가 그 상황을 인지할 수 있도록 적절한 알람이 표시되는 구조로 한다.
  ㈑ 비상 정지 후에는 로크아웃 상태로 전환되어야 하며, 수동으로 로크아웃을 해제하는 경우에만 정상 운전하는 구조로 한다.
  ㈒ 수동 조작을 통한 방법으로도 비상 정지가 가능한 구조로 한다.

(8) 수소 검지 경보 장치

① 수소 검지 경보 장치는 '화재 예방, 소방 시설 설치·유지 및 안전관리에 관한 법률'에 따라 인증을 받은 제품 또는 공인인증기관의 인증품을 사용한다.
② 수소 검지 경보 장치의 검지부는 방폭 성능을 갖는 것으로 한다.

③ 2개 이상의 검지부에서 검지 신호를 수신하는 경우 수신 회로는 경보를 울리는 다른 회로가 작동하고 있을 때에도 해당 검지 경보 장치가 작동하여 경보를 울릴 수 있는 것으로서 경보를 울리는 장소를 식별할 수 있는 것으로 한다.
④ 수신 회로가 작동 상태에 있는 것을 쉽게 식별할 수 있는 것으로 한다.
⑤ 경보는 램프의 점등 또는 점멸과 동시에 경보를 울리는 것으로 한다.
⑥ 검지부는 외함과 같이 밀폐된 공간에서는 제품 상부에 설치하고, 천장이 장비나 장애물 등에 의해 나눠진 경우에는 각 부분에 구분 설치해야 한다.
⑦ 검지부는 열원에서 적절히 떨어진 위치에 설치되어야 하며, 주위 온도는 40℃를 초과해서는 안 된다.
⑧ 수소 검지 경보 장치는 수전해 설비에 장착된 기계류에서 진동이 예상되는 경우 진동에 견디도록 설계되었거나, 적절한 진동 격리 장치가 제공되어야 한다.
⑨ 검지부는 수소의 특성 및 외함 내부의 구조를 고려하여 누출된 수소가 체류하기 쉬운 장소에 설치한다.

(9) 성능

① **내압 성능** : 물, 수용액, 산소, 수소 등 유체의 통로는 상용 압력의 1.5배 이상의 수압(기체로 내압 시험을 실시하는 경우 1.25배)으로 20분간 내압 시험을 실시하여 팽창 · 누설 등의 이상이 없어야 한다.
② **기밀 성능** : 물, 수용액, 산소, 수소 등 유체의 통로에 실시(단, 내압 시험을 기체로 실시한 경우 생략할 수 있음)
  ㈎ 기밀 시험은 원칙적으로 공기 또는 위험성이 없는 기체의 압력으로 실시한다.
  ㈏ 기밀 시험은 그 설비가 취성 파괴를 일으킬 우려가 없는 온도에서 한다.
  ㈐ 기밀 시험 압력은 상용 압력 이상으로 하되, 0.7 MPa을 초과하는 경우 0.7 MPa 이상의 압력으로 한다.
  ㈑ 시험 용적에 따른 기밀 유지 시간

압력 측정 기구	용적	기밀 유지 시간
압력계 또는 자기 압력 기록계	$1\,m^3$ 미만	48분
	$1\,m^3$ 이상 $10\,m^3$ 미만	480분
	$10\,m^3$ 이상	$48 \times V$분 (다만, 2880분을 초과한 경우는 2880분으로 할 수 있다.)

[비고] V는 피시험 부분의 용적(m^3)이다.

단원 예상문제

1. 물을 전기 분해하여 수소를 생산하는 것을 무엇이라 하는가?
① 수소 추출 설비
② 수전해 설비
③ 수소 저장 설비
④ 수소 충전 설비

[해설] 용어의 정의 : KGS AH271, AH171
 ㉠ 수전해 설비(KGS AH271) : 물을 전기 분해하여 수소를 생산하는 것을 말한다.
 ㉡ 수소 추출 설비(KGS AH171) : 도시가스, 액화석유가스, 그 밖에 탄화수소 및 메탄올, 에탄올 등 알코올류의 연료로부터 수소를 추출하는 설비를 말한다.

2. 수전해 설비 및 수소 추출 설비를 제조할 때 사용할 수 있는 재료는?
① 석면
② 카드뮴
③ 탄소강
④ 폴리염화비페닐(PCB)

[해설] 사용 제한 재료
 ㉠ 폴리염화비페닐(PCB : polychlorinated biphenyl)
 ㉡ 석면
 ㉢ 카드뮴

3. 수전해 설비의 유지 보수나 긴급 정지 등을 위해 유체의 흐름을 차단하는 밸브를 설치할 때 차단 밸브의 기준 중 틀린 것은?
① 차단 밸브는 최고 사용 압력, 온도 및 유체 특성 등 사용 조건에 적합해야 한다.
② 차단 밸브는 공인인증기관의 인증품 또는 성능 시험을 만족하는 것을 사용하여야 한다.
③ 차단 밸브의 가동부(actuator)는 밸브 몸통으로부터 전해지는 진동을 견딜 수 있어야 한다.
④ 차단 밸브는 구동원이 상실되었을 경우 안전한 가동이 이루어질 수 있는 구조(fail-safe)이어야 한다.

[해설] 차단 밸브의 가동부(actuator)는 밸브 몸통으로부터 전해지는 열을 견딜 수 있어야 한다.

[정답] 1. ② 2. ③ 3. ③

4. 수전해 설비의 접지용 케이블 규격으로 옳지 않은 것은?

① 직경 1.6 mm의 연동선
② 공칭 단면적 1.25 mm² 이상의 단심 코드
③ 공칭 단면적 1.25 mm² 이상의 2심 코드
④ 공칭 단면적 0.75 mm² 이상의 다심 코드

[해설] 접지용 케이블 규격
㉮ 직경 1.6 mm의 연동선 또는 이와 동등 이상의 강도 및 두께를 가지고 쉽게 부식되지 않는 금속선
㉯ 공칭 단면적 1.25 mm² 이상의 단심 코드 또는 단심 캡타이어 케이블
㉰ 공칭 단면적 0.75 mm² 이상의 2심 코드로 2선의 도체를 양단에서 꼬아 합치거나 납땜 또는 압착한 것
㉱ 공칭 단면적 0.75 mm² 이상의 다심 코드(꼬아 합친 것을 제외한다) 또는 다심 캡타이어 케이블의 1개의 선심

5. 수전해 설비에서 수소가 통하는 직선 배관에 접지를 할 때 몇 m 이내의 간격으로 하는가?

① 50　　　② 80　　　③ 100　　　④ 150

[해설] 수소가 통하는 직선 배관은 80 m 이내의 간격으로 접지를 한다.

6. 수전해 설비 가동 중 비상 정지 기능이 작동하는 경우가 아닌 것은?

① 셀, 스택에 과전류가 생겼을 때
② 외함 내 수소 농도가 1%를 초과할 때
③ 발생 수소 중 산소 농도가 2%를 초과할 때
④ 발생 산소 중 수소 농도가 2%를 초과할 때

[해설] 비상 정지 제어 기능이 작동하는 경우
㉮ 셀, 스택의 공급 전압에 이상이 생겼을 경우
㉯ 셀, 스택의 온도가 현저하게 상승하였을 경우
㉰ 셀, 스택에 과전류가 생겼을 경우
㉱ 셀, 스택에 안전 성능 변화를 유발하는 차압이 발생한 경우
㉲ 수용액 수위가 현저하게 높거나 낮은 경우
㉳ 물, 수용액 유량이 현저하게 낮은 경우
㉴ 외함 내 수소 농도가 1%를 초과할 때
㉵ 발생 수소 중 산소 농도가 3%를 초과할 때
㉶ 발생 산소 중 수소 농도가 2%를 초과할 때
㉷ 수용액, 산소, 수소가 통하는 부분의 압력이 현저하게 상승하였을 경우
㉸ 수전해 설비 안의 환기 장치에 이상이 생겼을 경우
㉹ 수전해 설비 안의 온도가 현저하게 상승 또는 저하하는 경우

[정답] 4. ③　5. ②　6. ③

3 수소 추출 설비 제조 기준 (KGS AH171)

(1) 용어의 정의

① **수소 추출 설비** : 도시가스, 액화석유가스, 그 밖에 탄화수소 및 메탄올, 에탄올 등 알코올류의 연료로부터 수소를 추출하는 설비를 말하며, 기하학적 범위는 다음과 같다.
　㈎ 연료 공급 설비, 개질기, 버너, 수소 정제 장치 등 수소 추출에 필요한 설비 및 부대 설비와 이를 연결하는 배관으로 인입 밸브 전단에 설치될 필터부터 수소 정제 장치 후단의 정제 수소 수송 배관의 첫 번째 연결부까지
　㈏ ㈎에 해당하는 수소 추출 설비가 하나의 외함으로 둘러싸인 구조의 경우에는 외함 외부에 노출되는 각 장치의 접속부까지

② **연료 가스** : 수소가 주성분인 가스를 생산하기 위한 연료(도시가스, 액화석유가스, 탄화수소 및 알코올류) 또는 버너 내 점화 및 연소를 위한 에너지원으로 사용되기 위해 수소 추출 설비로 공급되는 가스를 말한다.

③ **개질 가스** : 연료 가스를 수증기 개질, 자열 개질, 부분 산화 등 개질 반응을 통해 생성된 것으로서 수소가 주성분인 가스를 말한다.

④ **개질기** : 수소가 포함된 화합물의 구조를 변화시키기 위한 것으로서 수증기 개질, 자열 개질 등의 개질 반응을 통해 연료 가스로부터 수소가 주성분인 개질 가스로 전환하는 장치를 말한다.

⑤ **안전 차단 시간** : 화염이 있다는 신호가 오지 않는 상태에서 연소안전제어기가 가스의 공급을 허용하는 최대의 시간을 말한다.

⑥ **화염 감시 장치** : 연소안전제어기와 화염감시기(화염의 유무를 검지하여 연소안전제어기에 알리는 것을 말한다)로 구성된 장치를 말한다.

⑦ **로크아웃(lockout)** : 수소 추출 설비의 비상 정지 또는 화염 검지 실패 등이 발생하여 수소 추출 설비를 안전하게 정지하고, 이후 수동으로만 운전을 복귀시킬 수 있도록 하는 것을 말한다.

⑧ **재시동** : 시동 시 또는 운전 중에 화염이 검지되지 않는 경우 가스의 공급을 차단한 상태에서 연속 프로그램에 의해 자동으로 시도되는 시동을 말한다.

⑨ **재점화** : 시동 시 또는 운전 중에 화염이 검지되지 않는 경우 가스의 공급을 유지한 상태에서 연속 프로그램에 의해 자동으로 시도되는 점화를 말한다.

(2) 재료 기준 공통 사항

① 재료는 사용 조건의 온도, 압력, 화학적 반응 등에 견디고, 연료 가스 및 물 등 유체가 통하는 부분의 재료는 해당 유체에 대하여 충분한 내식성이 있는 재료 또는 코

팅된 재료를 사용하는 것으로 한다.

② 개질 가스가 통하는 배관은 금속 재료로서 내식성이 있는 재료 또는 코팅된 재료를 사용해야 한다.

③ 배기가스 통로, 외함 및 수분 접촉에 따른 부식의 우려가 있는 부분에 사용되는 금속은 스테인리스강 등 내식성이 있는 재료를 사용해야 하며, 탄소강을 사용하는 경우에는 부식에 강한 코팅을 한다.

④ 고무 또는 플라스틱의 비금속성 재료는 단기간에 열화(劣化)되지 않도록 사용 조건에 적합한 것으로 한다.

⑤ 전기 절연물 및 단열재는 접촉부 또는 그 부근의 온도에 충분히 견디고 흡습성이 적은 것으로 한다.

⑥ 도전 재료는 동, 동합금, 스테인리스강 또는 이와 동등 이상의 전기적·열적 및 기계적인 안전성이 있는 것으로 한다.

⑦ 수소 추출 설비에는 다음의 재료를 사용하지 않는다.
  ㈎ 폴리염화비페닐(PCB)
  ㈏ 석면
  ㈐ 카드뮴

⑧ 수소 추출 설비 내 연소 배기가스가 통하는 부분은 최고 운전 온도에서 배기가스의 기밀을 유지하는 불연 재료로 한다. 다만, 다음의 조건을 모두 만족하는 경우에는 불연 재료를 사용하지 않을 수 있다.
  ㈎ 재료의 사용 온도가 배기가스의 최고 온도를 초과하는 경우
  ㈏ 배기가스의 최고 온도를 초과하지 않도록 하는 과열 방지 장치(작동하는 온도를 임의로 조절할 수 없는 것을 말한다)를 부착하는 경우

⑨ 수소 추출 설비 내 연소 배기가스가 통하는 부분에 기밀을 유지하기 위하여 사용하는 패킹류, 실(seal)재 등은 불연 재료를 사용하지 않을 수 있다.

⑩ 연료 가스 및 개질 가스가 통하는 부분은 가스의 기밀을 유지하는 불연성 또는 난연성의 재료를 사용한다. 다만, 패킹류, 실재 등은 불연성 또는 난연성의 재료를 사용하지 않을 수 있다.

(3) 버너 구조

① **공통 사항**
  ㈎ 코킹부, 용접부 및 그 외 버너 접합부는 결함이 없는 것으로 한다.
  ㈏ 화염구는 변형이 발생되지 않는 구조로 한다.

㈐ 버너 및 전기 점화 장치, 노즐, 연소실, 안전장치 등은 사용 상태에서 이동하거나 이탈되지 않도록 견고하게 고정해야 한다.
㈑ 연소를 위해 연료 가스와 공기가 혼합되는 구조의 경우 공기가 연료 가스 공급 라인으로 또는 연료 가스가 공기 공급 라인으로 유입되는 것을 방지하기 위한 설비를 갖추어야 한다.
㈒ 연료 및 공기 조절 장치로서 기계적인 연결이 사용되는 경우에는 파손 및 풀어짐이 없도록 설계해야 한다.
㈓ 버너에는 역화를 방지하기 위한 장치를 갖추어야 한다.

② **점화 장치**
㈎ 방전 불꽃을 이용하는 점화
㉠ 전극부는 상시 화염이 접촉되지 않는 위치에 있는 것으로 한다.
㉡ 전극의 간격이 사용 상태에서 변화되지 않도록 고정되어 있는 것으로 한다.
㉢ 고압 배선의 충전부와 비충전 금속부와의 사이는 전극 간격 이상의 충분한 공간 거리를 유지하고, 점화 동작 시에 누전을 방지하도록 적절한 전기 절연 조치를 한다.
㉣ 방전 불꽃이 닿을 우려가 있는 부분에 사용하는 전기 절연물은 방전 불꽃으로 인한 유해한 변형, 절연 저하 등의 변질이 없는 것으로 한다.
㉤ 사용 시 손이 닿을 우려가 있는 고압 배선에는 적절한 전기 절연 피복을 한다.
㈏ 점화 히터를 이용하는 점화
㉠ 점화 히터는 설치 위치가 쉽게 움직이지 않는 것으로 한다.
㉡ 점화 히터의 소모품은 쉽게 교환할 수 있는 것으로 한다.

(4) 급·배기통 접속부 구조

① 수소 추출 설비가 급·배기통과 연결되는 접속부는 기밀을 유지할 수 있는 구조로 한다.
② 급·배기통(전이중 및 분리형 급·배기통을 제외한다)의 접속부는 확실하게 접속할 수 있고, 쉽게 이탈되지 않도록 리브 타입 또는 플랜지 이음, 나사 이음 방식으로 한다.
③ 리브 타입 접속부 구조
㈎ 접속부의 길이는 40 mm 이상으로 한다.
㈏ 급·배기통이 수소 추출 설비 접속부의 바깥쪽으로 체결되는 형식의 경우, 접속부 바깥지름의 허용 공차는 $\pm^{0}_{0.4}$ mm 이내로 한다.

㈐ 급·배기통이 수소 추출 설비 접속부의 안쪽으로 체결되는 형식의 경우, 접속부 안지름의 허용 공차는 $\pm^{0.4}_{0}$mm 이내로 한다.

④ 전이중 및 분리형 급·배기통의 접속부는 확실하게 접속할 수 있고, 쉽게 이탈되지 않도록 플랜지 이음 또는 사용설명서 등에 기재된 적절한 도구만으로 탈착이 가능한 구조로 한다.

⑤ 수소 추출 설비에는 필요한 경우 배기가스의 성분 측정을 위한 측정구를 설치할 수 있다. 이 경우, 측정구는 기밀을 유지할 수 있는 구조로 해야 한다.

(5) 안전장치

① 시동 제어
㈎ 시동은 모든 안전장치가 정상적으로 작동하는 경우에만 가능하도록 제어될 것
㈏ 올바른 시동 시퀀스를 보증하기 위해 적절한 연동 장치를 갖는 구조일 것
㈐ 정지 후, 자동 재시동은 모든 안전 조건이 충족된 후에만 가능한 구조일 것

② 비상 정지 제어
㈎ 비상 정지 제어 기능이 작동하는 경우
  ㉮ 연료 가스 및 개질 가스의 압력 또는 온도가 현저하게 상승하였을 경우
  ㉯ 연료 가스 및 개질 가스의 누출이 검지된 경우
  ㉰ 버너(개질기 및 그 외의 버너를 포함한다)의 불이 꺼졌을 경우
  ㉱ 제어 전원 전압이 현저하게 저하하는 등 제어 장치에 이상이 생겼을 경우
  ㉲ 수소 추출 설비 안의 온도가 현저하게 상승하였을 경우
  ㉳ 수소 추출 설비 안의 환기 장치에 이상이 생겼을 경우
  ㉴ 배열 회수 계통의 출구부 온수의 온도가 100℃를 초과하는 경우
  ㉵ 수소 정제 장치에서 다음 중 어느 하나의 상황이 발생된 경우
    ㉠ 공급 가스의 압력, 온도, 조성 또는 유량이 경보 기준 수치를 초과한 경우
    ㉡ 프로세스 제어 밸브가 작동 중에 장애를 일으키는 경우
    ㉢ 수소 정제 장치에 전원 공급이 차단된 경우
    ㉣ 흡착 및 탈착 공정이 수행되는 배관의 산소 함유량이 허용 한계를 초과하는 경우
    ㉤ 버퍼 탱크의 압력이 허용 최대 설정치를 초과하는 경우
  ㉶ 압축기로 공급되는 개질 가스 중 산소의 농도가 2%를 초과하는 경우
㈏ 비상 정지는 다른 기능 및 동작보다 우선하여 실행되며, 외부로부터 방해되지 않아야 한다.

㈐ 비상 정지가 실행된 경우 사용자가 그 상황을 인지할 수 있도록 적절한 알람이 표시되는 구조로 한다.
㈑ 비상 정지 후에는 로크아웃 상태로 전환되어야 하며, 수동으로 로크아웃을 해제하는 경우에만 정상 운전하는 구조로 한다.

✔ 단원 예상문제

1. 수소 추출 설비의 비상 정지 또는 화염 검지 실패 등이 발생하여 수소 추출 설비를 안전하게 정지하고, 이후 수동으로만 운전을 복귀시킬 수 있도록 하는 것을 무엇이라 하는가?
① 인터로크(interlock)
② 로크아웃(lockout)
③ 시퀀스 제어
④ 피드백 제어

[해설] 로크아웃(lockout)의 정의
㉮ 수소 추출 설비(KGS AH171) : 수소 추출 설비의 비상 정지 또는 화염 검지 실패 등이 발생하여 수소 추출 설비를 안전하게 정지하고, 이후 수동으로만 운전을 복귀시킬 수 있도록 하는 것을 말한다.
㉯ 수전해 설비(KGS AH271) : 수전해 설비의 비상 정지 등이 발생하여 수전해 설비를 안전하게 정지하고, 이후 수동으로만 운전을 복귀시킬 수 있도록 하는 것을 말한다.

2. 수소 추출 설비의 버너 점화 장치가 방전 불꽃을 이용할 때에 대한 설명 중 틀린 것은?
① 전극부는 상시 화염이 접촉되는 위치에 있는 것으로 한다.
② 전극의 간격이 사용 상태에서 변화되지 않도록 고정되어 있는 것으로 한다.
③ 사용 시 손이 닿을 우려가 있는 고압 배선에는 적절한 전기 절연 피복을 한다.
④ 방전 불꽃이 닿을 우려가 있는 부분에 사용하는 전기 절연물은 방전 불꽃으로 인한 유해한 변형, 절연 저하 등의 변질이 없는 것으로 한다.

[해설] 전극부는 상시 화염이 접촉되지 않는 위치에 있는 것으로 한다.

3. 수소 추출 설비의 급·배기통이 전이중 및 분리형일 때 접속부를 연결하는 방법은?
① 리브 타입
② 플랜지 이음
③ 나사 이음
④ 납땜 이음

[해설] 급·배기통 접속부 연결 방법
㉮ 전이중 및 분리형을 제외한 급·배기통 : 리브 타입, 플랜지 이음, 나사 이음
㉯ 전이중 및 분리형 급·배기통 : 플랜지 이음

[정답] 1. ② 2. ① 3. ②

4-2 수소 충전 시설

1 수소 자동차 충전소의 분류

(1) 공급 방식에 따른 분류

① **on-site 방식** : 수소를 천연가스에서 추출하거나, 수전해 설비를 이용하여 자체적으로 생산하여 자동차에 충전하는 수소 충전소로 운송 비용이 없고, 안정적으로 수소 공급이 가능하지만, 설치 및 운영 비용이 많이 소요된다.

② **off-site 방식** : 수소를 파이프 라인이나 튜브 트레일러를 이용하여 외부로부터 공급받아 자동차에 충전하는 수소 충전소로 수소 생산 비용이 저렴하지만, 운송 비용이 발생하고, 외부 요인에 의해 공급이 불안정해 질 수 있다.

(2) 제조 방식에 따른 분류

① **제조식 수소 자동차 충전소** : 수소의 원료가 되는 가스 또는 알코올류의 액체를 수소 충전소 내 설치된 수소 추출 장치 및 수전해 설비에서 수소를 생산하여 수소 자동차에 직접 충전하는 방식이다.

　(가) 충전소 내 제조・추출 장치 설치가 필요하다.
　(나) 외부에서 수소 이송 과정이 불필요하다.
　(다) 건설 비용은 증가하는 반면 이송 비용은 감소한다.
　(라) 제조・추출 장치의 촉매 교환, 보수 등이 필요하므로 운영 비용이 증가한다.
　(마) 규칙적인 충전 시에 적합하다.

② **저장식 수소 자동차 충전소** : 제유소, 제철소 등에서 발생하는 부생 가스를 정제 후 배관 또는 튜브 트레일러를 통해 공급받아 이를 저장하여 수소 자동차에 충전하는 방식이다.

　(가) 충전소 내 제조・추출 장치 설치가 불필요하다.
　(나) 이송을 위한 유통 비용이 필요하다.
　(다) 건설 비용은 감소하는 반면 이송 비용은 증가한다.
　(라) 제조・추출 장치의 설치가 불필요하므로 운영 비용이 감소한다.
　(마) 불규칙적인 충전에도 대응이 쉽다.

(3) 형태에 따른 분류

① **단독형** : 수소 자동차 충전소를 단독으로 설치・운영하는 것을 말한다.

② 융·복합형
　㈎ 융합 충전소 : 압축 도시가스 자동차 충전소, 액화석유가스 자동차에 고정된 용기 충전소 또는 기존의 주유취급소와 제조식 수소 자동차 충전소를 하나의 사업소 내에 설치·운영하는 것을 말한다.
　㈏ 복합 충전소 : 압축 도시가스 자동차 충전소, 액화석유가스 자동차에 고정된 용기 충전소 또는 기존의 주유취급소와 저장식 수소 자동차 충전소 또는 다른 에너지원의 자동차 충전소를 하나의 사업소 내에 설치·운영하는 것을 말한다.
③ **패키지형** : 수소 자동차의 충전에 필요한 설비(필요한 경우 충전기는 제외 가능)를 하나의 보호함에 장착한 충전 시설을 일정한 장소에 배치하고 수소를 연료로 사용하는 자동차에 압축 수소를 충전하는 것을 말한다.
④ **이동형**
　㈎ 이동식 수소 자동차 충전소 : 수소를 연료로 사용하는 자동차에 수소를 충전하기 위하여 필요한 설비(필요한 경우 충전 설비를 제외 가능)가 차량에 장착되어 있어 이동이 가능한 것으로 처리능력 $30\,m^3$ 이상인 것(압축기 등 가압 장치 없이 자압에 의해 충전하는 설비는 제외)을 말한다.
　㈏ 소규모 이동식 수소 자동차 충전소 : 수소를 연료로 사용하는 자동차에 수소를 충전하기 위하여 필요한 설비(필요한 경우 충전 설비를 제외 가능)가 차량에 장착되어 있어 이동이 가능한 것으로 처리능력 $30\,m^3$ 미만인 것 또는 압축기 등 가압 장치 없이 자압에 의해 충전하는 것을 말한다.

2 수소 자동차 충전소 기준

(1) 가스 설비 설치 방법

① **충전 설비**
　㈎ 충전 설비는 지상에 고정하여 설치한다.
　㈏ 상부에 지붕을 설치하는 경우 불연성 또는 난연성의 재료 사용, 수소가 누출되었을 때 가스가 체류할 수 없는 구조로 설치
　㈐ 충전 설비 주위에 보호대 설치
　　㉮ 규격 : 두께 $0.12\,m$ 이상의 철근콘크리트, 호칭 지름 $100\,A$ 이상의 배관용 탄소강관 또는 이와 동등 이상의 기계적 강도를 가진 강관
　　㉯ 높이 : $0.8\,m$ 이상
　　㉰ 말뚝 형태일 경우 말뚝은 2개 이상 설치, 간격은 $1.5\,m$ 이하
　　㉱ 기초 : 철근콘크리트제 보호대는 콘크리트 기초에 $0.25\,m$ 이상 깊이로 묻고

바닥과 일체가 되도록 콘크리트 타설, 강관제 보호대는 기초에 묻거나 앵커볼트와 받침대를 이용하여 고정
  - ㈐ 외면에 야광 페인트로 도색, 야광 테이프 또는 반사지 등으로 표시
- ㈐ 충전 설비에는 충전 중 수소 자동차 용기가 최고 충전 압력에 도달하면 가스 공급이 자동으로 차단하는 장치를 설치
- ㈑ 충전 설비에는 수동으로 운전되는 차단 밸브를 설치
- ㈒ 충전기 캐비닛은 불연 재료로 하고, 수분이 침하 또는 응축되지 않도록 한다.
- ㈓ 충전기 캐비닛은 배관 및 전기 설비의 연결을 위한 공간 및 조정과 검사를 위한 개구부를 설치
- ㈔ 충전기 캐비닛에는 환기를 위하여 상부에 한 개, 하부에 한 개 등 두 개 이상의 환기구를 설치

② **충전기 안전장치**
  - ㈎ 자동차 충전 시 과압을 방지하기 위하여 충전 배관에 압력 방출 밸브를 설치하고, 이 압력 방출 밸브는 일반 작동 압력의 1.38배 미만으로 설정한다.
  - ㈏ 충전기는 긴급 차단 장치와 연동하여 운전되도록 설치, 긴급 차단 장치는 자동차로의 가스 흐름 및 충전기의 전기 흐름을 차단하는 구조
  - ㈐ 긴급 차단 장치는 충전 지역으로부터 떨어진 위치에 설치, 긴급 차단 장치의 작동 방법은 충전소 사무실, 압축기 및 저장 설비에 비치
  - ㈑ 제어 회로는 긴급 차단 장치가 작동하였을 때 또는 전기가 차단되었을 때 차단된 시스템이 안전 상태로 복원된 후 수동으로 리셋 또는 작동할 때까지 차단된 상태로 있도록 한다.
  - ㈒ 수소 저장 설비 및 충전기 사이 배관에는 충전기에 공급되는 전기가 차단되었을 때 차단하는 밸브를 설치

③ **충전 연결구**
  - ㈎ 충전 노즐은 운전을 방해할 수 있는 외부 물질의 축적을 방지하도록 설치, 충전 시스템(충전 호스, 배관 및 충전 연결구)은 자동차 연료 시스템 및 충전 기기로의 공기 유입을 방지하는 구조
  - ㈏ 충전 연결구는 자동차 충전 후 커플링 탈착 시 압력이 방출되고, 감압 방출된 가스는 안전한 방법으로 벤트하는 구조
  - ㈐ 충전 연결구에는 커플링의 이탈을 예방하기 위한 잠금 장치 등이 작동하고, 노즐은 충전 호스와 노즐 연결 시 또는 자동 이탈을 차단하는 자체 차단구 등 방출을 방지하기 위한 장치를 갖추는 구조

④ 압력 조정기 설치
  ㉮ 압력 조정기의 접속부와 각 압력실은 안전율이 최소한 4 이상 되도록 설계
  ㉯ 압력 조정기의 파손을 방지하기 위하여 저압실에 안전장치를 부착하거나 저압실의 강도를 인입측 압력실의 사용 압력(온도가 21℃인 가스를 설비에 완전히 채운 상태에서 측정한 압력)에 견딜 수 있도록 설계
  ㉰ 압력 조정기는 빗물의 결빙, 눈, 진눈깨비 등으로 인해 작동에 영향을 받지 않는 장소에 설치하거나 보호 조치를 한다.

⑤ 호스
  ㉮ 호스는 다음 용도 또는 장소 외에는 사용 또는 설치하지 않는다.
    ㉠ 자동차 주입 호스(길이가 8 m 이하인 것에 한정한다.)
    ㉡ 압축 장치 인입 접속부
    ㉢ 배관의 길이가 1 m를 초과하지 않는 곳으로서 유연성이 요구되는 장소
  ㉯ 충전 설비에 사용하는 호스(금속 호스 포함)는 수소의 침식 작용에 견딜 수 있는 것으로 한다.
  ㉰ 호스는 팽창·수축·충격 및 진동을 고려하여 고정 설치
  ㉱ 충전 호스 기준
    ㉠ 적외선 노출로 인한 주름 및 크랙에 견디는 것
    ㉡ 충전 호스 어셈블리와 피팅류 사이의 전기 저항은 $1.0\,\Omega$ 미만으로 하고, 호스 외부는 비전기 전도 물질로 제조된 것
    ㉢ 충전 호스에는 제조자, 최대 운전 압력, 운전 온도 범위 및 수소 적합성에 대하여 표시한 것
    ㉣ 충전 호스의 손상, 잘림, 크랙, 부풀음 또는 갈라짐 등에 대하여 사용 전에 육안 검사하고, 6개월마다 비눗물 또는 이와 같은 수준 이상의 방법으로 누출 검사를 실시
    ㉤ 충전 호스는 제조자의 사용 연한 이전에 교체하고, 육안 검사 또는 누출 검사에서 불합격한 충전 호스는 교체한다.

(2) 가스 설비 성능
  ① **기밀 성능** : 상용 압력 이상의 압력으로 기밀 시험을 실시하여 이상이 없을 것
  ② **내압 성능** : 상용 압력의 1.5배 이상의 압력(공기, 질소 등의 기체로 하는 경우 상용 압력의 1.25배 이상의 압력)

(3) 환기 설비 설치

① 자연 환기 시설
  - ㈎ 공기보다 비중이 큰 가연성 가스는 환기구가 바닥면에 접하도록 설치
  - ㈏ 공기보다 비중이 작은 가스는 천장이나 벽면 상부에서 0.3 m 이내 설치
  - ㈐ 환기구는 2방향 이상으로 설치
  - ㈑ 통풍 가능 면적 합계 : 바닥면적 1 m^2마다 300 cm^2의 비율로 계산한 면적 이상
  - ㈒ 1개의 환기구 면적은 2400 cm^2 이하(다만, 지붕과 벽 사이의 공간을 통하여 환기가 가능한 경우에는 면적을 제한하지 않는다.)

② 강제 환기 설비 설치 : 자연 환기에 의한 통풍 구조가 불가능한 경우에 적용
  - ㈎ 통풍 능력 : 바닥면적 1 m^2마다 0.5 m^3/분 이상
  - ㈏ 배기구는 바닥면 가까이에 설치(공기보다 비중이 작은 가스는 천장 가까이 설치)
  - ㈐ 배기가스 방출구 : 지면에서 5 m 이상의 높이(공기보다 비중이 작은 가스는 3 m 이상)

(4) 긴급 분리 장치 설치

① 충전 호스에 충전 중 자동차의 오발진으로 인한 충전기 및 충전 호스 파손을 방지하기 위하여 설치
② 긴급 분리 장치는 분리되었을 때 노즐로의 수소 가스를 자동으로 차단하고, 재사용 가능한 장치일 경우 재연결 시 재사용 전에 운전 조건에서 누출 시험을 실시
③ 긴급 분리 장치는 이탈 시 연결부의 양쪽을 차단하는 이중 차단 형태로 한다.
④ 긴급 분리 장치 표시 사항
  - ㈎ 설계 압력
  - ㈏ 가스 흐름 방향
  - ㈐ 1회 사용 장치 또는 재사용 금지 여부

⑤ 긴급 분리 장치 가장 끝부분 사이의 전기 저항은 1.0 Ω 이하, 저항값 측정은 대기압에서 제조자의 설계 압력에 노출되는 동안 측정
⑥ 자동차가 충전 호스와 연결된 상태로 출발할 경우 가스의 흐름이 차단될 수 있도록 긴급 분리 장치를 지면 또는 지지대에 고정 설치
⑦ 긴급 분리 장치는 각 충전 설비마다 설치
⑧ 긴급 분리 장치는 수평 방향으로 당길 때 666.4 N(68 kgf) 미만의 힘으로 분리되는 것

(5) 수소 화염 검지기 설치

① 수소 화염의 감지를 위하여 충전기, 압축 장치, 저장 설비 및 압축 가스 설비에 설치 〈개정 21. 5. 12〉
② 태양광과 반사광에 의한 오작동을 방지하기 위하여 수소 화염 검지기에 후드를 부착하는 등의 조치가 필요할 수 있다.

(6) 벤트 시스템 설치

① 누출된 수소가 대기로 안전하게 방출될 수 있는 벤트 시스템을 설치하고, 비상 방출이 가능하도록 한다.
② 벤트 배관에는 압력 방출 장치의 감압 능력을 감소시키지 않는 사이즈로 설치한다.
③ 벤트 시스템은 개별 배관으로 설치하고, 수소가 축적될 수 있는 장소로 방출되지 않도록 한다.
④ 벤트 시스템에는 물, 얼음 등의 축적물로 인해 오염되지 않도록 하는 조치를 강구한다.

(7) 그 밖의 기준

① 충전 설비 상부의 캐노피에 설치할 수 있는 설비
　㈎ 냉동 설비
　㈏ 제어 설비
　㈐ 전기 설비
　㈑ 소화 설비
② ①항 설비를 캐노피 상부에 설치하는 경우에는 건축사 또는 건축구조기술사로부터 캐노피 구조의 안전도에 관한 확인을 받아야 한다.

(8) 수소 가스 충전 작업 기준

① 자동차에 압축 수소 가스를 충전할 때에는 엔진을 정지시키고, 주차 브레이크를 채우도록 한다.
② 수소를 용기에 충전할 때에는 용기에 각인된 압축 가스의 최고 충전 압력 이하로 충전한다.
③ 수소 자동차 용기 충전 작업 시 충전기는 자동차 용기의 내부 가스 온도가 85℃에 도달하지 않도록 충전 속도를 조절한다.
④ 수소 충전소는 수소 자동차에 적합한 수소를 공급한다.

단원 예상문제

1. 제조식 수소 자동차 충전 시설에 대한 설명으로 옳은 것은?
① 고압가스 제조 시설 중 수소를 제조·압축하여 자동차에 충전하는 시설
② 고압가스 충전 시설 중 수소를 제조·압축하여 자동차에 충전하는 시설
③ 고압가스 제조 시설 중 배관 또는 저장 설비로부터 공급받은 수소를 압축하여 자동차에 충전하는 시설
④ 고압가스 충전 시설 중 배관 또는 저장 설비로부터 공급받은 수소를 압축하여 자동차에 충전하는 시설

[해설] 용어의 정의
㉮ 제조식 수소 자동차 충전 시설(KGS FP216) : 고압가스 제조 시설 중 수소를 제조·압축하여 자동차에 충전하는 시설
㉯ 저장식 수소 자동차 충전 시설(KGS FP217) : 고압가스 충전 시설 중 배관 또는 저장 설비로부터 공급받은 수소를 압축하여 자동차에 충전하는 시설

2. 수소 자동차 충전 시설의 가스 설비와 고압 전선과 유지하여야 할 수평 거리는 얼마인가?
① 3 m 이상
② 5 m 이상
③ 8 m 이상
④ 10 m 이상

[해설] 가스 설비와 화기와의 거리 : KGS FP216, FP217
㉮ 고압 전선(직류 750 V 초과하는 전선, 교류 600 V 초과하는 전선) : 5 m 이상
㉯ 저압 전선(직류 750 V 이하의 전선, 교류 600 V 이하의 전선) : 1 m 이상

3. 수소 자동차 충전 시설의 충전 설비에 설치하는 보호대의 높이는 얼마인가?
① 0.3 m 이상
② 0.5 m 이상
③ 0.8 m 이상
④ 1.0 m 이상

[해설] 충전 설비 보호대 설치 : KGS FP216, FP217
㉮ 규격 : 두께 0.12 m 이상의 철근콘크리트, 호칭 지름 100 A 이상의 배관용 탄소강관 또는 이와 동등 이상의 기계적 강도를 가진 강관
㉯ 높이 : 0.8 m 이상
㉰ 말뚝 형태일 경우 말뚝은 2개 이상 설치, 간격은 1.5 m 이하
㉱ 기초 : 철근콘크리트제 보호대는 콘크리트 기초에 0.25 m 이상 깊이로 묻고 바닥과 일체가 되도록 콘크리트 타설, 강관제 보호대는 기초에 묻거나 앵커 볼트와 받침대를 이용하여 고정
㉲ 외면에 야광 페인트로 도색, 야광 테이프 또는 반사지 등으로 표시

[정답] 1. ① 2. ② 3. ③

4. 수소 자동차 충전 시설의 충전기 안전장치에 대한 설명 중 틀린 것은?
① 자동차 충전 시 과압을 방지하기 위하여 충전 배관에 압력 방출 밸브를 설치하고, 이 압력 방출 밸브는 일반 작동 압력의 1.5배 미만으로 설정한다.
② 충전기는 긴급 차단 장치와 연동하여 운전되도록 설치하고, 긴급 차단 장치는 자동차로의 가스 흐름 및 충전기의 전기 흐름을 차단하는 구조로 한다.
③ 긴급 차단 장치는 충전 지역으로부터 떨어진 위치에 설치, 긴급 차단 장치의 작동 방법은 충전소 사무실, 압축기 및 저장 설비에 비치한다.
④ 제어 회로는 긴급 차단 장치가 작동하였을 때 또는 전기가 차단되었을 때 차단된 시스템이 안전 상태로 복원된 후 수동으로 리셋 또는 작동할 때까지 차단된 상태로 있도록 한다.

[해설] 충전기 안전장치(KGS FP216, FP217) : ②, ③, ④ 외
㉮ 자동차 충전 시 과압을 방지하기 위하여 충전 배관에 압력 방출 밸브를 설치하고, 이 압력 방출 밸브는 일반 작동 압력의 1.38배 미만으로 설정한다.
㉯ 수소 저장 설비 및 충전기 사이 배관에는 충전기에 공급되는 전기가 차단되었을 때 차단하는 밸브를 설치한다.

5. 수소 자동차 충전 호스의 길이는 얼마인가?
① 3 m 이하
② 5 m 이하
③ 8 m 이하
④ 10 m 이하

[해설] 충전 호스 길이(KGS FP216, FP217) : 8 m 이하

6. 수소 자동차 충전 시설의 환기 설비 설치 기준 중 외기에 접하여 설치된 환기구의 통풍 가능 면적 합계는 바닥면적 1 m²마다 얼마의 비율로 설치하는가?
① 300 cm²
② 500 cm²
③ 700 cm²
④ 1000 cm²

[해설] 외기에 접하여 설치된 환기구의 통풍 가능 면적 합계는 바닥면적 1 m²마다 300 cm²(철망 등을 부착할 때는 철망이 차지하는 면적을 뺀 면적으로 한다)의 비율로 계산한 면적 이상(1개 환기구의 면적은 2400 cm² 이하로 한다)으로 한다. : KGS FP216, FP217

정답 4. ① 5. ③ 6. ①

7. 수소 자동차 충전 시설에 강제 환기 설비를 설치할 때 통풍 능력(m³/min)은 바닥면적 1 m²마다 얼마인가?

① 0.3
② 0.5
③ 0.7
④ 1.0

[해설] 강제 환기 설비 설치 기준 : KGS FP216, FP217
㉮ 통풍 능력은 바닥면적 1 m²마다 0.5 m³/min 이상으로 한다.
㉯ 배기구는 바닥면(공기보다 비중이 작은 가스의 경우에는 천장) 가까이 설치한다.
㉰ 배기가스 방출구는 지면에서 5 m(공기보다 비중이 작은 가스의 경우에는 3 m) 이상의 높이에 설치한다.

[참고] 수소는 공기보다 가벼운 가스이지만 수소 자동차 충전 시설의 강제 환기 설비 설치 기준에는 공기보다 무거운 가스와 가벼운 가스로 구분하여 규정되어 있음

8. 수소 자동차 충전 시설에서 충전 중 자동차의 오발진으로 인한 충전기 및 충전 호스 파손을 방지하기 위하여 충전 호스에 설치하는 안전장치는?

① 긴급 차단 장치
② 긴급 분리 장치
③ 긴급 이송 장치
④ 긴급 개방 장치

[해설] 충전 호스에 충전 중 자동차의 오발진으로 인한 충전기 및 충전 호스 파손을 방지하기 위하여 긴급 분리 장치를 설치한다. : KGS FP216, FP217

9. 수소 자동차 충전 시설에는 수소 화염의 감지를 위하여 수소 화염 검지기를 설치한다. 설치하여야 할 대상으로 틀린 것은?

① 충전기
② 압축 장치
③ 저장 설비
④ 압력 조정기

[해설] 수소 화염의 감지를 위하여 충전기, 압축 장치, 저장 설비 및 압축 가스 설비에는 수소 화염 검지기를 설치한다. : KGS FP216, FP217

[정답] 7. ② 8. ② 9. ④

10. 수소 자동차 충전소 부지 안의 건축물 외벽에 설치하는 유리로 틀린 것은?

① 강화 유리
② 접합 유리
③ 이중 유리
④ 망입 유리

[해설] 건축물 외벽 유리 : KGS FP216, FP217
  ㉮ KS L 2002(강화 유리 : tempered glass)
  ㉯ KS L 2004(접합 유리 : laminated glass)
  ㉰ KS L 2006(망입 유리 : wire glass)
  ㉱ 공인시험기관의 시험 결과 이와 같은 수준 이상의 유리

11. 자동차에 압축 수소 가스를 충전할 때의 기준으로 틀린 것은?

① 자동차에 압축 수소 가스를 충전할 때에는 엔진을 정지시키고, 주차 브레이크를 채우도록 한다.
② 수소를 용기에 충전할 때에는 용기에 각인된 압축 가스의 최고 충전 압력 이하로 충전한다.
③ 수소 자동차 용기 충전 작업 시 충전기는 자동차 용기의 외부 온도가 85℃에 도달하지 않도록 충전 속도를 조절한다.
④ 수소 충전소는 수소 자동차에 적합한 수소를 공급한다.

[해설] 수소 자동차 용기 충전 작업 시 충전기는 자동차 용기의 내부 가스 온도가 85℃에 도달하지 않도록 충전 속도를 조절한다.

12. 제조식 수소 자동차 충전 시설에서 제조하는 수소의 품질 검사 실시 기준에 대한 설명 중 틀린 것은?

① 주요 불순물 검사는 1일 1회 이상 실시한다.
② 주요 불순물 외의 불순물에 대한 검사는 6개월에 1회 실시한다.
③ 수소 연료 제품 규격은 KS B ISO 14867(수소 연료 – 제품 규격)을 따른다.
④ 불순물 검사는 안전관리책임자가 실시하고, 검사 결과를 안전관리부총괄자와 안전관리책임자가 함께 확인하고 서명 날인한다.

[해설] 주요 불순물 외의 불순물에 대한 검사는 1년에 1회 실시한다. : KGS FP216

[정답] 10. ③ 11. ③ 12. ②

제5장 | 가스의 연소 이론

5-1 연소 현상

1 연소(燃燒)

(1) 연소의 정의

연소란 가연성 물질이 공기 중의 산소와 반응하여 빛과 열을 발생하는 화학 반응을 말한다.

(2) 연소의 3요소

가연성 물질, 산소 공급원, 점화원

① **가연성 물질** : 산화(연소)하기 쉬운 물질로서 일반적으로 연료로 사용하는 것으로 다음과 같은 구비 조건을 갖추어야 한다.
   ㈎ 발열량이 크고, 열전도율이 작을 것
   ㈏ 산소와 친화력이 좋고 표면적이 넓을 것
   ㈐ 활성화 에너지가 작을 것
   ㈑ 건조도가 높을 것(수분 함량이 적을 것)

② **산소 공급원** : 연소를 도와주거나 촉진시켜 주는 조연성 물질로 공기, 자기 연소성 물질, 산화제 등이 있다.

③ **점화원** : 가연물에 활성화 에너지를 주는 것으로 점화원의 종류에는 전기불꽃(아크), 정전기, 단열 압축, 마찰 및 충격불꽃 등이 있다.

(3) 연소의 종류

① **표면 연소** : 고체 가연물이 열분해나 증발을 하지 않고 표면에서 산소와 반응하여 연소하는 것으로 목탄(숯), 코크스 등의 연소가 이에 해당된다.

② **분해 연소** : 충분한 착화 에너지를 주어 가열 분해에 의해 연소하며 휘발분이 있는 고체 연료(종이, 석탄, 목재 등) 또는 증발이 일어나기 어려운 액체 연료(중유 등)가 이에 해당된다.

③ **증발 연소** : 가연성 액체의 표면에서 기화되는 가연성 증기가 착화되어 화염을 형성하고 이 화염의 온도에 의해 액체 표면이 가열되어 액체의 기화를 촉진시켜 연소를 계속하는 것으로 가솔린, 등유, 경유, 알코올, 양초 등이 이에 해당된다.

④ **확산 연소** : 가연성 기체를 대기 중에 분출 확산시켜 연소하는 것으로 기체 연료의 연소가 이에 해당된다.

⑤ **자기 연소** : 가연성 고체가 자체 내에 산소를 함유하고 있어 공기 중의 산소를 필요로 하지 않고 그 자체의 산소로 연소하는 것으로 셀룰로이드류, 질산 에스테르류, 히드라진 등 제5류 위험물이 이에 해당된다.

(4) 연소 속도

가연물과 산소와의 반응 속도(분자 간의 충돌 속도)를 말하는 것으로 화염면이 그 면에 직각으로 미연소부에 진입하는 속도로 산소 농도가 클수록 연소 속도가 빨라진다.

단원 예상문제

1. 다음 중 연소의 3요소에 해당되는 것은? [03, 06, 07]
① 공기, 산소 공급원, 열
② 가연물, 연료, 빛
③ 가연물, 산소 공급원, 공기
④ 가연물, 공기, 점화원

[해설] 연소의 3요소 : 가연물(연료), 산소 공급원(공기), 점화원

2. 다음 중 연소의 형태가 아닌 것은? [15]
① 분해 연소
② 확산 연소
③ 증발 연소
④ 물리 연소

[해설] 연소의 형태
㉮ 표면 연소 : 목탄, 코크스와 같이 표면에서 산소와 반응하여 연소하는 것
㉯ 분해 연소 : 열분해에 의해 연소가 일어나는 것으로 종이, 석탄, 목재 등의 고체 연료의 연소
㉰ 증발 연소 : 가연성 액체의 연소
㉱ 확산 연소 : 가연성 가스의 연소
㉲ 자기 연소 : 산소 공급 없이 연소하는 것으로 제5류 위험물이 해당된다.

3. 다음 중 기체 연료의 연소 형태는 어느 것인가? [03, 07]
① 증발 연소
② 표면 연소
③ 분해 연소
④ 확산 연소

[해설] 확산 연소 : 가연성 기체를 대기 중에 분출 확산시켜 연소하는 것으로 기체 연료의 연소가 이에 해당된다.

[정답] 1. ④ 2. ④ 3. ④

4. 공기 중에서 가연성 물질을 연소시킬 때 공기 중의 산소 농도를 증가시키면 연소 속도와 발화 온도는 각각 어떻게 되는가? [03, 06, 07, 08]
① 연소 속도는 빨라지고, 발화 온도는 높아진다.
② 연소 속도는 빨라지고, 발화 온도는 낮아진다.
③ 연소 속도는 느려지고, 발화 온도는 높아진다.
④ 연소 속도는 느려지고, 발화 온도는 낮아진다.

[해설] 공기 중에 산소 농도를 증가시키면(산소량이 많아지면) 연소 속도는 빨라지고, 발화 온도, 점화 에너지는 낮아진다.

5. 산소의 농도를 높임에 따라 일반적으로 감소하는 것은? [09]
① 연소 속도
② 폭발 범위
③ 화염 속도
④ 점화 에너지

[해설] 산소 농도나 분압이 높아질 때 나타나는 현상
㉮ 증가(상승) : 연소 속도의 급격한 증가, 화염 온도의 상승, 발열량 증가, 폭발 범위 증가, 화염길이의 증가
㉯ 감소(저하) : 발화 온도의 저하, 발화 에너지 감소

[정답] 4. ② 5. ④

2 인화점 및 발화점

(1) 인화점(인화 온도)

가연성 물질이 공기 중에서 점화원에 의하여 연소할 수 있는 최저 온도이다.

(2) 발화점(발화 온도)

가연성 물질이 공기 중에서 온도를 상승시킬 때 점화원 없이 스스로 연소를 개시할 수 있는 최저의 온도로 착화점, 착화 온도라 한다.

① 발화의 4대 요소 : 온도, 압력, 조성, 용기의 크기
② 발화점에 영향을 주는 인자(요소)
㉮ 가연성 가스와 공기와의 혼합비
㉯ 발화가 생기는 공간의 형태와 크기
㉰ 기벽의 재질과 촉매 효과
㉱ 가열 속도와 지속 시간
㉲ 점화원의 종류와 에너지 투여법

③ 발화점이 낮아지는 조건
  ㈎ 압력이 높을 때   ㈏ 발열량이 높을 때
  ㈐ 열전도율이 작을 때   ㈑ 산소와 친화력이 클 때
  ㈒ 산소 농도가 높을 때   ㈓ 분자 구조가 복잡할수록
  ㈔ 반응 활성도가 클수록
  ※ 탄화수소($C_m H_n$)의 발화점은 탄소수가 많을수록 낮아진다(탄소수가 적을수록 높아진다).

✔ 단원 예상문제

1. 착화원이 있을 때 가연성 액체나 고체의 표면에 연소 하한계 농도의 가연성 혼합기가 형성되는 최저 온도는? [15]
  ① 인화 온도   ② 임계 온도
  ③ 발화 온도   ④ 포화 온도
  [해설] 인화온도 : 인화점이라 하며 점화원에 의하여 연소가 개시되는 최저온도이다.

2. 가스의 연소와 관련하여 공기 중에서 점화원 없이 연소하기 시작하는 최저 온도를 무엇이라 하는가? [16]
  ① 인화점   ② 발화점
  ③ 끓는점   ④ 융해점
  [해설] 발화점(착화점, 착화 온도, 발화 온도) : 온도가 상승할 때 점화원 없이 스스로 연소를 개시할 수 있는 최저의 온도로 인화점보다는 온도가 높다.

3. 연소에 관한 설명으로 옳지 않은 것은? [03, 07]
  ① 인화점이 낮을수록 위험성이 크다.   ② 인화점보다 착화점의 온도가 낮다.
  ③ 착화점이 낮을수록 위험하다.   ④ 인화점이 너무 높아도 나쁘다.
  [해설] 가연물질의 착화점은 인화점보다는 높다.

4. 다음 중 발화 발생 요인이 아닌 것은? [06]
  ① 용기의 재질   ② 온도
  ③ 압력   ④ 조성
  [해설] 발화의 4대 요소 : 온도, 조성, 압력, 용기의 크기

[정답] 1. ① 2. ② 3. ② 4. ①

5. 발화점에 영향을 주는 인자가 아닌 것은? [06]
① 가연성 가스와 공기의 혼합비
② 가열 속도와 지속 시간
③ 발화가 생기는 공간의 비중
④ 점화원의 종류와 에너지 투여법

[해설] 발화점에 영향을 주는 인자(요소)
㉮ 가연성 가스와 공기와의 혼합비
㉯ 발화가 생기는 공간의 형태와 크기
㉰ 기벽의 재질과 촉매 효과
㉱ 가열 속도와 지속 시간
㉲ 점화원의 종류와 에너지 투여법

6. 가연성 가스의 발화점이 낮아지는 경우가 아닌 것은? [03, 04, 16]
① 압력이 높을수록
② 산소 농도가 높을수록
③ 탄화수소의 탄소수가 많을수록
④ 화학적으로 발열량이 낮을수록

[해설] 착화점이 낮아질 수 있는 조건
㉮ 압력이 높을 때
㉯ 발열량이 높을 때
㉰ 열전도율이 작을 때
㉱ 산소와 친화력이 클 때
㉲ 산소 농도가 클수록
㉳ 분자 구조가 복잡할수록
㉴ 반응 활성도가 클수록
㉵ 탄화수소의 탄소수가 많을수록

7. 가연성 가스와 산소의 혼합비가 완전 산화에 가까울수록 발화 지연은 어떻게 되는가? [05, 09]
① 길어진다.
② 짧아진다.
③ 변함이 없다.
④ 일정치 않다.

[해설] 고온, 고압일수록, 가연성 가스와 산소의 혼합비가 완전 산화에 가까울수록 발화 지연은 짧아진다.
※ 발화지연 : 어느 온도에서 가열하기 시작하여 발화에 이르기까지의 시간

8. 물질의 연소와 직접 관계가 없는 것은? [03]
① 연소열
② 발화 온도
③ 허용 농도
④ 최소 점화 에너지

[해설] 물질의 연소와 직접 관계가 있는 것은 인화점, 발화점, 최소 점화 에너지, 발화 지연, 연소열 등이다.

정답 5. ③ 6. ④ 7. ② 8. ③

5-2 연소 계산

1 완전 연소 반응식

완전 연소 반응식은 표준 상태(STP : 0℃, 1기압)에서 가연성 물질이 산소 (공기)와 반응하여 완전 연소하는 것으로 가정하여 계산한다.

(1) 탄화수소(C_mH_n)의 완전 연소 반응식

$$C_mH_n + \left(m + \frac{n}{4}\right)O_2 \to m\,CO_2 + \frac{n}{2}H_2O$$

(1) 탄화수소의 연소계산

① 프로판(C_3H_8)

(가) 반응식 :	C_3H_8 +	$5O_2$ →	$3CO_2$ +	$4H_2O$
(나) 중량비 :	44 kg	5×32 kg	3×44 kg	4×18 kg
(다) 체적비 :	22.4 Nm³	5×22.4 Nm³	3×22.4 Nm³	4×22.4 Nm³
(라) 프로판 1 kg당 질량 :	1 kg	3.636 kg	3 kg	1.636 kg
(마) 프로판 1 kg당 체적 :	1 kg	2.545 Nm³	1.527 Nm³	2.036 Nm³
(바) 프로판 1 Nm³당 체적 :	1 Nm³	5 Nm³	3 Nm³	4 Nm³

② 부탄(C_4H_{10})

(가) 반응식 :	C_4H_{10} +	$6.5O_2$ →	$4CO_2$ +	$5H_2O$
(나) 중량비 :	58 kg	6.5×32 kg	4×44 kg	5×18 kg
(다) 체적비 :	22.4 Nm³	6.5×22.4 Nm³	4×22.4 Nm³	5×22.4 Nm³
(라) 부탄 1 kg당 질량 :	1 kg	3.586 kg	3.034 kg	1.552 kg
(마) 부탄 1 kg당 체적 :	1 kg	2.51 Nm³	1.545 Nm³	1.931 Nm³
(바) 부탄 1 Nm³당 체적 :	1 Nm³	6.5 Nm³	4 Nm³	5 Nm³

③ 메탄(CH_4)

(가) 반응식 :	CH_4 +	$2O_2$ →	CO_2 +	$2H_2O$
(나) 중량비 :	16 kg	2×32 kg	44 kg	2×18 kg
(다) 체적비 :	22.4 Nm³	2×22.4 Nm³	22.4 Nm³	2×22.4 Nm³
(라) 메탄 1 kg당 질량 :	1 kg	4 kg	2.75 kg	2.25 kg
(마) 메탄 1 kg당 체적 :	1 kg	2.8 Nm³	1.4 Nm³	2.8 Nm³
(바) 메탄 1 Nm³당 체적 :	1 Nm³	2 Nm³	1 Nm³	2 Nm³

단원 예상문제

1. 기체 연료의 연소 특성으로 틀린 것은? [15]
① 소형의 버너도 매연이 적고, 완전 연소가 가능하다.
② 하나의 연료 공급원으로부터 다수의 연소로와 버너에 쉽게 공급된다.
③ 미세한 연소 조정이 어렵다.
④ 연소율의 가변 범위가 넓다.
[해설] 기체 연료는 미세한 연소 조정이 가능하다.

2. 프로판의 완전 연소 반응식으로 옳은 것은? [07]
① $C_3H_8 + 4O_2 \rightarrow 3CO_2 + 2H_2O$
② $C_3H_8 + 5O_2 \rightarrow 3CO_2 + 4H_2O$
③ $C_3H_8 + 2O_2 \rightarrow 3CO_2 + H_2O$
④ $C_3H_8 + O_2 \rightarrow CO_2 + H_2O$
[해설] 탄화수소(C_mH_n)의 완전 연소 반응식
$$C_mH_n + \left(m + \frac{n}{4}\right)O_2 \rightarrow mCO_2 + \frac{n}{2}H_2O$$

3. 다음 중 부탄가스의 완전 연소 반응식은? [13]
① $C_3H_8 + 4O_2 \rightarrow 3CO_2 + 5H_2O$
② $C_3H_8 + 5O_2 \rightarrow 3CO_2 + 4H_2O$
③ $C_4H_{10} + 6O_2 \rightarrow 4CO_2 + 5H_2O$
④ $2C_4H_{10} + 13O_2 \rightarrow 8CO_2 + 10H_2O$
[해설] 부탄의 완전 연소 반응식
㉮ 1몰의 반응식 : $C_4H_{10} + 6.5O_2 \rightarrow 4CO_2 + 5H_2O$
㉯ 2몰의 반응식 : $2C_4H_{10} + 13O_2 \rightarrow 8CO_2 + 10H_2O$

4. 다음 가스 1몰을 완전 연소시키고자 할 때 공기가 가장 적게 필요한 것은? [14]
① 수소　② 메탄　③ 아세틸렌　④ 에탄
[해설] 각 가스의 1몰의 완전 연소 반응식
㉮ 수소 : $H_2 + \frac{1}{2}O_2 \rightarrow H_2O$
㉯ 메탄 : $CH_4 + 2O_2 \rightarrow CO_2 + 2H_2O$
㉰ 아세틸렌 : $C_2H_2 + 2.5O_2 \rightarrow 2CO_2 + H_2O$
㉱ 에탄 : $C_2H_6 + 3.5O_2 \rightarrow 2CO_2 + 3H_2O$
※ 완전 연소 반응식에서 산소의 몰수가 작은 것이 공기량이 가장 적게 필요한 것이다.

5. 프로판(C_3H_8) $1\,m^3$를 완전 연소시킬 때 필요한 이론 산소량은 몇 m^3인가? [09]
① 5　② 10　③ 15　④ 20

정답 1. ③　2. ②　3. ④　4. ①　5. ①

[해설] $C_3H_8 + 5O_2 \rightarrow 3CO_2 + 4H_2O$
$22.4 \, m^3 : 5 \times 22.4 \, m^3 = 1 \, m^3 : x \, m^3$
$\therefore x = \dfrac{5 \times 22.4 \times 1}{22.4} = 5 \, m^3$

6. 부탄 1 Nm^3을 완전 연소시키는 데 필요한 이론 공기량은 약 몇 Nm^3인가? (단, 공기 중의 산소 농도는 21 v%이다.) [16]

① 5
② 6.5
③ 23.8
④ 31

[해설] 부탄(C_4H_{10})의 완전 연소 반응식
$C_4H_{10} + 6.5O_2 \rightarrow 4CO_2 + 5H_2O$
$22.4 \, Nm^3 : 6.5 \times 22.4 \, Nm^3 = 1 \, Nm^3 : x(O_0) Nm^3$
$\therefore A_0 = \dfrac{O_0}{0.21} = \dfrac{1 \times 6.5 \times 22.4}{22.4 \times 0.21} = 30.952 \, Nm^3$

7. 표준 상태의 가스 1 m^3를 완전 연소시키기 위하여 필요한 최소한의 공기를 이론 공기량이라고 한다. 다음 중 이론 공기량으로 적합한 것은? (단, 공기 중에 산소는 21 % 존재한다.) [15]

① 메탄 : 9.5배
② 메탄 : 1.25배
③ 프로판 : 15배
④ 프로판 : 30배

[해설] ㉮ 메탄(CH_4)의 완전 연소 반응식 및 이론 공기량(A_0) 계산
$CH_4 + 2O_2 \rightarrow CO_2 + 2H_2O$
$22.4 \, m^3 : 2 \times 22.4 \, m^3 = 1 \, m^3 : x(O_0) m^3$
$\therefore A_0 = \dfrac{O_0}{0.21} = \dfrac{2 \times 22.4 \times 1}{22.4 \times 0.21} = 9.523 \, m^3$
$\therefore$ 메탄 1 m^3에 대하여 이론 공기량은 9.52배가 필요하다.

㉯ 프로판(C_3H_8)의 완전 연소 반응식 및 이론 공기량(A_0) 계산
$C_3H_8 + 5O_2 \rightarrow 3CO_2 + 4H_2O$
$22.4 \, m^3 : 5 \times 22.4 \, m^3 = 1 \, m^3 : x(O_0) m^3$
$\therefore A_0 = \dfrac{O_0}{0.21} = \dfrac{5 \times 22.4 \times 1}{22.4 \times 0.21} = 23.809 \, m^3$
$\therefore$ 프로판 1 m^3에 대하여 이론 공기량은 23.809배가 필요하다.

[정답] 6. ④ 7. ①

5-3 가스 폭발 이론

1 폭발

(1) 폭발의 정의

혼합 기체의 온도를 고온으로 상승시켜 자연 착화를 일으키고, 혼합 기체의 전 부분이 극히 단시간 내에 연소하는 것으로서 압력 상승의 급격한 현상을 말한다.

(2) 폭발 범위

공기에 대한 가연성 가스의 혼합 농도의 백분율(체적%)로서 폭발하는 최고 농도를 폭발상한계, 최저 농도를 폭발 하한계라 하며 그 차이를 폭발 범위라 한다.

① **온도의 영향** : 온도가 높아지면 폭발 범위는 넓어지고, 온도가 낮아지면 폭발 범위는 좁아진다.
② **압력의 영향** : 압력이 상승하면 폭발 범위는 넓어진다(단, CO는 압력 상승 시 폭발 범위가 좁아지며, H_2는 압력 상승 시 폭발 범위가 좁아지다가 계속 압력을 올리면 폭발 범위가 넓어진다).
③ **불연성 기체의 영향(산소의 영향)** : CO_2, N_2 등 불연성 가스는 공기와 혼합하여 산소 농도를 낮추며 이로 인해 폭발 범위는 좁아진다(공기 중에 산소 농도가 증가하면 폭발 범위는 넓어진다).

(3) 위험도

폭발 범위 상한과 하한의 차이를 폭발 범위 하한값으로 나눈 것으로 H로 표시한다.

$$H = \frac{U-L}{L}$$

여기서, H : 위험도
U : 폭발 범위 상한값
L : 폭발 범위 하한값

단원 예상문제

1. 폭발 범위에 대한 설명 중 옳지 않은 것은? [03, 04, 07]
① 공기 중 아세틸렌가스의 폭발 범위는 2.5~81 %이다.
② 공기 중에서보다 산소 중에서의 폭발 범위는 좁아진다.
③ 고온, 고압일 때 폭발 범위는 대부분 넓어진다.
④ 한계산소 농도치 이하에서는 폭발성 혼합 가스를 생성하지 않는다.
[해설] 공기 중에서보다 산소 중에서의 폭발 범위는 넓어진다.

2. 가스의 폭발 한계에 대한 설명으로 틀린 것은? [11]
① 메탄계 탄화수소 가스의 폭발 한계는 압력이 상승함에 따라 넓어진다.
② 가연성 가스에 불활성 가스를 첨가하면 폭발 범위는 좁아진다.
③ 가연성 가스에 산소를 첨가하면 폭발 범위는 넓어진다.
④ 온도가 상승하면 폭발 하한은 올라간다.
[해설] 온도가 상승하면 폭발 범위는 넓어진다.

3. 가스의 폭발 범위에 영향을 주는 인자가 아닌 것은? [02, 04, 06, 07, 09]
① 비열　　　　　　　　　② 압력
③ 온도　　　　　　　　　④ 가스양
[해설] 폭발 범위에 영향을 주는 인자 : 온도, 압력, 가스양, 산소의 농도

4. 프로판의 폭발 범위가 공기 중에서 2.1~9.5 %일 때 위험도는? [02, 08]
① 4.5　　　　　　　　　② 3.5
③ 0.8　　　　　　　　　④ 0.3
[해설] $H = \dfrac{U-L}{L} = \dfrac{9.5-2.1}{2.1} = 3.52$

5. 폭발 위험에 대한 설명 중 틀린 것은? [16]
① 폭발 범위의 하한값이 낮을수록 폭발 위험은 커진다.
② 폭발 범위의 상한값과 하한값의 차가 작을수록 폭발 위험은 커진다.
③ 프로판보다 부탄의 폭발 범위 하한값이 낮다.
④ 프로판보다 부탄의 폭발 범위 상한값이 낮다.
[해설] 폭발 범위의 상한값과 하한값의 차가 클수록(폭발 범위가 넓을수록) 폭발 위험은 커진다.

[정답] 1. ②　2. ④　3. ①　4. ②　5. ②

6. 가연성 가스의 위험성에 대한 설명으로 틀린 것은? [13]
① 누출 시 산소 결핍에 의한 질식의 위험성이 있다.
② 가스의 온도 및 압력이 높을수록 위험성이 커진다.
③ 폭발 한계가 넓을수록 위험하다.
④ 폭발 하한이 높을수록 위험하다.
[해설] 폭발 하한이 낮고, 폭발 범위가 넓을수록 위험성이 크다.

[정답] 6. ④

2 폭발 원인에 의한 구분

(1) 물리적 폭발

고체 또는 액체에서 기체로의 변화, 온도 상승이나 충격에 의하여 압력이 이상 상승하여 일어나는 폭발로 물리적 현상에 의한 것이다.
① 증기(蒸氣) 폭발 : 보일러에서 수증기의 압력에 의한 폭발
② 금속선(金屬線) 폭발 : Al 전선에 큰 전류가 흐를 때 일어나는 폭발
③ 고체상(固體相) 전이(轉移) 폭발 : 무정형 안티몬이 결정형 안티몬으로 고상전이 할 때 발생
④ 압력 폭발 : 온도 상승이나 충격에 의하여 압력이 이상 상승하여 일어나는 폭발로 불량 충전 용기의 폭발, 고압가스 저장 탱크의 폭발 등이다.

(2) 화학적 폭발

폭발성 혼합 기체에 의한 점화적 폭발로 화약의 폭발, 산화 반응, 중합 반응, 분해 반응 등의 화학 반응에 의해 일어나는 폭발이다.
① 산화(酸化) 폭발 : 가연성 물질이 산화제(공기, 산소, 염소 등)와 산화 반응에 의하여 일어나는 폭발이다.
② 분해(分解) 폭발 : 아세틸렌을 일정 압력 이상으로 상승시켰을 때 분해에 의해 일어나는 단일 가스의 폭발로 아세틸렌(C_2H_2), 산화에틸렌(C_2H_4O), 오존(O_3), 히드라진(N_2H_4) 등이 해당된다.
③ 중합(重合) 폭발 : 불포화 탄화수소 화합물 중에서 중합하기 쉬운 물질이 급격한 중합 반응을 일으키고 그때의 중합열에 의하여 일어나는 폭발로 시안화수소(HCN), 염화비닐(C_2H_3Cl), 산화에틸렌, 부타디엔(C_4H_6) 등이 해당된다.
④ 촉매(觸媒) 폭발 : 수소와 염소의 혼합 가스에 직사광선이 촉매로 작용하여 일어나는 폭발이다.

단원 예상문제

1. 다음 중 화학적 폭발로 볼 수 없는 것은? [13]
① 증기 폭발   ② 중합 폭발   ③ 분해 폭발   ④ 산화 폭발

[해설] 폭발의 종류
㉮ 물리적 폭발 : 증기 폭발, 금속선 폭발, 고체상 전이 폭발, 압력 폭발 등
㉯ 화학적 폭발의 종류 : 산화 폭발, 분해 폭발, 촉매 폭발, 중합 폭발 등

2. 다음 폭발의 종류와의 관계가 틀린 것은? [05, 15]
① 화학적 폭발 : 화약의 폭발   ② 압력적 폭발 : 보일러의 폭발
③ 촉매적 폭발 : C_2H_2의 폭발   ④ 중합적 폭발 : HCN의 폭발

[해설] ㉮ 아세틸렌 폭발성 : 산화 폭발, 분해 폭발, 화합 폭발
㉯ 촉매 폭발 : 수소 및 염소의 혼합 가스에 직사광선이 촉매로 작용하여 일어나는 폭발로 염소 폭명기라 한다.
※ 반응식 : $H_2 + Cl_2 \rightarrow 2HCl + 44\ kcal$

3. 다음 중 마찰, 타격 등으로 격렬히 폭발하는 예민한 폭발물질로써 가장 거리가 먼 것은? [06, 13]
① AgN_2 ② H_2S ③ Ag_2C_2 ④ N_4S_4

[해설] 폭발성이 극히 예민하여 마찰, 타격으로 격렬히 폭발하는 물질에는 아지화은(AgN_2), 질화수은(HgN_2), 아세틸드(Ag_2C_2 : 은 아세틸드), 염화질소, 황화질소[유화질소](N_4S_4), 옥화질소, 데도라센 등이 있다.

4. 산소 없이 분해 폭발을 일으키는 물질이 아닌 것은? [03, 04, 06, 08, 11]
① 아세틸렌   ② 산화에틸렌   ③ 히드라진   ④ 시안화수소

[해설] ㉮ 분해 폭발 : 아세틸렌을 일정 압력 이상으로 상승시켰을 때 분해에 의해 일어나는 단일 가스의 폭발로 아세틸렌(C_2H_2), 산화에틸렌(C_2H_4O), 오존(O_3), 히드라진(N_2H_4) 등이 해당된다.
㉯ 시안화수소(HCN) : 산화 폭발, 중합 폭발을 일으킨다.

[정답] 1. ①   2. ③   3. ②   4. ④

3 기타 폭발

(1) BLEVE(Boiling Liquid Expanding Vapor Explosion : 비등 액체 팽창 증기 폭발)

가연성액체 저장 탱크 주변에서 화재가 발생하여 기상부의 탱크가 국부적으로 가열되면 그 부분이 강도가 약해져 탱크가 파열된다. 이때 내부의 액화 가스가 급격히 유출 팽

창되어 화구(fire ball)를 형성하여 폭발하는 형태를 말한다. 화구로 인한 2차 피해(복사열로 인한 피해)와 저장 탱크 파열 시 비산되는 파열 물질로 인한 피해가 있다.

(2) 증기운 폭발(UVCE : Unconfined Vapor Cloud Explosion)

대기 중에 대량의 가연성 가스나 인화성 액체가 유출 시 다량의 증기가 대기 중의 공기와 혼합하여 폭발성의 증기운(vapor cloud)을 형성하고 이때 착화원에 의해 화구(fire ball)를 형성하여 폭발하는 형태를 말한다.

단원 예상문제

1. 비등 액체 팽창 증기 폭발(BLEVE)이 일어날 가능성이 가장 낮은 곳은? [13, 15]
① LPG 저장 탱크
② LNG 저장 탱크
③ 액화 가스 탱크로리
④ 천연가스 지구 정압기

[해설] 천연가스 지구 정압기의 경우 기체 상태의 가스 압력을 낮추는 장치이므로 비등 액체 팽창 증기 폭발이 일어날 가능성은 없다.

[정답] 1. ④

---

4 안전 간격과 폭발 등급

(1) 안전 간격

8 L 정도의 구형 용기 안에 폭발성 혼합 가스를 채우고 착화시켜 가스가 발화될 때 화염이 용기 외부의 폭발성 혼합 가스에 전달되는가의 여부를 보아 화염을 전달시킬 수 없는 한계의 틈을 말한다. 안전 간격이 작은 가스일수록 위험하다.

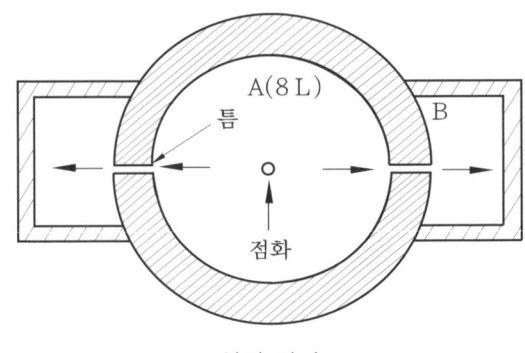

안전 간격

(2) 폭발 등급

폭발 등급	안전 간격	대상 가스의 종류
1등급	0.6 mm 이상	일산화탄소, 에탄, 프로판, 암모니아, 아세톤, 에틸에테르, 가솔린, 벤젠 등
2등급	0.4~0.6 mm	석탄 가스, 에틸렌 등
3등급	0.4 mm 미만	아세틸렌, 이황화탄소, 수소, 수성 가스 등

✔ 단원 예상문제

1. 폭발성 혼합 가스의 폭발 2등급 안전 간격은? [02, 04, 06]
 ① 0.1~0.3 mm   ② 0.8~1.0 mm
 ③ 0.4~0.6 mm   ④ 1.5~2.0 mm

2. 발화 온도와 폭발 등급에 의한 위험성을 비교하였을 때 위험도가 가장 큰 것은? [07, 09]
 ① 부탄   ② 암모니아   ③ 아세트알데히드   ④ 메탄

[해설] 각 가스의 발화 온도

명 칭	발화 온도
부탄(C_4H_{10})	430~510℃
암모니아(NH_3)	561℃
아세트알데히드(CH_3CHO)	175℃
메탄(CH_4)	615~682℃

※ 발화 온도가 낮은 것이 위험성이 큰 가스이다.

[정답] 1. ③   2. ③

5 폭굉(detonation)

(1) 폭굉의 정의

가스 중의 음속보다도 화염 전파 속도가 큰 경우로서 파면 선단에 충격파라고 하는 압력파가 생겨 격렬한 파괴 작용을 일으키는 현상이다.

※ 폭속(폭굉이 전하는 속도) : 가스의 경우 1000~3500 m/s(정상 연소 : 0.1~10 m/s)

(2) 폭굉 유도거리

최초의 완만한 연소가 격렬한 폭굉으로 발전될 때까지의 거리로 시간을 의미한다.

① 폭굉 유도거리가 짧아지는 조건
- ㈎ 정상 연소속도가 큰 혼합 가스일수록
- ㈏ 관 속에 방해물이 있거나 관 지름이 가늘수록
- ㈐ 압력이 높을수록
- ㈑ 점화원의 에너지가 클수록

② 폭굉 유도거리가 짧은 가연성 가스일수록 위험성이 큰 가스이다.

✔ 단원 예상문제

1. 다음 중 폭굉이란 용어의 해석 중 적합한 것은? [04, 06]
① 가스 중의 폭발 속도보다 음속이 큰 경우로 파면 선단에 충격파라고 하는 솟구치는 압력파가 생겨 격렬한 파괴 작용을 일으키는 현상
② 가스 중의 음속보다 폭발 속도가 큰 경우로 파면 선단에 충격파라고 하는 솟구치는 압력파가 생겨 격렬한 파괴 작용을 일으키는 현상
③ 가스 중의 음속보다 화염 전파 속도가 큰 경우로 파면 선단에 충격파라고 하는 솟구치는 압력파가 생겨 격렬한 파괴 작용을 일으키는 현상
④ 가스 중의 화염 전파 속도보다 음속이 큰 경우로 파면 선단에 충격파라고 하는 솟구치는 압력파가 생겨 격렬한 파괴 작용을 일으키는 현상

2. 가스 중 음속보다 화염 전파 속도가 큰 경우 충격파가 발생하는데 이때 가스의 연소 속도로써 옳은 것은? [09, 13]
① 0.3~100 m/s   ② 100~300 m/s   ③ 700~800 m/s   ④ 1000~3500 m/s
[해설] 가스의 폭굉 속도는 1000~3500 m/s 정도이다.

3. 다음은 폭발에 관한 가스의 성질을 설명한 것이다. 틀린 것은? [05, 09, 13]
① 폭발 범위가 넓은 것은 위험하다.
② 가스 비중이 큰 것은 낮은 곳에 체류할 위험이 있다.
③ 안전 간격이 큰 것일수록 위험하다.
④ 폭굉은 화염 전파 속도가 음속보다 크다.
[해설] 안전 간격이 작을수록 위험성이 크다.

[정답] 1. ③   2. ④   3. ③

6 정전기 및 전기 기기의 방폭 구조

(1) 정전기 재해 예방 대책

① **정전기 발생 억제 대책**

㈎ 유속을 1 m/s 이하로 유지한다.
㈏ 분진 및 먼지 등의 이물질을 제거한다.
㈐ 액체 및 기체의 분출을 방지한다.

② **정전기의 발생 완화 대책**

㈎ 접지와 본딩을 실시한다.
㈏ 절연체에 도전성을 갖게 한다.
㈐ 상대 습도를 70 % 이상 유지한다.
㈑ 정전의(衣), 정전화(靴)를 착용하여 대전을 방지한다.
㈒ 폭발성 혼합 가스의 생성을 방지한다.

(2) 방폭 구조의 종류

① **내압(耐壓) 방폭 구조(d)** : 방폭 전기 기기의 용기(이하 "용기"라 함) 내부에서 가연성 가스의 폭발이 발생할 경우 그 용기가 폭발 압력에 견디고, 접합면, 개구부 등을 통하여 외부의 가연성 가스에 인화되지 아니하도록 한 구조

② **유입(油入) 방폭 구조(o)** : 용기 내부에 절연유를 주입하여 불꽃, 아크 또는 고온 발생 부분이 기름 속에 잠기게 함으로써 기름면 위에 존재하는 가연성 가스에 인화되지 아니하도록 한 구조

③ **압력(壓力) 방폭 구조(p)** : 용기 내부에 보호가스(신선한 공기 또는 불활성 가스)를 압입하여 내부 압력을 유지함으로써 가연성 가스가 용기 내부로 유입되지 아니하도록 한 구조

④ **안전증 방폭 구조(e)** : 정상 운전 중에 가연성 가스의 점화원이 될 전기불꽃, 아크 또는 고온 부분 등의 발생을 방지하기 위하여 기계적, 전기적 구조상 또는 온도 상승에 대하여 특히 안전도를 증가시킨 구조

⑤ **본질 안전 방폭 구조(ia, ib)** : 정상 시 및 사고(단선, 단락, 지락 등) 시에 발생하는 전기불꽃, 아크 또는 고온부에 의하여 가연성 가스가 점화되지 아니하는 것이 점화 시험, 기타 방법에 의하여 확인된 구조

⑥ **특수 방폭 구조(s)** : ① 번에서부터 ⑤ 번까지에서 규정한 구조 이외의 방폭 구조로서 가연성 가스에 점화를 방지할 수 있다는 것이 시험, 기타 방법에 의하여 확인된 구조

단원 예상문제

1. 고압가스의 분출에 대하여 정전기가 가장 발생되기 쉬운 경우는? [09, 11]
① 가스가 충분히 건조되어 있을 경우
② 가스 속에 고체의 미립자가 있을 경우
③ 가스 분자량이 적은 경우
④ 가스 비중이 큰 경우
[해설] 가스 속에 고체의 미립자가 있는 고압가스가 분출할 때 정전기가 발생되기 쉽다.

2. 정전기에 관한 다음의 설명 중 틀린 것은? [06]
① 습도가 낮을수록 정전기를 축적하기 쉽다.
② 화학 섬유로 된 의류는 흡수성이 높으므로 정전기가 대전하기 쉽다.
③ 액상의 LP 가스는 전기 절연성이 높으므로 유동 시에는 대전하기 쉽다.
④ 재료 선택 시 접촉 전위차를 적게 하여 정전기 발생을 줄인다.
[해설] 화학 섬유로 된 의류는 흡수성이 낮으므로 정전기가 대전하기 쉽다.

3. 고압가스 설비에서 폭발, 화재의 원인이 되는 정전기 발생을 방지하거나 억제하는 방법으로 옳지 않은 것은? [07]
① 마찰을 적게 한다.
② 유속을 크게 한다.
③ 주위를 이온화하여 중화한다.
④ 습도를 높게 한다.
[해설] 유속을 1 m/s 이하로 유지하는 것이 정전기 발생을 방지하거나 억제하는 방법이다.

4. 가연성 가스를 취급하는 장소에는 누출된 가스의 폭발 사고를 방지하기 위하여 전기 설비를 방폭 구조로 한다. 다음 중 방폭 구조가 아닌 것은? [03, 05, 08]
① 안전증 방폭 구조
② 내열 방폭 구조
③ 압력 방폭 구조
④ 내압 방폭 구조
[해설] 방폭 구조의 종류 : 내압 방폭 구조, 유입 방폭 구조, 압력 방폭 구조, 안전증 방폭 구조, 본질안전 방폭 구조, 특수 방폭 구조

정답 1. ② 2. ② 3. ② 4. ②

5. 다음 중 방폭 구조의 표시 방법으로 잘못된 것은? [09]
① 안전증 방폭 구조 : e
② 본질 안전 방폭 구조 : b
③ 유입 방폭 구조 : o
④ 내압 방폭 구조 : d

[해설] 방폭 구조의 종류 및 표시 기호

명 칭	기 호	명 칭	기 호
내압 방폭 구조	d	유입 방폭 구조	o
압력 방폭 구조	p	안전증 방폭 구조	e
본질 안전 방폭 구조	ia, ib	특수 방폭 구조	s

6. 용기 내부에서 가연성 가스의 폭발이 발생할 경우 그 용기가 폭발 압력에 견디고, 접합면, 개구부 등을 통하여 외부의 가연성 가스에 인화되지 아니하도록 한 방폭 구조는?
① 내압 방폭 구조   ② 압력 방폭 구조   [09, 13]
③ 유입 방폭 구조   ④ 안전증 방폭 구조

[해설] 내압(耐壓) 방폭 구조(d) : 방폭 전기 기기의 용기(이하 "용기"라 함) 내부에서 가연성 가스의 폭발이 발생할 경우 그 용기가 폭발 압력에 견디고, 접합면, 개구부 등을 통하여 외부의 가연성 가스에 인화되지 아니하도록 한 구조

7. 용기 내부에 절연유를 주입하여 불꽃, 아크 또는 고온 발생 부분이 기름 속에 잠기게 함으로써 기름면 위에 존재하는 가연성 가스에 인화되지 않도록 한 방폭 구조는? [07, 11]
① 압력 방폭 구조   ② 유입 방폭 구조
③ 내압 방폭 구조   ④ 안전증 방폭 구조

[해설] 유입(油入) 방폭 구조(o) : 용기 내부에 절연유를 주입하여 불꽃, 아크 또는 고온 발생 부분이 기름 속에 잠기게 함으로써 기름면 위에 존재하는 가연성 가스에 인화되지 아니하도록 한 구조

8. 방폭 지역이 0종인 장소에는 원칙적으로 어떤 방폭 구조의 것을 사용하여야 하는가?
① 내압 방폭 구조   [09, 15]
② 압력 방폭 구조
③ 본질 안전 방폭 구조
④ 안전증 방폭 구조

[해설] 0종 장소에는 원칙적으로 본질 안전 방폭 구조의 것을 설치하여야 한다.

[정답] 5. ② 6. ① 7. ② 8. ③

7 위험성 평가 기법

(1) 정성적 평가 기법

① **체크리스트(checklist) 기법** : 공정 및 설비의 오류, 결함 상태, 위험 상황 등을 목록화한 형태로 작성하여 경험적으로 비교함으로써 위험성을 파악하는 것이다.

② **사고예상 질문 분석(WHAT-IF) 기법** : 공정에 잠재하고 있으면서 원하지 않은 나쁜 결과를 초래할 수 있는 사고에 대하여 예상 질문을 통해 사전에 확인함으로써 그 위험과 결과 및 위험을 줄이는 방법을 제시하는 것이다.

③ **위험과 운전 분석(hazard and operablity studies : HAZOP) 기법** : 공정에 존재하는 위험 요소들과 공정의 효율을 떨어뜨릴 수 있는 운전상의 문제점을 찾아내어 그 원인을 제거하는 것이다.

(2) 정량적 평가 기법

① **작업자 실수 분석(human error analysis) 기법** : 설비의 운전원, 정비 보수원, 기술자 등의 작업에 영향을 미칠만한 요소를 평가하여 그 실수의 원인을 파악하고 추적하여 실수의 상대적 순위를 결정하는 것이다.

② **결함수 분석(fault tree analysis : FTA) 기법** : 사고를 일으키는 장치의 이상이나 운전자 실수의 조합을 연역적으로 분석하는 것이다.

③ **사건수 분석(event tree analysis : ETA) 기법** : 초기 사건으로 알려진 특정한 장치의 이상이나 운전자의 실수로부터 발생되는 잠재적인 사고 결과를 평가하는 것이다.

④ **원인 결과 분석(cause-consequence analysis : CCA) 기법** : 잠재된 사고의 결과와 이러한 사고의 근본적인 원인을 찾아내고 사고 결과와 원인의 상호 관계를 예측, 평가하는 것이다.

(3) 기타

① **상대위험 순위 결정(dow and mond indices) 기법** : 설비에 존재하는 위험에 대하여 수치적으로 상대위험 순위를 지표화하여 그 피해 정도를 나타내는 상대적 위험 순위를 정하는 것이다.

② **이상 위험도 분석(failure modes effect and criticality analysis : FMECA) 기법** : 공정 및 설비 고장의 형태 및 영향, 고장 형태별 위험도 순위를 결정하는 것이다.

제5장 가스의 연소 이론

단원 예상문제

1. 다음 가스 폭발의 위험성 평가 기법 중 정량적 평가 방법은? [09]
① HAZOP(위험성 운전 분석 기법)
② FTA(결함수 분석 기법)
③ check list 기법
④ WHAT-IF(사고 예상 질문 분석 기법)

[해설] 위험성 평가 기법의 분류
㉮ 정성적 평가 기법 : 체크리스트(checklist) 기법, 사고 예상 질문 분석(WHAT-IF) 기법, 위험과 운전 분석(HAZOP) 기법
㉯ 정량적 평가 기법 : 작업자 실수 분석(human error analysis) 기법, 결함수 분석(FTA) 기법, 사건수 분석(ETA) 기법, 원인 결과 분석(CCA) 기법
㉰ 기타 평가 기법 : 상대위험 순위 결정 기법, 이상 위험도 분석(FMECA) 기법

2. 공정에 존재하는 위험 요소와 비록 위험하지는 않더라도 공정의 효율을 떨어뜨릴 수 있는 운전상의 문제를 파악하기 위한 안전성 평가 기법은? [16]
① 안전성 검토(safety review) 기법
② 예비 위험성 평가(preliminary hazard analysis) 기법
③ 사고 예상 질문(what if analysis) 기법
④ 위험과 운전 분석(HAZOP) 기법

[해설] 위험과 운전 분석(hazard and operablity studies : HAZOP) 기법 : 공정에 존재하는 위험 요소들과 공정의 효율을 떨어뜨릴 수 있는 운전상의 문제점을 찾아내어 그 원인을 제거하는 것이다.

3. 공정과 설비의 고장 형태 및 영향, 고장 형태별 위험도 순위 등을 결정하는 안전성 평가 기법은? [14]
① 위험과 운전 분석(HAZOP)
② 예비 위험 분석(PHA)
③ 결함수 분석(FTA)
④ 이상 위험도 분석(FMECA)

[해설] 이상 위험도 분석(failure modes effect and criticality analysis : FMECA) 기법 : 공정 및 설비 고장의 형태 및 영향, 고장 형태별 위험도 순위를 결정하는 것이다.

[정답] 1. ② 2. ④ 3. ④

과년도 출제 문제

부록 1
- 2015년도 출제 문제
- 2016년도 출제 문제

2015년도 출제 문제

□ 가스 기능사　　　　　　　　　　　▶ 2015. 1. 25 시행

1. 도시가스 매설 배관에 설치하는 보호판은 누출 가스가 지면으로 확산되도록 구멍을 뚫는데 그 간격의 기준으로 옳은 것은?
① 1 m 이하 간격　② 2 m 이하 간격
③ 3 m 이하 간격　④ 5 m 이하 간격

[해설] 보호판의 설치 기준
㉮ 설치 위치: 배관 정상부에서 30 cm 이상의 높이
㉯ 보호판 재질: KS D 3503 (일반 구조용 압연 강재)
㉰ 보호판 두께: 4 mm 이상 (고압 배관: 6 mm 이상)
㉱ 도막 두께: 80 μm 이상
㉲ 누출 가스 확산 구멍: 보호판에는 지름 30 mm 이상 50 mm 이하의 구멍을 3 m 이하 간격으로 뚫는다.

2. 처리 능력이 1일 35000 m³인 산소 처리 설비의 위치가 전용 공업 지역이 아닐 경우 처리 설비 외면과 사업소 밖에 있는 병원과는 몇 m 이상 안전거리를 유지해야 하는가?
① 16 m　② 17 m　③ 18 m　④ 20 m

[해설] 보호 시설과의 안전거리 (산소 처리 설비)

저장 능력(m³)	제1종	제2종
1만 이하	12	8
1만 초과~2만 이하	14	9
2만 초과~3만 이하	16	11
3만 초과~4만 이하	18	13
4만 초과	20	14

※ 병원은 1종 보호 시설이고, 처리 능력이 35000 m³이므로 안전거리는 18 m 이상을 유지한다.

3. 도시가스 사업자가 굴착 공사 정보 지원 센터로부터 굴착 계획의 통보 내용을 통지받은 때에는 얼마 이내에 매설된 배관이 있는지를 확인하고 그 결과를 굴착 공사 정보 지원 센터에 통지해야 하는가?
① 24시간　② 36시간
③ 48시간　④ 60시간

[해설] 도시가스 배관 매설 상황 확인 등 (도법 시행규칙 제52조 5항): 도시가스 사업자가 굴착 공사 정보 지원 센터로부터 굴착 계획의 통보 내용을 통지받은 때에는 그때부터 24시간 이내에 매설된 배관이 있는지 확인하고 그 결과를 굴착 공사 정보 지원 센터에 통지하여야 한다. 이 경우 토요일 및 공휴일은 통지 시간에 포함하지 아니한다.

4. 공기 중에서 폭발 범위가 가장 좁은 것은?
① 메탄　② 프로판
③ 수소　④ 아세틸렌

[해설] 각 가스의 공기 중에서의 폭발 범위

명칭	폭발 범위
메탄 (CH_4)	5~15 %
프로판 (C_3H_8)	2.2~9.5 %
수소 (H_2)	4~75 %
아세틸렌 (C_2H_2)	2.5~81 %

5. 용기에 의한 액화석유가스 저장소에서 실외 저장소 주위의 경계 울타리와 용기 보관 장소 사이에는 얼마 이상의 거리를 유지해야 하는가?
① 2 m　② 8 m
③ 15 m　④ 20 m

[해답] 1. ③　2. ③　3. ①　4. ②　5. ④

[해설] 다른 설비와의 거리 : 실외 저장소 주위의 경계 울타리와 용기 보관 장소 사이에는 20 m 이상의 거리를 유지한다.

6. 다음 중 고압가스 특정제조 허가의 대상이 아닌 것은?
① 석유 정제 시설에서 고압가스를 제조하는 것으로서 그 저장 능력이 100톤 이상인 것
② 석유 화학 공업 시설에서 고압가스를 제조하는 것으로서 그 처리 능력이 1만 세제곱미터 이상인 것
③ 철강 공업 시설에서 고압가스를 제조하는 것으로서 그 처리 능력이 1만 세제곱미터 이상인 것
④ 비료 제조 시설에서 고압가스를 제조하는 것으로서 그 저장 능력이 100톤 이상인 것

[해설] 고압가스 특정제조 허가 대상
㉮ 석유 정제업자 : 저장 능력 100톤 이상
㉯ 석유화학공업자 : 저장 능력 100톤 이상, 처리 능력 1만 m^3 이상
㉰ 철강공업자 : 처리 능력 10만 m^3 이상
㉱ 비료 생산업자 : 저장 능력 100톤 이상, 처리 능력 10만 m^3 이상
㉲ 산업 통상 자원부 장관이 정하는 시설

7. 가연성 가스의 제조 설비 중 전기 설비를 방폭 성능을 가지는 구조로 갖추지 아니하여도 되는 가스는?
① 암모니아   ② 염화 메탄
③ 아크릴알데히드   ④ 산화에틸렌

[해설] 암모니아, 브롬화메탄 및 공기 중에서 자기 발화하는 가스는 제외한다.

8. 가스 도매 사업 제조소의 배관 장치에 설치하는 경보장치가 울려야 하는 시기의 기준으로 잘못된 것은?
① 배관 안의 압력이 상용 압력의 1.05배를 초과한 때
② 배관 안의 압력이 정상 운전 때의 압력보다 15 % 이상 강하한 경우 이를 검지한 때
③ 긴급 차단 밸브의 조작 회로가 고장난 때 또는 긴급 차단 밸브가 폐쇄된 때
④ 상용 압력이 5 MPa 이상인 경우 상용 압력에 0.5 MPa를 더한 압력을 초과한 때

[해설] 배관 안의 압력이 상용 압력의 1.05배를 초과한 때(단, 상용 압력이 4 MPa 이상인 경우에는 상용 압력에 0.2 MPa를 더한 압력) 경보장치가 울려야 한다.

9. 다음 중 상온에서 가스를 압축, 액화 상태로 용기에 충전시키기가 가장 어려운 가스는?
① C_3H_8 ② CH_4
③ Cl_2 ④ CO_2

[해설] 상태에 의한 가스의 분류 및 종류
㉮ 압축가스의 종류 : 헬륨 (He), 수소 (H_2), 네온 (Ne), 질소 (N_2), 일산화탄소 (CO), 불소 (F_2), 아르곤 (Ar), 산소 (O_2), 산화질소 (NO), 메탄 (CH_4) 등
㉯ 액화 가스의 종류 : 프로판 (C_3H_8), 부탄 (C_4H_{10}), 염소 (Cl_2), 암모니아 (NH_3), 이산화탄소 (CO_2), 산화에틸렌 (C_2H_4O), 시안화수소 (HCN), 황화수소 (H_2S) 등
㉰ 용해 가스 : 아세틸렌 (C_2H_2)

10. 일반 도시가스 사업의 가스 공급 시설 기준에서 배관을 지상에 설치할 경우 가스 배관의 표면 색상은?
① 흑색   ② 청색
③ 적색   ④ 황색

[해설] 도시가스 배관 색상
㉮ 지상 배관 : 황색
㉯ 지하 매설관 : 적색(중압), 황색(저압)

11. 가스 도매 사업의 가스 공급 시설 중 배관을 지하에 매설할 때의 기준으로 틀린 것은?
① 배관은 그 외면으로부터 수평 거리로 건축물까지 1.0 m 이상을 유지한다.
② 배관은 그 외면으로부터 지하의 다른 시

해답 6. ③   7. ①   8. ④   9. ②   10. ④   11. ①

설물과 0.3 m 이상의 거리를 유지한다.
③ 배관을 산과 들에 매설할 때는 지표면으로부터 배관 외면까지의 매설 깊이를 1 m 이상으로 한다.
④ 배관은 지반 동결로 손상을 받지 아니하는 깊이로 매설한다.

[해설] 건축물과의 수평 거리 : 1.5 m 이상을 유지

12. 운반 책임자를 동승시키지 않고 운반하는 액화석유가스용 차량에서 고정된 탱크에 설치하여야 하는 장치는?
① 살수 장치
② 누설 방지장치
③ 폭발 방지장치
④ 누설 경보장치

[해설] 폭발 방지장치 설치 : 운반 책임자 동승을 제외하고자 하는 액화석유가스용 차량에 고정된 탱크에는 그 탱크의 외벽이 화염으로 인하여 국부적으로 가열될 경우 그 저장 탱크 벽면의 열을 신속히 흡수·분산시킴으로써 탱크 벽면의 국부적인 온도 상승으로 인한 탱크의 파열을 방지하기 위하여 탱크 내에 다공성 벌집형 알루미늄 박판(폭발 방지제)을 설치한다.

13. 다음 중 수소의 특징에 대한 설명으로 옳은 것은?
① 조연성 기체이다.
② 폭발 범위가 넓다.
③ 가스의 비중이 커서 확산이 느리다.
④ 저온에서 탄소와 수소 취성을 일으킨다.

[해설] 수소의 성질
㉮ 지구상에 존재하는 원소 중 가장 가볍다.
㉯ 무색, 무취, 무미의 가연성이다.
㉰ 확산 속도가 대단히 크다.
㉱ 고온에서 강재, 금속 재료를 쉽게 투과한다.
㉲ 폭굉 속도가 1400∼3500 m/s에 달한다.
㉳ 폭발 범위가 넓다 (공기 중 : 4∼75 %, 산소 중 : 4∼94 %).
㉴ 고온, 고압의 상태에서 수소 취성을 일으킨다.

14. 다음 중 제1종 보호 시설이 아닌 것은?

① 가설 건축물이 아닌 사람을 수용하는 건축물로 사실상 독립된 부분의 연면적이 $1500 m^2$인 건축물
② 문화재 보호법에 의하여 지정 문화재로 지정된 건축물
③ 수용 능력이 100인(人) 이상인 공연장
④ 어린이집 및 어린이 놀이시설

[해설] 제1종 보호시설
㉮ 학교, 유치원, 어린이집, 놀이방, 어린이 놀이터, 학원, 병원(의원 포함), 도서관, 청소년 수련 시설, 경로당, 시장, 공중목욕탕, 호텔, 여관, 극장, 교회 및 공회당
㉯ 사람을 수용하는 건축물(가설 건축물 제외)로 사실상 독립된 부분의 연면적이 $1000 m^2$ 이상인 건축물
㉰ 예식장, 장례식장 및 전시장, 그 밖에 이와 유사한 시설로 300명 이상 수용할 수 있는 건축물
㉱ 아동 복지 시설 또는 장애인 복지 시설로 20명 이상 수용할 수 있는 건축물
㉲ 문화재 보호법에 따라 지정 문화재로 지정된 건축물

15. 가연성 가스와 동일 차량에 적재하여 운반할 경우 충전 용기의 밸브가 서로 마주보지 않도록 적재해야 할 가스는?
① 수소
② 산소
③ 질소
④ 아르곤

[해설] 가연성 가스와 산소를 동일 차량에 적재 운반할 경우 충전 용기 밸브가 서로 마주보지 않도록 적재하여야 한다.

16. 천연가스의 발열량이 10400 kcal/Sm³이다. SI 단위인 MJ/Sm³으로 나타내면?
① 2.47
② 43.68
③ 2476
④ 43680

[해설] 1 kcal는 약 4.2 kJ이고, 1 MJ는 1000 kJ에 해당된다.
∴ $\dfrac{10400 \times 4.2}{1000} = 43.68 \text{ MJ/Sm}^3$

해답 12. ③ 13. ② 14. ③ 15. ② 16. ②

17. 다음 중 연소의 3요소가 아닌 것은?
① 가연물　② 산소 공급원
③ 점화원　④ 인화점

[해설] 연소의 3요소 : 가연물, 산소 공급원, 점화원

18. 다음 중 허가 대상 가스용품이 아닌 것은 어느 것인가?
① 용접 절단기용으로 사용되는 LPG 압력 조정기
② 가스용 폴리에틸렌 플러그형 밸브
③ 가스 소비량이 132.6 kW인 연료 전지
④ 도시가스 정압기에 내장된 필터

[해설] 허가 대상 가스용품의 범위 : 액법 시행규칙 별표 4
　㉮ 압력 조정기(용접 절단기용 액화석유가스 압력조정기를 포함)
　㉯ 가스 누출 자동 차단 장치
　㉰ 정압기용 필터(정압기에 내장된 것은 제외)
　㉱ 매몰형 정압기
　㉲ 호스
　㉳ 배관용 밸브(볼밸브와 글로브 밸브만을 말함) → 액화석유가스 또는 도시가스용 매몰형 폴리에틸렌 플러그 밸브 및 매몰형 폴리에틸렌 볼밸브
　㉴ 콕 (퓨즈콕, 상자콕 및 주물 연소기용 노즐콕만 말함)
　㉵ 배관 이음관
　㉶ 강제 혼합식 가스버너
　㉷ 연소기(가스 소비량 232.6 kW (20만 kcal/h) 이하)
　㉸ 다기능 가스 안전 계량기
　㉹ 로딩암
　㉺ 연료 전지(가스 소비량 232.6 kW (20만 kcal/h) 이하)
　㉻ 다기능 보일러

19. 가연성 가스 충전 용기 보관실의 벽 재료의 기준은?
① 불연 재료
② 난연 재료
③ 가벼운 재료
④ 불연 또는 난연 재료

[해설] 충전 용기의 보관실은 불연 재료를 사용하고 불연성의 재료나 난연성의 재료를 사용한 가벼운 지붕을 설치한다.

20. 고압가스 안전 관리법상 독성 가스는 공기 중에 일정량 이상 존재하는 경우 인체에 유해한 독성을 가진 가스로서 허용 농도(해당 가스를 대기 중에서 1시간 동안 계속하여 성숙한 흰쥐 집단에 노출시킨 경우 14일 이내에 그 흰쥐의 2분의 1 이상이 죽게 되는 가스의 농도를 말한다)가 얼마인 것을 말하는가?
① 100만 분의 2000 이하
② 100만 분의 3000 이하
③ 100만 분의 4000 이하
④ 100만 분의 5000 이하

[해설] 독성 가스의 허용 농도 : 100만 분의 5000 이하

21. 고압가스 저장 시설에서 가연성 가스 시설에 설치하는 유동 방지 시설의 기준은?
① 높이 2 m 이상의 내화성 벽으로 한다.
② 높이 1.5 m 이상의 내화성 벽으로 한다.
③ 높이 2 m 이상의 불연성 벽으로 한다.
④ 높이 1.5 m 이상의 불연성 벽으로 한다.

[해설] 가연성 가스 시설에 대한 유동 방지 시설의 기준 : 높이 2 m 이상의 내화성 벽으로 하고, 가스 설비 등과 화기를 취급하는 장소는 우회 수평 거리 8 m 이상을 유지한다.

22. 고압가스 용기 재료의 구비 조건이 아닌 것은?
① 내식성, 내마모성을 가질 것
② 무겁고 충분한 강도를 가질 것
③ 용접성이 좋고 가공 중 결함이 생기지 않을 것
④ 저온 및 사용 온도에 견디는 연성과 점성 강도를 가질 것

[해설] 가볍고 충분한 강도를 가져야 한다.

해답 17. ④　18. ④　19. ①　20. ④　21. ①　22. ②

23. LPG 충전소에는 시설의 안전 확보상 "충전 중 엔진 정지"를 주위의 보기 쉬운 곳에 설치해야 한다. 다음 중 이 표지판의 바탕색과 문자 색은?
① 흑색 바탕에 백색 글씨
② 흑색 바탕에 황색 글씨
③ 백색 바탕에 흑색 글씨
④ 황색 바탕에 흑색 글씨

[해설] LPG 자동차 충전소 표지판
㉮ 충전 중 엔진 정지 : 황색 바탕에 흑색 글씨
㉯ 화기 엄금 : 백색 바탕에 적색 글씨

24. 지름이 15 mm인 도시가스 배관에 대한 고정장치의 설치 간격은 몇 m마다인가?
① 1   ② 2
③ 3   ④ 4

[해설] 배관의 고정장치 설치 기준
㉮ 관 지름 13 mm 미만 : 1 m마다
㉯ 관 지름 13∼33 mm 미만 : 2 m마다
㉰ 관 지름 33 mm 이상 : 3 m마다

25. 다음 중 가스 운반 시 차량 비치 항목이 아닌 것은?
① 가스 표시 색상
② 가스 특성(온도와 압력과의 관계, 비중, 색깔, 냄새)
③ 인체에 대한 독성 유무
④ 화재, 폭발의 위험성 유무

[해설] 휴대할 서면에 기재할 내용
㉮ 가스의 명칭
㉯ 가스의 특성(온도와 압력 관계, 비중, 색깔, 냄새)
㉰ 화재, 폭발의 위험성 유무
㉱ 인체에 대한 독성 유무
㉲ 운반 중의 주의 사항

26. 고압가스 판매자가 실시하는 용기의 안전점검 및 유지 관리의 기준으로 틀린 것은?
① 용기 아랫부분의 부식 상태를 확인할 것
② 완성 검사 도래 여부를 확인할 것
③ 밸브의 그랜드 너트가 고정핀으로 이탈 방지를 위한 조치가 되어 있는지의 여부를 확인할 것
④ 용기 캡이 씌워져 있거나 프로텍터가 부착되어 있는지의 여부를 확인할 것

[해설] 용기의 안전 점검 기준 : ①, ③, ④ 외
㉮ 용기의 내·외면을 점검하여 사용할 때에 위험한 부식, 금, 주름 등이 있는지의 여부를 확인할 것
㉯ 용기에 도색 및 표시가 되어 있는지의 여부를 확인할 것
㉰ 용기의 스커트에 찌그러짐이 있는지, 사용할 때에 위험하지 않도록 적정 간격을 유지하고 있는지의 여부를 확인할 것
㉱ 유통 중 열 영향을 받았는지의 여부를 점검할 것(이 경우 열 영향을 받은 용기는 재검사를 받아야 한다.)
㉲ 재검사 기간의 도래 여부를 확인할 것
㉳ 밸브의 몸통, 충전구 나사, 안전밸브 사용에 지장을 주는 흠, 주름, 스프링의 부식 등이 있는지의 여부를 확인할 것
㉴ 밸브의 개폐 조작이 쉬운 핸들이 부착되어 있는지의 여부를 확인할 것
㉵ 용기에는 충전 가스의 종류에 맞는 용기 부속품이 부착되어 있는지의 여부를 확인할 것

27. 독성 가스인 암모니아의 저장 탱크에는 그 가스의 용량이 그 저장 탱크 내용적의 몇 %를 초과하지 않아야 하는가?
① 80 %   ② 85 %
③ 90 %   ④ 95 %

[해설] 저장 탱크에는 가스의 용량이 그 저장 탱크 내용적의 90 %를 초과하지 않아야 한다.

28. 액화 암모니아 10 kg을 기화시키면 표준 상태에서 약 몇 m^3의 기체로 되는가?
① 4   ② 5
③ 13   ④ 26

[해답] 23. ④   24. ②   25. ①   26. ②   27. ③   28. ③

[해설] 암모니아의 분자량은 17, 표준 상태는 0℃, 1 atm (101.325 kPa) 상태이다.

$PV = GRT$ 에서

$$V = \frac{GRT}{P} = \frac{10 \times \frac{8.314}{17} \times 273}{101.325} = 13.1767 \text{ m}^3$$

29. 용기에 의한 고압가스 판매 시설의 충전 용기 보관실 기준으로 옳지 않은 것은?
① 가연성 가스 충전 용기 보관실은 불연성 재료나 난연성의 재료를 사용한 가벼운 지붕을 설치한다.
② 공기보다 무거운 가연성 가스의 용기 보관실에는 가스 누출 검지 경보장치를 설치한다.
③ 충전 용기 보관실은 가연성 가스가 새어 나오지 못하도록 밀폐 구조로 한다.
④ 용기 보관실의 주변에는 화기 또는 인화성 물질이나 발화성 물질을 두지 않는다.

[해설] 가연성 가스 용기 보관실에는 누출된 고압가스가 체류하지 않도록 환기구를 갖추는 등 필요한 조치를 마련하여야 한다.

30. 도시가스 배관의 용어에 대한 설명으로 틀린 것은?
① 배관이란 본관, 공급관, 내관 또는 그 밖의 관을 말한다.
② 본관이란 도시가스 제조 사업소의 부지 경계에서 정압기까지 이르는 배관을 말한다.
③ 사용자 공급관이란 공급관 중 정압기에서 가스 사용자가 구분하여 소유하는 건축물의 외벽에 설치된 계량기까지 이르는 배관을 말한다.
④ 내관이란 가스 사용자가 소유하거나 점유하고 있는 토지의 경계에서 연소기까지 이르는 배관을 말한다.

[해설] 사용자 공급관 : 공급관 중 가스 사용자가 소유하거나 점유하고 있는 토지의 경계에서 가스 사용자가 구분하여 소유하거나 점유하는 건축물의 외벽에 설치된 계량기의 전단 밸브(계량기가 건축물 내부에 설치된 경우에는 그 건축물의 외벽)까지 이르는 배관
※ ③항 : 공급관 중 공동 주택 등에 해당되는 경우

31. 측정 압력이 0.01~10 kgf/cm² 정도이고, 오차가 ±1~2 % 정도이며 유체 내의 먼지 등의 영향이 적으나, 압력 변동에 적응하기 어렵고 주위 온도 오차에 의한 충분한 주의를 요하는 압력계는?
① 전기 저항 압력계
② 벨로스(bellows)식 압력계
③ 부르동관(bourdon tube)식 압력계
④ 피스톤 압력계

[해설] 벨로스식 압력계 : 얇은 금속판으로 만들어진 원형 주름통(벨로스)의 탄성을 이용하여 압력을 측정하는 탄성식 압력계로 벨로스의 재질은 인청동, 스테인리스강을 사용한다. 압력 측정 범위가 0.1~1000 kPa 정도이고, 진공압 및 차압 측정용으로 주로 사용된다.

32. 1단 감압식 저압 조정기의 조정 압력(출구압력)은?
① 2.3~3.3 kPa
② 5~30 kPa
③ 32~83 kPa
④ 57~83 kPa

[해설] 1단 감압식 저압 조정기 압력

구분		압력
입구 압력		0.07~1.56 MPa
조정(출구) 압력		2.3~3.3 kPa
입구 측	기밀시험 압력	1.56 MPa 이상
	내압시험 압력	3 MPa 이상
출구 측	기밀시험 압력	5.5 kPa
	내압시험 압력	0.3 MPa 이상
안전밸브 작동 개시 압력		5.6~8.4 kPa

해답 29. ③ 30. ③ 31. ② 32. ①

※ ②항 : 1단 감압식 준저압 조정기 및 2단 감압식 2차용 준저압 조정기 조정 압력
④항 : 2단 감압식 1차용 조정기 조정 압력

33. 초저온 저장 탱크에 주로 사용되며 차압에 의하여 측정하는 액면계는?
① 시창식   ② 햄프슨식
③ 부자식   ④ 회전 튜브식

[해설] 차압식 액면계 : 기상부와 액상부의 압력차를 이용하여 액면을 지시하는 것으로 햄프슨식 액면계라 한다.

34. 분말 진공 단열법에서 충진용 분말로 사용되지 않는 것은?
① 탄화 규소   ② 펄라이트
③ 규조토   ④ 알루미늄 분말

[해설] 충진용 분말 : 샌다셀, 펄라이트, 규조토, 알루미늄 분말

35. 압축기에서 다단 압축을 하는 목적으로 틀린 것은?
① 소요 일량의 감소
② 이용 효율의 증대
③ 힘의 평형 향상
④ 토출 온도 상승

[해설] 다단 압축의 목적
㉮ 1단 단열 압축과 비교한 일량 절약
㉯ 이용 효율의 증가
㉰ 힘의 평형이 양호해진다.
㉱ 가스의 온도 상승을 피할 수 있다.

36. 1000 L의 액산 탱크에 액산을 넣고 방출밸브를 개방하여 12시간 방치하였더니 탱크 내의 액산이 4.8 kg 방출되었다면 1시간당 탱크에 침입하는 열량은 약 몇 kcal인가? (단, 액산의 증발 잠열은 60 kcal/kg이다.)
① 12   ② 24
③ 70   ④ 150

[해설] 침입 열량 = $\dfrac{\text{증발 잠열량}}{\text{측정 시간}}$
$= \dfrac{4.8 \times 60}{12} = 24$ kcal/h

37. 도시가스용 압력 조정기에 대한 설명으로 옳은 것은?
① 유량 성능은 제조자가 제시한 설정 압력의 ±10 % 이내로 한다.
② 합격 표시는 바깥지름 5 mm의 "K"자 각인을 한다.
③ 입구 측 연결 배관 관 지름은 50 A 이상의 배관에 연결되어 사용되는 조정기이다.
④ 최대 표시 유량이 300 Nm³/h 이상인 사용처에 사용되는 조정기이다.

[해설] 도시가스용 압력 조정기
㉮ 유량 성능은 제조자가 제시한 설정 압력의 ±20 % 이내로 한다.
㉯ 합격 표시는 도시가스용 압력 조정기는 바깥지름 5 mm의 "K"자 각인을, 정압기용 압력 조정기는 바깥지름 10 mm의 "K"자 각인을 한다.
㉰ 도시가스용 압력 조정기는 입구 쪽 호칭지름이 50 A 이하이고, 최대 표시 유량이 300 Nm³/h 이하인 것이다.

38. 오리피스 유량계는 어떤 형식의 유량계인가?
① 차압식   ② 면적식
③ 용적식   ④ 터빈식

[해설] 차압식 유량계
㉮ 측정 원리 : 베르누이 방정식
㉯ 종류 : 오리피스 미터, 플로 노즐, 벤투리 미터
㉰ 측정 방법 : 조리개 전후에 연결된 액주계의 압력차를 이용하여 유량을 측정

39. 질소를 취급하는 금속 재료에서 내질화성을 증대시키는 원소는?
① Ni   ② Al   ③ Cr   ④ Ti

[해답] 33. ② 34. ① 35. ④ 36. ② 37. ② 38. ① 39. ①

[해설] 내질화성(耐窒化性)을 증대시키는 원소 : 니켈(Ni)

40. 다음 각 가스에 의한 부식 현상 중 틀린 것은?
① 암모니아에 의한 강의 질화
② 황화수소에 의한 철의 부식
③ 일산화탄소에 의한 금속의 카르보닐화
④ 수소 원자에 의한 강의 탈수소화

[해설] 가스에 의한 고온 부식의 종류
㉮ 산화 : 산소 및 탄산 가스
㉯ 황화 : 황화수소 (H_2S)
㉰ 질화 : 암모니아 (NH_3)
㉱ 침탄 및 카르보닐화 : 일산화탄소 (CO)가 많은 환원 가스
㉲ 바나듐 어택 : 오산화 바나듐 (V_2O_5)
㉳ 탈탄 작용 : 수소 (H_2)

41. 다음 중 아세틸렌과 치환 반응을 하지 않는 것은?
① Cu   ② Ag
③ Hg   ④ Ar

[해설] 아르곤(Ar)은 불활성 기체로 다른 원소와 반응하지 않는다.

42. 비점이 점차 낮은 냉매를 사용하여 저비점의 기체를 액화하는 사이클은?
① 클라우드 액화 사이클
② 필립스 액화 사이클
③ 캐스케이드 액화 사이클
④ 캐피자 액화 사이클

[해설] 캐스케이드 액화 사이클 : 비점이 점차 낮은 냉매를 사용하여 저비점의 기체를 액화하는 사이클로 다원액화 사이클이라고 부르며, 공기 액화 및 천연가스를 액화시키는 데 사용하고 있다.

43. 유체가 5 m/s의 속도로 흐를 때 이 유체의 속도 수두는 약 몇 m인가? (단, 중력 가속도는 9.8 m/s²이다.)

① 0.98   ② 1.28
③ 12.2   ④ 14.1

[해설] $h = \dfrac{V^2}{2g} = \dfrac{5^2}{2 \times 9.8} = 1.275\,\text{m}$

44. 빙점 이하의 낮은 온도에서 사용되며 LPG 탱크, 저온에서도 인성이 감소되지 않는 화학 공업 배관 등에 주로 사용되는 관의 종류는?
① SPLT   ② SPHT
③ SPPH   ④ SPPS

[해설] 배관용 강관의 KS 기호

KS 기호	배관 명칭
SPP	배관용 탄소강관
SPPS	압력 배관용 탄소강관
SPPH	고압 배관용 탄소강관
SPHT	고온 배관용 탄소강관
SPLT	저온 배관용 탄소강관
SPW	배관용 아크용접 탄소강관
SPA	배관용 합금강관
STS×T	배관용 스테인리스 강관
SPPG	연료 가스 배관용 탄소강관

45. 고압가스용 이음매 없는 용기에서 내력비란?
① 내력과 압궤 강도의 비를 말한다.
② 내력과 파열 강도의 비를 말한다.
③ 내력과 압축 강도의 비를 말한다.
④ 내력과 인장 강도의 비를 말한다.

[해설] 내력비 : 내력과 인장 강도의 비

46. 섭씨온도로 측정할 때 상승된 온도가 5℃였다. 이때 화씨온도로 측정하면 상승 온도는 몇 도인가?
① 7.5   ② 8.3
③ 9.0   ④ 41

[해설] 섭씨온도와 화씨온도는 1.8배의 관계가 있으므로 상승 온도는 5℃의 1.8배가 화씨온도로 상승된 온도가 된다.

[해답] 40. ④ 41. ④ 42. ③ 43. ② 44. ① 45. ④ 46. ③

∴ 상승 온도 (°F) = 5 × 1.8 = 9.0 °F
※ 문제에서 질문한 것은 5℃를 화씨온도로 전환하는 문제가 아니고, 5℃ 상승한 온도를 화씨온도로 계산하는 것임

47. 어떤 물질의 고유의 양으로, 측정하는 장소에 따라 변함이 없는 물리량은?
① 질량　　② 중량
③ 부피　　④ 밀도

[해설] 질량은 측정하는 장소에 따라 변함이 없는 물리량이지만 중량, 부피, 밀도 등은 측정하는 장소의 중력 가속도, 온도, 압력 등에 따라 변한다.

48. 하버-보슈법으로 암모니아 44 g을 제조하려면 표준 상태에서 수소는 몇 L가 필요한가?
① 22　　② 44
③ 87　　④ 100

[해설] 암모니아 생성 반응식
$N_2 + 3H_2 \rightarrow 2NH_3$에서 암모니아 2×17 g이 생성될 때 수소는 3×22.4 L가 필요하다.
∴ 3×22.4 L : 2×17 g = x [L] : 44 g
∴ $x = \dfrac{3 \times 22.4 \times 44}{2 \times 17} = 86.964$ L

49. 기체 연료의 연소 특성으로 틀린 것은?
① 소형의 버너도 매연이 적고 완전 연소가 가능하다.
② 하나의 연료 공급원으로부터 다수의 연소로와 버너에 쉽게 공급된다.
③ 미세한 연소 조정이 어렵다.
④ 연소율의 가변 범위가 넓다.

[해설] 기체 연료는 미세한 연소 조정이 가능하다.

50. 비중이 13.6인 수은은 76 cm의 높이를 갖는다. 비중이 0.5인 알코올로 환산하면 그 수주는 몇 m인가?
① 20.67　　② 15.2
③ 13.6　　④ 5

[해설] $\gamma_1 \cdot h_1 = \gamma_2 \cdot h_2$에서
$h_2 = \dfrac{\gamma_1 \cdot h_1}{\gamma_2} = \dfrac{13.6 \times 10^3 \times 0.76}{0.5 \times 10^3}$
$= 20.672$ m

51. 다음 중 SNG에 대한 설명으로 가장 적당한 것은?
① 액화석유가스　　② 액화 천연가스
③ 정유 가스　　④ 대체 천연가스

[해설] SNG (Substitute Natural Gas) : 대체 천연가스, 합성 천연가스

52. 액체는 무색 투명하고, 특유의 복숭아향을 가진 맹독성 가스는?
① 일산화탄소　　② 포스겐
③ 시안화수소　　④ 메탄

[해설] 시안화수소 (HCN) : 가연성(6~41 %), 독성 (TLV-TWA 10 ppm) 가스로 호흡은 물론 피부에 노출되어도 인체로 침입되어 치명상을 입히는 맹독성 가스이다.

53. 단위 체적당 물체의 질량은 무엇을 나타내는 것인가?
① 중량　　② 비열
③ 비체적　　④ 밀도

[해설] 밀도 : 단위 체적당 물체의 질량
※ 가스 밀도 $= \dfrac{\text{분자량}}{22.4}$

54. 다음 중 지연성 가스로만 구성되어 있는 것은?
① 일산화탄소, 수소
② 질소, 아르곤
③ 산소, 이산화 질소
④ 석탄 가스, 수성 가스

[해설] 지연성(조연성) 가스의 종류 : 산소 (O_2), 오존 (O_3), 불소 (F_2), 염소 (Cl_2), 산화 질소 (NO), 아산화 질소 (N_2O), 이산화 질소 (NO_2) 등

55. 메탄가스의 특성에 대한 설명으로 틀린

[해답] 47. ①　48. ③　49. ③　50. ①　51. ④　52. ③　53. ④　54. ③　55. ①

것은?
① 메탄은 프로판에 비해 연소에 필요한 산소량이 많다.
② 폭발 하한 농도가 프로판보다 높다.
③ 무색, 무취이다.
④ 폭발 상한 농도가 부탄보다 높다.

[해설] 메탄(CH_4)과 프로판(C_3H_8)의 비교
㉮ 완전 연소 반응식
 － 메탄 : $CH_4 + 2O_2 \rightarrow CO_2 + 2H_2O$
 － 프로판 : $C_3H_8 + 5O_2 \rightarrow 3CO_2 + 4H_2O$
㉯ 폭발 범위
 － 메탄 : 5~15 %
 － 프로판 : 2.2~9.5 %

56. 암모니아의 성질에 대한 설명으로 옳지 않은 것은?
① 가스일 때 공기보다 무겁다.
② 물에 잘 녹는다.
③ 구리에 대하여 부식성이 강하다.
④ 자극성 냄새가 있다.

[해설] 암모니아(NH_3)의 분자량이 17이므로 가스일 때 공기보다 가볍다.

57. 수소에 대한 설명으로 틀린 것은?
① 상온에서 자극성을 갖는 가연성 기체이다.
② 폭발 범위는 공기 중에서 약 4~75 %이다.
③ 염소와 반응하여 폭명기를 형성한다.
④ 고온, 고압에서 강재 중 탄소와 반응하여 수소 취성을 일으킨다.

[해설] 13번 해설 참고

58. 다음 중 표준 상태에서 가스상 탄화수소의 점도가 가장 높은 가스는?
① 에탄   ② 메탄
③ 부탄   ④ 프로판

[해설] 각 가스의 점도

명칭	점도(MPa · s)
에탄 (C_2H_6)	0.00852
메탄 (CH_4)	0.01118
부탄 (C_4H_{10})	0.00735
프로판 (C_3H_8)	0.00790

59. 도시가스의 원료인 메탄가스를 완전 연소시켰다. 이때 어떤 가스가 주로 발생되는가?
① 부탄   ② 암모니아
③ 콜타르   ④ 이산화탄소

[해설] 메탄의 완전 연소 반응식
 $CH_4 + 2O_2 \rightarrow CO_2 + 2H_2O$
※ 탄화수소류(C_mH_n)가 완전 연소하면 이산화탄소(CO_2)와 수증기(H_2O)가 생성된다.

60. 표준 대기압하에서 물 1 kg의 온도를 1℃ 올리는 데 필요한 열량은 얼마인가?
① 0 kcal   ② 1 kcal
③ 80 kcal   ④ 539 kcal/kg · ℃

[해설] 열량의 단위
㉮ 1 kcal : 물 1 kg을 1℃ 변화시키는 데 소요되는 열량
㉯ 1 BTU : 물 1 lb를 1°F 변화시키는 데 소요되는 열량
㉰ 1 CHU : 물 1 lb를 1℃ 변화시키는 데 소요되는 열량

[해답] 56. ① 57. ① 58. ② 59. ④ 60. ②

가스 기능사 ▶ 2015. 4. 4 시행

1. 방류둑의 내측 및 그 외면으로부터 몇 m 이내에 그 저장 탱크의 부속설비 외의 것을 설치하지 못하도록 되어 있는가?
① 3 m   ② 5 m
③ 8 m   ④ 10 m

[해설] 방류둑의 내측 및 그 외면으로부터 10 m 이내에는 그 저장 탱크의 부속설비 외의 것을 설치하지 아니한다.

2. 가스의 성질에 대하여 옳은 것으로만 나열된 것은?

> ㉠ 일산화탄소는 가연성이다.
> ㉡ 산소는 조연성이다.
> ㉢ 질소는 가연성도 조연성도 아니다.
> ㉣ 아르곤은 공기 중에 함유되어 있는 가스로서 가연성이다.

① ㉠, ㉡, ㉣   ② ㉠, ㉡, ㉢
③ ㉡, ㉢, ㉣   ④ ㉠, ㉢, ㉣

[해설] 아르곤은 공기 중에 0.93% 함유되어 있는 불활성 기체이다.

3. 고압가스 일반 제조 시설 중 에어졸의 제조 기준에 대한 설명으로 틀린 것은?
① 에어졸의 분사제는 독성 가스를 사용하지 아니한다.
② 35℃에서 그 용기의 내압을 0.8 MPa 이하로 한다.
③ 에어졸 제조 설비는 화기 또는 인화성 물질과 5 m 이상의 우회 거리를 유지한다.
④ 내용적이 30 cm^3 이상인 용기는 에어졸의 제조에 재사용하지 아니한다.

[해설] 에어졸 제조 설비 및 에어졸 충전 용기 저장소는 화기 또는 인화성 물질과 8 m 이상의 우회 거리를 유지한다.

4. 도시가스 사용 시설에서 PE 배관은 온도가 몇 ℃ 이상 되는 장소에 설치하지 아니하는가?
① 25℃   ② 30℃   ③ 40℃   ④ 60℃

[해설] PE 배관 설치장소 제한 : PE 배관은 온도가 40℃ 이상 되는 장소에 설치하지 아니한다. 다만, 파이프 슬리브 등을 이용하여 단열 조치를 한 경우에는 온도가 40℃ 이상 되는 장소에 설치할 수 있다.

5. 0종 장소에는 원칙적으로 어떤 방폭 구조의 것을 사용하여야 하는가?
① 내압 방폭 구조
② 본질 안전 방폭 구조
③ 특수 방폭 구조
④ 안전증 방폭 구조

[해설] 0종 장소에는 원칙적으로 본질 안전 방폭 구조의 것을 사용한다.

6. 용기에 의한 고압가스 운반 기준으로 틀린 것은?
① 3000 kg의 액화 조연성 가스를 차량에 적재하여 운반할 때에는 운반책임자가 동승하여야 한다.
② 허용 농도가 500 ppm인 액화 독성 가스 1000 kg을 차량에 적재하여 운반할 때에는 운반책임자가 동승하여야 한다.
③ 충전 용기와 위험물 안전 관리법에서 정하는 위험물과는 동일 차량에 적재하여 운반할 수 없다.
④ 300 m^3의 압축 가연성 가스를 차량에 적재하여 운반할 때에는 운전자가 운반책임자의 자격을 가진 경우 자격이 없는 사람을 동승시킬 수 있다.

[해설] 운반책임자 동승 기준

해답 1. ④ 2. ② 3. ③ 4. ③ 5. ② 6. ①

㉮ 비독성 고압가스

가스 종류		기준
압축 가스	가연성	300 m³ 이상
	조연성	600 m³ 이상
액화 가스	가연성	3000 kg 이상 (납붙임 및 접합용기 : 2000 kg 이상)
	조연성	6000 kg 이상

㉯ 독성 고압가스

가스 종류	허용 농도 (LC50)	기준
압축 가스	100만 분의 200 이하	10 m³ 이상
	100만 분의 200 초과 100만 분의 5000 이하	100 m³ 이상
액화 가스	100만 분의 200 이하	100 kg 이상
	100만 분의 200 초과 100만 분의 5000 이하	1000 kg 이상

7. 공기와 혼합된 가스가 압력이 높아지면 폭발 범위가 좁아지는 가스는?

① 메탄   ② 프로판
③ 일산화탄소   ④ 아세틸렌

[해설] 대부분의 가연성 가스는 압력이 상승하면 폭발 범위가 넓어지나 일산화탄소(CO)와 수소(H_2)는 압력이 상승하면 폭발 범위가 좁아진다. 단, 수소는 압력이 10 atm 이상으로 상승하면 폭발 범위가 다시 넓어지는 특징이 있다.

8. 다음 중 아세틸렌(C_2H_2)에 대한 설명으로 틀린 것은?

① 폭발 범위는 수소보다 넓다.
② 공기보다 무겁고 황색의 가스이다.
③ 공기와 혼합되지 않아도 폭발하는 수가 있다.
④ 구리, 은, 수은 및 그 합금과 폭발성 화합물을 만든다.

[해설] 아세틸렌은 분자량이 26이므로 공기보다 가볍고 무색의 가스이다.

9. 지하에 매설된 도시가스 배관의 전기방식 기준으로 틀린 것은?

① 전기방식 전류가 흐르는 상태에서 토양 중에 있는 배관 등의 방식 전위 상한값은 포화 황산동 기준 전극으로 −0.85 V 이하일 것
② 전기방식 전류가 흐르는 상태에서 자연 전위와의 전위 변화가 최소한 −300 mV 이하일 것
③ 배관에 대한 전위 측정은 가능한 한 배관 가까운 위치에서 실시할 것
④ 전기방식 시설의 관대지 전위 등을 2년에 1회 이상 점검할 것

[해설] 전기방식 시설 점검 기준
㉮ 관대지 전위(菅對地電位) : 1년에 1회 이상
㉯ 외부 전원법 계기류 : 3개월에 1회 이상
㉰ 배류법 계기류 : 3개월에 1회 이상
㉱ 절연 부속품, 역전류 방지 장치, 결선 및 보호 절연체 효과 : 6개월에 1회 이상

10. 천연가스 지하 매설 배관의 퍼지용으로 주로 사용되는 가스는?

① N_2 ② Cl_2 ③ H_2 ④ O_2

[해설] 질소(N_2)는 불연성 기체로 가스 관련 장치, 배관 등의 퍼지용 가스로 사용된다.

11. 고압가스 충전 용기는 항상 몇 ℃ 이하의 온도를 유지하여야 하는가?

① 10℃   ② 30℃   ③ 40℃   ④ 50℃

[해설] 고압가스 충전 용기는 보관, 사용, 이동 중에 항상 40℃ 이하의 온도를 유지하여야 한다.

12. 액화석유가스 저장 탱크 벽면의 국부적인 온도 상승에 따른 저장 탱크의 파열을 방지하기 위하여 저장 탱크 내벽에 설치하는 폭발 방지장치의 재료로 맞는 것은?

① 다공성 철판
② 다공성 알루미늄판

해답 7. ③   8. ②   9. ④   10. ①   11. ③   12. ②

③ 다공성 아연판
④ 오스테나이트계 스테인리스판

[해설] 폭발 방지장치 재료 : 다공성 벌집형 알루미늄 박판

13. 최대 지름이 6 m인 가연성 가스 저장 탱크 2개가 서로 유지하여야 할 최소 거리는?
① 0.6 m ② 1 m ③ 2 m ④ 3 m

[해설] $L = \dfrac{D_1 + D_2}{4} = \dfrac{6+6}{4} = 3\,\text{m}$

14. 방호벽을 설치하지 않아도 되는 곳은?
① 아세틸렌가스 압축기와 충전 장소 사이
② 판매소의 용기 보관실
③ 고압가스 저장 설비와 사업소 안의 보호시설과의 사이
④ 아세틸렌가스 발생 장치와 당해 가스 충전용기 보관 장소 사이

[해설] 방호벽 설치 : 아세틸렌가스 또는 압력이 9.8 MPa 이상인 압축가스를 용기에 충전하는 경우에는 압축기와 그 충전 장소 사이, 압축기와 그 가스 충전용기 보관 장소 사이, 충전 장소와 그 가스 충전용기 보관 장소 사이, 충전 장소와 그 충전용 주관 밸브 조작 밸브 사이에는 방호벽을 설치한다.

15. 다음 중 연소의 형태가 아닌 것은?
① 분해 연소 ② 확산 연소
③ 증발 연소 ④ 물리 연소

[해설] 연소의 형태
 ㉮ 표면 연소 : 목탄, 코크스와 같이 표면에서 산소와 반응하여 연소하는 것
 ㉯ 분해 연소 : 열분해에 의해 연소가 일어나는 것으로 종이, 석탄, 목재 등의 고체 연료의 연소
 ㉰ 증발 연소 : 가연성 액체의 연소
 ㉱ 확산 연소 : 가연성 가스의 연소
 ㉲ 자기 연소 : 산소 공급 없이 연소하는 것으로 제5류 위험물이 해당된다.

16. 가스 누출 검지 경보장치의 설치에 대한 설명으로 틀린 것은?
① 통풍이 잘 되는 곳에 설치한다.
② 가스의 누출을 신속하게 검지하고 경보하기에 충분한 개수 이상으로 설치한다.
③ 장치의 기능은 가스의 종류에 적절한 것으로 한다.
④ 가스가 체류할 우려가 있는 장소에 적절하게 설치한다.

[해설] 누출한 가스가 체류하기 쉬운 장소에 설치한다.

17. 신규 검사 후 20년이 경과한 용접 용기 (액화석유가스용 용기는 제외한다)의 재검사 주기는?
① 3년마다 ② 2년마다
③ 1년마다 ④ 6개월마다

[해설] 용기의 재검사 주기

구분		재검사 주기		
		15년 미만	15년 이상 20년 미만	20년 이상
용접 용기 (LPG용 용접 용기 제외)	500 L 이상	5	2	1
	500 L 미만	3	2	1
LPG용 용접 용기	500 L 이상	5	2	1
	500 L 미만		5	2
이음매 없는 용기 또는 복합 재료 용기	500 L 이상	5년마다		
	500 L 미만	신규 검사 후 10년 이하인 것은 5년마다, 10년을 초과한 것은 3년마다		

18. 액화석유가스의 안전 관리 및 사업법에서 정한 용어에 대한 설명으로 틀린 것은?
① 저장 설비란 액화석유가스를 저장하기 위

[해답] 13. ④ 14. ④ 15. ④ 16. ① 17. ③ 18. ④

한 설비로서 각종 저장 탱크 및 용기를 말한다.
② 저장 탱크란 액화석유가스를 저장하기 위하여 지상 또는 지하에 고정 설치된 탱크로서 그 저장 능력이 3톤 이상인 탱크를 말한다.
③ 용기 집합 설비란 2개 이상의 용기를 집합하여 액화석유가스를 저장하기 위한 설비를 말한다.
④ 충전 용기란 액화석유가스 충전 질량의 90% 이상이 충전되어 있는 상태의 용기를 말한다.

[해설] 충전 용기의 구분
㉮ 충전 용기 : 충전 질량의 2분의 1 이상이 충전되어 있는 상태의 용기
㉯ 잔 가스 용기 : 충전 질량의 2분의 1 미만이 충전되어 있는 상태의 용기

19. 도시가스 사용시설에서 안전을 확보하기 위하여 최고 사용 압력의 1.1배 또는 얼마의 압력 중 높은 압력으로 실시하는 기밀시험에 이상이 없어야 하는가?
① 5.4 kPa   ② 6.4 kPa
③ 7.4 kPa   ④ 8.4 kPa

[해설] 가스 사용시설 기밀시험 압력
㉮ LPG 사용시설 : 8.4 kPa 이상
㉯ 도시가스 사용시설 : 최고 사용 압력의 1.1배 또는 8.4 kPa 중 높은 압력 이상

20. 충전 용기 등을 적재한 차량의 운반 개시 전 용기 적재상태의 점검 내용이 아닌 것은?
① 차량의 적재중량 확인
② 용기 고정상태 확인
③ 용기 보호 캡의 부착 유무 확인
④ 운반계획서 확인

[해설] 운반 개시 전 용기 적재상태 점검 내용
㉮ 차량의 적재중량 확인
㉯ 용기 고정상태 확인
㉰ 용기 보호 캡의 부착 유무 확인
㉱ 용기 및 밸브 등에서 가스 누출 확인
※ "운반계획서의 확인"은 운반 개시 전 휴대품 등의 점검 내용에 해당됨

21. 산화에틸렌 취급 시 주로 사용되는 제독제는?
① 가성 소다 수용액 ② 탄산소다 수용액
③ 소석회 수용액   ④ 물

[해설] 독성 가스 제독제

가스 종류	제독제의 종류
염소	가성 소다 수용액, 탄산소다 수용액, 소석회
포스겐	가성 소다 수용액, 소석회
황화수소	가성 소다 수용액, 탄산소다 수용액
시안화수소	가성 소다 수용액
아황산가스	가성 소다 수용액, 탄산소다 수용액, 물
암모니아, 산화에틸렌, 염화 메탄	물

22. 가스 용기의 취급 및 주의 사항에 대한 설명으로 틀린 것은?
① 충전 시 용기는 용기 재검사 기간이 지나지 않았는지 확인한다.
② LPG 용기나 밸브를 가열할 때는 뜨거운 물(40℃ 이상)을 사용한다.
③ 충전한 후에는 용기 밸브의 누출 여부를 확인한다.
④ 용기 내에 잔류물이 있을 때에는 잔류물을 제거하고 충전한다.

[해설] 용기나 밸브를 가열할 때에는 열습포 또는 40℃ 이하의 물을 사용한다.

23. 공기 중으로 누출 시 냄새로 쉽게 알 수 있는 가스로만 나열된 것은?
① Cl_2, NH_3 ② CO, Ar

[해답] 19. ④   20. ④   21. ④   22. ②   23. ①

③ C_2H_2, CO   ④ O_2, Cl_2

[해설] 각 가스의 냄새
  ㉮ 염소(Cl), 암모니아(NH_3) : 자극성의 냄새
  ㉯ 아세틸렌(C_2H_2) : 순수한 것은 에테르와 같은 향기가 있지만 불순물로 인한 특유의 냄새가 있음
  ㉰ 일산화탄소(CO), 아르곤(Ar), 산소(O_2) : 무취

24. 일반 액화석유가스 압력조정기에 표시하는 사항이 아닌 것은?

① 제조자명이나 그 약호
② 제조 번호나 로트 번호
③ 입구 압력(기호 : P, 단위 : MPa)
④ 검사 연월일

[해설] 일반 액화석유가스 압력조정기 표시 사항
  ㉮ 품명
  ㉯ 제조자명이나 그 약호
  ㉰ 제조 번호나 로트 번호
  ㉱ 제조 연월
  ㉲ 품질 보증 기간
  ㉳ 입구 압력(기호 : P, 단위 : MPa)
  ㉴ 용량(기호 : Q, 단위 : kg/h)
  ㉵ 조정 압력(기호 : R, 단위 : kPa, MPa)
  ㉶ 가스 흐름 방향
  ㉷ 핸들의 조임 및 풀림 방향 (핸들 연결식만을 말함)
  ㉸ 권장 사용 기간 : 6년
  ㉹ 제조국

25. 산소 압축기의 내부 윤활유제로 주로 사용되는 것은?

① 석유   ② 물
③ 유지   ④ 황산

[해설] 산소 압축기 내부 윤활유
  ㉮ 사용되는 것 : 물 또는 10% 이하의 묽은 글리세린수
  ㉯ 금지되는 것 : 석유류, 유지류, 농후한 글리세린

26. 다음 각 폭발의 종류와 그 관계로 맞지 않은 것은?

① 화학 폭발 : 화약의 폭발
② 압력 폭발 : 보일러의 폭발
③ 촉매 폭발 : C_2H_2의 폭발
④ 중합 폭발 : HCN의 폭발

[해설] ㉮ 아세틸렌 폭발성 : 산화 폭발, 분해 폭발, 화합 폭발
  ㉯ 촉매 폭발 : 수소 및 염소의 혼합 가스에 직사광선이 촉매로 작용하여 일어나는 폭발로 염소 폭명기라 한다.
  (반응식 : $H_2 + Cl_2 \rightarrow 2HCl + 44\,kcal$)

27. 용기 신규 검사에 합격된 용기 부속품 기호 중 압축가스를 충전하는 용기 부속품의 기호는?

① AG   ② PG
③ LG   ④ LT

[해설] 용기 부속품 기호
  ㉮ AG : 아세틸렌가스 용기 부속품
  ㉯ PG : 압축가스 충전 용기 부속품
  ㉰ LG : 액화석유가스 외의 액화 가스 용기 부속품
  ㉱ LPG : 액화석유가스 용기 부속품
  ㉲ LT : 초저온, 저온 용기 부속품

28. 일반 도시가스 사업자가 설치하는 가스 공급 시설 중 정압기의 설치에 대한 설명으로 틀린 것은?

① 건축물 내부에 설치된 도시가스 사업자의 정압기로서 가스 누출 경보기와 연동하여 작동하는 기계 환기 설비를 설치하고 1일 1회 이상 안전 점검을 실시하는 경우에는 건축물의 내부에 설치할 수 있다.
② 정압기에 설치되는 가스 방출관의 방출구는 주위에 불 등이 없는 안전한 위치로 지면으로부터 3 m 이상의 높이에 설치하여야 하며, 전기 시설물과의 접촉 등으로 사고의 우려가 있는 장소에서는 5 m 이상의 높이로 설치한다.

[해답] 24. ④   25. ②   26. ③   27. ②   28. ②

③ 정압기에 설치하는 가스 차단 장치는 정압기의 입구 및 출구에 설치한다.
④ 정압기는 2년에 1회 이상 분해 점검을 실시하고 필터는 가스 공급 개시 후 1월 이내 및 가스 공급 개시 후 매년 1회 이상 분해 점검을 실시한다.

[해설] 과압 안전장치 가스 방출관 설치 : 안전밸브는 가스 방출관이 설치된 것으로 하고 그 방출관의 방출구는 주위에 불 등이 없는 안전한 위치로 지면으로부터 5 m 이상의 높이에 설치한다. 다만, 전기 시설물과의 접촉 등으로 사고의 우려가 있는 장소에서는 3 m 이상으로 할 수 있다.

29. 충전용 주관의 압력계는 정기적으로 표준 압력계로 그 기능을 검사하여야 한다. 다음 중 검사의 기준으로 옳은 것은?
① 매월 1회 이상
② 3개월에 1회 이상
③ 6개월에 1회 이상
④ 1년에 1회 이상

[해설] 압력계의 기능 검사 주기
㉮ 충전용 주관의 압력계 : 매월 1회 이상
㉯ 그 밖의 압력계 : 3개월에 1회 이상

30. 고압가스 설비에 설치하는 압력계의 최고 눈금에 대한 측정 범위의 기준으로 옳은 것은?
① 상용 압력의 1.0배 이상 1.2배 이하
② 상용 압력의 1.2배 이상 1.5배 이하
③ 상용 압력의 1.5배 이상 2.0배 이하
④ 상용 압력의 2.0배 이상 3.0배 이하

[해설] 고압가스 설비에 설치하는 압력계의 최고 눈금 범위 : 상용 압력의 1.5배 이상 2배 이하

31. 백금-백금 로듐 열전대 온도계의 온도 측정 범위로 옳은 것은?
① -180~350℃
② -20~800℃
③ 0~1600℃
④ 300~2000℃

[해설] 열전대 온도계의 온도 측정 범위

열전대 종류	측정 온도
백금-백금 로듐	0~1600℃
크로멜-알루멜	-20~1200℃
철-콘스탄트	-20~800℃
동-콘스탄트	-200~350℃

32. 상용 압력 15 MPa, 배관 안지름 15 mm, 재료의 인장 강도 480 N/mm², 관내면 부식 여유 1 mm, 안전율 4, 바깥지름과 안지름의 비가 1.2 미만인 경우 배관의 두께는?
① 2 mm
② 3 mm
③ 4 mm
④ 5 mm

[해설] $t = \dfrac{PD}{2\dfrac{f}{s} - P} + C$

$= \dfrac{15 \times 15}{2 \times \dfrac{480}{4} - 15} + 1 = 2 \text{ mm}$

※ 바깥지름과 안지름의 비가 1.2 이상인 경우
$t = \dfrac{D}{2}\left(\sqrt{\dfrac{\dfrac{f}{s} + P}{\dfrac{f}{s} - P}} - 1\right) + C$

33. 정압기(governor)의 기능을 모두 옳게 나열한 것은?
① 감압 기능
② 정압 기능
③ 감압 기능, 정압 기능
④ 감압 기능, 정압 기능, 폐쇄 기능

[해설] 정압기의 기능
㉮ 감압 기능 : 도시가스 압력을 사용처에 맞게 낮추는 기능
㉯ 정압 기능 : 2차 측의 압력을 허용 범위 내의 압력으로 유지하는 기능
㉰ 폐쇄 기능 : 가스의 흐름이 없을 때는 밸브를 완전히 폐쇄하여 압력 상승을 방지하는 기능

[해답] 29. ① 30. ③ 31. ③ 32. ① 33. ④

34. 고압식 액화 분리 장치의 작동 개요에 대한 설명이 아닌 것은?
① 원료 공기는 여과기를 통하여 압축기로 흡입하여 약 150~200 kgf/cm² 로 압축시킨다.
② 압축기를 빠져 나온 원료 공기는 열교환기에서 약간 냉각되고 건조기에서 수분이 제거된다.
③ 압축 공기는 수세정탑을 거쳐 축냉기로 송입되어 원료 공기와 불순 질소류가 서로 교환된다.
④ 액체 공기는 상부 정류탑에서 약 0.5 atm 정도의 압력으로 정류된다.
[해설] ③항은 저압식 공기 액화 분리 장치의 작동 개요에 대한 설명이다.

35. 압축기에 사용하는 윤활유 선택 시 주의 사항으로 틀린 것은?
① 인화점이 높을 것
② 잔류 탄소의 양이 적을 것
③ 점도가 적당하고 항유화성이 적을 것
④ 사용 가스와 화학 반응을 일으키지 않을 것
[해설] 압축기 윤활유의 구비 조건(선택 시 주의 사항)
㉮ 화학 반응을 일으키지 않을 것
㉯ 인화점은 높고 응고점은 낮을 것
㉰ 점도가 적당하고 항유화성이 클 것
㉱ 불순물이 적을 것
㉲ 잔류 탄소의 양이 적을 것
㉳ 열에 대한 안정성이 있을 것

36. 금속 재료의 저온에서의 성질에 대한 설명으로 가장 거리가 먼 것은?
① 강은 암모니아 냉동기용 재료로서 적당하다.
② 탄소강은 저온도가 될수록 인장 강도가 감소한다.
③ 구리는 액화 분리장치용 금속 재료로서 적당하다.
④ 18-8 스테인리스강은 우수한 저온 장치용 재료이다.
[해설] 탄소강은 저온이 되면 인장 강도, 항복점, 경도는 증가하고 연신율, 충격치는 감소하며, −70℃ 이하에서는 충격치가 0에 가깝게 되어 저온 취성이 발생하므로 저온 장치의 재료로는 부적당하다.

37. 압력 배관용 탄소강관의 사용 압력 범위로 가장 적당한 것은?
① 1~2 MPa ② 1~10 MPa
③ 10~20 MPa ④ 10~50 MPa
[해설] 압력 배관용 탄소강관(SPPS) : 350℃ 이하의 온도에서 압력 1~10 MPa까지의 배관에 사용한다. 호칭은 6 A~500 A로 호칭 지름과 두께(스케줄 번호)에 의한다.

38. 수소 불꽃을 이용하여 탄화수소의 누출을 검지할 수 있는 가스 누출 검출기는?
① FID ② OMD
③ 접촉 연소식 ④ 반도체식
[해설] 수소염 이온화 검출기(FID : Flame Ionization Detector) : 불꽃으로 시료 성분이 이온화됨으로써 불꽃 중에 놓인 전극 간의 전기 전도도가 증대하는 것을 이용한 것으로 탄화수소에서 감도가 최고이고 H_2, O_2, CO_2, SO_2 등은 감도가 없다.

39. 부유 피스톤형 압력계에서 실린더 지름이 0.02 m, 추와 피스톤의 무게가 20000 g일 때 이 압력계에 접속된 부르동관의 압력계 눈금이 7 kgf/cm² 를 나타내었다. 이 부르동관 압력계의 오차는 약 몇 %인가?
① 5 ② 10
③ 15 ④ 20
[해설] ㉮ 참값 계산
$$P = \frac{W + W'}{A} = \frac{20}{\frac{\pi}{4} \times 2^2} = 6.366 \text{ kgf/cm}^2$$

㉯ 오차 (%) 계산

$$오차 = \frac{측정값 - 참값}{참값} \times 100$$

$$= \frac{7 - 6.366}{6.366} \times 100 = 9.959\,\%$$

40. 부취제를 외기로 분출하거나 부취 설비로부터 부취제가 흘러나오는 경우 냄새를 감소시키는 방법으로 가장 거리가 먼 것은?
① 연소법
② 수동 조절
③ 화학적 산화 처리
④ 활성탄에 의한 흡착

[해설] 부취제 누설 시 제거 방법
㉮ 활성탄에 의한 흡착
㉯ 화학적 산화 처리
㉰ 연소법

41. 고압가스 매설 배관에 실시하는 전기 방식 중 외부 전원법의 장점이 아닌 것은?
① 과방식의 염려가 없다.
② 전압, 전류의 조정이 용이하다.
③ 전식에 대해서도 방식이 가능하다.
④ 전극의 소모가 적어서 관리가 용이하다.

[해설] 외부 전원법의 특징
(1) 장점
㉮ 효과 범위가 넓다.
㉯ 평상시의 관리가 용이하다.
㉰ 전압, 전류의 조성이 일정하다.
㉱ 전식에 대해서도 방식이 가능하다.
(2) 단점
㉮ 초기 시설비가 많이 소요된다.
㉯ 다른 매설 금속체로의 장해에 대하여 검토가 필요하다.
㉰ 전원을 필요로 한다.
㉱ 과방식의 우려가 있다.

42. 1단 감압식 저압 조정기의 성능에서 조정기 최대 폐쇄 압력은?
① 2.5 kPa 이하 ② 3.5 kPa 이하
③ 4.5 kPa 이하 ④ 5.5 kPa 이하

[해설] 조정기 최대폐쇄압력 성능
㉮ 1단 감압식 저압 조정기, 2단 감압식 2차용 조정기, 자동 절체식 일체형 저압 조정기 : 3.5 kPa 이하
㉯ 2단 감압식 1차용 조정기 : 95.0 kPa 이하
㉰ 1단 감압식 준저압 조정기, 자동 절체식 일체형 준저압 조정기, 그 밖의 압력 조정기 : 조정 압력의 1.25배 이하

43. 저비점(低沸點) 액체용 펌프 사용상의 주의 사항으로 틀린 것은?
① 밸브와 펌프 사이에 기화 가스를 방출할 수 있는 안전밸브를 설치한다.
② 펌프와 흡입 토출관에는 신축 조인트를 장치한다.
③ 펌프는 가급적 저장 용기(貯槽)로부터 멀리 설치한다.
④ 운전 개시 전에는 펌프를 청정(淸淨)하여 건조한 다음 펌프를 충분히 예랭(豫冷)한다.

[해설] 저비점 액체용 펌프 사용 시 주의 사항
㉮ 펌프는 가급적 저장 탱크 가까이 설치한다.
㉯ 펌프의 흡입, 토출관에는 신축 이음 장치를 설치한다.
㉰ 밸브와 펌프 사이에 기화 가스를 방출할 수 있는 안전밸브를 설치한다.
㉱ 운전 개시 전 펌프를 청정하여 건조시킨 다음 예랭하여 사용한다.

44. 정압기의 분해 점검 및 고장에 대비하여 예비 정압기를 설치하여야 한다. 다음 중 예비 정압기를 설치하지 않아도 되는 경우는?
① 캐비닛형 구조의 정압기실에 설치된 경우
② 바이패스관이 설치되어 있는 경우
③ 단독 사용자에게 가스를 공급하는 경우
④ 공동 사용자에게 가스를 공급하는 경우

[해설] 예비 정압기 설치 : 정압기의 분해 점검 및 고장에 대비하여 예비 정압기를 설치하고 이상압력 발생 시에는 자동으로 기능이 전환되

는 구조로 한다. 다만, 단독 사용자에게 가스를 공급하는 경우에는 예비 정압기를 설치하지 아니할 수 있다.

45. 공기에 의한 전열은 어느 압력까지 내려가면 급히 압력에 비례하여 적어지는 성질을 이용하는 저온 장치에 사용되는 진공 단열법은?
① 고진공 단열법　② 분말 진공 단열법
③ 다층진공 단열법　④ 자연 진공 단열법

[해설] 고진공 단열법 : 압력이 10^{-3} torr 정도까지 내려가면 공기에 의한 전열이 압력에 비례하여 적어지는 성질을 이용한 것으로, 단열을 하여야 할 공간을 고진공으로 하여 열침입을 차단하는 방법이다.

46. 다음 보기에서 압력이 높은 순서대로 나열된 것은?

─〈보기〉─
㉠ 100 atm
㉡ 2 kgf/mm^2
㉢ 15 m 수은주

① ㉠>㉡>㉢　② ㉡>㉢>㉠
③ ㉢>㉠>㉡　④ ㉡>㉠>㉢

[해설] 각 압력을 kgf/cm^{2}로 환산하여 비교
㉠ 1 atm = 1.0332 kgf/cm^2
∴ 100 atm × 1.0332 = 103.32 kgf/cm^2
㉡ $2\,\text{kgf/mm}^2 \times \dfrac{1\,\text{mm}^2}{\left(\dfrac{1}{10}\,\text{cm}\right)^2}$
$= (2\times 10^2)\,\text{kgf/cm}^2 = 200\,\text{kgf/cm}^2$
㉢ $\dfrac{15\,\text{mHg}}{0.76\,\text{mHg}} \times 1.0332\,\text{kgf/cm}^2$
$= 20.392\,\text{kgf/cm}^2$

47. 산소에 대한 설명으로 옳은 것은?
① 안전밸브는 파열판식을 주로 사용한다.
② 용기는 탄소강으로 된 용접 용기이다.
③ 의료용 용기는 녹색으로 도색한다.
④ 압축기 내부 윤활유는 양질의 광유를 사용한다.

[해설] 각 항목의 옳은 설명
② 용기는 이음매 없는 용기이다.
③ 일반 공업용은 녹색, 의료용은 백색으로 도색한다.
④ 산소 압축기 내부 윤활유는 물 또는 10 % 이하의 묽은 글리세린수를 사용한다.

48. 에틸렌(C_2H_4)이 수소와 반응할 때 일으키는 반응은?
① 환원 반응　② 분해 반응
③ 제거 반응　④ 첨가 반응

[해설] 에틸렌은 2중 결합을 가지므로 각종 부가 반응(첨가 반응)을 일으킨다.

49. 황화수소의 주된 용도는?
① 도료　② 냉매
③ 형광 물질 원료　④ 합성고무

[해설] 황화수소(H_2S)의 용도
㉮ 금속 분석용이나 형광 물질의 원료 등에 사용
㉯ 의약품이나 공업 약품의 제조 원료로 사용

50. 비열에 대한 설명 중 틀린 것은?
① 단위는 kcal/kg·℃이다.
② 비열비는 항상 1보다 크다.
③ 정적 비열은 정압 비열보다 크다.
④ 물의 비열은 얼음의 비열보다 크다.

[해설] 비열비는 정압 비열과 정적 비열의 비로 정압 비열이 정적 비열보다 크기 때문에 항상 1보다 크다.

51. 다음 중 가장 높은 온도는?
① −35℃　② −45°F
③ 213 K　④ 450°R

[해설] 각 온도를 섭씨온도로 환산하여 비교
② $℃ = \dfrac{5}{9}(°F - 32)$
$= \dfrac{5}{9} \times (-45 - 32) = -42.77\,℃$

③ ℃ = K - 273 = 213 - 273 = -60℃

④ ℃ = K - 273 = $\frac{°R}{1.8}$ - 273

= $\frac{450}{1.8}$ - 273 = -23℃

52. 현열에 대한 가장 적절한 설명은?
① 물질이 상태 변화 없이 온도가 변할 때 필요한 열이다.
② 물질이 온도 변화 없이 상태가 변할 때 필요한 열이다.
③ 물질이 상태와 온도가 모두 변할 때 필요한 열이다.
④ 물질이 온도 변화 없이 압력이 변할 때 필요한 열이다.

[해설] 현열과 잠열
㉮ 현열(감열) : 상태 불변, 온도 변화에 소요된 열량
㉯ 잠열(숨은열) : 온도 불변, 상태 변화에 소요된 열량

53. 수소(H_2)에 대한 설명으로 옳은 것은?
① 3중 수소는 방사능을 갖는다.
② 밀도가 크다.
③ 금속 재료를 취화시키지 않는다.
④ 열전달률이 아주 낮다.

[해설] 수소의 성질
㉮ 지구상에 존재하는 원소 중 가장 가볍다.
㉯ 무색, 무취, 무미의 가연성이다.
㉰ 밀도가 작고 확산 속도가 대단히 크다.
㉱ 고온에서 강재, 금속 재료를 쉽게 투과한다.
㉲ 폭굉 속도가 1400~3500 m/s에 달한다.
㉳ 폭발 범위가 넓다 (공기 중 : 4~75 %, 산소 중 : 4~94 %).
㉴ 고온, 고압의 상태에서 수소 취성을 일으킨다.

54. 샤를의 법칙에서 기체의 압력이 일정할 때 모든 기체의 부피는 온도가 1℃ 상승함에 따라 0℃ 때의 부피보다 어떻게 되는가?
① 22.4배씩 증가한다.
② 22.4배씩 감소한다.
③ $\frac{1}{273}$씩 증가한다.
④ $\frac{1}{273}$씩 감소한다.

[해설] 온도가 1℃ 상승되는 것은 절대온도로 1 K 상승되는 것과 같으며, 0℃ 상태는 절대온도로 273 K이다.

∴ $V_2 = \frac{T_2}{T_1} \times V_1 = \frac{1}{273} \times V_1$

∴ 온도가 1℃ 상승함에 따라 부피는 $\frac{1}{273}$씩 증가한다.

55. 다음 화합물 중 탄소의 함유율이 가장 높은 것은?
① CO_2 ② CH_4 ③ C_2H_4 ④ CO

[해설] 탄소 함유율 = $\frac{탄소량}{분자량}$ 이다.
① $\frac{12}{44}$ = 0.272
② $\frac{12}{16}$ = 0.75
③ $\frac{12 \times 2}{28}$ = 0.857
④ $\frac{12}{28}$ = 0.428

56. 다음에 설명하는 열역학 법칙은?

어떤 물체의 외부에서 일정량의 열을 가하면 물체는 이 열량의 일부분을 소비하여 외부에 대하여 일을 하고 남은 부분은 전부 내부 에너지로 내부에 저장되는데, 그 사이에 소비된 열은 발생되는 일과 같다.

① 열역학 제0법칙 ② 열역학 제1법칙
③ 열역학 제2법칙 ④ 열역학 제3법칙

[해설] 열역학 제1법칙 : 에너지 보존의 법칙이라

[해답] 52. ① 53. ① 54. ③ 55. ③ 56. ②

하며 기계적 일이 열로 변하거나 열이 기계적 일로 변할 때 이들의 비는 일정한 관계가 성립된다.

57. 다음 가스 중 가장 무거운 것은?
① 메탄　　　　② 프로판
③ 암모니아　　④ 헬륨

[해설] 각 가스의 분자량

명칭	분자량
메탄 (CH_4)	16
프로판 (C_3H_8)	44
암모니아 (NH_3)	17
헬륨 (He)	4

※ 분자량이 큰 것이 무겁고 작은 것이 가벼운 것이다.

58. 대기압하에서 0℃일 때 기체의 부피가 500 mL였다. 이 기체의 부피가 2배가 될 때의 온도는 몇 ℃인가?(단, 압력은 일정하다.)
① -100　　　　② 32
③ 273　　　　　④ 500

[해설] $\dfrac{P_1 V_1}{T_1} = \dfrac{P_2 V_2}{T_2}$에서 $P_1 = P_2$이다.

$\therefore T_2 = \dfrac{T_1 V_2}{V_1} = \dfrac{273 \times (2 \times 500)}{500}$
$= 546K - 273 = 273℃$

59. 다음 중 불연성 가스는?
① CO_2　　　　② C_3H_6
③ C_2H_2　　　　④ C_2H_4

[해설] 불연성 가스의 종류 : 헬륨(He), 네온(Ne), 질소(N_2), 아르곤(Ar), 이산화탄소(CO_2) 등

60. 일산화탄소와 염소가 반응하였을 때 주로 생성되는 것은?
① 포스겐　　　　② 카르보닐
③ 포스핀　　　　④ 사염화탄소

[해설] 포스겐($COCl_2$) 제조법 : 일산화탄소와 염소를 반응시켜 제조
㉮ 반응식 : $CO + Cl_2 \rightarrow COCl_2$ (포스겐)
㉯ 촉매 : 활성탄

□ 가스 기능사　　　　▶ 2015. 7. 19 시행

1. 압축 또는 액화 그 밖의 방법으로 처리할 수 있는 가스의 용적이 1일 100 m³ 이상인 사업소는 압력계를 몇 개 이상 비치하도록 되어 있는가?
① 1　　　　② 2
③ 3　　　　④ 4

[해설] 압축 또는 액화 그 밖의 방법으로 처리할 수 있는 가스의 용적이 1일 100 m³ 이상인 사업소에는 국가 표준 기본법에 의한 제품 인증을 받은 압력계를 2개 이상 비치한다.

2. 고압가스의 충전 용기는 항상 몇 ℃ 이하의 온도를 유지해야 하는가?
① 15　　　　② 20
③ 30　　　　④ 40

[해설] 용기는 항상 40℃ 이하의 온도를 유지하고, 직사광선을 받지 않도록 조치한다.

3. 암모니아 200 kg을 내용적 50 L 용기에 충전할 경우, 필요한 용기의 개수는?(단, 충전 정수를 1.86으로 한다.)
① 4개　　　　② 6개
③ 8개　　　　④ 12개

[해설] ㉮ 용기 1개당 충전량 계산

[해답] 57. ②　58. ③　59. ①　60. ①　1. ②　2. ④　3. ③

$$\therefore G = \frac{V}{C} = \frac{50}{1.86} = 26.88 \text{ kg}$$

㉯ 용기 수 계산

$$\therefore 용기\ 수 = \frac{전체\ 가스양}{용기\ 1개당\ 충전량}$$

$$= \frac{200}{26.88} = 7.44 = 8개$$

4. 가스 도매 사업자 가스 공급 시설의 시설 기준 및 기술 기준에 의한 배관의 해저 설치의 기준에 대한 설명으로 틀린 것은?
① 배관은 원칙적으로 다른 배관과 교차하지 않는다.
② 두 개 이상의 배관을 동시에 설치하는 경우에는 배관이 서로 접촉하지 않도록 필요한 조치를 한다.
③ 배관이 부양하거나 이동할 우려가 있는 경우에는 이를 방지하기 위한 조치를 한다.
④ 배관은 원칙적으로 다른 배관과 20 m 이상의 수평 거리를 유지한다.

[해설] 배관은 원칙적으로 다른 배관과 30 m 이상의 수평 거리를 유지한다.

5. 도시가스 제조 시설의 플레어 스택 기준에 적합하지 않은 것은?
① 스택에서 방출된 가스가 지상에서 폭발 한계에 도달하지 않도록 할 것
② 연소 능력은 긴급 이송 설비로 이송되는 가스를 안전하게 연소시킬 수 있을 것
③ 스택에서 발생하는 최대 열량에 장시간 견딜 수 있는 재료 및 구조로 되어 있을 것
④ 폭발을 방지하기 위한 조치가 되어 있을 것

[해설] 플레어 스택 기준〈②, ③, ④ 외〉
㉮ 플레어 스택에서 발생하는 복사열이 다른 가스 공급 시설에 나쁜 영향을 미치지 않도록 안전한 높이 및 위치에 설치한다.
㉯ 플레어 스택의 설치 위치 및 높이는 플레어스택 바로 밑의 지표면에 미치는 복사열이 4000 kcal/m² · h 이하가 되도록 한다.

6. 초저온 용기에 대한 정의로 옳은 것은?
① 임계 온도가 50℃ 이하인 액화 가스를 충전하기 위한 용기
② 강판과 동판으로 제조된 용기
③ −50℃ 이하인 액화 가스를 충전하기 위한 용기로서 용기 내의 가스 온도가 상용의 온도를 초과하지 않도록 한 용기
④ 단열재로 피복하여 용기 내의 가스 온도가 상용의 온도를 초과하도록 조치된 용기

[해설] 초저온 용기의 정의 : −50℃ 이하의 액화 가스를 충전하기 위한 용기로서 단열재를 씌우거나 냉동 설비로 냉각시키는 등의 방법으로 용기 내의 가스 온도가 상용 온도를 초과하지 않도록 한 것을 말한다.

7. 다음 중 독성 가스의 제독제로 물을 사용하는 가스는?
① 염소   ② 포스겐
③ 황화수소   ④ 산화에틸렌

[해설] 독성 가스 제독제

가스 종류	제독제 종류
염소	가성 소다 수용액, 탄산소다 수용액, 소석회
포스겐	가성 소다 수용액, 소석회
황화수소	가성 소다 수용액, 탄산소다 수용액
시안화수소	가성 소다 수용액
아황산가스	가성 소다 수용액, 탄산소다 수용액, 물
암모니아, 산화에틸렌, 염화메탄	물

8. 특정 설비 중 압력 용기의 재검사 주기는?
① 3년마다   ② 4년마다
③ 5년마다   ④ 10년마다

해답 4. ④ 5. ① 6. ③ 7. ④ 8. ②

[해설] 압력 용기의 재검사 주기는 경과 연수에 관계없이 4년마다 실시한다.

9. 아세틸렌 제조 설비의 방호벽 설치 기준으로 틀린 것은?
① 압축기와 충전용 주관밸브 조작밸브 사이
② 압축기와 가스 충전용기 보관 장소 사이
③ 충전 장소와 가스 충전용기 보관 장소 사이
④ 충전 장소와 충전용 주관밸브 조작밸브 사이

[해설] 방호벽 설치 : 아세틸렌가스 또는 압력이 9.8 MPa 이상인 압축가스를 용기에 충전하는 경우는 압축기와 그 충전 장소 사이, 압축기와 그 가스 충전용기 보관 장소 사이, 충전 장소와 그 가스 충전용기 보관 장소 사이 및 충전 장소와 그 충전용 주관밸브 조작밸브 사이에는 방호벽을 설치한다.

10. 용기 파열 사고의 원인으로 가장 거리가 먼 것은?
① 용기 내압력 부족
② 용기 내 규정 압력의 초과
③ 용기 내에서 폭발성 혼합 가스에 의한 발화
④ 안전밸브의 작동

[해설] 용기에 설치된 안전밸브는 용기 내압의 이상 고압 상승 시 작동하여 압력을 정상화하기 위한 것이므로 용기 파열을 방지하는 역할을 한다.

11. 액화 산소 저장탱크 저장능력이 $1000\,m^3$일 때 방류둑 용량은 얼마 이상으로 설치해야 하는가?
① $400\,m^3$ ② $500\,m^3$
③ $600\,m^3$ ④ $1000\,m^3$

[해설] 방류둑 용량
㉮ 액화 가스 : 저장능력에 상당하는 용적
㉯ 액화 산소 : 저장능력 상당 용적의 60 % 이상
㉰ 집합 방류둑 : 최대 저장 능력 + 잔여 총능력의 10 %
㉱ 냉동 제조 : 수액기 내용적의 90 % 이상
∴ 액화 산소 방류둑 용량
= $1000 × 0.6 = 600\,m^3$

12. 당해 설비 내의 압력이 상용 압력을 초과할 경우, 즉시 상용 압력 이하로 되돌릴 수 있는 안전장치의 종류에 해당하지 않는 것은?
① 안전밸브 ② 감압 밸브
③ 바이패스 밸브 ④ 파열판

[해설] 안전장치의 종류 : 안전밸브, 파열판, 릴리프 밸브, 바이패스 밸브, 자동 압력 제어 장치 등

13. 일반 도시가스 배관을 지하에 매설하는 경우에는 표지판을 설치해야 하는데 몇 m 간격으로 1개 이상을 설치해야 하는가?
① 100 m ② 200 m
③ 500 m ④ 1000 m

[해설] 표지판 설치 간격
㉮ 일반 도시가스 사업의 배관 : 200 m 간격
㉯ 가스 도매 사업자의 배관 : 500 m 간격

14. 도시가스 보일러 중 반드시 전용 보일러실에 설치해야 하는 것은?
① 밀폐식 보일러
② 옥외에 설치하는 가스보일러
③ 반밀폐형 자연 배기식 보일러
④ 전용 급기통을 부착시키는 구조로 검사에 합격한 강제 배기식 보일러

[해설] 가스보일러는 전용 보일러실에 설치하되, 다음 각각의 경우에는 전용 보일러실에 설치하지 아니할 수 있다.
㉮ 밀폐식 보일러
㉯ 가스보일러를 옥외에 설치한 경우
㉰ 전용 급기통을 부착시키는 구조로 검사에 합격한 강제 배기식 보일러

15. 다음 중 산소 압축기의 내부 윤활제로 적당한 것은?
① 광유 ② 유지류
③ 물 ④ 황산

해답 9. ① 10. ④ 11. ③ 12. ② 13. ② 14. ③ 15. ③

[해설] 산소 압축기의 내부 윤활유
 ㉮ 사용되는 것 : 물 또는 10 % 이하의 묽은 글리세린수
 ㉯ 금지되는 것 : 석유류, 유지류, 농후한 글리세린

16. 고압가스 용기 제조의 시설 기준에 대한 설명으로 옳은 것은?
① 용접 용기 동판의 최대 두께와 최소 두께의 차이는 평균 두께의 5 % 이하로 한다.
② 초저온 용기는 고압 배관용 탄소 강관으로 제조한다.
③ 아세틸렌 용기에 충전하는 다공질물은 다공도가 72 % 이상 95 % 미만으로 한다.
④ 용접 용기에는 그 용기의 부속품을 보호하기 위하여 프로텍터 또는 캡을 고정식 또는 체인식으로 부착한다.

[해설] ① : 10 % 이하 (단, 이음매 없는 용기 20 % 이하)
② : 초저온 용기의 재료는 오스테나이트계 스테인리스강 또는 알루미늄 합금으로 한다.
③ : 다공도 기준 75 % 이상 92 % 미만

17. 도시가스 배관 이음부와 전기 점멸기, 전기접속기와는 몇 cm 이상의 거리를 유지해야 하는가?
① 10 cm   ② 15 cm   ③ 30 cm   ④ 40 cm

[해설] 도시가스 배관 이음부와 거리
 (1) 일반 도시가스 사업
  ㉮ 전기 계량기, 전기 개폐기 : 60 cm 이상
  ㉯ 전기 점멸기, 전기 접속기 : 30 cm 이상
  ㉰ 절연 조치를 하지 않은 전선, 단열 조치를 하지 않은 굴뚝 : 15 cm 이상
  ㉱ 절연 전선 : 10 cm 이상
 (2) 도시가스 사용 시설
  ㉮ 전기 계량기, 전기 개폐기 : 60 cm 이상
  ㉯ 전기 점멸기, 전기 접속기 : 15 cm 이상
  ㉰ 절연 조치를 하지 않은 전선, 단열 조치를 하지 않은 굴뚝 : 15 cm 이상
  ㉱ 절연 전선 : 10 cm 이상

18. 용기 종류별 부속품의 기호 표시로 틀린 것은?
① AG : 아세틸렌가스를 충전하는 용기의 부속품
② PG : 압축가스를 충전하는 용기의 부속품
③ LG : 액화석유가스를 충전하는 용기의 부속품
④ LT : 초저온 용기 및 저온 용기의 부속품

[해설] 용기 부속품에 대한 표시
 ㉮ AG : 아세틸렌 용기 부속품
 ㉯ PG : 압축가스 용기 부속품
 ㉰ LG : 액화석유가스 외 액화 가스 용기 부속품
 ㉱ LPG : 액화석유가스 용기 부속품
 ㉲ LT : 초저온 및 저온 용기 부속품

19. 독성 가스 제독 작업에 필요한 보호구의 보관에 대한 설명으로 틀린 것은?
① 독성 가스가 누출될 우려가 있는 장소에서 가까우면서 관리하기 쉬운 장소에 보관한다.
② 긴급 시 독성 가스에 접하고 반출할 수 있는 장소에 보관한다.
③ 정화통 등의 소모품은 정기적 또는 사용 후에 점검하여 교환 및 보충한다.
④ 항상 청결하고 그 기능이 양호한 장소에 보관한다.

[해설] 보호구의 보관 기준 (①, ③, ④ 외) : 긴급 시 독성 가스에 접하지 않고 반출할 수 있는 장소에 보관한다.

20. 일반 공업용 용기의 도색 기준으로 틀린 것은?
① 액화 염소 – 갈색
② 액화 암모니아 – 백색
③ 아세틸렌 – 황색
④ 수소 – 회색

[해답] 16. ④   17. ②   18. ③   19. ②   20. ④

[해설] 주요 가스 용기의 도색

가스 종류	공업용	의료용
산소	녹색	백색
수소	주황색	–
액화 탄산가스	청색	회색
LPG	밝은 회색	–
아세틸렌	황색	–
암모니아	백색	–
염소	갈색	–
질소	회색	흑색
아산화 질소	회색	청색
헬륨	회색	갈색
에틸렌	회색	자색
사이크로 프로판	회색	주황색
기타	회색	–

21. 액화석유가스의 안전 관리 및 사업법에 규정된 용어의 정의에 대한 설명으로 틀린 것은?
① 저장 설비라 함은 액화석유가스를 저장하기 위한 설비로서 저장 탱크, 마운드형 저장 탱크, 소형 저장 탱크 및 용기를 말한다.
② 자동차에 고정된 탱크라 함은 액화석유가스의 수송, 운반을 위하여 자동차에 고정 설치된 탱크를 말한다.
③ 소형 저장 탱크라 함은 액화석유가스를 저장하기 위하여 지상 또는 지하에 고정 설치된 탱크로서 그 저장 능력이 3톤 미만인 탱크를 말한다.
④ 가스 설비란 저장 설비 외의 설비로서 액화석유가스가 통하는 설비(배관을 포함한다)와 그 부속설비를 말한다.

[해설] 가스 설비 : 저장 설비 외의 설비로서 액화석유가스가 통하는 설비(배관 제외)와 그 부속설비를 말한다.

22. 1 %에 해당하는 ppm의 값은?
① 10^2 ppm ② 10^3 ppm
③ 10^4 ppm ④ 10^5 ppm

[해설] 퍼센트 (%)는 $\frac{1}{100}$ 에 해당하고, ppm은 100만분의 1에 해당하므로 ppm으로 표시할 때는 100만을 곱한다.
∴ $\frac{1}{100} \times 10^6 = 10^4$ ppm

23. 다음 중 가스 배관의 시공 신뢰성을 높이는 일환으로 실시하는 비파괴 검사 방법 중 내부선원법, 이중벽 이중상법 등을 이용하는 방법은?
① 초음파 탐상 시험 ② 자분 탐상 시험
③ 방사선 투과 시험 ④ 침투 탐상 시험

[해설] 방사선 투과 시험 : X선 또는 γ선으로 투과하여 용접부의 결함 유무를 조사하는 방법으로 비파괴 검사 방법 중 신뢰성이 가장 높고 널리 사용하는 방법이다. 내부선원법, 이중벽 이중상법 등으로 분류된다.

24. 차량에 고정된 저장 탱크로 염소를 운반할 때 용기의 내용적(L)은 얼마 이하가 되어야 하는가?
① 10000 ② 12000
③ 15000 ④ 18000

[해설] 차량에 고정된 탱크 내용적 제한
㉮ 가연성 가스 (LPG 제외), 산소 : 18000 L 초과 금지
㉯ 독성 가스 (액화암모니아 제외) : 12000 L 초과 금지
※ 염소는 독성 가스이므로 차량에 고정된 탱크 내용적은 12000 L 이하가 되어야 한다.

25. 일산화탄소와 공기의 혼합 가스는 압력이 높아지면 폭발 범위는 어떻게 되는가?
① 변함없다. ② 좁아진다.
③ 넓어진다. ④ 일정치 않다.

[해설] 대부분의 가연성 가스는 압력이 높아지면 폭발 범위가 넓어지나 일산화탄소 (CO)와 수소

[해답] 21. ④ 22. ③ 23. ③ 24. ② 25. ②

(H_2)는 압력이 높아지면 폭발 범위가 좁아진다. 단, 수소는 압력이 10 atm 이상으로 높아지면 폭발 범위가 다시 넓어지는 특징이 있다.

26. 도시가스 배관을 폭 8 m 이상의 도로에서 지하에 매설 시 지표면에서 배관의 외면까지의 매설 깊이의 기준은?
① 0.6 m 이상 ② 1.0 m 이상
③ 1.2 m 이상 ④ 1.5 m 이상

[해설] 도시가스 배관의 매설 깊이
㉮ 공동 주택 부지 내 : 0.6 m 이상
㉯ 폭 8 m 이상인 도로 : 1.2 m 이상
㉰ 폭 4~8 m 미만 도로 : 1 m 이상
㉱ ㉮~㉰에 해당되지 않는 곳 : 0.8 m 이상

27. 도시가스 시설의 설치 공사 또는 변경 공사를 하는 때에 이루어지는 주요 공정 시공감리 대상은?
① 도시가스 사업자 외의 가스 공급시설 설치자의 배관 설치 공사
② 가스 도매 사업자의 가스 공급시설 설치 공사
③ 일반 도시가스 사업자의 정압기 설치 공사
④ 일반 도시가스 사업자의 제조소 설치 공사

[해설] 주요 공정 시공감리와 일부 공정 시공감리 대상 : 도법 시행규칙 제23조 4항
(1) 주요 공정 시공감리 대상
㉮ 일반 도시가스 사업자 및 도시가스 사업자 외의 가스 공급시설 설치자의 배관(그 부속시설을 포함한다.)
㉯ 나프타 부생가스·바이오가스 제조 사업자 및 합성 천연가스 제조 사업자의 배관(그 부속시설을 포함한다.)
(2) 일부 공정 시공감리 대상
㉮ 가스 도매 사업자의 가스 공급 시설
㉯ 일반 도시가스 사업자, 나프타 부생가스·바이오가스 제조 사업자, 합성 천연가스 제조 사업자 및 도시가스 사업자 외의 가스 공급시설 설치자의 가스 공급시설 중 주요 공정 시공감리 대상의 시설을 제외한 가스 공급시설

㉰ 시행규칙 제21조 제1항에 따른 시공감리의 대상이 되는 사용자 공급관(그 부속시설을 포함한다.)

28. 고압가스 공급자의 안전 점검 항목이 아닌 것은?
① 충전 용기의 설치 위치
② 충전 용기의 운반 방법 및 상태
③ 충전 용기와 화기와의 거리
④ 독성 가스의 경우 흡수 장치, 제해 장치 및 보호구 등에 대한 적합 여부

[해설] 고압가스 공급자의 안전 점검 항목
㉮ 충전 용기의 설치 위치
㉯ 충전 용기와 화기와의 거리
㉰ 충전 용기 및 배관의 설치 상태
㉱ 충전 용기, 충전 용기로부터 압력 조정기·호스 및 가스 사용 기기에 이르는 각 접속부와 배관 또는 호스에서의 누출 여부 및 그 가스의 적합 여부
㉲ 독성 가스의 경우 흡수 장치·제해 장치 및 보호구 등에 대한 적합 여부
㉳ 시설 기준에의 적합 여부(정기 점검에 한한다.)

29. 액화석유가스 판매업소의 충전용기 보관실에 강제 통풍장치 설치 시 통풍능력의 기준은?
① 바닥 면적 1 m^2당 0.5 m^3/분 이상
② 바닥 면적 1 m^2당 1.0 m^3/분 이상
③ 바닥 면적 1 m^2당 1.5 m^3/분 이상
④ 바닥 면적 1 m^2당 2.0 m^3/분 이상

[해설] 강제 통풍장치 통풍능력 기준 : 바닥 면적 1 m^2당 0.5 m^3/분 이상

30. 다음 중 동일 차량에 적재하여 운반할 수 없는 가스는?
① 산소와 질소
② 질소와 탄산가스
③ 탄산가스와 아세틸렌

해답 26. ③ 27. ① 28. ② 29. ① 30. ④

④ 염소와 아세틸렌

[해설] 혼합 적재 금지
⑦ 염소와 아세틸렌, 암모니아, 수소는 동일 차량에 혼합 적재 운반 금지
⑭ 가연성 가스와 산소를 동일 차량에 적재 운반 시 충전 용기 밸브가 서로 마주보지 않도록 적재하면 혼합 적재 가능
⑮ 충전 용기와 소방 기본법이 정하는 위험물
⑯ 독성 가스 중 가연성 가스와 조연성 가스는 동일 차량에 혼합 적재 운반 금지

31. 액화 가스의 이송 펌프에서 발생하는 캐비테이션(cavitation) 현상을 방지하기 위한 대책으로서 틀린 것은?

① 흡입 배관을 크게 한다.
② 펌프의 회전수를 크게 한다.
③ 펌프의 설치 위치를 낮게 한다.
④ 펌프의 흡입구 부근을 냉각한다.

[해설] 캐비테이션 현상 방지법
⑦ 펌프의 위치를 낮춘다(흡입 양정을 짧게 한다).
⑭ 수직축 펌프를 사용하여 회전차를 수중에 완전히 잠기게 한다.
⑮ 양흡입 펌프를 사용한다.
⑯ 펌프의 회전수를 낮춘다.
⑰ 두 대 이상의 펌프를 사용한다.
⑱ 흡입 배관을 크게 한다.
⑲ 펌프의 흡입구 부근을 냉각한다.

32. 다음 중 대표적인 차압식 유량계는?

① 오리피스 미터   ② 로터미터
③ 마노미터   ④ 습식 가스 미터

[해설] 차압식 유량계
⑦ 측정 원리 : 베르누이 방정식
⑭ 종류 : 오리피스 미터, 플로 노즐, 벤투리 미터
⑮ 측정 방법 : 조리개 전후에 연결된 액주계의 압력차를 이용하여 유량을 측정

33. 공기 액화 분리기 내의 CO_2를 제거하기 위해 NaOH 수용액을 사용한다. 1.0 kg의 CO_2를 제거하기 위해서는 약 몇 kg의 NaOH를 가해야 하는가?

① 0.9   ② 1.8   ③ 3.0   ④ 3.8

[해설] ⑦ 가성 소다(NaOH)를 이용한 CO_2 제거 반응식 : $2NaOH + CO_2 \rightarrow Na_2CO_3 + H_2O$
⑭ CO_2 1 kg을 제거하기 위한 가성 소다 계산식
$2 \times 40 \, kg : 44 \, kg = x \, kg : 1 \, kg$
$\therefore x = \dfrac{2 \times 40 \times 1}{44} = 1.818 \, kg$

34. 왕복동 압축기 용량 제어법 중 단계적으로 조절하는 방법에 해당되는 것은?

① 회전수를 변경하는 방법
② 흡입 주밸브를 폐쇄하는 방법
③ 타임드 밸브 제어에 의한 방법
④ 클리어런스 밸브에 의해 용적 효율을 낮추는 방법

[해설] 왕복동형 압축기 용량 제어법
(1) 연속적인 제어법
⑦ 타임드 밸브에 의한 방법
⑭ 회전수 변경에 의한 방법
⑮ 바이패스 밸브에 의하여 압축가스를 흡입 측에 복귀시키는 방법
⑯ 흡입 주밸브를 폐쇄하는 방법
(2) 단계적인 제어법
⑦ 클리어런스 밸브에 의한 방법
⑭ 흡입 밸브 개방에 의한 방법

35. LP 가스에 공기를 희석시키는 목적이 아닌 것은?

① 발열량 조절
② 연소 효율 증대
③ 누설 시 손실 감소
④ 재액화 촉진

[해설] 공기 희석 목적
⑦ 발열량 조절
⑭ 재액화 방지
⑮ 누설 시 손실 감소
⑯ 연소 효율 증대

해답 31. ② 32. ① 33. ② 34. ④ 35. ④

36. 다음 중 정압기의 부속 설비가 아닌 것은 어느 것인가?
① 불순물 제거 장치
② 이상압력 상승 방지 장치
③ 검사용 맨홀
④ 압력 기록 장치

[해설] 정압기 부속 설비 : 불순물 제거 장치(필터), 이상압력 상승 방지 장치, 압력 기록 장치, 차단 밸브, 긴급 차단 장치 등
※ 검사용 맨홀은 매설 배관의 부속 설비에 해당된다.

37. 금속 재료 중 저온 재료로 적당하지 않은 것은?
① 탄소강
② 황동
③ 9 % 니켈강
④ 18-8 스테인리스강

[해설] 탄소강은 저온이 되면 인장 강도, 항복점, 경도는 증가하고 연신율, 충격치는 감소하며, -70℃ 이하에서는 충격치가 0에 가깝게 되어 저온 취성이 발생하므로 저온 장치의 재료로서는 부적당하다.

38. 다음 중 터보 압축기에서 주로 발생할 수 있는 현상은?
① 수격 작용 (water hammer)
② 베이퍼 로크 (vapor lock)
③ 서징 (surging)
④ 캐비테이션 (cavitation)

[해설] 압축기 및 펌프에서 발생하는 이상 현상
㉮ 터보(원심)압축기 : 서징 현상
㉯ 원심 펌프 : 캐비테이션 현상, 서징 현상, 수격작용, 베이퍼 로크 현상

39. 파이프 커터로 강관을 절단하면 거스러미 (burr)가 생긴다. 이것을 제거하는 공구는 어느 것인가?
① 파이프 벤더
② 파이프 렌치
③ 파이프 바이스
④ 파이프 리머

[해설] 파이프 리머 : 강관을 절단 후 내면에 생기는 거스러미를 제거하는 공구이다.

40. 고속 회전하는 임펠러의 원심력에 의해 속도 에너지를 압력 에너지로 바꾸어 압축하는 형식으로서 유량이 크고 설치 면적은 적게 차지하는 압축기의 종류는?
① 왕복식
② 터보식
③ 회전식
④ 흡수식

[해설] 터보식 압축기 : 임펠러의 회전 운동(원심력)을 압력과 속도 에너지로 전환하여 압력을 상승시키는 형식으로 원심식, 축류식, 혼류식으로 분류된다.

41. 가스 홀더의 압력을 이용하여 가스를 공급하며 가스 제조 공장과 공급 지역이 가깝거나 공급 면적이 좁을 때 적당한 가스 공급 방법은?
① 저압 공급 방식
② 중압 공급 방식
③ 고압 공급 방식
④ 초고압 공급 방식

[해설] 저압 공급 방식의 특징
㉮ 공급 압력이 0.1 MPa 미만이다.
㉯ 공급량이 적고, 공급 구역이 좁은 소규모 사업소에 적합하다.
㉰ 가스 홀더의 압력을 이용하여 공급할 수 있다.

42. 가스 종류에 따른 용기의 재질로 부적합한 것은?
① LPG : 탄소강
② 암모니아 : 동
③ 수소 : 크롬강
④ 염소 : 탄소강

[해설] 암모니아는 동 및 동합금과 접촉 시 부식의 우려가 있어 사용이 제한된다.

43. 오르사트법으로 시료 가스를 분석할 때의 성분 분석 순서로 옳은 것은?
① $CO_2 \to O_2 \to CO$
② $CO \to CO_2 \to O_2$
③ $O_2 \to CO \to CO_2$
④ $O_2 \to CO_2 \to CO$

[해답] 36. ③ 37. ① 38. ③ 39. ④ 40. ② 41. ① 42. ② 43. ①

[해설] 오르사트 분석기의 분석 순서 및 흡수액
⑦ CO_2 : KOH 30 % 수용액
㉯ O_2 : 알칼리성 피로갈롤 용액
㉰ CO : 암모니아성 염화 제일구리 용액

44. 수소염 이온화식 (FID) 가스 검출기에 대한 설명으로 틀린 것은?
① 감도가 우수하다.
② CO_2, NO_2는 검출할 수 없다.
③ 연소하는 동안 시료가 파괴된다.
④ 무기 화합물의 가스 검지에 적합하다.

[해설] 수소염 이온화 검출기(FID : flame ionization detector) : 불꽃으로 시료 성분이 이온화됨으로써 불꽃 중에 놓인 전극 간의 전기 전도도가 증대하는 것을 이용한 것으로 유기 화합물 검지에 적합하며 탄화수소에서 감도가 최고이지만 H_2, O_2, CO_2, SO_2 등은 감도가 없다.

45. 다음 [보기]와 관련 있는 분석 방법은?

〈보기〉
㉮ 쌍극자 모멘트의 알짜 변화
㉯ 진동 짝지음
㉰ Nernst 백열등
㉱ Fourier 변환 분광계

① 질량 분석법
② 흡광 광도법
③ 적외선 분광 분석법
④ 킬레이트 적정법

[해설] 적외선 분광 분석법 : 분자의 진동 중 쌍극자 힘의 변화를 일으킬 진동에 의해 적외선의 흡수가 일어나는 것을 이용한 방법으로 He, Ne, Ar 등 단원자 분자 및 H_2, O_2, N_2, Cl_2 등 대칭 2원자 분자는 적외선을 흡수하지 않으므로 분석할 수 없다.

46. 표준 상태에서 1000 L의 체적을 갖는 가스 상태의 부탄은 약 몇 kg인가?
① 2.6
② 3.1
③ 5.0
④ 6.1

[해설] $PV = \dfrac{W}{M} RT$ 에서 표준 상태는 0℃, 1기압 (atm)이고 부탄(C_4H_{10})의 분자량은 58이다.

$$\therefore W = \dfrac{PVM}{RT} = \dfrac{1 \times 1000 \times 58}{0.082 \times 273 \times 1000}$$
$$= 2.59 \text{ kg}$$

47. 다음 중 일반 기체 상수(R)의 단위는?
① kgf・m/kmol・K
② kgf・m/kcal・K
③ kgf・m/m³・K
④ kcal/kg・℃

[해설] $PV = GRT$에서

$$\therefore R = \dfrac{P(\text{kgf/m}^2 \cdot \text{a}) \times V(\text{m}^3)}{G(\text{kmol}) \times T(\text{K})}$$ 이므로 기체 상수 R의 단위는 "kgf・m/kmol・K"이다.

48. 다음 중 열역학 제1법칙에 대한 설명이 아닌 것은?
① 에너지 보존의 법칙이라고 한다.
② 열은 항상 고온에서 저온으로 흐른다.
③ 열과 일은 일정한 관계로 상호 교환된다.
④ 제1종 영구 기관이 영구적으로 일하는 것은 불가능하다는 것을 알려 준다.

[해설] 열역학 제1법칙 : 에너지 보존의 법칙으로 열과 일은 일정한 관계로 서로 교환되며, 제1종 영구 기관을 만드는 것은 불가능하다는 것을 설명한다.
※ ②항은 열역학 제2법칙을 설명한 것이다.

49. 표준 상태의 가스 1 m³를 완전 연소시키기 위하여 필요한 최소한의 공기를 이론 공기량이라고 한다. 다음 중 이론 공기량으로 적합한 것은? (단, 공기 중에 산소는 21 % 존재한다.)
① 메탄 : 9.5배
② 메탄 : 1.25배
③ 프로판 : 15배
④ 프로판 : 30배

[해설] ㉮ 메탄(CH_4)의 완전 연소 반응식 및 이론

[해답] 44. ④ 45. ③ 46. ① 47. ① 48. ② 49. ①

공기량 (A_0) 계산식
$CH_4 + 2O_2 \rightarrow CO_2 + 2H_2O$
$22.4 \, m^3 : 2 \times 22.4 \, m^3 = 1 \, m^3 : x(O_0)[m^3]$
$$\therefore A_0 = \frac{O_0}{0.21} = \frac{2 \times 22.4 \times 1}{22.4 \times 0.21} = 9.523 \, m^3$$
∴ 메탄 1 m^3에 대하여 이론 공기량은 9.52 배가 필요하다.

㉯ 프로판 (C_3H_8)의 완전 연소 반응식 및 이론공기량 (A_0) 계산
$C_3H_8 + 5O_2 \rightarrow 3CO_2 + 4H_2O$
$22.4 \, m^3 : 5 \times 22.4 \, m^3 = 1 \, m^3 : x(O_0)[m^3]$
$$\therefore A_0 = \frac{O_0}{0.21} = \frac{5 \times 22.4 \times 1}{22.4 \times 0.21} = 23.809 \, m^3$$
∴ 프로판 1 m^3에 대하여 이론 공기량은 23.809배가 필요하다.

50. 다음 중 액화가 가장 어려운 가스는?
① H_2 ② He
③ N_2 ④ CH_4

[해설] 대기압 상태에서의 각 가스의 비점

명칭	비점
수소 (H_2)	-252.2℃
헬륨 (He)	-269℃
질소 (N_2)	-196℃
메탄 (CH_4)	-161.5℃

※ 비점이 낮은 가스가 액화가 가장 어려운 가스이다.

51. 다음 중 아세틸렌의 발생 방식이 아닌 것은 어느 것인가?
① 주수식 : 카바이드에 물을 넣는 방법
② 투입식 : 물에 카바이드를 넣는 방법
③ 접촉식 : 물과 카바이드를 소량씩 접촉시키는 방법
④ 가열식 : 카바이드를 가열하는 방법

[해설] 아세틸렌 발생기의 종류 : 주수식, 투입식, 침지식(접촉식)

52. 이상 기체의 등온 과정에서 압력이 증가하면 엔탈피(H)는?
① 증가한다.
② 감소한다.
③ 일정하다.
④ 증가하다가 감소한다.

[해설] 등온 과정에서는 내부 에너지와 엔탈피 변화가 없는 일정한 과정이다.

53. 다음 중 1 kW의 열량을 환산한 것으로 옳은 것은?
① 536 kcal/h   ② 632 kcal/h
③ 729 kcal/h   ④ 860 kcal/h

[해설] 동력의 단위
㉮ 1 PS = 75 kgf·m/s = 632.2 kcal/h
   = 0.735 kW = 2664 kJ/h
㉯ 1 kW = 102 kgf·m/s = 860 kcal/h
   = 1.36 PS = 3600 kJ/h
㉰ 1 HP = 76 kgf·m/s = 640.75 kcal/h
   = 0.745 kW = 2685 kJ/h

54. 섭씨온도와 화씨온도가 같은 경우는?
① -40℃   ② 32℉
③ 273℃   ④ 45℉

[해설] $℉ = \frac{9}{5}℃ + 32$에서 ℉와 ℃가 같으므로 x로 놓으면 $x = \frac{9}{5}x + 32$가 된다.
$$\therefore x - \frac{9}{5}x = 32$$
$$x\left(1 - \frac{9}{5}\right) = 32$$
$$\therefore x = \frac{32}{1 - \frac{9}{5}} = -40$$

55. 다음 중 1기압 (1 atm)과 같지 않은 것은 어느 것인가?
① 760 mmHg   ② 0.9807 bar
③ 10.332 mH_2O ④ 101.3 kPa

[해설] 1 atm = 760 mmHg = 76 cmHg
   = 0.76 mHg = 29.9 inHg = 760 torr

[해답] 50. ② 51. ④ 52. ③ 53. ④ 54. ① 55. ②

= 10332 kgf/m² = 1.0332 kgf/cm²
= 10.332 mH₂O = 10332 mmH₂O
= 101325 N/m² = 101325 Pa
= 101.325 kPa = 0.101325 MPa
= 1013250 dyne/cm² = 1.01325 bar
= 1013.25 mbar = 14.7 lb/in²
= 14.7 psi

56. 어떤 기구가 1 atm, 30℃에서 10000 L의 헬륨으로 채워져 있다. 이 기구가 압력이 0.6 atm이고 온도가 −20℃인 고도까지 올라갔을 때 부피는 약 몇 L가 되는가?
① 10000 ② 12000
③ 14000 ④ 16000

[해설] $\dfrac{P_1 V_1}{T_1} = \dfrac{P_2 V_2}{T_2}$ 에서

$\therefore V_2 = \dfrac{P_1 V_1 T_2}{P_2 T_1}$

$= \dfrac{1 \times 10000 \times (273-20)}{0.6 \times (273+30)}$

$= 13916.391$ L

57. 다음 중 절대온도 단위는?
① K   ② °R
③ °F   ④ ℃

[해설] 절대온도 : 열역학적 눈금으로 정의할 수 있으며 자연계에서는 그 이하의 온도로 내릴 수 없는 최저 온도를 절대온도라 한다.
㉮ 켈빈 온도 : K = t℃ + 273
㉯ 랭킨 온도 : °R = t°F + 460
※ 온도의 기본 단위는 절대온도이며 단위 "K"이다.

58. 이상 기체를 정적하에서 가열하면 압력과 온도의 변화는?
① 압력 증가, 온도 일정
② 압력 일정, 온도 일정
③ 압력 증가, 온도 상승
④ 압력 일정, 온도 상승

[해설] 이상 기체를 정적(체적이 일정한 상태)하에서 가열하면 압력은 증가하고, 온도는 상승한다.

59. 산소의 물리적 성질에 대한 설명으로 틀린 것은?
① 산소는 약 −183℃에서 액화한다.
② 액체 산소는 청색으로 비중이 약 1.13이다.
③ 무색, 무취의 기체이며 물에는 약간 녹는다.
④ 강력한 조연성 가스이므로 자체 연소한다.

[해설] 산소는 강력한 조연성(지연성) 가스이므로 자체적으로 연소하지 않고 가연성 물질의 연소를 돕는다.

60. 도시가스의 주원료인 메탄(CH_4)의 비점은 약 얼마인가?
① −50℃   ② −82℃
③ −120℃ ④ −162℃

[해설] 메탄 : 천연가스의 주성분으로 대기압 상태에서의 비점은 −161.5℃이다.

[해답] 56. ③ 57. ① 58. ③ 59. ④ 60. ④

가스 기능사 ▶ 2015. 10. 10 시행

1. 다음 중 사용 신고를 해야 하는 특정 고압 가스에 해당하지 않는 것은?
① 게르만 ② 삼불화 질소
③ 사불화 규소 ④ 오불화 붕소

[해설] ㉮ 특정 고압가스 사용 신고대상 가스 (고법 제20조) : 수소, 산소, 액화 암모니아, 아세틸렌, 액화 염소, 천연가스, 압축 모노실란, 압축 디보레인, 액화 알진 그 밖에 대통령령이 정하는 고압가스 → 시장, 군수 또는 구청장에게 신고
㉯ 대통령령이 정하는 고압가스 (고법 시행령 제16조) : 포스핀, 셀렌화 수소, 게르만, 디실란, 오불화 비소, 오불화인, 삼불화인, 삼불화 질소, 삼불화 붕소, 사불화 유황, 사불화 규소

2. LP 가스 저장 탱크 지하에 설치하는 기준에 대한 설명으로 틀린 것은?
① 저장 탱크실 상부 윗면으로부터 저장 탱크 상부까지의 깊이는 1 m 이상으로 한다.
② 저장 탱크 주위 빈 공간에는 세립분을 함유하지 않은 것으로서 손으로 만졌을 때 물이 손에서 흘러내리지 않는 상태의 모래를 채운다.
③ 저장 탱크를 2개 이상 인접하여 설치하는 경우에는 상호 간에 1 m 이상의 거리를 유지한다.
④ 저장 탱크실은 천장, 벽 및 바닥의 두께가 각각 30 cm 이상의 방수 조치를 한 철근 콘크리트구조로 한다.

[해설] 저장 탱크실 상부 윗면으로부터 저장 탱크 상부까지의 깊이는 60 cm 이상으로 한다.

3. 용기의 설계단계 검사 항목이 아닌 것은?
① 단열 성능
② 내압 성능
③ 작동 성능
④ 용접부의 기계적 성능

[해설] 용기의 설계단계 검사 : 용기가 안전하게 설계되었는지 명확하게 판정할 수 있도록 다음의 성능에 대하여 적절한 방법으로 실시할 것
㉮ 재료의 기계적, 화학적 성능
㉯ 용접부의 기계적 성능
㉰ 단열 성능
㉱ 내압 성능
㉲ 기밀 성능
㉳ 그 밖에 용기의 안전 확보에 필요한 성능

4. 고압가스용 저장 탱크 및 압력용기 제조 시설에 대하여 실시하는 내압 검사에서 압력 용기 등의 재질이 주철인 경우 내압시험 압력의 기준은?
① 설계 압력의 1.2배의 압력
② 설계 압력의 1.5배의 압력
③ 설계 압력의 2배의 압력
④ 설계 압력의 3배의 압력

[해설] 저장 탱크 및 압력용기 내압시험 압력 기준
㉮ 압력용기 등의 내압시험 압력은 다음 식으로 계산한 압력으로 실시
$$\therefore P_t = \mu P \left(\frac{\sigma_t}{\sigma_d} \right)$$
P_t : 내압시험 압력(MPa)
P : 설계 압력(MPa)
σ_t : 수압시험 온도에서의 재료의 허용 응력(N/mm^2)
σ_d : 설계 온도에서의 재료의 허용 응력(N/mm^2)
μ : 압력용기 등의 설계 압력 범위에 따른 값
㉯ 압력용기 등의 재질이 주철인 경우에는 내압시험 압력을 설계 압력의 2배로 한다.

5. 초저온 용기의 단열 성능 시험에 있어 침입 열량 계산식은 다음과 같이 구해진다. 여기서

[해답] 1. ④ 2. ① 3. ③ 4. ③ 5. ④

"q"가 의미하는 것은?

$$Q = \frac{W \cdot q}{H \cdot \Delta t \cdot V}$$

① 침입 열량
② 측정 시간
③ 기화된 가스량
④ 시험용 가스의 기화 잠열

[해설] 침입 열량 계산식 각 기호의 의미
  ㉮ Q : 침입 열량 (kcal/h · ℃ · L)
  ㉯ W : 기화된 가스량 (kg)
  ㉰ q : 시험용 가스의 기화 잠열 (kcal/kg)
  ㉱ H : 측정 시간 (h)
  ㉲ Δt : 시험용 가스의 비점과 대기 온도의 온도차 (℃)
  ㉳ V : 초저온 용기의 내용적 (L)

6. 인체용 에어졸 제품의 용기에 기재해야 할 사항으로 틀린 것은?
① 불 속에 버리지 말 것
② 가능한 한 인체에서 10 cm 이상 떨어져서 사용할 것
③ 온도가 40℃ 이상 되는 장소에 보관하지 말 것
④ 특정 부위에 계속하여 장시간 사용하지 말 것

[해설] (1) 에어졸 용기에 기재할 사항
  ㉮ 불꽃을 향하여 사용하지 말 것
  ㉯ 난로, 풍로 등 화기 부근에서 사용하지 말 것
  ㉰ 화기를 사용하고 있는 실내에서 사용하지 말 것
  ㉱ 온도가 40℃ 이상의 장소에 보관하지 말 것
  ㉲ 밀폐된 실내에서 사용한 후에는 반드시 환기를 실시할 것
  ㉳ 불 속에 버리지 말 것
  ㉴ 사용 후 잔 가스가 없도록 하여 버릴 것
  ㉵ 밀폐된 장소에 보관하지 말 것
(2) 인체용 에어졸 제품 용기 기재 사항 : 상기 (1)항 내용 외에 다음 사항을 추가로 기재한다.
  ㉮ 인체용
  ㉯ 특정 부위에 계속하여 장시간 사용하지 말 것
  ㉰ 가능한 한 인체에서 20 cm 이상 떨어져 사용할 것

7. 비등 액체 팽창 증기 폭발(BLEVE)이 일어날 가능성이 가장 낮은 곳은?
① LPG 저장 탱크
② LNG 저장 탱크
③ 액화 가스 탱크로리
④ 천연가스 지구 정압기

[해설] 비등 액체 팽창 증기 폭발(BLEVE : Boiling Liquid Expanding Vapor Explosion) : 가연성 액체 저장 탱크 주변에서 화재가 발생하여 기상부의 탱크가 국부적으로 가열되면 그 부분의 강도가 약해져 탱크가 파열된다. 이때 내부의 액화 가스가 급격히 유출 팽창되어 화구(fire ball)를 형성하여 폭발하는 형태를 말한다. 화구로 인한 2차 피해(복사열로 인한 피해)와 저장 탱크 파열 시 비산되는 파열 물질로 인한 피해가 있다.
※ "천연가스 지구 정압기"의 경우 기체 상태의 가스 압력을 낮추는 장치이므로 비등 액체 팽창 증기 폭발이 일어날 가능성은 없다.

8. 자연 발화의 열의 발생 속도에 대한 설명으로 틀린 것은?
① 발열량이 큰 쪽이 일어나기 쉽다.
② 표면적이 작을수록 일어나기 쉽다.
③ 초기 온도가 높은 쪽이 일어나기 쉽다.
④ 촉매 물질이 존재하면 반응 속도가 빨라진다.

[해설] 표면적이 클수록 일어나기 쉽다.

9. 다음 가스의 용기 보관실 중 그 가스가 누출된 때에 체류하지 않도록 통풍구를 갖추고, 통풍이 잘 되지 않는 곳에는 강제 환기 시설을 설치해야 하는 곳은?

[해답] 6. ② 7. ④ 8. ② 9. ④

① 질소 저장소　② 탄산가스 저장소
③ 헬륨 저장소　④ 부탄 저장소

[해설] 공기보다 무거운 가연성 가스의 경우 바닥면에 접하여 개구한 2방향 이상의 개구부 또는 바닥면 가까이에 흡입구를 갖춘 강제 환기 설비를 설치하거나 이들을 병설하여 바닥면에 접한 부분의 환기를 양호하게 한 구조로 한다.
※ 부탄 (C_4H_{10})의 경우 분자량이 58로 공기보다 무거운 가연성 가스에 해당된다.

10. 발열량이 9500 kcal/m³이고 가스 비중이 0.65인(공기 1) 가스의 웨버 지수는 약 얼마인가?

① 6175　② 9500
③ 11780　④ 14615

[해설] $WI = \dfrac{Q}{\sqrt{d}} = \dfrac{9500}{\sqrt{0.65}} = 11783.299$

11. 도시가스 배관의 매설 심도를 확보할 수 없거나 타 시설물과 이격 거리를 유지하지 못하는 경우 등에는 보호판을 설치한다. 압력이 중압 배관일 경우 보호판의 두께 기준은?

① 3 mm　② 4 mm
③ 5 mm　④ 6 mm

[해설] 도시가스 보호판 두께 기준
㉮ 고압 배관 : 6 mm 이상
㉯ 고압 배관 외 : 4 mm 이상

12. 고압가스 안전 관리법의 적용을 받는 고압가스의 종류 및 범위로서 틀린 것은?

① 상용의 온도에서 압력이 1 MPa 이상 되는 압축가스
② 섭씨 35도의 온도에서 압력이 0 Pa을 초과하는 아세틸렌가스
③ 상용의 온도에서 압력이 0.2 MPa 이상 되는 액화 가스
④ 섭씨 35도의 온도에서 압력이 0 Pa을 초과하는 액화 가스 중 액화 시안화수소

[해설] 섭씨 15도의 온도에서 압력이 0 Pa을 초과하는 아세틸렌가스

13. 고압가스 제조 허가의 종류가 아닌 것은?
① 고압가스 특수 제조
② 고압가스 일반 제조
③ 고압가스 충전
④ 냉동 제조

[해설] 고압가스 제조 허가
(1) 고압가스 제조 허가 (고법 제4조) : 특별자치도지사, 시장, 군수 또는 구청장(자치구의 구청장을 말하며 이하 시장, 군수 또는 구청장이라 한다)의 허가를 받아야 한다.
(2) 고압가스 제조 허가의 종류(고법 시행령 제3조)
㉮ 고압가스 특정 제조
㉯ 고압가스 일반 제조
㉰ 고압가스 충전
㉱ 냉동 제조 : 냉동 능력 20톤 이상

14. 암모니아 충전 용기로서 내용적이 1000 L 이하인 것은 부식여유 두께의 수치가 (A) mm이고, 염소 충전 용기로서 내용적이 1000 L 초과하는 것은 부식여유 두께의 수치가 (B) mm이다. A와 B에 알맞은 부식 여유치는?

① A : 1, B : 3　② A : 2, B : 3
③ A : 1, B : 5　④ A : 2, B : 5

[해설] 부식여유 수치

용기 종류		부식여유 수치
암모니아 충전 용기	내용적 1000 L 이하	1
	내용적 1000 L 초과	2
염소 충전 용기	내용적 1000 L 이하	3
	내용적 1000 L 초과	5

15. LPG 자동차에 고정된 용기 충전 시설에서 저장 탱크의 물분무 장치는 최대 수량을 몇 분 이상 연속해서 방사할 수 있는 수원에 접속되어 있도록 하여야 하는가?

[해답] 10. ③　11. ②　12. ②　13. ①　14. ③　15. ②

① 20분　　② 30분
③ 40분　　④ 60분

[해설] 물분무 장치는 동시에 방사할 수 있는 최대수량을 30분 이상 연속하여 방사할 수 있는 수원에 접속되어 있도록 한다.

16. 산화에틸렌 충전 용기에는 질소 또는 탄산가스를 충전하는 데 그 내부 가스 압력의 기준으로 옳은 것은?

① 상온에서 0.2 MPa 이상
② 35℃에서 0.2 MPa 이상
③ 40℃에서 0.4 MPa 이상
④ 45℃에서 0.4 MPa 이상

[해설] 산화에틸렌(C_2H_4O)의 충전 기준
㉮ 산화에틸렌 저장 탱크는 질소 가스 또는 탄산가스로 치환하고 5℃ 이하로 유지한다.
㉯ 산화에틸렌 용기에 충전 시에는 질소 또는 탄산가스로 치환한 후 산 또는 알칼리를 함유하지 않는 상태로 충전한다.
㉰ 산화에틸렌 저장 탱크는 45℃에 내부 압력이 0.4 MPa 이상이 되도록 질소 또는 탄산가스를 충전한다.

17. 다음 중 보일러 중독 사고의 주원인이 되는 가스는?

① 이산화탄소　　② 일산화탄소
③ 질소　　　　　④ 염소

[해설] 보일러 연료용 가스의 불완전 연소에 의하여 발생하는 일산화탄소(CO)에 의하여 중독 사고의 위험성이 있다.

18. 플레어 스택에 대한 설명으로 틀린 것은?

① 플레어 스택에서 발생하는 복사열이 다른 제조 시설에 나쁜 영향을 미치지 않도록 안전한 높이 및 위치에 설치한다.
② 플레어 스택에서 발생하는 최대 열량에 장시간 견딜 수 있는 재료 및 구조로 되어 있는 것으로 한다.
③ 파일럿 버너를 항상 점화하여 두는 등 플레어 스택에 관련된 폭발을 방지하기 위한 조치가 되어 있는 것으로 한다.
④ 특수 반응 설비 또는 이와 유사한 고압가스 설비에는 그 특수 반응 설비 또는 고압가스 설비마다 설치한다.

[해설] 특수 반응 설비 또는 이와 유사한 고압가스설비에는 그 설비 안의 내용물을 설비 밖으로 긴급하고도 안전하게 이송할 수 있는 설비를 설치하고 이송되는 설비 안의 내용물은 다음 중 어느 하나의 방법으로 처리할 수 있는 것으로 한다.
㉮ 플레어 스택에서 안전하게 연소시킨다.
㉯ 안전한 장소에 설치되어 있는 저장 탱크 등에 임시 이송한다.
㉰ 벤트 스택에서 안전하게 방출시킨다.
㉱ 독성 가스는 제독 조치 후 안전하게 폐기시킨다.

19. 도시가스 사용 시설에서 도시가스 배관의 표시 등에 대한 기준으로 틀린 것은?

① 지하에 매설하는 배관은 그 외부에 사용 가스명, 최고 사용 압력, 가스의 흐름 방향을 표시한다.
② 지상 배관은 부식 방지 도장 후 황색으로 도색한다.
③ 지하 매설 배관에서 최고 사용 압력이 저압인 배관은 황색으로 한다.
④ 지하 매설 배관에서 최고 사용 압력이 중압 이상인 배관은 적색으로 한다.

[해설] 배관은 그 외부에 사용 가스명, 최고 사용 압력 및 가스의 흐름 방향을 표시한다. 다만, 지하에 매설하는 경우에는 흐름 방향을 표시하지 않을 수 있다.

20. 특정 고압가스 사용 시설에서 용기의 안전 조치 방법으로 틀린 것은?

① 고압가스의 충전 용기는 항상 40℃ 이하를 유지하도록 한다.
② 고압가스의 충전 용기 밸브는 서서히 개

해답 16. ④　17. ②　18. ④　19. ①　20. ④

폐한다.
③ 고압가스의 충전 용기 밸브 또는 배관을 가열할 때에는 열습포나 40℃ 이하의 더운 물을 사용한다.
④ 고압가스의 충전 용기를 사용한 후에는 밸브를 열어 둔다.
[해설] 고압가스의 충전 용기를 사용한 후에는 밸브를 닫아 둔다.

21. 일반 도시가스의 배관을 철도부지 밑에 매설할 경우 배관의 외면과 지표면 사이의 거리는 몇 m 이상으로 하여야 하는가?
① 1.0 m　　② 1.2 m
③ 1.3 m　　④ 1.5 m
[해설] 철도부지 매설 기준
㉮ 배관의 외면으로부터 궤도 중심까지 4 m 이상
㉯ 철도부지 경계까지는 1 m 이상
㉰ 지표면으로부터 배관 외면까지의 깊이를 1.2 m 이상으로 한다.

22. 가스 도매 사업 시설에서 배관 지하 매설의 설치 기준으로 옳은 것은?
① 산과 들 이외의 지역에서 배관의 매설 깊이는 1.5 m 이상
② 산과 들에서의 배관의 매설 깊이는 1 m 이상
③ 배관은 그 외면으로부터 수평 거리로 건축물까지 1.2 m 이상 거리 유지
④ 배관은 그 외면으로부터 지하의 다른 시설물과 1.2 m 이상 거리 유지
[해설] 배관 지하 매설의 매설 깊이
㉮ 지표면으로부터 배관 외면까지의 매설 깊이는 산이나 들에서는 1 m 이상, 그 밖의 지역에서는 1.2 m 이상으로 한다.
㉯ 배관은 그 외면으로부터 수평 거리로 건축물까지 1.5 m 이상을 유지한다.
㉰ 배관은 그 외면으로부터 지하의 다른 시설물과 0.3 m 이상의 거리를 유지한다.

23. 인화 온도가 약 −30℃이고 발화 온도가 매우 낮아 전구 표면이나 증기 파이프 등의 열에 의해 발화할 수 있는 가스는?
① CS_2　　② C_2H_2
③ C_2H_4　　④ C_3H_8
[해설] 이황화탄소(CS_2)의 성질
㉮ 허용 농도 (TLV-TWA) : 20 ppm
㉯ 폭발 범위 : 1.25~44 %
㉰ 인화점 : −30℃
㉱ 발화점 : 100℃

24. 액화 가스를 충전하는 차량에 고정된 탱크는 액면 요동을 방지하기 위하여 그 내부에 액면 요동 방지 조치를 해야 한다. 다음 중 액면 요동 방지 조치로 올바른 것은?
① 방파판　　② 액면계
③ 온도계　　④ 스톱 밸브
[해설] 액면 요동 방지 조치 : 액화 가스를 충전하는 차량에 고정된 탱크는 그 내부에 액면 요동을 방지하기 위한 방파판 등을 설치한다.

25. 가연성 가스의 지상 저장탱크의 경우 외부에 바르는 도료의 색깔은 무엇인가?
① 청색　　② 녹색
③ 은·백색　　④ 검정색
[해설] 저장탱크 표시 : 지상에 설치하는 저장 탱크의 외부에는 은색·백색 도료를 바르고 주위에서 보기 쉽도록 가스의 명칭을 붉은 글씨로 표시한다.

26. 지하에 매몰하는 도시가스 배관의 재료로 사용할 수 없는 것은?
① 가스용 폴리에틸렌관
② 압력 배관용 탄소강관
③ 압출식 폴리에틸렌 피복강관
④ 분말 용착식 폴리에틸렌 피복강관
[해설] 지하에 매몰하는 배관
㉮ 폴리에틸렌 피복 강관 (KS D 3589)
㉯ 분말 용착식 폴리에틸렌 피복 강관 (KS D 3607)

[해답] 21. ② 22. ② 23. ① 24. ① 25. ③ 26. ②

㉰ 가스용 폴리에틸렌관 (KS M 3514)

27. 아르곤(Ar) 가스 충전 용기의 도색은 어떤 색상으로 하여야 하는가?
① 백색   ② 녹색
③ 갈색   ④ 회색

[해설] 주요 가스 용기의 도색

가스 종류	공업용	의료용
산소	녹색	백색
수소	주황색	–
액화 탄산가스	청색	회색
LPG	밝은 회색	–
아세틸렌	황색	–
암모니아	백색	–
염소	갈색	–
질소	회색	흑색
아산화 질소	회색	청색
헬륨	회색	갈색
에틸렌	회색	자색
사이크로 프로판	회색	주황색
기타	회색	–

28. 아세틸렌 용기에 대한 다공 물질 충전검사 적합 판정 기준은?
① 다공 물질은 용기 벽을 따라서 용기 안지름의 $\frac{1}{200}$ 또는 1 mm를 초과하는 틈이 없는 것으로 한다.
② 다공 물질은 용기 벽을 따라서 용기 안지름의 $\frac{1}{200}$ 또는 3 mm를 초과하는 틈이 없는 것으로 한다.
③ 다공 물질은 용기 벽을 따라서 용기 안지름의 $\frac{1}{100}$ 또는 5 mm를 초과하는 틈이 없는 것으로 한다.
④ 다공 물질은 용기 벽을 따라서 용기 안지름의 $\frac{1}{100}$ 또는 10 mm를 초과하는 틈이 없는 것으로 한다.

[해설] 아세틸렌을 충전하는 용기는 밸브 바로 밑의 가스 취입, 취출 부분을 제외하고 다공 물질을 빈틈없이 채운다. 다만, 다공 물질이 고형일 경우에는 아세톤 또는 디메틸포름아미드를 충전한 다음 용기 벽을 따라 용기 안지름의 $\frac{1}{200}$ 또는 3 mm를 초과하는 틈이 없는 것으로 한다.

29. 액화석유가스가 공기 중에 얼마의 비율로 혼합되었을 때 그 사실을 알 수 있도록 냄새가 나는 물질을 섞어 용기에 충전하여야 하는가?
① $\frac{1}{1000}$ ② $\frac{1}{10000}$
③ $\frac{1}{100000}$ ④ $\frac{1}{1000000}$

[해설] 냄새나는 물질의 첨가 : 액화석유가스는 공기 중의 혼합 비율의 용량이 $\frac{1}{1000}$의 상태에서 감지할 수 있도록 냄새가 나는 물질(공업용의 경우 제외)을 섞어 용기에 충전한다.

30. 가스누출 자동 차단 장치의 구성 요소에 해당하지 않는 것은?
① 지시부   ② 검지부
③ 차단부   ④ 제어부

[해설] 가스누출 자동 차단 장치의 구성 요소
㉮ 검지부 : 누출된 가스를 검지하여 제어부로 신호를 보내는 기능을 가진 것
㉯ 차단부 : 제어부로부터 보내진 신호에 따라 가스의 유로를 개폐하는 기능을 가진 것
㉰ 제어부 : 차단부에 자동 차단 신호를 보내는 기능, 차단부를 원격 개폐할 수 있는 기능 및 경보 기능을 가진 것

31. 도시가스 사용 시설의 정압기실에 설치된 가스 누출 경보기의 점검 주기는?

해답 27. ④   28. ②   29. ①   30. ①   31. ②

① 1일 1회 이상   ② 1주일에 1회 이상
③ 2주일 1회 이상   ④ 1개월 1회 이상

[해설] 정압기실에 설치된 가스 누출 경보기는 1주일에 1회 이상 작동 상황을 점검하고 작동 불량 시는 즉시 교체 또는 수리하여 항상 정상적인 작동이 되도록 한다.

32. 고압가스 제조 설비에서 정전기의 발생 또는 대전 방지에 대한 설명으로 옳은 것은?
① 가연성 가스 제조 설비의 탑류, 벤트 스택 등은 단독으로 접지한다.
② 제조 장치 등에 본딩용 접속선은 단면적이 $5.5\,mm^2$ 미만의 단선을 사용한다.
③ 대전 방지를 위하여 기계 및 장치에 절연 재료를 사용한다.
④ 접지 저항치 총합이 100 Ω 이하의 경우에는 정전기 제거 조치가 필요하다.

[해설] ② 본딩용 접속선 및 접지 접속선은 단면적 $5.5\,mm^2$ 이상인 것 (단선 제외)을 사용하고 경납 붙임, 용접, 접속 금구 등을 사용하여 확실히 접속한다.
③ 대전 방지를 위하여 기계 및 장치에는 접지 접속선을 사용한다.
④ 접지 저항치 총합이 100 Ω (피뢰 설비를 설치한 것은 총합 10 Ω) 이하의 것은 정전기 제거 설비를 설치하지 않을 수 있다.

33. 이동식 부탄 연소기의 용기 연결 방법에 따른 분류가 아닌 것은?
① 용기이탈식   ② 분리식
③ 카세트식   ④ 직결식

[해설] 연소기의 용기 연결 방법
㉮ 카세트식 : 거버너가 부착된 연소기 안에 용기를 수평으로 장착시키는 구조
㉯ 직결식 : 연소기에 접합 용기 또는 최대 충전량이 3 kg 이하인 용접 용기를 직접 연결하는 구조
㉰ 분리식 : 연소기에 접합 용기 또는 최대 충전량이 20 kg 이하인 용접 용기를 호스 등으로 연결하는 구조

34. 액화 산소, LNG 등에 일반적으로 사용될 수 있는 재질이 아닌 것은?
① Al 및 Al 합금   ② Cu 및 Cu 합금
③ 고장력 주철강   ④ 18-8 스테인리스강

[해설] 액화 산소, LNG 등 초저온 액화 가스에 사용할 수 있는 재질은 알루미늄(Al) 및 알루미늄 합금, 구리(Cu) 및 구리 합금, 18-8 스테인리스강 (오스테나이트계 스테인리스강)이다.

35. 다음 중 저압식(Linde-Frankl식) 공기 액화 분리 장치의 정류탑 하부의 압력은 어느 정도인가?
① 1기압   ② 5기압
③ 10기압   ④ 20기압

[해설] 저압식 공기 액화 분리 장치의 복식 정류탑에서는 하부탑에서 약 5 atm의 압력하에서 원료 공기가 정류되고, 동탑 상부에서는 98 % 정도의 액체 질소가, 탑 하부에서는 40 % 정도의 액체 공기가 분리된다.

36. LP 가스 저압 배관 공사를 완료하여 기밀 시험을 하기 위해 공기압을 1000 mmH₂O로 하였다. 이때 관 지름 25 mm, 길이 30 m로 할 경우 배관의 전체 부피는 약 몇 L인가?
① 5.7 L   ② 12.7 L
③ 14.7 L   ④ 23.7 L

[해설] $1\,m^3 = 1000\,L$, $1\,m = 1000\,mm$의 관계이고, 배관의 내용적은 관 단면적에 배관 길이를 곱하면 된다.
∴ $V = \dfrac{\pi}{4} \times D^2 \times L$
$= \dfrac{\pi}{4} \times 0.025^2 \times 30 \times 10^3 = 14.726\,L$

37. 저온, 고압의 액화석유가스 저장 탱크가 있다. 이 탱크를 퍼지하여 수리 점검 작업할 때에 대한 설명으로 옳지 않은 것은?
① 공기로 재치환하여 산소 농도가 최소 18 %인지 확인한다.
② 질소 가스로 충분히 퍼지하여 가연성 가

스의 농도가 폭발 하한계의 $\frac{1}{4}$ 이하가 될 때까지 치환을 계속한다.
③ 단시간에 고온으로 가열하면 탱크가 손상될 우려가 있으므로 국부 가열이 되지 않게 한다.
④ 가스는 공기보다 가벼우므로 상부 맨홀을 열어 자연적으로 퍼지가 되도록 한다.

[해설] 액화석유가스는 프로판과 부탄이 주성분이므로 공기보다 무거운 가스에 해당된다.

38. 연소에 필요한 공기를 전부 2차 공기로 취하며 불꽃의 길이가 길고, 온도가 가장 낮은 연소 방식은?
① 분젠식   ② 세미분젠식
③ 적화식   ④ 전1차 공기식

[해설] 연소 방식의 분류
㉮ 적화식 : 연소에 필요한 공기를 2차 공기로 모두 취하는 방식
㉯ 분젠식 : 가스를 노즐로부터 분출시켜 주위의 공기를 1차 공기로 취한 후 나머지는 2차 공기를 취하는 방식
㉰ 세미분젠식 : 적화식과 분젠식의 혼합형으로 1차 공기율 40 % 이하를 취하는 방식
㉱ 전1차 공기식 : 완전 연소에 필요한 공기를 모두 1차 공기로 하여 연소하는 방식

39. 다음 중 액주식 압력계에 대한 설명으로 틀린 것은?
① 경사관식은 정도가 좋다.
② 단관식은 차압계로도 사용된다.
③ 링 밸런스식은 저압 가스의 압력 측정에 적당하다.
④ U자관은 메니스커스의 영향을 받지 않는다.

[해설] U자관은 메니스커스의 영향을 받는다.
※ 메니스커스(meniscus) : 모세관 속의 액체 표면이 만드는 곡선으로 물의 경우 액면이 오목해지고, 수은의 경우 액면이 볼록해진다.

40. 압축 천연가스 자동차 충전소에 설치하는 압축가스 설비의 설계 압력이 25 MPa인 경우 이 설비에 설치하는 압력계의 지시 눈금은?
① 최소 25.0 MPa까지 지시할 수 있는 것
② 최소 27.5 MPa까지 지시할 수 있는 것
③ 최소 37.5 MPa까지 지시할 수 있는 것
④ 최소 50.0 MPa까지 지시할 수 있는 것

[해설] 압축 천연가스 자동차 충전소에 설치하는 압력계의 지시 눈금은 압력계가 부착되는 설비의 설계 압력의 최소 150 %까지 지시할 수 있는 것으로 한다.
∴ 압력계 지시 눈금 = 설계 압력×1.5
    = 25×1.5 = 37.5 MPa

41. 저온 장치에서 열의 침입 원인으로 가장 거리가 먼 것은?
① 내면으로부터의 열전도
② 연결 배관 등에 의한 열전도
③ 지지 요크 등에 의한 열전도
④ 단열재를 넣은 공간에 남은 가스의 분자 열전도

[해설] 저온 장치의 열 침입 원인
㉮ 단열재를 충전한 공간에 남은 가스 분자의 열전도
㉯ 외면으로부터의 열전도
㉰ 연결되는 배관 등에 의한 열전도
㉱ 지지 요크 등에 의한 열전도
㉲ 밸브, 안전밸브 등에 의한 열전도

42. 저장 탱크 내부의 압력이 외부의 압력보다 낮아져 그 탱크가 파괴되는 것을 방지하기 위한 설비와 관계없는 것은?
① 압력계   ② 진공 안전밸브
③ 압력 경보 설비 ④ 벤트 스택

[해설] 부압을 방지하는 조치
㉮ 압력계
㉯ 압력 경보 설비
㉰ 진공 안전밸브

해답 38. ③ 39. ④ 40. ③ 41. ① 42. ④

㉣ 다른 시설로부터의 가스 도입 배관(균압관)
㉤ 압력과 연동하는 긴급 차단 장치를 설치한 냉동 제어 설비
㉥ 압력과 연동하는 긴급 차단 장치를 설치한 송액 설비

43. 공기 액화 분리 장치에는 다음 중 어떤 가스 때문에 가연성 물질을 단열재로 사용할 수 없는가?
① 질소 ② 수소
③ 산소 ④ 아르곤

[해설] 공기 액화 분리 장치에는 산소 때문에 가연성 물질을 단열재로 만든 것을 사용할 수 없다(불연성의 단열재를 사용하여야 한다).

44. 도시가스 공급 시설이 아닌 것은?
① 압축기 ② 홀더
③ 정압기 ④ 용기

[해설] 도시가스 공급 시설 : 가스 홀더, 압축기(또는 압송기), 정압기
※ 용기는 액화석유가스에서 저장 설비에 해당된다.

45. 암모니아 용기의 재료로 주로 사용되는 것은?
① 동 ② 알루미늄 합금
③ 동합금 ④ 탄소강

[해설] 암모니아는 동 및 동합금, 알루미늄 합금에 대하여 부식이 발생하므로 탄소강으로 용접 용기로 제조된다.

46. 표준 상태에서 부탄가스의 비중은 약 얼마인가? (단, 부탄의 분자량은 58이다.)
① 1.6 ② 1.8
③ 2.0 ④ 2.2

[해설] 기체 비중 = $\dfrac{\text{기체의 분자량}}{\text{공기의 평균 분자량}(29)}$
= $\dfrac{58}{29}$ = 2

47. 메탄(CH_4)의 공기 중 폭발 범위 값에 가장 가까운 것은?
① 5~15.4 % ② 3.2~12.5 %
③ 2.4~9.5 % ④ 1.9~8.4 %

[해설] 메탄의 공기 중 폭발 범위 : 5~15 %

48. 다음 중 가장 낮은 압력은?
① 1 atm ② 1 kgf/cm²
③ 10.33 mH₂O ④ 1 MPa

[해설] 각 압력을 "kgf/cm²" 단위로 환산하여 비교
① 1 atm = 1.0332 kgf/cm²
② 1 kgf/cm²
③ 1 atm = 10.332 mH₂O = 1.0332 kgf/cm²이므로 10.33 mH₂O는 약 1.033 kgf/cm²이다.
④ $\dfrac{1 \text{ MPa}}{0.101325 \text{ MPa}} \times 1.0332 \text{ kgf/cm}^2$
= 10.19689 kgf/cm²

49. 부탄가스의 주된 용도가 아닌 것은?
① 산화에틸렌 제조 ② 자동차 연료
③ 라이터 연료 ④ 에어졸 제조

[해설] 부탄(C_4H_{10})은 파라핀계 탄화수소로 연료용으로 주로 사용된다.

50. 포스겐의 화학식은?
① COCl₂ ② COCl₃
③ PH₂ ④ PH₃

[해설] 포스겐(COCl₂)은 일산화탄소(CO)와 염소(Cl_2)를 활성탄 촉매하에서 반응시켜 제조한다.

51. 다음 중 헨리의 법칙에 잘 적용되지 않는 가스는?
① 암모니아 ② 수소
③ 산소 ④ 이산화탄소

[해설] 헨리의 법칙 : 일정 온도에서 일정량의 액체에 녹는 기체의 질량은 압력에 정비례한다.
㉮ 수소(H_2), 산소(O_2), 질소(N_2), 이산화탄소(CO_2) 등과 같이 물에 잘 녹지 않는 기체만 적용된다.

[해답] 43. ③ 44. ④ 45. ④ 46. ③ 47. ① 48. ② 49. ① 50. ① 51. ①

㉰ 염화수소(HCl), 암모니아(NH₃), 이산화황(SO₂) 등과 같이 물에 잘 녹는 기체는 적용되지 않는다.

52. 착화원이 있을 때 가연성 액체나 고체의 표면에 연소 하한계 농도의 가연성 혼합기가 형성되는 최저 온도는?

① 인화 온도 ② 임계 온도
③ 발화 온도 ④ 포화 온도

[해설] ㉮ 인화 온도 : 점화원(착화원)에 의하여 연소가 개시되는 최저 온도로, 위험성의 척도이다.
㉯ 발화 온도(발화점, 착화 온도, 착화점) : 온도가 상승할 때 점화원 없이 스스로 연소를 개시할 수 있는 최저의 온도로, 인화점보다는 온도가 높다.

53. 부양 기구의 수소 대체용으로 사용되는 가스는?

① 아르곤 ② 헬륨
③ 질소   ④ 공기

[해설] 헬륨(He)은 분자량이 4로 수소 다음으로 가벼운 불활성 가스이며, 부양 기구의 수소 대체용으로 사용된다.

54. 시안화수소를 충전한 용기는 충전 후 얼마를 정치해야 하는가?

① 4시간   ② 8시간
③ 16시간 ④ 24시간

[해설] 시안화수소(HCN)를 충전한 용기는 충전 후 24시간 정치하고, 그 후 1일 1회 이상 질산구리벤젠지 등의 시험지로 가스의 누출 검사를 한다.

55. 아세틸렌(C_2H_2)에 대한 설명 중 틀린 것은 어느 것인가?

① 공기보다 무거워 낮은 곳에 체류한다.
② 카바이트(CaC_2)에 물을 넣어 제조한다.
③ 공기 중 폭발 범위는 약 2.5~81%이다.
④ 흡열 화합물이므로 압축하면 폭발을 일으킬 수 있다.

[해설] 아세틸렌은 분자량이 26이므로 공기보다 가벼운 무색의 가스이다.

56. 황화수소에 대한 설명으로 틀린 것은?

① 무색이다.
② 유독하다.
③ 냄새가 없다.
④ 인화성이 아주 강하다.

[해설] 황화수소(H_2S)의 특징
㉮ 화산 분출 시 발생하는 가스이며, 유황 온천수에 녹아 용출한다.
㉯ 무색이며 특유의 계란 썩는 냄새가 난다.
㉰ 독성 가스(TLV-TWA 10 ppm)이며, 가연성 가스(4.3~45%)이다.
㉱ 비점이 -61.8℃로 액화 가스로 취급된다.
㉲ 공기 중에서 파란 불꽃을 발생하며 연소하고, 불완전 연소 시에는 황을 유리시킨다.
㉳ 건조한 상태에서는 부식성이 없으나 수분을 함유하면 금속을 심하게 부식시킨다.
㉴ 가열 시 격렬한 연소 또는 폭발을 일으키며, 알칼리 금속 및 일부 플라스틱과 반응한다.

57. 표준 상태에서 산소의 밀도(g/L)는?

① 0.7   ② 1.43
③ 2.72 ④ 2.88

[해설] 산소의 분자량은 32이다.
$$\therefore \rho = \frac{분자량}{22.4} = \frac{32}{22.4} = 1.428 \text{ g/L}$$

58. 다음 가스 중 비중이 가장 작은 것은?

① CO   ② C_3H_8
③ Cl_2 ④ NH_3

[해설] 각 가스의 분자량

명칭	분자량
일산화탄소(CO)	26
프로판(C_3H_8)	44
염소(Cl_2)	71
암모니아(NH_3)	17

해답 52. ① 53. ② 54. ④ 55. ① 56. ③ 57. ② 58. ④

기체 비중 = $\dfrac{\text{기체 분자량}}{\text{공기의 평균 분자량}(29)}$

∴ 분자량이 가장 작은 것이 기체 비중이 가장 작다.

59. 이상 기체의 정압 비열(C_p)과 정적 비열(C_v)에 대한 설명 중 틀린 것은? (단, k는 비열비이고, R은 이상 기체 상수이다.)

① 정적 비열과 R의 합은 정압 비열이다.

② 비열비(k)는 $\dfrac{C_p}{C_v}$로 표현된다.

③ 정적 비열은 $\dfrac{R}{k-1}$로 표현된다.

④ 정압 비열은 $\dfrac{k-1}{k}$로 표현된다.

[해설] 기체 상수(R) 및 정압 비열(C_p), 정적 비열(C_v)의 관계

㉮ 비열비 $k = \dfrac{C_p}{C_v} > 1$

㉯ $C_p - C_v = R$

㉰ $C_p = \dfrac{k}{k-1} \cdot R$

㉱ $C_v = \dfrac{1}{k-1} \cdot R = \dfrac{R}{k-1}$

60. LNG의 주성분은?

① 메탄　　② 에탄
③ 프로판　④ 부탄

[해설] LNG(액화 천연가스)의 주성분은 메탄(CH_4)이고, 소량의 에탄(C_2H_6)이 포함되어 있다.

[해답] 59. ④　60. ①

2016년도 출제 문제

□ 가스 기능사 ▶ 2016. 1. 24 시행

1. 고압가스 제조 설비에서 기밀시험용으로 사용할 수 없는 것은?
① 산소 ② 질소
③ 공기 ④ 탄산가스

[해설] 고압가스 설비와 배관의 기밀시험은 원칙적으로 공기 또는 위험성이 없는 기체의 압력으로 실시한다 (산소는 조연성 가스에 해당되므로 기밀시험용으로 사용할 수 없다).

2. 액화석유가스 자동차에 고정된 용기 충전시설에 설치하는 긴급 차단 장치에 접속하는 배관에 대하여 어떠한 조치를 하도록 되어 있는가?
① 워터 해머가 발생하지 않도록 조치
② 긴급 차단에 따른 정전기 등이 발생하지 않도록 하는 조치
③ 체크 밸브를 설치하여 과량 공급이 되지 않도록 조치
④ 바이패스 배관을 설치하여 차단 성능을 향상시키는 조치

[해설] 긴급 차단 장치 또는 역류 방지 밸브에는 차단에 따라 긴급 차단 장치 또는 역류 방지 밸브 및 접속하는 배관 등에 대하여 워터 해머(water hammer)가 발생하지 아니하는 조치를 강구한다.

3. 액화석유가스 자동차에 고정된 용기 충전시설에 게시한 '화기 엄금'이라 표시한 게시판의 색상은?
① 황색 바탕에 흑색 글씨
② 흑색 바탕에 황색 글씨
③ 백색 바탕에 적색 글씨
④ 적색 바탕에 백색 글씨

[해설] LPG 자동차 충전소 표지판
㉮ 충전 중 엔진 정지 : 황색 바탕에 흑색 글씨
㉯ 화기 엄금 : 백색 바탕에 적색 글씨

4. 특정 고압가스 사용 시설의 시설 기준 및 기술기준으로 틀린 것은?
① 가연성 가스의 사용 설비에는 정전기 제거 설비를 설치한다.
② 지하에 매설하는 배관에는 전기 부식 방지 조치를 한다.
③ 특정 가스의 저장 설비에는 가스가 누출될 때 이를 흡수 또는 중화할 수 있는 장치를 설치한다.
④ 산소를 사용하는 밸브에는 밸브가 잘 동작할 수 있도록 석유류 및 유지류를 주유하여 사용한다.

[해설] 산소를 사용하는 밸브에는 석유류, 유지류 등에 의한 사고를 방지하기 위하여 밸브 및 사용 기구에 부착된 석유류, 유지류, 그 밖의 가연성 물질을 제거한 후 사용한다.

5. 가연성 가스이면서 독성 가스인 것은?
① $CHClF_2$ ② HCl
③ C_2H_2 ④ HCN

[해설] 가연성 가스이면서 독성 가스인 것 : 아크릴로니트릴(CH_2CHCN), 일산화탄소(CO), 벤젠(C_6H_6), 산화에틸렌(C_2H_4O), 모노메틸아민, 염화 메탄(CH_3Cl), 브롬화메탄(CH_3Br), 이황화탄소(CS_2), 황화수소(H_2S), 암모니아(NH_3), 석탄 가스, 시안화수소(HCN), 트리메틸아민 $[(CH_3)_3N]$

6. 액화석유가스 집단공급 시설에서 가스 설비의

[해답] 1. ① 2. ① 3. ③ 4. ④ 5. ④ 6. ③

상용 압력이 1 MPa일 때 설비의 내압시험 압력은 몇 MPa로 하는가?
① 1   ② 1.25
③ 1.5   ④ 2.0

[해설] 내압시험 압력은 상용 압력의 1.5배 이상으로 한다.
∴ 내압시험 압력 = 상용 압력×1.5
= 1×1.5 = 1.5 MPa

7. 아세틸렌가스 또는 압력이 9.8 MPa 이상인 압축가스를 용기에 충전하는 경우 방호벽을 설치하지 않아도 되는 곳은?
① 압축기와 충전 장소 사이
② 압축가스 충전 장소와 그 가스 충전용기 보관 장소 사이
③ 압축기와 그 가스 충전용기 보관 장소 사이
④ 압축가스를 운반하는 차량과 충전용기 사이

[해설] 방호벽 설치 : 아세틸렌가스 또는 압력이 9.8 MPa 이상인 압축가스를 용기에 충전하는 경우 압축기와 충전 장소 사이, 압축기와 가스 충전용기 보관 장소 사이, 충전 장소와 가스 충전용기 보관 장소 사이, 충전 장소와 충전용 주관밸브 조작 장소 사이에 방호벽을 설치한다.

8. 저장 탱크에 의한 액화석유가스 저장소에서 지상에 노출된 배관을 차량 등으로부터 보호하기 위하여 설치하는 방호철판의 두께는 얼마 이상으로 하여야 하는가?
① 2 mm   ② 3 mm
③ 4 mm   ④ 5 mm

[해설] "ㄷ" 형태로 가공한 방호철판의 두께는 4 mm 이상이고, 재료는 KS D 3503 (일반 구조용 압연 강재) 또는 이와 같은 수준 이상의 기계적 강도가 있는 것으로 한다.

9. 가스 제조 시설에 설치하는 방호벽의 규격으로 옳은 것은?

① 박강판 벽으로 두께 3.2 cm 이상, 높이 3 m 이상
② 후강판 벽으로 두께 10 mm 이상, 높이 3 m 이상
③ 철근 콘크리트 벽으로 두께 12 cm 이상, 높이 2 m 이상
④ 철근 콘크리트 블록 벽으로 두께 20 cm 이상, 높이 2 m 이상

[해설] 방호벽의 규격

종류		두께	높이
철근 콘크리트		12 cm 이상	2 m 이상
콘크리트 블록		15 cm 이상	2 m 이상
강판제	후강판	6 mm 이상	2 m 이상
	박강판	3.2 mm 이상	2 m 이상

※ 3.2 mm 이상의 박강판은 30 mm×30 mm 이상의 앵글강을 가로·세로 400 mm 이하의 간격으로 용접 보강한다.

10. 고압가스 안전 관리법의 적용 범위에서 제외되는 고압가스가 아닌 것은?
① 섭씨 35℃의 온도에서 게이지 압력이 4.9 MPa 이하인 유니트형 공기 압축 장치 안의 압축 공기
② 섭씨 15℃의 온도에서 압력이 0 Pa을 초과하는 아세틸렌가스
③ 내연 기관의 시동, 타이어의 공기 충전, 리베팅, 착암 또는 토목 공사에 사용되는 압축 장치 안의 고압가스
④ 냉동 능력이 3톤 미만인 냉동 설비 안의 고압가스

[해설] 고압가스 안전 관리법 적용 범위에서 제외되는 고압가스 : 고법 시행령 제2조, 별표1
※ ②항은 법의 적용을 받는 고압가스이다.

11. 도시가스 배관에 설치하는 희생 양극법에 의한 전위 측정용 터미널은 몇 m 이내의 간격으로 하여야 하는가?

[해답] 7. ④ 8. ③ 9. ③ 10. ② 11. ②

① 200 m ② 300 m
③ 500 m ④ 600 m

[해설] 전위 측정용 터미널 설치 간격
㉮ 희생 양극법, 배류법 : 300 m 이내
㉯ 외부 전원법 : 500 m 이내

12. 고압가스 용기를 취급 또는 보관할 때의 기준으로 옳은 것은?
① 충전 용기와 잔 가스 용기는 각각 구분하여 용기 보관 장소에 놓는다.
② 용기는 항상 60℃ 이하의 온도를 유지한다.
③ 충전 용기는 통풍이 잘 되고 직사광선을 받을 수 있는 따스한 곳에 둔다.
④ 용기 보관 장소의 주위 5 m 이내에는 화기, 인화성 물질을 두지 아니한다.

[해설] 고압가스 용기를 취급 또는 보관할 때의 기준
㉮ 충전 용기와 잔 가스 용기는 각각 구분하여 용기 보관 장소에 놓는다.
㉯ 용기는 항상 40℃ 이하의 온도를 유지하고 직사광선을 받지 않도록 조치한다.
㉰ 용기 보관 장소의 주위 2 m 이내에는 화기 또는 인화성 물질이나 발화성 물질을 두지 아니한다.
㉱ 가연성 가스, 독성 가스 및 산소의 용기는 각각 구분하여 용기 보관 장소에 놓는다.
㉲ 용기 보관 장소에는 계량기 등 작업에 필요한 물건 외에는 이를 두지 아니한다.
㉳ 가연성 가스 용기 보관 장소에는 방폭형 휴대용 손전등 외의 등화를 휴대하고 들어가지 아니한다.
㉴ 밸브가 돌출한 용기에는 고압가스를 충전한 후 용기의 넘어짐 및 밸브의 손상을 방지하기 위한 조치를 강구하고 난폭한 취급을 하지 않는다.

13. 도시가스에 대한 설명 중 틀린 것은?
① 국내에서 공급하는 대부분의 도시가스는 메탄을 주성분으로 하는 천연가스이다.
② 도시가스는 주로 배관을 통하여 수요자에게 공급된다.
③ 도시가스의 원료로 LPG를 사용할 수 있다.
④ 도시가스는 공기와 혼합만 되면 폭발한다.

[해설] 도시가스는 공급 열량을 조정하기 위하여 공기와 혼합한 가스를 공급할 수 있다 (단, 폭발범위 내에 들어가지 않도록 하여야 한다).

14. 고압가스의 용어에 대한 설명으로 틀린 것은?
① 액화 가스란 가압, 냉각 등의 방법에 의하여 액체 상태로 되어 있는 것으로서 대기압에서의 끓는점이 섭씨 40도 이하 또는 상용의 온도 이하인 것을 말한다.
② 독성 가스란 공기 중에 일정량이 존재하는 경우 인체에 유해한 독성을 가진 가스로서 허용 농도가 100만분의 2000 이하인 가스를 말한다.
③ 초저온 저장 탱크라 함은 섭씨 영하 50도 이하의 액화 가스를 저장하기 위한 저장 탱크로서 단열재로 씌우거나 냉동 설비로 냉각하는 등의 방법으로 저장 탱크 내의 가스 온도가 상용의 온도를 초과하지 아니하도록 한 것을 말한다.
④ 가연성 가스라 함은 공기 중에서 연소하는 가스로서 폭발 한계의 하한이 10 % 이하인 것과 폭발 한계의 상한과 하한의 차가 20 % 이상인 것을 말한다.

[해설] ㉮ 독성 가스의 정의 : 공기 중에 일정량 이상 존재하는 경우 인체에 유해한 독성을 가진 가스로서 허용 농도가 100만분의 5000 이하인 것을 말한다.
㉯ 허용 농도 : 해당 가스를 성숙한 흰쥐 집단에게 대기 중에서 1시간 동안 계속하여 노출시킨 경우 14일 이내에 그 흰쥐의 2분의 1 이상이 죽게 되는 가스의 농도를 말한다.

[해답] 12. ① 13. ④ 14. ②

※ LC50 (치사 농도 [致死濃度] 50 : Lethal concentration 50)으로 표시한다.

15. 도시가스 배관에는 도시가스를 사용하는 배관임을 명확하게 식별할 수 있도록 표시를 한다. 다음 중 그 표시 방법에 대한 설명으로 옳은 것은?
① 지상에 설치하는 배관의 외부에는 사용 가스명, 최고 사용 압력 및 가스의 흐름 방향을 표시한다.
② 매설 배관의 표면 색상은 최고 사용 압력이 저압인 경우 녹색으로 도색한다.
③ 매설 배관의 표면 색상은 최고 사용 압력이 중압인 경우 황색으로 도색한다.
④ 지상 배관의 표면 색상은 백색으로 도색한다. 다만, 흑색으로 2중 띠를 표시한 경우 백색으로 하지 않아도 된다.

[해설] 도시가스 배관의 표시 방법
(1) 지상 배관 도색 : 황색
(2) 지하 매설관 도색
  ㉮ 중압 : 적색
  ㉯ 저압 : 황색
(3) 지상 배관의 표면 색상은 황색으로 한다. 단, 건축물의 내·외벽에 노출된 것으로서 바닥으로부터 1 m 높이에 폭 3 cm의 황색 띠를 2중으로 표시한 경우에는 표면 색상을 황색으로 하지 아니할 수 있다.

16. 고압가스 특정 제조시설에서 선임하여야 하는 안전 관리원의 선임 인원 기준은?
① 1명 이상   ② 2명 이상
③ 3명 이상   ④ 5명 이상

[해설] 고압가스 특정 제조시설 안전 관리자 선임 기준 : 고법 시행령 제12조, 별표3
  ㉮ 안전 관리 총괄자 : 1명
  ㉯ 안전 관리 부총괄자 : 1명
  ㉰ 안전 관리 책임자 : 1명(가스 산업 기사)
  ㉱ 안전 관리원 : 2명 이상 (가스 기능사 또는 일반시설 안전 관리자 양성교육 이수자)

17. 일반 도시가스 공급 시설에 설치하는 정압기의 분해 점검 주기는?
① 1년에 1회 이상   ② 2년에 1회 이상
③ 3년에 1회 이상   ④ 1주일에 1회 이상

[해설] 분해 점검 주기
  ㉮ 정압기 : 2년에 1회 이상
  ㉯ 정압기 필터 : 가스 공급 개시 후 1월 이내 및 매년 1회 이상
  ㉰ 가스 사용자 시설의 정압기와 필터 : 설치 후 3년까지는 1회 이상, 그 이후에는 4년에 1회 이상

18. 방폭 전기 기기 구조별 표시 방법 중 "e"의 표시는?
① 안전증 방폭 구조 ② 내압 방폭 구조
③ 유입 방폭 구조   ④ 압력 방폭 구조

[해설] 방폭 구조의 종류 및 표시 기호

종류	기호
내압 방폭 구조	d
유입 방폭 구조	o
압력 방폭 구조	p
안전증 방폭 구조	e
본질 안전 방폭 구조	ia, ib
특수 방폭 구조	s

19. 자연 환기설비 설치 시 LP 가스의 용기 보관실 바닥 면적이 3 m²라면 통풍구의 크기는 몇 cm² 이상으로 하도록 되어 있는가? (단, 철망 등이 부착되어 있지 않은 것으로 간주한다.)
① 500   ② 700
③ 900   ④ 1100

[해설] 통풍구의 크기는 바닥 면적 1 m²당 300 cm² 이상으로 하여야 한다.
∴ 통풍구 크기 = 3×300 = 900 cm²

20. 고속도로 휴게소에서 액화석유가스 저장 능력이 얼마를 초과하는 경우에 소형 저장

[해답] 15. ① 16. ② 17. ② 18. ① 19. ③ 20. ②

탱크를 설치하여야 하는가?
① 300 kg　② 500 kg
③ 1000 kg　④ 3000 kg

[해설] 고속도로 휴게소 중 액화석유가스 저장 능력이 500 kg 초과인 고속도로 휴게소에는 소형 저장 탱크를 설치한다.

21. 액화석유가스의 용기 보관소 시설 기준으로 틀린 것은?
① 용기 보관실은 사무실과 구분하여 동일 부지에 설치한다.
② 저장 설비는 용기 집합식으로 한다.
③ 용기 보관실은 불연 재료를 사용한다.
④ 용기 보관실 창의 유리는 망입유리 또는 안전유리로 한다.

[해설] 액화석유가스의 용기 보관소 시설 기준 : ①, ③, ④ 외 '저장 설비는 용기 집합식으로 하지 아니한다.'

22. 액화석유가스 사용 시설의 연소기 설치 방법으로 옳지 않은 것은?
① 밀폐형 연소기는 급기구, 배기통과 벽과의 사이에 배기 가스가 실내로 들어올 수 없게 한다.
② 반밀폐형 연소기는 급기구와 배기통을 설치한다.
③ 개방형 연소기를 설치한 실에는 환풍기 또는 환기구를 설치한다.
④ 배기통이 가연성 물질로 된 벽을 통과 시에는 금속 등 불연성 재료로 단열 조치를 한다.

[해설] 배기통이 가연성의 벽을 통과하는 부분은 방화 조치를 하고 배기 가스가 실내로 유입되지 아니하도록 한다.

23. 상용 압력이 10 MPa인 고압 설비의 안전 밸브 작동 압력은 얼마인가?
① 10 MPa　② 12 MPa
③ 15 MPa　④ 20 MPa

[해설] 안전밸브 작동 압력은 내압시험 압력의 $\dfrac{8}{10}$ 배 이하에서 작동되어야 한다.

∴ 안전밸브 작동 압력
= 내압시험 압력 $\times \dfrac{8}{10}$
= (상용 압력 $\times 1.5$) $\times \dfrac{8}{10}$
= $(10 \times 1.5) \times \dfrac{8}{10}$ = 12 MPa

24. 다음 가스 중에서 독성(LC_{50})이 가장 강한 것은?
① 암모니아　② 디메틸아민
③ 브롬화메탄　④ 아크릴로니트릴

[해설] 각 가스의 허용 농도 (ppm)

구분	LC_{50}	TLV-TWA
암모니아	7388	25
디메틸아민	11100	10
브롬화메탄	850	20
아크릴로니트릴	666	20

25. 특정 고압가스 사용 시설에서 취급하는 용기의 안전 조치 사항으로 틀린 것은?
① 고압가스 충전 용기는 항상 40℃ 이하를 유지한다.
② 고압가스 충전 용기 밸브는 서서히 개폐하고 밸브 또는 배관을 가열할 때에는 열습포나 40℃ 이하의 더운 물을 사용한다.
③ 고압가스 충전 용기를 사용한 후에는 폭발을 방지하기 위하여 밸브를 열어 둔다.
④ 용기 보관실에 충전 용기를 보관하는 경우에는 넘어짐 등으로 충격 및 밸브 등의 손상을 방지하는 조치를 한다.

[해설] 고압가스 충전 용기를 사용한 후에는 밸브를 닫아 둔다.

26. LPG 충전자가 실시하는 용기의 안전 점검

[해답] 21. ② 22. ④ 23. ② 24. ④ 25. ③ 26. ①

기준에서 내용적 얼마 이하의 용기에 대하여 "실내 보관 금지" 표시 여부를 확인하여야 하는가?
① 15 L   ② 20 L
③ 30 L   ④ 50 L

[해설] 용기의 안전 점검 기준 (액법 시행규칙 별표17) : 내용적 15 L 이하의 용기(용기 내장형 가스난방기용 용기와 내용적 1 L 이하의 이동식 부탄 연소기용 용기는 제외)의 경우에는 "실내 보관 금지" 표시 여부를 확인한다.

27. 독성 가스 충전 용기를 차량에 적재할 때의 기준에 대한 설명으로 틀린 것은?
① 운반 차량에 세워서 운반한다.
② 차량의 적재함을 초과하여 적재하지 아니한다.
③ 차량의 최대 적재량을 초과하여 적재하지 아니한다.
④ 충전 용기는 2단 이상으로 겹쳐 쌓아 용기가 서로 이격되지 않도록 한다.

[해설] 충전 용기 등을 목재, 플라스틱 또는 강철제로 만든 팔레트(견고한 상자 또는 틀) 내부에 넣어 안전하게 적재하는 경우와 용량 10 kg 미만의 액화석유가스 충전 용기를 적재할 경우를 제외하고 모든 충전 용기는 1단으로 쌓는다.

28. 허용 농도가 100만분의 200 이하인 독성가스 용기 중 내용적이 얼마 미만인 충전 용기를 운반하는 차량의 적재함에 대하여 밀폐된 구조로 하여야 하는가?
① 500 L   ② 1000 L
③ 2000 L   ④ 3000 L

[해설] 허용 농도가 100만분의 200 이하인 독성가스 충전 용기를 운반하는 경우에는 용기 승하차용 리프트와 밀폐된 구조의 적재함이 부착된 전용 차량으로 운반한다. 단, 내용적이 1000 L 이상인 충전 용기를 운반하는 경우에는 그러하지 아니한다 (∴ 내용적 1000 L 미만인 충전 용기를 운반하는 경우에는 차량 적재함이 밀폐된 구조로 하여야 한다).

29. 도시가스 배관 굴착작업 시 배관의 보호를 위하여 배관 주위의 얼마 이내에는 인력으로 굴착하여야 하는가?
① 0.3 m   ② 0.6 m
③ 1 m   ④ 1.5 m

[해설] 도시가스 배관 주위를 굴착하는 경우 도시가스 배관의 좌우 1 m 이내에는 인력으로 굴착하여야 한다.

30. 차량에 고정된 고압가스 탱크를 운행할 경우 휴대하여야 할 서류가 아닌 것은?
① 차량 등록증
② 탱크 테이블 (용량 환산표)
③ 고압가스 이동 계획서
④ 탱크 제조 시방서

[해설] 안전 운행 서류철에 포함할 사항
㉮ 고압가스 이동 계획서
㉯ 고압가스 관련 자격증 (양성 교육 및 정기 교육 이수증)
㉰ 운전면허증
㉱ 탱크 테이블 (용량 환산표)
㉲ 차량 운행일지
㉳ 차량 등록증
㉴ 그 밖에 필요한 서류

31. 다단 왕복동 압축기의 중간단의 토출온도가 상승하는 주된 원인이 아닌 것은?
① 압축비 감소
② 토출 밸브 불량에 의한 역류
③ 흡입 밸브 불량에 의한 고온 가스의 흡입
④ 전단 쿨러 불량에 의한 고온 가스의 흡입

[해설] 중간단의 토출온도 상승 원인
㉮ 압축비 증가
㉯ 토출 밸브 불량에 의한 역류
㉰ 흡입 밸브 불량에 의한 고온 가스의 흡입
㉱ 전단 쿨러 불량에 의한 고온 가스의 흡입

[해답] 27. ④ 28. ② 29. ③ 30. ④ 31. ①

32. LP 가스의 자동 교체식 조정기 설치 시의 장점에 대한 설명 중 틀린 것은?
① 도관의 압력 손실을 적게 해야 한다.
② 용기 숫자가 수동식보다 적어도 된다.
③ 용기 교환 주기의 폭을 넓힐 수 있다.
④ 잔액이 거의 없어질 때까지 소비가 가능하다.

[해설] 자동 교체식 조정기 설치(사용) 시 장점
㉮ 전체 용기 수량이 수동 교체식의 경우보다 적어도 된다.
㉯ 잔액이 거의 없어질 때까지 소비된다.
㉰ 용기 교환 주기의 폭을 넓힐 수 있다.
㉱ 분리형을 사용하면 배관(도관)의 압력 손실을 크게 해도 된다.

33. 수은을 이용한 U자관 압력계에서 액주 높이(h) 600 mm, 대기압(P_1) 1 kgf/cm²일 때 P_2는 약 몇 kgf/cm²인가?
① 0.22　② 0.92
③ 1.82　④ 9.16

[해설] 수은의 비중량은 13600 kgf/m³이다.
∴ 절대 압력 = 대기압+게이지 압력
= 대기압+$\gamma \times h$
= $1+(13600 \times 0.6 \times 10^{-4})$
= 1.816 kgf/cm² · a

34. 오리피스 유량계의 특징에 대한 설명으로 옳은 것은?
① 내구성이 좋다.
② 저압, 저유량에 적당하다.
③ 유체의 압력 손실이 크다.
④ 협소한 장소에는 설치가 어렵다.

[해설] 오리피스 미터의 특징
㉮ 구조가 간단하고 제작이 쉬워 가격이 저렴하다.
㉯ 협소한 장소에 설치가 가능하다.
㉰ 유량 계수의 신뢰도가 크다.
㉱ 오리피스 교환이 용이하다.
㉲ 차압식 유량계에서 압력 손실이 가장 크다.
㉳ 침전물의 생성 우려가 많다.
㉴ 동심 오리피스와 편심 오리피스가 있다.
㉵ 유량계 전후에 동일한 지름의 직관이 필요하다.
㉶ 내구성이 양호하지 않고 고압, 대유량에 적당하다.

35. 공기 액화 분리 장치의 내부를 세척하고자 할 때 세정액으로 가장 적당한 것은?
① 염산(HCl)
② 가성 소다(NaOH)
③ 사염화탄소(CCl_4)
④ 탄산나트륨(Na_2CO_3)

[해설] 사염화탄소를 이용하여 1년에 1회 이상 공기 액화 분리 장치의 내부를 세척하여야 한다.

36. 가스 유량 2.03 kg/h, 관의 안지름 1.61 cm, 길이 20 m의 직관에서의 압력 손실은 약 몇 mm 수주인가?(단, 온도 15℃에서 비중 1.58, 밀도 2.04 kg/m³, 유량 계수 0.436이다.)
① 11.4　② 14.0
③ 15.2　④ 17.5

[해설] ㉮ 질량 유량을 체적 유량으로 계산
∴ 체적 유량 = $\dfrac{질량\ 유량}{가스\ 밀도} = \dfrac{2.03}{2.04}$
= 0.995 m³/h

㉯ 저압 배관 유량식 $Q=K\sqrt{\dfrac{D^5 \cdot H}{S \cdot L}}$ 에서 압력 손실 계산

∴ $H = \dfrac{Q^2 SL}{K^2 D^5}$

$= \dfrac{0.995^2 \times 1.58 \times 20}{0.436^2 \times 1.61^5}$

= 15.213 mmH₂O

37. 암모니아를 사용하는 고온, 고압가스 장치의 재료로 가장 적당한 것은?
① 동
② PVC 코팅강

해답 32. ①　33. ③　34. ③　35. ③　36. ③　37. ④

③ 알루미늄 합금   ④ 18-8 스테인리스강

[해설] 암모니아는 고온, 고압의 상태에서 강재에 대하여 질화 작용과 수소 취성이 동시에 발생하고 동 및 동합금, 알루미늄 합금에는 부식이 발생하므로 18-8 스테인리스강을 사용한다.

38. 가스보일러의 본체에 표시된 가스 소비량이 100000 kcal/h이고, 버너에 표시된 가스 소비량이 120000 kcal/h일 때 도시가스 소비량 산정은 얼마를 기준으로 하는가?
① 100000 kcal/h   ② 105000 kcal/h
③ 110000 kcal/h   ④ 120000 kcal/h

[해설] 도시가스 소비량 산정(가스 소비량 합계) : 가스보일러 본체에 표시된 소비량과 버너에 표시된 소비량이 다를 경우에는 보일러 본체에 표시된 소비량으로 한다.

39. 다음 중 다공도를 측정할 때 사용되는 식은? (단, V : 다공 물질의 용적, E : 아세톤 침윤 잔용적이다.)
① 다공도 = $\dfrac{V}{(V-E)}$
② 다공도 = $(V-E) \times \dfrac{100}{V}$
③ 다공도 = $(V+E) \times V$
④ 다공도 = $(V+E) \times \dfrac{V}{100}$

[해설] 아세틸렌 충전용기 다공도 계산식
$$다공도(\%) = \dfrac{V-E}{V} \times 100$$
$$= (V-E) \times \dfrac{100}{V}$$
$$= \left(1 - \dfrac{E}{V}\right) \times 100$$

40. 공기 액화 분리 장치의 부산물로 얻어지는 아르곤 가스는 불활성 가스이다. 아르곤 가스의 원자가는?
① 0   ② 1   ③ 3   ④ 8

[해설] 원자가 : 분자 내에서 한 원자가 다른 원자와 이루는 화학 결합의 수로 아르곤의 원자가는 0이다.

41. 로터미터는 어떤 형식의 유량계인가?
① 차압식   ② 터빈식
③ 회전식   ④ 면적식

[해설] 면적식 유량계
㉮ 측정 원리 : 배관 중에 있는 조리개 전후의 차압을 일정하게 유지할 수 있도록 조리개 면적의 변화로부터 유량을 측정하는 것이다.
㉯ 종류 : 부자식(플로트식), 로터미터

42. LP 가스 사용 시의 주의 사항으로 틀린 것은?
① 용기 밸브, 콕 등은 신속하게 열 것
② 연소 기구 주위에 가연물을 두지 말 것
③ 가스 누출 유무를 냄새 등으로 확인할 것
④ 고무호스의 노화, 갈라짐 등은 항상 점검할 것

[해설] 용기 밸브, 콕 등을 개방할 때에는 서서히 조작하여야 한다.

43. 원심 펌프의 양정과 회전 속도의 관계는? (단, N_1 : 처음 회전수, N_2 : 변화된 회전수)
① $\left(\dfrac{N_2}{N_1}\right)$ ② $\left(\dfrac{N_2}{N_1}\right)^2$
③ $\left(\dfrac{N_2}{N_1}\right)^3$ ④ $\left(\dfrac{N_2}{N_1}\right)^5$

[해설] 원심 펌프의 상사 법칙 : 회전수를 변화시키면 유량은 회전수 변화에 비례하고, 양정은 회전수 변화의 제곱에 비례하며, 동력은 회전수 변화의 3제곱에 비례한다.
$$\therefore H_2 = H_1 \times \left(\dfrac{N_2}{N_1}\right)^2$$

44. 조정 압력이 2.8 kPa인 액화석유가스 압력 조정기의 안전장치 작동 표준 압력은?

[해답] 38. ① 39. ② 40. ① 41. ④ 42. ① 43. ② 44. ③

① 5.0 kPa　　② 6.0 kPa
③ 7.0 kPa　　④ 8.0 kPa

[해설] 조정 압력이 3.3 kPa 이하인 압력조정기의 안전장치 압력
  ㉮ 작동 표준 압력 : 7 kPa
  ㉯ 작동 개시 압력 : 5.6~8.4 kPa
    (7±1.4 kPa)
  ㉰ 작동 정지 압력 : 5.04~8.4 kPa

45. 오스테나이트계 스테인리스강에 대한 설명으로 틀린 것은?
① Fe-Cr-Ni 합금이다.
② 내식성이 우수하다.
③ 강한 자성을 갖는다.
④ 18-8 스테인리스강이 대표적이다.

[해설] 오스테나이트계 스테인리스강 : 18-8 스테인리스강이 대표적이며 크롬(Cr) 12~20 %, 니켈 8~16 %를 함유하고 열전도율이 낮으며, 냉간가공에 의한 경화성이 크고 비자성이다.

46. 임계 온도에 대한 설명으로 옳은 것은?
① 기체를 액화할 수 있는 절대 온도
② 기체를 액화할 수 있는 평균 온도
③ 기체를 액화할 수 있는 최저의 온도
④ 기체를 액화할 수 있는 최고의 온도

[해설] ㉮ 액화의 조건 : 임계 온도 이하, 임계 압력 이상
  ㉯ 임계 온도 : 기체를 액화할 수 있는 최고의 온도
  ㉰ 임계 압력 : 기체를 액화할 수 있는 최저의 압력

47. 암모니아에 대한 설명 중 틀린 것은?
① 물에 잘 용해된다.
② 무색, 무취의 가스이다.
③ 비료의 제조에 이용된다.
④ 암모니아가 분해되면 질소와 수소가 된다.

[해설] 자극성의 무색 기체이며 가연성(15~28 %), 독성(TLV-TWA 25 ppm) 가스이다.

48. LNG의 특징에 대한 설명 중 틀린 것은?
① 냉열을 이용할 수 있다.
② 천연에서 산출한 천연가스를 약 −162℃까지 냉각하여 액화시킨 것이다.
③ LNG는 도시가스, 발전용 이외에 일반 공업용으로도 사용된다.
④ LNG로부터 기화한 가스는 부탄이 주성분이다.

[해설] LNG의 주성분은 메탄(CH_4)이다.

49. 불꽃의 끝이 적황색으로 연소하는 현상을 의미하는 것은?
① 리프트　　② 옐로 팁
③ 캐비테이션　　④ 워터 해머

[해설] 옐로 팁(yellow tip) : 불꽃 끝이 적황색으로 되어 연소하는 현상으로 연소 반응이 충분한 속도로 진행되지 않을 때, 1차 공기량이 부족하여 불완전 연소가 될 때 발생한다.

50. 랭킨 온도가 420°R일 경우 섭씨온도로 환산한 값으로 옳은 것은?
① −30℃　　② −40℃
③ −50℃　　④ −60℃

[해설] ㉮ 랭킨 온도를 화씨온도로 계산
  $\therefore °F = °R - 460 = 420 - 460 = -40 °F$
  ㉯ 화씨온도를 섭씨온도로 계산
  $\therefore ℃ = \frac{5}{9} \times (°F - 32)$
  $= \frac{5}{9} \times (-40 - 32) = -40 ℃$

[별해]
$℃ = \frac{°R}{1.8} - 273 = \frac{420}{1.8} - 273$
$= -39.666 ≒ -40 ℃$

51. 도시가스의 제조 공정이 아닌 것은?
① 열분해 공정　　② 접촉 분해 공정
③ 수소화 분해 공정　④ 상압 증류 공정

[해설] 도시가스 제조 공정의 종류

해답 45. ③　46. ④　47. ②　48. ④　49. ②　50. ②　51. ④

㉮ 열분해 공정(thermal cracking process)
㉯ 접촉 분해 공정(steam reforming process)
㉰ 부분 연소 공정(partial combustion process)
㉱ 수첨 분해 공정(hydrogenation cracking process)
㉲ 대체 천연가스 공정(substitute natural process)

52. 포화 온도에 대하여 가장 잘 나타낸 것은?
① 액체가 증발하기 시작할 때의 온도
② 액체가 증발 현상 없이 기체로 변하기 시작할 때의 온도
③ 액체가 증발하여 어떤 용기 안이 증기로 꽉 차 있을 때의 온도
④ 액체와 증기가 공존할 때 그 압력에 상당한 일정한 값의 온도

[해설] 포화 온도 : 액체를 가열하면 온도는 상승하고 액체의 종류와 액체에 가해지는 압력에 의해 결정되는 어떤 온도에 도달하면 증기를 발생시키고 비등이 시작되는 때의 온도이다.

53. 다음 중 1 MPa과 같은 것은?
① 10 N/cm²   ② 100 N/cm²
③ 1000 N/cm² ④ 10000 N/cm²

[해설] ㉮ $1 \text{ N/m}^2 = \frac{1}{10000} \text{ N/cm}^2$
㉯ $1 \text{ MPa} = 1000000 \text{ N/m}^2$
$= 1000000 \times \frac{1}{10000} \text{ N/cm}^2$
$= 100 \text{ N/cm}^2$

54. 20℃의 물 50 kg을 90℃로 올리기 위하여 LPG를 사용하였다면 이때 필요한 LPG의 양은 몇 kg인가? (단, LPG 발열량은 10000 kcal/kg이고, 열효율은 50 %이다.)
① 0.5   ② 0.6
③ 0.7   ④ 0.8

[해설] $G_f = \frac{G \cdot C \cdot \Delta t}{H_l \cdot \eta}$
$= \frac{50 \times 1 \times (90-20)}{10000 \times 0.5} = 0.7 \text{ kg}$

55. 다음 중 압축가스에 속하는 것은?
① 산소   ② 염소
③ 탄산가스 ④ 암모니아

[해설] 압축가스의 종류 : 헬륨(He), 수소(H_2), 네온(Ne), 질소(N_2), 일산화탄소(CO), 불소(F_2), 아르곤(Ar), 산소(O_2), 산화 질소(NO), 메탄(CH_4) 등

56. 진공도 200 mmHg는 절대 압력으로 약 몇 kgf/cm²·abs인가?
① 0.76   ② 0.80
③ 0.94   ④ 1.03

[해설] 진공도 200 mmHg는 진공 압력 200 mmHg이고 대기압은 760 mmHg = 1.0332 kgf/cm²이다.
∴ 절대 압력 = 대기압 − 진공 압력
$= 1.0332 - \left(\frac{200}{760} \times 1.0332\right)$
$= 0.7613 \text{ kgf/cm}^2 \cdot \text{abs}$

57. 다음 중 압력의 단위로 사용하지 않는 것은?
① kgf/cm²   ② Pa
③ mmH₂O   ④ kg/m³

[해설] ④항은 밀도의 단위이다.

58. 다음 중 엔트로피의 단위는?
① kcal/h   ② kcal/kg
③ kcal/kg·m   ④ kcal/kg·K

[해설] 엔트로피(entropy) : 엔트로피는 온도와 같이 감각으로 느낄 수도 없고 에너지와 같이 측정할 수도 없는 것으로, 어떤 물질에 열을 가하면 엔트로피는 증가하고 냉각시키면 감소하는 물리학상의 상태량이다.
㉮ 공학 단위 : kcal/kg·K
㉯ SI 단위 : kJ/kg·K

59. 다음 각 가스의 특성에 대한 설명으로 틀린 것은?
① 수소는 고온, 고압에서 탄소강과 반응하여 수소 취성을 일으킨다.
② 산소는 공기 액화 분리 장치를 통해 제조하며, 질소와 분리 시 비등점의 차이를 이용한다.
③ 일산화탄소는 담황색의 무취 기체로 허용 농도는 TLV-TWA 기준으로 50 ppm이다.
④ 암모니아는 붉은 리트머스를 푸르게 변화시키는 성질을 이용하여 검출할 수 있다.

[해설] 일산화탄소는 무색, 무취의 기체로 가연성 가스 (폭발 범위 : 12.5~74 %), 독성 가스(TLV-TWA 50 ppm)이다.

60. 대기압하에서 다음 각 물질별 온도를 바르게 나타낸 것은?
① 물의 동결점 : −273K
② 질소의 비등점 : −183℃
③ 물의 동결점 : 32℉
④ 산소의 비등점 : −196℃

[해설] ㉮ 물의 동결점 : 0℃, 32℉, 273K, 492°R
㉯ 물의 비등점 : 100℃, 212℉, 373K, 672°R
㉰ 질소의 비등점 : −196℃
㉱ 산소의 비등점 : −183℃

□ **가스 기능사** ▶ **2016. 4. 2 시행**

1. 다음 중 전기설비 방폭 구조의 종류가 아닌 것은?
① 접지 방폭 구조   ② 유입 방폭 구조
③ 압력 방폭 구조   ④ 안전증 방폭 구조
[해설] 전기설비 방폭 구조의 종류
㉮ 내압 방폭 구조
㉯ 유입 방폭 구조
㉰ 압력 방폭 구조
㉱ 안전증 방폭 구조
㉲ 본질 안전 방폭 구조
㉳ 특수 방폭 구조

2. 다음 중 특정 고압가스에 해당되지 않는 것은?
① 이산화탄소   ② 수소
③ 산소   ④ 천연가스
[해설] 특정 고압가스의 종류 : 수소, 산소, 액화 암모니아, 아세틸렌, 액화 염소, 천연가스, 압축 모노실란, 압축 디보레인, 액화 알진, 그 밖에 대통령령이 정하는 고압가스

3. 내부 용적이 25000 L인 액화 산소 저장탱크의 저장 능력은 얼마인가? (단, 비중은 1.14이다.)
① 21930 kg   ② 24780 kg
③ 25650 kg   ④ 28500 kg
[해설] $W = 0.9 \, dV$
$= 0.9 \times 1.14 \times 25000 = 25650$ kg

4. 배관의 설치 방법으로 산소 또는 천연 메탄을 수송하기 위한 배관과 이에 접속하는 압축기와의 사이에 반드시 설치하여야 하는 것은?
① 방파판   ② 솔레노이드
③ 수취기   ④ 안전밸브
[해설] 산소 또는 천연 메탄을 수송하기 위한 배관과 이에 접속하는 압축기(산소를 압축하는 압축기는 물을 내부 윤활제로 사용하는 것에 한정한다)와의 사이에는 수취기를 설치한다.

[해답] 59. ③ 60. ③ 1. ① 2. ① 3. ③ 4. ③

5. 공정에 존재하는 위험 요소와 비록 위험하지는 않더라도 공정의 효율을 떨어뜨릴 수 있는 운전상의 문제를 파악하기 위한 안전성 평가기법은?
① 안전성 검토(safety review) 기법
② 예비 위험성 평가(preliminary hazard analysis) 기법
③ 사고 예상 질문(what if analysis) 기법
④ 위험과 운전 분석(HAZOP) 기법

[해설] 위험과 운전 분석(hazard and operability studies : HAZOP) 기법 : 공정에 존재하는 위험 요소들과 공정의 효율을 떨어뜨릴 수 있는 운전상의 문제점을 찾아내어 그 원인을 제거하는 것이다.

6. 다음 특정 설비 중 재검사 대상인 것은?
① 역화 방지 장치
② 차량에 고정된 탱크
③ 독성 가스 배관용 밸브
④ 자동차용 가스 자동 주입기

[해설] 재검사 대상에서 제외되는 특정 설비
㉮ 평저형 및 이중각형 진공단열형 저온 저장 탱크
㉯ 역화 방지 장치
㉰ 독성 가스 배관용 밸브
㉱ 자동차용 가스 자동 주입기
㉲ 냉동용 특정 설비
㉳ 초저온 가스용 대기식 기화 장치
㉴ 저장 탱크 또는 차량에 고정된 탱크에 부착되지 아니한 안전밸브 및 긴급 차단 밸브
㉵ 저장 탱크 및 압력 용기 중 다음에서 정한 것
 ㉠ 초저온 저장 탱크
 ㉡ 초저온 압력 용기
 ㉢ 분리할 수 없는 이중관식 열교환기
 ㉣ 그 밖에 산업 통상 자원부 장관이 재검사를 실시하는 것이 현저히 곤란하다고 인정하는 저장 탱크 또는 압력 용기
㉶ 특정 고압가스용 실린더 캐비닛
㉷ 자동차용 압축 천연가스 완속 충전 설비
㉸ 액화석유가스용 용기 잔류가스 회수 장치

7. 독성 가스 외의 고압가스 충전 용기를 차량에 적재하여 운반할 때 부착하는 경계표지에 대한 내용으로 옳은 것은?
① 적색 글씨로 "위험 고압가스"라고 표시
② 황색 글씨로 "위험 고압가스"라고 표시
③ 적색 글씨로 "주의 고압가스"라고 표시
④ 황색 글씨로 "주의 고압가스"라고 표시

[해설] 경계표지 설치 : 충전 용기 등을 차량에 적재하여 운반할 때에는 그 차량의 앞뒤 보기 쉬운 곳에 각각 붉은 글씨로 "위험 고압가스"라는 경계표지와 상호, 전화번호, 운반 기준 위반 행위를 신고할 수 있는 허가, 신고 또는 등록 관청의 전화번호 등이 표시된 안내문을 부착한다.

8. LP 가스 설비를 수리할 때에는 내부의 LP 가스를 질소 또는 물로 치환하고, 치환에 사용된 가스나 액체를 공기로 재치환하여야 하는데, 이때 공기에 의한 재치환 결과가 산소 농도 측정기로 측정하였을 때 산소 농도가 얼마 범위 내에 있을 때까지 공기로 재치환하여야 하는가?
① 4~6 %   ② 7~11 %
③ 12~16 %   ④ 18~22 %

[해설] 치환 농도
㉮ 가연성 가스 : 폭발 하한값의 1/4 이하
㉯ 독성 가스 : TLV-TWA 기준농도 이하
㉰ 산소 : 22 % 이하
㉱ 작업원이 작업할 때의 산소 농도 : 18~22 %

9. 고압가스 특정 제조 시설 중 도로 밑에 매설하는 배관의 기준에 대한 설명으로 틀린 것은?
① 시가지의 도로 밑에 배관을 설치하는 경우에는 보호판을 배관의 정상부로부터 30 cm 이상 떨어진 그 배관의 직상부에 설치한다.
② 배관은 그 외면으로부터 도로의 경계와 수평 거리로 1 m 이상을 유지한다.
③ 배관은 원칙적으로 자동차 등의 하중의

[해답] 5. ④   6. ②   7. ①   8. ④   9. ④

영향이 적은 곳에 매설한다.
④ 배관은 그 외면으로부터 도로 밑의 다른 시설물과 60 cm 이상의 거리를 유지한다.
[해설] 배관은 그 외면으로부터 도로 밑의 다른 시설물과 30 cm 이상의 거리를 유지한다.

10. 공기보다 비중이 가벼운 도시가스의 공급 시설로서 공급 시설이 지하에 설치된 경우의 통풍 구조의 기준으로 틀린 것은?
① 통풍 구조는 환기구를 2방향 이상 분산하여 설치한다.
② 배기구는 천장면으로부터 30 cm 이내에 설치한다.
③ 흡입구 및 배기구의 관 지름은 500 mm 이상으로 하되, 통풍이 양호하도록 한다.
④ 배기가스 방출구는 지면에서 3 m 이상의 높이에 설치하되, 화기가 없는 안전한 장소에 설치한다.
[해설] 흡입구 및 배기구의 관 지름은 100 mm 이상으로 하되, 통풍이 양호하도록 한다.

11. 다음 중 폭발 한계의 범위가 가장 좁은 것은?
① 프로판 ② 암모니아
③ 수소   ④ 아세틸렌
[해설] 각 가스의 공기 중에서의 폭발 범위

명칭	폭발 범위
프로판(C_3H_8)	2.2~9.5 %
암모니아(NH_3)	15~28 %
수소(H_2)	4~75 %
아세틸렌(C_2H_2)	2.5~81 %

12. 도시가스 사용 시설에서 정한 액화 가스는 상용의 온도 또는 섭씨 35도의 온도에서 압력이 얼마 이상이 되는 것을 말하는가?
① 0.1 MPa   ② 0.2 MPa
③ 0.5 MPa   ④ 1 MPa

[해설] 액화 가스란 상용의 온도 또는 35℃의 온도에서 압력이 0.2 MPa 이상이 되는 것을 말한다.

13. 염소 가스 저장 탱크의 과충전 방지 장치는 가스 충전량이 저장 탱크 내용적의 몇 %를 초과할 때 가스 충전이 되지 않도록 동작하는가?
① 60 % ② 80 % ③ 90 % ④ 95 %
[해설] 아황산가스, 암모니아, 염소, 염화 메탄, 산화에틸렌, 시안화수소, 포스겐 또는 황화수소의 저장 탱크에는 그 가스의 용량이 그 저장 탱크 내용적의 90%를 초과하는 것을 방지하기 위하여 과충전 방지 조치를 강구한다.

14. 도시가스 사고의 사고 유형이 아닌 것은?
① 시설 부식   ② 시설 부적합
③ 보호포 설치 ④ 연결부 이완
[해설] 보호포는 도시가스 매설 배관의 안전을 확보하기 위해 그 배관이 매설되어 있음을 확인할 수 있도록 배관의 직상부에 설치하는 것이다.

15. 가연성 가스 저온 저장 탱크 내부의 압력이 외부의 압력보다 낮아져 저장 탱크가 파괴되는 것을 방지하기 위한 조치로서 갖추어야 할 설비가 아닌 것은?
① 압력계   ② 압력 경보 설비
③ 정전기 제거 설비 ④ 진공 안전밸브
[해설] 부압을 방지하는 조치
㉮ 압력계
㉯ 압력 경보 설비
㉰ 진공 안전밸브
㉱ 다른 시설로부터의 가스 도입 배관(균압관)
㉲ 압력과 연동하는 긴급 차단 장치를 설치한 냉동 제어 설비
㉳ 압력과 연동하는 긴급 차단 장치를 설치한 송액 설비

16. 일반 도시가스 배관 중 중압 이하의 배관과 고압 배관을 매설하는 경우 서로 간의 거리를 몇 m 이상 유지하여야 하는가?

해답 10. ③ 11. ① 12. ② 13. ③ 14. ③ 15. ③ 16. ②

① 1　　② 2　　③ 3　　④ 5

[해설] 고압 배관과 근접 설치 제한 : 중압 이하의 배관과 고압 배관을 매설하는 경우 서로 간의 거리를 2 m 이상으로 설치한다. 단, 기존에 설치된 배관의 지반 침하, 손상 등을 방지하기 위하여 철근 콘크리트 방호 구조물 안에 설치하는 경우에는 1 m 이상으로, 중압 이하의 배관과 고압 배관의 관리 주체가 같은 경우에는 0.3 m 이상으로 할 수 있다.

17. 초저온 용기의 단열 성능 시험용 저온 액화 가스가 아닌 것은?
① 액화 아르곤　② 액화 산소
③ 액화 공기　　④ 액화 질소

[해설] 단열 성능 시험용 저온 액화 가스 : 액화 산소, 액화 아르곤, 액화 질소

18. 고압가스 판매소의 시설 기준에 대한 설명으로 틀린 것은?
① 충전 용기 보관실은 불연 재료를 사용한다.
② 가연성 가스, 산소 및 독성 가스의 저장실은 각각 구분하여 설치한다.
③ 용기 보관실 및 사무실은 부지를 구분하여 설치한다.
④ 산소, 독성 가스 또는 가연성 가스를 보관하는 용기 보관실의 면적은 각 고압가스별로 10 m² 이상으로 한다.

[해설] 용기 보관실 및 사무실(사무실 면적 9 m² 이상)은 한 부지 안에 구분하여 설치한다.

19. 운전 중인 액화석유가스 충전 설비의 작동상황에 대하여 주기적으로 점검하여야 한다. 점검 주기는?
① 1일에 1회 이상　② 1주일에 1회 이상
③ 3월에 1회 이상　④ 6월에 1회 이상

[해설] 충전 설비의 작동 상황 점검 주기 : 1일 1회 이상

20. 재검사 용기 및 특정 설비의 파기 방법으로 틀린 것은?

① 잔 가스를 전부 제거한 후 절단한다.
② 절단 등의 방법으로 파기하여 원형으로 가공할 수 없도록 한다.
③ 파기 시에는 검사 장소에서 검사원 입회하에 사용자가 실시할 수 있다.
④ 파기 물품은 검사 신청인이 인수 시한 내에 인수하지 아니한 때에도 검사인이 임의로 매각 처분하면 안 된다.

[해설] 파기한 물품은 검사 신청인이 인수 시한(통지한 날부터 1개월 이내) 내에 인수하지 아니하는 때에는 검사 기관으로 하여금 임의로 매각 처분하게 할 수 있다.

21. 도시가스 배관이 굴착으로 20 m 이상 노출되어 누출 가스가 체류하기 쉬운 장소일 때 가스 누출 경보기는 몇 m마다 설치해야 하는가?
① 5　　② 10　　③ 20　　④ 30

[해설] 노출된 가스 배관의 길이가 20 m 이상인 경우에는 가스 누출 검지 경보장치 등을 설치한다.
㉮ 현장 관계자가 상주하는 장소에 경보음이 전달되도록 설치한다.
㉯ 작업장에는 현장 여건에 맞는 경광등을 설치한다.

22. 시안화수소의 중합 폭발을 방지하기 위하여 주로 사용할 수 있는 안정제는?
① 탄산 가스　　② 황산
③ 질소　　　　④ 일산화탄소

[해설] 용기에 충전하는 시안화수소는 순도가 98 % 이상이고 아황산가스 또는 황산 등의 안정제를 첨가한다.

23. 고압가스 관련법에서 사용되는 용어의 정의에 대한 설명 중 틀린 것은?
① 가연성 가스란 공기 중에서 연소하는 가스로서 폭발 한계의 하한이 10 % 이하인 것과 폭발 한계의 상한과 하한의 차가 20

[해답] 17. ③　18. ③　19. ①　20. ④　21. ③　22. ②　23. ②

% 이상인 것을 말한다.
② 독성 가스란 인체에 유해한 독성을 가진 가스로서 허용 농도가 100만분의 100 이하인 것을 말한다.
③ 액화 가스란 가압, 냉각 등의 방법에 의하여 액체 상태로 되어 있는 것으로서 대기압에서의 비점이 섭씨 40도 이하 또는 상용의 온도 이하인 것을 말한다.
④ 초저온 저장 탱크란 섭씨 영하 50도 이하의 저장 탱크로서 단열재로 피복하거나 냉동 설비로 냉각하는 등의 방법으로 저장 탱크 내의 가스 온도가 상용의 온도를 초과하지 아니하도록 한 것을 말한다.

[해설] 독성 가스란 인체에 유해한 독성을 가진 가스로 허용 농도가 100만분의 5000 이하인 것을 말한다.

24. 고압가스 용접용기 동체의 안지름은 약 몇 mm인가?

- 동체 두께 : 2 mm
- 최고 충전 압력 : 2.5 MPa
- 인장 강도 : 480 N/mm^2
- 부식 여유 : 0
- 용접 효율 : 1

① 190 mm ② 290 mm
③ 660 mm ④ 760 mm

[해설] 용접용기 동체 두께 계산식
$t = \dfrac{PD}{2S\eta - 1.2P} + C$ 에서

$t - C = \dfrac{PD}{2S\eta - 1.2P}$ 이다.

$\therefore D = \dfrac{(t-C) \times (2S\eta - 1.2P)}{P}$

$= \dfrac{(2-0) \times \left(2 \times 480 \times \dfrac{1}{4} - 1.2 \times 2.5\right)}{2.5}$

$= 189.6 \text{ mm}$

※ S는 허용 응력(N/mm^2)이며 인장 강도(N/mm^2)를 안전율 (4)로 나눈 값을 적용한다.

25. 다음 고압가스 압축 작업 중 작업을 즉시 중단해야 하는 경우는?
① 산소 중 아세틸렌, 에틸렌 및 수소의 용량 합계가 전체 용량의 2% 이상인 것
② 아세틸렌 중 산소 용량이 전체 용량의 1% 이하인 것
③ 산소 중인 가연성 가스 (아세틸렌, 에틸렌 및 수소를 제외한다)의 용량이 전체 용량의 2% 이하인 것
④ 시안화수소 중 산소 용량이 전체 용량의 2% 이상인 것

[해설] 압축금지 기준
㉮ 가연성 가스 (C$_2$H$_2$, C$_2$H$_4$, H$_2$ 제외) 중 산소용량이 전용량의 4% 이상인 것
㉯ 산소 중 가연성 가스 (C$_2$H$_2$, C$_2$H$_4$, H$_2$ 제외) 용량이 전용량의 4% 이상인 것
㉰ C$_2$H$_2$, C$_2$H$_4$, H$_2$ 중 산소 용량이 전용량의 2% 이상인 것
㉱ 산소 중 C$_2$H$_2$, C$_2$H$_4$, H$_2$의 용량 합계가 전용량의 2% 이상인 것

26. 가스 사고를 분류하는 일반적인 방법이 아닌 것은?
① 원인에 따른 분류
② 사용처에 따른 분류
③ 사고 형태에 따른 분류
④ 사용자의 연령에 따른 분류

27. 고압가스 저장 시설에 설치하는 방류둑에는 계단, 사다리 또는 토사를 높이 쌓아올린 형태 등으로 된 출입구를 둘레 몇 m마다 1개 이상 두어야 하는가?
① 30 ② 50
③ 75 ④ 100

[해설] 방류둑에는 계단, 사다리 또는 토사를 높이 쌓아올린 형태 등으로 된 출입구를 둘레 50 m마다 1개 이상씩 설치하되, 그 둘레가 50 m 미만일 경우에는 2개 이상을 분산하여 설치한다.

[해답] 24. ① 25. ① 26. ④ 27. ②

28. LPG 용기 및 저장 탱크에 주로 사용되는 안전밸브의 형식은?

① 가용전식　　② 파열판식
③ 중추식　　　④ 스프링식

[해설] 스프링식 안전밸브 : 기상부에 설치하여 스프링의 힘보다 내부 압력이 클 때 밸브 시트가 열려 내부 압력을 배출하며, 용기 및 저장 탱크 등에 일반적으로 가장 많이 사용되는 형식이다.

29. 가스 충전용기 운반 시 동일 차량에 적재할 수 없는 것은?

① 염소와 아세틸렌
② 질소와 아세틸렌
③ 프로판과 아세틸렌
④ 염소와 산소

[해설] 혼합 적재 금지
㉮ 염소와 아세틸렌, 암모니아, 수소는 동일 차량에 혼합 적재 운반 금지
㉯ 가연성 가스와 산소를 동일 차량에 적재 운반 시 충전용기 밸브가 서로 마주보지 않도록 적재하면 혼합 적재 가능
㉰ 충전용기와 위험물 관리법이 정하는 위험물
㉱ 독성 가스 중 가연성 가스와 조연성 가스는 동일 차량에 혼합 적재 운반 금지

30. 다음 ( ) 안에 들어갈 수 있는 경우로 옳지 않은 것은?

"액화 천연가스의 저장 설비와 처리 설비는 그 외면으로부터 사업소 경계까지 일정 규모 이상의 안전거리를 유지하여야 한다. 이때 사업소 경계가 ( )의 경우에는 이들의 반대편 끝을 경계로 보고 있다."

① 산　② 호수　③ 하천　④ 바다

[해설] 사업소의 경계가 다음 중 어느 하나의 시설이나 토지 등과 인접하고 있는 경우에는 이들의 반대편 끝을 경계로 본다.
㉮ 바다, 호수, 하천 (하천법에 따른 하천을 말함)
㉯ 전기 발전 사업, 가스 공급업 및 창고업의 부지 중에서 현재 사업용으로 사용하고 있는 부지
㉰ 도로 또는 철도
㉱ 수로 또는 공업용 수도
㉲ 연못

31. 비중이 0.5인 LPG를 제조하는 공장에서 1일 10만 L를 생산하여 24시간 정치 후 모두 산업 현장으로 보낸다. 이 회사에서 생산하는 LPG를 저장하려면 저장 용량이 5톤인 저장 탱크 몇 개를 설치해야 하는가?

① 2　　② 5
③ 7　　④ 10

[해설] ㉮ 생산된 LPG 10만 L를 무게로 계산
W = 체적 × 액 비중
　　= 100000 × 0.5 = 50000 kg = 50톤
㉯ 저장 탱크 수 계산
탱크 수 = $\dfrac{\text{총 LPG량(톤)}}{\text{저장 탱크 1개당 저장량}}$
　　　 = $\dfrac{50}{5}$ = 10개

32. 고압 용기나 탱크 및 라인(line) 등의 퍼지(purge)용으로 주로 쓰이는 기체는?

① 산소　　　② 수소
③ 산화 질소　④ 질소

[해설] 질소는 상온에서 안정적인 가스이고 불연성이므로 장치 내의 퍼지용, 기밀시험용으로 사용된다.

33. 고압가스 제조소의 작업원은 얼마의 기간 이내에 1회 이상 보호구의 사용 훈련을 받아 사용 방법을 숙지하여야 하는가?

① 1개월　　② 3개월
③ 6개월　　④ 12개월

[해설] 보호구 사용 훈련 : 작업원은 3개월마다 1회 이상 보호구의 사용 훈련을 받아 사용 방법을 숙지한다.

해답 28. ④　29. ①　30. ①　31. ④　32. ④　33. ②

34. LPG 기화 장치의 작동 원리에 따른 구분으로 저온의 액화 가스를 조정기를 통하여 감압한 후 열교환기에 공급해 강제 기화시켜 공급하는 방식은?
① 해수 가열 방식 ② 가온 감압 방식
③ 감압 가열 방식 ④ 중간 매체 방식

[해설] 작동 원리에 따른 기화 장치 구분
㉮ 가온 감압 방식 : 열교환기에 액체 상태의 LP 가스를 보내고 여기서 기화된 가스를 조정기에 의해 감압하여 공급하는 방식
㉯ 감압 가열 방식 : 액체 상태의 LP 가스를 액체 조정기를 통하여 감압하여 열교환기에 공급해 온수 등으로 가열하여 기화시키는 방식

35. 도시가스 사업 법령에서는 도시가스를 압력에 따라 고압, 중압 및 저압으로 구분하고 있다. 중압의 범위로 옳은 것은? (단, 액화 가스가 기화되고 다른 물질과 혼합되지 않은 경우로 가정한다.)
① 0.1 MPa 이상 1 MPa 미만
② 0.2 MPa 이상 1 MPa 미만
③ 0.1 MPa 이상 0.2 MPa 미만
④ 0.01 MPa 이상 0.2 MPa 미만

[해설] 압력에 따른 도시가스의 구분
㉮ 고압 : 1 MPa 이상의 압력을 말한다. 다만, 액체 상태의 액화 가스는 고압으로 본다.
㉯ 중압 : 0.1 MPa 이상 1 MPa 미만의 압력을 말한다. 단, 액화 가스가 기화되고 다른 물질과 혼합되지 아니한 경우에는 0.01 MPa 이상 0.2 MPa 미만의 압력을 말한다.
㉰ 저압 : 0.1 MPa 미만의 압력을 말한다. 단, 액화 가스가 기화되고 다른 물질과 혼합되지 아니한 경우에는 0.01 MPa 미만의 압력을 말한다.

36. 가연성 가스 누출 검지 경보장치의 경보 농도는 얼마인가?
① 폭발 하한계 이하
② LC50 기준 농도 이하
③ 폭발 하한계 1/4 이하
④ TLV-TWA 기준 농도 이하

[해설] 경보 농도
㉮ 가연성 가스 : 폭발 하한계의 1/4 이하
㉯ 독성 가스 : TLV-TWA 기준 농도 이하
㉰ NH_3를 실내에서 사용 : 50 ppm

37. 내용적 47 L인 LP 가스 용기의 최대 충전량은 몇 kg인가? (단, LP 가스 정수는 2.35이다.)
① 20 ② 42 ③ 50 ④ 110

[해설] $G = \dfrac{V}{C} = \dfrac{47}{2.35} = 20 \text{ kg}$

38. 부식성 유체나 고점도의 유체 및 소량의 유체 측정에 가장 적합한 유량계는?
① 차압식 유량계 ② 면적식 유량계
③ 용적식 유량계 ④ 유속식 유량계

[해설] 면적식 유량계의 특징
㉮ 종류 : 부자식(플로트식), 로터미터
㉯ 유량에 따라 직선 눈금이 얻어진다.
㉰ 유량 계수는 레이놀즈수가 낮은 범위까지 일정하다.
㉱ 고점도 유체나 작은 유체에 대해서도 측정할 수 있다.
㉲ 차압이 일정하면 오차의 발생이 적다.
㉳ 압력 손실이 적다.
㉴ 정도는 ±1~2 %이다.
㉵ 용량 범위는 100~5000 m^3/h이다.

39. LP 가스 이송설비 중 압축기에 의한 이송방식에 대한 설명으로 틀린 것은?
① 베이퍼 로크 현상이 없다.
② 잔 가스 회수가 용이하다.
③ 펌프에 비해 이송 시간이 짧다.
④ 저온에서 부탄가스가 재액화되지 않는다.

[해설] 압축기에 의한 이송 방법의 특징
㉮ 펌프에 비해 이송 시간이 짧다.
㉯ 잔 가스 회수가 가능하다.
㉰ 베이퍼 로크(vapor lock) 현상이 없다.

해답 34. ③ 35. ④ 36. ③ 37. ① 38. ② 39. ④

㉣ 부탄의 경우 재액화 현상이 일어난다.
㉤ 압축기 오일이 유입되어 드레인의 원인이 된다.

40. 공기, 질소, 산소 및 헬륨 등과 같이 임계온도가 낮은 기체를 액화하는 액화 사이클의 종류가 아닌 것은?
① 구데 공기 액화 사이클
② 린데 공기 액화 사이클
③ 필립스 공기 액화 사이클
④ 캐스케이드 공기 액화 사이클
[해설] 가스 액화 사이클의 종류 : 린데식, 클라우드식, 캐피자식, 필립스식, 캐스케이드식

41. 다기능 가스 안전 계량기에 대한 설명으로 틀린 것은?
① 사용자가 쉽게 조작할 수 있는 테스트 차단 기능이 있는 것으로 한다.
② 통상의 사용 상태에서 빗물, 먼지 등이 침입할 수 없는 구조로 한다.
③ 차단 밸브가 작동한 후에는 복원 조작을 하지 아니하는 한 열리지 않는 구조로 한다.
④ 복원을 위한 버튼이나 레버 등은 조작을 쉽게 실시할 수 있는 위치에 있는 것으로 한다.
[해설] 사용자가 쉽게 조작할 수 없는 테스트 차단 기능 (제어부로부터의 신호를 받아 차단하는 것만을 말한다)이 있는 것으로 한다.

42. 계측 기기의 구비 조건으로 틀린 것은?
① 설비비 및 유지비가 적게 들 것
② 원거리 지시 및 기록이 가능할 것
③ 구조가 간단하고 정도(情度)가 낮을 것
④ 설치 장소 및 주위 조건에 대한 내구성이 클 것
[해설] 계측 기기의 구비 조건
㉮ 경년 변화가 적고 내구성이 있을 것
㉯ 견고하고 신뢰성이 있을 것
㉰ 정도가 높고 경제적일 것
㉱ 구조가 간단하고 취급, 보수가 쉬울 것
㉲ 원격 지시 및 기록이 가능할 것
㉳ 연속 측정이 가능할 것
㉴ 설비비 및 유지비가 적게 들 것

43. 압축기에서 두압이란?
① 흡입 압력이다.
② 증발기 내의 압력이다.
③ 피스톤 상부의 압력이다.
④ 크랭크 케이스 내의 압력이다.
[해설] 압축기 압력
㉮ 두압 : 피스톤 상부의 압력으로 토출 압력에 해당
㉯ 배압 : 흡입 압력에 해당

44. 반밀폐식 보일러의 급·배기 설비에 대한 설명으로 틀린 것은?
① 배기통의 끝은 옥외로 뽑아낸다.
② 배기통의 굴곡 수는 5개 이하로 한다.
③ 배기통의 가로 길이는 5 m 이하로서 될 수 있는 한 짧게 한다.
④ 배기통의 입상 높이는 원칙적으로 10 m 이하로 한다.
[해설] 배기통의 굴곡 수는 4개 이하로 한다.

45. 흡입 압력이 대기압과 같으며 최종 압력이 15 kgf/cm²·g인 4단 공기 압축기의 압축비는 약 얼마인가? (단, 대기압은 1 kgf/cm²로 한다.)
① 2   ② 4   ③ 8   ④ 16
[해설] $a = \sqrt[n]{\dfrac{P_2}{P_1}} = \sqrt[4]{\dfrac{(15+1)}{1}} = 2$

46. 순수한 것은 안정하지만 소량의 수분이나 알칼리성 물질을 함유하면 중합이 촉진되며 독성이 매우 강한 가스는?

① 염소　　　　② 포스겐
③ 황화수소　　④ 시안화수소

[해설] 시안화수소 (HCN)의 특징
㉮ 독성 가스(허용 농도 : TLV-TWA 10 ppm)이며, 가연성 가스(폭발 범위 : 6~41 v%)이다.
㉯ 액체는 무색, 투명하며 감, 복숭아 냄새가 난다.
㉰ 액화가 용이하여(비점 : 25.7℃) 액화 가스로 취급된다.
㉱ 소량의 수분 존재 시 중합 폭발을 일으킬 우려가 있다.
㉲ 알칼리성 물질(암모니아, 소다)을 함유하면 중합이 촉진된다.
㉳ 중합 폭발을 방지하기 위하여 안정제를 사용한다(황산, 아황산가스, 동, 동망, 염화칼슘, 인산, 오산화인).
㉴ 물에 잘 용해되고 약산성을 나타낸다.

47. 다음 중 비점이 가장 높은 가스는?
① 수소　　　　② 산소
③ 아세틸렌　　④ 프로판

[해설] 각 가스의 비점

가스 명칭	비점
수소 (H_2)	-252.2℃
산소 (O_2)	-183℃
아세틸렌 (C_2H_2)	-75℃
프로판 (C_3H_8)	-42.1℃

48. 단위 질량인 물질의 온도를 단위 온도차만큼 올리는 데 필요한 열량을 무엇이라고 하는가?
① 일률　　　　② 비열
③ 비중　　　　④ 엔트로피

[해설] 비열 : 어떤 물질 1 kg을 온도 1℃ 상승시키는 데 소요되는 열량으로, 비열은 정적 비열과 정압 비열이 있으며 물질의 종류마다 비열이 각각 다르다(비열의 단위 : kcal/kg·℃).

49. LNG의 성질에 대한 설명 중 틀린 것은?

① LNG가 액화되면 체적이 약 1/600로 줄어든다.
② 무독, 무공해의 청정 가스로 발열량이 약 9500 kcal/m³ 정도이다.
③ 메탄을 주성분으로 하며 에탄, 프로판 등이 포함되어 있다.
④ LNG는 기체 상태에서는 공기보다 가벼우나 액체 상태에서는 물보다 무겁다.

[해설] LNG는 기체 상태에서 공기보다 가볍고 액체 상태에서는 물보다 가볍다.

50. 압력에 대한 설명 중 틀린 것은?
① 게이지 압력은 절대 압력에 대기압을 더한 압력이다.
② 압력이란 단위 면적당 작용하는 힘의 세기를 말한다.
③ 1.0332 kgf/cm²의 대기압을 표준 대기압이라고 한다.
④ 대기압은 수은주를 76 cm만큼의 높이로 밀어 올릴 수 있는 힘이다.

[해설] 게이지 압력은 절대 압력에서 대기압을 뺀 압력이다.
※ 절대 압력 = 대기압 + 게이지 압력
　 게이지 압력 = 절대 압력 - 대기압

51. 프로판을 완전 연소시켰을 때 주로 생성되는 물질은?
① CO_2, H_2　　② CO_2, H_2O
③ C_2H_4, H_2O　　④ C_4H_{10}, CO

[해설] 프로판 (C_3H_8)의 완전 연소 반응식
$C_3H_8 + 4O_2 \rightarrow 3CO_2 + 5H_2O$
※ 탄화수소 (C_mH_n)가 완전 연소하면 탄산 가스 (CO_2)와 수증기 (H_2O)가 생성된다.

52. 요소비료 제조 시 주로 사용되는 가스는?
① 염화수소　　② 질소
③ 일산화탄소　④ 암모니아

[해답] 47. ④　48. ②　49. ④　50. ①　51. ②　52. ④

[해설] 암모니아(NH₃)의 용도
㉮ 요소비료, 유안 제조 원료
㉯ 소다회, 질산 제조용 원료
㉰ 냉동기 냉매로 사용

53. 수분이 존재할 때 일반 강재를 부식시키는 가스는?
① 황화수소 ② 수소
③ 일산화탄소 ④ 질소

[해설] 수분 존재 시 강재를 부식시키는 가스 : 염소 (Cl_2), 황화수소 (H_2S), 이산화탄소 (CO_2), 포스겐 ($COCl_2$)

54. 폭발 위험에 대한 설명 중 틀린 것은?
① 폭발 범위의 하한값이 낮을수록 폭발 위험은 커진다.
② 폭발 범위의 상한값과 하한값의 차가 작을수록 폭발 위험은 커진다.
③ 프로판보다 부탄의 폭발 범위 하한값이 낮다.
④ 프로판보다 부탄의 폭발 범위 상한값이 낮다.

[해설] 폭발 범위의 상한값과 하한값의 차가 클수록 (폭발 범위가 넓을수록) 폭발 위험은 커진다.

55. 액체가 기체로 변하기 위해 필요한 열은?
① 융해열 ② 응축열
③ 승화열 ④ 기화열

[해설] 필요한 열(잠열)
㉮ 기화열 : 액체가 기체로 변할 때 필요한 열
㉯ 융해열 : 고체가 액체로 변할 때 필요한 열
㉰ 승화열 : 고체가 기체로 변할 때 필요한 열 또는 기체가 고체로 변할 때 제거해야 할 열
㉱ 응축열 : 기체가 액체로 변할 때 제거해야 할 열
㉲ 응고열 : 액체가 고체로 변할 때 제거해야 할 열

56. 부탄 1 Nm³를 완전 연소시키는 데 필요한 이론 공기량은 약 몇 Nm³인가? (단, 공기 중의 산소 농도는 21 v%이다.)
① 5 ② 6.5
③ 23.8 ④ 31

[해설] 부탄(C_4H_{10})의 완전 연소 반응식
$C_4H_{10} + 6.5O_2 \rightarrow 4CO_2 + 5H_2O$
$22.4 \text{ Nm}^3 : 6.5 \times 22.4 \text{ Nm}^3$
$= 1 \text{ Nm}^3 : x(O_0) \text{ Nm}^3$
$\therefore A_0 = \dfrac{O_0}{0.21} = \dfrac{1 \times 6.5 \times 22.4}{22.4 \times 0.21}$
$= 30.952 \text{ Nm}^3$

57. 온도 410°F를 절대 온도로 나타내면?
① 273 K ② 483 K
③ 512 K ④ 612 K

[해설] $K = \dfrac{°R}{1.8} = \dfrac{t°F + 460}{1.8}$
$= \dfrac{410 + 460}{1.8}$
$= 483.333 \text{ K}$

58. 도시가스에 사용되는 부취제 중 DMS의 냄새는?
① 석탄 가스 냄새
② 마늘 냄새
③ 양파 썩는 냄새
④ 암모니아 냄새

[해설] 부취제의 종류 및 특징
㉮ TBM(tertiary buthyl mercaptan) : 양파 썩는 냄새가 나며 내산화성이 우수하고 토양 투과성이 우수하여 토양에 흡착되기 어렵다.
㉯ THT(tetra hydro thiophen) : 석탄 가스 냄새가 나며 산화, 중합이 일어나지 않는 안정된 화합물이다. 토양의 투과성이 보통이며 토양에 흡착되기 쉽다.
㉰ DMS(dimethyl sulfide) : 마늘 냄새가 나며 안정된 화합물이다. 내산화성이 우수하고 토양의 투과성이 아주 우수하여 토양에 흡착되기 어렵다.

[해답] 53. ① 54. ② 55. ④ 56. ④ 57. ② 58. ②

59. 내용적 47 L인 용기에 C₃H₈ 15 kg이 충전되어 있을 때 용기 내 안전 공간은 약 몇 %인가? (단, C_3H_8의 액체 밀도는 0.5 kg/L이다.)
① 20 ② 25.2
③ 36.1 ④ 40.1

[해설] ㉮ 프로판 액체 15 kg을 체적으로 계산

$$\therefore \text{액체 체적} = \frac{\text{액체 질량}}{\text{액체 밀도}} = \frac{15}{0.5} = 30 \text{ L}$$

㉯ 안전 공간 계산

$$\therefore \text{안전 공간} = \frac{V-E}{V} \times 100 = \frac{47-30}{47} \times 100 = 36.17\%$$

60. 다음에서 설명하는 기체와 관련된 법칙은 무엇인가?

> 기체의 종류와 관계없이 모든 기체 1몰은 표준 상태(0℃, 1기압)에서 22.4 L의 부피를 차지한다.

① 보일의 법칙
② 헨리의 법칙
③ 아보가드로의 법칙
④ 아르키메데스의 법칙

[해설] 아보가드로(Avogadro)의 법칙 : 모든 기체 1 mol(몰)은 표준 상태(0℃, 1기압)에서 22.4 L의 부피를 차지하며, 그 속에는 6.02×10^{23}개의 분자가 들어 있다.

□ 가스 기능사 ▶ 2016. 7. 10 시행

1. 가스보일러의 안전 사항에 대한 설명으로 틀린 것은?
① 가동 중 연소 상태, 화염 유무를 수시로 확인한다.
② 가동 중지 후 노내 잔류 가스를 충분히 배출한다.
③ 수면계의 수위는 적정한지 자주 확인한다.
④ 점화 전 연료 가스를 노내에 충분히 공급하여 착화를 원활하게 한다.

[해설] 점화 전에 노내 잔류 가스를 충분히 배출(프리퍼지)하여 폭발을 방지한다(점화 전에 노내에 연료 가스를 공급하여서는 안 된다).

2. 액화 독성 가스의 운반 질량이 1000 kg 미만을 이동할 때 휴대하여야 할 소석회는 몇 kg 이상이어야 하는가?
① 20 kg ② 30 kg
③ 40 kg ④ 50 kg

[해설] 약제 : 누출 시 응급조치 약제로 액화 독성 가스(염소, 염화수소, 포스겐, 아황산가스)에 적용
㉮ 1000 kg 미만 운반 : 소석회(생석회) 20 kg 이상 휴대
㉯ 1000 kg 이상 운반 : 소석회(생석회) 40 kg 이상 휴대

3. 고압가스 충전 용기를 운반할 때 운반책임자를 동승시키지 않아도 되는 경우는?
① 가연성 압축가스 – 300 m³
② 조연성 액화 가스 – 5000 kg
③ 독성 압축가스(허용 농도가 100만분의 200 초과, 100만분의 5000 이하) – 100 m³
④ 독성 액화 가스(허용 농도가 100만분의 200 초과, 100만분의 5000 이하) – 1000 kg

[해설] 운반책임자 동승 기준
㉮ 비독성 고압가스

[해답] 59. ③ 60. ③ 1. ④ 2. ① 3. ②

가스 종류		기준
압축 가스	가연성	300 m³ 이상
	조연성	600 m³ 이상
액화 가스	가연성	3000 kg 이상 (납붙임 및 접합용기 : 2000 kg 이상)
	조연성	6000 kg 이상

㉯ 독성 고압가스

가스 종류	허용 농도(LC_{50})	기준
압축 가스	100만분의 200 이하	10 m³ 이상
	100만분의 200 초과 100만분의 5000 이하	100 m³ 이상
액화 가스	100만분의 200 이하	100 kg 이상
	100만분의 200 초과 100만분의 5000 이하	1000 kg 이상

4. LP GAS 사용 시 주의 사항에 대한 설명으로 틀린 것은?
① 중간 밸브 개폐는 서서히 한다.
② 사용 시 조정기 압력은 적당히 조절한다.
③ 완전 연소되도록 공기조절기를 조절한다.
④ 연소기는 급·배기가 충분히 행하여지는 장소에 설치하여 사용하도록 한다.

[해설] 사용 시 압력조정기 출구 압력은 임의로 변동하지(조절하지) 않아야 한다.

5. 독성 가스 용기를 운반할 때에는 보호구를 갖추어야 한다. 비치하여야 하는 기준은?
① 종류별로 1개 이상
② 종류별로 2개 이상
③ 종류별로 3개 이상
④ 그 차량의 승무원 수에 상당한 수량

[해설] 독성 가스 용기를 운반할 때 보호구는 그 차량의 승무원 수에 상당한 수량으로 한다.

6. 다음 각 가스의 품질검사 합격 기준으로 옳은 것은?
① 수소 : 99.0 % 이상
② 산소 : 98.5 % 이상
③ 아세틸렌 : 98.0 % 이상
④ 모든 가스 : 99.5 % 이상

[해설] 품질검사 합격 기준

구분	시약	검사법	순도
산소	동·암모니아	오르사트법	99.5 % 이상
수소	피로갈롤, 하이드로설파이드	오르사트법	98.5 % 이상
아세틸렌	발연 황산	오르사트법	98 % 이상
	브롬	뷰렛법	
	질산은	정성 시험	

7. 도시가스 사용 시설에서 배관의 이음부와 절연 전선과의 이격 거리는 몇 cm 이상으로 하여야 하는가?
① 10 ② 15
③ 30 ④ 60

[해설] 도시가스 배관 이음부와 이격 거리
(1) 일반 도시가스 사업
 ㉮ 전기 계량기, 전기 개폐기 : 60 cm 이상
 ㉯ 전기 점멸기, 전기 접속기 : 30 cm 이상
 ㉰ 절연 조치를 하지 않은 전선, 단열 조치를 하지 않은 굴뚝 : 15 cm 이상
 ㉱ 절연 전선 : 10 cm 이상
(2) 도시가스 사용 시설
 ㉮ 전기 계량기, 전기 개폐기 : 60 cm 이상
 ㉯ 전기 점멸기, 전기 접속기 : 15 cm 이상
 ㉰ 절연 조치를 하지 않은 전선, 단열 조치를 하지 않은 굴뚝 : 15 cm 이상
 ㉱ 절연 전선 : 10 cm 이상

[해답] 4. ② 5. ④ 6. ③ 7. ①

8. 흡수식 냉동 설비의 냉동 능력 정의로 옳은 것은?

① 발생기를 가열하는 1시간의 입열량 3천320 kcal를 1일의 냉동 능력 1톤으로 본다.
② 발생기를 가열하는 1시간의 입열량 6천640 kcal를 1일의 냉동 능력 1톤으로 본다.
③ 발생기를 가열하는 24시간의 입열량 3천320 kcal를 1일의 냉동 능력 1톤으로 본다.
④ 발생기를 가열하는 24시간의 입열량 6천640 kcal를 1일의 냉동 능력 1톤으로 본다.

[해설] 1일의 냉동 능력 1톤 계산
㉮ 원심식 압축기 : 압축기의 원동기 정격 출력 1.2 kW
㉯ 흡수식 냉동 설비 : 발생기를 가열하는 1시간의 입열량 6640 kcal
㉰ 그 밖의 것은 다음 식에 의함

$$R = \frac{V}{C}$$

여기서, R : 1일의 냉동 능력(톤)
V : 피스톤 압출량 (m^3/h)
C : 냉매 종류에 따른 상수

9. 도시가스 도매 사업의 가스 공급시설 기준에 대한 설명으로 옳은 것은?

① 고압의 가스 공급시설은 안전 구획 안에 설치하고 그 안전 구역의 면적은 1만 m^2 미만으로 한다.
② 안전 구역 안의 고압인 가스 공급시설은 그 외면으로부터 다른 안전 구역 안에 있는 고압인 가스 공급시설의 외면까지 20 m 이상의 거리를 유지한다.
③ 액화 천연가스의 저장 탱크는 그 외면으로부터 처리 능력이 20만 m^3 이상인 압축기까지 30 m 이상의 거리를 유지한다.
④ 두 개 이상의 제조소가 인접하여 있는 경우의 가스 공급시설은 그 외면으로부터 그 제조소와 다른 제조소의 경계까지 10 m 이상의 거리를 유지한다.

[해설] 각 항목의 옳은 설명
① 고압인 가스 공급시설은 통로, 공지 등으로 구획된 안전 구역 안에 설치하되, 그 안전 구역의 면적은 20000 m^2 미만으로 한다.
② 안전 구역 안의 고압인 가스 공급시설은 그 외면으로부터 다른 안전 구역 안에 있는 고압인 가스 공급시설의 외면까지 30 m 이상의 거리를 유지한다.
④ 둘 이상의 제조소가 인접하여 있는 경우의 가스 공급시설은 그 외면으로부터 그 제조소와 다른 제조소의 경계까지 20 m 이상의 거리를 유지한다.

10. 다음 〈보기〉의 독성 가스 중 독성(LC_{50})이 가장 강한 것과 가장 약한 것을 바르게 나열한 것은?

〈보기〉
㉠ 염화수소 ㉡ 암모니아
㉢ 황화수소 ㉣ 일산화탄소

① ㉠, ㉡   ② ㉢, ㉡
③ ㉠, ㉣   ④ ㉢, ㉣

[해설] 각 가스의 허용 농도 (ppm)

명칭	TLV-TWA	LC_{50}
염화수소 (HCl)	5	3124
암모니아 (NH$_3$)	25	7388
황화수소 (H$_2$S)	10	444
일산화탄소 (CO)	50	3760

11. 가스 공급시설의 임시사용 기준 항목이 아닌 것은?

① 공급 이익의 여부
② 도시가스의 공급이 가능한지의 여부
③ 가스 공급시설을 사용할 때 안전을 해칠 우려가 있는지의 여부
④ 도시가스의 수급 상태를 고려할 때 해당지역에 도시가스의 공급이 필요한지의 여부

[해설] 가스 공급시설의 임시사용(도시가스 사업법 시행령 제7조) 기준 항목

[해답] 8. ② 9. ③ 10. ② 11. ①

㉮ 도시가스의 공급이 가능한지의 여부
㉯ 가스 공급시설을 사용할 때 안전을 해칠 우려가 있는지의 여부
㉰ 도시가스 수급 상태를 고려할 때 해당 지역에 도시가스의 공급이 필요한지의 여부

12. 20 kg LPG 용기의 내용적은 몇 L인가? (단, 충전 상수 C는 2.35이다.)
① 8.51　　② 20
③ 42.3　　④ 47

[해설] $G = \dfrac{V}{C}$ 에서
∴ $V = C \times G = 2.35 \times 20 = 47\,L$

13. 고압가스 배관의 설치 기준 중 하천과 병행하여 매설하는 경우로서 적합하지 않은 것은?
① 배관은 견고하고 내구력을 갖는 방호 구조물 안에 설치한다.
② 매설 심도는 배관의 외면으로부터 1.5 m 이상 유지한다.
③ 설치 지역은 하상(下床, 하천의 바닥)이 아닌 곳으로 한다.
④ 배관 손상으로 인한 가스 누출 등 위급한 상황이 발생한 때에는 그 배관에 유입되는 가스를 신속히 차단할 수 있는 장치를 설치한다.

[해설] 매설 심도는 배관의 외면으로부터 2.5 m 이상 유지한다.

14. 가연성 가스의 발화점이 낮아지는 경우가 아닌 것은?
① 압력이 높을수록
② 산소 농도가 높을수록
③ 탄화수소의 탄소 수가 많을수록
④ 화학적으로 발열량이 낮을수록

[해설] 착화점이 낮아질 수 있는 조건
　㉮ 압력이 높을 때
　㉯ 발열량이 높을 때
　㉰ 열전도율이 작을 때
　㉱ 산소와 친화력이 클 때
　㉲ 산소 농도가 클수록
　㉳ 분자 구조가 복잡할수록
　㉴ 반응 활성도가 클수록
　㉵ 탄화수소의 탄소 수가 많을수록

15. 고압가스 특정 제조 시설에서 배관을 해저에 설치하는 경우의 기준으로 틀린 것은?
① 배관은 해저면 밑에 매설한다.
② 배관은 원칙적으로 다른 배관과 교차하지 아니하여야 한다.
③ 배관은 원칙적으로 다른 배관과 수평 거리를 30 m 이상으로 유지하여야 한다.
④ 배관의 입상부에는 방호 시설물을 설치하지 아니한다.

[해설] 배관의 입상부에는 방호 시설물을 설치한다.

16. 가연성 가스의 폭발 등급 및 이에 대응하는 본질 안전 방폭 구조의 폭발등급 분류 시 사용하는 최소 점화 전류비는 어느 가스의 최소 점화 전류를 기준으로 하는가?
① 메탄　　② 프로판
③ 수소　　④ 아세틸렌

[해설] 가연성 가스의 폭발등급 및 이에 대응하는 본질 안전 방폭 구조의 폭발등급 분류 시 최소 점화 전류비는 메탄가스의 최소 점화 전류를 기준으로 나타낸다.

17. 공기 액화 분리 장치의 폭발 원인이 아닌 것은?
① 액체 공기 중 아르곤의 혼입
② 공기 취입구로부터 아세틸렌의 혼입
③ 공기 중 질소 화합물(NO, NO_2)의 혼입
④ 압축기용 윤활유 분해에 따른 탄화수소 생성

[해설] 공기액화 분리 장치의 폭발 원인
　㉮ 공기 취입구로부터 아세틸렌(C_2H_2)의 혼입

[해답] 12. ④　13. ②　14. ④　15. ④　16. ①　17. ①

㉯ 압축기용 윤활유 분해에 따른 탄화수소의 생성
㉰ 공기 중 질소 화합물(NO, NO₂)의 혼입
㉱ 액체 공기 중 오존(O₃)의 혼입

18. 고압가스 특정 제조 시설에서 플레어 스택의 설치 기준으로 틀린 것은?
① 파일럿 버너를 항상 점화하여 두는 등 플레어 스택에 관련된 폭발을 방지하기 위한 조치가 되어 있는 것으로 한다.
② 긴급 이송 설비로 이송되는 가스를 대기로 방출할 수 있는 것으로 한다.
③ 플레어 스택에서 발생하는 복사열이 다른 제조 시설에 나쁜 영향을 미치지 아니하도록 안전한 높이 및 위치에 설치한다.
④ 플레어 스택에서 발생하는 최대 열량에 장시간 견딜 수 있는 재료 및 구조로 되어 있는 것으로 한다.
[해설] 플레어 스택(flare stack)은 긴급 이송 설비로 이송되는 가스를 안전하게 연소시킬 수 있는 것으로 한다.

19. 수소의 성질에 대한 설명 중 옳지 않은 것은?
① 열전도도가 작다.
② 열에 대하여 안정적이다.
③ 고온에서 철과 반응한다.
④ 확산 속도가 빠른 무취의 기체이다.
[해설] 수소(H_2)의 성질
㉮ 열에 대하여 안정적이고 열전도율이 크다.
㉯ 무색, 무취, 무미의 가연성이다.
㉰ 확산 속도가 대단히 빠르다.
㉱ 고온에서 강재, 금속 재료를 쉽게 투과한다.
㉲ 폭굉 속도가 1400~3500 m/s에 달한다.
㉳ 폭발 범위가 넓다 (공기 중 : 4~75%, 산소 중 : 4~94%)
㉴ 고온, 고압의 상태에서 수소 취성을 일으킨다.

20. 고압가스 특정 제조 시설 중 비가연성 가스의 저장 탱크는 몇 m³ 이상일 경우에 지진 영향에 대한 안전한 구조로 설계하여야 하는가?
① 300
② 500
③ 1000
④ 2000
[해설] 내진설계 대상
㉮ 저장 탱크 및 압력 용기

구 분	비가연성, 비독성	가연성, 독성	탑 류
압축가스	1000 m³	500 m³	동체부 높이 5 m 이상
액화 가스	10000 kg	5000 kg	

㉯ 세로 방향으로 설치한 동체의 길이가 5 m 이상인 원통형 응축기 및 내용적 5000 L 이상인 수액기, 지지 구조물 및 기초와 연결부
㉰ 제㉮호 중 저장 탱크를 지하에 매설한 경우에 대하여는 내진 설계를 한 것으로 본다.

21. 고압가스를 취급하는 자가 용기 안전점검 시 하지 않아도 되는 것은?
① 도색 표시 확인
② 재검사 기간 확인
③ 프로텍터의 변형 여부 확인
④ 밸브의 개폐 조작이 쉬운 핸들 부착 여부 확인
[해설] 용기의 스커트에 찌그러짐이 있는지 용기 아랫부분의 부식 상태를 확인하여야 한다.

22. 용기 종류별 부속품 기호로 틀린 것은?
① AG : 아세틸렌가스를 충전하는 용기의 부속품
② LPG : 액화석유가스를 충전하는 용기의 부속품
③ TL : 초저온 용기 및 저온 용기의 부속품
④ PG : 압축가스를 충전하는 용기의 부속품
[해설] 용기 부속품 기호
㉮ AG : 아세틸렌가스 용기 부속품
㉯ PG : 압축가스 용기 부속품

해답 18. ② 19. ① 20. ③ 21. ③ 22. ③

㉰ LG : 액화석유가스 외의 액화 가스 용기 부속품
㉱ LPG : 액화석유가스 용기 부속품
㉲ LT : 초저온 및 저온 용기 부속품

23. 0°C에서 10 L의 밀폐된 용기 속에 32 g의 산소가 들어 있다. 온도를 150°C로 가열하면 압력은 약 얼마가 되는가?

① 0.11 atm
② 3.47 atm
③ 34.7 atm
④ 111 atm

[해설] $PV = \dfrac{W}{M}RT$에서

∴ $P = \dfrac{WRT}{VM} = \dfrac{32 \times 0.082 \times (273+150)}{10 \times 32}$

= 3.4686 atm

24. 폭발 범위에 대한 설명으로 옳은 것은?

① 공기 중의 폭발 범위는 산소 중의 폭발 범위보다 넓다.
② 공기 중 아세틸렌가스의 폭발 범위는 약 4~71 %이다.
③ 한계 산소 농도치 이하에서는 폭발성 혼합 가스가 생성된다.
④ 고온 고압일 때 폭발 범위는 대부분 넓어진다.

[해설] 각 항목의 옳은 설명
① 공기 중의 폭발 범위는 산소 중의 폭발 범위보다 좁다(산소 중의 폭발 범위는 공기 중의 폭발 범위보다 넓다).
② 공기 중 아세틸렌가스의 폭발 범위는 2.5~81 %, 산소 중 폭발 범위는 2.5~93 %이다.
③ 한계 산소 농도치 이하에서는 폭발성 혼합가스가 생성되지 않는다.

25. 다음 중 폭발 범위의 상한값이 가장 낮은 가스는?

① 암모니아
② 프로판
③ 메탄
④ 일산화탄소

[해설] 각 가스의 공기 중 폭발 범위

구 분	폭발 범위
암모니아(NH_3)	15~28 %
프로판(C_3H_8)	2.2~9.5 %
메탄(CH_4)	5~15 %
일산화탄소(CO)	12.5~74 %

26. 압축기 최종단에 설치된 고압가스 냉동 제조 시설의 안전밸브는 얼마마다 작동 압력을 조정하여야 하는가?

① 3개월에 1회 이상
② 6개월에 1회 이상
③ 1년에 1회 이상
④ 2년에 1회 이상

[해설] 안전장치의 점검 : 안전밸브 점검 주기는 압축기 최종단에 설치된 것은 1년에 1회 이상, 그 밖의 시설에 설치된 것은 2년에 1회 이상으로 한다.

27. 도시가스 매설 배관의 주위에 파일 박기 작업 시 손상 방지를 위하여 유지하여야 할 최소 거리는?

① 30 cm
② 50 cm
③ 1 m
④ 2 m

[해설] 도시가스 배관과 수평 거리 30 cm 이내에는 매설 배관의 손상 방지를 위하여 파일 박기를 하지 않아야 한다.

28. 염소에 다음 가스를 혼합하였을 때 가장 위험할 수 있는 가스는?

① 일산화탄소
② 수소
③ 이산화탄소
④ 산소

[해설] 염소 폭명기 : 수소와 염소의 혼합 가스는 빛(직사광선)과 접촉하면 심하게 반응한다.
$H_2 + Cl_2 \rightarrow 2HCl + 44$ kcal

[해답] 23. ② 24. ④ 25. ② 26. ③ 27. ① 28. ②

29. 액화석유가스 판매 시설에 설치되는 용기 보관실에 대한 시설 기준으로 틀린 것은?
① 용기 보관실에는 가스가 누출될 경우 이를 신속히 검지하여 효과적으로 대응할 수 있도록 하기 위하여 반드시 일체형 가스 누출 경보기를 설치한다.
② 용기 보관실에 설치되는 전기 설비는 누출된 가스의 점화원이 되는 것을 방지하기 위하여 반드시 방폭 구조로 한다.
③ 용기 보관실에는 누출된 가스가 머물지 않도록 하기 위하여 그 용기 보관실의 구조에 따라 환기구를 갖추고 환기가 잘되지 아니하는 곳에는 강제 통풍 시설을 설치한다.
④ 용기 보관실에는 용기가 넘어지는 것을 방지하기 위하여 적절한 조치를 마련한다.

[해설] 용기 보관실 내에는 분리형 가스 누출 경보기를 설치한다.

30. 압축 도시가스 이동식 충전차량 충전 시설에서 가스 누출 검지 경보장치의 설치 위치가 아닌 것은?
① 펌프 주변
② 압축설비 주변
③ 압축가스설비 주변
④ 개별 충전설비 본체 외부

[해설] 가스 누출 검지 경보장치의 설치 위치
  ㉮ 압축설비 주변
  ㉯ 압축가스설비 주변
  ㉰ 개별 충전설비 본체 내부
  ㉱ 밀폐형 피트 내부에 설치된 배관 접속(용접접속 제외)부 주위
  ㉲ 펌프 주변

31. 고압가스 배관 재료로 사용되는 동관의 특징에 대한 설명으로 틀린 것은?
① 가공성이 좋다.
② 열전도율이 적다.
③ 시공이 용이하다.
④ 내식성이 크다.

[해설] 동관의 특징
  ㉮ 내식성이 우수하다.
  ㉯ 열전도율이 좋고 가공성이 좋아 배관 시공이 용이하다.
  ㉰ 아세톤, 프레온 가스 등 유기 약품에 침식되지 않는다.
  ㉱ 관 내부에서 마찰 저항이 작다.
  ㉲ 연수(軟水)에는 부식된다.
  ㉳ 외부의 기계적 충격에 약하다.
  ㉴ 가격이 비싸다.
  ㉵ 가성 소다, 가성칼리 등 알칼리성에는 내식성이 강하고, 암모니아수, 습한 암모니아(NH_3) 가스, 초산, 진한 황산(H_2SO_4)에는 심하게 침식된다.

32 수소를 취급하는 고온, 고압 장치용 재료로서 사용할 수 있는 것은?
① 탄소강, 니켈강
② 탄소강, 망간강
③ 탄소강, 18-8 스테인리스강
④ 18-8 스테인리스강, 크롬-바나듐강

[해설] 수소를 취급하는 고온, 고압 장치용 재료 중 탄소강은 수소 취성을 발생하므로 부적합하고, 수소 취성에 견디는 18-8 스테인리스강, 크롬강, 크롬-바나듐강 등을 사용하여야 한다.

33. 정압기를 평가·선정할 경우 고려해야 할 특성이 아닌 것은?
① 정특성
② 동특성
③ 유량 특성
④ 압력 특성

[해설] 정압기의 특성
  ㉮ 정특성(靜特性) : 유량과 2차 압력의 관계
  ㉯ 동특성(動特性) : 부하 변동에 대한 응답의 신속성과 안전성이 요구됨

해답 29. ① 30. ④ 31. ② 32. ④ 33. ④

㉰ 유량 특성(流量特性) : 메인 밸브의 열림과 유량의 관계
㉱ 사용 최대 차압 : 메인 밸브에 1차와 2차 압력이 작용하여 최대로 되었을 때의 차압
㉲ 작동 최소 차압 : 정압기가 작동할 수 있는 최소 차압

34. 피토관을 사용하기에 적당한 유속은?
① 0.001 m/s 이상 ② 0.1 m/s 이상
③ 1 m/s 이상 ④ 5 m/s 이상

[해설] 피토관의 특징
㉮ 구조가 간단하고 제작비가 저렴하며 부착이 쉽다.
㉯ 피토관을 유체의 흐름 방향과 평행하게 설치하여야 한다.
㉰ 유속이 5 m/s 이하인 유체에는 측정이 불가능하다.
㉱ 불순물(슬러지, 분진 등)이 많은 유체에는 측정이 불가능하다.
㉲ 노즐 부분에 마모 현상이 있으면 오차가 발생한다.
㉳ 피토관은 유체의 압력에 견딜 수 있는 충분한 강도를 가져야 한다.
㉴ 유량 측정은 간단하지만 사용 방법이 잘못되면 오차 발생이 크다.
㉵ 비행기의 속도 측정, 수력 발전소의 수량 측정, 송풍기의 풍량 측정에 사용된다.

35. 나사 압축기에서 수로터의 지름 150 mm, 로터 길이 100 mm, 회전수가 350 rpm이라고 할 때 이론적 토출량은 약 몇 m³/min인가? (단, 로터 형상에 의한 계수 [C_v]는 0.476이다.)
① 0.11 ② 0.21 ③ 0.37 ④ 0.47

[해설] $V = K \times D_2^2 \times L \times N$
$= 0.476 \times 0.15^2 \times 0.1 \times 350$
$= 0.374 \text{ m}^3/\text{min}$

36. 자동 절체식 일체형 저압조정기의 조정 압력은?
① 2.30~3.30 kPa
② 2.55~3.30 kPa
③ 57~83 kPa
④ 5.0~30 kPa 이내에서 제조자가 설정한 기준 압력의 ±20%

[해설] 압력 조정기 종류에 따른 조정 압력
㉮ 1단 감압식 저압조정기 : 2.30~3.30 kPa
㉯ 1단 감압식 준저압조정기 : 5.0~30.0 이내에서 제조자가 설정한 기준 압력의 ±20%
㉰ 2단 감압식 1차용 조정기 : 57.0~83.0 kPa
㉱ 2단 감압식 2차용 저압조정기 : 2.30~3.30 kPa
㉲ 2단 감압식 2차용 준저압조정기 : 5.0~30.0 이내에서 제조자가 설정한 기준 압력의 ±20%
㉳ 자동 절체식 일체형 저압조정기 : 2.55~3.30 kPa
㉴ 자동 절체식 일체형 준저압조정기 : 5.0~30.0 이내에서 제조자가 설정한 기준 압력의 ±20%
㉵ 그 밖의 압력조정기 : 5 kPa를 초과하는 압력 범위에서 상기 압력조정기의 종류에 따른 조정 압력에 해당하지 않는 것에 한하며, 제조자가 설정한 기준 압력의 ±20%일 것

37. 다음 중 단별 최대 압축비를 가질 수 있는 압축기는?
① 원심식 ② 왕복식
③ 축류식 ④ 회전식

[해설] 왕복동식 압축기의 특징
㉮ 고압이 쉽게 형성된다.
㉯ 급유식, 무급유식이다.
㉰ 용량 조정 범위가 넓다.
㉱ 용적형이며 압축 효율이 높다.
㉲ 형태가 크고 설치 면적이 크다.
㉳ 배출 가스 중 오일이 혼입될 우려가 크다.
㉴ 압축이 단속적이고 맥동 현상이 발생된다.
㉵ 접촉 부분이 많아 고장 발생이 쉽고 수리가 어렵다.
㉶ 반드시 흡입 토출밸브가 필요하다.
※ 최대 압축비를 갖는다는 것은 토출 압력이 고압으로 형성되는 것이므로 왕복동식에 해당된다.

해답 34. ④ 35. ③ 36. ② 37. ②

38. 압력 변화에 의한 탄성 변위를 이용한 탄성압력계에 해당되지 않는 것은?
① 플로트식 압력계
② 부르동관식 압력계
③ 벨로스식 압력계
④ 다이어프램식 압력계

[해설] 탄성식 압력계의 종류: 부르동관식, 다이어프램식, 벨로스식, 캡슐식

39. 아세틸렌의 정성 시험에 사용되는 시약은?
① 질산은 ② 구리암모니아
③ 염산 ④ 피로카롤

[해설] 아세틸렌 품질검사 시약
㉮ 발연 황산: 오르사트(Orsat)법
㉯ 브롬: 뷰렛(biure)법
㉰ 질산은: 정성 시험

40. 가스 누출을 감지하고 차단하는 가스 누출 자동 차단기의 구성 요소가 아닌 것은?
① 제어부 ② 중앙 통제부
③ 검지부 ④ 차단부

[해설] 가스 누출 자동 차단장치의 구성 요소
㉮ 검지부: 누출된 가스를 검지하여 제어부로 신호를 보내는 기능을 가진 것
㉯ 차단부: 제어부로부터 보내진 신호에 따라 가스의 유로를 개폐하는 기능을 가진 것
㉰ 제어부: 차단부에 자동 차단 신호를 보내는 기능, 차단부를 원격 개폐할 수 있는 기능 및 경보 기능을 가진 것

41. 액면 측정 장치가 아닌 것은?
① 임펠러식 액면계 ② 유리관식 액면계
③ 부자식 액면계 ④ 퍼지식 액면계

[해설] 액면계의 구분
㉮ 직접식: 직관식(유리관식), 플로트식(부자식), 검척식
㉯ 간접식: 압력식, 초음파식, 저항 전극식, 정전 용량식, 방사선식, 차압식, 다이어프램식, 편위식, 기포식(퍼지식), 슬립 튜브식 등

42. 터보 압축기의 구성이 아닌 것은?
① 임펠러 ② 피스톤
③ 디퓨저 ④ 증속기어장치

[해설] 터보 압축기의 구성 요소: 임펠러, 디퓨저, 증속 기어 장치, 가이드 베인
※ 피스톤은 왕복동식 압축기의 구성 기기이다.

43. 액화석유가스 소형 저장 탱크가 바깥지름 1000 mm, 길이 2000 mm, 충전 상수 0.03125, 온도 보정 계수 2.15일 때의 자연 기화 능력(kg/h)은 얼마인가?
① 11.2 ② 13.2
③ 15.2 ④ 17.2

[해설] 소형 저장 탱크의 자연 기화 능력 계산

$$\therefore PVC = \frac{D \times L \times K \times T (kcal/h)}{12000 (kcal/kg)}$$

$$= \frac{1000 \times 2000 \times 0.03125 \times 2.15}{12000}$$

$$= 11.197 \, kg/h$$

44. 수소(H_2) 가스 분석 방법으로 가장 적당한 것은?
① 팔라듐관 연소법 ② 헴펠법
③ 황산바륨 침전법 ④ 흡광 광도법

[해설] 분별 연소법: 탄화수소는 산화시키지 않고 H_2 및 CO만을 분별적으로 완전 산화시키는 방법
㉮ 팔라듐관 연소법: H_2를 분석하는 데 적당한 방법이며, 촉매로 팔라듐 석면, 팔라듐 흑연, 백금, 실리카 겔 등이 사용된다.
㉯ 산화 구리법: 산화 구리를 250℃로 가열하여 시료 가스 중 H_2 및 CO는 연소되고 메탄(CH_4)만 남는다. 메탄의 정량 분석에 적합하다.

45. 원심식 압축기 중 터보형 날개 출구 각도에 해당하는 것은?
① 90°보다 작다. ② 90°이다.
③ 90°보다 크다. ④ 평행이다.

[해답] 38. ① 39. ① 40. ② 41. ① 42. ② 43. ① 44. ① 45. ①

[해설] 날개 출구 각도에 의한 원심식 압축기 분류
- ㉮ 레이디얼형 : 90°
- ㉯ 다익형 : 90°보다 크다.
- ㉰ 터보형 : 90°보다 작다.

46. 25℃의 물 10 kg을 대기압하에서 비등시켜 모두 기화시키는 데 약 몇 kcal의 열이 필요한가? (단, 물의 증발 잠열은 540 kcal/kg이다.)
① 750 ② 5400
③ 6150 ④ 7100

[해설] ㉮ 25℃ 물 → 100℃ 물 : 현열
∴ $Q_1 = G \cdot C \cdot \Delta t$
   $= 10 \times 1 \times (100-25) = 750$ kcal
㉯ 100℃ 물 → 100℃ 수증기 : 잠열
∴ $Q_2 = G \cdot \gamma = 10 \times 540 = 5400$ kcal
㉰ 전체 열량 계산
∴ $Q = Q_1 + Q_2 = 750 + 5400 = 6150$ kcal

47. 프레온(Freon)의 성질에 대한 설명으로 틀린 것은?
① 불연성이다.
② 무색, 무취이다.
③ 증발 잠열이 적다.
④ 가압에 의해 액화되기 쉽다.

[해설] 프레온은 증발 잠열이 커서 냉동기 냉매로 사용된다.

48. LP 가스 제조법으로 가장 거리가 먼 것은?
① 원유를 정제하여 부산물로 생산
② 석유 정제 공정에서 부산물로 생산
③ 석탄을 건류하여 부산물로 생산
④ 나프타 분해 공정에서 부산물로 생산

[해설] LP 가스 제조법
- ㉮ 습성 천연가스 및 원유에서 생산 : 압축 냉각법, 흡수법, 흡착법
- ㉯ 원유를 정제하는 과정에서 부산물로 생산
- ㉰ 나프타 분해 공정에서 부산물로 생산

49. C_3H_8 비중이 1.5라고 할 때 20 m 높이 옥상까지의 압력 손실은 약 몇 mmH₂O인가?
① 12.9 ② 16.9
③ 19.4 ④ 21.4

[해설] $H = 1.293(s-1)h$
$= 1.293 \times (1.5-1) \times 20$
$= 12.93$ mmH₂O

50. 압력에 대한 설명으로 틀린 것은?
① 수주 280 cm는 0.28 kgf/cm²와 같다.
② 1 kgf/cm²는 수은주 760 mm와 같다.
③ 160 kgf/mm²는 16000 kgf/cm²에 해당한다.
④ 1 atm이란 1 cm²당 1.033 kgf의 무게와 같다.

[해설] 환산 압력
$= \dfrac{\text{주어진 압력}}{\text{주어진 압력의 표준 대기압}} \times \text{구하려는 표준 대기압}$

① 1 atm = 10.332 mH₂O = 1033.2 cmH₂O이다.
∴ $\dfrac{280}{1033.2} \times 1.0332 = 0.28$ kgf/cm²
② $\dfrac{1}{1.0332} \times 760 = 735.5$ mmHg
③ 160 kgf/mm² × (10 mm)²/(1 cm)²
   = 16000 kgf/cm²
④ 1 atm = 760 mmHg = 1.0332 kgf/cm²

51. 다음에서 설명하는 법칙은?

> 같은 온도(T)와 압력(P)에서 같은 부피(V)의 기체는 같은 분자 수를 가진다.

① Dalton의 법칙 ② Henry의 법칙
③ Avogadro의 법칙 ④ Hess의 법칙

[해설] 아보가드로의 법칙 : 모든 기체 1 mol(몰)에는 표준 상태(0℃, 1기압)에서 22.4 L의 부피를 차지하며, 그 속에는 6.02×10^{23}개의 분자가 들어 있다.

[해답] 46. ③ 47. ③ 48. ③ 49. ① 50. ② 51. ③

52. 실제 기체가 이상 기체의 상태식을 만족시키는 경우는?
① 압력과 온도가 높을 때
② 압력과 온도가 낮을 때
③ 압력이 높고 온도가 낮을 때
④ 압력이 낮고 온도가 높을 때

[해설] 실제 기체가 이상 기체 상태방정식을 만족시키는 경우는 압력이 낮고(저압), 온도가 높을 때(고온)이다.

53. 다음 중 가연성 가스가 아닌 것은?
① 일산화탄소　② 질소
③ 에탄　　　　④ 에틸렌

[해설] 질소는 불연성, 비독성 가스에 해당된다.

54. 다음 중 가장 낮은 온도는?
① $-40°F$　② $430°R$
③ $-50°C$　④ $240 K$

[해설] 각 온도를 섭씨온도로 환산하여 비교한다.
① $°C = \frac{5}{9} \times (°F - 32)$
$= \frac{5}{9} \times (-40 - 32) = -40°C$
② $°C = \frac{°R}{1.8} - 273 = \frac{430}{1.8} - 273$
$= -34.111°C$
③ $-50°C$
④ $°C = K - 273 = 240 - 273 = -33°C$

55. 아세틸렌가스 폭발의 종류로서 가장 거리가 먼 것은?
① 중합 폭발　② 산화 폭발
③ 분해 폭발　④ 화합 폭발

[해설] 아세틸렌의 폭발 종류
㉮ 산화 폭발 : 공기 중 산소와 반응하여 일으키는 폭발이다.
$C_2H_2 + 2.5O_2 \rightarrow 2CO_2 + H_2O$
㉯ 분해 폭발 : 가압, 충격에 의하여 탄소와 수소로 분해되면서 일으키는 폭발이다.
$C_2H_2 \rightarrow 2C + H_2 + 54.2 \, kcal$
㉰ 화합 폭발 : 아세틸렌이 동(Cu), 은(Ag), 수은(Hg) 등의 금속과 접촉 반응하여 폭발성의 아세틸드를 생성하여 일으키는 폭발이다.

56. 다음 중 유리병에 보관해서는 안 되는 가스는?
① O_2　② Cl_2
③ HF　④ Xe

[해설] 불화 수소(HF)의 특징
㉮ 플루오린과 수소의 화합물로 분자량 20.01이다.
㉯ 무색의 자극적인 냄새가 난다.
㉰ 불연성 물질로 연소되지 않지만 열에 의해 분해되어 부식성 및 독성 증기(TLV-TWA 0.5 ppm)를 생성할 수 있다.
㉱ 강산으로 염기류와 격렬히 반응한다.
㉲ 무수물이 수용액보다 더 강산의 성질을 갖는다.
㉳ 금속과 접촉 시 인화성 수소가 생성될 수 있다.
㉴ 흡입 시 기침, 현기증, 두통, 메스꺼움, 호흡 곤란을 일으킬 수 있다.
㉵ 피부에 접촉 시 화학적 화상을, 액체 접촉 시 동상을 일으킬 수 있다.
㉶ 유리와 반응하기 때문에 유리병에 보관해서는 안 된다.

57. 나프타의 성상과 가스화에 미치는 영향 중 PONA 값의 각 의미에 대하여 잘못 나타낸 것은?
① P : 파라핀계 탄화수소
② O : 올레핀계 탄화수소
③ N : 나프텐계 탄화수소
④ A : 지방족 탄화수소

[해설] A : 방향족 탄화수소로 벤젠(C_6H_6)이 해당된다.

해답 52. ④　53. ②　54. ③　55. ①　56. ③　57. ④

58. 도시가스 제조 시 사용되는 부취제 중 T.H.T의 냄새는?
① 마늘 냄새
② 양파 썩는 냄새
③ 석탄 가스 냄새
④ 암모니아 냄새

[해설] 부취제의 종류 및 특징
㉮ TBM(tertiary buthyl mercaptan) : 양파 썩는 냄새가 나며 내산화성이 우수하고 토양 투과성이 우수하여 토양에 흡착되기 어렵다.
㉯ THT(tetra hydro thiophen) : 석탄 가스 냄새가 나며 산화, 중합이 일어나지 않는 안정된 화합물이다. 토양의 투과성이 보통이며 토양에 흡착되기 쉽다.
㉰ DMS(dimethyl sulfide) : 마늘 냄새가 나며 안정된 화합물이다. 내산화성이 우수하고 토양의 투과성이 아주 우수하여 토양에 흡착되기 어렵다.

59. 황화수소에 대한 설명으로 틀린 것은?
① 무색의 기체로서 유독하다.
② 공기 중에서 연소가 잘 된다.
③ 산화하면 주로 황산이 생성된다.
④ 형광 물질 원료의 제조 시 사용된다.

[해설] 황화수소(H_2S)의 특징
㉮ 화산 분출 시 발생하는 가스이며 유황 온천에 물에 녹아 용출한다.
㉯ 무색이며 계란 썩는 특유의 냄새가 난다.
㉰ 독성 가스(TLV-TWA 10 ppm)이며, 가연성 가스(4.3~45 %)이다.
㉱ 비점이 −61.8℃로 액화 가스로 취급된다.
㉲ 공기 중에서 파란 불꽃을 발생하며 연소하고, 불완전 연소 시에는 황을 유리시킨다.
㉳ 건조한 상태에서는 부식성이 없으나 수분을 함유하면 금속을 심하게 부식시킨다.
㉴ 가열 시 격렬한 연소 또는 폭발을 일으키며, 알칼리 금속 및 일부 플라스틱과 반응한다.

60. 가스의 연소와 관련하여 공기 중에서 점화원 없이 연소하기 시작하는 최저 온도를 무엇이라 하는가?
① 인화점   ② 발화점
③ 끓는점   ④ 융해점

[해설] ㉮ 인화점 : 점화원에 의하여 연소가 개시되는 최저 온도로 위험성의 척도이다.
㉯ 착화점(착화 온도, 발화 온도, 발화점) : 온도가 상승할 때 점화원 없이 스스로 연소를 개시할 수 있는 최저의 온도로 인화점보다는 온도가 높다.

[해답] 58. ③ 59. ③ 60. ②

부록 2 CBT 복원문제

☞ CBT필기시험 복원문제는 수험자의 기억에 의하여 복원된 것으로 실제 출제문제와는 차이가 있을 수 있습니다.

2017년도 복원문제 (1)

1. LNG 지하 매설배관 퍼지용으로 널리 사용되는 가스는?
① Ar   ② Cl_2
③ N_2 ④ O_2

해설) 질소(N_2)는 불연성 가스에 해당되고 구입하기 쉽기 때문에 가연성 가스 배관의 퍼지용(치환용) 가스로 사용된다.

2. 부식성 유체의 압력 측정에 효과적인 압력계는?
① 벨로스식 압력계
② 다이어프램 압력계
③ 피에조 압력계
④ 전기저항식 압력계

해설) 다이어프램식 압력계의 특징
㉮ 응답 속도가 빠르나 온도의 영향을 받는다.
㉯ 극히 미세한 압력 측정에 적당하다.
㉰ 부식성 유체의 측정이 가능하다.
㉱ 압력계가 파손되어도 위험이 적다.
㉲ 먼지를 함유한 액체나 점도가 높은 액체의 측정에 적합하다.
㉳ 배기 가스의 통풍계(draft gauge)로 사용한다.
㉴ 다이어프램의 재료로는 고무, 인청동, 스테인리스 등의 박판이 사용된다.
㉵ 측정 범위는 20~5000 mmH_2O이다.

3. 1 J(Joule)은 몇 cal의 열량에 해당하는가?
① 0.24   ② 2.4
③ 4.2   ④ 42

해설) 줄(J)과 cal의 관계
㉮ 1 J(Joule) = 0.24 cal
㉯ 1 cal = 4.185 J(약 4.2 J)

4. 자동차 용기 충전 시설에서 충전용 호스의 끝에 반드시 설치하여야 하는 것은?
① 긴급 차단 장치
② 가스누출 경보기
③ 정전기 제거 장치
④ 인터로크 장치

해설) 충전기의 충전 호스의 길이는 5 m 이내로 하고, 그 끝에 축적되는 정전기를 유효하게 제거할 수 있는 정전기 제거 장치를 설치한다.

5. 부하 변화가 큰 곳에 사용되는 정압기의 특성은?
① 정특성   ② 동특성
③ 유량특성   ④ 속도특성

해설) 정압기의 특성
㉮ 정특성 : 유량과 2차 압력과의 관계이다.
㉯ 동특성 : 부하 변화가 큰 곳에 사용되는 정압기의 특성으로 응답 속도 및 안전성이 요구된다.
㉰ 유량특성 : 메인밸브의 열림과 유량과의 관계이다.

6. 과산화수소와 동, 망간 등과 접촉 시 폭발은?
① 분해폭발   ② 중합폭발
③ 융합폭발   ④ 산화폭발

해설) 과산화수소(H_2O_2)
㉮ 가열, 햇빛에 의하여 쉽게 분해하여 산소를 방출한다.
㉯ 은(Ag), 백금(Pt) 등의 금속분말 또는 산화망간(MnO_2), 산화납(PbO), 산화수은(HgO) 등의 산화물과 혼합하면 급격히 반응하여 산소를 방출하며 폭발한다.
㉰ 농도가 60 % 이상의 것은 충격에 의해

해답 1. ③ 2. ② 3. ① 4. ③ 5. ② 6. ①

단독 폭발의 가능성이 있다.
㉣ 위험물 안전관리법에서 제6류 위험물 (산화성 액체)로 분류한다.

7. 질소가스의 특징이 아닌 것은?
① 암모니아 합성원료
② 공기의 주성분
③ 방전용으로 사용
④ 산화방지제

해설 질소(N_2)의 용도
㉮ 암모니아 합성원료로 사용한다.
㉯ 설비의 치환용 가스 및 산화 방지제로 사용한다.
㉰ 액체 질소는 야채, 육류의 급속 냉각용으로 사용한다.
㉱ 공기 중에 체적비로 78 % 함유하므로 공기의 주성분이다.

8. 다음 가스 중 충전구 나사가 오른나사인 것은?
① 염소(Cl_2)
② 프로판(C_3H_8)
③ 에틸렌(C_2H_4)
④ 아세틸렌(C_2H_2)

해설 용기 충전구 나사 형식
㉮ 왼나사 : 가연성 가스에 적용(단, 암모니아, 브롬화메틸은 오른나사이다.)
㉯ 오른나사 : 가연성 가스 이외의 것에 적용

9. 초저온 용기 부속품의 기호를 나타내는 것은?
① LG   ② PG   ③ LT   ④ LP

해설 용기 부속품 기호
㉮ AG : 아세틸렌가스를 충전하는 용기의 부속품
㉯ PG : 압축가스를 충전하는 용기의 부속품
㉰ LG : 액화석유가스외 액화가스를 충전하는 용기의 부속품
㉱ LPG : 액화석유가스를 충전하는 용기의 부속품
㉲ LT : 초저온용기 및 저온용기의 부속품

10. 고압가스 운반기준에서 후부취출식 탱크 외의 탱크는 탱크의 후면과 차량의 뒷범퍼와의 수평거리가 몇 cm 이상이 되도록 탱크를 차량에 고정시켜야 하는가?
① 30 cm 이상   ② 40 cm 이상
③ 60 cm 이상   ④ 1 m 이상

해설 뒷범퍼와의 수평거리 기준
㉮ 후부취출식 : 40 cm 이상
㉯ 후부취출식 외 : 30 cm 이상
㉰ 조작상자 : 20 cm 이상

11. 3중 결합을 가지는 불포화 탄화수소로서 공기보다 다소 가벼운 무색의 가스는?
① CH_4 ② C_2H_6
③ C_2H_2 ④ C_3H_8

해설 아세틸렌(C_2H_2)
㉮ 알킨족 탄화수소의 가장 간단한 형태의 화합물로 3중 결합을 갖는다.
㉯ 아세틸렌 구조식 : $H-C\equiv C-H$

12. 압력에 대한 정의는?
① 단위체적에 작용하는 힘의 합
② 단위면적에 작용되는 모멘트의 합
③ 단위면적에 작용되는 힘의 합
④ 단위길이에 작용되는 모멘트의 합

해설 ㉮ 압력의 정의 : 단위면적에 작용되는 힘의 합이다.
㉯ 단위
  ㉠ SI단위 : N/m^2, Pa, kPa, MPa
  ㉡ 공학단위 : kgf/m^2, kgf/cm^2, mmH_2O

13. 다음 중 독성가스의 누출 시의 제독제로서 적합하지 않은 것은?
① 염소 : 탄산소다 수용액
② 포스겐 : 소석회
③ 산화에틸렌 : 소석회
④ 황화수소 : 가성소다 수용액

해답 7. ③   8. ①   9. ③   10. ①   11. ③   12. ③   13. ③

해설 독성가스 제독제

가스 종류	제독제의 종류
염소	가성소다 수용액 탄산소다 수용액, 소석회
포스겐	가성소다 수용액, 소석회
황화수소	가성소다 수용액, 탄산소다 수용액
시안화수소	가성소다 수용액
아황산가스	가성소다 수용액, 탄산소다 수용액, 물
암모니아, 산화에틸렌, 염화메탄	물

14. 금속재료의 저온특성에 관한 다음 기술 중 올바른 것은?
① 오스테나이트 스테인리스강은 어느 온도 이하가 되면 샤르피 충격치가 급격히 저하, 저온취성을 나타낸다.
② 알루미늄은 저온취성이 현저하므로 저온용 재료로서 부적당하다.
③ 탄소강은 저온이 되면 연신율이 떨어진다.
④ 탄소강은 저온이 되면 인장강도가 저하한다.

해설 탄소강은 저온이 되면 인장강도, 항복점, 경도는 증가하고 연신율, 충격치는 감소하며, 오스테나이트계 스테인리스강, 알루미늄은 저온에 강한 재료이다.

15. 순수한 것은 안정하나 소량의 수분이나 알칼리성 물질을 함유하면 중합이 촉진되고 독성이 매우 강한 가스는?
① 염소 ② 포스겐
③ 황화수소 ④ 시안화수소

해설 시안화수소(HCN)의 특징
㉮ 독성가스(허용농도: TLV-TWA 10 ppm)이며, 가연성 가스(폭발범위: 6~41 v%)이다.
㉯ 액체는 무색, 투명하고 감, 복숭아 냄새가 난다.

㉰ 액화가 용이하여(비점: 25.7℃) 액화가스로 취급된다.
㉱ 소량의 수분 존재 시 중합폭발을 일으킬 우려가 있다.
㉲ 알칼리성 물질(암모니아, 소다)을 함유하면 중합이 촉진된다.
㉳ 중합폭발을 방지하기 위하여 안정제를 사용한다(황산, 아황산가스, 동, 동망, 염화칼슘, 인산, 오산화인).
㉴ 물에 잘 용해하고 약산성을 나타낸다.

16. 공기액화 분리장치에서 정상작업 중 액산펌프 폭발사고가 발생하였다. 주위 가까운 곳에는 카바이드 공장이 있었다면 어떤 주요 원인으로 폭발되었다고 판단되는가?
① LPG의 혼입 ② LNG의 혼입
③ C_2H_2의 혼입 ④ C_2H_4의 혼입

해설 공기액화 분리장치의 폭발원인
㉮ 공기 취입구로부터 아세틸렌의 혼입
㉯ 압축기용 윤활유 분해에 따른 탄화수소의 생성
㉰ 공기 중 질소화합물의 혼입
㉱ 액체 공기 중에 오존의 혼입

참고 카바이드는 아세틸렌 제조 원료에 해당되고 카바이드가 수분과 접촉되어 발생된 아세틸렌이 공기액화 분리장치에 혼입되어 폭발이 발생한 것이다.

17. 충전용기에 각인되어 있는 내용적의 기호는?
① V ② FP ③ TP ④ W

해설 용기 각인 기호
㉮ V: 내용적(L)
㉯ W: 초저온 용기 외의 용기는 밸브 및 부속품을 포함하지 않은 용기의 질량(kg)
㉰ TW: 아세틸렌 용기는 용기의 질량에 다공물질, 용제 및 밸브의 질량을 합한 질량(kg)
㉱ TP: 내압시험압력(MPa)
㉲ FP: 압축가스를 충전하는 용기는 최고충전압력(MPa)

해답 14. ③ 15. ④ 16. ③ 17. ①

18. 왕복압축기의 흡입·토출밸브 구비조건에 해당되지 않는 것은?
① 누출물을 막기 위하여 밸브의 중량이 클 것
② 내구성이 있을 것
③ 밸브의 개폐가 정확할 것
④ 유체가 밸브를 지날 때의 저항을 최소한으로 할 것

해설 왕복압축기 흡입·토출밸브 구비조건
㉮ 개방 및 개폐 지연이 없고 작동이 양호할 것
㉯ 충분한 통과 단면을 갖고 유체저항이 적을 것
㉰ 중량이 가볍고 파손이 적을 것
㉱ 운전 중에 분해하는 경우가 없을 것

19. 액화석유가스를 탱크로리로부터 이·충전할 때 정전기를 제거하는 접지접속선의 단면적 규격으로 옳은 것은?
① $5.5\,mm^2$ 이상　② $6.7\,mm^2$ 이상
③ $9.6\,mm^2$ 이상　④ $10.5\,mm^2$ 이상

해설 정전기 제거조치
㉮ 본딩용 접속선 및 접지접속선은 단면적 $5.5\,mm^2$ 이상인 것을 사용하고 경납붙임, 용접, 접속금구 등을 사용하여 확실히 접속한다.
㉯ 접지 저항치는 총합 $100\,\Omega$(피뢰설비를 설치한 것은 총합 $10\,\Omega$) 이하로 한다.

20. 메탄, 에탄 등 수소가 풍부한 가스와 혼합 시 폭발성이 있는 가스는?
① 질소　　　　　② 염소
③ 아세틸렌　　　④ 암모니아

해설 메탄(CH_4), 에탄(C_2H_6) 등 수소가 풍부한 가스는 가연성 가스에 해당되므로 조연성 가스인 염소(Cl_2)와 혼합 시 폭발위험성이 있다.

21. 연소가스 중에 있는 암모니아를 황산에 흡수시켜 나머지 황산을 가성소다 용액으로 적정하는 화학 분석법은?
① 요오드 적정법　② 중화 적정법
③ 중량 적정법　　④ 킬레이트 적정법

해설 중화 적정법 : 연소가스 중의 암모니아(NH_3)를 황산(H_2SO_4)에 흡수시켜 남은 황산을 수산화나트륨(NaOH : 가성소다) 용액으로 적정하는 방법이다.

22. 일산화탄소 가스의 용도로 알맞은 것은?
① 메탄올 합성　　② 용접 절단용
③ 암모니아 합성　④ 드라이아이스 제조

해설 일산화탄소(CO)의 용도
㉮ 메탄올(CH_3OH) 합성에 사용
㉯ 포스겐($COCl_2$)의 제조 원료에 사용
㉰ 개미산(의산)이나 화학공업용 원료에 사용
㉱ 공업적 연료, 환원제에 사용

참고 메탄올 합성 반응식
$CO + 2H_2 \rightarrow CH_3OH$

23. 가스계량기와 전기계량기 및 전기개폐기와의 거리는 몇 cm 이상의 거리를 유지해야 하는가?
① 15　　② 30　　③ 60　　④ 80

해설 가스계량기 설치 기준
㉮ 계량기 설치 높이 : $1.6\,m$ 이상 $2\,m$ 이내
㉯ 전기계량기, 전기개폐기와의 거리 : $60\,cm$ 이상
㉰ 단열조치가 되지 않은 굴뚝, 전기점멸기, 전기접속기와의 거리 : $30\,cm$ 이상
㉱ 절연조치를 하지 않은 전선과의 거리 : $15\,cm$ 이상

24. 가연성 가스를 제조하는 장치를 신설하여 기밀시험을 실시하는 경우에 사용되는 가스가 아닌 것은?
① 공기　　　　② 산소
③ 질소　　　　④ 이산화탄소

해설 고압가스설비와 배관의 기밀시험은 원칙적으로 공기 또는 위험성이 없는 기

해답 18. ①　19. ①　20. ②　21. ②　22. ①　23. ③　24. ②

체의 압력으로 실시한다(산소는 조연성 가스에 해당되므로 기밀시험용으로 사용할 수 없다).

25. 용기 또는 용기밸브에 안전밸브를 설치하는 이유는?
① 규정량 이상의 가스를 충전시켰을 때 여분의 가스를 분출하기 위해
② 용기 내 압력이 이상 상승 시 용기파열을 방지하기 위해
③ 가스출구가 막혔을 때 가스출구로 사용하기 위해
④ 분석용 가스출구로 사용하기 위해

[해설] 충전용기 내부 압력이 이상 상승 시 용기파열을 방지하기 위해 용기 또는 용기밸브에 안전밸브를 설치한다.

26. LP가스를 용기에 의해 수송할 경우 이에 대한 설명으로 옳지 않은 것은?
① 용기가 소비자의 저장설비로 이용될 수 있다.
② 소량 수송의 경우 편리한 점이 많다.
③ 취급 부주의로 인한 사고의 위험 등이 수반된다.
④ 수송비가 적게 소요된다.

[해설] 용기에 의한 수송 특징
㉮ 충전용기 자체가 저장설비로 이용될 수 있다.
㉯ 소량 수송의 경우 편리한 점이 많다.
㉰ 취급 부주의로 인한 사고 위험성이 높다.
㉱ 수송비가 많이 소요되어 비경제적이다.

27. 고압가스 성질에 따른 분류가 아닌 것은?
① 가연성 가스   ② 액화가스
③ 조연성 가스   ④ 불연성 가스

[해설] 고압가스의 분류
㉮ 상태에 의한 분류 : 압축가스, 액화가스, 용해가스
㉯ 연소성(연소성질)에 의한 분류 : 가연성 가스, 조연성 가스, 불연성 가스
㉰ 독성에 의한 분류 : 독성가스, 비독성가스

28. 가연성 가스 제조공장에서 착화의 원인이 되지 않는 것은?
① 정전기
② 사용촉매의 접촉작용
③ 밸브의 급격한 조작
④ 베릴륨 합금제 공구에 의한 충격

[해설] 베릴륨 합금제 공구는 충격, 마찰에 의한 불꽃이 발생하지 않는 방폭용 공구이다.

29. 폭발에 관한 가스의 성질을 설명한 것 중 틀린 것은?
① 폭발범위가 넓은 것은 위험하다.
② 가스 비중이 큰 것은 낮은 곳에 체류할 위험이 있다.
③ 안전간격이 큰 것일수록 위험하다.
④ 폭굉은 화염 전파속도가 음속보다 크다.

[해설] 안전간격이 작은 것일수록 위험하다.

30. 저온장치를 구성하는 재료로서 적당하지 않은 것은?
① LNG 저장탱크의 내조 : 18-8 스테인리스강
② −15℃로 되는 열교환기 : 강관
③ 액체산소 저장탱크의 내조 : 18-8 스테인리스강
④ 액체질소 저장탱크의 단열재 : 양모

[해설] 질소의 비점이 −196℃이므로 단열재는 불연성 재료를 사용해야 한다.

31. 온도가 일정할 때 일정량의 기체가 차지하는 체적은 절대압력에 반비례한다. 어떤 법칙인가?
① 보일의 법칙   ② 샤를의 법칙
③ 보일 − 샤를의 법칙 ④ 아보가드로의 법칙

[해설] ㉮ 보일의 법칙 : 온도가 일정할 때 일

해답 25. ②　26. ④　27. ②　28. ④　29. ③　30. ④　31. ①

정량의 기체가 차지하는 부피는 절대 압력에 반비례한다.
㉯ 샤를의 법칙 : 압력이 일정할 때 일정량의 기체가 차지하는 체적은 절대온도에 비례한다.
㉰ 보일-샤를의 법칙 : 일정량의 기체가 차지하는 부피는 압력에 반비례하고, 절대온도에 비례한다.
㉱ 아보가드로의 법칙 : 모든 기체 1 mol (몰)에는 표준상태(0℃, 1 기압)에서 22.4 L의 부피를 차지하며, 그 속에는 6.02×10^{23}개의 분자가 들어 있다.

32. 아세틸렌 용기에 충전하는 다공질물의 다공도(%)로 옳은 것은?
① 60 % 이상 70 % 미만
② 60 % 이상 80 % 미만
③ 75 % 이상 92 % 미만
④ 80 % 이상 100 % 미만

[해설] 다공도 기준 : 75 % 이상 92 % 미만
[참고] '다공질물'과 '다공물질'은 같은 의미로 사용된다.

33. 다음 중 폭발범위가 가장 넓은 가스는?
① 아세틸렌   ② 수소
③ 프로판   ④ 부탄

[해설] 각 가스의 공기 중 폭발범위

명칭	폭발범위
아세틸렌(C_2H_2)	2.5 ~ 81 %
수소(H_2)	4 ~ 75 %
프로판(C_3H_8)	2.1 ~ 9.5 %
부탄(C_4H_{10})	1.9 ~ 8.5 %

[참고] 가연성 가스 중 폭발범위가 가장 넓은 것은 아세틸렌(C_2H_2)이다.

34. 관내를 흐르는 도시가스의 압력강하에 관한 설명이 틀린 것은?
① 가스비중에 비례한다.
② 관 길이에 비례한다.
③ 관 안지름의 5승에 반비례한다.
④ 압력에 비례한다.

[해설] 배관 내의 압력손실 $H = \dfrac{Q^2 SL}{K^2 D^5}$ 이므로
㉮ 유량의 제곱에 비례한다(유속의 제곱에 비례한다).
㉯ 가스비중에 비례한다.
㉰ 배관 길이에 비례한다.
㉱ 관 안지름의 5승에 반비례한다.
㉲ 관 내면의 상태에 관련 있다.
㉳ 유체의 점도에 관련 있다.
㉴ 압력과는 관계없다.

35. 저장능력 1톤인 액화염소 용기의 내용적(L)은 얼마인가? (단, 액화염소 정수 $C = 0.80$ 이다.)
① 400   ② 600
③ 800   ④ 1000

[해설] 액화가스 용기 충전량 계산 $G = \dfrac{V}{C}$ 이고 액화염소 1톤은 1000 kg이다.
∴ $V = C \times G = 0.80 \times 1000 = 800$ L

36. 고압가스 용기 보관 장소에 충전 용기를 보관할 때의 기준으로 적합하지 않은 것은?
① 충전용기와 잔가스 용기는 각각 구분하여 용기보관 장소에 놓을 것
② 용기 보관 장소의 주위 12m 이내에는 화기 또는 인화성 물질이나 발화성 물질을 두지 않을 것
③ 충전 용기는 항상 40℃ 이하의 온도를 유지하고, 직사광선을 받지 않도록 조치할 것
④ 가연성 가스 용기 보관 장소에는 방폭형 휴대용 손전등 외의 등화를 휴대하고 들어가지 아니할 것

[해설] 용기 보관 장소의 주위 2 m 이내에는 화기 또는 인화성 물질이나 발화성 물질을 두지 아니한다.

[해답] 32. ③   33. ①   34. ④   35. ③   36. ②

37. 다음 중 LPG의 성질이 아닌 것은?
① 상온, 상압에서 액체로 존재한다.
② 기체의 무게는 공기의 1.5~2배이다.
③ 무색, 무취이므로 TBM을 첨가한다.
④ 프로판의 비점은 -42.1℃로 부탄보다 낮다.

[해설] 액화석유가스(LPG)의 일반적인 성질
㉮ LP가스는 공기보다 무겁다.
㉯ 액상의 LP가스는 물보다 가볍다.
㉰ 액화, 기화가 쉽고, 기화하면 체적이 커진다.
㉱ LNG보다 발열량이 크고, 연소 시 다량의 공기가 필요하다.
㉲ 기화열(증발잠열)이 크다.
㉳ 무색, 무취, 무미하다.
㉴ 용해성이 있다.
㉵ 액체의 온도 상승에 의한 부피변화가 크다.

[참고] LPG는 상온, 상압에서 기체로 존재한다.

38. 고압가스 저장설비의 경계책 설치 높이는 몇 m 이상인가?
① 1   ② 1.2
③ 1.5 ④ 3

[해설] 경계책
㉮ 고압가스시설의 안전을 확보하기 위하여 저장설비, 처리설비 및 감압설비를 설치한 장소 주위에는 외부인의 출입을 통제할 수 있도록 경계책을 설치한다.
㉯ 저장설비, 처리설비 및 감압설비가 건축물 안에 설치된 경우 또는 차량의 통행 등 조업시행이 현저히 곤란하여 위해요인이 가중될 우려가 있는 경우에는 경계책을 설치하지 아니할 수 있다.
㉰ 경계책 높이는 1.5 m 이상으로 한다.
㉱ 경계책의 재료는 철책, 철망 등으로 한다.
㉲ 경계책 주위에는 외부사람이 무단출입을 금하는 내용의 경계표지를 보기 쉬운 장소에 부착한다.

39. N_2 20 mol, O_2 30 mol로 구성된 혼합가스가 용기에 8 kgf/cm² 로 충전되었다. 질소와 산소의 분압은 각각 몇 kgf/cm² 인가?
① N_2 : 5.5, O_2 : 2.5
② N_2 : 3.2, O_2 : 4.8
③ N_2 : 4.8, O_2 : 3.2
④ N_2 : 3.7, O_2 : 4.3

[해설] 분압 = 전압 × $\frac{성분몰}{전몰}$

∴ $P_{N_2} = 8 \times \frac{20}{20+30} = 3.2 \, kgf/cm^2$

∴ $P_{O_2} = 8 \times \frac{30}{20+30} = 4.8 \, kgf/cm^2$

40. 아세틸렌 발생기의 압력이 1.5 kgf/cm² 이상 상승하면 위험한 이유로 옳은 것은?
① 중합폭발   ② 분해폭발
③ 화학폭발   ④ 촉매폭발

[해설] ㉮ 아세틸렌 발생기의 압력이 1.5 kgf/cm² 이상 상승하면 분해폭발이 발생하고 흡열화합물이기 때문에 위험성이 크다.
㉯ 분해폭발 반응식
$C_2H_2 \rightarrow 2C + H_2 + 54.2 \, kcal$

41. 계량기의 검정기준에서 정하는 가스미터의 사용공차의 범위는? (단, 최대유량이 1000 m³/h 이하이다.)
① 최대허용오차의 1배의 값으로 한다.
② 최대허용오차의 1.2배의 값으로 한다.
③ 최대허용오차의 1.5배의 값으로 한다.
④ 최대허용오차의 2배의 값으로 한다.

[해설] 가스미터(최대유량 1000 m³/h 이하인 것에 한함)의 사용공차 : 검정기준에서 정하는 최대허용오차의 2배 값으로 한다.

42. 고압가스 일반제조 시설기준으로 옳은 것은?
① 공기보다 가벼운 가연성 가스 제조시설에는 가스누출검지 경보장치를 설치한다.

[해답] 37. ① 38. ③ 39. ② 40. ② 41. ④ 42. ④

② 독성가스의 가스설비 배관은 가급적 2중관을 설치하지 않도록 한다.
③ 독성가스 가스설비 시설에는 가스누출검지 경보장치를 설치한다.
④ 독성가스 제조시설에는 그 외부에 식별조치 및 펌프, 밸브 등 누출될 수 있는 장소에는 위험표지를 게시한다.

해설 고압가스 일반제조 시설 기준
㉮ 독성가스 가스설비실 및 저장설비실에는 그 가스가 누출된 경우에는 이를 중화설비로 이송시켜 흡수 또는 중화할 수 있는 설비를 설치하여야 하며, 독성가스 및 공기보다 무거운 가연성가스 제조시설에는 가스가 누출될 경우 이를 신속히 검지하여 효과적으로 대응할 수 있도록 하기 위하여 가스누출검지경보장치를 설치한다.
㉯ 독성가스 배관 중 2중관으로 하여야 하는 가스의 대상은 포스겐, 황화수소, 시안화수소, 아황산가스, 산화에틸렌, 암모니아, 염소, 염화메탄으로 한다.
㉰ 2중관의 외층관 내경은 내층관 외경의 1.2배 이상을 표준으로 한다.
㉱ 2중관의 내층관과 외층관 사이에는 가스누출검지 경보설비의 검지부를 설치하여 가스누출을 검지하는 조치를 강구한다.

43. 염소는 몇 ℃ 이상인 고온에서 철과 직접 반응하는가?
① 30℃   ② 80℃
③ 100℃   ④ 120℃

해설 염소는 120℃를 넘으면 철과 직접 반응하여 부식이 진행되며 고온이 되면 급격히 반응하여 염화물이 된다.

44. 충전용 주관의 압력계는 정기적으로 표준압력계로 그 기능을 검사하여야 한다. 다음 중 옳은 것은?

① 1개월에 1회 이상 실시
② 3개월에 1회 이상 실시
③ 6개월에 1회 이상 실시
④ 1년에 1회 이상 실시

해설 압력계 기능검사 주기
㉮ 충전용 주관 압력계 : 매월 1회 이상
㉯ 그 밖의 압력계 : 3월에 1회 이상 (단, 액화석유가스용은 1년에 1회 이상)

45. 실린더 중에 피스톤과 보조피스톤이 있고, 양 피스톤의 작용으로 상부에 팽창기가 있는 액화 사이클 명칭은?
① 클라우드 공기액화 사이클
② 캐피자 공기액화 사이클
③ 필립스 공기액화 사이클
④ 캐스케이드 액화 사이클

해설 필립스(Phlips) 액화 사이클 : 실린더 중에 피스톤과 보조피스톤이 있고 냉매는 수소, 헬륨을 사용하는 액화 사이클이다.

46. 가스미터의 필요조건으로 옳은 것은?
① 소형이고 용량이 적을 것
② 오차 조정이 어려워 사용자가 임으로 조작하지 못할 것
③ 가격이 저렴하고 사용자 수리가 용이할 것
④ 감도가 예민하고 구조가 간단할 것

해설 가스미터의 필요조건
㉮ 구조가 간단하고, 수리가 용이할 것
㉯ 감도가 예민하고 압력손실이 적을 것
㉰ 소형이며 계량용량이 클 것
㉱ 기차의 조정이 용이할 것
㉲ 내구성이 클 것

47. 고압가스를 차량에 적재 운반 시 운전자 외에 운반 책임자를 동승시켜야 하는 경우가 아닌 것은?
① 압축가스-독성가스 (허용농도가 100만분의 200 초과) : 100 m³ 이상

해답 43. ④   44. ①   45. ③   46. ④   47. ③

② 액화가스-독성가스(허용농도가 100만분의 200 초과) : 1000 kg 이상
③ 액화가스-조연성 가스 : 3000 kg 이상
④ 압축가스-가연성 가스 : 300 m³ 이상

해설 운반책임자 동승 기준
㉮ 비독성 고압가스

가스의 종류		기준
압축 가스	가연성	300 m³ 이상
	조연성	600 m³ 이상
액화 가스	가연성	3000 kg 이상 (납붙임 및 접합용기 : 2000 kg 이상)
	조연성	6000 kg 이상

㉯ 독성 고압가스

가스의 종류	허용농도	기준
압축가스	100만분의 200 이하	10 m³ 이상
	100만분의 200 초과 100만분의 5000 이하	100 m³ 이상
액화가스	100만분의 200 이하	100 kg 이상
	100만분의 200 초과 100만분의 5000 이하	1000 kg 이상

㉰ 액화가스 – 조연성 가스는 6000 kg 이상 적재 운반할 때 운반책임자를 동승시켜야 한다.

48. 고압가스 특정제조의 기술기준 및 시설기준에서 설비 사이의 거리가 옳은 것은?
① 안전구역 내의 고압가스설비(배관을 제외한다)는 그 외면으로 부터 당해 안전구역에 인접하는 다른 안전구역 내에 있는 고압설비와 30 m 이상의 거리유지
② 다른 저장탱크와 사이에는 두 저장탱크의 최대지름을 합산한 길이의 4분의 1이 1 m 미만인 경우에는 1 m 이하의 거리를 유지한다.
③ 가연성 가스 저장탱크의 외면으로부터 처리능력이 20만m³ 이상인 압축기까지 유지하여야 하는 거리는 20 m 이상으로 한다.
④ 제조설비의 외면으로부터 그 제조소의 경계까지 유지하여야 하는 거리는 15 m 이상으로 한다.

해설 각 항목의 옳은 설명
② 다른 저장탱크와 사이에는 두 저장탱크의 최대지름을 합산한 길이의 4분의 1 이상에 해당하는 거리(두 저장탱크의 최대지름을 합산한 길이의 4분의 1이 1 m 미만인 경우에는 1 m 이상의 거리)를 유지한다.
③ 가연성 가스 저장탱크의 외면으로부터 처리능력이 20만㎥ 이상인 압축기까지 유지하여야 하는 거리는 30 m 이상으로 한다.
④ 제조설비의 외면으로부터 그 제조소의 경계까지 유지하여야 하는 거리는 20 m 이상으로 한다.

49. 유량측정법에는 직접측정법과 간접측정법이 있다. 간접측정법에 해당되지 않는 것은?
① 습식 가스미터
② 피토관
③ 벤투리 미터
④ 로터미터

해설 유량계의 구분 및 종류
㉮ 직접 측정법(용적식) : 오벌기어식, 루트(roots)식, 로터리 피스톤식, 회전 원판식, 로터리 베인식, 습식가스미터, 막식가스미터 등
㉯ 간접 측정법 : 차압식(오리피스미터, 플로노즐, 벤투리미터), 유속식(피코관), 면적식, 전자식, 와류식 등

50. 고압가스 공급자의 안전점검 기준에 속하지 않는 것은?
① 충전용기 및 부속품, 가스레인지의 합격표시 유무
② 충전용기와 화기와의 거리
③ 충전용기 및 배관 설치상태
④ 독성가스의 경우 흡수장치, 보호구 등에 대한 적합 여부

해답 48. ① 49. ① 50. ①

해설 고압가스 공급자의 안전점검 기준 [고법 시행규칙 별표14]
㉮ 충전용기의 설치위치
㉯ 충전용기와 화기와의 거리
㉰ 충전용기 및 배관의 설치상태
㉱ 충전용기, 충전용기로부터 압력조정기·호스 및 가스사용기기에 이르는 각 접속부와 배관 또는 호스의 가스누출 여부 및 그 가스의 적합 여부
㉲ 독성가스의 경우 흡수장치·제해장치 및 보호구 등에 대한 적합 여부
㉳ 역화방지장치의 설치여부(용접 또는 용단 작업용으로 액화석유가스를 사용하는 시설에 산소를 공급하는 자에 한정한다)
㉴ 시설기준에의 적합 여부(정기점검만을 말한다)

51. 20℃, 6 atm 상태에 있는 메탄가스의 밀도(kg/m³)는?
① 0.8 ② 2
③ 4   ④ 6

해설 ㉮ 밀도(ρ)는 단위체적(m³)당 질량(kg)이므로 표준상태(1기압, 0℃ 상태)가 아닌 조건의 밀도는 이상기체 상태방정식 $PV=GRT$를 이용하여 계산한다.
㉯ 메탄(CH_4)의 분자량(M)은 16, 1 atm=101.325 kPa 이다.

$$\therefore \rho = \frac{G}{V} = \frac{P}{R \times T} = \frac{P}{\frac{8.314}{M} \times T}$$

$$= \frac{6 \times 101.325}{\frac{8.314}{16} \times (273+20)}$$

$$= 3.993 \text{ kg/m}^3$$

52. 아세틸렌 용기의 내용적이 10 L 이하이고, 다공물질의 다공도가 90 %일 때 디메틸포름아미드의 최대 충진량은 얼마인가?
① 43.5 % 이하 ② 41.8 % 이하
③ 38.7 % 이하 ④ 36.3 % 이하

해설 디메틸포름아미드(DMF) 충전량(%)

다공도(%) \ 용기구분	내용적 10 L 이하	내용적 10 L 초과
90 이상 92 이하	43.5 % 이하	43.7 % 이하
85 이상 90 미만	41.1 % 이하	42.8 % 이하
80 이상 85 미만	38.7 % 이하	40.3 % 이하
75 이상 80 미만	36.3 % 이하	37.8 % 이하

53. 최고 사용압력이 저압인 가스정제설비에 압력의 이상상승을 방지하기 위해 설치하는 것은?
① 일류방지장치   ② 역류방지장치
③ 고압차단스위치 ④ 수봉기

해설 수봉기 : 안전장치가 작동되는 수두압에 해당하는 높이만큼 통 내부에 물을 넣어 안전밸브 역할을 하는 것으로 구조가 간단하고 작동이 확실하다. 방출가스 압력이 수위에 의하여 결정되기 때문에 200~500 mmH₂O(2~5 kPa) 정도의 낮은 압력범위에 사용된다.

54. 도시가스 배관 중 바깥지름 15 mm인 배관의 고정 장치는 몇 m마다 설치해야 하는가?
① 1 ② 2
③ 3 ④ 4

해설 배관 고정 장치 설치 기준
㉮ 관 지름 13 mm 미만 : 1 m마다
㉯ 관 지름 13 mm 이상 33 mm 미만 : 2 m 마다
㉰ 관 지름 33 mm 이상 : 3 m마다

55. 암모니아 합성공정에서 중압법이 아닌 것은?
① 뉴파우더법 ② 동공시법

해답 51. ③   52. ①   53. ④   54. ②   55. ④

③ IG법   ④ 켈로그법

해설 암모니아 합성공정의 종류
- ㉮ 고압합성법: 클라우드법, 카자레법
- ㉯ 중압합성법: IG법, 뉴파우더법, 뉴데법, 동공시법, JCI법, 케미크법
- ㉰ 저압합성법: 구데법, 켈로그법

56. 10 L의 밀폐된 용기 속에 32 g의 산소가 들어 있다. 이때 온도를 150℃로 가열하면 이때의 압력(atm)은?
① 1.11   ② 0.11
③ 3.47   ④ 34.7

해설 이상기체 상태방정식 $PV = \dfrac{W}{M}RT$ 에서 압력(P)을 구한다.

$$\therefore P = \dfrac{WRT}{VM}$$
$$= \dfrac{32 \times 0.082 \times (273 + 150)}{10 \times 32}$$
$$= 3.468 \text{ atm}$$

57. 발화온도와 폭발등급에 의하여 위험성을 비교할 때 가장 위험성이 큰 가스는?
① 아세틸렌   ② 이황화탄소
③ 수소   ④ 수성가스

해설 ㉮ 발화온도 비교

명칭	발화온도
아세틸렌(C_2H_2)	345℃
이황화탄소(CS_2)	100℃ (인화점: -30℃)
수소(H_2)	585℃
수성가스 ($CO+H_2$)	-

㉯ 예제에서 주어진 4가지 가스는 모두 폭발등급 3등급에 해당되나, 발화온도가 가장 낮은 이황화탄소가 위험성이 가장 크다.

58. 다음 중 용적형 압축기에 해당하는 것은?
① 원심식   ② 축류식
③ 왕복식   ④ 혼류식

해설 ㉮ 용적형 압축기: 일정 용적의 기체를 흡입하고 기체에 압력을 가하여 토출구로 압출하는 것을 반복하는 형식이다.
㉯ 종류
- ㉠ 왕복식: 피스톤의 왕복운동으로 기체를 흡입하여 압축한다.
- ㉡ 회전식: 회전체의 회전에 의해 일정 용적의 가스를 연속으로 흡입, 압축하는 것을 반복한다.
- ㉢ 나사(screw)식: 두 개의 암(female), 수(male) 치형을 가진 로터의 맞물림에 의해 압축한다.

59. LNG(액화천연가스)의 주성분은 어느 것인가?
① 메탄   ② 헥산
③ 헵탄   ④ 옥탄

해설 LNG(액화천연가스)의 주성분은 메탄(CH_4)이고, 소량의 에탄(C_2H_6)이 포함되어 있다.

60. 분자량이 44인 기체의 밀도는?
① 1.96 g/L   ② 1.96 kg/L
③ 196 g/L   ④ 196 kg/L

해설 기체의 밀도(ρ): 단위체적당 질량이다.
$$\therefore \rho = \dfrac{\text{분자량(g)}}{22.4(\text{L})} = \dfrac{44}{22.4} = 1.96 \text{ g/L}$$

해답 56. ③   57. ②   58. ③   59. ①   60. ①

2017년도 복원문제 (2)

1. 가연성 가스와 공기가 확산으로 급격히 혼합되어 일어나는 연소는?
① 증발연소 ② 확산연소
③ 분해연소 ④ 표면연소

해설 연소의 형태 분류
 ㉮ 표면연소 : 목탄, 코크스와 같이 표면에서 산소와 반응하여 연소하는 것
 ㉯ 분해연소 : 열분해에 의해 연소가 일어나는 것으로 종이, 석탄, 목재 등의 고체 연료의 연소
 ㉰ 증발연소 : 가연성 액체의 연소
 ㉱ 확산연소 : 가연성 가스의 연소
 ㉲ 자기연소 : 산소공급 없이 연소하는 것으로 제5류 위험물이 해당된다.

2. 저온장치 단열법 중 분말진공 단열법에서 충진용 분말로 부적당한 것은?
① 펄라이트 ② 규조토
③ 알루미늄 ④ 글라스 울

해설 분말진공 단열법의 충진용 분말 : 샌다셀, 펄라이트, 규조토, 알루미늄 분말 등

3. 독성가스를 차량에 적재하여 운반할 경우 갖추어야 할 것이 아닌 것은?
① 소화장비 ② 고무장갑
③ 제독제   ④ 방독마스크

해설 독성가스 운반 시 갖추어야 할 용구 및 물품
 ㉮ 보호구 : 방독마스크, 공기호흡기, 보호의, 보호장갑, 보호장화
 ㉯ 자재 : 적색기, 휴대용 손전등, 메가폰 또는 휴대용 확성기, 자동안전바, 완충판, 물통, 누출검지기, 누출검지액, 차바퀴 고정목, 통신기기
 ㉰ 약제 : 누출 시 응급조치 약제로 액화독성가스(염소, 염화수소, 포스겐, 아황산가스)에 적용
  ㉠ 1000 kg 미만 운반 : 소석회(생석회) 20 kg 이상 휴대
  ㉡ 1000 kg 이상 운반 : 소석회(생석회) 40 kg 이상 휴대
 ㉱ 공구
  ㉠ 공작용 공구 : 해머 또는 나무망치, 펜치, 몽키스패너, 가위 또는 칼, 밸브 개폐용 핸들, 밸브 그랜드 스패너, 가죽장갑
  ㉡ 누출방지 공구 : 고무시트 또는 납패킹, 링 또는 실테이프, 헝겊, 용기 밸브용 플러그 너트

[참고] 소화장비는 가연성 가스, 산소의 경우에 해당된다.

4. 압력조정기 출구에서 연소기 입구까지의 배관 및 호스는 얼마 이내의 압력으로 기밀시험을 실시해야 하는가?
① 2.3 ~ 3.3 kPa   ② 5 ~ 30 kPa
③ 5.6 ~ 8.4 kPa   ④ 8.4 kPa 이상

해설 저압부 기밀시험압력
 ㉮ LPG 사용시설 : 8.4 kPa 이상
 ㉯ 도시가스 사용시설 : 8.4 kPa 또는 최고사용압력의 1.1배 중 높은 압력 이상으로 실시

5. 어떤 도시가스의 웨버지수를 측정하였더니 $36.52\,MJ/m^3$이었다. 품질검사기준에 의한 합격 여부는?
① 웨버지수가 허용기준보다 높으므로 합격이다.
② 웨버지수가 허용기준보다 낮으므로 합격이다.

해답 1. ② 2. ④ 3. ① 4. ④ 5. ④

③ 웨버지수가 허용기준보다 높으므로 불합격이다.
④ 웨버지수가 허용기준보다 낮으므로 불합격이다.

해설 ㉮ 도시가스 품질검사 기준 중 웨버지수 : $52.75 \sim 57.77$ MJ/m^3($12600 \sim 13800$ kcal/m^3)
㉯ 측정된 웨버지수가 허용기준보다 낮으므로 불합격이다.

6. 고압가스의 분출에 대하여 정전기가 가장 발생되기 쉬운 경우는?
① 가스가 충분히 건조되어 있을 경우
② 가스 속에 액체나 고체의 미립자가 있을 경우
③ 가스분자량이 작은 경우
④ 가스비중이 큰 경우

해설 고압가스가 분출될 때 가스 속에 액체나 고체의 미립자가 섞여 있을 경우 정전기가 발생할 가능성이 높아진다.

7. 액화석유가스 충전설비의 점검, 확인 주기는?
① 1일에 1회   ② 1주일에 1회
③ 3월에 1회   ④ 6월에 1회

해설 액화석유가스 충전설비는 작동상황을 1일 1회 이상 점검하고, 이상이 있을 경우에는 정상적으로 작동될 수 있도록 필요한 조치를 한다.

8. 86°F는 절대온도로 몇 K인가?
① 233   ② 303   ③ 490   ④ 522

해설 ㉮ 화씨온도를 섭씨온도로 환산
$$℃ = \frac{5}{9}(°F - 32) = \frac{5}{9} \times (86 - 32) = 30℃$$
㉯ 섭씨온도를 켈빈온도로 환산
$$K = 273 + t℃ = 273 + 30 = 303K$$

별해 $T = \dfrac{°R}{1.8} = \dfrac{t°F + 460}{1.8}$
$= \dfrac{86 + 460}{1.8} = 303.33 K$

9. 독성가스를 냉매가스로 하는 냉매설비 중 수액기의 내용적이 얼마 이상일 때 가스유출을 방지할 수 있는 방류둑을 설치해야 하는가?
① 10000 L   ② 5000 L
③ 2000 L   ④ 1000 L

해설 방류둑 설치 대상(저장능력별)
㉮ 고압가스 특정제조
  ㉠ 가연성 가스 : 500톤 이상
  ㉡ 독성가스 : 5톤 이상
  ㉢ 액화산소 : 1000톤 이상
㉯ 고압가스 일반제조
  ㉠ 가연성 가스, 액화산소 : 1000톤 이상
  ㉡ 독성가스 : 5톤 이상
㉰ 냉동제조 : 수액기 내용적 10000 L 이상 (단, 독성가스 냉매 사용)

10. 금속재료에서 고온일 때 가스에 의한 부식으로 옳지 않은 것은?
① 수소에 의한 탈탄
② 암모니아에 의한 강의 질화
③ 이산화탄소에 의한 금속 카르보닐화
④ 황화수소에 의한 부식

해설 가스에 의한 고온부식의 종류
㉮ 산화 : 산소 및 탄산가스
㉯ 황화 : 황화수소(H_2S)
㉰ 질화 : 암모니아(NH_3)
㉱ 침탄 및 카르보닐화 : 일산화탄소(CO)
㉲ 바나듐 어택 : 오산화바나듐(V_2O_5)
㉳ 탈탄작용 : 수소(H_2)

참고 금속 카르보닐화는 일산화탄소에 의하여 철족(Fe, Ni, Co)의 금속에서 발생한다.

11. 액화가스 용기에 관한 설명 중 틀린 것은 무엇인가?
① 액화가스의 충전량은 액면계로 측정한다.
② 액화가스의 압력은 충전량에 관계없다.
③ 액화가스를 충전할 때는 펌프의 캐비테

해답 6. ② 7. ① 8. ② 9. ① 10. ③ 11. ①

이션에 주의하여야 한다.
④ 에틸렌, 메탄 등의 가스는 단열된 용기가 아니면 충전할 수 없다.

[해설] 액화가스 용기의 충전량 측정은 질량으로 측정됨으로 저울을 이용한다.

12. 가스 유량계 중 그 측정원리가 다른 3개와 같지 않은 것은?
① 오리피스 미터　② 벤투리 미터
③ 피토관　　　　　④ 로터미터

[해설] 베르누이 방정식을 이용한 유량계
㉮ 차압식 : 오리피스미터, 플로노즐, 벤투리미터
㉯ 유속식 : 피토관

[참고] 로터미터는 면적식 유량계에 해당된다.

13. 다음 중 암모니아 가스의 검출 방법이 아닌 것은?
① 네슬러 시약을 넣어 본다.
② 초산연(鉛) 시험지를 대어본다.
③ 진한 염산에 접촉시켜 본다.
④ 붉은 리트머스지를 대어본다.

[해설] 암모니아 가스의 검출 방법
㉮ 자극성이 있어 냄새로서 알 수 있다.
㉯ 유황, 염산과 접촉 시 흰연기가 발생한다.
㉰ 적색 리트머스지가 청색으로 변한다.
㉱ 페놀프탈렌 시험지가 백색에서 갈색으로 변한다.
㉲ 네슬러 시약이 미색 → 황색 → 갈색으로 변한다.

14. 공기액화 분리장치에서 폭발사고가 발생했다. 그 원인에 해당하지 않는 것은?
① 장치 내 질소산화물 생성
② 공기 중의 O_2 혼입
③ 공기 취입구로부터의 아세틸렌의 침입
④ 윤활유 열화에 의한 탄화수소의 생성

[해설] 공기액화 분리장치의 폭발 원인 및 대책
㉮ 폭발 원인
　㉠ 공기 취입구로부터 아세틸렌의 혼입
　㉡ 압축기용 윤활유 분해에 따른 탄화수소의 생성
　㉢ 공기 중 질소화합물(NO, NO_2)의 혼입
　㉣ 액체 공기 중에 오존(O_3)의 혼입
㉯ 폭발방지 대책
　㉠ 장치 내 여과기를 설치한다.
　㉡ 아세틸렌이 흡입되지 않는 장소에 공기 흡입구를 설치한다.
　㉢ 양질의 압축기 윤활유를 사용한다.
　㉣ 장치는 1년에 1회 정도 내부를 사염화탄소(CCl_4)를 사용하여 세척한다.

15. LPG 충전 및 저장시설 내압시험 시 공기를 사용하는 경우 우선 상용압력의 몇 %까지 승압하는가?
① 상용압력의 30 %까지
② 상용압력의 40 %까지
③ 상용압력의 50 %까지
④ 상용압력의 60 %까지

[해설] ㉮ 내압시험을 공기 등의 기체로 하는 경우에는 우선 상용압력의 50%까지 승압하고 그 후에는 상용압력의 10 %씩 단계적으로 승압하여 내압시험압력에 달하였을 때 누출 등의 이상이 없으며, 그 후 압력을 내려 상용압력으로 하였을 때 팽창 누출 등의 이상이 없으면 합격으로 한다.
㉯ 내압시험압력은 상용압력의 1.5배(공기 등 기체로 실시하는 경우에는 1.25배) 이상으로 하고 규정압력 유지시간은 5분부터 20분까지를 표준으로 한다.

16. 고압가스 일반제조의 기술기준 중 에어졸 제조기준에 맞지 않는 것은?
① 에어졸의 분사제는 독성가스를 사용하지 않는다.
② 에어졸은 35℃에서 그 용기의 내압이 0.8 MPa 이하로 한다.

[해답] 12. ④　13. ②　14. ②　15. ③　16. ③

③ 에어졸 제조설비의 주위 4 m 이내에는 인화성 물질을 두지 않는다.
④ 에어졸을 충전하기 위한 충전용기를 가열할 때는 열습포 또는 40℃ 이하의 더운물을 사용한다.

해설 에어졸 제조설비 및 에어졸 충전용기 저장소는 화기 또는 인화성 물질과 8m 이상의 우회거리를 유지한다.

17. 고압가스 특정제조 설비는 그 외면으로부터 당해 제조소의 경계와 몇 m 이상의 거리를 유지하여야 하는가?
① 8 m ② 12 m
③ 20 m ④ 50 m

해설 사업소 경계와의 거리 : 제조설비의 외면으로부터 그 제조소의 경계까지 유지하여야 하는 거리는 20 m 이상으로 한다.

18. LNG의 성질을 설명한 것 중 틀린 것은?
① 메탄을 주성분으로 하며 에탄, 프로판, 부탄 등이 포함되어 있다.
② LNG가 액화되면 체적이 $\frac{1}{600}$로 줄어든다.
③ 무독, 무공해의 청정 가스로 발열량이 약 9500 kcal/m³ 정도로 높다.
④ LNG는 기체 상태에서는 공기보다 가벼우나, 액체 상태에서는 물보다 무겁다.

해설 메탄(CH_4)의 비중
㉮ 액비중(−164℃) : 0.415
㉯ 기체비중 : 0.55

참고 LNG는 기체 상태에서는 공기보다 가볍고, 액체 상태에서는 물보다 가볍다.

19. 압축기 실린더 상부에 스프링을 지지시켜 실린더 내에 액이나 이물질이 침입하여 압축 시 압축기가 파손되는 것을 방지하는 보호 장치는?
① 안전밸브
② 고압차단 스위치
③ 안전두
④ 유압 보호 장치

해설 압축기 안전장치
㉮ 안전두
  ㉠ 압축기 실린더 상부에 설치
  ㉡ 실린더 내에 이물질이나 액이 들어와 액압축이 되어 압축기가 파손되는 것을 방지하며, 기체 압력에 의해서는 작동되지 않는다.
  ㉢ 작동압력 = 정상압력 + 3 kgf/cm²
㉯ 고압차단 스위치(HPS : high pressure cut out switch)
  ㉠ 압력이 고압으로 이상 상승하였을 때 작동하여 압축기용 전동기를 정지함으로써 이상 고압에 의한 위해를 방지한다.
  ㉡ 작동압력 = 정상압력 + 4 kgf/cm²
㉰ 안전밸브
  ㉠ 압축기 중간단과 최종단의 가스배관에 설치
  ㉡ 압력이 일정압력 이상 상승하면 작동하여 압력을 대기나 저압측으로 되돌려 보내 위해를 방지한다.
  ㉢ 작동압력 = 정상압력 + 5 kgf/cm²
  (또는 내압시험압력의 $\frac{8}{10}$ 이하)

20. 공기액화 사이클에서 관련이 없는 장치가 연결되어 있는 것은?
① 린데식 공기액화 사이클 – 액화기
② 클라우드 공기액화 사이클 – 축랭기
③ 필립스 공기액화 사이클 – 보조 피스톤
④ 캐피자 공기액화 사이클 – 압축기

해설 클라우드 공기액화 사이클 : 열교환기, 팽창기

21. 합격한 공업용 용기의 도색 구분이 백색인 가스는?
① 염소 ② 질소
③ 산소 ④ 액화암모니아

해답 17. ③ 18. ④ 19. ③ 20. ② 21. ④

해설 가스 종류별 용기 도색

가스 종류	용기도색	
	공업용	의료용
산소(O_2)	녹색	백색
수소(H_2)	주황색	–
액화탄산가스(CO_2)	청색	회색
액화석유가스	밝은회색	–
아세틸렌(C_2H_2)	황색	–
암모니아(NH_3)	백색	–
액화염소(Cl_2)	갈색	–
질소(N_2)	회색	흑색
아산화질소(N_2O)	회색	청색
헬륨(He)	회색	갈색
에틸렌(C_2H_4)	회색	자색
사이클로 프로판	회색	주황색
기타의 가스	회색	–

22. 도시가스에는 가스 누출 시 신속한 인지를 위해 냄새가 나는 물질(부취제)를 첨가하고 정기적으로 농도를 측정하도록 하고 있다. 다음 중 농도 측정 방법이 아닌 것은?
① 오더(Odor) 미터법
② 주사기법
③ 냄새주머니법
④ 헴펠(Hempel)법

해설 패널에 의한 부취제 농도 측정 방법
㉮ 오더 미터법(냄새 측정 기법) : 공기와 시험가스의 유량조절이 가능한 장비를 이용하여 시료기체를 만들어 감지희석배수는 구하는 방법
㉯ 주사기법 : 채취용 주사기로 채취한 일정량의 시험가스를 희석용 주사기에 옮기는 방법으로 시료기체를 만들어 감지희석배수를 구하는 방법
㉰ 냄새주머니법 : 일정한 양의 깨끗한 공기가 들어 있는 주머니에 시험가스를 주사기로 첨가하여 시료기체를 만들어 감지희석배수를 구하는 방법

23. 임계온도의 설명으로 타당한 것은?
① 기체를 액화할 수 있는 최저의 온도
② 기체를 액화할 수 있는 절대온도
③ 기체를 액화할 수 있는 최고의 온도
④ 기체를 액화할 수 있는 평균온도

해설 액화의 조건 : 임계온도 이하, 임계압력 이상
∴ 임계온도는 기체를 액화할 수 있는 최고의 온도이다.

24. 가연성 물질을 공기로 연소시키는 경우에 공기 중의 산소 농도를 높게 하면 연소속도와 발화온도는 어떻게 변하는가?
① 연소속도는 크게 되고, 발화온도는 높아진다.
② 연소속도는 크게 되고, 발화온도는 낮아진다.
③ 연소속도는 낮게 되고, 발화온도도 높아진다.
④ 연소속도는 낮게 되고, 발화온도도 낮아진다.

해설 공기 중에 산소 농도를 증가시키면 (산소량이 많아지면) 연소속도는 빨라지고, 발화온도, 점화에너지는 낮아진다.

25. 압축기의 주요한 이상 현상의 원인 및 조치 중에서 윤활유의 압력저하 원인에 대한 조치가 잘못된 것은?
① 윤활유 펌프 불량 시 점검 및 수리한다.
② 관로기밀 불량으로 공기 혼입 시 점검 및 수리한다.
③ 윤활유의 온도 저하 시 온도를 높인다.
④ 관로의 오손 및 마멸 시 플러싱을 한다.

해설 윤활유의 압력 저하 원인 및 조치
㉮ 윤활유 펌프 불량 시 점검 및 수리한다.
㉯ 릴리프밸브가 작동 불량 시 점검 및 조정한다.
㉰ 윤활유의 온도가 높을 때 유로를 교환한다.

해답 22. ④ 23. ③ 24. ② 25. ③

㉣ 관로의 오손 및 마멸 시 플러싱을 한다.
㉤ 관로기밀 불량으로 공기 혼입 시 점검 및 수리한다.

26. 아세틸렌 검지를 위한 시험지와 반응색은?
① KI 전분지 – 청색
② 염화 제1동착염지 – 적색
③ 염화팔라듐지 – 적색
④ 초산납시험지 – 흑색

[해설] 가스 검지 시험지법

가스명	시험지	반응
암모니아	적색리트머스지	청색
염소	KI 전분지	청갈색
포스겐	해리슨 시험지	유자색
시안화수소	초산벤젠지	청색
일산화탄소	염화팔라듐지	흑색
황화수소	연당지	회흑색
아세틸렌	염화 제1동 착염지	적갈색

[참고] 아세틸렌의 검지 시험지의 반응색을 '적색'으로 표현하는 경우도 있다.

27. 액화석유가스 용기 보관소에 관한 설명 중 잘못된 것은?
① 용기보관소에는 보기 쉬운 곳에 경계표시를 할 것
② 용기보관소는 양호한 통풍구조로 할 것
③ 용기보관소의 지붕은 불연성, 난연성 재료를 사용할 것
④ 용기보관소에는 화재경보기를 설치할 것

[해설] 용기보관장소에는 가스누출검지기를 설치한다.

28. C_4H_{10}의 위험도로 옳은 것은?
① 1.23 ② 1.27 ③ 3.52 ④ 3.67

[해설] ㉮ 부탄(C_4H_{10})의 폭발범위: 1.8~8.4%
㉯ 위험도 계산
$$H = \frac{U-L}{L} = \frac{8.4-1.8}{1.8} = 3.67$$

[참고] 부탄의 폭발범위는 일반적으로 1.9~8.5%가 사용되며, 위험도 계산에 적용한 1.8~8.4%도 함께 통용되고 있다.

29. 고압가스 운반기준에 대한 설명 중 틀린 것은?
① 밸브가 돌출한 충전용기는 고정식 프로텍터나 캡을 부착하여 밸브의 손상을 방지한다.
② 충전용기를 운반할 때 넘어짐 등으로 인한 충격을 방지하기 위하여 충전용기를 단단하게 묶는다.
③ 위험물 안전관리법이 정하는 위험물과 충전용기를 동일 차량에 적재 시는 1 m 정도 이격시킨 후 운반한다.
④ 염소와 아세틸렌, 암모니아 또는 수소는 동일차량에 적재하여 운반하지 않는다.

[해설] 충전용기와 위험물 안전관리법이 정하는 위험물과는 동일차량에 적재하여 운반하지 않아야 한다.

30. 흡수식 냉동기에서 냉매로 물을 사용할 경우 흡수제로 사용하는 것은?
① 암모니아 ② 사염화에탄
③ 리듐브롬마이드 ④ 파라핀유

[해설] 흡수식 냉동기의 냉매 및 흡수제

냉매	흡수제
암모니아	물
물	리듐브롬마이드
염화메틸	사염화에탄
톨루엔	파라핀유

31. 고압가스 설비의 점검에 관한 다음 기술 중 잘못된 것은?
① 운전 중에 계기류의 지시, 경보, 제어상황을 점검한다.
② 운전 중에 각 배관계통의 밸브 등의 개폐 상황 및 맹판의 탈착·부착 상황을 점검한다.

[해답] 26. ② 27. ④ 28. ④ 29. ③ 30. ③ 31. ②

③ 사용 종료 시는 설비 내의 가스, 액 등의 불활성 가스등에 의한 치환상황을 점검한다.
④ 사용 개시 시는 인터로크, 긴급용 시퀀스의 경보 및 자동제어장치의 기능을 점검한다.

해설 운전 중에 가스설비 점검 사항
㉮ 가스설비로부터의 누출
㉯ 계기류의 지시, 경보, 제어의 상태
㉰ 가스설비의 온도, 압력, 유량 등 조업조건의 변동상황
㉱ 가스설비의 외부부식, 마모, 균열, 그 밖의 손상 유무
㉲ 회전기계의 진동, 이상음, 이상온도 상승, 그 밖의 작동상황
㉳ 탑류, 저장탱크류, 배관 등의 진동 및 이상음
㉴ 가스누출 경보장치 및 가스경보기의 상태
㉵ 저장탱크 액면의 지시
㉶ 접지접속선의 단선, 그 밖의 손상 유무
㉷ 그 밖에 필요한 사항의 이상 유무

참고 ②번 항목은 사용개시 전 점검사항에 해당된다.

32. 다음 가스 중 폭발범위가 넓은 것부터 좁은 쪽으로 순서가 나열된 것은?
① H_2, C_2H_2, CH_4, CO
② CH_4, CO, C_2H_2, H_2
③ C_2H_2, H_2, CO, CH_4
④ C_2H_2, CO, H_2, CH_4

해설 각 가스의 공기 중 폭발범위

명칭	폭발범위
아세틸렌(C_2H_2)	2.5 ~ 81 %
수소(H_2)	4 ~ 75 %
일산화탄소(CO)	12.5 ~ 74 %
메탄(CH_4)	5 ~ 15 %

33. 방류둑의 성토는 수평에 대하여 얼마 이하의 기울기를 가져야 하는가?
① 75° ② 65° ③ 55° ④ 45°

해설 방류둑의 성토는 수평에 대하여 45° 이하의 기울기로 하여 쉽게 허물어지지 아니하도록 충분히 다져 쌓고, 강우 등으로 인하여 유실되지 아니하도록 그 표면에 콘크리트 등으로 보호하고, 성토 윗부분의 폭은 30 cm 이상으로 한다.

34. 차량에 고정된 탱크의 안전운행 기준상 운행 중 가스의 온도는 몇 ℃를 초과해서는 안 되는가?
① 40℃ ② 50℃
③ 70℃ ④ 90℃

해설 차량에 고정된 탱크의 온도(가스온도를 계측할 수 있는 경우에는 가스의 온도)는 항상 40℃ 이하로 유지한다.

35. 시안화수소의 중합폭발을 방지할 수 있는 안정제는?
① 질소, 탄산가스
② 아황산가스, 염화칼슘
③ 수증기, 질소
④ 탄산가스, 일산화탄소

해설 ㉮ 용기에 충전하는 시안화수소는 순도가 98 % 이상이고, 아황산가스 또는 황산 등의 안정제를 첨가한 것으로 한다.
㉯ 안정제로 사용되는 것 : 황산, 아황산가스, 동, 동망, 염화칼슘, 인산, 오산화인 등

36. 다음은 고압가스 제조장치의 설계에 관한 설명이다. 틀린 것은?
① 탱크의 온도 상승을 방지하는 방법으로 살수장치를 한다.
② 가연성 가스를 로리차에 충전하는 설비에는 어스선을 부착한다.
③ 제조 장치로부터 배출되는 가스는 플레어스택에서 소각하거나 벤트스택을 통하여 대기 중에 배출한다.

해답 32. ③ 33. ④ 34. ① 35. ② 36. ④

④ 내압시험은 상용압력의 $\frac{8}{10}$ 배 압력으로 실시하도록 한다.

해설 내압시험 압력은 상용압력의 1.5배 압력으로 실시하도록 한다.

37. 독성가스의 제독제에 대하여 설명한 것 중 틀린 것은?
① 염소에는 가성소다 수용액을 사용
② 염화메탄에는 가성소다 수용액을 사용
③ 시안화수소에는 가성소다 수용액을 사용
④ 아황산가스에는 가성소다 수용액을 사용

해설 독성가스 제독제

가스종류	제독제의 종류
염소	가성소다 수용액, 탄산소다 수용액, 소석회
포스겐	가성소다 수용액, 소석회
황화수소	가성소다 수용액, 탄산소다 수용액
시안화수소	가성소다 수용액
아황산가스	가성소다 수용액, 탄산소다 수용액, 물
암모니아, 산화에틸렌, 염화메탄	물

38. 원심펌프를 병렬연결 운전할 때의 특성으로 올바른 것은?
① 유량은 불변이다.　② 양정은 증가한다.
② 유량은 감소한다.　④ 양정은 일정하다.

해설 원심펌프의 운전 특성
㉮ 직렬 운전 : 양정 증가, 유량 일정
㉯ 병렬 운전 : 유량 증가, 양정 일정

39. LP가스의 특징 설명으로 옳은 것은?
① LP가스의 액체는 물보다 가볍다.
② LP가스의 기체는 공기보다 가볍다.
③ LP가스는 푸른 색상을 띠며 강한 취기를 가졌다.
④ LP가스는 용해성은 없다.

해설 LP가스의 특징
㉮ LP가스는 공기보다 무겁다.
㉯ 액상의 LP가스는 물보다 가볍다.
㉰ 액화, 기화가 쉽다.
㉱ 기화하면 체적이 커진다.
㉲ 기화열(증발잠열)이 크다.
㉳ 무색, 무취, 무미하다.
㉴ 용해성이 있다.

40. 브롬화메틸 취급 시 주의사항으로 잘못된 것은?
① 400℃에서 열분해한다.
② 알루미늄을 부식하므로 알루미늄 용기에 보관할 수 없다.
③ 가연성이며 독성가스이다.
④ 용기의 충전구 나사는 왼나사이다.

해설 용기 충전구 나사
㉮ 가연성 가스 용기 충전구 나사는 왼나사이다.
㉯ 브롬화메틸과 암모니아는 가연성 가스에 해당되지만 용기 충전구 나사는 오른나사로 적용된다.

41. 냄새로 알 수 없는 가스는?
① 염소　　　　② 암모니아
③ 이산화탄소　④ 시안화수소

해설 각 가스의 냄새(취기) 특징

명칭	냄새
염소(Cl_2)	자극성의 냄새
암모니아(NH_3)	자극성의 냄새
이산화탄소(CO_2)	무취
시안화수소(HCN)	복숭아 냄새

42. 산소 압축기의 내부 윤활제로 적당한 것은?
① 광유　　　　② 유지류

해답 37. ② 38. ④ 39. ① 40. ④ 41. ③ 42. ③

③ 물   ④ 글리세린

[해설] 각종 가스 압축기의 내부 윤활제
  ㉮ 공기 압축기 : 양질의 광유
  ㉯ 산소 압축기 : 물 또는 묽은 글리세린수(10 % 정도)
  ㉰ 염소 압축기 : 진한 황산
  ㉱ 아세틸렌 압축기 : 양질의 광유
  ㉲ 수소 압축기 : 양질의 광유
  ㉳ LP가스 압축기 : 식물성유
  ㉴ 이산화황 가스 압축기 : 화이트유
  ㉵ 염화메탄(메틸클로라이드) 압축기 : 화이트유

[참고] 산소 압축기 내부 윤활제로 석유류, 유지류, 농후한 글리세린은 사용이 금지된다.

43. 2000rpm으로 회전하는 펌프를 3500rpm으로 변환하는 경우 펌프의 유량과 양정은 몇 배가 되는가?
① 유량 : 2.65, 양정 : 4.12
② 유량 : 3.06, 양정 : 1.75
③ 유량 : 3.06, 양정 : 5.36
④ 유량 : 1.75, 양정 : 3.06

[해설] ㉮ 유량 변화량 계산
$$Q_2 = Q_1 \times \left(\frac{N_2}{N_1}\right) = Q_1 \times \left(\frac{3500}{2000}\right)$$
$$= 1.75\, Q_1$$
㉯ 양정 변화량 계산
$$H_2 = H_1 \times \left(\frac{N_2}{N_1}\right)^2 = H_1 \times \left(\frac{3500}{2000}\right)^2$$
$$= 3.06\, H_1$$
㉰ 회전수가 2000rpm에서 3500rpm으로 변경되면 유량은 1.75배, 양정은 3.06배 증가된다.

44. 독성가스 배관을 지하에 매설할 경우 배관은 그 외면으로부터 수평거리로 건축물(지하가 내의 건축물을 제외한다)까지 몇 m 이상 유지하여야 하는가?
① 1.5 m   ② 1.6 m
③ 1.4 m   ④ 1.2 m

[해설] 사업소 밖의 배관 매몰설치 기준
  ㉮ 건축물과 1.5 m 이상, 지하도로 및 터널과는 10 m 이상의 거리 유지
  ㉯ 독성가스의 배관은 수도시설과 300 m 이상의 거리 유지
  ㉰ 지하의 다른 시설물과 0.3 m 이상의 거리를 유지
  ㉱ 매설 깊이는 산이나 들에서는 1 m 이상, 그 밖의 지역에서는 1.2 m 이상

45. 다음 열전대 온도계 중 가장 저온 측정에 적합한 것은?
① 크로멜 – 알루멜   ② 백금 – 백금로듐
③ 철 – 콘스탄탄   ④ 구리 – 콘스탄탄

[해설] 열전대 온도계의 측정 범위

열전대 종류	측정 범위
백금-백금로듐	0 ~ 1600℃
크로멜-알루멜	−20 ~ 1200℃
철-콘스탄트	−20 ~ 800℃
구리(동)-콘스탄트	−200 ~ 350℃

46. 가스 흐름에 부취제를 액체 상태로 직접 주입시키는 방식이 아닌 것은?
① 적하 주입 방식
② 바이패스 증발식
③ 미터연결 바이패스 방식
④ 펌프 주입 방식

[해설] 부취제 주입 방식
  ㉮ 액체 주입 방식 : 펌프 주입 방식, 적하 주입 방식, 미터연결 바이패스 방식
  ㉯ 증발식 : 바이패스 증발식, 위크 증발식

47. LP가스 수송방법이 아닌 것은?
① 용기에 의한 방법
② 탱크로리에 의한 방법
③ 파이프라인에 의한 방법
④ 정압기에 의한 방법

[해답] 43. ④   44. ①   45. ④   46. ②   47. ④

해설 LPG 수송방법
㉮ 용기에 의한 방법
㉯ 탱크로리에 의한 방법
㉰ 철도차량에 의한 방법
㉱ 유조선에 의한 방법
㉲ 파이프 라인(pipe line)에 의한 방법

48. "초저온 용기"라 함은 몇 ℃ 이하의 액화가스를 충전하기 위한 용기를 말하는가?
① −50   ② −100
③ −150   ④ −186

해설 초저온 용기 : 섭씨 영하 50도(−50℃) 이하의 액화가스를 충전하기 위한 용기로서 단열재로 피복하거나 냉동설비로 냉각하는 등의 방법으로 용기 안의 가스온도가 상용의 온도를 초과하지 아니하도록 한 것이다.

49. [보기] 중 압력이 높은 순서대로 나열된 것은?

┌─ 보기 ─────────────┐
│ ⓐ : 100 atm   ⓑ : 2 kgf/mm² │
│ ⓒ : 15 m 수은주   │
└──────────────────┘

① ⓐ < ⓑ < ⓒ   ② ⓑ < ⓒ < ⓐ
③ ⓒ < ⓐ < ⓑ   ④ ⓑ < ⓐ < ⓒ

해설 ㉮ 압력 환산식
환산 압력 $= \left(\dfrac{\text{주어진 압력}}{\text{주어진 압력 단위 표준대기압}}\right) \times$ 구하려 하는 단위 표준대기압

㉯ 보기의 압력을 kgf/cm²으로 환산하여 비교
ⓐ $100 \times 1.0332 = 103.32 \text{ kgf/cm}^2$
ⓑ $2(\text{kgf/mm}^2) \times 10^2(\text{mm}^2/\text{cm}^2) = 200 \text{ kgf/cm}^2$
ⓒ $\dfrac{15}{0.76} \times 1.0332 = 20.392 \text{ kgf/cm}^2$

50. 산소의 성질에 대한 설명으로 틀린 것은?
① 자신은 연소하지 않고 연소를 돕는 가스이다.
② 물에 잘 녹으며 백금과 화합하여 산화물을 만든다.
③ 화학적으로 활성이 강하여 다른 원소와 반응하여 산화물을 만든다.
④ 무색, 무취의 기체이다.

해설 물에 약간 녹으며 화학적으로 활성이 강한 원소로 할로겐, 백금, 금 등을 제외한 원소와 직접 화합하여 산화물을 만든다.

51. 습식 아세틸렌 가스 발생기의 표면온도는 몇 ℃ 이하로 유지해야 하는가?
① 30℃   ② 40℃
③ 60℃   ④ 70℃

해설 습식 아세틸렌 발생기의 표면은 70℃ 이하의 온도로 유지하고, 그 부근에서는 불꽃이 튀는 작업을 하지 아니한다.

52. 다음 가스 중 상온에서 가장 안정된 것은?
① 산소   ② 네온   ③ 프로판   ④ 부탄

해설 다른 원소와 반응하지 않는 불활성 기체인 네온(Ne)이 가장 안정된 화합물이다.

53. 저장탱크에 액화석유가스를 충전하는 때에는 가스의 용량이 상용의 온도에서 저장탱크 내용적의 몇 %를 넘지 아니하여야 하는가?
① 95   ② 90   ③ 85   ④ 80

해설 저장탱크에 액화석유가스를 충전하려면 가스의 용량이 상용의 온도에서 저장탱크 내용적의 90%를 넘지 아니하도록 충전한다(단, 소형저장탱크의 경우 85%).

54. 땅속의 에노드에 강제 전압을 가하여 피방식 금속체를 캐소드로 하는 전기 방식법은?
① 희생 양극법   ② 외부 전원법
③ 선택 배류법   ④ 강제 배류법

해설 외부 전원법 : 외부 직류전원장치의 양극(+)은 매설배관이 설치되어 있는 토양

해답 48. ① 49. ③ 50. ② 51. ④ 52. ② 53. ② 54. ②

이나 수중에 설치한 외부 전원용 전극에 접속하고, 음극(-)은 매설배관에 접속시켜 부식을 방지하는 방법이다.

[참고] 애노드 (anode : 양극)
캐소드 (cathode : 음극)

55. 아세틸렌 용기 충전에 관한 내용으로 틀린 것은?
① 용기의 총 질량(TW)은 용기질량에 다공물 질량, 밸브질량, 용제질량을 합한 질량이다.
② 충전 후에는 압력이 15℃에서 1.5 MPa 이하로 될 때까지 정치하여 둔다.
③ 충전은 가급적 단시간 내에 규정된 양을 충전하는 것이 좋다.
④ 충전 중의 압력은 2.5 MPa 이하가 되도록 한다.

[해설] 아세틸렌 충전은 단시간 내에 충전하지 말고 2~3회에 걸쳐 서서히 한다.

56. 다음 가스 중 폭발하한계값이 5 %보다 큰 가스는?
① 수소   ② 일산화탄소
③ 아세틸렌   ④ 에틸렌

[해설] 각 가스의 공기 중 폭발범위

명칭	폭발범위
수소(H_2)	4~75 %
일산화탄소(CO)	12.5~74 %
아세틸렌(C_2H_2)	2.5~81 %
에틸렌(C_2H_4)	3.1~32 %

57. 고압용기의 내용적이 105 L인 암모니아 용기에 법정 가스 충전량은 몇 kg인가?
① 20.5 kg   ② 45.5 kg
③ 56.5 kg   ④ 117.5 kg

[해설] $G = \dfrac{V}{C} = \dfrac{105}{1.86} = 56.45\,\text{kg}$

58. 산소용기에 최고충전압력이 15 MPa일 때 이 용기의 내압시험압력은 얼마인가?
① 15 MPa   ② 20 MPa
③ 22.5 MPa   ④ 25 MPa

[해설] 압축가스 용기의 내압시험압력(TP)

$TP = $ 최고충전압력 $\times \dfrac{5}{3}$

$= 15 \times \dfrac{5}{3} = 25\,\text{MPa}$

59. 펌프의 회전수를 변화시킬 때 변환되지 않는 것은?
① 토출량   ② 양정
③ 소요동력   ④ 효율

[해설] 상사의 법칙
㉮ 원심펌프에서 회전수를 변화시키면 유량(토출량)은 회전수 변화에 비례하고, 양정은 회전수 변화의 제곱에 비례하고, 소요동력은 회전수 변화의 3제곱에 비례한다.
㉯ 원심펌프에서 회전수를 변화시킬 때 효율은 변화가 없다.

60. 비체적과 밀도의 관계식 중 적절한 것은?
① 밀도 = $\dfrac{22.4}{분자량}$

② 비체적 = $\dfrac{분자량}{22.4}$

③ 밀도 = $\dfrac{1}{비체적}$

④ 비체적 = 분자량 × 22.4

[해설] 가스 밀도와 비체적의 관계
㉮ 밀도(g/L, kg/m³) = $\dfrac{분자량}{22.4} = \dfrac{1}{비체적}$
㉯ 비체적(g/L, m³/kg) = $\dfrac{22.4}{분자량} = \dfrac{1}{밀도}$

[참고] 밀도와 비체적은 서로 역수의 관계이다.

[해답] 55. ③ 56. ② 57. ③ 58. ④ 59. ④ 60. ③

2018년도 복원문제 (1)

1. 물을 전기분해하여 수소를 얻고자 할 때 전해액으로 무엇을 사용하는가?
① 묽은 염산
② 10 ~ 25%의 수산화나트륨 용액
③ 10 ~ 25%의 탄산칼슘 용액
④ 10 ~ 25%의 황산 용액

해설 물의 전기분해
㉮ 전해액으로 10 ~ 25 % 정도의 수산화나트륨(NaOH : 가성소다) 수용액을 사용한다.
㉯ 음극에서 수소(H_2)가, 양극에서 산소(O_2)가 2 : 1의 체적비율로 발생한다.

2. 동일 차량에 적재하여 운반이 가능한 것은?
① 염소와 수소　② 염소와 아세틸렌
③ 염소와 암모니아　④ 암모니아와 LPG

해설 혼합적재 금지 기준
㉮ 염소와 아세틸렌, 암모니아, 수소는 동일차량에 적재하여 운반하지 아니한다.
㉯ 가연성 가스와 산소를 동일차량에 적재하여 운반하는 때에는 그 충전용기의 밸브가 서로 마주보지 아니하도록 적재한다.
㉰ 충전용기와 위험물 안전관리법에서 정하는 위험물과는 동일 차량에 적재하여 운반하지 아니한다.
㉱ 독성가스 중 가연성 가스와 조연성 가스는 동일 차량 적재함에 운반하지 아니한다.

3. 고압가스 중 사용에 따른 위험성이 크기 때문에 특별히 법령에 정한 특정고압가스가 아닌 것은?
① 액화암모니아　② 아세틸렌
③ 액화알진　④ 액화석유가스

해설 특정고압가스
㉮ 고법 제20조에 정한 것 : 수소, 산소, 액화암모니아, 아세틸렌, 액화염소, 천연가스, 압축모노실란, 압축디보레인, 액화알진, 그 밖에 대통령령이 정하는 고압가스
㉯ 대통령령이 정하는 고압가스(고법 시행령 제16조) : 포스핀, 셀렌화수소, 게르만, 디실란, 오불화비소, 오불화인, 삼불화인, 삼불화질소, 삼불화붕소, 사불화유황, 사불화규소

4. 고압가스 용기의 안전밸브 중 밸브 부근의 온도가 일정 온도를 넘으면 퓨즈 메탈이 녹아 가스를 전부 방출시키는 방식은?
① 가용전식　② 스프링식
③ 파열판식　④ 수동식

해설 고압가스 용기 안전밸브 종류
㉮ 스프링식 : 기상부에 설치하여 스프링의 힘보다 용기내부의 압력이 클 때 밸브시트가 열려 내부의 압력을 배출하며 일반적으로 액화가스 용기에 사용한다.
㉯ 파열판식 : 얇은 평판 또는 돔 모양의 원판주위를 고정하여 용기나 설비에 설치하며, 구조가 간단하며 취급, 점검이 용이하다. 일반적으로 압축가스 용기에 사용한다.
㉰ 가용전식 : 용기의 온도가 일정온도 이상이 되면 용전이 녹아 내부의 가스를 모두 배출하며 가용전의 재료는 구리, 주석, 납, 안티몬 등이 사용된다. 아세틸렌 용기, 염소 용기 등에 사용한다.

5. 고압가스 판매의 시설기준으로 옳지 않은 것은?
① 충전용기의 보관실은 불연재료를 사용할 것

해답　1. ②　2. ④　3. ④　4. ①　5. ③

② 판매시설에는 압력계 또는 계량기를 갖출 것
③ 용기 보관실은 그 경계를 명시하고 외부의 눈에 안 띄는 곳에 경계표지를 할 것
④ 가연성 가스의 충전 용기 보관실의 전기설비는 방폭성능을 가진 것일 것

해설 경계표지는 외부의 눈에 잘 띄는 곳에 설치하여야 한다.

6. 독성가스의 사용설비에서 가스누설에 대비하여 설치할 것은?
① 액화방지장치   ② 액회수장치
③ 살수장치   ④ 흡수장치

해설 중화·이송설비 설치
㉮ 독성가스의 가스설비실 및 저장설비실에는 그 가스가 누출된 경우에는 이를 중화설비로 이송시켜 흡수 또는 중화할 수 있는 설비를 설치한다. 다만, 중화조치가 불가능한 독성가스의 경우에는 중화설비를 설치하지 아니할 수 있다.
㉯ 독성가스를 제조하는 시설을 실내에 설치하는 경우에는 흡입장치와 연동시켜 중화설비에 이송시키는 설비를 설치한다.

7. 동일한 용량의 가스버너에서 프로판을 사용할 때에 비해 부탄을 사용하면 몇 배의 공기가 더 필요한가?
① 0.5배   ② 1.1배
③ 1.3배   ④ 1.6배

해설 ㉮ 프로판과 부탄의 완전연소 반응식
$C_3H_8 + 5O_2 \rightarrow 3CO_2 + 4H_2O$
$C_4H_{10} + 6.5O_2 \rightarrow 4CO_2 + 5H_2O$
㉯ 공기량 비교 : 연소 반응식에서 필요로 하는 산소량이 공기량이다.
∴ 공기량 비 = $\dfrac{부탄의 \ 필요 \ 산소량}{프로판의 \ 필요 \ 산소량}$
= $\dfrac{6.5}{5}$ = 1.3배

8. 공업용 산소 용기의 문자 색상은?
① 백색   ② 적색   ③ 흑색   ④ 녹색

해설 산소 용기의 도색 및 문자 색상

구분	도색	문자 색상
공업용	녹색	백색
의료용	백색	녹색

9. 폭발 등의 사고발생 원인을 기술한 것 중 틀린 것은?
① 산소의 고압배관 밸브를 급격히 열면 배관 내의 철, 금속 등이 급격히 움직여 발화의 원인이 된다.
② 염소와 암모니아를 접촉할 때 염소 과잉의 경우는 대단히 강한 폭발성 물질인 NCl_3를 생성하여 사고발생의 원인이 된다.
③ 아르곤은 수은과 접촉하면 위험한 성질인 아르곤-수은을 생성하여 사고발생의 원인이 된다.
④ 아세틸렌은 동(Cu) 금속과 반응하여 금속 아세틸드를 생성하여 사고발생의 원인이 된다.

해설 아르곤은 불활성 기체로 다른 원소와 반응하지 않으므로 폭발성 물질이 생성되지 않는다.

10. 아세틸렌가스 충전 시에 희석제로 부적합한 것은?
① 메탄   ② 프로판
③ 수소   ④ 이산화황

해설 희석제의 종류
㉮ 안전관리 규정에 정한 것 : 질소, 메탄, 일산화탄소, 에틸렌
㉯ 규정에서 정한 것 외 : 수소, 프로판, 이산화탄소

11. 고압가스 설비 내에서 이상사태가 발생한 경우 긴급이송 설비에 의하여 이송되는 가스를 안전하게 연소시킬 수 있는 안전장치는?

해답 6. ④ 7. ③ 8. ① 9. ③ 10. ④ 11. ②

① 벤트스택　　　② 플레어스택
③ 인터로크기구　④ 긴급 차단 장치

해설 이상사태가 발생한 경우 처리설비
㉮ 벤트스택 : 설비 내의 내용물을 대기 중으로 방출하는 설비이다.
㉯ 플레어스택 : 긴급이송설비에 의하여 이송되는 가연성 가스를 연소에 의하여 처리하는 설비이다.

12. 에어졸의 제조에 사용하는 용기에 대한 설명 중 틀린 것은?
① 용기 내용적이 100cm³를 초과하는 용기의 재료는 강 또는 경금속을 사용한 것일 것
② 내용적이 80 cm³를 초과하는 용기는 그 용기의 제조자의 명칭이 명시되어 있을 것
③ 내용적이 30 cm³ 이상인 용기는 에어졸의 제조에 사용된 일이 없는 것일 것
④ 금속제의 용기는 그 두께가 0.125 mm 이상이고 내용물에 의한 부식을 방지할 수 있는 조치를 할 것

해설 용기의 제조자의 명칭 또는 기호가 표시되어 있는 것은 내용적이 100cm³를 초과하는 용기이다.

13. 독성가스 제조시설 식별표지의 가스명칭 색상은?
① 노란색　　　② 청색
③ 적색　　　　④ 백색

해설 독성가스 제조시설 식별표지
㉮ 독성가스 제조시설이라는 것을 식별할 수 있도록 게시(예 독성가스 ○○ 제조시설)
㉯ 식별거리 : 30 m 이상
㉰ 문자크기 : 가로, 세로 10 cm 이상
㉱ 바탕색은 백색, 글씨는 흑색, 가스 명칭은 적색으로 기재한다.

14. 고압가스 판매시설의 용기 보관실에 대한 기준으로 맞지 않은 것은?
① 충전용기의 넘어짐 및 충격을 방지하는 조

치를 할 것
② 가연성 가스와 산소의 용기 보관실은 각각 구분하여 설치할 것
③ 가연성 가스의 충전용기 보관실 8 m 이내에 화기 또는 발화성 물질을 두지 말 것
④ 충전용기는 항상 40℃ 이하를 유지할 것

해설 용기 보관실 기준
㉮ 충전용기와 잔가스용기는 각각 구분하여 용기 보관실에 놓는다.
㉯ 가연성 가스·독성가스 및 산소의 용기는 각각 구분하여 용기 보관실에 놓는다.
㉰ 용기 보관실에는 계량기 등 작업에 필요한 물건 외에는 두지 않는다.
㉱ 용기 보관실의 주위 2 m 이내에는 화기 또는 인화성 물질이나 발화성 물질을 두지 않는다.
㉲ 가연성 가스 용기 보관실에는 방폭형 휴대용 손전등 외의 등화를 휴대하고 들어가지 않는다.
㉳ 용기는 항상 40℃ 이하의 온도를 유지하고, 직사광선을 받지 아니하도록 조치한다.
㉴ 밸브가 돌출한 용기(내용적 5 L 미만인 용기 제외)에는 고압가스를 충전한 후 용기의 넘어짐 및 밸브의 손상을 방지하기 위한 조치를 강구하고 난폭한 취급을 하지 않는다.

15. 용기에 충전하는 시안화수소의 순도는 몇 % 이상이어야 하는가?
① 55　　② 75　　③ 87　　④ 98

해설 용기에 충전하는 시안화수소의 순도는 98% 이상이고 아황산가스 또는 황산 등의 안정제를 첨가한 것으로 한다.

16. 독성가스 검지 방법 중 암모니아수로 검지하는 가스는?
① SO_2　　　② HCN
③ NH_3　　　④ CO

해답 12. ②　13. ③　14. ③　15. ④　16. ①

해설 암모니아와 접촉 시 백연(白煙)이 발생하는 가스 종류 : 아황산가스(SO_2), 염소(Cl_2), 염화수소(HCl)

17. 시안화수소(HCN)를 장기간 저장하지 못하게 규정하는 이유로서 옳은 것은?
① 산화폭발 방지
② 중합폭발 방지
③ 분해폭발 방지
④ 압력폭발 방지

해설 시안화수소(HCN)는 중합폭발의 위험성 때문에 충전한 후 60일이 경과되기 전에 다른 용기에 옮겨 충전하도록 규정하고 있다(다만, 순도가 98% 이상으로서 착색되지 아니한 것은 다른 용기에 옮겨 충전하지 아니할 수 있다).

18. 액화질소 35톤을 저장하려고 할 때 사업소 밖의 제1종 보호시설과 유지하여야 하는 안전거리는 최소 몇 m인가?
① 8   ② 9
③ 11   ④ 13

해설 가연성, 독성 및 산소 이외 것과 보호시설간 안전거리

처리능력(m^3) 및 저장능력(kg)	제1종	제2종
1만 이하	8 m	5 m
1만 초과 2만 이하	9 m	7 m
2만 초과 3만 이하	11 m	8 m
3만 초과 4만 이하	13 m	9 m
4만 초과	14 m	10 m

∴ 액화질소 35톤은 35000 kg이므로 유지하여야 할 안전거리는 13 m 이상이다.

19. 순수 아세틸렌을 압축하면 위험한 이유로 옳은 것은?
① 중합폭발   ② 분해폭발
③ 화학폭발   ④ 촉매폭발

해설 ㉮ 아세틸렌은 압축하면 탄소(C)와 수소(H_2)로 분해되는 분해폭발의 위험성이 있다.
㉯ 반응식 : $C_2H_2 \rightarrow 2C + H_2 + 54.2$ kcal

20. 특정고압가스 사용시설 중 화기취급 장소와의 사이에 8 m 이상의 우회거리를 유지하지 않아도 되는 것은?
① 방호벽   ② 저장설비
③ 기화장치   ④ 배관

해설 방호벽은 어느 한쪽에서 발생하는 위해요소가 다른 쪽으로 전이되는 것을 방지하는 것이므로 화기와 우회거리를 유지하지 않아도 된다.

21. 차량에 고정된 저장탱크에 고압가스를 운반할 경우 안전사항으로 옳지 않은 것은?
① 저장탱크는 그 온도를 항상 40℃ 이하로 유지하여야 한다.
② 액화 가연성 가스의 저장탱크에는 유리제품의 액면계를 부착한다.
③ 저장탱크에 설치된 밸브 및 콕에는 개폐상태를 외부에서 쉽게 확인할 수 있는 표시를 해야 한다.
④ 액화가스 충전 저장탱크에는 액면요동 방지용 방파판을 설치한다.

해설 차량에 고정된 탱크에는 슬립튜브식, 차압식 액면계를 설치한다.

22. 충전용 주관의 압력계는 정기적으로 표준 압력계로 그 기능을 검사하여야 한다. 다음 중 올바른 것은?
① 1개월에 1회 이상 실시
② 3개월에 1회 이상 실시
③ 6개월에 1회 이상 실시
④ 1년에 1회 이상 실시

해설 압력계 기능 검사 : 표준 압력계로 검사
㉮ 충전용 주관 압력계 : 매월 1회 이상(또

해답 17. ② 18. ④ 19. ② 20. ① 21. ② 22. ①

는 1개월에 1회 이상)
④ 그 밖의 압력계 : 3월에 1회 이상 (또는 3개월에 1회 이상) [단, 액화석유가스용은 1년에 1회 이상]

23. LPG 충전 시설의 잔가스 연소장치는 가스 배출설비와 유지해야 할 거리는? (단, 방출량은 30 g/분 이상이다.)
① 4 m 이상
② 8 m 이상
③ 10 m 이상
④ 12 m 이상

해설 잔가스 배출관과 화기취급시설과 유지거리

방출량	유지거리
30 g/분	8m 이상
60 g/분	10m 이상
90 g/분	12m 이상
120 g/분	14m 이상
150 g/분	16m 이상

24. 지상에 액화석유가스(LPG) 저장탱크를 설치하는 경우 냉각용 살수장치는 그 외면으로부터 몇 m 이상 떨어진 곳에서 조작할 수 있어야 하는가?
① 2 ② 3 ③ 5 ④ 7

해설 저장탱크 외면에서 조작 위치까지 거리
㉮ 냉각살수 장치 : 5 m 이상
㉯ 물분무 장치 : 15 m 이상

25. 아세틸렌(C_2H_2)에 대한 설명으로 옳지 않은 것은?
① 폭발범위는 수소보다 넓다.
② 공기보다 무겁고 황색의 가스이다.
③ 공기와 혼합되지 않아도 폭발하는 수가 있다.
④ 구리, 은, 수은 및 그 합금과 폭발성 화합물을 만든다.

해설 아세틸렌(C_2H_2)은 분자량이 26으로서 공기보다 약간 가볍고, 무색의 기체이다.

26. 압축기 크로스헤드의 본체 재료로 일반적으로 사용하지 않는 것은?
① 반주강 ② 단강
③ 청동주물 ④ 주강

해설 크로스 헤드 : 피스톤 로드의 한쪽 끝과 커넥팅 로드의 끝을 결부시킨 것으로 크랭크에 의한 회전 운동을 크로스 헤드를 통해서 피스톤에 직선 운동을 주는 곳이다. 크로스 헤드의 본체 재료는 반주강, 주강, 단강 등으로 만들어진다.

27. 수은을 이용한 U자관 액주계에서 액주 높이(h) 660 mm, 대기압은 101.3 kPa일 때 P_2는 몇 kPa·a인가?
① 87.9 ② 189.2 ③ 91.6 ④ 191.6

해설 ㉮ 절대압력 = 대기압 + 게이지압력
㉯ 수은(Hg)의 비중은 13.6이므로 비중량 13.6×1000 kgf/m³이다.
㉰ 비중량(kgf/m³)×액주높이(m)×중력가속도(m/s²)는 파스칼(Pa = N/m²)이므로 1000으로 나눠주면 kPa이 된다.

$$\therefore P_2 = P_0 + \gamma \cdot h \cdot g$$
$$= 101.3 + \{(13.6 \times 10^3 \times 0.66 \times 9.8) \times 10^{-3}\}$$
$$= 189.26 \text{ kPa} \cdot a$$

28. 나사이음과 비교한 용접이음의 장점이 아닌 것은?
① 품질검사 용이 ② 자재절감
③ 수밀, 기밀 유지 ④ 강도가 큼

해설 용접이음의 특징
㉮ 장점
  ㉠ 이음부 강도가 크고, 하자발생이 적다.
  ㉡ 이음부 관 두께가 일정하므로 마찰저항이 적다.
  ㉢ 배관의 보온, 피복시공이 쉽다.
  ㉣ 시공시간이 단축되고 유지비, 보수비가 절약된다.

해답 23. ② 24. ③ 25. ② 26. ③ 27. ② 28. ①

④ 단점
  ㉠ 재질의 변형이 일어나기 쉽다.
  ㉡ 용접부의 변형과 수축이 발생한다.
  ㉢ 용접부의 잔류응력이 현저하다.
  ㉣ 품질검사(결함검사)가 어렵다.

29. 왕복동식 압축기의 특징이 아닌 것은?
① 무급유식, 오일교환 방식
② 저속회전
③ 연속적 압축으로 맥동 발생
④ 압축효율이 큼

해설 왕복동식 압축기의 특징
  ㉮ 급유식, 무급유식이고, 고압이 쉽게 형성된다.
  ㉯ 용량조정범위가 넓고, 압축효율이 높다.
  ㉰ 형태가 크고 설치면적이 크다.
  ㉱ 배출가스 중 오일이 혼입될 우려가 크다.
  ㉲ 압축이 단속적이므로 맥동현상이 발생하고, 진동 및 소음이 발생한다.
  ㉳ 접촉부분이 많아 고장 발생이 쉽고 수리가 어렵다.
  ㉴ 반드시 흡입 토출밸브가 필요하다.

30. 가스배관에서 가스의 마찰저항 압력손실에 대한 설명으로 틀린 것은?
① 관의 길이에 비례한다.
② 유속의 2승에 비례한다.
③ 가스비중에 비례한다.
④ 관 벽의 상태에 관계가 없다.

해설 배관 내의 압력손실 $H = \dfrac{Q^2 SL}{K^2 D^5}$ 이다.
  ㉮ 유량의 제곱에 비례한다(유속의 제곱에 비례한다).
  ㉯ 가스비중에 비례한다.
  ㉰ 배관 길이에 비례한다.
  ㉱ 관 안지름의 5승에 반비례한다.
  ㉲ 관 내면의 상태에 관련 있다(내면의 상태가 거칠면 압력손실이 커진다).
  ㉳ 유체의 점도에 관련 있다(유체의 점도

가 커지면 압력손실이 커진다).
  ㉴ 압력과는 관계없다.

31. 도시가스의 가스화 종류 중 물리적 변화에 의한 것은?
① 열분해법
② 기화법
③ 수첨분해법
④ 부분연소법

해설 가스화 : 고체 및 액체를 이용하여 기체로 만드는 일련의 과정으로 물리적 변화에 의한 것이 기화법이 해당되고 열분해법, 수첨분해법, 부분연소법, 접촉수증기개질법 등은 화학적 변화에 의한 방법이다.

32. 고압가스 저장탱크 및 가스홀더의 가스방출장치는 가스 저장량이 몇 m³ 이상인 경우 설치하여야 하는가?
① 1 m³
② 3 m³
③ 5 m³
④ 10 m³

해설 저장설비 구조 : 저장탱크 및 가스홀더는 가스가 누출하지 아니하는 구조로 하고 5 m³ 이상의 가스를 저장하는 것에는 가스방출장치를 설치한다.

33. 암모니아 취급 시 피부에 닿았을 때 조치사항은?
① 열습포로 감싸준다.
② 다량의 물로 세척 후 붕산수를 바른다.
③ 산으로 중화시키고 붕대로 감는다.
④ 아연화 연고를 바른다.

해설 응급조치 방법
  ㉮ 피부에 노출 시 : 물로 세척 후 2% 붕산수를 바른다.
  ㉯ 눈에 노출 시 : 물로 세척 후 붕산수로 씻고 의사의 처치를 받는다.

34. 고압가스 제조설비의 수리 완료 후의 확인 사항 등에 관한 다음 설명 중 옳지 않은 것은?
① 수리 등을 하기 위해 설치한 맹판이 제거되었는지 확인한다.

해답 29. ③ 30. ④ 31. ② 32. ③ 33. ② 34. ③

② 회전기계의 내부에 이물질이 없고 구동상태가 정상이며 이상 진동, 이상 음이 없는지 확인한다.
③ 내압시험은 실시할 필요가 있으나 기밀시험은 생략한다.
④ 가연성 가스설비에서는 그 내부를 불활성 가스로 치환하고 폭발하한계의 $\frac{1}{4}$ 이하 인지를 확인한다.

[해설] 내압시험 및 기밀시험은 반드시 실시하여야 한다.

35. 가스도매사업의 가스공급시설 중 배관을 지하에 매설할 때 기준 중 부적합한 것은?
① 배관은 그 외면으로부터 수평거리로 건축물까지 1.3 m 이상 유지하여야 한다.
② 배관은 그 외면으로부터 다른 시설물과 0.3 m 이상의 거리를 유지한다.
③ 배관의 깊이는 산과 들에서는 1 m 이상 유지한다.
④ 배관을 산과 들 이외에 매몰할 때는 그 깊이를 1.2 m 이상으로 한다.

[해설] 배관은 그 외면으로부터 수평거리로 건축물까지 1.5 m 이상을 유지한다.

36. 가연성 가스가 폭발할 위험이 있는 장소에 전기설비를 할 경우 위험의 정도에 따른 분류가 아닌 것은?
① 0종 장소
② 1종 장소
③ 2종 장소
④ 3종 장소

[해설] 위험 장소의 분류 : 0종 장소, 1종 장소, 2종 장소

37. 가스계량기와 전기계량기 및 전기개폐기와의 거리는 몇 cm 이상의 거리를 유지해야 하는가?
① 15 cm
② 30 cm
③ 60 cm
④ 80 cm

[해설] 가스계량기와 안전거리 기준
㉮ 전기계량기, 전기개폐기 : 60 cm 이상
㉯ 단열조치를 하지 않은 굴뚝, 전기점멸기, 전기접속기 : 30 cm 이상
㉰ 절연조치를 하지 않은 전선 : 15 cm 이상

38. 도로에 매설된 도시가스 배관의 누출여부를 검사하는 장비로서 적외선 흡광 특성을 이용한 가스누출검지기는?
① FID
② OMD
③ CO 검지기
④ 반도체식 검지기

[해설] OMD(optical methane detector) : 적외선 흡광방식으로 차량에 탑재하여 50 km/h로 운행하면서 도로상 누출과 반경 50 m 이내의 누출을 동시에 측정할 수 있고, GPS와 연동되어 누출지점 표시 및 실시간 데이터를 저장하고 위치를 표시하는 것으로 차량용 레이저 메탄 검지기(또는 광학 메탄 검지기)라 한다.

39. 액화산소 및 LNG 등에 사용할 수 없는 재질은?
① Al
② Cu
③ Cr 강
④ 18-8 스테인리스강

[해설] 액화산소, LNG 등 초저온 액화가스에 사용할 수 있는 재질은 알루미늄(Al) 및 알루미늄 합금, 구리(Cu) 및 구리합금, 18-8 스테인리스강(오스테나이트계 스테인리스강) 이다.

40. 캐피자(Kapitza) 공기액화 사이클에서 공기의 압축 압력은 얼마인가?
① 5 atm
② 7 atm
③ 9 atm
④ 15 atm

[해설] 캐피자(Kapitza) 공기액화 사이클 : 공기압축 압력 7 atm으로 낮고, 열교환기에 축랭기를 사용하여 원료공기를 냉각시킴과 동시에 수분과 탄산가스를 제거한다. 터빈식 팽창기를 사용한다.

[해답] 35. ① 36. ④ 37. ③ 38. ② 39. ③ 40. ②

41. 자유피스톤식 압력계의 피스톤의 지름이 4 cm, 추와 피스톤의 무게가 15.7 kg일 때 압력은? (단, π는 3.14로 계산한다.)
① 1.25 kgf/cm²   ② 1.57 kgf/cm²
③ 2.5 kgf/cm²   ④ 5 kgf/cm²

해설 $P = \dfrac{W + W'}{A}$

$= \dfrac{15.7}{\dfrac{3.14}{4} \times 4^2} = 1.25\,\text{kgf/cm}^2$

42. LP가스의 연소기에 관하여 바른 것은?
① 도시가스용으로 알맞다.
② 도시가스용보다 공기구멍이 크게 되어 있다.
③ 도시가스용보다 공기구멍이 작다.
④ 도시가스용보다 화구의 수를 적게 하면 좋다.

해설 ㉮ 도시가스는 LNG를 이용하여 공급하는 경우가 일반적이므로 주성분이 메탄이 된다. 메탄(CH_4)과 프로판(C_3H_8)의 완전연소반응식을 비교하면 프로판이 메탄보다 2.5배의 산소(공기)를 필요로하므로 공기구멍이 도시가스용보다 커야 한다.
㉯ 메탄(CH_4)과 프로판(C_3H_8)의 완전연소 반응식 비교
 ㉠ 메탄 : $CH_4 + 2O_2 \rightarrow CO_2 + 2H_2O$
 ㉡ 프로판 : $C_3H_8 + 5O_2 \rightarrow 3CO_2 + 4H_2O$

43. 고압가스 용기재료의 구비조건과 거리가 먼 것은?
① 경량이고 충분한 강도를 가질 것
② 내식성, 내마모성을 가질 것
③ 가공성, 용접성이 좋을 것
④ 저온 및 사용온도에 견디는 연성, 전성, 강도가 없을 것

해설 용기 재료의 구비조건
㉮ 내식성, 내마모성을 가질 것
㉯ 가볍고 충분한 강도를 가질 것
㉰ 저온 및 사용 중 충격에 견디는 연성, 전성, 강도를 가질 것
㉱ 가공성, 용접성이 좋고 가공 중 결함이 생기지 않을 것

44. 펌프의 성능에 대한 설명으로서 틀린 것은?
① 일반적으로 유량을 증가하면 펌프에 필요한 유효흡입 양정은 높아진다.
② 임펠러의 지름을 20 % 적게 하면 펌프의 축동력은 거의 20 % 감소한다.
③ 동일 성능의 회전펌프를 2대 병렬 운전을 하면 동일 양정에서는 유량은 2배로 된다.
④ 회전수를 2배로 올리면 펌프의 양정은 거의 4배로 된다.

해설 ㉮ 원심펌프의 상사법칙
 ㉠ 유량 $Q_2 = Q_1 \times \left(\dfrac{N_2}{N_1}\right) \times \left(\dfrac{D_2}{D_1}\right)^3$
 ㉡ 양정 $H_2 = H_1 \times \left(\dfrac{N_2}{N_1}\right)^2 \times \left(\dfrac{D_2}{D_1}\right)^2$
 ㉢ 동력 $L_2 = L_1 \times \left(\dfrac{N_2}{N_1}\right)^3 \times \left(\dfrac{D_2}{D_1}\right)^5$
㉯ 유량은 회전수에 비례하고, 양정은 회전수 변화의 제곱에 비례하고, 동력은 회전수 변화의 3제곱에 비례한다.
㉰ ②번 항목을 적용하면 : 회전수는 언급이 없으므로 제외한다.

$\therefore L_2 = L_1 \times \left(\dfrac{D_2}{D_1}\right)^5 = L_1 \times \left(\dfrac{0.8}{1}\right)^5$
$= 0.327 L_1$

$\therefore$ 임펠러 지름을 20 % 적게 하면 축동력은 처음의 32.7 % 정도 소요되는 것이므로 감소되는 축동력은 $100 - 32.7 = 67.3 \%$이다.

45. 고압장치에 쓰이는 밸브에 관한 설명 중 올바른 것은?
① 밸브는 흐르는 방향에 관계없이 설치하여도

해답 41. ①   42. ②   43. ④   44. ②   45. ④

된다.
② 글로브 밸브는 압력손실이 적고 큰 지름의 배관에 적합하여 통상 유로의 차단용으로 완전히 개폐의 상태로 쓰인다.
③ 리프트식 역류밸브는 수평 및 수직의 어떠한 방향에도 설치할 수 있다.
④ 급격한 압력상승으로 고압가스 제조설비의 파기를 방지하기 위하여 릴리프 밸브가 쓰인다.

[해설] 각 항목의 옳은 설명
① 밸브는 흐르는 방향일 일치시켜 설치한다.
② 글로브 밸브는 압력손실이 크고 유량조절용으로 사용된다(②번 항목은 슬루스 밸브의 설명이다).
③ 스윙식 체크밸브는 수평, 수직배관에 사용하고, 리프트식 체크밸브는 수평배관에 사용한다.

46. 다음 중 가스의 성질에 대한 설명으로 맞는 것은?
① 질소는 안정된 가스이며 불활성 가스라고도 하며, 고온에서도 금속과 화합하는 일은 없다.
② 암모니아는 산이나 할로겐과도 잘 화합한다.
③ 산소는 액체공기를 분류하여 제조하는 반응성이 강한 가스이며 그 자신으로서 연소된다.
④ 염소는 반응성이 강한 가스이며 강에 대해서 상온에서도 건조 상태에서 현저한 부식성이 있다.

[해설] 각 가스의 성질
㉮ 질소 : 불연성 가스이고 상온에서 안정된 가스이나, 고온에서 금속과 반응한다.
㉯ 산소 : 조연성(지연성) 가스로 그 자신은 연소하지 않는다.
㉰ 염소 : 건조한 상태에서는 강에 대한 부식성이 없다.

47. 산화에틸렌의 성질을 설명한 다음 사항 중 맞는 것은?
① 수화 반응에 의해 글리콜을 생성한다.
② 무색, 무미, 무취의 기체로 공기 중에 78 % 함유되어 있다.
③ 가장 간단한 올레핀계 탄화수소 가스로서 무색, 무독한 냄새가 있다.
④ 무색, 무취의 공기보다 무거운 기체로 대기 중에 약 0.03 % 함유되어 있다.

[해설] 산화에틸렌(C_2H_4O)의 특징
㉮ 액화가스로 무색의 가연성 가스이다 (폭발범위 : 3~80 %).
㉯ 독성가스(TLV-TWA 50 ppm)이며, 자극성의 냄새가 있다.
㉰ 물, 알코올, 에테르에 용해된다.
㉱ 산, 알칼리, 산화철, 산화알루미늄 등에 의해 중합폭발한다.
㉲ 액체 산화에틸렌은 연소하기 쉬우나 폭약과 같은 폭발은 없다.
㉳ 산화에틸렌 증기는 전기 스파크, 화염, 아세틸드, 충격 등에 의하여 분해 폭발할 수 있다.
㉴ 구리와 직접 접촉을 피하여야 한다.

[참고] 수화 반응에 의해 글리콜이 생성되는 반응식
$C_2H_4O + H_2O \rightarrow HOC_2H_4OH$
※ ②번 항목 : 질소(N_2)에 대한 설명
③번 항목 : 에틸렌(C_2H_4)의 설명
④번 항목 : 이산화탄소(CO_2)의 설명

48. 다음 중 압력이 제일 높은 것은?
① 1 atm ② 1 kgf/cm^2
③ 8 lb/in^2 ④ 700 mmHg

[해설] 각 항목을 kgf/cm^2 단위로 환산하여 비교
① 1 atm = 1.0332 kgf/cm^2
② 1 kgf/cm^2
③ 8 lb/in^2 : $\dfrac{8}{14.7} \times 1.0332 = 0.562$ kgf/cm^2

[해답] 46. ② 47. ① 48. ①

④ 700 mmHg :
$$\frac{700}{760} \times 1.0332 = 0.951\,\mathrm{kgf/cm^2}$$

49. 절대온도 0K는 섭씨온도로 얼마인가?
① −273   ② 0   ③ 32   ④ 273

해설 절대온도(K) = $t\,℃ + 273$
∴ 섭씨온도(℃) = 절대온도(K) − 273
    = 0 − 273 = −273℃

50. 고압가스 장치로부터 미량의 가스가 누설될 때 사용되는 시험지 명칭과 변색 상태를 설명한 것 중 연결이 옳은 것은?
① 시안화수소 – 초산 벤젠지 – 흑색
② 일산화탄소 – 요오드칼륨 전분지 – 흑색
③ 황화수소 – 초산연 시험지 – 회흑색
④ 포스겐 – 해리슨 시약 – 적색

해설 가스 검지 시험지법

가스명	시험지	반응
암모니아	적색리트머스지	청색
염소	KI 전분지	청갈색
포스겐	해리슨 시험지	유자색
시안화수소	초산벤젠지	청색
일산화탄소	염화팔라듐지	흑색
황화수소	연당지	회흑색
아세틸렌	염화 제1동 착염지	적갈색

㈜ '연당지'는 '초산연 시험지'로 불려지고 있다.

51. 기체의 비중을 잴 때 기준 물질로 사용되는 것은?
① 0℃, 1기압의 공기
② 4℃, 1기압의 수소
③ 25℃, 1기압의 질소
④ −273℃, 1기압의 산소

해설 ㈎ 기체의 비중 기준 물질로 사용되는 것은 표준상태(0℃, 1기압)의 공기이다.

㈏ 기체 비중 계산식
∴ 기체의 비중 = $\dfrac{\text{분자량}}{29}$

52. 산소 가스가 27℃에서 13 MPa의 압력으로 50 kg이 충전되어 있다. 이때 부피는 몇 m^3인가? (단, 산소의 기체상수는 0.26 kJ/kg·K, 대기압은 101.325 kPa이다.)
① 0.3 m^3 ② 0.32 m^3
③ 0.4 m^3 ④ 0.43 m^3

해설 $PV = GRT$에서 부피 V를 구하면,
1MPa = 1000kPa이다.
∴ $V = \dfrac{G \cdot R \cdot T}{P}$
$= \dfrac{50 \times 0.26 \times (273+27)}{(13 \times 10^3) + 101.325}$
$= 0.297\,m^3$

53. 다음 가스 중 액화시키기가 가장 어려운 가스는?
① H_2 ② He   ③ N_2 ④ CH_4

해설 각 가스의 비점 비교

명칭	비점
수소(H_2)	−252.2℃
헬륨(He)	−268.9℃
질소(N_2)	−195.7℃
메탄(CH_4)	−161.5℃

[참고] 동일한 조건일 때 비점이 낮은 기체가 액화시키기 어렵다.

54. 표준상태에서 에탄 2 mol, 프로판 5 mol, 부탄 3 mol로 구성된 LPG에서 부탄의 질량은 몇 %인가?
① 13.2 %   ② 24.6 %
③ 38.3 %   ④ 48.5 %

해설 ㈎ 에탄(C_2H_6)의 분자량 30, 프로판(C_3H_8) 분자량 44, 부탄(C_4H_{10}) 분자량 58이고, 각 성분 기체의 분자량에 몰

해답 49. ①   50. ③   51. ①   52. ①   53. ②   54. ③

(mol)수를 곱한 값의 합이 전체 질량이 된다.

㉯ 부탄의 질량 비율(%) 계산

$$질량 비율 = \frac{성분질량}{전체질량} \times 100$$

$$= \frac{58 \times 3}{(30 \times 2)+(44 \times 5)+(58 \times 3)} \times 100$$

$$= 38.325\%$$

55. 다음 기화기에 대한 설명 중 틀린 것은?
① 기화기 사용 시 이점은 가스 종류에 관계없이 한랭 시에도 충분히 기화시킨다.
② 기화장치의 구성요소 중에는 액상의 가스를 가스화시키는 열교환기도 있다.
③ 감압가온 방식은 열교환기에 의해 액상의 가스를 기화시킨 후 조정기로 감압시켜 공급하는 방식이다.
④ 기화기를 증발형식에 의해 분류하면 순간 증발식과 유입 증발식이 있다.

해설 작동원리에 따른 기화장치 구분
㉮ 가온감압 방식 : 열교환기에 액체 상태의 LP 가스를 보내 여기서 기화된 가스를 조정기에 의해 감압하여 공급하는 방식
㉯ 감압가열 방식 : 액체 상태의 LP 가스를 액체 조정기를 통하여 감압하여 열교환기에 공급해 온수 등으로 가열하여 기화시키는 방식

56. 수분이 존재하면 일반강재를 부식시키는 가스는?
① 일산화탄소   ② 수소
③ 황화수소   ④ 질소

해설 수분 존재 시 강재를 부식시키는 가스 : 염소(Cl_2), 황화수소(H_2S), 이산화탄소(CO_2), 포스겐($COCl_2$)

57. 도시가스 배관이 10 m 수직상승 했을 경우 배관 내의 압력 상승은 얼마나 되겠는가? (단, 가스 비중은 0.65이다.)
① 4.52 mmAq   ② 6.52 mmAq
③ 8.75 mmAq   ④ 10.75 mmAq

해설 $H = 1.293(S-1)h$
   $= 1.293 \times (0.65-1) \times 10$
   $= -4.525$ mmAq

참고 "-"값은 압력 상승을 의미하는 것이고, mmAq와 mmH_2O는 같은 단위이다.

58. 다음 중 열용량을 나타내는 것은?
① 비열×물질의 부피
② 비중×물질의 부피
③ 비열×물질의 질량
④ 비중×물질의 질량

해설 열용량 : 어떤 물체 온도를 1℃ 상승시키는 데 소요된 열량으로 kcal/℃, cal/℃, kJ/℃, J/℃의 단위를 사용한다.

59. 카바이드를 이용하여 아세틸렌을 제조할 때 건조제로 사용하는 것은?
① 염화칼슘   ② 사염화탄소
③ 진한 황산   ④ 활성알루미나

해설 제조된 아세틸렌가스 중의 수분을 제거하는 건조제로 염화칼슘($CaCl_2$)을 사용한다.

60. 공기 중에서의 폭발범위가 잘못된 것은?
① 메탄 : 5 ~ 15 %
② 프로판 : 2.1 ~ 9.5 %
③ 수소 : 4 ~ 45 %
④ 아세틸렌 : 2.5 ~ 81 %

해설 공기 중에서 수소(H_2)의 폭발범위 : 4 ~ 75 %

해답 55. ③ 56. ③ 57. ① 58. ③ 59. ① 60. ③

2018년도 복원문제 (2)

1. 아세틸렌 충전용 지관에는 탄소의 함유량이 얼마 이하의 강을 사용하는가?
① 0.1 ② 0.5
③ 1.0 ④ 1.5

[해설] 아세틸렌에 접촉하는 부분에 사용하는 재료 기준
㉮ 구리 또는 구리의 함유량이 62%를 초과하는 동합금은 사용하지 아니한다.
㉯ 충전용 지관에는 탄소의 함유량이 0.1% 이하의 강을 사용한다.

2. 가스의 폭발범위에 영향을 주는 인자가 아닌 것은?
① 비열 ② 압력
③ 온도 ④ 가스량

[해설] 폭발범위에 영향을 주는 인자(요소)
㉮ 온도 : 온도가 높아지면 폭발범위는 넓어진다.
㉯ 압력 : 압력이 상승하면 일반적으로 폭발범위는 넓어진다.
㉰ 산소 농도 : 산소 농도가 증가하면 폭발범위는 넓어진다.
㉱ 불연성 가스 : 불연성 가스가 혼합되면 산소 농도를 낮추며 이로 인해 폭발범위는 좁아진다.

3. 물의 비등점을 화씨온도(°F)로 나타내면?
① 100°F ② 180°F
③ 212°F ④ 32°F

[해설] 물의 빙점과 비등점 표시

구분	섭씨 온도	켈빈 온도	화씨 온도	랭킨 온도
빙점	0°C	273 K	32°F	492°R
비등점	100°C	373 K	212°F	672°R

4. 액화암모니아 50 kg을 충전하기 위한 용기의 내용적은 몇 L인가? (단, 충전상수 C는 1.86이다.)
① 93 ② 70
③ 40 ④ 27

[해설] $W = \dfrac{V}{C}$ 에서
$V = C \times W = 1.86 \times 50 = 93\,L$

5. 가스 크로마토그래피에서 캐리어 가스로 쓰이는 가스가 아닌 것은?
① H_2 ② N_2
③ He ④ CO_2

[해설] 캐리어 가스의 종류 : 수소(H_2), 헬륨(He), 아르곤(Ar), 질소(N_2)

6. LP가스 저장탱크를 수리할 때 작업원이 저장탱크 속으로 들어가서는 안 되는 탱크 속의 산소 농도는?
① 16% ② 19%
③ 20% ④ 21%

[해설] 저장탱크 수리할 때 작업원이 저장탱크 속으로 들어가는 경우 산소 농도 : 18~22%

7. [보기]와 같은 성질을 가진 가스는?

┤ 보기 ├
• 상온에서 심한 자극성을 가진 황록색의 기체이다.
• 34℃ 이하로 냉각하거나 6~7 atm의 압력을 가하면 쉽게 액화한다.

① N_2 ② Cl_2
③ NH_3 ④ HCN

[해답] 1. ① 2. ① 3. ③ 4. ① 5. ④ 6. ① 7. ②

해설 염소(Cl_2)의 성질
㉮ 비점이 −34.05℃로 쉽게 액화한다.
㉯ 상온에서 기체는 황록색, 자극성이 강한 독성가스이다(TLV-TWA 1ppm).
㉰ 조연성(지연성) 가스이다.
㉱ 수분과 반응하여 염산(HCl)을 생성하고, 철을 심하게 부식시킨다.
㉲ 염소와 수소는 직사광선에 의하여 폭발한다(염소폭명기).
㉳ 염소와 암모니아가 접촉할 때 염소과잉의 경우는 대단히 강한 폭발성 물질인 삼염화질소(NCl_3)를 생성하여 사고 발생의 원인이 된다.

8. 다음 중 폭발범위가 가장 넓은 것은?
① 황화수소 ② 암모니아
③ 산화에틸렌 ④ 프로판

해설 각 가스의 공기 중 폭발범위

명칭	폭발범위
황화수소(H_2S)	4.3 ~ 45 %
암모니아(NH_3)	15 ~ 28 %
산화에틸렌(C_2H_4O)	3 ~ 80 %
프로판(C_3H_8)	2.2 ~ 9.5 %

9. 20 RT의 냉동능력을 갖는 냉동기에서 응축온도가 30℃, 증발온도가 −25℃일 때 냉동기의 성적계수(COP)는 얼마인가?
① 4.51 ② 14.51
③ 17.46 ④ 7.46

해설 $COP = \dfrac{Q_2}{Q_1 - Q_2} = \dfrac{T_2}{T_1 - T_2}$
$= \dfrac{273 - 25}{(273 + 30) - (273 - 25)}$
$= 4.51$

10. 지연성 가스에 해당되지 않는 것은?
① 염소 ② 불소
③ 이산화질소 ④ 이황화탄소

해설 ㉮ 지연성(조연성) 가스의 종류 : 산소(O_2), 오존(O_3), 불소(F_2), 염소(Cl_2), 산화질소(NO), 아산화질소(N_2O), 이산화질소(NO_2) 등
㉯ 이황화탄소(CS_2) : 가연성 가스(1.25 ~ 44 %)이며, 독성가스(TLV-TWA 20 ppm)에 해당된다.

11. 양정 90 m, 유량 90 m^3/h의 송수펌프의 소요 동력은 몇 kW인가? (단, 펌프의 효율은 60 %이다.)
① 30.6 kW ② 36.7 kW
③ 50.0 kW ④ 56.0 kW

해설 $kW = \dfrac{\gamma \cdot Q \cdot H}{102\eta}$
$= \dfrac{1000 \times 90 \times 90}{102 \times 0.6 \times 3600} = 36.76 \, kW$

[참고] 물의 비중량(γ)은 별도로 언급이 없으면 1000 kgf/m^3을 적용한다.

12. LPG 충전, 집단공급 저장시설을 공기로 내압시험시 상용압력의 일정압력까지 승압 후 단계적으로 승압시킬 때 몇 %씩 증가시키는가?
① 상용압력의 5 %씩
② 상용압력의 10 %씩
③ 상용압력의 15 %씩
④ 상용압력의 20 %씩

해설 내압시험을 공기 등의 기체로 하는 경우에는 우선 상용압력의 50 %까지 승압하고 그 후에는 상용압력의 10 %씩 단계적으로 승압하여 내압시험압력에 달하였을 때 누출 등의 이상이 없으며, 그 후 압력을 내려 상용압력으로 하였을 때 팽창, 누출 등의 이상이 없으면 합격으로 한다.

13. 일반 소비자들의 가정용 연료로 사용되는 LPG에 대한 설명 중 틀린 것은?
① 40℃에서 증기압은 1.53 MPa 이하이다.

해답 8. ③ 9. ① 10. ④ 11. ② 12. ② 13. ③

② 1종 LPG에 포함되어 있는 황성분은 30 mg/kg 이하이어야 한다.
③ LPG에 포함된 에탄과 에틸렌의 전체 함유량은 증기압 저하를 방지하기 위하여 10 mol% 이하로 규정하고 있다.
④ LPG용기 내의 압력은 액량이 변함에 따라 압력도 변화한다.

[해설] 액화석유가스 품질기준 [액법 제27조]

구분		1호(가정, 상업용)	2호(자동차, 캐비넷히터용)	
조성 (mol %)	C_3 탄화수소	90 이상	10 이하	25 이상 35 이하
	C_4 탄화수소	–	85 이상	60 이상
부타디엔		0.10 미만		
황함량 (mg/kg)		30 이하		
증기압(40℃)		1.53 MPa 이하	1.27 MPa 이하	
밀도(15℃)			500 ~ 620 kg/m³	

14. 일반도시가스 공급시설에서 도로가 평탄할 경우 배관의 기울기는?
① $\frac{1}{50} \sim \frac{1}{100}$
② $\frac{1}{150} \sim \frac{1}{300}$
③ $\frac{1}{500} \sim \frac{1}{1000}$
④ $\frac{1}{1500} \sim \frac{1}{2000}$

[해설] 배관의 기울기는 도로의 기울기에 따르고 도로가 평탄한 경우에는 $\frac{1}{500} \sim \frac{1}{1000}$ 정도의 기울기로 한다.

15. 탄화수소에서 탄소(C)의 수가 증가할수록 높아지는 것은?
① 증기압
② 발화점
③ 비등점
④ 폭발하한계

[해설] 탄소(C) 수가 증가할 때 성질 변화
㉮ 증가하는 것 : 비등점, 융점, 비중, 발열량
㉯ 감소하는 것 : 증기압, 발화점, 폭발하한값, 폭발범위값, 증발잠열

16. 고압가스 공급자의 안전점검 기준에 속하지 않는 것은?
① 충전용기 및 부속품, 가스레인지의 합격표시 유무
② 충전용기와 화기와의 거리
③ 충전용기 및 배관의 설치 상태
④ 독성가스의 경우 흡수장치, 보호구 등에 대한 적합 여부

[해설] 고압가스 공급자의 안전점검 기준 [고법 시행규칙 별표14]
㉮ 충전용기의 설치위치
㉯ 충전용기와 화기와의 거리
㉰ 충전용기 및 배관의 설치 상태
㉱ 충전용기, 충전용기로부터 압력조정기·호스 및 가스사용기기에 이르는 각 접속부와 배관 또는 호스의 가스 누출 여부 및 그 가스의 적합 여부
㉲ 독성가스의 경우 흡수장치·제해장치 및 보호구 등에 대한 적합 여부
㉳ 역화방지장치의 설치 여부
㉴ 시설 기준에의 적합 여부(정기점검만을 말한다)

[참고] 가스레인지의 합격표시 유무는 LPG 및 도시가스 공급자 점검사항에 해당된다.

17. 염화메틸의 특성이 아닌 것은?
① 8.25 ~ 18.7 vol%에서 폭발한다.
② 물에 잘 녹는다.
③ 가열하면 염화수소와 메탄올로 된다.
④ 유독성이다.

[해설] 염화메틸(CH_3Cl)의 특징
㉮ 상온에서 무색의 기체로 에테르 냄새가 난다.
㉯ 염화메틸이 수분이 존재할 때 가열하면 가수분해하여 메탄올과 염화수소가 된다.

[해답] 14. ③ 15. ③ 16. ① 17. ①

$CH_3Cl + H_2O \rightarrow CH_3OH + HCl$
㉰ 건조된 염화메틸은 알칼리, 알칼리 토금속, 마그네슘, 아연, 알루미늄 이외의 금속과는 반응하지 않는다.
㉱ 메탄과 염소 반응 시 생성되며 냉동기 냉매로 사용된다.
㉲ 독성가스(TLV-TWA 50 ppm), 가연성 가스(8.1~17.4 %)이다.

18. 압력단위 환산이 맞는 것은?
① 절대압력 = 게이지압력 + 대기압
② 게이지압력 = 절대압력 + 대기압
③ 수주 m은 mAq와 다르다.
④ 대기압은 14.2 psi이다.
[해설] 각 항목의 옳은 설명
② 게이지압력 = 절대압력 - 대기압
③ 수주(水主) m은 mAq, mH_2O와 같은 압력의 단위이다.
④ 대기압은 $14.7 lb/in^2$ = 14.7psi이다.

19. LPG를 탱크로리에서 저장탱크로 이송 시 작업을 중단해야 되는 경우가 아닌 것은?
① 과충전이 되는 경우
② 압축기 이용 시 베이퍼 로크가 발생 시
③ 작업 중 주위에 화재 발생 시
④ 누출이 생길 경우
[해설] 이송작업을 중단해야 하는 경우
㉮ 과충전이 되는 경우
㉯ 충전작업 중 주변에서 화재 발생 시
㉰ 탱크로리와 저장탱크를 연결한 호스 등에서 누설이 되는 경우
㉱ 압축기 사용 시 워터해머(액 압축)가 발생하는 경우
㉲ 펌프 사용 시 액배관 내에서 베이퍼 로크(vapor-lock)가 심한 경우

20. 독성가스 배관 시 2중관으로 하는 가스가 아닌 것은?

① 암모니아 ② 염화메탄
③ 시안화수소 ④ 에틸렌
[해설] 2중관으로 해야 할 독성가스 : 포스겐, 황화수소, 시안화수소, 아황산가스, 산화에틸렌, 암모니아, 염소, 염화메탄(암기법 : 포황시 아산암에서 염소가 염메한다).

21. 다음 가스 분석법 중 흡수 분석법에 해당되지 않는 것은?
① 헴펠법 ② 산화동법
③ 오르사트법 ④ 게겔법
[해설] 흡수분석법의 종류 : 오르사트법, 헴펠법, 게겔법

22. 금속재료에 S, P, Ni, Mn과 같은 원소들이 함유하면 강에 영향을 미치는데 다음 설명 중 틀린 것은?
① S : 적열취성의 원인이 된다.
② P : 상온취성을 개선시킨다.
③ Mn : S와 결합하여 황에 의한 악영향을 완화시킨다.
④ Ni : 저온취성을 개선시킨다.
[해설] 인(P)은 상온취성(저온취성)의 원인이 되는 원소이다.

23. 산소의 성질 설명 중 틀린 것은?
① 그 자신은 폭발위험이 없으나 연소를 돕는 조연성 가스이다.
② 탄소와 반응하면 일산화탄소를 만든다.
③ 화학적으로 활성이 강하여 많은 원소와 반응하여 산화물을 만든다.
④ 무색, 무취, 무미의 기체이다.
[해설] 탄소(C)와 반응 상태
㉮ 완전 연소하면 이산화탄소가 생성된다.
$C + O_2 \rightarrow CO_2$
㉯ 불완전 연소가 되면 일산화탄소가 발생한다.
$C + \dfrac{1}{2} O_2 \rightarrow CO$

[해답] 18. ① 19. ② 20. ④ 21. ② 22. ② 23. ②

[참고] 탄소와 반응하는 것은 완전연소가 되는 상태를 말한다.

24. 공기액화 분리장치에는 어떤 가스 때문에 가연성 단열재를 사용할 수 없다. 어느 가스 때문인가?
① 질소　　② 수소
③ 산소　　④ 아르곤
[해설] 액화산소가 접촉하는 부분의 외면을 단열재로 피복하는 때에는 불연성 재료를 사용한다.

25. 도시가스 배관을 도로에 매설하는 경우 보호포는 중압 이상의 배관의 경우에 보호판의 상부로부터 몇 cm 이상 떨어진 곳에 설치하는가?
① 20 cm　　② 30 cm
③ 40 cm　　④ 60 cm
[해설] 보호포 설치 기준
㉮ 설치위치 : 중압이상(보호판상부에서 30 cm 이상), 저압관(배관정상부에서 60 cm 이상)
㉯ 색상 : 중압이상(적색), 저압관(황색)
㉰ 표시사항 : 가스명, 사용압력, 공급자명

26. 다음 중 당해 설비 내의 압력이 상용압력을 초과할 경우 즉시 상용압력 이하로 되돌릴 수 있는 안전장치의 종류에 해당하지 않는 것은?
① 안전밸브　　② 감압밸브
③ 바이패스 밸브　　④ 파열판
[해설] 과압안전장치의 종류 및 선정
㉮ 기체 및 증기의 압력상승을 방지하기 위하여 설치하는 안전밸브
㉯ 급격한 압력상승, 독성가스의 누출, 유체의 부식성 또는 반응생성물의 성상 등에 따라 안전밸브를 설치하는 것이 부적당한 경우에 설치하는 파열판
㉰ 펌프 및 배관에서 액체의 압력 상승을 방지하기 위하여 설치하는 릴리프밸브 또는 안전밸브
㉱ 고압가스설비 등의 내압이 상용의 압력을 초과한 경우 그 고압가스설비 등으로의 가스유입량을 감소시키는 방법으로 고압가스설비 등 안의 압력을 자동으로 제어하는 자동압력제어장치
[참고] 바이패스 밸브 : 릴리프밸브 등이 설치된 곳에 우회배관(바이패스 배관)을 설치하고 릴리프밸브가 작동하지 않았을 때 우회배관에 설치된 밸브를 수동으로 개방하여 상승된 압력을 다른 시설로 유도하는 기능을 갖는다.
[참고] 감압밸브 : 1차 측 압력에 관계없이 2차 측 압력을 일정하게 유지하는 기능을 갖는다.

27. 압력이 650 mmHg인 10 L의 질소는 압력 760 mmHg에서는 약 몇 L인가? (단, 온도는 일정하다.)
① 8.5　　② 10.5
③ 15.5　　④ 20.5
[해설] $P_1 V_1 = P_2 V_2$ 에서 압력이 변화된 후의 체적 V_2를 구한다.
$$\therefore V_2 = \frac{P_1 \cdot V_1}{P_2} = \frac{650 \times 10}{760} = 8.552 \text{L}$$

28. 도시가스 도매사업의 가스공급시설에서 가스누출 경보기의 설치기준이 아닌 것은?
① 가스가 체류할 우려가 있는 장소에 적절하게 설치할 것
② 가스누출 경보기 설치 수는 도시가스의 누출을 신속하게 검지하고 경보하기에 충분한 수량일 것
③ 가스누출 검지기의 기능은 가스 종류에 적합할 것
④ 가스누출 검지기는 높이와 관계없이 체류할 우려가 있는 장소에 설치할 것
[해설] 가스누출 검지기는 공기보다 가벼우면 천장에서 30 cm 이내, 공기보다 무거

[해답] 24. ③　25. ②　26. ②　27. ①　28. ④

우면 바닥면에서 30 cm 이내에 설치하여야 한다.

29. 고압가스 냉매설비의 기밀시험 시 압축공기를 공급할 때 공기의 온도는?
① 40℃ 이하　② 70℃ 이하
③ 100℃ 이하　④ 140℃ 이하

해설 냉매설비에 대한 기밀시험에 사용하는 가스는 공기 또는 불연성 가스(산소 및 독성가스를 제외한다)로 한다. 이때 공기압축기로 압축공기를 공급하는 경우에는 공기의 온도를 140℃ 이하로 할 수 있다.

30. 사업소 내에서 긴급사태 발생 시 종업원 상호간 연락을 신속히 할 수 있는 통신시설 중 해당 없는 것은?
① 페이징 설비　② 휴대용 확성기
③ 메가폰　④ 구내전화

해설 사업소 내 통신시설
㉮ 사업소와 현장사업소 : 구내전화, 구내방송설비, 인터폰, 페이징설비
㉯ 사업소 내 전체 : 구내방송설비, 사이렌, 휴대용 확성기, 페이징설비, 메가폰
㉰ 종업원 상호간 : 페이징설비, 휴대용 확성기, 메가폰, 트랜시버

31. LPG나 액화가스와 같이 저비점이고 내압이 0.4 ~ 0.5 MPa 이상인 액체일 때 사용되는 펌프의 메커니컬 실 형식은?
① 더블 실형　② 인사이드 실형
③ 아웃사이드 실형　④ 밸런스 실형

해설 밸런스 실 : 펌프의 내압이 큰 경우 고압이 실의 습동면에 직접 접촉하지 않게 한 것으로 LPG, 액화가스와 같이 저비점 액체일 때 사용한다.

32. 도시가스 배관을 보호하기 위하여 설치하는 희생 양극법에 의한 전위 측정용 터미널은 몇 m 이내의 간격으로 설치하는가?
① 200 m　② 300 m
③ 500 m　④ 600 m

해설 전위 측정용 터미널 설치 간격
㉮ 희생양극법, 배류법 : 300 m 이내
㉯ 외부전원법 : 500 m 이내

33. 막식 가스미터의 특징으로 옳은 것은?
① 계량이 정확하다.
② 대량 수요에 용이하다.
③ 설치 후 유지관리가 편리하다.
④ 사용 중 기차의 변동이 거의 없다.

해설 막식 가스미터의 특징
㉮ 가격이 저렴하다.
㉯ 설치 후 유지관리에 시간을 요하지 않는다.
㉰ 대용량의 것은 설치면적이 크다.
참고 ①, ④ : 습식가스미터 특징
② : 루츠형 가스미터 특징

34. 폭발범위에 대한 설명 중 옳지 않은 것은?
① 공기 중 아세틸렌가스의 폭발범위는 2.5 ~ 81 %이다.
② 공기 중에서보다 산소 중에서의 폭발범위는 좁아진다.
③ 고온 고압일 때 폭발범위는 대부분 넓어진다.
④ 한계산소 농도치 이하에서는 폭발성 혼합가스를 생성하지 않는다.

해설 공기 중에서보다 산소 중에서 폭발범위는 넓어진다.

35. 수성가스는 어느 것인가?
① $CO_2 + H_2O$
② $CO_2 + H_2$
③ $CO + H_2$
④ $CO + H_2O$

해설 수성가스의 성분 : 일산화탄소(CO)와 수소(H_2)

해답　29. ④　30. ④　31. ④　32. ②　33. ③　34. ②　35. ③

36. 다음 가스 중 TLV-TWA 기준으로 독성이 가장 큰 것은?
① 일산화탄소 ② 산화질소
③ 황화수소   ④ 염소

해설 각 가스의 허용농도(TLV-TWA)

명칭	허용농도(TLV-TWA)
일산화탄소(CO)	50 ppm
산화질소(NO)	25 ppm
황화수소(H_2S)	10 ppm
염소(Cl_2)	1 ppm

37. 다음 가스용기의 밸브 중 충전구 나사를 왼나사로 정한 것은 어느 것인가?
① N_2O ② C_2H_2
③ CO_2 ④ O_2

해설 충전구 나사 형식
㉮ 왼나사 : 가연성 가스(단, NH_3, CH_3Br은 오른나사이다).
㉯ 오른나사 : 가연성 가스 이외의 것

38. 오토클레이브(autoclave)에 대한 설명 중 옳지 않은 것은?
① 압력은 일반적으로 부르동관식 압력계로 측정한다.
② 오토클레이브의 재질은 사용범위가 넓은 탄소강이 주로 사용된다.
③ 오토클레이브에는 정치형, 교반형, 진탕형 등이 있다.
④ 오토클레이브의 부속 장치로는 압력계, 온도계, 안전밸브 등이 있다.

해설 오토클레이브는 광범위한 액체를 취급하므로 재질은 오스테나이트계 스테인리스강을 사용한다.

39. 일산화탄소의 경우 가스누출검지 경보장치의 검지에서 발신까지 걸리는 시간은 경보농도의 1.6배 농도에서 몇 초 이내이어야 하는가?
① 10   ② 20
③ 30   ④ 60

해설 검지에서 발신까지 걸리는 시간
㉮ 경보농도의 1.6배 농도에서 30초 이내
㉯ NH_3, CO 또는 이와 유사한 가스 : 60초 이내

40. 압축기에 관한 설명 중 옳은 것은?
① 다단 압축기에 있어서의 압축한 가스를 중간에 냉각하는 장치를 중간냉각기라 한다.
② 압축한 가스를 냉각하기 전에 유수분리기에 의해 가스 중의 유분 및 수분을 분리한다.
③ 윤활유는 가능한 한 많이 급유한다.
④ 압축기 모터 측 풀리를 작게 하면 압축기의 회전수는 증가한다.

해설 각 항목의 옳은 내용
② 압축한 가스를 중간 냉각하면 가스 중의 수분이나 윤활유가 응축하기 때문에 냉각 중에 제거하여야 한다.
③ 공기 또는 가스압축기에 공급하는 윤활유는 윤활과 기밀을 유지하는 데 충분한 최소한의 양을 공급한다.
④ 압축기 풀리는 변경하지 않고 모터 측 풀리를 작게 하면 압축기의 회전수는 감소한다.

41. 차량에 고정된 고압가스 탱크를 운행할 경우에 휴대해야 할 서류가 아닌 것은?
① 차량등록증
② 탱크 테이블(용량 환산표)
③ 고압가스 이동 계획서
④ 탱크 제조 시방서

해설 안전운행 서류철에 포함할 사항
㉮ 고압가스 이동 계획서
㉯ 고압가스 관련 자격증(양성교육 및 정기교육 이수증)
㉰ 운전면허증
㉱ 탱크 테이블(용량 환산표)
㉲ 차량 운행일지

해답 36. ④ 37. ② 38. ② 39. ④ 40. ① 41. ④

㉥ 차량등록증
㉦ 그 밖에 필요한 서류

42. 염소가스를 취급하다가 눈(目)에 들어가 충혈되었을 때 응급조치의 가장 이상적인 방법은?
① 알코올로 소독한다.
② 비누로 세수한다.
③ 붕산수 3 % 정도로 씻어낸다.
④ 눈을 감고 휴식을 취한다.
[해설] 액상의 염소에 노출 시 응급조치 방법
㉮ 피부 : 맑은 물로 씻어낸다.
㉯ 눈 : 3 % 붕산수로 씻어낸다.

43. 가연성 가스를 취급하는 장소에는 누출된 가스의 폭발사고를 방지하기 위하여 전기설비를 방폭구조로 한다. 다음 중 방폭구조가 아닌 것은?
① 안전증 방폭구조
② 내열 방폭구조
③ 압력 방폭구조
④ 내압 방폭구조
[해설] 방폭구조의 종류 : 내압 방폭구조, 유입 방폭구조, 압력 방폭구조, 안전증 방폭구조, 본질안전 방폭구조, 특수 방폭구조

44. 특정고압가스 사용시설의 시설기준 및 기술기준으로 틀린 것은?
① 사용시설에는 그 주위에 보기 쉽게 경계표시를 할 것
② 사용설비는 습기 등으로 인한 부식을 방지할 것
③ 독성가스의 감압설비와 당해 가스의 반응설비 간의 배관에는 역류방지장치를 할 것
④ 액화가스 저장량이 300 kg 이상인 용기 보관실의 벽은 방호벽으로 할 것
[해설] 특정고압가스 사용시설의 경계표지는 당해 용기보관소 또는 보관실의 출입구 등 외부로부터 보기 쉬운 곳에 게시한다.

45. 온도를 올리는 데 필요한 열량은?
① 잠열   ② 숨은열
③ 현열   ④ 기화열
[해설] 현열과 잠열
㉮ 현열(감열) : 상태불변, 온도변화
㉯ 잠열(숨은열) : 상태변화, 온도불변

46. LP가스의 제법으로 가장 거리가 먼 것은?
① 원유를 정제하여 부산물로 생산
② 석유정제공정에서 부산물로 생산
③ 석탄을 건류하여 부산물로 생산
④ 나프타 분해공정에서 부산물로 생산
[해설] LP가스 제조법
㉮ 습성천연가스 및 원유에서 생산 : 압축 냉각법, 흡수법, 흡착법
㉯ 원유를 정제하는 과정에서 부산물로 생산
㉰ 나프타 분해공정에서 부산물로 생산
㉱ 나프타의 수소화 분해에 의한 생산

47. 액화 독성가스의 질량 1000 kg 이상을 이동 시에 휴대하여야 할 제독제의 소석회는 상자에 몇 kg 이상을 넣어 휴대하여야 하는가?
① 20 kg 이상   ② 30 kg 이상
③ 40 kg 이상   ④ 50 kg 이상
[해설] 독성가스 운반 시 소석회 휴대 조건
㉮ 1000 kg 미만인 경우 : 20 kg 이상
㉯ 1000 kg 이상인 경우 : 40 kg 이상
㉰ 적용가스 : 염소, 염화수소, 포스겐, 아황산가스 등 효과가 있는 액화가스에 적용

48. 가스 중 음속보다도 화염전파속도가 큰 경우 충격파가 발생하는데, 이때 가스 연소속도로서 옳은 것은?
① 0.3 ~ 10 m/s   ② 100 ~ 300 m/s
③ 700 ~ 800 m/s   ④ 1000 ~ 3500 m/s
[해설] 폭굉(detonation)과 폭속
㉮ 폭굉의 정의 : 가스 중의 음속보다 화염 전파속도가 큰 경우로 파면선단에 충격

해답 42. ③ 43. ② 44. ① 45. ③ 46. ③ 47. ③ 48. ④

파라고 하는 솟구치는 압력파가 생겨 격렬한 파괴작용을 일으키는 현상이다.
㉱ 폭속 : 폭굉이 전하는 속도로, 가스의 경우 1000 ~ 3500 m/s에 달한다.

49. 가정에서 액화석유가스(LPG)가 누설될 때 가장 쉽게 식별할 수 있는 방법은 ?
① 리트머스 시험지 색깔로 식별
② 냄새로서 식별
③ 누출 시 발생되는 흰색연기로 식별
④ 성냥 등으로 점화시켜 봄으로써 식별
해설 액화석유가스(LPG)가 누설될 때 가장 쉽게 식별할 수 있는 방법은 냄새로 식별하는 방법이다.

50. 저온 저장탱크에는 그 저장탱크의 내부압력이 외부압력보다 저하함에 따라 그 저장탱크가 파괴되는 것을 방지할 수 있는 조치를 강구하여야 한다. 다음 중 옳지 아니한 것은?
① 진공안전밸브
② 다른 저장탱크 또는 시설로부터의 가스 도입배관(균압관)
③ 압력과 연동하는 긴급 차단 장치를 설치한 송액설비
④ 안전밸브
해설 가연성 가스 저온저장탱크 부압파괴 방지설비
㉮ 압력계
㉯ 압력경보설비
㉰ 진공안전밸브
㉱ 다른 저장탱크 또는 시설로부터의 가스 도입배관(균압관)
㉲ 압력과 연동하는 긴급 차단 장치를 설치한 냉동제어설비
㉳ 압력과 연동하는 긴급 차단 장치를 설치한 송액설비

51. 고압가스 제조설비에 누설된 가스의 확산을 방지할 수 있는 등의 여러 가지 재해조치를 해야 하는 가스가 아닌 것은?

① 황화수소
② 시안화수소
③ 아황산가스
④ 탄산가스
해설 누출 확산방지조치를 하여야 할 가스 종류 : 포스겐, 황화수소, 시안화수소, 아황산가스, 산화에틸렌, 암모니아, 염소, 염화메틸

52. 천연가스에 대한 설명 중 틀린 것은?
① 주성분은 CH_4이다.
② 채굴된 천연가스에는 CO_2, C_3H_8 등이 포함되어 있다.
③ 천연가스는 액체 상태로 지하에 매장되어 있다.
④ 천연가스는 기화 시에 체적이 약 600배로 팽창된다.
해설 천연가스는 기체 상태로 지하에 매장되어 있다.

53. 액화염소의 1일 처리능력이 38000 kg일 때 수용정원이 350명인 공연장과의 안전거리는 얼마로 유지해야 하는가?
① 1 m
② 18 m
③ 23 m
④ 27 m
해설 독성가스의 보호시설별 안전거리

저장능력(kg)	제1종	제2종
1만 이하	17	12
1만 초과 ~ 2만 이하	21	14
2만 초과 ~ 3만 이하	24	16
3만 초과 ~ 4만 이하	27	18
4만 초과	30	20

[참고] 수용정원이 300인 이상인 공연장은 제1종 보호시설이며, 처리능력이 38000 kg이므로 27 m의 안전거리를 유지하여야 한다.

54. 저온장치 내부에서 수분과 탄산가스가 존재할 때 미치는 영향 중 옳은 것은?
① 얼음 및 드라이아이스가 생성된다.
② 수분은 윤활제로서 역할을 한다.
③ 가연성 가스가 침입될 시 안정제가 된다.

해답 49. ② 50. ④ 51. ④ 52. ③ 53. ④ 54. ①

④ 오존이 들어오면 중화시킨다.

해설 수분은 얼음이 되고, 탄산가스는 드라이아이스가 되어 밸브 및 배관을 폐쇄시키는 악영향을 준다.

55. 압축·액화 그 밖의 방법으로 처리할 수 있는 가스의 용적이 1일 100 m³ 이상인 사업소에는 표준이 되는 압력계를 몇 개 이상 비치해야 하는가?
① 1개 ② 2개
③ 3개 ④ 4개

해설 압력계 설치
㉮ 고압가스설비에 설치하는 압력계는 상용압력의 1.5배 이상 2배 이하의 최고 눈금이 있는 것으로 한다.
㉯ 압축·액화 그 밖의 방법으로 처리할 수 있는 가스의 용적이 1일 100 m³ 이상인 사업소에는 국가표준기본법에 의한 제품인증을 받은 압력계를 2개 이상 비치한다.

56. 다음 중 엔트로피의 단위로 올바른 것은?
① kcal/kgf ② kcal/kgf·℃
③ kcal/kgf·K ④ kcal/℃

해설 각 단위의 의미
① 엔탈피 단위 ② 비열의 단위
③ 엔트로피 단위 ④ 열용량 단위

57. 강제 기화장치 중 온수를 매체로 하는 기화방식이 아닌 것은?
① 전기 가열식 ② 대기온 가열식
③ 증기 가열식 ④ 가스 가열식

해설 강제 기화장치의 가열방식에 의한 분류
㉮ 대기온 이용 방식
㉯ 간접 가열 방식(열매체 이용 방식)
　㉠ 온수를 매체를 하는 것 : 전기 가열식, 가스 가열식, 증기 가열식
　㉡ 기타의 것을 매체로 하는 것

58. 고압가스 운반책임자의 자격이 될 수 없는 자는?
① 안전관리원
② 안전관리 책임자
③ 안전관리 총괄자
④ 한국가스안전공사에서 운반에 관한 소정의 교육을 이수한 자

해설 운반책임자 : 안전관리 책임자, 안전관리원 자격을 가진자, 한국가스안전공사에서 실시하는 운반에 관한 소정의 교육을 이수한 자가 해당된다.

59. 액화석유가스의 주성분에 해당하지 않는 것은?
① 부탄 ② 헵탄
③ 프로판 ④ 프로필렌

해설 ㉮ 액화석유가스의 조성 : 석유계 저급 탄화수소의 혼합물로 탄소 수가 3개에서 5개 이하의 것을 말하며 프로판(C_3H_8), 부탄(C_4H_{10}), 프로필렌(C_3H_6), 부틸렌(C_4H_8), 부타디엔(C_4H_6) 등이 포함되어 있으며 가장 많이 함유된 것은 프로판(C_3H_8)과 부탄(C_4H_{10})이다.
㉯ 헵탄(C_7H_{16})은 탄소수가 7개로 LPG 성분에는 포함되지 않는다.

60. 비체적이란?
① 단위 체적당 질량이다.
② 어느 물체의 체적이다.
③ 단위 질량당 체적이다.
④ 단위 체적의 엔탈피이다.

해설 비체적과 밀도
㉮ 비체적(v) : 단위 질량당 체적으로 단위는 L/g, m³/kg이다.
$$\therefore v = \frac{22.4}{분자량}$$
㉯ 밀도(ρ) : 단위 체적당 질량으로 단위는 g/L, kg/m³이다.

해답 55. ②　56. ③　57. ②　58. ③　59. ②　60. ③

2019년도 복원문제 (1)

1. 액화석유가스 사용 시설에 설치되는 조정압력 3.3 kPa 이하인 조정기의 안전장치 작동표준압력 기준은?
① 7 kPa   ② 5.6~8.4 kPa
③ 5.04~8.4 kPa   ④ 9.9 kPa

해설 안전장치 작동압력(조정압력 3.3 kPa 이하)
㉮ 작동 표준압력 : 7 kPa
㉯ 작동 개시압력 범위 : 5.6~8.4 kPa
㉰ 작동 정지압력 범위 : 5.04~8.4 kPa

2. 독성가스 제독작업에 갖추지 않아도 되는 보호구는?
① 공기호흡기
② 방독 마스크
③ 안전장갑, 안전화
④ 보호용 면수건

해설 독성가스 종류에 따라 구비하는 보호구 종류
㉮ 공기호흡기 또는 송기식 마스크(전면형)
㉯ 방독 마스크(농도에 따라 전면 고농도형, 중농도형, 저농도형 등)
㉰ 안전장갑 및 안전화(화학물질용 성능수준 2 이상의 것)
㉱ 보호복(화학물질용 보호복 1형식)

3. 다음은 염소에 대하여 기술한 것이다. 이 중 틀린 것은?
① 상온, 상압에서 황록색의 기체로 조연성이 있다.
② 강한 자극성의 취기가 있는 맹독성가스로 허용농도는 1 ppm이다.
③ 수소와 염소의 동량 혼합기체를 염소폭명기라 한다.
④ 건조 상태로 상온에서 강재에 대하여 부식성을 갖는다.

해설 완전 건조된 염소는 상온에서 철과 반응하지 않으나 수분이 존재하면 염산(HCl)을 생성하여 철을 심하게 부식시킨다.

4. 물질이 온도변화 없이 상태변화에만 소요된 열을 나타낸 것은?
① 비열   ② 잠열
③ 현열   ④ 열용량

해설 현열 및 잠열의 특징
㉮ 현열(감열) : 온도변화, 상태불변
㉯ 잠열(숨은열) : 상태변화, 온도불변

5. 가연성 물질의 연소와 직접 관계가 없는 것은?
① 연소열   ② 발화온도
③ 허용농도   ④ 최소점화에너지

해설 ㉮ 연소와 관련이 있는 것 : 인화온도(인화점), 발화온도(발화점), 폭발범위, 최소점화에너지, 연소열 등
㉯ 허용농도는 독성가스와 비독성가스를 구분한다.

6. 중합에 의한 폭발을 일으키는 것이 아닌 것은?
① 시안화수소   ② 염소산칼륨
③ 염화비닐   ④ 산화에틸렌

해설 ㉮ 중합반응에 의하여 중합폭발을 일으키는 물질 : 시안화수소(HCN), 산화에틸렌(C_2H_4O), 염화비닐(C_2H_3Cl), 부타디엔(C_4H_6) 등
㉯ 염소산칼륨($KClO_3$) : 자신은 불연성인 무색의 고체 또는 백색 분말로 가연성이나 산화성 물질 및 중금속염과 혼합하면 폭발의 위험성이 있는 제1류 위험물이다.

해답 1. ① 2. ④ 3. ④ 4. ② 5. ③ 6. ②

7. 사업소 내에서 긴급사태 발생 시 종업원 상호 간 연락을 신속히 할 수 있는 통신시설 중에 해당 없는 것은?
① 페이징 설비　② 휴대용 확성기
③ 메가폰　　　④ 구내전화

[해설] 사업소 내 통신시설

구분	통신시설
사업소와 현장사업소	구내전화, 구내방송설비, 인터폰, 페이징설비
사업소 내 전체	구내방송설비, 사이렌, 휴대용 확성기, 페이징설비, 메가폰
종업원 상호 간	페이징설비, 휴대용 확성기, 트랜시버, 메가폰

8. 프로판 용기를 제조할 때 사용되는 재료로 옳은 것은?
① 주철　　② 탄소강
③ 내산강　④ 두랄루민

[해설] 프로판 용기는 압력이 높지 않고, 비점이 -42.1℃로 다른 액화가스에 비해 높으므로 재료는 탄소강을 사용하고 용접용기로 제조된다.

9. 방류둑을 설치해야 할 기준으로 옳지 않은 것은?
① 저장능력이 5톤 이상인 독성가스 저장탱크
② 저장능력이 300톤 이상인 가연성 가스 저장탱크
③ 저장능력이 1000톤 이상인 액화석유가스 저장탱크
④ 저장능력이 1000톤 이상인 액화산소 저장탱크

[해설] 방류둑 설치기준(저장능력)
㉮ 고압가스 특정제조
　㉠ 가연성 가스 : 500톤 이상
　㉡ 독성가스 : 5톤 이상
　㉢ 액화산소 : 1000톤 이상
㉯ 고압가스 일반제조
　㉠ 가연성 가스, 액화산소 : 1000톤 이상
　㉡ 독성가스 : 5톤 이상
㉰ 냉동제조시설(독성가스 냉매 사용) : 수액기 내용적 10000 L 이상
㉱ 액화석유가스 충전사업 : 1000톤 이상
㉲ 도시가스
　㉠ 가스도매사업 : 500톤 이상
　㉡ 일반도시가스사업 : 1000톤 이상

10. 아세틸렌 가스를 충전할 때 다공질 물질의 재료로 사용할 수 없는 것은?
① 규조토, 석면
② 알루미늄 분말, 활성탄
③ 석회, 산화철
④ 탄산마그네슘, 다공성 플라스틱

[해설] 다공물질의 종류 : 규조토, 석면, 목탄, 석회, 산화철, 탄산마그네슘, 다공성 플라스틱 등

11. 온도 상승에 따른 백금, 동, 니켈 등에서 전기 저항이 증가하는 현상을 이용한 온도계는?
① 베크만 온도계　② 바이메탈 온도계
③ 열전대 온도계　④ 저항 온도계

[해설] 전기 저항식 온도계의 특징
㉮ 원격 측정에 적합하고 자동제어, 기록, 조절이 가능하다.
㉯ 비교적 낮은 온도(500℃ 이하)의 정밀 측정에 적합하다.
㉰ 검출 시간이 지연될 수 있다.
㉱ 측온 저항체가 가늘어($\phi 0.035$) 진동에 단선되기 쉽다.
㉲ 구조가 복잡하고 취급이 어려워 숙련이 필요하다.
㉳ 정밀한 온도 측정에는 백금 저항온도계가 쓰인다.
㉴ 측온 저항체에 전류가 흐르기 때문에 자기 가열에 의한 오차가 발생한다.
㉵ 일반적으로 온도가 증가함에 따라 금속의 전기저항이 증가하는 현상을 이용한 것이다(단, 서미스터는 온도가 상

해답 7. ④　8. ②　9. ②　10. ②　11. ④

승에 따라 저항치가 감소한다).
㉭ 저항체는 저항온도계수가 커야 한다.
㉮ 저항체로서 백금(Pt), 니켈(Ni), 동(Cu)가 사용된다.

12. 용기에 의한 고압가스를 운반할 때 운반책임자에 동승에 대한 (   ) 안에 알맞은 내용은? (단, 독성가스는 허용농도가 100만분의 200 초과이다.)

압축가스 중 가연성 가스는 (ⓐ), 독성가스는 (ⓑ) 이상의 고압가스를 운반할 때는 운반책임자를 동승시켜 운반에 대한 감독 또는 지원을 하도록 한다.

① ⓐ $100 m^3$ ⓑ $300 m^3$
② ⓐ $200 m^3$ ⓑ $500 m^3$
③ ⓐ $500 m^3$ ⓑ $200 m^3$
④ ⓐ $300 m^3$ ⓑ $100 m^3$

해설 운반책임자 동승 기준
㉮ 비독성 고압가스

가스의 종류		기준
압축 가스	가연성	$300 m^3$ 이상
	조연성	$600 m^3$ 이상
액화 가스	가연성	3000kg 이상 (납붙임 및 접합용기 : 2000 kg 이상)
	조연성	6000 kg 이상

㉯ 독성 고압가스

가스의 종류	허용농도	기준
압축 가스	100만분의 200 이하	$10 m^3$ 이상
	100만분의 200 초과 100만분의 5000 이하	$100 m^3$ 이상
액화 가스	100만분의 200 이하	100 kg 이상
	100만분의 200 초과 100만분의 5000 이하	1000 kg 이상

13. 다음 독성가스 중 제독제로 물을 사용할 수 없는 것은?

① 암모니아   ② 산화에틸렌
③ 염화메탄   ④ 황화수소

해설 독성가스 중 제독제
㉮ 물을 사용할 수 있는 독성가스 : 암모니아, 산화에틸렌, 염화메탄, 아황산가스
㉯ 물을 사용할 수 없는 독성가스 : 염소, 포스겐, 황화수소, 시안화수소
참고 황화수소의 제독제는 가성소다 수용액, 탄산소다 수용액이다.

14. 고압가스 반응기 중 암모니아 합성탑의 구조로서 옳은 것은?
① 암모니아 합성탑은 내압용기와 내부구조물로 되어 있다.
② 암모니아 합성탑은 이음새 없는 둥근 용기로 되어 있다.
③ 암모니아 합성탑은 내부 가열식 용기와 내부 구조물로 되어 있다.
④ 암모니아 합성탑은 오토클레이브(autoclave) 내에 회전형 구조이다.

해설 암모니아 합성탑
㉮ 암모니아 합성탑은 내압용기와 내부 구조물로 되어 있다.
㉯ 내부 구조물은 촉매를 유지하고 반응과 열교환을 행한다.
㉰ 촉매는 산화철에 Al_2O_3 및 K_2O를 첨가한 것이나 CaO 또는 MgO 등을 첨가한 것을 사용한다.

15. 지름이 4 m인 가연성 가스의 저장탱크(저장능력 $500 m^3$)와 지름이 6 m인 산소의 저장탱크가 상호 인접하여 있을 경우 저장탱크 간에 유지하여야 할 최소 직선거리는 얼마인가?
① 1 m   ② 2.5 m
③ 4 m   ④ 5.5 m

해설 저장탱크 간 거리(저장능력 $300 m^3$ 이상) : 두 저장탱크의 최대지름을 합산한 길이의 $\frac{1}{4}$ 이상 또는 1 m 중 큰 수치의 거리

해답 12. ④ 13. ④ 14. ① 15. ②

이상을 유지한다.

$$\therefore \text{유지거리} = \frac{L_1 + L_2}{4} = \frac{4+6}{4} = 2.5\,\text{m}$$

16. 고온 배관용 탄소강관의 KS 규격 기호는?
① SPPH ② SPHT
③ SPLT ④ SPPW

[해설] 배관용 강관의 KS 기호

KS 기호	배관 명칭
SPP	배관용 탄소강관
SPPS	압력배관용 탄소강관
SPPH	고압배관용 탄소강관
SPHT	고온배관용 탄소강관
SPLT	저온배관용 탄소강관
SPW	배관용 아크용접 탄소강관
SPA	배관용 합금강관
STS×T	배관용 스테인리스강관
SPPG	연료가스 배관용 탄소강관

17. 독성가스를 운반하는 차량이 갖추어야 할 용구에 해당되지 않는 것은?
① 방독마스크
② 제독제
③ 고무장갑, 고무장화
④ 소화설비

[해설] 독성가스를 운반하는 차량이 갖추어야 할 용구
㉮ 보호구 : 방독마스크, 공기호흡기, 보호의, 보호장갑, 보호장화
㉯ 자재 : 비상삼각대, 비상신호봉, 휴대용 손전등, 메가폰 또는 휴대용 확성기, 자동안전바, 완충판, 물통, 누출검지기, 누출검지액, 차바퀴 고정목, 통신기기
㉰ 제독제 : 소석회(1000 kg 미만 : 20 kg 이상, 1000 kg 이상 : 40 kg 이상)

[참고] 소화설비(소화기)는 독성가스 중 가연성 가스를 차량에 적재하여 운반하는 경우에 휴대하여야 한다.

18. 공기 중에 누출 시 폭발위험이 가장 큰 가스는?
① C_3H_8 ② C_4H_{10}
③ CH_4 ④ C_2H_2

[해설] 각 가스의 공기 중 폭발범위

명칭	폭발범위
프로판(C_3H_8)	2.1 ~ 9.5 %
부탄(C_4H_{10})	1.9 ~ 8.5 %
메탄(CH_4)	5 ~ 15 %
아세틸렌(C_2H_2)	2.5 ~ 81 %

[참고] 폭발범위가 가장 넓은 아세틸렌(C_2H_2)이 폭발위험이 가장 크다.

19. 다음 가스 중 가연성 가스이며 독성가스인 가스는?
① $CHClF_2$ ② HCl
③ C_2H_2 ④ HCN

[해설] ㉮ 가연성이며 독성가스인 것 : 아크릴로 니트릴, 일산화탄소, 벤젠, 산화에틸렌, 모노메틸아민, 염화메탄, 브롬메탄, 이황화탄소, 황화수소, 암모니아, 석탄가스, 시안화수소, 트리메틸아민 등
㉯ 각 가스의 명칭

가스	명칭	성질
$CHClF_2$	프레온	불연성, 비독성
HCl	염화수소	불연성, 독성
C_2H_2	아세틸렌	가연성, 비독성
HCN	시안화수소	가연성, 독성

20. 가스의 폭발범위에 영향을 주는 인자가 아닌 것은?
① 비열 ② 압력
③ 온도 ④ 가스량

[해설] 폭발범위에 영향을 주는 요소
㉮ 온도 : 온도가 높아지면 폭발범위는 넓어진다.
㉯ 압력 : 압력이 상승하면 일반적으로 폭발범위는 넓어진다.

[해답] 16. ② 17. ④ 18. ④ 19. ④ 20. ①

㉰ 산소 농도 : 산소 농도가 증가하면 폭발범위는 넓어진다.
㉱ 불연성 가스 : 불연성 가스가 혼합되면 산소농도를 낮추며 이로 인해 폭발범위는 좁아진다.

21. 다음 가스 중 독성(TLV-TWA)이 강한 것에서 약한 순서로 나열된 것은?

ⓐ NH₃   ⓑ HCN   ⓒ COCl₂   ⓓ Cl₂

① ⓓ → ⓒ → ⓑ → ⓐ
② ⓒ → ⓑ → ⓓ → ⓐ
③ ⓑ → ⓐ → ⓒ → ⓓ
④ ⓑ → ⓓ → ⓒ → ⓐ

해설 각 가스의 허용농도

명칭	허용농도(ppm)	
	LC₅₀	TLV-TWA
NH₃(암모니아)	293	25
HCN(시안화수소)	140	10
COCl₂(포스겐)	5	0.1
Cl₂(염소)	293	1

※ 문제에서 질문하는 허용농도 기준이 LC₅₀ 인지, TLV-TWA에 따라 정답이 변경될 수 있다.

22. LP가스 수송관의 이음부분에 사용할 수 있는 패킹재료로 적합한 것은?
① 종이   ② 천연고무
③ 구리   ④ 실리콘 고무

해설 LP가스는 용해성이 있어 천연고무, 윤활유, 그리스, 페인트 사용이 곤란하다.

23. 압력이 높아질수록 연소범위는 어떻게 변하는가?
① 좁아진다.   ② 넓어진다.
③ 변하지 않는다.   ④ 일정하지 않다.

해설 대부분의 가연성 가스는 압력이 상승하면 연소범위(폭발범위)는 넓어지지만, 일산화탄소(CO)와 수소(H₂)는 압력이 상승하면 연소범위(폭발범위)는 좁아진다. 단, 수소는 일정압력(10 atm) 이상 상승 시 연소범위(폭발범위)는 다시 넓어진다.

24. 압력이 일정할 때 기체의 체적은 절대온도와 어떤 관계가 있는가?
① 절대온도에 비례한다.
② 절대온도에 반비례한다.
③ 절대온도의 자승에 비례한다.
④ 절대온도의 자승에 반비례한다.

해설 샤를의 법칙 : 압력이 일정할 때 체적은 절대온도에 비례한다.
$$\frac{V_1}{T_1} = \frac{V_2}{T_2}$$

25. 2단 감압 조정기의 장점이 아닌 것은?
① 공급압력이 일정하다.
② 중간배관이 가늘어도 된다.
③ 장치가 간단하다.
④ 각 연소기구에 알맞은 압력으로 가스공급이 가능하다.

해설 2단 감압 조정기 특징
㉮ 장점
  ㉠ 입상배관에 의한 압력손실을 보정할 수 있다.
  ㉡ 가스 배관이 길어도 공급압력이 안정된다.
  ㉢ 각 연소기구에 알맞은 압력으로 공급이 가능하다.
  ㉣ 중간 배관의 지름이 작아도 된다.
㉯ 단점
  ㉠ 설비가 복잡하고, 검사방법이 복잡하다.
  ㉡ 조정기 수가 많아서 점검 부분이 많다.
  ㉢ 부탄의 경우 재액화의 우려가 있다.
  ㉣ 시설의 압력이 높아서 이음방식에 주의하여야 한다.

해답 21. ② 22. ④ 23. ② 24. ① 25. ③

26. 포화온도에 대한 설명 중 옳은 것은?
① 액체가 증발하기 시작할 때의 온도
② 액체가 증발현상 없이 기체로 변하기 시작할 때의 온도
③ 액체가 증발하여 어떤 용기 안이 증기가 꽉 차 있을 때의 온도
④ 액체와 증기가 공존할 때 그 압력에 상당한 일정한 값의 온도

[해설] 증기의 상태 변화
㉠ 포화온도 : 액체를 가열하면 온도는 상승하고 액체의 종류와 액체에 가해지는 압력에 의해 결정되는 어떤 온도에 도달하면 증기를 발생시키고 비등이 시작되는 때의 온도이다.
㉡ 포화증기 : 포화온도에 도달한 포화수가 증발하여 증기가 생성되는 것을 포화증기라 하며, 증기 속에 수분이 포함된 것이 습포화증기(습증기), 수분이 전혀 없는 건포화증기(건증기)가 된다.
㉢ 과열증기 : 습포화증기를 가열하여 건조증기가 된 건증기를 다시 가열할 때 압력은 오르지 않고 온도만 상승되는 증기이다.
㉣ 포화액 : 포화온도에 도달해 있는 물이며, 포화수에 도달하면 심하게 요동치는 현상이 일어난다.

27. 10000 kcal의 열로 0℃의 얼음 몇 kg을 융해시킬 수 있는가? (단, 열손실은 없는 것으로 가정한다.)
① 125 kg ② 140 kg
③ 155 kg ④ 170 kg

[해설] 얼음의 융해잠열은 79.68 kcal/kgf이다.
∴ 융해량 = $\frac{공급열}{얼음의 융해잠열}$
= $\frac{10000}{79.68}$ = 125.50 kg

28. 공기액화 분리장치에서 액화되어 나오는 가스의 순서로 맞는 것은?
① $O_2 - N_2 - Ar$ ② $N_2 - O_2 - Ar$
③ $O_2 - Ar - N_2$ ④ $N_2 - Ar - O_2$

[해설] 공기액화 분리장치의 액화 및 기화 순서는 비점에 의하여 정해진다.
㉠ 액화 순서 : 산소(-183℃) → 아르곤(-186℃) → 질소(-196℃)
㉡ 기화 순서 : 질소 → 아르곤 → 산소

29. 가스 사용시설의 배관을 움직이지 아니하도록 고정 부착하는 조치에 해당되지 않는 것은?
① 관지름이 13 mm 미만의 것에는 1000 mm마다 고정부착하는 조치를 해야 한다.
② 관지름이 33 mm 이상의 것에는 3000 mm마다 고정부착하는 조치를 해야 한다.
③ 관지름이 13 mm 이상 33 mm 미만의 것에는 2000 mm마다 고정부착하는 조치를 해야 한다.
④ 관지름이 43 mm 미만의 것에는 4000 mm마다 고정부착하는 조치를 해야 한다.

[해설] 배관 고정부착조치 기준
㉠ 관지름 13 mm 미만 : 1 m마다
㉡ 관지름 13 mm ~ 33 mm 미만 : 2 m마다
㉢ 관지름 33 mm 이상 : 3 m마다

30. 다음 기체 중에서 비점이 가장 낮은 것은?
① NH_3 ② C_3H_8
③ N_2 ④ H_2

[해설] 각 가스의 대기압 상태에서 비점

명칭	비점
암모니아(NH_3)	-33.3℃
프로판(C_3H_8)	-42.1℃
질소(N_2)	-195.8℃
수소(H_2)	-252.5℃

31. 다음 기술 중 가연성 가스의 연소, 폭발에 대하여 옳은 것은?

[해답] 26. ④ 27. ① 28. ③ 29. ④ 30. ④ 31. ③

① 공기 중에 폭발범위는 산소 중의 것보다 넓다.
② 대기압 상태의 공기 중 폭발범위가 가장 넓은 것은 수소이다.
③ 폭발범위는 일반적으로 온도가 높으면 넓어진다.
④ 연소 시 화염길이는 산소보다 공기 중에 더 길어진다.

해설 각 항목의 옳은 설명
① 공기 중에서 폭발범위는 산소 중의 것보다 좁다(산소 중의 폭발범위가 넓다).
② 대기압 상태의 공기 중 폭발범위가 가장 넓은 것은 아세틸렌이다.
④ 연소 시 화염길이는 공기보다 산소 중에 더 길어진다.

32. 독성가스 여부를 판정할 때 기준이 되는 "허용농도"를 바르게 설명한 것은?
① 해당 가스를 성숙한 흰쥐 집단에게 대기 중에서 1시간 동안 계속하여 노출시킨 경우 7일 이내에 그 흰쥐의 $\frac{1}{2}$ 이상이 죽게 되는 가스의 농도를 말한다.
② 해당 가스를 성숙한 흰쥐 집단에게 대기 중에서 24시간 동안 계속하여 노출시킨 경우 7일 이내에 그 흰쥐의 $\frac{1}{2}$ 이상이 죽게 되는 가스의 농도를 말한다.
③ 해당 가스를 성숙한 흰쥐 집단에게 대기 중에서 1시간 동안 계속하여 노출시킨 경우 14일 이내에 그 흰쥐의 $\frac{1}{2}$ 이상이 죽게 되는 가스의 농도를 말한다.
④ 해당 가스를 성숙한 흰쥐 집단에게 대기 중에서 24시간 동안 계속하여 노출시킨 경우 14일 이내에 그 흰쥐의 $\frac{1}{2}$ 이상이 죽게 되는 가스의 농도를 말한다.

해설 허용농도 : 해당 가스를 성숙한 흰쥐 집단에게 대기 중에서 1시간 동안 계속하여 노출시킨 경우 14일 이내에 그 흰쥐의 2분의 1 이상이 죽게 되는 가스의 농도를 말한다. → LC50 [치사농도(致死濃度) 50 : Lethal concentration 50]으로 표시

33. 차량에 고정된 탱크에 부착된 긴급 차단 장치는 그 성능이 원격조작으로 작동되고 차량에 고정된 탱크 또는 이에 접속하는 배관 외면의 온도가 몇 ℃일 때에 자동적으로 작동될 수 있어야 하는가?
① 90℃　　② 100℃
③ 110℃　　④ 120℃

해설 차량에 고정된 탱크 및 용기 유지관리 : 긴급 차단 장치는 그 성능이 원격조작으로 작동되고 차량에 고정된 탱크 또는 이에 접속하는 배관 외면의 온도가 110℃일 때에 자동적으로 작동할 수 있는 것으로 한다.

34. 기동성이 있어 장·단거리 어느 쪽에도 적합하고 다량 수송이 가능한 방법은?
① 용기에 의한 방법
② 탱크로리에 의한 방법
③ 철도차량에 의한 방법
④ 유조선에 의한 방법

해설 LPG 수송방법
㉮ 용기에 의한 방법 : 충전용기 자체가 저장설비로 이용될 수 있고 소량 수송의 경우 편리하지만, 수송비가 많이 소요되고 취급 부주의로 사고위험성이 높다.
㉯ 탱크로리에 의한 방법 : 기동성이 있어 장·단거리에 적합하고 다량 수송이 가능하지만 탱크로리의 탱크가 필요하다.
㉰ 철도차량에 의한 방법 : 철도에 부설된 유조차로 한 번에 대량 수송이 가능하다.
㉱ 유조선에 의한 방법 : 해상수입 설비가 있는 공급기지나 대량 소비자에게 수송하는 경우에 사용되는 방법이다.
㉲ 파이프 라인(pipe line)에 의한 방법

35. 일산화탄소 전화법에 의해 제조하는 가스는?

해답 32. ③　33. ③　34. ②　35. ③

① 암모니아　　② 일산화탄소
③ 수소　　　　④ 수성가스

해설 ㉮ 일산화탄소 전화법 : 수소의 공업적 제조법이다.
　　㉯ 반응식 : $CO + H_2O \rightarrow CO_2 + H_2 + 9.8kcal$

36. 공기액화 분리장치 복식 정류탑에서 얻어지는 질소의 순도는?
① 90 ~ 92 %　　② 93 ~ 95 %
③ 96 ~ 98 %　　④ 99 ~ 99.8 %

해설 복식 정류탑
　㉮ 산소의 순도 : 99.5 %
　㉯ 질소의 순도 : 99.8 %

37. 상온, 상압의 물 1 cc에 녹는 암모니아 기체의 양(cc)은 얼마인가?
① 200 cc　　② 300 cc
③ 400 cc　　④ 800 cc

해설 암모니아는 물에 잘 녹으며 상온, 상압에서 물 1 cc에 대하여 암모니아 기체는 800 cc가 용해한다.

38. 고압가스 제조장치의 설계에 관한 설명 중 틀린 것은?
① 탱크의 온도상승을 방지하는 방법으로 살수장치를 한다.
② 가연성 가스를 로리차에 충전하는 설비에는 어스선을 부착한다.
③ 제조장치로부터 배출되는 가스는 플레어스택 또는 벤트스택을 통하여 대기중에 배출한다.
④ 안전밸브는 내압시험압력의 1.5배의 압력에 작동하도록 한다.

해설 안전밸브는 내압시험압력의 $\frac{8}{10}$ 이하의 압력에서 작동하도록 한다.

39. 방류둑을 설치한 가연성 가스의 저장탱크에 있어 온도상승 방지조치를 하여야 하는 주위란 방류둑 외면으로부터 몇 m 이내를 말하는가?
① 5 m　② 10 m　③ 15 m　④ 20 m

해설 가연성 가스 저장탱크 주위 온도상승 방지조치를 하여야 하는 주위
　㉮ 방류둑을 설치한 경우 : 당해 방류둑 외면으로부터 10 m 이내
　㉯ 방류둑을 설치하지 아니한 경우 : 당해 저장탱크 외면으로부터 20 m 이내
　㉰ 가연성 물질을 취급하는 설비 : 그 외면으로부터 20 m 이내

40. 유독가스의 검지법으로 해리슨 시험지를 사용하는 가스는 다음 중 어느 것인가?
① 염소　　　② 아세틸렌
③ 황화수소　④ 포스겐

해설 가스 검지 시험지법

가스명	시험지	반응
암모니아	적색리트머스지	청색
염소	KI 전분지	청갈색
포스겐	해리슨 시험지	유자색
시안화수소	초산벤젠지	청색
일산화탄소	염화팔라듐지	흑색
황화수소	연당지	회흑색
아세틸렌	염화 제1동 착염지	적갈색

41. 방류둑에는 계단, 사다리 또는 토사를 높이 쌓아 올림 등에 의한 출입구를 둘레 몇 m 마다 1개 이상을 두어야 하는가?
① 30　② 40　③ 50　④ 60

해설 방류둑에는 계단, 사다리 또는 토사를 높이 쌓아 올린 형태 등으로 된 출입구를 둘레 50 m마다 1개 이상씩 설치하되, 그 둘레가 50 m 미만일 경우에는 2개 이상을 분산하여 설치한다.

42. 냄새로 알 수 없는 가스는?
① 염소　　　② 암모니아
③ 이산화탄소　④ 시안화수소

해답 36. ④　37. ④　38. ④　39. ②　40. ④　41. ③　42. ③

[해설] 각 가스의 냄새(취기) 특징

명칭	냄새
염소(Cl_2)	자극성의 냄새
암모니아(NH_3)	자극성의 냄새
이산화탄소(CO_2)	무취
시안화수소(HCN)	복숭아 냄새

43. 표준대기압에 해당 되지 않는 것은?
① 760 mmHg   ② 10332.2 mmH₂O
③ 1.013 bar   ④ 14.2 psi

[해설] 1atm = 760 mmHg = 76 cmHg
= 0.76 mHg = 29.9 inHg = 760 torr
= 10332 kgf/m² = 1.0332 kgf/cm²
= 10.332 mH₂O = 10332 mmH₂O
= 101325 N/m² = 101325 Pa = 101.325 kPa
= 0.101325 MPa = 1.01325 bar
= 1013.25 mbar = 14.7 lb/in² = 14.7 psi

44. 다음 중 고유의 색깔을 가지는 가스는?
① 염소   ② 황화수소
③ 암모니아   ④ 산화에틸렌

[해설] 염소(Cl_2) 가스는 상온에서 황록색, 자극성이 강한 독성가스이다.

45. 가스를 용기에 충전하는 방법에 대한 설명 중 옳은 것은?
① 압축가스는 0℃에서 최고충전압력이 되도록 충전한다.
② 액화가스를 탱크로리에 충전할 때는 충전할 액화가스가 탱크 내용적의 95 %를 초과하지 않아야 한다.
③ 액화가스는 질량을 계측하여 충전하나 충전질량은 내용적과 그 가스에 정해진 충전상수로 한다.
④ 액화가스를 저장탱크에 충전할 때는 $W = \dfrac{V}{C}$의 산식에 의한다.

[해설] 각 항목의 옳은 설명
① 압축가스는 35℃에서 최고충전압력이 되도록 충전한다.
② 액화가스를 탱크로리에 충전할 때는 충전할 액화가스가 탱크 내용적의 90 %를 초과하지 않아야 한다.
④ 액화가스를 저장탱크에 충전할 때 충전량은 $W = 0.9d \cdot V$의 산식에 의한다.

[참고] $W = \dfrac{V}{C}$은 액화가스를 용기에 충전할 산식이다.

46. 아세틸렌 용기에 충전하는 다공물질의 다공도(%)에 관하여 옳은 것은?
① 72 % 이상 92 % 미만
② 72 % 이상 95 % 미만
③ 75 % 이상 92 % 미만
④ 75 % 이상 95 % 미만

[해설] 아세틸렌을 용기에 충전하는 때에는 미리 용기에 다공물질을 고루 채워 다공도가 75 % 이상 92 % 미만이 되도록 한 후 아세톤 또는 디메틸포름아미드를 고루 침윤시키고 충전한다.

47. 저온장치에 사용되는 진공단열법이 아닌 것은?
① 고진공 단열법   ② 분말진공 단열법
③ 다층진공 단열법 ④ 단층진공 단열법

[해설] 진공 단열법의 종류 : 고진공 단열법, 분말진공 단열법, 다층진공 단열법

48. LP가스 연소기에 대하여 옳은 것은?
① 도시가스용보다 공기 구멍이 작다.
② 도시가스용에 알맞다.
③ 도시가스용보다 공기 구멍이 크게 되어 있다.
④ 도시가스용보다도 화구의 수를 적게 하면 좋다.

[해설] LP가스 연소기
㉮ LP가스의 주성분은 프로판(C_3H_8), 부탄

[해답] 43. ④   44. ①   45. ③   46. ③   47. ④   48. ③

(C_4H_{10})이므로 메탄(CH_4)이 주성분인 도시가스보다 연소 시 공기가 많이 필요하기 때문에 공기 구멍이 크게 되어야 한다.
㈁ 프로판(C_3H_8), 부탄(C_4H_{10}) 및 메탄(CH_4)의 완전연소 반응식
$C_3H_8 + 5O_2 \rightarrow 3CO_2 + 4H_2O$
$C_4H_{10} + 6.5O_2 \rightarrow 4CO_2 + 5H_2O$
$CH_4 + 2O_2 \rightarrow CO_2 + 2H_2O$

49. 표준상태에서 1 m^3의 체적을 가진 용기 속에 10 kg의 수소가 들어있다. 이 수소의 밀도는 몇 kg/m^3인가?
① 10 ② 1
③ 0.1 ④ 0.001

[해설] 밀도(ρ) : 단위체적당 질량이다.
$$\therefore \rho = \frac{10\,(\text{kg})}{1\,(\text{m}^3)} = 10\,\text{kg/m}^3$$

50. 메탄가스에 관한 설명 중에 해당하지 않는 것은?
① 무색, 무취, 무미한 기체이다.
② 공기보다 무거운 기체이다.
③ 메탄과 염소는 어두운 곳에서는 반응하지 않는다.
④ 공기 중에 메탄이 5～15 % 정도 있으면 폭발 연소한다.

[해설] 메탄(CH_4)의 성질
㉮ 파라핀계 탄화수소의 안정된 가스이다.
㉯ 분자량 16으로 공기보다 가벼운 기체이다.
㉰ 천연가스(NG)의 주성분이다.
 (비점 : -161.5℃)
㉱ 무색, 무취, 무미의 가연성 기체이다.
 (폭발범위 : 5～15 %)
㉲ 유기물의 부패나 분해 시 발생한다.
㉳ 메탄의 분자는 무극성이고, 수(水)분자와 결합하는 성질이 없어 용해도는 적다.
㉴ 공기 중에서 연소가 쉽고 화염은 담청색의 빛을 발한다.
㉵ 염소와 반응하면 염소화합물이 생성된다.
㉶ 고온에서 산소, 수증기와 반응시키면 일산화탄소와 수소를 생성한다(촉매 : 니켈).
$CH_4 + \frac{1}{2}O_2 \rightarrow CO + 2H_2 + 8.7\,\text{kcal}$
$CH_4 + H_2O \rightarrow CO + 3H_2 - 49.3\,\text{kcal}$

51. 전자유량계의 측정원리는?
① 베르누이(Bernoulli) 법칙
② 패러데이(Faraday) 법칙
③ 레더포드(Rutherford) 법칙
④ 줄(Joule) 법칙

[해설] 전자 유량계 : 측정원리는 패러데이 법칙(전자유도법칙)으로 도전성 액체에서 발생하는 기전력을 이용하여 순간 유량을 측정한다.

52. 다음 중 압축가스에 속하는 것은?
① 산소 ② 염소
③ 탄산가스 ④ 암모니아

[해설] 압축가스의 종류 : 헬륨, 수소, 네온, 질소, 공기, 일산화탄소, 불소, 아르곤, 산소, 메탄 등

53. 펌프의 실제 송출유량을 Q, 펌프 내부에서의 누설 유량을 ΔQ, 임펠러 속을 지나는 유량을 $Q + \Delta Q$라 할 때 펌프의 체적효율(η_v)를 구하는 식은?

① $\eta_v = \dfrac{Q}{Q + \Delta Q}$ ② $\eta_v = \dfrac{Q + \Delta Q}{Q}$

③ $\eta_v = \dfrac{Q - \Delta Q}{Q + \Delta Q}$ ④ $\eta_v = \dfrac{Q + \Delta Q}{Q - \Delta Q}$

[해설] 체적효율(%)
$= \dfrac{\text{실제 송출유량}}{\text{이론적 송출유량}} = \dfrac{Q}{Q + \Delta Q}$

54. 초저온 용기의 단열성능시험에 있어 침입열량 산출식은 다음과 같이 구해진다. 여기서, "q"가 뜻하는 것은?
$$Q = \frac{W \cdot q}{H \cdot \Delta t \cdot V}$$

[해답] 49. ① 50. ② 51. ② 52. ① 53. ① 54. ④

① 침입열량
② 측정시간
③ 기화된 가스량
④ 시험용 가스의 기화잠열

[해설] 침입열량 산출식 각 인자(기호) 설명
- Q : 침입열량(J/h·℃·L)
- W : 측정 중의 기화가스량(kg)
- q : 시험용 액화가스의 기화잠열(J/kg)
- H : 측정시간(h)
- Δt : 시험용 액화가스의 비점과 외기와의 온도차(℃)
- V : 용기 내용적(L)

55. 가스설비를 수리할 때 산소농도가 18 ~ 22 %가 되어야 하는데 산소농도가 몇 % 이하가 되면 산소 결핍현상을 초래하게 되는가?
① 12 % ② 14 % ③ 15 % ④ 16 %

[해설] 산소농도에 따른 위험성

산소농도	증상
21 %	공기 중 정상농도
18 %	안전한계
16 %	호흡곤란, 두통 및 구토
12 %	현기증, 창백, 기력저하
10 %	안면창백, 의식불명
8 %	혼수상태(8분 후 사망)
6 %	호흡정지(사망)

56. 공기액화 분리장치의 밸브에서 열손실을 줄이는 방법으로 가장 거리가 먼 내용은?
① 단축 밸브로 하여 열의 전도를 방지한다.
② 열전도율이 적은 재료를 밸브봉으로 사용한다.
③ 밸브 본체의 열용량을 가급적 적게 한다.
④ 누출이 적은 밸브를 사용한다.

[해설] 밸브에서 열손실을 줄이는 방법
㉮ 장축 밸브로 하여 열의 전도를 방지한다.
㉯ 열전도율이 적은 재료를 밸브 축으로 사용한다.
㉰ 밸브 본체의 열용량을 적게 하여 가동 시의 열손실을 적게 한다.
㉱ 누설이 적은 밸브를 사용한다.

57. 아세틸렌 제조에 이용되는 카바이드(CaC_2)의 1급에 해당되는 가스 발생량은 몇 L/kg 이상인가?
① 355 ② 280 ③ 255 ④ 225

[해설] 카바이드(CaC_2) 등급에 따른 가스 발생량

등급	가스 발생량
1급	280 L/kg
2급	260 L/kg
3급	236 L/kg

[참고] 카바이드 1드럼(DM)의 무게는 225 kg이다.

58. 구조가 간단하고 고압, 고온 밀폐탱크의 압력까지 측정이 가능하여 가장 널리 사용되는 액면계는?
① 크린카식 액면계 ② 벨로스식 액면계
③ 차압식 액면계   ④ 부자식 액면계

[해설] 부자식(浮子式) 액면계 : 탱크 내부의 액체에 뜨는 물체(플로트)를 넣어 액면의 위치에 따라 움직이는 플로트의 위치를 직접 확인하여 액면을 측정하는 방법이다.

59. 비열비는 다음과 같이 표시된다. 맞는 것은?
① $\dfrac{정압비열}{비열}$ ② $\dfrac{정압비열}{비중}$
③ $\dfrac{정압비열}{정적비열}$ ④ $\dfrac{정적비열}{정압비열}$

[해설] 비열비(k)는 정압비열(C_p)과 정적비열(C_v)의 비이다.

60. 천연가스로 도시가스를 공급하고 있다. 이 천연가스의 주성분은?
① CH_4 ② C_2H_6 ③ C_3H_8 ④ C_4H_{10}

[해설] LNG는 메탄(CH_4)을 주성분으로 하며 에탄(C_2H_6), 프로판(C_3H_8), 부탄(C_4H_{10}) 등이 일부 포함되어 있다.

[해답] 55. ④ 56. ① 57. ② 58. ④ 59. ③ 60. ①

2019년도 복원문제 (2)

1. 내압시험압력 및 기밀시험압력의 기준이 되는 압력으로서 사용 상태에서 해당설비 등의 각부에 작용하는 최고사용압력을 의미하는 것은?
① 작용압력 ② 상용압력
③ 사용압력 ④ 설정압력

해설 압력의 종류 및 정의
㉮ 상용압력 : 내압시험압력 및 기밀시험압력의 기준이 되는 압력으로서 사용 상태에서 해당설비 등의 각부에 작용하는 최고사용압력을 말한다.
㉯ 설정압력 : 안전밸브의 설계상 정한 분출압력 또는 분출개시압력으로서 명판에 표시된 압력을 말한다.
㉰ 설계압력 : 고압가스용기 등의 각부의 계산두께 또는 기계적 강도를 결정하기 위하여 설계된 압력을 말한다.
㉱ 축적압력 : 내부유체가 배출될 때 안전밸브에 의하여 축적되는 압력으로서 그 설비 안에서 허용될 수 있는 최대압력을 말한다.
㉲ 초과압력 : 안전밸브에서 내부유체가 배출될 때 설정압력 이상으로 올라가는 압력을 말한다.

2. 다음 중 열역학적 성질이 아닌 것은?
① 일 ② 내부에너지
③ 엔트로피 ④ 비체적

해설 열역학적 성질 : 어떤 물질이 열에 의하여 변화를 일으킬 수 있는 관계로 온도, 내부에너지, 엔탈피, 엔트로피, 비체적, 비열 등이 해당된다.

3. LPG 20kg이 충전된 용기의 내용적은 얼마인가? (단, 충전상수 C는 2.35이다.)
① 39 L ② 47 L ③ 51 L ④ 44 L

해설 액화가스 용기 충전량 산식 $W = \dfrac{V}{C}$ 에서 내용적(V)을 구한다.
∴ $V = C \times W = 2.35 \times 20 = 47\,L$

4. 가스 연소기 버너의 가스소비량은 표시량의 몇 ±% 이내이어야 하는가?
① 표시치의 ±10 % 이내
② 표시치의 ±20 % 이내
③ 표시치의 ±30 % 이내
④ 표시치의 ±40 % 이내

해설 가스소비량 성능 : 전가스소비량 및 버너의 가스소비량은 표시치의 ±10 % 이내인 것으로 한다.

5. 기어펌프로 LPG를 용기에 충전하던 중 베이퍼 로크 현상이 발생하였다면 그 원인 중 맞지 않는 것은?
① 저장탱크의 긴급차단 밸브가 충분히 열려 있지 않았다.
② 스트레이너에 녹, 먼지가 끼었다.
③ 펌프의 회전수가 적었다.
④ 흡입측 배관의 지름이 가늘었다.

해설 베이퍼 로크 현상 발생원인
㉮ 흡입관 지름이 작을 때 → ①, ②, ④ 항목이 해당된다.
㉯ 펌프의 설치 위치가 높을 때
㉰ 외부에서 열량 침투 시
㉱ 배관 내 온도상승 시

6. 고압가스 충전용기를 차량에 적재하여 운반할 때에 용기의 온도는 몇 ℃ 이하로 유지하여야 하는가?
① 20℃ ② 30℃

해답 1. ② 2. ① 3. ② 4. ① 5. ③ 6. ③

③ 40℃ ④ 50℃

해설 충전용기를 차량에 적재하여 운행 중에는 직사광선을 받을 기회가 많으므로 충전용기 등의 온도상승을 방지하는 조치를 하여 온도가 40℃ 이하가 되도록 한다.

7. 암모니아를 사용하는 냉동장치의 시운전에 사용해서는 안 되는 기체는?
① 질소 ② 산소
③ 공기 ④ 이산화탄소

해설 암모니아(NH_3)는 가연성 가스이므로 조연성인 산소(O_2)를 사용해서 시운전을 하였을 때 폭발의 위험이 있으므로 사용을 해서는 안 된다.

8. 일산화탄소는 상온에서 염소와 반응하여 무엇을 생성하는가?
① 포스겐 ② 카르보닐
③ 키르복실산 ④ 사염화탄소

해설 포스겐($COCl_2$) 제조법
㉮ 일산화탄소(CO)와 염소(Cl_2)를 반응시켜 제조한다.
㉯ 반응식 : $CO + Cl_2 \rightarrow COCl_2$
㉰ 촉매 : 활성탄

9. 염소폭명기에 대한 설명으로 옳은 것은?
① 산소와 염소가 혼합된 가스가 폭발적으로 반응하는 현상이다.
② 수소와 염소가 혼합된 가스가 폭발적으로 반응하는 현상이다.
③ 염화수소가 점화원에 의해 폭발하는 현상이다.
④ 염소가 물에 용해하여 염산이 되어 폭발하는 현상이다.

해설 염소 폭명기
㉮ 수소(H_2)와 염소(Cl_2)와의 혼합가스가 빛과 접촉하면 상온에서 폭발적으로 반응하는 현상이다.
㉯ 반응식 : $H_2 + Cl_2 \rightarrow 2HCl + 44$ kcal

10. 지상에 액화석유가스(LPG) 저장탱크를 설치하는 경우 냉각용 살수장치는 그 외면으로부터 몇 m 이상 떨어진 곳에서 조작할 수 있어야 하는가?
① 2 m ② 3 m
③ 5 m ④ 7 m

해설 냉각살수장치 조작 위치 : 저장탱크 외면으로부터 5 m 이상 떨어진 위치

11. 접촉식 온도계 해당되는 것은?
① 색 온도계 ② 방사 온도계
③ 광고 온도계 ④ 저항식 온도계

해설 온도계의 분류 및 종류
㉮ 접촉식 온도계 : 유리제 봉입식 온도계, 바이메탈 온도계, 압력식 온도계, 열전대 온도계, 저항 온도계, 서미스터, 제겔콘, 서머컬러 등
㉯ 비접촉식 온도계 : 광고온도계, 광전관 온도계, 방사 온도계, 색온도계 등

12. 시안화수소를 장기간 저장하지 못하게 하는 이유로 옳은 것은?
① 분해폭발 ② 산화폭발
③ 중합폭발 ④ 압력폭발

해설 시안화수소(HCN)는 중합폭발의 위험성 때문에 60일 이상 저장하는 것을 금지한다. 단, 순도가 98 % 이상이고 착색되지 않은 것은 60일을 초과하여 저장할 수 있다.

13. 액화천연가스(LNG) 제조설비 중 보일 오프 가스(boil off gas)의 처리설비가 아닌 것은?
① 플레어스택 ② 벤트스택
③ BOG 압축기 ④ 가스 반송기

해설 BOG(boil off gas) : 증발가스라 하며 LNG 저장시설에서 외부입열(자연입열)에 의하여 자연적으로 발생된 가스로 발전용, 재액화, 탱커의 기관용, 연소시켜 대기 중으로 처리하는 방법이 있다.

해답 7. ② 8. ① 9. ② 10. ③ 11. ④ 12. ③ 13. ②

14. 기체의 체적이 커지면 밀도는?
① 작아진다.
② 약간 커진다.
③ 일정하다.
④ 체적과 밀도는 무관하다.

해설 기체의 밀도는 단위체적당 질량이므로 체적이 커지면 밀도는 작아진다.
∴ 기체의 밀도$(kg/m^3, g/L) = \dfrac{분자량}{22.4}$

15. 저온장치에서 열의 침입 원인으로 가장 거리가 먼 것은?
① 내면으로부터의 열전도
② 연결 배관 등에 의한 열전도
③ 지지 요크 등에 의한 열전도
④ 단열재를 넣은 공간에 남은 가스의 분자 열전도

해설 저온장치의 열 침입 원인
㉮ 단열재를 충전한 공간에 남은 가스 분자의 열전도
㉯ 외면으로부터의 열전도
㉰ 연결되는 배관 등에 의한 열전도
㉱ 지지 요크 등에 의한 열전도
㉲ 밸브, 안전밸브 등에 의한 열전도

16. 고압가스 제조설비에서 운전 중 점검사항이 아닌 것은?
① 가스설비로부터의 누출
② 가스설비에 있는 내용물의 상황
③ 계기류의 지시, 경보, 제어의 상태
④ 저장탱크 액면의 지시

해설 제조설비 운전 중 점검사항
㉮ 가스설비로부터의 누출
㉯ 계기류의 지시, 경보, 제어의 상태
㉰ 가스설비의 온도, 압력, 유량 등 조업조건의 변동상황
㉱ 가스설비의 외부부식, 마모, 균열, 그 밖의 손상 유무
㉲ 회전기계의 진동, 이상음, 이상온도상승, 그 밖의 작동상황
㉳ 탑류, 저장탱크류, 배관 등의 진동 및 이상음
㉴ 가스누출 경보장치 및 가스경보기의 상태
㉵ 저장탱크 액면의 지시
㉶ 접지접속선의 단선, 그 밖의 손상 유무
㉷ 그 밖에 필요한 사항의 이상 유무
※ ④번 항목은 사용개시 전 점검사항이다.

17. LPG용 1단 감압식 저압 조정기의 최대 폐쇄압력은?
① 3.5 kPa 이하
② 5.5 kPa 이하
③ 95 kPa 이하
④ 조정압력의 1.25배 이하

해설 일반용 LPG 1단 감압식 저압 조정기 압력

구분		압력범위
입구압력		0.07 ~ 1.56 MPa
조정압력		2.3 ~ 3.30 kPa
내압시험압력	입구 쪽	3 MPa 이상
	출구 쪽	0.3 MPa 이상
기밀시험압력	입구 쪽	1.56 MPa 이상
	출구 쪽	5.5 kPa
최대폐쇄압력		3.5 kPa 이하

18. 염소는 몇 ℃ 이상인 고온에서 철과 직접 반응하는가?
① 30℃ ② 80℃
③ 100℃ ④ 120℃

해설 염소는 120℃ 이상이 되면 철과 직접 반응하여 부식이 진행된다.

19. 저온장치의 분말 진공 단열법에서 충진용 분말로서 적당하지 않은 것은?
① 펄라이트 ② 알루미늄
③ 글라스울 ④ 규조토

해설 충진용 분말 종류 : 샌다셀, 펄라이트, 규조토, 알루미늄 분말

해답 14. ① 15. ① 16. ② 17. ① 18. ④ 19. ③

[참고] 글라스 울(glass wool) : 유리섬유라 하며 안전사용온도 350℃ 이하인 보온, 보랭재로 사용한다.

20. 다음 유량계 중 간접 유량계가 아닌 것은?
① 피토관 ② 오리피스
③ 벤투리미터 ④ 습식 가스미터

[해설] 유량계의 구분 및 종류
㉮ 용적식(직접식) : 오벌기어식, 루트(roots)식, 로터리 피스톤식, 로터리 베인식, 습식가스미터, 막식 가스미터 등
㉯ 간접식 : 차압식, 유속식, 면적식, 전자식, 와류식 등

21. 수소의 성질 중 맞는 것은?
① 연소가 불완전하게 되면 CO가 발생한다.
② 고온, 고압하에는 강에 대한 탈탄 작용이 있다.
③ 폭발범위는 4~82%이다.
④ 열전달율이 작고, 열에 대하여 불안정하다.

[해설] 수소의 성질
㉮ 지구상에 존재하는 원소 중 가장 가볍다.
㉯ 무색, 무취, 무미의 가연성이다.
㉰ 열전도율이 대단히 크고, 열에 대해 안정하다.
㉱ 확산속도가 대단히 크다.
㉲ 고온에서 강제, 금속재료를 쉽게 투과한다.
㉳ 폭굉속도가 1400~3500 m/s에 달한다.
㉴ 폭발범위가 넓다(공기 중 : 4~75%, 산소 중 : 4~94%).
㉵ 산소와 수소폭명기, 염소와 염소폭명기의 폭발반응이 발생한다.
㉶ 확산속도가 1.8 km/s 정도로 대단히 크다.

22. 밸브가 돌출한 충전용기를 보관할 때 넘어짐 방지조치를 하지 않아도 되는 용량은?
① 내용적 5 L 미만
② 내용적 10 L 미만
③ 내용적 20 L 미만
④ 내용적 50 L 미만

[해설] 밸브가 돌출한 용기(내용적이 5 L 미만인 용기를 제외한다)에는 고압가스를 충전한 후 용기의 넘어짐 및 밸브의 손상을 방지하기 위하여 다음 조치를 강구하고, 난폭한 취급을 하지 아니한다.
㉮ 충전용기는 바닥이 평탄한 장소에 보관한다.
㉯ 충전용기는 물건의 낙하우려가 없는 장소에 저장한다.
㉰ 고정된 프로텍터가 없는 용기에는 캡을 씌워 보관한다.
㉱ 충전용기를 이용하면서 사용하는 때에는 손수레에 단단하게 묶어 사용한다.

23. 탄화수소의 설명이 틀린 것은?
① 외부의 압력이 높아지면 비등점은 낮아진다.
② 탄소수가 같을 때 포화탄화수소는 불포화탄화수소보다 비등점이 높다.
③ 이성질체 간에서 normal은 iso보다 비등점이 높다.
④ 분자 중의 탄소 원자수가 많아질수록 비등점은 높아진다.

[해설] 압력이 높아지면 비등점(끓는점)은 높아지고, 압력이 낮아지면 비등점은 낮아진다.

24. 도시가스 배관재료 선정기준으로 틀린 것은?
① 배관 안의 가스흐름이 원활한 것으로 한다.
② 내부의 가스압력과 외부로부터의 하중 및 충격하중에 견디는 강도를 갖는 것으로 한다.
③ 토양, 지하수 등에 대하여 강한 부식성을 가진 것으로 한다.
④ 절단 가공이 용이한 것으로 한다.

[해설] 도시가스 배관재료의 선정기준
㉮ 배관 안의 가스흐름이 원활한 것으로 한다.

[해답] 20. ④ 21. ② 22. ① 23. ① 24. ③

㉯ 내부의 가스압력과 외부로부터의 하중 및 충격하중 등에 견디는 강도를 가진 것으로 한다.
㉰ 토양, 지하수 등에 대하여 내식성을 가진 것으로 한다.
㉱ 배관이 접합이 용이하고 가스의 누출을 방지할 수 있는 것으로 한다.
㉲ 절단 가공이 용이한 것으로 한다.

25. 액화석유가스 저장탱크 외부에는 그 주위에서 보기 쉽도록 가스의 명칭을 표시해야 하는데 무슨 색으로 표시해야 하는가?
① 은백색 ② 황색
③ 흑색   ④ 적색

[해설] 저장탱크 표시
㉮ 바탕색 : 은백색
㉯ 글씨 : 적색
㉰ 글자크기 : 저장탱크 지름의 $\frac{1}{10}$ 이상

26. 다음 중 독성가스가 아닌 것은?
① 아크릴로니트릴   ② 시안화수소
③ 암모니아   ④ 펜탄

[해설] 각 가스의 성질

명칭	성질	허용농도 (TLV-TWA)
아크릴로니트릴	독성, 가연성	20 ppm
시안화수소	독성, 가연성	10 ppm
암모니아	독성, 가연성	25 ppm
펜탄	가연성	500 ppm

㉮ 허용농도(TLV-TWA) 200 ppm 이하가 독성가스에 해당된다.

27. 자연발화의 형태와 가장 거리가 먼 것은?
① 촉매열에 의한 발열
② 산화열에 의한 발열
③ 분해열에 의한 발열
④ 중합열에 의한 발열

[해설] 자연발화의 형태
㉮ 분해열에 의한 발열 : 과산화수소, 염소산칼륨 등
㉯ 산화열에 의한 발열 : 건성유, 원면, 고무분말 등
㉰ 중합열에 의한 발열 : 시안화수소, 산화에틸렌, 염화비닐 등
㉱ 흡착열에 의한 발열 : 활성탄, 목탄 분말 등
㉲ 미생물에 의한 발열 : 먼지, 퇴비 등

28. 송수량 350 L/min, 전양정 20 m의 펌프를 구동하는데 필요한 축동력은 몇 kW인가? (단, 펌프 효율은 80 %이다.)
① 1.25 kW   ② 1.43 kW
③ 1.94 kW   ④ 2.42 kW

[해설] 물의 비중량(γ)이 주어지지 않으면 1000 kgf/m³을 적용하고, 송수량(유량)의 단위는 m³/s이므로 350 L은 0.35 m³이다.

$$\therefore kW = \frac{\gamma \cdot Q \cdot H}{102\eta}$$
$$= \frac{1000 \times 0.35 \times 20}{102 \times 0.8 \times 60} = 1.429 \, kW$$

29. 가스 크로마토그래피의 특징으로 거리가 먼 것은?
① 분리 성능이 좋고 선택성이 좋다.
② 구조가 간단하고 취급이 용이하다.
③ 1대의 장치로 여러 가지 가스를 분석할 수 있다.
④ 짧은 시간에 낮은 농도에서도 정확히 정량할 수 있다.

[해설] 가스 크로마토그래피의 특징
㉮ 여러 종류의 가스분석이 가능하다.
㉯ 선택성이 좋고 고감도로 측정한다.
㉰ 미량성분의 분석이 가능하다.
㉱ 응답 속도가 늦으나 분리 능력이 좋다.
㉲ 동일가스의 연속측정이 불가능하다.
㉳ 캐리어가스는 검출기에 따라 수소, 헬륨, 아르곤, 질소를 사용한다.

[해답] 25. ④ 26. ④ 27. ① 28. ② 29. ④

30. 카바이드를 이용하여 아세틸렌가스를 제조할 때 가스제조설비의 순서가 올바르게 나열된 것은?

① 가스발생기 → 쿨러 → 가스압축기 → 가스청정기 → 가스 충전용기
② 가스압축기 → 가스청정기 → 가스발생기 → 쿨러 → 가스 충전용기
③ 쿨러 → 가스발생기 → 가스청정기 → 가스압축기 → 가스 충전용기
④ 가스발생기 → 쿨러 → 가스청정기 → 가스압축기 → 가스 충전용기

해설 카바이드를 이용한 제조설비 순서: 가스발생기 → 쿨러 → 가스청정기 → 저압건조기 → 가스압축기 → 유분리기 → 고압건조기 → 가스 충전용기

31. 독성가스 검지방법 중 암모니아수로 검지하는 가스는?

① SO_2　　② HCN
③ NH_3　　④ CO

해설 암모니아(NH_3)와 접촉 시 흰연기(白煙)가 발생하는 가스: 아황산가스(SO_2), 염소(Cl_2), 염화수소(HCl)

32. 가스설비 및 저장설비 외면으로부터 화기를 취급하는 장소까지 몇 m 이상의 우회거리를 두어야 하는가?

① 2 m　　② 5 m
③ 8 m　　④ 10 m

해설 화기와의 거리: 가스설비 및 저장설비 외면으로부터 화기를 취급하는 장소 사이에 유지하여야 하는 거리는 우회거리 2 m 이상으로 한다.

33. 차량에 고정된 탱크 운반기준에서 독성가스 탱크 내용적은 얼마를 초과해서는 안 되는가?

① 10000 L　　② 12000 L
③ 15000 L　　④ 18000 L

해설 차량에 고정된 탱크의 내용적 기준
㉮ 가연성 가스(LPG 제외), 산소: 18000 L 초과 금지
㉯ 독성가스(액화암모니아 제외): 12000 L 초과 금지

34. 습식 아세틸렌 발생기의 표면 유지온도는?

① 100℃ 이하　　② 90℃ 이하
③ 80℃ 이하　　④ 70℃ 이하

해설 습식 아세틸렌가스 발생기의 표면은 70℃ 이하의 온도로 유지하고, 그 부근에서는 불꽃이 튀는 작업을 하지 아니한다.

35. 공기보다 비중이 가벼운 도시가스의 공급시설로서 공급시설이 지하에 설치된 경우 통풍구조에서 흡입구 및 배기구의 관경은 몇 mm 이상으로 하는가?

① 50 mm　　② 75 mm
③ 100 mm　　④ 150 mm

해설 공기보다 비중이 가벼운 도시가스의 공급시설로서 공급시설이 지하에 설치된 경우 통풍구조
㉮ 통풍구조는 환기구를 2방향 이상 분산하여 설치한다.
㉯ 배기구는 천장면으로부터 30 cm 이내에 설치한다.
㉰ 흡입구 및 배기구의 관경은 100 mm 이상으로 하되, 통풍이 양호하도록 한다.
㉱ 배기 가스 방출구는 지면에서 3 m 이상의 높이에 설치하되, 화기가 없는 안전한 장소에 설치한다.

36. 공기 중에서 폭발범위로 옳지 않은 것은?

① 메탄: 5~15 %
② 프로판: 2.1~9.5 %
③ 수소: 4~45 %
④ 아세틸렌: 2.5~81 %

해설 수소(H_2)의 폭발범위: 4~75 %

해답 30. ④　31. ①　32. ①　33. ②　34. ④　35. ③　36. ③

37. 프로판을 완전연소 시켰을 때 생성되는 물질로 옳은 것은?
① CO_2, H_2　　② CO_2, H_2O
③ C_2H_4, H_2O　④ C_4H_{10}, CO

[해설] ㉮ 프로판(C_3H_8)의 완전연소 반응식
$C_3H_8 + 5O_2 \rightarrow 3CO_2 + 4H_2O$
㉯ 프로판이 완전연소하면 이산화탄소(CO_2)와 물(H_2O)이 생성된다.

38. 물분무장치 등의 최대수량은 몇 분 이상 연속하여 동시에 방사할 수 있는 수원에 접속되어 있어야 하는가?
① 30분　　② 45분
③ 60분　　④ 90분

[해설] 물분무장치 등은 동시에 방사할 수 있는 최대수량을 30분 이상 연속하여 발사할 수 있는 수원에 접속된 것으로 한다.

39. 펌프가 액을 토출하지 않는 경우 그 원인으로 거리가 먼 것은?
① 저장 탱크 속의 액면의 낮음
② 흡입배관의 막힘
③ 펌프 모터의 전류, 전압의 변동
④ 흡입 측 누설

[해설] 펌프가 액을 토출하지 않는 원인
㉮ 저장탱크 내의 액면이 낮을 경우
㉯ 흡입관로가 막힐 경우
㉰ 흡입측의 누설부분이 있을 경우

40. 시안화수소를 장기간 저장하지 못하게 하는 이유는?
① 분해폭발　　② 산화폭발
③ 중합폭발　　④ 압력폭발

[해설] 시안화수소(HCN)는 중합폭발의 위험성 때문에 용기에 충전한 후 60일이 경과되기 전에 다른 용기에 옮겨 충전한다. 단, 순도가 98% 이상으로서 착색되지 아니한 것은 다른 용기에 옮겨 충전하지 아니할 수 있다.

41. 이상기체상수 R값이 1.987일 때 이에 해당되는 단위로 옳은 것은?
① $J/mol \cdot K$　　② $atm \cdot L/mol \cdot K$
③ $cal/mol \cdot K$　④ $N \cdot m/mol \cdot K$

[해설] 기체상수 R값에 따른 단위
∴ $R = 0.082$ L · atm/mol · K
　　$= 8.314 \times 10^7$ erg/mol · K
　　$= 8.314$ J/mol · K $= 8.314$ kJ/kmol · K
　　$= 1.987$ cal/mol · K

42. 가스계량기와 전기계량기 및 전기개폐기와의 거리는 몇 cm 이상의 거리를 유지해야 하는가?
① 15 cm　② 30 cm　③ 60 cm　④ 80 cm

[해설] 가스계량기와 유지거리
㉮ 전기계량기, 전기개폐기 : 60 cm 이상
㉯ 단열조치를 하지 않은 굴뚝, 전기점멸기, 전기접속기 : 30 cm 이상
㉰ 절연조치를 하지 않은 전선 : 15 cm 이상

43. 충전용기 밸브 중 충전구 나사가 왼나사에 해당되는 것은?
① N_2O　　② C_2H_2
③ CO_2　　④ O_2

[해설] (1) 각 가스의 연소성

명칭	연소성
아산화질소(N_2O)	조연성
아세틸렌(C_2H_2)	가연성
이산화탄소(CO_2)	불연성
산소(O_2)	조연성

(2) 충전구 나사 형식
㉮ 왼나사 : 가연성 가스(단, NH_3, CH_3Br은 오른나사이다.)
㉯ 오른나사 : 가연성 가스 이외의 것

44. 질소 0.8 mol과 산소 0.2 mol인 혼합공기의 전체압력이 760 mmHg일 때 산소가 나타내는 압력은?

[해답] 37. ②　38. ①　39. ③　40. ③　41. ③　42. ③　43. ②　44. ②

① 608 mmHg   ② 152 mmHg
③ 190 mmHg   ④ 200 mmHg

해설 산소 분압 = 전압 × (성분 몰수)/(전 몰수)
$= 760 × \frac{0.2}{0.8+0.2} = 152\,mmHg$

45. 용기에 아세틸렌을 충전할 때 옳은 방법은?
① 용기에 압축기로 압력을 주면서 충전한다.
② 아세틸렌 청정기에서 용기에 직접 충전한다.
③ 용기에 다공성 물질을 넣고 여기에 아세톤을 침윤시키고 아세틸렌을 충전한다.
④ 용기에 물이 들어가지 않도록 거꾸로 하여 물속에 넣고 거기에 아세틸렌의 관을 삽입하여 조용히 충전한다.

해설 아세틸렌을 용기에 충전하는 때에는 미리 용기에 다공물질을 고루 채워 다공도가 75 % 이상 92 % 미만이 되도록 한 후 아세톤 또는 디메틸포름아미드를 고루 침윤시키고 충전한다.

46. 다음 가스에 대한 일반적인 특성을 설명한 것 중 옳지 않은 것은?
① 희가스는 공기 중에 미량존재하고 방전 중에는 특유의 빛을 낼 수 있다.
② 에틸렌은 불포화결합을 하고 있으므로 부가반응을 할 수 있다.
③ 오래된 시안화수소는 급격한 중합반응을 일으켜 자체열로 폭발 우려가 있다.
④ 포스겐 자체는 폭발성과 인화성이 강하고 유독성도 강하다.

해설 포스겐($COCl_2$)
㉮ 허용농도(TLV–TWA) 0.1 ppm으로 독성이 강하다.
㉯ 불연성 가스에 해당되어 폭발 및 인화의 위험성은 없다.

47. 다음 중 폭발성이 예민하므로 마찰 및 타격으로 격렬히 폭발하는 물질에 해당되지 않는 것은?
① 황화질소   ② 메틸아민
③ 염화질소   ④ 아세틸드

해설 폭발성이 극히 예민하여 마찰, 타격으로 격렬히 폭발하는 물질에는 아지화은(AgN_2), 질화수은(HgN_2), 아세틸드(또는 아세틸라이드), 염화질소, 황화질소(N_4S_4), 옥화질소, 데도라센 등이 있다.

48. 아세틸렌 압축기에 대한 설명으로 옳지 않은 것은?
① 압축기를 충분히 냉각시키기 위해 보통 수중에서 작동시킨다.
② 압축기 냉각에 사용되는 냉각수 온도는 20℃ 이하로 유지한다.
③ 압축기와 모터는 함께 설치하는 것이 좋다.
④ 크랭크 케이스는 기밀한 구조로 하고 공기 혼입을 피해야 한다.

해설 아세틸렌 압축기
㉮ 급격한 압력상승을 피하기 위해 회전수 100 rpm 전후의 저속 2~3단의 왕복 압축기를 사용한다.
㉯ 내부 윤활유는 양질의 광유를 사용한다.
㉰ 압축기를 충분히 냉각시키기 위해 수중에서 작동시킨다.
㉱ 압축기 냉각에 사용되는 냉각수 온도는 20℃ 이하로 유지한다.
㉲ 모터는 방폭형으로 압축실과 분리하여 설치한다.
㉳ 크랭크 케이스는 기밀한 구조로 하고 공기혼입을 피해야 한다.
㉴ 아세틸렌을 용기에 충전하는 때의 충전 중의 압력은 2.5 MPa 이하로 한다.

49. 온도계의 선택 시 고려사항으로 부적합한 방법은?
① 지시 및 기록 등을 쉽게 행할 수 있을 것
② 견고하고 내구성이 있을 것

해답 45. ③ 46. ④ 47. ② 48. ③ 49. ④

③ 취급하기가 쉽고 측정하기 간편할 것
④ 피측온체의 화학반응 등으로 온도계에 영향이 있을 것

[해설] 온도계의 선택 시 고려사항
㉮ 온도의 측정 범위와 정밀도가 적당할 것
㉯ 지시 및 기록 등을 쉽게 행할 수 있을 것
㉰ 피측온 물체의 크기가 온도계의 크기에 비해 적당할 것
㉱ 피측온체의 온도변화에 대한 온도계의 반응이 충분할 것
㉲ 피측온체의 화학반응 등으로 온도계에 영향이 없을 것
㉳ 견고하고 내구성이 있을 것
㉴ 취급하기 쉽고 측정하기 간편할 것
㉵ 원격지시 및 기록, 자동제어 등이 가능할 것

50. 압축된 가스를 단열 팽창시키면 온도가 강하한다는 효과는?
① 단열효과　　② 줄-톰슨 효과
③ 정류효과　　④ 강하효과

[해설] 줄-톰슨 효과 : 단열을 한 배관 중에 작은 구멍을 내고 이 관에 압력이 있는 유체를 흐르게 하면 유체가 작은 구멍을 통할 때 유체의 압력이 하강함과 동시에 온도가 변화하는 현상이다.

51. 아세틸렌의 폭발과 관계없는 것은?
① 중합폭발　　② 산화폭발
③ 분해폭발　　④ 화합폭발

[해설] 아세틸렌의 폭발종류
㉮ 산화폭발 : 아세틸렌이 산소와 혼합하여 있을 때 점화하면 폭발을 일으킨다.
$C_2H_2 + 2.5O_2 \rightarrow 2CO_2 + H_2O$
㉯ 분해폭발 : 가압, 충격에 의해 탄소와 수소로 분해되면서 폭발을 일으킨다.
$C_2H_2 \rightarrow 2C + H_2O + 54.2kcal$
㉰ 화합폭발 : 아세틸렌이 동(Cu), 은(Ag), 수은(Hg) 등의 금속과 화합 시 폭발성의 아세틸드를 생성하여 폭발한다.

52. 고압가스 저장설비 주위에 설치하는 경계책 높이는 얼마인가?
① 1m 이상　　② 1.2m 이상
③ 1.5m 이상　　④ 3m 이상

[해설] 경계책 설치
㉮ 고압가스시설의 안전을 확보하기 위하여 저장설비, 처리설비 및 감압설비를 설치한 장소 주위에는 외부인의 출입을 통제할 수 있도록 경계책을 설치한다.
㉯ 경계책 높이는 1.5m 이상으로 한다.
㉰ 경계책의 재료는 철책, 철망 등으로 한다.
㉱ 경계책 주위에는 외부사람이 무단출입을 금하는 내용의 경계표지를 보기 쉬운 장소에 부착한다.
㉲ 경계책 안에는 누구도 화기, 발화 또는 인화하기 쉬운 물질을 휴대하고 들어갈 수 없도록 필요한 조치를 강구한다.

53. 절대온도 0에 해당되는 것은?
① 0℃　　② -459.67°F
③ -273.15 K　　④ -273.15°R

[해설] ㉮ 절대온도 0도는 -273.15℃, -459.67°F, 0K, 0°R이다.
㉯ 각 온도를 환산하여 비교하면
① 0℃ → 0 + 273 = 273K
② -459.67°F → -459.67 + 459.67 = 0°R
③ -273.15K → -273.15 - 273.15 = -546.3℃(존재할 수 없는 온도이다.)
④ -273.15°R → $\frac{-273.15}{1.8} - 273 = -424.75℃$

54. 산소 압축기의 내부 윤활제로 적당한 것은?
① 광유　　② 유지류
③ 물　　④ 글리세린

[해답] 50. ②　51. ①　52. ③　53. ②　54. ③

해설 산소 압축기 내부 윤활제
⑦ 물 또는 10 % 이하의 묽은 글리세린수를 사용한다.
④ 석유류, 유지류 또는 글리세린은 내부 윤활제로 사용하지 아니한다.

55. 가연성 가스와 공기가 확산으로 급격히 혼합되어 일어나는 연소는?
① 증발연소 ② 확산연소
③ 분해연소 ④ 표면연소

해설 연소의 형태
⑦ 표면연소 : 목탄, 코크스와 같이 표면에서 산소와 반응하여 연소하는 것
④ 분해연소 : 열분해에 의해 연소가 일어나는 것으로 종이, 석탄, 목재 등의 고체 연료의 연소
⑤ 증발연소 : 가연성 액체의 연소
⑥ 확산연소 : 가연성 가스의 연소
⑦ 자기연소 : 산소공급 없이 연소하는 것으로 제5류 위험물이 해당된다.

56. 다음 가연성 가스 중 폭발범위가 가장 넓은 것은?
① 암모니아 ② 아세틸렌
③ 산화에틸렌 ④ 일산화탄소

해설 각 가스의 공기 중에서 폭발범위

명칭	폭발범위
암모니아(NH_3)	15 ~ 28 %
아세틸렌(C_2H_2)	2.5 ~ 81 %
산화에틸렌(C_2H_4O)	3 ~ 80 %
일산화탄소(CO)	12.5 ~ 74 %

참고 가연성 가스 중 폭발범위가 가장 넓은 것은 아세틸렌(C_2H_2)이다.

57. 산소를 제조할 때 품질검사 주기는?
① 1일 1회 이상 ② 1일 3회 이상
③ 2일 2회 이상 ④ 2일 3회 이상

해설 품질검사방법
⑦ 검사는 1일 1회 이상 가스제조장에서 실시한다.
④ 검사는 안전관리책임자가 실시하고, 검사결과를 안전관리부총괄자와 안전관리책임자가 함께 확인하고 서명 날인한다.

58. 도시가스배관의 외부전원법에 의한 전기방식 설비의 계기류 확인은 몇 개월에 1회 이상 하여야 하는가?
① 1 ② 3
③ 6 ④ 12

해설 전기방식시설 점검기준
⑦ 관대지전위(菅對地電位) : 1년에 1회 이상
④ 외부전원법 계기류 : 3개월에 1회 이상
⑤ 배류법 계기류 : 3개월에 1회 이상
⑥ 절연 부속품, 역전류방지장치, 결선 및 보호절연체 효과 : 6개월에 1회 이상

59. 수분이 존재할 때 일반강재를 부식시키는 가스는?
① 일산화탄소 ② 수소
③ 황화수소 ④ 질소

해설 수분 존재 시 강재를 부식시키는 가스 : 이산화탄소(CO_2), 염소(Cl_2), 포스겐($COCl_2$), 황화수소(H_2S)

60. -40℃는 화씨온도 얼마인가?
① -40°F
② 44°F
③ 542°F
④ 233°F

해설 $°F = \dfrac{9}{5}℃ + 32$

$= \dfrac{9}{5} \times (-40) + 32 = -40°F$

참고 섭씨온도와 화씨온도가 같아지는 눈금은 -40이다.

해답 55. ② 56. ② 57. ① 58. ② 59. ③ 60. ①

2020년도 복원문제 (1)

1. 부취제의 구비조건 중 거리가 먼 것은?
① 가격이 저렴할 것
② 화학적으로 안정할 것
③ 물에 잘 녹고 독성이 없을 것
④ 가스배관, 가스미터 등에 흡착되지 않을 것

해설 부취제의 구비조건
㉮ 화학적으로 안정하고 독성이 없을 것
㉯ 보통 존재하는 냄새(생활취)와 명확하게 식별될 것
㉰ 극히 낮은 농도에서도 냄새가 확인될 수 있을 것
㉱ 가스관이나 가스미터 등에 흡착되지 않을 것
㉲ 배관을 부식시키지 않을 것
㉳ 물에 잘 녹지 않고 토양에 대하여 투과성이 클 것
㉴ 완전연소가 가능하고 연소 후 냄새나 유해한 성질이 남지 않을 것

2. 고압장치 운전 중 점검사항이 아닌 것은?
① 가스경보기의 상태
② 진동 및 소음 상태
③ 누설상태
④ 벨트의 이완 상태

해설 벨트의 이완 상태 점검은 운전 전 점검사항이다.

3. 고압가스 안전관리법에서 정한 고압가스 관련설비가 아닌 것은?
① 독성가스 배관용 밸브
② 초저온 탱크 배관용 밸브
③ 역화방지기
④ 압력용기

해설 고압가스 관련설비(특정설비) 종류 : 안전밸브, 긴급 차단 장치, 기화장치, 독성가스 배관용 밸브, 자동차용 가스 자동주입기, 역화방지기, 압력용기, 특정고압가스용 실린더 캐비닛, 자동차용 압축천연가스 완속 충전설비, 액화석유가스용 용기 잔류가스 회수장치

4. 가스배관의 배관 경로를 결정할 때 고려하여야 할 사항으로 가장 거리가 먼 것은?
① 가능한 한 최단거리로 할 것
② 구부러지거나 오르내림이 적게 할 것
③ 가능한 한 은폐하거나 매설할 것
④ 가능한 한 옥외에 설치할 것

해설 배관 경로를 결정할 때 고려사항
㉮ 최단거리로 할 것
㉯ 구부러지거나 오르내림이 적을 것
㉰ 은폐, 매설을 피할 것
㉱ 가능한 옥외에 설치할 것

5. 질소의 용도가 아닌 것은?
① 비료에 이용   ② 질산제조에 이용
③ 연료용에 이용 ④ 냉동제

해설 질소(N_2)의 용도
㉮ 암모니아 합성용 가스로 사용
㉯ 치환(purge)용 가스로 사용
㉰ 액체 질소의 경우 급속 냉동에 사용
㉱ 액화천연가스(LNG) 제조장치의 냉매가스로 사용(일반적인 냉동기에는 냉매로 사용하기가 부적합 함)

참고 질소(N_2)는 불연성 가스이므로 연료용으로 사용하는 것은 불가능하다.

6. 열전대 온도계의 특징이 아닌 것은?
① 고온 측정에 적합하다.

해답 1. ③ 2. ④ 3. ② 4. ③ 5. ③ 6. ③

② 냉접점이나 보상도선으로 인한 오차가 발생되기 쉽다.
③ 측정장치에 전원이 필요하고 원격지시 및 기록이 용이하다.
④ 열전대의 열접점을 측정부에 접속시키지 않으면 안된다.

해설 열전대 온도계의 특징
㉮ 고온 측정에 적합하다.
㉯ 냉접점이나 보상도선으로 인한 오차가 발생되기 쉽다.
㉰ 전원이 필요하지 않으며 원격지시 및 기록이 용이하다.
㉱ 온도계 사용한계에 주의하고, 영점보정을 하여야 한다.
㉲ 온도에 대한 열기전력이 크며 내구성이 좋다.

7. 액화석유가스가 공기 중에서 누설 시 그 농도가 몇 %일 때 감지할 수 있도록 부취제를 첨가하는가?

① 0.1 % ② 0.5 %
③ 1 %   ④ 2 %

해설 부취제의 착취농도 : 공기 중 $\frac{1}{1000}$ 상태에서 감지가 되어야 하므로 백분율로 표시하면 0.1%에 해당된다.

8. LP가스 성질에 대한 설명 중 옳은 것은?

① 무색투명하고 물에 잘 녹는다.
② LPG는 독성이 있어 다량으로 계속 흡입하면 중독의 위험성이 있다.
③ 프로판이 비점에서의 기화열은 101.8 kcal/kg이다.
④ 초저온 가스로서 액체 누설 시 동상의 우려가 있다.

해설 ㉮ 각 항목의 옳은 설명
① 무색투명하고 물에 잘 녹지 않는다.
② LPG는 비독성에 해당된다.
④ 비점이 -42.1℃인 액화가스로서 액체 누설 시 동상의 우려가 있다.
㉯ 기화열 비교
㉠ 프로판(C_3H_8) : 101.8 kcal/kg
㉡ 부탄(C_4H_{10}) : 92.7 kcal/kg

9. 면적 가변식 유량계의 특징이 아닌 것은?

① 소용량 측정이 가능하다.
② 압력손실이 크고 거의 일정하다.
③ 유효 측정 범위가 넓다.
④ 직접 유량을 측정한다.

해설 면적 가변식(로터 미터) 유량계의 특징
㉮ 소용량 측정이 가능하다.
㉯ 압력손실이 적고, 거의 일정하다.
㉰ 유효 측정 범위가 넓다.
㉱ 직접 유량을 측정한다.
㉲ 장치가 간단하다.

10. 가스 공급설비 중 유수식 가스홀더의 특징으로 옳은 것은?

① 동절기 동결방지 조치가 필요하다.
② 유효 가동량이 구형 가스홀더에 비해 적다.
③ 제조설비가 고압인 경우 사용된다.
④ 압력이 가스탱크의 양에 따라 거의 일정하다.

해설 유수식 가스홀더의 특징
㉮ 제조설비가 저압인 경우에 적합하다.
㉯ 구형에 비하여 유효 가동량이 크다.
㉰ 대량의 물이 필요하므로 초기 설비비가 많이 소요된다.
㉱ 한랭지에서는 탱크의 동결을 방지하여야 한다.
㉲ 압력이 가스탱크의 수에 따라 변동한다.

11. 가스를 폭발등급별로 분류 시 잘못 분류된 것은?

① 1등급 : 메탄, 에탄
  2등급 : 에틸렌
② 1등급 : 메탄, 에탄
  2등급 : 석탄가스

해답 7. ① 8. ③ 9. ② 10. ① 11. ④

③ 1등급 : 암모니아, 가솔린
   3등급 : 수소, 아세틸렌
④ 1등급 : 암모니아, 일산화탄소
   3등급 : 수성가스, 프로판

해설 폭발등급에 따른 가스 종류 및 안전간격

폭발등급	안전간격	가스의 종류
1등급	0.6 mm 이상	일산화탄소, 에탄, 프로판, 암모니아, 아세톤, 에틸에테르, 가솔린, 벤젠 등
2등급	0.4~0.6 mm	석탄가스, 에틸렌 등
3등급	0.4 mm 미만	아세틸렌, 이황화탄소, 수소, 수성가스

12. 액체공기로부터 산소와 질소를 분리하는 공업적 방법의 특성은?
① 끓는점 ② 밀도
③ 반응점 ④ 녹는점

해설 액체공기로부터 산소(-183℃)와 질소(-196℃)의 비점(끓는점) 차이를 이용하여 분리한다.

13. 도시가스 배관 내의 상용압력이 4.2 MPa이다. 배관 내의 압력이 이상 상승하여 경보장치의 경보가 울리기 시작하는 압력은?
① 4.2 MPa 초과 시
② 4.4 MPa 초과 시
③ 4.5 MPa 초과 시
④ 4.61 MPa 초과 시

해설 경보장치가 울리는 경우
㉮ 배관 내의 압력이 상용압력의 1.05배를 초과한 때(단, 상용압력이 4 MPa 이상인 경우에는 상용압력에 0.2 MPa를 더한 압력)
㉯ 배관 내의 압력이 정상 운전 시의 압력보다 15% 이상 강하한 경우
㉰ 긴급차단밸브의 조작회로가 고장난 때 또는 긴급차단밸브가 폐쇄된 때

∴ 상용압력이 4 MPa을 초과하므로 경보장치가 울리는 압력은 4.2 + 0.2 = 4.4 MPa이다.

14. 다음 중 가연성이면서 유독한 것은?
① NH_3 ② H_2
③ CH_4 ④ N_2

해설 가연성 이면서 독성가스인 것 : 아크릴로 니트릴, 일산화탄소, 벤젠, 산화에틸렌, 모노메틸아민, 염화메탄, 브롬화메탄, 이황화탄소, 황화수소, 암모니아, 석탄가스, 시안화수소, 트리메틸아민 등

15. 초저온 용기의 단열성능 시험용 저온 액화가스가 아닌 것은?
① 액화아르곤 ② 액화산소
③ 액화염소 ④ 액화질소

해설 시험용 가스의 비점 및 기화잠열

명칭	비점(℃)	기화잠열(J/kg)
액화질소	-196	200966
액화산소	-183	213526
액화아르곤	-186	159096

16. 물 20℃ 1.5kg을 1 atm 하에서 비등시켜 그 중 $\frac{1}{2}$을 증발시키는데 몇 kcal의 열량이 필요한가?
① 480 kcal ② 500 kcal
③ 525 kcal ④ 560 kcal

해설 ㉮ 20℃물 → 100℃ 물 : 현열
∴ $Q_1 = G \cdot C \cdot \Delta t$
$= 1.5 \times 1 \times (100 - 20) = 120\,kcal$

㉯ 100℃ 물 → 100℃ 증기로 $\frac{1}{2}$만 증발 : 잠열
∴ $Q_2 = G \cdot \gamma$
$= 1.5 \times \frac{1}{2} \times 539 = 404.25\,kcal$

해답 12. ① 13. ② 14. ① 15. ③ 16. ③

㉰ 합계 열량 계산

∴ $Q = Q_1 + Q_2$
$= 120 + 404.25 = 524.25\,\text{kcal}$

17. 원심펌프를 병렬로 연결하여 운전할 경우에 무엇이 증가되는가?
① 양정　② 회전수
③ 유량　④ 효율
[해설] 원심펌프 운전 특성
㉮ 직렬운전 : 양정 증가, 유량 일정
㉯ 병렬운전 : 유량 증가, 양정 일정

18. 다음의 가스를 분석하고자 할 때 흡수제와 옳게 짝지어진 것은?
① 산소 – KOH용액
② 암모니아 – 파라듐블랙
③ 염소 – 가성소다용액
④ 일산화탄소 – 발연황산
[해설] 각종 가스의 분석할 때 흡수제
㉮ 산소
　㉠ 염화 제1구리의 암모니아성 용액에 의한 흡수
　㉡ 탄산동의 암모니아성 용액에 의한 흡수
　㉢ 알칼리성 피로갈롤 용액에 의한 흡수
　㉣ 티오황산나트륨 용액에 의한 흡수
㉯ 암모니아 : 황산에 흡수시켜 알칼리로, 나머지는 황산을 적정
㉰ 염소
　㉠ 가성소다에 의한 흡수
　㉡ KI 수용액에 의한 흡수
㉱ 일산화탄소 : 염화 제1구리의 암모니아성 용액에 의한 흡수

19. 가스를 사용하려 하는데 밸브에 얼음이 붙었다. 어떻게 하면 되겠는가?
① 40℃ 이하의 물수건을 이용한다.
② 80℃의 토치램프로 가열한다.
③ 100℃의 뜨거운 물을 사용한다.
④ 종이에 불을 피워 녹인다.
[해설] 충전용 밸브의 가열 : 밸브 또는 충전용 지관을 가열하는 때에는 열습포 또는 40℃ 이하의 물을 사용한다.

20. 아세틸렌(C_2H_2)을 설명한 것 중 틀린 것은?
① 카바이드(CaC_2)에 물을 넣어 제조한다.
② 청정제로서 아세톤을 사용한다.
③ 흡열화합물이므로 압축하면 분해폭발을 일으킬 염려가 있다.
④ 공기 중 폭발범위는 2.5 ~ 81 %이다.
[해설] 아세틸렌 청정제 : 에퓨렌, 카다리솔, 리가솔

21. 재료에 하중을 작용하여 항복점 이상의 응력을 가하면, 하중을 제거하여도 본래의 형상으로 돌아가지 않도록 하는 성질을 무엇이라고 하는가?
① 피로　② 크리프
③ 소성　④ 탄성
[해설] 소성 : 재료에 작용하는 힘의 크기가 일정한도에 도달하면 변형이 급격히 증가되고, 힘을 제거해도 그 변형이 원래로 되돌아오지 않는 성질이다.

22. 다음 중 가장 낮은 압력은?
① 1 bar　② 0.99 atm
③ 28.56 inHg　④ 10.3 mH₂O
[해설] 각 압력을 kgf/cm^2으로 환산 비교하면
① 1 bar →
$\dfrac{1}{1.01325} \times 1.0332 = 1.019\,\text{kgf/cm}^2$
② 0.99 atm →
$0.99 \times 1.0332 = 1.0228\,\text{kgf/cm}^2$
③ 28.56 inHg →
$\dfrac{28.56}{29.9} \times 1.0332 = 0.9868\,\text{kgf/cm}^2$

[해답] 17. ③　18. ③　19. ①　20. ②　21. ③　22. ③

④ $10.3\,mH_2O \rightarrow$

$$\frac{10.3}{10.332} \times 1.0332 = 1.03\,kgf/cm^2$$

23. 내용적이 300L인 용기에 액화암모니아를 저장하려고 한다. 이 저장설비의 저장능력은 얼마인가? (단, 액화암모니아의 정수 C는 1.86이다.)
① 161 kg ② 232 kg
③ 279 kg ④ 558 kg

해설 $W = \dfrac{V}{C} = \dfrac{300}{1.86} = 161.29\,kg$

24. 도시가스 사용시설(연소기 제외) 기밀시험 압력으로 옳은 것은?
① 최고사용압력의 1.1배 또는 8.4 kPa
② 최고사용압력의 1.5배 또는 8.4 kPa
③ 최고사용압력의 1.2배 또는 12 kPa
④ 최고사용압력의 1.2배 또는 12 kPa

해설 가스사용시설 기밀시험 : 가스사용시설(연소기를 제외한다)은 최고사용압력의 1.1배 또는 8.4 kPa 중 높은 압력 이상의 압력으로 기밀시험을 실시해 이상이 없도록 한다.

25. 산화에틸렌 특징으로 옳은 것은?
① 무색, 무취의 독성가스이다.
② 물에는 잘 녹으나, 아세톤에는 녹지 않는다.
③ 암모니아와 반응한다.
④ 산, 알칼리와 반응하여 산화폭발한다.

해설 산화에틸렌(C_2H_4O)의 특징
㉮ 무색의 기체, 액체로 에테르 냄새가 난다.
㉯ 독성(TLV-TWA 50 ppm), 가연성(3~80%)이다.
㉰ 물, 알코올, 에테르, 유기용제에 용해한다.
㉱ 산, 알칼리, 무수염화물, 철 등에 의해 중합폭발한다.
㉲ 암모니아와 반응하여
에탄올아민($HOC_2H_4NH_2$)을 생성한다.
$C_2H_4O + NH_3 \rightarrow HOC_2H_4NH_2$

26. 고압식 공기액화 분리장치에서 원료공기는 압축기에서 어느 정도 압축되는가?
① 40~60 atm ② 70~100 atm
③ 80~120 atm ④ 150~200 atm

해설 공기액화 분리장치 원료공기 압축 압력
㉮ 고압식 : 150~200 atm
㉯ 저압식 : 5 atm

27. 일반 공업용 용기의 도색 중 잘못된 것은?
① 액화염소 - 갈색 ② 액화암모니아 - 백색
③ 아세틸렌 - 황색 ④ 수소 - 회색

해설 가스 종류별 용기 도색

가스 종류	용기도색	
	공업용	의료용
산소(O_2)	녹색	백색
수소(H_2)	주황색	-
액화탄산가스(CO_2)	청색	회색
액화석유가스	밝은회색	-
아세틸렌(C_2H_2)	황색	-
암모니아(NH_3)	백색	-
액화염소(Cl_2)	갈색	-
질소(N_2)	회색	흑색
아산화질소(N_2O)	회색	청색
헬륨(He)	회색	갈색
에틸렌(C_2H_4)	회색	자색
사이클로 프로판	회색	주황색
기타의 가스	회색	-

28. LP가스를 충전 받거나 이송 시 차량과 지상에 설치된 저장탱크 외면과의 이격거리 기준은?
① 1 m 이상 ② 2 m 이상
③ 3 m 이상 ④ 4 m 이상

해설 자동차에 고정된 탱크는 저장탱크 외면으로부터 3 m 이상 떨어져 정지한다. 다만, 저장탱크와 자동차에 고정된 탱크와의 사

해답 23. ① 24. ① 25. ③ 26. ④ 27. ④ 28. ③

이에 방호 울타리 등을 설치한 경우에는 3 m 이상 떨어져 정지하지 아니할 수 있다.

29. 다단 압축기의 단수 결정 시 고려사항이 아닌 것은?
① 흡입 가스 압력
② 취급 가스량
③ 취급 가스의 종류
④ 연속운전의 여부

해설 다단 압축기 단수 결정 시 고려사항
㉮ 최종 토출압력
㉯ 취급 가스량
㉰ 취급 가스의 종류
㉱ 연속운전의 여부
㉲ 동력 및 제작의 경제성

30. 액화석유가스 저장탱크에 설치하는 액면계가 아닌 것은?
① 평형 투시식 액면계
② 차압식 액면계
③ 고정 튜브식 액면계
④ 부르동관식 액면계

해설 부르동관(bourdon tube)식은 탄성식 압력계에 해당된다.

31. 냉동제조시설에서 냉매설비의 배관 이외의 부분 내압시험 압력은?
① 설계압력의 1.5배 이상
② 설계압력의 1.4배 이상
③ 설계압력 이상
④ 기밀시험압력 이상

해설 냉동제조시설의 냉매설비 내압시험 압력
㉮ 설계압력의 1.5배 이상의 압력(단, 기체의 압력으로 하는 경우에는 설계압력의 1.25배 이상의 압력)
㉯ 냉매설비 중 배관, 냉동기 및 냉동용 특정설비를 제외한다.

32. 다음 가스 중 독성(LC_{50})이 가장 강한 것은?
① 염소
② 불소
③ 시안화수소
④ 암모니아

해설 각 가스의 허용농도

명칭	허용농도(ppm)	
	LC_{50}	TLV-TWA
염소(Cl_2)	293	1
불소(F_2)	185	0.1
시안화수소(HCN)	140	10
암모니아(NH_3)	7388	25

※ 문제에서 질문하는 허용농도 기준이 LC_{50}인지, TLV-TWA에 따라 정답이 변경될 수 있다.

33. 다음 중 탄소와 수소의 중량비(C/H)가 가장 큰 것은?
① 에탄
② 프로필렌
③ 프로판
④ 메탄

해설 각 가스의 분자량 및 중량비(C/H) : 탄소(C)의 원자량은 12, 수소(H)의 원자량은 1이다.
㉮ 에탄(C_2H_6)
$$\therefore \frac{C}{H} = \frac{12 \times 2}{1 \times 6} = 4$$
㉯ 프로필렌(C_3H_6)
$$\therefore \frac{C}{H} = \frac{12 \times 3}{1 \times 6} = 6$$
㉰ 프로판(C_3H_8) : 분자량 44이다.
$$\therefore \frac{C}{H} = \frac{12 \times 3}{1 \times 8} = 4.5$$
㉱ 메탄(CH_4) : 분자량 16이다.
$$\therefore \frac{C}{H} = \frac{12 \times 1}{1 \times 4} = 3$$

34. 고압가스 용기의 보수 시 주의사항으로 옳지 않은 것은?
① 가스를 안전한 방법으로 방출할 것
② 가스 방출 후 가연성 가스로 치환할 것

③ 용기 보수 전에 공기로 다시 치환할 것
④ 보수 후 가스 충전 전에 불활성 가스로 치환할 것

[해설] 가스 치환은 불연성 가스인 질소 등으로 한다.

35. 가연성 가스의 제조설비 또는 저장설비 중 전기설비 방폭구조를 하지 않아도 되는 가스는?
① 암모니아, 시안화수소
② 암모니아, 염화메탄
③ 브롬화메탄, 일산화탄소
④ 암모니아, 브롬화메탄

[해설] 가연성 가스의 제조설비 또는 저장설비 중 전기설비에는 방폭성능을 갖도록 설치하는 경우 암모니아(NH_3), 브롬화메탄(CH_3Br) 및 공기 중에서 자기 발화하는 가스는 제외된다.

36. 고압가스 저장탱크에 관한 설명 중 올바른 것은?
① 구형 저장탱크는 동일한 용량 및 압력의 다른 형식에 비하여 재료가 적게 든다.
② 내용적 500 m^3의 저장탱크에 상용온도에서 470 m^3의 액화가스를 충전하였다.
③ 대기압에 가까운 증기압의 액화가스 저장탱크는 통상 정압이므로 부압방지 조치는 아니하여도 된다.
④ LNG 저장탱크의 재료로 5% 니켈 강재를 사용하면 좋다.

[해설] 각 항목의 옳은 설명
② 액화가스 저장량은 저장탱크 내용적의 90%까지 가능하므로 내용적 500 m^3의 저장탱크에는 상용온도에서 450 m^3의 액화가스를 충전할 수 있다.
③ 대기압에 가까운 증기압의 액화가스 저장탱크는 통상 정압이지만 부압방지 조치를 하여야 한다.

④ LNG 저장탱크 재료는 18-8 스테인리스강을 사용한다.

37. 왕복펌프에서 유량의 맥동 현상을 감소시키기 위하여 설치하는 것은?
① 서지탱크
② 공기실
③ 스트레이너
④ 체크밸브

[해설] 왕복펌프는 송출이 단속적이라 맥동 현상이 발생하므로 토출배관에 공기실을 설치하여 맥동현상을 흡수 완화시킨다.

38. 아세틸렌가스 또는 압력이 9.8 MPa 이상인 압축가스를 용기에 충전하는 경우 방호벽을 설치하지 않아도 되는 경우는?
① 압축기와 충전장소 사이
② 압축기와 그 가스충전용기 보관 장소 사이
③ 압축가스를 운반하는 차량과 충전용기 사이
④ 압축가스 충전장소와 그 가스 충전용기 보관 장소 사이

[해설] 방호벽 설치 대상 : 아세틸렌가스 또는 압력이 9.8 MPa 이상인 압축가스를 용기에 충전하는 경우
㉮ 압축기와 그 충전장소 사이
㉯ 압축기와 그 가스충전용기 보관장소 사이
㉰ 충전장소와 그 가스충전용기 보관장소 사이
㉱ 충전장소와 그 충전용 주관밸브 조작밸브 사이

39. 공기액화 분리장치에 취입되는 원료공기 중 불순물이 아닌 것은?
① 아세틸렌 등 탄화수소
② 질소산화물
③ 오존
④ 염화수소

[해설] 원료공기 중 불순물 종류 : 먼지, 질소산화물, 탄화수소류, 오존, 아세틸렌 등

[해답] 35. ④ 36. ① 37. ② 38. ③ 39. ④

40. LPG 자동차에 고정된 용기에 충전하는 충전기의 충전 호스 길이는?
① 1 m 이내 ② 2 m 이내
③ 3 m 이내 ④ 5 m 이내

[해설] 충전기의 충전 호스의 길이는 5 m 이내(자동차 제조공정 중에 설치된 것은 제외)로 하고, 그 끝에 축적되는 정전기를 유효하게 제거할 수 있는 정전기 제거 장치를 설치한다.

41. 공기액화 분리장치의 CO_2에 관한 설명으로 옳지 않은 것은?
① CO_2는 수분기에서 제거하여 건조기에서 완결되어진다.
② CO_2는 장치 폐쇄를 일으킨다.
③ CO_2는 8% NaOH 용액으로 제거한다.
④ CO_2는 원료공기에 포함되어 있다.

[해설] 공기액화 분리장치에서 CO_2는 탄산가스 흡수기에서 제거된다.

42. 액화석유가스의 집단공급시설을 할 때 저장설비의 주위에는 경계책 높이를 몇 m 이상으로 설치하는가?
① 1 m ② 1.5 m
③ 3 m ④ 2 m

[해설] 저장설비 및 가스설비를 설치한 장소 주위에는 높이 1.5 m 이상의 철책 또는 철망 등의 경계 울타리를 설치하고 일반인의 출입이 통제되도록 필요한 조치를 한다.

43. 가연성 가스의 위험도에 대한 설명 중 맞는 것은?
① 위험도는 값이 클수록 위험하다.
② 위험도는 폭발 상한값을 폭발 하한값으로 나눈 수치이다.
③ 아세틸렌보다 프로판의 위험도가 크다.
④ 폭발 상한값과 폭발 하한값의 차가 적을수록 위험도는 값이 크다.

[해설] ㉮ 위험도(H) 계산식 : 폭발범위 상한값과 하한값의 차이를 폭발범위 하한값으로 나눈 수치이다.
$$\therefore H = \frac{U-L}{L}$$
U : 폭발범위 상한값
L : 폭발범위 하한값
㉯ 위험도는 값이 클수록 위험하다.

44. 성질에 따른 가스 종류에 맞게 짝지어진 것은?
① 가연성 가스 – 수소, 암모니아, 산소
② 불연성 가스 – 질소, 아르곤, 수증기
③ 지연성 가스 – 염소, 불소, 황화수소
④ 가연성 가스 – 이산화탄소, 프로판, 헬륨

[해설] 연소성에 따른 가스 종류
㉮ 가연성 가스 : 아세틸렌(C_2H_2), 암모니아(NH_3), 수소(H_2), 일산화탄소(CO), 메탄(CH_4), 프로판(C_3H_8), 부탄(C_4H_{10}) 등
㉯ 지연성(조연성) 가스 : 산소(O_2), 오존(O_3), 불소(F_2), 염소(Cl_2), 산화질소(NO), 아산화질소(N_2O), 이산화질소(NO_2) 등
㉰ 불연성 가스 : 헬륨(He), 네온(Ne), 질소(N_2), 아르곤(Ar), 이산화탄소(CO_2) 등

45. 고압가스 일반제조 시설의 저장탱크 및 처리설비를 실내에 설치하는 경우 저장탱크실 및 처리설비실의 천정, 벽 및 바닥의 철근콘크리트 두께를 몇 cm 이상으로 해야 하는가?
① 20 ② 30
③ 40 ④ 60

[해설] 저장탱크 및 처리설비를 실내에 설치하는 경우 저장탱크실 및 처리설비실은 천정, 벽 및 바닥의 두께가 30 cm 이상인 철근콘크리트로 만든 실로서 방수처리가 된 것으로 한다.

[해답] 40. ④ 41. ① 42. ② 43. ① 44. ② 45. ②

46. 다음 중 공기보다 무거운 가스로 가스 유출 시 바닥으로 내려와 퍼지는 가스는?
① 메탄가스 ② 헬륨가스
③ 수소가스 ④ 프로판가스

해설 ㉮ 각 가스의 분자량 및 공기에 대한 비중

명칭	분자량	비중
메탄(CH_4)	16	0.55
헬륨(He)	4	0.14
수소(H_2)	2	0.07
프로판(C_3H_8)	44	1.51

㉯ 공기에 대한 비중은 분자량을 공기의 평균분자량 29로 나눈 값으로 분자량이 29보다 크면 공기보다 무거워 바닥에 체류하는 가스이다.

∴ 공기에 대한 비중 = $\dfrac{분자량}{29}$

47. 가스공급시설의 안전조작에 필요한 장소의 조도는 몇 lx인가?
① 10 ② 60
③ 110 ④ 150

해설 조명등 설치 : 제조소 및 공급소에는 가스공급시설의 조작을 안전하고 확실하게 할 수 있도록 하기 위하여 조명등을 설치하고 조명등의 조도는 150 lx 이상으로 한다.

48. 도시가스와 비교한 LP가스의 특성이 아닌 것은?
① 발열량이 높기 때문에 단시간에 온도를 높일 수 있다.
② 열용량이 크므로 작은 배관지름으로도 공급에 무리가 없다.
③ 자가 공급이므로 peak time이나 한가한 때는 일정한 공급을 할 수 없다.
④ 가스의 조성이 일정하고 소규모 또는 일시적으로 사용할 때는 경제적이다.

해설 충전용기에 의한 자가 공급이므로 피크시간(peak time)이나 한가한 때의 제약을 받지 않는다.

49. 공기 중에서 폭발 하한값이 가장 낮은 것은?
① 시안화수소 ② 암모니아
③ 에틸렌 ④ 옥탄

해설 각 가스의 공기 중에서 폭발범위

명칭	폭발범위
시안화수소(HCN)	6 ~ 41 %
암모니아(NH_3)	15 ~ 28 %
에틸렌(C_2H_4)	3.1 ~ 32 %
옥탄(C_8H_{18})	1.4 ~ 7.6 %

50. 착화점이 낮아질 수 있는 조건 중 맞지 않는 것은?
① 탄화수소에서 탄소수가 많은 분자일수록 착화온도는 낮아진다.
② 산소농도가 클수록, 압력이 클수록 착화온도는 낮아진다.
③ 화학적으로 발열량이 높을수록 착화온도는 낮아진다.
④ 반응 활성도가 작을수록 착화온도는 낮아진다.

해설 착화점이 낮아질 수 있는 조건
㉮ 압력이 높을 때
㉯ 발열량이 높을 때
㉰ 열전도율이 작을 때
㉱ 산소와 친화력이 클 때
㉲ 산소농도가 클수록
㉳ 분자구조가 복잡할수록
㉴ 반응활성도가 클수록
㉵ 탄화수소의 탄소수가 많을수록

51. 다음 중 아세틸렌에 관한 설명으로 옳은 것은?
① 지연성 가스이다.
② 비등점이 상온보다 높으므로 액체로서 운반, 저장이 가능하다.

해답 46. ④ 47. ④ 48. ③ 49. ④ 50. ④ 51. ④

③ 고체 아세틸렌은 승화하지 않는다.
④ 아세틸렌은 접촉적으로 수소화하면 에틸렌, 에탄이 된다.

해설 각 항목의 옳은 설명
① 아세틸렌(C_2H_2)은 가연성 가스(2.5~81%)이다.
② 비등점이 -75℃로 액화시킬 수 있지만 액체는 불안정하여 운반이나 저장이 불가능하다.
③ 비점(-75℃)과 융점(-84℃)이 거의 비슷하므로 고체아세틸렌은 융해하지 않고 승화한다.

52. LPG 용기보관소의 "화기엄금" 경계표지의 표시는 어느 색으로 나타내는가?
① 흰색 ② 노란색
③ 청색 ④ 적색

해설 LPG 용기보관소 경계표지
㉮ "연" : 적색문자
㉯ 화기엄금 : 적색문자

53. 독성가스 저장탱크에 가스를 충전할 때 최대 저장량은 저장탱크 내용적의 몇 % 이하인가?
① 90 ② 85
③ 80 ④ 60

해설 독성가스 저장탱크에는 그 가스의 용량이 그 저장탱크 내용적의 90%를 초과하는 것을 방지하기 위하여 과충전 방지조치를 강구한다(저장탱크 내용적의 90%를 초과하는 것을 방지하는 것이므로 충전량은 90% 이하로 충전하여야 한다).

54. 구형 저장탱크(저조)의 특징에 관한 사항 중 틀린 것은? (단, 동일용량의 가스를 동일압력 및 재료 하에서 저장하는 경우이다.)
① 형태가 아름답다.
② 기초구조가 단순하여 공사가 용이하다.
③ 보존이 유리하고 누설을 완전히 방지할 수 있다.
④ 표면적이 크므로 강도가 높다.

해설 구형 저장탱크의 특징
㉮ 고압 저장탱크로서 횡형 원통형 저장탱크보다 건설비가 저렴하다.
㉯ 동일용량일 때 표면적이 가장 적고 강도가 높다.
㉰ 기초구조가 단순하여 공사가 용이하다.
㉱ 보존면에서 유리하고, 누설을 완전히 방지할 수 있다.
㉲ 형태가 아름답다.

55. 충전용기를 적재한 차량의 운반개시 전 점검사항이 아닌 것은?
① 차량의 적재중량 확인
② 용기의 충전량 확인
③ 용기 고정상태 확인
④ 용기 보호캡의 부착유무 확인

해설 운반개시 전 적재상태 점검내용
㉮ 차량의 적재중량 확인
㉯ 용기 고정상태 확인
㉰ 용기 보호캡의 부착유무 확인
㉱ 용기 및 밸브 등에서 가스누출 확인

56. 3단 토출압력이 2 MPa·g이고, 압축비가 2인 4단 공기압축기에서 1단 흡입압력은 약 몇 MPa·g인가? (단, 대기압은 0.1 MPa로 한다.)
① 0.16 MPa·g
② 0.26 MPa·g
③ 0.36 MPa·g
④ 0.46 MPa·g

해설 3단 토출압력을 기준으로 1단 흡입압력을 계산

$a = \sqrt[n]{\dfrac{P_{03}}{P_1}}$ 에서 $a^n = \dfrac{P_{03}}{P_1}$ 이다.

$\therefore P_1 = \dfrac{P_{03}}{a^n} = \dfrac{2 + 0.1}{2^3}$
$= 0.2625 \, \text{MPa·a} - 0.1$
$= 0.1625 \, \text{MPa·g}$

해답 52. ④ 53. ① 54. ④ 55. ② 56. ①

57. LP가스 설비에서 가스미터 부착기준으로 옳지 않은 것은?
① 수직으로 부착할 것
② 입구와 출구의 구별을 혼돈치 말 것
③ 가스미터의 입구 배관에는 드레인을 부착할 것
④ 가스미터 또는 배관에 상호 부당한 힘이 가해지지 않도록 할 것

[해설] 가스미터는 수평, 수직으로 부착하여야 한다.

58. 다음 중 1 MPa과 같은 것은?
① 10 N/cm^2
② 100 N/cm^2
③ 1000 N/cm^2
④ 10000 N/cm^2

[해설] ㉮ $1 \text{ N/m}^2 = \dfrac{1}{10000} \text{ N/cm}^2$
㉯ $1 \text{ MPa} = 1000000 \text{ N/m}^2$
$= 1000000 \times \dfrac{1}{10000} \text{ N/cm}^2$
$= 100 \text{ N/cm}^2$

59. 동일차량에 적재하여 운반할 수 없는 경우는 다음 가스 중 어느 것인가?
① 산소와 질소
② 질소와 탄산가스
③ 탄산가스와 아세틸렌
④ 염소와 아세틸렌

[해설] 혼합적재 금지
㉮ 염소와 아세틸렌, 암모니아, 수소는 동일차량에 적재운반 금지
㉯ 가연성 가스와 산소를 동일차량에 적재운반 시에는 충전용기 밸브가 서로 마주 보지 않도록 적재할 것
㉰ 충전용기와 위험물 안전관리법이 정하는 위험물

60. 밀도의 단위로 알맞은 것은?
① g/s^2
② L/g
③ g/cm^3
④ Lb/in^2

[해설] 밀도(ρ) : 단위 체적당 질량으로 단위는 g/cm^3, g/L, kg/m^3 등이다.
∴ 가스의 밀도(ρ) $= \dfrac{\text{분자량}(g)}{22.4(L)}$

[해답] 57. ① 58. ② 59. ④ 60. ③

2020년도 복원문제 (2)

1. 산소압축기의 내부 윤활제로 적당한 것은?
① 광유   ② 유지류
③ 물   ④ 글리세린

해설 산소 압축기 내부 윤활제
㉮ 물 또는 10 % 이하의 묽은 글리세린수를 사용한다.
㉯ 석유류, 유지류 또는 글리세린은 내부 윤활제로 사용하지 아니한다.

2. 켈빈온도, 섭씨온도, 랭킨온도, 화씨온도 단위로 나타낸 온도의 값을 각각 T_K, t_C, T_R, t_F 를 사용하였을 때 관계식 중 옳은 것은?

① $t_C = \frac{9}{5}(t_F - 32)$

② $T_K = t_c + 273$

③ $T_R = \frac{5}{9} \cdot T_K$

④ $t_F = T_R + 460$

해설 온도 환산식
㉮ 화씨온도를 섭씨온도로 계산
$t_C = \frac{5}{9}(t_F - 32)$
㉯ 섭씨온도를 화씨온도로 계산
$t_F = \frac{9}{5}t_C + 32$
㉰ 섭씨온도를 켈빈온도로 계산
$T_K = t_c + 273$
㉱ 화씨온도를 랭킨온도로 계산
$T_R = t_F + 460$
㉲ 켈빈온도를 랭킨온도로 계산
$T_R = \frac{9}{5} \times T_K$
㉳ 랭킨온도를 켈빈온도로 계산
$T_K = \frac{5}{9} \times T_R$

3. 고압가스 안전관리법령에 정한 용어로서 설명이 잘못된 것은?
① 가연성 가스란 공기 중에서 연소하는 가스로서 폭발한계의 하한이 10 % 이하인 것과 폭발한계의 상한과 하한의 차가 20 % 이상인 것을 말한다.
② 액화가스란 가압, 냉각 등의 방법으로 액체상태로 되어 있는 것으로서 대기압에서의 끓는점이 섭씨 40도 이하 또는 상용의 온도 이하인 것을 말한다.
③ 독성가스란 공기 중에 일정량이 존재하는 경우 인체에 유해한 독성을 가진 가스로서 허용농도가 100만분의 2000 이하인 가스를 말한다.
④ 초저온 저장탱크란 섭씨 영하 50도 이하의 액화가스를 저장하기 위한 저장탱크로서 단열재로 피복하거나 냉동설비로 냉각하는 등의 방법으로 저장탱크 내의 가스온도가 상용의 온도를 초과하지 아니하도록 한 것을 말한다.

해설 ㉮ 독성가스 : 공기 중에 일정량 이상 존재하는 경우 인체에 유해한 독성을 가진 가스로서 허용농도가 100만분의 5000 이하인 것을 말한다.
㉯ 허용농도 : 해당 가스를 성숙한 흰쥐 집단에게 대기 중에서 1시간 동안 계속하여 노출시킨 경우 14일 이내에 그 흰쥐의 2분의 1 이상이 죽게 되는 가스의 농도를 말한다.

4. 다음 중 가스와 용도가 바르게 짝 지워진 것은?
① 질소 – 연료
② 프레온 – 연료

해답 1. ③ 2. ② 3. ③ 4. ④

③ 에틸렌 – 소화제
④ 아세틸렌 – 용접 및 절단용
[해설] 각 가스의 용도
㉮ 아세틸렌 : 용접 및 절단용
㉯ 질소 : 암모니아 합성용, 치환용 가스, 기밀시험용
㉰ 프레온 : 냉동기 냉매가스
㉱ 에틸렌 : 합성수지, 합성섬유, 합성고무 제조용 원료

5. 대기압 상태에서 온도의 설명이 맞는 것은?
① 물의 동결점은 0°F이다.
② 질소의 비등점은 −183℃이다.
③ 물의 동결점은 32°F이다.
④ 산소의 비등점은 −196℃이다.
[해설] 각 물질의 온도
㉮ 물의 동결점 : 0℃, 32°F
㉯ 질소의 비등점 : −196℃
㉰ 산소의 비등점 : −183℃

6. 습성 천연가스 및 원유로부터 LP가스 제조법이 아닌 것은?
① 단열 팽창 액화법
② 압축 냉각법
③ 흡수법
④ 활성탄에 의한 흡착법
[해설] 습성 천연가스 및 원유로부터 LP가스 제조법
㉮ 압축 냉각법
㉯ 흡수유에 의한 흡수법
㉰ 활성탄에 의한 흡착법

7. 고온 고압인 암모니아가스 장치에 사용할 수 있는 금속으로 옳은 것은?
① 오스테나이트계 스테인리스강
② 알루미늄 합금
③ 동 및 동합금
④ 탄소강

[해설] 고온 고압인 고압가스 장치에 사용할 수 있는 금속재료는 18-8 스테인리스강(오스테나이트계 스테인리스강)이다.

8. 고압가스 특정제조 시설에서 철도부지 밑에 매설하는 배관에 대하여 설명한 것 중 옳지 않은 것은?
① 배관은 그 외면으로부터 다른 시설물과 30 cm 이상의 거리를 유지한다.
② 배관은 그 외면과 지표면과의 거리는 1 m 이상 유지한다.
③ 배관은 그 외면으로부터 궤도 중심과 4 m 이상 유지한다.
④ 배관은 그 외면으로부터 수평거리 건축물까지 1.5 m 이상 유지한다.
[해설] 배관을 철도부지에 매설하는 경우 지표면으로부터 배관의 외면까지의 깊이를 1.2 m 이상으로 한다.

9. 공기 중 확산속도가 가장 빠른 것은?
① O_2 ② N_2
③ CH_4 ④ CO_2
[해설] 각 가스의 분자량

명칭	분자량
산소(O_2)	32
질소(N_2)	28
메탄(CH_4)	16
이산화탄소(CO_2)	44

[참고] 분자량이 작은 것이 비중이 작아 가볍기 때문에 공기 중에서 확산속도가 빠르다.

10. 도시가스 공급배관을 차량이 통행하는 폭 8 m 이상인 도로에 묻을 때 깊이는 얼마 이상인가?
① 1 m   ② 1.2 m
③ 1.5 m   ④ 2 m

[해답] 5. ③ 6. ① 7. ① 8. ② 9. ③ 10. ②

해설 일반도시가스 사업의 배관 매설깊이
㉮ 공동주택등의 부지 안 : 0.6 m 이상
㉯ 폭 8 m 이상인 도로 : 1.2 m 이상
㉰ 폭 4 m 이상 8 m 미만 도로 : 1 m 이상
㉱ ㉮~㉰에 해당되지 않는 곳 : 0.8 m 이상

11. 용기에 충전하는 아세틸렌 가스명의 문자 색상으로 옳은 것은?
① 적색　　　　② 흑색
③ 백색　　　　④ 황색

해설 아세틸렌 용기 표시방법
㉮ 가연성 가스 표시

㉯ 문자 색상 : 흑색
㉰ 충전기한 : 적색

12. LPG를 사용하여 20℃의 물 50 kg을 90℃로 올리기 위해서는 LPG 몇 kg이 필요한가? (단, LPG 발열량은 10000 kcal/kg이고, 열효율은 50 %이다.)
① 0.5　② 0.6　③ 0.7　④ 0.8

해설 $G_f = \dfrac{G \cdot C \cdot \Delta t}{H_l \cdot \eta}$

$= \dfrac{50 \times 1 \times (90-20)}{10000 \times 0.5} = 0.7\,\text{kg}$

13. LPG 충전소에는 시설의 안전 확보상 "충전 중 엔진정지"라고 표시한 표지판을 주위 보기 쉬운 곳에 설치해야 한다. 이 표지판의 바탕색과 글자색으로 옳은 것은?
① 흑색 바탕에 백색 글씨
② 흑색 바탕에 황색 글씨
③ 백색 바탕에 흑색 글씨
④ 황색 바탕에 흑색 글씨

해설 LPG 자동차 충전소 표지판
㉮ 충전 중 엔진정지 : 황색 바탕에 흑색 글씨
㉯ 화기엄금 : 백색 바탕에 적색 글씨

14. 고압가스 설비에 설치하는 압력계의 최고 눈금 범위로 옳은 것은?
① 상용압력의 2배 이상, 3배 이하
② 상용압력의 1.5배 이상, 2배 이하
③ 내압시험 압력의 1배 이상, 2배 이하
④ 내압시험 압력의 1.5배 이상, 2배 이하

해설 고압가스 설비에 설치하는 압력계는 상용압력의 1.5배 이상, 2배 이하의 최고 눈금이 있는 것으로 하고, 사업소에는 국가표준기본법에 의한 제품인증을 받은 압력계를 2개 이상 비치한다.

15. 고압가스 저장능력 산정 시 액화가스의 용기 및 차량에 고정된 탱크의 산정식은? (단, W는 저장능력(kg), d는 액화가스의 비중(kg/L), V_2는 내용적(L), C는 가스의 종류에 따르는 정수이다.)
① $W = 0.9\,d\,V_2$　　② $W = \dfrac{V_2}{C}$
③ $W = 0.9\,d\,C^2$　　④ $W = \dfrac{V_2}{C^2}$

해설 액화가스 저장능력 산정식
㉮ 저장탱크 : $W = 0.9\,d\,V_2$
㉯ 용기 및 차량에 고정된 탱크 : $W = \dfrac{V_2}{C}$

16. 공기 중에서 폭발범위가 가장 넓은 가스는?
① C_2H_4O　　② CH_4
③ C_2H_4　　④ C_3H_8

해설 각 가스의 공기 중에서 폭발범위

명칭	폭발범위
산화에틸렌(C_2H_4O)	3 ~ 80 %
메탄(CH_4)	5 ~ 15 %
에틸렌(C_2H_4)	3.1 ~ 32 %
프로판(C_3H_8)	2.1 ~ 9.5 %

해답 11. ②　12. ③　13. ④　14. ②　15. ②　16. ①

17. 다음 중 부탄의 완전연소 반응식으로 옳은 것은?

① $C_4H_{10} + 6O_2 \rightarrow 4CO_2 + 5H_2O$
② $2C_4H_{10} + 13O_2 \rightarrow 8CO_2 + 10H_2O$
③ $C_3H_8 + 4O_2 \rightarrow 3CO_2 + 5H_2O$
④ $C_3H_8 + 5O_2 \rightarrow 3CO_2 + 4H_2O$

[해설] ㉮ 탄화수소(C_mH_n)의 완전연소 반응식
$$C_mH_n + \left(m + \frac{n}{4}\right)O_2 \rightarrow mCO_2 + \frac{n}{2}H_2O$$
㉯ 부탄(C_4H_{10})의 완전연소 반응식
  ㉠ 1몰 : $C_4H_{10} + 6.5O_2 \rightarrow 4CO_2 + 5H_2O$
  ㉡ 2몰 : $2C_4H_{10} + 13O_2 \rightarrow 8CO_2 + 10H_2O$

18. 독성가스를 차량에 고정된 탱크에 적재할 때 탱크 내용적은 얼마인가?

① 12000 L 이하   ② 18000 L 이하
③ 15000 L 이하   ④ 16000 L 이하

[해설] 탱크 내용적 제한
㉮ 가연성 가스(LPG 제외), 산소 : 18000 L 초과 금지
㉯ 독성가스(액화암모니아 제외) : 12000 L 초과 금지

19. 공기 중에서 폭발하한계값이 5 %보다 큰 가스는?

① 수소   ② 일산화탄소
③ 아세틸렌   ④ 에틸렌

[해설] 각 가스의 공기 중에서 폭발범위

명칭	폭발범위
수소(H_2)	4 ~ 75 %
일산화탄소(CO)	12.5 ~ 74 %
아세틸렌(C_2H_2)	2.5 ~ 81 %
에틸렌(C_2H_4)	3.1 ~ 32 %

20. 아세틸렌(C_2H_2)에 대한 설명으로 틀린 것은?

① 폭발범위는 수소보다 넓다.
② 공기보다 무겁고 황색의 가스이다.
③ 공기와 혼합되지 않아도 폭발하는 수가 있다.
④ 구리, 은, 수은 및 그 합금과 폭발성 화합물을 만든다.

[해설] 아세틸렌(C_2H_2)은 분자량이 26이므로 공기보다 가볍고, 무색의 가스이다.

21. 일반도시가스 사업의 가스공급 시설기준에서 배관을 지상에 설치할 경우 배관에 도색할 색깔은?

① 흑색   ② 황색
③ 적색   ④ 회색

[해설] 도시가스 배관 도색
㉮ 지상배관 : 황색
㉯ 지하매설관 : 적색(중압), 황색(저압)

22. 아세틸렌가스의 용해 충전 시 다공질 물질의 재료로 사용할 수 없는 것은?

① 규조토, 석면
② 알루미늄 분말, 활성탄
③ 석회, 산화철
④ 탄산마그네슘, 다공성 플라스틱

[해설] 다공물질의 종류 : 규조토, 석면, 목탄, 석회, 산화철, 탄산마그네슘, 다공성 플라스틱 등

23. 고압가스 특정제조시설에서 분출 원인이 화재인 경우 안전밸브의 축적압력은 안전밸브의 수량과 관계없이 최고허용압력의 몇 % 이하로 하여야 하는가?

① 105 %   ② 110 %
③ 116 %   ④ 121 %

[해설] 과압안전장치 축적압력
㉮ 분출원인이 화재가 아닌 경우
  ㉠ 안전밸브를 1개 설치한 경우 : 최고허용압력의 110 % 이하
  ㉡ 안전밸브를 2개 이상 설치한 경우 : 최고허용압력의 116 % 이하
㉯ 분출원인이 화재인 경우 : 안전밸브의

[해답] 17. ② 18. ① 19. ② 20. ② 21. ② 22. ② 23. ④

수량에 관계없이 최고허용압력의 121 % 이하로 한다.

24. 가정용 액화석유가스(LPG) 연소기구의 부근에서 가스가 새어 나올 때의 적절한 조치방법은?
① 용기를 안전한 장소로 옮긴다.
② 용기의 메인밸브를 즉시 잠근다.
③ 물을 뿌려서 가스를 용해시킨다.
④ 방의 창문을 닫고 가스가 다른 곳으로 새어 나가지 않도록 한다.

해설 연소기구 부근에서 가스가 새어 나올 때 즉시 용기의 메인밸브(충전용 밸브)를 폐쇄하여 가스 누출을 차단하는 것이 가장 적절한 조치방법에 해당된다.

25. 고압가스 냉매설비의 기밀시험 시 압축공기를 공급할 때 공기의 온도는?
① 40℃ 이하
② 70℃ 이하
③ 100℃ 이하
④ 140℃ 이하

해설 냉매설비에 대한 기밀시험에 사용하는 가스는 공기 또는 불연성 가스(산소 및 독성가스를 제외한다)로 한다. 이때 공기압축기로 압축공기를 공급하는 경우에는 공기의 온도를 140℃ 이하로 할 수 있다.

26. 고압가스 충전용기의 운반기준 중 틀린 것은?
① 충전용기를 운반하는 때는 로프, 짐을 조이는 공구 또는 그물 등을 사용하여 확실하게 묶어서 적재한다.
② 운반 중의 충전용기는 항상 40℃ 이하를 유지할 것
③ 차량통행이 가능한 지역에선 이륜차로 적재하여 운반할 것
④ 독성가스 충전용기를 차량에 적재할 때에는 차량 운행 중의 동요로 인하여 용기가 충돌하지 아니하도록 고무링을 씌우거나 적재함에 넣어 세워서 적재한다.

해설 충전용기는 이륜차에 적재하여 운반하지 아니한다. 다만, 차량이 통행하기 곤란한 지역이나 그 밖에 시·도지사가 지정하는 경우에는 다음 기준에 적합한 경우에만 액화석유가스 충전용기를 이륜차(자전거는 제외한다)에 적재하여 운반할 수 있다.
㉮ 용기운반 전용 적재함이 장착된 경우
㉯ 적재하는 충전용기는 충전량이 20 kg 이하이고, 적재수가 2개를 초과하지 아니하는 경우

27. 고압가스 운반 중 가스누출 부분에 수리가 불가능한 사고가 발생하였을 경우의 조치로서 가장 거리가 먼 것은?
① 상황에 따라 안전한 장소로 운반한다.
② 부근의 화기를 없앤다.
③ 소화기를 이용하여 소화한다.
④ 비상연락망에 따라 관계 업소에 원조를 의뢰한다.

해설 운반 중 사고가 발생한 경우 조치 사항
㉮ 가스누출이 있는 경우에는 그 누출부분의 확인 및 수리를 할 것
㉯ 가스누출 부분의 수리가 불가능한 경우
㉠ 상황에 따라 안전한 장소로 운반할 것
㉡ 부근의 화기를 없앨 것
㉢ 착화된 경우 용기파열 등의 위험이 없다고 인정될 때는 소화할 것
㉣ 독성가스가 누출할 경우에는 가스를 제독할 것
㉤ 부근에 있는 사람을 대피시키고, 동행인은 교통통제를 하여 출입을 금지시킬 것
㉥ 비상연락망에 따라 관계 업소에 원조를 의뢰할 것
㉦ 상황에 따라 안전한 장소로 대피할 것

해답 24. ② 25. ④ 26. ③ 27. ③

28. 내용적이 300 L인 용기에 액화암모니아를 저장하려고 한다. 이 저장설비의 저장능력은 얼마인가? (단, 액화암모니아의 정수는 1.86이다.)

① 161 kg ② 232 kg
③ 279 kg ④ 558 kg

해설 $W = \dfrac{V}{C} = \dfrac{300}{1.86} = 161.29 \, kg$

29. 염소가스의 안전장치로 가용전을 사용할 때 용융 온도는?

① 10～15℃ ② 30～35℃
③ 40～45℃ ④ 65～68℃

해설 가용전의 용융온도
㉮ 염소 용기 : 65～68℃
㉯ 아세틸렌 용기 : 105±5℃

30. 루트식 가스미터의 장점으로 옳은 것은?

① 값이 싸다.
② 대유량의 가스 측정에 적합하다.
③ 설치 후의 유지관리에 시간을 요하지 않는다.
④ 기준, 실험용에 사용한다.

해설 루트식(roots type) 가스미터의 특징
㉮ 대유량 가스 측정에 적합하다.
㉯ 중압가스의 계량이 가능하다.
㉰ 설치면적이 적고, 연속흐름으로 맥동현상이 없다.
㉱ 여과기의 설치 및 설치 후의 유지관리가 필요하다.
㉲ 0.5 m³/h 이하의 적은 유량에는 부동의 우려가 있다.
㉳ 구조가 비교적 복잡하다.
㉴ 용도는 대량 수용가에 사용한다.
㉵ 용량 범위는 100～5000 m³/h이다.

31. 실린더의 단면적 50 cm², 행정 10 cm, 회전수 200 rpm, 체적효율 80 %인 왕복 압축기의 토출량은?

① 60 L/mim ② 80 L/min
③ 120 L/min ④ 140 L/min

해설 ㉮ 면적(cm²)×길이(cm) = 체적(cm³) 이며, 1L = 1000cm³에 해당된다.
㉯ 토출량 계산
$\therefore V = \dfrac{\pi}{4} D^2 \cdot L \cdot n \cdot N \cdot \eta_v$
$= 50 \times 10 \times 1 \times 200 \times 0.8 \times 10^{-3}$
$= 80 \, L/min$

32. 초대형 저장탱크의 액면을 측정하기 적합한 액면계는?

① 게이지 글라스식 액면계
② 부자식 액면계
③ 전기량 검출식 액면계
④ 초음파식 액면계

해설 부자식(浮子式) 액면계 : 탱크 내부의 액체에 뜨는 물체(플로트)를 넣어 액면의 위치에 따라 움직이는 플로트의 위치를 직접 확인하여 액면을 측정하는 방법이다.

33. LPG 충전 및 저장시설 내압시험 시 공기를 사용하는 경우 우선 상용압력의 몇 %까지 승압 하는가?

① 상용압력의 30 %까지
② 상용압력의 40 %까지
③ 상용압력의 50 %까지
④ 상용압력의 60 %까지

해설 상용압력의 50 %까지 압력을 올리고 그 후 상용압력의 10 %씩 단계적으로 압력을 올린다.

34. 비파괴검사 중 검사자에 따른 차이가 많은 것은?

① 음향검사법 ② 전위차법
③ 설파 프린트법 ④ 자분탐상검사법

해설 음향검사 : 간단한 공구를 이용하여 음향에 의해 결함 유무를 판단하는 방법으

해답 28. ① 29. ④ 30. ② 31. ② 32. ② 33. ③ 34. ①

로 숙련을 요하고 개인차가 심하며, 검사의 결과가 기록되지 않는다.

35. 고압가스 충전용기의 폭발, 파열 중 파열의 직접 원인이 아닌 것은?
① 질소 용기 내에 5 %의 산소가 존재할 때
② 재료의 불량이나 부식
③ 액화가스의 과충전
④ 충전용기가 외부로부터 열을 받았을 때
[해설] 질소는 불연성 가스로 산소가 존재하면 순도저하의 영향이 있고 파열의 직접적인 원인과는 관계없다.

36. 450℃, 20MPa의 가스에 사용하는 오토클레이브의 덮개에 사용하는 개스킷(gasket) 중 적당한 것은?
① 납　　　　　② 고무 또는 파이버
③ 파이버　　　④ 동
[해설] 고온, 고압에서는 금속제의 패킹제(개스킷)를 사용하여야 한다.

37. 가스누출 검지 경보장치의 설치에 관한 설명 중 틀린 것은?
① 가스의 누출을 검지하여 그 농도를 지시함과 동시에 경보를 울릴 것
② 경보를 울린 후에 주위의 농도가 변화되면 경보가 자동적으로 정지할 것
③ 암모니아의 경우 검지에서 발신까지의 시간은 1분 이내일 것
④ 지시계의 눈금은 가연성 가스용은 0 ~ 폭발하한계값 일 것
[해설] 경보를 발신한 후에는 원칙적으로 분위기 가스 농도가 변하여도 계속 경보를 울리고, 그 확인 또는 대책을 강구함에 따라 경보정지가 되어야 한다.

38. 공기액화 분리기에서 이산화탄소 7.2 kg을 제거하기 위해 필요한 건조제의 양은 약 몇 kg인가?
① 6 kg　　　　② 9 kg
③ 13 kg　　　 ④ 15 kg
[해설] ㉮ 가성소다(NaOH)를 이용한 이산화탄소 제거 반응식
$2NaOH + CO_2 \rightarrow Na_2CO_3 + H_2O$
㉯ 건조제(가성소다) 양 계산 : NaOH의 분자량은 40 이다.

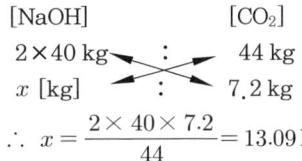

$\therefore x = \dfrac{2 \times 40 \times 7.2}{44} = 13.09\,kg$

[별해] CO_2 1g 제거에 가성소다(NaOH) 1.82g이 소요되는 것을 이용하여 계산할 수 있다.
$\therefore 7.2 \times 1.82 = 13.104\,kg$

39. 저장능력이 23000 kg인 액화석유가스의 저장탱크와 제2종 보호시설과 유지하여야 할 안전거리는 얼마인가?
① 16 m 이상　　② 18 m 이상
③ 20 m 이상　　④ 21 m 이상
[해설] 저장능력별 안전거리 기준

저장능력	제1종 보호시설	제2종 보호시설
10톤 이하	17 m	12 m
10톤 초과 20톤 이하	21 m	14 m
20톤 초과 30톤 이하	24 m	16 m
30톤 초과 40톤 이하	27 m	18 m
40톤 초과	30 m	20 m

[참고] 저장능력 23000 kg은 23톤이고, 제2종 보호시설과 유지하여야 할 안전거리는 16 m 이상이다.

40. 시안화수소 충전 시 한 용기에서 60일을 초과할 수 있는 경우는?
① 순도가 90 % 이상으로 착색되었다.
② 순도가 90 % 이상으로 착색되지 아니하였다.
③ 순도가 98 % 이상으로 착색되어 있다.

[해답] 35. ①　36. ④　37. ②　38. ③　39. ①　40. ④

④ 순도가 98 % 이상으로 착색되지 아니하였다.
[해설] 시안화수소는 충전한 후 60일이 경과되기 전에 다른 용기에 옮겨 충전한다. 다만, 순도가 98 % 이상으로서 착색되지 아니한 것은 다른 용기에 옮겨 충전하지 아니할 수 있다.

41. 펌프 중 고압에 사용하기 적합한 것은?
① 원심 펌프 ② 왕복 펌프
③ 축류 펌프 ④ 사류 펌프

[해설] 왕복펌프의 특징
㉮ 소형으로 고압, 고점도 유체에 적당하다.
㉯ 회전수가 변화되면 토출량은 변화하고 토출압력은 변화가 적다.
㉰ 토출량이 일정하여 정량토출이 가능하고 수송량을 가감할 수 있다.
㉱ 단속적인 송출이라 맥동이 일어나기 쉽고 진동이 있다.
㉲ 고압으로 액의 성질이 변할 수 있고, 밸브의 그랜드패킹이 고장이 많다.
㉳ 진동이 발생하고, 동일 용량의 원심펌프에 비해 크기가 크므로 설치면적이 크다.

42. LPG 용기의 재료로서 가장 적당한 것은?
① 주철 ② 탄소강
③ 내산강 ④ 두랄루민

[해설] LPG는 액화가스로 충전되기 때문에 압력이 높지 않아 탄소강으로 용접용기로 제조하여 사용한다.

43. 일산화탄소를 충전하는 용기로서 적합하지 않은 것은?
① 강재 내면에 Ag을 라이닝한 것
② 강재 내면에 Ni을 라이닝한 것
③ 강재 내면에 Cu을 라이닝한 것
④ 강재 내면에 Al을 라이닝한 것

[해설] 일산화탄소(CO)는 철족의 금속(Fe, Ni, Co)과 반응하여 금속 카르보닐을 생성하므로 강재 내면을 은(Ag), 구리(Cu), 알루미늄(Al)으로 라이닝하여 사용한다.

44. 주기율표 0족에 속하는 희가스에 대한 설명 중 잘못된 것은?
① 화학적으로 불활성으로 다른 원소와는 반응하지 않는다.
② Rn은 용접 시 공기와의 접촉을 막는 보호용 가스로 사용한다.
③ He은 캐리어 가스 및 부양용 가스로 사용한다.
④ Ar의 방전색은 적색, Kr의 방전색은 녹자색이다.

[해설] 아르곤(Ar)의 용도
㉮ 전구용 봉입가스로 사용
㉯ 용접 시 보호용 가스로 사용
㉰ 가스크로마토그래피의 캐리어가스로 사용

[참고] 희가스류의 발광색

헬륨 (He)	네온 (Ne)	아르곤 (Ar)	크립톤 (Kr)	크세논 (Xe)	라돈 (Rn)
황백색	주황색	적색	녹자색	청자색	청록색

45. 저온 액체 저장에서 외부열 침입 요인이 아닌 것은?
① 단열재를 직접 통한 열전도
② 외면으로부터의 열복사
③ 연결 파이프를 통한 열전도
④ 밸브 등에 의한 열전도

[해설] 저온장치의 열 침입 원인
㉮ 단열재를 충전한 공간에 남은 가스 분자의 열전도
㉯ 외면으로부터의 열전도
㉰ 연결되는 배관 등에 의한 열전도
㉱ 지지 요크 등에 의한 열전도
㉲ 밸브, 안전밸브 등에 의한 열전도

46. 오르사트 가스 분석기에서 CO_2의 흡수액은?
① 포화 식염수

[해답] 41. ② 42. ② 43. ② 44. ② 45. ① 46. ④

② 염화 제1구리 용액
③ 알칼리성 피로갈롤 용액
④ 수산화칼륨 30 % 수용액

[해설] 오르사트 가스 분석기의 흡수액
㉮ 이산화탄소(CO_2) : KOH 30 % 수용액
㉯ 산소(O_2) : 알칼리성 피로갈롤 용액
㉰ 일산화탄소(CO) : 암모니아성 염화 제1구리 용액

47. 가스액화 분리장치의 구성 기기가 아닌 것은?
① 한랭 발생 장치
② 정류 장치
③ 불순물 제거 장치
④ 유회수 장치

[해설] 가스액화 분리장치 구성 기기 : 한랭 발생장치, 정류장치, 불순물 제거 장치

48. 저온장치에 많이 사용되는 팽창기의 종류는?
① 나사식   ② 터보식
② 회전식   ④ 다이어프램식

[해설] 팽창기 : 압축기체가 피스톤, 터빈의 운동에 대하여 일을 할 때 등엔트로피 팽창을 하여 기체의 온도가 내려간다.
㉮ 왕복동식 팽창기 : 팽창비 약 40 정도로 크나 효율은 60 ~ 65 % 낮다. 처리가스량이 1000 m^3/h 이상이 되면 다기통으로 제작하여야 한다.
㉯ 터보 팽창기 : 내부 윤활유를 사용하지 않으며 회전수가 10000~20000 rpm 정도이고, 처리 가스량 10000 m^3/h 이상도 가능하며, 팽창비는 약 5 정도이고 충동식, 반동식, 반경류 반동식이 있다.

49. 압력의 단위 중 절대압력 단위로 옳은 것은?
① kPa · g   ② kPa · v
③ kPa · abs   ④ N · m

[해설] 압력의 단위
㉮ 게이지압력(gauge pressure) : 대기압을 기준으로 측정한 대기압 이상의 압력으로 단위에 'g'를 붙이거나 생략한다.
㉯ 진공압력(vacuum pressure) : 대기압을 기준으로 측정한 대기압보다 낮은 압력으로 단위에 'v'를 붙여 구별하며 완전진공 상태를 -760mmHg로 표시한다.
㉰ 절대압력(absolute pressure) : 완전진공을 기준으로 측정한 압력으로 단위에 'a' 또는 'abs'를 붙여 구별한다.
㉱ 대기압(atmospheric pressure) : 대기에 작용하는 중력에 의해 지표면에 생긴 압력으로 0℃, 위도 45° 해수면을 기준으로 하며 'atm'으로 표시한다.
※ ④번 항목은 일의 SI단위에 해당된다.

50. 가늘고 긴 수직형 반응기로 유체가 순환됨으로서 교반이 행하여지는 방식의 오토클레이브는?
① 진탕형   ② 교반형
③ 회전형   ④ 가스 교반형

[해설] 가스 교반형 오토클레이브
㉮ 오토클레이브 기상부에서 반응 가스를 취출하고 액상부의 최저부에 순환송입하는 방식이 있다.
㉯ 원료가스를 액상부에 송입하여 배출가스는 환류 응축기를 통과시켜 방출시키는 방식이 있다.
㉰ 공업적으로 레페 반응장치 등에 채택된다.
㉱ 연속반응의 실험적 연구 등에 사용된다.

51. 기화기에 대한 설명 중 가장 거리가 먼 것은?
① 기화기 사용 시 장점은 가스 종류에 관계없이 한랭 시에도 충분히 기화시킨다.
② 기화장치의 구성요소 중에는 액상의 가스를 가스화 시키는 열교환기도 있다.
③ 감압가온 방식은 열교환기에 의해 액상의 가스를 기화시킨 후 조정기로 감압시켜 공급하는 방식이다.
④ 기화기를 증발형식에 의해 분류하면 순간

[해답] 47. ④ 48. ② 49. ③ 50. ④ 51. ③

증발식과 유입 증발식이 있다.

[해설] 작동원리에 따른 기화장치 구분
㉮ 가온감압 방식 : 열교환기에 액체상태의 LP가스를 보내 여기서 기화된 가스를 조정기에 의해 감압하여 공급하는 방식이다.
㉯ 감압가열 방식 : 액체상태의 LP가스를 액체 조정기를 통하여 감압하여 열교환기에 공급해 온수 등으로 가열하여 기화시키는 방식이다.

52. 다음 중 저장소의 바닥 환기에 가장 중점을 주어야 하는 가스는?
① 메탄
② 에틸렌
③ 아세틸렌
④ 부탄

[해설] ㉮ 각 가스의 분자량 및 공기에 대한 비중

명칭	분자량	비중
메탄(CH_4)	16	0.55
에틸렌(C_2H_4)	28	0.97
아세틸렌(C_2H_2)	26	0.9
부탄(C_4H_{10})	58	2.0

㉯ 저장소에서 누출 등이 발생했을 때 공기보다 무거운 가스가 바닥에 체류하므로 공기보다 2배 무거운 부탄(C_4H_{10})의 저장소가 바닥 환기에 중점을 두어야 한다.

53. 다음 가스 중 60% 이상의 고순도를 12시간 이상 흡입하게 되면 폐에 출혈을 일으켜 어린이나, 작은 동물에게 실명, 사망을 일으키는 가스는?
① Ar
② N_2
③ CO_2
④ O_2

[해설] 순도가 60% 이상의 고농도 산소를 12시간 이상 흡입하면 폐에 출혈을 일으켜 어린이나 작은 동물에서는 실명, 사망을 일으킬 수 있다.

54. 다음 중 당해 설비 내의 압력이 상용압력을 초과할 경우 즉시 상용압력 이하로 되돌릴 수 있는 안전장치의 종류에 해당하지 않는 것은?
① 안전밸브
② 감압밸브
③ 바이패스 밸브
④ 파열판

[해설] 과압안전장치의 종류 및 선정
㉮ 기체 및 증기의 압력상승을 방지하기 위하여 설치하는 안전밸브
㉯ 급격한 압력상승, 독성가스의 누출, 유체의 부식성 또는 반응생성물의 성상 등에 따라 안전밸브를 설치하는 것이 부적당한 경우에 설치하는 파열판
㉰ 펌프 및 배관에서 액체의 압력상승을 방지하기 위하여 설치하는 릴리프밸브 또는 안전밸브
㉱ 고압가스설비 등의 내압이 상용의 압력을 초과한 경우 그 고압가스설비 등으로의 가스유입량을 감소시키는 방법으로 고압가스설비 등 안의 압력을 자동으로 제어하는 자동압력제어장치

[참고] 바이패스 밸브 : 릴리프밸브 등이 설치된 곳에 우회배관(바이패스 배관)을 설치하고 릴리프밸브가 작동하지 않았을 때 우회배관에 설치된 밸브를 수동으로 개방하여 상승된 압력을 다른 시설로 유도하는 기능을 갖는다.

[참고] 감압밸브 : 1차 측 압력에 관계없이 2차 측 압력을 일정하게 유지하는 기능을 갖는다.

55. 가연성 가스가 폭발할 위험이 있는 장소에 전기설비를 할 경우 위험의 정도에 따른 분류가 아닌 것은?
① 0종 장소
② 1종 장소
③ 2종 장소
④ 3종 장소

[해설] 위험장소의 분류 : 1종 장소, 2종 장소, 0종 장소로 분류한다.

[해답] 52. ④　53. ④　54. ②　55. ④

56. 황화수소에 관한 설명으로 옳지 않은 것은?

① 건조된 상태에서 수은, 동과 같은 금속과 반응한다.
② 고압에서는 스테인리스강을 사용한다.
③ 독성이 강하고 고농도 가스를 다량으로 흡입할 경우 즉사한다.
④ 농질산, 발연질산 등의 산화제와는 심하게 반응한다.

해설 건조된 상태에서의 황화수소는 수은, 은, 동과 같은 금속과 반응하지 않고, 수분이 존재할 때 반응한다.

57. 20℃에서 프로판의 증기압은 7.4 kgf/cm² · g 이고, n-부탄의 증기압은 1.0 kgf/cm² · g일 때 액화프로판과 액화 n-부탄이 60 mol%, 40 mol% 조성의 혼합가스로 존재할 때 증기압은? (단, 대기압은 1 kgf/cm²이다.)

① 4.64kgf/cm² · a ② 5.84kgf/cm² · a
③ 6.24kgf/cm² · a ④ 7.42kgf/cm² · a

해설 문제에서 프로판과 n-부탄의 증기압은 게이지압력으로 주어졌고, 혼합가스의 압력은 절대압력으로 묻고 있으므로 각각의 압력은 절대압력으로 적용하며, 각각의 조성 mol%는 체적으로 적용한다.

$$\therefore P = \frac{P_1 \cdot V_1 + P_2 \cdot V_2}{V}$$

$$= \frac{\{(7.4+1) \times 60\} + \{(1+1) \times 40\}}{60+40}$$

$$= 5.84 \, kgf/cm^2 \cdot a$$

58. 부취제의 구비조건 중 거리가 먼 것은?

① 화학적으로 안정할 것
② 가스배관, 가스미터 등에 흡착되지 않을 것
③ 물에 잘 녹고 독성이 없을 것
④ 가격이 저렴할 것

해설 부취제의 구비조건
㉮ 화학적으로 안정하고 독성이 없을 것
㉯ 보통 존재하는 냄새(생활취)와 명확하게 식별될 것
㉰ 극히 낮은 농도에서도 냄새가 확인될 수 있을 것
㉱ 가스관이나 가스미터 등에 흡착되지 않을 것
㉲ 배관을 부식시키지 않을 것
㉳ 물에 잘 녹지 않고 토양에 대하여 투과성이 클 것
㉴ 완전연소가 가능하고 연소 후 냄새나 유해한 성질이 남지 않을 것

59. [보기] 중 표준대기압에 대하여 바르게 설명한 것은?

┌─ 보기 ─┐
ⓐ 위도 45도 해면에서 0℃, 760 mmHg의 누르는 힘으로 규정한다.
ⓑ 표준대기압은 1.0332 bar이다.
ⓒ 표준대기압은 10.332 mH₂O이다.

① ⓐ, ⓑ   ② ⓑ, ⓒ
③ ⓐ, ⓒ   ④ ⓐ, ⓑ, ⓒ

해설 ㉮ 표준대기압(atmospheric) : 0℃, 위도 45° 해수면을 기준으로 지구중력이 9.8m/s²일 때 누르는 힘으로 수은주 760mmHg로 표시한다.
㉯ 1atm = 760mmHg = 76cmHg
= 0.76mHg = 29.9inHg = 760torr
= 10332kgf/m² = 1.0332kgf/cm²
= 10.332mH₂O = 10332mmH₂O
= 101325N/m² = 101325Pa = 101.325kPa
= 0.101325MPa = 1.01325bar
= 1013.25mbar = 14.7lb/in² = 14.7psi

60. 상온에서 비교적 용이하게 가스를 압축 액화상태로 용기에 충전할 수 없는 가스는?

① C_3H_8 ② CH_4
③ Cl_2 ④ CO_2

해설 메탄(CH_4)은 비점이 -161.5℃로 상온에서 액화시키기 어려워 압축가스로 분류된다.

해답 56. ① 57. ② 58. ③ 59. ③ 60. ②

2021년도 복원문제 (1)

1. 시안화수소를 용기에 충전할 때 중합폭발을 방지하기 위하여 사용되는 안정제로 옳은 것은?
① 탄산가스   ② 황산
③ 질소   ④ 일산화탄소

[해설] 용기에 충전하는 시안화수소는 순도가 98 % 이상이고, 아황산가스 또는 황산 등의 안정제를 첨가한다.

2. 아세틸렌을 용기에 충전할 때 다공도는 얼마로 해야 하는가?
① 70 % 이상 95 % 미만
② 72 % 이상 95 % 미만
③ 75 % 이상 92 % 미만
④ 75 % 이상 95 % 미만

[해설] 아세틸렌을 용기에 충전하는 때에는 미리 용기에 다공질물을 고루 채워 다공도가 75 % 이상 92 % 미만이 되도록 한 후 아세톤 또는 디메틸포름아미드를 고루 침윤시키고 충전한다.

3. 액화석유가스 용기의 안전점검 기준에 대한 설명 중 틀린 것은?
① 용기는 도색 및 표시가 되어 있는지 여부를 확인할 것
② 용기 아랫부분의 부식상태를 확인할 것
③ 재검사 기간의 도래 여부를 확인할 것
④ 열 영향을 받은 용기는 폐기할 것

[해설] LPG 용기의 안전점검 기준
㉮ 용기의 내·외면을 점검하여 사용상 지장이 있는 부식, 금, 주름 등이 있는 것인지의 여부를 확인할 것
㉯ 용기는 도색 및 표시가 되어 있는지의 여부를 확인할 것
㉰ 용기의 스커트에 찌그러짐이 있는지, 사용상 지장이 없도록 적정 간격을 유지하고 있는지의 여부를 확인할 것
㉱ 유통 중 열 영향을 받았는지 여부를 점검할 것, 이 경우 열 영향을 받은 용기는 재검사를 받을 것
㉲ 용기캡이 씌워져 있거나 프로텍터가 부착되어 있는지의 여부를 확인할 것
㉳ 재검사기간의 도래 여부를 확인할 것
㉴ 용기 아랫부분의 부식상태를 확인할 것
㉵ 밸브의 몸통, 충전구 나사, 안전밸브에 사용상 지장이 있는 홈, 주름, 스프링의 부식 등이 있는지의 여부를 확인할 것
㉶ 밸브의 그랜드 너트가 고정핀 등에 의하여 이탈방지를 위한 조치가 있는지의 여부를 확인할 것
㉷ 밸브의 개폐조작이 쉬운 핸들이 부착되어 있는지의 여부를 확인할 것

4. 수소폭명기는 수소와 산소의 혼합비가 얼마일 때를 말하는가?
① 1 : 2   ② 2 : 1
③ 1 : 3   ④ 3 : 1

[해설] 수소폭명기
㉮ 수소와 산소가 체적비 2 : 1로 폭발적으로 반응하는 것으로 반응 후에 물을 생성한다.
㉯ 반응식 : $2H_2 + O_2 \rightarrow 2H_2O + 136.6$ kcal

5. 가스의 폭발범위에 영향을 주는 인자로 거리가 먼 것은?
① 온도   ② 압력
③ 비열   ④ 가스량

[해설] 폭발범위에 영향을 주는 요소(인자)
㉮ 온도   ㉯ 압력

[해답] 1. ②   2. ③   3. ④   4. ②   5. ③

㉰ 가스량 ㉱ 산소의 농도

6. 고압가스 충전용기를 운반 시 혼합적재가 가능한 것은?
① 염소와 아세틸렌
② 아세틸렌과 암모니아
③ 염소와 암모니아
④ 충전용기와 위험물 안전관리법이 정하는 위험물

해설 혼합적재 금지 기준
㉮ 염소와 아세틸렌, 암모니아, 수소는 동일차량에 적재하여 운반하지 아니한다.
㉯ 가연성 가스와 산소를 동일차량에 적재하여 운반하는 때에는 그 충전용기의 밸브가 서로 마주보지 아니하도록 적재한다.
㉰ 충전용기와 위험물 안전관리법에서 정하는 위험물과는 동일차량에 적재하여 운반하지 아니한다.
㉱ 독성가스 중 가연성 가스와 조연성 가스는 동일차량 적재함에 운반하지 아니한다.

7. 방류둑의 성토는 수평에 대하여 몇 도 이하의 기울기로 하는가?
① 30°   ② 45°
③ 60°   ④ 75°

해설 성토는 수평에 대하여 45° 이하의 기울기로 하고, 성토 윗부분의 폭은 30 cm 이상으로 한다.

8. 고압가스 판매의 시설기준으로 옳지 않은 것은?
① 가연성 가스의 충전용기 보관실의 전기설비는 방폭성능을 가진 것일 것
② 용기 보관실은 그 경계를 표시하고 외부의 눈에 안 띄는 곳에 경계표지를 할 것
③ 충전용기의 보관실은 불연재료를 사용할 것
④ 판매시설에는 압력계 또는 계량기를 갖출 것

해설 용기 보관실 보기 쉬운 곳에 경계표지를 설치한다.

9. 공기액화 분리장치의 폭발 원인으로 가장 거리가 먼 것은?
① 공기 취입구로부터의 사염화탄소의 침입
② 압축기용 윤활유의 분해에 따른 탄화수소의 생성
③ 공기 중에 있는 질소 화합물(산화질소 및 과산화질소 등)의 혼입
④ 액체공기 중의 오존의 혼입

해설 공기액화 분리장치의 폭발 원인
㉮ 공기 취입구로부터 아세틸렌의 혼입
㉯ 압축기용 윤활유 분해에 따른 탄화수소의 생성
㉰ 공기 중 질소 화합물(NO, NO_2)의 혼입
㉱ 액체공기 중에 오존(O_3)의 혼입

10. 연소의 3요소가 바르게 나열된 것은?
① 가연물, 점화원, 산소
② 수소, 점화원, 가연물
③ 가연물, 산소, 이산화탄소
④ 가연물, 이산화탄소, 점화원

해설 연소의 3요소 : 가연물, 산소 공급원, 점화원

11. 고압가스용 용접용기 제조의 기준에 대한 설명으로 틀린 것은?
① 용기 동판의 최대두께와 최소두께의 차이는 평균두께의 20 % 이하로 한다.
② 용기의 재료는 탄소, 인 및 황의 함유량이 각각 0.33 %, 0.04 %, 0.05 % 이하인 강으로 한다.
③ 액화석유가스용 강제용기와 스커트 접속부의 안쪽 각도는 30도 이상으로 한다.

해답 6. ② 7. ② 8. ② 9. ① 10. ① 11. ①

④ 용기에는 그 용기의 부속품을 보호하기 위하여 프로텍터 또는 캡을 부착한다.

해설 용접용기 동판의 최대두께와 최소두께의 차이는 평균두께의 10 % 이하로 한다. 〈2013. 5. 20 개정〉

참고 이음매 없는 용기는 20 % 이하

12. 도시가스 공급시설에 설치하는 공기보다 무거운 가스를 사용하는 지역정압기실 개구부와 RTU(Remote Terminal Unit) 박스는 얼마 이상의 거리를 유지하여야 하는가?
① 2 m 이상　　② 3 m 이상
③ 4.5 m 이상　④ 5.5 m 이상

해설 도시가스 공급시설에 설치하는 정압기실 및 구역 압력조정기실 개구부와 RTU 박스는 다음 기준에서 정한 거리 이상을 유지한다.
㉮ 지구정압기, 건축물 내 지역정압기 및 공기보다 무거운 가스를 사용하는 지역정압기 : 4.5 m
㉯ 공기보다 가벼운 가스를 사용하는 지역정압기 및 구역압력조정기 : 1 m

참고 정압기 분류
㉮ 지구정압기(city gate governor) : 일반도시가스 사업자의 소유시설로서 가스도매 사업자로부터 공급받은 도시가스의 압력을 1차적으로 낮추기 위해 설치하는 정압기를 말한다.
㉯ 지역정압기(district governor) : 일반 도시가스 사업자의 소유시설로서 지구정압기 또는 가스도매사업자로부터 공급받은 도시가스의 압력을 낮추어 다수의 사용자에게 가스를 공급하기 위해 설치하는 정압기를 말한다.
㉰ 철근콘크리트 구조의 정압기실 : 정압기실의 벽과 기초가 철근콘크리트인 정압기실을 말한다.
㉱ 캐비닛(cabinet)형 구조의 정압기실 : 정압기, 배관 및 안전장치 등이 일체로 구성된 정압기에 한하여 사용할 수 있는 정압기실로 내식성 재료의 캐비닛과 철근콘크리트 기초로 구성된 정압기실을 말한다.

13. 바닥 면적이 $3\,m^2$인 LP가스의 용기 보관실에 확보해야 할 통풍구 크기로 옳은 것은? (단, 자연환기에 의한 통풍이고, 철망 등이 설치되지 않는다.)
① $500\,cm^2$ 이상　② $700\,cm^2$ 이상
③ $900\,cm^2$ 이상　④ $1200\,cm^2$ 이상

해설 통풍구의 크기는 바닥면적 $1\,m^2$당 $300\,cm^2$ 이상으로 하여야 한다.
∴ 통풍구의 크기 $= 3 \times 300 = 900\,cm^2$ 이상

14. 가스누출 경보기의 기능에 대하여 잘못 설명한 것은?
① 가스의 누출을 검지하여 그 농도를 지시함과 동시에 경보를 울릴 것
② 경보를 울린 후에도 가스 농도가 변하더라도 계속 경보를 한다.
③ 폭발하한계의 1/2 이하에서 자동적으로 경보를 울린다.
④ 담배 연기 등의 잡 가스에 울리지 아니한다.

해설 경보농도 설정 값
㉮ 가연성 가스 : 폭발하한계의 1/4 이하
㉯ 독성가스 : TLV-TWA 기준농도 이하
㉰ 암모니아(NH_3)를 실내에서 사용하는 경우 : 50ppm

15. 아세틸렌의 충전 작업에 대한 설명으로 옳은 것은?
① 습식 아세틸렌 발생기의 표면은 40℃ 이하로 유지한다.
② 충전 중의 압력은 2.5 MPa 이하로 한다.
③ 충전 후의 압력은 15℃에서 2.05 MPa 이하로 한다.
④ 충전은 누출이 되기 전에 빠르게 하고,

해답 12. ③　13. ③　14. ③　15. ②

2~3회 걸쳐서 한다.

해설 아세틸렌 충전작업 기준
㉮ 아세틸렌을 2.5 MPa 압력으로 압축하는 때에는 질소, 메탄, 일산화탄소 또는 에틸렌 등의 희석제를 첨가한다.
㉯ 습식 아세틸렌 발생기의 표면은 70℃ 이하로 유지하고, 그 부근에서는 불꽃이 튀는 작업을 하지 아니한다.
㉰ 아세틸렌을 용기에 충전하는 때에는 미리 용기에 다공물질을 고루 채워 다공도가 75% 이상 92% 미만이 되도록 한 후 아세톤 또는 디메틸포름아미드를 고루 침윤시키고 충전한다.
㉱ 아세틸렌을 용기에 충전하는 때의 충전 중의 압력은 2.5 MPa 이하로 하고, 충전 후에는 압력이 15℃에서 1.5 MPa 이하로 될 때까지 정치하여 둔다.
㉲ 상하의 통으로 구성된 아세틸렌 발생장치로 아세틸렌을 제조하는 때에는 사용 후 그 통을 분리하거나 잔류가스가 없도록 조치한다.
㉳ 충전은 2~3회에 걸쳐 서서히 한다.

16. 공기 중에서 폭발범위가 가장 넓은 것은?
① 프로판   ② 수소
③ 부탄   ④ 아세틸렌

해설 각 가스의 공기 중 폭발범위

명칭	폭발범위
프로판(C_3H_8)	2.2~9.5%
수소(H_2)	4~75%
부탄(C_4H_{10})	1.9~8.5%
아세틸렌(C_2H_2)	2.5~81%

[참고] 가연성 가스 중 폭발범위가 가장 넓은 것은 아세틸렌(C_2H_2)이다.

17. 독성가스 중에 물을 제독제로 사용하는 것으로 옳은 것은?
① 염소, 포스겐, 황화수소
② 암모니아, 산화에틸렌, 염화메탄
③ 아황산가스, 시안화수소, 포스겐
④ 황화수소, 시안화수소, 염화메탄

해설 독성가스 제독제

가스 종류	제독제의 종류
염소	가성소다 수용액, 탄산소다 수용액, 소석회
포스겐	가성소다 수용액, 소석회
황화수소	가성소다 수용액, 탄산소다 수용액
시안화수소	가성소다 수용액
아황산가스	가성소다 수용액, 탄산소다 수용액, 물
암모니아, 산화에틸렌, 염화메탄	물

18. 도시가스의 성분을 분석하였더니 체적비로 프로판 60%, 메탄 40%일 때 폭발범위 하한값으로 옳은 것은? (단, 폭발범위 하한값은 프로판 1.8%, 메탄 5%이다.)
① 2.4%   ② 3.6%
③ 4.8%   ④ 5.5%

해설 르샤틀리에 공식 $\dfrac{100}{L} = \dfrac{V_1}{L_1} + \dfrac{V_2}{L_2}$ 을 이용하여 혼합가스 폭발범위값을 계산한다.

$$\therefore L = \dfrac{100}{\dfrac{V_1}{L_1} + \dfrac{V_2}{L_2}} = \dfrac{100}{\dfrac{60}{1.8} + \dfrac{40}{5}} = 2.42\%$$

19. 액화석유가스의 안전 및 사업관리법에서 액화석유가스 저장소란 내용적 1L 미만의 용기에 충전된 액화석유가스를 저장할 경우 총량이 몇 kg 이상 저장하는 장소를 말하는가?
① 100 kg   ② 150 kg
④ 200 kg   ④ 250 kg

해답 16. ④ 17. ② 18. ① 19. ④

해설 저장소 : 액법 시행규칙 제2조
㉮ 내용적 1 L 미만의 용기에 충전하는 액화석유가스의 경우에는 250 kg 이상
㉯ ㉮호 외의 저장설비의 경우 : 저장능력 5톤 이상

20. 용기의 안전장치인 가용전의 재료로서 부적합한 것은?
① 납
② 알루미늄
③ 카드뮴
④ 주석

해설 가용전의 재료 : 비스무트(Bi), 카드뮴(Cd), 납(Pb), 주석(Sn), 안티몬(Sb) 등

21. 고압가스 설비에 설치하는 압력계의 최고 눈금범위로 옳은 것은?
① 상용압력의 2배 이상, 3배 이하
② 상용압력의 1.5배 이상, 2배 이하
③ 내압시험 압력의 1배 이상, 2배 이하
④ 내압시험 압력의 1.5배 이상, 2배 이하

해설 고압가스 설비에 설치하는 압력계는 상용압력의 1.5배 이상, 2배 이하의 최고 눈금이 있는 것으로 하고, 사업소에는 국가표준기본법에 의한 제품인증을 받은 압력계를 2개 이상 비치한다.

22. 고압가스 용기의 파열사고의 큰 원인 중 하나는 용기의 내압(內壓)의 이상상승이다. 이상상승의 원인으로 가장 거리가 먼 것은?
① 가열
② 일광의 직사
③ 내용물의 중합반응
④ 적정 충전

해설 내압의 이상상승 원인
㉮ 가열
㉯ 직사광선에 노출(일광의 직사)
㉰ 화재 등으로 인한 용기온도의 상승
㉱ 과잉충전
㉲ 내용물의 중합반응이나 분해반응 등에 기인하는 것

23. 도시가스 사용시설에서 절연조치를 하지 아니한 전선과 가스계량기의 이격거리는 얼마인가?
① 5 cm 이상
② 15 cm 이상
③ 30 cm 이상
④ 150 cm 이상

해설 가스계량기와 이격거리 기준
㉮ 전기계량기, 전기개폐기 : 60 cm 이상
㉯ 단열조치를 하지 않은 굴뚝, 전기점멸기, 전기접속기 : 30 cm 이상
㉰ 절연조치를 하지 않은 전선 : 15 cm 이상

24. 가스를 사용하는 일반가정이나 음식점 등에서 호스가 절단 또는 파손으로 다량 가스누출 시 사고예방을 위해 신속하게 자동으로 가스누출을 차단하기 위해 설치하는 제품은?
① 중간밸브
② 체크밸브
③ 나사 콕
④ 퓨즈 콕

해설 콕의 종류
㉮ 퓨즈 콕 : 가스유로를 볼로 개폐하고, 과류차단 안전기구가 부착된 것으로서 배관과 호스, 호스와 호스, 배관과 배관 또는 배관과 커플러를 연결하는 구조이다.
㉯ 상자 콕 : 상자에 넣어 바닥, 벽 등에 설치하는 것으로써 3.3 kPa 이하의 압력과 1.2 m³/h 이하의 표시유량에 사용하는 콕으로 가스유로를 핸들, 누름, 당김 등의 조작으로 개폐하고, 과류차단 안전기구가 부착된 것으로 배관과 커플러를 연결하는 구조이다.
㉰ 주물연소기용 노즐 콕 : 주물연소기 부품으로 사용하는 것으로서 볼로 개폐하는 구조이다.
㉱ 업무용 대형 연소기용 노즐 콕 : 업무용 대형 연소기 부품으로 사용하는 것으로서 가스흐름을 볼로 개폐하는 구조이다.

해답 20. ② 21. ② 22. ④ 23. ② 24. ④

[참고] 과류차단 안전기구 : 표시유량 이상의 가스량이 통과되었을 경우 가스유로를 차단하는 장치이다.

25. 공기액화 분리기의 액화공기탱크와 액화산소 증발기와의 사이에는 석유류, 유지류 그 밖의 탄화수소를 여과, 분리하기 위한 여과기를 설치해야 한다. 이때 1시간의 공기 압축량이 몇 m^3 이하의 것은 제외하는가?
① 100 m^3　　　② 1000 m^3
③ 5000 m^3　　④ 10000 m^3

[해설] 여과기 설치 : 공기액화 분리기(1시간의 공기압축량이 1000 m^3 이하의 것을 제외한다)의 액화공기탱크와 액화산소 증발기와의 사이에는 석유류, 유지류 그 밖의 탄화수소를 여과·분리하기 위한 여과기를 설치한다.

26. 제조소의 긴급용 벤트스택 방출구 위치는 작업원이 항시 통행하는 장소로부터 이격되어야 할 거리로 옳은 것은?
① 5 m 이상　　② 10 m 이상
③ 15 m 이상　　④ 관계없다.

[해설] 벤트스택 방출구 위치 : 작업원이 정상 작업을 하는데 필요한 장소 및 작업원이 항시 통행하는 장소로부터
㉮ 긴급용 : 10 m 이상 떨어진 곳에 설치
㉯ 그 밖의 것 : 5 m 이상 떨어진 곳에 설치

27. 산소, 아세틸렌, 수소의 품질검사 주기로 옳은 것은?
① 1월 1회　　② 1주 1회
③ 3일 1회　　④ 1일 1회

[해설] 품질검사 방법 : 1일 1회 이상 가스제조장에서 안전관리책임자가 실시한다.

28. 압력계 중 직접 압력을 측정하는 1차 압력계에 해당하는 것은?
① 액주식 압력계　② 부르동관 압력계
③ 벨로스 압력계　④ 전기저항 압력계

[해설] 압력계의 분류 및 종류
㉮ 1차 압력계 : 액주식(U자관, 단관식, 경사관식, 호루단형, 폐관식), 자유피스톤형
㉯ 2차 압력계 : 탄성식 압력계(부르동관식, 벨로스식, 다이어프램식), 전기식 압력계(전기저항 압력계, 피에조 압력계, 스트레인 게이지)

29. 다량의 메탄을 액화시킬 때 사용하는 액화 사이클은 어느 것인가?
① 클라우드 사이클
② 필립스 사이클
③ 캐피자 사이클
④ 캐스케이드 사이클

[해설] 캐스케이드 액화 사이클 : 비점이 점차 낮은 냉매를 사용하여 저비점의 기체를 액화하는 사이클로 다원액화 사이클이라고 부르며, 공기액화 및 천연가스를 액화시키는 데 사용하고 있다.

30. 폭발성 혼합가스의 폭발 2등급 안전간격으로 옳은 것은?
① 0.1~0.3 mm　② 0.8~1.0 mm
③ 0.4~0.6 mm　④ 1.5~2.0 mm

[해설] 안전간격

폭발 등급	안전간격	가스의 종류
1등급	0.6 mm 이상	일산화탄소, 에탄, 프로판, 암모니아, 아세톤, 에틸에테르, 가솔린, 벤젠 등
2등급	0.4~0.6 mm	석탄가스, 에틸렌 등
3등급	0.4 mm 미만	아세틸렌, 이황화탄소, 수소, 수성가스

[해답] 25. ②　26. ②　27. ④　28. ①　29. ④　30. ③

31. 아세틸렌 용기의 기밀시험은 최고충전압력의 얼마로 해야 하는가?
① 0.8배 이상   ② 1.1배 이상
③ 1.5배 이상   ④ 1.8배 이상

[해설] 아세틸렌 용기 압력
㉮ 최고충전압력 : 15℃에서 최고압력
㉯ 기밀시험압력 : 최고충전압력의 1.8배 이상
㉰ 내압시험압력 : 최고충전압력의 3배 이상

32. 기체 상태에 있는 어떤 물질의 분자량을 결정하기에 알맞은 실험적인 자료로서 온도와 압력 외에 필요한 것은?
① 비중   ② 열량
③ 질량   ④ 밀도

[해설] 가스 밀도 $= \dfrac{\text{분자량}}{22.4}$ 이므로 분자량은 가스 밀도에 기체 1몰(mol)이 차지하는 체적 22.4 L를 곱하면 구할 수 있다.

33. 공기를 액화시켜 산소와 질소를 분리하는 원리는?
① 액체산소와 액체질소의 열용량 차이로 분리
② 액체산소와 액체질소의 비중 차이에 의해 분리
③ 액체산소와 액체질소의 비등점 차이에 의해 분리
④ 액체산소와 액체질소의 전기적 성질 차이에 의해 분리

[해설] 산소의 비등점 −183℃, 질소의 비등점 −196℃로 차이가 있어 공기를 액화시켜 산소와 질소를 분리할 수 있다.

34. 가스 연소기에서 발생할 수 있는 역화 (flash back)현상의 발생 원인으로 가장 거리가 먼 것은?

① 분출속도가 연소속도보다 빠른 경우
② 기구밸브 등이 막혀 가스량이 극히 적게 된 경우
③ 연소속도가 일정하고 분출속도가 느린 경우
④ 버너가 오래되어 부식에 의해 염공이 크게 된 경우

[해설] 역화 현상의 발생 원인
㉮ 염공이 크게 되었을 때
㉯ 노즐의 구멍이 너무 크게 된 경우
㉰ 콕이 충분히 개방되지 않은 경우
㉱ 가스의 공급압력이 저하되어 가스량이 적게 되었을 때
㉲ 버너가 과열된 경우
㉳ 연소속도가 분출속도보다 빠른 경우

35. LP가스 이송설비 중 압축기의 부속장치로서 토출측과 흡입측을 전환시키며 액 이송과 가스회수를 한 동작으로 조작이 용이한 것은 어느 것인가?
① 액 트랩
② 액 가스분리기
③ 전자밸브
④ 사로밸브

[해설] 사로밸브 : 4-way valve, 사방밸브라 하며 압축기 흡입측과 토출측을 전환하여 액 이송과 가스 회수를 한 동작으로 할 수 있다.

36. 왕복식 압축기에서 피스톤과 크랭크샤프트를 연결하여 왕복운동을 시키는 역할을 하는 것은?
① 크랭크   ② 피스톤링
③ 커넥팅 로드   ④ 톱클리어런스

[해설] 커넥팅 로드 : 피스톤과 크랭크샤프트를 연결하여 크랭크샤프트의 회전운동을 피스톤의 왕복운동으로 전환시키는 역할을 하는 것으로 일반적으로 단강을 사용한다.

[해답] 31. ④ 32. ④ 33. ③ 34. ① 35. ④ 36. ③

37. 가스분석 방법 중 흡수분석법이 아닌 것은?
① 헴펠법 ② 적정법
③ 오르사트법 ④ 게겔법

해설 흡수분석법 : 채취된 가스를 분석기 내부의 성분 흡수제에 흡수시켜 체적변화를 측정하는 방식으로 오르사트(Orsat)법, 헴펠(Hempel)법, 게겔(Gockel)법 등이 있다.

38. 송출량 0.25 m³/min인 원심펌프로 높이 20 m로 송수할 때 축동력은 얼마인가? (단, 펌프효율 65 %이다.)
① 1.257 kW ② 1.372 kW
③ 1.572 kW ④ 1.723 kW

해설 송수(送水)의 의미는 물을 보낸다는 것이므로 물의 비중량(γ)은 1000 kgf/m³을 적용한다.

$$\therefore kW = \frac{\gamma \cdot Q \cdot H}{102\eta} = \frac{1000 \times 0.25 \times 20}{102 \times 0.65 \times 60} = 1.257 \, kW$$

39. 보온재의 구비조건 중 거리가 먼 것은?
① 시공이 용이할 것
② 열전도율이 작을 것
③ 흡습, 흡수성이 클 것
④ 비중이 적고, 적당한 강도가 있을 것

해설 보온재(단열재)의 구비조건
㉮ 열전도율이 작을 것
㉯ 흡습성, 흡수성이 작을 것
㉰ 적당한 기계적 강도를 가질 것
㉱ 시공성이 좋을 것
㉲ 부피, 비중(밀도)이 작을 것
㉳ 경제적일 것

40. 고압가스 용기재료의 구비조건과 무관한 것은?
① 경량이고 충분한 강도를 가질 것
② 내식성, 내마모성을 가질 것
③ 가공성, 용접성이 좋을 것
④ 저온 및 사용온도에 견디는 연성, 점성 강도가 없을 것

해설 용기 재료의 구비조건
㉮ 내식성, 내마모성을 가질 것
㉯ 가볍고 충분한 강도를 가질 것
㉰ 저온 및 사용 중 충격에 견디는 연성, 점성강도를 가질 것
㉱ 가공성, 용접성이 좋고 가공 중 결함이 생기지 않을 것

41. 저장조 상부로부터 유도된 압력과 저장조 하부로부터 유도된 압력의 차를 이용하여 액면을 측정하는 것은?
① 크랭크식 ② 회전 튜브식
③ 햄프슨식 ④ 슬립 튜브식

해설 햄프슨식 액면계 : 액화산소와 같은 극저온의 저장조의 상·하부를 U자관에 연결하여 차압에 의하여 액면을 측정하는 방식으로 차압식 액면계라 한다.

42. 정압기(governor)의 기본 구성품 중 2차 압력을 감지하고, 변동사항을 알려주는 역할을 하는 것은?
① 스프링 ② 메인밸브
③ 다이어프램 ④ 공기구멍

해설 정압기의 기본 구성요소
㉮ 다이어프램 : 2차 압력을 감지하고 2차 압력의 변동사항을 메인밸브에 전달하는 역할을 한다.
㉯ 스프링 : 조정할 2차 압력을 설정하는 역할을 한다.
㉰ 메인밸브(조정밸브) : 가스의 유량을 메인밸브의 개도에 따라서 직접 조정하는 역할을 한다.

43. 수성가스의 조성으로 옳은 것은?

해답 37. ② 38. ① 39. ③ 40. ④ 41. ③ 42. ③ 43. ④

① $CO_2 + N_2$　　② $CO_2 + H_2$
③ $CO + N_2$　　④ $CO + H_2$

해설 수성가스는 일산화탄소(CO)와 수소(H_2)로 이루어진다.

44. 공기액화 분리장치에서 건조제로 주로 쓰이는 물질이 아닌 것은?
① 가성소다　　② 실리카겔
③ 활성알루미나　　④ 사염화탄소

해설 건조기 건조제의 종류
㉮ 소다 건조기 : 가성소다를 사용하며 수분과 이산화탄소를 제거할 수 있다.
㉯ 겔 건조기 : 실리카겔, 활성알루미나, 소바이드 등을 사용하며 수분은 제거하나 이산화탄소는 제거하지 못한다.

참고 사염화탄소(CCl_4) : 액화산소통 내의 세척제로 사용된다.

45. 내용적이 3000 L인 용기에 액화암모니아를 저장하려고 한다. 용기의 저장능력은 약 몇 kg인가? (단, 액화 암모니아 정수는 1.86이다.)
① 1613　　② 2324
③ 2796　　④ 5580

해설 $W = \dfrac{V}{C} = \dfrac{3000}{1.86} = 1612.903 \, kg$

46. 압력단위에 대한 설명 중 옳은 것은?
① 절대압력 = 게이지압력 + 대기압
② 게이지압력 = 절대압력 + 대기압
③ 수주 m은 mAq와 다르다.
④ 대기압은 14.2 psi이다.

해설 각 항목의 옳은 설명
② 게이지압력 = 절대압력−대기압
③ 수주(水主) m은 mAq, mH_2O와 같은 압력의 단위이다.
④ 대기압은 14.7 lb/in^2 = 14.7 psi이다.

47. 1000 rpm으로 회전하고 있는 펌프의 회전수를 2000 rpm으로 변경하면 펌프의 양정과 소요동력은 각각 몇 배가 되는가?
① 4배, 16배　　② 2배, 4배
③ 4배, 2배　　④ 4배, 8배

해설 ㉮ 양정의 변화량 계산
$$\therefore H_2 = H_1 \times \left(\dfrac{N_2}{N_1}\right)^2 = H_1 \times \left(\dfrac{2000}{1000}\right)^2 = 4H_1$$

㉯ 소요동력의 변화량 계산
$$\therefore L_2 = L_1 \times \left(\dfrac{N_2}{N_1}\right)^3 = L_1 \times \left(\dfrac{2000}{1000}\right)^3 = 8L_1$$

48. 주기율표 0족에 속하는 가스에 대한 설명 중 잘못된 것은?
① 비등점이 낮다.
② Rn은 용접 시 공기와의 접촉을 막는 보호용 가스로 사용한다.
③ He은 캐리어 가스 및 부양용 가스로 사용한다.
④ Ar의 방전색은 적색, 크립톤의 방전색은 녹자색이다.

해설 ②번 항목은 아르곤(Ar)의 용도 설명이다.

49. 비열에 대한 설명으로 옳지 않은 것은?
① 정압비열은 정적비열보다 항상 크다.
② 물질의 비열은 물질의 종류와 온도에 따라 달라진다.
③ 비열비가 큰 물질일수록 압축 후의 온도가 더 높다.
④ 물은 비열이 적어 공기보다 온도를 증가시키기 어렵고 열용량도 적다.

해설 물은 공기보다 비열이 커 온도를 증가시키기 어렵고, 열용량도 크다.

참고 물의 비열은 1 kcal/kgf·℃, 0℃ 공기의 정압비열은 0.240 kcal/kgf·℃이다.

해답 44. ④　45. ①　46. ①　47. ④　48. ②　49. ④

50. 다음은 이동식 압축천연가스 자동차충전시설을 점검한 내용이다. 이 중 기준에 부적합한 경우는?
① 이동충전차량과 가스 배관구를 연결하는 호스의 길이가 6 m이었다.
② 가스 배관구 주위에는 가스 배관구를 보호하기 위하여 높이 40 cm, 두께 13 cm인 철근콘크리트 구조물이 설치되어 있었다.
③ 이동충전차량과 충전설비 사이 거리는 8 m이었고, 이동충전차량과 충전설비 사이에 강판제 방호벽이 설치되어 있었다.
④ 충전설비 근처 및 충전설비에서 6 m 떨어진 장소에 수동 긴급차단장치가 각각 설치되어 있었으며 눈에 잘 띄었다.

해설 이동충전차량과 가스 배관구(충전시설에 설치된 가스 이입배관)를 연결하는 호스의 길이는 5 m 이내로 하여야 한다.

51. 산소가 27℃에서 13 MPa의 압력으로 50 kg이 충전되어 있다. 이때 부피는 몇 m³인가?
① 0.25 m³   ② 0.28 m³
③ 0.30 m³   ④ 0.43 m³

해설 산소(O_2) 분자량은 32, 13 MPa = 13×10^3 kPa이고 이상기체 상태방정식 $PV = GRT$에서 체적 V를 구한다.

$$\therefore V = \frac{G \cdot R \cdot T}{P}$$

$$= \frac{50 \times \frac{8.314}{32} \times (273+27)}{13 \times 10^3} = 0.299 \, m^3$$

52. 금속제련 시 수소를 환원제로 사용하는 것은 어떤 성질 때문인가?
① 산화성   ② 환원성
③ 연소성   ④ 부식성

해설 수소는 용도 중 금속 제련에 사용하는 것은 환원성을 이용한 것이다.

53. 겨울철 LPG 용기 밸브에 얼음이 얼어 가스가 잘 나오지 않을 때 가스를 사용하기 위한 조치로 옳은 것은?
① 용기를 힘차게 흔든다.
② 연탄불로 쪼인다.
③ 40℃ 이하의 열습포로 녹인다.
④ 90℃ 정도의 물을 용기에 붓는다.

해설 고압가스 용기의 밸브, 충전용 지관을 가열할 때에는 열습포 또는 40℃ 이하의 물을 사용한다.

54. 산소(O_2) 성질에 대한 설명 중 틀린 것은?
① 상온에서 무색, 무취의 기체이며 물에 약간 녹는다.
② 액체산소는 비중이 1.13의 푸른 액체로서 진공 중에서 증발시키면 온도가 강하하여 일부는 고체로 된다.
③ 산소 중이나 공기 중에서 무성방전을 하면 오존(O_3)이 된다.
④ 화학적으로 활발한 원소로 할로겐원소, 백금 등과 화합하여 산화물을 만든다.

해설 산소(O_2)는 화학적으로 활발한 원소로 모든 원소와 반응하여 산화물을 만들지만 할로겐원소, 백금 등과는 화합하지 않는다.

55. LP가스의 특성을 설명한 것 중 틀린 것은?
① 액체는 물보다 무겁다.
② 상온, 상압에서 기체 상태이다.
③ 증기 비중은 공기의 1.5~2.0배이다.
④ 액체는 무색, 투명하며 물에 잘 녹지 않는다.

해설 액화석유가스(LP가스)의 특징
㉮ LP가스는 공기보다 무겁다.
㉯ 액상의 LP가스는 물보다 가볍다.

해답 50. ①   51. ③   52. ②   53. ③   54. ④   55. ①

㉰ 액화, 기화가 쉽고, 기화하면 체적이 커진다.
㉱ LNG보다 발열량이 크고, 연소 시 다량의 공기가 필요하다.
㉲ 기화열(증발잠열)이 크다.
㉳ 무색, 무취, 무미하다.
㉴ 용해성이 있다.
㉵ 온도 상승에 의한 액체의 부피변화가 크다.

56. 가스장치의 사용재료 중 구리 및 구리합금이 사용 가능한 가스는?
① 산소　　② 황화수소
③ 암모니아　　④ 아세틸렌

해설 구리 및 구리합금 사용 시 문제점
㉮ 아세틸렌 : 아세틸드가 생성되어 화합폭발의 원인
㉯ 암모니아 : 부식 발생
㉰ 황화수소 : 수분 존재 시 부식 발생

57. 다음 화합물 중 탄소의 함유율이 가장 많은 것은?
① CO_2　　② CH_4
③ C_2H_4　　④ CO

해설 ㉮ 각 화합물의 명칭 및 분자량

명칭	분자량
CO_2 (이산화탄소)	44
CH_4 (메탄)	16
C_2H_4 (에틸렌)	28
CO (일산화탄소)	28

㉯ 각 화합물의 탄소 함유율 계산 : 탄소(C)의 원자량은 12이므로
탄소 함유율(%) = $\frac{탄소량}{분자량}$ 이다.
① CO_2의 탄소 함유율
$= \frac{12}{44} \times 100 = 27.27\%$

② CH_4의 탄소 함유율
$= \frac{12}{16} \times 100 = 75\%$

③ C_2H_4의 탄소 함유율
$= \frac{12 \times 2}{28} \times 100 = 85.71\%$

④ CO의 탄소 함유율
$= \frac{12}{28} \times 100 = 42.85\%$

58. 시안화수소(HCN) 가스의 취급 시 주의사항으로 가장 거리가 먼 것은?
① 금속부식주의　　② 노출주의
③ 독성주의　　④ 중합폭발주의

해설 시안화수소(HCN)는 가연성 가스, 독성가스이며 피부에 노출 시 피부를 통해 흡수하여 치명상을 입을 수 있다. 소량의 수분 존재 시 중합폭발을 일으킬 우려가 있지만 금속에 대한 부식성은 없다.

59. 암모니아 합성공정에서 저압법에 해당하는 것은?
① 뉴파우더법　　② 동공시법
③ IG법　　④ 켈로그법

해설 암모니아 합성공정의 분류
㉮ 고압합성법 : 클라우드법, 카자레법
㉯ 중압합성법 : IG법, 뉴파우더법, 뉴데법, 동공시법, JCI법, 케미크법
㉰ 저압합성법 : 구데법, 켈로그법

60. 절대압력을 정하는데 기준이 되는 것은?
① 게이지 압력
② 국소 대기압
③ 완전 진공
④ 표준 대기압

해설 압력의 기준
㉮ 게이지 압력, 진공압력 : 표준 대기압
㉯ 절대압력 : 완전 진공

해답　56. ①　57. ③　58. ①　59. ④　60. ③

2021년도 복원문제 (2)

1. 염소는 몇 ℃ 이상인 고온에서 철과 직접 반응하는가?
① 30℃   ② 80℃
③ 100℃   ④ 120℃

해설 염소는 120℃ 이상이 되면 철과 직접 반응하여 부식이 진행된다.

2. 상용압력이 10 MPa인 고압설비의 안전밸브 작동압력은 얼마인가?
① 10 MPa   ② 12 MPa
③ 15 MPa   ④ 20 MPa

해설 ㉮ 내압시험압력의 상용압력의 1.5배이다.
㉯ 안전밸브 작동압력 계산
안전밸브 작동압력
$= 내압시험압력 \times \frac{8}{10}$
$= (상용압력 \times 1.5) \times \frac{8}{10}$
$= (10 \times 1.5) \times \frac{8}{10} = 12 \text{MPa}$

3. "초저온 용기"라 함은 몇 ℃ 이하의 액화가스를 충전하기 위한 용기를 말하는가?
① −50℃   ② −100℃
③ −150℃   ④ −186℃

해설 초저온 용기의 정의 : −50℃ 이하인 액화가스를 충전하기 위한 용기로서 단열재로 씌우거나 냉동설비로 냉각시키는 등의 방법으로 용기 내의 가스온도가 상용온도를 초과하지 아니하도록 한 것

4. 의료용 가스용기의 도색 구분이 맞는 것은?
① 산소 – 회색   ② 질소 – 흑색
③ 헬륨 – 백색   ④ 에틸렌 – 주황색

해설 공업용 및 의료용 용기의 도색

가스 종류	용기도색 공업용	용기도색 의료용
산소(O_2)	녹색	백색
수소(H_2)	주황색	–
액화탄산가스(CO_2)	청색	회색
LPG	밝은 회색	–
아세틸렌(C_2H_2)	황색	–
암모니아(NH_3)	백색	–
염소(Cl_2)	갈색	–
질소(N_2)	회색	흑색
아산화질소(N_2O)	회색	청색
헬륨(He)	회색	갈색
에틸렌(C_2H_4)	회색	자색
사이클로 프로판	회색	주황색
기타의 가스	회색	–

5. 가스에 대한 일반적인 성질을 설명한 것 중 잘못된 것은?
① HCl – 암모니아와 접촉하면 흰연기가 발생한다.
② Cl_2 – 황록색의 자극성 냄새가 나는 맹독성 기체이다.
③ HCN – 복숭아 냄새가 나는 맹독성 기체로 쉽게 액화한다.
④ H_2 – 고온, 저압하에서 탄소강과 반응하여 수소취성을 일으킨다.

해설 ㉮ 수소취성 : 수소가 고온, 고압하에서 강제 중의 탄소와 반응하여 메탄(CH_4)이 생성되어 강을 취화한다.
㉯ 반응식 : $Fe_3C + 2H_2 \rightarrow 3Fe + CH_4$
㉰ 수소취성 방지원소 : 텅스텐(W), 바나듐(V), 몰리브덴(Mo), 티타늄(Ti), 크롬(Cr)

해답 1. ④ 2. ② 3. ① 4. ② 5. ④

6. 고온 배관용 탄소강관의 KS 규격기호로 옳은 것은?
① SPPH ② SPHT
③ SPLT ④ SPPW

[해설] 배관용 강관의 KS 기호

KS 기호	배관 명칭
SPP	배관용 탄소강관
SPPS	압력배관용 탄소강관
SPPH	고압배관용 탄소강관
SPHT	고온배관용 탄소강관
SPLT	저온배관용 탄소강관
SPW	배관용 아크용접 탄소강관
SPA	배관용 합금강관
STS×T	배관용 스테인리스강관
SPPG	연료가스 배관용 탄소강관

7. 부취제를 외기로 분출하거나 부취설비로부터 부취제가 흘러나오는 경우 냄새를 감소시키는 방법으로 가장 거리가 먼 것은?
① 연소법
② 수동조절
③ 화학적 산화처리
④ 활성탄에 의한 흡착

[해설] 부취제 누설 시 제거 방법
㉮ 활성탄에 의한 흡착
㉯ 화학적 산화처리
㉰ 연소법

8. 고압가스 특정제조시설에서 분출원인이 화재인 경우 안전밸브의 축적압력은 안전밸브의 수량과 관계없이 최고허용압력의 몇 % 이하로 하여야 하는가?
① 105 % ② 110 %
③ 116 % ④ 121 %

[해설] 과압안전장치 축적압력
㉮ 분출원인이 화재가 아닌 경우
  ㉠ 안전밸브를 1개 설치한 경우 : 최고허용압력의 110 % 이하
  ㉡ 안전밸브를 2개 이상 설치한 경우 : 최고허용압력의 116 % 이하
㉯ 분출원인이 화재인 경우 : 안전밸브의 수량에 관계없이 최고허용압력의 121 % 이하로 한다.

9. 다공물질의 용적이 150 m³이며 아세톤 침윤 잔용적이 30 m³일 때의 다공도는 몇 %인가?
① 30 ② 40
③ 80 ④ 120

[해설] 다공도(%) $= \dfrac{V-E}{V} \times 100$
$= \dfrac{150-30}{150} \times 100 = 80\%$

10. 도시가스 공급방식에서 수송할 가스량이 많고 원거리 이동 시 주로 쓰이는 방식은?
① 저압공급 방식 ② 중압공급 방식
③ 고압공급 방식 ④ 초고압공급 방식

[해설] 고압공급 방식의 특징
㉮ 공급구역이 넓은 경우에 사용된다.
㉯ 대량의 가스를 원거리에 송출할 때 적합하다.
㉰ 배관비용이 절약되어 경제적이다.
㉱ 수용처에서 압력을 낮추는 감압설비가 필요하다.

11. 액화석유가스의 안전관리 및 사업법에 의한 액화석유가스의 주성분에 해당되지 않는 것은?
① 액화된 프로판 ② 액화된 부탄
③ 기화된 프로판 ④ 기화된 메탄

[해설] 액화석유가스의 정의(액법 제2조) : 프로판이나 부탄을 주성분으로 한 가스를 액화한 것(기화된 것을 포함)을 말한다.

12. 수소가스의 특성이 아닌 것은?
① 질식성이 있다.

[해답] 6. ② 7. ② 8. ④ 9. ③ 10. ③ 11. ④ 12. ④

② 가스 팽창비율이 크다.
③ 가연성가스 중 비점이 가장 낮다.
④ 가연성가스 중 연소범위가 가장 넓다.

해설 수소의 성질
㉮ 지구상에 존재하는 원소 중 가장 가볍다.
㉯ 무색, 무취, 무미의 가연성이다.
㉰ 열전도율이 대단히 크고, 열에 대해 안정하다.
㉱ 확산속도가 대단히 크다.
㉲ 고온에서 강재, 금속재료를 쉽게 투과한다.
㉳ 폭굉속도가 1400~3500 m/s에 달한다.
㉴ 폭발범위가 넓다 (공기 중 : 4~75 %, 산소 중 : 4~94 %)
㉵ 산소와 수소폭명기, 염소와 염소폭명기의 폭발반응이 발생한다.
㉶ 확산속도가 1.8 km/s 정도로 대단히 크다.
※ 가연성 가스 중 연소범위(폭발범위)가 가장 넓은 것은 아세틸렌(2.5~81 %)이다.

13. 고온, 고압 하에서 철족원소(Fe, Ni, Co)와 작용하여 휘발성 카르보닐 화합물을 생성하는 가스는?
① CO
② H_2S
③ Cl_2
④ C_2H_2

해설 일산화탄소(CO)는 고온, 고압의 상태에서 철족(Fe, Ni, Co)의 금속에 대하여 침탄 및 카르보닐을 생성한다.

14. 액주식 압력계에 사용되는 액체의 구비조건으로 거리가 먼 것은?
① 모세관현상이 적어야 한다.
② 화학적으로 안정되어야 한다.
③ 점도와 팽창계수가 작아야 한다.
④ 온도변화에 의한 밀도가 커야 한다.

해설 액주식 액체의 구비조건
㉮ 점성이 적을 것
㉯ 열팽창계수가 적을 것
㉰ 항상 액면은 수평을 만들 것
㉱ 온도에 따라서 밀도변화가 적을 것
㉲ 증기에 대한 밀도변화가 적을 것
㉳ 모세관 현상 및 표면장력이 적을 것
㉴ 화학적으로 안정할 것
㉵ 휘발성 및 흡수성이 적을 것
㉶ 액주의 높이를 정확히 읽을 수 있을 것

15. LP가스 사용 시 주의하지 않아도 되는 것은?
① 완전연소 되도록 공기조절기를 조절한다.
② 사용 시 조정기 압력은 적당히 조절한다.
③ 화력조절은 가스레인지 콕으로 한다.
④ 중간밸브 개폐는 서서히 한다.

해설 조정기 압력조절 스프링은 임의로 조작하지 않아야 한다.

16. 일반도시가스사업소에 설치된 정압기 필터 분해점검에 대하여 옳게 설명한 것은?
① 가스공급 개시 후 2년에 1회 이상 실시한다.
② 가스공급 개시 후 매년 1회 이상 실시한다.
③ 설치 후 매년 1회 이상 실시한다.
④ 설치 후 2년에 1회 이상 실시한다.

해설 분해 점검 주기
㉮ 일반도시가스사업소 정압기 및 필터
　㉠ 정압기 : 2년에 1회 이상
　㉡ 정압기 필터 : 가스공급개시 후 1월 이내 및 가스공급개시 후 매년 1회 이상
㉯ 가스 사용시설(단독사용자 시설)의 정압기 및 필터 : 설치 후 3년까지는 1회 이상, 그 이후에는 4년에 1회 이상

17. 다음 중 가연성가스가 아닌 것은?
① 아세트알데히드
② 일산화탄소
③ 산화에틸렌
④ 염소

해답 13. ①　14. ④　15. ②　16. ②　17. ④

해설 가연성가스의 종류 : 아크릴로니트릴, 아크릴알데히드, 아세트알데히드, 아세틸렌, 암모니아, 수소, 황화수소, 시안화수소, 일산화탄소, 메탄, 염화메탄, 브롬화메탄, 에탄, 염화에탄, 염화비닐, 에틸렌, 산화에틸렌, 프로판, 사이클로프로판, 프로필렌, 산화프로필렌, 부탄, 부타디엔, 부틸렌, 메틸에테르, 모노메틸아민, 디메틸아민, 트리메틸아민, 에틸아민, 벤젠, 에틸벤젠 그 밖에 공기 중에서 연소하는 가스로서 폭발한계의 하한이 10 % 이하인 것과 폭발한계의 상한과 하한의 차가 20 % 이상인 것
※ 염소 : 조연성가스, 독성가스에 해당된다.

18. 암모니아의 특성 중 거리가 먼 것은?
① 액화가 용이하며, 물에 800배 용해된다.
② 자극적인 냄새가 있는 무색의 가연성가스이다.
③ 상온에서 안정하나 100℃ 이상이 되면 분해한다.
④ 할로겐과 반응하여 질소를 유리시킨다.
해설 상온에서 안정하나 1000℃에서 분해하여 질소와 수소가 된다.

19. 도시가스 사용시설의 입상관 설치 방법에 대한 설명 중 잘못된 것은?
① 입상관은 환기가 양호한 곳에 설치하여야 한다.
② 입상관 밸브를 1.6 m 미만으로 설치 시 보호상자 안에 설치한다.
③ 입상관은 화기(그 시설에 사용되는 자체 화기를 제외한다.)와 2 m 이상의 우회거리를 유지하여야 한다.
④ 입상관의 밸브 높이는 건축구조상 1.7 m 높이에 설치가 가능하나, 어린이들이 조작의 우려가 있으므로 2 m 이상의 높이에 설치하여야 한다.
해설 (1) 입상관의 밸브는 밸브 손잡이가 부착된 부분(중심)을 기준으로 바닥으로부터 1.6 m 이상 2 m 이내에 설치한다.
(2) 부득이 1.6 m 이상 2 m 이내에 설치하지 못할 경우 기준
㉮ 입상관 밸브를 1.6 m 미만으로 설치 시 보호상자 안에 설치한다.
㉯ 입상관 밸브를 2.0 m 초과하여 설치할 경우에는 다음 중 어느 하나의 기준에 따른다.
㉠ 입상관 밸브 차단을 위한 전용계단을 견고하게 고정·설치한다.
㉡ 원격으로 차단이 가능한 전동밸브를 설치한다. 이 경우 차단장치의 제어부는 바닥으로부터 1.6 m 이상 2.0 m 이내에 설치하며, 전동밸브 및 제어부는 빗물을 받을 우려가 없도록 조치한다.

20. 다음 중 밀도가 가장 작은 가스는?
① 산소 ② 프로판
③ 메탄 ④ 부탄
해설 ㉮ 각 가스의 분자량

명칭	분자량
산소(O_2)	32
프로판(C_3H_8)	44
메탄(CH_4)	16
부탄(C_4H_{10})	58

㉯ 가스의 밀도 = $\dfrac{분자량}{22.4}$ 이므로 분자량이 가장 작은 것이 밀도가 가장 작다.

21. 점화원에 의하여 연소가 개시되는 최저온도를 무엇이라 하는가?
① 인화온도 ② 임계온도
③ 발화온도 ④ 포화온도
해설 인화점 및 착화점
㉮ 인화점(인화온도) : 점화원에 의하여 연소가 개시되는 최저온도이다.
㉯ 착화점(착화온도, 발화온도, 발화점) :

해답 18. ③ 19. ④ 20. ③ 21. ①

온도가 상승할 때 점화원 없이 스스로 연소를 개시할 수 있는 최저의 온도로 인화점보다는 온도가 높다.

22. 도시가스 배관의 보호판 재료로 사용할 수 있는 것은?
① KS D 3500　② KS D 3503
③ KS D 5101　④ KS D 6001

해설　보호판 재료는 KS D 3503(일반구조용 압연강재) 또는 이와 동등 이상의 성능이 있는 것으로 한다.

23. 펌프의 축봉장치에서 온도가 상승할 경우 냉각시키는 방법이 아닌 것은?
① 플래싱　② 퀜칭
③ 쿨링　④ 실링

해설　메커니컬 실 냉각방법
㉮ 플래싱: 가장 많이 적용하는 것으로 고압측 액체가 있는 곳에 외부에서 액체를 유입, 유출하여 적정온도로 유지한다.
㉯ 퀜칭: 냉각액을 메커니컬 실 단면의 안쪽에 직접 접촉하도록 주입하는 방법이다.
㉰ 쿨링: 메커니컬 실 링 바깥부분을 냉각시키는 방법으로 퀜칭에 비하여 냉각효과는 떨어지나 누설방지가 필요 없고, 냉각수의 순도에 영향을 받지 않는다.

24. 도시가스는 무색, 무취이기 때문에 누출 시 사고를 미연에 방지하기 위하여 경고성 냄새가 나는 물질(부취제)을 첨가하는데 그 비율은 공기 중 용량으로 얼마의 상태에서 감지할 수 있도록 혼합하여야 하는가?
① $\dfrac{1}{100}$　② $\dfrac{1}{200}$
③ $\dfrac{1}{500}$　④ $\dfrac{1}{1000}$

해설　부취제의 감지 농도: 공기 중 용량으로 $\dfrac{1}{1000}$의 농도(0.1%)에서 가스냄새가 감지될 수 있어야 한다.

25. 차압에 의해 액면을 측정하는 것으로 극저온 저장탱크의 측정에 많이 사용되는 액면계는?
① 햄프슨식 액면계
② 전기저항식 액면계
③ 벨로스식 액면계
④ 클린카식 액면계

해설　차압식 액면계: 기상부와 액상부의 압력차를 이용하여 액면을 지시하는 것으로 극저온 저장탱크의 액면 측정에 사용되며 햄프슨식 액면계라 한다.

26. 펌프의 특성곡선에서 체절운전을 설명한 것으로 옳은 것은?
① 유량이 0일 때 양정이 최대가 되는 운전
② 유량이 최대일 때 양정이 최소가 되는 운전
③ 유량이 이론치일 때 양정이 최대가 되는 운전
④ 유량이 평균치일 때 양정이 최소가 되는 운전

해설　체절운전: 펌프의 토출측 개폐밸브를 폐쇄한 상태에서 펌프를 가동시켜 양정이 최대가 되는 상태(압력계의 지침이 최고를 가리키는 경우)의 운전이다.

27. 450℃, 20 MPa의 가스에 사용하는 오토 클레이브의 덮개에 사용할 개스킷(gasket) 중 적당한 것은?
① 납
② 고무 또는 파이버
③ 파이버
④ 동

해설　고온, 고압의 상태에서는 금속제의 패킹제(개스킷)를 사용하여야 한다.

해답　22. ②　23. ④　24. ④　25. ①　26. ①　27. ④

28. 비체적과 밀도의 관계식 중 옳은 것은?

① 밀도 = $\dfrac{22.4}{\text{분자량}}$

② 비체적 = $\dfrac{\text{분자량}}{22.4}$

③ 밀도 = $\dfrac{1}{\text{비체적}}$

④ 비체적 = 분자량 × 22.4

해설 가스의 밀도와 비체적의 관계
㉮ 밀도(ρ) : 단위 체적당 질량으로 단위는 g/L, kg/m³이다.
∴ $\rho = \dfrac{\text{분자량}}{22.4} = \dfrac{1}{v}$
㉯ 비체적(v) : 단위 질량당 체적으로 단위는 L/g, m³/kg이다.
∴ $v = \dfrac{22.4}{\text{분자량}} = \dfrac{1}{\rho}$
※ 밀도와 비체적은 서로 역수의 관계이다.

29. 연료의 일반적인 연소 형태가 아닌 것은?
① 확산연소
② 증발연소
③ 반응연소
④ 표면연소

해설 연소의 형태
㉮ 표면연소 : 목탄, 코크스와 같이 표면에서 산소와 반응하여 연소하는 것
㉯ 분해연소 : 열분해에 의해 연소가 일어나는 것으로 종이, 석탄, 목재 등의 고체연료의 연소
㉰ 증발연소 : 가연성 액체의 연소
㉱ 확산연소 : 가연성 가스의 연소
㉲ 자기연소 : 산소공급 없이 연소하는 것으로 제5류 위험물이 해당된다.

30. 액화석유가스 압력조정기 중 1단 감압식 저압조정기의 조정압력은?
① 2.3~3.3 MPa   ② 5~30 MPa
③ 2.3~3.3 kPa   ④ 5~30 kPa

해설 일반용 LPG 1단 감압식 저압조정기 압력

구분		압력 범위
입구압력		0.07~1.56MPa
조정압력		2.3~3.30kPa
내압시험압력	입구 쪽	3MPa 이상
	출구 쪽	0.3MPa 이상
기밀시험압력	입구 쪽	1.56MPa 이상
	출구 쪽	5.5kPa
최대폐쇄압력		3.5kPa 이하

31. LPG 용기 저장에 대한 설명으로 옳지 않은 것은?
① 용기보관실은 사무실과 구분하여 동일한 부지에 설치한다.
② 충전용기는 항상 40℃ 이하를 유지하여야 한다.
③ 용기보관실의 저장설비는 용기집합식으로 한다.
④ 내용적 30 L 미만의 용기는 2단으로 쌓을 수 있다.

해설 용기보관실의 용기는 그 용기보관실의 안전을 위하여 용기집합식으로 하지 아니한다.

32. 산소, 질소, 수소, 아르곤 등의 압축가스 혹은 이산화탄소 등의 고압 액화가스를 충전하는 데 사용되는 용기는?
① 심교 용기   ② 웰딩 용기
③ 무계목 용기 ④ 용접 용기

해설 무계목(無繼目) 용기 : 이음매 없는 용기라 하며, 주로 압축가스를 충전하는 데 사용한다.

33. 가연성가스이면서 독성가스에 해당되는 것은?
① 불소   ② 염소
③ 산화에틸렌 ④ 프로판

해답 28. ③ 29. ③ 30. ③ 31. ③ 32. ③ 33. ③

해설 가연성가스이면서 독성가스인 것 : 아크릴로 니트릴, 일산화탄소, 벤젠, 산화에틸렌, 모노메틸아민, 염화메탄, 브롬화메탄, 이황화탄소, 황화수소, 암모니아, 석탄가스, 시안화수소, 트리메틸아민 등

34. 고압가스 설비 중 플레어스택의 설치 높이는 플레어스택 바로 밑의 지표면에 미치는 복사열이 얼마 이하로 되도록 하여야 하는가?

① 2000 kcal/m² · h
② 3000 kcal/m² · h
③ 4000 kcal/m² · h
④ 5000 kcal/m² · h

해설 플레어스택의 설치위치 및 높이는 플레어스택 바로 밑의 지표면에 미치는 복사열이 4000 kcal/m² · h 이하로 되도록 한다. 다만, 4000 kcal/m² · h를 초과하는 경우로서 출입이 통제되어 있는 지역은 그러하지 아니하다.

35. 액화석유가스 판매사업의 용기보관실의 면적은 얼마인가?

① 9 m² 이상
② 19 m² 이상
③ 29 m² 이상
④ 39 m² 이상

해설 LPG 판매사업의 시설 기준
㉮ 용기보관실 면적 : 19 m² 이상
㉯ 사무실 면적 : 9 m² 이상
㉰ 주차장 면적 : 11.5 m² 이상

36. 고압가스 제조장치의 재료에 대한 설명으로 틀린 것은?

① 상온 건조상태의 염소가스에 대하여는 보통강을 사용해도 된다.
② 암모니아, 아세틸렌의 배관 재료에는 구리를 사용해도 된다.
③ 저온에서는 고탄소강보다 저탄소강이 사용된다.
④ 암모니아 합성탑 내부의 재료에는 18-8 스테인리스강을 사용한다.

해설 고압가스 제조장치 재료 중 구리(동)는 암모니아의 경우 부식의 우려가 있고, 아세틸렌의 경우 화합폭발의 우려가 있어 사용이 금지된다.

37. 도시가스 사용시설에서 배관을 지하에 매설하는 경우에는 지면으로부터 몇 m 이상의 거리를 유지해야 하는가?

① 0.3 m
② 0.6 m
③ 1 m
④ 1.2 m

해설 도시가스 사용시설의 배관을 지하에 매설하는 경우에는 지면으로부터 0.6 m 이상의 거리를 유지한다.

38. 가연성가스 설비의 재치환 작업 시 공기로 재치환한 결과를 산소측정기로 측정하여 산소의 농도가 몇 %가 확인될 때까지 공기로 반복하여 치환하여야 하는가?

① 4~6 %
② 7~11 %
③ 12~16 %
④ 18~22 %

해설 치환농도
㉮ 가연성가스 : 폭발하한값의 $\frac{1}{4}$ 이하
㉯ 독성가스 : TLV-TWA 기준농도 이하
㉰ 산소 : 22 % 이하
㉱ 작업원이 작업할 때의 산소농도 : 18~22 %

39. 캐피자(Kapitza) 공기액화 사이클에서 공기를 압축하는 압력은 얼마인가?

① 5 atm
② 7 atm
③ 9 atm
④ 15 atm

해설 캐피자 공기액화 사이클(장치) 특징
㉮ 공기의 압축압력은 7 atm으로 낮다.
㉯ 열교환에 축랭기를 사용하여 원료공기 중의 수분과 탄산가스를 제거한다.
㉰ 팽창기는 터빈식을 사용한다.

해답 34. ③ 35. ② 36. ② 37. ② 38. ④ 39. ②

㉣ 팽창 터빈에서의 송입공기 온도는 -145 ℃로 낮고, 송입 공기량은 전량의 90 % 정도이다.

40. 용량 500 L인 액체산소 저장탱크에 액체산소를 넣어 방출밸브를 개방하여 16시간 방치하였더니, 탱크 내의 액체산소가 4.8 kg이 방출되었다. 이때 탱크에 침입하는 열량은 약 몇 kcal/h 인가? (단, 액체 산소의 증발잠열은 50 kcal/kg이다.)
① 12　　　　② 15
③ 20　　　　④ 23
해설 시간당 침입한 열량은 액체산소 4.8 kg이 기화되는 데 필요한 열량과 같고, 기화하는 데 16시간이 소요되었으므로 기화에 필요한 전체열량을 16시간으로 나눠주면 된다.
∴ $Q = G \times \gamma = \dfrac{4.8 \times 50}{16} = 15$ kcal/h

41. 아세틸렌 용기에 표시하는 가스명의 문자 색상으로 옳은 것은?
① 백색　　　　② 흑색
③ 적색　　　　④ 청색
해설 아세틸렌 용기 문자 색상
㉮ 아세틸렌 가스명 : 흑색
㉯ 충전기한 : 적색

42. 고온, 고압 하에서 화학적인 합성이나 반응을 하기 위한 고압 반응솥을 무엇이라 하는가?
① 합성탑　　　　② 반응기
③ 오토클레이브　　④ 기화장치
해설 ㉮ 오토클레이브(auto clave) : 액체를 가열하면 온도의 상승과 함께 증기압도 상승한다. 이때 액상을 유지하며 2종류 이상의 고압가스를 혼합하여 반응시키는 일종의 고압 반응가마를 일컫는다.
㉯ 종류 : 교반형, 진탕형, 회전형, 가스교반형

43. 암모니아를 실내에서 사용할 경우 가스누출 검지경보장치의 경보농도는?
① 25 ppm　　　② 50 ppm
③ 100 ppm　　　④ 200 ppm
해설 (1) 경보농도 설정 값
㉮ 가연성가스 : 폭발하한계의 $\dfrac{1}{4}$ 이하
㉯ 독성가스 : TLV - TWA 기준농도 이하
㉰ 암모니아(NH_3)를 실내에서 사용하는 경우 : 50 ppm
(2) 지시계의 눈금범위
㉮ 가연성가스 : 0~폭발하한계값
㉯ 독성가스 : 0~TLV - TWA 기준농도의 3배 값
㉰ 암모니아(NH_3)를 실내에서 사용하는 경우 : 150 ppm

44. 도시가스 계량기와 이격거리에 대한 설명 중 옳은 것은?
① 전기계량기와 30 cm 이상의 거리를 유지한다.
② 전기개폐기와 15 cm 이상의 거리를 유지한다.
③ 절연조치를 하지 아니한 전선과 15 cm 이상의 거리를 유지한다.
④ 전기점멸기와 50 cm 이상의 거리를 유지하여야 한다.
해설 가스계량기와 이격거리 기준
㉮ 전기계량기, 전기개폐기 : 60 cm 이상
㉯ 단열조치를 하지 않은 굴뚝, 전기점멸기, 전기접속기 : 30 cm 이상
㉰ 절연조치를 하지 않은 전선 : 15 cm 이상

45. 염소의 특성에 대한 설명 중 옳은 것은?
① 푸른색의 자극성이 심한 기체이다.
② 화학적으로 활성이 강하나 탄소, 질소, 산소와는 화합하지 않는다.
③ 수분이 존재할 경우에는 염화암모늄을 생성하여 철을 부식시킨다.

해답 40. ②　41. ②　42. ③　43. ②　44. ③　45. ②

④ 대기압에서 −24℃ 이하로 냉각하면 쉽게 액화되는 공기보다 무거운 기체이다.

해설 염소(Cl_2)의 특성
㉮ 비점이 −34.05℃로 높고 6~7기압의 압력을 가하면 쉽게 액화한다.
㉯ 자극성이 강한 독성가스이고, 조연성(지연성)가스이다.
㉰ 상온에서 기체는 황록색, 액체는 갈색이다.
㉱ 화학적으로 활성이 강하고 희가스, 탄소, 질소, 산소 이외의 원소와 직접 화합하여 염화물을 생성한다(희가스, 탄소, 질소, 산소와는 화합(반응)하지 않는다).
㉲ 건조한 상태에서는 강재에 대하여 부식성이 없으나, 수분과 반응하여 염산(HCl)을 생성하고, 철을 심하게 부식시킨다.
㉳ 염소와 수소는 직사광선에 의하여 폭발한다(염소폭명기).
㉴ 염소와 암모니아가 접촉할 때 염소과잉의 경우는 대단히 강한 폭발성 물질인 삼염화질소(NCl_3)를 생성하여 사고 발생의 원인이 된다.
㉵ 염소는 120℃ 이상이 되면 철과 직접 반응하여 부식이 진행된다.

46. 다음 가스 중 헨리의 법칙이 적용되지 않는 것은?
① 수소　　　　② 산소
③ 이산화탄소　④ 암모니아

해설 헨리의 법칙 : 일정온도에서 일정량의 액체에 녹는 기체의 질량은 압력에 정비례한다.
㉮ 수소(H_2), 산소(O_2), 질소(N_2), 이산화탄소(CO_2) 등과 같이 물에 잘 녹지 않는 기체만 적용된다.
㉯ 염화수소(HCl), 암모니아(NH_3), 이산화황(SO_2) 등과 같이 물에 잘 녹는 기체는 적용되지 않는다.

47. 20℃의 물 1.5 kg을 1 atm 하에서 비등시켜 그 중 절반만 증발시키는 데 필요한 열량은 약 몇 kJ인가? (단, 물의 평균비열은 4.2 kJ/kg·℃, 증발잠열은 2257 kJ/kg이다.)
① 1817　　　　② 1957
③ 2197　　　　④ 2257

해설 ㉮ 20℃ 물을 100℃까지 가열한 열량(현열) 계산
$Q_1 = G \times C \times \Delta t$
$= 1.5 \times 4.2 \times (100-20) = 504$ kJ
㉯ 100℃ 물을 100℃ 수증기로 만들기 위한 가열량(잠열) 계산 : 절반($\frac{1}{2}$)만 증발시킨다.
$Q_2 = G \times r = \left(1.5 \times \frac{1}{2}\right) \times 2257$
$= 1692.75$ kJ
㉰ 합계 열량 계산
$Q = Q_1 + Q_2$
$= 504 + 1692.75 = 2196.75$ kJ

48. 자동차 하중을 받을 우려가 있는 차도에 고압가스 배관을 매설 시 배관의 바닥부분에서 배관 정상부의 위쪽으로 몇 cm까지 모래로 되메우기를 하는가?
① 10　　　　② 20
③ 30　　　　④ 40

해설 굴착 및 되메우기 작업 기준
㉮ 배관 외면으로부터 굴착부 측벽까지 거리 : 15 cm 이상
㉯ 굴착구의 바닥면 : 모래 또는 사질토(砂質土)로 20 cm 이상 또는 모래주머니를 10 cm 이상 깔아서 평탄하게
㉰ 도로의 차도(車道)에 매설 할 때 : 배관의 바닥부분에서 노반바닥까지의 사이, 배관의 바닥부분에서 배관 정상부의 위쪽으로 30 cm까지의 사이를 모래 또는 사질토로 채운다.

49. 다음 가스 중 위험도(H)가 가장 큰 것은?

해답 46. ④　47. ③　48. ③　49. ②

① 수소　　　　② 아세틸렌
③ 부탄　　　　④ 메탄

[해설] ㉮ 위험도(H) : 가연성가스의 폭발가능성을 나타내는 수치(폭발범위를 폭발범위하한계로 나눈 것)로 수치가 클수록 위험하다. 즉, 폭발범위가 넓을수록, 폭발범위하한계가 낮을수록 위험성이 크다.

$$\therefore H = \frac{U-L}{L}$$

㉯ 각 가스의 공기 중 폭발범위

가스 명칭	폭발범위	위험도
수소(H_2)	4~75 %	17.75
아세틸렌(C_2H_2)	2.5~81 %	31.4
부탄(C_4H_{10})	1.9~8.5 %	3.47
메탄(CH_4)	5~15 %	2

50. 염소와 동일 차량에 적재하여 운반하여도 무방한 것은?

① 산소　　　　② 아세틸렌
③ 암모니아　　④ 수소

[해설] 혼합적재 금지 기준
㉮ 염소와 아세틸렌, 암모니아, 수소는 동일 차량에 적재하여 운반하지 아니한다.
㉯ 가연성가스와 산소를 동일 차량에 적재하여 운반하는 때에는 그 충전용기의 밸브가 서로 마주보지 아니하도록 적재한다.
㉰ 충전용기와 위험물 안전관리법에서 정하는 위험물과는 동일 차량에 적재하여 운반하지 아니한다.
㉱ 독성가스 중 가연성가스와 조연성가스는 동일 차량 적재함에 운반하지 아니한다.

51. 아세틸렌 충전에 대한 설명 중 ( ) 안에 알맞은 내용으로 옳은 것은?

아세틸렌을 용기에 충전하는 때의 충전 중의 압력은 ( ) MPa 이하로 하고, 충전 후에는 압력이 ( )℃에서 1.5 MPa 이하로 될 때까지 정치하여 둔다.

① 4.65, 35　　② 3.5, 20
③ 2.5, 15　　　④ 1.8, 15

[해설] 아세틸렌 충전용기 압력
㉮ 충전 중의 압력 : 2.5 MPa 이하
㉯ 충전 후의 압력 : 15℃에서 1.5 MPa 이하

52. 20층인 아파트에서 1층의 가스 압력이 1.8 kPa일 때, 20층에서의 압력은 약 몇 kPa인가? (단, 20층까지의 높이 차는 60 m, 가스의 비중은 0.65이다.)

① 1.31　　　　② 2.07
③ 3.32　　　　④ 4.07

[해설] ㉮ 입상관에서의 압력손실 계산 : 입상관에서 압력손실 계산식의 단위 'mmH$_2$O'는 'kgf/m^2'로 환산없이 변환이 가능하고 여기에 중력가속도 9.8 m/s^{2}을 곱하면 Pa단위가 되며, kPa로 변환하기 위해 1000으로 나눠준다.

$$\therefore H = 1.293 \times (S-1) \times h$$
$$= 1.293 \times (0.65-1) \times 60 \times 9.8 \times 10^{-3}$$
$$= -0.266 \text{ kPa}$$

(여기서, "-"값이 나오면 압력이 상승되는 것을 의미한다.)

㉯ 20층에서의 유출압력 계산
유출압력 = 1층의 압력 - 압력손실
　　　　 = 1.8 - (-0.266)
　　　　 = 2.066 kPa

53. 산소의 일반적인 특징으로서 잘못 설명된 것은?

① 공업적 제법으로 물을 전기분해하는 방법이 있다.
② 강력한 조연성가스이며, 그 자체는 연소하지 않는다.

[해답] 50. ①　51. ③　52. ②　53. ③

③ 용기 도색은 일반공업용은 백색, 의료용은 녹색이다.
④ 산소압축기의 윤활유는 물 또는 10 % 이하의 글리세린수를 사용한다.

[해설] 산소 충전용기 도색은 공업용은 녹색, 의료용은 백색이다.

54. 온도계의 눈금이 40℃일 때 랭킨온도는 얼마인가?
① 330.4°R ② 564°R
③ 474.4°R ④ 464.4°R

[해설] ㉮ 섭씨온도를 화씨온도로 계산
$$°F = \frac{9}{5}°C + 32$$
$$= \frac{9}{5} \times 40 + 32 = 104°F$$
㉯ 화씨온도를 랭킨온도로 계산
$$°R = °F + 460 = 104 + 460 = 564°R$$
[별해] $°R = 1.8 K = 1.8 \times (273 + 40)$
$= 563.4°R$

55. 고압가스 용기 파열사고의 주요 원인으로 가장 거리가 먼 것은?
① 용기의 내압력(耐壓力) 부족
② 용기밸브가 용기에서 이탈
③ 용기 내압(內壓)의 이상 상승
④ 용기 내에서의 폭발성 혼합가스의 발화

[해설] 용기 파열사고의 주요 원인
㉮ 용기의 내압력(耐壓力) 부족
㉯ 용기 내부압력의 이상 상승
㉰ 용기 내에서의 폭발성 혼합가스의 발화
㉱ 안전장치의 불량으로 작동 미비
㉲ 용기 취급 불량

56. 황화수소(H_2S)에 대한 설명으로 틀린 것은?
① 각종 산화물을 환원시킨다.
② 알칼리와 반응하여 염을 생성한다.
③ 발화온도가 약 450℃ 정도로서 높은 편이다.
④ 습기를 함유한 공기 중에는 대부분 금속과 작용한다.

[해설] 황화수소(H_2S)의 특징
㉮ 무색이며 계란 썩는 특유의 냄새가 난다.
㉯ 독성가스(TLV - TWA 10 ppm)이며, 가연성가스(4.3~45 %)이다.
㉰ 공기 중에서 파란 불꽃을 발생하며 연소하고, 불완전연소 시에는 황을 유리시킨다.
㉱ 건조한 상태에서는 부식성이 없으나 수분을 함유하면 금속을 심하게 부식시킨다.
㉲ 가열 시 격렬한 연소 또는 폭발을 일으키며, 알칼리 금속 및 일부 플라스틱과 반응한다.
㉳ 알칼리와 반응하여 염을 생성하고, 각종 산화물을 환원시킨다.
㉴ 자연발화온도는 260℃이다.

57. 시안화수소(HCN) 가스의 취급 시 주의사항으로 가장 거리가 먼 것은?
① 금속부식주의 ② 노출주의
③ 독성주의   ④ 중합폭발주의

[해설] 시안화수소(HCN)는 가연성가스, 독성가스이며 피부에 노출 시 피부를 통해 흡수하여 치명상을 입을 수 있다. 소량의 수분 존재 시 중합폭발을 일으킬 우려가 있지만 금속에 대한 부식성은 없다.

58. 전기방식법 중 가스배관보다 저전위의 금속(마그네슘 등)을 전기적으로 접촉시킴으로써 목적하는 방식 대상 금속자체를 음극화하여 방식하는 방법은?
① 외부전원법
② 희생양극법
③ 배류법
④ 선택법

[해답] 54. ② 55. ② 56. ③ 57. ① 58. ②

[해설] 희생양극법(유전양극법, 전기양극법, 전류양극법) : 양극(anode)과 매설배관(cathode : 음극)을 전선으로 접속하고 양극 금속과 배관 사이의 전지작용(고유 전위차)에 의해서 방식전류를 얻는 방법이다. 양극 재료로는 마그네슘(Mg), 아연(Zn)이 사용되며 토양 중에 매설되는 배관에는 마그네슘이 사용된다.

59. LNG와 SNG에 대한 설명으로 맞는 것은?
① SNG는 대체천연가스 또는 합성천연가스를 말한다.
② 액체상태의 나프타를 LNG라 한다.
③ SNG는 순수 천연가스를 말한다.
④ SNG는 각종 도시가스의 총칭이다.

[해설] LNG와 SNG
㉮ LNG(Liquefied Natural Gas) : 액화천연가스
㉯ SNG(Substitute Natural Gas) : 대체천연가스 또는 합성천연가스

60. 다음 중 웨버지수의 산식을 옳게 나타낸 것은? (단, H_g : 도시가스의 총발열량, d : 도시가스의 공기에 대한 비중을 나타낸다.)

① $WI = \dfrac{Hg}{\sqrt{d}}$

② $WI = \dfrac{\sqrt{Hg}}{d}$

③ $WI = 1 - \dfrac{Hg}{\sqrt{d}}$

④ $WI = 1 + \dfrac{Hg}{\sqrt{d}}$

[해설] 웨버(Webbe)지수 : 가스의 발열량을 가스비중의 제곱근으로 나눈 값으로 가스의 연소성(가스의 호환성)을 판단하는 수치이다.

∴ $WI = \dfrac{H_g}{\sqrt{d}}$

2022년도 복원문제 (1)

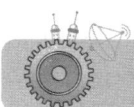

1. 부양기구의 수소 대체용으로 사용되는 가스는?
① 아르곤 ② 헬륨
③ 질소   ④ 공기

해설 헬륨(He)은 분자량이 4로 수소 다음으로 가벼운 불활성가스로 부양기구의 수소 대체용으로 사용된다.

2. 독성가스를 사용하는 내용적이 몇 L 이상인 수액기 주위에 액상의 가스가 누출될 경우에 대비하여 방류둑을 설치하여야 하는가?
① 1000   ② 2000
③ 5000   ④ 10000

해설 냉동제조시설 중 독성가스를 사용하는 내용적 1만 리터 이상인 수액기 주위에는 그 수액기로부터 액상의 독성가스가 누출될 경우 그 액상의 독성가스가 흘러 확산되는 것을 방지하기 위하여 방류둑을 설치한다.

3. 유압펌프 중 가장 큰 압력을 얻을 수 있는 펌프는?
① 기어 펌프   ② 베인 펌프
③ 원심 펌프   ④ 플런저 펌프

해설 플런저 펌프 : 피스톤과 로드의 단면이 동일한 구조로 피스톤 펌프에 비교해 유량이 적고, 압력이 높은 경우에 사용한다.

4. 액화석유가스 판매시설에 설치되는 용기보관실에 대한 시설기준으로 틀린 것은?
① 용기보관실에는 가스가 누출될 경우 이를 신속히 검지하여 효과적으로 대응할 수 있도록 하기 위하여 반드시 일체형 가스누출 경보기를 설치한다.
② 용기보관실에 설치되는 전기설비는 누출된 가스의 점화원이 되는 것을 방지하기 위하여 반드시 방폭구조로 한다.
③ 용기보관실에는 누출된 가스가 머물지 않도록 하기 위하여 그 용기보관실의 구조에 따라 환기구를 갖추고 환기가 잘되지 아니하는 곳에는 강제통풍시설을 설치한다.
④ 용기보관실 내에는 용기가 넘어지는 것을 방지하기 위하여 적절한 조치를 마련한다.

해설 용기보관실에는 분리형 가스누출 경보기를 설치한다.

5. 비교적 저양정에 적합하며, 효율 변화가 비교적 급한 터보식 펌프는?
① 원심 펌프   ② 축류 펌프
③ 왕복용 펌프 ④ 치차 펌프

해설 축류 펌프 : 임펠러에서의 물을 가이드 베인에 유도하여 그 회전 방향 성분을 축 방향으로 변화시켜 이것에 의한 수력 손실을 적게 하여 축 방향으로 토출하는 것이다.

6. 방류둑 구조에 대한 설명에서 옳지 않은 것은?
① 철근콘크리트는 수밀성 콘크리트를 사용한다.
② 방류둑의 높이는 당해 가스의 액두압에 견디어야 한다.
③ 성토는 수평에 대하여 50° 이하의 기울기로 하여 다져 쌓는다.
④ 방류둑의 재료는 철근콘크리트, 철골, 흙 또는 이들을 조합하여 만든다.

해설 성토는 수평에 대하여 45° 이하의 기울기로 하여 다져 쌓는다.

해답 1. ② 2. ④ 3. ④ 4. ① 5. ② 6. ③

7. 가연성 고압가스 제조소에서 다음 중 착화원인이 될 수 없는 것은?
① 정전기
② 사용 촉매의 접촉
③ 밸브의 급격한 조작
④ 베릴륨 합금제 공구에 의한 타격

[해설] 베릴륨 합금제 공구 : 타격, 마찰, 충격에 의하여 불꽃이 발생하지 않는 금속으로 만든 공구이다.

8. 저비점(低沸点) 액체용 펌프 사용상의 주의사항으로 틀린 것은?
① 펌프와 흡입, 토출관에는 신축 조인트를 장치한다.
② 펌프는 가급적 저장용기(貯槽)로부터 멀리 설치한다.
③ 밸브와 펌프 사이에 기화가스를 방출할 수 있는 안전밸브를 설치한다.
④ 운전개시 전에는 펌프를 청정(淸淨)하여 건조한 다음 펌프를 충분히 예냉(豫冷)한다.

[해설] 저비점 액체용 펌프 사용 시 주의사항
㉮ 펌프는 가급적 저장탱크 가까이 설치한다.
㉯ 펌프의 흡입, 토출관에는 신축 이음 장치를 설치한다.
㉰ 밸브와 펌프 사이에 기화가스를 방출할 수 있는 안전밸브를 설치한다.
㉱ 운전개시 전 펌프를 청정하여 건조시킨 다음 예냉하여 사용한다.

9. 20 atm의 공기 중에서 질소의 분압은 얼마인가?
① 16 atm   ② 4 atm
③ 10 atm   ④ 12 atm

[해설] 공기 중에서 질소의 체적비는 78%이다.
∴ 분압 = 전압 × $\dfrac{성분부피}{전부피}$ = 전압 × 체적비
= 20 × 0.78 = 15.6 atm

10. 고압가스 제조소의 작업원은 얼마의 기간 이내에 1회 이상 보호구의 사용 훈련을 받아 사용방법을 숙지하여야 하는가?
① 1개월   ② 3개월
③ 6개월   ④ 12개월

[해설] 보호구 장착 훈련 : 작업원은 3개월에 1회 이상 보호구의 사용 훈련을 받아 사용방법을 숙지한다.

11. 액상의 염소가 피부가 닿았을 경우의 조치로써 옳은 것은?
① 암모니아로 씻어낸다.
② 이산화탄소로 씻어낸다.
③ 소금물로 씻어낸다.
④ 맑은 물로 씻어낸다.

[해설] 액상의 염소에 노출 시 응급조치 방법
㉮ 피부 : 맑은 물로 씻어낸다.
㉯ 눈 : 3% 붕산수로 씻어낸다.

12. 가스누출검지 경보장치의 성능기준에 대한 설명 중 틀린 것은?
① 독성가스의 경보농도는 TLV-TWA 기준농도 이하로 한다.
② 가연성가스의 경보농도는 폭발하한계의 $\dfrac{1}{4}$ 이하로 한다.
③ 경보기의 정밀도는 경보농도 설정치에 대하여 가연성가스용에서는 25% 이하로 한다.
④ 지시계의 눈금은 독성가스는 0~TLV-TWA 기준농도의 5배 값을 명확하게 지시하는 것으로 한다.

[해설] 지시계의 눈금 범위
㉮ 가연성가스 : 0~폭발 하한계값
㉯ 독성가스 : 0~TLV-TWA 기준농도의 3배 값
㉰ 암모니아(NH_3)를 실내에서 사용하는 경우 : 150 ppm

[해답] 7. ④ 8. ② 9. ① 10. ② 11. ④ 12. ④

13. 다음 중에서 접촉식 방법의 온도 측정을 하는 온도계가 아닌 것은?
① 서미스터 온도계 ② 광고 온도계
③ 압력 온도계 ④ 금속저항 온도계

해설 온도계의 분류
㉮ 접촉식 온도계 : 유리제 봉입식 온도계, 바이메탈 온도계, 압력식 온도계, 저항 온도계, 서미스터, 열전대 온도계, 제게르콘, 서모컬러 등
㉯ 비접촉식 온도계 : 광고 온도계, 광전관 온도계, 방사 온도계, 색 온도계 등

14. 산소를 제조할 때 품질검사 주기는?
① 1일 1회 이상 ② 1일 3회 이상
③ 2일 1회 이상 ④ 2일 3회 이상

해설 품질검사 방법
㉮ 검사는 1일 1회 이상 가스제조장에서 실시한다.
㉯ 검사는 안전관리책임자가 실시하고, 검사결과를 안전관리부총괄자와 안전관리책임자가 함께 확인하고 서명 날인한다.

15. 도시가스의 배관 내의 상용압력이 4.2 MPa이다. 배관 내의 압력이 이상 상승하여 경보장치의 경보가 울리기 시작하는 압력은?
① 4.2 MPa 초과 시 ② 4.4 MPa 초과 시
③ 5.2 MPa 초과 시 ④ 5.4 MPa 초과 시

해설 경보장치가 울리는 경우
㉮ 배관 내의 압력이 상용압력의 1.05배를 초과한 때 (단, 상용압력이 4 MPa 이상인 경우에는 상용압력에 0.2 MPa를 더한 압력)
㉯ 경보가 울리는 압력 계산 : 상용압력이 4 MPa 이상에 해당된다.
∴ 경보압력 = 4.2 + 0.2 = 4.4 MPa

16. 비파괴검사법 중 검사자에 따른 차이가 많은 것은?
① 음향 검사법 ② 전위차법
③ 설파 프린트법 ④ 자기 검사법

해설 음향 검사법 : 간단한 공구를 이용하여 음향에 의해 결함 유무를 판단하는 방법으로 숙련을 요하고 개인차가 심하며, 검사의 결과가 기록되지 않는다.

17. 차량에 고정된 탱크 운반 시 "충전탱크는 그 온도를 항상 40℃ 이하로 유지하고, 액화가스가 충전된 탱크에는 (㉠) 또는 (㉡)를 적절히 측정할 수 있는 장치를 설치한다"에서 ( ) 안에 적합한 것은?
① ㉠ 압력계, ㉡ 압력
② ㉠ 압력계, ㉡ 온도
③ ㉠ 온도계, ㉡ 온도
④ ㉠ 온도계, ㉡ 압력

해설 차량에 고정된 탱크의 온도계 설치 : 충전탱크는 그 온도(가스 온도를 계측할 수 있는 용기의 경우에는 가스의 온도)를 항상 40℃ 이하로 유지한다. 이 경우 액화가스가 충전된 탱크에는 온도계 또는 온도를 적절히 측정할 수 있는 장치를 설치한다.

18. 독성인 냉매가스 설비에서 기계 통풍장치 설치 시 냉동능력 1톤당 환기능력은 얼마인가?
① 0.5 m^3/분 이상 ② 1 m^3/분 이상
③ 2 m^3/분 이상 ④ 2.5 m^3/분 이상

해설 냉동제조시설 환기능력
㉮ 통풍구 크기 : 냉동능력 1톤당 0.05 m^2 이상의 면적을 갖는 환기구를 직접 외기에 닿도록 설치한다.
㉯ 기계 통풍장치 : 냉동능력 1톤당 2 m^3/분 이상의 환기능력을 갖는 강제환기장치를 설치한다.

19. 고압용기나 탱크 및 라인(line) 등의 퍼지(purge)용으로 주로 쓰이는 기체는?
① 산소 ② 수소
③ 산화질소 ④ 질소

해설 질소는 상온에서 안정적인 가스이고, 불연성에 해당되어 장치 내의 퍼지용, 기밀시험용으로 사용된다.

20. 도시가스 사용시설에서 도시가스 배관의 표시 등에 대한 기준으로 틀린 것은?
① 지상배관은 부식방지 도장 후 황색으로 도색한다.
② 지하매설배관은 최고사용압력이 저압인 배관은 황색으로 한다.
③ 지하매설배관은 최고사용압력이 중압 이상인 배관은 적색으로 한다.
④ 지하에 매설하는 배관은 그 외부에 사용가스명, 최고사용압력, 가스의 흐름 방향을 표시한다.
해설 지하에 매설하는 배관은 그 외부에 사용가스명, 최고사용압력을 표시한다.

21. 가연성 물질의 연소와 직접 관계가 없는 것은?
① 연소열   ② 발화온도
③ 허용농도   ④ 최소 점화에너지
해설 허용농도는 독성가스와 비독성가스를 구별하는 기준이다.

22. 왕복펌프에서 유량의 맥동을 감소시키기 위하여 설치하는 것은?
① 서지탱크   ② 공기실
③ 스트레이너 ④ 체크밸브
해설 왕복펌프는 송출이 단속적이어서 맥동현상이 발생하고 이것을 저감하기 위해 공기실을 설치하며 종류에는 기액식, 스프링식, 중추식이 있다.

23. 냉동설비의 설치공사가 완공되었을 때 시운전에 사용해서는 안 되는 기체는?
① 질소   ② 산소
③ 공기   ④ 이산화탄소

해설 냉동설비의 설치공사 또는 변경공사가 완공된 때에는 산소 외의 가스를 사용하여 시운전 또는 기밀시험을 실시(공기를 사용하는 때에는 미리 냉매설비 중의 가연성가스를 방출한 후에 실시한다)하여 정상인 것을 확인한 후에 사용한다.

24. 습식 아세틸렌가스 발생기의 표면은 몇 도 이하로 유지해야 하는가?
① 7℃   ② 20℃
③ 50℃   ④ 70℃
해설 습식 아세틸렌가스 발생기 표면은 70℃ 이하로 유지하고, 그 부근에서는 불꽃이 튀는 작업을 하지 아니한다.

25. 암모니아 냉매의 누설 검지법으로 잘못된 것은?
① 자극성 냄새로 발견
② 유황 불꽃과 접촉되면 백연을 발생
③ 적색 리트머스 시험지를 갈색으로 변화
④ 페놀프탈렌 시험지와 반응하여 갈색 변화
해설 암모니아 냉매 누설 검지법
㉮ 자극성이 있어 냄새로서 알 수 있다.
㉯ 유황, 염산과 접촉 시 흰연기[백연(白煙)]가 발생한다.
㉰ 적색 리트머스지가 청색으로 변한다.
㉱ 페놀프탈렌 시험지가 백색에서 갈색으로 변한다.
㉲ 네슬러시약이 미색→황색→갈색으로 변한다.

26. 다음 중 연소의 3요소를 옳게 나열한 것은?
① 가연물, 연료, 빛
② 공기, 산소공급원, 열
③ 가연물, 공기, 점화원
④ 가연물, 산소공급원, 공기
해설 연소의 3요소 : 가연물(연료), 산소공급원(공기), 점화원

해답 20. ④ 21. ③ 22. ② 23. ② 24. ④ 25. ③ 26. ③

27. 일반도시가스 배관을 지하에 매설하는 경우에는 표지판을 설치해야 하는데 몇 m 간격으로 1개 이상을 설치하는가?
① 100 m   ② 200 m
③ 500 m   ④ 1000 m

해설 도시가스 배관 매설 표지판 설치 간격
㉮ 가스도매사업자의 배관 : 500 m 간격으로 1개 이상
㉯ 일반도시가스사업자의 배관 : 200 m 간격으로 1개 이상

28. 다음 중 기체 연료의 연소 형태로 옳은 것은?
① 증발연소   ② 표면연소
③ 분해연소   ④ 확산연소

해설 연소의 형태
㉮ 표면연소 : 목탄, 코크스와 같이 표면에서 산소와 반응하여 연소하는 것이다.
㉯ 분해연소 : 열분해에 의해 연소가 일어나는 것으로 종이, 석탄, 목재 등의 고체연료의 연소이다.
㉰ 증발연소 : 가연성 액체의 연소이다.
㉱ 확산연소 : 가연성 가스의 연소이다.
㉲ 자기연소 : 산소공급 없이 연소하는 것으로 제5류 위험물이 해당된다.

29. 가스 운반 시 차량 비치 항목이 아닌 것은?
① 가스 표시 색상
② 인체에 대한 독성 유무
③ 화재, 폭발의 위험성 유무
④ 가스 특성(온도와 압력과의 관계, 비중, 색깔, 냄새)

해설 휴대할 서면에 기재할 내용
㉮ 가스의 명칭
㉯ 가스의 특성(온도와 압력 관계, 비중, 색깔, 냄새)
㉰ 화재, 폭발의 위험성 유무
㉱ 인체에 대한 독성 유무
㉲ 운반 중의 주의사항

30. 다단 압축을 하는 목적으로 옳은 것은?
① 압축일과 체적효율 증가
② 압축일과 체적효율 감소
③ 압축일 증가와 체적효율 감소
④ 압축일 감소와 체적효율 증가

해설 다단 압축의 목적
㉮ 1단 단열 압축과 비교한 일량 절약
㉯ 이용 효율의 증가
㉰ 힘의 평형이 양호해진다.
㉱ 가스의 온도 상승을 피할 수 있다.

31. 0℃, 대기압 상태에서 5 L인 기체를 같은 압력 하에서 273℃로 가열하였을 때 부피는 몇 L인가?
① 1   ② 2.5   ③ 10   ④ 50

해설 샤를의 법칙 $\dfrac{V_1}{T_1} = \dfrac{V_2}{T_2}$ 에서 변한 후의 체적 V_2를 구한다.
$\therefore V_2 = \dfrac{V_1 \times T_2}{T_1} = \dfrac{5 \times (273+273)}{273+0} = 10 \text{ L}$

32. 저온 저장탱크의 부압으로 인한 탱크의 파괴를 방지하기 위한 설비와 관계없는 것은?
① 압력계   ② 진공 안전밸브
③ 송액 설비   ④ 벤트스택

해설 부압을 방지하는 조치(설비)
㉮ 압력계
㉯ 압력경보설비
㉰ 진공 안전밸브
㉱ 다른 시설로부터의 가스도입배관(균압관)
㉲ 압력과 연동하는 긴급차단장치를 설치한 냉동제어설비
㉳ 압력과 연동하는 긴급차단장치를 설치한 송액 설비

33. 의료용 가스 용기의 도색 구분 연결이 틀린 것은?

해답 27. ② 28. ④ 29. ① 30. ④ 31. ③ 32. ④ 33. ④

① 산소 – 백색
② 액화탄산가스 – 회색
③ 질소 – 흑색
④ 에틸렌 – 갈색

해설 주요 가스 용기의 도색

가스 종류	용기 도색	
	공업용	의료용
산소(O_2)	녹색	백색
수소(H_2)	주황색	–
액화탄산가스(CO_2)	청색	회색
액화석유가스	밝은 회색	–
아세틸렌(C_2H_2)	황색	–
암모니아(NH_3)	백색	–
액화염소(Cl_2)	갈색	–
질소(N_2)	회색	흑색
아산화질소(N_2O)	회색	청색
헬륨(He)	회색	갈색
에틸렌(C_2H_4)	회색	자색
사이클로 프로판	회색	주황색
기타의 가스	회색	–

34. 다음 연소에 관한 설명으로 옳지 않은 것은?
① 인화점이 낮을수록 위험성이 크다.
② 인화점보다 착화점의 온도가 낮다.
③ 착화점이 낮을수록 위험하다.
④ 인화점이 너무 높아도 나쁘다.

해설 인화점 및 착화점
㉮ 인화점 : 점화원에 의하여 연소가 개시되는 최저온도로, 위험성의 척도이다.
㉯ 착화점(착화온도, 발화온도, 발화점) : 온도가 상승할 때 점화원 없이 스스로 연소를 개시할 수 있는 최저의 온도로, 인화점보다는 온도가 높다.

35. 유체를 일정한 방향으로만 흐르게 하고, 역류를 적극적으로 방지하는 밸브는?

① 조정 밸브   ② 체크 밸브
③ 콕   ④ 글로브 밸브

해설 체크 밸브(check valve) : 역류방지밸브라 하며 유체를 한 방향으로만 흐르게 하고 역류를 방지하는 목적에 사용하는 밸브이다. 스윙형은 수직, 수평 배관에 모두 사용할 수 있고, 리프트형은 수평 배관에만 사용할 수 있다.

36. 염화메틸을 냉매로 사용할 때 배관재료로 부적합한 것은?
① 철   ② 알루미늄 합금
③ 니켈강   ④ 동 합금

해설 냉매 종류에 따른 사용 재료의 제한
㉮ 암모니아(NH_3) : 동 및 동합금
㉯ 염화메틸(CH_3Cl) : 알루미늄 합금
㉰ 프레온 : 2 %를 넘는 마그네슘을 함유한 알루미늄 합금

37. 고압가스 용기 중 동일 차량에 혼합 적재하여 운반하여도 무방한 것은?
① 산소와 질소, 탄산가스
② 염소와 아세틸렌, 암모니아 또는 수소
③ 충전용기와 위험물관리법이 정하는 위험물
④ 가연성가스와 산소를 동일 차량에 용기의 밸브가 서로 마주보게 적재

해설 혼합 적재 금지
㉮ 염소와 아세틸렌, 암모니아, 수소는 동일 차량에 혼합 적재 운반 금지
㉯ 가연성가스와 산소를 동일 차량에 적재 운반 시 충전용기 밸브가 서로 마주보지 않도록 적재하면 혼합 적재 가능
㉰ 충전용기와 위험물안전관리법이 정하는 위험물
㉱ 독성가스 중 가연성가스와 조연성가스는 동일 차량에 혼합 적재 운반 금지

38. LPG의 연소방식 중 모두 연소용 공기를 2차 공기로만 취하는 방식은?

해답 34. ② 35. ② 36. ② 37. ① 38. ③

① 분젠식 ② 세미분젠식
③ 적화식 ④ 전 1차 공기식

[해설] 연소방식의 분류
㉮ 적화식 : 연소에 필요한 공기를 모두 2차 공기로 취하는 방식
㉯ 분젠식 : 가스를 노즐로부터 분출시켜 주위의 공기를 1차 공기로 취한 후 나머지는 2차 공기를 취하는 방식
㉰ 세미분젠식 : 적화식과 분젠식의 혼합형으로 1차 공기율이 40 % 미만을 취하는 방식
㉱ 전 1차 공기식 : 완전연소에 필요한 공기를 모두 1차 공기로 하여 연소하는 방식

[참고] 연소용 공기 중 1차 공기와 2차 공기
㉮ 1차 공기 : 연소 전에 취하는 공기
㉯ 2차 공기 : 연소 과정 중에 취하는 공기

39. 저장탱크간의 간격이 유지된 가연성가스 저장탱크가 상호 인접한 경우 저장탱크 전 표면적에 대하여 표면적 1 m² 당 물분무장치의 방수량은 얼마인가? (단, 내화구조가 아닌 경우이다.)
① 4 L/분 ② 4.5 L/분
③ 7 L/분 ④ 8 L/분

[해설] 고압가스 저장탱크 표면적 1 m² 당 물분무장치 방수량 기준

구분	간격이 유지된 경우	간격이 유지되지 않은 경우
저장탱크 전 표면적	8 L/분	7 L/분
준내화구조	6.5 L/분	4.5 L/분
내화구조	4 L/분	2 L/분

40. 탄화수소에서 탄소(C) 수가 증가할수록 높아지는 것은?
① 증기압 ② 발화점
③ 비등점 ④ 폭발하한계

[해설] 탄소(C) 수가 증가할수록
㉮ 증가하는 것 : 비등점, 융점, 비중, 발열량
㉯ 감소하는 것 : 증기압, 발화점, 폭발하한값, 폭발범위값, 증발잠열

41. 압력의 단위로 사용되는 SI단위는?
① atm ② Pa
③ psi ④ bar

[해설] 압력의 SI단위 : $Pa = N/m^2$

42. 프로판 1톤을 내용적 47 L의 LPG 용기에 충전할 경우 필요한 용기의 수는 몇 개인가? (단, 프로판의 충전 정수는 2.35이다.)
① 45 ② 50
③ 55 ④ 60

[해설] ㉮ 용기 1개 당 충전량 계산
$$W = \frac{V}{C} = \frac{47}{2.35} = 20 \text{ kg}$$
㉯ 용기 수 계산
$$\text{용기 수} = \frac{\text{LPG량}}{\text{용기 1개 당 충전량}} = \frac{1000}{20} = 50 \text{개}$$

43. 고압가스설비에 측정기기 부착 시 주의사항 중 옳지 않은 것은?
① 산소 제조시설에 압력계 설치 시 반드시 "금유(禁油)"라고 표기된 전용 압력계를 설치해야 한다.
② 온도계 설치 시 감온부의 물리적 변화량을 정확히 측정하는 것을 설치해야 한다.
③ 유량계 설치 시 차압식 유량계는 교축부 전후에 압력차가 있는 곳에 설치해야 한다.
④ 가스 검지기 설치 시 지면에서 1 m 이상의 높이에 설치해야 한다.

[해설] 가스누출 검지기는 공기보다 가벼우면 천장에서 30 cm 이내, 공기보다 무거우면 바닥면에서 30 cm 이내에 설치하여야 한다.

[해답] 39. ④ 40. ③ 41. ② 42. ② 43. ④

44. 액화산소, LNG 등에 일반적으로 사용될 수 있는 재질이 아닌 것은?
① Al 및 Al합금
② Cu 및 Cu합금
③ 고장력 주철강
④ 18-8 스테인리스강

[해설] 액화산소, LNG 등 초저온 액화가스에 사용할 수 있는 재질은 알루미늄(Al) 및 알루미늄 합금, 구리(Cu) 및 구리 합금, 18-8 스테인리스강(오스테나이트계 스테인리스강)이다.

45. 가스 크로마토그래피의 운반기체(carrier gas)로 사용되지 않는 것은?
① Ar
② N_2
③ H_2
④ O_2

[해설] 운반기체(carrier gas)의 종류 : 수소(H_2), 헬륨(He), 아르곤(Ar), 질소(N_2)

46. 폭발범위에 대한 설명 중 옳지 않은 것은?
① 고온, 고압일 때 폭발범위는 대부분 넓어진다.
② 공기 중 아세틸렌가스의 폭발범위는 2.5~81 %이다.
③ 공기 중에서보다 산소 중에서의 폭발범위는 좁아진다.
④ 한계산소 농도치 이하에서는 폭발성 혼합가스를 생성하지 않는다.

[해설] 공기 중에서보다 산소 중에서의 폭발범위는 넓어진다.

47. 액화석유가스를 저장하기 위한 소형 저장탱크는 그 저장능력이 몇 톤 미만의 것을 말하는가?
① 3
② 5
③ 10
④ 100

[해설] 액화석유가스 저장탱크 구분
㉮ 저장탱크 : 저장능력 3톤 이상
㉯ 소형 저장탱크 : 저장능력 3톤 미만

48. 용기에 충전한 시안화수소는 충전한 후 며칠이 경과되기 전에 다른 용기에 옮겨 충전하여야 하는가? (단, 순도 98 % 이상으로서 착색된 것에 한한다.)
① 30일
② 45일
③ 60일
④ 90일

[해설] 시안화수소를 충전한 용기는 충전 후 24시간 정치하고, 그 후 1일 1회 이상 질산구리벤젠 등의 시험지로 가스의 누출검사를 하며, 용기에 충전 연월일을 명기한 표지를 붙이고, 충전한 후 60일이 경과되기 전에 다른 용기에 옮겨 충전한다. 다만, 순도가 98 % 이상으로서 착색되지 아니한 것은 다른 용기에 옮겨 충전하지 아니할 수 있다.

49. 공기액화 분리기 내의 CO_2를 제거하기 위해 NaOH 수용액을 사용한다. 1.0 kg의 CO_2를 제거하기 위해서는 약 몇 kg의 NaOH를 가해야 하는가?
① 0.9
② 1.8
③ 3.0
④ 3.8

[해설] ㉮ 가성소다(NaOH)를 이용한 CO_2 제거 반응식 : $2NaOH + CO_2 \rightarrow Na_2CO_3 + H_2O$
㉯ CO_2 1 kg 제거하기 위한 가성소다(NaOH)량 계산

[NaOH]　　　[CO_2]
2×40 kg　:　44 kg
x [kg]　　:　1 kg
$\therefore x = \dfrac{2 \times 40 \times 1}{44} = 1.818$ kg

50. 다음 각 가스의 성질에 대한 설명으로 옳은 것은?
① 산화에틸렌은 분해폭발성이 있다.
② 포스겐의 비점은 -128℃로서 매우 낮다.
③ 염소는 가연성가스로서 물에 매우 잘 녹는다.

[해답] 44. ③　45. ④　46. ③　47. ①　48. ③　49. ②　50. ①

④ 일산화탄소는 가연성이며 액화하기 쉬운 가스이다.

해설 각 항목의 옳은 설명
① 산화에틸렌(C_2H_4O)의 폭발성 : 산화폭발, 분해폭발, 중합폭발의 위험성이 있다.
② 포스겐($COCl_2$)의 비점 : 8.2℃
③ 염소(Cl_2) : 조연성가스, 독성가스(1 ppm)이고, 20℃ 물 100 cc에 230 cc 용해한다.
④ 일산화탄소(CO) : 비점이 -192℃로 매우 낮아 압축가스로 취급한다.

51. 다음 중 보일러 중독사고의 주원인이 되는 가스는?
① 이산화탄소   ② 일산화탄소
③ 질소   ④ 염소

해설 보일러 연료용 가스의 불완전연소에 의하여 발생하는 일산화탄소(CO)에 의하여 중독사고의 위험성이 있다.

52. 다음 가스 중에서 공기보다 가벼운 것은?
① O_2 ② SO_2
③ H_2 ④ CO_2

해설 ㉮ 각 가스의 분자량 비교

명칭	분자량
산소(O_2)	32
아황산가스(SO_2)	64
수소(H_2)	2
이산화탄소(CO_2)	44

㉯ 공기의 평균분자량 29보다 분자량이 작은 가스가 공기보다 가벼운 것이다.

53. 수소를 취급하는 고온, 고압 장치용 재료로서 사용할 수 있는 것은?
① 탄소강, 니켈강
② 탄소강, 망간강
③ 탄소강, 18-8 스테인리스강
④ 18-8 스테인리스강, 크롬-바나듐강

해설 수소를 취급하는 고온, 고압 장치용 재료 중 탄소강은 수소취성을 발생하므로 부적합하고, 수소취성에 견디는 18-8 스테인리스강, 크롬강, 크롬-바나듐강 등을 사용하여야 한다.

54. 다음 중 다공도를 측정할 때 사용되는 식은? (단, V : 다공물질의 용적, E : 아세톤 침윤 잔용적이다.)
① 다공도 $= \dfrac{V}{(V-E)}$
② 다공도 $= (V-E) \times \dfrac{100}{V}$
③ 다공도 $= (V+E) \times V$
④ 다공도 $= (V+E) \times \dfrac{V}{100}$

해설 다공도 계산식
$$다공도(\%) = \dfrac{V-E}{V} \times 100$$
$$= \dfrac{(V-E) \times 100}{V} = (V-E) \times \dfrac{100}{V}$$
$$= \left(\dfrac{V}{V} - \dfrac{E}{V}\right) \times 100 = \left(1 - \dfrac{E}{V}\right) \times 100$$

55. 다음 중 가스의 성질에 대한 설명으로 맞는 것은?
① 암모니아는 산이나 할로겐과도 잘 화합한다.
② 산소는 액체공기를 분류하여 제조하는 반응성이 강한 가스이며 그 자신으로서 연소된다.
③ 질소는 안정된 가스이며 불활성 가스라고도 하며, 고온에서도 금속과 화합하는 일은 없다.
④ 염소는 반응성이 강한 가스이며 강에 대해서 상온에서도 건조 상태에서 현저한 부식성이 있다.

해답 51. ② 52. ③ 53. ④ 54. ② 55. ①

해설 각 항목 가스의 성질
② 산소 : 조연성(지연성)가스로 그 자신은 연소하지 않는다.
③ 질소 : 불연성가스이고 상온에서 안정된 가스이나, 고온에서 금속과 반응한다.
④ 염소 : 건조한 상태에서는 강에 대한 부식성이 없다.

56. 산소에 대한 설명으로 옳은 것은?
① 가연성가스이다.
② 자성(磁性)을 가지고 있다.
③ 수소와는 반응하지 않는다.
④ 폭발범위가 비교적 큰 가스이다.

해설 각 항목의 옳은 설명
① 강력한 조연성가스이나 그 자신은 연소하지 않는다.
③ 수소와 반응하여 수소 폭명기를 만든다.
④ 산소는 조연성가스이므로 폭발범위를 갖지 않는다.

57. 물 100cm 높이에 해당하는 압력은 몇 Pa 인가? (단, 물의 비중량은 9803 N/m³이다.)
① 4901
② 490150
③ 9803
④ 980300

해설 $P = \gamma \times h = 9803 \times 1$
$= 9803 \, N/m^2 = 9803 \, Pa$

58. 게이지압력에 관한 내용 중 옳지 않은 것은?
① 완전 진공상태를 0으로 기준하여 측정한 값이다.
② 표준대기압 상태를 0으로 기준하여 측정한 값이다.
③ 용기에 부착되어 있는 압력계에서 지시하는 압력이다.
④ 절대압력에서 표준대기압을 빼면 게이지 압력이 된다.

해설 ①번 항목은 절대압력에 대한 설명이다.

59. 1 kW의 열량을 환산한 것으로 옳은 것은?
① 536 kcal/h
② 632 kcal/h
③ 729 kcal/h
④ 860 kcal/h

해설 동력의 단위
㉮ 1 PS = 75 kgf · m/s = 632.2 kcal/h
$= 0.735 \, kW = 2646 \, kJ/h$
㉯ 1 kW = 102 kgf · m/s = 860 kcal/h
$= 1.36 \, PS = 3600 \, kJ/h$

60. 다음 중 온도의 기본단위는?
① K
② °R
③ °F
④ ℃

해설 기본단위

기본량	길이	질량	시간	전류	물질량	온도	광도
기본단위	m	kg	s	A	mol	K	cd

해답 56. ② 57. ③ 58. ① 59. ④ 60. ①

2022년도 복원문제 (2)

1. 산소의 임계압력은?
① 20 atm   ② 33.5 atm
③ 50.1 atm   ④ 72.9 atm

해설 산소(O_2)의 성질
㉮ 비점 : $-183℃$
㉯ 임계온도 : $-118.4℃$
㉰ 임계압력 : 50.1 atm

2. 수소 등의 압축가스 용기의 형태는?
① 이음매 용기   ② 이음매 없는 용기
③ 피복 용기   ④ 용접 용기

해설 충전용기의 일반적인 형태
㉮ 압축가스 : 이음매 없는 용기(무계목 용기)
㉯ 액화가스 : 용접 용기(계목 용기)

3. 지상에 설치된 액화산소 저장탱크의 방류 둑은 저장능력 상당용적의 몇 % 이상으로 하는가?
① 40   ② 60
③ 80   ④ 100

해설 방류둑 용량
㉮ 액화가스 : 저장능력에 상당하는 용적
㉯ 액화산소 : 저장능력 상당용적의 60% 이상
㉰ 집합 방류둑 : 최대저장능력 + 잔여 총 능력의 10%
㉱ 냉동제조 : 수액기 내용적의 90% 이상

4. 염소가스 누출검지 경보장치의 경보농도는?
① 1 ppm 이하   ② 5 ppm 이하
③ 10 ppm 이하   ④ 50 ppm 이하

해설 (1) 경보장치 경보농도
㉮ 가연성가스 : 폭발하한계의 1/4 이하
㉯ 독성가스 : TLV-TWA 기준농도 이하
㉰ NH_3를 실내에서 사용 : 50 ppm
(2) 염소(Cl_2)는 조연성, 독성가스이고 TLV-TWA 허용농도가 1 ppm이므로 경보농도는 1 ppm 이하가 된다.

5. 공기액화 분리장치에서 반드시 제거해야 하는 물질이 아닌 것은?
① 탄산가스   ② 아세틸렌
③ 수분   ④ 질소

해설 공기액화 분리장치에서 제거할 물질 : 탄산가스, 수분, 아세틸렌

6. 산소 없이 분해폭발을 일으키는 물질이 아닌 것은?
① 아세틸렌   ② 산화에틸렌
③ 히드라진   ④ 시안화수소

해설 ㉮ 분해(分解)폭발 : 아세틸렌을 일정 압력 이상으로 상승시켰을 때 분해에 의해 일어나는 단일가스의 폭발로 아세틸렌(C_2H_2), 산화에틸렌(C_2H_4O), 오존(O_3), 히드라진(N_2H_4) 등이 해당된다.
㉯ 시안화수소(HCN) : 산화폭발, 중합폭발을 일으킨다.

7. 일반도시가스사업의 가스공급시설 중 최고사용압력이 저압인 유수식 가스홀더에 갖추어야 할 사항 중 잘못된 것은?
① 맨홀 또는 검사구를 설치할 것
② 가스 방출장치를 설치한 것일 것
③ 봉수의 동결방지 조치를 한 것일 것
④ 수조에 물 공급관, 물 넘쳐 빠지는 구멍을 설치한 것일 것

해답 1. ③ 2. ② 3. ② 4. ① 5. ④ 6. ④ 7. ①

해설 가스홀더에 갖추어야 할 시설
(1) 고압 또는 중압의 가스홀더
  ㉮ 관의 입구 및 출구에는 신축흡수장치를 설치할 것
  ㉯ 응축액을 외부로 뽑을 수 있는 장치를 설치할 것
  ㉰ 응축액의 동결을 방지하는 조치를 할 것
  ㉱ 맨홀 또는 검사구를 설치할 것
  ㉲ 고압가스 안전관리법의 규정에 의한 검사를 받은 것일 것
  ㉳ 가스홀더와의 거리 : 두 가스홀더의 최대지름을 합산한 길이의 1/4 이상 유지 (1 m 미만인 경우 1 m 이상의 거리)
(2) 저압의 가스홀더
  ㉮ 유수식 가스홀더
    ㉠ 원활히 작동할 것
    ㉡ 가스방출장치를 설치할 것
    ㉢ 수조에 물공급과 물넘쳐 빠지는 구멍을 설치할 것
    ㉣ 봉수의 동결방지조치를 할 것
  ㉯ 무수식 가스홀더
    ㉠ 피스톤이 원활히 작동되도록 설치할 것
    ㉡ 봉액공급용 예비펌프를 설치할 것

8. LP가스 설비의 조정기 설치 시 주의사항으로 옳지 않은 것은?
① 부착 후 접속부는 반드시 비눗물로 검사한다.
② 용기 및 조정기의 설치위치는 통풍이 양호한 곳으로 한다.
③ 용기 및 조정기 부근에 연소하기 쉬운 물질을 두지 않는다.
④ 조정기 부착 시 나사를 정확하고 바르게 접속 후 힘을 가하여 무리하게 조인다.
해설 조정기 부착 시 나사를 정확하고 바르게 접속 후 힘을 가하되 무리하게 조이지는 않는다.

9. 2개 이상의 탱크를 동일한 차량에 고정하여 운반할 때 충전관에 설치하는 것이 아닌 것은?
① 온도계 ② 안전밸브
③ 압력계 ④ 긴급 탈압밸브
해설 2개 이상의 탱크를 동일차량에 고정하여 운반할 때의 기준
  ㉮ 탱크마다 탱크의 주 밸브를 설치할 것
  ㉯ 탱크 상호간 또는 탱크와 차량과의 사이를 단단하게 부착하는 조치를 할 것
  ㉰ 충전관에는 안전밸브, 압력계 및 긴급 탈압 밸브를 설치할 것

10. 공기보다 비중이 가벼운 도시가스의 공급시설로서 공급시설이 지하에 설치된 경우 통풍구조는 흡입구 및 배기구의 관 지름을 몇 mm 이상으로 하는가?
① 50   ② 75
③ 100 ④ 150
해설 흡입구 및 배기구의 관지름은 100mm 이상으로 하되 통풍이 양호하도록 한다.

11. 고압가스 운반 기준에서 후부취출식 탱크 외의 탱크는 탱크의 후면과 차량의 뒷범퍼와의 수평거리가 몇 cm 이상이 되도록 탱크를 차량에 고정시켜야 하는가?
① 30 cm 이상   ② 40 cm 이상
③ 60 cm 이상   ④ 100 cm 이상
해설 뒷범퍼와의 수평거리
  ㉮ 후부 취출식 탱크 : 40 cm 이상
  ㉯ 후부 취출식 외 탱크 : 30 cm 이상
  ㉰ 조작상자 : 20 cm 이상

12. 공기 중에서 가연성 물질을 연소시킬 때 공기 중의 산소농도를 증가시키면 연소속도와 발화온도와의 관계는?
① 연소속도 – 크게 됨, 발화온도 – 크게 됨
② 연소속도 – 크게 됨, 발화온도 – 낮게 됨

해답 8. ④ 9. ① 10. ③ 11. ① 12. ②

③ 연소속도 - 낮게 됨, 발화온도 - 크게 됨
④ 연소속도 - 낮게 됨, 발화온도 - 낮게 됨

해설 공기 중의 산소 농도가 증가하면(산소량이 많은 경우) 연소는 잘 되므로 연소속도는 빠르게 되고, 발화온도는 낮아지며, 폭발한계(폭발범위)는 넓어진다.

13. 시안화수소를 충전한 용기는 충전 후 얼마를 정치해야 하는가?
① 4시간   ② 8시간
③ 16시간   ④ 24시간

해설 시안화수소(HCN)를 충전한 용기는 충전 후 24시간 정치하고, 그 후 1일 1회 이상 질산구리벤젠지 등의 시험지로 가스의 누출검사를 한다.

14. 어떤 도시가스의 발열량이 15000 kcal/Sm³일 때 웨버지수는 얼마인가? (단, 가스의 비중은 0.5로 한다.)
① 12121   ② 20000
③ 21213   ④ 30000

해설 $WI = \dfrac{H_g}{\sqrt{d}} = \dfrac{15000}{\sqrt{0.5}} = 21213.203$

15. 특정고압가스 사용시설의 시설기준 및 기술기준으로 틀린 것은?
① 가연성가스의 사용설비에는 정전기 제거 설비를 설치한다.
② 지하에 매설하는 배관에는 전기부식 방지조치를 한다.
③ 특정가스의 저장설비에는 가스가 누출된 때 이를 흡수 또는 중화할 수 있는 장치를 설치한다.
④ 산소를 사용하는 밸브에는 밸브가 잘 동작할 수 있도록 석유류 및 유지류를 주유하여 사용한다.

해설 산소를 사용하는 때에는 석유류, 유지류 등에 의한 사고를 방지하기 위하여 밸브 및 사용기구에 부착된 석유류, 유지류 그 밖의 가연성 물질을 제거한 후 사용한다.

16. 다음 중 가연성가스에 해당되는 것이 아닌 것은?
① 산소   ② 부탄
③ 수소   ④ 일산화탄소

해설 연소성에 의하여 구분할 때 산소(O_2)는 조연성(또는 지연성)가스에 해당된다.

17. 고압가스 용기를 내압시험한 결과 전증가량은 400 cc, 영구증가량이 20 cc일 때 영구증가율은 얼마인가?
① 0.2%   ② 0.5%
③ 5%   ④ 20%

해설 영구증가율 = $\dfrac{\text{영구증가량}}{\text{전증가량}} \times 100$
$= \dfrac{20}{400} \times 100 = 5\%$

18. 용기 밸브의 그랜드 너트의 6각 모서리에 V형의 홈을 낸 것은 무엇을 표시하는 것인가?
① 왼나사임을 표시
② 오른나사임을 표시
③ 암나사임을 표시
④ 수나사임을 표시

해설 용기 밸브의 그랜드 너트의 6각 모서리에 V형의 홈을 낸 것은 왼나사임을 표시하는 것이다.

19. 독성가스 검지방법 중 암모니아수로 검지하는 가스는?
① SO_2 ② HCN
③ NH_3 ④ CO

해설 아황산가스(SO_2), 염소(Cl_2), 염화수소(HCl) 등은 암모니아와 접촉 시 백연(白煙)이 발생하는 것으로 검지할 수 있다.

해답 13. ④ 14. ③ 15. ④ 16. ① 17. ③ 18. ① 19. ①

20. 독성가스를 운반하는 차량이 갖추어야 할 용구에 해당되지 않는 것은?

① 방독마스크
② 제독제
③ 고무장갑, 고무장화
④ 소화장비

해설 독성가스 운반 시 갖추어야 할 용구 및 물품
(1) 보호구 : 방독마스크, 공기호흡기, 보호의, 보호장갑, 보호장화
(2) 자재 : 적색기, 휴대용 손전등, 메가폰 또는 휴대용 확성기, 자동안전바, 완충판, 물통, 누출검지기, 누출검지액, 차바퀴 고정목, 통신기기
(3) 약제 : 누출 시 응급조치 약제로 액화독성가스(염소, 염화수소, 포스겐, 아황산가스)에 적용
  ㉮ 1000 kg 미만 운반 : 소석회(생석회) 20 kg 이상 휴대
  ㉯ 1000 kg 이상 운반 : 소석회(생석회) 40 kg 이상 휴대
(4) 공구
  ㉮ 공작용 공구 : 해머 또는 나무망치, 펜치, 몽키 스패너, 가위 또는 칼, 밸브 개폐용 핸들, 밸브 그랜드 스패너, 가죽장갑
  ㉯ 누출방지 공구 : 고무시트 또는 납 패킹, 링 또는 실 테이프, 헝겊, 용기 밸브용 플러그 너트
※ 소화장비는 가연성가스, 산소의 경우에 해당

21. 압축가스의 저장탱크 및 용기 저장능력의 산정식을 옳게 나타낸 것은? (단, Q : 설비의 저장능력(m^3), P : 35℃에서의 최고충전압력(MPa), V_1 : 설비의 내용적(m^3) 이다.)

① $Q = \dfrac{(10P+1)}{V_1}$
② $Q = 1.5PV_1$
③ $Q = (1-P)V_1$
④ $Q = (10P+1)V_1$

해설 압축가스의 저장탱크 및 용기 저장능력의 산정식 : 고법 시행규칙 별표1
  ㉮ $Q = (10P+1)V_1$ → 최고충전압력(P) 단위 : MPa
  ㉯ $Q = (P+1)V_1$ → 최고충전압력(P) 단위 : kgf/cm²

22. 일반도시가스 공급시설 기준 중 적합하지 않은 것은?

① 가스공급 시설을 설치하는 실(제조소 및 공급소 내에 설치된 것에 한함)은 양호한 통풍구조로 한다.
② 액화가스가 통하는 가스공급시설에는 가스공급시설에서 발생하는 정전기를 제거하는 조치를 한다.
③ 제조소 또는 공급소에 설치한 가스가 통하는 가스 공급시설의 부근에 설치하는 전기설비는 방폭성능을 가져야 한다.
④ 가스 공급시설의 내압부분 및 액화가스가 통하는 부분은 최고사용압력의 1.1배 이상의 압력으로 실시하는 내압시험에 합격해야 한다.

해설 내압시험압력 및 기밀시험압력
  ㉮ 내압시험압력 : 최고사용압력의 1.5배 이상
  ㉯ 기밀시험압력 : 최고사용압력의 1.1배 또는 8.4 kPa 중 높은 압력 이상

23. 가스의 폭발 등과 같이 급속한 압력변화를 측정하는 것에 이용되는 압력계는?

① 부르동관 압력계
② 피스톤식 압력계
③ 피에조 전기 압력계
④ U자관 압력계

해답 20. ④ 21. ④ 22. ④ 23. ③

해설 피에조 전기 압력계(압전기식) : 압력을 가하면 기전력이 발생하고 발생한 전기량은 압력에 비례하는 것을 이용한 것으로 가스 폭발이나 급격한 압력 변화 측정에 사용된다.

24. 염소 및 아황산가스를 제독하기 위한 조치로서 옳은 것은?
① 대량의 물로 흡수 제독한다.
② 연소설비로 연소하여 제독한다.
③ 가성소다 수용액으로 흡수하여 제독한다.
④ 산성가스이므로 암모니아로 중화하여 제독한다.

해설 ㉮ 아황산가스(SO_2)는 물을 제독제로 사용하는 것이 가능하나 염소(Cl_2)는 사용이 불가능하다.
㉯ 염소는 조연성, 아황산가스는 불연성 가스이므로 연소설비로 연소하는 것은 불가능하다.

[참고] 독성가스 제독제

가스 종류	제독제의 종류
염소	가성소다 수용액, 탄산소다 수용액, 소석회
포스겐	가성소다 수용액, 소석회
황화수소	가성소다 수용액, 탄산소다 수용액
시안화수소	가성소다 수용액
아황산가스	가성소다 수용액, 탄산소다 수용액, 물
암모니아, 산화에틸렌, 염화메탄	물

25. 독성가스 허용농도의 종류가 아닌 것은?
① 시간가중 평균농도(TLV-TWA)
② 단시간 노출허용농도(TLV-STEL)
③ 최고허용농도(TLV-C)
④ 순간 사망허용농도(TLV-D)

해설 독성가스 허용농도의 종류
㉮ 시간가중 평균농도 : TLV-TWA
㉯ 단시간 노출허용농도 : TLV-STEL
㉰ 최고허용농도 : TLV-C
㉱ 법적 노출허용기준 : PEL-TLV
㉲ 반수치사농도 : LC50
㉳ 반수치사량 : LD50
㉴ 직접 위험농도 : IDLH (30분 이내에 구출되지 않으면 건강상태를 회복할 수 없는 직접 위험농도)

26. 아세틸렌가스 충전 시에 희석제로서 부적합한 것은?
① 메탄   ② 프로판
③ 수소   ④ 이산화황

해설 희석제의 종류
㉮ 법(안전관리 규정)에서 정한 것 : 질소, 메탄, 일산화탄소, 에틸렌
㉯ 법에서 정한 것 외 : 수소, 프로판, 이산화탄소

27. 고압가스 용기에 사용되는 강의 성분 원소 중 탄소, 인, 황, 규소의 작용에 대한 설명 중 틀린 것은?
① 황은 적열취성의 원인이 된다.
② 인은 상온취성의 원인이 된다.
③ 규소량이 증가하면 충격치는 증가한다.
④ 탄소량이 증가하면 인장강도는 증가한다.

해설 규소(Si)의 영향
㉮ 유동성이 증가하나 단접성 및 냉간가공성을 나쁘게 한다.
㉯ 충격치가 낮아진다.

28. 주거지역, 상업지역의 저장탱크에 폭발방지장치를 설치해야 하는 저장능력 규모는?
① 10톤 이상   ② 15톤 이상
③ 20톤 이상   ④ 30톤 이상

해설 폭발방지장치 설치 대상
㉮ 지상에 설치된 저장능력 10톤 이상인

해답 24. ③ 25. ④ 26. ④ 27. ③ 28. ①

LPG 저장탱크
㉴ LPG 이송용 자동차에 고정된 탱크(탱크로리 탱크)

29. 다음 중 전기설비의 방폭구조 종류가 아닌 것은?
① 접지 방폭구조　② 유입 방폭구조
③ 압력 방폭구조　④ 안전증 방폭구조

해설 방폭구조의 종류 및 표시기호

명칭	기호
내압 방폭구조	d
유입 방폭구조	o
압력 방폭구조	p
안전증 방폭구조	e
본질안전 방폭구조	ia, ib
특수 방폭구조	s

30. 시안화수소 충전 시 유지해야 할 조건 중 틀린 것은?
① 충전 시 농도는 98 % 이상을 유지한다.
② 안정제는 아황산가스나 황산 등을 사용한다.
③ 저장 시에는 1일 2회 이상 염화 제1동착염지로 누출검사를 한다.
④ 용기에 충전한 후 60일이 경과되기 전에 다른 용기에 충전한다.

해설 시안화수소 충전작업 기준
㉮ 용기에 충전하는 시안화수소는 순도가 98 % 이상이고 아황산가스 또는 황산 등의 안정제를 첨가한 것으로 한다.
㉯ 시안화수소를 충전한 용기는 충전 후 24시간 정치하고, 그 후 1일 1회 이상 질산구리벤젠 등의 시험지로 가스의 누출검사를 하며, 용기에 충전 연월일을 명기한 표지를 붙이고, 충전한 후 60일이 경과되기 전에 다른 용기에 옮겨 충전한다. 다만, 순도가 98 % 이상으로서 착색되지 아니한 것은 다른 용기에 옮겨 충전하지 않을 수 있다.

31. 천연가스에 대한 설명 중 맞는 것은?
① 천연가스의 주성분은 에탄과 프로판이다.
② 천연가스의 액화 공정으로는 팽창법만을 이용한다.
③ 천연가스 채굴 시 상당량의 황 화합물이 함유되어 있어 제거해야 한다.
④ 천연가스 채굴 시 혼합되어 있는 고분자 탄화수소 혼합물은 분리하지 않는다.

해설 각 항목의 옳은 내용
①번 항목 : 천연가스의 주성분은 메탄(CH_4)이다.
②번 항목 : 천연가스 액화공정으로는 캐스케이드법(다원냉동사이클)이 사용된다.
④번 항목 : 천연가스 채굴 시 혼합되어 있는 고분자 탄화수소 혼합물은 분리 제거한다.

32. 독성가스 충전용기를 운반하는 차량에 용기 승하차용 리프트와 밀폐된 구조의 적재함이 부착된 전용 차량으로 하는 허용농도는 얼마인가?
① 300 ppm 이하　② 200 ppm 이하
③ 100 ppm 이하　④ 1 ppm 이하

해설 운반차량 구조(KGS GC206) : 허용농도가 100만분의 200 이하인 독성가스 충전용기를 운반하는 경우에는 용기 승하차용 리프트와 밀폐된 구조의 적재함이 부착된 전용차량(이하 "독성가스 전용차량"이라 한다)으로 운반한다. 다만, 내용적이 1000 L 이상인 충전용기를 운반하는 경우에는 그렇지 않다.

33. 막식 가스미터의 특징으로 옳은 것은?
① 대용량의 경우 설치공간이 크다.
② 사용 중 수위조정 등의 관리를 요한다.

해답 29. ①　30. ③　31. ③　32. ②　33. ①

③ 가격은 싸고 설치 후 유지관리가 어렵다.
④ 계량이 정확하고 사용 중 오차의 변동이 거의 없다.

[해설] 막식 가스미터의 특징
㉮ 가격이 저렴하다.
㉯ 유지관리에 시간을 요하지 않는다.
㉰ 대용량의 것은 설치면적이 크다.
㉱ 일반 수용가에 널리 사용된다.
㉲ 용량범위는 1.5~200 m³/h이다.

34. 회전펌프의 장점이 아닌 것은?
① 토출압력이 높다.
② 점성이 있는 액체에 좋다.
③ 연속 토출되어 맥동이 많다.
④ 왕복펌프와 같은 흡입, 토출밸브가 없다.

[해설] 회전펌프의 특징
㉮ 용적형 펌프이다.
㉯ 왕복펌프와 같은 흡입, 토출밸브가 없다.
㉰ 연속으로 송출하므로 맥동이 적다.
㉱ 점성이 있는 유체의 이송에 적합하다.
㉲ 고압 유압펌프로 사용된다.
㉳ 종류 : 기어펌프, 나사펌프, 베인펌프

35. 도시가스에 첨가하는 부취제로서 필요한 조건으로 틀린 것은?
① 물에 녹지 않을 것
② 토양에 대한 투과성이 좋을 것
③ 인체에 해가 없고 독성이 없을 것
④ 공기 혼합비율이 1/200의 농도에서 가스냄새가 감지될 수 있을 것

[해설] 부취제의 필요조건(구비조건)
㉮ 화학적으로 안정하고 독성이 없을 것
㉯ 일상생활의 냄새(생활취)와 명확하게 구별될 것
㉰ 극히 낮은 농도에서도 냄새가 확인될 수 있을 것
㉱ 가스관이나 가스미터 등에 흡착되지 않을 것
㉲ 배관을 부식시키지 않고, 상용온도에서 응축되지 않을 것
㉳ 물에 잘 녹지 않고 토양에 대하여 투과성이 클 것
㉴ 완전연소가 가능하고 연소 후 유해물질을 남기지 않을 것
㉵ 공기 혼합비율이 1/1000의 농도에서 가스냄새가 감지될 수 있을 것

36. 강관의 스케줄 번호가 의미하는 것은?
① 파이프의 길이
② 파이프의 바깥지름
③ 파이프의 무게
④ 파이프의 두께

[해설] 스케줄 번호(schedule number) : 사용압력과 배관재료의 허용응력과의 비에 의하여 배관 두께의 체계를 표시한 것이다.

37. 100 L의 액화산소탱크에 액화산소를 넣어 방출밸브를 개방하여 12시간 방치했더니 탱크 내의 액화산소가 4.8 kg 방출되었다면 1시간당 탱크에 침입하는 열량은 몇 kcal인가? (단, 액화산소의 증발잠열은 60 kcal/kg이다.)
① 12 ② 24
③ 70 ④ 150

[해설] ㉮ 12시간 동안 액화산소 4.8 kg이 방출된 것은 외부에서 열이 침입하여 액화산소가 기화되어 기체가 되었고 이것이 방출밸브를 통해 방출된 것이다.
㉯ 액화산소 4.8 kg이 기화되어 기체가 되기 위해 필요한 열량은 잠열량이다.
㉰ 침입열량(Q) 계산
$$Q = \frac{증발잠열량}{방치(측정)시간} = \frac{4.8 \times 60}{12} = 24 \text{ kcal/h}$$

[해답] 34. ③ 35. ④ 36. ④ 37. ②

38. 도시가스 사용시설에서 가스계량기에 나쁜 영향을 미칠 우려가 있는 장소에는 설치하지 않아야 한다. 다음 중 해당되는 장소가 아닌 것은?
① 진동의 영향을 받는 장소
② 빗물, 직사광선에 노출되는 장소
③ 석유류 등 위험물을 저장하는 장소
④ 수전실, 변전실 등 고압전기설비가 있는 장소

해설 가스계량기 설치 제한
(1) 가스계량기는 공동주택의 대피 공간, 방·거실 및 주방 등 사람이 거처하는 곳에 설치하지 않는다.
(2) 가스계량기에 나쁜 영향을 미칠 우려가 있는 다음 장소에는 설치하지 않는다.
㉮ 진동의 영향을 받는 장소
㉯ 석유류 등 위험물을 저장하는 장소
㉰ 수전실, 변전실 등 고압전기설비가 있는 장소

39. 현열에 대한 설명으로 옳은 것은?
① 물질이 상태, 온도 모두 변할 때 필요한 열이다.
② 물질이 온도변화 없이 압력이 변할 때 필요한 열이다.
③ 물질이 상태변화 없이 온도가 변할 때 필요한 열이다.
④ 물질이 온도변화 없이 상태가 변할 때 필요한 열이다.

해설 현열과 잠열
㉮ 현열(감열) : 상태불변, 온도변화에 소요된 열량
㉯ 잠열(숨은열) : 온도불변, 상태변화에 소요된 열량

40. 액면계에 대한 설명 중 틀린 것은?
① 클린카식 액면계는 투시식과 반사식이 있다.
② 차압식 액면계는 초저온의 설비에 많이 사용한다.
③ 부자식 액면계는 장시간 사용 시 1년에 한 번 정도 교정할 필요가 있다.
④ 정전용량식 액면계는 기상부와 액상부에 초음파 발진기를 두고, 초음파의 시간을 측정하여 액높이를 알 수 있다.

해설 ④항은 초음파식 액면계의 설명이다.
참고 정전용량식 액면계 : 2개의 절연된 도체가 있을 때 이 사이에 구성되는 정전용량은 2개의 도체 크기, 상대적 위치관계, 매질의 유전율로 결정되는 것을 이용한다.

41. 압축기 윤활유 선택 시 유의사항으로 옳지 않은 것은?
① 열안전성이 커야 한다.
② 화학반응성이 작아야 한다.
③ 항유화성(抗油化性)이 커야 한다.
④ 인화점과 응고점이 높아야 한다.

해설 압축기 윤활유의 구비조건(선택 시 주의사항)
㉮ 화학반응을 일으키지 않을 것
㉯ 인화점은 높고, 응고점은 낮을 것
㉰ 점도가 적당하고 항유화성(抗油化性)이 클 것
㉱ 불순물이 적을 것
㉲ 잔류탄소의 양이 적을 것
㉳ 열에 대한 안정성이 있을 것

42. 분말 진공단열법에서 충진용 분말로 사용되지 않는 것은?
① 가성소다   ② 펄라이트
③ 규조토   ④ 알루미늄 분말

해설 충진용 분말 종류 : 샌다셀, 펄라이트, 규조토, 알루미늄 분말

43. 고압가스 용기 파열사고의 주요 원인으로 가장 거리가 먼 것은?

해답 38. ② 39. ③ 40. ④ 41. ④ 42. ① 43. ②

① 용기의 내압력(耐壓力) 부족
② 용기밸브가 용기에서 이탈
③ 용기 내압(內壓)의 이상 상승
④ 용기 내에서의 폭발성 혼합가스의 발화

해설 용기 파열사고의 주요 원인
㉮ 용기의 내압력(耐壓力) 부족
㉯ 용기 내부압력의 이상 상승
㉰ 용기 내에서의 폭발성 혼합가스의 발화
㉱ 안전장치의 불량으로 작동 미비
㉲ 용기 취급 불량

44. 표준상태에서의 부탄가스 비중은? (단, 부탄의 분자량은 58이다.)
① 1.0　　② 2.0
③ 20.0　　④ 30.0

해설 부탄(C_4H_{10})의 분자량은 58이다.
∴ 가스의 비중 = $\dfrac{분자량}{29} = \dfrac{58}{29} = 2.0$

45. 고압가스 특정제조시설에서 안전구역의 면적 기준은 얼마인가?
① 1만 m^2 이하　　② 2만 m^2 이하
③ 3만 m^2 이하　　④ 4만 m^2 이하

해설 고압가스 특정제조시설에서 재해가 발생할 경우 그 재해의 확대를 방지하기 위하여 가연성가스 설비 또는 독성가스의 설비는 통로, 공지 등으로 구분된 안전구역 안에 설치하며, 안전구역의 면적은 2만 m^2 이하로 한다.

46. 가스폭발 위험성에 대한 설명으로 틀린 것은?
① 아세틸렌은 공기가 공존하지 않아도 폭발 위험성이 있다.
② 일산화탄소는 공기가 공존하여도 폭발 위험성이 없다.
③ 액화석유가스가 누출되면 낮은 곳으로 모여 폭발 위험성이 있다.
④ 가연성의 고체 미분이 공기 중에 부유 시 분진폭발의 위험성이 있다.

해설 ㉮ 일산화탄소(CO)는 가연성가스이므로 공기가 공존하여 폭발범위 내에 존재하면 폭발 위험성이 있다.
㉯ 일산화탄소의 공기 중 폭발범위 : 12.5~74%

47. 아세틸렌은 흡열화합물로서 압축하면 분해폭발을 일으키는데 이때 폭발열은?
① +113.6 kcal/mol　　② +180.4 kcal/mol
③ +54.2 kcal/mol　　④ +27.1 kcal/mol

해설 ㉮ 아세틸렌의 분해폭발 : 가압, 충격에 의하여 탄소와 수소로 분해되면서 폭발을 일으킨다.
㉯ 반응식
$C_2H_2 \rightarrow 2C + H_2 + 54.2\,kcal/mol$

48. 가스제조시설 등에 설치하는 플레어스택에 대한 설명으로 옳지 않은 것은?
① 파일럿 버너는 항상 점화하여 두어야 한다.
② 방출된 가스가 지상에서 폭발한계에 도달하지 아니하도록 한다.
③ 긴급이송설비에 의하여 이송되는 가스를 안전하게 연소시킬 수 있는 것으로 한다.
④ 설치 위치 및 높이는 플레어스택 바로 밑의 지표면에 미치는 복사열이 4000 $kcal/m^2 \cdot h$ 이하가 되도록 한다.

해설 플레어스택은 긴급이송설비로부터 이송되는 가스를 연소시켜 대기로 안전하게 방출시키는 장치로 착지농도와는 관련이 없다.

49. 다음 중 수성가스의 조성에 해당하는 것은?
① $CO + H_2$　　② $CO_2 + H_2$
③ $CO + N_2$　　④ $CO_2 + N_2$

해설 수성가스의 조성
일산화탄소(CO) + 수소(H_2)

해답 44. ②　45. ②　46. ②　47. ③　48. ②　49. ①

50. 액체는 무색투명하고 특유한 복숭아향을 가지고 있으며 맹독성이 있고 고농도를 흡입하면 목숨을 잃는 기체는?
① 일산화탄소 ② 포스겐
③ 시안화수소 ④ 메탄

해설 시안화수소(HCN)의 특징
㉮ 독성가스 (허용농도 : TLV-TWA 10 ppm)이며, 가연성가스 (폭발범위 : 6~41%)이다.
㉯ 액체는 무색, 투명하고 감, 복숭아냄새가 난다.
㉰ 액화가 용이하여(비점 : 25.7℃) 액화가스로 취급된다.
㉱ 소량의 수분 존재 시 중합폭발을 일으킬 우려가 있다.
㉲ 알칼리성 물질(암모니아, 소다)을 함유하면 중합이 촉진된다.
㉳ 중합폭발을 방지하기 위하여 안정제를 사용한다(안정제 : 황산, 아황산가스, 동, 동망, 염화칼슘, 인산, 오산화인).
㉴ 물에 잘 용해하고 약산성을 나타낸다.

51. 일반적인 가연성가스는 압력이 높아지면 연소범위가 넓어지지만, 오히려 압력이 높으면 연소범위가 좁아지는 가스는?
① CH_4 ② CO
③ C_4H_{10} ④ C_3H_8

해설 대부분의 가연성가스는 압력이 상승하면 폭발범위가 넓어지나 일산화탄소(CO)와 수소(H_2)는 압력이 상승하면 폭발범위가 좁아진다. 단, 수소는 압력이 10 atm 이상으로 상승하면 폭발범위가 다시 넓어지는 특징이 있다.

52. 열전대 온도계에서 열전대의 구비조건이 아닌 것은?
① 재생도가 높고 가공이 용이할 것
② 전기저항 및 온도계수, 열전도율이 클 것
③ 내열성이 크고 고온가스에 대한 내식성이 좋을 것
④ 열기전력이 크고 온도상승에 따라 연속적으로 상승할 것

해설 열전대(thermocouple)의 구비조건
㉮ 열기전력이 크고, 온도상승에 따라 연속적으로 상승할 것
㉯ 열기전력의 특성이 안정되고 장시간 사용해도 변형이 없을 것
㉰ 기계적 강도가 크고 내열성, 내식성이 있을 것
㉱ 재생도기 그고 가공이 용이할 것
㉲ 전기저항, 온도계수와 열전도율이 낮을 것
㉳ 재료의 구입이 쉽고(경제적이고) 내구성이 있을 것

53. 다음 중 암모니아 건조제로 사용되는 것은?
① 진한 황산
② 할로겐 화합물
③ 소다석회
④ 황산동 수용액

해설 가스 종류에 따른 건조제의 종류
㉮ 암모니아의 건조제 : 소다석회
㉯ 염소, 포스겐의 건조제 : 진한 황산

54. 압축기에서 다단 압축을 하는 목적으로 틀린 것은?
① 소요 일량의 감소
② 이용효율의 증대
③ 힘의 평형 양호
④ 토출온도 상승효과

해설 다단압축의 목적
㉮ 1단 단열압축과 비교한 일량의 절약
㉯ 이용효율의 증가
㉰ 힘의 평형이 양호해진다.
㉱ 가스의 온도상승을 피할 수 있다.

해답 50. ③ 51. ② 52. ② 53. ③ 54. ④

55. 수분이 존재하면 일반강재를 부식시키는 가스는?
① 일산화탄소 ② 수소
③ 황화수소 ④ 질소

해설 수분 존재 시 강재를 부식시키는 가스 : 염소(Cl_2), 황화수소(H_2S), 이산화탄소(CO_2), 포스겐($COCl_2$)

56. 다음 LNG의 성질 중 틀린 것은?
① LNG가 액화되면 체적이 1/600로 줄어든다.
② 무독 무공해의 청정가스로 발열량이 약 9500 kcal/m³ 정도로 높다.
③ 메탄을 주성분으로 하며 에탄, 프로판, 부탄 등이 포함되어 있다.
④ LNG는 기체 상태에서는 공기보다 가벼우나 액체 상태에서는 물보다 무겁다.

해설 LNG의 주성분은 메탄으로 기체 상태에서는 공기보다 가벼우나 액체 상태에서는 액비중이 0.415로 물보다 가볍다.

57. 다음 온도에 대한 설명 중 옳은 것은?
① 임계(臨界)온도 이상 시에는 액화되지 않는다.
② 절대 0도는 물의 어는 온도를 0으로 기준한 온도이다.
③ 임계온도는 기체를 액화시킬 수 있는 최소의 온도이다.
④ 온도의 상한계(上限界)를 기준으로 정한 것이 절대온도이다.

해설 각 항목의 옳은 내용
②번, ④번 항목 : 절대 0도는 인간이 내릴 수 없는 한계의 온도(下限界)로 −273.15℃, −459.60℉에 해당된다.
③번 항목 : 임계온도는 기체를 액화시킬 수 있는 최고의 온도이다.

58. 표준상태(0℃, 1atm)에서 메탄가스의 비용적(m³/kg)은?
① 0.7 ② 0.9
③ 1.1 ④ 1.4

해설 비용적(비체적) : 단위질량당 가스의 체적으로 밀도의 역수이다.
$$\therefore 비용적(비체적) = \frac{22.4}{분자량}$$
$$= \frac{22.4}{16} = 1.4 \, m^3/kg$$

59. 수소 0.6몰과 질소 0.2몰이 반응하면 몇 몰의 암모니아가 생성하는가?
① 0.2몰 ② 0.3몰
③ 0.4몰 ④ 0.6몰

해설 암모니아 생성 반응식
$N_2 + 3H_2 \rightarrow 2NH_3 + 23kcal$
↓　　　↓　　　↓
1몰 : 3몰 : 2몰의 비율이므로
0.2몰 : 0.6몰 : 0.4몰이 생성된다.

60. 100℉는 섭씨 몇 ℃인가?
① 37.8 ② 45.2
③ 63.5 ④ 85

해설 $℃ = \frac{5}{9} \times (℉ - 32)$
$= \frac{5}{9} \times (100 - 32) = 37.78 \, ℃$

해답 55. ③ 56. ④ 57. ① 58. ④ 59. ③ 60. ①

2023년도 복원문제 (1)

1. 암모니아 합성공정 중 중압합성법에 해당되는 것은?
① 켈로그법 ② JCI법
③ 구데법   ④ 클라우드법

해설 암모니아 합성공정의 분류
㉮ 고압합성 : 클라우드법, 캬자레법
㉯ 중압합성 : 뉴파우더법, IG법, 케미크법, 뉴데법, 동공시법, JCI법
㉰ 저압합성 : 켈로그법, 구데법

2. 다음 중 우주에서 가장 많은 원소는?
① 질소   ② 헬륨
③ 수소   ④ 산소

해설 우주에 가장 많은 원소는 수소로 75%를 차지한다.

3. 왕복식 압축기의 간극용적에 대한 설명 중 옳은 것은?
① 실린더의 전체 체적
② 상사점과 하사점 사이의 체적
③ 피스톤이 상사점에 있을 때 가스가 차지하는 체적
④ 피스톤이 하사점에 있을 때 가스가 차지하는 체적

해설 간극용적 : 피스톤이 상사점에 있을 때 가스가 차지하는 체적으로 톱클리어런스라 한다.

4. 수소를 취급하는 고온·고압 장치용 재료로서 사용할 수 있는 것은 어느 것인가?
① 탄소강, 망간강
② 탄소강, 니켈강
③ 탄소강, 18-8 스테인리스강
④ 18-8 스테인리스강, 크롬-바나듐강

해설 수소를 취급하는 고온·고압 장치용 재료 중 탄소강은 수소취성을 발생하므로 부적합하고, 수소취성에 견디는 18-8 스테인리스강, 크롬강, 크롬-바나듐강 등을 사용하여야 한다.

5. 액화석유가스 용기에 사용되고 있는 조정기의 역할은 무엇인가?
① 유량을 조정한다.
② 밀도를 조정한다.
③ 유속을 조정한다.
④ 유출 압력을 조정한다.

해설 조정기의 역할 : 유출 압력 조절로 안정된 연소를 도모하고, 소비가 중단되면 가스를 차단한다.

6. LPG의 연소 특성으로 거리가 먼 것은?
① 증발잠열이 크다.
② 착화온도가 높다.
③ 연소 시 다량의 공기가 필요하다.
④ LP 가스가 완전연소하면 물과 일산화탄소가 생성된다.

해설 ㉮ 프로판(C_3H_8)의 완전연소 반응식
$C_3H_8 + 4O_2 \rightarrow 3CO_2 + 5H_2O$
㉯ LPG가 완전연소하면 이산화탄소(CO_2)와 물(H_2O)이 생성된다.

7. 자연적인 저온 방법이 아닌 것은?
① 고체 용해열 이용
② 고체 승화열 이용
③ 액체 증발잠열 이용
④ 진공화하여 증발열 이용

해설 진공화하여 증발열을 이용하는 방법은 기계적인 저온을 얻는 방법으로 흡수식 냉동기가 해당된다.

해답 1. ② 2. ③ 3. ③ 4. ④ 5. ④ 6. ④ 7. ④

8. 공기액화 분리기 내의 CO_2를 제거하기 위해 NaOH 수용액을 사용한다. 1.0 kg의 CO_2를 제거하기 위해서는 약 몇 kg의 NaOH를 가해야 하는가?
① 0.9   ② 1.8
③ 3.0   ④ 3.8

해설 ㉮ 가성소다(NaOH)를 이용한 CO_2 제거 반응식 : $2NaOH + CO_2 \rightarrow Na_2CO_3 + H_2O$
㉯ CO_2 1 kg 제거하기 위한 가성소다(NaOH) 계산 : NaOH 분자량은 40이고, CO_2 분자량은 44이다.

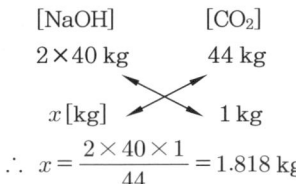

$$\therefore x = \frac{2 \times 40 \times 1}{44} = 1.818 \text{ kg}$$

9. 염소가스를 검지할 때 사용하는 시험지로 옳은 것은?
① 적색 리트머스지
② 오오드칼륨 전분지
③ 해리슨 시험지
④ 염화팔라듐지

해설 가스검지 시험지법

검지가스	시험지	반응(변색)
암모니아	적색리트머스지	청색
염소	KI-전분지	청갈색
포스겐	해리슨시험지	유자색
시안화수소	초산벤지진지	청색
일산화탄소	염화팔라듐지	흑색
황화수소	연당지	회흑색
아세틸렌	염화 제1동착염지	적갈색

※ KI-전분지가 '요오드칼륨 전분지'에 해당된다.

10. 다음과 같이 깊이가 10 cm인 물탱크에 구멍을 뚫었을 때 구멍으로 나오는 물의 속도는 약 몇 m/s인가?

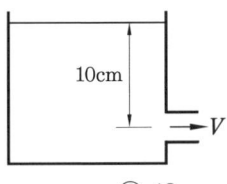

① 1.2   ② 12
③ 1.4   ④ 14

해설 속도수두 $h = \frac{V^2}{2g}$에서 속도 V를 구한다.
$$\therefore V = \sqrt{2gh} = \sqrt{2 \times 9.8 \times 0.1} = 1.4 \text{ m/s}$$

11. 비체적에 대한 설명 중 옳은 것은?
① 단위 체적당 질량이다.
② 단위 질량당 체적이다.
③ 단위 시간당 길이이다.
④ 단위 면적당 힘이다.

해설 비체적 : 단위 질량당 체적으로 밀도의 역수이다.(비체적과 밀도는 서로 역수의 관계가 성립한다.)
㉮ 비체적$(v) = \frac{22.4}{\text{분자량}}$
$= \frac{1}{\text{밀도}}$ [L/g, m³/kg]
㉯ 밀도$(\rho) = \frac{\text{분자량}}{22.4}$
$= \frac{1}{\text{비체적}}$ [g/L, kg/m³]

12. 도시가스와 비교한 LPG의 장점으로 옳은 것은?
① 열용량이 적어 공급관 지름이 작다.
② 증기압의 이용으로 가압장치가 필요 없다.
③ 열량이 적어 공급압력 설정이 자유롭다.
④ 피크 사용 시 조성 균일을 위해 조정이 필요하다.

해설 도시가스와 비교한 LPG의 장점
㉮ 입지적 제한이 없고 공급가스압을 자유로이 설정할 수 있다.

해답 8. ②   9. ②   10. ③   11. ②   12. ②

㉱ 열용량이 크므로 작은 배관지름으로도 공급에 무리가 없다.
㉲ 발열량이 높기 때문에 단시간에 온도를 높일 수 있다.
㉳ 충전용기에 의한 자가 공급이므로 피크시간(peak time)이나 한가한 때의 제약을 받지 않는다.
㉴ 가스의 조성이 일정하고 소규모 또는 일시적으로 사용 할 때는 경제적이다.

[참고] 단점
㉮ 저장탱크 또는 용기의 집합장치가 필요하다.
㉯ 공급을 중단시키지 않기 위하여 예비용기 확보가 필요하다.
㉰ 연소용 공기가 다량으로 필요하다.
㉱ 부탄의 경우 재액화 방지를 고려해야 한다.

13. 섭씨온도로 측정할 때 상승된 온도가 5℃이었다. 이때 화씨온도로 측정하면 상승 온도는 몇 도인가?
① 7.5
② 8.3
③ 9.0
④ 41

[해설] 섭씨온도와 화씨온도는 1.8배의 관계가 있으므로 상승 온도는 5℃의 1.8배가 화씨온도로 상승된 온도가 된다.
∴ 상승 온도(°F) = 5 × 1.8 = 9.0°F
※ 문제에서 질문한 것은 5℃를 화씨온도로 전환하는 문제가 아니고, 5℃ 상승된 온도를 화씨온도로 계산하는 것이니 착오없기를 바랍니다.

14. 분자량이 30인 산화질소가 압력 5 atm, 온도 100℃에 있어서 밀도는 약 몇 kg/m³ 인가?
① 4.9
② 49
③ 5.9
④ 59

[해설] ㉮ 표준상태(0℃, 1기압)일 때 기체의 밀도는 $\frac{분자량}{22.4}$ 이다. 온도와 압력이 표준상태가 아닐 때에는 이상기체 상태방정식을 이용하여 구한다.
㉯ 산화질소(NO) 밀도 계산 : 절대단위 이상기체 상태방정식 $PV = \frac{W}{M}RT$를 이용한다.

$$\therefore \rho = \frac{W}{V} = \frac{PM}{RT}$$
$$= \frac{5 \times 30}{0.082 \times (273+100)} = 4.904 \text{ g/L}$$
$$= 4.904 \text{ kg/m}^3$$

㉰ 밀도의 단위 'g/L'이 'kg/m³'가 되는 이유는 1 kg은 1000 g, 1 m³은 1000 L의 관계이기 때문에 숫자 변화 없이 단위 변환이 가능한 것이다.

15. 충전용기에 안전밸브를 부착하는 이유로 옳은 것은?
① 분석용 가스의 출구로 사용하기 위하여
② 가스 출구가 막혔을 때 가스 출구로 사용하기 위하여
③ 용기 내압의 이상 상승 시 압력을 정상화하기 위하여
④ 규정량 이상의 가스를 충전하였을 때 여분의 가스를 분출하기 위하여

[해설] 용기 내부 압력이 이상 상승 시 안전밸브를 통해 압력을 외부로 배출시켜 용기 파열을 방지하기 위하여 안전밸브를 설치한다.

16. 오리피스 미터로 유량을 측정할 때 갖추지 않아도 되는 조건은?
① 관로가 수평일 것
② 정상류 흐름일 것
③ 유체의 전도 및 압축 영향이 클 것
④ 관 속에 유체가 항시 충만되어 있을 것

[해설] 유체의 전도 및 압축의 영향이 적어야 한다.

[해답] 13. ③ 14. ① 15. ③ 16. ③

17. LPG 연소방식 중 모두 연소용 공기를 2차 공기로만 취하는 방식은?
① 적화식　　　② 분젠식
③ 세미분젠식　　④ 전1차 공기식

해설 연소방식의 분류
㉮ 적화식 : 연소에 필요한 공기를 2차 공기로 모두 취하는 방식
㉯ 분젠식 : 가스를 노즐로부터 분출시켜 주위의 공기를 1차 공기로 취한 후 나머지는 2차 공기를 취하는 방식
㉰ 세미분젠식 : 적화식과 분젠식의 혼합형으로 1차 공기율이 40% 미만을 취하는 방식
㉱ 전1차 공기식 : 완전연소에 필요한 공기를 모두 1차 공기로 하여 연소하는 방식

18. 압력의 단위로 옳은 것은?
① J　　　　　② W
③ N/m^2　　　④ dyne

해설 압력 : 단위 면적에 작용하는 힘으로 SI단위는 N/m^2 = 파스칼(Pa)이다.
제시된 각 단위(SI단위)의 의미
㉮ J(줄) : 일의 단위로 J = N·m이다.
㉯ W(와트) : 동력의 단위로 W = J/s이다.
㉰ dyne(다인) : 힘의 CGS단위로 dyne = g·cm/s^{2}이다.
※ 힘의 MKS단위 : N(뉴턴) = kg·m/s^{2}이다.

19. 기화기의 가열방식에서 온수를 열매체로 할 경우 간접가열방식에서 제외되는 것은?
① 증기 가열　　② 가스 가열
③ 전기 가열　　④ 대기온 가열

해설 열매체인 온수를 대기온으로 가열하는 것은 여름철 맑은 날에만 가능할 수 있고, 가열온도도 한계가 있어 사용하기가 부적합하다.

20. 가스 압축방법 중 압축일량이 가장 큰 것은?
① 등온압축　　　② 단열압축
③ 등적압축　　　④ 폴리트로픽압축

해설 단열압축 : 가스를 압축하는 과정 중에 열출입이 없는 것으로 압축일량과 온도 상승이 가장 크다.

21. 효율이 60%인 송수펌프가 양정 90 m, 유량 90 m^3/h일 때 소요동력은 약 몇 kW인가? (단, 유체의 비중량은 9800 N/m^{3}이다.)
① 30.6　　　　② 36.7
③ 50　　　　　④ 56

해설 ㉮ 소요동력(축동력)을 구할 때 유량은 초당 유량(단위 m^3/s)을 적용한다.
㉯ 소요동력 계산 : 유체의 비중량이 SI단위로 주어졌으므로 SI단위 축동력 공식을 적용하며, 와트(W)는 'J/s'이므로 kW는 'kJ/s'이고, 줄(J)은 N·m이므로 kJ는 'kN·m'이다.

$$\therefore kW = \frac{\gamma[kN/m^3] \times Q[m^3/s] \times H[m]}{\eta}$$
$$= \frac{9.8 \times 90 \times 90}{0.6 \times 3600} = 36.75 \, kW$$

22. 다음 중 가연성 가스가 아닌 것은?
① 벤젠　　　　② 펜탄
③ 염소　　　　④ 암모니아

해설 염소(Cl$_2$)는 조연성(지연성) 가스이며, 독성가스이다.

23. 표준상태에서 아세틸렌 500 L의 질량은 약 몇 g인가?
① 150　　　　② 210
③ 380　　　　④ 580

해설 ㉮ 표준상태(0℃, 1기압)이므로 아보가드로 법칙을 이용하며, 아세틸렌(C$_2$H$_2$)의 분자량은 26이다.

해답　17. ①　18. ③　19. ④　20. ②　21. ②　22. ③　23. ④

㉯ 질량 계산 : 표준상태에서 이상기체 1몰이 차지하는 체적은 22.4 L이다.

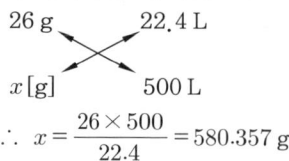

∴ $x = \dfrac{26 \times 500}{22.4} = 580.357$ g

24. 표준 대기압상태에서 순수한 물 1 lb를 1℃ 변화시키는 데 필요한 열량은?
① 1 kcal ② 1 BTU
③ 1 CHU ④ 1 kJ

해설 열량의 단위 : 표준대기압 상태, 순수한 물
㉮ 1 kcal : 물 1 kg을 1℃ 변화시키는 데 소요되는 열량
㉯ 1 BTU : 물 1 lb(파운드)를 1°F 변화시키는 데 소요되는 열량
㉰ 1 CHU : 물 1 lb를 1℃ 변화시키는 데 소요되는 열량

25. 다음 중에서 비접촉식 온도계가 아닌 것은?
① 광고 온도계 ② 방사 온도계
③ 광전관 온도계 ④ 열전대 온도계

해설 온도계의 분류
㉮ 접촉식 온도계 : 유리제 봉입식 온도계, 바이메탈 온도계, 압력식 온도계, 저항 온도계, 서미스터, 열전대 온도계, 제게르콘, 서모컬러 등
㉯ 비접촉식 온도계 : 광고 온도계, 광전관 온도계, 방사 온도계, 색온도계 등

26. 공기 중에서 프로판의 폭발범위로 옳은 것은?
① 1.8~8.4 % ② 2.1~9.5 %
③ 2.1~8.4 % ④ 1.8~9.5 %

해설 ㉮ 프로판(C_3H_8)의 폭발범위 : 2.1~9.5 %
※ 프로판의 폭발범위는 일반적으로 2.2~9.5 %로 사용되지만 2.1~9.4 % 또는 2.1~9.5 %도 통용되고 있다.
㉯ 부탄(C_4H_{10})의 폭발범위 : 1.9~8.5 %
※ 부탄의 폭발범위는 일반적으로 1.9~8.5 %로 사용되지만 1.8~8.4 % 또는 1.8~8.5 %도 통용되고 있다.

27. 고압가스 충전용기 운반기준 중 잘못된 것은?
① 운반 중의 충전용기는 항상 40℃ 이하를 유지할 것
② 용기의 충격을 완화하기 위하여 완충판 등을 비치한다.
③ 염소와 수소는 동일차량에 적재하여 운반하지 아니할 것
④ 차량 통행이 가능한 지역에선 이륜차에 적재하여 운반할 수 있다.

해설 충전용기는 이륜차에 적재하여 운반하지 않는다. 다만, 차량이 통행하기 곤란한 지역이나 그 밖에 시·도지사가 지정하는 경우에는 다음 기준에 적합한 경우에만 액화석유가스 충전용기를 이륜차(자전거는 제외한다)에 적재하여 운반할 수 있다.
㉮ 넘어질 경우 용기에 손상이 가지 않도록 제작된 용기 운반 전용 적재함이 장착된 것인 경우
㉯ 적재하는 충전용기는 충전량이 20 kg 이하이고, 적재수가 2개를 초과하지 않은 경우

28. 시안화수소 충전기준 중 ( ) 안에 알맞은 내용은?

용기에 충전한 시안화수소는 충전한 후 ( )일이 경과되기 전에 다른 용기에 옮겨 충전한다. 다만, 순도가 ( ) 이상으로서 착색되지 아니한 것은 다른 용기에 옮겨 충전하지 않을 수 있다.

해답 24. ③ 25. ④ 26. ② 27. ④ 28. ④

① 30일, 90 %   ② 30일, 98 %
③ 60일, 90 %   ④ 60일, 98 %

해설 시안화수소 충전작업 기준
㉮ 용기에 충전하는 시안화수소는 순도가 98 % 이상이고 아황산가스 또는 황산 등의 안정제를 첨가한 것으로 한다.
㉯ 시안화수소를 충전한 용기는 충전 후 24시간 정치하고, 그 후 1일 1회 이상 질산구리벤젠 등의 시험지로 가스의 누출 검사를 하며, 용기에 충전 연월일을 명기한 표지를 붙이고, 충전한 후 60일이 경과되기 전에 다른 용기에 옮겨 충전한다. 다만, 순도가 98 % 이상으로서 착색되지 아니한 것은 다른 용기에 옮겨 충전하지 않을 수 있다.

29. 수소용품에 해당되지 않는 것은?
① 수소가스설비   ② 연료전지
③ 수전해설비   ④ 수소추출설비

해설 "수소용품"이란 연료전지(자동차관리법에 따른 자동차에 장착되는 연료전지는 제외한다), 수전해설비 및 수소추출설비로서 다음에 따른 것을 말한다. : KGS FU671
㉮ 연료전지 : 수소와 산소의 전기화학적 반응을 통하여 전기와 열을 생산하는 고정형(연료소비량이 232.6 kW 이하인 것을 말한다) 및 이동형 설비와 그 부대설비
㉯ 수전해설비 : 물의 전기분해에 의하여 그 물로부터 수소를 제조하는 설비
㉰ 수소추출설비 : 도시가스 또는 액화석유가스 등으로부터 수소를 제조하는 설비

30. LNG의 주성분은?
① 에탄   ② 프로판
③ 부탄   ④ 메탄

해설 LNG(액화천연가스)의 주성분은 메탄(CH_4)이고, 소량의 에탄(C_2H_6)과 프로판(C_3H_8), 부탄(C_4H_{10}) 순으로 포함되어 있다.

31. 내압시험압력 및 기밀시험압력의 기준이 되는 압력으로서 사용 상태에서 해당설비 등의 각부에 작용하는 최고사용압력을 의미하는 것은?
① 설계압력   ② 표준압력
③ 상용압력   ④ 설정압력

해설 압력의 정의
㉮ 상용압력 : 내압시험압력 및 기밀시험압력의 기준이 되는 압력으로서 사용 상태에서 해당설비 등의 각부에 작용하는 최고사용압력을 말한다.
㉯ 설계압력 : 고압가스 용기 등의 각부의 계산두께 또는 기계적 강도를 결정하기 위하여 설계된 압력을 말한다.
㉰ 설정압력 : 안전밸브의 설계상 정한 분출압력 또는 분출개시압력으로서 명판에 표시된 압력을 말한다.
㉱ 축적압력 : 내부유체가 배출될 때 안전밸브에 의하여 축적되는 압력으로서 그 설비 안에서 허용될 수 있는 최대압력을 말한다.
㉲ 초과압력 : 안전밸브에서 내부유체가 배출될 때 설정압력 이상으로 올라가는 압력을 말한다.

32. 착화점이 낮아질 수 있는 조건 중 거리가 먼 것은?
① 반응활성도가 작을수록 착화온도는 낮아진다.
② 화학적으로 발열량이 높을수록 착화온도는 낮아진다.
③ 산소농도가 클수록, 압력이 높을수록 착화온도는 낮아진다.
④ 탄화수소에서 탄소수가 많은 분자일수록 착화온도는 낮아진다.

해설 착화점이 낮아질 수 있는 조건
㉮ 압력이 높을 때
㉯ 발열량이 높을 때
㉰ 열전도율이 작을 때

해답 29. ①   30. ④   31. ③   32. ①

㉣ 산소와 친화력이 클 때
㉤ 산소농도가 클수록
㉥ 분자구조가 복잡할수록
㉦ 반응활성도가 클수록
㉧ 탄화수소의 탄소수가 많을수록

33. 가스사고를 원인별로 분류했을 때 가장 많은 비율을 차지하는 사고 원인은?
① 제품 노후(고장)
② 시설 미비
③ 고의 사고
④ 사용자 취급 부주의

해설 2022년 가스관련 사고 원인별 구분 : 한국가스안전공사 자료

구분	발생건수	구성비
사용자 취급 부주의	24	32.9 %
공급자 취급 부주의	8	11.0 %
타 공사	8	11.0 %
시설 미비	14	19.2 %
제품 노후, 고장	10	13.7 %
교통사고	2	2.7 %
기타	7	9.6 %
계	73	100 %

34. 내화구조의 가연성가스 저장탱크가 상호 인접하여 규정거리를 유지하지 못했을 경우 물분무장치의 방사능력은?
① 2 L/min·m²
② 4 L/min·m²
③ 6 L/min·m²
④ 8 L/min·m²

해설 1 m²당 물분무장치 방수량 기준

구분	간격이 유지된 경우(L/min)	간격이 유지되지 않은 경우(L/min)
저장탱크 전표면적	8	7
준내화구조	6.5	4.5
내화구조	4	2

35. 고압가스 특정제조시설에서 안전구역의 면적의 기준은?
① 1만 m² 이하
② 2만 m² 이하
③ 3만 m² 이하
④ 5만 m² 이하

해설 고압가스 특정제조시설에서 재해가 발생할 경우 그 재해의 확대를 방지하기 위하여 가연성가스설비 또는 독성가스의 설비는 통로, 공지 등으로 구분된 안전구역 안에 설치하며 안전구역의 면적은 2만 m² 이하로 한다.

36. 도시가스 배관을 지하에 매설하는 경우 공동주택 등의 부지 내에서는 지표면으로부터 배관의 외면까지의 매설깊이는 얼마인가?
① 0.3 m 이상
② 0.6 m 이상
③ 0.8 m 이상
④ 1.2 m 이상

해설 도시가스 배관의 매설깊이
㉮ 공동주택부지 내 : 0.6 m 이상
㉯ 폭 8 m 이상인 도로 : 1.2 m 이상
㉰ 폭 4~8 m 미만 도로 : 1 m 이상
㉱ ㉮~㉰에 해당되지 않는 곳 : 0.8 m 이상

37. 압력용기라 함은 그 내용물이 액화가스인 경우 35℃에서의 압력 또는 설계압력이 얼마 이상인 용기를 말하는가?
① 0.1 MPa
② 0.2 MPa
③ 1 MPa
④ 2 MPa

해설 압력용기(KGS AC111) : 35℃에서의 압력 또는 설계압력이 그 내용물이 액화가스인 경우는 0.2 MPa 이상, 압축가스인 경우는 1 MPa 이상인 용기를 말한다.

38. 시안화수소(HCN)의 위험성에 대한 설명으로 틀린 것은?
① 인화온도가 아주 낮다.
② 오래된 시안화수소는 자체 폭발할 수 있다.
③ 용기에 충전한 후 60일을 초과하지 않아야 한다.

해답 33. ④ 34. ① 35. ② 36. ② 37. ② 38. ④

④ 호흡 시 흡입하면 위험하나 피부에 묻으면 아무 이상이 없다.

해설 피부에 접촉 시 피부를 통해 흡수하여 치명상을 입는다.

39. 가연성가스 제조시설의 고압가스 설비는 그 외면과 산소 제조시설의 고압가스 설비와 몇 m 이상 이격시켜야 하는가?
① 5   ② 8
③ 10 ④ 15

해설 다른 고압가스 설비와의 거리
㉮ 가연성가스 설비와 가연성가스 설비 : 5 m 이상
㉯ 가연성가스 설비와 산소 설비 : 10 m 이상

40. 자연환기설비 설치 시 LP 가스의 용기보관실 바닥 면적이 3 m² 이라면 통풍구의 크기는 몇 cm² 이상으로 하도록 되어 있는가? (단, 철망 등이 부착되어 있지 않은 것으로 간주한다.)
① 500   ② 700
③ 900   ④ 1100

해설 통풍구의 크기는 바닥면적 1 m² 당 300 cm² 이상으로 하여야 한다.
∴ 통풍구 크기 = 3×300 = 900 cm²

41. 하천의 바닥이 경암으로 이루어져 도시가스배관의 매설깊이를 유지하기 곤란하여 배관을 보호조치한 경우에는 배관의 외면과 하천 바닥면의 경암 상부와의 최소거리는 얼마이어야 하는가?
① 1.0 m   ② 1.2 m
③ 2.5 m   ④ 4 m

해설 하천횡단 매설깊이 : 하천의 바닥이 경암으로 이루어져 배관의 매설깊이를 유지하기 곤란한 경우로서 다음의 기준에 따라 배관을 보호조치하는 경우에는 배관의 외면과 하천 바닥면의 경암 상부와의 거리는 1.2 m 이상으로 할 수 있다.
㉮ 배관을 2중관으로 하거나 방호구조물 안에 설치
㉯ 하천 바닥면의 경암 상부와 2중관 또는 방호구조물의 외면 사이에는 콘크리트를 타설

42. 고압가스 제조시설에 설치된 충전용 주관의 압력계 기능검사 주기로 옳은 것은?
① 1개월에 1회 이상 ② 3개월에 1회 이상
③ 6개월에 1회 이상 ④ 1년에 1회 이상

해설 부대설비 점검 : KGS FP112
㉮ 충전용 주관의 압력계는 매월 1회 이상, 그 밖의 압력계는 3월에 1회 이상 표준이 되는 압력계로 그 기능을 검사한다.
㉯ 안전밸브 중 압축기 최종단에 설치한 것은 1년에 1회 이상, 그 밖의 안전밸브는 2년에 1회 이상 조정을 하여 규정에 정한 압력 이하에서 작동되도록 한다.

43. 방폭 전기기기의 구조별 표시방법 중 "e"의 방폭구조는?
① 압력 방폭구조   ② 유입 방폭구조
③ 내압 방폭구조   ④ 안전증 방폭구조

해설 방폭 전기기기의 구조별 표시기호

명칭	기호
내압 방폭구조	d
유입 방폭구조	o
압력 방폭구조	p
안전증 방폭구조	e
본질안전 방폭구조	ia, ib
특수 방폭구조	s

44. 카바이드를 이용하여 제조된 아세틸렌을 충전용기에 충전할 때 위험한 경우에 해당되는 것은?
① 충전 중의 압력을 2.5 MPa 이하로 하였다.

해답 39. ③ 40. ③ 41. ② 42. ① 43. ④ 44. ④

② 충전용 지관은 탄소함유량 0.1% 이하의 강을 사용하였다.
③ 충전 후에 압력이 15℃에서 1.5 MPa 이하로 될 때까지 정치하였다.
④ 아세틸렌이 접촉되는 설비 부분에 동함유량이 72%인 동합금을 사용하였다.

해설 아세틸렌이 접촉하는 부분에 사용하는 재료 중 구리 또는 구리의 함유량이 62%를 초과하는 동합금을 사용하지 아니한다.

45. 액화염소 사용시설의 저장설비는 그 외면으로부터 보호시설까지 규정된 안전거리를 유지해야 하는 저장능력은 얼마인가?
① 100 kg 이상   ② 200 kg 이상
③ 300 kg 이상   ④ 500 kg 이상

해설 특정고압가스 사용시설 기준(KGS FU211) : 저장능력이 500 kg 이상인 액화염소 사용시설의 저장설비는 그 외면으로부터 보호시설까지 제1종 보호시설은 17 m 이상, 제2종 보호시설은 12 m 이상의 거리를 유지한다.

46. 가연성, 독성가스 처리 및 저장능력 10000 m³ 초과 20000 m³ 이하의 저장설비에 있어서 제1종 및 제2종 보호시설과의 안전거리는?
① 1종 : 12 m, 2종 : 8 m
② 1종 : 14 m, 2종 : 9 m
③ 1종 : 21 m, 2종 : 14 m
④ 1종 : 18 m, 2종 : 13 m

해설 가연성, 독성가스의 보호시설별 안전거리

저장능력(m³)	제1종	제2종
1만 이하	17	12
1만 초과 2만 이하	21	14
2만 초과 3만 이하	24	16
3만 초과 4만 이하	27	18
4만 초과 5만 이하	30	20
5만 초과 99만 이하	30	20

∴ 제1종 보호시설과는 21 m 이상, 제2종 보호시설과는 14 m 이상의 안전거리를 유지하여야 한다.

47. 저온장치 내부에 수분과 CO_2가 있으면 어떻게 되는가?
① 윤활제 역할을 한다.
② 얼음, 드라이아이스로 변한다.
③ 오존이 침입하는 것을 방지한다.
④ 가연성가스가 유입될 때 안전가스 역할을 한다.

해설 저온장치에서 수분은 얼음이 되고, CO_2 (탄산가스)는 드라이아이스가 되어 배관 및 밸브를 폐쇄한다.

48. 충전용기를 차량에 적재하여 운반하는 도중에 주차하고자 할 때 주의사항으로 옳지 않은 것은?
① 주차 시에는 엔진을 정지한 다음 주차 브레이크를 걸어 놓는다.
② 주차 시에는 긴급한 사태를 대비하여 바퀴 고정목을 사용하지 않는다.
③ 충전용기를 싣거나 내릴 때를 제외하고는 제1종 보호시설의 부근 및 제2종 보호시설이 밀집된 지역을 피한다.
④ 주차를 하고자 하는 주위의 교통상황, 주위의 지형 조건, 주위의 화기 등을 고려하여 안전한 장소를 택하여 주차한다.

해설 충전용기 등을 적재한 차량의 주정차 시는 가능한 언덕길 등 경사진 곳을 피하며, 엔진을 정지한 다음 주차 브레이크를 걸어 놓고 반드시 바퀴를 고정목으로 고정한다.

49. LPG 충전시설의 잔가스 배출관은 화기 취급시설 외면과 유지해야 할 거리는? (단, 방출량은 30 g/min 이상이다.)
① 4 m 이상   ② 8 m 이상

해답 45. ④ 46. ③ 47. ② 48. ② 49. ②

③ 10 m 이상 ④ 12 m 이상

해설 ㉮ 잔가스 배출관의 방출량에 따른 화기취급시설과 유지거리 : KGS FP331

방출량(g/min)	유지해야 할 거리
30 이상	8 m 이상
60 이상	10 m 이상
90 이상	12 m 이상
120 이상	14 m 이상
150 이상	16 m 이상

㉯ 배출관 높이는 지상 5 m 이상으로서 그 주변 건물의 높이보다 높고 상향으로 개구되어 있는 것으로 한다.

50. 도시가스 배관 설치기준에서 옥외공동구벽을 관통하는 배관의 손상방지 조치가 아닌 것은?
① 지반의 부등침하에 대한 영향을 줄이는 조치
② 보호관과 배관 사이에 가황고무를 충전하는 조치
③ 공동구 내외에서 배관에 작용하는 응력의 차단 조치
④ 배관의 바깥지름에 3 cm를 더한 지름의 보호관 설치 조치

해설 옥외공동구벽을 관통하는 배관의 관통부와 그 부근에 배관의 손상방지를 위한 조치
㉮ 공동구벽의 관통부는 배관 바깥지름에 5 cm를 더한 지름 또는 배관의 바깥지름의 1.2배의 지름 중 작은 지름 이상의 보호관을 설치한다.
㉯ 보호관과 배관과의 사이에는 가황고무 등을 충전하는 등으로 공동구 내외에서 배관에 작용하는 응력이 상호간에 전달되지 않도록 조치한다.
㉰ 지반의 부등침하에 대한 영향을 줄이는 조치를 한다.

51. 수소의 특징을 설명한 것 중 잘못된 것은 어느 것인가?
① 연료전지의 연료로 사용된다.
② 가스 비중이 아주 작아 확산이 빠르다.
③ 암모니아, 염산, 메탄올의 제조 원료이다.
④ 저온·저압에서 탄소강과 반응하여 수소취성을 일으킨다.

해설 탄소강과 반응하여 수소취성이 발생하는 조건은 고온·고압의 상태이다.

52. 다음 가스 중 폭발하한계값이 5 %보다 큰 가스는?
① 수소 ② 일산화탄소
③ 아세틸렌 ④ 에틸렌

해설 각 가스의 공기 중 폭발범위

명칭	폭발범위
수소(H_2)	4~75 %
일산화탄소(CO)	12.5~74 %
아세틸렌(C_2H_2)	2.5~81 %
에틸렌(C_2H_4)	3.1~32 %

※ 에틸렌(C_2H_4)의 폭발범위는 2.7~36 %로 통용되는 경우도 있으니 참고하길 바랍니다.

53. 일반도시가스사업 정압기실의 시설기준으로 틀린 것은?
① 정압기실 주위에는 높이 1.2 m 이상의 경계책을 설치한다.
② 지하에 설치하는 지역정압기실의 조명도는 150룩스를 확보한다.
③ 침수위험이 있는 지하에 설치하는 정압기에는 침수방지 조치를 한다.
④ 정압기실에는 가스공급시설 외의 시설물을 설치하지 아니한다.

해설 정압기실 주위에는 높이 1.5 m 이상의 경계책을 설치한다.

해답 50. ④ 51. ④ 52. ② 53. ①

54. 액화석유가스 용기충전사업소 내에 태양광 발전설비를 설치할 때의 기준으로 틀린 것은?
① 집광판과 에너지 저장장치, 배터리와의 이격거리는 2 m 이상으로 설치한다.
② 충전소 내 지상에 집광판을 설치할 때 지면으로부터 1.5 m 이상의 높이에 설치한다.
③ 충전소 내 지상에 집광판을 설치하려는 경우에는 충전설비, 저장설비 외면으로부터 8 m 이상 떨어진 곳에 설치한다.
④ 태양광 발전설비 관련 전기설비는 방폭성능을 가지는 것으로 설치하거나, 폭발 위험장소가 아닌 곳으로 가스시설 등과 접하지 않는 방향에 설치한다.

해설 태양광 발전설비 설치 기준(KGS FP331) 〈신설 16. 3. 9〉
㉠ 태양광 발전설비를 사업소 건축물 상부에 설치하는 경우에는 건축물 관련법규 및 하위규정에 따른 구조 및 설비기준을 준수하고, 건축구조기술사 또는 건축시공기술사의 구조안전확인을 받은 것으로 한다.
㉡ 태양광 발전설비는 전기사업법에 따른 사용전 검사나 사용전 점검에 합격한 것으로 한다.
㉢ 태양광 발전설비 중 집광판은 건축물의 옥상 등 충전소 운영에 지장을 주지 않는 장소에 설치한다. 다만, 충전소 내 지상에 집광판을 설치하려는 경우에는 충전설비, 저장설비, 가스설비, 배관, 자동차에 고정된 탱크 이입·충전장소의 외면으로부터 8 m 이상 떨어진 곳에 설치하고, 집광판은 지면으로부터 1.5 m 이상 높이에 설치한다.
㉣ 태양광 발전설비 관련 전기설비는 방폭성능을 가진 것으로 설치하거나, 폭발위험장소(0종 장소, 1종 장소 및 2종 장소를 말한다)가 아닌 곳으로, 가스시설 등과 접하지 않는 방향에 설치한다.
㉤ 에너지 저장장치(ESS : energy storage system)는 설치하지 않는다. 〈신설 19. 9. 28〉

55. 일반도시가스 공급시설에서 도로가 평탄할 경우 배관의 기울기는?
① $\dfrac{1}{50} \sim \dfrac{1}{100}$
② $\dfrac{1}{150} \sim \dfrac{1}{300}$
③ $\dfrac{1}{500} \sim \dfrac{1}{1000}$
④ $\dfrac{1}{1500} \sim \dfrac{1}{2000}$

해설 배관의 기울기는 도로의 기울기에 따르고 도로가 평탄한 경우에는 $\dfrac{1}{500} \sim \dfrac{1}{1000}$ 정도의 기울기로 한다.

56. 수소가스설비 외면으로부터 화기를 취급하는 장소 사이에 유지하여야 하는 우회거리는 얼마인가?
① 5 m 이상 ② 8 m 이상
③ 10 m 이상 ④ 15 m 이상

해설 화기와의 거리(KGS FU671) : 수소가스설비 외면으로부터 화기를 취급하는 장소 사이에 유지해야 하는 거리는 우회거리 8 m(산소의 저장설비는 5 m) 이상으로 한다.

57. 이상기체의 정압비열(C_p)과 정적비열(C_v)에 대한 설명 중 틀린 것은? (단, k는 비열비이고, R은 이상기체 상수이다.)
① 정적비열과 R의 합은 정압비열이다.
② 비열비(k)는 $\dfrac{C_p}{C_v}$로 표현된다.
③ 정적비열은 $\dfrac{R}{k-1}$로 표현된다.

해답 54. ① 55. ③ 56. ② 57. ④

④ 정압비열은 $\dfrac{k-1}{k}$ 로 표현된다.

[해설] 기체상수(R) 및 정압비열(C_p), 정적비열(C_v)의 관계

㉮ 비열비 $k = \dfrac{C_p}{C_v} > 1$

㉯ $C_p - C_v = R$

㉰ $C_p = \dfrac{k}{k-1} \cdot R$

㉱ $C_v = \dfrac{1}{k-1} \cdot R = \dfrac{R}{k-1}$

58. 부탄가스의 완전연소 반응식으로 옳은 것은?

① $C_3H_8 + 4O_2 \rightarrow 3CO_2 + 5H_2O$
② $C_3H_8 + 5O_2 \rightarrow 3CO_2 + 4H_2O$
③ $C_4H_{10} + 6O_2 \rightarrow 4CO_2 + 5H_2O$
④ $2C_4H_{10} + 13O_2 \rightarrow 8CO_2 + 10H_2O$

[해설] 부탄의 완전연소 반응식

㉮ 1몰의 반응식 : $C_4H_{10} + 6.5O_2 \rightarrow 4CO_2 + 5H_2O$

㉯ 2몰의 반응식 : $2C_4H_{10} + 13O_2 \rightarrow 8CO_2 + 10H_2O$

59. 액화석유가스를 저장하는 시설의 강제환기설비 설치 기준에 대한 내용 중 잘못된 것은?

① 흡입구는 바닥면 가까이 설치한다.
② 흡입구는 천장면에서 30 cm 이내에 설치한다.
③ 통풍능력은 바닥면적 1 m²마다 0.5 m³/min 이상으로 한다.
④ 배기가스 방출구를 지면에서 5 m 이상의 높이에 설치한다.

[해설] LPG는 공기보다 무겁기 때문에 흡입구는 바닥면 가까이 설치하여야 한다.

60. 압력계의 지침이 100 kPa이라면 절대압력은 약 몇 kPa인가? (단, 대기압은 101.3 kPa이다.)

① 102.1
② 201.3
③ 303.3
④ 404.4

[해설] 압력계의 지침이 지시하는 압력은 게이지압력이다.

∴ 절대압력 = 대기압 + 게이지압력
= 101.3 + 100 = 201.3 kPa

[해답] 58. ④   59. ②   60. ②

2023년도 복원문제 (2)

1. 수소의 원자가(原子價)는 얼마인가?
① 0 ② 1
③ 2 ④ 3

[해설] 원자가 : 분자 내에서 한 원자가 다른 원자와 이루는 화학결합의 수로 수소의 원자가는 1이다.

2. 비열의 단위로 옳은 것은?
① cal/m·℃ ② cal/g·℃
③ cal/s·℃ ④ g·℃/cal

[해설] 비열 : 어떤 물질 1 g을 1℃ 높이는 데 필요한 열량이다.

3. 순수한 물의 응고잠열은 약 몇 kJ/kg인가?
① 539 ② 79.68
③ 2257 ④ 333.6

[해설] 물의 잠열
㉮ 물의 증발잠열(수증기의 응축잠열) : 539 kcal/kgf, 2257 kJ/kg
㉯ 얼음의 융해잠열(물의 응고잠열) : 79.68 kcal/kgf, 333.6 kJ/kg
※ 'kcal'에서 SI단위 'kJ'로 변환할 때에는 '4.1868'을 곱한다.

4. 표준대기압에 해당되지 않는 것은?
① 1.0332 kgf/cm^2 ② 101.325 kPa
③ 1013.25 mbar ④ 14.2 psi

[해설] 1 atm = 760 mmHg = 76 cmHg
= 0.76 mHg
= 29.9 inHg = 760 torr = 10332 kgf/m^2
= 1.0332 kgf/cm^2 = 10.332 mH$_2$O
= 10332 mmH$_2$O
= 101325 N/m^2 = 101325 Pa = 101.325 kPa
= 0.101325 MPa = 1013250 dyne/cm^2
= 1.01325 bar = 1013.25 mbar
= 14.7 lb/in^2 = 14.7 psi

5. 가스도매사업의 가스공급시설 중 배관을 지하에 매설할 때 기준 중 부적합한 것은?
① 배관은 그 외면으로부터 건축물까지 수평거리로 1.3 m 이상 유지한다.
② 산과 들에서의 배관의 매설깊이는 1 m 이상을 유지한다.
③ 배관은 그 외면으로부터 지하의 다른 시설물까지 0.3 m 이상의 거리를 유지한다.
④ 철도부지에 매설할 때에는 깊이를 1.2 m 이상 유지한다.

[해설] 배관은 그 외면으로부터 건축물까지 수평거리로 1.5 m 이상을 유지한다.

6. 물을 전기분해하여 수소를 얻고자 할 때 전해액으로 무엇을 사용하는가?
① 묽은 염산
② 10~25 %의 황산 용액
③ 10~25 %의 탄산칼슘 용액
④ 10~25 %의 수산화나트륨 용액

[해설] 물의 전기분해
㉮ 전해액으로 10~25 % 정도의 수산화나트륨(NaOH : 가성소다) 수용액을 사용한다.
㉯ 음극에서 수소(H$_2$)가, 양극에서 산소(O$_2$)가 2 : 1의 체적비율로 발생한다.

7. LP 가스의 일반적인 성질에 대한 설명 중 옳은 것은?
① 증발잠열이 적다.
② 기화 및 액화가 어렵다.

[해답] 1. ② 2. ② 3. ④ 4. ④ 5. ① 6. ④ 7. ④

③ 액체의 체적 팽창률이 적다.
④ 공기보다 무거워 바닥에 고인다.

해설 LP 가스의 일반적인 성질(특징)
㉮ LP 가스는 공기보다 무겁다.
㉯ 액상의 LP 가스는 물보다 가볍다.
㉰ 액화, 기화가 쉽고, 기화하면 체적이 커진다.
㉱ LNG보다 발열량이 크고, 연소 시 다량의 공기가 필요하다.
㉲ 기화열(증발잠열)이 크다.
㉳ 무색, 무취, 무미하다.
㉴ 용해성이 있다.
㉵ 온도 상승에 의한 액체의 부피 변화가 크다.

8. 열전대 온도계에 적용되는 원리(효과)가 아닌 것은?
① 제베크효과 ② 틴들효과
③ 톰슨효과   ④ 펠티어효과

해설 열전대 온도계에 적용되는 원리(효과)
㉮ 제베크효과(Seebeck effect) : 2종류의 금속선을 접속하여 하나의 회로를 만들어 2개의 접점에 온도차를 부여하면 회로에 접점의 온도에 거의 비례한 전류(열기전력)가 흐르는 현상으로 열전대 온도계의 측정원리이다.
㉯ 톰슨효과(Thomson effect) : 온도가 다른 금속에 전류를 통했을 때 금속에는 전기저항으로 인한 줄(Joul) 열 이외의 열의 발생과 흡수가 일어나는 현상이다.
㉰ 펠티어효과(Peltier effect) : 서로 다른 도체로 이루어진 회로를 통해 직류전류를 흐르게 하면 전류의 방향에 따라 서로 다른 도체 사이의 접합의 한쪽은 가열되는 반면 다른 한쪽은 냉각되는 현상이다.
※ 제베크효과, 톰슨효과, 펠티어효과 3가지를 열과 전기의 상관현상으로 열전효과, 열전현상이라 하며 열전대 온도계의 원리와 관계된다.

참고 틴들(Tyndall)효과 : 가시광선의 파장과 비슷한 미립자가 분산되어 있을 때 빛을 비추면 산란되어 빛의 통로가 생기는 현상으로 빛이 산란되는 정도는 미립자의 크기가 클수록 심해지기 때문에 이를 이용하여 미립자의 크기를 알 수 있다. 맑은 하늘이 푸르게 보이는 것이 대표적인 현상이다.

9. 백금-백금 로듐 열전대 온도계의 측정범위로 옳은 것은?
① −180~350℃   ② −20~800℃
③ 0~1600℃   ④ 300~2000℃

해설 열전대 온도계의 측정범위

열전대의 종류	측정온도
백금-백금 로듐	0~1600℃
크로멜-알루멜	−20~1200℃
철-콘스탄트	−20~800℃
동-콘스탄트	−200~350℃

10. 충전용기 보관실의 출입문 기준 중 옳지 않은 것은?
① 용기보관실의 출입문은 1개소를 설치한다.
② 용기보관실의 출입문 구조는 방화문으로 한다.
③ 출입문의 크기는 가로길이 1800 mm 이내로 한다.
④ 출입문은 미닫이식 또는 여닫이식으로 한다.

해설 용기보관실의 출입문 구조는 방호벽으로 하여야 한다.

11. 특정고압가스 사용시설에서 독성가스 감압설비와 그 가스의 반응설비 간의 배관에 반드시 설치하여야 하는 설비는?
① 역화 방지 장치 ② 긴급 차단 장치
③ 인터록 장치   ④ 역류 방지 장치

해답 8. ② 9. ③ 10. ② 11. ④

해설 특정고압가스 사용시설에서 독성가스 감압설비와 그 가스의 반응설비간의 배관에는 긴급 시 가스가 역류되는 것을 효과적으로 차단할 수 있는 역류 방지 장치를 설치한다.

12. 정압비열(C_p)과 정적비열(C_v)의 관계를 나타내는 비열비(k)가 옳은 것은?

① $k = \dfrac{C_p}{C_v}$ ② $k = \dfrac{C_v}{C_p}$

③ $k = \dfrac{C_p - C_v}{C_v}$ ④ $k = \dfrac{C_v - C_p}{C_p}$

해설 기체상수(R) 및 정압비열(C_p), 정적비열(C_v)의 관계
㉮ 비열비 $k = \dfrac{C_p}{C_v} > 1$
㉯ $C_p - C_v = R$
㉰ $C_p = \dfrac{k}{k-1} \cdot R$
㉱ $C_v = \dfrac{1}{k-1} \cdot R = \dfrac{R}{k-1}$

13. 도시가스 제조 방식 중 촉매를 사용하여 사용온도 400~800℃에서 탄화수소와 수증기를 반응시켜 수소, 메탄, 일산화탄소, 탄산가스 등의 저급 탄화수소로 변환시키는 프로세스(process)는?
① 열분해 프로세스
② 접촉분해 프로세스
③ 부분연소 프로세스
④ 수소화분해 프로세스

해설 접촉분해 공정(steam reforming process) : 촉매를 사용해서 반응온도 400~800℃에서 탄화수소와 수증기를 반응시켜 메탄(CH_4), 수소(H_2), 일산화탄소(CO), 이산화탄소(CO_2)로 변환하는 공정이다.

14. 다음은 어떤 안전설비에 대한 설명인가?

설비가 잘못 조작되거나 정상적인 제조를 할 수 없는 경우 자동으로 원재료의 공급을 차단시키는 등 고압가스 제조설비 안의 제조를 제어하는 기능을 한다.

① 긴급 이송 설비 ② 인터로크 기구
③ 안전밸브 ④ 벤트 스택

해설 인터로크 기구 : 가연성가스 또는 독성가스의 제조설비에서 잘못 조작되거나 정상적인 제조를 할 수 없는 경우에 자동으로 원재료의 공급을 차단시키는 등 제조설비 내의 제조를 제어할 수 있는 장치이다.

15. 가스 액화 분리 장치에서 원료 가스를 저온에서 분리, 정제하는 역할을 하는 것은?
① 한랭 발생 장치
② 불순물 제거 장치
③ 정류(분축, 흡수) 장치
④ 유회수 장치

해설 가스 액화 분리 장치 구성
㉮ 한랭 발생 장치 : 냉동 사이클, 가스 액화 사이클의 응용으로 가스 액화 분리 장치에서 액화가스를 채취할 때에 그것에 필요한 한랭을 보급한다.
㉯ 정류 장치 : 분축(分縮), 흡수(吸收) 장치로 원료 가스를 저온에서 분리, 정제하는 역할을 한다.
㉰ 불순물 제거 장치 : 저온도가 되면 동결하는 원료 가스 중의 수분, 탄산가스 등을 제거하는 역할을 한다.

16. 열역학 제1법칙으로 옳은 것은?
① 질량 불변의 법칙
② 에너지 보존의 법칙
③ 엔트로피 보존의 법칙
④ 작용, 반작용의 법칙

해설 열역학 법칙
㉮ 열역학 제0법칙 : 열평형의 법칙

㉯ 열역학 제1법칙 : 에너지 보존의 법칙
㉰ 열역학 제2법칙 : 방향성의 법칙
㉱ 열역학 제3법칙 : 어떤 계 내에서 물체의 상태변화 없이 절대온도 0도에 이르게 할 수 없다.

17. 가스크로마토그래피의 구성 요소가 아닌 것은?
① 광원   ② 컬럼
③ 검출기   ④ 기록계

[해설] 장치 구성 요소 : 캐리어가스, 압력조정기, 유량조절밸브, 압력계, 분리관(컬럼), 검출기, 기록계 등

18. 표준상태에서 1몰의 아세틸렌이 완전연소될 때 필요한 산소의 몰수는?
① 1몰   ② 1.5몰
③ 2몰   ④ 2.5몰

[해설] 아세틸렌(C_2H_2)의 완전연소 반응식
$C_2H_2 + 2.5O_2 \rightarrow 2CO_2 + H_2O$
∴ 아세틸렌 1몰이 완전연소할 때 산소는 2.5몰이 필요하다.

19. "아세틸렌가스를 용기에 충전 시는 온도에 관계없이 (   )MPa 이하로 하고, 충전한 후에 압력은 (   )℃에서 1.5MPa 이하가 되도록 한다."에서 (   ) 속에 알맞은 것은?
① 4.5, 35   ② 3.5, 20
③ 2.5, 15   ④ 1.8, 15

[해설] 아세틸렌 충전용기 압력
㉮ 충전 중의 압력 : 온도와 관계없이 2.5 MPa 이하
㉯ 충전 후의 압력 : 15℃에서 1.5 MPa 이하

20. 일반도시가스 공급시설에 설치하는 정압기의 분해점검 주기는?
① 1년에 1회 이상

② 2년에 1회 이상
③ 3년에 1회 이상
④ 1주일에 1회 이상

[해설] 분해점검 주기
㉮ 정압기 : 2년에 1회 이상
㉯ 정압기 필터 : 가스 공급개시 후 1월 이내 및 매년 1회 이상
㉰ 가스사용자 시설(단독사용자)의 정압기와 필터 : 설치 후 3년까지는 1회 이상, 그 이후에는 4년에 1회 이상

21. 고압가스 특정제조사업소의 고압가스 설비 중 특수 반응 설비와 긴급 차단 장치를 설치한 고압가스 설비에서 이상 사태가 발생하였을 때 그 설비 내의 내용물을 설비 밖으로 긴급하고 안전하게 이송하여 연소시키기 위한 것은?
① 내부반응 감시 장치
② 벤트 스택
③ 인터록
④ 플레어 스택

[해설] 안전하게 이송할 수 있는 시설
㉮ 벤트 스택 : 가연성가스 또는 독성가스의 설비에서 이상 상태가 발생한 경우 설비 내의 내용물을 대기 중으로 방출하는 장치
㉯ 플레어 스택 : 긴급 이송 설비에 의하여 이송되는 가연성가스를 연소에 의하여 처리하는 시설

22. 독성가스 여부를 판정할 때 기준이 되는 "허용농도"를 바르게 설명한 것은?
① 해당 가스를 성숙한 흰쥐 집단에게 대기 중에서 1시간 동안 계속하여 노출시킨 경우 7일 이내에 그 흰쥐의 1/2 이상이 죽게 되는 가스의 농도를 말한다.
② 해당 가스를 성숙한 흰쥐 집단에게 대기 중에서 24시간 동안 계속하여 노출시킨 경우 7일 이내에 그 흰쥐의 1/2 이상이 죽게

[해답] 17. ① 18. ④ 19. ③ 20. ② 21. ④ 22. ③

되는 가스의 농도를 말한다.
③ 해당 가스를 성숙한 흰쥐 집단에게 대기 중에서 1시간 동안 계속하여 노출시킨 경우 14일 이내에 그 흰쥐의 1/2 이상이 죽게 되는 가스의 농도를 말한다.
④ 해당 가스를 성숙한 흰쥐 집단에게 대기 중에서 24시간 동안 계속하여 노출시킨 경우 14일 이내에 그 흰쥐의 1/2 이상이 죽게 되는 가스의 농도를 말한다.

[해설] 허용농도 : 해당 가스를 성숙한 흰쥐 집단에게 대기 중에서 1시간 동안 계속하여 노출시킨 경우 14일 이내에 그 흰쥐의 2분의 1 이상이 죽게 되는 가스의 농도를 말한다. → LC50(치사농도[致死濃度] 50 : Lethal concentration 50)으로 표시

23. 진탕형 오토클레이브의 특징에 대한 설명으로 틀린 것은?
① 가스 누출의 가능성이 적다.
② 고압력에 사용할 수 있고 반응물의 오손이 적다.
③ 뚜껑판에 뚫어진 구멍에 촉매가 끼어들어갈 염려가 없다.
④ 장치 전체가 진동하므로 압력계는 본체로부터 떨어져 설치한다.

[해설] 진탕형 오토클레이브의 특징
㉮ 가스 누출의 가능성이 적다.
㉯ 고압력에 사용할 수 있고 반응물의 오손이 적다.
㉰ 장치 전체가 진동하므로 압력계는 본체로부터 떨어져 설치한다.
㉱ 뚜껑판에 뚫어진 구멍에 촉매가 끼어들어갈 염려가 있다.

24. 현열에 대한 정의로 옳은 것은?
① 물질이 상태, 온도 모두 변할 때 필요한 열이다.
② 물질이 상태 변화 없이 온도가 변할 때 필요한 열이다.
③ 물질이 온도 변화 없이 상태가 변할 때 필요한 열이다.
④ 물질이 온도 변화 없이 압력이 변할 때 필요한 열이다.

[해설] 현열과 잠열
㉮ 현열(감열) : 상태 불변, 온도 변화에 소요된 열량
㉯ 잠열(숨은열) : 온도 불변, 상태 변화에 소요된 열량

25. 표준상태에서 에탄 2 mol, 프로판 5 mol, 부탄 3 mol로 구성된 LPG에서 부탄의 질량 비율은 약 몇 %인가?
① 13.2
② 24.6
③ 38.3
④ 48.5

[해설] ㉮ 혼합가스의 질량은 각 성분가스의 분자량에 몰(mol)수를 곱한 값을 합산한 것이다.
㉯ 혼합가스 중 성분가스의 질량비율은 전체 질량에 대한 성분가스의 질량비이다.
㉰ 부탄 질량비 계산 : 각 성분의 분자량은 에탄(C_2H_6) 30, 프로판(C_3H_8) 44, 부탄(C_4H_{10}) 58이다.

$$\therefore m_{C_4H_{10}} = \frac{부탄의\ 질량}{혼합가스\ 질량} \times 100$$
$$= \frac{58 \times 3}{(30 \times 2)+(44 \times 5)+(58 \times 3)} \times 100$$
$$= 38.325\,\%$$

26. 표준상태에서 산소 가스 1 kg은 약 몇 m^3에 해당되는가?
① 0.3
② 0.5
③ 0.7
④ 1.3

[해설] 산소 분자량이 32이므로 1 kmol의 질량은 32 kg이고 표준상태에서 체적은 22.4 m^3이다.

$$\therefore 산소\ 체적 = \frac{산소\ 질량(kg)}{32} \times 22.4$$
$$= \frac{1}{32} \times 22.4 = 0.7\ m^3$$

해답 23. ③ 24. ② 25. ③ 26. ③

27. 6대 온실가스가 아닌 것은?
① CO_2 ② N_2O
③ CH_4 ④ NH_3

해설 온실가스(저탄소 녹색성장 기본법 제2조) : 이산화탄소(CO_2), 메탄(CH_4), 아산화질소(N_2O), 수소불화탄소(HFCS), 과불화탄소(PFCS), 육불화황(SF_6) 및 그 밖에 대통령령으로 정하는 것으로 적외선 복사열을 흡수하거나 재방출하여 온실효과를 유발하는 대기 중의 가스 상태의 물질을 말한다.

28. 다음 가연성가스 중 위험성이 제일 큰 것은?
① 수소 ② 프로판
③ 산화에틸렌 ④ 아세틸렌

해설 ㉮ 각 가스의 공기 중에서 폭발범위

가스 명칭	폭발범위
수소(H_2)	4~75 %
프로판(C_3H_8)	2.1~9.5 %
산화에틸렌(C_2H_4O)	3~80 %
아세틸렌(C_2H_2)	2.5~81 %

㉯ 폭발범위가 넓은 것이 위험성이 크며, 4가지 중 아세틸렌이 폭발범위가 가장 넓다.

29. 황화수소에 대한 설명 중 옳지 않은 것은?
① 고압에서는 스테인리스강을 사용한다.
② 건조된 상태에서 수은, 동과 같은 금속과 반응한다.
③ 농질산, 발연질산 등의 산화제와는 심하게 반응한다.
④ 독성이 강하고 고농도 가스를 다량으로 흡입할 경우 즉사할 수 있다.

해설 건조된 상태에서의 황화수소는 수은, 은, 동과 같은 금속과 반응하지 않고, 수분이 존재할 때 반응한다.

30. 암모니아에 대한 설명 중 적합하지 않은 것은?
① TLV-TWA 허용농도 25 ppm으로 중화제는 물을 사용한다.
② 상온, 상압에서 강한 자극성이 있는 공기보다 가벼운 기체이다.
③ 가연성가스이며, 독성가스로 액화하기 어려워 압축가스로 취급된다.
④ 산이나 할로겐 원소와는 잘 반응하며 물에 잘 용해하는 가스이다.

해설 암모니아는 비점이 -33.3℃로 액화 및 기화가 쉽고, 증발잠열이 커서 냉동기 냉매로 사용된다.

31. 폭발성 혼합가스의 폭발 2등급의 안전간격으로 옳은 것은?
① 0.1~0.3 mm ② 0.8~1.0 mm
③ 0.4~0.6 mm ④ 1.5~2.0 mm

해설 폭발 등급별 안전간격

폭발 등급	안전간격	가스 종류
1등급	0.6 mm 이상	일산화탄소, 에탄, 프로판, 암모니아, 아세톤, 에틸에테르, 가솔린, 벤젠 등
2등급	0.4~0.6 mm	석탄가스, 에틸렌 등
3등급	0.4 mm 미만	아세틸렌, 이황화탄소, 수소, 수성가스

32. 일산화탄소와 공기의 혼합가스 폭발범위는 고압일수록 어떻게 변하는가?
① 넓어진다. ② 변함없다.
③ 좁아진다. ④ 일정하지 않다.

해설 대부분의 가연성가스는 압력이 상승하면 폭발범위가 넓어지는 것이 일반적이지만 일산화탄소와 수소는 압력의 증가와 더불어 폭발범위가 좁아진다. 단, 수소는

10기압 이상으로 압력이 상승하면 폭발범위는 다시 넓어진다.

33. 다음 중 아세틸렌 충전 시 희석제로 부적합한 것은?
① 메탄　　　　② 질소
③ 일산화탄소　④ 이산화황

[해설] 희석제의 종류
㉮ 안전관리 규정에 정한 것 : 질소, 메탄, 일산화탄소, 에틸렌
㉯ 희석제로 가능한 것 : 수소, 프로판, 이산화탄소

34. 가연성가스가 폭발할 위험이 있는 장소에 전기설비를 할 경우 위험의 정도에 따른 분류가 아닌 것은?
① 0종 장소　　② 1종 장소
③ 2종 장소　　④ 3종 장소

[해설] 위험장소는 1종 장소, 2종 장소, 0종 장소로 분류한다.

35. 독성가스의 제독작업에 필요한 보호구의 장착 훈련 주기로 옳은 것은?
① 1개월마다 1회 이상
② 2개월마다 1회 이상
③ 3개월마다 1회 이상
④ 6개월마다 1회 이상

[해설] 보호구 장착 훈련 : KGS FP112
㉮ 작업원은 3개월에 1회 이상 보호구의 사용 훈련을 받아 사용방법을 숙지한다.
㉯ 보호구의 점검 및 변동사항 또는 보호구의 장착 훈련 실적을 기록·보존한다.

36. 아세틸렌에 가압·충격이 가해지면 폭발이 일어나는 것의 명칭은?
① 중합폭발
② 분해폭발
③ 화합폭발
④ 촉매폭발

[해설] ㉮ 분해폭발 : 아세틸렌이 가압, 충격에 의해 탄소와 수소로 분해되면서 일어나는 폭발이다.
㉯ 반응식 : $C_2H_2 \rightarrow 2C + H_2 + 54.2$ kcal

37. [보기] 중 냄새로 구별할 수 있는 것으로 옳은 것은?

┌ 보기 ┐
㉠ 산소　　　　㉡ 수소
㉢ 일산화탄소　㉣ 질소
㉤ 아르곤　　　㉥ 암모니아
㉦ 에틸렌

① ㉢, ㉥　　　② ㉠, ㉤
③ ㉥, ㉦　　　④ ㉡, ㉦

[해설] 각 가스의 냄새

명칭	분자량	성질
산소(O_2)	32	무취
수소(H_2)	2	무취
일산화탄소(CO)	28	무취
질소(N_2)	28	무취
아르곤(Ar)	40	무취
암모니아(NH_3)	17	자극성이 강한 냄새
에틸렌(C_2H_4)	28	감미로운 냄새

38. 산소의 임계압력으로 옳은 것은?
① 20 atm　　　② 33.5 atm
③ 50.1 atm　　④ 72.9 atm

[해설] 산소(O_2)의 성질

항목	성질
비점	−183℃
임계온도	−118.4℃
임계압력	50.1 atm

[해답] 33. ④　34. ④　35. ③　36. ②　37. ③　38. ③

39. 도시가스 사용시설 기밀시험압력으로 옳은 것은? (단, 연소기는 제외한다.)
① 최고사용압력의 1.1배 또는 8.4 kPa 중 높은 압력 이상
② 최고사용압력의 1.2배 또는 8.4 kPa 중 높은 압력 이상
③ 최고사용압력의 1.5배 또는 8.4 kPa 중 높은 압력 이상
④ 최고사용압력의 2.0배 또는 8.4 kPa 중 높은 압력 이상

해설 가스 사용시설 기밀시험압력
㉮ LPG 사용시설 : 8.4 kPa 이상
㉯ 도시가스 사용시설 : 최고사용압력의 1.1배 또는 8.4 kPa 중 높은 압력 이상

40. 방폭지역이 0종인 장소에는 원칙적으로 어떤 방폭구조의 것을 사용하여야 하는가?
① 내압방폭구조
② 압력방폭구조
③ 본질안전방폭구조
④ 안전증방폭구조

해설 0종 장소에는 원칙적으로 본질안전방폭구조의 것을 설치하여야 한다.

41. 고압가스 저장탱크 기준으로 거리가 먼 것은?
① 가연성가스 및 독성가스의 저장탱크, 그 지주에는 온도의 상승을 방지할 수 있는 조치를 할 것
② 독성가스의 저장탱크에는 그 가스의 용량이 그 저장탱크 내용적의 80%를 초과하는 것을 방지하는 장치를 설치할 것
③ 저장탱크에는 가스가 누출하지 아니하는 구조로 하고, 규정량 이상의 가스를 저장하는 것에는 가스방출장치를 설치할 것
④ 가연성가스 저온 저장탱크에는 그 저장탱크의 내부압력이 외부압력보다 낮아짐에 따라 그 저장탱크가 파괴되는 것을 방지할 수 있는 조치를 할 것

해설 과충전 방지 장치 설치 : 독성가스 저장탱크는 내용적의 90 %를 초과하는 것을 방지하는 장치를 설치하여야 한다.

42. 가스를 사용하는 시설에서 호스가 절단 또는 파손으로 다량의 가스 누출 시 사고 예방을 위해 신속하게 자동으로 가스 누출을 차단하기 위해 설치하는 가스용품은?
① 중간 밸브
② 체크 밸브
③ 나사 콕
④ 퓨즈 콕

해설 퓨즈 콕 : 가스 유로를 볼로 개폐하고, 과류차단 안전기구가 부착된 것으로서 배관과 호스, 호스와 호스, 배관과 배관 또는 배관과 커플러를 연결하는 구조의 가스용품이다.

43. 도시가스 사용시설에서 호스의 길이는 몇 m 이내인가?
① 1
② 2
③ 3
④ 4

해설 호스 설치 : KGS FU551
㉮ 호스의 길이는 연소기까지 3 m 이내로 하되, 호스는 "T"형으로 연결하지 않는다.
㉯ 배관용 호스와 중간 밸브 및 연소기와의 접촉 부분은 호스밴드 등으로 견고하게 조인다.
㉰ 호스가 열로 인해 손상을 받지 않도록 조치한다.

44. 산소 취급 시 주의할 사항이 아닌 것은?
① 과잉산소는 인체에 해롭다.
② 내산화성 재료로 납(Pb)을 사용한다.
③ 고압의 산소와 유지류 접촉은 위험하다.
④ 산소의 화학반응에서 생성되는 과산화물은 위험이 있다.

해설 내산화성(耐酸化性) 재료는 크롬(Cr)을 사용한다.

해답 39. ① 40. ③ 41. ② 42. ④ 43. ③ 44. ②

45. 가스의 폭발범위에 영향을 주는 인자가 아닌 것은?
① 비열 ② 압력
③ 온도 ④ 가스량

<해설> 폭발범위에 영향을 주는 인자 : 온도, 압력, 가스량, 산소의 농도

46. 고압가스 냉매 설비의 기밀시험 시 압축공기를 공급할 때 공기의 온도는 몇 ℃ 이하로 정해져 있는가?
① 40℃ 이하 ② 70℃ 이하
③ 100℃ 이하 ④ 140℃ 이하

<해설> 기밀시험에 사용하는 가스는 공기 또는 불연성가스(산소 및 독성가스 제외)로 하며, 기밀시험에 공기압축기를 사용하여 압축공기를 공급할 때 공기의 온도는 140℃ 이하로 한다.

47. 지하에 매설하는 도시가스 배관을 보호하기 위하여 설치하는 보호판의 도막 두께는 몇 μm 이상 되도록 방청 도료 등으로 코팅하는가?
① 50 ② 60
③ 80 ④ 100

<해설> 보호판은 쇼트 브라스팅 등으로 내외면의 이물질을 완전히 제거하고, 방청 도료(primer)를 1회 이상 도포한 후 도막 두께가 80 μm 이상 되도록 에폭시 타입 도료를 2회 이상 코팅하거나 이와 동등 이상의 방청 및 코팅 효과를 갖는 것으로 한다.

48. 고압가스 안전관리법에서 정한 특정설비가 아닌 것은?
① 조정기
② 긴급차단장치
③ 안전밸브
④ 저장탱크

<해설> 고압가스 관련설비(특정설비) 종류 : 안전밸브, 긴급차단장치, 기화장치, 독성가스 배관용 밸브, 자동차용 가스 자동주입기, 역화방지기, 압력용기, 특정고압가스용 실린더 캐비닛, 자동차용 압축천연가스 완속 충전설비, 액화석유가스용 용기 잔류가스 회수장치, 냉동용 특정설비, 차량에 고정된 탱크

49. 고압가스 용기의 안전점검 기준에 해당되지 않는 것은?
① 재검사 기간의 도래 여부를 확인
② 용기의 누설 유무를 성냥불로 확인
③ 용기의 부식, 도색 및 표시 확인
④ 용기의 캡이 씌워져 있거나 프로텍터의 부착 여부 확인

<해설> 용기의 안전점검 기준 : 고법 시행규칙 별표 18
㉮ 재검사 기간의 도래 여부를 확인할 것
㉯ 용기 아랫부분의 부식 상태, 도색 및 표시가 되어 있는지를 확인할 것
㉰ 용기의 캡이 씌워져 있거나 프로텍터의 부착 여부 확인할 것
㉱ 밸브의 그랜드너트 고정핀 이탈 유무를 확인할 것
㉲ 밸브의 개폐조작이 쉬운 핸들이 부착되어 있는지 여부 확인할 것
㉳ 용기의 스커트에 찌그러짐이 있는지 확인할 것
㉴ 유통 중 열 영향을 받았는지 여부를 점검할 것
㉵ 충전가스의 종류에 맞는 용기부속품이 부착되어 있는지 여부를 확인할 것
㉶ 밸브의 몸통, 충전구나사, 안전밸브에 사용상 지장이 있는지 여부를 확인할 것

50. 펌프의 실제 송출유량을 Q, 펌프 내부에서의 누설 유량을 ΔQ, 임펠러 속을 지나는 유량을 $Q+\Delta Q$라 할 때 펌프의 체적효율(η_v)을 구하는 식은?

해답 45. ① 46. ④ 47. ③ 48. ① 49. ② 50. ①

① $\eta_v = \dfrac{Q}{Q+\Delta Q}$ ② $\eta_v = \dfrac{Q+\Delta Q}{Q}$

③ $\eta_v = \dfrac{Q-\Delta Q}{Q+\Delta Q}$ ④ $\eta_v = \dfrac{Q+\Delta Q}{Q-\Delta Q}$

해설 ㉮ 체적효율(η_v)은 이론적 송출유량에 대한 실제 송출유량의 비이다.
㉯ 체적효율(%) 계산식

$$\therefore \eta_v[\%] = \dfrac{실제\ 송출유량}{이론적\ 송출유량} \times 100$$

$$= \dfrac{Q}{Q+\Delta Q} \times 100$$

51. 용기 밸브 중 충전구 나사를 왼나사로 정한 것은 어느 것인가?

① O_2 ② CO_2
③ NH_3 ④ C_2H_2

해설 ㉮ 충전구 나사를 왼나사를 적용하는 것은 가연성가스이다.
㉯ 가연성가스 중 암모니아(NH_3), 브롬화메탄(CH_3Br)은 오른나사를 적용한다.
㉰ 문제에서 주어진 가스 중 왼나사를 적용하는 것은 아세틸렌이다.

52. 보온재의 구비조건으로 옳은 것은?

① 시공하기 쉬울 것
② 열전도율이 클 것
③ 흡습, 흡수성이 클 것
④ 비중이 크고, 적당한 강도가 있을 것

해설 보온재(단열재)의 구비조건
㉮ 열전도율이 작을 것
㉯ 흡습성, 흡수성이 작을 것
㉰ 적당한 기계적 강도를 가질 것
㉱ 시공성이 좋을 것
㉲ 부피, 비중(밀도)이 작을 것
㉳ 경제적일 것

53. 빙점 이하의 특히 낮은 온도에서 사용되는 LPG 탱크, 화학공업 배관 등에 이용되며, 0.25%의 킬드강으로 제조한 관은 −50℃, 3.5% 니켈(Ni)강으로 제조한 관은 −100℃까지 사용할 수 있는 관의 명칭은?

① 압력배관용 탄소강관
② 저온배관용 탄소강관
③ 고압배관용 탄소강관
④ 고온배관용 탄소강관

해설 저온배관용 탄소강관(SPLT) : 빙점 이하의 저온도 배관에 사용된다.

54. 왕복동식 압축기의 특징에 대한 설명으로 틀린 것은?

① 기체의 비중에 영향이 없다.
② 압축하면 맥동이 생기기 쉽다.
③ 원심형이어서 압축 효율이 낮다.
④ 토출압력에 의한 용량 변화가 적다.

해설 왕복동식 압축기의 특징
㉮ 고압이 쉽게 형성된다.
㉯ 급유식, 무급유식이다.
㉰ 용량 조정 범위가 넓다.
㉱ 용적형이며 압축 효율이 높다.
㉲ 형태가 크고 설치 면적이 크다.
㉳ 배출 가스 중 오일이 혼입될 우려가 크다.
㉴ 압축이 단속적이고, 맥동 현상이 발생된다.
㉵ 접촉 부분이 많아 고장 발생이 쉽고 수리가 어렵다.
㉶ 반드시 흡입 토출밸브가 필요하다.

55. 냉동제조시설에서 냉매설비의 배관 이외의 부분의 내압시험압력은?

① 설계압력 이상
② 기밀시험압력 이상
③ 설계압력의 1.1배 이상
④ 설계압력의 1.5배 이상

해설 냉매설비의 시험압력
㉮ 내압시험 : 설계압력의 1.5배 이상
㉯ 기밀시험 : 설계압력 이상

해답 51. ④   52. ①   53. ②   54. ③   55. ④

56. 가스 미터의 필요 조건으로 옳은 것은?
① 소형이고 용량이 적을 것
② 감도가 예민하고 구조가 간단할 것
③ 가격이 저렴하고 사용자 수리가 용이할 것
④ 오차 조정이 어려워 사용자가 임의로 조작하지 못할 것

[해설] 가스 미터의 필요 조건
㉮ 구조가 간단하고, 수리가 용이할 것
㉯ 감도가 예민하고 압력 손실이 적을 것
㉰ 소형이며 계량 용량이 클 것
㉱ 기차의 조정이 용이할 것
㉲ 내구성이 클 것

[참고] 감도 : 가스 미터가 측정량의 변화에 민감한 정도를 나타내는 것이다.

57. 이음매 없는 용기의 특징이 아닌 것은?
① 독성 가스를 충전하는 데 사용한다.
② 내압에 대한 응력 분포가 균일하다.
③ 고압에 견디기 어려운 구조이다.
④ 용접 용기에 비해 값이 비싸다.

[해설] 이음매 없는 용기는 고압에 견디기 쉬운 구조이다.

58. 저온장치 단열법 종류가 아닌 것은?
① 상압 단열법   ② 고압 단열법
③ 고진공 단열법 ④ 분말진공 단열법

[해설] 저온장치 단열법의 종류
㉮ 상압 단열법 : 일반적으로 사용되는 단열법으로 단열공간에 분말, 섬유 등의 단열재를 충전하는 방법이다.
㉯ 진공 단열법 : 공기의 열전도율보다 낮은 값을 얻기 위하여 단열공간을 진공으로 하여 공기에 의한 전열을 차단하는 단열법으로 고진공 단열법, 분말진공 단열법, 다층진공 단열법이 있다.

59. 부르동관 압력계 사용 시 주의사항으로 옳지 않은 것은?
① 안전장치를 한 것일 것
② 온도 변화나 진동, 충격 등이 적은 장소에 설치할 것
③ 항상 검사를 행하고 지시의 정확성을 확인하여 둘 것
④ 압력계에 가스를 유입하거나 빼낼 때는 신속히 조작할 것

[해설] 압력계에 가스를 유입하거나 빼낼 때는 서서히 조작하여야 한다.

60. 차압에 의해 초저온 저장탱크의 액면 측정에 많이 사용되는 액면계는?
① 햄프슨식 액면계
② 클린카식 액면계
③ 벨로스식 액면계
④ 전기저항식 액면계

[해설] 햄프슨식 액면계 : 기상부와 액상부의 압력차를 이용하여 액면을 지시하는 것으로 차압식 액면계라 한다.

[해답] 56. ② 57. ③ 58. ② 59. ④ 60. ①

2024년도 복원문제 (1)

1. 분해폭발의 위험성이 없는 것은?
① 시안화수소　② 산화에틸렌
③ 아세틸렌　　④ 히드라진

[해설] ㉮ 분해폭발 물질 : 아세틸렌(C_2H_2), 산화에틸렌(C_2H_4O), 히드라진(N_2H_4), 오존(O_3)
㉯ 시안화수소(HCN) : 산화폭발, 중합폭발의 위험성이 있다.

2. 도시가스 배관의 호칭지름이 15 mm인 경우 고정장치는 몇 m마다 설치하는가?
① 1　　② 2
③ 3　　④ 4

[해설] 배관 고정장치 설치 기준
㉮ 호칭지름 13 mm 미만 : 1 m마다
㉯ 호칭지름 13 mm 이상 33 mm 미만 : 2 m마다
㉰ 호칭지름 33 mm 이상 : 3 m마다
㉱ 호칭지름 100 mm 이상의 것에는 적절한 방법에 따라 3 m를 초과하여 설치할 수 있다.

3. 도시가스 배관을 해저에 설치하는 기준 중 틀린 것은?
① 배관의 입상부에는 방호시설물을 설치한다.
② 배관은 원칙적으로 다른 배관과 교차하지 않도록 한다.
③ 배관은 원칙적으로 다른 배관과 20 m 이상의 수평거리를 유지한다.
④ 해저면 밑에 배관을 매설하지 않고 설치하는 경우에는 해저면을 고르게 하여 배관이 해저면에 닿도록 할 것

[해설] 배관 해저 설치 기준(KGS FS451) : ①, ②, ④ 외
㉮ 배관은 해저면 밑에 매설한다. 다만, 닻내림 등으로 배관 손상의 우려가 없거나 그 밖에 부득이한 경우에는 해저면 밑에 매설하지 않을 수 있다.
㉯ 배관은 원칙적으로 다른 배관과 30 m 이상의 수평거리를 유지한다.
㉰ 두 개 이상의 배관을 동시에 설치하는 경우에는 배관이 서로 접속하지 않도록 필요한 조치를 한다.
㉱ 패일 우려가 있는 장소에 매설하는 배관에는 그 패임을 방지하기 위한 조치를 한다.
㉲ 굴착 및 되메우기는 안전이 유지되도록 적절한 방법으로 실시한다.
㉳ 배관이 부양하거나 이동할 우려가 있는 경우에는 이를 방지하기 위한 조치를 한다.

4. 가정용 액화석유가스 연소기구의 부근에서 가스가 누설되고 있을 때 가장 적절한 조치 방법은?
① 용기를 안전한 장소로 옮긴다.
② 물을 뿌려서 가스를 용해시킨다.
③ 용기의 메인밸브를 즉시 폐쇄시킨다.
④ 방의 창문을 닫고 가스가 다른 곳으로 확산되는 것을 막는다.

[해설] 연소기구 부근에서 가스가 누설될 때 용기 메인밸브를 폐쇄시킨 후 방의 창문을 모두 열어서 환기를 시키며, 전기제품 사용을 금지한다.

5. 가연성가스 제조설비에서 오조작되거나 정상적인 제조를 할 수 없는 경우에 자동적으

[해답] 1. ①　2. ②　3. ③　4. ③　5. ③

로 원재료의 공급을 차단시키는 등의 제조를 제어할 수 있는 기능을 갖는 장치는?
① 벤트스택
② 플레어스택
③ 인터로크 기구
④ 가스누설 자동 차단기

해설 인터로크 기구 : 가연성가스 또는 독성가스의 제조설비에서 잘못 조작되거나 정상적인 제조를 할 수 없는 경우에 자동으로 원재료의 공급을 차단시키는 등 제조설비 내의 제조를 제어할 수 있는 장치

6. 액화석유가스 용기에 가장 적합한 안전밸브 형식은?
① 중추식   ② 파열판식
③ 가용전식 ④ 스프링식

해설 용기의 일반적인 안전밸브 형식
㉮ 액화가스 용기 : 스프링식
㉯ 압축가스 용기 : 파열판식
㉰ 아세틸렌, 염소 용기 : 가용전식

참고 이산화탄소(CO_2)는 액화가스로 용기에 충전하지만 안전밸브는 파열판을 사용하는 것과 같이 예외적인 경우도 있다.

7. 아세틸렌을 용기에 충전할 때에 대한 내용으로 틀린 것은?
① 충전라인의 압력계를 2.5 MPa 이하가 되도록 해야 한다.
② 충전 후 약 24시간 동안 정치시킨 후 출하하는 것이 좋다.
③ 충전은 가급적 단시간 내에 규정된 양을 충전하는 것이 좋다.
④ 용기의 총질량(TW)은 용기질량에 다공물질량, 밸브질량, 용제질량을 합한 질량이다.

해설 충전은 서서히 2~3회에 걸쳐 충전한다.

8. 고압가스 설비에 설치하는 압력계의 최고 눈금 범위로 옳은 것은?
① 상용압력의 2배 이상 3배 이하이다.
② 상용압력의 1.5배 이상 2배 이하이다.
③ 내압시험압력의 1배 이상 2배 이하이다.
④ 내압시험압력의 1.5배 이상 2배 이하이다.

해설 고압가스 설비에 설치하는 압력계는 상용압력의 1.5배 이상 2배 이하의 최고눈금이 있는 것으로 하고, 압축액화 그 밖의 방법으로 처리할 수 있는 가스의 용적이 1일 100 m^3 이상인 사업소에는 국가표준기본법에 의한 제품인증을 받은 압력계를 2개 이상 비치한다.

9. 도시가스 배관을 시가지 외의 도로, 산지, 농지 등에 매설하는 경우 표지판의 바탕색과 글자색으로 옳은 것은?
① 황색, 검정색
② 흰색, 검정색
③ 흰색, 빨강색
④ 검정색, 흰색

해설 일반도시가스사업의 표지판 설치 기준
㉮ 설치 간격 : 200 m 이내의 간격
㉯ 표지판 크기 : 200×150 mm 이상
㉰ 표지판의 재료 : KS D 3503(일반구조용 압연강재)
㉱ 바탕색과 글자색 : 황색 바탕에 검정색 글씨

참고 가스도매사업의 경우 표지판 설치 간격은 500 m 이내이다.

10. 1일 처리능력이 35000 m^3인 산소 처리설비 외면에서 병원과 유지해야 할 안전거리는 얼마인가? (단, 전용 공업지역이 아닌 경우이다.)
① 16 m 이상   ② 17 m 이상
③ 18 m 이상   ④ 20 m 이상

해답 6. ④ 7. ③ 8. ② 9. ① 10. ③

[해설] ㉮ 산소 처리설비와 보호시설간 유지해야 할 안전거리

처리능력(m³)	제1종	제2종
1만 이하	12	8
1만 초과 2만 이하	14	9
2만 초과 3만 이하	16	11
3만 초과 4만 이하	18	13
4만 초과	20	14

㉯ 병원은 제1종 보호시설이고, 처리능력이 35000 m³는 3만 초과 4만 이하에 해당되므로 유지하여야 할 거리는 18 m 이상이다.

11. 고압가스 설비 내의 압력이 상용의 압력을 초과하는 경우 즉시 상용의 압력 이하로 되돌릴 수 있도록 하는 과압안전장치에 해당되지 않는 것은?
① 파열판 ② 안전밸브
③ 감압밸브 ④ 자동압력제어장치

[해설] 과압안전장치 선정 : KGS FP112
㉮ 기체 및 증기의 압력상승을 방지하기 위하여 설치하는 안전밸브
㉯ 급격한 압력상승, 독성가스의 누출, 유체의 부식성 또는 반응생성물의 성상 등에 따라 안전밸브를 설치하는 것이 부적당한 경우에 설치하는 파열판
㉰ 펌프 및 배관에서 액체의 압력상승을 방지하기 위하여 설치하는 릴리프밸브 또는 안전밸브
㉱ ㉮부터 ㉰까지의 안전장치와 병행 설치할 수 있는 자동압력제어장치

12. 고속도로 휴게소에 소형 저장탱크를 설치해야 하는 액화석유가스 저장능력은 얼마인가?
① 100 kg 초과 ② 500 kg 초과
③ 1000 kg 초과 ④ 2000 kg 초과

[해설] 고속도로 휴게소시설 특례(KGS FU431) : 가스사용시설 중 도로교통법에 따라 액화석유가스 저장능력이 500 kg 초과인 고속도로의 휴게소에는 소형 저장탱크를 설치한다.

13. 고압가스 일반제조시설의 용기보관장소에 충전용기를 보관할 때의 기준으로 가장 거리가 먼 것은?
① 충전용기와 잔가스 용기는 각각 구분하여 용기보관장소에 놓을 것
② 충전용기는 항상 40℃ 이하의 온도를 유지하고, 직사광선을 받지 않도록 조치할 것
③ 용기보관장소의 주위 8 m 이내에는 화기 또는 인화성물질이나 발화성물질을 두지 아니할 것
④ 가연성가스 용기보관장소에는 방폭형 휴대용 손전등 외의 등화를 휴대하고 들어가지 아니할 것

[해설] 용기보관장소 주위 2 m 이내에는 화기 또는 인화성물질이나 발화성물질을 두지 아니한다.

14. 독성가스를 용기에 충전하여 운반할 때 운반책임자의 동승 기준으로 적절하지 않은 것은?
① 압축가스 허용농도가 100만분의 200 초과 100만분의 5000 이하 : 가스량 1000 m³ 이상
② 압축가스 허용농도가 100만분의 200 이하 : 가스량 10 m³ 이상
③ 액화가스 허용농도가 100만분의 200 초과 100만분의 5000 이하 : 가스량 1000 kg 이상
④ 액화가스 허용농도가 100만분의 200 이하 : 가스량 100 kg 이상

[해답] 11. ③ 12. ② 13. ③ 14. ①

[해설] 독성가스 용기 운반 시 운반책임자 동승 기준

가스의 종류	허용농도	기준
압축 가스	100만분의 200 이하	10 m³ 이상
	100만분의 200 초과 100만분의 5000 이하	100 m³ 이상
액화 가스	100만분의 200 이하	100 kg 이상
	100만분의 200 초과 100만분의 5000 이하	1000 kg 이상

15. 고압가스 운반기준에 대한 설명 중 틀린 것은?
① 밸브가 돌출한 충전용기는 고정식 프로텍터나 캡을 부착하여 밸브의 손상을 방지한다.
② 염소와 아세틸렌, 암모니아 또는 수소는 동일 차량에 적재하여 운반하지 않는다.
③ 충전용기를 운반할 때 넘어짐 등으로 인한 충격을 방지하기 위하여 충전용기를 단단하게 묶는다.
④ 위험물 안전관리법이 정하는 위험물과 충전용기를 동일 차량에 적재 시는 1m 정도 이격시킨 후 운반한다.
[해설] 충전용기와 위험물 안전관리법이 정하는 위험물과는 동일 차량에 적재하여 운반하지 않는다.

16. 강관 이음쇠 중 관 끝을 막을 때 사용하는 것은?
① 엘보 ② 니플
③ 캡 ④ 유니언
[해설] 사용 용도에 의한 강관 이음쇠 종류
㉮ 배관의 방향을 전환할 때 : 엘보(elbow), 벤드(bend), 리턴 벤드
㉯ 관을 도중에 분기할 때 : 티(tee), 와이(Y), 크로스(cross)
㉰ 동일 지름의 관을 연결할 때 : 소켓(socket), 니플(nipple), 유니언(union)
㉱ 지름이 다른 관(이경관)을 연결할 때 : 리듀서(reducer), 부싱(bushing), 이경 엘보, 이경 티
㉲ 관 끝을 막을 때 : 플러그(plug), 캡(cap)
㉳ 관의 분해, 수리가 필요할 때 : 유니언, 플랜지

17. 용기 종류별 부속품 기호가 틀린 것은?
① TL : 초저온 용기 및 저온 용기의 부속품
② PG : 압축가스를 충전하는 용기의 부속품
③ AG : 아세틸렌가스를 충전하는 용기의 부속품
④ LPG : 액화석유가스를 충전하는 용기의 부속품
[해설] 초저온 용기 및 저온 용기의 부속품 : LT

18. 액체 연료 연소 시 1차 공기에 대한 설명으로 옳지 않은 것은?
① 연료를 무화할 때 사용하는 공기이다.
② 액체 연료는 버너에서 공급되는 공기이다.
③ 노즐에서 연료와 함께 혼합되어 공급되는 공기이다.
④ 연료를 완전연소시키는 데 필요한 계산상의 공기이다.
[해설] 1차 공기와 2차 공기
㉮ 1차 공기 : 액체 연료의 무화에 필요한 공기 또는 연소 전에 가연성기체와 혼합되어 공급되는 공기
㉯ 2차 공기 : 완전연소에 필요한 부족한 공기를 보충 공급하는 공기

19. 고압가스용 저장탱크 및 압력용기 제조시설에 대하여 실시하는 내압검사에서 압력용기 등의 재질이 주철인 경우 내압시험압력의 기준은?

[해답] 15. ④ 16. ③ 17. ① 18. ④ 19. ③

① 설계압력의 1.2배의 압력
② 설계압력의 1.5배의 압력
③ 설계압력의 2배의 압력
④ 설계압력의 3배의 압력

해설 저장탱크 및 압력용기 내압시험압력 기준
㉮ 압력용기 등의 내압시험압력은 다음 식으로 계산한 압력으로 실시

$$P_t = \mu P \left(\frac{\sigma_t}{\sigma_d} \right)$$

P_t : 내압시험압력(MPa)
P : 설계압력(MPa)
σ_t : 수압시험온도에서의 재료의 허용응력(N/mm^2)
σ_d : 설계온도에서의 재료의 허용응력(N/mm^2)
μ : 압력용기 등의 설계압력 범위에 따른 값

㉯ 압력용기 등의 재질이 주철인 경우에는 내압시험압력을 설계압력의 2배로 한다.

20. 액화석유가스 용기 실외 저장소에 대한 기준 중 틀린 것은?
① 충전용기와 잔가스 용기의 보관 장소는 1.5 m 이상의 간격을 두어 구분하여 보관한다.
② 팰릿(pallet)에 넣어 집적된 용기의 높이는 5 m 이하로 한다.
③ 팰릿에 넣어 집적된 용기군 사이의 통로는 그 너비가 1.5 m 이상일 것
④ 바닥으로부터 3 m 이내의 도랑이 있을 경우에는 방수재료로 2중으로 덮는다.

해설 실외 저장소 안의 용기군 사이의 통로 기준 : KGS FU332
㉮ 용기의 단위 집적량은 30톤을 초과하지 않을 것
㉯ 팰릿(pallet)에 넣어 집적된 용기군 사이의 통로는 그 너비가 2.5 m 이상일 것
㉰ 팰릿에 넣지 않은 용기군 사이의 통로는 그 너비가 1.5 m 이상일 것

21. 에어졸 제조 기준 중 용기에 대한 설명 중 틀린 것은?
① 내용적이 30 cm^3 이상인 용기는 에어졸의 제조에 재사용하지 아니할 것
② 내용적이 80 cm^{3}를 초과하는 용기는 그 용기의 제조자의 명칭이 표시되어 있을 것
③ 내용적이 100 cm^{3}를 초과하는 용기의 재료는 강 또는 경금속을 사용한 것일 것
④ 금속제의 용기는 그 두께가 0.125 mm 이상이고 내용물에 의한 부식을 방지할 수 있는 조치를 할 것

해설 에어졸 제조 용기 기준 : KGS FP112
㉮ 용기의 내용적은 1 L 이하로 하고, 내용적이 100 cm^{3}를 초과하는 용기의 재료는 강 또는 경금속을 사용한다.
㉯ 금속제의 용기는 그 두께가 0.125 mm 이상이고 내용물에 의한 부식을 방지할 수 있는 조치를 한 것으로 하며, 유리제 용기의 경우에는 합성수지로 그 내면 또는 외면을 피복한다.
㉰ 용기는 50℃에서 용기 안의 가스압력의 1.5배의 압력을 가할 때에 변형되지 아니하고, 50℃에서 용기 안의 압력의 1.8배의 압력을 가할 때에 파열되지 아니하는 것으로 한다.
㉱ 내용적이 100 cm^{3}를 초과하는 용기는 그 용기의 제조자의 명칭 또는 기호가 표시되어 있는 것으로 한다.
㉲ 사용 중 분사제가 분출하지 않는 구조의 용기는 사용 후 그 분사제인 고압가스를 그 용기로부터 용이하게 배출하는 구조의 것으로 한다.
㉳ 내용적이 30 cm^3 이상인 용기는 에어졸의 제조에 재사용하지 아니한다.

해답 20. ③ 21. ②

22. 가연성가스 중 공기 중에서 폭발범위가 가장 넓은 것은?
① 부탄 ② 프로판
③ 메탄 ④ 아세틸렌

해설 각 가스의 공기 중 폭발범위

가스 종류	폭발범위
부탄(C_3H_8)	1.9~8.5 %
프로판(C_4H_{10})	2.1~9.5 %
메탄(CH_4)	5~15 %
아세틸렌(C_2H_2)	2.5~81 %

23. 다음 독성가스 중 TLV-TWA 허용농도가 틀린 것은?
① F_2 : 0.1 ppm   ② O_3 : 0.1 ppm
③ HF : 3 ppm   ④ CO : 500 ppm

해설 일산화탄소(CO)의 허용농도
 ㉮ TLV-TWA : 50 ppm
 ㉯ LC50 : 3760 ppm

24. 금속재료에 대한 가스의 영향에 대한 설명 중 옳은 것은?
① 아세틸렌은 강과 직접 반응하여 폭발성 아세틸드를 생성한다.
② 수소는 저온, 저압하에서 질소와 반응하여 암모니아를 생성한다.
③ 일산화탄소는 고온, 고압하에서 철족의 금속과 반응하여 금속카르보닐을 생성한다.
④ 수분을 함유한 염소는 상온에서도 철과 반응하지 않으므로 철강의 고압용기에 충전할 수 있다.

해설 금속재료에 대한 가스의 영향
 ㉮ 염소 : 수분 함유 시 강재를 부식시킨다.
 ㉯ 아세틸렌 : 동(Cu), 수은(Hg), 은(Ag)과 접촉 시 폭발성의 아세틸드를 생성한다.
 ㉰ 수소 : 고온, 고압하에서 질소와 반응하여 암모니아(NH_3)를 생성한다.

25. 공기를 압축하여 냉각시키면 액화되는데 비점 차이에 의한 액화분리를 옳게 설명한 것은?
① 산소가 먼저 액화된다.
② 질소가 먼저 액화된다.
③ 산소와 질소가 동시에 액화된다.
④ 산소와 질소는 분리 액화되지 않는다.

해설 비점이 산소가 −183℃, 질소가 −196℃로 액화는 산소가 먼저되고, 기화는 질소가 먼저된다.

26. 전기방식법 중 외부전원법의 장점이 아닌 것은?
① 과방식의 염려가 없다.
② 전압, 전류의 조정이 용이하다.
③ 전식에 대해서도 방식이 가능하다.
④ 전극의 소모가 적어서 관리가 용이하다.

해설 외부전원법의 특징
 (1) 장점
  ㉮ 효과 범위가 넓다.
  ㉯ 평상시의 관리가 용이하다.
  ㉰ 전압, 전류의 조성이 일정하다.
  ㉱ 전식에 대해서도 방식이 가능하다.
  ㉲ 장거리 배관에는 전원 장치가 적어도 된다.
 (2) 단점
  ㉮ 초기 설치비가 많이 소요된다.
  ㉯ 다른 매설 금속체로의 장해에 대해 검토할 필요가 있다.
  ㉰ 전원을 필요로 한다.
  ㉱ 과방식의 우려가 있다.

27. 인화점이 −30℃ 정도로 낮아 전구 표면이나 증기 파이프에 접촉하기만 해도 발화하는 것은?
① C_2H_2 ② C_2H_4
③ CH_4 ④ CS_2

해답 22. ④ 23. ④ 24. ③ 25. ① 26. ① 27. ④

해설 이황화탄소(CS_2)의 성질
  ㉮ 인화점 : -30℃
  ㉯ 발화점 : 100℃
  ㉰ 공기 중 폭발범위 : 1.25~44 %
  ㉱ 허용농도 : TLV-TWA 20 ppm, LC50 10 ppm

28. 압축기에서 두압이란?
① 흡입 압력이다.
② 증발기 내의 압력이다.
③ 피스톤 상부의 압력이다.
④ 크랭크 케이스 내의 압력이다.
해설 압축기 압력
  ㉮ 두압 : 피스톤 상부의 압력으로 토출 압력에 해당
  ㉯ 배압 : 흡입압력에 해당

29. 연소기구를 급배기 방식에 따라 분류할 때 실내에서 연소용 공기를 흡입하여 배기가스를 실내로 방출하는 형식은?
① 개방형   ② 밀폐형
③ 반밀폐형   ④ 옥내 방출형
해설 급배기 방식에 따른 연소기구의 분류

분류	연소용 공기	배기가스
개방형	실내	실내
반밀폐형	실내	실외
밀폐형	실외	실외

30. 고압가스 특정제조시설에서 안전구역 내의 고압가스 설비는 그 외면으로부터 다른 안전구역 내의 고압가스 설비와 몇 m 이상의 거리를 유지해야 하는가?
① 10 m   ② 20 m
③ 30 m   ④ 40 m
해설 설비와의 거리 기준 : KGS FP111
  ㉮ 안전구역 안의 고압가스 설비와의 거리 : 30 m 이상
  ㉯ 가연성가스 저장탱크와 처리능력 20만 m^3 이상인 압축기까지 거리 : 30 m 이상
  ㉰ 가연성가스와 가연성가스 제조시설의 고압가스 설비 사이 거리 : 5 m 이상
  ㉱ 가연성가스와 산소 제조시설의 고압가스 설비 사이 거리 : 10 m 이상

31. 다음 유량계 중 직접 유량계에 속하는 것은?
① 피토관
② 습식 가스미터
③ 오리피스미터
④ 벤투리미터
해설 습식 가스미터 : 용적형으로 직접식 유량계이다.

32. 프로판(C_3H_8)의 비중이 1.5이고, 입상관의 높이가 25 m일 때 발생하는 압력손실은 약 몇 mmAq인가?
① 13.4   ② 16.2
③ 19.2   ④ 22.4
해설 $H = 1.293(S-1)h$
  $= 1.293 \times (1.5-1) \times 25$
  $= 16.16$ mmAq

33. 산소에 대한 설명 중 틀린 것은?
① 용기는 탄소강으로 무계목 용기이다.
② 무색, 무취의 기체이며 물에는 약간 녹는다.
③ 가연성가스이지만 그 자신은 연소하지 않는다.
④ 용기의 도색은 일반 공업용이 녹색, 의료용이 백색이다.
해설 산소(O_2)는 강력한 조연성(지연성)가스로 그 자신은 연소하지 않는다.

해답 28. ③ 29. ① 30. ③ 31. ② 32. ② 33. ③

34. 고압가스 제조장치의 재료에 대한 설명 중 틀린 것은?
① 상온 건조한 상태의 염소가스에 대하여는 보통강을 사용한다.
② 아세틸렌은 동족(銅族)의 금속과 반응하여 금속 아세틸드를 생성한다.
③ 암모니아 합성탑 내통의 재료는 18-8 스테인리스강을 사용한다.
④ 탄소강의 충격치는 -30℃에서 거의 0으로 되며, 이 성질은 탄소강의 탄소함유량에 따라 현저하게 변한다.

[해설] 탄소강의 충격치는 -70℃에서 거의 0으로 되며, 이를 저온취성이라 한다.

35. 가연성가스와 동일 차량에 적재하여 운반할 경우 충전용기의 밸브가 서로 마주보지 않도록 적재해야 할 가스는?
① 수소   ② 질소
③ 산소   ④ 아르곤

[해설] 가연성가스와 산소를 동일 차량에 적재하여 운반할 때에는 그 충전용기의 밸브가 서로 마주보지 않도록 적재한다.

36. 이산화탄소의 용도로 옳은 것은?
① 냉각제, 살균제
② 살균제, 소화제
③ 청량음료수 제조, 살균제
④ 청량음료수 제조, 소화제

[해설] 이산화탄소(CO_2)의 용도
㉮ 요소 제조 및 소다회 제조용으로 사용한다.
㉯ 탄산염(탄산마그네슘, 중탄산암모늄)의 제조, 정제용으로 사용한다.
㉰ 소화제(消化劑)로 사용한다.
㉱ 청량음료 제조용으로 사용한다.
㉲ 드라이아이스는 물품 냉각용에 사용한다.

37. 액화석유가스(LPG)의 주성분에 해당되는 것은?
① 메탄   ② 헵탄
③ 프로판   ④ 에틸렌

[해설] ㉮ 액화석유가스의 정의(액법 제2조) : 액화석유가스란 프로판이나 부탄을 주성분으로 한 가스를 액화한 것(기화된 것을 포함한다)을 말한다.
㉯ 액화석유가스의 조성 : 석유계 저급 탄화수소의 혼합물로 탄소 수가 3개에서 5개 이하의 것을 말하며 프로판(C_3H_8), 부탄(C_4H_{10}), 프로필렌(C_3H_6), 부틸렌(C_4H_8), 부타디엔(C_4H_6) 등이 포함되어 있으며 가장 많이 함유된 것은 프로판(C_3H_8)과 부탄(C_4H_{10})이다.

[참고] 각 물질의 분자기호 : 메탄(CH_4), 헵탄(C_7H_{16}), 프로판(C_3H_8), 에틸렌(C_2H_4)

38. 폭굉의 정의에 대한 설명 중 가장 옳은 것은?
① 가스 중의 폭발속도보다 음속이 큰 경우로 파면선단에 충격파라고 하는 솟구치는 압력파가 생겨 격렬한 파괴작용을 일으키는 현상
② 가스 중의 음속보다 폭발속도가 큰 경우로 파면선단에 충격파라고 하는 솟구치는 압력파가 생겨 격렬한 파괴작용을 일으키는 현상
③ 가스 중의 음속보다 화염 전파속도가 큰 경우로 파면선단에 충격파라고 하는 솟구치는 압력파가 생겨 격렬한 파괴작용을 일으키는 현상
④ 가스 중의 화염 전파속도보다 음속이 큰 경우로 파면선단에 충격파라고 하는 솟구치는 압력파가 생겨 격렬한 파괴작용을 일으키는 현상

[해설] 폭굉의 정의 : 가스 중의 음속보다도 화염 전파속도가 큰 경우로서 파면선단에 충격파라고 하는 압력파가 생겨 격렬한 파괴작용을 일으키는 현상이다.

[해답] 34. ④ 35. ③ 36. ④ 37. ③ 38. ③

39. 불화수소(HF) 가스를 물에 흡수시킨 물질을 저장하는 용기로 사용하기에 가장 부적절한 것은?
① 납 용기 ② 강철 용기
③ 유리 용기 ④ 스테인리스 용기

해설 불화수소(HF)의 특징
㉮ 플루오린과 수소의 화합물로 분자량 20.01이다.
㉯ 무색의 자극적인 냄새가 난다.
㉰ 불연성 물질로 연소되지 않지만 열에 의해 분해되어 부식성 및 독성 증기(TLV-TWA 0.5 ppm)를 생성할 수 있다.
㉱ 강산으로 염기류와 격렬히 반응한다.
㉲ 무수물이 수용액보다 더 강산의 성질을 갖는다.
㉳ 금속과 접촉 시 인화성 수소가 생성될 수 있다.
㉴ 흡입 시 기침, 현기증, 두통, 메스꺼움, 호흡곤란을 일으킬 수 있다.
㉵ 피부에 접촉 시 화학적 화상, 액체 접촉 시 동상을 일으킬 수 있다.
㉶ 유리와 반응하기 때문에 유리병에 보관해서는 안 된다.

40. 압력계의 특징을 설명한 것 중 틀린 것은?
① 다이어프램 압력계는 부식성 유체의 측정에 알맞다.
② 부르동관 압력계는 1차 압력계로 고압장치에 많이 사용된다.
③ 자유피스톤식 압력계는 부르동관 압력계의 눈금교정에 사용한다.
④ 피에조 전기압력계는 가스폭발이나 급속한 압력변화를 측정하는 데 유효하다.

해설 부르동관 압력계는 탄성식 압력계로 고압 측정이 가능한 2차 압력계에 해당된다.

41. 경계표시에 대한 설명 중 틀린 것은?
① 사업소의 경계표시는 당해 사업소의 출입구 등 외부에서 보기 쉬운 곳에 게시한다.
② 운반차량의 경계표시는 차량의 앞뒤에서 볼 수 있도록 적색글씨로 "위험고압가스"라 표시한다.
③ 가스의 성질에 따라 "연"자 또는 "독"자를 표시하고, 충전용기 및 그 밖의 용기 보관장소는 구분한다.
④ 도시가스 배관을 철도부지 내에 철도와 병행하여 매설 시 100 m 이하의 간격으로 표지판을 설치하여야 한다.

해설 도시가스 배관을 철도와 병행하여 매설하는 경우에는 50 m 간격으로 배관매설 표지판(분기점이 있는 경우에는 분기점마다)을 설치한다.

42. 표준대기압에 해당되지 않는 것은?
① 1.01325 bar ② 14.2 psi
③ 76 cmHg ④ 101.325 kPa

해설 1 atm = 760 mmHg = 76 cmHg
= 0.76 mHg = 29.9 inHg = 760 torr
= 10332 kgf/m^2 = 1.0332 kgf/cm^2
= 10.332 mH$_2$O
= 10332 mmH$_2$O = 101325 N/m^2 = 101325 Pa
= 101.325 kPa = 0.101325 MPa = 1.01325 bar
= 1013.25 mbar = 14.7 lb/in^2 = 14.7 psi

43. 다음 중 조연성가스에 해당되는 것은?
① N$_2$ ② H$_2$
③ Cl$_2$ ④ NH$_3$

해설 각 가스의 성질

가스 명칭	성질
질소(N$_2$)	불연성, 비독성
수소(H$_2$)	가연성, 비독성
염소(Cl$_2$)	조연성, 독성
암모니아(NH$_3$)	가연성, 독성

해답 39. ③ 40. ② 41. ④ 42. ② 43. ③

44. 부식성 유체나 고점도의 유체 및 소량의 유량을 측정하는 데 가장 적합한 것은?
① 용적식 유량계 ② 면적식 유량계
③ 유속식 유량계 ④ 차압식 유량계

해설 면적식 유량계: 유량의 변화에 의해 교축면적을 바꾸고 차압을 일정하게 유지하면서 면적 변화에 의해 유량을 측정하는 것으로 로터미터, 플로트식 등이 있다.

45. 가연성가스 취급 장소에서 사용이 가능한 방폭 공구가 아닌 것은?
① 고무 공구
② 나무 공구
③ 베릴륨합금 공구
④ 알루미늄합금 공구

해설 방폭 공구: 충격, 마찰 등에 의하여 점화원이 될 불꽃이 발생되지 않는 공구로 베릴륨합금 공구, 고무 공구, 나무 공구, 플라스틱 공구 등이 해당된다.

46. 강관 등에 녹이 발생하는 것을 방지하기 위해 페인트를 칠하기 전에 먼저 사용하는 도료는?
① 광명단 도료   ② 합성수지 도료
③ 산화철 도료   ④ 알루미늄 도료

해설 광명단: 연단(鉛丹)에 아마인유(亞麻仁油: linseed oil)를 배합한 것으로 밀착력이 강하고 막이 굳어서 풍화에 대하여도 강하므로, 다른 착색도료의 밑칠용으로 사용하기에 가장 적합하다.

47. 100℃, 740 mmHg에서 10 g의 산소가 차지하는 체적은 약 몇 L인가? (단, 산소는 이상기체로 가정한다.)
① 2.92   ② 3.47
③ 4.64   ④ 9.82

해설 절대단위 이상기체 상태방정식 $PV = \dfrac{W}{M}RT$에서 체적 V를 구하며, 산소의 분자량(M)은 32이다.

$$\therefore V = \dfrac{WRT}{PM} = \dfrac{10 \times 0.082 \times (273+100)}{\dfrac{740}{760} \times 32}$$

$$= 9.816 \,\text{L}$$

48. 고압가스 저온 저장탱크의 내부 압력이 외부 압력보다 낮아져 저장탱크가 파괴되는 것을 방지하기 위한 조치로 설치하여야 할 설비로 가장 거리가 먼 것은?
① 압력계   ② 압력경보설비
③ 진공안전밸브   ④ 역류방지밸브

해설 부압을 방지하는 조치에 갖추어야 할 설비
㉮ 압력계
㉯ 압력경보설비
㉰ 진공안전밸브
㉱ 다른 저장탱크 또는 시설로부터의 가스도입배관(균압관)
㉲ 압력과 연동하는 긴급차단장치를 설치한 냉동제어설비
㉳ 압력과 연동하는 긴급차단장치를 설치한 송액설비

49. 고온, 고압하에서 수소취성과 질화작용이 발생하는 가스는?
① NH_3 ② SO_2
③ Cl_2 ④ C_2H_2

해설 암모니아(NH_3)는 고온, 고압하에서 수소취성(수소취화)과 질화작용이 발생한다.

50. 저온장치 내부에서 수분과 탄산가스가 존재되었을 때 미치는 영향 중 옳은 것은?
① 오존이 유입되면 중화시킨다.
② 수분은 윤활제로서 역할을 한다.
③ 얼음 및 드라이아이스가 생성된다.
④ 가연성가스가 침입될 때 안정제 역할을 한다.

해답 44. ② 45. ④ 46. ① 47. ④ 48. ④ 49. ① 50. ③

해설 저온장치에서 수분은 얼음이 되고, 탄산가스는 드라이아이스가 되어 밸브 및 배관을 폐쇄시키는 악영향을 끼친다.

51. 비점인 −162℃까지 냉각시켜 액화한 초저온가스로 불순물을 전혀 함유하지 않은 것으로 도시가스 원료로 사용되는 것은?
① off가스   ② 나프타
③ 액화천연가스   ④ 액화석유가스

해설 메탄(CH_4)이 주성분인 천연가스(NG)에 포함된 불순물을 제거한 후 메탄의 비점인 −162℃까지 냉각시켜 액화한 것이 액화천연가스(LNG)로 도시가스 원료로 사용되고 있다.

52. 액화가스를 충전하는 때에는 압축기와 액펌프를 사용할 때 압축기를 사용하는 경우의 특징으로 잘못된 것은?
① 충전시간이 짧다.
② 재액화 현상이 발생한다.
③ 잔가스 회수가 가능하다.
④ 베이퍼 로크 현상이 발생한다.

해설 압축기에 의한 이송방법 특징
㉮ 펌프에 비해 이송시간이 짧다.
㉯ 잔가스 회수가 가능하다.
㉰ 베이퍼 로크 현상이 없다.
㉱ 부탄의 경우 재액화 현상이 일어난다.
㉲ 압축기 오일이 유입되어 드레인의 원인이 된다.

참고 베이퍼 로크 현상은 액펌프를 사용할 때 발생한다.

53. 86°F를 절대온도로 환산하면 몇 K인가?
① 203   ② 303
③ 359   ④ 546

해설 ㉮ 화씨온도를 섭씨온도로 환산
$$℃ = \frac{5}{9} \times (°F - 32)$$
$$= \frac{5}{9} \times (86 - 32) = 30℃$$

㉯ 섭씨온도를 켈빈온도(K)로 환산
$T = ℃ + 273 = 30 + 273 = 303\,K$

별해 랭킨온도(°R)는 켈빈온도(K)의 1.8배이다.
$$∴ T = \frac{°R}{1.8} = \frac{°F + 460}{1.8} = \frac{86 + 460}{1.8}$$
$$= 303.333\,K$$

54. 다공물질의 용적이 150 m³, 아세톤 침윤 잔용적이 30 m³일 때 다공도는 몇 %인가?
① 60   ② 70
③ 80   ④ 90

해설 다공도 $= \frac{V - E}{V} \times 100$
$$= \frac{150 - 30}{150} \times 100 = 80\,\%$$

55. 비체적과 밀도의 관계식 중 적절한 것은?
① 밀도 $= \dfrac{22.4}{분자량}$
② 비체적 $= \dfrac{분자량}{22.4}$
③ 밀도 $= \dfrac{1}{비체적}$
④ 비체적 $=$ 분자량×22.4

해설 밀도와 비체적의 관계
㉮ 가스의 밀도 $= \dfrac{분자량}{22.4} = \dfrac{1}{비체적}$
㉯ 가스의 비체적 $= \dfrac{22.4}{분자량} = \dfrac{1}{밀도}$

참고 밀도와 비체적은 역수의 관계이다.

56. 완전진공을 기준으로 하여 측정한 압력은?
① 진공압력   ② 절대압력
③ 게이지압력   ④ 표준대기압

해설 ㉮ 게이지압력 : 대기압을 기준으로 하여 대기압 이상 형성된 압력이다.
㉯ 진공압력 : 대기압을 기준으로 하여 대기압 이하로 형성된 압력이다.

해답 51. ③   52. ④   53. ②   54. ③   55. ③   56. ②

㉰ 절대압력 : 완전진공을 기준으로 하여 측정한 압력이다.
㉱ 표준대기압 : 0℃, 위도 45° 해수면을 기준으로 중력가속도 9.80665 m/s^{2}일 때의 압력이다.

57. 고압식 공기액화 분리장치의 원료공기에 대한 설명 중 틀린 것은?
① 탄산가스가 제거된 후 압축기에서 압축된다.
② 압축기로 압축한 후 물로 냉각한 후에 축랭기로 보내진다.
③ 압축된 원료공기는 예랭기에서 나온 질소가스와 열교환하여 냉각된다.
④ 건조기에서 수분이 제거된 후에는 팽창기와 정류탑의 하부로 열교환하여 들어간다.
[해설] ②번 항목은 저압식 공기액화 분리장치에 해당되는 사항이다.

58. 메탄에 대한 성질을 설명한 것 중 틀린 것은?
① 무색, 무취의 기체로 연소가 잘 된다.
② 무극성이며 물에 대한 용해도가 크다.
③ 염소와 반응시키면 염소 화합물을 만든다.
④ 고온에서 수증기 또는 산소를 반응시키면 일산화탄소와 수소를 생성한다.
[해설] 메탄(CH_4) 분자는 무극성이며 수(水) 분자와 결합하는 성질이 없으므로 용해도는 적다.

59. 압력의 단위가 아닌 것은?
① torr
② mmHg
③ dyne · cm
④ psi
[해설] ㉮ dyne · cm : 일의 SI단위로 erg(에르그)라 한다.
㉯ dyne(다인) : 힘의 SI단위로 1 dyne은 $1\,g \cdot cm/s^2$이다.

60. 액화부탄 50 kg을 충전하기 위한 용기의 내용적은 약 몇 L인가? (단, 충전상수는 2.05이다.)
① 27
② 40
③ 70
④ 103
[해설] 액화가스 용기 충전량 공식 $W = \dfrac{V}{C}$에서 용기 내용적 V를 구한다.
∴ $V = C \times W = 2.05 \times 50 = 102.5\,L$
[참고] 충전량 기호 W는 G로 표시하는 경우도 있다.

[해답] 57. ② 58. ② 59. ③ 60. ④

2024년도 복원문제 (2)

1. 표준상태에서 기체비중이 2인 물질의 분자량은 얼마인가?

① 29 ② 58
③ 32 ④ 64

[해설] 기체비중 = $\dfrac{분자량(M)}{29}$ 에서 분자량 M을 구한다.

∴ M = 기체비중 × 29 = 2 × 29 = 58

[참고] 분자량이 58인 물질에는 부탄(C_4H_{10})이 있다.

2. SNG에 대한 설명으로 가장 적당한 것은?

① 액화석유가스 ② 액화천연가스
③ 정유가스 ④ 대체천연가스

[해설] SNG(Substitute Natural Gas) : 대체천연가스, 합성천연가스

3. 프로판(C_3H_8) 1 m³을 완전연소시킬 때 필요한 이론산소량은 몇 m³인가?

① 5 ② 10
③ 15 ④ 20

[해설] ㉮ 프로판의 완전연소 반응식
$C_3H_8 + 5O_2 \rightarrow 3CO_2 + 4H_2O$

㉯ 이론산소량 계산 : 프로판 1 kmol이 연소할 때 산소는 5 kmol이 필요하고, 1 kmol의 체적은 22.4 m³이다.

[C_3H_8]   [O_2]
22.4 m³   5 × 22.4 m³
1 m³ x [m³]

∴ $x = \dfrac{5 \times 22.4 \times 1}{22.4} = 5 \, m^3$

4. LP가스에 대한 설명 중 옳은 것은?

① 액상의 LP가스가 기화하면 체적이 약 500배 정도로 커진다.
② LP가스 용기 내의 증기압은 주위의 온도와 관계없이 항상 일정하다.
③ LP가스는 연소속도가 메탄, 수소 등의 타 연료에 비해 크므로 위험하다.
④ LP가스는 증발잠열이 커서 대량 사용 시 용기 외벽에 이슬, 성에가 생길 수 있다.

[해설] 각 항목의 옳은 내용
① LP가스가 기화하면 프로판의 경우는 250배, 부탄의 경우 230배로 체적이 커진다.
② 용기 내의 증기압은 주위 온도에 영향을 받는다(주위의 온도가 높으면 증발량이 많아 압력이 상승하고, 온도가 낮으면 반대로 나타난다).
③ 연소속도가 타 연료에 비하여 늦다.

5. 다음 가스 중에서 조연성이면서 독성가스에 해당되지 않는 것은?

① 산소 ② 불소
③ 오존 ④ 염소

[해설] 각 가스의 성질

가스 명칭	성질
산소(O_2)	조연성, 비독성
불소(F_2)	조연성, 독성
오존(O_3)	조연성, 독성
염소(Cl_2)	조연성, 독성

6. 다음 내용 중 옳게 설명한 것은?

① 프로판가스는 공기보다 가볍다.
② 메탄가스는 프로판가스보다 무겁다.
③ 부탄가스의 비중은 공기를 1로 하면 약 2이다.

[해답] 1. ②   2. ④   3. ①   4. ④   5. ①   6. ③

④ 프로판가스의 비중은 공기를 1로 하면 약 30이다.

[해설] 각 항목의 옳은 내용
① 프로판가스는 분자량이 44로 공기보다 무겁다.
② 분자량이 메탄 16, 프로판 44로 메탄가스가 프로판가스보다 가볍다.
④ 프로판가스의 분자량이 44로 비중은 약 1.52 정도이다.

7. 도시가스 배관의 밸브박스 설치기준 중 틀린 것은?
① 밸브 등에는 부식방지 도장을 한다.
② 밸브박스 내부에 물이 고여 있지 않도록 유지관리한다.
③ 밸브박스의 내부는 밸브의 조작이 쉽도록 충분한 공간을 확보한다.
④ 밸브박스의 뚜껑이나 문은 충분한 강도를 가지고 개폐하기 어려운 구조로 한다.

[해설] 밸브박스 설치기준
㉮ 밸브박스의 내부는 밸브의 조작이 쉽도록 충분한 공간을 확보한다.
㉯ 밸브박스의 뚜껑이나 문은 충분한 강도를 가지도록 하고, 긴급한 사태가 발생하였을 때 신속하게 개폐할 수 있는 구조로 한다.
㉰ 밸브박스는 내부에 물이 고여 있지 않도록 유지관리하고 밸브 등에는 부식방지 도장을 한다.

8. 냉매의 구비조건 중 틀린 것은?
① 분해성이 클 것
② 부식성이 적을 것
③ 비체적이 작을 것
④ 증발잠열이 클 것

[해설] 냉매의 구비조건
㉮ 응고점이 낮고 임계온도가 높으며 응축, 액화가 쉬울 것
㉯ 증발잠열이 크고 기체의 비체적이 적을 것
㉰ 오일과 냉매가 작용하여 냉동장치에 악영향을 미치지 않을 것
㉱ 화학적으로 안정하고 분해하지 않을 것
㉲ 금속에 대한 부식성 및 패킹재료에 악영향이 없을 것
㉳ 인화 및 폭발성이 없을 것
㉴ 인체에 무해할 것(비독성가스일 것)
㉵ 경제적일 것(가격이 저렴할 것)

9. 공기를 압축할 때 주로 사용되는 압축기 형식은?
① 축류식 압축기   ② 스크루식 압축기
③ 회전식 압축기   ④ 왕복동식 압축기

[해설] 왕복동식 압축기 : 고압이 쉽게 형성되기 때문에 압축공기를 이용하는 곳에 일반적으로 사용된다.

10. 수소가 강재를 취화시키는 현상으로 인하여 고압가스 설비가 폭발하는 사고가 발생할 수 있으므로 내수소성을 높여야 한다. 내수소성을 높이는 금속원소가 아닌 것은?
① 크롬   ② 백금
③ 티타늄   ④ 몰리브덴

[해설] 수소취성 방지원소 : 텅스텐(W), 바나듐(V), 몰리브덴(Mo), 티타늄(Ti), 크롬(Cr)

11. 0℃ 상태에서 수소 1 g이 차지하는 부피가 1 L일 때 압력은 약 몇 atm인가?
① 5.2   ② 8.3
③ 11.2   ④ 13.7

[해설] 절대단위 이상기체 상태방정식 $PV = \dfrac{W}{M}RT$ 에서 압력 P를 구하며, 수소(H_2)의 분자량은 2이다.

$$\therefore P = \frac{WRT}{VM} = \frac{1 \times 0.082 \times (273+0)}{1 \times 2}$$
$$= 11.193 \, atm$$

[해답] 7. ④ 8. ① 9. ④ 10. ② 11. ③

12. 오스테나이트계 스테인리스강에 대한 설명으로 틀린 것은?
① Fe-Cr-Ni 합금이다.
② 내식성이 우수하다.
③ 강한 자성을 갖는다.
④ 18-8 스테인리스강이 대표적이다.

해설 오스테나이트계 스테인리스강 : 18-8 스테인리스강이 대표적이며 크롬(Cr) 12~20%, 니켈 8~16%를 함유하고 열전도율이 낮고 냉간가공에 의한 경화성이 크며, 비자성이다.

13. 101.325 kPa·a은 게이지압력으로 몇 kPa인가?
① 0   ② 1
③ 101.325   ④ 1013.25

해설 절대압력 = 대기압+게이지압력에서 게이지압력을 구하며, 대기압은 101.325 kPa이다.
∴ 게이지압력 = 절대압력-대기압
            = 101.325-101.325 = 0 kPa

14. 도시가스용 압력조정기란 도시가스 정압기 이외에 설치되는 압력조정기로서 입구쪽 호칭지름과 최대표시유량을 각각 바르게 나타낸 것은?
① 50 A 이하, 300 Nm^3/h 이하
② 80 A 이하, 300 Nm^3/h 이하
③ 80 A 이하, 500 Nm^3/h 이하
④ 100 A 이하, 500 Nm^3/h 이하

해설 도시가스용 압력조정기 : 도시가스 정압기 이외에 설치되는 압력조정기로서 입구쪽 호칭지름이 50 A 이하이고, 최대표시유량이 300 Nm^3/h 이하인 것을 말한다.

15. 산화철이나 산화알루미늄에 의해 중합반응을 일으키는 가스는?
① 에틸렌   ② 아세틸렌
③ 산화에틸렌   ④ 시안화수소

해설 ㉮ 산화에틸렌(C_2H_4O)은 산, 알칼리, 산화철, 산화알루미늄 등에 의해 중합반응을 하여 중합폭발을 일으킨다.
㉯ 시안화수소(HCN)에서 발생하는 중합반응은 수분이 있을 때 발생하고, 알칼리성 물질(암모니아, 소다)을 함유하면 중합이 촉진된다.

16. 다이어프램 압력계의 특징에 대한 설명 중 옳은 것은?
① 부식성 유체의 측정이 불가능하다.
② 감도는 높으나 응답성이 좋지 않다.
③ 미소한 압력을 측정하기 위한 압력계이다.
④ 과잉압력으로 파손되면 그 위험성은 커진다.

해설 다이어프램식 압력계 특징
㉮ 응답속도가 빠르나 온도의 영향을 받는다.
㉯ 극히 미세한 압력 측정에 적당하다.
㉰ 부식성 유체의 측정이 가능하다.
㉱ 압력계가 파손되어도 위험이 적다.
㉲ 연소로의 통풍계(draft gauge)로 사용한다.
㉳ 측정범위는 20~5000 mmH_2O이다.

17. 다음 [보기]에서 설명하는 성질을 갖는 물질은?

보기
㉠ 대기 중에 약 0.03 % 존재한다.
㉡ 무색, 무미, 무취의 기체로 공기보다 무겁고, 불연성이다.
㉢ 물에 거의 같은 부피로 녹으며, 탄산을 만들어 약산성이 된다.

① CO   ② NH_3
③ CO_2 ④ HCN

해설 이산화탄소(CO_2)의 특징
㉮ 건조한 공기 중에 약 0.03 vol% 존재한다.

해답 12. ③   13. ①   14. ①   15. ③   16. ③   17. ③

㉯ 액화가스로 취급되며, 드라이아이스(고체탄산)를 만들 수 있다.
㉰ 무색, 무취, 무미의 불연성가스이다.
㉱ 독성(허용농도 : TLV-TWA 5000 ppm)이 없으나 88 % 이상인 곳에서는 질식의 위험이 있다.
㉲ 수분이 존재하면 탄산(H_2CO_3)을 생성하여 강재를 부식시킨다.
㉳ 지구온난화의 원인 가스(온실가스)이다.

18. 공기액화 분리장치에는 가연성 단열재를 사용할 수 없는 이유는 어느 가스 때문인가?
① O_2
② N_2
③ H_2
④ CO_2

해설 산소, 액화질소를 취급하는 장치 및 공기의 액화온도 이하의 장치에 가연성 단열재를 사용하였을 때 화재 등이 발생할 가능성이 높고, 화재가 발생하였을 때 산소에 의해 화재가 확대될 가능성이 있어 불연성의 단열재를 사용하여야 한다.

19. 가스도매사업자의 공급시설 중 배관에 대한 용접방법의 기준으로 옳은 것은?
① 용접방법은 티그용접 또는 이와 동등 이상의 강도를 갖는 용접방법으로 한다.
② 배관 상호의 길이 이음매는 원주방향에서 원칙적으로 30 mm 이상 떨어지게 한다.
③ 배관의 용접은 지그(jig)를 사용하여 상방에서부터 정확하게 위치를 맞춘다.
④ 두께가 다른 배관의 맞대기 이음에서는 길이 방향의 기울기를 1/3 이하로 한다.

해설 배관의 용접접합 기준
㉮ 용접방법은 아크용접 또는 이와 동등 이상의 강도를 갖는 용접방법으로 한다.
㉯ 배관 상호의 길이 이음매는 원주방향에서 원칙적으로 50 mm 이상 떨어지게 한다.
㉰ 배관의 용접은 지그(jig)를 사용하여 가운데서부터 정확하게 위치를 맞춘다.
㉱ 관의 두께가 다른 배관의 맞대기 이음에서는 관 두께가 완만히 변화되도록 길이 방향의 기울기를 1/3 이하로 한다.

20. 액화석유가스 조성 중 가장 많이 함유된 것은?
① 메탄
② 프로판
③ 부타디엔
④ 에틸렌

해설 액화석유가스의 조성 : 석유계 저급 탄화수소의 혼합물로 탄소 수가 3개에서 5개 이하의 것을 말하며 프로판(C_3H_8), 부탄(C_4H_{10}), 프로필렌(C_3H_6), 부틸렌(C_4H_8), 부타디엔(C_4H_6) 등이 포함되어 있으며 가장 많이 함유된 것은 프로판(C_3H_8)과 부탄(C_4H_{10})이다.

21. 가스배관에서 가스의 마찰저항으로 발생하는 압력손실에 대한 설명으로 틀린 것은?
① 관의 길이에 비례한다.
② 가스 비중에 비례한다.
③ 유속의 2승에 비례한다.
④ 관 내면의 상태에 관계가 없다.

해설 가스배관에서 발생하는 압력손실 계산식 $H = \dfrac{Q^2 SL}{K^2 D^5}$ 에서 분자의 항목은 비례 관계이고, 분모의 항목은 반비례 관계이다.
㉮ 유량(Q)의 2승에 비례한다(또는 유속의 2승에 비례한다).
㉯ 가스 비중(S)에 비례한다.
㉰ 배관 길이(L)에 비례한다.
㉱ 관 안지름(D)의 5승에 반비례한다.
㉲ 관 내면의 상태에 관련 있다(동관과 같이 내면이 매끄러우면 마찰저항이 작게 발생한다).
㉳ 유체의 점도에 관련 있다(유체의 점도가 커지면 압력손실이 커진다).
㉴ 압력과는 관계 없다.

해답 18. ① 19. ④ 20. ② 21. ④

22. 석탄, 종이, 목재 등과 같이 연료가 가열로 인하여 열분해하며 산소와 혼합하여 연소하는 형태는 무엇인가?
① 표면연소
② 분해연소
③ 증발연소
④ 자기연소

해설 분해연소 : 충분한 착화에너지를 주어 가열분해에 의해 연소하며, 휘발분이 있는 고체연료(종이, 석탄, 목재 등) 또는 증발이 일어나기 어려운 액체연료(중유 등)가 이에 해당된다.

23. 도시가스 시설 중 입상관에 대한 설명으로 틀린 것은?
① 입상관이 화기가 있을 가능성이 있는 주위를 통과하여 불연재료로 차단조치를 하였다.
② 입상관의 밸브는 분리 가능한 것으로서 바닥으로부터 1.7 m의 높이에 설치하였다.
③ 입상관의 밸브를 어린 아이들이 장난을 못하도록 3 m의 높이에 설치하였다.
④ 입상관의 밸브 높이가 1 m이어서 보호상자 안에 설치하였다.

해설 입상관은 환기가 양호한 장소에 설치하며 입상관의 밸브는 바닥으로부터 1.6 m 이상 2 m 이내에 설치한다. 다만, 보호상자 안에 설치하는 경우에는 1.6 m 이상 2 m 이내에 설치하지 아니할 수 있다.

24. 압력이 일정할 때 일정량의 기체가 차지하는 부피는 절대온도에 비례한다는 어떤 법칙인가?
① 보일의 법칙
② 샤를의 법칙
③ 보일-샤를의 법칙
④ 아보가드로 법칙

해설 ㉮ 보일의 법칙 : 온도가 일정할 때 일정량의 기체가 차지하는 부피는 절대압력에 반비례한다.
㉯ 샤를의 법칙 : 압력이 일정할 때 일정량의 기체가 차지하는 부피는 절대온도에 비례한다
㉰ 보일-샤를의 법칙 : 일정량의 기체가 차지하는 부피는 압력에 반비례하고, 절대온도에 비례한다.

25. 가스누출 자동차단기에서 규정된 유량보다 많은 양의 가스가 통과할 때 가스를 자동 차단하는 성능을 무엇이라 하는가?
① 과압차단 성능
② 과류차단 성능
③ 과속차단 성능
④ 과밀차단 성능

해설 가스누출 자동차단기의 과류차단 성능 : KGS AA633
㉮ 과류차단 성능이란 규정된 유량보다 많은 양의 가스가 통과할 때 가스를 자동 차단하는 것이다.
㉯ 과류차단 성능은 차단장치를 시험장치에 연결하고 유량이 표시유량의 1.1배 범위 이내일 때 차단되는 것으로 하고, 가스계량기 출구 쪽 밸브를 일시에 완전 개방하여 10회 이상 작동하였을 때의 누출량이 매 회마다 200 mL 이하인 것으로 한다.

26. 가스가 누설되었을 때 검지하는 가스누출검지 경보장치의 경보 설정값으로 올바른 것은?
① 수소 : 4 %
② 아세틸렌 : 0.625 %
③ 암모니아 : 60 ppm
④ 일산화탄소 : 3 %

해답 22. ② 23. ③ 24. ② 25. ② 26. ②

해설 (1) 각 가스의 폭발범위 및 허용농도

명칭	분류	폭발범위(%) 및 허용농도(ppm)
수소(H_2)	가연성	4~75 %
아세틸렌(C_2H_2)	가연성	2.5~81 %
암모니아(NH_3)	독성, 가연성	15~28 %, 25 ppm
일산화탄소(CO)	독성, 가연성	12.5~74 %, 50ppm

(2) 경보농도 설정값
  ㉮ 수소의 폭발범위 하한값이 4 %이므로 경보농도 설정값은 1 % 이하가 되어야 한다.
  ㉯ 아세틸렌의 폭발범위 하한값이 2.5 % 이므로 경보농도 설정값은 0.625 % 이하가 되어야 한다.
  ㉰ 암모니아는 50 ppm 이하가 되어야 한다.
  ㉱ 일산화탄소의 폭발범위 하한값이 12.5 %이므로 경보농도 설정값은 3.125 % 이하가 되어야 한다.

27. 양정 90 m, 송수량 90 m³/h, 효율 60 %인 펌프의 축동력은 약 몇 kW인가?
① 30.6　② 36.7
③ 50.0　④ 56.7

해설 ㉮ 송수(送水)는 물을 이송하는 것이므로 물의 비중량(γ) 1000 kgf/m³, 유량(Q)은 초당 유량(m³/s)을 적용한다.
㉯ 축동력 계산
$$kW = \frac{\gamma QH}{102\eta} = \frac{1000 \times 90 \times 90}{102 \times 0.6 \times 3600}$$
$$= 36.764 \, kW$$

참고 문제에서 주어진 유량(송수량)의 단위 시간이 초(s), 분(min), 시간(h)인지 구별을 하기 바랍니다.

28. 지하에 설치하는 액화석유가스 저장탱크의 재료인 레디믹스트 콘크리트의 규격으로 틀린 것은?
① 굵은 골재의 최대치수 : 25 mm
② 설계강도 : 21 MPa 이상
③ 슬럼프(slump) : 120~150 mm
④ 물-결합재비 : 83 % 이하

해설 저장탱크실 재료의 규격

항목	규격
굵은 골재의 최대치수	25 mm
설계강도	21 MPa 이상
슬럼프(slump)	120~150 mm
공기량	4 % 이하
물-결합재비	50 % 이하
그 밖의 사항	KS F 4009(레디믹스트 콘크리트)에 따른 규정

[비고] 수밀 콘크리트의 시공기준은 국토교통부가 제정한 "콘크리트 표준시방서"를 준용한다.

29. 수소경제 육성 및 안전관리에 관한 법률에서 정한 수소용품이 아닌 것은?
① 수전해설비
② 수소추출설비
③ 자동차에 장착되는 연료전지
④ 연료전지 이동형 설비와 부대설비

해설 수소용품 : 연료전지와 수소관련 용품으로서 산업통상자원부령으로 정하는 용품을 말한다.
㉮ 연료전지(자동차에 장착되는 것은 제외)로서 다음 각목의 어느 하나에 해당하는 것
  ㉠ 연료소비량이 232.6 kW 이하인 고정형 설비와 그 부대설비
  ㉡ 이동형 설비와 그 부대설비
㉯ 수전해설비
㉰ 수소추출설비

해답　27. ②　28. ④　29. ③

30. 액화석유가스 충전사업소 시설 중 지상에 설치된 저장탱크와 다른 저장탱크와의 사이에는 두 저장탱크의 최대 지름을 합산한 길이의 1/4이 1 m 이상일 경우에 얼마의 간격을 유지해야 하는가?

① 1 m 이상
② 2 m 이상
③ 3 m 이상
④ 그 길이의 간격 이상

해설 두 저장탱크의 지름을 합산한 길이의 1/4이 1 m 이상일 경우에는 그 길이의 간격 이상, 1 m 미만일 경우에는 1 m 이상을 유지한다.

31. 왕복동식 펌프에서 발생하는 유량의 맥동을 감소시키기 위하여 설치하는 것은?

① 서지탱크 ② 체크밸브
③ 공기실   ④ 스트레이너

해설 왕복펌프는 송출이 단속적이라 맥동이 일어나기 쉽고 진동이 발생하기 쉽다. 맥동현상을 방지(감소) 또는 흡수하기 위하여 2차측에 공기실(air chamber)을 설치하며 종류에는 기액식, 스프링식, 중추식이 있다.

32. 최소점화에너지에 영향을 주는 인자가 아닌 것은?

① 색상 ② 압력
③ 온도 ④ 조성

해설 (1) 최소점화에너지 : 가연성 혼합기체를 점화시키는 데 필요한 최소에너지
(2) 최소점화에너지가 낮아지는 경우
㉮ 연소속도가 클수록
㉯ 열전도율이 적을수록
㉰ 산소농도가 높을수록
㉱ 압력이 높을수록
㉲ 가연성 기체의 온도가 높을수록

33. 초저온 용기에 대한 신규검사 시 단열성능시험을 실시할 경우 내용적에 대한 침입열량 기준이 바르게 연결된 것은?

① 내용적 500 L 이상 : 8.37 J/h·℃·L
② 내용적 1000 L 이상 : 8.37 J/h·℃·L
③ 내용적 500 L 이상 : 2.09 J/h·℃·L
④ 내용적 1000 L 이상 : 2.09 J/h·℃·L

해설 초저온 용기 단열성능시험 합격기준 : KGS AC213

내용적	침입열량	
	J/h·℃·L	kcal/h·℃·L
1000 L 미만	2.09 이하	0.0005 이하
1000 L 이상	8.37 이하	0.002 이하

34. 다음 중 공기 중에서 폭발범위가 넓은 것부터 좁은 쪽으로 순서가 바르게 나열된 것은?

① H_2, C_2H_2, CH_4, CO
② CH_4, CO, C_2H_2, H_2
③ C_2H_2, H_2, CO, CH_4
④ C_2H_2, CO, H_2, CH_4

해설 각 가스의 폭발범위

가스 명칭	폭발범위
아세틸렌(C_2H_2)	2.5~81 %
수소(H_2)	4~75 %
일산화탄소(CO)	12.5~74 %
메탄(CH_4)	5~15 %

참고 가연성가스 중에서 폭발범위가 가장 넓은 것은 아세틸렌(C_2H_2)이다.

35. 천연가스에 대한 설명 중 틀린 것은?

① 주성분은 메탄(CH_4)이다.
② 천연가스는 액체 상태로 지하에 매장되어 있다.

해답 30. ④ 31. ③ 32. ① 33. ② 34. ③ 35. ②

③ 천연가스를 액화하면 체적이 약 1/600로 줄어든다.
④ 채굴된 천연가스에는 CO_2, C_3H_8 등이 포함되어 있다.

[해설] 천연가스(NG)는 불순물이 포함된 기체 상태로 지하에 매장되어 있다.

36. 도시가스의 제조공정이 아닌 것은?
① 열분해 공정
② 접촉분해 공정
③ 수소화분해 공정
④ 상압증류 공정

[해설] 도시가스 제조공정의 종류
㉮ 열분해 공정(thermal cracking process)
㉯ 접촉분해 공정(steam reforming process)
㉰ 부분연소 공정(partial combustion process)
㉱ 수첨분해 공정(hydrogenation cracking process)
㉲ 대체천연가스 공정(substitute natural process)

37. 굴착으로 노출된 도시가스 배관을 보호하기 위한 조치 중 노출된 배관부분의 길이가 몇 m를 넘을 때 점검자의 통행이 가능한 점검통로를 설치하여야 하는가?
① 10   ② 15
③ 20   ④ 30

[해설] 굴착으로 노출된 배관의 점검통로 기준 : KGS FS451
㉮ 노출된 배관의 길이 : 15 m 이상일 때 설치
㉯ 점검통로 폭 : 80 cm 이상
㉰ 가드레일 높이 : 90 cm 이상
㉱ 점검통로와 가스배관의 수평거리 : 1 m 이내
㉲ 조명 : 70룩스(lx) 이상 유지

38. 고압가스 운반기준에서 동일 차량에 적재하여 운반할 수 없는 것은?
① 염소와 아세틸렌
② 질소와 산소
③ 아세틸렌과 산소
④ 프로판과 부탄

[해설] 혼합적재 금지 기준 : KGS GC206
㉮ 염소와 아세틸렌, 암모니아, 수소는 동일 차량에 적재하여 운반하지 않는다.
㉯ 가연성가스와 산소를 동일 차량에 적재하여 운반하는 때에는 그 충전용기의 밸브가 서로 마주보지 아니하도록 적재한다.
㉰ 충전용기와 위험물 안전관리법에 따른 위험물과는 동일 차량에 적재하여 운반하지 않는다.
㉱ 독성가스 중 가연성가스와 조연성가스는 동일 차량 적재함에 운반하지 않는다.

39. 액화가스 저장탱크에 대한 설명 중 틀린 것은?
① 가연성가스 저온 저장탱크에는 부압방지 조치를 한다.
② 액화가스 저장탱크의 안전밸브는 기상부에 설치한다.
③ 충전량은 상용의 온도에서 내용적의 9/10를 넘지 않게 한다.
④ 증발속도가 빠른 액화가스에만 저장량에 관계없이 방류둑을 설치한다.

[해설] 일정량(규정량) 이상의 저장능력을 갖는 액화 가연성, 액화 독성, 액화 산소의 저장탱크일 때 방류둑를 설치한다.

40. 원통형 저장탱크의 경판구조 중 내압강도가 가장 큰 것은?
① 접시형 경판   ② 원추형 경판
③ 반타원형 경판   ④ 반구형 경판

[해답] 36. ④   37. ②   38. ①   39. ④   40. ④

[해설] 경판의 내압강도 순서 : 반구형 > 반타원형 > 원추형 > 접시형

41. 차량에 고정된 탱크의 운반기준에서 가연성가스 및 산소탱크의 내용적은 얼마를 초과할 수 없는가?

① 10000 L ② 12000 L
③ 15000 L ④ 18000 L

[해설] 차량에 고정된 탱크 내용적 제한
㉮ 가연성(LPG 제외), 산소 : 18000 L 초과 금지
㉯ 독성가스(암모니아 제외) : 12000 L 초과 금지

42. 액화석유가스의 충전용기 보관실에 설치하는 자연환기설비 중 외기에 면하여 설치하는 환기구 1개의 면적은 얼마 이하로 하여야 하는가?

① 1800 cm² ② 2000 cm²
③ 2400 cm² ④ 3000 cm²

[해설] 환기구(통풍구) 크기는 바닥면적 1 m²마다 300 cm²의 비율로 계산된 면적 이상을 확보하며, 1개소 면적은 2400 cm² 이하로 한다.

43. 고압가스 안전관리법에서 정한 특정고압가스가 아닌 것은?

① 이산화탄소 ② 산소
③ 천연가스   ④ 수소

[해설] 특정고압가스의 종류(고법 제20조) : 수소, 산소, 액화암모니아, 아세틸렌, 액화염소, 천연가스, 압축모노실란, 압축디보란, 액화알진 그 밖에 대통령령이 정하는 고압가스

44. 아세틸렌가스 폭발의 종류로서 가장 거리가 먼 것은?

① 중합폭발 ② 산화폭발
③ 분해폭발 ④ 화합폭발

[해설] 아세틸렌의 폭발 종류 : 산화폭발, 분해폭발, 화합폭발

45. 액화석유가스 충전사업자가 점검하여야 할 용기의 안전점검기준 내용으로 옳지 않은 것은?

① 용기의 부식상태를 확인한다.
② 용기도색 및 표시를 확인한다.
③ 밸브 오조작 방지를 위해 핸들을 제거한다.
④ 밸브 그랜드 너트 고정핀 이탈 유무를 확인한다.

[해설] 용기의 안전점검기준 : 액법 시행규칙 별표 17
㉮ 용기의 안쪽·바깥면을 점검하여 사용에 지장을 주는 부식·금·주름 등이 있는지 확인할 것
㉯ 용기에 도색과 표시가 되어 있는지를 확인할 것
㉰ 용기의 스커트에 찌그러짐이 있는지와 사용에 지장이 없도록 적정 간격을 유지하고 있는지를 확인할 것
㉱ 유통 중 열영향을 받았는지를 점검할 것. 열영향을 받은 용기는 재검사를 할 것
㉲ 용기 캡이 씌워져 있거나 프로텍터가 부착되어 있는지를 확인하고, 용기내장형 액화석유가스 난방기용 용기는 밀봉용 캡이 부착되어 있는지도 확인할 것
㉳ 용기의 각인을 통해 재검사 기간의 도래 여부를 확인할 것
㉴ 용기 아랫부분의 부식 상태를 확인할 것
㉵ 밸브의 몸통·충전구나사 및 안전밸브 사용에 지장을 주는 홈, 주름, 스프링의 부식 등이 있는지를 확인할 것
㉶ 밸브의 그랜드너트가 이탈하는 것을 방지하기 위하여 고정핀 등을 이용하는 등의 조치가 있는지를 확인할 것

[해답] 41. ④ 42. ③ 43. ① 44. ① 45. ③

㉠ 밸브의 개폐 조작이 쉬운 핸들이 부착되어 있는지를 확인할 것
㉡ 내용적 15 L 이하의 용기의 경우에는 "실내보관 금지" 표시 여부를 확인할 것

46. 수소폭명기는 수소와 산소의 혼합비가 얼마인가?
① 1 : 1 ② 2 : 1
③ 1.5 : 2 ④ 1 : 2

[해설] ㉮ 수소폭명기 : 수소와 산소가 체적비 2 : 1로 530℃ 이상에서 폭발적으로 반응하여 물을 생성하는 것이다.
㉯ 반응식 : $2H_2 + O_2 \rightarrow 2H_2O + 136.6$ kcal

47. 염소의 강재에 대한 부식성에 대한 설명으로 틀린 것은?
① 고온에서 염소가스는 철과 직접 반응하여 부식이 진행된다.
② 염소는 건조한 상태에서 강에 대하여 심한 부식성을 나타낸다.
③ 염소는 습기가 있는 상태에서 강재에 대하여 심한 부식성을 가지고 용기, 밸브 등이 부식된다.
④ 염소는 물과 반응하여 염산을 발생시키기 때문에 내산도기, 유리, 염화비닐을 사용한다.

[해설] 염소는 건조한 상태일 때는 부식성이 없으나, 수분이 존재하면 염산(HCl)이 생성되어 강에 대하여 심한 부식성을 나타낸다.

48. 고속 회전하는 임펠러의 원심력에 의해 속도에너지를 압력에너지로 바꾸어 압축하는 형식으로서 유량이 크고 설치면적이 적게 차지하는 압축기의 종류는?
① 왕복식 ② 터보식
③ 회전식 ④ 흡수식

[해설] 터보식 압축기 : 임펠러의 회전운동(원심력)을 압력과 속도에너지로 전환하여 압력을 상승시키는 형식으로 원심식, 축류식, 혼류식으로 분류된다.

49. 도시가스 배관을 철도부지 내에 매설할 때 지표면으로부터 배관의 외면까지의 깊이는 얼마인가?
① 1.0 m 이상 ② 1.2 m 이상
③ 1.5 m 이상 ④ 2.0 m 이상

[해설] 배관 철도부지 매설 깊이 : KGS FS551
㉮ 철도와 병행 매설 : 1.2 m 이상
㉯ 철도와 횡단 매설 : 1.2 m 이상

50. 액화도시가스를 선박에 충전하는 작업의 기준으로 틀린 것은?
① 선박에 충전하기 위한 차량의 설치 대수는 2대 이하로 한다.
② 충전장소의 중심으로부터 선박의 외면까지의 거리는 3 m 이상의 안전거리를 유지한다.
③ 충전장소 주위에는 황색 바탕에 적색 문자로 '충전작업 중 엔진정지'라는 표시를 한 게시판을 설치한다.
④ 충전작업을 할 경우에는 액화도시가스 선박충전시설에 선임된 안전관리자가 기준에 따른 조치를 한다.

[해설] 액화도시가스 선박 충전작업 기준 : GC206 P22
㉮ 액화도시가스를 연료로 사용하는 선박에 충전작업을 할 경우에는 안전관리자(액화도시가스 선박 충전시설에 선임된 안전관리자를 말한다)가 기준에 따른 조치를 한다.
㉯ 충전작업은 풍랑 등이 심하지 않은 온화한 날씨에 실시하며, 반드시 지정된 충전장소에서 실시하여야 한다.
㉰ 액화도시가스를 선박에 충전하기 위한 차량의 설치대수는 2대 이하로 하고, 2대의 차량이 진입, 진출 및 동시에 주정차할 수 있는 충분한 공지를 확보한다.

[해답] 46. ② 47. ② 48. ② 49. ② 50. ③

㉮ 충전장소 지면에는 차량의 주정차위치와 진입 및 진출 방향을 표시하고 눈에 잘 띄는 곳에 "액화도시가스 선박 충전장소"라는 표시를 한다.
㉯ 충전장소 주위에는 황색 바탕에 흑색 문자로 "충전작업 중 엔진정지"라는 표시를 한 게시판을 설치한다.
㉰ 충전장소의 중심(지면에 표시한 정차위치의 중심)으로부터 선박의 외면까지의 거리는 3 m 이상의 안전거리를 유지한다.
㉱ 충전장소와 화기 사이에 유지하여야 하는 거리는 8 m 이상으로 하고, 충전장소에는 인화성물질이나 발화성물질이 없을 것
㉲ 선박에 액화도시가스를 충전하는 때에는 가스의 용량이 상용의 온도에서 선박 내 저장탱크 내용적의 90 %(용기의 경우에는 85 %)를 넘지 않도록 한다.
㉳ 일몰 후 충전작업을 하는 경우 밸브 주위에는 밸브를 확실히 조작할 수 있도록 조명도 150룩스 이상을 확보한다.

51. 지상에 설치하는 저장탱크의 외부에는 은색·백색 도료를 바르고 주위에서 보기 쉽도록 가스의 명칭을 표시하여야 한다. 가스 명칭 표시의 색상은?
① 검은 글씨 ② 초록 글씨
③ 붉은 글씨 ④ 노란 글씨

해설 지상에 설치하는 저장탱크의 외부에는 은색·백색 도료를 바르고 주위에서 보기 쉽도록 가스의 명칭을 붉은 글씨로 표시한다. 다만, 국가보안목표시설로 지정된 것은 표시를 하지 않을 수 있다.

52. 이동식 초저온 용기 취급 시 주의사항으로 옳지 않은 것은?
① 면장갑을 사용하여 취급한다.
② 직사광선, 비, 눈 등을 피한다.
③ 고도의 진공이므로 충격을 금지한다.
④ 통풍이 불량한 지하실 같은 곳에 두면 안 된다.

해설 이동식 초저온 용기 취급 시 주의사항
㉮ 기름 묻은 장갑, 면장갑을 사용하지 말고, 가죽장갑을 사용하여 취급한다.
㉯ 직사광선, 비, 눈 등을 피한다.
㉰ 고도의 진공이므로 충격을 금지한다.
㉱ 통풍이 불량한 지하실 같은 곳에 보관하지 않는다.
㉲ 충전용기와 잔가스 용기는 구분하여 보관한다.
㉳ 적정 용량의 기화기를 사용하여야 한다.

53. 특정고압가스 사용시설의 기준에 대한 설명 중 옳은 것은?
① 산소 저장설비 주위 8 m 이내에는 화기를 취급하지 않는다.
② 액화가스 저장량이 100 kg 이상인 용기 보관실에는 방호벽을 설치한다.
③ 고압가스 설비는 상용압력 2.5배 이상의 내압시험에 합격한 것을 사용한다.
④ 독성가스 감압설비와 당해 가스반응 설비 간의 배관에는 역류방지장치를 설치한다.

해설 각 항목의 옳은 내용
① 산소 저장설비 주위 5 m 이내에는 화기를 취급하지 않는다.
② 고압가스 저장량이 300 kg(압축가스의 경우에는 1 m³를 5 kg으로 본다) 이상인 용기보관실 벽은 방호벽으로 설치한다.
③ 고압가스 설비는 상용압력 1.5배 이상의 내압시험에 합격한 것이고, 상용압력 이상의 압력으로 기밀시험을 실시하여 이상이 없어야 한다.

54. 시안화수소 충전 작업에 대한 설명으로 틀린 것은?
① 폭발을 일으킬 우려가 있으므로 안정제를 첨가한다.
② 1일 1회 이상 질산구리벤젠지 등의 시험

해답 51. ③ 52. ① 53. ④ 54. ③

지로 가스누출을 검사한다.
③ 시안화수소 저장은 용기에 충전한 후 90일을 경과하지 않아야 한다.
④ 순도가 98 % 이상으로서 착색되지 않은 것은 다른 용기에 옮겨 충전하지 않을 수 있다.

[해설] 시안화수소를 충전한 용기는 충전 후 24시간 정치하고, 그 후 1일 1회 이상 질산구리벤젠 등의 시험지로 가스의 누출 검사를 하며, 용기에 충전 연월일을 명기한 표지를 붙이고, 충전한 후 60일이 경과되기 전에 다른 용기에 옮겨 충전한다. 다만, 순도가 98 % 이상으로서 착색되지 아니한 것은 다른 용기에 옮겨 충전하지 아니할 수 있다.

55. 일반도시가스 사업자 정압기 안전밸브의 가스방출관 방출구는 지면으로부터 몇 m 이상의 높이에 설치하여야 하는가? (단, 전기시설물과의 접촉 등으로 사고의 우려가 없는 장소이다.)
① 1 ② 3
③ 5 ④ 8

[해설] 과압안전장치 가스방출관 설치(KGS FS552) : 정압기 안전밸브는 가스방출관이 설치된 것으로 하고, 그 방출관의 방출구는 주위에 불 등이 없는 안전한 위치로서 지면으로부터 5 m 이상의 높이에 설치한다. 다만, 전기시설물과의 접촉 등으로 사고의 우려가 있는 장소에서는 3 m 이상으로 할 수 있다.

[참고] 방출구 높이는 정압기 안전밸브, 정압기실 환기장치의 배기가스 방출구 및 강제통풍장치(기계환기설비) 배기가스 방출구를 구별하기 바랍니다.

56. 고압가스 운반 중 가스누출 부분에 수리가 불가능한 사고가 발생하였을 경우의 조치로서 가장 거리가 먼 것은?

① 상황에 따라 안전한 장소로 대피한다.
② 상황에 따라 안전한 장소로 운반한다.
③ 비상연락망에 따라 소속 직원에게 협조를 요청한다.
④ 착화된 경우 용기 파열 등의 위험이 없다고 인정될 때에는 소화한다.

[해설] 가스누출 부분의 수리가 불가능한 경우 조치사항
㉮ 상황에 따라 안전한 장소로 운반할 것
㉯ 부근의 화기를 없앨 것
㉰ 착화된 경우 용기 파열 등의 위험이 없다고 인정될 때는 소화할 것
㉱ 독성가스가 누출할 경우에는 가스를 제독할 것
㉲ 부근에 있는 사람을 대피시키고, 동행인은 교통통제를 하여 출입을 금지시킬 것
㉳ 비상연락망에 따라 관계 업소에 원조를 의뢰할 것
㉴ 상황에 따라 안전한 장소로 대피할 것

57. 고압가스 제조시설에서 아세틸렌을 충전하기 위한 설비 중 충전용 지관에는 탄소 함유량이 얼마 이하의 강을 사용하여야 하는가?
① 0.1 % ② 0.2 %
③ 0.33 % ④ 0.5 %

[해설] 아세틸렌이 접촉하는 부분에 사용하는 재료 기준
㉮ 구리 또는 구리의 함유량이 62 %를 초과하는 동합금은 사용하지 아니한다.
㉯ 충전용 지관에는 탄소의 함유량이 0.1 % 이하의 강을 사용한다.
㉰ 굴곡에 의한 응력이 일부에 집중되지 않도록 된 형상으로 한다.

58. 용기의 설계단계 검사 항목이 아닌 것은?
① 기밀 성능 ② 단열 성능
③ 내압 성능 ④ 작동 성능

해답 55. ③ 56. ③ 57. ① 58. ④

해설 설계단계 검사 : 용기가 안전하게 설계되었는지를 명확하게 판정할 수 있도록 다음의 검사 항목에 대하여 실시하는 검사
㉮ 재료의 기계적, 화학적 성능
㉯ 용접부의 기계적 성능
㉰ 단열 성능
㉱ 내압 성능
㉲ 기밀 성능
㉳ 그 밖에 용기의 안전 확보에 필요한 성능

59. 가연성가스의 제조설비 중 전기설비는 방폭 성능을 가지는 구조이어야 하는데 이에 해당되지 않는 것은?
① 수소   ② 일산화탄소
③ 프로판   ④ 암모니아

해설 가연성가스 중 전기설비의 방폭 성능에서 제외되는 것 : 암모니아, 브롬화메탄 및 공기 중에서 자기발화하는 가스

60. 독성가스 저장탱크에 설치된 과충전 방지 장치는 가스 용량이 저장탱크 내용적의 몇 %를 초과하는 것을 방지하기 위하여 설치하는가?
① 70 %   ② 80 %
③ 90 %   ④ 95 %

해설 저장탱크 과충전 방지조치(KGS FP112) : 아황산가스, 암모니아, 염소, 염화메탄, 산화에틸렌, 시안화수소, 포스겐 또는 황화수소의 저장탱크에는 그 가스의 용량이 그 저장탱크 내용적의 90 %를 초과하는 것을 방지하기 위하여 과충전 방지조치를 강구한다.

해답 59. ④   60. ③

2025년도 복원문제 (1)

1. 고압가스 일반제조시설에서 가스설비 및 저장설비는 그 외면으로부터 화기를 취급하는 장소까지 몇 m 이상의 우회거리를 유지하여야 하는가? (단, 산소 및 가연성가스는 제외한다.)
① 1 ② 2
③ 5 ④ 8

해설 화기와의 거리 기준 : KGS FP112
㉮ 가스설비 및 저장설비 외면으로부터 화기(그 설비 안의 것을 제외한다)를 취급하는 장소 사이에 유지하여야 하는 우회거리는 2 m 이상으로 한다.
㉯ 가연성가스 및 산소의 가스설비 또는 저장설비는 8 m 이상으로 한다.

2. 다음 가스 중 독성(LC₅₀)이 가장 강한 것은?
① 암모니아 ② 디메틸아민
③ 브롬화메탄 ④ 아크릴로니트릴

해설 각 가스의 허용농도(ppm)

구분	LC₅₀	TLV-TWA
암모니아	7388	25
디메틸아민	11100	10
브롬화메탄	850	20
아크릴로니트릴	666	20

3. 겨울철 LPG 용기에 서릿발이 생겨 가스가 잘 나오지 않을 때 가스를 사용하기 위한 조치로 옳은 것은?
① 용기를 힘차게 흔든다.
② 부탄 토치로 가열한다.
③ 40℃ 이하의 열습포로 녹인다.
④ 90℃ 정도의 물을 용기에 붓는다.

해설 고압가스 용기의 밸브, 충전용 지관을 가열할 때에는 열습포 또는 40℃ 이하의 물을 사용한다.

4. 아세틸렌 용기의 내압시험은 최고충전압력의 몇 배인가?
① 1.1 ② 1.5
③ 1.8 ④ 3.0

해설 아세틸렌 용접용기 시험압력
㉮ 최고충전압력 : 15℃에서 용기에 충전할 수 있는 가스의 압력 중 최고압력
㉯ 기밀시험압력 : 최고충전압력의 1.8배
㉰ 내압시험압력 : 최고충전압력의 3배

5. 방류둑 내측 및 그 외면으로부터 몇 m 이내에는 그 저장탱크의 부속설비 외의 것을 설치하지 않아야 하는가? (단, 저장능력이 2000톤인 가연성가스 저장탱크시설이다.)
① 10 ② 15
③ 20 ④ 25

해설 방류둑의 내측 및 그 외면으로부터 10 m 이내에는 그 저장탱크의 부속설비 외의 것을 설치하지 아니한다.

6. 가연성가스의 제조설비 또는 저장설비 중 전기설비를 방폭성능을 갖도록 설치하지 않아도 되는 가스는?
① 시안화수소, 수소
② 일산화탄소, 에틸렌
③ 암모니아, 브롬화메탄
④ 브롬화메탄, 산화에틸렌

해설 가연성가스 중 전기설비 방폭설비 설치 제외 가스 : 암모니아, 브롬화메탄 및 공기 중에서 자기발화하는 가스

해답 1. ② 2. ④ 3. ③ 4. ④ 5. ① 6. ③

7. 독성가스 제조시설의 식별표지 중 가스명칭 색상으로 옳은 것은?
① 황색   ② 청색
③ 적색   ④ 흰색

[해설] 독성가스 제조시설 식별표지
㉮ 독성가스 제조시설이라는 것을 쉽게 식별할 수 있도록 게시(예 : 독성가스 ○○ 제조시설)
㉯ 식별 거리 : 30 m 이상
㉰ 문자 크기 : 가로·세로 10 cm 이상
㉱ 식별표지 바탕색은 백색, 글씨는 흑색, 가스 명칭은 적색으로 한다.

8. 고압가스 냉동 제조기준에서 암모니아를 냉매로 사용하고, 수액기 내의 압력이 0.7 MPa 이상 2.1 MPa 미만일 경우 방류둑 용량은 방류둑 안에 설치된 수액기 내용적의 몇 % 이상으로 하는가?
① 60 %   ② 70 %
③ 80 %   ④ 90 %

[해설] ㉮ 방류둑 용량은 해당 방류둑 안에 설치된 수액기 내용적의 90 % 이상의 용적으로 한다.
㉯ 암모니아를 냉매로 사용하는 경우 수액기 안의 압력에 따른 비율을 적용한다.

수액기 안의 압력 (MPa)	0.7 이상 2.1 미만	2.1 이상
압력에 따른 비율(%)	90	80

9. 아세틸렌(C_2H_2)에 대한 설명으로 틀린 것은?
① 폭발범위는 수소보다 넓다.
② 공기보다 무겁고 황색의 가스이다.
③ 공기와 혼합되지 않아도 폭발하는 수가 있다.
④ 구리, 은, 수은 및 그 합금과 폭발성 화합물을 만든다.

[해설] 아세틸렌(C_2H_2)은 분자량이 26이므로 공기보다 가볍고, 무색의 가스이다.

10. 허용농도가 100만분의 200 이하인 독성가스 충전용기를 운반하는 차량의 경우 용기 승하차용 리프트와 밀폐된 구조로 하여야 하는 내용적의 기준은?
① 500 L 미만   ② 500 L 이상
③ 1000 L 미만   ④ 1000 L 이상

[해설] 허용농도가 100만분의 200 이하인 독성가스 충전용기를 운반하는 경우에는 용기 승하차용 리프트와 밀폐된 구조의 적재함이 부착된 전용차량(독성가스 전용차량이라 한다)으로 운반한다. 다만, 내용적이 1000 L 이상인 충전용기를 운반하는 경우에는 그렇지 않다.

11. 차량에 고정된 액화수소 탱크의 유지시간(holding time) 검사로 옳은 것은?
① 액화수소 탱크 내용적의 75 % 이상을 액화수소로 충전한 후 100시간 동안 안전밸브가 작동하지 않아야 한다.
② 액화수소 탱크 내용적의 75 % 이상을 액화수소로 충전한 후 120시간 동안 안전밸브가 작동하지 않아야 한다.
③ 액화수소 탱크 내용적의 90 % 이상을 액화수소로 충전한 후 100시간 동안 안전밸브가 작동하지 않아야 한다.
④ 액화수소 탱크 내용적의 90 % 이상을 액화수소로 충전한 후 120시간 동안 안전밸브가 작동하지 않아야 한다.

[해설] 액화수소 탱크의 유지시간 검사(KGS AC113) : 액화수소 탱크 내용적의 75 % 이상을 액화수소로 충전한 후 120시간 동안 안전밸브가 작동하지 않아야 한다. 〈신설 25. 1. 26〉

[참고] 유지시간(holding time) : 액화수소 탱크의 초기 충전 조건에서 안전밸브가 열리기까지 걸리는 시간을 말한다.

해답 7. ③   8. ④   9. ②   10. ③   11. ②

12. LPG 충전용기 도색으로 옳은 것은?

① 회색 ② 백색
③ 밝은 회색 ④ 갈색

해설 가스 종류별 용기 도색

가스 종류	용기 도색	
	공업용	의료용
산소(O_2)	녹색	백색
수소(H_2)	주황색	–
액화탄산가스(CO_2)	청색	회색
액화석유가스	밝은 회색	–
아세틸렌(C_2H_2)	황색	–
암모니아(NH_3)	백색	–
액화염소(Cl_2)	갈색	–
질소(N_2)	회색	흑색
아산화질소(N_2O)	회색	청색
헬륨(He)	회색	갈색
에틸렌(C_2H_4)	회색	자색
사이클로 프로판	회색	주황색
기타의 가스	회색	–

13. 산화에틸렌의 저장탱크에는 45°C에서 그 내부가스의 압력이 몇 MPa 이상이 되도록 질소가스를 충전하여야 하는가?

① 0.1 ② 0.3
③ 0.4 ④ 1

해설 산화에틸렌(C_2H_4O)의 충전 기준
㉮ 산화에틸렌 저장탱크는 질소가스 또는 탄산가스로 치환하고 5°C 이하로 유지한다.
㉯ 산화에틸렌 용기에 충전 시에는 질소 또는 탄산가스로 치환한 후 산 또는 알칼리를 함유하지 않는 상태로 충전한다.
㉰ 산화에틸렌 저장탱크는 45°C에 내부 압력이 0.4 MPa 이상이 되도록 질소 또는 탄산가스를 충전한다.

14. TP(내압시험압력)이 25 MPa인 압축가스(질소) 용기의 경우 최고충전압력과 안전밸브 작동압력이 옳게 짝지어진 것은?

① 20 MPa, 15 MPa
② 15 MPa, 20 MPa
③ 20 MPa, 25 MPa
④ 25 MPa, 20 MPa

해설 압축가스를 충전하는 용기의 최고충전압력은 35°C의 온도에서 그 용기에 충전할 수 있는 가스의 압력 중 최고압력이고, 내압시험압력은 최고충전압력의 3분의 5배이다.
㉮ 최고충전압력(FP) 계산 : 내압시험압력(TP)을 이용하여 역으로 계산하면 최고충전압력은 내압시험압력의 5분의 3배이다.

$$\therefore FP = TP \times \frac{3}{5} = 25 \times \frac{3}{5} = 15 \, MPa$$

㉯ 안전밸브 작동압력 계산 : 압축가스 용기에는 스프링식 안전밸브가 부착되고 안전밸브 작동압력은 내압시험압력(TP)의 10분의 8배 이하이다.

$$\therefore \text{안전밸브 작동압력} = TP \times \frac{8}{10}$$
$$= 25 \times \frac{8}{10}$$
$$= 20 \, MPa$$

15. 발화지연이 짧아지는 요인으로 가장 거리가 먼 것은?

① 압력이 높을수록
② 가열온도가 높을수록
③ 용기의 크기가 작을수록
④ 혼합비가 완전산화에 가까울수록

해설 발화지연(착화지연) : 어느 온도에서 가열하기 시작하여 발화에 이르기까지 시간이다.
㉮ 고온, 고압일수록 발화지연은 짧아진다.
㉯ 가연성가스와 산소의 혼합비가 완전산화에 가까울수록 발화지연은 짧아진다.

해답 12. ③ 13. ③ 14. ② 15. ③

16. 상온에서 가스를 압축, 액화상태로 용기에 충전시키기가 가장 어려운 가스는?
① C_3H_8 ② CH_4
③ Cl_2 ④ CO_2

해설 상태에 의한 가스의 분류 및 종류
㉮ 압축가스 : 헬륨(He), 수소(H_2), 네온(Ne), 질소(N_2), 일산화탄소(CO), 불소(F_2), 아르곤(Ar), 산소(O_2), 산화질소(NO), 메탄(CH_4) 등
㉯ 액화가스 : 프로판(C_3H_8), 부탄(C_4H_{10}), 염소(Cl_2), 암모니아(NH_3), 이산화탄소(CO_2), 산화에틸렌(C_2H_4O), 시안화수소(HCN), 황화수소(H_2S) 등
㉰ 용해가스 : 아세틸렌(C_2H_2)

17. 염소 및 아황산가스를 제독하기 위한 조치로서 올바른 것은?
① 대량의 물로 흡수 제독한다.
② 연소설비로 연소하여 제독한다.
③ 가성소다 수용액으로 흡수하여 제독한다.
④ 산성가스이므로 암모니아로 중화하여 제독한다.

해설 ㉮ 아황산가스(SO_2)는 물을 제독제로 사용하는 것이 가능하나 염소(Cl_2)는 사용이 불가능하다.
㉯ 염소는 조연성, 아황산가스는 불연성 가스이므로 연소설비로 연소하는 것은 불가능하다.

18. 고압가스 충전용기를 취급할 때 온도는 몇 ℃ 이하로 유지하여야 하는가?
① 20℃ ② 30℃
③ 40℃ ④ 50℃

해설 충전용기는 취급, 저장, 운반할 때 40℃ 이하로 유지하여야 한다.

19. 내부반응 감시장치를 설치하여야 할 설비에서 특수반응설비에 속하지 않는 것은?

① 수소화 분해 반응기
② 암모니아 2차 개질로
③ 사이클로 헥산 제조시설의 벤젠 수첨 반응기
④ 산화에틸렌 제조시설의 아세틸렌 수첨탑

해설 특수반응설비의 종류 : 암모니아 2차 개질로, 에틸렌 제조시설의 아세틸렌 수첨탑, 산화에틸렌 제조시설의 에틸렌과 산소 또는 공기와의 반응기, 사이클로 헥산 제조시설의 벤젠 수첨 반응기, 석유정제에 있어서 중유직접 수첨 탈황 반응기 및 수소화 분해 반응기, 저밀도 폴리에틸렌 중합기 또는 메탄올 합성 반응탑

20. 고압가스 제조시설의 역화 및 공기 등과의 혼합폭발을 방지하기 위하여 설치하는 플레어스택의 구조로서 틀린 것은?
① liquid seal의 설치
② flame arrestor의 설치
③ vapor seal의 설치
④ 조연성가스(O_2)의 지속적인 주입

해설 역화 및 공기와 혼합폭발을 방지하기 위한 시설
㉮ liquid seal 설치
㉯ flame arrestor 설치
㉰ vapor seal 설치
㉱ purge gas(N_2, off gas 등)의 지속적인 주입
㉲ molecular seal 설치

21. 가스폭발과 관련된 내용 중 틀린 것은?
① 폭발범위가 넓은 것은 위험하다.
② 안전간격이 큰 것일수록 위험하다.
③ 폭굉은 화염전파속도가 음속보다 빠르다.
④ 가스비중이 공기보다 큰 것은 낮은 곳에 체류하여 위험성이 크다.

해설 안전간격이 작을수록 위험성이 크다.

해답 16. ② 17. ③ 18. ③ 19. ④ 20. ④ 21. ②

참고 폭발등급에 따른 안전간격 및 가스 종류

폭발등급	안전간격	가스 종류
1등급	0.6 mm 이상	일산화탄소, 에탄, 프로판, 암모니아, 아세톤, 에틸에테르, 가솔린, 벤젠 등
2등급	04~0.6 mm	석탄가스, 에틸렌 등
3등급	0.4 mm 미만	아세틸렌, 이황화탄소, 수소, 수성가스

22. 탄소강의 종류를 구분할 때 어떤 성분의 함유량에 따르는가?
① C ② O
③ N ④ H

해설 ㉮ 탄소 함유량에 따라 저탄소강(0.3 % 이하), 중탄소강(0.3~0.6 %), 고탄소강(0.6 % 이상)으로 분류한다.
㉯ 탄소 함유량 0.3 % 이하의 것을 연강, 0.3 % 이상의 것을 경강이라 한다.

23. 암모니아 합성 공정을 반응압력에 따라 분류한 것이 아닌 것은?
① 저압 합성 ② 중압 합성
③ 고압 합성 ④ 준고압 합성

해설 암모니아 합성 공정의 분류
㉮ 고압 합성(60~100 MPa) : 클라우드법, 캬자레법
㉯ 중압 합성(30 MPa) : 뉴파우더법, IG법, 케미크법, 뉴데법, 동공시법, JCI법
㉰ 저압 합성(15 MPa) : 켈로그법, 구데법

24. 가스용 금속 플렉시블 호스에 대한 설명으로 틀린 것은?
① 호스길이의 허용오차는 +3 %, -2 % 이내로 한다.
② 배관용 호스의 최대 길이는 10000 mm 이내로 한다.
③ 배관용 호스는 플레어(flare) 또는 유니언(union)의 접속기능이 있어야 한다.
④ 튜브는 금속제로서 주름가공으로 제작하여 쉽게 굽혀 질 수 있는 구조로 한다.

해설 가스용 금속 플렉시블 호스 제조 기준 : KGS AA535
㉮ 호스는 튜브의 양단에 관용테이퍼나사를 가지는 이음쇠나 호스엔드를 접속할 수 있는 이음쇠를 부착한 구조로 한다.
㉯ 튜브는 금속제로서 주름가공으로 제작하여 쉽게 굽혀질 수 있는 구조로 하고, 외면에는 보호피막을 입힌 것으로 한다.
㉰ 호스는 안전성 및 내구성이 양호하고, 통상의 조작에 따른 사용상 지장을 주는 변형이나 파손이 되지 않는 구조로 한다.
㉱ 호스는 이음쇠가 견고하게 부착되어 누출이 없는 것으로 하고, 콕과 고정형 연소기의 접속을 위한 충분한 기능을 가지는 것으로 한다.
㉲ 연소기용 호스는 플레어(flare)이음으로 튜브와 이음쇠를 분리할 수 없는 구조로 하고, 배관용 호스는 플레어 또는 유니언(union)의 접속기능을 가지는 것으로 한다.
㉳ 호스의 외관은 사용에 유해한 흠, 균열, 틈, 기포, 그 밖에 이상한 변형 등 결함이 없는 것으로 한다.
㉴ 연소기용 호스의 길이는 한쪽 이음쇠 끝에서 다른 쪽 이음쇠 끝까지로 하고, 최대길이는 3 m 이내로, 최소길이는 0.3 m 이상으로 한다. 이 경우 길이 허용오차는 +3 %, -2 % 이내로 한다.
㉵ 배관용 호스는 튜브와 이음쇠로 구분하고, 튜브는 최대길이 50 m, 이음쇠는 각 직경별로 구분한다. 튜브의 길이 허용오차는 +3 %, -2 % 이내로 한다.
㉶ 튜브의 재료는 동합금, 스테인리스강 또는 사용상 이와 같은 수준 이상의 품질을 가지는 것으로 한다.

해답 22. ① 23. ④ 24. ②

25. 암모니아 취급 시 피부에 닿았을 때 조치사항은?

① 열습포로 감싸준다.
② 아연화 연고를 바른다.
③ 산으로 중화시키고 붕대를 감는다.
④ 다량의 물로 세척 후 붕산수를 바른다.

해설 응급조치 방법
㉮ 피부에 노출 시 : 물로 세척 후 2% 붕산수를 바른다.
㉯ 눈에 노출 시 : 물로 세척 후 붕산수로 씻고 의사의 처치를 받는다.

26. 독성가스 운반차량의 뒷면에 완충장치로 설치하는 범퍼의 설치 기준은?

① 두께 3 mm 이상, 폭 100 mm 이상
② 두께 3 mm 이상, 폭 200 mm 이상
③ 두께 5 mm 이상, 폭 100 mm 이상
④ 두께 5 mm 이상, 폭 200 mm 이상

해설 독성가스 운반차량의 뒷면에는 두께가 5 mm 이상, 폭 100 mm 이상의 범퍼(SS400 또는 이와 동등 이상의 강도를 갖는 강재를 사용한 것에만 적용한다) 또는 이와 동등 이상의 효과를 갖는 완충장치를 설치한다.

27. 고압가스 저장시설 중 바닥면에 접한 부분의 환기를 양호하게 한 구조로 하여야 할 가스는?

① 헬륨   ② 질소
③ 부탄   ④ 탄산가스

해설 공기보다 무거운 가연성가스일 때 바닥면에 접한 2방향 이상의 개구부 또는 바닥면 가까이에 흡입구를 갖춘 강제 환기시설을 설치하거나 이들을 병설하여 주로 바닥면에 접한 부분의 환기를 양하게 한 구조로 한다.
※ 보기 예제 중 가연성가스는 '부탄(C_4H_{10})'이고, 분자량이 58로 공기보다 무거운 가스이다.

28. LP가스의 연소방식 중 분젠식 연소방식에 대한 설명으로 옳은 것은?

① 불꽃의 길이가 길다.
② 불꽃의 색깔은 적색이다.
③ 불꽃의 온도가 900℃ 정도이다.
④ 연소 시 1차 공기, 2차 공기가 필요하다.

해설 분젠식 연소방식의 특징
㉮ 불꽃은 내염과 외염을 형성한다.
㉯ 1차 공기가 혼입되어 있어 연소속도가 급속하다.
㉰ 연소 시 1차 공기와 2차 공기가 필요하다.
㉱ 불꽃의 길이가 짧고, 불꽃은 청록색을 나타낸다.
㉲ 연소온도가 1200~1300℃로 높고, 연소실이 작아도 된다.
㉳ 선화현상이 발생하기 쉽고, 역화의 우려가 있다.
㉴ 소화음, 연소음이 발생한다.

29. 정압기를 평가, 선정할 경우 고려해야 할 특성이 아닌 것은?

① 정특성
② 동특성
③ 유량 특성
④ 압력 특성

해설 정압기의 특성
㉮ 정특성(靜特性) : 유량과 2차 압력의 관계
㉯ 동특성(動特性) : 부하변동에 대한 응답의 신속성과 안전성이 요구됨
㉰ 유량 특성(流量特性) : 메인밸브의 열림과 유량의 관계
㉱ 사용 최대 차압 : 메인밸브에 1차와 2차 압력이 작용하여 최대로 되었을 때의 차압
㉲ 작동 최소 차압 : 정압기가 작동할 수 있는 최소 차압

해답 25. ④   26. ③   27. ③   28. ④   29. ④

30. 도시가스 사용시설에서 배관이음부와 전기접속기가 유지하여야 할 거리는 몇 cm 인가? (단, 배관이음부는 용접이음매가 아니다.)
① 10　　② 15
③ 30　　④ 60

해설 도시가스 사용시설 배관이음부와 유지거리
㉮ 전기계량기, 전기개폐기 : 60 cm 이상
㉯ 전기점멸기, 전기접속기, 절연조치를 하지 않은 전선, 단열조치를 하지 않은 굴뚝 : 15 cm 이상
㉰ 절연전선 : 10 cm 이상

31. 공기 중에서 가연성 물질을 연소시킬 때 공기 중의 산소농도를 증가시키면 연소속도와 발화온도는 각각 어떻게 되는가?
① 연소속도는 빨라지고, 발화온도는 높아진다.
② 연소속도는 빨라지고, 발화온도는 낮아진다.
③ 연소속도는 느려지고, 발화온도는 높아진다.
④ 연소속도는 느려지고, 발화온도는 낮아진다.

해설 공기 중에 산소농도를 증가시키면(산소량이 많아지면) 연소속도는 빨라지고, 발화온도, 점화에너지는 낮아진다.

32. 아세틸렌(C_2H_2)가스의 위험도는 얼마인가? (단, 공기 중에서 아세틸렌의 폭발범위는 2.51~81.2 %이다.)
① 29.15
② 30.25
③ 31.35
④ 32.45

해설 $H = \dfrac{U-L}{L} = \dfrac{81.2 - 2.51}{2.51} = 31.35$

33. 그림과 같은 수은을 사용한 U자관 압력계에서 h가 300 mm를 나타낼 때 P_2의 압력은 절대압력으로 약 몇 MPa인가? (단, 대기압 P_1은 0.1 MPa로 하고, 수은의 비중은 13.6이다.)

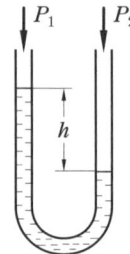

① 0.04　　② 0.14
③ 0.24　　④ 0.44

해설 ㉮ 절대압력(P_2) = 대기압(P_0) + 게이지압력(P_1)이다.
㉯ 게이지압력 계산 : 수은의 비중량은 13.6×10^3 kgf/m^{3}이므로, 중력가속도 9.8 m/s^{2}을 곱하면 $13.6 \times 10^3 \times 9.8$ N/m^{3}이다. 여기에 액주 높이(h)를 곱하면 SI단위 N/m^2 = Pa이고 1 MPa = 10^6 Pa이다.
∴ $P_1 = \gamma [\text{N/m}^3] \times h\,[\text{m}]$
　　= $(13.6 \times 10^3 \times 9.8) \times 0.3$
　　= $39984 \text{ N/m}^2 = 39984 \text{ Pa}$
　　= 0.039984 MPa
㉰ 절대압력 계산
$P_2 = P_0 + P_1$
　　= $0.1 + 0.039984 = 0.139984$ MPa

34. 최고충전압력이 15 MPa인 질소용기에 12 MPa로 충전되어 있다. 이 용기의 안전밸브 작동압력은 몇 MPa인가?
① 15　　② 18
③ 20　　④ 25

해설 압축가스 충전용기 안전밸브 작동압력은 내압시험압력(TP)의 10분의 8 이하이고, 내압시험압력은 최고충전압력의 3분의 5배이다.

해답 30. ②　31. ②　32. ③　33. ②　34. ③

$$\therefore \text{안전밸브 작동압력} = TP \times \frac{8}{10}$$
$$= \left(FP \times \frac{5}{3}\right) \times \frac{8}{10}$$
$$= \left(15 \times \frac{5}{3}\right) \times \frac{8}{10}$$
$$= 20\,\text{MPa}$$

35. 공기 중에서 수소는 산소와 체적비 2:1로 폭발적으로 반응하여 물을 생성하는 것을 무엇이라 하는가?

① 수소 폭명기
② 염소 폭명기
③ 산소 폭명기
④ 수소 – 산소 폭명기

해설 ㉮ 수소 폭명기: 공기 중에서 수소와 산소가 체적비 2:1로 폭발적으로 반응하여 물을 생성하는 것이다.
㉯ 반응식: $2H_2 + O_2 \rightarrow 2H_2O + 136.6\,\text{kcal}$

36. 고압가스 용접용기에 대한 내압검사 시 전증가량이 250 mL일 때 이 용기가 내압시험에 합격하려면 영구증가량은 몇 mL 이하가 되어야 하는가?

① 12.5   ② 25.0
③ 37.5   ④ 50.0

해설 ㉮ 신규 용기에 대한 내압시험 시 영구증가율 10% 이하가 합격기준이다.
㉯ 영구증가량 계산
$$\text{영구증가율} = \frac{\text{영구증가량}}{\text{전증가량}} \times 100 \text{에서}$$
영구증가량을 구하며, 영구증가율은 최대치인 10%를 적용한다.
$\therefore$ 영구증가량 = 전증가량 × 영구증가율
$= 250 \times 0.1 = 25\,\text{mL 이하}$

37. 가스 충전용기 운반 시 동일 차량에 적재할 수 없는 것은?

① 염소와 아세틸렌
② 질소와 아세틸렌
③ 프로판과 아세틸렌
④ 염소와 산소

해설 염소와 아세틸렌, 암모니아, 수소는 동일차량에 적재하여 운반하지 않는다.

38. 독성가스의 정의에 대한 내용 중 괄호 안에 알맞은 LC_{50} 값은?

"독성가스"라 함은 공기 중에 일정량 이상 존재하는 경우 인체에 유해한 독성을 가진 가스로서 허용농도(해당가스를 성숙한 흰쥐 집단에게 대기 중에서 1시간 동안 계속하여 노출시킨 경우 14일 이내에 그 흰쥐의 2분의 1 이상이 죽게 되는 가스의 농도를 말한다.)가 (   ) 이하인 것을 말한다.

① 100만분의 2000
② 100만분의 3000
③ 100만분의 4000
④ 100만분의 5000

해설 ㉮ 독성가스 정의: 공기 중에 일정량 이상 존재하는 경우 인체에 유해한 독성을 가진 가스로서 허용농도가 100만분의 5000 이하인 것을 말한다.
㉯ 허용농도: 해당 가스를 성숙한 흰쥐 집단에게 대기 중에서 1시간 동안 계속하여 노출시킨 경우 14일 이내에 그 흰쥐의 2분의 1 이상이 죽게 되는 가스의 농도를 말한다. → LC_{50}(치사농도[致死濃度] 50: Lethal concentration 50)으로 표시

39. 천연가스 주성분의 분자량은?

① 12   ② 16
③ 32   ④ 44

해설 ㉮ 천연가스의 주성분은 메탄(CH_4)이다.
㉯ 메탄은 질량 12인 탄소원소 1개, 질량 1인 수소원소 4개로 이루어진 파라핀계 탄화수소이다.
$\therefore M = (12 \times 1) + (1 \times 4) = 16\,\text{g/mol}$

해답 35. ①　36. ②　37. ①　38. ④　39. ②

40. 다공도를 측정할 때 사용되는 식으로 옳은 것은? (단, V: 다공물질의 용적, E: 아세톤 침윤 잔용적이다.)

① 다공도 $= \dfrac{V}{(V-E)}$

② 다공도 $= (V-E) \times \dfrac{100}{V}$

③ 다공도 $= (V+E) \times V$

④ 다공도 $= (V+E) \times \dfrac{V}{100}$

[해설] 아세틸렌 충전용기 다공도 계산식

$$\text{다공도}(\%) = \dfrac{V-E}{V} \times 100$$

$$= \dfrac{(V-E) \times 100}{V}$$

$$= (V-E) \times \dfrac{100}{V}$$

$$= \left(\dfrac{V}{V} - \dfrac{E}{V}\right) \times 100$$

$$= \left(1 - \dfrac{E}{V}\right) \times 100$$

41. 일반도시가스사업 공급소 밖의 배관에 실시하는 내압시험을 공기 등의 기체로 하는 경우 먼저 상용압력의 몇 %까지 승압하는가?

① 30 % ② 40 %
③ 50 % ④ 60 %

[해설] 내압시험을 공기 등의 기체로 하는 경우 먼저 상용압력의 50 %까지 승압하고 그 후에는 상용압력의 10 %씩 단계적으로 승압하여 내압시험 압력에 도달하였을 때 누출 등의 이상이 없고, 그 후 압력을 내려 상용압력으로 하였을 때 팽창, 누출 등의 이상이 없으면 합격으로 한다.

42. 액화석유가스 충전사업소의 충전용 주관의 압력계 검사 주기는?

① 1개월에 1회 이상
② 3개월에 1회 이상
③ 6개월에 1회 이상
④ 1년에 1회 이상

[해설] 압력계 검사: KGS FP331
㉮ 충전용 주관의 압력계: 매월 1회 이상
㉯ 그 밖의 압력계: 1년에 1회 이상

43. 원통형의 관을 흐르는 물의 중심부의 유속을 피토관으로 측정하였더니 수주의 높이가 10 m이었다. 이때 유속은 약 몇 m/s인가?

① 10 ② 14
③ 20 ④ 26

[해설] $V = \sqrt{2gh} = \sqrt{2 \times 9.8 \times 10} = 14\,\text{m/s}$

44. 다음 중 가장 낮은 온도는?

① $-40\,°F$ ② $430\,°R$
③ $-50\,°C$ ④ $240\,K$

[해설] 각 온도를 섭씨온도로 환산하여 비교한다.

① $°C = \dfrac{5}{9} \times (°F - 32) = \dfrac{5}{9} \times (-40 - 32)$
$= -40\,°C$

② $°C = \dfrac{°R}{1.8} - 273 = \dfrac{430}{1.8} - 273$
$= -34.111\,°C$

③ $-50\,°C$

④ $°C = K - 273 = 240 - 273 = -33\,°C$

45. 냉간가공과 열간가공을 구분하는 기준이 되는 온도는?

① 끓는 온도   ② 상용 온도
③ 재결정 온도 ④ 섭씨 0도

[해설] 재결정 온도: 금속재료를 적당한 시간 동안 가열하면 새로운 결정핵이 생겨 그 핵으로부터 새로운 결정입자가 형성될 때의 온도로 냉간가공과 열간가공을 구분하는 기준이 된다.

[해답] 40. ②　41. ③　42. ①　43. ②　44. ③　45. ③

46. 가스미터에 대한 설명으로 틀린 것은?
① 막식은 주로 가정용에 사용된다.
② 루트미터는 중압가스의 계량이 가능하다.
③ 가스미터는 크게 직접식과 실측식으로 구분된다.
④ 습식은 회전 드럼의 내측에 가스입구가 있는 구조이다.

해설 가스미터는 실측식과 추량식으로 구분된다.
참고 가스미터의 분류
㉮ 실측식
 ㉠ 건식 : 막식형(독립내기식, 클로버식)
 ㉡ 회전식 : 루츠형, 오벌식, 로터리피스톤식
 ㉢ 습식
㉯ 추량식 : 델타식, 터빈식, 오리피스식, 벤투리식

47. 긴급차단밸브의 동력원이 아닌 것은?
① 액압   ② 기압
③ 전기   ④ 차압

해설 긴급차단장치(밸브) 동력원 : 액압, 기압, 전기, 스프링

48. 염소가스의 건조제로 사용되는 것은?
① 진한 황산   ② 염화칼슘
③ 활성알루미나 ④ 진한 염산

해설 염소, 포스겐의 건조제 : 진한 황산

49. 열역학 제1법칙에 대한 설명이 아닌 것은?
① 에너지 보존의 법칙이라고 한다.
② 열은 항상 고온에서 저온으로 흐른다.
③ 열과 일은 일정한 관계로 상호 교환된다.
④ 제1종 영구기관이 영구적으로 일하는 것은 불가능하다는 것을 알려준다.

해설 ②번 항목은 열역학 제2법칙을 설명한 것이다.

50. 일반도시가스 사업자는 공급권역을 구역별로 분할하고 원격조작에 의한 긴급차단장치를 설치하여 대형가스누출, 지진발생 등 비상 시 가스차단을 할 수 있도록 하고 있는데 이 구역의 설정기준은?
① 배관길이가 20 km 미만이 되도록 설정
② 배관길이가 25 km 미만이 되도록 설정
③ 수요자의 수가 20만 미만이 되도록 설정
④ 수요자의 수가 25만 미만이 되도록 설정

해설 긴급차단장치 설치(KGS FS551) : 긴급차단장치에 의하여 가스공급을 차단할 수 있는 구역의 설정은 수요자수가 20만 이하가 되도록 한다. 다만, 구역을 설정한 후 수요자수가 증가하여 20만을 초과하게 되는 경우에는 25만 미만으로 할 수 있다.

51. 도시가스 배관을 지하에 매설하는 경우 공동주택 등의 부지 내에서는 지표면으로부터 배관의 외면까지의 매설깊이는 얼마인가?
① 0.3 m 이상   ② 0.6 m 이상
③ 0.8 m 이상   ④ 1.2 m 이상

해설 도시가스 배관의 매설깊이
㉮ 공동주택부지 내 : 0.6 m 이상
㉯ 폭 8 m 이상인 도로 : 1.2 m 이상
㉰ 폭 4~8 m 미만 도로 : 1 m 이상
㉱ ㉮~㉰에 해당되지 않는 곳 : 0.8 m 이상

52. 수소 저장합금에 대한 설명으로 틀린 것은?
① 수소의 중량당 에너지 밀도가 높아 에너지 저장법으로 매우 유용하다.
② 금속수소화물의 형태로 수소를 흡수하지만 방출은 하지 않는 특성을 이용한 합금이다.
③ $LaNi_5$계는 란탄의 가격이 높고 밀도가 큰 것이 단점이지만 수소저장과 방출 특성이 우수하다.
④ TiFe는 가격이 낮지만 수소와의 초기반응속도가 늦어서 반응시키기 전에 진공 속에서 여러 시간 가열이 필요하다.

해답 46. ③ 47. ④ 48. ① 49. ② 50. ③ 51. ② 52. ②

해설 수소 저장합금
㉮ 원자 중에서 수소 원자의 크기가 가장 작으므로 금속 원자들이 만드는 틈새 사이로 들어가 금속 원자와 강한 결합을 형성하는 원리를 이용하여 금속 표면에 수소를 흡착시킬 수 있는 합금을 수소 저장합금이라고 한다.
㉯ 금속과 수소가스가 반응하여 금속수소화물이 되고 저장된 수소는 필요에 따라 금속수소화물에서 방출시켜 이용한다.
㉰ 수소가 방출하면 금속수소화물은 원래의 수소저장합금으로 되돌아간다.
㉱ 수소저장합금에서 방출된 수소가스는 휘발유의 대체연료로 이용할 수 있는 차세대 대체 에너지이다.
㉲ 수소 저장합금의 종류
  ㉠ AB5형 : $LaNi_5$, $CaCu_5$ 등
  ㉡ AB2형 : $MgZn_2$, $ZrNi_2$ 등
  ㉢ AB형 : TiFe, TiCo 등
  ㉣ A2B형 : Mg_2Ni, Mg_2Cu 등
  ㉤ 고용체형 BCC합금 : Ti-V, V-Nb 등

53. 다단 압축을 하는 목적은?
① 압축일과 체적효율 증가
② 압축일과 체적효율 감소
③ 압축일 증가와 체적효율 감소
④ 압축일 감소와 체적효율 증가

해설 다단 압축의 목적
㉮ 1단 단열압축과 비교한 일량 절약
㉯ 이용 효율의 증가
㉰ 힘의 평형이 양호해진다.
㉱ 가스의 온도상승을 피할 수 있다.

54. 압축 또는 액화 그 밖의 방법으로 처리할 수 있는 가스의 용적이 1일 $100 m^3$ 이상인 사업소는 압력계를 몇 개 이상 비치하도록 되어 있는가?
① 1개   ② 2개
③ 3개   ④ 4개

해설 처리할 수 있는 가스의 용적이 1일 $100 m^3$ 이상인 사업소에는 국가표준기본법에 의한 제품인증을 받은 압력계를 2개 이상 비치한다.

55. 주기율표 0족에 속하는 불활성가스의 성질이 아닌 것은?
① 다른 원소와 잘 화합한다.
② 상온에서 기체이며, 단원자 분자이다.
③ 상온에서 무색, 무미, 무취의 기체이다.
④ 무색, 무취의 기체로 방전관에 넣어 방전시키면 특유의 색을 낸다.

해설 주기율표 0족에 속하는 불활성가스(희가스)는 화학적으로 불활성이므로 다른 원소와 반응하지 않는다.

56. 1000 L의 액산탱크에 액산을 넣어 방출밸브를 개방하여 12시간 방치했더니 탱크 내의 액산이 4.8 kg 방출되었다면 1시간당 탱크에 침입하는 열량은 약 몇 kcal인가? (단, 액산의 증발잠열은 60 kcal/kg이다.)
① 12   ② 24   ③ 70   ④ 150

해설 시간당 침입한 열량은 액체산소 4.8kg이 기화되는데 필요한 열량(잠열)과 같고, 방치한 시간 12시간은 액산이 기화하는데 소요된 시간이므로 기화에 필요한 전체열량을 방치한 12시간으로 나눠주면 시간당 침입열량이 된다.

$$\therefore 침입열량 = \frac{증발잠열}{방치(측정)시간} = \frac{4.8 \times 60}{12} = 24 \, kcal/h$$

57. [보기]와 관련 있는 분석법은?

보기
ⓐ 쌍극자모멘트의 알짜변화
ⓑ 진동 짝 지음
ⓒ Nernst 백열등
ⓓ Fourier 변환 분광계

해답 53. ④   54. ②   55. ①   56. ②   57. ③

① 질량분석법
② 흡광광도법
③ 적외선 분광분석법
④ 킬레이트 적정법

해설 적외선 분광 분석법 : 적외선의 흡수가 일어나는 것을 이용한 방법으로 He, Ne, Ar 등 단원자 분자 및 H_2, O_2, N_2, Cl_2 등 대칭 2원자 분자는 적외선을 흡수하지 않으므로 분석할 수 없다.

58. 산소압축기의 내부 윤활제로 적당한 것은?
① 광유   ② 유지류
③ 물   ④ 글리세린

해설 산소압축기 내부 윤활유
㉮ 사용되는 것 : 물 또는 10 % 이하의 묽은 글린세린수
㉯ 금지되는 것 : 석유류, 유지류, 농후한 글리세린

59. 공기액화 분리장치의 부산물로 얻어지는 아르곤가스는 불활성가스이다. 아르곤가스의 원자가는?
① 0   ② 1
③ 3   ④ 8

해설 원자가 : 분자 내에서 한 원자가 다른 원자와 이루는 화학결합의 수로 아르곤의 원자가는 0이다.

60. 수소의 비점은 약 몇 ℃인가?
① −162℃
② −183℃
③ −196℃
④ −253℃

해설 수소의 비점 : −252.5℃

해답 58. ③   59. ①   60. ④

2025년도 복원문제 (2)

1. 아르곤(Ar) 분자량은?
① 10   ② 20
③ 30   ④ 40

해설 희가스(불활성가스)의 종류 및 분자량

명칭	분자량
아르곤(Ar)	40
네온(Ne)	20
헬륨(He)	4
크립톤(Kr)	84
크세논(Xe)	131
라돈(Rn)	222

2. 다음에 설명하는 열역학 법칙은?

> 어떤 물체의 외부에서 일정량의 열을 가하면 물체는 이 열량의 일부분을 소비하여 외부에 대하여 일을 하고 남은 부분은 전부 내부에너지로 내부에 저장되고, 그 사이에 소비된 열은 발생되는 일과 같다.

① 열역학 제0법칙   ② 열역학 제1법칙
③ 열역학 제2법칙   ④ 열역학 제3법칙

해설 열역학 제1법칙: 에너지 보존의 법칙이라 하며 기계적 일이 열로 변하거나, 열이 기계적 일로 변할 때 이들의 비는 일정한 관계가 성립된다.

3. 압축성 기체의 비열비 $\left(k = \dfrac{C_p}{C_v}\right)$에 대하여 맞는 것은?
① 항상 1보다 작다.   ② 항상 1보다 크다.
③ 항상 1이다.   ④ 일정치 않다.

해설 비열비는 정압비열과 정적비열의 비로 정압비열이 정적비열보다 크기 때문에 항상 1보다 크다.

4. 고압가스 특정제조 시설에서 배관을 해저에 설치하는 경우 다음 기준에 적합하지 않은 것은?
① 배관은 해저면 밑에 매설할 것
② 배관의 입상부에는 보호시설물을 설치할 것
③ 배관은 원칙적으로 다른 배관과 교차하지 아니할 것
④ 배관은 원칙적으로 다른 배관과 수평거리로 20 m 이상을 유지할 것

해설 배관은 원칙적으로 다른 배관과 30 m 이상의 수평거리를 유지한다.

5. 허용농도가 100만분의 200 이하인 독성가스 충전용기를 운반하는 차량의 경우 용기 승하차용 리프트와 밀폐된 구조로 하여야 하는 내용적의 기준은?
① 500 L 미만
② 500 L 이상
③ 1000 L 미만
④ 1000 L 이상

해설 운반차량 구조 : KGS GC206
㉮ 독성가스 충전용기를 운반하는 차량은 용기를 안전하게 취급하기 위하여 용기 승하차용 리프트와 적재함이 부착된 전용차량으로 한다.
㉯ 독성가스 충전용기를 운반하는 차량 적재함은 적재할 충전용기 최대높이의 3/5 이상까지 SS400 또는 이와 동등 이상의 강도를 갖는 재질(가로·세로·두께가 75×40×5 mm 이상인 ㄷ 형강 또는 호칭지름두께가 50×3.2 mm 이상의 강관)로 보강하여 용기고정이 용이하도록 한다.

해답 1. ④   2. ②   3. ②   4. ④   5. ③

㉰ 보강대로 인하여 용기의 상하차 작업이 곤란한 경우에는 적재함의 가로보강대를 개폐형으로 설치할 수 있다. 이 경우 가로보강대가 차량 운행 중에 흔들리지 않도록 걸쇠 등으로 차량에 단단히 고정한다.
㉱ 허용농도가 100만분의 200 이하인 독성가스 충전용기를 운반하는 경우에는 용기 승하차용 리프트와 밀폐된 구조의 적재함이 부착된 전용차량(독성가스 전용차량이라 한다)으로 운반한다. 다만, 내용적이 1000 L 이상인 충전용기를 운반하는 경우에는 그렇지 않다.

[참고] SS400 : 일반구조용 압연강재로 '400'은 최저 인장강도를 나타낸다. KS 강종 기호가 2017년 1월 1일부로 개정되어 'SS275'로 표시하고 '275'는 최소 항복강도를 나타낸다.

6. 방류둑의 구조를 설명한 내용 중 옳지 않은 것은?
① 철근콘크리트는 수밀성 콘크리트를 사용한다.
② 방류둑의 높이는 당해 가스의 액두압에 견디어야 한다.
③ 성토는 수평에 대하여 50° 이하의 기울기로 하여 다져 쌓는다.
④ 방류둑의 재료는 철근콘크리트, 철골, 흙 또는 이들을 조합하여 만든다.

[해설] 성토는 수평에 대하여 45° 이하의 기울기로 하여 다져 쌓는다.

7. 기계가 복잡하게 연결되어 있는 경우 및 배관 등으로 연속되어 있는 경우에 이용되는 정전기 제거조치용 본딩용 접속선 및 접지접속선의 단면적은 몇 mm^2 이상이어야 하는가? (단, 단선은 제외한다.)
① 3.5
② 4.5
③ 5.5
④ 6.5

[해설] 정전기 제거 조치 기준
㉮ 탑류, 저장탱크, 열교환기, 회전기계, 벤트스택 등은 단독으로 접지하여야 한다. 다만, 기계가 복잡하게 연결되어 있는 경우 및 배관 등으로 연속되어 있는 경우에는 본딩용 접속선으로 접속하여 접지하여야 한다.
㉯ 본딩용 접속선 및 접지접속선은 단면적 $5.5\ mm^2$ 이상의 것(단선은 제외)을 사용하고 경납붙임, 용접, 접속금구 등을 사용하여 확실히 접속하여야 한다.
㉰ 접지 저항치는 총합 100 Ω(피뢰설비를 설치한 것은 총합 10 Ω) 이하로 하여야 한다.

8. 다음 중 가장 높은 온도는?
① -35℃
② -45°F
③ 213 K
④ 450°R

[해설] 각 온도를 섭씨온도로 환산하여 비교
① -35℃
② $℃ = \frac{5}{9}(°F - 32)$
$= \frac{5}{9} \times (-45 - 32) = -42.77℃$
③ $℃ = K - 273 = 213 - 273 = -60℃$
④ $℃ = K - 273 = \frac{°R}{1.8} - 273$
$= \frac{450}{1.8} - 273 = -23℃$

9. 물질의 상변화는 일으키지 않고 온도만 상승시키는데 필요한 열을 무엇이라고 하는가?
① 잠열
② 현열
③ 증발열
④ 융해열

[해설] 현열과 잠열
㉮ 현열(감열) : 물질이 상태변화는 없이 온도변화에 총 소요된 열량
㉯ 잠열 : 물질이 온도변화는 없이 상태변화에 총 소요된 열량

[해답] 6. ③ 7. ③ 8. ④ 9. ②

10. 독성가스 용기 운반기준으로 틀린 것은?
① 차량의 최대 적재량을 초과하여 운반하지 않을 것
② 충전용기를 차량에 적재하여 운반할 때에는 운반차량에 눕혀서 운반할 것
③ 독성가스 중 가연성가스와 조연성가스는 동일 차량 적재함에 운반하지 않을 것
④ 밸브가 돌출한 충전용기는 고정식 프로텍터 또는 캡을 부착하여 밸브의 손상을 방지하는 조치를 할 것

해설 독성가스 충전용기를 차량에 적재하여 운반하는 때에는 적재함에 세워서 운반하여야 한다.

11. 고압가스용 용접용기 동판의 최대 두께와 최소 두께와의 차이는?
① 평균두께의 5% 이하
② 평균두께의 10% 이하
③ 평균두께의 20% 이하
④ 평균두께의 25% 이하

해설 용기 동판의 최대 두께와 최소 두께와의 차이는 평균두께의 20% 이하로 하여야 한다. (단, 이음매 없는 용기는 10% 이하)

12. 고압가스용 이음매 없는 용기에서 내력비란?
① 내력과 압궤강도의 비를 말한다.
② 내력과 파열강도의 비를 말한다.
③ 내력과 압축강도의 비를 말한다.
④ 내력과 인장강도의 비를 말한다.

해설 내력비 : 내력과 인장강도의 비

13. 고압가스제조소의 작업원은 얼마의 기간 이내에 1회 이상 보호구의 사용훈련을 받아 사용방법을 숙지하여야 하는가?
① 1개월　　② 3개월
③ 6개월　　④ 12개월

해설 보호구 장착 훈련 : 작업원은 3개월에 1회 이상 보호구의 사용훈련을 받아 사용방법을 숙지한다.

14. 액화석유가스의 냄새측정 기준에서 사용하는 용어 설명으로 옳지 않은 것은?
① 희석배수 : 시료기체의 양을 시험가스의 양으로 나눈 값
② 시료기체 : 시험가스를 청정한 공기로 희석한 판정용 기체
③ 시험가스 : 냄새를 측정할 수 있도록 액화석유가스를 기화시킨 가스
④ 시험자 : 미리 선정한 정상적인 후각을 가진 사람으로써 냄새를 판정하는 자

해설 ④번 항목은 패널의 설명이다.
※ 시험자 : 냄새농도 측정에 있어서 희석조작을 하여 냄새농도를 측정하는 자

15. 아세틸렌 제조설비의 기준에 대한 설명으로 틀린 것은?
① 압축기와 충전장소 사이에는 방호벽을 설치한다.
② 아세틸렌 충전용 교체밸브는 충전장소와 격리하여 설치한다.
③ 아세틸렌 충전용 지관에는 탄소 함유량이 0.1% 이하의 강을 사용한다.
④ 아세틸렌에 접촉하는 부분에는 동 또는 동 함유량이 72% 이하의 것을 사용한다.

해설 아세틸렌에 접촉하는 부분에는 동 또는 동 함유량이 62%를 초과하는 동합금은 사용하지 아니한다.

16. 방폭구조에 대한 설명 중 틀린 것은?
① 용기 내부에 보호가스를 압입하여 내부 압력을 유지함으로써 가연성가스가 용기 내부로 유입되지 않도록 한 구조를 압력방폭구조라 한다.

해답　10. ②　11. ③　12. ④　13. ②　14. ④　15. ④　16. ③

② 용기 내부에 절연유를 주입하여 불꽃, 아크 또는 고온발생 부분이 기름 속에 잠기게 함으로써 기름면 위에 존재하는 가연성가스에 인화되지 않도록 한 구조를 유입 방폭구조라 한다.
③ 정상운전 중에 가연성가스의 점화원이 될 전기불꽃, 아크 또는 고온 부분 등의 발생을 방지하기 위해 기계적 전기적 구조상 또는 온도상승에 대해 특히 안전도를 증가시킨 구조를 특수 방폭구조라 한다.
④ 정상 시 및 사고 시에 발생하는 전기불꽃, 아크 또는 고온부로 인하여 가연성가스가 점화되지 않는 것이 점화시험 그 밖의 방법에 의해 확인된 구조를 본질안전 방폭구조라 한다.

해설 특수 방폭구조(s) : 방폭구조에서 규정한 구조 이외의 방폭구조로서 가연성가스에 점화를 방지할 수 있다는 것이 시험, 기타 방법에 의하여 확인된 구조
※ ③항은 안전증 방폭구조에 대한 설명이다.

17. 용기 신규검사에 합격된 용기 부속품기호 중 압축가스를 충전하는 용기 부속품의 기호는?
① AG ② PG
③ LG ④ LT

해설 용기 부속품 기호
㉮ AG : 아세틸렌가스 용기 부속품
㉯ PG : 압축가스 용기 부속품
㉰ LG : 액화석유가스 외의 액화가스 용기 부속품
㉱ LPG : 액화석유가스 용기 부속품
㉲ LT : 초저온, 저온 용기 부속품

18. 도시가스사업자는 가스공급시설을 효율적으로 관리하기 위하여 배관, 정압기에 대하여 도시가스배관망을 전산화하여야 한다.

이때 전산관리 대상이 아닌 것은?
① 설치도면 ② 시방서
③ 시공자   ④ 배관제조자

해설 도시가스 배관망의 전산화 대상 : 배관·정압기 등의 설치도면, 시방서(관 지름 및 재질 등에 관한 사항 기재), 시공자, 시공 연 월 일 등

19. 도시가스 사용시설에서 배관의 호칭지름이 25 mm인 배관은 몇 m 간격으로 고정하여야 하는가?
① 1 m 마다 ② 2 m 마다
③ 3 m 마다 ④ 4 m 마다

해설 배관 고정장치 설치기준
㉮ 호칭지름 13 mm 미만 : 1 m 마다
㉯ 호칭지름 13 mm 이상 33 mm 미만 : 2 m 마다
㉰ 호칭지름 33 mm 이상 : 3 m 마다
㉱ 호칭지름 100 mm 이상의 것에는 적절한 방법에 따라 3 m를 초과하여 설치할 수 있다.

20. 강관의 스케줄번호가 의미하는 것은?
① 파이프의 길이
② 파이프의 바깥지름
③ 파이프의 무게
④ 파이프의 두께

해설 스케줄 번호(schedule number) : 사용압력과 배관재료의 허용응력과의 비에 의하여 배관 두께의 체계를 표시한 것이다.

21. 기기 분석법에 해당하는 것은?
① 오르사트법
② 흡광광도법
③ 중화적정법
④ 가스크로마토그래피

해설 흡광광도법, 중화적정법은 화학 분석법에, 오르사트법은 흡수분석법에 해당된다.

해답 17. ② 18. ④ 19. ② 20. ④ 21. ④

22. 용적식 유량계에 해당하는 것은?
① 오리피스 유량계
② 플로노즐 유량계
③ 벤투리관 유량계
④ 오벌 기어식 유량계

해설 유량계의 구분 및 종류
㉮ 용적식 : 오벌기어식, 루트(roots)식, 로터리 피스톤식, 로터리 베인식, 습식 가스미터, 막식 가스미터 등
㉯ 간접식 : 차압식(오리피스, 플로노즐, 벤투리미터), 유속식, 면적식, 전자식, 와류식 등

23. 염소의 성질과 고압장치에 대한 부식성에 관한 설명으로 틀리는 것은?
① 고온에서 염소가스는 철과 직접 심하게 작용한다.
② 염소는 압축가스 상태일 때 건조한 경우에는 심한 부식성을 나타낸다.
③ 염소는 습기를 띠면 강재에 대하여 심한 부식성을 가지고 용기, 밸브 등이 침해된다.
④ 염소는 물과 작용하여 염산을 발생시키기 때문에 장치 재료로는 내산도기, 유리, 염화비닐이 가장 우수하다.

해설 염소는 건조한 상태일 때는 부식성이 없으나, 수분이 존재하면 염산(HCl)이 생성되어 강에 대하여 심한 부식성을 나타낸다.

24. LPG에 대한 설명 중 옳지 않은 것은?
① 액화석유가스의 약자이다.
② 고급 탄화수소의 혼합물이다.
③ 무색, 투명하고 물에 난용이다.
④ 탄소 수 3 및 4의 탄화수소 또는 이를 주성분으로 하는 혼합물이다.

해설 액화석유가스의 조성 : 석유계 저급 탄화수소의 혼합물로 탄소 수가 3개에서 5개 이하의 것을 말하며 프로판(C_3H_8), 부탄(C_4H_{10}), 프로필렌(C_3H_6), 부틸렌(C_4H_8), 부타디엔(C_4H_6) 등이 포함되어 있으며 가장 많이 함유된 것은 프로판(C_3H_8)과 부탄(C_4H_{10})이다.

25. LNG의 주성분은?
① CH_4
② CO
③ C_2H_4
④ C_2H_2

해설 LNG(액화천연가스)의 주성분은 메탄(CH_4)이고, 소량의 에탄(C_2H_6)이 포함되어 있다.

26. 기체연료의 연소 형태는 어느 것인가?
① 증발연소
② 표면연소
③ 분해연소
④ 확산연소

해설 확산연소 : 가연성 기체를 대기 중에 분출 확산시켜 연소하는 것으로 기체연료의 연소가 이에 해당된다.

27. 폭발등급은 안전간격에 따라 구분할 수 있다. 다음 중 안전간격이 가장 넓은 것은?
① 이황화탄소
② 수성가스
③ 수소
④ 프로판

해설 폭발등급 별 안전간격

폭발등급	안전간격	가스 종류
1등급	0.6 mm 이상	일산화탄소, 에탄, 프로판, 암모니아, 아세톤, 에틸에테르, 가솔린, 벤젠 등
2등급	04~0.6 mm	석탄가스, 에틸렌 등
3등급	0.4 mm 미만	아세틸렌, 이황화탄소, 수소, 수성가스

해답 22. ④ 23. ② 24. ② 25. ① 26. ④ 27. ④

28. 고압가스 특정제조시설 중 비가연성 가스의 저장탱크는 몇 m³ 이상일 경우에 지진 영향에 대한 안전한 구조로 설계하여야 하는가?

① 300 ② 500
③ 1000 ④ 2000

해설 내진설계 대상 : 저장탱크 및 압력용기

구분	비가연성, 비독성	가연성, 독성	탑류
압축가스	1000 m³	500 m³	동체부 높이 5 m 이상
액화가스	10000 kg	5000 kg	

29. 고압가스 판매시설의 용기보관실에 대한 기준으로 맞지 않는 것은?

① 충전용기는 항상 40℃ 이하를 유지할 것
② 충전용기의 넘어짐 및 충격을 방지하는 조치를 할 것
③ 가연성가스와 산소의 용기보관실은 각각 구분하여 설치할 것
④ 가연성가스의 충전용기 보관실 8 m 이내에 화기 또는 발화성물질을 두지 말 것

해설 고압가스 판매시설의 가연성가스 및 독성가스의 충전용기 보관실의 주위 2 m 이내에서는 화기를 사용하거나 인화성물질 또는 발화성물질을 두지 아니할 것

30. 온도가 일정할 때 일정량의 기체가 차지하는 체적은 절대압력에 반비례한다. 어떤 법칙인가?

① 보일의 법칙
② 샤를의 법칙
③ 보일 – 샤를의 법칙
④ 아보가드로의 법칙

해설 ㉮ 보일의 법칙 : 온도가 일정할 때 일정량의 기체가 차지하는 부피는 절대압력에 반비례한다.
㉯ 샤를의 법칙 : 압력이 일정할 때 일정량의 기체가 차지는 부피는 절대온도에 비례한다
㉰ 보일 – 샤를의 법칙 : 일정량의 기체가 차지하는 부피는 압력에 반비례하고, 절대온도에 비례한다.

31. 아세틸렌 취급방법 중 틀린 것은?

① 저장소는 화기엄금을 게시한다.
② 용기는 산소용기와 같이 저장하지 않는다.
③ 저장소는 통풍이 양호한 구조이어야 한다.
④ 가스 출구 동결 시 60℃ 이하의 온수로 녹인다.

해설 가스 출구 동결 시 열습포 또는 40℃ 이하의 물을 사용한다.

32. 암모니아를 냉매로 하는 냉동설비의 기밀시험에 사용하기에 가장 부적당한 가스는?

① 공기 ② 산소
③ 질소 ④ 아르곤

해설 냉동설비의 기밀시험 : 기밀시험에 사용하는 가스는 공기 또는 불연성가스(산소 및 독성가스를 제외)로 한다. 이때 공기압축기로 압축공기를 공급하는 경우에는 공기의 온도를 140℃ 이하로 할 수 있다.

33. 배관을 지하에 매설할 때 독성가스 배관은 그 가스가 혼입될 우려가 있는 수도시설과 몇 m 이상의 거리를 유지해야 하는가?

① 100 ② 200
③ 300 ④ 400

해답 28. ③ 29. ④ 30. ① 31. ④ 32. ② 33. ③

[해설] 사업소 밖의 배관 매몰 설치 이격거리 기준
㉮ 건축물과는 1.5 m, 지하도로 및 터널과는 10 m 이상의 거리를 유지한다.
㉯ 독성가스의 배관은 그 가스가 혼입될 우려가 있는 수도시설과는 300 m 이상의 거리를 유지한다.
㉰ 배관 외면으로부터 지하의 다른 시설물과 0.3 m 이상의 거리를 유지한다.
㉱ 지표면으로부터 매설깊이는 산이나 들에서는 1 m 이상, 그 밖의 지역에서는 1.2 m 이상으로 한다.

34. 가스 설비의 수리 및 청소 요령 중 가스 치환 작업이 올바른 것은?
① 독성가스 설비는 TLV-TWA 기준농도 이하로 될 때까지 치환한다.
② 산소가스 설비는 산소농도가 24 % 이하로 될 때까지 치환한다.
③ 가연성가스 설비는 가스의 폭발하한계 이하가 될 때까지 치환한다.
④ 불연성가스 설비는 산소농도가 18~24 % 되도록 공기로 재치환한다.

[해설] 치환농도
㉮ 가연성가스 설비 : 폭발하한계의 1/4 이하(25 % 이하)
㉯ 독성가스 설비 : TLV-TWA 기준농도 이하
㉰ 산소 설비 : 산소농도 22 % 이하
㉱ 불연성가스 설비 : 치환작업을 생략할 수 있다.
㉲ 사람이 작업할 경우 산소농도 : 18~22 %

35. 일반용 고압가스 용기의 도색이 옳은 것은?
① 수소 - 회색
② 액화염소 - 황색
③ 아세틸렌 - 주황색
④ 액화암모니아 - 백색

[해설] 가스 종류별 용기 도색

가스 종류	용기 도색	
	공업용	의료용
산소(O_2)	녹색	백색
수소(H_2)	주황색	-
액화탄산가스(CO_2)	청색	회색
액화석유가스	밝은 회색	-
아세틸렌(C_2H_2)	황색	-
암모니아(NH_3)	백색	-
액화염소(Cl_2)	갈색	-
질소(N_2)	회색	흑색
아산화질소(N_2O)	회색	청색
헬륨(He)	회색	갈색
에틸렌(C_2H_4)	회색	자색
사이클로 프로판	회색	주황색
기타의 가스	회색	-

36. 주기율표 0족에 속하는 희가스에 대한 설명 중 잘못된 것은?
① 비등점이 낮다.
② He은 캐리어가스 및 부양용 가스로 사용한다.
③ Ar의 방전색은 적색, 크립톤의 방전색은 녹자색이다.
④ Rn은 용접 시 공기와의 접촉을 막는 보호용 가스로 사용한다.

[해설] ④번 항목은 아르곤(Ar)의 용도 설명이다.

37. 폭발의 종류와의 관계가 틀린 것은?
① 화학적 폭발 : 화약의 폭발
② 중합적 폭발 : HCN의 폭발
③ 촉매적 폭발 : C_2H_2의 폭발
④ 압력적 폭발 : 보일러의 폭발

[해답] 34. ① 35. ④ 36. ④ 37. ③

해설 ㉮ 아세틸렌 폭발성 : 산화폭발, 분해폭발, 화합폭발
㉯ 촉매 폭발 : 수소 및 염소의 혼합가스에 직사광선이 촉매로 작용하여 일어나는 폭발로 염소폭명기라 한다.
※ 반응식 : $H_2 + Cl_2 \rightarrow 2HCl + 44\ kcal$

38. LPG 충전소에는 시설의 안전 확보상 "충전 중 엔진정지"라고 표시한 표지판을 주위 보기 쉬운 곳에 설치할 때 바탕색과 글자색으로 옳은 것은?
① 흑색바탕에 백색 글씨
② 흑색바탕에 황색 글씨
③ 백색바탕에 흑색 글씨
④ 황색바탕에 흑색 글씨

해설 LPG 자동차 충전소 표지판
㉮ 충전 중 엔진정지 : 황색바탕에 흑색 글씨
㉯ 화기엄금 : 백색바탕에 적색 글씨

39. 액화석유가스 충전시설에서 영상정보처리기기(CCTV)로 촬영한 영상정보는 며칠 이상 저장하여야 하는가?
① 10일
② 30일
③ 60일
④ 90일

해설 고정형 영상정보처리기기 설치〈신설 24. 7. 23〉(KGS FP331, FP332, FP333, FP334) : 액화석유가스 충전시설에는 다음 장소의 운영상태를 감시하기 위해 고정형 영상정보처리기기(이하 "영상정보처리기기"라 한다)를 설치하고, 24시간 촬영한 영상정보는 10일 이상 저장한다.〈개정 24. 12. 5〉
㉮ 자동차에 고정된 탱크 이입·충전장소
㉯ 저장설비, 가스설비 및 충전설비 설치 장소
㉰ 그 밖에 안전관리상 필요한 장소

40. 액화석유가스의 시설기준 중 저장탱크의 설치 방법으로 틀린 것은?
① 천장, 벽 및 바닥의 두께가 각각 30 cm 이상의 방수조치를 한 철근콘크리트 구조로 한다.
② 저장탱크실 상부 윗면으로부터 저장탱크 상부까지의 깊이는 60 cm 이상으로 한다.
③ 저장탱크에 설치한 안전밸브에는 지면으로부터 5 m 이상의 방출관을 설치한다.
④ 저장탱크 주위 빈 공간에는 세립분을 25 % 이상 함유한 마른 모래를 채운다.

해설 저장탱크 주위 빈 공간에는 세립분을 함유하지 않은 것으로서 손으로 만졌을 때 물이 손에서 흘러내리지 않는 상태의 모래를 채운다.

41. 다음 가스 중 비중이 공기보다 무거워 누설 시 바닥에 체류하는 가스로만 된 것은?
① 프로판, 염소, 포스겐
② 염소, 포스겐, 암모니아
③ 프로판, 수소, 아세틸렌
④ 염소, 암모니아, 아세틸렌

해설 ㉮ 분자량이 공기의 평균분자량 29보다 큰 것이 공기보다 무거운 가스이다.
㉯ 각 가스의 분자량

명칭	분자량
프로판(C_3H_8)	44
염소(Cl_2)	71
포스겐($COCl_2$)	99
암모니아(NH_3)	17
수소(H_2)	2
아세틸렌(C_2H_2)	26

42. 액화염소의 1일 처리능력이 38000 kg일 때 수용인원이 350명인 공연장과 유지해야 할 안전거리는 몇 m 이상인가?
① 18
② 23
③ 27
④ 30

해답 38. ④ 39. ① 40. ④ 41. ① 42. ③

해설 ㉮ 액화염소는 독성가스이고, 수용인원 350명인 공연장은 제1종 보호시설이다.
㉯ 가연성, 독성가스의 보호시설별 안전거리

저장능력(m^3), 처리능력(kg)	제1종	제2종
1만 이하	17	12
1만 초과 2만 이하	21	14
2만 초과 3만 이하	24	16
3만 초과 4만 이하	27	18
4만 초과 5만 이하	30	20
5만 초과 99만 이하	30	20

43. 도시가스 성분을 분석하였더니 프로판 60 vol%, 메탄 40 vol%일 때 폭발범위 하한값은 약 몇 %인가? (단, 공기 중 폭발범위는 프로판 1.8~9.5 %, 메탄 5~15 %이다.)
① 2.4 ② 3.6
③ 4.8 ④ 5.5

해설 르샤틀리에 공식 $\dfrac{100}{L} = \dfrac{V_1}{L_1} + \dfrac{V_2}{L_2}$ 에서 폭발범위 하한값 L을 구한다.

∴ $L = \dfrac{100}{\dfrac{V_1}{L_1} + \dfrac{V_2}{L_2}} = \dfrac{100}{\dfrac{60}{1.8} + \dfrac{40}{5}}$

$= 2.42\%$

44. 상용의 온도에서 사용압력이 1.2 MPa인 고압설비에 사용되는 배관재료로서 부적합한 것은?
① KS D 3507 배관용 탄소강관
② KS D 3562 압력배관용 탄소강관
③ KS D 3570 고온배관용 탄소강관
④ KS D 3576 배관용 스테인리스강관

해설 KS D 3507 배관용 탄소강관(SPP)은 사용압력 1 MPa 이하의 증기, 물, 기름, 가스 및 공기의 배관용으로 사용한다.

45. 도시가스 배관 굴착작업 시 배관의 보호를 위하여 배관 주위 몇 m 이내에는 인력으로 굴착하여야 하는가?
① 0.3 ② 0.6
③ 1 ④ 1.5

해설 도시가스 배관 주위를 굴착하는 경우 도시가스 배관의 좌우 1 m 이내 부분은 인력으로 굴착하여야 한다.

46. 일산화탄소와 반응하여 금속 카르보닐을 생성하는 금속은?
① 구리(Cu)
② 니켈(Ni)
③ 아연(Zn)
④ 알루미늄(Al)

해설 일산화탄소(CO)는 고온, 고압의 상태에서 철족(Fe, Ni, Co)의 금속에 대하여 침탄 및 카르보닐을 생성한다.

47. 공기 중으로 누출 시 냄새로 쉽게 알 수 있는 가스로만 나열된 것은?
① 아세틸렌, 부탄, 프로판
② 염소, 암모니아, 메탄올
③ 일산화탄소, 아르곤, 메탄
④ 질소, 일산화탄소, 이산화탄소

해설 냄새가 있는 가스
㉮ 염소, 암모니아 : 자극적인 냄새
㉯ 메탄올 : 알코올 냄새
㉰ 아세틸렌 : 순수한 것은 에테르와 같은 향기가 있고, 카바이드를 이용하여 제조한 것은 특유의 냄새가 있다.

48. 가스 저장시설 중 이중각식 구형 저장탱크에 저장하지 않아도 되는 가스는?
① 액체 산소
② 액체 질소
③ 액화 에틸렌
④ 액화 아세틸렌

해답 43. ① 44. ① 45. ③ 46. ② 47. ② 48. ④

해설 이중각식 구형 저장탱크의 특징
㉮ 내구(내측 탱크)에는 저온 강재, 외구(외측 탱크)에는 보통 강판을 사용한 것으로 내외 공간은 진공 또는 건조공기 및 질소가스를 넣고 펄라이트와 같은 보랭재를 충전한다.
㉯ 이 형식의 탱크는 단열성이 높으므로 -50℃ 이하의 저온에서 액화가스를 저장하는데 적합하다.
㉰ 액체 산소, 액체 질소, 액화 메탄, 액화 에틸렌 등의 저장에 사용된다.
㉱ 내구는 스테인리스강, 알루미늄, 9% 니켈강 등을 사용한다.

49. 공기액화 분리장치의 내부를 세척하고자 할 때 세정액으로 가장 적당한 것은?
① 염산(HCl)
② 가성소다(NaOH)
③ 사염화탄소(CCl_4)
④ 탄산나트륨(Na_2CO_3)

해설 사염화탄소(CCl_4)를 이용하여 1년에 1회 이상 공기액화 분리장치의 내부를 세척하여야 한다.

50. 2000 rpm으로 회전하는 펌프를 3500 rpm으로 변환하는 경우 펌프의 유량과 양정은 몇 배가 되는가?
① 유량 : 2.65, 양정 : 4.12
② 유량 : 3.06, 양정 : 1.75
③ 유량 : 3.06, 양정 : 5.36
④ 유량 : 1.75, 양정 : 3.06

해설 ㉮ 유량 계산
$$Q_2 = Q_1 \times \left(\frac{N_2}{N_1}\right) = Q_1 \times \left(\frac{3500}{2000}\right)$$
$$= 1.75\, Q_1$$
㉯ 양정 계산
$$H_2 = H_1 \times \left(\frac{N_2}{N_1}\right)^2 = H_1 \times \left(\frac{3500}{2000}\right)^2$$
$$= 3.06\, H_1$$

51. 금속재료의 저온특성에 관한 설명 중 올바른 것은?
① 탄소강은 저온이 되면 연신율이 떨어진다.
② 탄소강은 저온이 되면 인장강도가 저하한다.
③ 알루미늄은 저온취성이 현저하므로 저온용 재료로서 부적당하다.
④ 오스테나이트 스테인리스강은 어느 온도 이하가 되면 샤르피 충격치가 급격히 저하, 저온취성을 나타낸다.

해설 금속재료의 저온특성
㉮ 탄소강은 저온이 되면 인장강도, 항복점, 경도는 증가하고 연신율, 충격치는 감소한다.
㉯ 오스테나이트계 스테인리스강, 알루미늄은 저온에 강한 재료이다.

52. 공기액화 사이클에서 관련이 없는 장치가 연결되어 있는 것은?
① 린데식 공기액화 사이클 – 액화기
② 클라우드 공기액화 사이클 – 축랭기
③ 필립스 공기액화 사이클 – 보조 피스톤
④ 캐피자 공기액화 사이클 – 압축기

해설 클라우드 공기액화 사이클 : 열교환기, 팽창기

53. 가스용 폴리에틸렌 배관의 융착이음 접합방법의 분류에 해당되지 않는 것은?
① 맞대기 융착   ② 소켓 융착
③ 이음매 융착   ④ 새들 융착

해설 가스용 폴리에틸렌관 이음방법 : 맞대기 융착이음, 소켓 융착이음, 새들 융착이음

54. 부탄(C_4H_{10}) 용기에서 액체 580 g이 대기 중에 방출되어 기화되었다면, 표준상태에서 부피는 약 몇 L가 되는가?

해답 49. ③ 50. ④ 51. ① 52. ② 53. ③ 54. ③

① 150   ② 210
③ 224   ④ 230

[해설] ㉮ 표준상태(0℃, 1기압)에서 부탄 1몰(mol)의 질량은 58 g이고, 기체 체적은 22.4 L이다.
㉯ 아보가드로 법칙을 이용하여 비례식으로 구한다.
$$58\,g : 22.4\,L = 580\,g : x\,[L]$$
$$\therefore x = \frac{22.4 \times 580}{58} = 224\,L$$

[별해] 표준상태(0℃, 1기압)에서 부탄 1몰(mol)의 질량은 58 g이고, 기체 체적은 22.4 L이므로 문제에서 제시된 580 g은 10배이다.
∴ 부탄 기체 체적 = 22.4 × 10 = 224 L

55. 카바이드를 이용하여 아세틸렌을 제조할 때 공업적으로 가장 많이 사용되는 발생장치는?
① 주수식   ② 침지식
③ 투입식   ④ 연속식

[해설] 아세틸렌 제조방법(발생기) 분류
㉮ 주수식 : 카바이드에 물을 주입하는 방식(불순가스 발생량이 많다.)
㉯ 침지식 : 물과 카바이드를 소량식 접촉하는 방식(위험성이 크다.)
㉰ 투입식 : 물에 카바이드를 넣는 방식(대량생산에 적합하여 가장 많이 사용한다.)

56. 질소에 관한 설명 중 틀린 것은?
① 고온에서 산소와 반응하여 산화질소가 된다.
② 고온, 고압하에서 수소와 반응하여 암모니아를 생성한다.
③ 고온에서 탄화칼슘과 반응하여 칼슘 시아나미드가 된다.
④ 안정된 가스이므로 Mg, Ca, Li 등의 금속과는 반응하지 않는다.

[해설] 마그네슘(Mg), 칼슘(Ca), 리튬(Li) 등과 화합하여 질화마그네슘(Mg_3N_2), 질화칼슘(Ca_3N_2), 질화리튬(Li_3N) 등을 만든다.

57. 다음 중 액비중이 제일 작은 것은?
① 염소   ② 산소
③ 휘발유   ④ 프로판

[해설] 각 물질의 액비중

명칭	액비중
염소	1.56
산소	1.14
휘발유	0.94
프로판	0.51

58. LPG 기화기에 대한 설명 중 틀린 것은?
① 기화기를 증발 형식에 의해 분류하면 순간 증발식과 유입 증발식이 있다.
② 기화기 사용 시 이점은 LP가스 종류에 관계없이 한랭시에도 충분히 기화시킨다.
③ 기화장치의 구성요소 중에는 액상의 가스를 가스화시키는 열교환기도 있다.
④ 감압가온 방식은 열교환기에 의해 액상의 가스를 기화시킨 후 조정기로 감압시켜 공급하는 방식이다.

[해설] 작동원리에 따른 기화장치 구분
㉮ 가온감압 방식 : 열교환기에 액체상태의 LP가스를 보내 여기서 기화된 가스를 조정기에 의해 감압하여 공급하는 방식
㉯ 감압가온 방식 : 액체상태의 LP가스를 액체 조정기를 통하여 감압하여 열교환기에 공급해 온수 등으로 가열하여 기화시키는 방식으로 감압가열 방식이라 한다.
※ ④번 항목은 가온감압 방식의 설명이다.

[해답] 55. ③   56. ④   57. ④   58. ④

59. 암모니아 가스의 특성 설명 중 틀린 것은?
① 물에 잘 녹는다.
② $4NH_3 + 3O_2 \rightarrow 2N_2 + 6H_2O$
③ 산소 중에서 폭발범위는 15~28 %이다.
④ 암모니아가 물에 녹으면 알칼리성이 된다.

해설 암모니아의 폭발범위
㉮ 공기 중 : 15~28 %
㉯ 산소 중 : 15~79 %

60. 표준대기압 상태에서 물 1 kg을 1℃ 올리는 데 필요한 열량의 단위는?
① kcal
② BTU
③ CHU
④ Joule

해설 열량의 단위
㉮ kcal : 물 1 kg을 1℃ 상승시키는 데 소요된 열량
㉯ BTU : 물 1 lb를 1°F 상승시키는 데 소요된 열량
㉰ CHU : 물 1 lb를 1℃ 상승시키는 데 소요된 열량

해답 59. ③ 60. ①

가스기능사 필기
총정리

2018년 3월 10일 1판 1쇄
2026년 1월 10일 5판 1쇄

저자 : 서상희
펴낸이 : 이정일

펴낸곳 : 도서출판 **일진사**
www.iljinsa.com

(우) 04317 서울시 용산구 효창원로 64길 6
대표전화 : 704-1616, 팩스 : 715-3536
이메일 : webmaster@iljinsa.com
등록번호 : 제1979-000009호(1979.4.2)

값 **34,000원**

ISBN : 978-89-429-2040-2

* **불법복사는 지적재산을 훔치는 범죄행위입니다.**
저작권법 제 97 조의 5 (권리의 침해죄)에 따라 위반자는 5년 이하의 징역 또는 5천만 원 이하의 벌금에 처하거나 이를 병과할 수 있습니다.